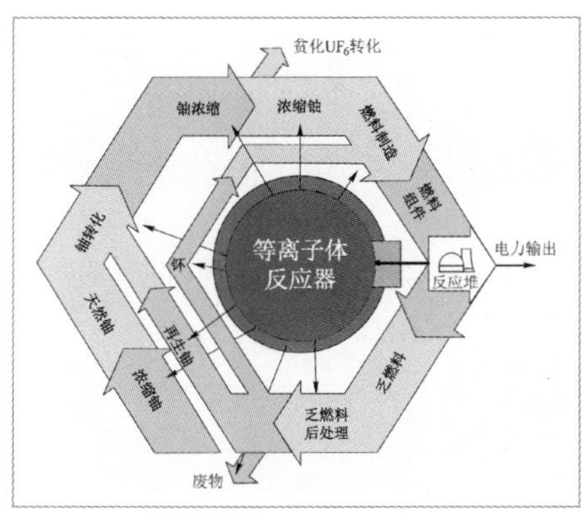

等离子体和感应加热技术在核燃料循环中的应用

Плазменные, Высокочастотные, Микроволновые и Лазерные Технологии в Химико-Металлургических Процессах

[俄] Ю. Н. 图马诺夫　著

陈明周　黄文有　译

王文浩　校

国防工业出版社

·北京·

著作权合同登记　图字：军-2019-040 号

Plasma and High Frequency Processes for Obtaining and Processing Materials in the Nuclear Fuel Cycle

By Y.N.Tumanov

ISBN 978-5-9921-1211-6

图书在版编目（CIP）数据

等离子体和感应加热技术在核燃料循环中的应用/（俄罗斯）图马诺夫著；陈明周，黄文有译．—北京：国防工业出版社，2021. 1

ISBN 978-7-118-12008-0

Ⅰ．①等…　Ⅱ．①图…　②陈…　③黄…　Ⅲ．①等离子体-应用-核燃料-燃料循环-研究②感应加热-应用-核燃料-燃料循环-研究　Ⅳ．①TL249

中国版本图书馆 CIP 数据核字（2020）第 225096 号

※

国防工业出版社出版发行

（北京市海淀区紫竹院南路 23 号　邮政编码 100048）

三河市腾飞印务有限公司印刷

新华书店经售

*

开本 710×1000　1/16　**印张** 48½　**字数** 860 千字

2021 年 1 月第 1 版第 1 次印刷　**印数** 1—1500 册　**定价** 288. 00 元

国防书店：（010）88540777　　书店传真：（010）88540776

发行业务：（010）88540717　　发行传真：（010）88540762

FOREWORD | 译序一

等离子体态在宇宙中广泛存在，常被看作物质的第四态。等离子体是克鲁克斯在1879年最早发现的；“Plasma”这个词，则由朗谬尔在1928年最早采用。等离子体是宇宙中物质存在的主要形式，太阳及其他恒星、绝大多数星体和星际物质、地球磁层和电离层、实验室中的电离气体等都是等离子体。

等离子体物理学(Plasma Physics)是研究等离子体的形成、演化规律、与物质(包括场)相互作用及其控制方法的学科领域，属于物理学分支学科。等离子体物理又分为磁约束等离子体物理、惯性约束等离子体物理、空间等离子体物理、基础等离子体物理以及低温等离子体物理。而低温等离子体科学的多项技术应用，如集成电路芯片微纳加工、平板显示器制造、磁流体发电、等离子体刻蚀、等离子体冶炼、等离子体化工、气体放电型的电子器件，以及空天飞行器电推进等研究，几十年来为人类的技术发展和社会进步起到重要作用。到了21世纪，等离子体物理与技术的发展为人类认知宇宙、改变世界开辟了新的探索途径。特别是环境保护与相关技术的发展更是离不开等离子体物理和技术发展的支撑。

长期以来，俄罗斯(苏联)科学家在等离子体物理和技术发展方面做了大量开拓性的研究，不但在像聚变这样的重大科学技术问题走在国际前沿，在等离子体技术应用方面也是处于国际领先地位。俄罗斯库尔恰托夫研究所Ю. Н. 图马诺夫的专著《等离子体和感应加热技术在核燃料循环中的应用》是一本经典的等离子体技术应用专著。本书总结了作者本人以及其他俄罗斯(苏联)科学家的研究成果，从核燃料循环的结构引入，介绍了(电弧、高频、微波、激光)等离子体和感应加热技术在铀矿加工、铀转化、铀浓缩、乏燃料后处理、铀钚分离以及放射性废物处理等核燃料循环不同阶段的应用，主要包括：

(1) U、Pu等核材料生产：电弧和高频等离子体处理硝酸铀酰溶液和水合盐生产铀氧化物、等离子体脱硝混合硝酸盐制备混合或复合氧化物、等离子体碳热还原铀氧化物生产金属铀、等离子体转化贫化UF_6等。

(2) 高频感应技术应用：高频感应合成核工业用碳化物和硼化物；高频感应和等离子体技术加工天然与合成含氟矿物提取氟及生产UF_6；感应加热生产核工业用的Zr、Hf等稀有金属。

(3) U-F等离子体技术：铀-氟等离子体的产生、成分、特性研究及应用。

(4) 放射性废物处理：电弧等离子体技术、高频等离子体技术以及微波技术处理放射性废液和固体放射性废物。

（5）新型产物分离技术：在等离子体化学工艺的产物中，从气相分离出颗粒产物（UO_2、PuO_2）的新技术、新工艺与新设备。

（6）高频感应加热技术与其他核材料精制技术的结合，包括与吸附、萃取、精馏、精制等工艺的结合应用。

最后，本书提出了基于现代等离子体、感应加热和激光技术的新型核燃料循环方案。这是一本对核燃料循环、新型燃料处理及利用技术特别有指导性的专著。

目前，我国的核燃料循环均主要基于湿法工艺进行，即核材料的提取、精制、纯化，以及所有反应堆（包括军工堆、研究堆与试验堆）的乏燃料后处理均基于水化学工艺进行，在干法领域仍需要开展深入的研究。本书对于我国核军工和核能利用领域开展核燃料循环干法工艺研究，包括核材料的干法提取、干法转化和乏燃料干法后处理等均具有极高的参考价值。

陈明周博士毕业于中国科学院等离子体物理研究所，长期从事等离子体技术应用。2005—2010 年在等离子体物理研究所做等离子体处理危险废物的课题。博士毕业后来到中广核研究院有限公司，做等离子体处理核电站放射性废物和工业危险废物的工作。本书由他翻译成中文，全面准确地再现了图马诺夫关于等离子体和感应加热技术在核燃料循环中应用的技术路线，用词准确、描述完整，是一部高质量的中文译著，我推荐这本中文译著给广大的等离子体物理以及其他相关领域的科研工作者，希望也相信本书一定会对相关的研究提供帮助和参考。

李建刚[①]

2019 年 12 月

① 中国工程院院士、中国科学院等离子体物理研究所研究员

FOREWORD | 译序二

完整的核燃料循环体系是一个国家利用和发展核能的基础。我国的核燃料循环工作始于20世纪60年代的核军工研究,包括铀矿冶、铀纯化转化、铀浓缩、燃料元件制造、反应堆运行、乏燃料后处理等多个环节,涉及矿冶、铀化学、放射化学、同位素分离、核材料等学科领域。

当前的核燃料循环体系主要基于水化学工艺进行,即通过不同放射性核素在水相与有机相溶液中发生的物理化学过程——萃取与反萃取、沉淀、过滤、离子交换等——实现核材料的提取、纯化和乏燃料后处理。由于水化学工艺存在流程长、化学试剂消耗量大、二次废物(废液)产量大等不足,人们努力开发流程更简洁的干法工艺,如:英国核燃料公司开发了将UF_6气体转化成UO_2粉末的一体化干法(Integrated Dry Rout,IDR)工艺,用于核燃料循环前段;苏联(俄罗斯)和美国则研究乏燃料干法后处理工艺,用于核燃料循环后段。

等离子体是物质的第四种状态,它的研究与应用需要具备较高的技术水平。苏联从等离子体态物质中获取用于核燃料循环的铀材料的研究始于20世纪60年代。本书作者Ю. Н. 图马诺夫化学科学博士是俄罗斯库尔恰托夫研究所等离子体技术部的首席研究员。他长期从事等离子体和感应加热技术在核化工冶金以及核燃料循环中的应用研究,苏联解体后又到南非、英国等国家的核研究机构工作。

本书总结了作者本人以及其他苏联科学家的研究成果,以核工业中使用的核材料(铀、钚、钍)和结构材料(锆、铪)的提取与乏燃料后处理、放射性废物处理为背景,全面介绍电弧、高频、微波、激光等离子体和感应加热等多种电物理技术的原理,并以此为基础详细阐述各种先进的材料制备系统,内容涵盖上述电物理系统的研发流程、系统构成、中试工艺参数和试验结果,特别是电弧等离子体、高频等离子体、微波等离子体和冷坩埚装置以及U-F等离子体的产生和应用;基于上述成果形成了以电物理技术为基础重新构建的新型核燃料循环方案。这些研究成果大部分都具有原创性,直到今天仍然处于世界先进水平。因此,本书所呈现的等离子体技术应用于核燃料循环的研究成果是一种完全不同于现有工艺的全新工艺,对于核工业领域开发高效、经济、环境友好的新型核材料生产与纯化工艺具有很高的参考价值。

本书涉及面广、内容丰富、技术先进、实用性强,其中讲述的应用方向都是目前相关领域的研究热点，并且具有一定的前瞻性，对于从事核燃料循环的研究人员和工程技术人员而言，具有重要的技术指导价值。

陈明周博士毕业于中国科学院等离子体物理研究所，在中广核博士后工作站完成博士后研究工作，一直从事等离子体技术处理放射性废物和危险废物等环境治理方面的研发工作。为了向国内从业人士介绍基于等离子体、感应加热和激光技术的新型核燃料循环架构，他花费了大量业余时间完成了这样一部重要专著的翻译，前后历时4年多，实属不易。这本译作内容准确，行文流畅，简练易懂。我既为他的执着精神所感动，也非常高兴能为中译本作序。相信本书的出版，将对我国开发先进核燃料循环技术与工艺、实现闭式循环的研究工作起到积极的借鉴作用！

[签名][1]

2020年6月

[1] 中国广核集团副总经理。

PREFACE | 前言

俄国哲学家亚历山大·谢尔盖耶维奇·帕纳林(А. С. Панарин)在他最后的作品[1]之中将当前的国际社会称作"精神灾难"的时代,主要原因在于,美国的"现代保护主义"对其自身有利可图,而对世界其他地区则具有破坏作用。现代主义意味着"持久的变革能力,反复、以自我反思为基础的批判性自我变革能力"。但是,(帕纳林认为)"现代保护主义"并不仅限于贸易,这种反现代主义的行为已经付诸实施,突出表现之一就是强加给俄罗斯和许多其他国家的市场经济,"……这并未反映现代状态,而是反映殖民与征服的时代"。相对于"精神灾难"而言,物质灾难是可以预测的,其中需要我们区分、判别,这一情形恰恰适用于本书关注的两个主题。

第一个主题是能源危机——地球上的化石燃料即将耗尽,这一观点罗马俱乐部在20世纪末就向全世界广泛宣传了。从中可以得出结论:地球上的能源存储量不足以满足全体人类的需求。这个结论为几乎被人遗忘的马尔萨斯理论的发展提供了新方向。在西方,有一股势力制定了一项战略:地球上的稀缺资源专门为少数西方人——所谓的"尊贵群体"——的繁荣所使用。

另外一个主题——生态灾难——源于人类活动对生态环境造成的破坏。这些破坏作用仍在继续并呈现加速趋势,尽管人们试图通过国内、国际立法活动予以限制(如《京都议定书》)。

能源危机只存在于在反现代主义基础上解决了社会问题的群体中。在我们看来,能源危机根本就不应该存在:科学技术的发展在很久以前已经给出了解决能源问题的方案。唯一有待解决的问题是,将这些方案中的一些项目付诸实施的成本对于单个国家而言可能不堪重负;不过,这个问题可以在"国际社会"层面上予以解决。

在人类的能源战略项目中,以下四项是比较合理的:

(1) 基于快中子反应堆的大型核电工程,这类项目可以最终解决放射性废物问题[2]。

(2) 氢能,利用氢作为能源载体、氢氧燃料电池作为发电机[3-5]。

(3) 受控热核聚变[6]。

(4) 基于可再生能源的替代能源,如太阳能、地热能、风能、潮汐等。然而,可再生能源不具备成为全球主要能源的潜力,但能够有效解决某些地区的能源问题[7-8]。

这些项目正在实施，将从根本上降低能源行业的负荷和对生态环境的排放。

然而，破坏生态环境的废物不仅源于发电企业，还包括化工冶金行业。我们认为，与这些行业相关的现代化进程应该基于新一代电物理技术和新型精炼技术的广泛应用。关于这些技术的有效性和效用，应该建立三项基本原则：

(1) 产物满足所需的物理化学性质和其他性质要求。

(2) 对生态环境的人类活动不产生负面影响(不产生废物)。

(3) 技术经济指标可以接受。

关于生产无机材料的新型电物理技术，我们指的是基于以下技术的新技术：用于化工冶金领域的工艺等离子体产生技术；用于合成和加工金属与陶瓷材料的不同频率的电磁场产生技术；工业激光器；扩展等离子体技术的应用范围、获得具有纳米尺度微结构产物的技术；等等。所有这些都可以从原理和技术上与处理液态和气态原料的精制技术结合起来。应当注意的是，在核燃料循环中，精制技术主要是吸附、萃取和精馏，使用这些技术可以将原材料的纯度提高到任意所需的水平。

在当前的工业领域中，大部分工艺过程都是基于固态、液态和气态常见的三种物质状态进行。迄今为止，人们在实际应用中已经部分掌握了物质的第四种状态——等离子体态，不过主要在外围。苏联/俄罗斯的科研机构和工业组织对等离子体加工技术的重视程度与日俱增，这一过程已经持续了 30 多年：从 20 世纪 60 年代一直到 90 年代初，那时苏联在科学技术新领域中自然发展的进程被经济、社会的动荡所打断。这种长期持续关注的内在原因是什么？这个问题可以有很多答案。有人认为，与其他三种状态下的工艺过程相比，使用等离子体态的物质可以将工艺过程或冶金反应器中的能量密度提高几个数量级：容积功率密度达 $10^2 \sim 10^5$ W/cm^3，截面功率密度达 $10^2 \sim 10^5$ W/cm^2。还有人认为，等离子体工艺可以大幅提高工艺过程的反应速率和产物的产率，从根本上降低反应物成本、减少废物产量。最后，人们能够达成一致的观点是，等离子体过程中的能量效率高，主要原因是电源的效率高。

但是，对任何技术而言，上述观点仅部分地表述了其技术经济性[9]。对于一种生产和加工材料的电物理过程，在分析其经济和社会效益时发现，其效率主要由以下部分构成：减少工艺环节，采用更短、更安全的工艺路线；将寿命较短的电气设备更换成寿命更长的电气设备，降低物资的损失和折旧成本；大幅降低化学试剂的成本、工业废物的产量以及工艺对生态环境的负面影响；提高产品的质量；提高生产过程的社会关注度；等等。

人们首次掌握等离子体态物质是在 20 世纪初，大规模使用电弧等离子体反应器进行工业生产则始于 1900 年的挪威。然后,伯克兰(Birkeland)和艾德(Eide)利用空气工业合成了一氧化氮(NO),他们使用的是交流电弧。大约在同一时期,美国的洛夫乔伊(Lovejoy)和布拉德利(Bradley)使用直流电弧放电合成了 NO。后来,德国希尔斯(Hiils)公司开发了利用天然气生产乙炔的电弧技术,等离子体在其他领域的应用也在同步推进。但是,由于当时等离子体技术尚未足够成熟,人们实际上未能实现对等离子体态物质的有效控制。不过,在很长一段时期内有一项例外,那就是希尔斯公司生产臭氧的放电过程。

20 世纪 60 年代初,人们对等离子体态物质的兴趣进一步增强,因为科学技术在相关领域内均取得了令人瞩目的进展。现代等离子体发生器(等离子体炬、电源、控制和管理系统)是太空事业、核能和军事工业发展的副产物。逐渐得到开发和应用的等离子体发生器有直流电弧发生器、高频发生器和微波发生器。后来,激光也用来构建等离子体发生器[10]。

本书主要讨论等离子体技术领域的发展成果。为了使这种分析看起来不像应用于传统化工冶金领域那样司空见惯,我们将主要讨论等离子体技术在一个特殊领域——核燃料循环(NFC)——中的应用。对这个领域的分析说服力最强,因为这个行业主要服务于其自身。另外,用于材料生产和加工的等离子体技术是一种物理技术,对原材料类别的适用性强,因此也应用于非核领域,形成环境友好的无机材料生产技术。

在苏联时期,从等离子体态物质中获取用于核燃料循环的铀材料的研究始于 1962 年左右。那时,低温等离子体就已经在科学技术的各个领域占据了突出位置,尤其在冶金、化工和材料加工领域。低温等离子体在这些领域中的发展源于 Л. С. 波拉克(Л. С. Полак)教授和 Н. Н. 雷卡林(Н. Н. Рыкалин)院士的工作。等离子体科学与技术在工业领域的应用促进了低温等离子体发生器的发展:电弧等离子体炬的研究进展主要基于 М. Ф. 朱可夫(М. Ф. Жуков)院士的工作;高频等离子体炬的发展要归功于 Н. Н. 雷卡林(Н. Н. Рыкалин)院士和 С. В. 德列斯文(С. В. Дресвин)教授;微波和高频等离子体炬应用于化工冶金领域主要由 В. Д. 鲁萨诺夫(В. Д. Русановым)院士实现。

本书作者——我,Ю. Н. 图马诺夫,在 1962 年担任全苏化工科学技术研究所的初级研究员。一天,我发现自己偶然进入了一个新领域,并且这种事情后来好像经常发生。我在等离子体物理和化学领域的研究始于我与一群物理学家一起工作之后。当时,这些物理学家们正在研究用于电磁波和等离子体离心法分离铀同位素的等离子体技术。在这个群体中,我是唯一一位接受过基础化学教育的成员(我 1960 年毕业于国立列宁格勒大学化学系)。或许出于这个原因,在学习完气体放电特性之后,我将注意力集中到了物理学家们常常忽视的领域——放射化学,即分离对象六氟化铀(UF_6)分子的热不稳定性和光化学不稳定性。根据我的计算,UF_6在低气压高频放电中应该分解成UF_5、UF_4、UF_3、F_2分子和F原子;此外,还会产生正、负离子和原子,这样就使分离UF_6分子中铀同位素的工作变得极其复杂。然而,使UF_6分离愈加复杂化的原因还在于,UF_6分子会在放电管内和放电管的冷却壁上发生凝结。这样,几乎不可能使待分离物质——UF_6和WF_6的混合物——保持平衡。这些现象将在第10章进行详细描述。我向放电区内加入过量的氟,试图降低UF_6和其他类似氟化物的分解程度,但是仍然未能抑制这种自然过程,更何况存在电磁波传播的实际分离过程,导致过量的氟与较重的分子(UF_6、WF_6及其片段)分离开来。除上述过程之外,还需要考虑氟对放电管材料(水冷石英管)的腐蚀,尽管预先对这些氟化物进行了净化,除去了痕量的氟化氢。这种腐蚀过程会生成挥发性的四氟化硅(SiF_4),这种物质的出现使产品分离过程更加复杂。利用等离子体技术从UF_6中分离铀同位素的研发工作最终停止了,而UF_6在气体放电等离子体中行为的研究成果应用于核材料的化工冶金领域,这些内容将在本书的一些章节中予以介绍。

这项工作从一开始就在Н. П. 加尔金(Н. П. Галкин)教授的指导下进行。加尔金教授组织了科研团队,(除我之外)还有初级研究员Ю. П. 布特金(Ю. П. Бутылкин)和工程师Б. А. 基谢廖夫(Б. А. Киселев)。1966—1974年,我一直与他们两位一起工作,度过了人生中最有趣、最快乐的时光。我必须承认,我们都没有接受过等离子体物理专业的基础教育。为了弥补知识缺陷,我们经常出席Л. С. 波拉克(Л. С. Полак)教授组织的低温等离子体物理和化学讲座,开展自学,与库尔恰托夫原子能研究所的人员交流,以及进行艰辛的试验。所有这些工作的方向都由Н. П. 加尔金教授指引。在А. П. 捷费罗夫(А. П. Зефиров;后来的全苏化工科学技术研究所所长、苏联科学院通信院士)的关心与支持下,我们的研究工作快速推进,很快达到科学研究与工艺研究阶段。

在此期间,我们研究了利用各种铀盐制备铀氧化物的工艺,目标是使用等离子体工艺取代传统工艺生产铀氧化物。在我们的研究中,这些工作的最初基础是温度差异:作为热载体的等离子体温度极高(4000~6000℃),能够把原料加热到非常高的温度(1000~2500℃),而反应器的壁温却相对较低(100~500℃)。后来,我们终于认识到,要在等离子体态物质的利用中取得任何一点点技术和商业进展,仅仅依靠实现较高的化学反应速率和非平衡状态是不够的。成功的可能性取决于多方面的因素,包括:采用更短、更简洁的获得最终产品的工艺路线,减少化学品和能量的消耗,降低工艺设备的腐蚀和侵蚀,提高产品的工艺性能,减少金属设备的使用,降低环境负荷,提高生产活动的社会关注度,以及其他因素。在等离子体技术开发成功后所产生的效益中,这些因素最终都体现在收益成本比中。

在研发初期(1966—1968 年),我们缺乏功率足够大的等离子体炬。为了解决这一问题,我们增强了研发力量:位于新西伯利亚的热物理研究所加入进来,开发电弧等离子体炬;与莫斯科动力学院密切合作,开发高频感应等离子体炬。1970 年我们得到第一台微波等离子体炬,由泰坦(Титан)科学研究所开发。自 1966 年以来,在工艺设备研发方面我们一直依赖莫斯科化工研究设计院。然而,从 1970 年开始,西伯利亚化工厂设计部也加入等离子体设备的加工制造中;我们与他们合作了近 20 年,在那里我很幸运地有机会与天才的设计师和工艺师们一起工作,其中特别令人难忘的有 Г. А. 巴特列夫(Г. А. Батарев,)、В. А. 霍赫洛夫(В. А. Хохлов,)、В. Д. 斯加罗(В. Д. Сигайло)、Ф. С. 别夫留克(Ф. С. Бевзюк)。后来,我们成功地组织了一批等离子体、高频感应和冶金等领域内的专家,这些人员都来自使用我们技术的其他单位,如莫斯科多金属厂、乌尔巴冶金厂、切佩茨克机械厂、"金刚石"生产联合体、(第比利斯)稳定同位素科学研究所等。我们在这些单位建立了大功率等离子体装置或感应加热装置,生产各种核工业材料。

到 1972 年,在利用等离子体和高频技术处理各种原料和碳化物制备铀氧化物的领域,我完成了多项研究工作,并通过化学科学博士论文答辩。

1989 年,我在全苏化工科学技术研究所组建了电气技术研究室,专门研究等离子体、感应加热和微波技术在化工、冶金以及核燃料循环中的应用。当时,这个研究室集中了几乎所有活跃在等离子体、感应加热和冶金领域的专家,他们大多数都比较年轻,从 25 岁到 45 岁。我们的研究课题涵盖了核燃料循环的大部分阶段,较大规模的研究主要在西伯利亚化工厂进行。在那里,研究工作完成之后,我们建立了功率为 4MW 的工业化装置,将回收铀的硝酸盐加工成铀氧化物和硝酸;我们建立了将富集 U-235 同位素的 UF_6 转化成铀氧化物和氟化氢的中试工厂,以及将氟化氢厂排气中含有的硅氟化物转化成氧化硅并回收氢氟酸的中试装置。由于等离子体技术属于物理技术,对原料的类别不敏感,我们对制备其他材料也进行了研究,包括由硝酸镁溶液制备氧化镁、生产具有高温超导特性的复合氧化物材料等。

在乌尔巴冶金厂,我们在中试装置上开展了利用富集 U-235 同位素的 UF_6 生产氧化物核燃料的工业化试验;在切佩茨克机械厂的等离子体中试工厂中,利用贫化 UF_6(DUF_6)生产金属铀。

在莫斯科多金属厂,我们建立了一座中试工厂,通过直接高频感应加热氧化硼原料和碳颗粒生产碳化硼。这项工作在位于第比利斯的稳定同位素科学研究所继续进行,生产富集同位素(B-10)的碳化硼;在"金刚石"生产联合体和粉末冶金研究所(明斯克)制备用于刀具的碳化物和硼化物。

在全苏化工科学技术研究所和新西伯利亚化学浓缩厂,铀等离子冶金领域的工作在 A. B. 诺斯科夫(A. B. Носиков)领导下进行,实现了等离子体碳热还原氧化铀生产金属铀,大幅简化了核燃料循环架构。

同时,基于冷坩埚技术冶炼金属锆的研发工作也在推进中。这项工作由 Л. И.卡其尔(Л. И. Качур)和 B. T. 加多夫奇科夫(B. T. Готовчиков)领导。研究基地设在第聂伯河化工厂(现属乌克兰),那里开发了以氟化物为原料大规模生产锆的感应加热技术,建立了工业化设备。莫斯科多金属厂也建立了类似设备,用于稀土金属的生产和精炼。

然而,在苏联原子能部甚至整个苏联范围内,所有电物理技术的研发工作都戛然而止。经历 1986 年切尔诺贝利核事故和戈尔巴乔夫主导的改革之后,苏联的科学技术研究转向了"自给自足"模式。但是,出于某些原因,出现了诸多不可控现象。商业行为渗透到原本受到保护的核能研究领域中,造成极具破坏性的后果。这是科学技术专著的序言,显然并不适合讨论这个话题。即便如此,我还是不得不说,尽管苏联的经济体制存在明显缺陷,但是苏联原子能部能够很好地协调科学研究与工业生产之间的关系,形成公平、高效的体系,使苏联核科学与核工业水平在世界上处于领先地位,形成强大的全球竞争力(这种竞争力一直持续到今天)。现在,这个体系崩溃了……基础科学和应用研究失去了传统意义和社会意义上的引导方向。相反,研究人员发现他们已经被笼罩在商业的阴影之下。这违背大多数科学家和工程技术人员的意愿,甚至被他们视为近乎犯罪。然而,不幸的是,这种状况一直持续到今天,全然无视原有的科学、技术和知识基础已被挥霍殆尽,甚至被彻底破坏。

1992—2002 年,我有幸在国外核工业界工作了一段时间。1992—1994 年,我担任南非原子能(ACE)公司的顾问。该公司位于南非首都比勒陀利亚以西 30km 的佩林德巴(Palindaba)山区。1994—1997 年,我回到莫斯科,但继续在生产无机材料的等离子体技术发展领域为 ACE 公司提供建议;我完成了几项有关加工南非的富矿和非常纯净矿石的冶金和化工技术研究工作,从这些矿石中提取有价值成分,包括以氟化碳形式提取氟、以氧化锆形式提取锆等。

1997—1998 年,我参加了英国核燃料公司(BNFL)产生铀-氟等离子体(U-F 等离子体)的研究工作,同时还在曼彻斯特附近的索尔福德大学以及 BNFL 位于卡本赫斯特(Capenhurst)、斯普林菲尔德(Springfield)、里斯利(Rieli)和塞拉菲尔德(Sellafield)的铀浓缩厂开展讲座。后来(1998—2003 年),这项研究工作取得了实质性进展:开展了从 U-F 等离子体中提取铀和氟的研究,建立中试工厂并开展了将贫化 UF_6处理成铀锭和氟的试验。

1991年,苏联解体。随之而来的是,俄罗斯和整个苏联地区对等离子体态物质的技术研究与工艺开发工作几乎全部停止。由此导致苏联时期形成的等离子体技术进展以及利用等离子体技术生产核材料和结构材料的研究在俄罗斯也全部停止,尽管一些技术和装备在国外得到了验证,包括:利用等离子体技术生产氧化物核燃料(哈萨克斯坦),利用感应加热技术生产碳化物和硼化物(格鲁吉亚,白俄罗斯),利用低频技术与装置生产锆和铪(乌克兰),等等。这些现象造成的后果在1993—2008年的等离子体技术与冶金国际会议和论坛上被反映出来:俄罗斯在这些领域中的研究水平显著下降,科学技术研究与行业需求严重脱节,研究方向处于边缘地带,有些甚至在缓慢地重复。许多在苏联时期已经进行高水平研究的关键问题(磁流体(MHD)发电机、热核聚变、核能和氢能、UF_6核动力反应堆、乏燃料氟化后处理、同位素激光分离等)均不再像以前那样受到重视,尽管在不远的将来这些问题将成为全球性的。苏联,尤其是俄联邦的科研机构对于解决这些重大问题做出了重要贡献,有些甚至是决定性的。

在俄罗斯的历史上,过去十几年被称为改革期。这一时期对科学、技术和工业潜力造成的损害堪比一场军事惨败:几乎所有地区都停止了大规模科学研究,在与军事工业有关的研究机构中尤其严重。在大多数俄罗斯工业企业中,生产设备磨损严重,设备更换问题本来可以在科学技术发展的基础上得到解决,其中许多研究工作在20世纪90年代初就已经完成,但是直到戈尔巴乔夫的改革开始之后仍然未能付诸实施。这些现象主要与苏联军工企业的发展有关。依我看来,一条可能有助于走出当前困境的出路,就是大力发展一些工程技术,尤其是那些在危机到来之前就已经在国际市场上非常具有竞争力的技术,如核技术、航天火箭、军工、冶金等。目前,国际社会都在努力发展纳米技术,并试图基于此彻底改变科学技术的基础结构[11]。有人认为,物理、化学、生物等学科将在共同的科学技术基础上得到统一,原因在于合成基本组分的原料与成品在纳米层面是相同的,并且合成技术本身也不存在根本性差异。物质之间的这种内在联系不仅需要在科学研究的基础上进行分析,而且需要在科学应用的基础上,正如所有科学都是自然哲学的分支那样。人们对技术和社会意义上取得新突破的期望非常高。尤其是,有人认为纳米技术的意义可以与核能利用相媲美,甚至有所超越。然而,尽管核技术的应用千差万别,其最初的焦点在于解决两个核心问题:

(1) 生产铀同位素U-235、U-233和钚同位素(主要是Pu-239),最初用于军事目的,后来用于能源领域;

(2) 用途类似的热核聚变研究。

在这些问题中:第一个问题已经完全解决,尽管仍然处于不断发展过程中;第二个问题在军事应用方面已经得到解决,能源方面仍在发展。

与核技术不同，纳米技术并不像铀、钚利用和轻核聚变那样关注某些具体点的突破，因此难以随着量变的发展判断何时实现质变。不过，随着一些纳米项目的实施，现在就可以看到一些质变苗头。其中正处于发展过程中的一些项目，将在本书的一些章节中讨论。

Ю. Н. 图马诺夫

参 考 文 献

[1] Панарин А. С. Духовные катастрофы нашейэпохи в свете современного философского знания. Журнал《Москва》, 2004, № 3, с. 146-162.

[2] Солонин М. И. Состояние и перспективы развития ядерного топливного цикла мировойи российскойядернойэнергетики. Атомная энергия, 2005, т. 98, выпуск 6, с. 448-459.

[3] Месяц Г. А., Прохоров М. Д.. Водородная энергетика и топливные элементы. Вестник РАН, 2004, т. 74, № 7, с. 579-597.

[4] Коротеев А. С., Смоляров В. А. Автомобиль на водороде: проблемы и решения. Атомная энергия, 2004, т. 97, выпуск 5, с. 380-387.

[5] Пономарев-СтепнойН. Н. Атомно-водородная энергетика. Атомная энергия, 2004, т. 96, выпуск 6, с. 411-425.

[6] Euroatom/UKAEA Association: Fusion Research, 2003-2004 Progress Report. Culham, Oxfordshire, UK, June 2004.

[7] Легасов В. А., Кузьмин И. И. Проблемы энергетики. Природа, 1981, № 2 (786), с. 8-23.

[8] Арутюнов В. С., Лапидус Ф. Л. Роль газохимии в мировойэнергетике. Вестник РАН, 2005, т. 75, № 8, с. 683-693.

[9] Туманов Ю. Н. Плазменные технологии в формировании нового облика промышленного производства. Вестник РАН, 2006, т. 76, № 6, с. 491-502.

[10] Toumanov I. N. Plasma and High Frequency Processes for Obtaining and Processing Materials in the Nuclear Fuel Cycle. The second edition, reprocessed, supplemented. N.-Y. Nova Science Publishers, 2008, 660 pp.

[11] Ю. Альтман. Военные нанотехнологии. Возможности применения и превентивного контроля вооружений, 2006.

CONTENTS | 目 录

第1章

核燃料循环的新发展方向

1.1 引言:核能的发现促进人类进步

我个人认为,人类的能力在20世纪实现了数百万倍甚至数十亿倍的提高,原因在于以下四个方面的进步:

(1) 核能的发现以及原子内能的利用,包括铀和超铀元素的裂变能与轻元素的聚变能;

(2) 克服地球引力进入太空,实现太空行走,以及太空技术的逐步发展;

(3) 半导体技术的发展,使人类开发出晶体管,进而制造集成电路(20世纪初的机械计算机器每秒仅可以执行几步运算,而在现代计算机则快了数十亿倍);

(4) 基因工程的发展(尽管最终结果还无法预测)。

所有这些成就都是基础研究发展的成果,对人类活动其他领域中的工程技术发展具有重大影响。不过,影响最大的或许在于核科学技术的发展。人类在核科学与核技术领域取得的成果已远远超出核工业本身的进步和创新,并被直接或间接地用于包括上述发现在内的许多领域中。这些应用的具体例子我们稍后再谈。现在需要了解的是核科学和核技术对人类社会发展带来的总体影响。

1.2 促进学科交叉

核能的发展为人类活动的几乎所有领域都提出了崭新的课题,并且不仅限于提出,还促进这些课题的解决,包括工程机械、船舶制造、电气工程、材料科学、化学、物理、生物、国内和跨境监管以及控制系统。前所未知的复杂问题涉及诸多知识领域,进而形成具体课题。为了研究这些课题,必须依靠政府、科研机构和产业界之间开展共同合作,确定短期、中期和长期目标,形成在所有相关领域开展工作的引导性计划。

1.3 建立安全文化

核电是第一种不基于试错理论发展起来的技术。不过,这并不意味着过去没有,将来也不会出现事故。鉴于这一技术存在潜在的高风险性,因此从一开始就需要根据基础研究成果制定安全措施。核工程与技术领域已经形成了一些原则、体系和工程途径来保证内在安全性,这些因素反过来又推动核技术向更高水平发展。这些理论能够在探求薄弱环节的概率安全分析的基础上持续改进和不断完善。当前,人类社会存在一种显著需求——将核工业的安全原则和技术方法应用到其他高功率与高风险并存的领域。这种做法很有必要,因为放射性向环境中释放不一定都与核设施的运行有关。众所周知,利用化石燃料的热电厂在运行时也会向环境中释放大量放射性气体和气溶胶。

1.4 核能的发现催生的新技术

核能领域是一个非常广阔的领域。在这里,核技术的影响力随处可见。许多技术要么是核技术发展的组成部分,要么是从外部引入核能领域,并得到大幅度发展和改进。下面来看其中的一些例子。

1.4.1 生态环境影响研究

早在20世纪60年代,核能在军事领域的应用以及第一次核事故的发生就促进了这类模型的形成,用于描述污染物在生态环境中的扩散和演变。然后,这些模型得到进一步发展,并且变得更加复杂,分析放射性物质释放事故的紧急情况。后来,这些模型得到进一步改进,应用到其他人为污染源对生态环境的影响研究,如公路交通对大气、氯氟烃对地球臭氧层、有机合成的副产品——二噁英和呋喃及其衍生物——对生态环境的影响等。

1.4.2 环保应用

在铀浓缩和燃料元件芯块加工技术的推动下,粉末冶金技术得到了强劲发展。利用该技术,人们制成了各种陶瓷和陶瓷过滤材料,用于空气和含有分散以及超细分散气溶胶的工艺气体的净化与超净化。这些材料和产品的应用范围很广:捕集核工业厂房内的放射性和毒性气溶胶,超净化微电子工业厂房的空气和工艺气体(这里的清洁等级比核工业还要高),有色金属冶炼的尾气净化,等。此外,核能领域的企业还开发出了多层烧结金属过滤器的生产技术和再生技术来过滤超细气溶胶,超纯材料生产就需要这样的过滤器。

1.4.3 机械手

用于“热室”处理放射性材料的机械手不仅可以在复杂条件下处理剧毒物质,而且还是外科手术中对有机组织介入最小的设备[1]。外科医生需要在一定安全范围内具有多个操作自由度、在手术区三维视角良好的电动工具。此外,还有人尝试将基于过程仿真(这是为核设施运行和维护而开发的技术)的一些技术引入医疗活动中,如为大规模核技术试验或受控热核聚变服务的机械手的准备与维护。

1.4.4 超声探伤

检查核工业管道与其他重要部件的超声波探伤法已广泛应用于石油和天然气管道的检测。这项应用非常重要,因为天然气与石油管道破裂会导致大规模灾难和生态灾害。

1.4.5 LIGA 技术[1]

通过喷射分离实现铀浓缩的技术催生了X射线光刻、电铸和注塑技术(LIGA 技术),这种技术可以在微米尺度上制造出三维结构。这项技术的第一个市场化产品是指甲大小的可调焦光谱仪,其聚焦格栅的尺度为0.2μm量级。这种设备起初应用在着色控制系统中,将来有望成为复杂微系统中的关键元件;在微系统中,液体和气体的颜色均由传感器控制。此外,这种元件在过程控制与管理领域也具有巨大的应用潜力。

1.4.6 医学应用[1]

医学是微技术应用的一个重要领域。在这个领域中,人类对安全和技术效率的要求堪比核技术。微技术的一个典型例子是微泵,设计这样的微泵需要采用适用于核反应堆的4倍冗余原则。计算和模拟相关部件的动态载荷的核技术计算方法已经应用于医疗,帮助确定髋关节植入物的可靠性。

放射性应用的推动者们也在医学领域取得了显著成就。放射生物学在放射性物质对生物组织的影响方面积累了大量数据。这方面的知识用于精确医学诊断和治疗。一个最近的例子就是细丝网扩张器,用于防止血管变窄。扩张器如果向组织内生长,就将产生与预期相反的效果。为了防止出现这种情况,由β-发射体(^{32}P)为扩张器提供支撑。目前,这些扩张器正在进行临床试验。

1.4.7 超导材料

受控热核聚变领域需要开发大型超导磁体,人们将这个过程中得到的数据用于研发高分辨率核磁共振(NMR)。此外,超导材料还用于建造现代和未来的发电机和电动机、磁悬浮列车、蓄电池、超导体电脑等。核工业企业还有力地推动了高温陶瓷超导体的发展,并在国民经济的许多领域中实现了应用。

1.4.8 高温金属材料、陶瓷材料和复合材料

核工业的发展催生了各种各样的特种钢材。这些钢材能够腐蚀环境下承受高温和高剂量辐射;腐蚀环境可以由熔融金属以及含不同比例的氟、硝酸、硫酸和碱等介质形成。这些钢材即使不用于核能行业,仅考虑其自身价值,也为化工冶金领域工艺装备的品质开创了新高度。

在核工业中,在纯石墨和改性石墨、碳化硅、氮化硼和氧化铍等的基础上,新型非金属材料被开发出来,这些材料在各种技术应用领域都有巨大需求。对于复合材料尤其如此,这类材料大幅扩展了应用范围,不仅用于核工业和航天工业,还包括交通运输业和国民经济的其他领域。此外,带有各种保护涂层和功能涂层的球形燃料元件的制造技术,用于制造车辆的高温燃料电池,将烃和氢气燃料的能量转换成电能。

1.4.9 核科学与核技术的其他应用实例

显然,核科学与核技术对与其相近或者差异较大的科学技术产生影响的例子不胜枚举。为了对以上列举的各种应用做出简要、适当的结论,我们应当注意图像自动分析这种重要方法。这是在核动力工程中发展起来的,用于对乏燃料监测结果进行量化,尤其是对增殖反应堆燃料元件在强烈辐照后进行孔隙率检验。目前,这种技术已应用在包装线上[1],对其他类别的燃料进行无损检测或者制备其他材料和产品。

总之,核技术已经成为现代高技术体系的一个重要组成部分。它对其他领域的技术发展提出了大量要求,同时也为核技术在非核领域的应用开辟了道路,从而与当今世界的高科技体系融为一体,不仅能够提供能源,而且其提供的能源环境温和,不依赖于自然环境,经济性好。

1.4.10 在受控热核聚变领域的应用

目前,俄罗斯联邦核物理研究所正在研究将核反应的能量直接转换成光学范围内的激光辐射[2],以开展惯性约束受控核聚变研究。惯性约束核聚变在“火星”-5(Искра-5)装置上进行,用12路激光在0.3ns的脉冲时间内以30kJ的总能量照射同一目标。光学反射镜将12路激光束引导到一个直径为2mm的目标上;激光辐射被转换成X射线,将含有氘和氚混合物、直径为0.03mm的球形靶压缩至1/3000。这时,标靶的半径被压缩到原来的1/14。目前,新一代“火星”-6(Искра-6)装置正在建造中,其功率约是“火星”-5的10倍。

1.4.11 核燃料生产与回收技术的发展

与核燃料生产、回收以及核燃料循环进一步完善有关的技术问题非常重要,因为这些问题关系到核电厂的最终发电成本、核安全以及社会对核电的接受程度等。这些技术的发展在一定程度上取决于相关领域工程技术发展的积极成果,尤其包括:

(1) 化工和合成工业,生产高性能有机吸附剂、萃取剂和稀释剂,以及用于核工业中湿法精细纯化核材料的分离膜;

(2) 电气工业,生产特别适合化工冶金生产需要的、效率更高的新型发电机,电流和电压转换器,低频、高频和微波发生器,用于同位素分离和材料精确加工的大功率激光器,等;

(3) 微电子产业,开发核工业工艺过程的监控设备。

1.5 世界能源结构

在大多数大型工业化国家,能源供应通常有多种形式,电力来自于以化石燃料(煤炭、石油、天然气)运行的热电厂(TPP)、核电站(NPP)、水力发电厂(HPP)和可再生能源,可再生能源近来通常称为替代能源(太阳能、地热能、风能、潮汐等)。作为一个例子,我们来看工业化程度最高的国家——美国——的能源结构:图1.1为2003年美国的能源结构。图中的比例表明,86%的能源由热电厂提供,8%来自于核电厂,3%来自于水电站,只有1%由可替代能源提供。至于化石燃料提供的能源,在未来几十年内会发生结构性变化,因为世界主要产油国有可能削减石油产量。关于开采难度大的和非传统的液态化石燃料,在对这些重要资源可用性的宣传中通常不会强调这样的信息:这些燃料在能源总产量中所占份额不断增加的背后,是生产成本的不断攀升。目前,已经难以通过进一步加大开发力度实现以经济上可以接受的成本维持化石燃料的生产水平,因为在过去30年中,世界石油产量增加了1.6倍,生产成本却增加了16倍,这是石油成本不断上涨的主要因素[3]。

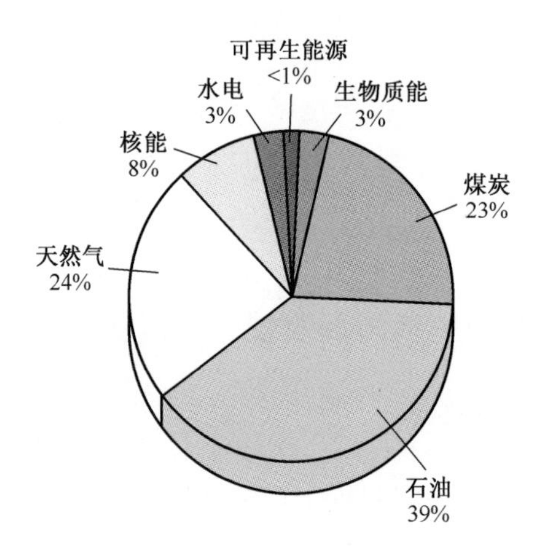

图1.1 2003年美国的能源结构[3]

气态碳氢化合物能源——天然气——后来出现在世界能源舞台上。目前,人们已经证实这种资源的世界储量很大,并且不断向上修正,储量主要集中在俄罗斯和中东两个地区[3]。俄罗斯拥有全世界12.8%的疆域和2.8%的人口,其潜在的天然气储量占世界的40%以上(世界可信储量为155万亿 m^3,预计储量为280万亿 m^3)。此外,俄罗斯还拥有同等规模的非传统天然气储量,如煤层气(280万亿 m^3),这种资源在美国的年产量达350亿 m^3。根据现代成因观点,天然气与煤和石油不同,主要是非生物成因。在地球上,每年从地球内部释放到地壳和大气中的甲烷量高达1万亿 m^3[3]。这个数量与世界年产量(2.5万亿 m^3)相当,人们据此将天然气视为部分可再生资源。另外,以固体天然气水合物形式储存的甲烷量也很大,大约有2万亿 m^3[4-5],比传统的气态甲烷储量高2个数量级。在水合物中,一定体积的水与70~210倍的气体结合。在正常条件下,$1m^3$ 的甲烷水合物含有高达 $1165m^3$ 的气体。因此,就储量、生产效率和环境特征而言,至少在21世纪,天然气是最有可能满足人类对能源和碳氢化合物原料需求的资源。

世界能源前景的乐观来源曾寄托于替代能源或可再生能源。然而不幸的是,这些希望已经被证明是不现实的。所有可再生能源,无论是太阳能、风能、水力发电,还是燃烧生物质所产生的能源,都源于太阳辐射。目前,全球能源消费水平大约是地球上太阳辐射能量的0.02%。据预测,21世纪将增加几倍,将高于输入太阳能的0.1%,主要原因在于发展中国家能源消费的增长。据估计,只要人类消耗的生态环境初级产物的量小于1%,人类活动就不会破坏生态环境的平衡。由于绿色植物转换太阳能的平均效率略高于1%,因此(将损失考虑在内),即使将生态环境的所有产物都利用上也无法满足人类的能源需求。太阳辐射通量在地球表面的密度低,以及植物转化太阳能的效率低,这两个因素否决了可再生能源承担全球角色的可能性。

另外,建设工业规模的人造光/电转换系统的可行性很低。由于太阳能这种一次能源的通量密度很低,建设这些设施需要几十万平方千米的面积,对这些土地上的经济活动或自然生态系统造成影响,相当于西欧主要国家的领土面积,并且设备投资巨大。太阳能是最昂贵的能源之一,即使在最发达的国家——美国,太阳能所占的份额也小于0.1%。

关于可再生能源生态效益的论文也引起了很多质疑。通常情况下,在生产、运营和处理巨大而快速倒闭的设备园区时排放的废物量没有计算在内,为此燃烧的燃料量同样未计算在内。例如,对于现有的工业化氢气生产技术,从原材料和储存所需的能源到汽车运输的最终用途,与所有其他类型的燃料相比,工业制氢排放的有害物质的量最高[3]。

全球文明进程的模拟结果表明[3],以发达国家当前的能源消耗水平计算,依靠可再生能源最多可容纳500万人,是现有的人口1/10。人类的生存与发展依靠一种"能源罐头"(主要是石油和煤炭),这是生态环境发展了大约3亿年才形成的结果。这些资源储量巨大,但是它们的消耗速度比自然形成过程高出近100万倍。考虑到全球能源消费量的增长速度,这样的储量最多可以满足人类几百年的需求。

原则上,关于替代能源并没有什么新结论[3]。早在1981年,B. A. 列戈索夫(В. А. Легасов)和И. И. 库兹明(И. И. Кузьмин)[6]基于国际能源大会WEC-10的研究结果进行了可再生能源的技术能力分析,结果发现可再生能源远远不能满足未来全球的能源需求。当然有一些例外,如地热能、海水温差能以及太阳能电等。在这项分析中,核心参数是能量当量因子:$Q=1.055\times10^{18}$ kJ $=2.93\times10^{14}$ kW·h $=3.35\times10^{7}$ MW·a。

在分析过程中,文献[6]确定了地热能的技术潜力,为$1Q$/a。利用海洋的热量可以达到$2Q$/a。但是,这种潜力实际上是不可能利用的,因为这两种能源的实际可利用部分很少,仅为其理论值的几百分之一。对太阳能而言,通过大气层到达地球表面的总量估计高达$2000Q$/a。但由于太阳辐射强度较低,材料和土地资源消耗大,完全利用这些资源非常困难。利用太阳能生产1MW·a的电力,成本是$1\times10^{4}\sim4\times10^{4}$人工·h;对于传统化石燃料而言,这个数字是200~500人工·h。详细分析所有有关因素之后,WEC-10的专家和B. A. 列戈索夫等得出如下结论:到2020年,可再生能源在世界能源消费中所占的比例可能达不到13%。

同时,化石能源的储量包括探明储量、可能储量和预测储量,分别为:煤 $120Q \sim 240Q$;石油,$25Q \sim 32Q$;天然气,约 $14.5Q$;用于热中子反应堆的铀,$3.7Q$;可用于增殖反应堆的铀,$40Q \sim 25000Q$,取决于提取铀的成本130~295美元/kg。海洋中的铀约为 $3.4 \times 10^5 Q$;地壳中0.5km深度范围内的铀为 $6.7 \times 10^5 Q$。

化石能源的替代品是众所周知的,即核能。从长远来看几乎取之不尽、用之不竭的能量来源是受控核聚变。核电在世界能源供应中的当前和未来作用将在下一节中讨论。实际开发聚变能的计划已经进行了几十年。30年后,国际社会开始实施国际热核反应堆(International Thermonuclear Experimental Reactor, ITER)项目和国际热核聚变材料辐照装置(International Fusion Materials Irradiation Facility, IFMIF)计划,目的在于建造聚变示范堆[7]。

由于在受控热核聚变纳入未来全球能源结构之后,人们对能源供应的前景存在一定的疑惑,这里需要做出一些说明。事实上,轻元素聚变是自然发生的过程:在自然条件下的恒星上,聚变反应持续进行,释放出能量。在恒星上,聚变燃料靠重力来保持。然而,只有在非常大的星系中,引力才能满足这种约束要求。因此,在地面条件下再现核聚变过程,就必须使用磁场使氢的重同位素氘(D)和氚(T)的原子核彼此靠近,发生聚变形成氦核(图1.2)。为此,需要将D-T等离

氘核
氦核
氚核
中子

(a)

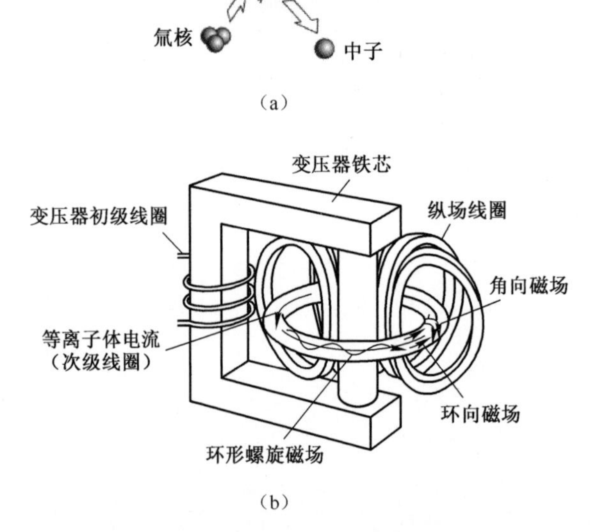

(b)

图1.2 D-T发生聚变反应(a)和托卡马克磁约束聚变等离子体(b)的示意图

子体(完全电离的气体)加热到约1亿℃的温度。热核聚变可以提供几乎无限量且安全的能量来源,并且聚变发生在燃料实际储量和潜在储量极少的装置中,因而这些装置可以比较安全地运行。

热核聚变所需的原料是由水生成的氘和碱金属中较轻的金属锂。通过核聚变生产200000kW·h的电力,需要的原材料量极少。然而,为了产生这些电力,一座燃煤发电厂需要40t标准煤。另外,热核聚变反应不会像热电厂那样排放温室气体,并且像核裂变那样产生放射性废物的问题也有本质上的减少。

欧洲磁约束等离子体聚变的研究在欧洲聚变开发协议(EFDA)的框架内进行。研究基础是托卡马克装置,其中的约束磁场由外部线圈和等离子体本身中的电流产生(图1.2)。著名的热核聚变装置欧洲联合环流器(Joint European Torus,JET)和ITER均属于托卡马克。ITER装置用于展示在热核电厂中发生的过程,并开发所需的技术。图1.3为ITER的总体情况。其中,反应堆的尺寸参照底部的人员高度进行估算[7]。

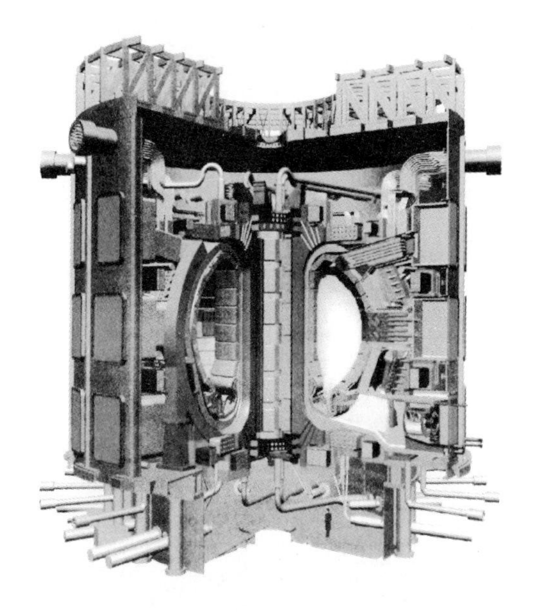

图1.3 ITER示意图(反应堆的大小通过站立在反应堆底部的人的高度估算)[7]

目前,ITER正在法国卡达拉舍(Cadarache)建造[7]。在ITER项目建设的同时,国际社会还在实施IFMIF项目,目的是开发辐照热核聚变材料的装置。ITER和IFMIF项目的平行实施,将为今后30年内成功完成热核聚变示范反应堆计划并向工业反应堆过渡创造科学技术基础。

1.6 核能在全球能源供应中的重要地位

在全球能源供应中,核能的广泛应用既成事实。对许多国家而言,核电厂正在其国家能源结构中占据决定性的地位。这些国家建立了工业规模的核燃料生产和乏燃料后处理工厂、放射性废物储存和运输系统,还开展了多方参与的钚燃料循环研究。这种趋势显然是不可逆转的,尽管有人持不同程度的反对意见。法国就是其中一个典型例子。法国在核电生产领域的快速发展给人以非常深刻的印象:1973—1998 年的 26 年间,法国核电的比例从 8%(174TW·h)快速增加至 78%(451TW·h)。作为一个从根本上转向核能的例子,法国能源结构的变化由图 1.4 予以说明。这项转变使法国的经济具有长远的发展潜力。

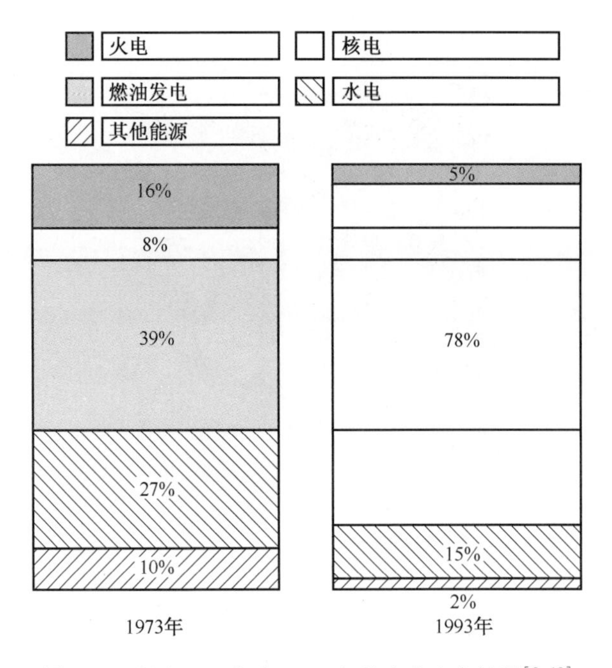

图 1.4 法国 1973 年和 1993 年的电力生产情况[8-10]

核能行业的科技进步推动着核电与(燃煤、燃油和燃烧天然气的)火电以及水电一起成为主要能源。到 1998 年,核电厂的发电量已占全世界总发电量的 17%,那时全世界有 424 个核反应堆在运行,总装机容量为 338441MW(表 1.1)。

表1.1　1998年世界核电数据统计(取自调研和展示材料[3-5])

国家	核反应堆数	核电厂总功率/MW
美国	109	99152
法国	55	60880
日本	44	32238
德国	25	22149
俄罗斯	29	21242
加拿大	21	14874
英国	34	13820
乌克兰	14	12818
瑞典	12	10452
西班牙	9	7572
韩国	9	7220
比利时	7	5807
中国	7	5178
保加利亚	6	3760
立陶宛	2	3000
瑞士	5	2952
芬兰	4	2400
南非	2	1842
捷克	4	1782
印度	8	1707
匈牙利	4	1645
斯洛伐克	4	1632
阿根廷	2	935
罗马尼亚	1	700
斯洛文尼亚	1	664
墨西哥	1	654
巴西	1	626
荷兰	2	480
哈萨克斯坦	1	135
巴基斯坦	1	125
总计	424	338441

今天,核能的利用主要基于以铀为燃料的核反应堆,绝大多数核电厂采用铀氧化物核燃料运行。这些反应堆的核燃料循环不能形成闭环,尽管一些核电厂已经采用铀钚混合燃料运行(混合氧化物(MOX)燃料)。

自1998年表1.1编制完成以来,其中的数据发生了一些变化,但都不是关键性的。立陶宛的伊格纳林纳核电厂正处于逐渐关闭阶段,德国至少有一座核电厂正在退役。与此同时,芬兰正在建造第 5 座沸水堆(BWR)①核电厂,装机容量为 1600MW,投运后该国的核电份额将达到 35%[11]。根据 2004 年的数据[11],世界上正在开发的核电项目有 32 个,其中大部分在印度和中国。韩国正在建造 4 座 BWR 型核反应堆②,每座反应堆装机容量为 1000MW。2010 年,VVER-1000 反应堆计划在布什尔(伊朗)核电厂投产。

使用金属铀、二氧化铀或铀钚混合氧化物为燃料的核燃料循环流程基本相同(图 1.5),即使不同国家在某些环节存在非关键性差异,如核燃料生产和后处理过程中的设备、核电设备的类型以及中间产品或最终产品的物理和化学性质等。此外,大多数拥有核电厂或者核电工业的国家都在开展科学研究和设计开

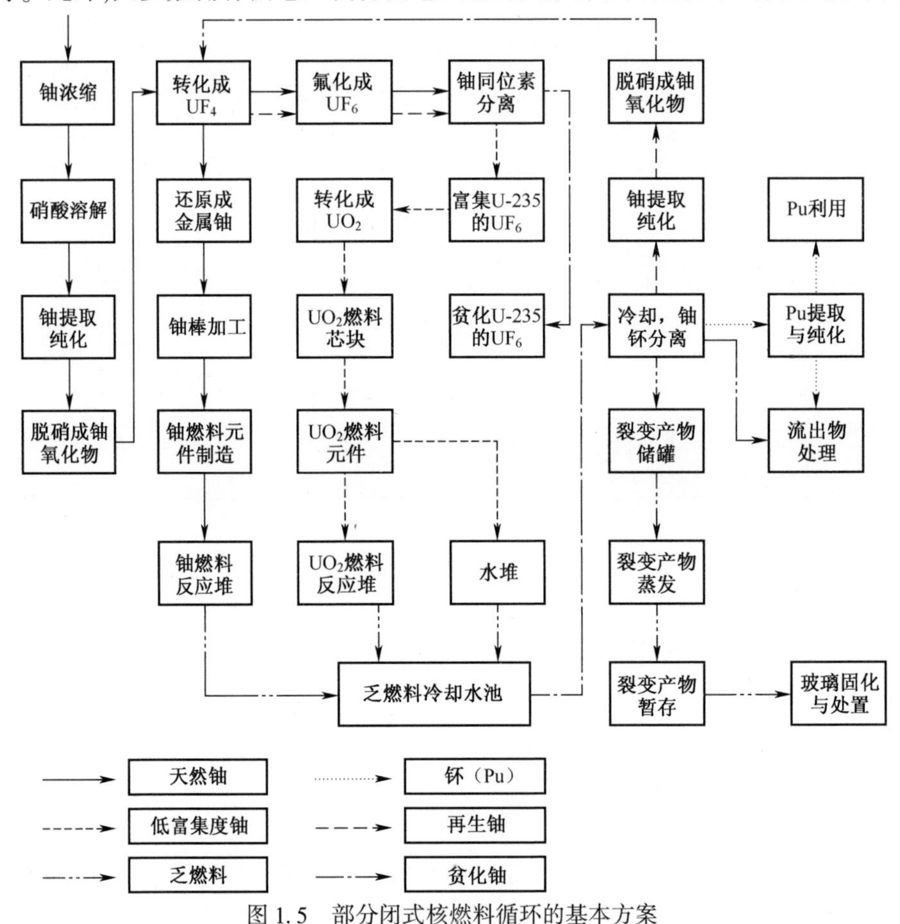

图 1.5 部分闭式核燃料循环的基本方案

① 原文如此,实际应为压水堆(PWR),堆型为阿海珐-西门子开发的欧洲先进压水反应堆(EPR)。——译者

② 原文如此;应为 PWR 型核反应堆。——译者

发工作,以改进和研发新型核电设备、生产新型核燃料、开发乏燃料从核反应堆卸出后的后处理技术以及放射性废物的暂存和处理、处置技术等。

开展这些研究的内、外部理由均足够充分。其中的重要意义在于,即使开式核燃料循环也仍然没有发展成熟,快堆的商业化问题、钚的大规模生产和利用等仍然悬而未决,更不用说开发更加先进的核燃料循环工艺利用裂变产物,以及研发更加先进的放射性废物处理技术。事实上,关于应该如何发展能源这一根本性问题的争论远未终结,包括:依靠化石燃料还是核燃料?太阳能、潮汐能、风能和地热能等可再生能源该起什么样的作用?关于这些问题,至今仍存在大量有分歧、充满矛盾或者不能自圆其说的信息和观点。这些偏见主要是为了迎合国内或国际财团的要求,以及利用大众媒体使舆论形成预定立场。然而,这样不仅不利于制定发展战略,还会妨碍科技政策的确立和对公众进行客观、正确的教育。迄今为止,地球上储藏的液态和气态化石燃料尚未用尽,现有基础设施基本能够承担固体化石燃料(主要是煤)的运输。但是,不是所有人都能够清楚地理解发展火电厂对生态环境带来的后果。就核技术的发展而言,其不确定性在于,只要核电厂和核燃料循环企业出现一次偶发事故或紧急情况,就足以使核技术发展的整体形势变得岌岌可危。另外,不言自明的是,在拥有核技术的国家,动物和植物并不会因放射性同位素的存在而受到额外伤害。尽管如此,在新闻媒体和通俗文学层面,争议仍然会在区域和全球范围内存在。不过,尽管这些争议存在于讲着专业术语、拥有经济核算结果、考虑当前和未来需求以及了解环境和能源开发对生态环境和社会产生何种影响的专家层面,从长远来看核能也显然是不可替代的,真正应当讨论的问题是如何确保核安全、进一步完善核能系统并降低成本。

原则上,核电的安全性和成本取决于如下因素:核反应堆的建设和运行效率,核燃料生产和乏燃料后处理技术的特性、成本以及安全性。因此,核电厂生产的电能的成本主要由投资、燃料和运行三部分构成[12]。

核电站建设投资部分包括劳动力成本和原材料成本、建设期间的资金利息、各种文件(包括环境影响报告)编制成本以及预防性维护和将来拆除的费用。

燃料组件成本包括所有与生产、制造和燃料燃烧以及废物处置有关的费用。煤的利用存在明显的地区性差异,核燃料循环则包括在核电厂使用核燃料以及用完之后处理等消耗劳动力的环节,这一过程比煤的利用更长。

核电厂的运行成本包括与运行有关的所有其他年度费用,这部分费用在核电厂总成本中所占的比例最小。

据了解[13],核电站的建设投资成本是火电厂的1.5~2.5倍,原因在于使用了核燃料,需要大量资金提供必要的安全性保障和环保措施。然而,在比较核能与化石能源的投资效率时,有必要将采矿和运输环节的大量投资考虑在内。在核燃料循环中,企业自己采矿、浓缩、制造燃料、进行乏燃料后处理,并处理、固化和填埋处置放射性废物。因此,采用化石燃料运行的电力系统,在进行经济计算时不能仅仅考虑火电厂本身,还应当考虑燃料开采、加工和运输等方面的基础设施投资。不过,核燃料制造技术比任何化石燃料生产技术都复杂得多。核燃料生产和乏核燃料后处理的技术水平决定了核燃料成本,并在很大程度上决定核电的经济性。

1.7 核燃料循环的结构和成本

由部分闭式核燃料循环的基本方案(图 1.5)可以看出,大部分工业活动都属于堆外部分:采矿和浓缩厂,实现铀生产和浓缩;水冶厂,主要生产核纯级铀化合物;转化厂,生产 UF_6 以及氟化氢和氟;分离厂,分离铀同位素 U-235 与 U-238;芯块和元件厂,生产核反应堆燃料元件并组装成组件。此外,还包括生产核纯级锆(更准确地说是锆合金)管和不锈钢管的配套企业和自动化生产线。核燃料在反应堆中利用之后,乏燃料被送入“冷却”系统,其中的短寿命放射性同位素发生衰变,总体放射性急剧降低:乏燃料首先放入核电厂的冷却水池中,然后送到放射化学工厂临时存放。接下来,乏燃料送入后处理厂的工艺生产线,其中的铀、钚经过萃取从裂变产物中分离出来,再分离 U-235 和钚的各种同位素(“未燃尽”的 U-235、U-238 同位素和反应堆中生成的 Pu-239 以及钚的其他同位素)。

放射化学厂回收的铀和钚返回到核燃料循环中,具体方式取决于核反应堆类型和核燃料生产厂的条件:以 PuO_2 的形式储存起来,或者送到制造厂加工成铀钚混合燃料。上述过程产生的放射性废物按照放射性水平的不同进行相应处理:高放废物被浓缩、玻璃固化后深地质处置;中放废物被浓缩、沥青固化后浅地表处置;低放废物通过吸附、渗析和膜处理去除水中的放射性核素,放射性残渣被沥青或者水泥固化后填埋处置。总而言之,所有这些工艺阶段的主要成本均被计入核电厂发电成本的燃料部分,一小部分计入运行成本。各个分离步骤和实施阶段的详细成本,主要取决于核燃料循环的结构(开式或闭式)和核反应堆的类型(热中子堆、快中子堆、重水堆,以及利用高富集度铀的研究堆或动力堆)。核燃料生产取决于反应堆类型以及其他因素,不同国家之间略有差异。不过,就我们所做的分析而言,考虑的是核燃料循环各个环节的相对成本,以确定为了发展或改进核燃料循环而实施的相关研发工作能够产生哪些经济、技术和社会效益。压水堆核燃料循环堆外部分各环节成本的分析结果示于表 1.2。

该表显示,核燃料循环中费用最高的阶段是铀矿开采、提取和纯化(占总成本的40.7%~44.7%,因核燃料循环的结构不同而有所差别),其他环节包括:铀浓缩(26.6%~29.3%),乏燃料放射化学后处理和放射性废物处理(25.5%),以及核燃料生产(10.3%~11.3%)。这意味着,为了降低核电厂电力成本中的燃料部分,首先必须降低核燃料循环堆外部分的成本。铀化合物转化为 UF_6 的成本占总成本的比例相当低(2%),因为这一环节的科学技术水平非常高,尤其对于俄罗斯的核工业而言其定性和定量指标都是为了满足21世纪的需要。乏燃料运输和暂存的成本占3.6%。目前,运输和暂存水平已经相当高,因而很难从根本上进行优化。

表1.2 压水堆核燃料循环堆外部分的构成及成本[8]

储存或运行	闭式循环		开式循环	
	10^6 美元/kW	占总成本的百分数/%	10^6 美元/kW	占总成本的百分数/%
铀矿开采、提取、纯化	3.48	40.7	3.48	44.7
转化成 UF_6	0.17	2.0	0.17	2.0
铀浓缩	2.28	26.6	2.28	29.3
核燃料生产	0.88	10.3	0.88	11.3
乏燃料运输	0.14	1.6	0.14	1.8
乏燃料暂存	0.17	2.0	0.65	8.4
乏燃料放射化学后处理以及放射性废物玻璃固化	2.18	25.5	—	—
乏燃料的整备与处置	—	—	0.18	2.3
废物处理与处置	0.08	0.9	—	—
铀的税金	-0.54	-6.3	—	—
钚的税金	-0.28	-3.3	—	—
总成本	8.56	100	7.78	100

在分析核燃料循环各环节的成本以及确定生产1kg富集U-235的铀的成本时,人们通常未计算贫铀的价值。有人认为,这部分很小,可以忽略不计。但是,贫铀具有隐性价值:它几乎含有所有的可增殖材料U-238,以及一定数量的U-235,可以部分或完全提取出来。因此,可以认为贫铀"废物"不仅可以作为快中子增殖反应堆的主要资源,还能够作为(与天然铀相比)丰度较低的原料,与含有天然浓度的U-235原料一起生产铀。这个过程可以看作天然铀的回收过程。显然,随着快中子增殖反应堆的发展,铀浓缩厂"废物"的价值将会以适当的方式重新得到评价。当然,它们的长期储存费用也反映在成本上。

贫铀金属不仅可以用于核工业,还可以作为密度为 19.3g/cm^3 的重金属用来制造放射性物质运输容器,防护电离辐射。此外,这种材料还具有其他工业用途。需要特别提到的是贫铀在军事中的应用:既可以用作坦克装甲组件,更有效地抵御反坦克武器,又可以提高导弹、炮弹和炸弹的穿甲能力。

1.8 21 世纪初俄罗斯核能与世界能源领域的融合

20 世纪 90 年代中期,核技术与其他工业和能源领域的隔离普遍呈现削弱趋势,即核电的特殊地位逐渐褪去[15]。世界核能伴随着全球化——劳动力市场、服务与信息的融合——发生了重新定位:满足商业目的。跨国公司的结构转型成为热门话题。例如,在核燃料业务领域内形成了一些大型公司,如西门子(Siemens)公司、英国核燃料公司(BNFL)、西屋(Westinghouse)公司、通用电气(General Electric)公司等。然而,在海外核电站的电价构成中,燃料部分所占的比例为 30%,是俄罗斯的 2 倍,这对俄罗斯在核燃料循环领域的潜在投资产生负面影响。外部市场的竞争日趋激烈,竞争的焦点不仅在于通过研发提升核燃料循环的品质,还包括提供新型综合服务业务。

核燃料循环的另一个新发展趋势是在政治方面。民用核能与军民两用裂变材料的交叉问题尤其受到高度关注,首要的是铀浓缩和从乏燃料(SNF)中分离钚的技术。

对于不同区域,核能发展的预测存在一定差异。在北美和欧盟,其特征是增长率低,具有储备的发电能力,权力下放,自主化,采用热能新技术(通过使用超临界水来提高效率)。然而,对于亚洲地区,其特征是增长速度快,发电能力和有机燃料短缺,能源规划由国家制定,这将促进核电的发展。

俄罗斯拥有丰富多样的自然资源,因而可以采取灵活的能源政策。俄罗斯有机能源的出口份额正在增长(约占国内消费的 60%),并且由于地缘政治和经济形势的影响,这一比例不太可能大幅下降。因此,现代俄罗斯核电是整个国家能源综合体系的稳定基石。核燃料循环的发展状态和可能性既取决于其自身的竞争力,又取决于国内和国际需求。

俄罗斯原子能公司(Rosenergoatom,俄罗斯国家原子能公司 Rosatom 的子公司)和俄罗斯统一电力公司(RAO)的税务报表表明,核电厂具有明显的竞争力。应该指出的是,即使是先进的联合循环发电厂,燃料成本也大约占 70%,而核电厂则仅为 15%。这样,热电厂对燃料价格更加敏感。随着到 2020 年国内天然气价格上涨 3 倍(开发更深的气层),联合循环发电厂的电力成本可能再增加 2.5 倍。

世界上核电厂的主要燃料是天然铀。在世界上用于发电的核反应堆中,约92%的堆型是沸水堆和压水堆。这些反应堆对铀的利用效率很低,仅为0.5%~0.7%。同时,出于满足对核燃料的安全性、经济性、竞争力和可获得性要求的考虑,也需要将这些反应堆作为中期发展核电的基础。因此,在未来几十年内,世界和俄罗斯能源的基础仍将是以铀为燃料的水冷式热中子反应堆。

几乎所有国家的核燃料循环前段部分都基本相同,差异在于压水堆和沸水堆使用低浓缩铀,加拿大的重水堆(CANDU 堆)使用天然铀。在核燃料循环的后段,方法的差异更为显著,主要表现在如下三个方面:

(1) 通过重复使用可循环产物实现闭合的核燃料循环路线,这是俄罗斯采取的路线(闭式核燃料循环)。

(2) 利用地质结构最终处置乏燃料,这是美国和瑞典采取的路线(开式核燃料循环)。

(3) 尚未决定走哪条路线:尚未做出最终决定,乏燃料暂时储存;目前世界上大多数国家出于这种状态。

在世界范围内,核燃料循环领域已经形成了较高水平的合作与分工,由此在其他国家建立实施本国所缺乏的核燃料循环机构。同时,一个国家要发展其自身的核燃料循环,不仅仅受到经济或技术因素的限制,更多时候取决于技术与政治因素的双重影响。在这方面,俄罗斯所占据的地位比较特殊,原因在于其拥有完善的核燃料循环架构,仅在原材料方面与独联体国家建立了合作关系。俄罗斯核燃料循环机构的现有能力为未来10年的发展提供了保障。在资金方面,俄罗斯的核燃料循环不需要进行大量投资,只需要较少量经费用于现代化改进。

全世界以80美元/kg的生产成本可开采的铀资源约为350万t,以当前的消费水平(约65000t/a)可满足世界核电约50年的需求;成本低于40美元/kg、利润更高的可满足35年的需求。俄罗斯探明天然铀储量为16.5万t,其中6.5万t属于高利润矿产。

浓缩铀产量从20世纪90年代中期开始下滑,然后逐渐回升,现在增加到每年38万t,因为加拿大和澳大利亚重启了之前封存的产能,哈萨克斯坦则通过与其他国家建立合资企业提高其铀产量。

考虑出口在内,2010年俄罗斯对铀的需求量为12万t~14万t,预计到2020年达到17万t。俄罗斯已探明的铀储量居世界第七位,而高利润铀矿储量则低得多,考虑到天然铀的长期供应,建立"铀俄罗斯"的计划已经提出,致力于推动普里额尔古纳斯克(Приаргунского)场址开发,以及俄罗斯铀矿开采公司Khiagda、俄罗斯铀矿企业Dalur开发新的矿藏,到2010年天然铀产量增加到2000t。此外,还有其他铀来源:库存铀,回收的铀和钚,分离厂尾矿的浓缩,高浓缩铀储备。这些资源占已探明天然铀储量的25%~35%。

然而,铀的消耗量比产量增加了近1倍。出现其他供货来源,或者不同原因引起供应商的变动,都能够导致铀价格出现大幅度波动(最近铀的价格从20~25美元/kg上升到了40~45美元/kg)。核燃料来源的进一步丰富与新一代快堆投入商业运行的进度密切相关,在快堆中天然铀的利用效率可以提高100倍以上(达到90%而不是0.5%~0.7%)。

铀浓缩阶段决定了核燃料循环前段的质量和成本。目前,用于生产浓缩铀的设备装机容量足以满足世界核电的需求。除了欧洲铀浓缩公司之外,国外主要浓缩铀供应商的产能没有得到充分利用。法国的欧洲气体扩散公司(Eurodif)具有1080万SWU/a(SWU为分离功单位)的额定生产能力,基于成本优化的考虑仅发挥约800万SWU/a的产能。美国USEC Inc.公司关闭了在朴次茅斯的工厂,每年仅产生500万SWU,抵消了对稀释俄罗斯高浓缩铀供应浓缩铀核燃料的需求。

造成外国铀浓缩行业产能闲置的原因在于,与俄罗斯联邦先进的离心分离技术相比扩散技术不具有竞争能力(俄国有4座离心分离厂)。离心机技术效率更高,因而主要核国家启动了大规模开发和应用计划,以替代气体扩散技术。如果这些计划得到实施,即使俄罗斯的浓缩铀停止送到美国市场,2012年后高浓缩铀市场也会出现过剩,从而导致铀浓缩服务价格大幅降低。

为了保持在铀同位素分离领域的科技领先地位,俄罗斯联邦实施了“分离生产现代化”计划,于2010年前完成。2004年,大约6%的离心机更换成第七代和第八代离心机。与此同时,外部市场倾向于将俄罗斯最好的技术用于低效率工况,以浓缩欧洲分离工厂的尾矿,或者处理欧洲后处理厂的产物——回收铀。

轻水堆燃料组件生产者面临的问题是供大于求。目前,全球燃料组件年产能为11万t~12万t,而年需求量仅为7000t,因此欧洲市场的竞争非常激烈,燃料供应商没有稳定的销售环节,燃料价格有下降趋势。在这种情况下,市场正在发生结构性变化,外国公司正在积极采取科学技术策略改善燃料组件。采购方从如下方面评估供应商提出的方案:

(1) 价格和变更的可能性,合同条款的吸引力;

(2) PWR和BWR的燃耗深度分别不低于55~60GW·d/t和50GW·d/t;

(3) 用可燃吸收剂改进燃料包壳材料和燃料成分;

(4) 扩大安全操作的范围。

俄罗斯的主要核燃料组件生产商有俄罗斯核燃料元件公司(TVEL)、新西伯利亚化学浓缩厂和切佩茨克机械厂。在这个领域内,国际合作的主要方向是为俄罗斯建造的国外核电厂供应燃料组件。俄罗斯核燃料元件公司为世界上

75座核电站(包括俄罗斯核电站)提供了441组核燃料,占国际市场的17%。[①]俄罗斯核燃料企业生产的燃料组件用于压水堆(VVER型反应堆)、石墨反应堆(RBMK)、动力堆(破冰船和核潜艇)、研究堆、工业多用途反应堆、同位素生产堆等。为了提高燃料元件的利用率和燃料组件的可靠性,需要解决材料科学的关键问题,包括:改善结构材料和裂变材料的加工工艺;改进锆合金;通过结构方法控制气体释放和氧化物核燃料的物理化学性质;改善燃料组件的结构材料将破损率降低到10^{-6},吸收材料和结构材料的寿命至少达到25年;发展用于新型核反应堆的裂变材料和结构材料。俄罗斯联邦原子能工厂在铀利用方面达到了世界先进水平(表1.3)。

表1.3 俄罗斯和世界最佳的核燃料利用指标[15]

参数	国外反应堆		俄罗斯VVER-1000反应堆	
	CANDU(加拿大)	PWR-4(法国)	燃料寿期4年[①]	燃料寿期5年[②]
天然铀消耗量/(kg/(MW·d))	0.179	0.195	0.198	0.193
平均燃耗/(MW·d/kg U)	8.3	52	49	56

① 已经工业化实施;
② 技术目标

迄今为止,所有宣称的核燃料循环(无论闭式还是开式)均没有实现。使用回收铀作为燃料和利用从乏燃料中分离出来的钚的一次性闭式核燃料循环非常有限,原因在于在热中子反应堆中使用这些材料困难很大、效率低下。

开式核燃料循环的最终目标,即最终处置乏核燃料尚未实现。在大多数工业化国家,乏燃料已经从冷却水池转移到核电站附近的存储场所或集中式干式设施中,进行长期贮存(暂时有效,便于后期处理)。

核电发展的严重障碍是乏燃料的堆积和缺乏最终处置。目前,全世界每年有10.8万t乏燃料从动力堆中卸载出来。预计到2010年,卸载量将增加到11.5万t。根据最新预测,到2020年,卸载的乏燃料总量将达到44.5万t,俄罗斯的储存量约为1.5万t。

乏燃料后处理在英国、法国和俄罗斯达到了工业规模(表1.4)。在日本和印度有处理能力较小的装置在运行。至少总体趋势表明,乏燃料的后处理量并没有增加。英国于2010年关闭索普(Thorp)后处理厂:先关闭燃料加工厂,在计

① 2005年数据。——译者

划完成后再关闭镁诺克斯(Magnox)石墨反应堆的后处理厂。同时,日本六所村新工厂的启用也推迟了。在俄罗斯,由于环境问题和来自国外的 VVER-440 乏燃料量减少,RT-1 后处理厂的产能并未得到完全利用。

表 1.4 乏燃料后处理厂的现状与前景[15]

国家	堆型	年卸载的金属量/t	前景
英国	镁诺克斯石墨反应堆	1500	最后一座反应堆停堆后,于 2010—2015 年关闭
法国	轻水堆(LWR)、气冷堆(AGR)	1200	原计划 2010 年关闭。2005 年产能提升到 1700t,后续未再增加
	轻水堆	1600	
俄罗斯	VVER、BN-600、动力堆、研究堆	400	近年来处理量有所降低
日本	轻水堆	90	原计划 2010 年建成一座产能为 800t/a 的新厂
印度	重水堆、研究堆	260	尚无产能扩充计划

自 1976 年以来,采用普雷克斯(Purex)流程的乏燃料后处理工作已经在 RT-1 工厂进行,处理能力为 400t/a。当前工艺适用于 VVER-440 型反应堆和乏燃料中 U-235 同位素的含量相对较高的 BN-600 型研究堆和核动力舰船反应堆。已经制定了现代化改造 RT-1 工厂的计划,使其能够对 VVER-1000 反应堆的乏燃料进行后处理。

在俄罗斯,将钚纳入核燃料循环生产混合氧化物燃料的工业化体系尚未建立,这是 BN-800 项目的目标。在世界范围内,对于使用从乏燃料中分离出的钚制造混合氧化物燃料,至少在 2010 年以前尚没有提高其产量的计划。在现代热中子核反应堆中,混合氧化物燃料的生产和使用成本决定了将乏燃料中分离出的钚纳入核燃料循环的作用并不大,并且无助于解决乏燃料最终处置或核燃料循环完全闭合的问题。在国外,回收铀仅存放起来,并未进行浓缩,原因在于其中含有经过辐照产生的裂变产物和高活度的铀同位素。这些成分的浓度随着分离出的铀的富集而升高,因此需要用天然铀或浓缩铀进行稀释。

很明显,乏燃料后处理量的提升程度既取决于核能发展的趋势(快堆的应用),又受到天然铀价格变动的影响。从核燃料供应的角度看,乏燃料的量以及其中未燃烧的 U-235 和累积的钚的含量通常并不重要。据估计,即使这些材料重新纳入热中子堆的核燃料循环,也仅能支撑大约 4 年不需要消耗天然铀。

(美国、瑞典和芬兰)直接处置乏燃料的计划实际上还没有实施,但正在寻找合适的处置场所。美国 1987 年决定建造一座 7 万 t 的处置库,计划 2001 年开始商业运营;但据目前的形势估计,在 2010 年之前不会完成这项工作。按照原定计划,这座处置库可以储存 100 年的乏燃料,并且可以回取。瑞典核电厂的乏燃料(约2.3万t)放置在奥斯卡沙姆(Oskarsham)核电站附近的中央储存设施内。储存容量是8万t,经过35~40年,这些乏燃料将被密封送入深500m的最终处置库中。

长期存放(延迟决策)具有显著的经济优势:低成本的存储操作,储存设施建设投资少,储存设施发展快速。此外,长期储存之后,乏燃料的放射性降低,便于后续处理。

在俄罗斯,VVER-1000型反应堆的乏燃料被运送到RT-2集中存储设施(处理容量为8000t),RBMK型反应堆的乏燃料被储存核电站附近的“近厂”储存设施中。为了提高长期湿式储存乏燃料的可能性,矿业和化学联合体已将热中子反应堆乏燃料储存容量提高到9000t。为了长期储存VVER-1000和RBMK反应堆的乏燃料,容量为34000t的干式储存设施已经启动了建造计划。

在国际市场,目前不仅限于乏燃料后处理服务并将处理产物返回给客户,还包括放射性废物处理在内,不过需求趋于减少。总体而言,世界上放射性废物的安全处置仍然很复杂,尚未彻底解决。清除乏燃料和高放废物,以及在地质结构中处置长寿命中放废物仍然是唯一可以接受的方法。对于低、中水平的放射性废物,长期的地面储存可以接受并被广泛应用。关于地质处置库,其计划开始运行时间为:美国,2010年;瑞典,2015年;芬兰,2020年;日本和比利时,2030—2040年。

迄今为止,俄罗斯联邦已经累积了大约2000MCi($1Ci=3.7\times10^{10}Bq$)的放射性废物。同时,95%以上集中在行业组织和企业中,其中很大一部分来源于军工。针对放射性水平、活度和聚集状态不同的废物,相应的处理技术已经开发出来。下一步的工作包括:

(1) 建立统一的废物管理系统,界定基本原则和战略,包括最终与环境隔离和考虑国外经验的技术政策。

(2) 登记造册,包括废物的数量和特征、地理位置、所有权形式和其他指标。

(3) 形成废物管理技术和设备信息及分析方法。

(4) 建立监管框架。

(5) 组建专门的废物管理公司,包括最终处置。

1.9 基于电物理技术和核材料纯化新工艺的核燃料循环发展方向

核能与基于化石燃料的传统能源之间竞争的结果,在很大程度上取决于这些能源的内部要素，包括能源发展带来的环境效应和社会效应。谈到核能，暂且将反应堆设备和技术搁置一旁。迄今为止，关于核反应堆人类已经提出了多种方案：利用金属、铀氧化物、碳化物和氮化物作为燃料的反应堆，利用熔融氟化物的反应堆。近来还出现了使用钍为燃料的热中子和快中子核反应堆概念，用于生产裂变产物 U-233[16-17]。然而，在近期和可预见的将来，核电反应堆的基础将仍然是使用氧化物燃料的核反应堆，其中包括使用铀钚混合燃料的反应堆，甚至包括同时使用钍和 U-233 的反应堆。本书的主要目的是利用电物理技术和方法推动核燃料循环的堆外部分进一步发展。

"电物理技术"的概念涵盖许多方面。借助这个术语可以看到，电能在核燃料循环化工冶金的所有生产活动中都得到了更加广泛的应用。这些行业都是以获得核纯级材料为目标产物。基于此，人们可以改变组织生产的原则。不过，调整化工冶金的生产过程至少需要两个外部先决条件：

(1) 开发和应用吸附、萃取、精馏等纯化纯化技术，生产铀和用于核能行业及相关科学技术领域中的其他材料。

(2) 在吸附、萃取、精馏等纯化技术应用于化工冶金生产之后，利用等离子体态的物质进行材料生产和加工从根本上成为可能。

1.9.1 核材料吸附、萃取、精馏等纯化技术

吸附和萃取技术已广泛用于核材料的生产和回收。即使在铀精制技术发展的初始阶段，吸附技术也已经在水冶厂投入使用，尤其是从矿浆中吸附铀。后来，吸附的应用范围得到了进一步扩展，涵盖铀回收和从(以金属和氧化物为燃料的)核反应堆乏燃料中提取钚。

萃取和反萃取也广泛应用于核反应堆燃料的生产和后处理。随着俄罗斯、法国、英国和日本的放射化学工厂投入生产，并从发电和动力核反应堆的乏燃料中提取钚和回收铀，萃取变得更加重要，尽管这项技术在处理快堆的乏燃料时还存在一些局限性。

核工业中的精馏主要用于铀浓缩厂中 UF_6 的纯化以及无水氟化氢的生产，后者是电解生产氟的原料。然而，在一些国家(如俄罗斯)的 UF_6 生产阶段，精馏的作用十分有限，因为这些国家在核能发展的早期阶段就形成了强大的水化学提纯铀化合物的能力，因而不再需要精馏。但是在其他国家，如美国和南非，精馏则是铀浓缩前从 UF_6 中去除杂质的必不可少环节。

应用吸附、萃取和精馏获得核纯级铀、钚和结构材料(锆、铌、铍等)的化合物，涉及沉淀、中和、分级结晶、过滤、母液形成与处理等多个水化学工艺环节。水化学工艺消耗的主要化工原料是酸和碱，造成诸多环境问题。为了将铀、钚、

钍在水冶过程中使用的水化学工艺精简到最低限度，人们对高反应活性的电物理技术提出了需求，期望使用等离子体和交变电磁场技术与工艺生产核材料和结构材料。这些技术与工艺的开发和应用需要具备一定的外部研究基础，这部分内容将在后面讨论。

1.9.2 等离子体技术在化工冶金中的应用

在现代社会中，绝大多数工艺过程发展的基础都是利用物质的三种存在状态——固态、液态和气态。物质的第四态——等离子体态——仅得到零星应用，并且大多尚未涉及核心部分，尽管关于这种状态人们已经建立了非常先进的学科——等离子体物理和等离子体化学。

按照正式定义，等离子体态是电子、离子、中性原子和分子的组合，粒子的运动受电磁相互作用支配，其温度高到足以维持电离度大于 5%。等离子体整体上呈电中性，其特征是分子间距离相对较大、粒子间存在大量内能以及等离子体的所有边界都存在鞘层。此外，还有其他定义表述和量化准则确定等离子体状态作为物质的一种独立存在状态，特征参数是德拜半径。这是一个理论长度，定义电子受离子电场影响的最大距离；在此范围之外，离子的电场对周围粒子的影响可以忽略。德拜长度也称为德拜屏蔽距离。

众所周知，带电粒子通过各自的电场发生相互作用。另外，德拜证明了电子与离子之间引力的存在必须满足一定条件：电荷分离程度不应超过某一临界值，由于其他正、负离子的存在，当电荷分离超出临界值后引力将会消失。这个临界值，即德拜长度，随等离子体密度的增大而减小。

为了对物理化学过程进一步分类，等离子体领域还采取了一些常见定义和适当术语。据此，温度不高于 50000K 的等离子体称为低温等离子体，温度更高的则称为高温等离子体，包括热核聚变等离子体，其温度为百万摄氏度量级以上。根据组分（电子、离子、原子和分子）温度的不同，低温等离子体又可分为平衡态等离子体和非平衡态等离子体。对于气相体系，由于其物理化学过程发生在分子水平上，人们必须考虑气相体系内部的自由度，温度作为一项重要参数又被细分成多个温度，分别表征分子内部的不同运动，如转动、振动、原子电离和电子激发。这些运动使化学反应系统内不仅出现自由电子和正、负离子，还包括受到不同程度激发的原子和分子。因此，除了气体动力学温度 T_g 之外，还必须定义其他温度，如转动温度 T_r、振动温度 T_v、离子温度 T_i 和电子温度 T_e。根据定义，在平衡态等离子体中，所有这些参数都融合成一个参数，即 $T_g \approx T_r \approx T_v \approx T_i \approx T_e$。但是，对于非平衡系统，需要知道上述组分的温度相对大小，至少应给出两个典型参数的比较[18]：

$$T_e > T_v \approx T_r \approx T_i \approx T_g$$

$$T_e > T_v > T_r \approx T_i \approx T_g$$

通过改变外场参数,可以改变电子温度 T_e,局部确定在选定自由度上的能量,并在极其有限的情况下确定特定种类的粒子在某个自由度上的能量,由此原则上可以实现选择性化学反应。在这样的反应中,反应产物的产率由温度 T_v和 T_e决定。气体动力学温度 T_g较低并不会促进复合过程发展,尤其对于非平衡过程整体而言。因此,通过控制反应器的功率和压强等外部参数,有可能建立由上述关系决定的非平衡状态,并实现较低气体动力学温度下的工艺过程,而产率可能高于与温度 T_g对应的平衡态。

与非等离子体反应器相比,使用等离子体态物质的反应器可以将工艺过程的能量密度提高几个数量级,并可以在比较宽的范围内调节[19]:体积功率密度为 $10^2 \sim 10^5 W/cm^3$,截面功率密度为 $10^2 \sim 10^5 W/cm^2$。当低温(工艺)等离子体密度为 $10^{10} \sim 10^{20} cm^{-3}$时,组分能量为 0.5~5eV。可应用于化工冶金生产的等离子体技术在 А.И. 莫罗佐夫(А. И. Морозова)图中的位置,如图 1.6 所示[20]。

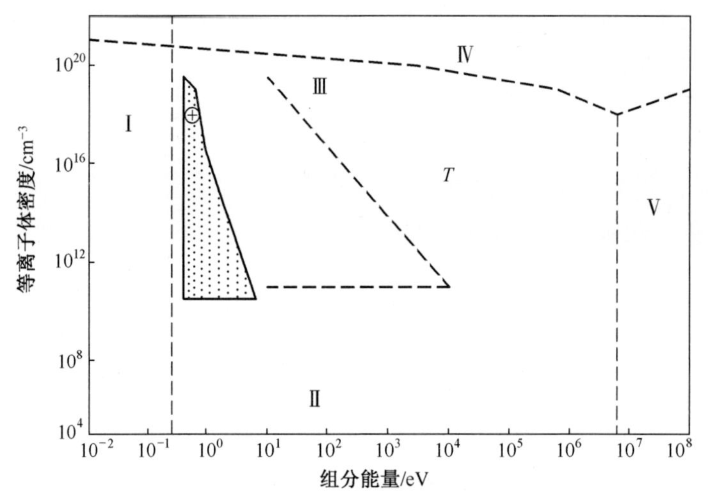

图 1.6 А.И. 莫罗佐夫等离子体技术图[20]

Ⅰ—力学和气体动力学应用;Ⅱ—带电粒子加速器;Ⅲ—等离子体加速器;

Ⅳ—待利用;Ⅴ—等离子体炬;T—轻核热核聚变温度[20]。

等离子体技术的另一项重要特征是作为电物理过程能够获取外部电源输入的电磁能。这样就可以用电磁场激励等离子体中的带电粒子,并且能够影响特定种类的粒子。从外部电源输入的能量可经由电极、波导、感应器或电容器传输。电极上弧斑所在的位置通常受磁场、气流和强烈冷却的保护。反应器壁不参与能量从电源向反应器内传输的过程;它们通常由水或者气流冷却,其功能是将反应区与外部环境隔离开来。但是,反应器壁上设计了多种通道,耦合电源与等离子体区,因为不同等离子体组分具有不同的特征温度(T_e、T_v、T_r、T_i、T_g)并决定工艺的选择性。

对于化工冶金领域而言,应用等离子体技术的另一项重要优势是能量效率高,主要原因在于产业界已经能够大量提供效率很高的电源,尤其是高压变压器和现代整流器,并大幅精简材料生产环节(工艺流程的总能量效率是中间各生产阶段效率的总和)。

最后,在等离子体工艺过程中,化学键的重组按照最短路径进行,因而从根本上降低了除空气、水蒸气及其组分 N_2、H_2 和 O_2 等常见起始原料之外的其他化学试剂的成本。试剂成本降低的原因还在于,在等离子体态中,没有必要使用过量试剂来转化原料。正如下面将要讨论的,许多冶金过程都是在无任何试剂条件下进行:将工艺过程中使用的物质在等离子体反应器中解离,然后进行一些物理过程,包括对解离产物进行急冷,或者在一定条件下利用等离子体的成分是否带电分离某些需要的成分。

与非等离子体工艺相比,等离子体工艺总体上就像其他电物理过程一样更易于实现机械化和自动化。

除了等离子体之外,电物理过程还包括在交变电磁场(低频、高频、微波)的凝聚相中发生的过程,其中有些过程同时也是等离子体过程,或者发生在异相范畴内。

图1.5给出了对核燃料循环概念的分析,表1.2给出了核燃料循环堆外部分各环节的成本。这些结果表明了降低核燃料循环某些环节的成本以及总体成本而开展研发工作的方向。其中,铀矿开采、提取、纯化成本占总成本的40.7%~44.7%(取决于核燃料循环的具体类型)。显然,有必要考虑将等离子体技术应用到铀和钍的萃取过程、回收铀转化为铀氧化物生产 UF_6 的转化过程,以及 F_2、HF 和 UF_6 的生产过程中。此外,等离子体技术同样也适用于富集了U-235的 UF_6 转化成氧化物核燃料的过程。

铀浓缩成本占核燃料循环成本的26.6%~29.3%。正如后面将要表明的,由于当前俄罗斯采用的铀同位素分离技术是高效率的离心法,因而很难具备合适的动机对成本较高的激光和等离子体铀浓缩技术开展大规模研发。然而,在铀同位素回收领域这种动力却相当强劲,因为核燃料在核反应堆内经过照射后成分变得更加复杂;并且,激光技术可以认为不是离心技术的竞争者,而是补充。

事实上,对于分离铀同位素的等离子体技术和激光技术而言,无论是工作原理还是技术本身均不相同。然而,在选择性离解、浓缩和产品分离过程中,这两种技术(尤其是适用于 UF_6 的铀同位素激光分离技术——分子激光同位素分离技术)都涉及电子激发的铀原子和振动激发的 UF_6 分子。因此,至少一般而言,这两项技术都使得铀同位素分离过程成为电物理过程。

铀原子蒸气激光同位素分离技术(AVLIS)的大规模应用必将影响核燃料循环的结构:在这种情况下,UF_6 和氟化技术在核燃料循环中的作用将尽可能弱化或显著减弱。另外,文献[17]提出了在 VVER-1000T 反应堆中利用钍的观点,这会提高金属铀在核反应堆燃料中的比例,将进一步促进 AVLIS 工艺的发展。

乏燃料后处理和放射性废物的处理也相当昂贵,占总成本的 25.5%。此数据显然加上了乏燃料存储的成本(包括运输),占 3.6%。在这一环节,等离子体和交变电磁场技术也可找到用武之地,尽管在有限的范围内乏燃料后处理的主导方向仍然是提取和回收。对于快中子增殖反应堆乏燃料的后处理,情况变得完全不同,这种核反应堆的乏燃料采用氟化回收工艺。

核燃料生产的成本占 10.3%~11.3%,取决于核燃料循环的闭合程度。在苏联时期,等离子体技术对于降低生产成本的作用就非常明显,包括使用天然铀和回收铀。苏联乌尔巴冶金厂实现了基于等离子体技术用低浓度 UF_6 生产氧化物核燃料。苏联解体后该厂留在了哈萨克斯坦共和国,同样也留下了与该新技术相关的物质基础[21]。

在下面的章节中,将讨论在 1965—2008 年开展的研究工作的成果。这些成果涉及核燃料循环的多个环节,这些内容都将在本书中一一呈现,其中一些成果曾在核电工程机械制造百科全书[22]、国际会议报告[23]和专著[24-27]中简要给出。此外,本书还给出了利用电物理技术改进后的核燃料循环示意图。希望通过实施新型核燃料循环方案,能够推动核燃料循环技术发展,进一步提高经济性。最后,本书专门设置了一章,描述使用核燃料循环领域的技术发展纳米技术的一些成果。在氟化、精制、等离子体、激光和微冶金技术的基础上,提出无废物生产分散与块体纳米材料、精密合金和特殊氟化剂相结合的综合性方案。

参考文献

[1] М. Попп. Воздействие ядерной технологии на другие области техники. Атомная техника за рубежом, 1998, N. 3, c. 13-17.

[2] В. М. Михайлов. Научная политика Минатома России. Вестник Российской Академии Наук, 1998, т. 68, N. 2, c. 116-128.

[3] В. С. Арутюнов, Ф. Л. Лапидус. Роль газохимии в мировой энергетике. Вестник Российской академии наук, 2005, т. 75, N. 8, c. 683-693.

[4] Якушев В. С., Истомин В. А. Природные газовые гидраты: открытие и перспективы // Газовая

промышленность, 2000, N. 7.

[5] Макогон Ю. Ф. Природные газогидраты – реальная альтернатива традиционным месторождениям // Газовая промышленность, 2000, N. 5.

[6] Легасов В. А., Кузьмин И. И. Проблемы энергетики. Природа, 1981, N. 2 (786), с. 8-23.

[7] Euroatom/UKAEA Association: Fusion Research, 2003-2004 Progress Report. Culham, Oxfordshire, UK, June 2004.

[8] Nuclear Fuel Cycle. Cogema. Compagnie Generale des Materies Nucleaires, 1995.

[9] АЭС Европы в 1997 г. Атомная техника за рубежом, 1998, N. 8, с. 8-11.

[10] АЭС Европы в 1997 г. Атомная техника за рубежом, 1998, N. 9, с. 23-28.

[11] Taylor J. J. The Nuclear Power Bargain. Issue Science and Technology, 2004, v. 20, N. 3, p. 41-47.

[12] Справочник по ядерной энерготехнологии. Перевод с английского под ред. В. А. Легасова. М: Энергоатомиздат, 1989, 752 стр.

[13] Синев Н. М. Экономика ядерного топливного цикла. М: Энергоатомиздат, 1987, 479 с.

[14] The Economics of the Nuclear Fuel Cycle. A Report by an Expert Group. Nuclear Energy Agency. Organization for Economic Cooperation and Development, 1985.

[15] М. И. Солонин. Состояние и перспективы развития ядерного топливного цикла мировой и российской ядерной энергетики. Атомная энергия, 2005, т. 98, выпуск 6, с. 448-459.

[16] М. Ф. Троянов, В. Г. Илюнин, А. Г. Калашников, Б. Д. Кузьминов, М. 11. Николаев, Ф. П. Раскач, Э. Я. Смстанин, А. М. Цибуля. Некоторые исследования и разработки ториевого топливного цикла. Атомная энергия, 1988, Т. 84, вып. 4, с. 281-293.

[17] Н. Н. Пономарев-Степной, Г. Л. Лунин, А. Г. Морозов, В. В. Кузнецов, В. В. Королев, В. Ф. Кузнецов. Легководный ториевый реактор ВВЭР-Т. Атомная энергия, 1988, Т. 85, вып. 4, с. 263-277.

[18] В. Д. Русанов, А. А. Фридман. Физика химически активной плазмы. М: Наука, 1984 г., 416 с.

[19] Ю. Н. Туманов. Низкотемпературная плазма и высокочастотные электромагнитные поля в процессах получения материалов для ядерной энергетики. М: Энергоатомиздат, 1989, 280 с.

[20] А. И. Морозов. Плазменные ускорители в сб. Плазменные ускорители, М: Машиностроение, 1973. с. 5-15.

[21] Conference on Application of Atomic Energy in Republic of Kazakhstan. Conference Proceedings. Alma-Ata, Kazakhstan, 1996.

[22] Ю. Н. Туманов, А. Ф. Галкин, В. Д. Русанов. В книге Энциклопедический справочник машиностроения: Машиностроение в ядерной энергетике: т. IV-25: раздел 7 – Специальное оборудование ядерной энергетики //Под ред. В. А. Глухих: гл. 7.3: Плазменное оборудование, 29 с, Издательство Машиностроение 2004-2005.

[23] I. N. Toumanov.《2001 International Workshop on Plasma Processing for Nuclear Application》, August 9-10, 2001, Hanyang University, Seoul, Korea.

[24] I. N. Toumanov. Plasma and High Frequency Processes for Obtaining and Processing Materials in the Nuclear Fuel Cycle, Nova Science Publishers, N. Y., 2003, 607 p.

[25] Ю. Н. Туманов. Плазменные и высокочастотные процессы для получения и обработки материалов в ядерном топливном цикле: настоящее и будущее. М: Физматлит, 2004, 760 с.

[26] I. N. Toumanov Plasma and High Frequency Processes for Obtaining and Processing Materials in the Nuclear Fuel Cycle. The 2nd Edition, reprocessed, supplemented. N. Y., Nova Science Publishers, 2008,

660 p.

[27] Ю. Н. Туманов. Новые электротехнологии для химико-металлургических процессов получения неорганических материалов. Новые промышленные технологии - журнал Отделения ядерных боеприпасов Росатома, 2006, N. 1, с. 14-28.

第2章

用于化工冶金的等离子体技术

2.1 等离子体炬的发展

现代等离子体炬技术(包括等离子体炬、电源、监测和控制系统)是空间技术、核技术和军工技术发展的副产物。产业界广泛接受和使用的等离子体炬有利用交流和直流电的电弧等离子体炬、高频等离子体炬和特高频(微波)等离子体炬三类。等离子体炬,尤其是电弧等离子体炬开发的动力源于导弹技术的发展。为了在地面模拟导弹的飞行环境,必须产生温度高于 10000K 的超声速空气流。因此,在 20 世纪 60 年代,俄罗斯科学院西伯利亚分院热物理研究所建成了功率强大(高达 1MW)、运行时间有长有短的电弧等离子体炬系统,用于模拟航天器再入大气层时的环境①。

大约在同一时期,"鲁奇"(Lutch)科学与工业联合体建立了相同功率水平的等离子体发生器(超过 1MW),用于模拟核燃料元件在反应堆堆芯内的行为,尤其是具有强制运行模式的反应堆,包括舰艇用反应堆、火箭和太空船的动力堆等。

同时,为了解决生产中的各种问题,化工冶金领域的人们开始对电弧等离子

---

① 原文如此;电弧等离子体炬的研究由 M. Φ. 朱可夫(M. Φ. Жуков)院士于 20 世纪 50 年代末在苏联科学院西伯利亚分院理论与应用物理研究所(ITAM)开创,并先后担任电弧放电实验室主任、副所长;1970 年,朱可夫院士团队迁往热物理研究所(ITP),等离子体炬研究基础仍然保留在 ITAM;1996 年,朱可夫院士团队又回到 ITAM,并在这里组织编写《低温等离子体》丛书,参见该丛书的第 20 卷 Генерация низкотемпературной плазмы и плазменные технологии: Проблемы и перспективы (Низкотемпературная плазма. Т. *20*). В. М. Фомин, И. М. Засыпкин. Новосибирск: Наука, 2004 - 464с. ;中译本:《低温等离子体——等离子体的产生、工艺、问题及前景》,邱励俭译,北京:科学出版社出版,2011;下同。——译者

体炬感兴趣,进而激发一系列深入研究工作,延长电弧等离子体炬电极的使用寿命。通过研究电弧与电极表面以及电弧与等离子体流相互作用的换热过程、利用磁场的电磁力或沿切向通入电弧室的气流的气动力来驱动电弧旋转,使这个问题得到了解决。材料科学研究了各种金属和合金电极材料在弧斑作用下的行为和稳定性,为延长电弧等离子体炬的使用寿命发挥了重要作用:确定电极的失效效率和机理;发现了最适合的材料及其组成,用来设计的电极能够在合成或处理材料时达到可以接受的运行时间和所需的品质。另外,迄今为止,电弧等离子体炬研究人员已经积累了大量工程经验延长电极的使用寿命,或者在不中断工艺流程的条件下更换电极。下面,所有这些问题将结合特定的化工冶金应用展开更详细的讨论。

在电弧等离子体炬不断发展的同时,电源技术也在不断进步,包括交流电弧等离子体炬使用的高压变压器、专门用于直流电弧等离子体炬具有电流反馈功能的整流器等。

在电弧等离子体炬出现的大约同一时期,人们还开发出另一类等离子体炬——高频感应等离子体炬。这类等离子体炬的开发情况比较特殊:这项技术取得进展的最主要原因来自于电源的发展,即工作在射频范围内的高频电源。感应等离子体炬发展的动力源于军事技术和空间技术的需求——模拟、开发以 UF_6 为燃料的核动力反应堆,获得线速度较低、流动截面上的温度分布比电弧等离子体更加均匀的等离子体流。这些等离子体炬建立之后,为了延长工作寿命,必须使用电介质材料(石英、氧化铝和其他陶瓷材料)作为放电室。在这类等离子体炬的开发过程中,放电室也曾采用过氮化物陶瓷(硼和铝的氮化物)。金属-电介质复合放电室则是由非磁性金属制成的管状水冷腔室,感应器的电磁辐射可以完全透入;腔室的纵向狭缝中填充了耐高温的电介质材料或者电绝缘密封材料。

第三类现代等离子体发生器——微波等离子体炬——最初只是与军事通信技术的发展有关。后来这种技术应用于微电子领域,催生了新的设计方案,为解决小型化工冶金问题提供了可靠的手段。

最后一类也是最昂贵的一类,是化工冶金领域中的新工具——激光等离子体炬。这类等离子体炬迄今为止只能用于一些特殊领域;最强大的激光设施是为军事用途建立的。

2.2 直流电弧等离子体炬电源

电弧等离子体炬的电源输出直流电或者交流电,向放电区连续输入能量,并且能够监测等离子体炬的运行状态。

对于在等离子体炬通道中“燃烧”的电弧,其伏安特性呈下降特性(曲线1)或包括下降段(曲线2)(图2.1)。电源-等离子体炬系统的稳定运行应满足如下条件:

$$\frac{dU_A}{dI} - \frac{dU_{PS}}{dI} \tag{2.1}$$

式中:U_A、U_{PS}、I 分别为弧电压、电源输出电压和弧电流。

为了满足这些条件,需采用如下等离子体炬电源(图2.1):

(1) 具有恒定的输出电压(曲线3)(恒压源),电弧在伏安曲线上升段(如A点)工作时不需要镇流电阻;

(2) 需要通过镇流电阻连接的电源(如B点、C点);

(3) 具有恒定的输出电流(恒流源)(曲线5)(如D点、E点)。

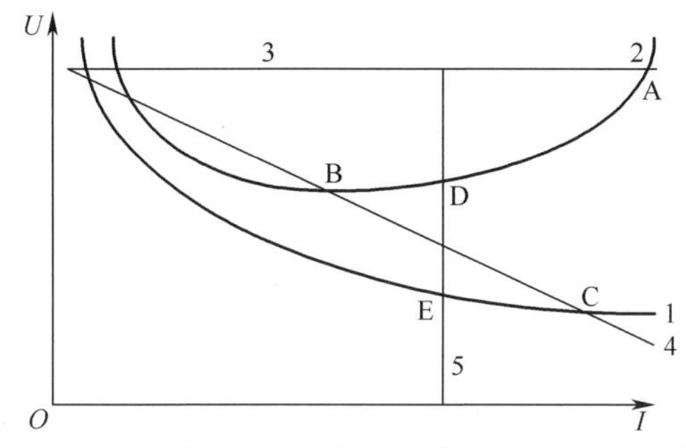

图2.1 电弧等离子体炬与电源伏安特性之间的关系

1,2—电弧伏安特性;3—恒压电源的伏安特性;4—下降电源的伏安特性;5—恒流电源的伏安特性;
A、B、C、D、E—电弧伏安特性与电源伏安特性的交点。

在工作特性范围内,对于由恒定输出特性(包括电网)供电的直流电弧等离子体炬,在等离子体炬与电压源之间还需要有一种装置,将电压源转换成电流源。这样的装置至少有三类:

(1) 镇流电阻(R_b)(图2.2(a));

(2) 电流参数控制器(稳流器,CPS)(图2.2(b));

(3) 基于电流负反馈的自动控制系统(ACS)(图2.2(c))。

使用镇流电阻的优、缺点众所周知:镇流电阻的引入导致较高的功率损失,因而这种系统通常作为低功率示范系统,或者作为间歇运行的辅助设备。

稳流器利用LC谐振电路的特性,使含有不稳定负载的电路保持电流恒定(图2.2(b))。稳流器具有良好的功率特性,尤其是 $\cos\varphi$;此外,用CPS方案相对简单并且可靠。该方案的缺陷是输出电流的调节比较困难,因为这取决于输

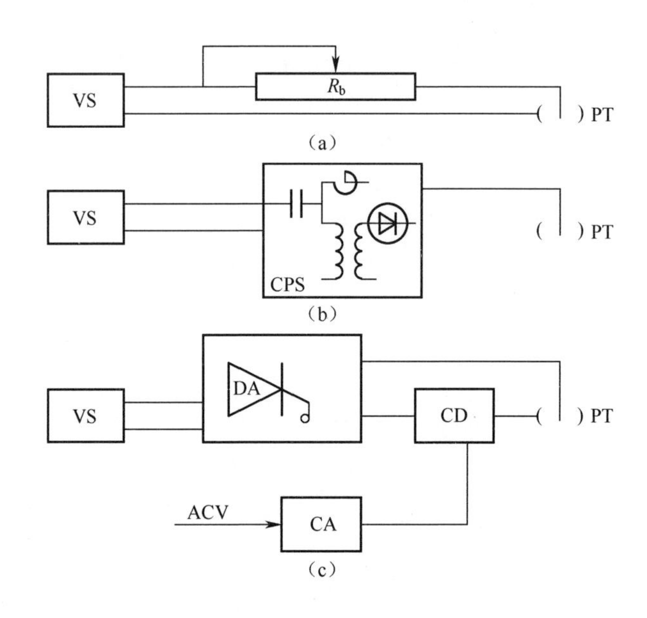

图 2.2　直流等离子体电源原理图

(a)使用镇流电阻;(b)使用稳流器;(c)使用基于电流负反馈的自动控制系统。

VS—电压源;PT—等离子体炬;R_b—镇流电阻;CPS—稳流器;DA—开关设备;

CD—电流分配器;CA—比较器;ACV—预置电流。

入电压。在大功率工况下应用时,这将是一个技术问题。另外,CPS 的空载模式是紧急运行模式,应该采取其他技术措施避免出现这种情况。

对于基于 ACS 的直流电弧等离子体炬的电源,由于其电路中存在(磁或半导体的)控制器件,因此可以在很宽范围内调节等离子体炬的电流(图 2.2(c))。ACS 具有(CD 提供的)电流负反馈功能:将输出电流与预置电流做比较,控制开关设备使等离子体炬的电流保持在一定范围内,与等离子体炬的气流形态及其他因素无关。基于 ACS 的直流等离子体炬电源具有最好的技术经济性、良好的电流调节灵活性和精度,以及其他一系列优势,因而这种系统在等离子体炬技术中应用最广。目前,最新型的直流等离子体炬电源是基于半导体(晶闸管)的整流器。

电弧等离子体炬电源的具体布置和结构取决于等离子体炬的类型、用途和工作参数,一般包括下列设备和元件:变压器,电气开关(隔离开关、油断路器、接触器),电流调节器(晶闸管整流器、磁放大器、电流参数稳定器、镇流器),电感,测量与控制系统,保护和报警系统,引弧系统,cosφ 补偿系统,远程控制系统等。

2.3 交流电弧等离子体炬电源

交流电弧等离子体炬的电源必须确保电流连续不断地通过工作中的电弧。但是问题在于,正弦电流在一个周期内两次过零会导致电弧中断。为了消除这种现象,需要在电路中增加电感,不过这会使 $\cos\varphi$ 的值降低到 0.6 以下。

因此,为了使交流电弧无中断地持续燃烧,应在主电弧上附加一个辅助高频电弧。简而言之,就是增加一个高频电源作为辅助电源,通过小电弧保持交流等离子体炬处于无中断工作状态(图 2.3),只是高频电源的功率远小于等离子体炬电源的功率。在交流电弧上施加高频电压之后,电弧的燃烧就会呈现另外一种形态(图 2.4):

(1) 电弧连续燃烧(电路中无电抗);

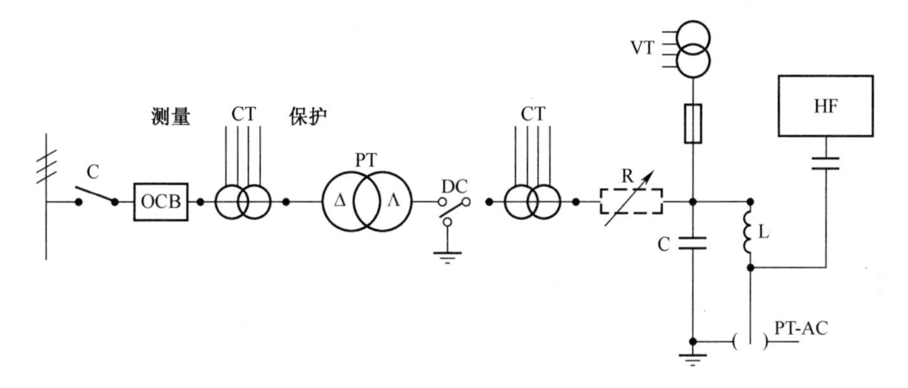

图 2.3 带有辅助高频电源的交流等离子体炬电源示意图
C—接触器;OCB—油断路器;CT—电流互感器;PT—变压器;DC—隔离开关;
R—可变电阻;VT—电压互感器;HF—高频电源;C,L—(高压变压器和高频电源的)
电气保护电容和电感;PT-AC—交流等离子体炬。

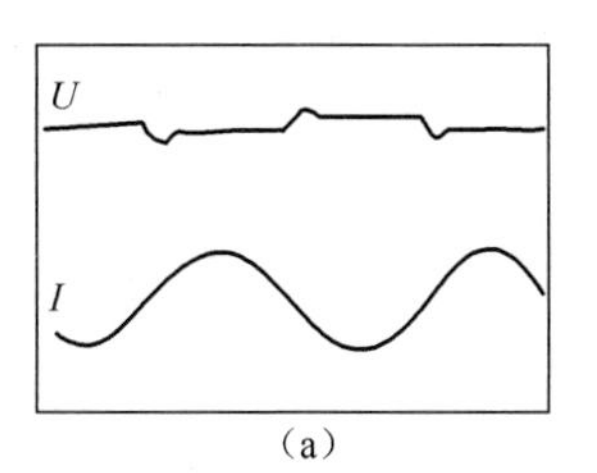

(a)

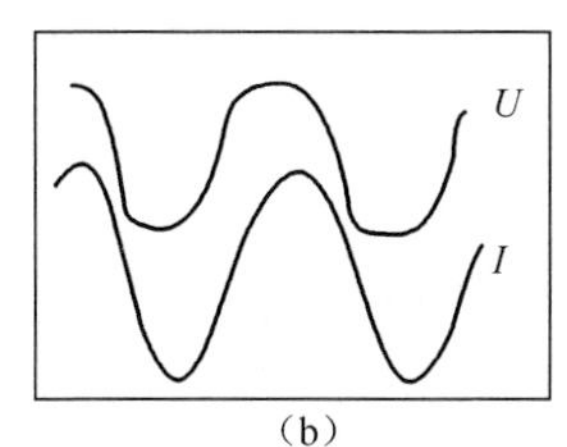

(b)

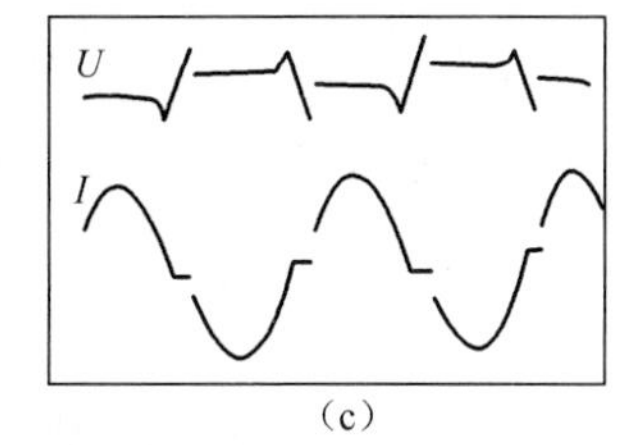

(c)

图 2.4 交流电弧的工作状态弧电压和电流的典型波形图
(a)电弧持续燃烧;(b)电弧以动特性近似于正弦曲线的形态燃烧;
(c)电弧在每半周内通过自击穿或脉冲击穿引燃的。

(2) 电弧燃烧的动态特性类似于正弦曲线,等离子体炬可由电网供电而不需要镇流电阻。

2.4 用于化工冶金的直流电弧等离子体炬

化工冶金领域使用的最典型、最高效的直流电弧等离子体炬由俄罗斯科学院西伯利亚分院热物理研究所设计和开发[1]。事实上,苏联等离子体炬技术的发展是为了满足火箭与空间技术机构的需求,其开发基础由苏联科学院西伯利亚分院理论与应用力学所的 M. F. 朱可夫院士奠定。不过,在 20 世纪 70 年代初,这个科研团队迁往热物理研究所,在那里他们的研究不仅涉及最初的空间技术应用问题,而且将研究成果应用于化工冶金领域。

然而,这并不意味着苏联没有其他机构从事等离子体炬技术的研发工作。近年来,苏联科学家为了满足空间技术需求在电弧等离子体炬领域的研发成果归纳在文献[2]中。这些机构开发的等离子体炬的结构以及计算方法和结果具有诸多共同之处。不过,对各个研究团队提出的设计方案进行分析和比较并不是本书的目的,本书将聚焦于我们作为用户所熟悉的那些等离子体炬。下面讨论在苏联时期就已经研发出来并应用于核工业新工艺中的等离子体炬。这些等离子体炬已经通过了研发阶段,性能在生产环境中得到了验证。苏联解体后,其中一些留在了俄罗斯联邦原子能部的企业中,其余部分分散在哈萨克斯坦、乌克兰、格鲁吉亚和白俄罗斯。

2.4.1 自稳弧长型等离子体炬

设计最简单、运行又可靠的等离子体炬是单电弧室(单室)等离子体炬。按照形成等离子体射流的工作气体的化学活性不同,这种等离子体炬又可分为三类:

(1) 杯状内电极单室等离子体炬;

(2) 管状内电极单室等离子体炬;

(3) 带有电极间插入段的单室等离子体炬,插入段将内电极与电弧室的其他部分隔离开来。

在这些等离子体炬中,电弧在旋转气流的作用下沿电弧室轴线保持稳定。在前两种方案中,被加热气体成分均匀,通常为化学惰性;第三种方案加热的气体可以具有化学活性,但是内电极需要用惰性气体保护。实际应用中人们最感兴趣的是第三种方案,其结构如图 2.5 所示。这种等离子体炬的关键部件包括:内电极和输出电极;中心带有小孔的圆盘形电极(电极间插入段);限定主旋气室和辅助旋气室尺寸的绝缘材料;工作气体供应部件(对于所有三种方案),保护气体供应部件(对于第三种方案);用于驱动电弧旋转的电磁线圈。气流通过旋气环的切向孔通入电弧室。将电弧稳定在旋气室轴线上的最佳条件是气流的速度满足 $0.3V^* \leqslant V \leqslant 0.8V^*$($V^*$ 为气流中的声速)。

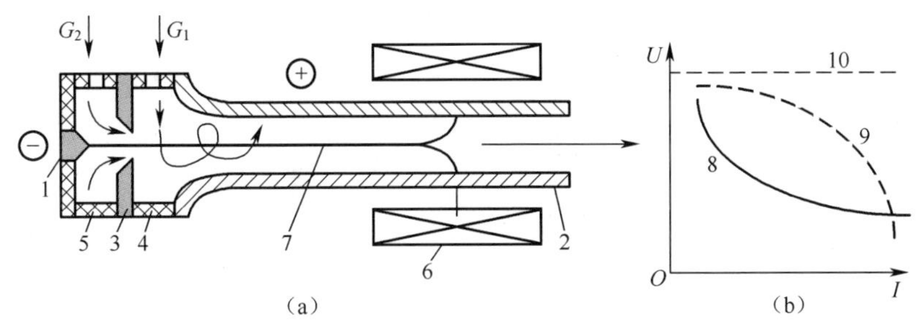

图 2.5　带有电极间插入段的自稳弧长型单室直流电弧等离子体炬及其伏安特性

1,2—内电极和输出电极;3—电极间插入段;4,5—绝缘材料;6—电磁线圈;7—弧柱;8—电弧的伏安特性;9,10—电源的伏安特性;G_1,G_2—工作气体和保护气体。

输出电极(以正极性方式连接时为阳极)由铜或铜基合金制成,呈平滑圆管状。内电极材料的选择视等离子体炬的具体类型而定。对于第一种方案,内电极的材料与输出电极相同。对于第二和第三种方案,以空气作为工作气体、当电流不大于 300A 时,内电极材料可以选用锆和铪;当电流大于 300A 时,选用钍钨或者镧钨(为了降低电子的逸出功)。电磁线圈产生的磁场驱动电弧的径向段在输出电极通道中旋转,缩短弧斑与电极表面接触的时间,降低电极烧蚀。

由于电弧的伏安曲线(曲线 8)是下降的,如果选用具有硬特性(曲线 10)的电源,电路中需要有镇流电阻(图 2.5)。如果电源的输出特性是陡降的(曲线 9),就无需镇流电阻。

自稳弧长型双室等离子体炬(图 2.6)的主要部件有:内电极和管状输出电

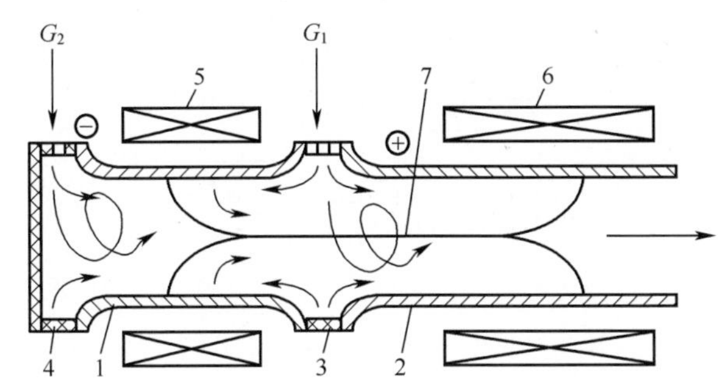

图 2.6　自稳弧长型双室等离子体炬示意图

1,2—内电极和输出电极;3,4—绝缘材料;5,6—驱动弧斑转动的电磁线圈;7—弧柱;G_1,G_2—工作气体。

极;通入气体的绝缘件;通入旋气室的气流;驱动弧斑在电极表面旋转的电磁线圈;弧柱。

在双室等离子体炬的内电极中,弧斑的位置由两股气流的交汇点决定,通过改变 G_1 与 G_2 的比值可以控制气流交汇的位置,从而使电极烧蚀更加均匀。这类等离子体炬对气体种类的要求不太严苛,其电极材料通常为铜或者铜合金。

这类等离子体炬的电弧的伏安特性也是下降的,并且所有单室等离子体炬的规则均适用于双室等离子体炬。

2.4.2 固定弧长型等离子体炬

在这类等离子体炬中,电弧的平均长度比自稳弧长型等离子体炬的更长或者更短。其中,对于平均弧长大于自稳弧长的等离子体炬,根据其结构又可以分为三类:

(1) 带有独立冷却的电极间插入段,并通过插入段间隙通入气体的等离子体炬;

(2) 带有多孔材料插入段,并通过多孔插入段通入气体的等离子体炬;

(3) 带有气体动力学电极间插入段的等离子体炬。

带有独立水冷的电极间插入段,并通过插入段间隙通入气体的等离子体炬如图 2.7 所示。插入段为铜质,独立水冷,彼此之间以及与电极之间保持绝缘。因此,电极间插入段的所有部件都具有一定的对地电位,每一个也都具有其自己的电位。从插入段的间隙中通入气流可以降低热损失、保护部件免受对流热流的损伤、提高间隙的电绝缘强度,防止插入段间在一定条件下出现电击穿。气流在插入段间的分配可以通过多种途径实现:在插入段上设置总气管或者从间隙

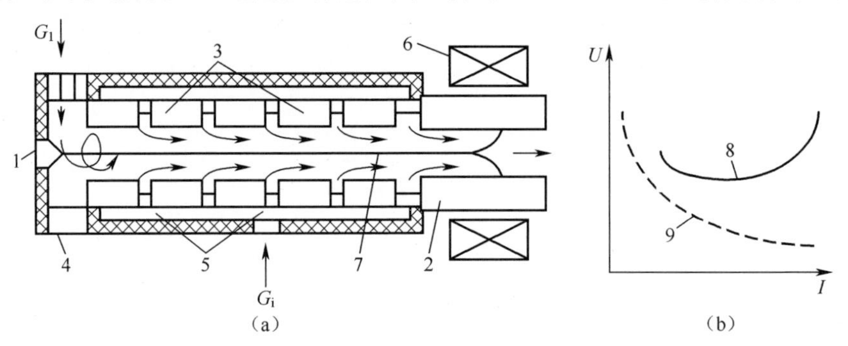

图 2.7 带有电极间插入段的等离子体炬及其电弧的伏安特性,插入段彼此绝缘并通过其间隙通入部分工作气体

1,2—内电极和输出电极;3—电极间插入段;4,5—通入主工作气体(G_1)和从插入段间通入工作气体(G_i)的部件;6—电磁线圈;7—弧柱。

中分别通入气体;并且,通过使电极通道初始段中的气流形成湍流可以控制弧电压。这样,电弧的伏安特性,同时拥有上升段(图2.7(b)曲线8)和下降段(伏安特性,图2.7(b)曲线9)。

第二类等离子体炬的插入段5由多孔材料制成,从中通入工作气体,炬的电极材料与第一类相同(图2.8)。多孔插入段由陶瓷或金属(钨、不锈钢等)材料的粉末烧结而成,当使用导电材料插入段时各部件须用绝缘材料隔开。如果插入段足够长,并且电极通道入口与出口之间存在气压梯度,就需要通过多孔段的不同部件分别通入气体,以提供足够的气流避免插入段过热甚至损坏。图2.8中改进后的等离子体炬包含一个孔板形部件(电极),可以使用化学活性气体(G_1)工作,保护气体(G_2)使化学活性气体远离阴极。

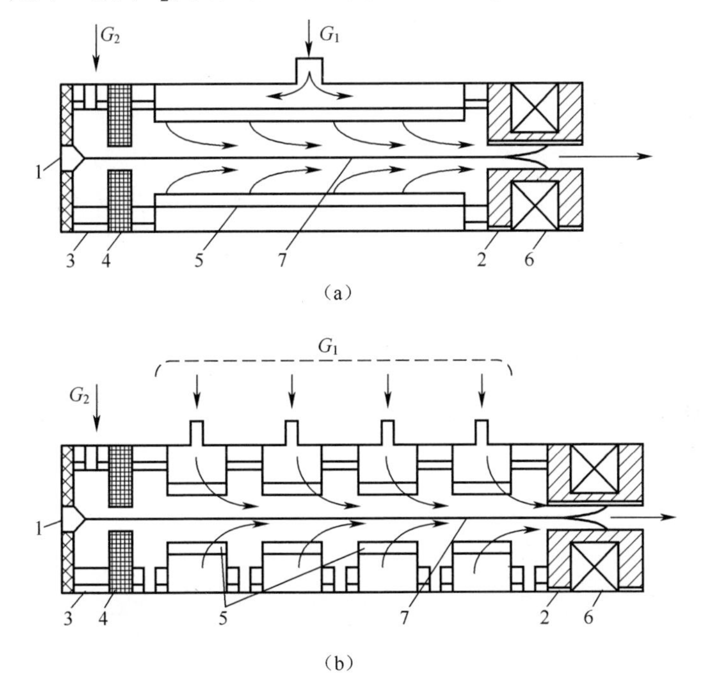

图2.8 带有多孔材料电极间插入段的等离子体炬

1,2—等离子体炬的内电极和输出电极;3—绝缘材料;4—中心带有小孔的圆盘形电极;
5—多孔材料插入段;6—电磁电磁线圈;7—弧柱;
G_1—通过插入段通入的气体;G_2—工作气体(或者阴极保护气体)。

带有气体动力学电极间插入段的等离子体炬(第三类,如图2.9所示)的主要部件与前两类相似,区别在于存在旋气室。当从中间电极通入的气流量G_{ax}与通入旋气室的气流量G_t达到一定比例时,旋气室中稳定存在径向速度为0($V_r=0$)的区域。这时,轴向气流与主流之间不存在热量传递。因此,该区域的热损失主要由辐射决定。

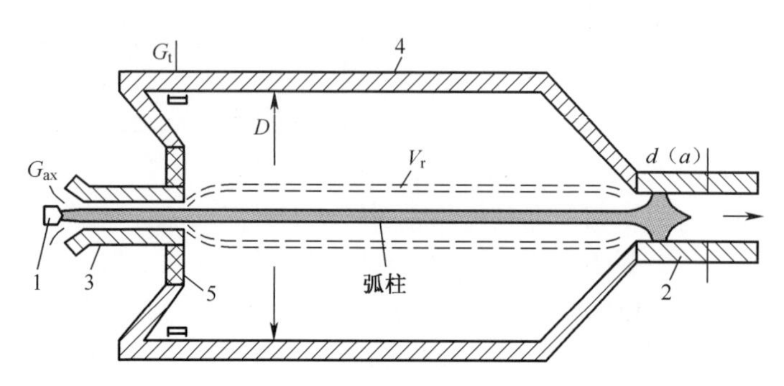

图 2.9　带有气体动力学电极间插入段的等离子体炬

1,2—内电极和输出电极;3—中间电极;4—旋气室;5—绝缘材料;

D—旋气室直径;G_{ax},G_t—沿轴向和切向通入的气体流量;

V_r—气流的径向速度;$d(a)$—输出电极直径。

具有固定弧长且平均弧长小于自稳弧长的等离子体炬,其平均弧长通过输出电极上的环形台阶(输出电极通道上的突扩结构,如图 2.10 所示)实现固定。对于这类等离子体炬,输出电极通道的突然扩张为电弧在突扩位置之后发生优先分流创造了条件,并且使平均弧长在弧电流、气体流量和气体压强等决定性参数的很宽变化范围内都能够保持恒定。

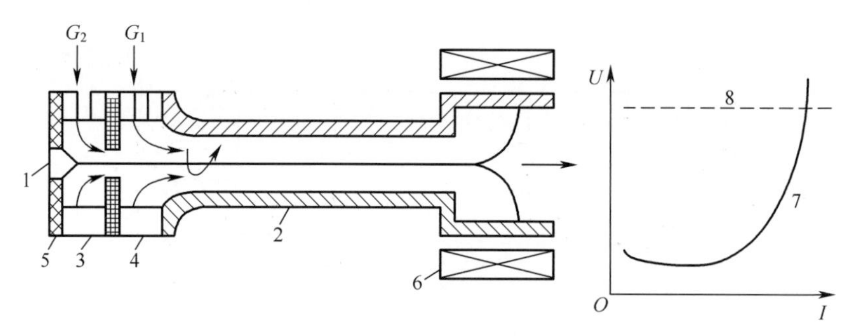

图 2.10　弧长小于自稳弧长的固定弧长型等离子体炬及其电弧的伏安特性

1,2—内电极和输出电极;3—将电弧分为阴极段和阳极段的隔离电极

(中心带有小孔的圆盘形电极);4,5—工作气体(G_1)和保护气体(G_2)

通入部件;6—电磁线圈;7—电弧伏安特性;8—电源伏安特性;9—弧柱。

对于弧长固定的电弧,其伏安特性具有新特征:曲线同时具有下降段和上升段(图 2.10 中曲线 7)。这样,电弧可以在伏安曲线与电源输出特性的交点处稳定燃烧而不需要镇流电阻,即使电源具有恒定的输出特性。此外,对于带有台阶形输出电极的等离子体炬,其电弧的伏安特性通常低于自稳弧长型等离子体炬中的电弧。对于固定弧长型等离子体炬,如果其输出电极在台阶之前的直径更大,并且与台阶之后的部分彼此之间为电绝缘,其电弧伏安特性的一部分会位于自稳弧长型等离子体炬电弧的伏安特性之上。

2.5 计算电弧等离子体炬参数的方程

2.5.1 电弧的伏安特性

伏安特性是电弧最重要的总体特性,反映其他特征参数恒定时弧电压与电流之间的关系。最简单的准则形式的伏安特性可以写为

$$U = A(I^2/Gd)^{\alpha}(G/d)^{\beta}(Pd)^{\gamma} \tag{2.2}$$

式中:U 为弧电压;I 为弧电流;G 为总气流量;d 为电弧室的直径;P 为电弧室末端的压强;A、α、β、γ 为由实验确定的常数。

2.5.2 等离子体炬的热效率

等离子体炬的热效率是等离子体功率与电源功率的比值。在低气压电弧室中,辐射传递的能量在总能量平衡中的比例可以忽略不计;通过电极上弧斑的热损失同样也可以不予以考虑。因此,热效率主要由高温气流与电弧室壁之间的对流换热决定。准则形式的热效率表达式可以写为

$$(1-\eta)/\eta = K(I^2/Gd)^{m}(G/d)^{n}(Pd)^{q}(L/d)^{\psi} = \psi \tag{2.3}$$

式中:K、m、n、g、ψ 为由实验确定常数;L/d 为电弧室的归一化长度。

2.5.3 单室等离子体炬中空气电弧的伏安特性

1. 直流等离子体炬

正极性连接(输出电极为阳极,内电极为阴极)为

$$U^{+} = 1290(I^2/Gd)^{-0.15}(G/d)^{0.30}(Pd)^{0.25} \tag{2.4}$$

反极性连接(输出电极为阴极,内电极为阳极)为

$$U^{-} = 1970(I^2/Gd)^{-0.17}(G/d)^{0.15}(Pd)^{0.25} \tag{2.5}$$

2. 交流等离子体炬

$$U^{\sim} = 3930(I^2/Gd)^{-0.18}(G/d)^{0.28}(Pd)^{0.20} \tag{2.6}$$

式中

$I^2/Gd = (1 \sim 4\times10^3)\times10^7 \text{A}^2\cdot\text{s}/(\text{kg}\cdot\text{m})$,$G/d = 0.1 \sim 20\text{kg}/(\text{m}\cdot\text{s})$,$Pd = (5 \sim 35)\times10^2\text{N/m}$。

计算结果与实验数据的比较如图2.11和图2.12所示。

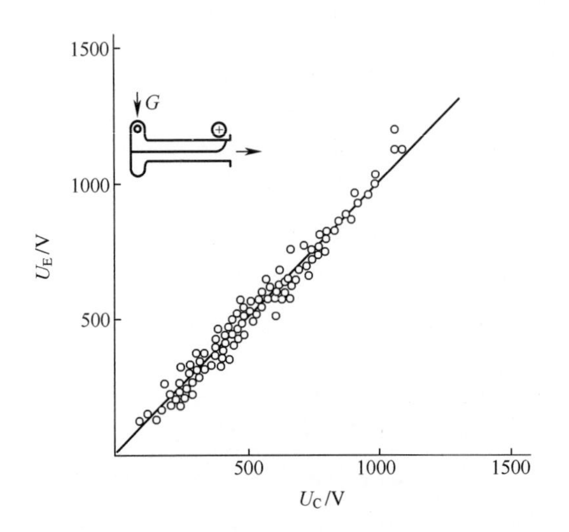

图 2.11　根据式(2.4)计算结果与实验数据比较(连接方式为正极性)

U_E—实验值;U_C—计算值。

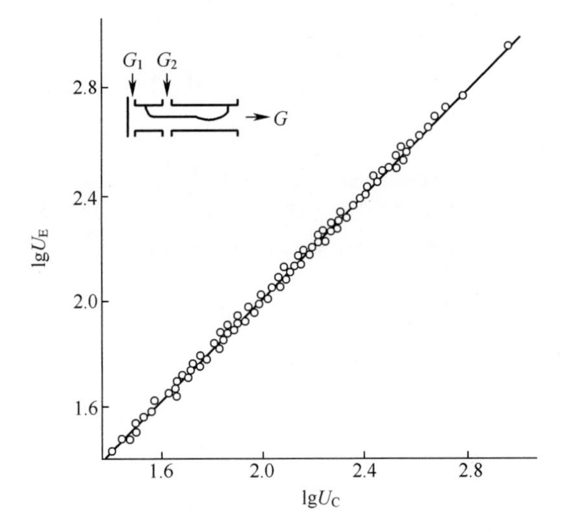

图 2.12　根据式(2.6)计算结果与实验数据比较(交流电流的频率 50Hz)

U_E—实验值;U_C—计算值。

2.5.4 双室等离子体炬中空气电弧的伏安特性

交流电弧(有辅助高频放电):

$$U^{-} = 2150(I^2/Gd)^{-0.15}(G/d)^{0.15}(Pd)^{0.20} \tag{2.7}$$

直流电弧(正极性):

$$U^{+} = 1360(I^{2}/Gd)^{-0.20}(G/d)^{0.25}(Pd)^{0.35} \tag{2.8}$$

此两式适用的参数范围为

$$I^{2}/Gd = (10^{6} \sim 4 \times 10^{9})\,\mathrm{A^{2} \cdot s/(kg \cdot m)}$$

$$G/d = (0.05 \sim 26)\,\mathrm{kg/(m \cdot s)}$$

$$Pd = (1 \sim 800) \times 10^{3}\,\mathrm{N/m}$$

$$I = 50 \sim 5000\,\mathrm{A},\ d = (5 \sim 76) \times 10^{-3}\,\mathrm{m}$$

$$G = G_{1} + G_{2} = 0.001 \sim 3.5\,\mathrm{kg/s},\ P = (1 \sim 1000) \times 10^{5}\,\mathrm{Pa},\ G_{1}/G_{2} \geqslant 5$$

2.5.5 单室等离子体炬中氢电弧的伏安特性

氢电弧(图 2.13):

$$U^{+} = 9650(I^{2}/Gd)^{-0.20}(G/d)^{0.50}(Pd)^{0.36} \tag{2.9}$$

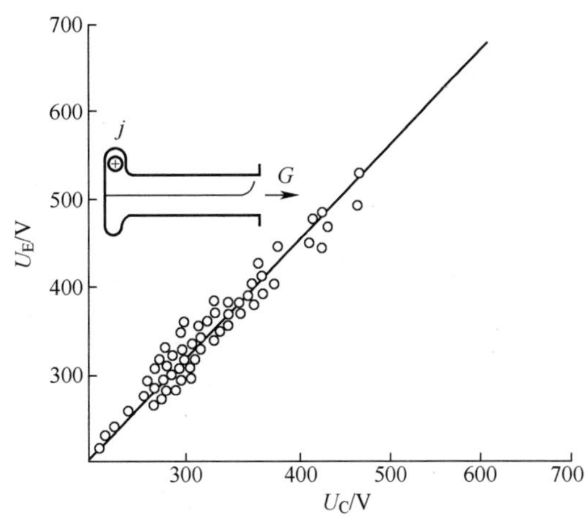

图 2.13 根据式(2.9)计算结果与试验结果比较

U_{E}—实验值;U_{C}—计算值。

式(2.9)适用的参数范围为

$$I^{2}/Gd = (8 \times 10^{-8} \sim 7 \times 10^{11})\,\mathrm{A^{2} \cdot s/(kg \cdot m)}$$

$$G/d = (0.04 \sim 0.25)\,\mathrm{kg/(m \cdot s)}$$

$$Pd = (1 \sim 3) \times 10^{3}\,\mathrm{N/m}$$

甲烷电弧(图 2.14):

$$U^{+} = 1255 \times 10^{5}(I^{2}/Gd)^{-0.35}(G/d)^{0.35}(Pd)^{0.185}(d)^{0.475} \tag{2.10}$$

式(2.10)适用的参数范围为

$$I = 40 \sim 1000\,\mathrm{A},\ d = (1.2 \sim 8.6) \times 10^{-2}\,\mathrm{m}$$

$$G = 0.0125 \sim 0.735\,\mathrm{kg/s},\ P = (1 \sim 1.8) \times 10^{5}\,\mathrm{Pa}$$

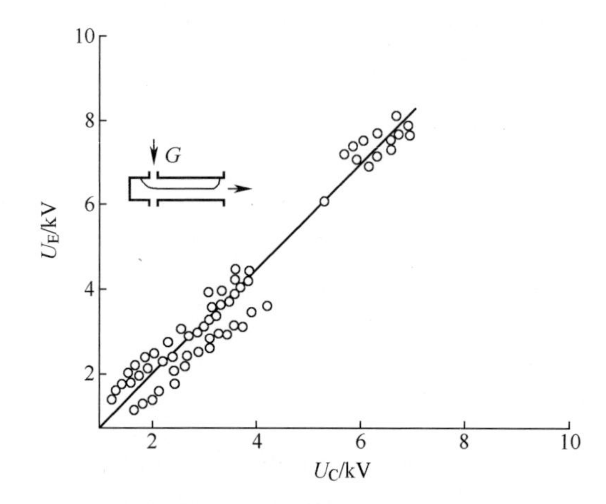

图 2.14 根据式(2.10)计算的结果与试验结果的比较

U_E—实验值;U_C—计算值。

2.5.6 电弧等离子体炬的效率

空气电弧等离子体炬的热效率(图 2.15):

$$(1-\eta)/\eta = 5.82\times10^{-5}(I^2/Gd)^{0.265}(G/d)^{-0.265}(Pd)^{0.30}(L/d)^{0.50} = \psi \tag{2.11}$$

式(2.11)适用的参数范围为

$$I^2/Gd = (5 \sim 5000)\times10^6\,\mathrm{A^2\cdot s/(kg\cdot m)}$$

$$G/d = (0.5 \sim 56)\,\mathrm{kg/(m\cdot s)}$$

$$Pd = (1 \sim 800)\times10^3\,\mathrm{N/m}$$

$$L/d = 5 \sim 40$$

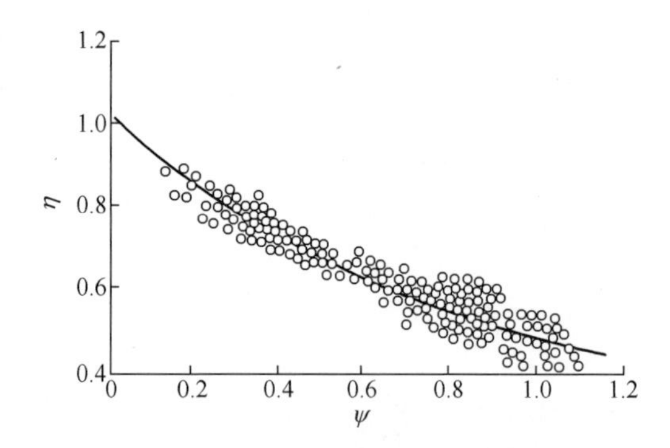

图 2.15 单、双室空气电弧等离子体炬的热效率

氢电弧等离子体炬的热效率(图 2.16):

$$(1-\eta)/\eta = 6.54 \times 10^{-8}(I^2/Gd)^{0.20}(G/d)^{-0.20}(Pd)^{0.98}(L/d)^{1.38} = \psi \tag{2.12}$$

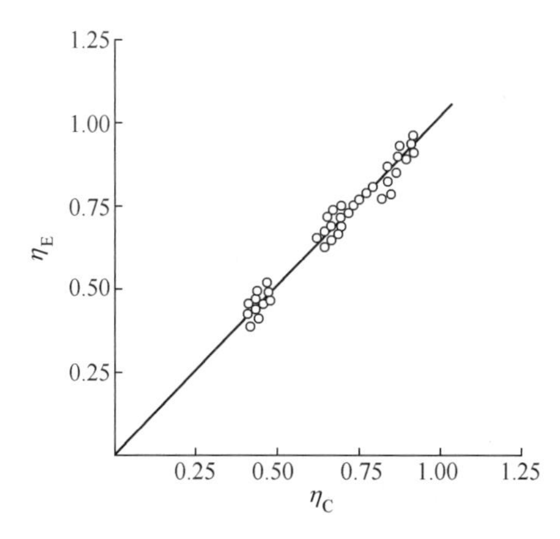

图 2.16　单室(杯状内电极)直流氢电弧等离子体炬的热效率

2.6　工业用大功率管状电极直流电弧等离子体炬

对于利用棒状高熔点金属作为阴极的等离子体炬而言,当功率高达 1MW (电压≥1kV,电流≤1kA)左右时,仍然能够在化工冶金应用中表现得中规中矩。不过,如果功率进一步升高,等离子体炬的两个电极通常都是管状的。下面对最有名、应用最广泛的管状电极等离子体炬进行简要描述[3]。

2.6.1　赫斯(Hüls)等离子体炬

赫斯等离子体炬(图 2.17)具有两个直径不同的管状电极,以非转移弧模式运行。内电极(阴极)由铜制成,直径小于钢制输出电极(阳极)。等离子体形成气体从两个电极之间沿切向通入。这种等离子体炬的功率范围为 500～8400kW,弧电压范围为 2500～7000V,弧电流范围为 200～1200A。

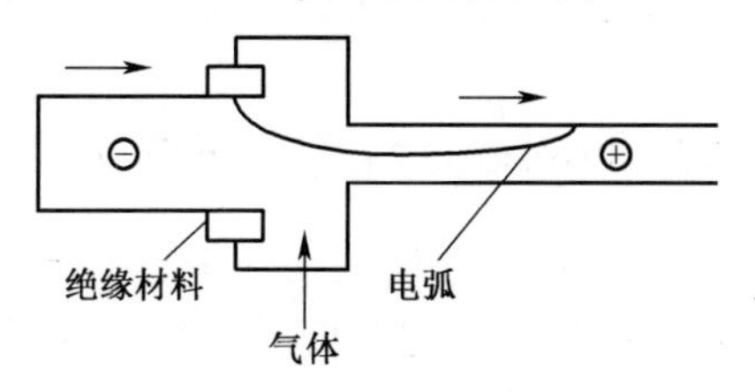

图 2.17　赫斯等离子体炬示意图

2.6.2 联合碳化物(Union Carbide)公司的林德(Linde)等离子体炬

林德等离子体炬具有两个直径相等的管状铜合金电极,以非转移弧模式运行,阴极弧斑在磁场驱动下旋转(图2.18)。等离子体形成气体沿切向通入电弧室。从20世纪60年代开始,林德公司为美国航空航天局(NASA)提供了这种等离子体炬,用于加热空气。这种等离子体炬的功率范围为2~50MW。

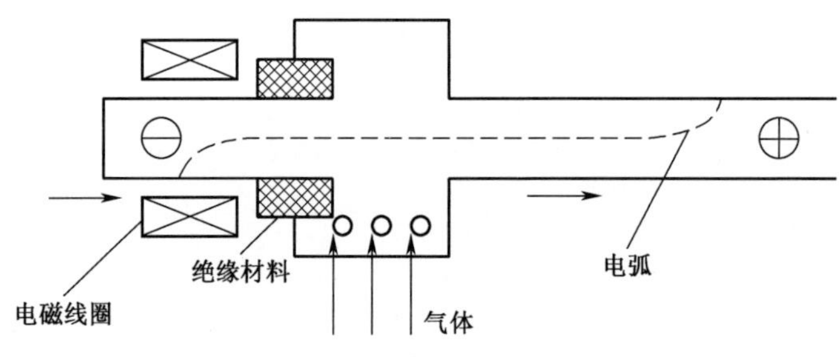

图2.18 林德等离子体炬示意图

2.6.3 联合碳化物公司的转移弧型等离子体炬

转移弧型等离子体炬是林德炬的改进型(图2.19),功率范围为100~750kW,弧电压为200~250V,弧电流为500~3000A。

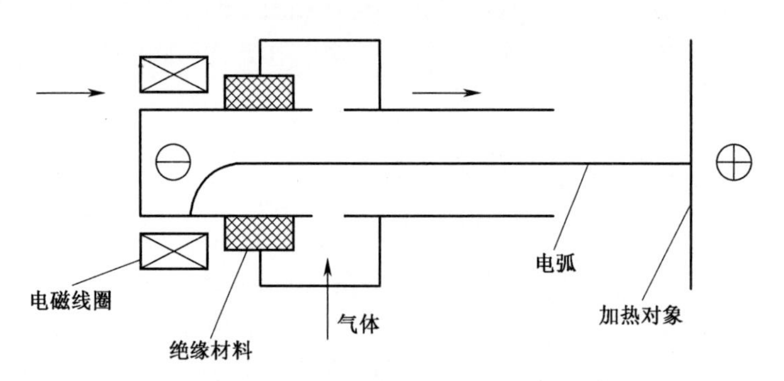

图2.19 联合碳化物公司的瑞泰克(Retech)等离子体炬示意图

2.6.4 西屋(Westinghouse)等离子体炬

西屋等离子体炬(图2.20)可以使用交流电或直流电,以非转移弧模式运行。输出电极(阳极)的直径略小于内电极(阴极)。在两个电极上都装有电磁线圈,利用磁场驱动两个电极上的弧斑旋转。西屋等离子体炬的功率为150~

2000kW,弧电压为 500~1000V,弧电流为 300~2000A。

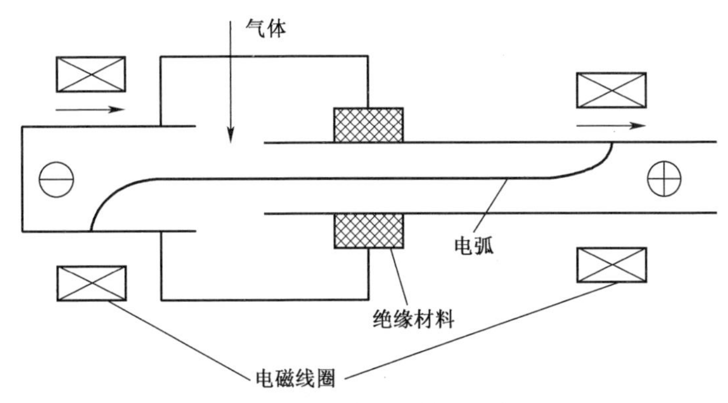

图 2.20　西屋等离子体炬示意图

2.6.5 泰奥赛德(Tioxide)等离子体炬

泰奥赛德等离子体炬有标准型和多段型(图 2.21),均以非转移弧模式运行。标准型是林德等离子体炬的改进型,采用两个内径相等的电极。多段型等离

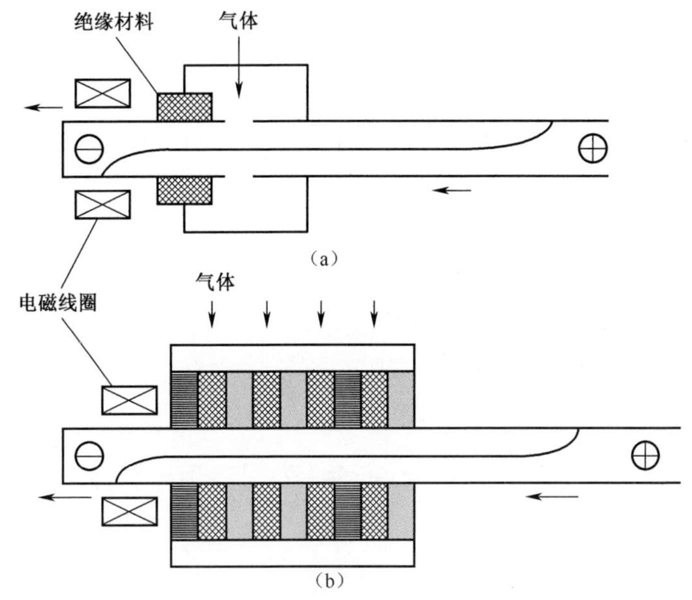

图 2.21　泰奥赛德等离子体炬示意图

(a)标准型;(b)多段型。

子体炬带有电极间插入段。插入段由多个圆盘形电极构成,彼此之间以及与电极之间保持绝缘。等离子体炬启动期间每一个圆盘电极的电位均单独控制以逐

步拉伸弧柱。气体从圆盘之间以及圆盘与电极之间通入。两种型号等离子体炬的内电极(阴极)上均装有电磁线圈。泰奥赛德等离子体炬的功率为500~5000kW,小尺寸等离子体炬的工作电压为1700V,工作电流为350A。

2.6.6 等离子体能源公司(the Plasma Energy Corporation)等离子体炬

等离子体能源公司的等离子体炬有转移弧型和非转移弧型(图2.22),均采用反极性连接方式(内电极为阳极,输出电极为阴极)。转移弧型等离子体炬(图2.22(a))具有铜输出电极和喷嘴,在电极出口处对电弧进行压缩。非转移弧型等离子体炬(图2.22(b))有两个铜电极——一个杯状内电极和一个管状输出电极,输出电极具有突扩结构以稳定阴极弧斑。这些等离子体的功率为250~4000kW,弧电压为600~900V,弧电流为420~5000A。

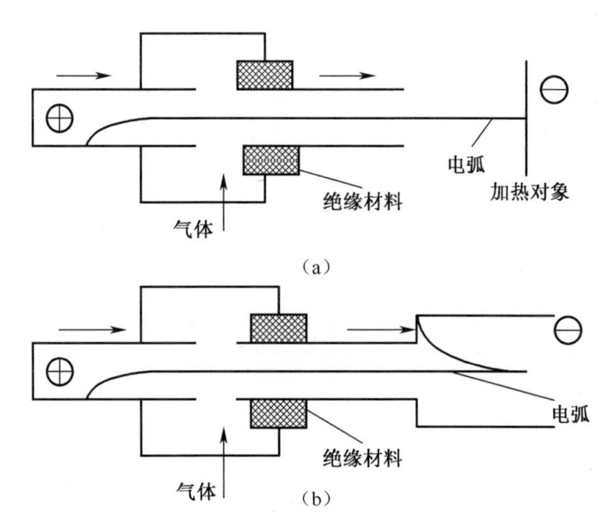

图2.22 等离子体能源公司等离子体炬示意图
(a)转移弧型;(b)非转移弧型。

2.6.7 法国宇航(Aerospatiale)公司等离子体炬

法国宇航公司的等离子体炬以非转移弧模式运行,由两个不等直径的管状电极构成,外观类似于林德等离子体炬(图2.23)。与后者不同的是,法国宇航公司等离子体炬的输出电极直径比内电极直径更小。这种等离子体炬的功率为300~5000kW,弧电压为750~2600V,弧电流为400~1900A。

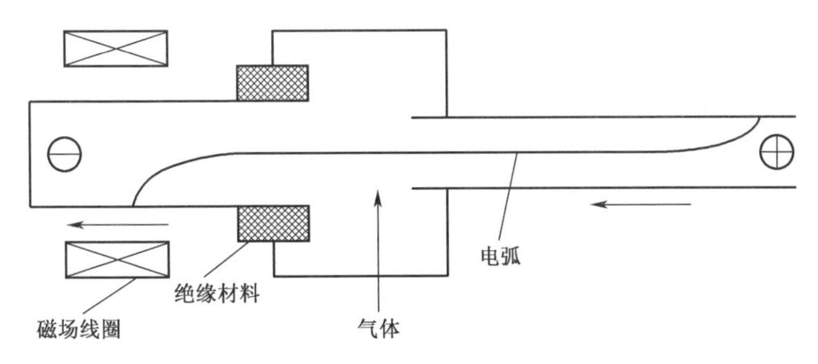

图 2.23　法国宇航公司等离子体炬示意图

2.6.8 斯凯孚(SKF)公司等离子体炬

斯凯孚公司等离子体炬属于带有电极间插入段的固定弧长型,具有两个等直径的管状电极,电极上都装有电磁线圈(图 2.24)。等离子体炬的连接方式为正极性。分段式电极间插入段拉长了电弧的长度,使弧电压很高。该等离子体炬的功率为 100~8000kW,弧电压为 2000~3600V,弧电流为 1800~3600A。

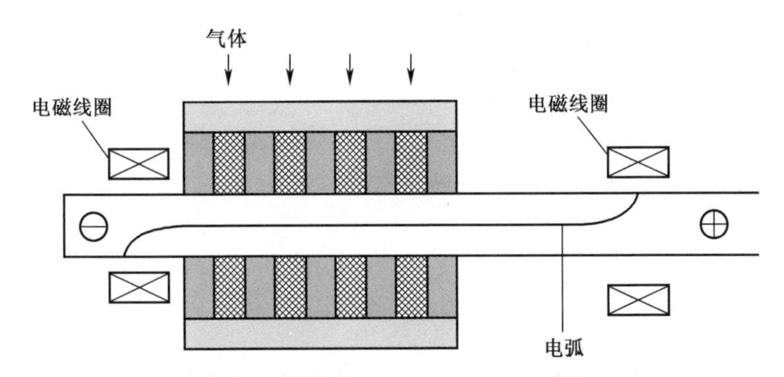

图 2.24　斯凯孚公司等离子体炬的示意图

2.7　工业用大功率棒状阴极和同轴阳极的等离子体炬

2.7.1 大同(Dadio)公司等离子体炬

大同公司等离子体炬是盖奇(Gage)等离子体炬的放大版,使用直流电,正极性连接(图 2.25),用于切割、焊接和冶金。该等离子体炬的钨棒阴极固定在水冷铜座上,以氩气和其他惰性气体为工作气体,以转移弧模式运行。等离子体炬功率的调节可以到上限 1MW。

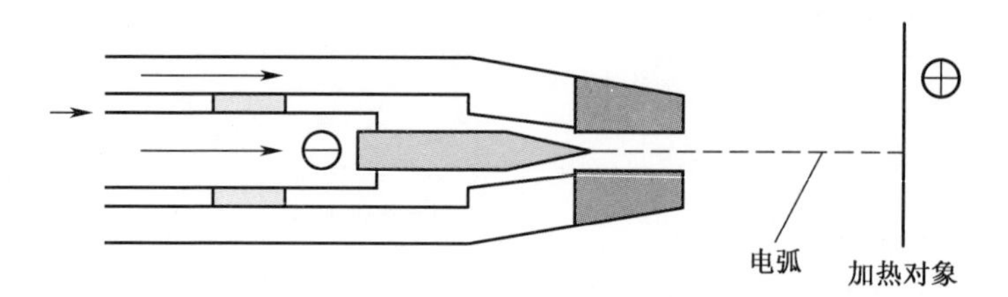

图 2.25　大同公司等离子体炬示意图

2.7.2 奥钢联等离子体炬

奥钢联等离子体炬(图 2.26)源于莫斯科全苏电热设备研究所(VNIIETO)研发的等离子体炬。基于该方案设计的等离子体炬用于奥钢联林茨炼钢厂世界上最大功率的等离子体炼钢炉(约 1MW)。短钨棒阴极固定在铜质或者钨质喷嘴内的水冷铜座上。阴极部件用氩气或其他惰性气体保护,保护气从喷嘴周围的钢保护套内通入。这种等离子体炬还可以使用三相交流电运行。

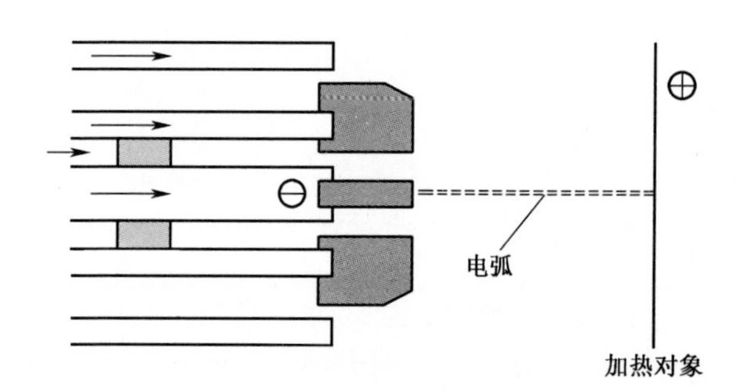

图 2.26　奥钢联等离子体炬示意图

2.7.3 英国泰茁璞(Tetronics)公司等离子体炬

英国泰茁璞公司等离子体炬(图 2.27)设计与上述方案相似,只是钨阴极不

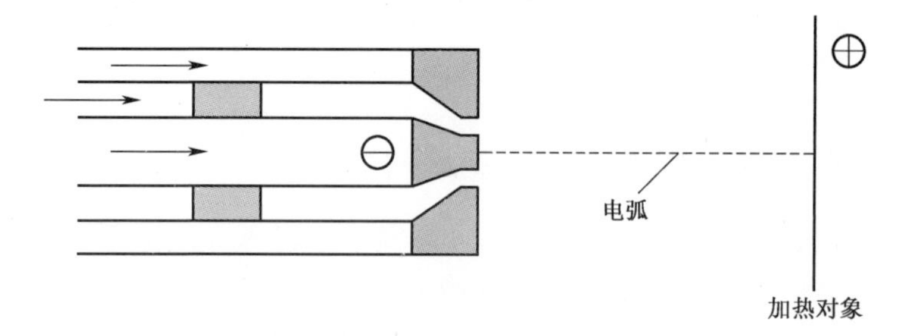

图 2.27　泰茁璞公司等离子体炬示意图

凹进喷嘴内,并且不是特别尖或者特别钝。电极由流经电极与喷嘴之间环形间隙的惰性气流保护。单支等离子体炬的功率可达3MW。

2.7.4 克虏伯等离子体炬

克虏伯等离子体炬(图2.28)采用交流电运行。在工作过程中三支等离子体炬连接三相交流电。用于冶炼时,熔融钢渣作为三支炬的共同电极。这种等离子体炬还可用于处理不导电的物料。该型等离子体炬在电弧的引燃和弧柱稳定方面独具特色。钨电极由惰性气流保护。该型等离子体炬用于20MV·A工厂的10t等离子体熔炉上。目前,该炉被用作等离子体钢包炉。

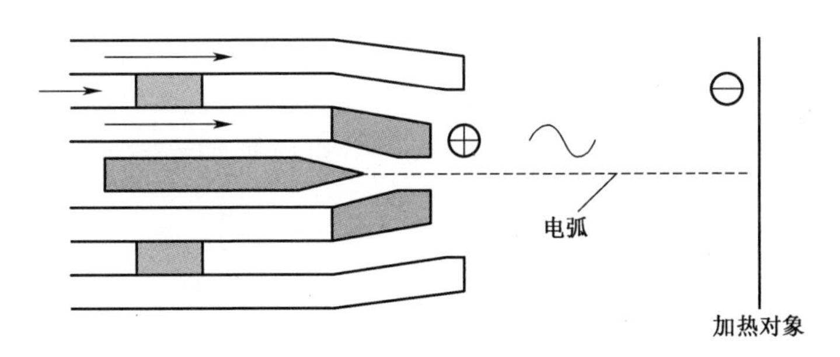

图2.28 克虏伯等离子体炬示意图

2.7.5 艾纳克(Ionarc)等离子体炬

艾纳克等离子体炬(图2.29)的设计类似于盖奇等离子体炬(大同等离子体炬),不同之处在于艾纳克等离子体炬的喷嘴上有小孔,用于通入粉末材料。艾纳克等离子体炬在启动时,电弧首先在阴极和喷嘴之间引燃,然后延伸到外部的转动石墨电极上。长弧为延长粉末在等离子体中的停留时间创造了良好条件。该型等离子体炬的功率为0.35MW。

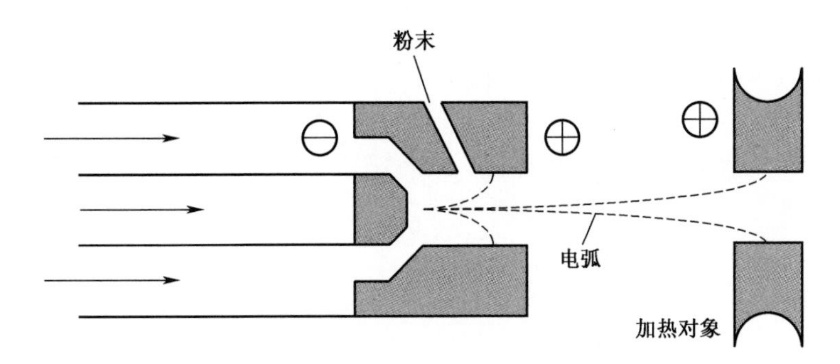

图2.29 艾纳克等离子体炬示意图

2.8 电弧等离子体炬的电源

当前,电弧等离子体炬的电源通常采用基于晶闸管整流器或离子传感器具有自动稳弧功能的可控电源[4]。在自动控制系统中,整流器仅能在有限时间内动作,因为在开与关切换之间未进行整流的时间与等离子体弧柱的时间常数(10^{-4}~10^{-5}s)相当。因此,为了确保使用可控开关电源的电弧稳定燃烧,需要在电路中接入电感。然而,电感会导致在引弧和灭弧时出现大幅过压。为了保护电气设备和等离子体炬在过压时不发生像半导体二极管那样的“雪崩”击穿,电路中应具有保护设施。当使用可控电源启动等离子体炬时,需要采取措施确保弧电流在从零增大到额定值的过程中电感能够平滑地磁化,如同采用高频振荡器启动电弧的情形。

电弧等离子体炬电源的计算首先考虑可控电源的电压裕度:

$$K_{res} = U_o/U_{nom} \tag{2.13}$$

式中:K_{res}为电压裕度系数;U_o为电源的最大整流电压;U_{nom}为等离子体炬的额定电压。

此外,对于给定的转换电路,需要计算出变压器的次级电压并选择合适的型号。已知功率和电压 U_o之后,需要选择整流器的类型,计算电抗并选择滤波电感,计算自动控制系统对弧电流的稳定性及稳定精度。

对于电弧和电源系统而言,基本要求是在各种模式下都能稳定运行。这一要求决定了对电源主要参数的选择准则:可控整流器的电压裕度系数 K_{res},电感的电感 L,以及电源在工作范围内的外特性倾角 α,即

$$\alpha = \arctan\left[\frac{U_{nom}}{I_{scc} - I_{nom}} \cdot \frac{I_{nom}}{U_{nom}}\right] \tag{2.14}$$

式中:I_{scc}为短路电流;I_{nom}为等离子体炬的额定电流。

为计算和选取合适的电源参数,使电弧稳定燃弧且损耗最小,人们确立了如下准则[4]:

(1) 电源整流器外特性的倾角为

$$\alpha = \arctan 10 = 84.3° \tag{2.15}$$

(2) 整流器的电压裕度系数为

$$K_{res} = U_o/U_{nom} = 1.2 \tag{2.16}$$

(3) 电路中平滑电感(H)为

$$L = \frac{0.15}{m(U_{nom}/I + R_{in})} \tag{2.17}$$

式中:R_{int}为等离子体炬电源的内阻;m 为整流器的相位因数。

（4）弧电流自动稳定设备的时间常数(s)为

$$t_{reg} < 1.8 \times 10^{-2}/m \tag{2.18}$$

对等离子体炬的电流进行高质量地控制可通过双回路自动稳流电路实现，电路中含有由莫斯科动力学院开发的 ART-MEI 型电流控制器。双回路电流控制器可使电源回路中的电感减小至原来的 1/10,电感可以更高精度地稳定等离子体炬的电流。

图 2.30 为直流电弧等离子体炬电源系统的原理图。对于功率为 0.5MW 及

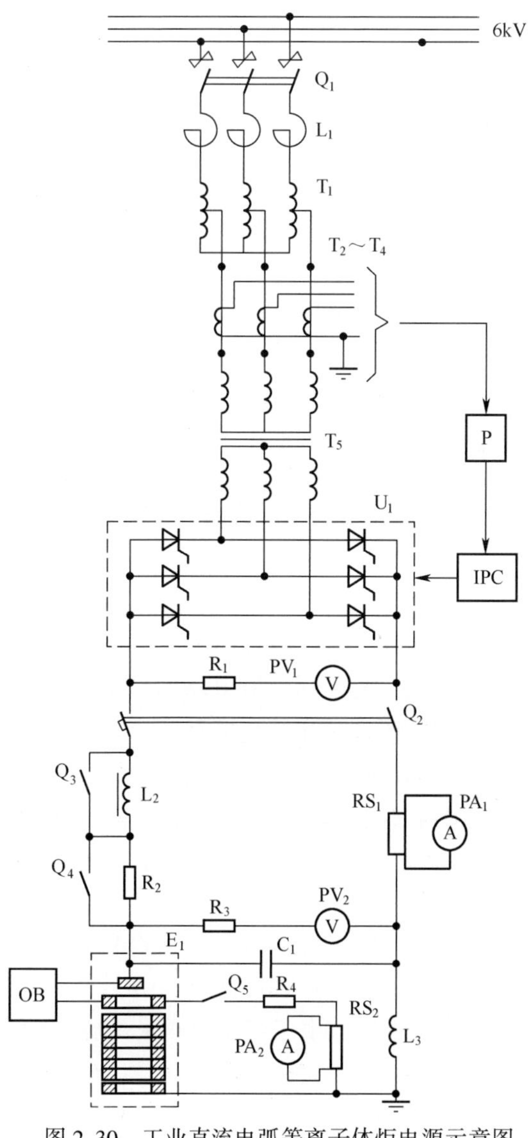

图 2.30　工业直流电弧等离子体炬电源示意图

更高的等离子体炬,三相电源可以提供6kV的电压;对于功率低于0.5MW的等离子体炬,该电源可提供380V的电压。直流电弧等离子体炬通过油断路器Q_1与三相电路连接。此外,电路中的电抗器L_1用于限制短路电流,自耦变压器T_1逐渐调节等离子体炬电流而不显著降低功率因数。当负载的变化范围比较小或者电源变压器和可控整流器处于最佳工作参数时,可以不使用自耦变压器。对于在固定模式下运行的工业设施,有可能出现上述情况。对于等离子体炬弧压变化范围较宽的系统,使用具有多抽头并能在负载条件下切换的变压器则更加经济。无自耦变压器的控制方式非常适用于变压器次级绕组自由端有可能出现高达50%浪涌的情形。变压器抽头的切换通过晶闸管实现。

由于系统中的变压器T_5(图2.30)具有0.5MW的容量,工业上通常使用油式变压器。电源变压器的初级绕组和次级绕组采用星形或三角形接法。当等离子体炬与电源之间采用星形接法时,最常采用的桥电路方案是无接地的二次侧中性线(零线),因为这时等离子体炬的阳极以及与之相连的整流器的正极是接地的。当次级绕组的零线接地时,每一相中将会有短路电流依次通过整流器阴极晶闸管组。基于此原因,变压器T_5就很有必要,即使整流器的标称输入电压与电源电压相等。

图2.30所示的电路还包括电流互感器$T_2 \sim T_4$、自动电流控制器P和整流器的脉冲相位控制器(IPC),这些要素构成了弧电流的反馈回路。控制操作在操作台(OB)上进行。

容量高于4 MW的电源采用12相整流电路。电源变压器有两个次级绕组,其中一个连接星形电路,另一个连接三角形电路。每个绕组都通过其自有的控制系统和控制器与整流器连接。这样能够减弱电流谐波,降低主电路的整流电压;与单桥电路(传统的6相)相比,这种方案可以将电感所需的最小感抗减小1/2。电感L_2和等离子体炬E_1连接到整流电路的输出端。由于控制系统的参数范围很宽,因而负载电路中可以使用镇流电阻R_2。开关Q_3和Q_4与电感和镇流电阻器R_2并联,对电感或镇流电阻分流。有时为了启动等离子体炬,有必要将电感短路。这时电路中需要引入镇流电阻,并在电弧引燃、电感重新介入之后被短路。当采用晶闸管分流电感启动等离子体炬时,负载电路中可以不使用镇流电阻。

取决于等离子体炬引燃的方式,电路中可以设置触发电路和电感-电容(LC)滤波器。图2.30所示电路中包括由启动电阻R_4、开关Q_5和滤波器L_3-C_1组成的触发电路。负载的电气参数由三组模块测量:电流表PA_1测量分流电阻RS_1的电流,两个电压表PV_1和PV_2通过电阻R_1和R_3连接到整流器的端子上,与等离子体炬并联。因为(直流时)电感上的电压降可以忽略,当电路中无电阻时电压表的读数相等。在某些情况下,电流表 PA_2 和分流电阻 RS_2 可以切换到启动电路中。

直流电弧等离子体炬的电源电路中的所有基本元素均在图 2.30 中给出。当然,图中的一些元件可以略去,包括镇流电阻器、启动电路和滤波器等。此外,还有一些单元图中并未给出,包括晶闸管整流电路以及引弧和灭弧电感。在任何情况下,具体的电源电路均取决于最佳工况和工作参数的范围,并且通常包括变压器、开关器件(断路器、油断路器、接触器)、电流控制器件(晶闸管变流器、磁放大器、参数电流稳定器、镇流电阻器)、电弧电路的电抗器、测试设备、保护仪器仪表和报警系统、引弧系统、$\cos\varphi$ 补偿装置的控制面板等。

图 2.30 所示的电源用于驱动功率为 1~1.5MW 的等离子体装置或者冶金设备,输出电压(针对不同的等离子体炬)为 2.5~2.6kV,输出电流为 350~750A。

当前,对大多数开发等离子体炬电源的公司而言,在选择将三相交流电转换为直流电的整流器件时,晶闸管整流器都占据主流地位。不过,这种器件会导致电弧运行稳定性差,原因在于弧电压对弧电流的负导数问题,导致弧电压随电流的增大而降低。电弧的稳定通过在整流电流中接入电感实现。电感限制了电弧引燃后电流增大的速率,并防止高频干扰,稳定控制回路。电感还在电弧启动周期内保持电流的连续性,并作为平滑电抗器消除晶闸管整流器中的脉动。如果不使用电感,等离子体弧就会随机熄灭。

引燃电弧,需要使用低功率的高频或高压电源。前者在内电极和输出电极的间隙中持续产生高频火花放电;后者在电极间隙中施加高压脉冲,电离间隙中的气体,为主电源的大电流形成导电通道。放电功率的调节通过改变电极之间的电压或者电流强度,或两者同时进行来实现。

图 2.31 是法国宇航公司与法国电力公司(EDF)的等离子体炬在运行过程中的剖视图和实物。该等离子体炬的参数:功率 0.2~5MW;压强 1~10bar ($1\text{bar}=10^5\text{Pa}$);等离子体焓 0.5~4kW·h/kg;效率>0.9。

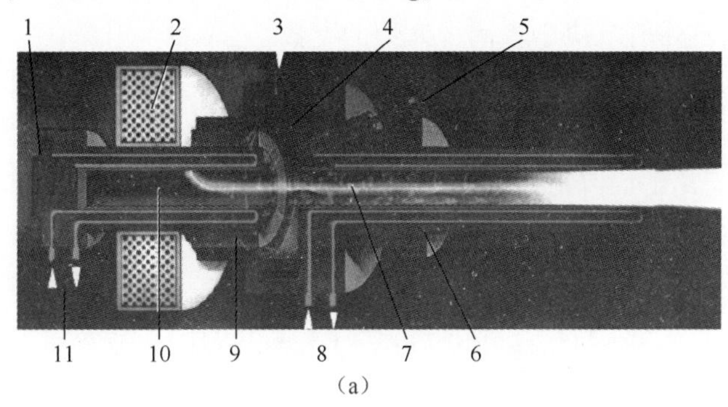

(a)

(b)

图 2.31 法国宇航公司和法国电力公司的 5MW 等离子体炬运行情况剖视图和实物

1,6—内电极和输出电极;2—电磁线圈;3—进气口;4—旋气室;5—引弧电极;
7—输出电极内部;8,11—冷却通道;9—绝缘材料;10—内电极内部。

2.9 电弧等离子体炬电极的烧蚀

电弧等离子体炬的电极是等离子体炬中唯一的消耗品。在实际应用中,可以根据电极结构、等离子体炬功率和工作气体的种类而采用不同材料,如铜、铜基合金、不锈钢、钨和石墨等。棒状内电极(正极性连接时的阴极)通常由钍钨材料制成,而管状输出电极(正极性连接时的阳极)通常由铜制成。铜之所以可以作为优选材料,原因在于其具有优异的导热性和导电性。制作电极的铜也可以是铜与银、锆、铬的合金,以提高其强度和抗氧化性能。铜银合金可以减少因金属氧化而造成的质量损失。当使用氧或含氧介质时,这种材料特别有效。

等离子体炬电极通常用除盐水冷却,水的压强为 4~15atm(4~15bar)。一些在实际应用中也使用去离子水。当进口压强为 15bar 时,冷却水流量为 40~1000L/min,具体值取决于等离子体炬的参数。

等离子体气体的选择取决于工艺过程,包括:空气和氧气,用于氧化性气氛;氢气、甲烷和一氧化碳,用于还原气氛;氮气、氩气和氦气,用于不发生化学价变化(可以由于离解而降低)的惰性气氛。此外,等离子体气体还包括上述气体的混合气。典型的气体流量为 5~1500m^3/h,进气口压强为 3~8bar,具体数值取决于等离子体炬的设计参数。

在过去几年,由于采用了更好的设计方案并使用了新型合金,等离子体炬的电极在氧化性气氛中使用的寿命得到了根本性延长。目前,市场上已经具有在空气或者氧气中电极使用寿命超过 1000h 的等离子体炬供应。

直流电弧等离子体炬的弧斑与电极的结合以及电极烧蚀的整体形貌如图 2.32所示。

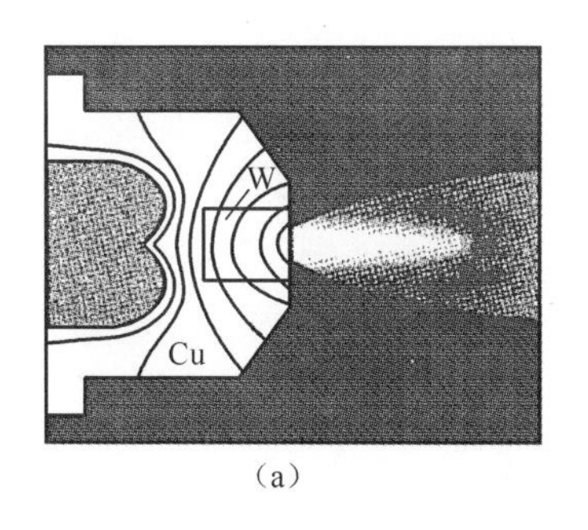

（a）

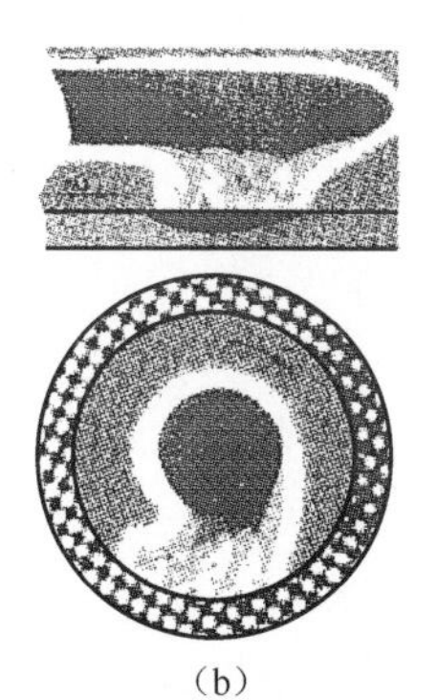

（b）

图 2.32 电弧附着在直流电弧等离子体炬电极上的示意图
(a)弧斑附着在嵌入水冷铜座内的阴极上,以及阴极和铜座内的温度分布;
(b)弧斑附着在管状阳极上,以及对阳极的烧蚀。

对于受弧斑作用的等离子体炬电极,保护方法有多种,包括适当的冷却,气流沿切向通入等离子体炬,以及施加合适位形的磁场。当前,研究人员已经开发出了连续运行时间达 1000h 的等离子体炬。此外,还有无须中断运行即可更换阴极的等离子体炬,其棒状阴极由石墨制成,长度可在烧蚀过程中自动补充。

电弧等离子体炬电极的烧蚀速率主要取决于其设计参数、电极上的热负荷与电负荷,以及电极材料本身。常用的两种等离子体炬的结构如下:

(1) 自稳弧长型电弧等离子体炬(图 2.10),其内电极由掺杂钍或镧的钨合金制成。内电极被嵌入水冷铜铜座中;阳极由铜制成,并具有固定阳极弧斑位置的台阶。阴极区和阳极区通过一个水冷孔板隔开,该孔板同时作为引燃和拉长电弧的过渡电极。这类结构和结构类似的等离子体炬的功率约可达 1MW (1kV,1kA)。

(2) 具有两个管状电极的等离子体炬(图 2.6 和图 2.31),类似结构如图 2.17~图 2.24 所示。

2.9.1 棒状阴极、管状铜阳极等离子体炬的阴极烧蚀

电弧的阴极过程是一系列发生在弧斑与电极接触区域内保持电流连续性的过程。在此区域内,电流来自于电子和离子的传输。由于电子与离子运动的特性差异很大,在阴极表面附近会形成一个离子无法得到补偿的空间电荷区。这样就形成了阴极电位降,加速电子使其能量达到一定程度,在阴极区快速电离原

子和分子产生带电粒子。离子在阴极电位降的作用下向阴极运动,获取能量,最后通过轰击阴极将能量传递给阴极表面。离子传递到阴极上的能量加热阴极,在阴极表面产生热电子发射。由于阴极位降区内剧烈地产生带电粒子,因此在阴极位降区内离子电流所占的比例比在弧柱内高得多。空间电荷区的厚度小于电子的平均自由程 λ_e;同时,带电粒子形成区的长度 l_e 则大于 λ_e。阴极发射的电子在第一区(无碰撞区)内被加速,能量达到可以第二区内(通过激发或者电离)形成带电粒子所需的水平。电离度和带电粒子密度沿第二区的长度方向逐渐增大,在弧柱边界处近似达到平衡。在这个区域内,离子电流所占的比例被重新分配。原子从阴极蒸发到第二区内,降低了此区域内的电离度。

阴极电位降的存在使离子流得到加速,到达阴极表面后与金属中的电子复合。离子轰击使发射表面达到了发射热电子所需的温度。阴极区域内离子电流所占的比例比弧柱中更高。从第二区向第一区运动的不仅有离子,还有电子。但是,由于电场的减速作用只有少部分电子("反向"电子)具有足够的能量克服势垒到达阴极表面。发射电子电流、离子电流和"反向"电子电流之和就等于总的放电电流。

阴极表面温度是确定阴极工作状态和烧蚀速率的主要参数之一。实验研究[5]表明,当电流密度为 $10^2 \sim 10^5\ \mathrm{A/cm^2}$ 时,工作在热发射状态的钨阴极的温度达到钨的熔点(3660K),这意味着与弧斑接触的钨处于熔融状态。

阴极的烧蚀机制由弧斑附着区内的一系列物理化学过程决定,包括:

(1) 钨(或者其他金属)从电极表面的熔池中蒸发出来。

(2) 阴极材料熔体与等离子体气体(O_2、N_2 等)发生化学相互作用。

(3) 发生在电极内部的一些过程,如释放出溶解的气体,阴极材料发生重结晶,掺杂添加剂(La、Th、Y 等)消耗后使电子功函数增大等。

(4) 电流断开时熔体发生结晶。

下面讨论导致直流电弧等离子体炬电极发生烧蚀和损坏的主要过程,目的是解决实际应用中的问题:如何才能尽可能地弱化损伤电极的过程,从而延长电极的使用寿命。关于电极失效机理的更多细节参见文献[5-7]。

2.9.2 阴极材料的蒸发和化学夹带

工作在热电子发射状态的电弧等离子体炬的阴极表面产生了高温,使电弧附着区内的阴极发生熔化,为阴极材料的蒸发提供了条件。不过,在实际情况下,电极材料的蒸发与等离子体气体对电极材料的汽化是很难区分的。

在真空中,金属材料(和石墨)的蒸发速率由朗缪尔关系确定:

$$W = \mathrm{d}m_v/\mathrm{d}t = P/(2\pi RT/M)^{0.5} \tag{2.19}$$

式中：$W=\mathrm{d}m_v/\mathrm{d}t$ 为阴极材料的蒸发速率；P 为饱和蒸气压；R 为气体常数；T 为温度(K)；M 为蒸气的相对分子质量。

蒸发速率和饱和蒸气压与温度的关系为

$$\lg P = A - B/T \tag{2.20}$$

$$\lg W = C - 0.5\lg T - B/T \tag{2.21}$$

主要阴极材料(W、C 和 Cu)的 A、B、C 常数值示于表 2.1，钨在真空和不同介质中的蒸发速率数据如图 2.33 所示。钨在 3200K 常压氮气中的蒸发速率几乎比在真空中低 3 个数量级，原因是钨蒸气在氮气中扩散较慢。

表 2.1 用于确定电极材料蒸发速率和饱和蒸气压的常数[5]

材料	A	B	C
W	12.24	40.26×10^3	9.138
C	14.06	38.57×10^3	9.778
Cu	12.81	18.06×10^3	10.37

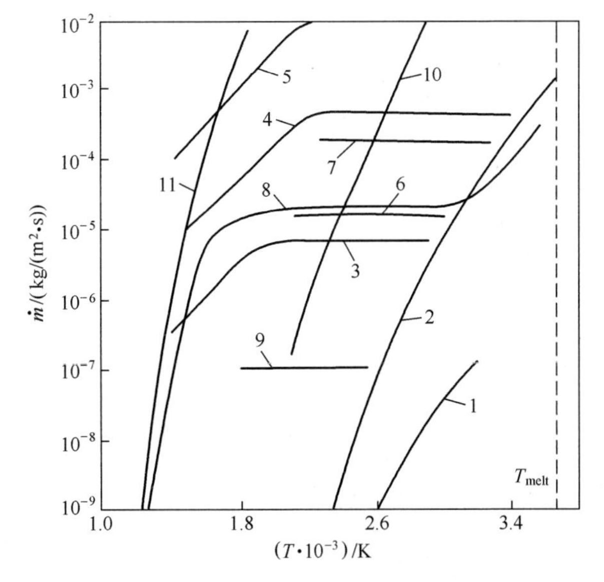

图 2.33 直流电弧等离子体炬电极材料的蒸发速率与温度的关系[5]

1—W，N_2(10^5Pa)；2—W，真空；3—W，O_2(0.1Pa)；4—W，O_2(10Pa)；5—W，O_2(10^3Pa)；
6—W，Ar(10^5Pa)+O_2(10Pa)；7—W，Ar(10^5Pa)+ O_2(10^3Pa)；
8—WL-10，He(10^5Pa)+ O_2(10^3Pa)；9—WL-10，He(10^5Pa)+ O_2(1Pa)；
10—W(ThO_2)，真空；11—WO_3，真空；3~7—计算值。

等离子体工艺气体中通常含有化学杂质。氧杂质的存在会导致电极材料汽化速率急剧增加。因此,对钨而言,氧的存在使钨受热时形成挥发性氧化物——WO_2 和 WO_3;在钨表面 1200~1500K 的气相中还形成这些氧化物的二聚体和三聚体——W_2O_6、W_3O_8、W_3O_9。与钨元素的简单蒸发相比,任何惰性或通常认为是惰性的工艺气体中即使含有极少量的氧杂质都会急剧增大钨阴极材料的质量损失速率。此外,在高温下,任何含氧气体(H_2O、CO_2 等)在热力学上都能够与炽热或熔融态的钨反应,生成钨氧化物。

钨在烃介质中被加热到 1500K 时,会生成钨的碳化物 W_2C 和 WC[6],它们的熔点为 2900~3150K。当温度 $T \geqslant 1900$k 时,钨与碳剧烈反应。然而,钨蒸气在 2600K 才与 N_2 反应形成氮化物 WN_2。所以,原则上氮相对于钨而言完全是惰性的。

上述有关钨向气相输运的数据是在静态气体中加热钨得到的,这时电极表面不存在弧斑。此外,据观察[6],在电弧放电条件下从阴极表面蒸发的金属在阴极位降区被电离,随后返回到阴极上,从而在阴极表面形成由金属离子和原子组成的流态化层。对观察结果的统计分析表明,被蒸发材料返回阴极表面并冷凝下来改变了阴极活性区的形状。

钨阴极因氧化而导致的化学损失速率由等离子体气体中的氧浓度决定,因为钨在高温下易于与氧反应生成易挥发性氧化物。因此,钨不适用于含氧气氛,氮气被用作等离子体气体时必须预先除去其中的氧。此外,还有必要使用孔板形隔离部件保护阴极不被氧化,并向阴极区通入惰性气体防止氧通过隔离部件的小孔扩散到阴极区。

对常用的阴极材料(W、Cu、C)的烧蚀速率数据进行了比较,结果表明,在真空条件下,当温度高于熔点时,钨的蒸发速率是三者之中最小的(如图 2.34)。

2.9.3 发生在阴极内部的过程

对于工作中的阴极,发生在其内部的过程包括溶解气体的释放、电极材料的重结晶,以及添加剂(La、Th、Y 等)的消耗导致的电子逸出功的增加。

电极中溶解的气体从阴极释放出来时会夹带阴极材料,尤其在电极上弧斑所处的熔融金属区域内。除了其他机制之外,这种夹带机制包括从熔融体表面机械夹带液滴和蒸气。据观察,这一机制在电极投入使用的初始阶段尤为明显。研究表明[5],对钍钨电极进行预先退火可将其使用寿命延长大约 1 个数量级。

活性添加剂在钨阴极材料中的扩散系数取决于钨阴极的温度和结构,而结构可能由于重结晶而发生变化。反过来,重结晶又取决于温度、添加剂的浓度和材料的初始结构。大量但系统性较弱的观测发现,在阴极工作的过程中,随着时

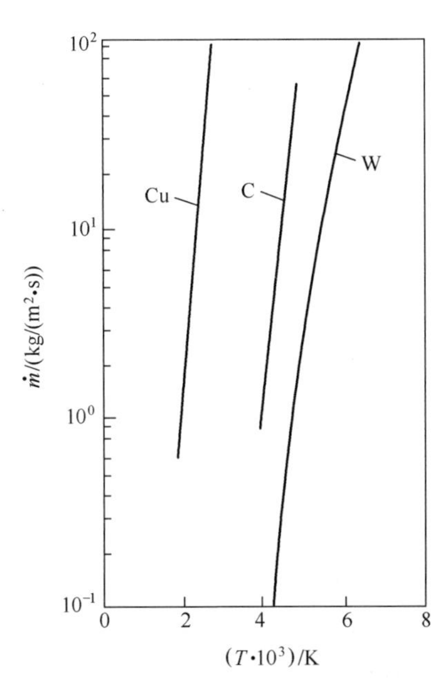

图 2.34　直流电弧等离子体炬熔融阴极材料的蒸发速率与温度的关系[6]

间的推移,钍添加剂以及其他合金元素逐渐从钨阴极内部向表面扩散,然后在蒸发机制的作用下离开阴极表面。这一过程改变了阴极材料的结构。在电场作用下,材料的重结晶被发现是取向结晶。这种现象与电阻率最小的初级晶粒生长的晶体学方向有关,并与电流方向一致。由于晶粒释热是各向异性的,这些具有较高温度的晶粒吸收了那些受热较少的。研究表明,在具有体心立方晶格的金属材料(W、Mo、Ta、Nb)中,结晶方向 <100> 按照电流方向延伸;在具有面心立方晶格的金属材料(铜、镍、铝)中,沿电流方向的是方向 <110> 。这间接表明具有立方晶格的金属在高温下的电阻率是各向异性的。

重结晶过程带来阴极弧斑温度的上升,从 3600K 升高至 3800K,而电流密度保持恒定,约为 $2\times10^7A/m^2$。同时,流入阴极的热流也增加了,阴极表层中的温度梯度约为 $10^6K/\mu m$。这时,有效电子逸出功从 4.2eV 增大到 4.4eV,导致阴极电压降升高。

易电离添加剂(La 和 Th)的存在降低了钨阴极的温度,延长了上述结构变化的时间。随着阴极材料中的添加剂不断消耗,阴极中逐渐形成尺寸更大的晶粒,结晶方向沿电流矢量方向<100>。这种结构特征和变化现象是钨阴极所共有的,与初始结构、添加剂向阴极表面的扩散以及材料的孔隙率等因素无关。对于运行中的钨阴极,稳定性最好的是与电流矢量方向<100>一致的脱气钨单晶。在取向<100>或<110>的钨单晶阴极上,弧斑与电极接触区域内的阴极表面发生了熔化。在取向<111>的单晶上，有人观察到一种尺寸达到1～3mm的“晶须”。

电流切断之后，电极上高熔点金属（通常是钨）熔体的重结晶过程继续进行。在等离子体炬运行期间，当阴极弧斑接触到阴极材料熔池时，晶簇就在阴极中形成，因为它们的导电性比熔体更高，并由焦耳效应加热。电流中断之后，熔体被冷却下来，晶簇崩解或者成为后续连续结晶的晶粒；如果熔体冷却得足够快，晶核就会保存下来，成为“熔体→晶体”相变的基础。如果电流中断之后熔体的冷却速率足够高，并且晶簇崩解的特征时间比熔体冷却时间长得多，具有严格取向的晶簇就成为定向结晶的中心。这时，沿晶向的最小电阻率并且与电流方向重合的晶粒就优先生长。

在熔体边界处的固相中存在某种特定结构促进晶粒继续生长。结晶从相界向熔体表面推进。由于固相结构中的取向也对应于沿电流矢量电阻最小的方向，所讨论的这两种定向结晶机理的最终结果是相同的。

在钨阴极表面弧斑之下的熔池中发生了诸多现象。然而，需要注意的是其中一个：在钨阴极表面的弧斑（熔池）中，中心温度最高，向弧斑边缘逐步降低，表面张力却逐渐增大。由于表面张力的变化（热毛细效应），熔池表面的熔体从中心向边缘流动。这种运动在黏滞摩擦力的作用下向熔池内部传递。黏滞摩擦力将熔体保持在密闭空间内，这种作用的方向与电场方向一致，使被电离的钨蒸气原子返回到阴极上。

另外，在阴极的烧蚀机理中，对从熔融区夹带液滴的现象知之甚少[5,6]，这部分约占阴极总烧蚀的1%。

2.9.4 直流电弧等离子体炬管状铜阴极的烧蚀程

根据电流强度的大小不同，俄罗斯科学院西伯利亚分院热物理研究所开发了不同直径的管状阴极等离子体炬，阴极上没有安装电磁线圈。这些等离子体炬的烧蚀实验表明，对于每一个电极直径都存在一个极限电流强度值 I_{cr}。阴极的直径越大，在阴极烧蚀最小的前提下允许通过的电流强度就越大。结果还发现，铜的品质对铜阴极烧蚀的影响甚微。

实验研究的统计结果表明，（无磁场时）管状铜阴极发生烧蚀加剧的条件是稳弧旋流的失稳、中空管状电极中弧斑转动速度的降低以及双弧的出现。当弧电流接近阈值 I_{cr}时，电弧的径向段除了进行“正常运动”之外，阴极弧斑还会在管状电极中出现第二种运动形态跳跃运动，此时电弧的阴极段沿径向发生大尺度分流。进一步增大弧电流，电弧就开始向轴线方向分流。为了提高工作电流、延长电极使用时间，应当在增大电极的内径同时增大气流量。

2.9.5 电弧等离子体炬阳极的烧蚀

阳极的烧蚀发生在阳极表面的局部区域内，就在阳极弧斑之下。当没有对弧长进行严格固定时，阳极弧斑在电磁力和气动力的作用下沿阳极圆周方向运动。此外，由于电弧阳极段发生分流，阳极弧斑转动的范围增大了。阳极烧蚀的内在机制比阴极的烧蚀稍微简单，因为阳极在工作期间不发生熔化，其烧蚀取决于阳极的表面温度、硬度、抗氧化性以及其他烧蚀形态。

2.9.6 热化学阴极

一些用作阴极的高熔点金属在具有化学活性的介质（尤其是氧化性介质）中使用时，会与等离子体气体发生化学反应，形成具有高电子发射特性和良好热稳定性的薄膜（氧化物、氮化物、碳化物）。这样的热阴极被称为热化学阴极[7]。许多金属可以用作热化学阴极材料，包括稀有金属和稀土元素，如 Zr、Hf、Nb、Ti、Ta、La、Th、Pr、Sm 等。由锆和铪制成的阴极运行时间最长，因为这些金属的氧化物和氮化物具有较高的热稳定性和良好的电子发射能力。

热化学阴极的工作状况理论上很难预测，因为这些阴极的工作表面不属于上述已知金属，而是复杂的化合物（氧化物、氮化物等），具有更高的熔点和不确定（尽管相当高）的热发射能力。这些阴极的烧蚀在很大程度上取决于电极的几何形状、阴极部件在水冷座内固定的方式以及弧电流和气体压强。因此，为了降低阴极烧蚀，根据电流强度推荐锆和铪阴极的最佳直径[7]：对于电流强度 $I=100\sim240\text{A}$ 的范围，$d_C=2\sim2.8\text{mm}$；$I=300\text{A}$，$d_C=2.5\text{mm}$；$I=1000\text{A}$，$d_C=5\text{mm}$。有关热化学阴极直接或间接研究的成果总结于表 2.2 中。

表 2.2　在空气中工作的电弧等离子体炬热化学阴极的烧蚀[7]

序号	阴极材料	直径 d_C /mm	弧电流/A	启动次数	比烧蚀 $\overline{G}$ /(kg/C)
1	Zr	6	300	20	7×10^{-9}
2	Zr	5	400	8	4×10^{-9}
3	Zr（掺杂六硼化镧）	4.5	300	17	3×10^{-9}
4	LaB_6	5	400	8	2.5×10^{-9}
5	Hf	5	400	5	1×10^{-9}
6	Hf	5	1000	3	0.5×10^{-9}
7	Hf	2.5	300	6	0.04×10^{-9}

（续）

序号	阴极材料	直径 d_C /mm	弧电流/A	启动次数	比烧蚀 $\overline{G}$ /(kg/C)
8	Hf	2.5	400	4	0.2×10^{-9}
9	Hf	2.5	400	20	0.5×10^{-9}
10	Hf	2.5	500	15	0.5×10^{-9}
11	石墨	5	300	4	10×10^{-9}

由稀土元素 Pr、Sm、La 制成的阴极在 100～300A 的范围内的比烧蚀为 $(0.1\sim0.5)\times10^{-10}$kg/C。热化学阴极的比烧蚀随弧电流的减小、持续运行时间的延长和冷却条件的改善而降低。在相似条件下，Zr、Hf 阴极在空气中的使用寿命比在氧气中短，也比在氮气中短。

2.10 电弧等离子体炬电极烧蚀的试验结果以及延长电极寿命的方法

在生产核材料的等离子体工艺（将在下面的章节中描述）实验研究中，我们对电弧等离子体炬的寿命进行了测试，包括耐久性实验和电极烧蚀对产物材料特性的影响。其中一些结果是关于钨阴极和铜阳极在空气等离子体中的烧蚀，在本章中给出；电极在水蒸气等离子体和氢等离子体中烧蚀的研究与工艺实验结果一起在后面的章节中讨论。

2.10.1 钨阴极和铜阳极在空气等离子体中的使用寿命

这些实验在图 2.10 所示等离子体炬上开展。这种 EDP-109/200m 型等离子体炬由俄罗斯科学院西伯利亚分院热物理研究所开发①，其平均弧长由管状阳极中的台阶固定，小于自稳弧长；水冷孔板形电极安装钨阴极与铜阳极之间，将电弧室分隔成阴极区和阳极区。等离子体炬的阴极是一根直径 0.5cm、长

① EDP 系列等离子体炬应为俄罗斯科学院理论与应用力学研究所开发，参见 *Электродуговые генераторы термической плазмы* （*Низкотемпературная плазма*; *T. 17*），P362－363. Жуков М. Ф.，Засыпкин И. М.，Тимошевский А. Н.，Михайлов Б. И.，Десятков Г. А.． Новосибирск：Наука，1999－712с.；中译本：《电弧等离子体炬》，P223. 陈明周、邱励俭译，王文浩、黄文有校，北京：科学出版社出版，2016；下同。——译者

1cm 的钍钨棒,安装在水冷铜座中并于铜座端面平齐。阴极保护气为氩气。铜质台阶形阳极出口处的内径为2.2cm、壁厚0.8cm。阳极弧斑在电磁线圈的磁场作用下旋转,电磁线圈与等离子体炬使用同一台电源。

该等离子体炬在空气中连续运行到电极的极限寿命[8]。测试过程历时548h,消耗了3个铜阳极,只用了1个阴极,并且该阴极在测试完成后仍然能够继续工作。试验结果示于表2.3。该表表明,钨阴极的最小比烧蚀为1.2×10^{-12} kg/C。在连续运行334h之后,阴极的比烧蚀略有增大,达8.4×10^{-12}kg/C,这显然与因电弧熄灭或者发射添加剂ThO_2的耗尽而导致阴极表面发生的变化有关。工作548h之后,钨阴极的长度仅减少了0.4cm。

表2.3 EDP-109/200m型等离子体炬的寿命实验结果

实验序号	等离子体炬的工作参数			空气流量/(kg/s)	阴极比烧蚀/(kg/C)	阴极工作时间/h	阳极的比烧蚀/(kg/C)	阳极的工作时间/h
	电压/V	电流/A	功率/kW					
1	281	320	90	7.5	1.8×10^{-12}	588	1.3×10^{-9}	95
2	288	260	75	7.2	1.2×10^{-12}		1.6×10^{-9}	99
3	316	190	60	5.4	1.5×10^{-12}		1.7×10^{-9}	140
4	242	120	120	3.9	8.4×10^{-12}		8.7×10^{-9}	224

铜阳极的比烧蚀受等离子体炬的启停影响较小,约为10^{-9}kg/C,与实验持续时间无关。因此,这类直流电弧等离子体炬的使用寿命,并不像长期以来人们在缺乏直接实验结果时认为的那样取决于阴极的寿命,而是取决于阳极的寿命,更准确地讲,取决于通常用作阳极材料的铜是不是足够稳定。

基于上述分析,在后续实验中铜阳极被替换成伪合金材料——浸渍铜的多孔钨材料。这种伪合金通过粉末冶金生产,选择原则如下:

(1) 可以阻止熔化的铜液滴从钨基材中夹带出去,毛细力能够将铜熔体滞留在基材中;

(2) 钨基材孔隙中的铜熔体具有接近于纯铜的高导热性,确保阳极与冷却液之间进行有效换热;

(3) 钨的存在使阳极硬度比纯铜更高。

对采用W-Cu伪合金阳极的EDP-109/200m电弧等离子体炬进行了测试,其阳极伪合金中含10.9%~30.8%的铜。表2.4给出了阳极材料含有10.9%的铜的等离子体炬的试验结果。

表 2.4 伪合金阳极(89.1%W +10.9%Cu)EDP-109/200m 型等离子体炬在不同等离子体气体中的寿命实验结果

实验序号	空气			氮气			氢气		
	弧电流/A	工作时间/min	比烧蚀/(kg/C)	弧电流/A	工作时间/min	比烧蚀/(kg/C)	弧电流/A	工作时间/min	比烧蚀/(kg/C)
1	160	23	2.0×10^{-10}	200	30	2.0×10^{-10}	80	60	2.8×10^{-11}
2	150	40	1.9×10^{-10}	200	50	1.3×10^{-10}	160	60	2.7×10^{-11}
3	200	60	2.1×10^{-10}	250	40	1.2×10^{-10}	—	—	—

比较表 2.4 中的数据与表 2.3 中的数据可以看出,将 EDP-109/200m 型等离子体炬的铜阳极替换成 89.1%W+10.9%Cu 的伪合金之后,阳极的比烧蚀比同等条件下空气和氮气中降低了 1 个数量级。类似的比烧蚀结果可以在氢气中工作的等离子体炬上观察到。不过,比烧蚀的降低只发生弧斑在电磁力或气动力作用下快速转动的情况下。一旦阳极弧斑出于某种原因停止转动,阳极就会出现严重的局部过热,铜从基材孔隙中流出并被气流夹带出去,钨基材被烧结。对于弧斑快速转动的钨铜阳极,在长时间工作研究之后研究其微结构发现,钨基材和铜填料几乎保持原有状态。

如果提高伪合金中铜的含量,达到 69.2%W+30.8%Cu,当电流为 100~200A 时,比烧蚀增大到约 10^{-9}kg/C。这表明,钨基材的孔径具有某个最佳值。

对表 2.3、表 2.4 以及在空气和氮气中工作的各种电弧等离子体炬的工艺试验数据进行统计分析发现,当功率为 100kW、弧电流为 300A 时,直流电弧等离子体炬的电极寿命取决于气体的种类和工作参数,可以达到几百小时。钍钨阴极寿命的统计结果是 100~548h。对于阳极,这些数据的系统性较差:根据表 2.3 中的数据,阳极的寿命在 100~224h 的范围内变化,取决于铜的品质;当 EDP-109/200m 型等离子体炬工作在 40~60kW 时,其一支阳极的寿命达到约 800h。分析其他电弧等离子体炬的数据[1]以及其他研究[9]的结果发现,高质量生产的等离子体炬可以在不更换电极的条件下连续工作 100~1000h,电极材料的损失率为 $(2\sim8)\times10^{-6}$kg/h。

2.10.2 在中试等离子体装置上制备的材料中源自电极的杂质

对于利用等离子体技术制得的材料,其中等离子体炬结构材料杂质的含量是决定等离子体反应器的工作能力以及等离子体技术本身性能的关键指标之一。表 2.5 列出了在中试装置上得到的一些数据。这些装置配备了不同类型的直流电弧等离子体炬,使用不同种类的等离子体形成气体。从表 2.5 中可以看出在铀氧化物中等离子体炬结构材料杂质(铜和钨)的含量。这些铀氧化物由等离子体转化硝酸铀酰制备铀氧化物和硝酸溶液时得到。不同时间段使用的等离子体炬的功率分别为：EDP－104 型，40kW；EDP－109/200m 型，100kW；K－6124，即“加厚阳极”的 EDP－109/200m 型。表 2.5 中还给出了适用于不同工艺的 U_3O_8 标准。

表 2.5 在中试装置上通过等离子体处理硝酸铀酰溶液获得的铀氧化物中 Cu 和 W 杂质的含量(装置配备了各类使用不同等离子体气体的等离子体炬)

等离子体炬	等离子体气体	铜含量(质量分数)/%	钨含量(质量分数)/%
EDP-104	空气	0.009～0.03	—
	氮气	0.001	—
EDP-109/200M	空气	0.01～0.02	0.00025～0.00005
“加厚阳极”的 K-6124	空气	0.01～0.08	—
(W-Cu)阳极 K-6124	空气	0.004～0.009	0.004～0.03
	氮气	<0.004	0.0015～0.005
OST-05290-79 标准 (OCT-05290-79)	—	≤0.005	≤0.01
M-452-77 标准 (M-452-77)	—	≤0.01	≤0.01
TU-02.16-79 标准 (ТУ-02.16-79)	—	无限制	0.001

根据表 2.5 可以得出结论：在所有情形中，使用氮气代替空气作为等离子体气体，等离子体炬的铜和钨铜阳极的比烧蚀都降低到原来的 1/9～1/2。在等离子设备中获得的铀氧化物中的铜含量显著低于关于 U_3O_8 的 M-452—77 标准和 TU-02.16—79 标准。关于 OCT-05290—79 标准，所得到的产物中的铜含量处于其要求的限值附近。对所有情况下(除了使用 W-Cu 阳极等离子体炬)得到的铀氧化物中的钨含量进行了研究，发现钨含量比技术要求低几个数量级。在使用 W-Cu 阳极等离子体炬的情形中，产物中的钨含量也满足标准要求。有关铀材料纯度的更详细内容将在下面的章节中介绍。

2.10.3 可在线更换的阴极

从前述章节中可以看出，为了延长电弧等离子体炬的使用寿命，需要采用复杂的科学技术措施延长电极的运行时间。这些措施可以提高等离子体装置的功率，并能延长整个等离子体反应器的寿命。等离子体反应器功率的提高可以通过在一台反应器上安装几支(3～4 支)电弧等离子体炬并同时运行来实现[10]。以这种方式，输入等离子体反应器的功率可以达到 3～4MW，并且不会降低等离子体炬的使用寿命,也不会提高产品中的杂质含量。

此外,还有另一种延长等离子体反应器寿命的方法——在线更换等离子体炬的阴极。这样既能够延长等离子体炬和等离子体反应器的不间断运行时间,还不会降低功率水平和产品纯度[11]。为此,等离子体炬的阴极组件采用水冷铜鼓的形式,在铜鼓的周向焊接多个阴极元件。这种装置示意如图 2.35 所示。采用这种阴极组件的基础设备是改进了电极冷却系统的标准 EDP-104 型等离子体炬[10]。钨或锆阴极 1 被平齐焊入水冷铜鼓 2 中,铜鼓由设备 3 驱动绕轴线转动。电弧 5 在阴极 1 和水冷阳极 6 之间燃烧。随着阴极的烧蚀,弧电压逐渐升高,电压达到阈值后自动触发驱动器使阴极转动,更换阴极部件而不中断电弧。该设备已在俄罗斯科学院西伯利亚分院热物理研究所的实验平台上通过了测试,但并没有在所开发的目标领域中投入使用。使用该组件可使阴极寿命提高到 1000h 以上。

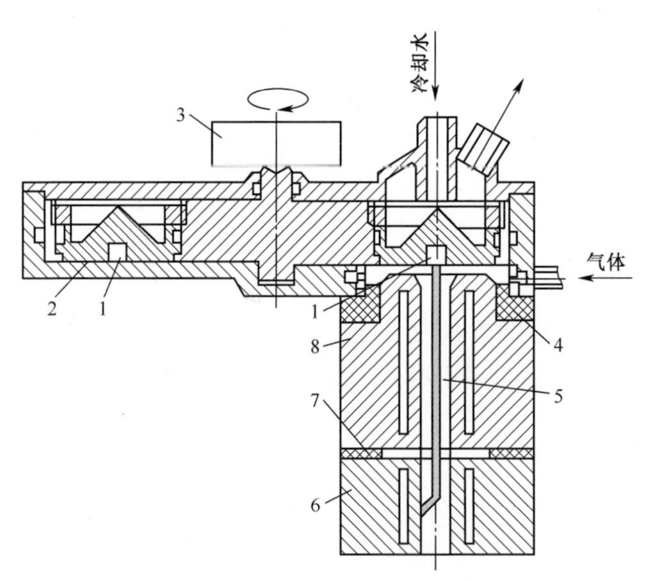

图 2.35 可在线更换阴极的电弧等离子体炬

1—热阴极;2—阴极转鼓;3—阴极转鼓驱动装置;4,7—绝缘材料;
5—弧柱;6—阳极;8—电极间插入段。

2.10.4 将弧柱分裂成多个独立导电通道

众所周知,电弧等离子体炬电极的比烧蚀与电流强度呈指数增长关系($G=\exp(kI)$);因此,如果将电弧分裂到若干电极上,总的比烧蚀 $G=\sum G_i=\sum \exp(kI_i)$ 要比所有电流通过一个电极小得多。电弧的分裂可以在一定条件下实现,

这些条件由 A. H. 迪马舍夫斯基(A. H. Тимошевским)进行了表述[12],简要总结如下:

(1) 电弧分裂并行稳定运行(如在管状内电极中)的唯一可能是每个独立电弧都具有上升的伏安特性;

(2) 大电流电弧的近电极段应分裂成电流强度大致相等的若干段;

(3) 电弧分裂的技术条件,即建立分裂的导电通道可通过分流实现,也就是产生"弧-壁"击穿。

要实现电弧的稳定分裂,可以将热发射元件在气流相遇位置(图 2.6)平齐地固定在管状电极内。热发射元件在管状电极内的一种布置方案如图 2.36 所示。将钨元件嵌入直径为 5cm 的铜阴极之后,当等离子体炬中氮气的流量为 $(6\sim7)\times10^{-3}$kg/s 时,采用两个阴极元件,电弧稳定运行的总电流为 830~840A,采用三个阴极元件时总电流达到 1260~1290A [12]。

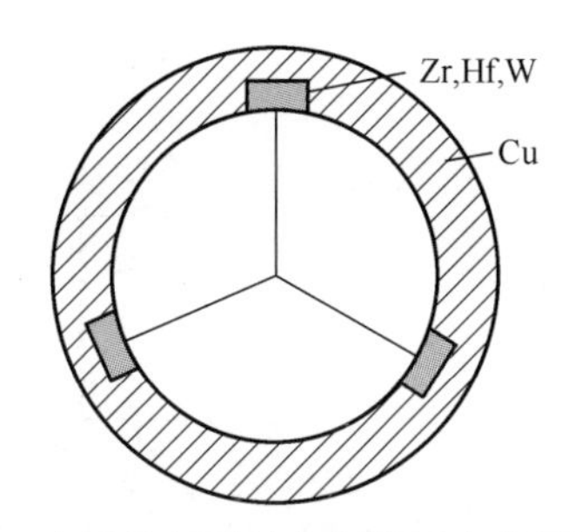

图 2.36 电子发射元件在铜阴极中布置的示意图[12]

将电弧分裂成多个独立导电通道的原理由 A. H. 迪马舍夫斯基发现[12],并应用于带有台阶形阳极的等离子体炬上(图 2.10)。在这种情况下,稳定分裂电弧的第一项要求——分裂后的电弧具有上升的伏安特性自动得到满足。等离子体在输出电极的台阶处发生分裂,并在电极的扩张段发展,激发湍流脉动。这种湍流脉动进而促成发生分流的优选温度范围,提供了形成新导电通道的条件。等离子体的温度分布和速度分布在电极的台阶处具有良好的均匀性,为确保流动的均匀性、电弧分裂的空间位置以及分裂弧的伏安特性提供了先决条件(第三项要求)。

A. H. 迪马舍夫斯基利用带有台阶形电极的等离子体炬开展了对电弧阳极段进行分裂的实验[12](图 2.37)。实验用等离子体炬的工作气体为 N_2,因而不需要电极间隔离部件保护阴极。直径为 4mm 的钨棒安装在管状阳极的径向孔内。阳极通道的归一化长度为 $L/d=4$,直径 $d=12$mm。钨棒安装在优先分流区。实验借助高速摄像机进行目视观察,同时测量的电弧伏安特性。结果发现,电弧的阳极弧斑被分裂成了多个,总电流的增大对电弧分裂的影响在伏安特性上体现出来(图 2.37)。

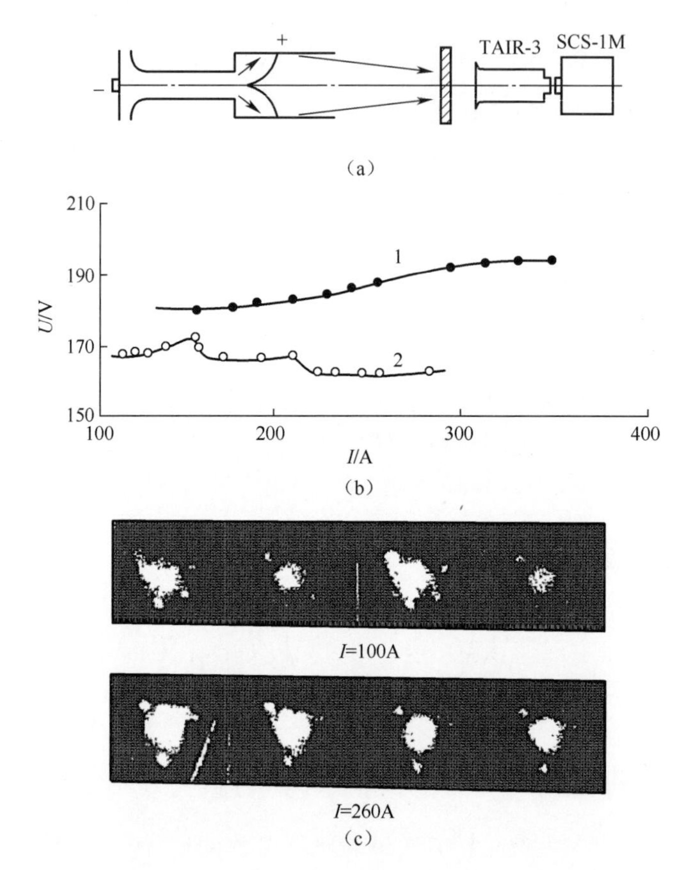

图 2.37　在带有台阶形阳极的电弧等离子体炬上进行电弧阳极段分裂实验的示意图
(a)实验装置;(b)等离子体炬中电弧的伏安特性
(1—电弧未分裂;2—多阴极部件分裂电弧);(c)电弧照片。
TAIR—3 型透镜;SCS—1M 型高速摄像机。

在应用中,通过这种方法提高等离子体炬功率、降低电极比烧蚀的实际可行性尚未得到确认,还需要继续开展研究。

2.10.5 可再生阴极

在改善电弧等离子体炬电极的工作性能方面,出现了大量新原理和新思想,其中尤其值得关注的是在运行过程中实现阴极再生的概念[5]。这种观点的范围并不广泛,仅在含碳介质(在挥发性烃中放电)、热化学阴极和石墨阴极的应用中得到一定程度的发展。可再生阴极这一思想的基础是实验观察到的阴极材料补偿现象——阴极材料由于烧蚀被气流夹带出去,然后又沉积到石墨或者热化学阴极表面,形成新的基材,其组成取决于该阴极的初始材料:若阴极为金属如锆、铪等,基材由相应的难熔金属碳化物组成;当阴极为石墨时,基材为来自于等离子体的碳。等离子体炬达到稳态运行之后,可以在阴极表面观察到一种独特现象:来自于近阴极放电区的碳输入与离开阴极工作表面的碳损失之间存在一种平衡关系。碳的损失源自蒸发、溅射以及与阴极材料(初始阴极)的化学反应。碳返回到阴极显然是以正离子形态。

电弧的气体介质中存在含碳化合物,并以与电流值对应的流量 g_1 将碳离子输送到阴极的发射表面上,这是阴极实现持续再生的必要条件,但不是充分条件。第二个条件是,排除决定阴极状态的所有因素(电子发射元件的材料、发射元件几何形状和冷却强度等),对于相同的弧电流,阴极的碳损失 g_2 不大于从气相获得的最大碳输入 g_1,即 $g_2 \leqslant g_1$。

热化学阴极与持续再生阴极的工作状态存在显著差异[5]。对于前者,初始阴极与等离子体中的活性成分发生反应,形成新的发射表面;对于后者,工作表面的化学组成仍或多或少地保持恒定,尽管电极表面结构在一定深度上发生了改变。对于采用石墨作为阴极材料在烃介质中进行电弧放电的情况,阴极工作表面基本上是由气相沉积的细长石墨晶粒构成的非多孔层,晶粒的指向为散热速率最大的方向。这种沉积石墨层与石墨阴极的差异在于其中的晶格缺陷含量较高。石墨阴极上覆盖的沉积层的厚度为 0.2~0.6mm。当弧电流为 200~650A 时,阴极的实际外径为 2.0~3.5mm。当阴极的烧蚀为零时,真实阴极上的碳损失与收益彼此相等,其范围为 10^{-7}~10^{-6}kg/C。

对真实阴极与沉积层形成的复合阴极进行了对比测试。实验采用的阴极是一个圆柱状石墨元件,通过特殊工艺固定在水冷铜座上。放电介质为混合气体:CH_4+CO_2,CH_4+O_2,$C_3H_8+C_4H_{10}+CO$;放电电流为 300~1500A。实验中碳原子的分压约为 100Pa[5]。

离开石墨阴极并在阳极电位降区内被蒸发、电离的碳原子通量由下式确定:

$$G_e = \Delta V\rho / m_p M S \Delta t \tag{2.22}$$

式中:ΔV 为在 Δt 时间内因阴极烧蚀而损失的碳的体积;ρ 为石墨密度;m_p 为质子质量;M 为碳的相对原子质量;S 为碳原子的蒸发面积。G_e 的初始值 $G_e = 5.4\times10^{23}I/m^2$。在稳定烧蚀状态下,碳原子浓度 $n_{Ge} = 0.8\times10^{20}I/m^2$。为了实现阴极再生,需要提供相等浓度的碳原子。后者是热力学计算的结果,计算进行的条件是摩尔比应满足 $K(C/O)>1$。

这项假设已被实验证实。在弧电流为 300~1200A 时,实验发现阴极在 CH_4+CO_2 的混合气中有三种运行模式:当 $K(C/O)<1$ 时,实验观察到碳密集地沉积在阴极弧斑上及其周边区域内;当 $K(C/O)>1.45$ 时,在 1~3min 内阴极快速消耗,然后损坏;当 $K(C/O)>1.2\sim1.42$ 时,阴极稳定地工作在再生模式中,阴极上沉积的石墨层厚度约为 0.1mm,流入阴极的热流保持恒定。在 CH_4+O_2 和 $C_3H_8+C_4H_{10}+CO$ 等混合气中也都得到相同结果。与石墨阴极完全再生工作模式有关的数据见表 2.6。

表 2.6 在含碳气体中电弧放电的可再生石墨阴极的工作状态

I/A	Q/(m^3/h)	$Q(CO_2)/Q(CH_4)$	K(O/C)	$d_C/10^{-3}$m	Q_C/kW
500	9.72	1.81	1.28	2.09	3.63
600	9.30	1.82	1.29	2.19	3.74
700	9.50	1.79	1.28	2.34	3.89
800	9.50	1.79	1.28	2.41	3.89
900	9.60	1.81	1.28	2.56	4.00
1000	9.60	1.78	1.28	2.63	4.10

注:Q—CH_4+O_2 混合气的流量;$Q(CO_2)/Q(CH_4)$—气体组分的摩尔比;K(O/C)—氧与碳的摩尔比;d_C—阴极弧斑直径;Q_C—流入阴极的热流

在 300~1500A 的工况下,在 CH_4+CO_2 的混合气中,阴极弧斑的直径和通过阴极弧斑的热流的测量结果由如下关系描述:

$$d_C = 0.25 \times 10^{-3} \times I^{0.34}(\mathrm{m}^2) \tag{2.23}$$

$$q_n = 0.358 \times 10^8 \times I^{0.32}(\mathrm{W/m}^2) \tag{2.24}$$

根据上述原理设计了功率为 0.3~1.5MW 的等离子体炬用于铁矿石还原。

2.10.6 材料科学延长电弧等离子体炬阳极寿命的方法

通过分析弧斑与电极的相互作用可以发现,完全消除电弧等离子体炬电极的烧蚀原则上是不可能实现的。前述工程解决方案仅能使阴极的使用寿命达到可以接受的水平。那么,能够从根本上解决电弧等离子体炬阳极使用寿命问题的途径应该是材料科学的方法——提高阳极材料对电弧热效应和等离子体介质化学侵蚀的能力,尤其在工作介质中含有痕量氧的条件下。众所周知,冶金领域改善材料性能的方法是向基材中掺杂各种添加剂形成合金。该方法同样适用于当前讨论的情况:开发铜与某些金属形成合金的技术,从根本上改善铜的特性[13]。例如,用锆和铬与铜形成合金,提高阳极材料的强度和高温下的抗氧化性;铜银合金则显著提高了阳极材料的抗氧化性,即使等离子体炬在纯氧环境下工作。该方向的前景远未穷尽,目前只有零星的信息,但已经显示出合金法的巨大潜力。有报道[13]称,电弧等离子体炬的管状铜锆合金(含 2%Zr)电极,当直径为 2. 5cm、弧电流强度为 4500A 时,在空气中工作 200h 仍未损坏。然而,对于由常规铜材制成的阳极,这是一项相当艰巨的任务,尤其对于弧电流高于 1000A 的情形。

在此,对本章的上述内容做简要总结。进一步延长两个电极工作寿命的问题必须通过改进电极材料的特性来解决。对于阴极,主要通过钨掺杂钍和镧添加剂降低电子的逸出功。钨掺杂工艺的效果还远远没有完全开发出来。同样的观点也适用于铜合金的研究。金属合金化和合金的范围可以进一步扩展,将 20 世纪 80 年代末基于提取和精炼工艺建立的多种稀有金属的生产涵盖进来,氟化物原料和冷坩埚技术的应用可以提供纯度极高的产物。

石墨是第二类性能独特的天然材料,用于电弧等离子体炬电极制造的可能性同样远未穷尽。从使用石墨生产核工程材料中获得的经验可知,其特性可通过适当处理得到大幅改善。对于工业上用于氟电解槽的石墨电极,向石墨中引入各种添加剂(如渗硅)可以大幅提高电解槽的工作参数。

本章对用于化工冶金过程的电弧等离子体炬电极的稳定性问题进行了分析,但并不意味着讨论的终结。在后面的章节中,将继续讨论与解决核能问题有关的内容。

2. 11 直流电弧等离子体炬管状电极的寿命

本节单独列出 2. 6 节讨论管状电极直流电弧等离子体炬的电极烧蚀和使用寿命问题,因为对于这类等离子体炬而言,其实验和运行数据统计结果的系统化程度比棒状内电极等离子体炬差。然而,这类等离子体炬很可能成为后续大规模应用的基础。在苏联时期,人们对这类设备感兴趣恰恰出现在苏联走向崩溃的时期,后来苏联解体,引发了全面的科学危机。

2. 11. 1 管状铜电极的烧蚀与弧电流的关系

图 2. 6 给出了在直流电弧等离子体炬的管状电极中电弧与电极结合的示意图。在磁场作用下,电弧的阴极和阳极弧斑都在电极表面旋转。按照通用术语,阴极为内电极,阳极为输出电极,流量为 G_1 的气流从阴极与阳极之间通入电弧室,流量为 G_2 的气流从内电极后端通入。阴极直径 d_1 与阳极直径 d_2 可以不同,这不是必须要满足的条件。

通常认为,电极的比烧蚀强烈依赖于电弧的电流强度,因此设计用于化工冶金的电弧等离子体炬时,需要设法提高电极上的电压、降低工作电流。

对这类等离子体电极比烧蚀的研究表明[14],可以非常明显地区分出两种电弧燃烧状态。对于第一种,G 值实际上与当前无关。根据对电弧高速运动图像(图 2.38(a))的分析,电弧径向段的形状像个“逗号”,阴极弧斑运动速度 W_s 为 10~15m/s。这种电弧燃烧模式是最有利的。当 d_1 为常数并保持其他参数恒定时,进一步增大弧电流,电流存在某一临界值(阈值,I_{cr}),大于该值电极的比烧蚀将突然增大。原因在于,当 $I>I_{cr}$ 时电弧的结构发生了变化,电弧的径向段形成了两条导电通道(图 2.38(b)),围绕放电通道轴线非匀速转动,有时可观察到其中的一条甚至暂停旋转。这个过程在放电通道中周期性地持续发生,对电极表面造成很大损害。这种现象的单值解释还没有找到。不过,目前已经知道 I_{cr} 取决于电极的直径 d_1。从图 2.38 所示的数据可以清楚地看出这一点。此外,还必须说明,I_{cr} 值在很大程度上取决于电极材料的特性、放电气体的种类和纯度。

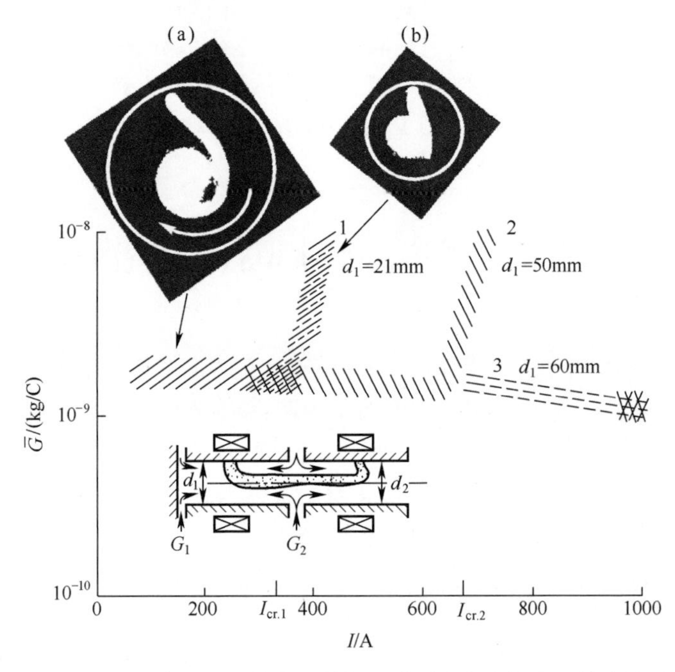

图 2.38 管状电极直流电弧等离子体炬运动弧斑与电极表面结合的示意图(阴极和阳极弧斑均在磁场中旋转),以及电极的比烧蚀与电流强度和内电极(阴极)直径(d_1)的关系[14]

由电弧近表面部分的照片(图 2.38(a))可以看出,在亚临界燃烧条件下($I<I_{cr}$)弧斑发生了分裂,表明电弧径向段与电极表面发生了小尺度分流,引起弧斑在等离子体气体旋转方向上发生了不连续运动。随着电流强度的进一步增加($I>I_{cr}$),形成了剧烈的阴极(阳极)射流,为电弧轴向段与电极表面之间发生大尺度分流创造了有利条件，并且电弧径向段已有的两条分支的运动模式突然发生改变。从图 2.38(b) 中可以清晰地看出已经完全形成的阴极射流。

对于电流强度为亚临界的弧段，比烧蚀的平均值处于 $(1\sim3)\times10^{-9}$kg/C 的范围内，并随着电流强度的增大呈略微下降趋势。施加轴向磁场，将 $d_1=d_2$ 的值增大至 0.1m，增大气流量可以使 I_{cr} 增加至 3~4kA。

图 2.39 为比烧蚀与运行时间 t 的关系。需要注意的是，仅在等离子体炬开始运行的 1~1.5h 内才能观察到比烧蚀增加的现象；此后，近表面金属组织的形成（主要是金属中位错的形成和发展）、氧化膜的形成和发展等过程结束，进入稳定烧蚀状态。

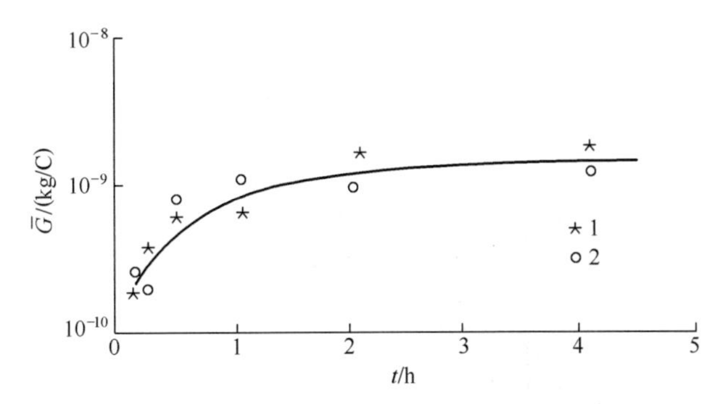

图 2.39　阴极（1）和阳极（2）的比烧蚀随电弧燃烧时间的变化[14]

注：$I=200$A，$W_s=9$m/s，$d_1=0.03$ m；工作气体为空气，运行模式为亚临界。

2.11.2 弧斑运动速度及轴向扫描对电极比烧蚀的影响

图 2.40 为铜阳极的比烧蚀 $\overline{G}$ 与弧斑运动速度之间的关系。当 W_s 的低值较小（<9m/s）时，$\overline{G}\approx10^{-9}$kg/C。随着 W_s 的增大，比烧蚀的值逐渐减小；当 $W_s\geqslant$ 30m/s 时，$\overline{G}\approx10^{-11}$kg/C。对于阴极，$\overline{G}$ 的值实际上与弧斑运动的速度无关，平均值约为 10^{-9}kg/C（虚线）。其物理解释：阴极向电弧提供电子，以维持其燃烧和连续性，对铜阴极而言仅在温度接近于铜熔点时才有可能。

对于沿圆周方向运动的弧斑，在叠加了相对于垂直于电极轴线的某个平面以 4~6Hz 的频率沿轴线方向往复运动（扫描）之后，就出现扫描区域的长度是通道直径的 2~3 倍。对阳极而言，$\overline{G}$ 减小了大约 1 个数量级（当 $W_s=15$m/s 时，$\overline{G}=6\times10^{-11}$kg/C），但对于时间而言几乎不变。对阴极而言，在其最初运行的几分钟内，$\overline{G}$ 值（$\overline{G}=10^{-10}$kg/C）是基础参数，无法通过任何提高弧斑运动速度的方法来减小；在工作几小时之后，$\overline{G}$ 增大至约 10^{-9}kg/C，随后保持恒定。

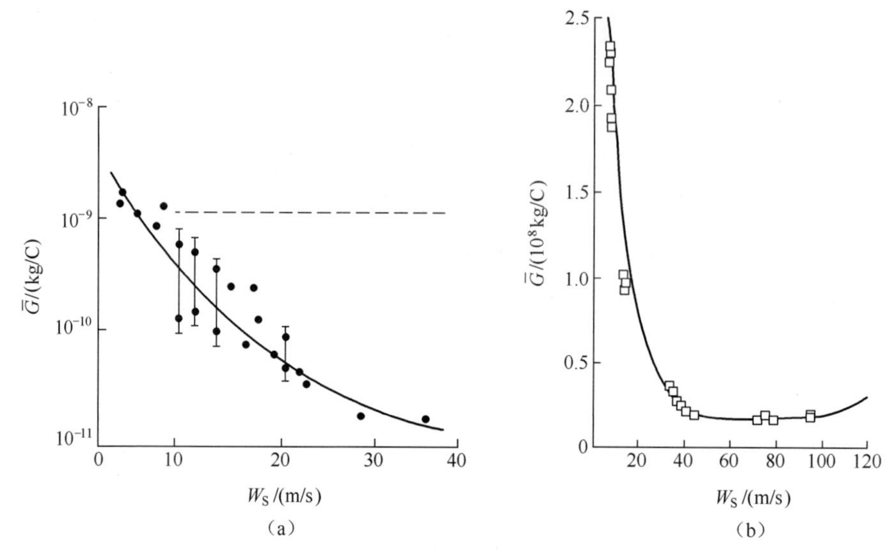

图 2.40 (a)管状铜电极的比烧蚀与 W_s 的关系(I=250A,实线—阳极,虚线—阴极);(b)管状铜阳极的比烧蚀与 W_s 的关系[14]

2.11.3 轴向磁场对电极比烧蚀的影响

轴向磁场对电极比烧蚀的影响仍然不明确。一方面,电弧近电极段旋转速度的增加可以降低电极的比烧蚀;另一方面,施加轴向磁场之后,这一段的形状呈“,”。这时,电弧贴近电极表面,增加了输入弧斑运动环形区域中的热通量。在这种情况下,铜电极表面温度的升高,导致铜的蒸发速率增加,即比烧蚀增大。

为了降低管状铜阳极的烧蚀速率,应当避免电弧径向段发生弯曲的可能性。后者可以通过如下方式实现:在管状电极内弧斑旋转的平面上,轴向磁场形成一定的拓扑结构,使匀速旋转的电弧径向段呈直线形“辐条”状。这样的磁场,除了克服弧斑运动滞后导致电弧径向段弯曲、使之保持“辐条”状之外,还并提供与电极弧段的滞后相关联的所述直的形状相对曲率相同的电阻,并且确保弧斑在电极上以所需的速度连续运动[14]。

2.11.4 电弧径向段的气动-磁场扫描对电极比烧蚀的影响

弧斑在电极表面的往复运动(扫描),可以确保弧斑始终运动在被冷却表面上,从而延长电极工作表面的寿命。并且,这样能够有效地降低电极的烧蚀。实现弧斑扫描的方式有气动、磁场和气动-磁场结合三种。根据弧斑在电极表面转动频率 ω_φ 与扫描频率 ω_z 的相对大小不同,可以得到不同的弧斑运动轨迹:

（1）当 $\omega_\varphi>\omega_z$ 时，轨迹是螺旋线；

（2）当 $\omega_\varphi<\omega_z$ 时，轨迹是蛇形路径；

（3）当 $\omega_\varphi=\omega_z$ 时，轨迹呈椭圆形，并且扫描过程中断，弧斑沿着狭窄的路径转动。

在气动-磁场扫描的方案中，电弧的径向段除了在气体的涡流场中发生转动之外，还沿电极的轴线平动。如果电弧在有质动力 F_m 的作用下移动到一侧，则会在轴向气动-磁场力 F_a（取决于气体的循环流动）的作用下沿相反方向运动。

只有当磁透镜与旋转气流匹配时，气动-磁场扫描才有效。分析这种情形可以得到一项简洁的规则[14]。对于管状阴极，该规则具有如下形式：磁透镜螺线管中的电流方向应与气流的旋转方向相反。如果相关方向不满足上述规则，磁透镜将排斥电弧的径向段而不是将其拉进磁透镜中。对于管状阳极，为了使磁场作用与气流旋转相匹配，磁透镜中的电流方向应该与气流旋转方向相同。

磁透镜由单相电源和半波整流器供电，以脉冲方式运行。由于弧斑发生了扫描，就不再沿圆周运动，而是沿螺旋线，即管状电极冷却表面上的螺旋线。这样一来，管状电极连续运行的寿命得到大幅延长。

2.11.5 管状铜输出电极的总体烧蚀特性

电弧等离子体炬铜阳极在不同气体中的烧蚀特性与电流强度的关系如图2.41所示。其中，阴影区域1表示空气中的数据；虚线区域3表示管状铜阳极

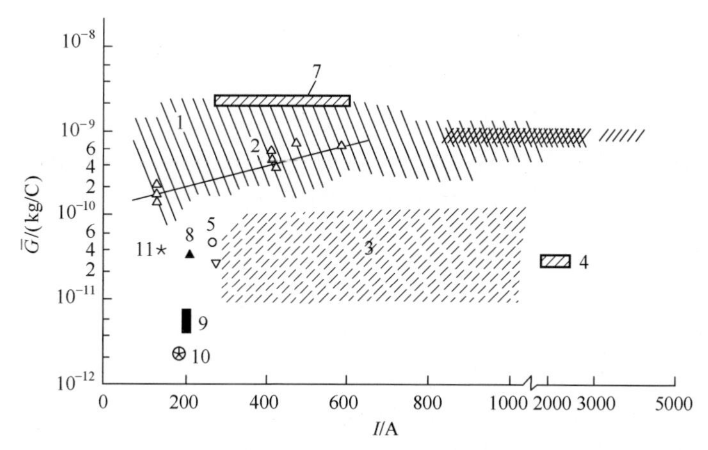

图2.41 铜阳极在不同工作气体中的比烧蚀与弧电流强度的关系[14]

1—空气；2—水蒸气；3—氢气；4—Ar和He的混合气；5—工业氮气（O_2 含量小于0.5%）；6—高纯氮气（O_2 含量小于0.001%）；7—空气（同轴式等离子体炬）；8—空气（内部管状阳极带有气动-磁场扫描）；9—空气，氩气作保护气；10—空气，丙烷-丁烷作保护气；11—空气（阳极由不锈钢制成）。

在氢气介质中的烧蚀数据。图 2.41 所示的一系列实验结果在旋流稳弧的轴线式电弧等离子体炬上得到。其中,电弧径向段的运动取决于气动力的圆周向分量和大尺度与小尺度分流过程[14]。在不同气体中产生工艺等离子体时,图 2.41 中的数据对于预测电弧等离子炬的使用寿命非常有用。

2.11.6 降低管状铜电极比烧蚀的方法

随着制造电极的金属材料的组分的分散性和均匀性增加,其物理性能和热机械性能不断提高。极限情况是使用单晶材料,这时不存在结构和化学不均匀性。使用这种材料可以对电极的性能产生显著的积极影响。对于多晶金属材料而言,其结构性能的大幅改善可以通过向金属熔体中引入粒度小于 0.1μm、含量(质量分数)为 0.01%~0.05%的超细粉末来实现。

基于上述内容可以得出结论:为了大幅提高电弧等离子体炬的性能,应当将纯铜电极材料替换为铜与多种金属的合金(见 2.10.6 节)。1991 年,我与(位于明斯克的)粉末冶金研究所发起一个研究项目,共同开发并生产这些电极材料。然而,遗憾的是,由于苏联转型和后来国家发生崩溃,这个目标最终没有机会实现。

2.12 感应耦合等离子体炬

感应等离子体炬是一大类产生低温等离子体的设备:基于众所周知的电磁感应现象,使用电极或者无电极进行工作。电能通过各种电气设备——变压器、逆变器、发电机等输入到与环境隔离的等离子体中。电流的频率越高,等离子体炬的设计越简单,电源却越复杂。对感应等离子体炬的结构及其与电源之间的关系分析最全面的是 Н. Н. 雷卡林(Н. Н. Рыкалиным)和 Л. М. 萨罗金(Л. М. Сорокиным)[15]。基于波数 k 可以从总体上对感应放电进行分类,其中波数是电磁波波长与放电特征尺度的比值,即

$$k = \lambda / l \tag{2.25}$$

当 $k \gg 1$ 时,低频放电;当 $k>1$ 时,高频放电;当 $k \approx 1$ 时,特高频(UHF)和微波(MW)放电;当 $k<1$ 时,空间微波放电,当 $k \ll 1$ 时,光学放电。

此外,波数还定义了由电磁场的两个分量——电场(E 放电)和磁场(H 放电)传输到等离子体中的功率比。电磁波频率分布的范围如图 2.38 所示:纵轴表示功率,对应于所适用频率的放电;横轴为电磁波的频率。电磁场的电场分量强度为 1~100V/cm 的大电流 H 放电位于左侧。电流为 $10^2 \sim 10^4$ A,并形成闭合回路。E 放电位于图 2.42 的右侧;这里的电场强度达到 $10^3 \sim 10^5$ V/cm。在后面

的章节中,将分别讨论低频、高频、微波和激光等离子体技术在核燃料循环中的应用。这里仅给出关于上述放电的一些简要信息[15,16],阐明目前已经达到的技术水平。

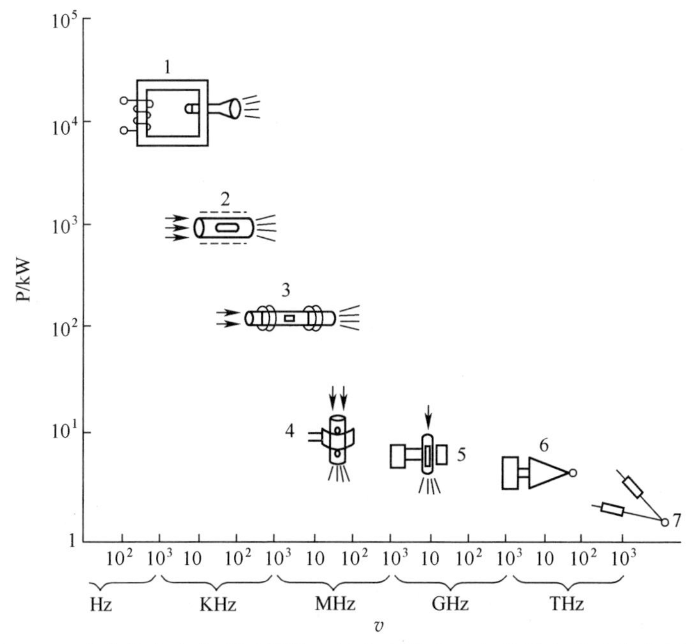

图 2.42 感应放电在电磁波频谱上的典型分布及各类放电的功率水平[15]

1—变压器放电;2—高频感应放电;3—高频电容放电;4—超短波放电;
5—微波放电;6—空间微波放电;7—激光放电。

2.13 光学放电

为了形成光学放电,能量以激光束的形式输入等离子体中,聚焦在以适当方式与环境隔离或者无隔离措施的某一点上[17]。持续光学放电实验示意图如图2.43所示。如果光源的功率密度足够高,就会在透镜的焦点上或者其附近形成放电。CO_2 气体激光器可以作为能量源,在电磁波谱的红外区域发射激光。等

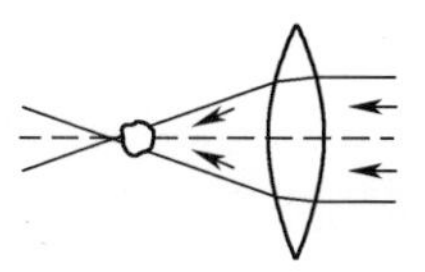

图 2.43 持续光学放电实验示意图

注:等离子体团从焦点稍微向激光源方向偏移。

离子体中的光辐射吸收系数随激光频率的升高而急剧减小。因此,在可见光范围内形成光学放电所需的功率将比在红外范围内的 CO_2 激光器功率高 10^2 ~ 10^3 倍。

光学方法产生等离子体的过程非常简单[17](如果可以将激光辐从光源射通过光学通道引入到工艺空间内),不需要将能量传输给等离子体的结构元件,这与电流传导放电不同,后者通过电极、电感、波导、谐振腔等传输能量。在这个频率范围内,可以对放电实现电动力学稳定。通过光学放电,也可以像在常规等离子体炬(图 2.44)中那样传输气态物质,形成等离子体射流。

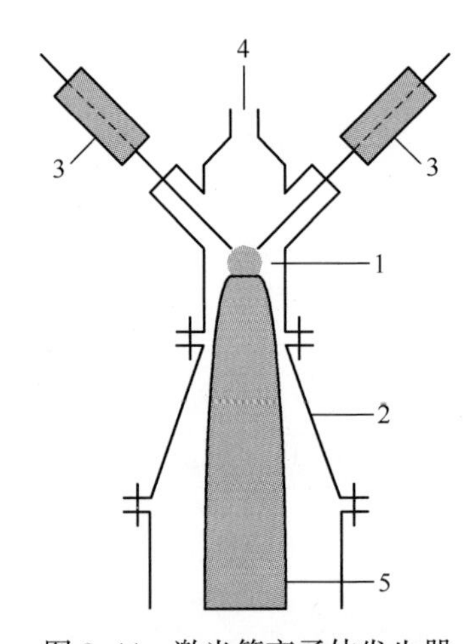

图 2.44　激光等离子体发生器
1—激光放电;2—放电室;3—激光器;4—气体入口;5—等离子体流。

激光放电系统的一项重要特征是,放电参数不影响能量源的运行状态(二者是“解耦”的)[17]。激光等离子体的另一项特征是,温度高达 15000~20000K,比电流传导放电的温度高 2~4 倍。实际上,大气压下直流电弧放电的温度可以达到约 10000K;大气压下高频放电的温度大约处于同一水平;微波放电的特征温度约为 5000K。这一现象存在的原因是等离子体的不透明度与光学辐射之间存在关系 $\mu_\omega \propto \omega^{-2}$,其中,$\mu_\omega$为等离子体的辐射吸收系数,$\omega$ 为角频率[17]。如果频率不太高,外场能量能够有效地消散在吸收介质中,即使电离度不是很高,即温度不太高。此外,由于趋肤效应的存在,外场无法透入高度电离的介质中,限制了外场在等离子体中的能量传输和对介质的加热。当等离子体的电离度非常高时,可以耗散在等离子体中的光频率范围最宽。随着气体温度的上升,等离子体仍然保持辐射透明,但吸收能力越来越强,促使温度进一步升高,直至完全电离。在高气压下,等离子体温度的上限值很难高于 13000~15000K,因为辐射损失随着温度的升高而变得更加显著。光学放电发出耀眼的光芒,无法直接用肉眼观察。在1~3atm的气压下,氦等离子体的温度高达25000~30000K,并发出紫外辐射[17]。

与其他放电一样,激光放电由外部能量源引发[17]。等离子体通常从激光束的焦点向辐射源偏移,直至激光束的强度足以维持等离子体的存在。等离子体区域的尺寸从阈值功率的1mm至更高功率的1cm不等。在激光功率P_0、等离子体吸收的功率P_1以及等离子体团中心的温度T_p之间存在如下关系[17]:

$$P_1 \approx P_0\mu_\omega r_0 = 4\pi r_0 \Delta\theta \tag{2.26}$$

式中:r_0为等离子体团的半径;$\Delta\theta$为等离子体中的热势差,$\Delta\theta=\theta_m-\theta_0$。

在半径为r_0的吸收范围之外,有

$$-4\pi r^2 \mathrm{d}\theta/\mathrm{d}r = P_1, \theta = P_1/4\pi r, \theta_0 = P_1/4\pi r_0 \tag{2.27}$$

$$P_0 = 2\pi r\theta(T_p)/\mu_\omega(T_p) \tag{2.28}$$

由于函数$\mu_\omega(T)$具有最大值,函数$\theta(T)$是单调的,因而功率$P_0(T)$必定存在最小值。该最小值$P_{0,\min}=P_1$在温度T_1接近$\mu_{\omega,\max}$之处,是通过激光束聚焦足以形成稳定激光放电的阈值功率。式(2.28)说明了可以获得稳定激光等离子体的CO_2激光器的最低功率水平。在大气压下,空气阈值功率$P_1\approx 2.2$kW,已由实验数据所证实。阈值功率随着压强的升高而减小,因为$\mu_{\omega,\max}$的值在增大。这种现象可以在辐射损失变得显著之前的一定限度内观察到。在具有低电离电位和低导热率的气体中,阈值功率较小。因此,在3~4atm的氙气中,阈值功率为100~200W。然而,要在大气压下的空气中激发光学放电,钕激光器的功率需要达到300kW。

图2.45为连续燃烧的光学放电的照片,图2.46是放电的温度场。温度测量基于$\lambda=5125$Å附近很窄范围内的连续辐射和氮原子与离子的发射谱线强度

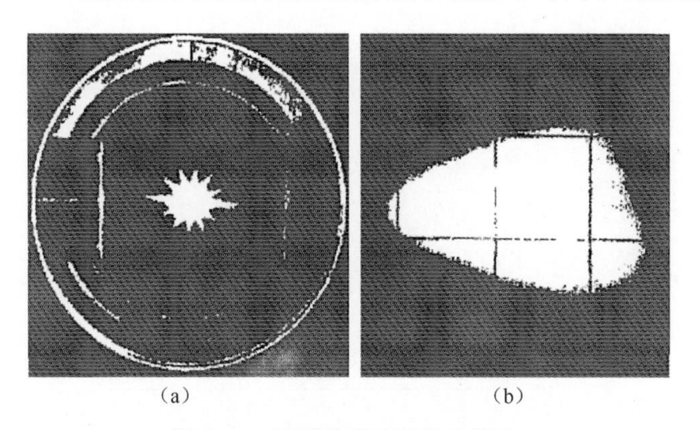

(a) (b)

图2.45 连续稳定光学放电照片

(a)从直径为8cm的观察窗拍摄到的放电;(b)放大图(图中方格的边长为1mm)。

注:激光束从右向左照射。

进行。在图 2.45 中,等离子体团的中心向辐射源偏移了 1.1cm。当 $P = 2\text{atm}$ 时,氩等离子体团的中心温度为 18000K,氙等离子体团的温度为 14000K(低于电离势)。在 6atm 的 H_2 中温度为 21000K,在 2atm 的 N_2 中温度为 22000K。温度总是从等离子体团中心向周边单调降低。等离子体团的尺寸总是在 3~15mm 的范围内,等离子体沿着光轴延伸。不同气体中引发光学放电的激光器功率阈值与压强的关系示于图 2.47,这在实际应用中非常重要。对于所研究的气体,激光器的阈值功率均随压强的升高而急剧增大。

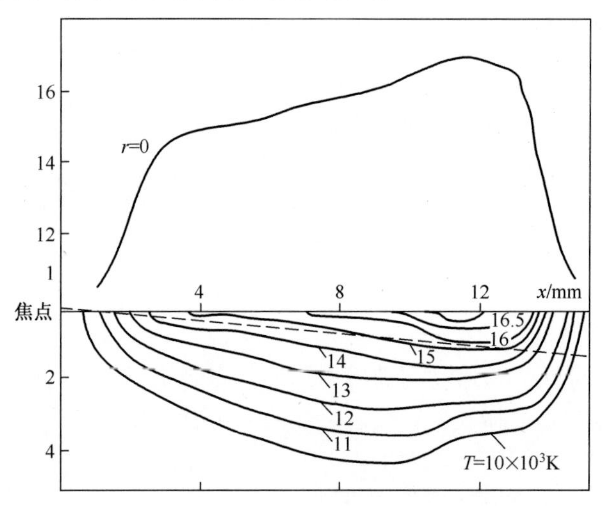

图 2.46　在 1atm 持续空气光学放电中测得的空间温度分布

注:CO_2 激光的功率为 6kW,激光束从右向左照射;汇聚光束的有效边界以虚线显示;
X 轴是光轴,下方是等温线中,r 为到轴线的径向距离;X 轴上方是沿激光束轴线的 T(x) 分布。

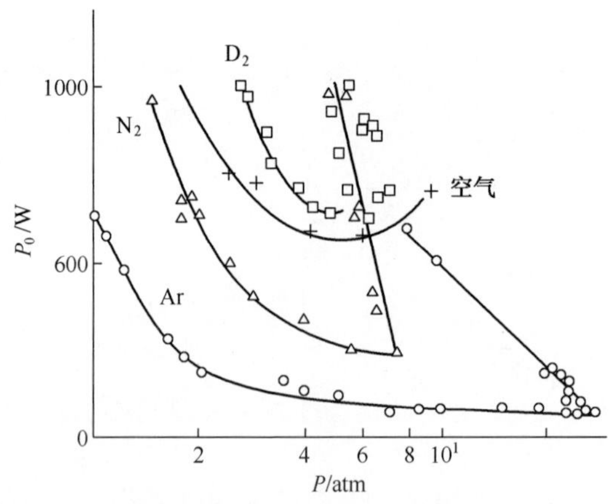

图 2.47　在各种气体中维持持续光学放电所需的阈值功率(曲线的下半部);在 N_2 和 Ar 中放电的功率上限(曲线的上半部);P_0 的范围位于曲线上、下部分之间

2.14 特高频(微波)放电

微波(MW)等离子体炬完全是用于雷达和通信的微波技术的副产物[18]。这些工作建立了各种千瓦级功率的微波源,以稳定或者脉冲模式运行。大量研究的是为了将雷达系统的功率和探测范围从海平面朝更高方向扩展,但还有一些研究是为了探索微波等离子体的特性。

微波等离子体具有比直流(DC)和射频(RF)放电更高的电子温度(5~15eV;后两者为1~2eV)。如果微波放电的功率达到千瓦级水平,其电子密度就达到临界密度,由电子等离子体频率(朗缪尔频率)确定。对于微波放电2.450GHz的特征频率,此密度为$7\times10^{16}m^{-3}$。微波等离子体可以在很宽的气压范围内存在,从大气压至电子回旋共振(ECR)微波放电的10^{-6}Torr①。非磁化微波放电存在于10^{-2}Torr~1atm,磁化微波放电可在更低压强,为10^{-6}Torr~10^{-2}Torr下存在。由于具有较高的电子温度和较低的工作压强,微波放电等离子体的电离度和解离度比高频放电和电弧放电更高,这在许多等离子体化学应用中是一项重要优势。微波放电和微波等离子体的另一项特征是无放电电极,因而不会在高电势下出现电极材料与结构材料的溅射和污染问题。

自20世纪80年代以来,微波等离子体技术逐渐得到了应用,包括用作在紫外和可见光区产生连续谱线的光源,产生离子、活性基团、激发态原子和激发态中性粒子的等离子体源,作为激光介质泵浦激光,用于受控热核聚变实验的初始阶段产生稳态、较高密度的等离子体,在微电子领域使用电子回旋共振产生等离子体生产、处理半导体和电介质薄膜等。

迄今为止,人们关于电磁波谱中微波的边界仍然没有达成共识。不过,通常认为[18],微波包括波长10~30cm的特高频的上部区域、波长1~10cm的超高频区域和极高频部分(波长0.1μm~1cm)。总之,微波区涵盖了波长范围为0.1~30cm的主要部分,频率分别对应于300GHz和1GHz。

微波技术应用于化工冶金领域之初就采用了两种频率,分别为2.45GHz(真空中波长为12.24cm)和915MHz(真空中波长为32.8cm)。这些频率无法用于雷达和通信设备,因为大气中存在水蒸气吸收效应。雷达和通信设备所使用的微波频率范围:$0.4GHz\leqslant\nu\leqslant20GHz$;$27GHz\leqslant\nu\leqslant40GHz$;$75GHz\leqslant\nu\leqslant125GHz$。

近年来,几乎所有工业微波等离子体都使用2.45GHz和0.915GHz这两个

① 1Torr≈133.322Pa=1.316×10^{-3}atm。——译者

频率。

2.14.1 用于化工冶金的微波反应器

在小规模化工领域,常用的是通过波导耦合微波源与负载的微波反应器,其构成示意如图 2.48 所示。在这种结构中,微波功率从磁控管经由波导引入到锥形谐振腔,再耦合到由石英(或其他电介质材料)制成的放电管中(谐振腔环绕放电管);工作气体或者反应物通入放电管。在谐振腔变窄的区域内,电场强度急剧增大,使气体发生击穿引发微波放电。这些放电的功率通常为中等水平,从几百瓦到几千瓦,不过仍然需要对放电管进行冷却。这种方案以简单的方式将微波功率耦合到等离子体中,最大程度地简化了微波功率从大气压输入低气压系统的阻抗匹配问题。

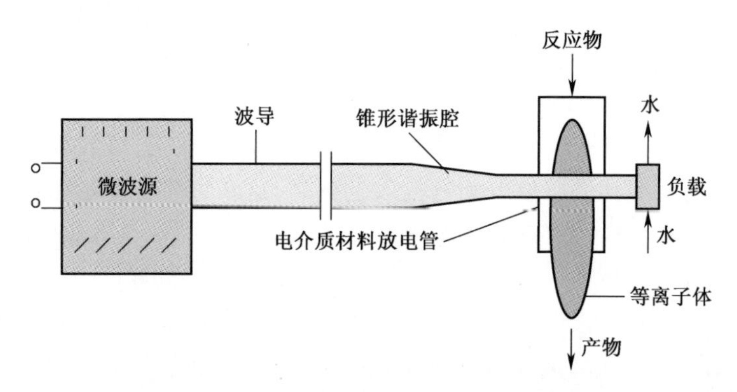

图 2.48 由微波源、波导和负载构成最简单的低气压微波等离子体反应器方案

其他几种微波反应器方案[18]主要用于规模较小的微电子领域,如电子回旋共振(ECR)等离子体反应器用于微电子产品生产和加工。微电子行业对这些微波反应器拥有特别的兴趣,在这里不进行讨论。更接近于我们讨论主题的是连续流非谐振微波反应器。非谐振微波等离子体在磁感应强度为零或者等离子体中不存在共振面的条件下,利用微波能量击穿介质并维持等离子体存在。非谐振微波等离子体的工作压强和粒子数密度与高功率(>2kW)运行的感应等离子体并无差异。连续流微波等离子体反应器通常用作等离子体化学反应器,以及需要紫外辐射或者离子、激发态原子和自由基等活性基团的等离子体化学过程。这种反应器的一种典型方案示于图 2.49,工作频率为 0.9GHz 或 2.45GHz,通常是后者,功率为 0.1~50kW,工作压强可以达到大气压。

以 H_{01} 电磁波运行的标准微波等离子体系统的构成如图 2.50 所示。在这些方案中,放电在石英(或氧化铝)放电管中燃烧,放电管穿过波导,其轴线与在波导中传播的微波电场方向一致,气流沿放电管的轴线流动。放电的形成通过

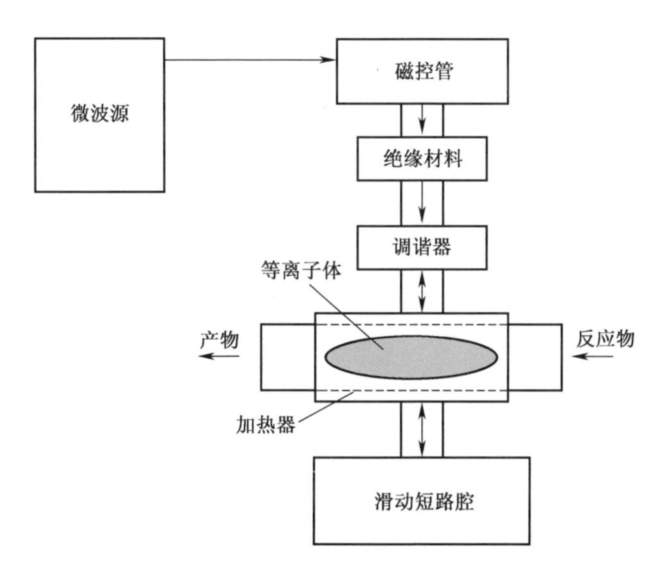

图 2.49 连续流非谐振微波等离子体反应器的主要构成

将钨棒或石墨棒短暂地置于放电管与波导交汇处实现;钨棒或石墨棒受热后发射电子进入放电区,电离原子和分子引发放电。钨棒或石墨棒则通过出料区上方的专用插槽移出。在所有标准的管式反应器中,电介质材料放电管都穿过矩形波导的较宽壁面,使放电管轴线与微波能流的电场矢量方向保持上述一致(图 2.50(a))。有时,波导会在与放电管交汇处变窄(图 2.50(c)),增加反应器中的电场强度,相应地提高放电的稳定性。在这里,与常规气体放电技术一样,采用了气体动力学方式稳定放电——等离子体气体沿切向通入放电管。为了改变放电的位置,使用了可调谐滑动活塞(图 2.50(b)),通过移动活塞,可以改变波导中电磁波驻波最大的位置,放电的位置也相应发生变化。

有时,微波等离子体反应器还用于颗粒材料的处理(例如球化)。这时,沿切向通入气体的方式不再合适,会对材料处理的运行模式造成干扰。通常的做法是利用微波干涉原理固定放电的位置(图 2.51)。为此,波导分成对称的两路,在电介质材料放电管处相连接。这样,两列对称的 H_{01} 电磁波以相同的相位在放电区相遇,电磁波干涉产生的最大值位于放电管中心。

图 2.50 给出了高功率(>10kW)微波等离子体炬的示意图,工作压强达到 1atm。按照功率水平和系统的完善程度,现有的微波等离子体炬可以分为三类:

(1) 功率为 1~5kW 的实验室装置;

(2) 功率为 20~50kW 的标准等离子装置;

(3) 功率为 100~500kW 的工业等离子体装置。

根据工作气压的不同,微波放电又可以分为三类:

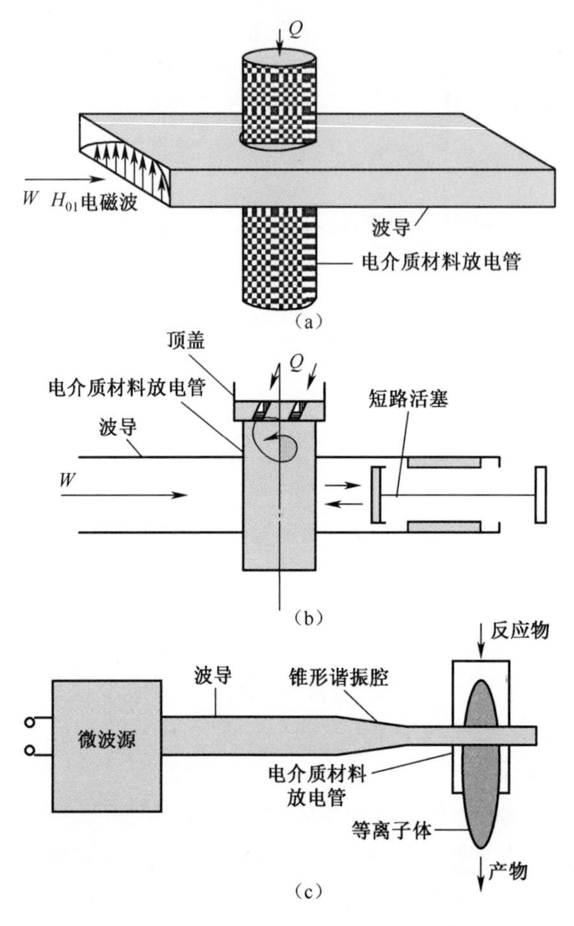

图 2.50　以 H_{01} 电磁波运行的微波等离子体反应器

(a)电介质材料放电管沿纵向垂直穿过波导(图中示出了矩形波导中电场的构型);(b)与(a)相同的微波等离子体炬(安装了可调短路活塞);(c)放电区能量增强的微波等离子体发生器。

W—电磁能;Q—气流。

(1) 低气压(≤10Torr)放电,(除了电子密度较高之外)特征类似于直流辉光放电;

(2) 中气压(200Torr)放电,这种放电产生的等离子体具有显著的热力学非平衡特性,即 $T_e>T_v>T_g$,其中下标 e、v、g 分别指低温等离子体的电子、振动和平动;

(3) 高气压(达到 1atm)放电,除了电子温度更高之外类似于电弧放电。

所有上述连续流非谐振微波等离子体炬的工作参数汇总于表 2.7 中。在高功率下,这些装置产生的等离子体的气体动力学温度与电子密度可与直流电弧

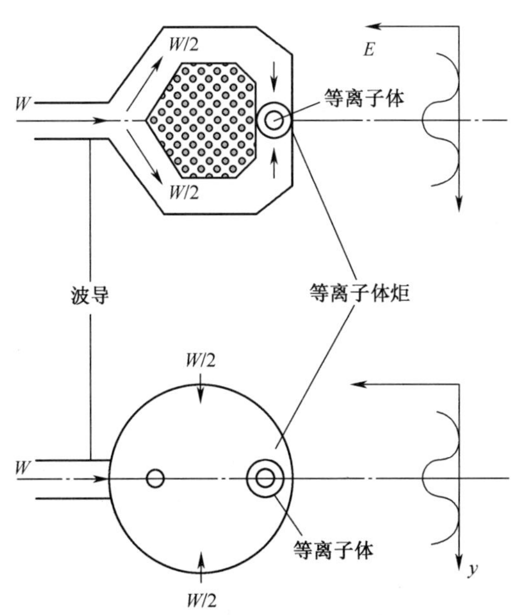

图 2.51 基于微波干涉原理以 H_{01} 波运行的微波等离子体炬

W—电磁能;E—电场强度;y—纵坐标轴。

射流和高功率感应等离子体炬相当。

表 2.7 化工用非谐振微波反应器的工作参数

参数	最小值	最大值
气体压强/Torr	10	760
功率/kW	0.20	500
频率/GHz	0.915	2.45
气体动力学温度/eV	0.10	≈1.0
电子的动力学温度/eV	0.50	6.0
电子的密度 n_e/m^{-3}	10^{15}	10^{19}

2.14.2 全金属微波等离子体炬

无须赘述,当微波等离子体炬以 H_{01} 电磁波工作时,由石英或其他绝缘材料制成的放电管的长期运行可靠性不足,并且不适用于腐蚀性气体(如 F_2、HF、UF_6 等)。另外,在实际应用中,上述放电管也不符合无电极放电等离子体是"清洁的"这一传统观点。例如,随着时间推移,石英管的透明性逐渐变差,原因在于形成了较易挥发的一氧化硅。此外,在长期使用中大多数陶瓷材料的晶格都会发生相转变,导致陶瓷制品的机械强度和电性能发生变化,降低了可靠性。

因此,在采用微波放电技术时,有必要开发全金属结构的微波等离子体炬。

建立全金属结构微波等离子体炬的原理有多种,但是,所有方案都是基于电磁波转变——矩形波导以90°角与圆形波导连接,将 H_{01} 电磁波转变为 H_{11} 电磁波[19]。这种技术和连接方式如图2.52所示。从图2-52中可以看出,圆形波导本身就是微波等离子体炬:等离子体气体从顶部通入;H_{01} 电磁波转变成 H_{11} 电磁波后,电场沿圆形波导的轴线分布,与气流方向一致。微波放电发生在微波能与气流交汇的位置;与常规的 H_{01} 电磁波方案一样,放电由沿切向通入的旋转气流予以稳定。以这种结构激发的微波放电就是横向激励。

因此,可以移除等离子体形成区域中的电介质放电管,代之以全金属结构。即使这样,仍然需要在磁控管与等离子体区之间设置电绝缘隔离插件,防止通入圆形波导的等离子体形成气体进入矩形波导。这项措施适用于任何气体,尤其是具有高反应活性的工艺气体。因此,必须在矩形波导的某个位置插入电介质密封材料,该密封材料对电磁能透明但气体无法透过。然而,这正是上述设计方案的薄弱之处:从保持微波源和电磁能传输通道的安全性角度考虑,以及尽量减弱等离子体流的气体动力学扰动,电介质材料插件应该安装在两种波导的连接处。不过,为了保持插件安装结构的稳定性,有必要安装在到波导连接处一定距离的矩形波导中。

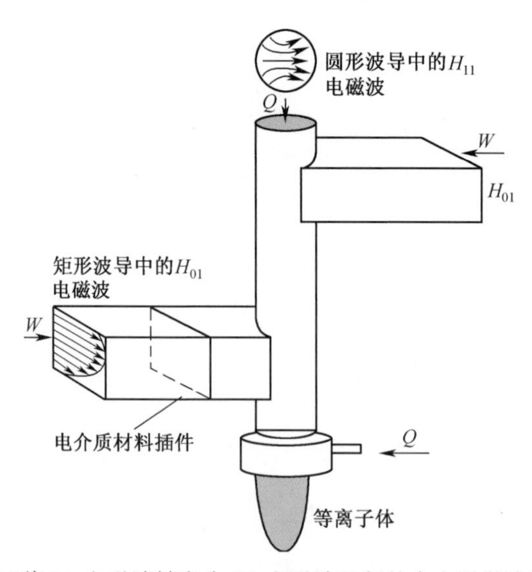

图2.52 基于将 H_{01} 电磁波转变为 H_{11} 电磁波运行的全金属微波等离子体炬;矩形波导与圆形波导以90°连接(横向激励微波放电等离子体炬)

W—电磁能;Q—等离子体气体。

除了横向激励放电的全金属微波等离子体炬(图2.52)之外,还有一种结构

(图 2.53),其中圆波导 2 是矩形波导 1 的延伸。在这种结构中,H_{01}电磁波通过转换器 5(模式转换器)转变成 H_{11}电磁波。放电 4 由沿切向通道 3 通入的等离子体气体稳定,放电位置距离气体通入位置 2~3 倍管径处。磁控管与等离子体炬和工艺区被介电插入件 6 隔开;插件由沿等离子体炬轴线输送工艺流体的气流保护。在这种结构中,电磁能输入、电磁波模式转变以及微波放电激发与稳定等区域之间互不影响("解耦"),最大限度地降低了气流在等离子体炬轴线上摄动的可能性。这种纵向激励的圆形波导方案可以充分利用以 H_{11}电磁波运行的等离子体炬。并且,所有工艺气体均可以从圆形波导的任意位置沿切向通入。

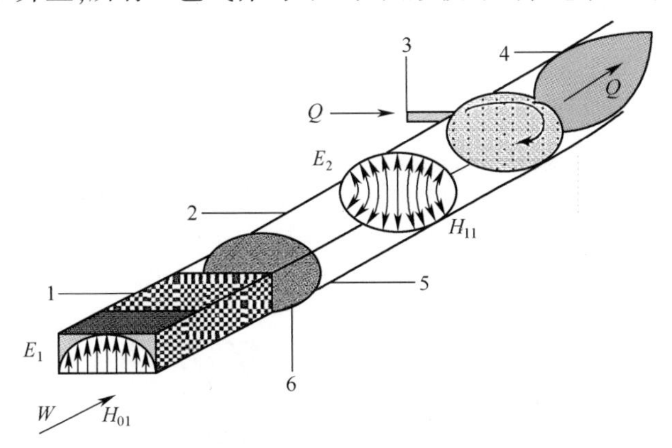

图 2.53　基于矩形波导与圆形波导纵向匹配将 H_{01}电磁波转变成 H_{11}电磁波的全金属微波等离子体炬(纵向激励微波放电等离子体炬)

1—矩形波导;2—圆形波导;3—用于沿切向通入工艺气体的支管;4—被切向气流稳定的微波放电;5—将 H_{01}电磁波转换成 H_{11}电磁波的转换器;6—电介质材料插件;W—电磁能;E—电场强度;Q—等离子体气体。

在图 2.52 和图 2.53 所示的结构中,介电插入件被气流保护,免受放电产生的热对流损伤。但是,这两种方案的介电插入件都缺乏对热辐射的防护措施,尤其对于 U-F 等离子体或者类似的等离子体而言,并且这种作用有可能非常强。基于将介电插入件与直接辐射作用隔离的原理,工程上提出了多种解决方案。作为一个例子,可以考虑 B. K. 日沃托夫(B. K. Животовым)的方案[19],如图 2.54所示。在本方案中,横向激励通过渐变(锥状)矩形波导 3 施加到圆形波导 1 中,微波辐射 2 沿矩形波导 3 的管壁传输;主气流 5 的一部分 4 通过锥状矩形波导沿切向通入圆形波导,在圆形波导中旋转,同时形成气流屏蔽防止放电随机扩散到对微波辐射透明的介电插入件 6 上。图 2.54 所示的方案尽管略显复杂,但优势明显:可以在圆形波导上连接多个具有独立电源的矩形波导,从而提高单支等离子体炬的功率。

图 2.55 是全金属微波等离子体炬的照片,该设备功率为 500kW,工作频率为 900MHz。这种等离子体炬用于中试装置上将 H_2S(天然气的成分)分解成硫

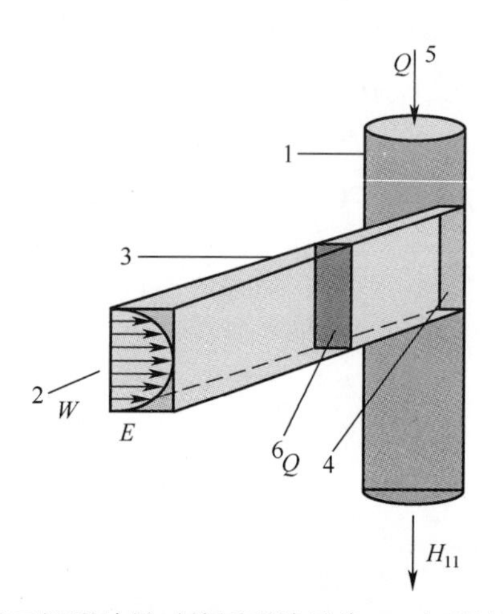

图 2.54　基于矩形波导对接圆形波导将 H_{01} 电磁波转变成 H_{11} 电磁波原理工作的全金属微波等离子体炬[19]

W—电磁能；E—电场强度；Q—等离子体气体。

图 2.55　分解 H_2S 的全金属微波等离子体炬照片

和氢气。

2.14.3 建立全金属微波等离子体炬的其他方法

建立类似全金属结构微波等离子体炬的概念由日本的满田等提出[20]，如

图 2.56 所示。该等离子体炬采用从磁控管(图中未示出)传输微波的矩形波导,磁控管与等离子体炬放电室被石英片隔开。微波通过具有匹配阻抗的模式转换器(根据前述术语,即电磁波转换器)输入圆形波导,模式转换器将矩形波导与圆形波导连接起来。水冷电极沿圆形波导的轴线安装,与一些由放电室向外延伸的电弧放电和高频放电等离子体炬的电极类似。满田等离子体炬的功率为 2kW,频率为 2.45GHz,工作气体为氢气,在圆形波导管的内壁与电极外壁之间的间隙中流动。电击穿在等离子体炬的喷嘴与电极的锥形尖端之间引发,形成圆筒状或圆锥状的稳定放电。尽管这种微波放电与电弧放电形式上相似,但二者存在着本质的差异,主要区别在于,微波放电的电极上不存在明确定义的烧蚀弧斑。

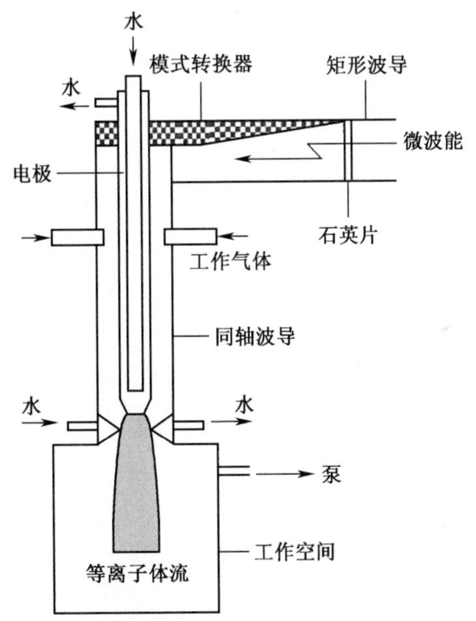

图 2.56　满田等[20]开发的全金属微波等离子体炬

注:基于矩形波导以 90℃ 角与圆形波导连接、将 H_{01} 电磁波转变成 H_{11} 电磁波的原理工作(横向激励微波放电等离子体炬),通过同轴布置在圆形波导中的电极引发放电。

2.14.4 “微波源–微波等离子体炬”系统的一些特征

我们在利用微波放电制备核材料的实践中,1968 年第一次使用以 H_{01} 电磁波运行的微波等离子体炬(图 2.50)利用 UF_6 无试剂还原出了铀[21,22]。这种放电方式的优点在于,放电在 UF_6 中稳定存在,即使气压达到 1atm,与此相对的是高频放电仅能稳定在 30Torr 以下。然而,在 UF_6 中引发放电之后,这种放电方法的缺陷马上暴露了出来——磁控管很快损坏,原因在于非挥发性铀氟化物沉积在等离子体炬的电介质材料壁上,反射了 H_{01} 电磁波。由于并没有为磁控管采取反射电磁波的保护措施,实验被迫中止。

在随后的一段时期内,微波发生器开始装备铁氧体环行器——一种将反射的微波功率传输至水负载的设备。现代微波发生器都配备了环行器。

2.14.5 全金属微波等离子炬的另一种方案:应用和试验结果

基于前面内容可以判断,全金属微波等离子体炬在高纯材料(如用于微电子产业的材料)合成和加工领域显然具有良好的应用前景。微波技术的成本问题,特别当功率达到成百上千千瓦时,将随着基础材料的发展和人们对微波技术需求的不断增加而逐渐弱化。在此背景下,我们对全金属微波等离子体炬进行了研究,在第 4 章(用溶液制备氧化物粉末)和第 15 章进行了讨论[23]。这些等离子体炬的工作原理与 B. K. 日沃托夫等设计的等离子体炬[19]、满田等离子体炬[20]相同,设计方案则更像第二种。由于在现有的技术文献中,关于全金属微波等离子体炬试验的信息很少,我们认为有必要适当详细地描述这类等离子体炬的试验结果(尽管试验规模相对较小),以便基于可靠的真实材料提高其功率及投入实际应用(见第 15 章)。

全金属微波等离子体炬如图 2.57 所示。该等离子体炬包括:波导 1;调谐元件 2;中心管 3 及其紧固件和定位件 4~6;放电管 7,与中心管 3 构成微波等离子体炬;放电引发装置 8,设置有一个手动驱动机构;光电管 9;观察窗 10。在等离子体炬正下方安装的是等离子体反应器及其部件:气体总管 11,用于向反应器中输送原料的喷嘴 12,法兰 13。等离子体形成气体通过旋流总管通入等离子体炬中。

波导管上配备有电介质插件、配件和压力传感器,连接等离子体炬的自动联锁系统。

该等离子体炬的电源由三相四线制交流电网供电,其参数为:3×380/220(1±5%)V,50Hz,50kW。等离子体负载与微波源参数之间的匹配,以及微波等离子体炬稳定工作的范围在一台中试装置上进行了试验,如图 2.58 所示,电源位于该图右侧。该装置采用一台 KI-5(КИ-5)型微波源;磁控管从电网获取的最大功率为 5kW。微波等离子体炬安装在管式水冷换热器上。气流通过放电管下部的总管通入等离子体炬。部分气体被通入微波能量注入腔,然后经过多孔石英环通入等离子体炬的放电管中。微波源产生的能量通过安装有铁氧体环行器和负载的波导输入到等离子体炬中。微波放电由手动驱动的钨棒引燃。

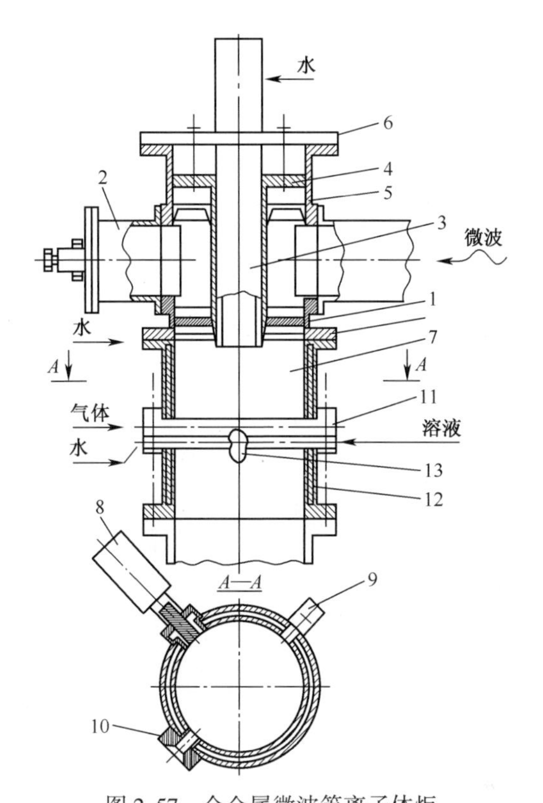

图 2.57　全金属微波等离子体炬
1—波导;2—调谐元件;3—中心管;4~6—紧固和定位元件;7—放电管;8—放电引发装置;9—光电管;10—观察窗;11—气体总管;12—喷嘴;13—法兰。

图 2.58　配备全金属等离子体炬的微波等离子体发生器试验台
注:右侧是电源;中间是全金属微波等离子体炬和等离子体反应器;左侧是转子流量计,用于调节等离子体形成气体、冷却水和反应物原料的流量

等离子体炬需要冷却的部件通过装有自动阀、流量计和水压传感器的管道与主水管连接。主空气管道的设计供气能力为0.4MPa的气压下提供$100nm^3/h$的空气。气流管道同样配备了自动阀、压力传感器和流量计。

实现微波等离子体炬与微波源之间匹配、优化微波功率向等离子体炬放电室中传输的过程分三步进行：

(1)试验微波源与水冷负载之间的匹配特性,建立微波源运行模式与出厂数据之间的对应关系；

(2)以微波能全反射模式实验了“微波源-环行器-匹配负载(等离子体炬)”系统的运行情况；

(3)对等离子体炬进行“冷态”实验,将通过冷却水的氟塑料管放入放电室内,模拟等离子体对微波能量的吸收。

第一步的试验结果如图2.59所示。该图表明了微波源输出功率P_{out}和效率与磁控管阳极电流I_a之间的关系。从图2.59和磁控管出厂数据的比较可以看出,实验结果与出厂数据几乎完全吻合。

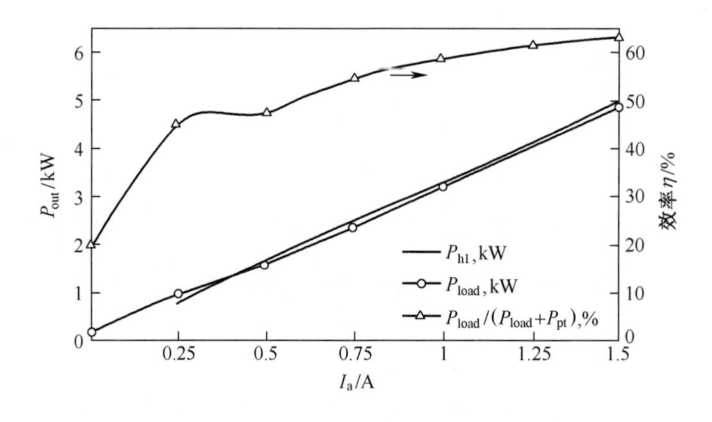

图2.59　微波源的输出功率P_{out}和效率η与磁控管阳极电流I_a之间的关系

P_{h1}—热损失功率;P_{load}—输入负载(等离子体炬)的功率;P_{pt}—等离子体炬吸收的功率;η—效率。

在第二阶段,试验装置形成了“微波源-环行器-匹配负载(等离子体炬)”回路,这样可以在微波能量全反射且反射波相位可变的条件下验证系统的运行状态。这对于测试微波环行器的效率很有必要,该设备的用途是保护微波源免受反射波的损害。反射波对磁控管工作状态的影响主要取决于反射波的相位。后者通过安装在等离子体炬微波能输入端对面的可移动短路活塞调节(活塞示意图如图2.60所示)。

由于环行器与等离子体炬之间紧密连接,基本类型的电磁波来不及在系统中形成,因此在活塞调节期间进行的系统能量平衡测量结果表明,反射波的相位

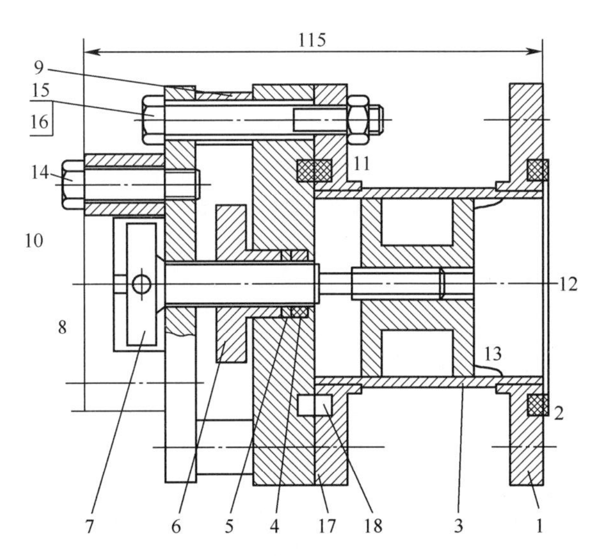

图 2.60　带有短路活塞的微波等离子体炬的调谐元件

1,11—法兰;2,4,17,18—垫圈;3—活塞;5—衬套;6,14—螺母;7—调整螺栓;8—圆盘;9—支撑套筒;10—支撑件;12—波导;13—波导与活塞连接处;15,16—紧固螺栓。

对磁控管的运行模式具有显著影响。这种影响通过在环行器与磁控管之间另外插入波导得到了消除。图 2.61 是活塞移动过程中系统能量平衡的测量结果(X_p是活塞位置的相对坐标)。从图中可以看出,活塞的位置实际上并不影响微波源的运行模式,这表明环行器的设置是令人满意的。另外,根据该图,还可以估算系统中的总能量损失(约为 15%)。

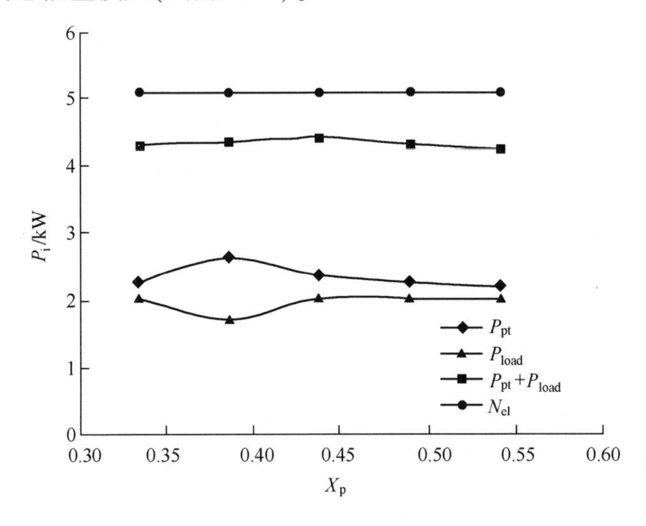

图 2.61　微波等离子体炬的能量平衡与调谐活塞相对位置的关系

P_{load}—负载吸收的功率;N_{el}—电网提供的功率;X_p—活塞的相对位置。

第三阶段是进行“冷态”调试。为此,将氟塑料管深入放电室中,塑料管中通过流动水。输入放电室中的微波能量被塑料管吸收,对水进行加热。通过移动活塞来调节等离子体炬放电室吸收的功率并使之达到最大。“冷态”调试的结果如图 2.62 所示。在活塞位置变化期间,试验对等离子体炬反射的功率和输入放电室的功率进行了测量。当活塞位置移动时,反射功率与吸收功率的比值变化很大。活塞的最佳位置对应于反射功率最小、吸收功率最大的工况。

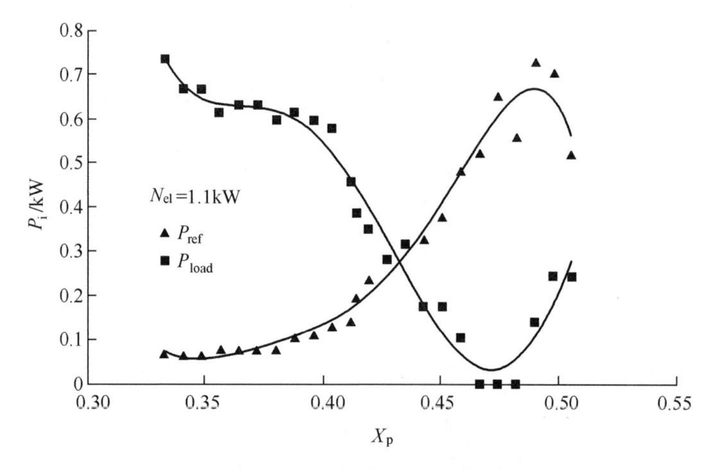

图 2.62 微波等离子体炬“冷态”调试的结果

P_{ref}—等离子体炬反射的功率;P_{load}—调节活塞位置时输入放电室的功率;

X_p—活塞位置的相对坐标。

该微波等离子体炬进行了试运行(时间长达 2h)。放电在主气流量为 2m³/h、微波功率为 3~5kW 的条件下引发。主气流量在 4~15m³/h 的范围内,放电在放电室中心稳定燃烧,随着等离子体气体流量的增大而延伸。由反射功率的变化估算的放电吸收功率为 1~2kW。当微波源的功率降低到 1.5~2kW 时,放电就会熄灭。在等离子炬连续运行几小时后,拆开等离子体炬并对其内部元件进行目视检查,并没有发现等离子体流的热效应对内部元件造成损伤的迹象。

进一步调节等离子体炬并使吸收功率达到最大,应当在等离子体炬与图 2.57所示的反应器的工艺部件连接之后进行,尤其是与喷嘴和等离子体炬波导内部的中心管相连接,因为这些部件决定了电场在微波等离子体炬放电室中的分布。等离子体炬运行状态的调节通过改变中心管下端的位置实现,使微波等离子体的温度最高、反射功率最小。作为辅助调谐元件,如有必要,可以在等离子体炬与环行器之间安装 1/4 波长变换器波导。

2.15 甚高频放电

甚高频(VHF)等离子体炬以 50MHz 以上(50~150MHz)的频率工作,具有等离子体体积大(1~2L)、能量密度低(<1W/cm^3)的放电特征。为了引发这种大体积感性放电,需要多匝直径为 0.1~0.12m 的感应器。这些感应器在 10^6~10^8Hz 的频率下感抗很大,难以与微波源的参数相匹配。因此,为了补偿大电感,感应器采用多个部分组合的方式,在各部分的间隙中接入补偿电容。这样的感应器部分称为“边”(自此以下,甚高频等离子体炬的感应器就是多边形的)。甚高频等离子体炬的放电室放置在多边形感应器中(图 2.63)。对这类放电以及等离子体炬的研究很少,其潜在应用是在大气压下产生大体积(约 1m^3)、低功率密度的等离子体。

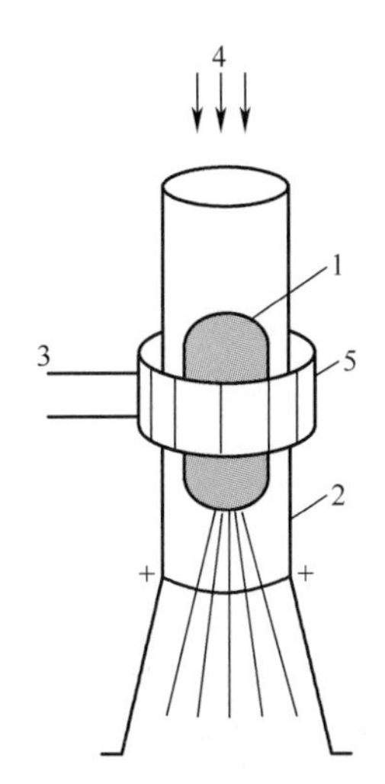

图 2.63 甚高频等离子体炬示意图

1—放电;2—电介质材料放电室;3—与电源连接的馈线;4—工艺气流;5—多边形感应器。

2.16 高频电容放电及等离子体炬

在 10~50MHz 的频率范围内,电磁场的电分量与磁分量的功率相当,因此 E 放电和 H 放电具有同等存在条件。对于高频电容放电(HFC)等离子体炬而言,相位关系带来了一些优势[15]。HFC 等离子体炬方案如图 2.64 所示。对于在电介质材料放电管壁上安装了外部电极的等离子体炬而言,传导电流以偏置电流形式闭合到电极上,电磁能通过放电与电极之间的容性耦合传输到等离子体炬中。放电电流的大小在很大程度上受容性负载的电阻部分约束。基于这个原因,这类等离子体炬可以在不低于 10MHz 的频率下可靠地运行。在较低频率下,为了改善放电与电源之间耦合的品质,需要增大电极之间的介电常数,或者减小电极与放电之间的距离。

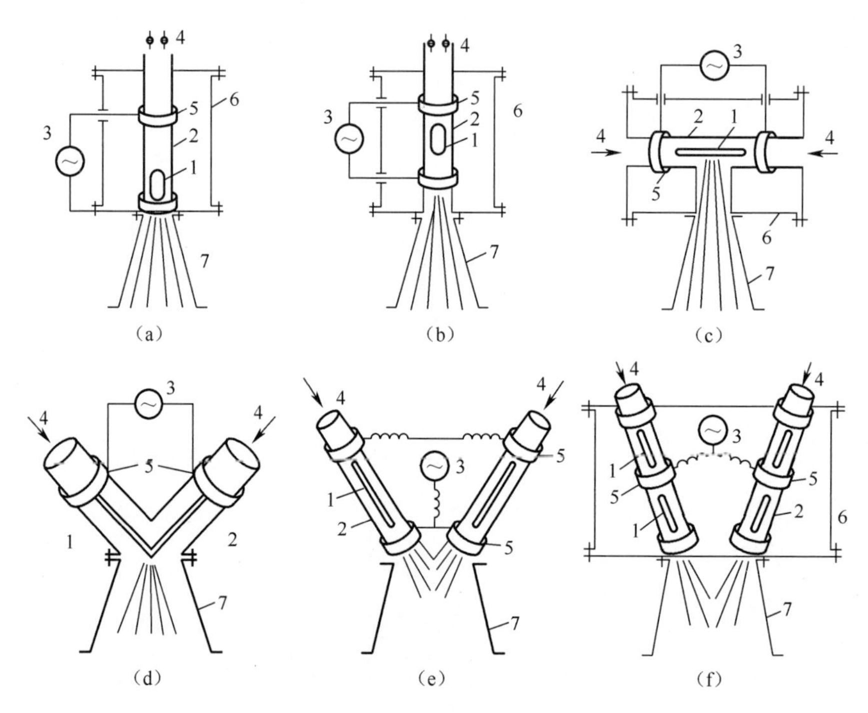

图 2.64　高频电容放电等离子体炬方案

(a)具有一个接地电极;(b)具有两个相位相反的高电压电极;(c)反应物逆向通入 HFC 放电中;
(d)具有弯曲放电室和共用 HFC 放电通道;(e)具有两个放电室和一个共用反应器;
(f)具有多放电室和多 HFC 放电以及共用反应器。
1—HFC 放电;2—放电室;3—高频电源;4—反应物入口;5—外部电极;6—HFC 等离子体炬;7—反应器。

在这种放电形式中,电磁场电场分量的强度为 100~400V/cm,电极上的电压为 5~15kV,电流为 3~15A,在允许频率范围内的合适工作频率为 13.56MHz 和 27.12MHz。HFC 放电的一个重要特征是维持放电所需的最低功率较小;实际消耗的功率为 1~100kW。人们对功率不高于 1000kW 的放电参数都进行了计算[15]。

从图 2.64 中的 HFC 等离子体炬方案可以看出,不同方案对应于不同的工艺过程。最简单的方案如图 2.64(a)所示,其中包括一个高频电极和一个接地电极。在图 2.64(b)的等离子体炬中,两个电极均为高频电极,二者之间的电压相位相反,并且是等离子体炬的接地电极与高频电极之间电压的2倍。这种等离子体炬的改进方案是采用弯曲放电通道。如果需要提高等离子体反应器的功率,则可以安装多支高频电容放电等离子体炬。HFC等离子体炬的放电非常稳定,并且可以控制电极上的电流密度,包括改变电极的形状。

当放电频率降低时,需要增大电源的功率,人们试图降低HFC等离子体炬的频率。然而,随着频率的降低电磁能向放电等离子体中传输的效率也降低,施加在电极上的电压与放电电流之间的相位关系变差可以表明这一点。HFC等离子体炬产生的等离子体的极限平均温度较低(约为3000K)。当前,由电介质材料制成的HFC等离子体炬具有与其他高频等离子体炬相同的缺陷——放电室的可靠性较差。

2.17 高频感应等离子体炬

高频感应(HFI)放电和等离子体炬示意图如图2.65所示。由电介质材料制成的放电管2同轴置于高频电源的感应器1中。高频电流 I 通过感应器,由该电流产生的高频磁场 $\boldsymbol{H}$ 的方向沿放电室轴线,并感应出涡旋电场,其闭合的电力线与感应线圈形成同心圆。涡旋电场可以引燃并维持放电,其电流沿电力线方向形成闭合回路。在实验中,放电室中充满待研究气体后安装到感应器中,在一定条件下击穿形成放电,并且在击穿后放电仍然可以维持。

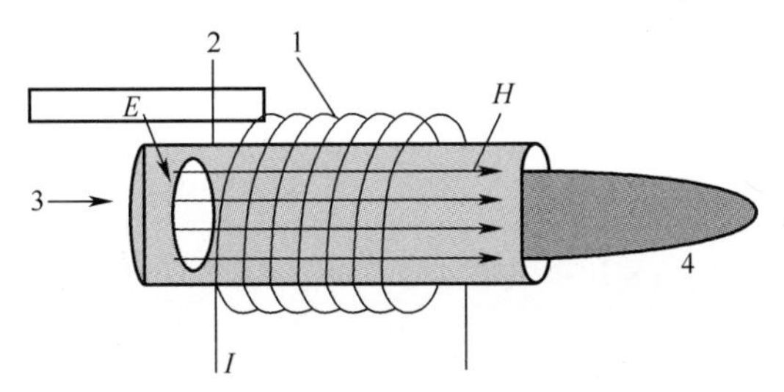

图2.65 高频感应放电和等离子炬示意图

1—感应器;2—电介质材料放电管;3—气流;4—等离子体;E—电力线;
H—磁力线;I—感应器电流。

高频感应放电的“点火”由感应器中的电场实现,其强度是感应磁场强度的30倍甚至更高。感应器首先使气体实现初始电离,然后通过增大高频振荡的振幅进一步提高放电的导电性。

众所周知,当气体的电导率较小时,放电对感应器的交变磁场是透明的,感应器的能量无法传输给放电产生的等离子体。然而,一旦气体的电导率随着电场强度 E 的增强而达到某一阈值之后,感应器的电磁能就开始释放出来,在无

电极的 H 放电中出现环形电流。

在实际操作中,引发高频感应放电的方式可以归纳为三种:一是在电磁感应空间内瞬间产生大量带电粒子;二是对短时插入电磁感应空间内的(钨或者石墨)导电棒进行感应加热;三是利用外部高频、低功率电源引发放电(用于特斯拉变压器的参数通常为:$U \approx 5\text{kV}$, $I \approx 0.5\text{MHz}$, $P \approx 0.3\text{kW}$),或者降低气压到某一值,使放电自发形成。

在这些放电中,传导电流在放电空间内呈闭合的环形。电磁场电分量的特征值为 5~20V/cm,等离子体电流可以达到数千安。当石英放电室的效率约为90%时,感应等离子体流的平均温度可达 6000K。HFI 等离子体炬的方案如图 2.66所示。这些方案包括:感应器一端接地(2.66(a)),采用推挽电路为感应器供电(2.66(b)),两束 HFI 放电等离子体射流碰撞后在同一放电室中燃烧(2.66(c)),以及 HFI 与 HFC 结合并通过推挽电路为感应器供电(2.66(d))。

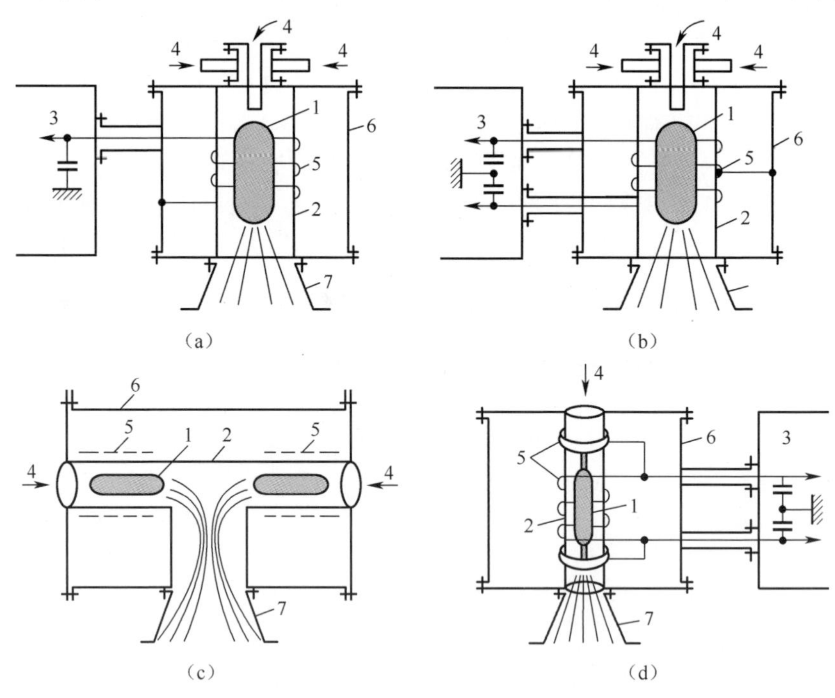

图 2.66　HFI 等离子体炬示意图

(a)感应器一端接地;(b)感应器由推挽电路供电;(c)两束 HFI 放电等离子流发生碰撞后在同一放电室中燃烧;(d)(HFI+ HFC)组合等离子体炬,由推挽电路供电;
1—HFI 放电;2—放电室;3—高频电源;4—反应物入口;5—感应器或外部电极;
6—HFI 高频等离子体炬;7—反应器。

现代 HFI 等离子体炬的工作频率为 0.44MHz、0.88MHz、1.76MHz、

5.25MHz 和 13.56MHz(使用这些频率是为了避免射频干扰)。

2.17.1 由电介质材料制成的高频感应等离子体炬

高频感应等离子体炬的放电管通常由电介质材料,如石英、氧化铝等制成。人们研究最多的 HFI 等离子体炬的放电管材料及性能示于表 2.8。所有已用于或者能够用于制造 HFI 等离子体炬放电管的电介质材料都可以分成氧化物和无氧陶瓷(主要是氮化物)两大类。

从表 2.8 中的数据可以看出,与氮化物陶瓷相比,除热导率异常高的氧化铍(BeO)之外,其他所有氧化物材料都具有较低的热导率。此外,氮化铝(AlN)的热导率与氧化铍相当。这意味着,使用氮化物陶瓷材料的等离子体炬的冷却问题比使用氧化物陶瓷的要小。

在高温下,陶瓷的电阻率通常会下降。然而,氮化物陶瓷电阻率下降的速率比氧化物陶瓷小。这从另外一个角度表明氮化物陶瓷具备适用于感应等离子体炬的优异性能。

在选择高频感应等离子体炬的材料时,最重要的四个参数(或者更确切地说是它们的组合)是热膨胀系数、最高工作温度、电阻率和电气强度。从这些参数最佳组合的角度考虑,最具有竞争力的材料是石英和热解氮化硼(垂直于沉积轴方向)。就热膨胀系数而言,石英是一种独特的材料,尽管其他参数明显比氮化物陶瓷差。AlN 和 Si_3N_4 陶瓷的热膨胀系数最接近于石英,然而它们的其他电气参数和热性能参数却高得多。

由电介质材料制成的等离子体炬的放电室壁通常采用水或者气流进行冷却,以防止过热。不过,在一些等离子体炬中,可以借助旋转气流和电磁力将放电从管壁向轴线方向“压缩”。但是,利用电磁力进行强烈压缩会导致放电变得不稳定,利用旋转气流则导致气流在壁面边界层区域重新复合,降低平均温度和输入放电等离子体的功率,导致向目标工艺输出的等离子体的参数变差。

能够取代陶瓷材料等离子体炬的是金属-电介质复合材料等离子体炬。这种等离子体炬的放电室由带有纵向狭缝的非磁性金属(主要是铜)制成。狭缝平行于放电室轴线,其中填充电绝缘材料,因而感应器的电磁能可以自由地传输到放电室内。带有狭缝的金属放电室的原型是冶金反应器,即冷坩埚[24-26],用于金属和合金精炼以及特殊合金生产。后来,冷坩埚的结构得到了现代化改进,用于感应熔炼半导体材料和电介质材料。几乎同时,这种结构还被改进用于产生高频感应等离子体,以解决用于高频感应等离子体炬的材料问题。这些改进所遵循的原则:采用(“鸟笼”结构的)分瓣式水冷金属放电室,外围采用电介质材料作为外壳。最后,冶金领域的主要工作原理在两个应用领域中都被保留了

表 2.8　可用于高频感应等离子体炬的电介质材料的电、热特性

性能		氧化物材料					无氧材料		
		SiO_2(石英)	Al_2O_3	MgO	BeO	Y_2O_3	BN(gp)	AlN	Si_3N_4(gp)
密度/($10^3kg/m^3$)		2.2	3.9	3.6	6.03	4.8	2.39	3.26	3.2
极限弯曲强度/MPa	20℃	110	250~450	110~128	100~150	—	40~100	100~400	600~800
	1000℃	—	1~25(1600℃)	100~120	—	—	—	—	—
热膨胀系数/10^{-6}℃$^{-1}$		0.5 (600~1200℃)	9.5 (20~1600℃)	14.5 (400~800℃)	4.8	7.2	6~8(Ⅱ) 0.5~2.0(Ⅰ)	4.0	2.75~3.2 (20~1200℃)
最高工作温度/℃	长期	1000~1100	1600	1700	1600	1500	1300	1250	1300
	短时	1400	2000	2100	2100	2000	2200	1600	1600
热导率/(W/(m·K))	20℃	1.4	30~58	27~28	220	2	15(300℃)	40~120 (300℃)	40
	1000℃	2.43	6~11	6.7~7 (2000℃)	27(800℃)	2(800℃)	12	—	50~60 (1200℃)
热稳定性(在20~1800℃使用的循环次数)		—	9~13	15~30	40	—	30~45	50~60	300
在频率为10^4Hz电磁场中的介电常数		3.9(1000℃)	10.8(800℃)	9.1~9.9 (1000℃)	—	—	—	—	—
电磁场频率为10^4Hz时的tanδ值		10^{-4}(200℃)	5×10^{-4}(20℃)	6×10^{-4} (200℃)	—	5×10^{-3} (20℃)	$(2\sim6)\times10^{-4}$ (20℃)	5×10^{-4} (20℃)	$(5\sim6)\times10^{-3}$ (20℃)
		3×10^{-4} (1000℃)	1.7×10^{-3} (800℃)	7×10^{-4} (1000℃)	—	—	—	—	2×10^{-2} (1000℃)
电阻率/(Ω·m)	20℃	$10^{14}-10^{17}$	$(1.3-1.9)\times10^8$	—	9×10^{13}	—	10^{21}	10^{15}	10^{17}(20℃)
	1000℃	$10^4\sim10^6$	9×10^5	7×10^{12}	10^{10} (1200℃)	—	10^4 (1200℃)	10^7 (1200℃)	3×10^{10} (1200℃)
电气强度,kV/mm		—	7~18	—	—	—	50~60	—	20~50

下来。20世纪60年代末,电磁能穿过分瓣式非磁性金属壁输入放电室的原理应用于无试剂还原 UF_6 生产铀。现在,这些放电室有了新应用领域——加热气体介质[27,28],主要工作原理大致相同,仅针对具体介质做了适应性改进。图2.67为主要类型HFI等离子体炬的放电室,差异在于气流稳定等离子体的方法(是直通气流还是旋转气流,即直流或旋流)。用于生产工艺、设计功率为1000kW的HFI等离子体炬照片如图2.68所示[16]。在这些等离子体炬中,放电的引发可以通过降低放电室中的气压,或者利用外部辅助电源形成火花或电弧放电使气体初步电离来实现。

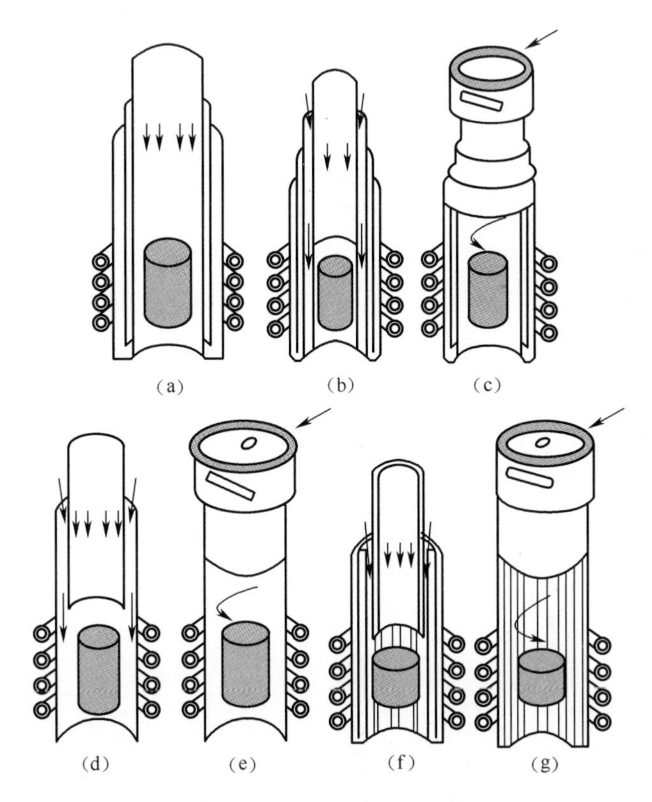

图2.67 采用直流((a)、(b)、(d)、(f))和旋流((c)、(e)、(g))稳定等离子体的放电室的基本结构

(a)、(b)、(c)水冷石英管;(d)、(e)无冷却石英管;(f)、(g)分瓣式金属管。

2.17.2 金属-电介质等离子体炬

金属-电介质复合材料等离子体炬的照片如图2.69所示,图示装置可作为这类设备的典型代表。该等离子体炬是 UF_6 转化和分解工艺(见第10和11

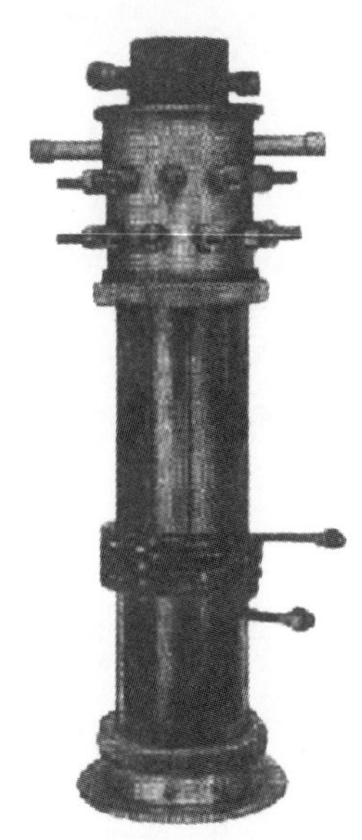

图 2.68　具有分瓣式金属放电室的 HFI 等离子体炬

章)中等离子体单元的组成部分,具有内放电室——一组竖直安装在两个法兰之间的铜管,这些铜管与顶、底两端法兰中的冷却水总管相连接。带有狭缝的金属放电室由石英管电介质材料壳体从外部进行密封。复合材料等离子体炬同轴放置在与高频电源相连接的感应器中。从图 2.69 可以看出,在主感应器上方有一个与主感应器共用高频电源的辅助感应器,用于引发放电。

图 2.69　转化贫化 UF_6 的金属-电介质复合材料高频感应等离子体炬照片

图 2.70 是采用这种放电室的高频感应等离子体炬的结构示意图及其运行照片。迄今为止,金属–电介质等离子体炬仅作为产生高频感应等离子体的设备应用于化工冶金领域。因此,总结人们在这个领域中所积累的理论研究成果和实践经验很有价值。

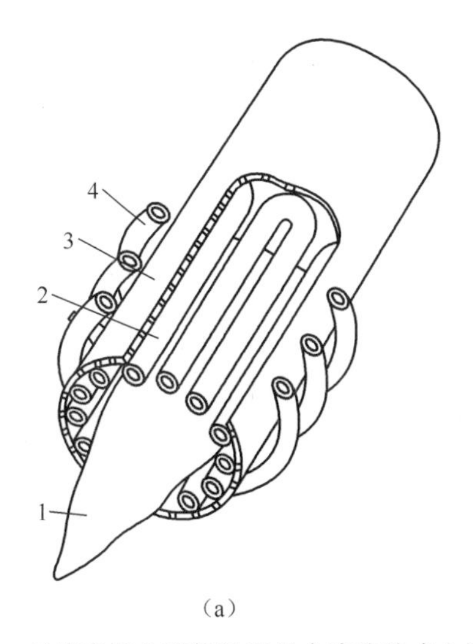

(a)

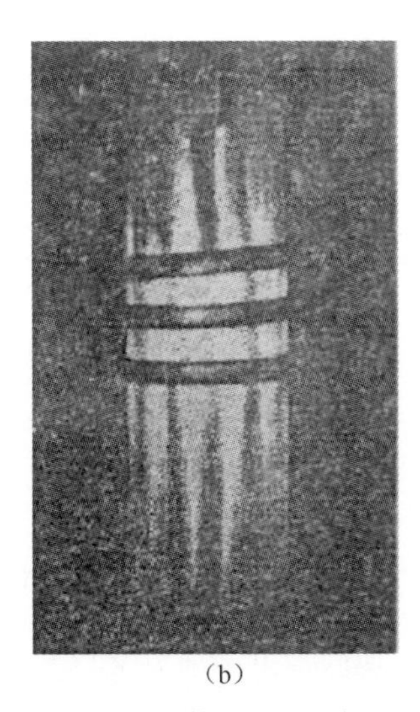

(b)

图 2.70　对感应器电磁能透明的水冷狭缝式金属放电室 HFI 等离子体炬(a)及其运行照片(b):
1—等离子体射流;2—放电室的一部分;3—石英壳体;4—感应器。

为了进一步分析高频感应等离子体发生器,有必要熟悉这种等离子体系统的电源——高频电源。用于产生工艺等离子体流的高频电源的总体方案之一如图 2.71 所示。从图中可以看出,该电源主要由五个模块构成。

(1) 频率为 50~60Hz 的三相电网与电源之间的开关设备,包括断路器、开关和接触器。

(2) 电源装置:射频干扰滤波器;阳极保险丝;功率调节电路;晶闸管。

(3) 反馈控制器:阳极电流互感器;阳极电压互感器。

(4) 整流器:高压变压器;硅二极管整流器;高压滤波器。

(5) 高频激励单元:真空陶瓷电子管;振荡电路的电感或电容反馈电路;电力电容器;灯丝变压器;高频输出变压器;阴极电流调节电路。

图 2.71 所示的电源用于产生 U–F 等离子体,其振荡功率为 360kW,消耗电网的功率为 630kW,输出频率为 1.5MHz。该电源的整体效率为 57.14%。但是,考虑感应器中的功率损耗以及放电室中的电、热损失,系统的整体效率将降低到统计确认的水平——40%~50%。在第 10 章将再次讨论这种电源。

从示意图上看,下面讨论的其他高频电源与图 2.71 所示的电源有所不同。然而,它们之间并不存在根本性技术差异。

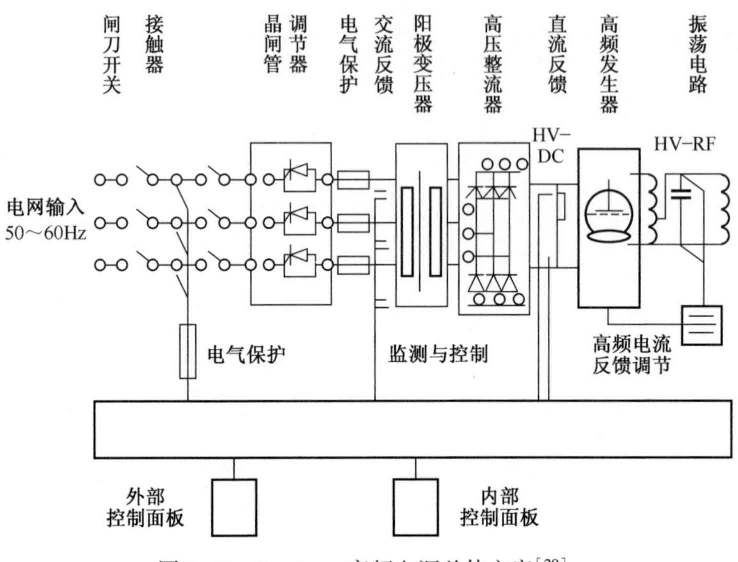

图 2.71 Hüttinger 高频电源总体方案[29]

为了使高频电源与可变负载(高频感应等离子体流)相匹配,必须掌握等离子体的阻抗(R_2)和感抗(ωL_2)的变化范围。按照这一领域中的权威人士 C. B. 德列斯文教授在文献[16]中的标注方法,所有下标 1 表示感应器(初级绕组),所有下标 2 均表示等离子体(次级绕组)。等离子体参数通过转换系数转化成感应器参数,形成感应器与负载的等效电路,并用来计算振荡电路的参数。等离子体的阻抗、感抗以及电流都可以计算出来,这里给出实验测量的结果,以说明这些值的量级以及它们的比例关系。这方面最具有实际应用价值的经验参见文献[15,16]。

对金属-电介质等离子体炬中 R_2 的测量参见文献[16]。其中,放电室的内径为 0.06m,高频电源的频率为 5.28MHz,空气等离子体的功率为 20~50kW,空气以旋流方式通入等离子体炬,流量为 50~100L/min。

等离子体的电流 I_2 和阻抗 R_2 已经利用弹式量热器基于空芯变压器模型确定[16]。根据这一模型,感应器(初级绕组)通过磁通量与等离子体(次级绕组)耦合,其中考虑了互感系数 $M_{1,2}$(耦合电路法)。高频电磁场在等离子体中感应出的电流 I_2 分布在等离子体的横截面上,通过内径为 d_2 的导电柱体来模拟。对于具有明显空间几何形状的电流分布,对 I_2 的分布进行限定之后,就可以使用感抗 L_2 和互感系数 $M_{1,2}$。

待测量值包括感应器电压 U_1、感应器电流 I_1、等离子体的总功率 P_2。根据焦耳定律,等离子体的功率 P_2 与等离子体电流 I_2 和阻抗 R_2 的关系为

$$P_2 = I_2^2 R_2 \tag{2.29}$$

接下来,确定等离子体电流 I_2 的值,通过测量感应器电流 I_1 和电压 U_1 两个量实现。这一步基于空芯变压器模型进行。根据基尔霍夫第二定律,列出电路的平衡方程:

感应器回路 $$U_1 = (R_1 + i\omega L_1) - i\omega M_{1,2} I_2 \tag{2.30}$$

等离子体回路 $$0 = (R_2 + i\omega L_2) I_2 - i\omega M_{1,2} I_1 \tag{2.31}$$

上述两个方程联立求解,可以基于通过感应器的电流 I_1 得到等离子体的总电流 I_2:

$$I_2^2 = \frac{(\omega M_{1,2})^2}{[R_2 + (\omega L_2)^2]} I_1^2 = \alpha I_1^2 \tag{2.32}$$

式中

$$\alpha = (\omega M_{1,2})^2 / [R_2 + (\omega L_2)^2]$$

考虑等离子体负载在内,感应器内的总阻抗为

$$R = U_1 / I_1 = [(R_1 + \alpha R_2)^2 + (\omega L_1 + \alpha \omega L_2)^2]^{0.5} \tag{2.33}$$

这样,借助感应器电路的测量参数,等离子体功率可以表示为

$$P_2 = I_1^2 \alpha R_2 = (U_1^2 \alpha R_2) / R^2 \tag{2.34}$$

为方便起见,文献[16]将测量值列在方程式的左边,计算值列在右边:

$$P_2 / I_1^2 = \alpha R_2 \text{ 或 } P_2 / U_1{}^2 = \alpha R_2{}^2 / R^2 \tag{2.35}$$

利用图解法确定等离子体阻抗 R_2 非常便捷。为此,方程式的右侧构造成 R_2 的函数,左侧的实验值用于确定坐标轴,并确定 R_2 的值。等离子体炬能够在曲线的下降段稳定运行。需要注意的是,当运行模式改变时,等离子体束的有效直径 d_2 也相应发生变化,因此每次都需要借助光学测量仪器对图像进行重新测定[16](为了计算 $M_{1,2}$ 和 L_2)。

表2.9中的数据表明,当等离子体气体的流量为50~125L/min、功率由20kW增大至50kW时,等离子体束的直径从32mm增加56mm。$\alpha R_2/R$ 的值不仅取决于等离子体的阻抗 R_2,还取决于感应器直径 d_1 与等离子体直径 d_2 的比值。因此,利用一组 d_2 和 R_2 值,可以构建 $\alpha R_2/R$ 值的算图。在表2.9中,等离子体直径 d_2、电流强度 I_2、等离子体功率 P_2 和感应器电流强度 I_1 均通过实验测定,感应器电压 U_1 和等离子体阻抗 R_2 根据算图确定。

对 ωL_1、ωL_2、R_1、R_2 和 α 的分析发现[16],将等离子体负载考虑在内时,感应器的阻抗与空感应器的感抗几乎相等:

$$R = [(R_1 + \alpha R_2]^2 + (\omega L_1 - \alpha \omega L_2)^2]^{0.5} \approx \omega L_1 = x_1 \tag{2.36}$$

提高感应器的电压 U_1,会增大等离子体的功率 P_2,并因此增大等离子体束的直径 d_2,延长涡旋电流的路径,将等离子体电阻 R_2 从1.0Ω增大至3.6Ω。

表 2.9 HFI 等离子体炬在不同运行模式下的参数值

$G/(\mathrm{L/min})$	d_2/mm	U_1/kV	P_2/kW	R_2/Ω	I_1/A	I_2/A	α
50	40	4.8	24.4	1.43	145	131	0.82
	48	5.2	35.8	2.31	157	124	0.64
	56	5.6	49	3.68	169	115	0.47
70	37	4.9	20.5	1.42	147	120	0.55
	47.5	5.5	36.9	2.46	166	123	0.50
	50	6.2	49.3	2.80	187	133	0.51
100	36	4.7	21.2	1.02	142	144	1.00
	47	5.7	37.6	2.50	178	123	0.50
	48	6.3	48.8	2.49	190	139	0.50
125	34	4.5	21.5	0.72	137	170	0.53
	46	5.5	36.3	2.15	166	139	0.63
	47	6.3	48.0	2.39	190	142	0.53

注:感应器匝数 $w=4$,$f=5.28\mathrm{MHz}$,$d_1=9\mathrm{cm}$,$h_1=9\mathrm{cm}$;当 $f=5.28\mathrm{MHz}$ 时,无负载的感应器的阻抗 $x_1=\omega L_1=33.4\Omega$;$R_2$ 的值由前述算图确定

图 2.72 为等离子体阻抗 R_2 与等离子体束直径 d_2 的实验结果:R_2 与 d_2 呈线性关系。对于直径较大的等离子体炬,R_2 的值还包括内部镇流电阻的阻抗,限制等离子体电流的增大。因此,在提高等离子体的功率时,无须担心等离子体炬壁面热负荷增大(如果壁面能够承受功率提高带来的热冲击);并且,不一定必须增大等离子体炬的直径。

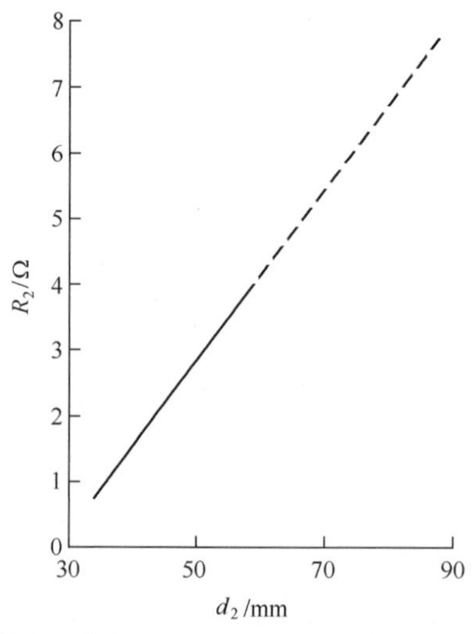

图 2.72 等离子体的阻抗 R_2 与等离子体束直径 d_2 的关系

(根据表 2.9 中的数据绘制,$f=5.28\mathrm{MHz}$)[16]

在实际应用中,人们最关心的是电功率在高频感应等离子发生系统中各类设备上的分配,因为这种分配最终决定相关工艺过程的能量利用效率。文献[16]通过将等离子体炬依次连接3台频率分别为0.44MHz、1.76 MHz和5.25MHz的高频电源,研究了这种功率分配。这项研究使用的高频电源阳极升压变压器、可控高压整流器、三极管高频发生系统、谐振电路、感应器由构成。功率在所有这些单元和金属放电室之间的分布在表2.10中给出;其中,放电室位于电流工作频率不同的感应器中。

表2.10 "高频电源-高频感应等离子体炬"系统中的功率分配[15]

f/MHz	G/(L/min)	U_1/kV	P_{total}/%	P_a/%	P_{circ}/%	P_1/%	P_{cham}/%	P_2/%
5.28	100	5.6	100	30	1.5	2	1.5	65
1.76	100	6.6	100	27	3	7	6	57
0.44	100	8.0	100	25	4	9	10	52

注:P_{total}为电源消耗的总功率;P_a为高频发生系统阳极消耗的功率;P_1为感应器消耗的功率;P_{circ}、P_{cham}为谐振电路和放电室消耗的功率;P_2为等离子体的功率

阳极变压器和整流器的总效率非常高(97~99%),因而这些设备的功率损失很小(约3%)。系统功率主要损失在三极管阳极电路上,达到25%~30%,这是影响HFI等离子体炬的主要负面因素之一。谐振电路和感应器上的功率损失(分别为1.5%~4%和2%~9%)与谐振电路和感应器中的电流强度有关,并因频率的不同而不同。这两部分损失与灯丝电路阳极上的功率损失之和达到43%。放电室上损失的功率随着频率的升高而增加:当频率为5.28MHz时,放电室中损失的功率所占的比例相对较小(约1.5%);但是,当频率降低至1.76MHz时,该比例增加到6%,频率为0.44MHz时则高达10%。

表2.10中的数据表明,在0.44~5.28 MHz的范围内降低频率,谐振电路和感应器,尤其是放电室中损失的功率的比例显著增加。谐振电路和感应器中功率损失增加的机理很明确:在低频电磁场中激发和维持放电时,感应电磁场的减弱必须通过提高磁场强度来补偿,即增大谐振电路和感应器中的电流。根据表2.10中的实验数据,频率为5.28MHz时,等离子体的功率为20~50kW。为了在0.44MHz的频率下产生相同功率的高频感应等离子体,需要将感应器的电流增大约12倍(700~800A),从而导致谐振电路中功率损失增大。

图2.73给出了在HFI等离子体炬带有狭缝的放电室中金属部件上的功率损失与感应器电压和电流频率的关系。从图中电流频率为1.76MHz时的功率损失与感应器电压的关系可以看出,在较低频率下采用金属放电室似乎不太现实。这一结论可以与对HFI等离子体炬金属放电室加热的理论分析结果相互

验证(相比较)。在放电室 1cm 长度上产生的功率[15]为

$$P_{\text{cham},1}=\frac{\pi\cdot H_{0m}{}^{2}}{2^{0.5}}\cdot\frac{k}{\sigma}\cdot F_{0c}\tag{2.37}$$

式中:k 为波数,且有

$$k=r_0\cdot(\omega\cdot\mu\cdot\sigma)^{0.5}\tag{2.38}$$

其中:r_0为感应器的电气半径;ω 为电磁场的频率($\omega=2\pi f$);μ 为介质的磁导率;σ 为电导率。

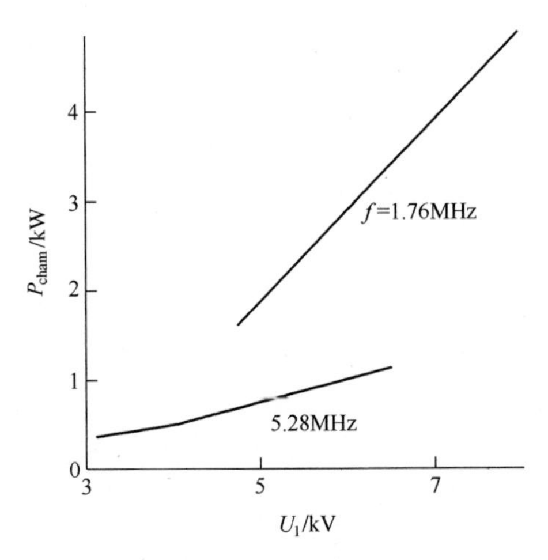

图 2.73　对于 HFI 等离子体炬,在带有狭缝的放电室中金属部件上的功率损失与感应器电压和电流频率的关系[16]①

感应器中的磁场强度可通过下式表示为电流的函数:

$$H_{0\text{m}}^{2}=\frac{I_m\cdot WD_{\text{i}}d_{\text{c}}}{l}\cdot\alpha_1\left(\frac{D_{\text{i}}}{l}\right)\cdot\alpha_2\left(\frac{d_{\text{c}}}{D_{\text{i}}}\right)\cdot\alpha_3\cdot\alpha_4\tag{2.39}$$

式中:I_{m}为感应器电流的幅值;W 为感应器匝数;l 为感应器长度;$\alpha_1(D_i/l)$为感应器的几何因子,根据图 2.74 所示的曲线确定; $\alpha_2(d_{\text{c}}/D_{\text{i}})$ 为直径比系数;α_3为感应器中的位置因子,可以根据到放电室的距离来确定;α_4 为波数系数,且有

$$\alpha_4=I_0(k\sqrt{i})/[I_0(k\sqrt{i})-1]\tag{2.40}$$

这样,功率可以表示为安匝数的函数[15]:

$$P_{\text{cham},1}=\pi\times2^{0.5}\times(\alpha_0\cdot I\cdot W_1)^2\cdot\frac{k}{\sigma}\cdot F_{0c}\tag{2.41}$$

① 原书有误,U 的下标应该是 1,下标 2 表示等离子体,参见 Низкотемпературная плазма[T6] – ВЧ– и СВЧ–плазмотроны 第 101 页。——译者

式中:I 为感应器电流的有效值,$I = I_m \times 2^{0.5}$;W_1 为感应器 1cm 高度的匝数;α_0 为修正系数。

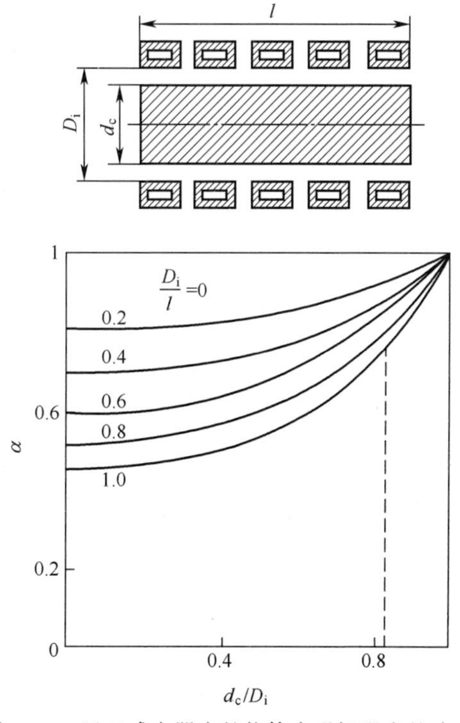

图 2.74　置于感应器内的物体中磁场强度的确定

D_i—感应器直径;l—感应器长度;d_c—感应器中被加热物体的直径。

在大多数实际应用中,铜放电室的工作频率为 0.44~13.56MHz。因此,波数约为 10^3,因而有利于计算。并且,$\alpha_4 \approx 1$,$F_{0c} \approx 1$;这样,式(2.41)可简化为

$$P_{cham,1} = \pi \times 2^{0.5} \times (\alpha_0 \cdot I \cdot W_1)^2 \times \frac{k}{\sigma} \tag{2.42}$$

由此可见,放电室上每单位长度的功率损失随着感应器安匝数的平方和频率的平方根的增大而增大。

在 HFI 放电的燃烧过程中,感应器的电压 U_1 与电流 I_1 呈线性关系,因为

$$I_1 = U_1/Z_1 \tag{2.43}$$

式中:Z_1 为感应器的感抗,且有

$$Z_1 = (\omega L_1{}^2 + R^2)^{0.5} \tag{2.44}$$

2.17.3 高频振荡电路的重要工作参数

根据图 2.75 所示方案,高频电源的负载电路可以表示成等效电容和电感的

形式,并且为感应器引入等效电阻。如果振荡器的频率可以以某种方式确定,那么振荡电路的关键参数就是其阻抗特性:

$$R_c = \omega L_{eq} = 1/(\omega C_{eq}) \tag{2.45}$$

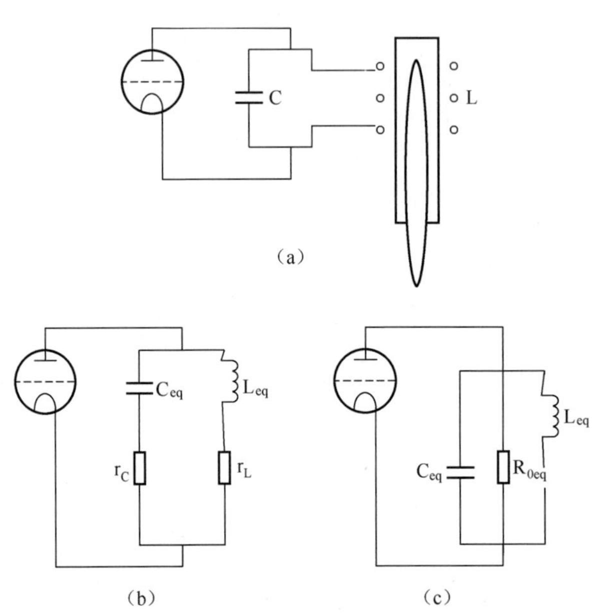

图 2.75　HFI 等离子体装置示意图(a)及其串联(b)和并联(e)等效电路

C—电容;L—电感;L_{eq}—电路的等效电感;C_{eq}—电路的等效电容;

r_C—电容的阻抗;r_L-感抗;R_{0eq}—阳极负载的等效电阻。

该阻抗决定了感应器内磁场强度的最大值。当 $r_C \approx 20\Omega$ 时,等离子体炬可以在大气压下的惰性气体中工作;当 $r_C \approx 10\Omega$ 时,等离子体炬可以使用氮气和其他种类的分子气体;如果等离子体需要使用氢气和其他高焓值气体运行,r_C 就必须减小到 1~2Ω。电路的阻抗特性降低之后,感应器中的电流 $I_1 = U_1/(\omega L_1)$ 增大。这时,感应器内的磁场强度为

$$H = (\alpha_0 \cdot I \cdot W_1)/l。 \tag{2.46}$$

通常情况下,感应器中的磁场强度越高,负载电路就越复杂,越昂贵。

HFI 放电的直径取决于气体种类、导电性和感应器中电流的频率。当等离子体的电导率 σ、高频感应放电的直径与其长度的比值 D_d/l_d 以及感应器直径与放电直径比值 D_i/D_d 均为定值时(如放电的直径与其长度的比值 $D_d/l_d = 1$,感应器直径与放电直径的比值 $D_i/D_d = 2$),放电的直径随着频率的增大而减小;若等离子体的电导率下降(如将氩气切换成空气),放电的直径则显著增大(对于本例为 2 倍)。在设计中,感应器的内径通常取[14]:

$$D_i = (2 \sim 3) D_d \tag{2.47}$$

为了在0.44MHz的频率下确保感应器与HFI放电充分耦合,宜保持$l/D_i \geqslant 1.4$。

在感应器具有接地中性点的负载电路中,感兴趣的是感应器高度保持恒定、匝数尽可能少(W为2、4、6)的三种情况(图2.76)。感应器未与母线连接时的感抗通过下式计算:

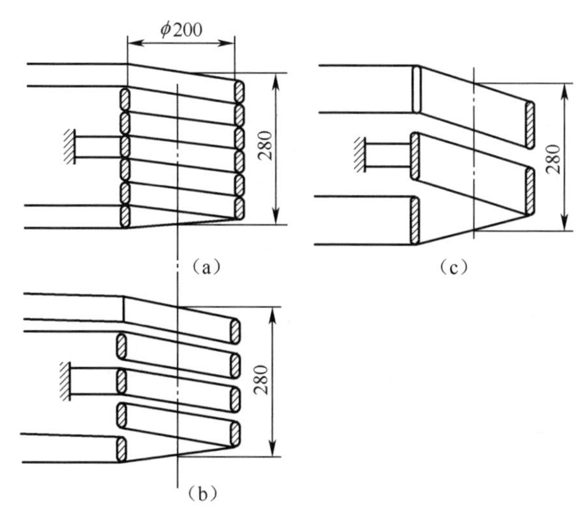

图2.76 HFI等离子体炬的感应器三种接地中性点方案

(a) $W=6$;(b) $W=4$;(c) $W=2$。

$$L_1 = (\mu_0/4\pi) \cdot W^2 \cdot D_i^2 \cdot f(l/D_i) \tag{2.48}$$

式中:μ_0为真空磁导率;W为感应器的匝数;$f(l/D_i)$为感应器的形状因子(根据图2.77所示的曲线确定),当$l/D_i=1.4$时,函数$f(l/D_i)=5.35$。

当$W_1=6$时,感应器的感抗3.85μH;当$W_1=4$时感应器的感抗为1.71μH;$W_1=2$时感应器的感抗为0.43μH。母线的总感抗为0.5~1.0μH。假设长母线的最大感抗等于1.0μH,则与感应器匝数6、4和2对应的振荡电路的总感抗:4.85μH、2.71μH、1.43μH。相应地,每种振荡电路的特征阻抗:$R_{c,6}=13.4\Omega$,$R_{c,4}=7.4\Omega$,$R_{c,2}=3.95\Omega$。当感应器电路的电压为12kV时,电路的电流将分别为$I_{c,6}=895\text{A}$,$I_{c,4}=1600\text{A}$,$I_{c,2}=3038\text{A}$。在三种方案中,关心的是利用式(2.46)计算得到的感应器中心电磁场磁场分量的最大值:$H_6=1.57\times10^4\text{A/m}$,$H_4=2.81\times10^4\text{A/m}$,$H_2=5.33\times10^4\text{A/m}$。对于感应器内的磁场强度而言,从感应器中心沿轴向向外逐渐减小,并在$l/D_i=1.4$处减小到最大值的0.47;从感应器中心沿径向向外则不断增大,补偿轴向的减少。

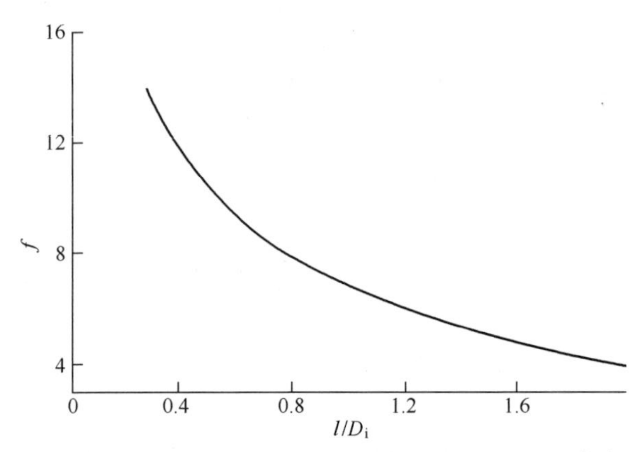

图 2.77　感应器的形状因子与其归一化长度的关系[14]

电路容抗的变化主要取决于负载电路的阻抗特性：$C_6 = 1/(2\pi \cdot f \cdot R_{c,6}) = 2.7\times10^4$pF，$C_4 = 4.8\times10^4$pF，$C_2 = 9.16\times10^4$pF。若电路的容抗为 9.16×10^4pF、电流强度大于 3kA，电源将变得极其复杂，因此双匝感应器的应用还需要进一步研究。低阻抗特性电路是以分子气体为工作气体时所需要的，这时感应器的感抗比母线小，使集总参数的振荡电路产生负反馈。为了进一步降低振荡电路的阻抗，电路的电容器应连接在感应器附近，或者连接到感应器中作为其绕组的一部分。

除上述讨论的因素之外，还需注意电流频率对振荡电路参数的影响。对于带有狭缝的金属放电室，建议工作频率不低于 1.76MHz。2.17.2 节已经表明，放电室中的能量损失随着频率的升高而减少。此外，在同一种气体中，维持 HFI 放电所需的功率也随着频率的升高而降低。然而，随着频率的增加，振荡电路的特征阻抗逐渐增大，感应器中的磁场强度却不断减小。

2.18　等离子体技术在化工冶金和材料加工等领域中应用的总体情况

等离子体化学及其产业应用——等离子体化工冶金由 Л. С. 波拉克教授、М. Ф. 朱可夫院士和 Н. Н. 雷卡林院士在 20 世纪 60 年代后期组织推动实施。科学家们与各领域的专家密切合作，有针对性地推动了等离子体技术在这些领域中的应用，并提出了与推进这些应用有关的电气和等离子体方面的基本问题。通过组织科技学校、讲习班、会议和专题讨论会等学术活动，形成了关于（直流、高频和微波）电源、（电弧、高频和微波）等离子体炬、控制系统和自动化运行等方面的技术要求。在 60 年代对等离子体技术和冶金技术进行研发的最初阶段,使用的是功率随机的电源和(基于技术直觉和试错原理)自制的等离子体炬,研发目标的设定与国民经济发展规划关系不大。但是,到了 70 年代,情况发生了转变。这些变化不仅体现在等离子体技术研发方向的选择,还包括大功率等离子体发生器的开发、等离子体技术在国民经济的各个领域等,其中包括在核能领域的实际应用。

等离子体技术当时和后来的发展水平完全取决于其能量源的基础,即等离子体系统(电源,等离子体炬,控制、运行和自动化系统)的功率水平。从前面提供的数据可以看出,电弧等离子体发生系统可以用于建立大型化工冶金工艺系统:等离子体反应器的功率达到几十兆瓦,每小时处理能力高达几吨。这尤其适用于提取冶金、冶炼和生产(粒状或锭状)凝聚相材料的化工过程,产物中因电极消耗引入的杂质含量低至 $10^{-3}\%\sim10^{-4}\%$。具有自动电流控制功能的电源的效率约达到 0.95;大功率(≥1MW)电弧等离子体炬的效率可以达到 0.93。

高频等离子体技术也可以用于大规模工艺过程,但高频电源实际达到达到的功率水平为 1~1.5MW。开发 2~3MW 及更高功率的电源在技术上是可行的,但是还没有实现,原因在于缺乏需求。在俄罗斯,这种需求缺乏的根源应归咎于已经持续了 15 年以上大规模危机。尽管如此,由于个别国家研究中心①仍然有少量订单,因此振荡功率高达 1000 kW 的高频电源还有机会被设计和制造出来(表 2.11)。

表 2.11 俄罗斯高频感应等离子体发生器系统的参数

参数 \ 电源型号	HFS2-400/0.44 (ВЧС2-400/0.44,1.76)	HFS2-400/0.44 (ВЧС2-1000/0.44,1.76)
50Hz 工频三相电源输入电压/V	380	6000 或 10000
电网输入功率/kW	580	14~15
振荡功率/kW	400	1000
工作频率/MHz	0.44 (1.76)	0.44 (1.76)
电源效率/%	76	76
阳极电压/kV	11~12	11.5~12
阳极电流/A	44~48	110~115
栅极电流/A	12	30

① 尤其是"俄罗斯库尔恰托夫研究所国家研究中心(RRC KI)是由库尔恰托夫研究所、康斯坦丁诺夫核物理研究所、阿里哈诺夫理论与实验物理研究所等多个研究机构组建的国家级研究中心,直属于俄罗斯联邦政府。RRC KI 是世界上领先的研究中心之一,也是俄罗斯最大的跨学科研究机构。"——译者

（续）

参数 \ 电源型号	HFS2-400/0.44 (ВЧС2-400/0.44,1.76)	HFS2-400/0.44 (ВЧС2-1000/0.44,1.76)
冷却水流量/(m^3/h)	14	31.5
工作气体流量/(Nm^3/h)	16	40
操作人员数量	1	1
注:开发和制造商:位于圣彼得堡的高频电流研究所(VNIITVCH)		

俄罗斯联邦电热行业的企业已经使用晶闸管和晶体管变频器取代电子管高频发生器和驱动电路。早在 2003 年,Reltec 公司[30]就在莫斯科展览中心展示了这种类型的变频器。所展示的产品功率相对较高(足以用于研发工作和小规模应用)而尺寸较小,与真空管振荡器明显不同(表 2.12)。当这些变频器用于产生工艺等离子体时,显著的不足是输出电压相对较低(250~500V),不过这项技术仍在进一步发展中。

表 2.12　HPLC 系列变频器的参数(半导体高频变频器)

变频器型号	U_{mains}/V	U_{out}/V	P_{out}/kW	f_{out}/kHz	尺寸/(mm×mm×mm)
ППВЧ-30-10/66	3×380	500/250	30	10~66	620×1325×590
ППВЧ-30/25-200/440	3×380	250	25~30	200~440	620×1325×590
ППВЧ-80/63-10/66	3×380	500/250	63~80	10~66	620×1700×600
ППВЧ-100/63-200/440	3×380	250	63~100	200~440	620×1700×600
ППВЧ-160/100-10/66	3×380	500/250	100~160	10~66	620×1700×600

从技术上看,HFI 等离子体炬在产生工艺等离子体时具有相对薄弱之处——放电室存在缺陷。陶瓷材料放电室在大规模工业应用中可靠性不足,尤其对于在腐蚀性气体的处理过程中产生等离子体的情况。金属-电介质复合材料等离子体炬的结构仍然不够完善,特别是功率大于 100kW 的设备。这些不足还与其他因素有关,包括发生器与负载的相互作用、等离子体炬本身的使用寿命以及所得到材料的纯度等。此外,这类等离子体炬的效率相对较低,尤其是与电弧等离子体炬相比。后面将结合具体的工艺过程重新讨论这些问题。

目前,微波等离子体炬的功率已经达到约 500kW,足以实现工业规模的应用。但是,这种设备的成本比电弧等离子体炬高 1 个数量级。并且,以 H_{01} 电磁波运行的电介质材料等离子体炬具有与高频等离子体炬相同的缺陷——运行可靠性差,寿命短。以 H_{11} 电磁波运行的全金属等离子体炬原则上可以解决使用寿命问题,但大规模开发利用的实际经验仍然不足。为了发展这项技术,还有必要提出一些与高科技有关的问题。

激光等离子体炬的成本较高、功率相对较低,因而尚未在化工冶金领域中实现应用。但可以预期的是,在不久的将来这项技术将会与高频等离子体技术结合,应用于与核能相关的化工冶金工艺中。这个问题将在下面的章节中讨论。

参考文献

[1] Электродуговые плазмотроны. Рекламный проспект под ред. проф. М. Ф. Жукова. Новосибирск: Институт Теплофизики СО РАН, СКБ《Энергомаш》, 1980.

[2] А. С. Коротеев, В. М. Миронов, Ю. С. Свирчук. Плазмотроны: конструкции, характеристики, расчет. М: Машиностроение, 1993, 296 с.

[3] Arc Plasma Processes / A Maturing Technology in Industry. UIE Arc Plasma Review 1988 / U. I. E. International Union for Electroheat. Working group《Plasma Processes》, 1988.

[4] Электрические промышленные печи. Дуговые печи и установки специального нагрева / А. Д. Свенчанский, И. Т. Жердев, А. М. Кручинин и др. Под ред. А. Д. Свенчанского. М: Энергоатомиздат, 1981, 296 с.

[5] В. Ф. Гордеев, А. В. Пустогаров. Термоэмиссионные дуговые катоды. М: Энергоатомиздат. 1988, 193 с.

[6] М. Ф. Жуков, Н. П. Козлов, А. В. Пустогаров и др. Приэлектродные процессы в дуговых разрядах. Новосибирск: Институт теплофизики СО РАН, 1982, 136 с.

[7] М. Ф. Жуков, А. В. Пустогаров, Г. Н. Б. Дандарон, А. Н. Тимошевский. Термохимические катоды. Новосибирск: Институт теплофизики СО РАН, 1985, 130 с.

[8] А. С. Аньшаков, М. Ф. Жуков, Г. А. Горлев, В. С. Зуев, А. Н. Тимошевский, Ю. Н. Туманов, В. А. Фролов. Эрозия медно - вольфрамовых анодов в линейных плазмотронах. Известия Сибирского отделения РАН. Серия технических наук, 1981, N. 3, вып. 1, с. 68-70.

[9] Plasma Technology. J of Metals, 1984, v. 1, N. 4, p. 15.

[10] Г. А. Батарев, В. П. Коробцев, Ю. Н. Туманов и др. Исследование плазмо - химического реактора с тремя плазмотронами. Известия СО АН СССР.
Серия технических наук, 1976, N. 3, вып. 1, с. 23-27.

[11] Ю. Н. Туманов. Электротермические реакции в современной химической технологии и металлургии. М: Энергоиздат, 1981, 232 с.

[12] A. N. Timoshevsky. Plasma Torch with Multiarc Anode Region. In Thermal Plasma Torches and Technologies. Vol. 1. Ed. by O. P. Solonenko. Cambridge International Science Publishing (Great Britain), 1999.

[13] Application of Plasma Technology. Plasma Energy Corporation, USA, 1988.

[14] Низкотемпературная плазма, том 17. Электродуговые генераторы термической плазмы. Под ред. М. Ф. Жукова, И. М. Засыпкина. Новосибирск, Сибирское предприятие РАН《Наука》, 1999, 712 с.

[15] Н. Н. Рыкалин, Л. М. Сорокин. Металлургические ВЧ-плазмотроны. Электро- и газодинамика.

M: Наука, 1987, 168 с.

[16] С. В. Дресвин. Основы теории и расчета высокочастотных плазмотронов. Л: Энергоатомиздат, 1991, 313 с.

[17] Y. P. Raizer. Gas Discharge Physics. Springer Verlag. Berlin, Heidelberg, New York, 1991.

[18] J. Reece Roth. Industrial Plasma Engineering. Volume 1. Principles. Department of Electrical and Computer Engineering, University of Tennessee, Knoxville Institute of Physics Publishing Bristol and Philadelphia. 1995.

[19] В. К. Животов. Микроволновые плазмотроны (Частное сообщение), 1997.

[20] Y. Mitsuda, T. Yoshida, K. Akashi. Development of a New Microwave Plasma Torch and its Application to Diamond Synthesis. Revue Scientific Instruments, 1989, v. 60, p. 249-252.

[21] I. N. Toumanov, A. F. Galkin, V. D. Rousanov. Production and Properties of Uranium-Fluorine Plasmas. 3rd International Conference and 14th Symposium on Plasma Processing. Conference Proceedings: D: Thermal and Cold Plasma Processing at Medium to High Pressures, paper P-154. Nara, Japan, January, 21-24, 1997.

[22] I. N. Toumanov, A. V. Galkin, V. D. Rousanov. Uranium-Fluorine Plasmas: Technique, Properties, Applications. 13 Int. Symp. Plasma Chemistry. Beijing, China. Aug. 18-22, 1997. Vol. 4, pp. 1857-1862.

[23] Ю. Н. Туманов, М. Ф. Кротов, А. Ф. Галкин, В. А. Клюев. Разработка научно-технической документации и опытного технологического оборудования для создания плазмохимической установки. Отчет ИВЭПТ РНЦ《Курчатовский институт》№ ИВЭПТ/161, 2003.

[24] J. Reboux. Electric Induction Furnace. Great Britain Patent N. 1130070, 1968.

[25] Петров Ю. Б. Холодные тигли. М: Металлургия, 1972.

[26] J. Reboux. Les Courants d'Induction Haute Frequenceet Leurs Utilizations dans le Domaine des Tres Hautes Temperatures. Ingenieurs et Techniciens, 1964, N. 177, p. 115-119.

[27] С. В. Дресвин, А. В. Донской, Д. Г. Ратников. Металлическая разрезная камера с водоохлаждаемыми стенками. Авт. свидетельство СССР 166411, 1963/ Б. И. N. 12, 1963.

[28] С. В. Дресвин, А. В. Донской, Д. Г. Ратников. Металлическая разрезная камера с водоохлаждаемыми стенками. Теплофизика высоких температур 1965, т. 3, N. 6, с. 856-858.

[29] Electromagnetic Compatibility Tube Type Generator Hbittinger IG 150/200: 1-14889, 1997.

[30] Системы электропитания средней и высокой частоты для электротехнологических установок: полупроводниковые ультразвуковые и высокочастотные генераторы. ЗАО Завод《Рэлтек》, Екатеринбург, www. reltec. extrim. ru.

第3章 等离子体在矿石加工和矿物提取中的应用

3.1 核工业中矿物提取导致的环境问题

等离子体处理矿石和矿物提取的目的是破坏矿石晶格，促进所提取元素的后续化学分离并完成分离过程，使尾矿成为真正意义上的矿渣而非将有价值的成分露天暂存。对于铀矿渣尤其如此，因为即使矿渣的放射性很弱也会对周边动物和植物产生不利影响，原因在于矿渣中的有害成分会通过各种方式（浸出后渗透入土壤，随气流、气溶胶扩散等）扩散入生态环境。迄今为止，等离子体技术在含锆、镍、镁等难浸出矿物的开采方面已经有一些成功应用案例。然而，对于等离子体技术在铀矿开采中的应用，目前几乎还没有进行研究，主要原因是对于所有拥有核工业的国家而言，这个领域的投资太大，技术水平要求也高。在苏联时期，大部分铀矿开采都采用地浸法，没有触及表层的铀矿。此外，铀开采行业拥有更加强大的手段提高铀从矿石中的浸取率，如高压浸取。即使这样，含铀矿渣的生态危险性在一些地方已经显现出来，例如：威斯曼（Wismut）公司在德国尤讷堡（Ronneburg）铀矿山堆积的铀矿渣造成的环境问题，尽管该公司采用了当时最先进的技术来开采铀矿石并从矿浆中回收铀[1]①。因而，人们需要一种可以长期保存矿渣并更大程度地从中提取铀的方法。“尤讷堡”位于西欧中部，所以铀矿渣的环境问题引起了广泛的关注和讨论，但是在俄罗斯和其他独联体国家，这类问题尚未显现出来。

近年来，核能领域出现了新发展趋势，其中之一就是钍参与核燃料循环。这

① “尤讷堡之殇”；尤讷堡铀矿山1976年建成，1990年关闭，有16个废石堆3个尾矿池。——译者

个概念比较新颖,它的历史可以追溯到20世纪50年代末。后来,人们能够利用一些矿物,特别是独居石中[2]生产钍以及稀土金属。钍是核能的可转换材料。天然钍中存在一种长寿命同位素Th-232,在中子作用下可以转化成铀同位素U-233;后者与U-235和Pu-239一样是易裂变材料。这样,核燃料增殖过程可以通过如下反应描述:

$$ {}^{232}_{90}\mathrm{Th} \xrightarrow{(n,\gamma)} {}^{233}_{90}\mathrm{Th} \xrightarrow[23\mathrm{min}]{-\beta} {}^{233}_{91}\mathrm{Pa} \xrightarrow[27\mathrm{d}]{-\beta} {}^{233}_{92}\mathrm{U} \tag{3.1} $$

实现上述反应所需的中子由核裂变过程提供。

一些与钍有关的核燃料循环路线被提了出来[3,4],既不需要对现有核燃料循环架构做根本性的重构,还能够利用稀土金属生产的副产品——钍,其中一项[4]是VVER-1000核反应堆核燃料组件采用分区装料方案,燃料分为点火区和增殖区。点火区布置(U-Zr)燃料,其中U-235的含量为20%;增殖区布置UO_2-ThO_2燃料,含有9%~14%的UO_2,其中U-235含量为20%,即大部分为钍基燃料。其他方案包括将钍应用于轻水堆和快堆的核燃料循环中[3],钍以氧化物或金属的形式与铀和钚形成化合物等。要实施这些方案就需要扩大钍的生产规模,进一步推进钍矿开采;组织这些生产活动需要采用新型采矿理念,完全提取Th、U和稀土元素。因此,为了将有价值成分从矿石和精矿中提取出来,需要采用新技术,包括等离子体技术。基于上述原因,应首先分析等离子体技术在这类矿物及其他金属加工与提取领域中所积累的知识和经验。

迄今为止,等离子体技术已经成功应用于矿石加工,提取多种核工业广泛应用的金属类结构材料,包括Zr、Ni、Mo、Mg、W等。Zr是制造核燃料元件包壳合金材料的主要成分;Ni可以作为特殊合金成分用于制造在含氟介质中使用的设备;Mo可用于镍基合金,如蒙乃尔(Monel)合金、哈斯特(Hastelloy)合金和伊利姆(Illium)合金等;Mg用于还原UF_4生产金属铀;此外,Mg还可用作某些耐腐蚀合金的成分。

本章,首先讨论等离子体技术在上述金属的提取及其化合物生产方面接近或者已经实现商业化的应用,然后讨论已开发的等离子体技术在核燃料循环矿物生产中的应用方向。

3.2 等离子体处理含锆矿物

在地壳中,常见的含锆矿物有锆石和二氧化锆矿,锆含量分别为45.6%和69.1%。目前,大多数采用等离子体工艺大规模提取锆的应用都是基于锆石开展的,该矿物中约含70%的ZrO_2,约含30%的SiO_2,以及Al、Ti、Fe、Na的氧化物等杂质。从以下数据可以看出锆石的开发与加工规模：1983 年，全球锆石产量达 776000t（不包括苏联），其中 416000t 产自澳大利亚，139000t 产自南非[5]。

等离子体加工锆石的工艺由美国艾纳克冶炼公司（Ionarc Smelter Ltd）于 20 世纪 70 年代开发出来[6-11]。这种矿物质的化学式为 $ZrSiO_4$，也可表示为 $ZrO_2 \cdot SiO_2$。在 1949～1960K 温度范围内，$ZrSiO_4$ 分解成 ZrO_2 和 SiO_2（方石英），并于 2050K 形成富含 SiO_2 的液相。

在早期的重力浓缩之后，锆石加工的常规化工冶金工艺由加拿大开发而成，并在 20 世纪 70 年代由苏联予以改进：将碳酸钠和锆石混合烧结，接着用水浸取溶解硅酸钠，然后将锆化合物溶解在硝酸中，进行提取纯化（分离铪与其他杂质），将锆以氢氧化物或四氟化物的形式进行再提纯，产物是 ZrF_4，最后用 Ca 熔融还原法得到锆。

艾纳克的等离子体锆冶炼工艺从锆石的热分解开始，总体上可用如下方程描述：

$$ZrSiO_4 \longrightarrow ZrO_2 + SiO_2 \tag{3.2}$$

$$SiO_2 + 2NaOH \longrightarrow Na_2SiO_3 + H_2O \tag{3.3}$$

根据上述方程，在第一阶段用等离子体处理锆石，破坏矿物的晶格，得到 ZrO_2 晶体和无定形的 SiO_2。分解产物落入氢氧化钠溶液后，其中的 SiO_2 与 NaOH 反应形成 Na_2SiO_3。艾纳克采用的工艺流程概括如图 3.1 所示。根据图 3.1，锆石被送入位于水冷钨阴极 3 与消耗石墨阳极 2 之间的电弧区。阴极由氩气保护，阳极布置在阴极下方的平面内。锆石从阴极末端周围对称布置的 6 个进料口由

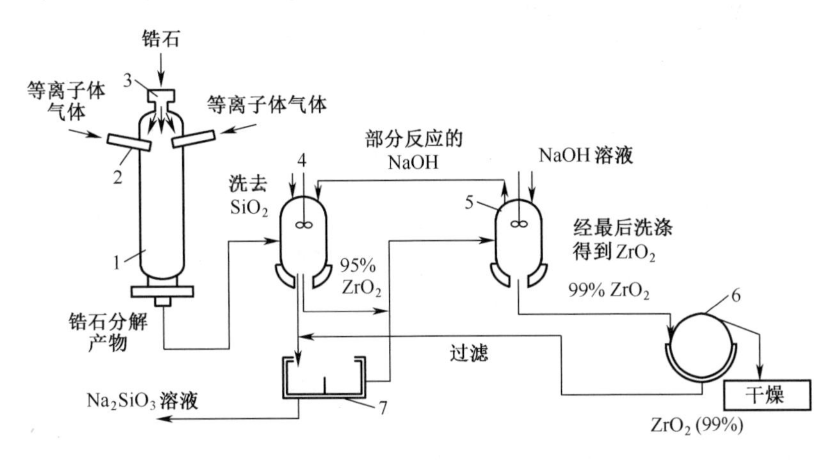

图 3.1　艾纳克采用等离子体处理锆石生产 ZrO_2 和 $NaSiO_3$ 的工艺流程

1—等离子体反应器；2—等离子体炬阳极；3—等离子体炬阴极；
4，5—硅浸出水化学反应器；6—离心机；7—过滤器。

(压缩氮气)气力输送进入反应器。艾纳克采用的等离子体反应器方案示于图3.2。从该方案可以看出,锆石被引入电弧中或其外围区内之后,发生分解并滑落下来,快速冷却。通常认为,锆石及其成分是电介质会降低等离子体的电导率,但是这种情况实际上并不会发生,因为锆石中含有易电离杂质(尤其是钠),显著提高了放电和等离子体处理工艺的稳定性。

在等离子体反应器中生成了 ZrO_2 和 SiO_2 的混合物,首先进入第一级水化学反应器(图3.1),反应器中装有浓度为50%的NaOH溶液。这段工序在化学反应的同时实现了对产物的淬冷:锆石分解产物被快速冷却,防止发生复合反应。第一级浸取残渣中含有约90%的 ZrO_2,被输送到第二级浸出。SiO_2 的浸取率较高,因为在分解产物中这种氧化物是无定形的,而 ZrO_2 却是结晶态。然后 ZrO_2 与 $NaSiO_3$ 溶液形成的浆料被送入固液分离的离心机6中。在第二阶段中,SiO_2 被完全浸取,过量的NaOH溶液被输送到第一级反应器中。硅酸钠溶液用过滤器进行提纯。

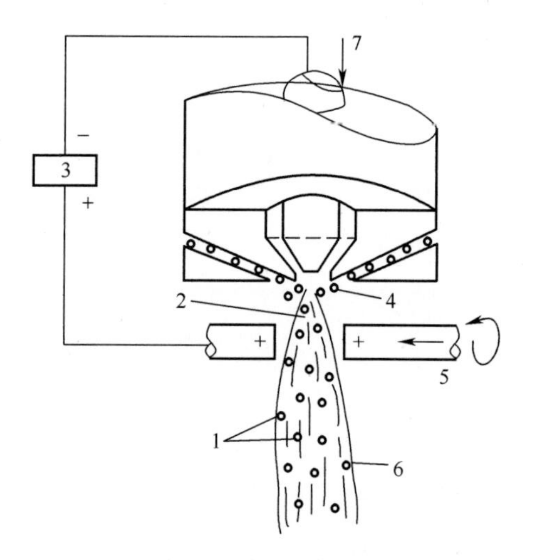

图3.2 艾纳克等离子体反应器方案

1—锆石分解产物;2—阴极射流;3—电源;4—锆石;5—石墨阳极;6—载有锆石的等离子体流;7—氩气。

从硅酸钠溶液中分离出的固体颗粒中含有高达99%的 ZrO_2;颗粒形状为易碎的多孔小球,粒径为0.1~0.2μm。艾纳克工艺加工锆石的比能耗约为1.3kW·h/kg。等离子体加工锆石颗粒的时间必须与电能消耗和原料颗粒大小相匹配。如果时间不够充分,在加工后的颗粒内部就会存在部分未分解的原料。根据等离子体加热的特征,锆石的分解始于表面,然后向颗粒内部发展。此过程可通过视觉观察和分解产物的X射线衍射结果进行确认。如果锆石颗粒急剧受热,颗粒就会破裂,形成细小的 ZrO_2 晶粒和无定形的 SiO_2 颗粒。

根据艾纳克所出版的材料[6-11]，他们已经克服了技术难题，实现了大规模生产。1971年，功率为350kW、锆石加工能力为45.4t/年的中试装置建成；1972年，装置功率达到1000kW，产能提高了10倍；后来，该公司计划建设一套加工能力为4500t/年的工业化厂房，锆石矿物的分解率为92.3%～99.1%。原料和产物的典型分析结果在表3.1中给出。

表3.1 艾纳克采用等离子体技术加工锆石的原料和产物的典型分析结果①

产物组分/%	ZrO_2	SiO_2	Al_2O_3	TiO_2	Fe_2O_3	Na_2O
原料	≈70.0	≈30.0	0.20	0.10	0.06	—
中间产物	96.0	4.0	0.15	0.15	0.08	0.02
最终产物	99.1	0.5	0.15	0.15	0.08	0.02

① HfO_2 含量约为1.6%

在中试装置上发现的有待解决的主要问题：确保锆石颗粒在电弧中均匀受热，锆石颗粒应均匀送入等离子体反应器中，防止生成的氧化物材料在冷却区形成聚集。为了消除 SiO_2 在冷却区生长，人们采用的技术有：精确控制小颗粒在进料锆石中所占的比例；对原料进行预煅烧，防止原料进入加热区时发生破裂；选定最佳的进料角度；选定适当的气流量与锆石进料量的比值和进料颗粒在反应器空间中运动的速度。尽管如此，这种工艺仍然具有天然缺陷：即使在同等工况条件下，分解产物仍然是不均匀的。

艾纳克工艺存在的问题并不仅限于此。石墨电极随着工艺的进行会发生自然烧损，为了补偿电极损耗，需要采用一套相当复杂的设备将电极同步送入电弧区。此外，在锆石过热分解生成 SiO_2 颗粒之前可能会生成SiO，在等离子体条件下SiO具有挥发性，会被夹带到气相中。原则上，可以通过增大氧的分压抑制这一过程，然而这加剧了石墨电极的消耗。

为了解决艾纳克工艺存在的上述缺陷，英国国家物理实验室（NPL）研究了锆石在其独创的等离子体炉（图3.3）中的分解过程[12]。该等离子体炉的独创性在于取消了石墨电极。竖直方向的直流电弧维持在由气体（氩气或氮气）5保护的钨阴极9与三支氩气等离子体炬10之间，每支等离子体炬产生的直流电弧作为阳极，并均指向竖直电弧。该方案充分利用了存在于近阴极弧斑区和载流电弧柱中的磁流体动力学特性。三支等离子体炬10彼此间成120°夹角，相对于反应器轴线的倾角为20°，通过绝缘套安装在反应器上。等离子体炬采用氩气为工作气体，由开路电压为70V的焊接电源供电。NPL等离子体炉的电源电路如图3.4所示。该等离子体反应器实现了非传统科学技术理念，其显著特征之一是抛弃了水冷金属阳极。当然，电极的烧蚀问题还没有完全解决，因为用于产生等离子体阳极的辅助等离子体炬仍然存在电极烧蚀问题。但是,对于利用氩气工作的低功率等离子体炬而言,这种烧蚀要比艾纳克工艺中石墨阳极的烧蚀低几个数量级。

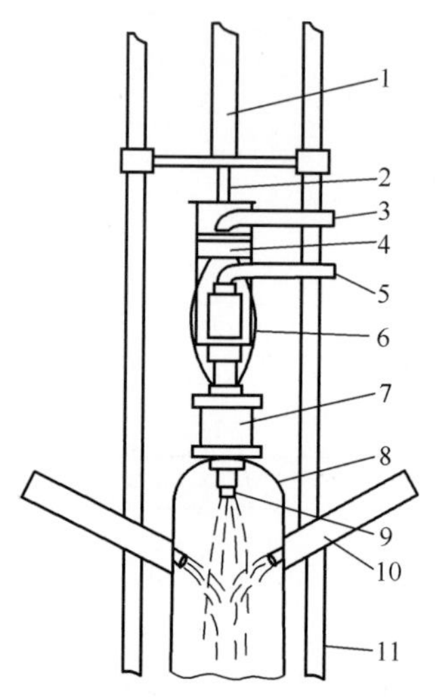

图 3.3 NPL 电弧等离子体炉示意图[12]

1—液压缸;2—液压杆;3—锆石气力输送管;4—锆石进料通道;5—阴极保护气入口;6—三个气力输送进料口之一;7—绝缘材料;8—水冷夹套;9—锆石进料喷嘴(阴极);10—三支辅助等离子体炬(阳极)之一;11—反应器移动支架。

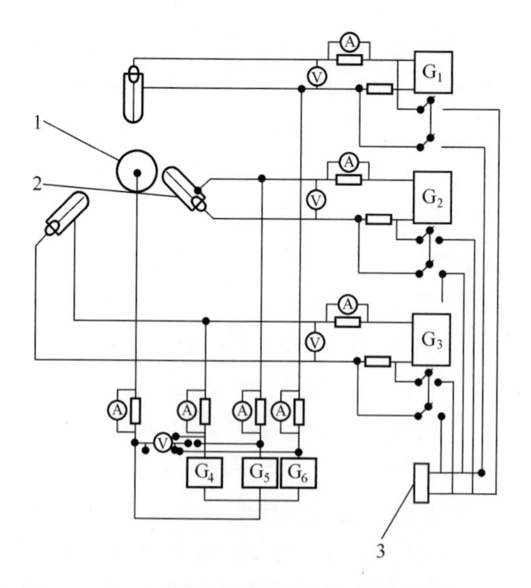

图 3.4 NPL 等离子体炉的电路示意图[12]

1—阴极;2—产生“等离子体阳极”的辅助等离子体炬;3—振荡器。

在 NPL 工艺中,锆石在空气作用下通过阴极周围的三个进料口(图 3.3 中位置 3 和 6)送入反应器。阴极组件(图 3.3)穿过绝缘套插入反应器顶部,由液压缸 1 驱动沿竖直轴线运动,如有必要可在设备运行过程中调节电弧的长度。主电弧由三台开路电压为 320V 的赫斯特电源(Hirst Electric Ltd,PPS320/185)供电,每台电源为一个“阴极-等离子体阳极”直流电路供电。系统的典型工作参数:阴极保护气(N_2)流量为 22L/min;锆石载气(空气)流量为 60L/min;锆石粉进料量为 0.7kg/min;主电弧电流强度为 600A,弧电压为 140V;辅助电弧(Ar)气流量为 3×8.5L/min,功率为 3×8.5kW。基于 NPL 等离子体炉开展了一系列锆石分解实验研究,代表性结果总结在表 3.2 中。

表 3.2　NPL 等离子炉分解锆石的实验数据[12]

实验序号	锆石进料量/(kg/h)	主电弧功率/kW	辅助电弧功率/kW	总功率/kW	处理锆石的比能耗/(kW·h/kg)	锆石分解率/%
1	42.1	107	23	130	3.19	89.3
2	67.3	84	23.7	107.7	1.6	84.7
3	5.3	95	17.7	112.7	21.3	99.5
4	15.3	96	17	113	7.4	99.5
5	26	110	17	127	4.9	96.4
6	37.2	93	20	113	3.1	81.6
7	51.8	100	17	117	2.3	86
8	52.4	106	17.7	123.7	2.4	84.1

基于实验结果可以得出结论:新型等离子体炉进一步发展下去可以取代采用可消耗石墨电极的等离子体炉,不仅可以用于锆石分解,还可用于其他类似领域。这种炉型可以实现很高的分解率,当比能耗为 4~5kW·h/kg 时,分解率高于 96%。表 3.2 中的结果比较分散,主要原因在于,相对于艾纳克的处理量而言,NPL 开展的都是小规模实验,因而原料通过进料口送入电弧的过程存在一定的不均匀性。与艾纳克工艺相比,NPL 工艺的另一项缺陷是能耗较高。在 NPL 工艺中,分解产物有可能在接收容器和除尘系统中重新发生反应,从而在一定程度上降低了锆石在等离子体反应器系统中的实际分解率。

艾纳克和 NPL 获得的 ZrO_2 主要用于生产耐火材料和铸造磨料,并不适用于生产核电用的核级锆,因为含有 Hf 和其他杂质(Al、Ti、Fe、Na 等),见表 3.1。为了除去这些杂质,需要采用氟化物蒸馏或萃取工艺。苏联时期已经掌握了工业规模的锆萃取精制技术,为此需要将等离子体工艺中得到的 ZrO_2 溶解在硝酸中,通过溶液萃取工艺分离锆和铪及其他杂质,然后再提取得到 ZrF_4,最后采用冷坩埚技术用钙还原锆(第 4 章)。为了生产核级锆,还必须再进行电子束精炼。不过,采用氟等离子体技术原则上可以将锆石加工成核级锆和硅,或者任何分散度的纯 ZrO_2 和硅。

3.3 氟等离子体处理含锆矿物

如前面所述,生产锆的原料包括锆石(含 45.6% Zr)和斜锆石(含 69.1% Zr)。这些矿石通常用来提取锆,其中的杂质(表 3.3)必须除去。

表 3.3 含锆矿石中的杂质及典型含量　　单位:%

原料	P	Mg	Cu	Ti	Al	Ca	Fe	Hf	U	Th
斜锆石	—	0.085	0.011	0.07	0.6	<0.01	0.1	0.34	0.03~0.04	0.03~0.04
锆石	0.007	0.07	0.004	0.03	0.046	<0.01	0.08	0.240	0.03~0.04	0.03~0.04

在对锆石和斜锆石进行复杂的加工处理、提取其中有价值成分方面出现了一个新方向:氟化技术的应用。适用于这些矿石的氟化剂可以是氟化氢(或氢氟酸)或者是单质氟。但是,氟化氢具有重要的缺陷:氧化物原料的氟化反应具有可逆性。对于大多数氧化物而言,其在 700~1000K 的温度范围内的氟化反应都是可逆的;这意味着在较高温度下氧化物在热力学上比氟化物更稳定,但当温度低于 700K 时,氟化的速率又不够高。因此,为了利用 HF 对诸如锆石这样的化合物进行氟化,不大可能采用如火焰或等离子体反应器之类的高温氟化反应器。等离子体氟化锆石时无法使用氟化氢的原因还在于,锆石的分解反应(反应式(3.2))在约 2100K 的高温下继续进行。因此,氟化氢对氧化物氟化的热力学允许温度为 700~1000K,这意味着为了氟化锆石的组分,需要将等离子体反应器的温度降低到 900~1000K。但是,这在经济上是无利可图的。

使用单质氟作为氟化剂时就不存在上述限制,因而在约 2500K 的温度下等离子体加工锆石的过程可以与氟化过程结合起来,其中的硅和其他杂质被转化成氟化物通过蒸馏进行分离。在高温下使用氟进行氟化的麻烦在于原料的团聚(并由此降低比表面积),但这种影响可以通过原料粉末悬浮在气流中或原料与气流逆流氟化降到最低:如同在火焰反应器中完成 UF_6 制备那样(参见第 8 章),使原料分散在流动的氟化剂中。

使用 F_2 在常规(非等离子体)条件下直接氟化锆石在技术上也是可行的,还可以用于批次氟化含铀废物。然而,由于 $ZrSiO_4$ 的强度很高,已经完成的大规模工业试验的结果表明,对 $ZrSiO_4$ 的氟化需要在高温下进行,氟的消耗量高,而主要成分的产出率却处于中等水平。因此,采用氟等离子体大规模加工锆石,使锆石在等离子体中发生分解、几乎同时发生氟化反应的工艺非常有前景。此外,与艾纳克工艺明显不同的是,氟等离子加工工艺可以获得核纯级锆、微电子用的硅和铪,如有必要,还可以回收矿石中的其他成分。俄罗斯和其他国家的核工业企业对于这样的工艺路线已经积累了充足的实验数据,包括:

(1) 等离子体大规模分解锆石的经验;

(2) 用单质氟氟化锆石的大规模实验结果;

(3) 在螺旋输送机中用氟化氢逆流氟化氧化锆的工业经验;

(4) 通过升华除去氟化锆中杂质的工业经验;

(5) 通过管道在高温下输送氟化锆气体的工业经验;

(6) 在(H-OH)等离子体中转化四氟化硅(SiF_4)获得细 SiO_2 颗粒并以浓氢氟酸形式实现氟再生(参见第 8 章)的大规模工业试验结果;

(7) 氢等离子体还原 SiF_4 得到甲硅烷和微电子用的硅,随后用氟化钠吸收净化 SiF_4 的实验室研究结果(参见第 8 章);

(8) 电弧等离子体炬在锆石加工中的广泛应用。

锆石在氟等离子体中分解(同样对于斜锆石)的主要过程由一组方程描述,其中主要的是吸热方程(3.2):

$$ZrSiO_4 \longrightarrow ZrO_2+SiO_2$$

在此之后是一系列放热反应,按照分离分散相与气相的技术路线进行。该过程的特征之一是氟化反应由氟原子实现。氟原子在等离子体中的浓度非常高,因为其离解能相对较低(154.88kJ/mol):

$$SiO_2+4F \longrightarrow SiF_4+O_2 \tag{3.4}$$

$$P_2O_5+nF \longrightarrow PF_3, PF_5, POF_3+yO_2 \tag{3.5}$$

$$TiO_2+4F \longrightarrow TiF_4+O_2 \tag{3.6}$$

$$\frac{1}{3}U_3O_8+6F \longrightarrow UF_6+\frac{4}{3}O_2 \tag{3.7}$$

$$ZrO_2+4F \longrightarrow ZrF_4+O_2 \tag{3.8}$$

$$\frac{1}{2}Al_2O_3+3F \longrightarrow AlF_3+\frac{3}{4}O_2 \tag{3.9}$$

$$CaO+2F \longrightarrow CaF_2+\frac{1}{2}O_2 \tag{3.10}$$

$$CuO+2F \longrightarrow CuF_2+\frac{1}{2}O_2 \tag{3.11}$$

$$\frac{1}{2}Fe_2O_3+3F \longrightarrow FeF_3+\frac{3}{4}O_2 \tag{3.12}$$

$$FeO+3F \longrightarrow FeF_3+\frac{1}{2}O_2 \tag{3.13}$$

$$HfO_2+4F \longrightarrow HfF_4+O_2 \tag{3.14}$$

$$MgO+2F \longrightarrow MgF_2+\frac{1}{2}O_2 \tag{3.15}$$

$$HfO_2+4F \longrightarrow HfF_4+O_2 \tag{3.16}$$

$$ThO_2+4F \longrightarrow ThF_4+O_2 \tag{3.17}$$

关于锆石分解的组分经过等离子体氟化后得到的产物，基于手册[13]对其物理特性进行了总体分析，结果表明，氟化一完成就可以将通常条件下的挥发性及弱挥发性氟化物（SiF_4、PF_3、PF_5、POF_3、UF_6、ZrF_4、HfF_4、TiF_4）与非挥发性氟化物（AlF_3、CaF_2、CuF_2、FeF_3、MgF_2、ThF_4）分离开来。并且，在第一级分离中，最有可能实现并且工艺上可以接受的就是锆石的主要成分——锆与硅的分离。在这一过程中，源于锆石的杂质在产物中发生了重新分配，如表 3.4 所列。

表 3.4 锆石经过等离子分解和氟化后产生的 ZrF_4 和 SiF_4 中的杂质含量

单位:%

材料	P	Mg	Cu	Ti	Al	Ca	Fe	Hf	U	Th
ZrF_4	—	0.11	0.007	—	0.75	<0.02	0.13	0.39	* *	0.05~0.07
SiF_4	0.018	—	—	0.08	—	—	—	*	0.08~0.1	—

* 假设在利用挥发性差异分离 ZrF_4 与 SiF_4 时，Zr 不会被夹带出去；

* * 假设所有铀均氟化为 UF_6

从表 3.3 和表 3.4 可以看出，从等离子体反应器得到的锆石氟化产物被分离成凝聚相和气相，前者是含有 Al、Ca、Cu、Fe、Hf 和 Mg 的氟化物杂质的 ZrF_4，后者是含有 P、Ti 和 U 的氟化物杂质的 SiF_4。这里并未考虑凝聚相氟化物随气相氟化物的夹带效应以及不同价态的 Ti 和 U 在两相中的分布。等离子体氟化技术处理锆石（斜锆石）的基本技术方案示于图 3.5。根据该方案，锆石通过计量进料器 3 输送到等离子体反应器 4 中。氟等离子体由特殊等离子体炬 2 产生，等离子体炬由电源 1 供电。得到的产物用升华-凝华器和冷凝器 5、7、10、12 分离，分别收集在接收器 6、8、10、11 中。

3.3.1 氟化锆升华提纯技术

苏联时期，第聂伯河化工厂在开发萃取氟化技术生产核纯级锆的过程中于

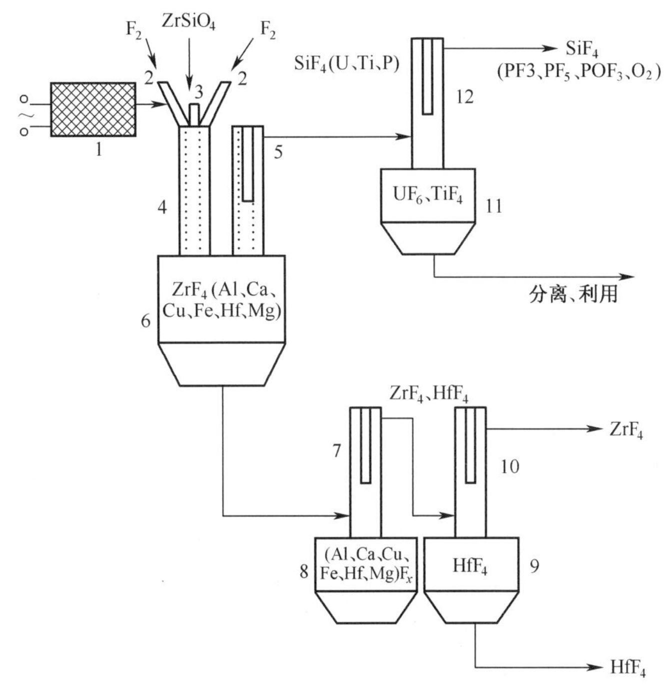

图 3.5　等离子体氟化加工锆石(斜锆石)的工艺流程

1—电源;2—等离子体炬;3—计量进料器;4—反应器(氟化器);5—ZrF_4 和 SiF_4 分离器;6—含杂质的 ZrF_4 收集器;7—分离 ZrF_4、HfF_4 与其他杂质的冷凝分离器;8—Al、Ca、Cu、Fe、Mg 的氟化物收集器;9—HfF_4 收集器;10—ZrF_4、H_fF_4 的冷凝分离器;11—铀、UF_6、TiF_4 的收集器;12—Si 与 U、Ti 氟化物的分离器。

20 世纪 80 年代就很好地掌握了氟化升华技术,除去 Al、Ca、Cu、Fe、Mg 的氟化物提纯 ZrF_4。在升华器中批量、完全去除上述杂质则由托木斯克理工大学实现。萃取得到的“粗”ZrF_4 经过脱水干燥后装入升华器,在 $T \geqslant 1000℃$ 的温度下升华提纯。产物从升华器排出,通过钙热熔融还原法生产核纯锆。

在锆生产中,等离子体氟化和萃取氟化技术得到的产物的特性并不完全类似,因为在萃取氟化工艺中,锆和铪是在水化学提取阶段通过溶液萃取实现分离的。而在等离子体氟化工艺中,在等离子处理技术,锆石氟化后首先与表 3.4 中的杂质分离实现纯化,然后与铪分离。下一步的技术路线根据锆的用途来确定:如果不打算用于核能,HfH_4 含量为 0.39%的 ZrF_4 就可以利用冷坩埚(参见第 14 章)技术通过钙-热还原法得到锆;得到的金属可以直接用于一些领域,如有必要再进行电子束精炼。

不过,利用等离子体氟化技术也有可能直接获得核纯锆。事实上,尽管 ZrF_4 和 HfF_4 有诸多相似之处,但它们的蒸气压与温度的关系存在差异[13]。在 681~913K 的温度范围内,ZrF_4 的蒸气压与温度的关系由 $\lg P(\mathrm{atm}) = 10.6763 -$

12430/T描述；ZrF_4 升华温度为1180K。在724~926K的温度范围内，HfF_4 的蒸气压与温度的关系由 $\lg P(\text{atm}) = 9.43 - 11895/T$ 描述；在924~1223K的温度范围内，H_fF_4 的差距与温度的关系由 $\lg P(\text{atm}) = 10.03 - 12240/T$ 描述；HfF_4 的升华温度是1300K。因此，ZrF_4 比 HfF_4 更易挥发，这一原理已被用于大规模实验研究，通过高温升华将锆提纯（除去铪）到核纯级。

近来，在吸附剂存在的条件下利用多重升华法从 ZrF_4 中深度去除 HfF_4 的实验[14]已经取得了成功。吸附剂选用铁系金属元素的二氟化物。从 ZrF_4 中升华去除Hf在750~850℃下进行，升华器中的残余压力为3~5Pa，升华率为60%。实验得到纯化后的 ZrF_4，其中Hf的质量分数为0.05%。

3.3.2 含硅材料的冷凝提纯技术

反应式(3.4)~式(3.17)中生成了气态 SiF_4，其中含有 PF_3、PF_5、POF_3、UF_6、TiF_4 等挥发性杂质以及过量的氟和氧，通过隔热管道通入温度保持在-10~0℃的冷凝器；在这里分离 UF_6(0.08%)与 TiF_4(0.08%~0.1%)。此后，SiF_4 中的杂质只有磷氟化物(0.018%)、过量的氟和氧。除去过量的氟和氧继续纯化 SiF_4，需要采取更进一步的处理工艺。第8章讨论利用等离子体技术将 SiF_4 转化成用于微电子工业的高纯硅，或者充分回收氟形成二氧化硅粉末。这些技术，如下面将要表明的，本身就属于精炼技术，而这一阶段并不需要进一步提纯。不过，如有必要，可以在 $T=-100$℃通过冷凝除去氟和氧提纯 SiF_4。对微电子工业而言，采用氟化技术得到的含有少量磷氟化物的 SiF_4 已经足够纯净了。

3.3.3 等离子体氟化加工锆石产生的废物

采用等离子体氟化技术加工1t锆石，除了得到 ZrF_4 和 SiF_4 之外，在废物中还存在其他金属的氟化物，包括4.6kg铝、0.1kg钙、0.4kg铜、1.3kg铁、1.1kg镁、0.3~0.4kg钍、0.3~0.4kg铀、0.3kg钛，合计8.6kg金属，其中的主要部分（铝、钙、铜、铁、镁、钍的氟化物）在升华提纯锆的过程中得到。若采用等离子体技术大规模生产锆和硅，随着时间推移这些废物的量会变得非常大。为了解决这些问题，可以采用等离子体和感应加热技术提取这些元素，得到氧化物粉末或者金属（参见第8章）。

3.4 等离子体技术加工蛇纹石提取镍和其他金属

蛇纹石是一种含镍矿石，通式为 $(Mg_x Fe_y Ni_z)Si_2O_5(OH)_4$，镍含量约为

0.25%。蛇纹石在地壳中储量很丰富，例如，仅在（加拿大的）魁北克东北部，发现的蛇纹石矿床就达数十亿吨[15]。

这种矿物的热处理工艺通常由下列方程描述：

$$(Mg_xFe_yNi_z)Si_2O_5(OH)_4 \longrightarrow 3[x(MgO)+y(FeO)+z(NiO)]+2SiO_2+2H_2 \quad (3.18)$$

当用等离子体射流加工蛇纹石矿物时，分解产物中的主要部分呈尖晶石形式——$[MO(Fe_2O_3)]$，其中M主要是二价铁和镍[15]。这种产物具有磁性，可以通过磁分离与其他产物分离开来。分离后镍的含量提高1~2个数量级。使用磁分离方法大幅度降低了水化学提取工艺的作用和镍的浓度。这时，镁存在于非磁性相中，采用常规水化学操作很容易去除其中的硅。

与前述等离子体处理锆石不同的是，等离子体加工蛇纹石的过程是在加拿大实验室规模的高频无极放电等离子体反应器（图3.6）上实现的。放电在反应器3所包围的空间中激发。反应器由电介质材料制成，位于与高频电源相连的感应器1中。为了激发放电，实验中使用了特斯拉变压器2，其电极位于放电室外部。等离子体气体为氩气或氩气和氢气的混合气。高频电源的功率为15kW，频率为5MHz。等离子体的平均温度为3500~6000K。蛇纹石通过水冷管5送入反应器中。

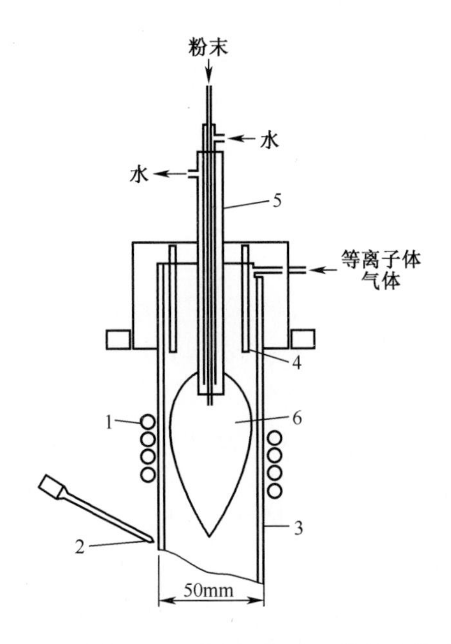

图3.6　处理蛇纹石的高频无极放电等离子体反应器

1—高频电源的感应器；2—特斯拉变压器；3—电介质材料反应器；4—非磁性金属管；5—水冷进料管；6—等离子体。

蛇纹石在中性介质中分解时,镍在磁性产物中的比例随着温度的升高而增大;在还原性气氛(含 9%H_2 的 Ar)中,二者的关系与前述相反。向蛇纹石中加入碳颗粒作为添加剂,从碳含量为 1.5%开始,均有助于镍向磁性产物中分离。

镁的提取问题在文献[15]中并未提及,不过并不难实现,因为镁可以通过常规的水化学方法与 SiO_2 分离:使用合适的酸或碱处理蛇纹石分解产物中的非磁性组分。

3.5 等离子体处理钨、钼酸铵制取钨钼粉末

较大规模地利用钨、钼酸铵制取钨钼粉末的方法由俄罗斯科学院冶金研究所(IMET RAS)的 И. В. 茨维特科夫(Ю. В. Цветковым)和 С. А. 巴甫洛夫(С. А. Панфиловым)开发出来[16]。该方法的特征之一是得到的金属材料呈粉末形态,可以作为后续粉末冶金的原料。

仲钨酸铵($(NH_4)_2O \cdot 12WO_3 \cdot 5H_2O$,APT)在较低温度(180~200℃)下开始分解,最终得到钨氧化物。这种原料在氢等离子体中分解后颗粒的粒径会减小,同时产生大量气体,包括 H_2、N_2、水蒸气和 WO_3。

以钨、钼氧化物及其铵盐为原料制取钨、钼粉末的 120kW 中试装置示于图 3.7。粒径约为 50μm 的原料通过进料器 7 送入等离子体反应器 3 中。反应器上安装了等离子体炬 2,由电源 1 供电。在直径为 0.03m 的阳极喷嘴安装口下方,颗粒通过 1~2 个直径为 0.004m 的进料口送入反应器中,与等离子体流的轴线成 15°~20°夹角。等离子体气体(氢气)的流量为 1.8~2.5kg/h,原料(WO_3)的消耗量为 4.68~25.2kg/h。原料在等离子体反应器中处理的时间约为 0.005s。产物——钨粉收集在反应器下方的接料斗 6 和金属过滤器 5 中,在从料斗卸料之前就可以对钨粉进行退火。得到的钨粉的比表面积为 2~5m^2/g。由于产物中含有一定量的氧气,因而有必要在 700~800℃的纯氢气中对粉末进行退火。

如图 3.7 所示的中试装置既可以以氧化物(WO_3)为原料,又可以以仲钨酸铵 APT 为原料。在温度为 3000~5500K 的氢等离子体射流(等离子体的功率为 3.3~7.3kW)中处理粒径为 100μm 的 APT 时,原料的进料量约为 0.14kg/h,氢气流量≤0.043kg/h;若采用氩气作为等离子体气体,则氩气流量≤4.3kg/h。与使用氧化物作为原料制得的钨粉相比,用 APT 制得的钨粉的比表面积通常较大(高达 16m^2/g),原因在于 APT 颗粒进入等离子体流时发生剧烈破裂。根据对中试装置试验结果的统计分析[16],钨的还原率 α 取决于原料的进料量 g_{RM}、氢气流量 g_{H2}和等离子体功率 P,其关系由下式描述:

$$\alpha=(0.365/g_{RM})(0.782P+100g_{H_2})+19/33\% \quad (3.19)$$

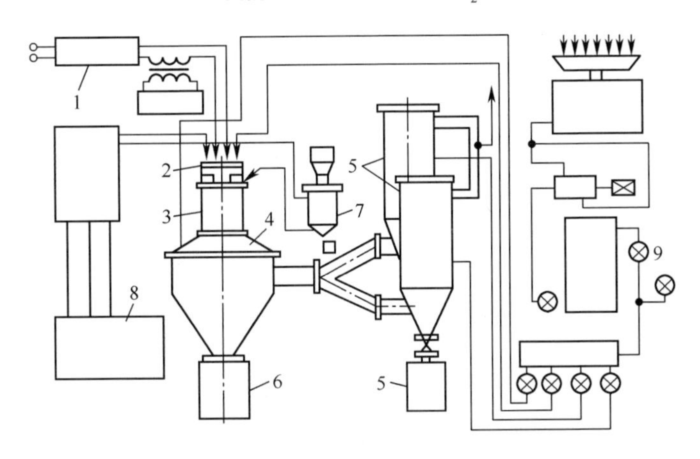

图 3.7 氢等离子体还原氧化物和铵盐制备钨、钼粉末的 120kW 中试装置
1—电源;2—等离子体炬;3—等离子体反应器;4—沉降室;5—过滤器;6—接料斗;
7—原料进料器;8—供气系统;9—供水系统。

上述工艺允许做一些技术变更,特别是利用天然气代替氢气。当等离子体气体采用天然气时,文献[16]得到了比表面积为 1.5~10.1m^2/g 的非自燃性钨粉。

在同一套中试装置上,文献[16]还研究了等离子体还原 MoO_3 和钼酸铵(APM)制取钼粉。使用粒径为 50μm 的 APM 在相同条件下进行还原反应,进料区等离子体的温度约为 5800K,APM 的还原率为 90%~96%。APM 还原得到的钼粉的比表面积达 46m^2/g,平均粒径为 0.0126μm。

3.6 生产金属和金属氧化物的其他等离子体工艺

人们对等离子体处理矿物原料的多种工艺在实验室条件下进行了大量研究。这些工作的基础思想都相同——首先完全破坏矿物的晶格。矿石成分的后续分离采用水化学工艺:溶解,沉淀,浮选,萃取,吸附等。对于有些矿物,如蛇纹石,在这些步骤之后还可以对粗矿进行磁选或者静电分离。在某些情况下,当矿物原料的组成之一是放射性物质(铀、钍等)时,可以采用辐射分离法。下面讨论一些目前已知的、在实验室条件下得到不同程度研究的工艺。

3.6.1 利用蔷薇辉石生产氧化锰

蔷薇辉石是一种约含有 42%锰的硅酸盐($MnSiO_3$)。实验室分解蔷薇辉石的高频等离子体反应器[17]与分解蛇纹石的反应器几乎相同,如图 3.6 所示;研究方法也类似。等离子体电源的功率为 30kW,频率为 4.4~5MHz,效率为 0.55,石英等离子体炬(反应器)的直径为 0.037~0.050m,等离子体气体(氩气)的流量为 0.3~1.01L/s,等离子体射流的焓值为 270~310kJ/mol。向氩气中引入分子气体(氮或氧),等离子体射流的焓值增加到 630kJ/mol。蔷薇辉石在 1564 K 分解成 SiO_2 和 MnO,在 1973 K 完全变成液态。

文献[16]研究了在功率恒定条件下 MnO 的产量与蔷薇辉石的进料量、粒径以及等离子体焓值的关系。

3.6.2 等离子体加工钛精矿

实验室开展了一系列等离子体加工钛精矿的研究,利用氢气、碳、烃类和氨等选择性还原铁[16]。为此,等离子体炬的功率高达 60kW。在反应器中收集到块状烧结产物,在过滤器和除尘器中收集到粉末状产物。

3.6.3 等离子体分解金属硫化物生产金属

上述工艺使用的原料是氧化物矿石。下面主要讨论等离子体处理硫化物矿石。这个方向的重点在于辉钼矿(MoS_2),其在等离子体加工过程中按照下式分解:

$$MoS_2 \longrightarrow Mo+2S_2 \tag{3.20}$$

MoS_2 存在于低富集度的钼矿石中。矿石经过破碎、浮选,将 MoS_2 与脉石分离开来。利用不同类型的设备,在较高功率水平上研究等离子体分解辉钼矿得到钼和硫的过程由加拿大诺兰达(Noranda)公司[18]完成。该研究注重设备开发,其中一项工作采用的是多弧等离子体反应器(图 3.8),另一项工作用到提到的英国国家物理实验室(NPL)开发的等离子体反应器(图 3.9),第三项工作使用了可动电弧等离子体反应器。根据文献[17]得到的经验可以认为,NPL 等离子体炉完全适用于硫化物原料分解。NPL 等离子体反应器中存在一条主电弧和三条由三支低功率等离子体炬产生的辅助电弧,它们具有共同的阴极。反应器具有两层屏蔽层(钼和钢),以减少通过反应器壁的热损失。产物收集系统中的温度保持在一定范围内,防止硫凝结。收集系统包括收集器、具有加热功能的旋风分离器、水淬室和湿式旋风分离器。

等离子体反应器功率为 65kW,其中 75%由主电弧提供。从阴极到三条辅助电弧运行平面的弧长为 0.04~0.06m。粒径为 38~76μm 的辉钼矿颗粒在电弧中的一次性分解率为 48%~58%,比能耗为 10~26kW · h /kg。提高比能耗可使分解率达到约 94%。

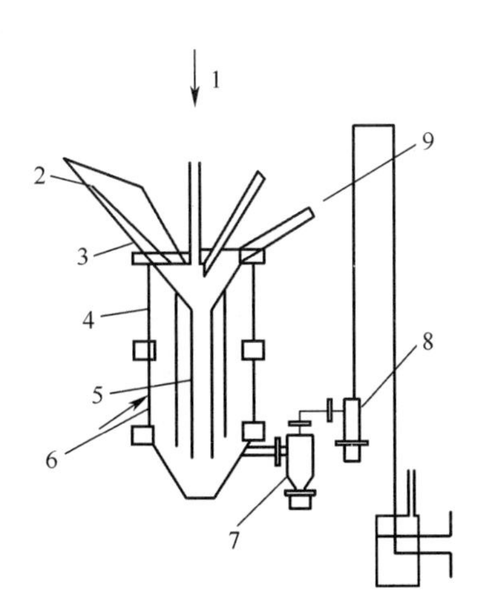

图3.8 在多弧等离子体反应器中分解辉钼矿颗粒的工艺流程

1—进料通道;2—电极;3—电极保护装置;4—等离子体反应器;5—钼制隔热套;6—进气管;7——级旋风分离器;8—二级旋风分离器; 9—引发主电弧的辅助等离子体炬。

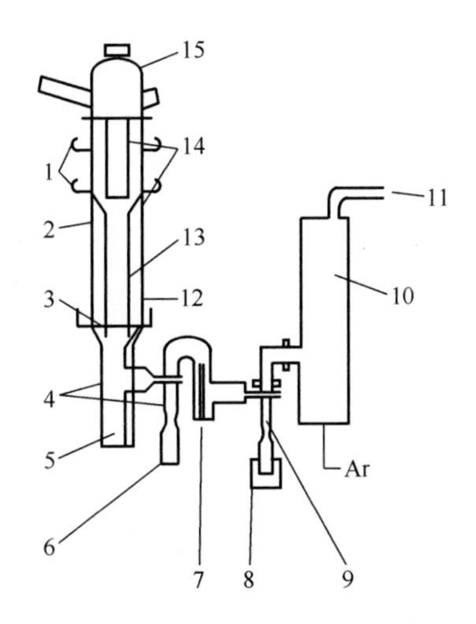

图3.9 NPL等离子体反应器分解辉钼矿颗粒的工艺流程

1—冷却空气入口;2—不锈钢外壳;3—石棉垫片;4—带保温的加热线圈;5—旋风分离器之前的产品收集器;6—从旋风分离器收集产物;7—产物水淬装置;8—水箱;9—旋风分离器;10—氩气罐;11—洗涤器的排气;12—氩气入口;13—钢壳;14—钼管;15—颗粒加热反应器。

三种等离子体装置的试验结果表明,满足品质要求的钼(足够的脱硫深度)只能在熔池中以钼铁合金形式得到,在装置运行中这种合金作为电弧的阳极。中等脱硫深度的试验在功率为55kW的直流等离子体炉上进行。50%以上的输入功率消耗在阳极熔池。为了使等离子体分解钼工艺具有竞争力,其比能耗必须小于或等于 10kW · h/kg,并且硫在钼中的残留量小于 0.15%。

3.7 等离子体矿石加工工艺与技术综合分析

在上述等离子体加工矿石和提纯矿物的工艺中,有两种已经达到工业化水平——艾纳克的锆石分解工艺和 IMET RAS 以铵盐为原料制备钨、钼粉末。这两种工艺都证实了等离子体技术应用于冶金的基本思想的正确性——彻底打破天然矿物的晶格,得到的混合物用水化学方法处理,并(像 IMET RAS 那样)通过综合处理回收有价值成分,得到最终产物。等离子体加工工艺不仅必须与水化学工艺结合,还要与物理分离方法如磁分离、辐射分离和静电分离等结合使用。

遗憾的是,等离子体冶金领域的大多数研发工作并未坚持追求广度和深度,仅局限于产率与等离子体炬功率、原料粒径和等离子体焓值等众所周知的关系。然而,等离子体技术仍然具备这种可能性——在冶金领域取得显著技术突破。下面来更详细地分析这种可能性。

在冶金工艺中,金属提取过程通常采用传统的沉淀提纯法或者一些新方法——萃取、吸附、蒸馏等,这些方法对等离子体炬通常存在的电极烧蚀这一缺陷并不敏感。此外,等离子体反应器还具备强大的工作能力:一支电弧等离子体炬的功率可以达到 1~5MW 甚至更高(第 2 章);安装 3~4 支等离子体炬的反应器的总功率可达 20MW,效率约达 0.9。迄今为止,等离子体加工含氧化物矿石的能耗为 1~2kW · h/kg;即使安装一支等离子体炬,矿石加工厂的生产能力也可以达到 9~18t/h。这就足以组织工业规模的生产,并且质量水平达到全新的高度:最大限度地提取矿石中有价值的成分,留下真正的矿渣。下面讨论采用等离子体技术的一些例子。

3.7.1 EDP-VS 型大功率石墨电极电弧等离子体炬

石墨是一种特殊的含碳矿物。天然石墨具有晶体大小和形状各异的晶体结构;此外,石墨中还含有许多杂质。人造石墨的结构则更加均匀,杂质含量较少。人造石墨的制造工艺包括:对碳质填料(石油焦)和黏结剂(煤焦油)压制成型,加热到 1500℃以上完全炭化,缓慢冷却,在 2750℃下保持几天实现石墨化,最后完全冷却。这样处理之后,石墨晶体的尺寸从 10^{-9}m 生长到更大(1500℃时达 10^{-7}m,2750℃时达 10^{-6}m),并获得均匀的晶粒结构。在核能领域,石墨起着重要作用——用作快中子慢化剂,原因在于石墨具有极低的热中子吸收截面(0.0045b)。此外,石墨熔点高、密度小、热导率良好、抗热冲击性能好以及高温下强度和韧性好等优势。这些优异特性使石墨成为大多数核反应堆中最重要的结构材料;这些特性同样使石墨可以用作电弧等离子体炬的电极材料。

石墨熔点为3800~3900℃,因此可以用作无须专门冷却的电极材料;电极散热由等离子体气流和以技术措施驱动的弧斑运动来实现。

EDN-VS型石墨电极等离子体炬由化工研究设计院(NIICHIMMASH)开发,用于大规模合成含氟单体及其他领域[19]。该型等离子体炬的结构如图3.10所示,电弧燃烧在两根可消耗石墨电极之间,石墨棒在消耗的同时连续补充。这类等离子体炬的技术特征如下:

(1) 功率:0.3~15MW。

(2) 电极间电压:500~6000V。

(3) 电流:300~3000A。

(4) 效率:0.85~0.95。

(5) 工作气体:空气、水蒸气、氢气、碳氟化合物等。

(6) 等离子体温度:1000~5000K。

(7) 石墨电极消耗量:$(1\sim2)\times10^{-8}$kg/C。

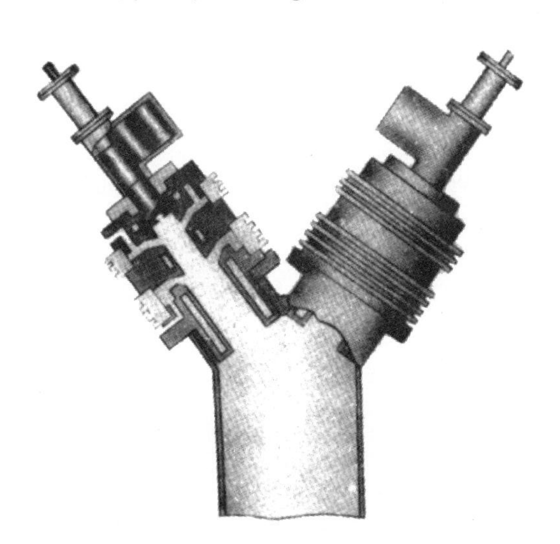

图3.10 EDN-VS型等离子体炬示意图

图3.10给出了对石墨电极的补偿和对等离子体炬金属部件冷却的方案,从图中很容易想象出电弧的构型。

3.7.2 功率1MW的钨阴极、铜阳极电弧等离子体炬

在这类等离子体炬中,应用最广泛的是EDP-129型(图3.11)。该型等离子体炬的钨阴极1嵌入水冷铜座中;阳极包括两个过渡铜阳极4、5和工作阳极

3,其中工作阳极3置于电磁线圈2中。阴极和阳极被水冷铜插入段6隔开,因而等离子体炬可以使用空气作为工作气体,前提条件是需要向阴极室通入保护气体——氮气、氩气等。为了展现俄罗斯联邦原子能部(原苏联中型机械工业部)所属机构应用等离子体炬的实际水平,图3.12给出了在考纳斯(现属立陶宛)电力工程物理与技术研究所建设的大功率等离子体炬试验台示意图[20]。该试验台包括大功率可调电压、电流的电源和稳定供气系统,可以进行工业条件下的试验。

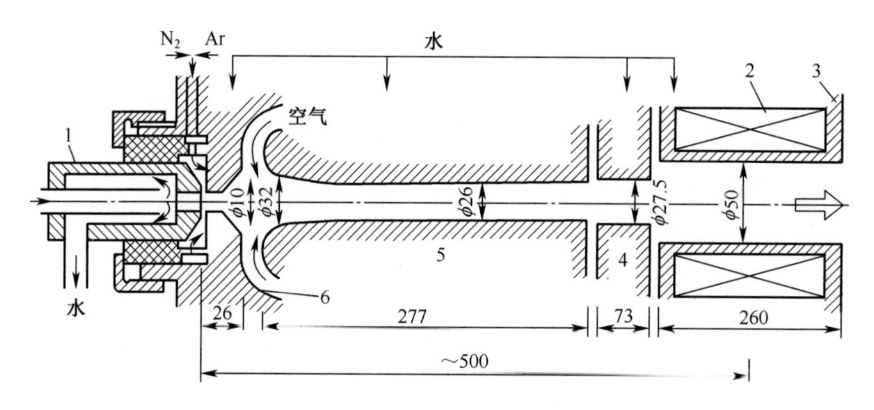

图3.11 EDP-129型等离子体炬示意图

1—阴极;2—电磁线圈;3—阳极;4,5—过渡阳极;6—电极间插入段。

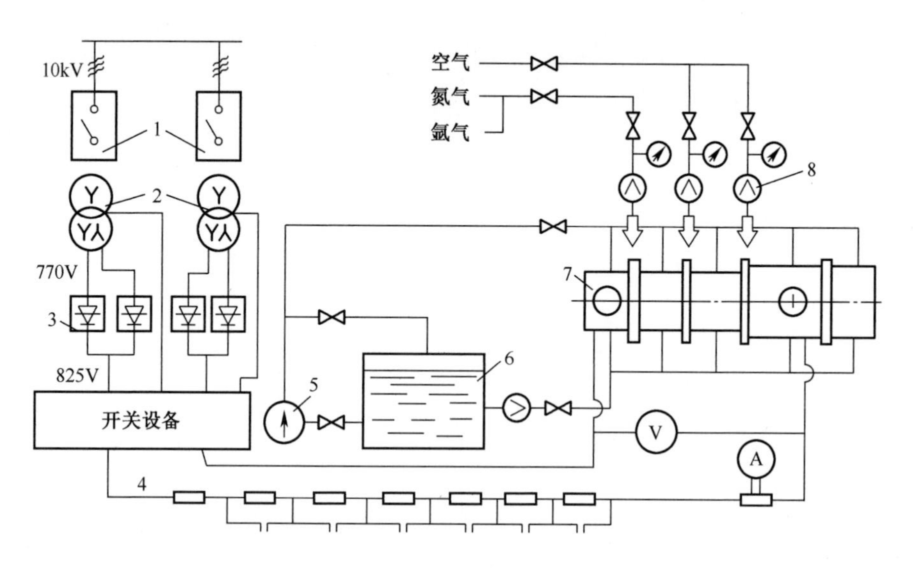

图3.12 大功率电弧等离子体炬试验台示意图

1—油断路器;2—变压器;3—整流器;4—水冷电阻;5—泵;6—水箱;7—等离子体炬;8—气体流量调节装置。

EDP-129型等离子体炬的试验条件：等离子体气体(空气)流量为0.06～0.1kg/s，等离子体炬的电流为400～750A，冷却水流量为3.32kg/s，阴极保护气——氩气流量为0.78g/s。在阴极1与触发极6之间引弧时，通入阴极室的氮气流量为6g/s，然后将电弧转移到过渡阳极4上。电弧由振荡器产生的高压脉冲引燃。主电弧引燃后氮气被切断，这时阴极与过渡阳极之间的电流为100A。然后，弧电压通过水冷可变电阻施加到阴极与第二过渡阳极之间。

EDP-129型等离子体炬的电弧的伏安特性曲线是上升的(图3.13)，因而可以在无镇流电阻的条件下工作。相对于空气流量而言，电弧的功率在更大程度上取决于电流。等离子体炬的热效率为

$$\eta = (IU - \Sigma Q)/IU \tag{3.21}$$

式中：ΣQ为等离子体炬的热损失。

因空气流量和电流强度的不同，等离子体炬的功率范围为220～700kW(图3.14)。

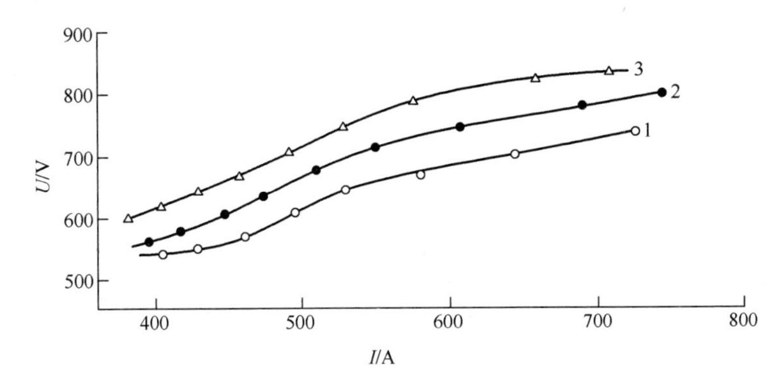

图3.13　EDP-129型等离子体炬的伏安特性

1—空气流量63.4g/s；2—空气流量84.6g/s；3—空气流量106.2g/s。

从等离子体炬的热效率η与电流强度和空气流流量的关系(图3.15)可以看出，η的最佳值在I=600A处。当电流大于600A时，等离子体的效率就降低。这意味着欲提高输入反应器的总功率，应增加等离子体炬的数量，而不是提高单支等离子体炬的功率。图3.15所示的数据还表明，仅从一个入口通入空气，等离子体炬的效率为60%～70%，而不是预期的约90%。据推测，原因可能在于气体集中通入等离子体炬时，气流不足以保护较长(约0.5m)的电弧(将电弧与电弧室壁隔离开来)。如果分别从多个进气口通入空气，气流对电弧的保护会更加有效，等离子体炬的效率可达80%。试验测定了空气等离子体流的比焓($h = (IU - \sum Q)/Q$ (kJ/g))和温度$T = f(h)$ (图3.16)。后者的范围为1500～3500K，因空气流量和电流强度的大小而存在差异，但等离子体炬轴线上的等离

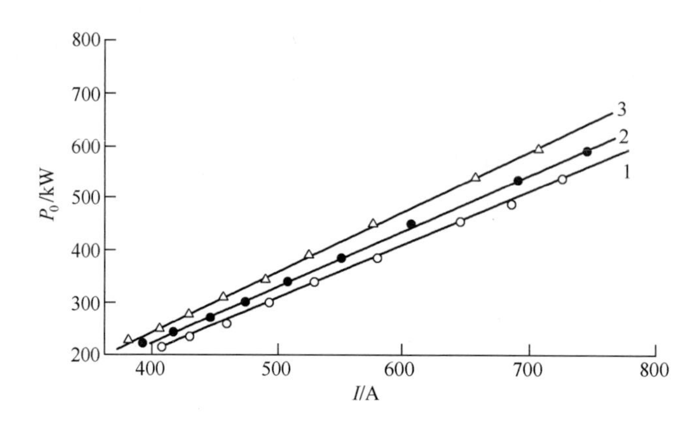

图 3.14 EDP-129 型等离子体炬的功率与电流强度和空气流量的关系

1—空气流量 63.4g/s;2—空气流量 84.6g/s;3—空气流量 106.2g/s。

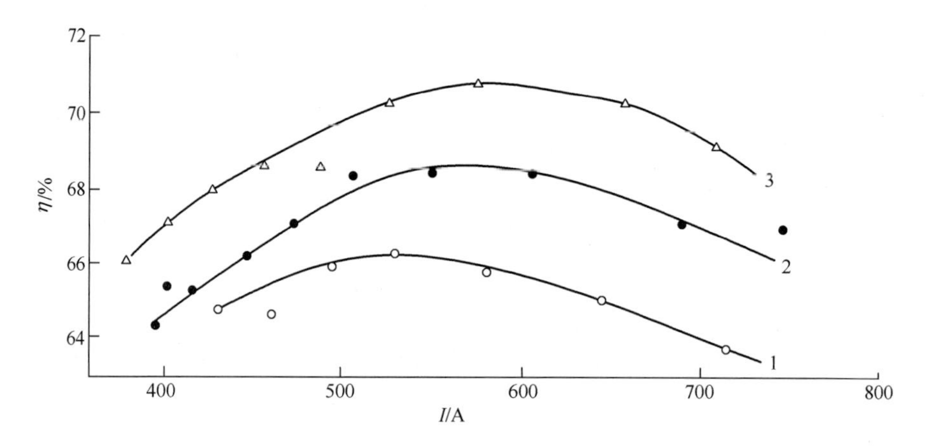

图 3.15 EDP-129 型等离子体炬的热效率特性

1—空气流量 63.4g/s;2—空气流量 84.6g/s;3—空气流量 106.2g/s。

子体温度约为 6000K。根据肉眼观察,等离子体炬产生的射流长度为 0.35~0.7m,此时电流为 400~745A。

为了说明用于化工冶金的等离子体炬的技术特征,图 3.17~图 3.19 给出了一些大功率直流电弧等离子体炬的剖视图。图 3.17 为 EDP-120 型直流电弧等离子体炬,以 H_2 和 CH_4 为工作气体,功率约为 1000kW。该等离子体炬为高电压型(0.7~1.2kV),电流强度 $I\approx1$kA,阴极 1 和阳极 3 之间有电极间插入段 2。气体流量为$(6\sim10)\times10^{-3}$kg/s;效率达 80%;等离子体平均温度约为 3200K,电磁线圈的磁场强度约为 3×10^4A/m。

图 3.18 是 EDP-145 型直流电弧等离子体炬的剖视图,用于产生高焓水蒸气等离子体射流。改型等离子体炬的功率为 200~350kW;电压 $U\approx0.5$kV;电流

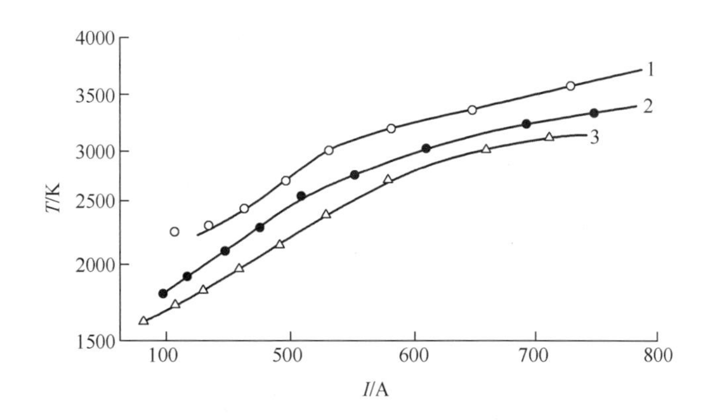

图 3.16　EDP-129 型等离子体炬射流的平均温度与电流强度的关系

1—空气流量 63.4g/s；2—空气流量 84.6g/s；3—空气流量 106.2g/s。

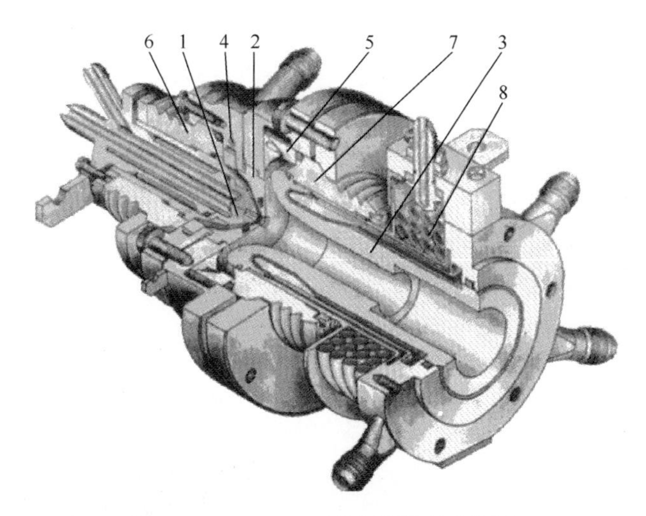

图 3.17　EDP-120 型电弧等离子体炬

1—阴极；2—电极间插入段；3—阳极；4—保护气体通入部件；5—工作气体通入部件；6,7—绝缘件；8—电磁线圈。

强度 $I=0.4\sim0.7$kA；等离子体气体流量为 $(4\sim6)\times10^{-3}$kg/s，等离子体炬效率达 70%；等离子体的平均温度为 4500K；电磁线圈所产生磁场的磁感应强度为 0.06T。关于该型等离子体炬应用的更多细节将在第 8 章和第 11 章介绍。

另一种大功率直流电弧等离子体炬是 EDP-137 型（图 3.19），功率高达 2000kW，可利用空气、氮气和氧气工作。该型等离子体炬的参数：工作电压 $U\approx$ 1kV；工作电流 $I\approx2$kA；工作气体流量为 $(400\sim600)\times10^{-3}$kg/s；最高效率为 80%；等离子体的平均温度为 4500K；驱动弧斑转动的电磁线圈的磁场强度为 6×10^4A/m。

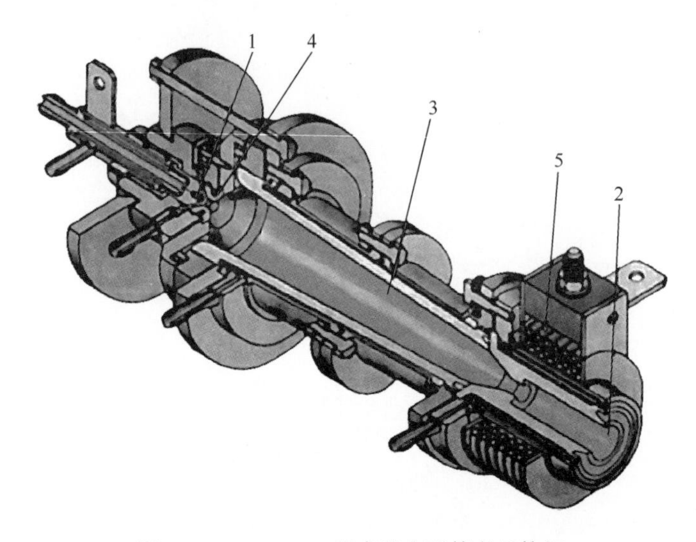

图 3.18　EDP-145 型直流电弧等离子体炬

1—阴极;2—阳极;3—过渡电极;4—电极间插入段;5—电磁线圈。

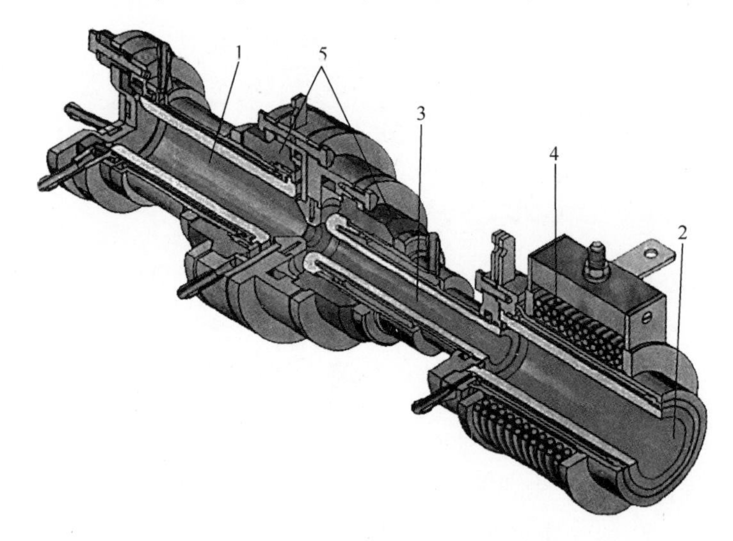

图 3.19　EDP-137 型电弧等离子体炬

1—阴极;2—阳极;3—过渡电极;4—电磁线圈;5—绝缘件。

这些大功率直流电弧等离子体炬和其他同类设备均可以用于工业和半工业化装置上提取金属。

3.7.3 大功率管状电极电弧等离子体炬

这类大功率电弧等离子体炬已在第 2 章进行了总结,开发机构主要包括法国宇航公司(5MW)、美国航空航天局(5MW,由联合碳化物公司开发),以及知名企业赫斯公司(8MW)、斯凯孚(8MW)和西屋公司(2 MW)。

3.8 等离子体技术在钍矿加工中的应用展望

具有商业价值的重要含钍矿物有独居石、钍石和方钍石[2]。

独居石主要由Ce、La、Nd、Th的磷酸盐构成,平均含有2.5%~12%(有时高达28%)但通常为3.5%~10%的ThO_2和百分之零点几到1%的UO_2。在独居石中,Ce、La、Nd的氧化物含量则达到74%,显然钍是提取稀土金属时需要去除的元素。此外,独居石中还含有少量的Fe、Al、Ti、Zr、Mn、Mg、Be、Sn、Ta、Nb等杂质。钍石($ThSiO_4$)含有高达77%的ThO_2,还含有U、Fe、稀土金属和Ca、Mg、Pb、P、Ta、Ti、Zr、Al、Sn等。钍石的结构与锆石相似。方钍石的主要成分为ThO_2和UO_2,含有45%~93%的钍,与沥青铀矿类质同象。

上述矿物的现有加工方法均为化学法。例如,为了对独居石进行加工和浓缩,原料首先与浓硫酸反应,然后与氢氧化钠或纯碱烧结。作为一个例子,来看利用硫酸加工独居石实现钍浓缩的机理,这一过程由如下化学反应方程式描述:

$$2R(PO_4)+3H_2SO_4 \longrightarrow R_2(SO_4)_3+2H_3PO_4 \tag{3.22}$$

$$ThSiO_4+2H_2SO_4 \longrightarrow Th(SO_4)_2+SiO_2+2H_2O \tag{3.23}$$

$$Th_3(PO_4)_4+6H_2SO_4 \longrightarrow 3Th(SO_4)_2+4H_3PO_4 \tag{3.24}$$

$$SiO_2 \cdot xH_2O+H_2SO_4 \longrightarrow SiO_2+H_2SO_4 \cdot x \tag{3.25}$$

在上述加工过程中,放射性气体——钍射气会释放到气相中;此外,产物中还存在放射性的新钍,通过加入钡盐沉淀得到。在采用硫酸加工时,反应物在200~250℃的铸铁反应器中加热数小时。在这种情形中,不仅独居石的成分会释放出来,而且可能存在设备腐蚀问题。

用NaOH加工独居石的工艺可由两个总反应描述:

$$2R(PO_4)+6NaOH \longrightarrow 2R(OH)_3+2Na_3PO_4 \tag{3.26}$$

$$Th_3(PO_4)_4+12NaOH \longrightarrow Th(OH)_4+4Na_3PO_4 \tag{3.27}$$

令人感兴趣的是在200℃下用NaOH从独居石浓缩物中提取到的铀和钍的量。这些数据列于表3.5。从表中可以看出,如果钍的提取结果令人满意,那么矿渣中残余的铀的量也相当大。

当然,表3.5给出的数据不一定能够反映出当前的技术水平,但上述问题仍然存在:水化学工艺处理时间长,化学品消耗量大,存在设备腐蚀问题,矿渣中仍然存在有价值成分但是采用常规工艺提取却不合算。最后一个问题进一步导致环境和社会问题,如"尤讷堡之殇"。

表 3.5 NaOH 提取独居石精矿中的钍和铀

处理时间/h	精矿溶解比例/%	元素提取率/%	
		Th	U
0.5	85	87	42
0.83	91	92	63
1.0	92	91	76
1.0	93	98	52
1.25	97	96	59
2.0	99	99	63
注:NaOH 与精矿之比为 3 : 1[2]			

然而,若采用等离子体技术对独居石进行预处理,就有可能完全破坏独居石的晶体结构。气态组分从天然晶格中快速释放出来,将矿物颗粒粉碎成细粉甚至微米级的超细粉,提高钍、铀和稀土金属的产率,缩短加工流程,降低试剂消耗量和反应器腐蚀。并且,等离子体预处理独居石还可以为后续的火法冶金去除磷、硅等元素。

3.9 矿石与精矿的非常规高温加工方法

矿石和精矿的高温处理,通常是为了破坏矿物的晶格,回收其中的有价值成分。但是,还有其他更先进的加工方法。例如,专利[21]提出了一种含铀、镭矿石的预处理方法。这种方法可以防止镭在后续浸泡时从矿石中浸出。根据该方法,矿石在被水化学处理前加热到 1600~2000℃,以熔化其中的铁;在此过程中,镭被熔体吸收。等离子体加热矿石不但能够解决镭的浸出,还能够解决矿石的磨细问题,这将提高矿石中有价值成分的提取比例,并在解决环境问题方面达到更高水平。

参考文献

[1] G. Henze, D. Weiss. Radiological Impact on the Environment due to Mining and Milling Uranium Bearing

Hard Coal In Central Germany. Proc. Intern. Symp. , D: Environ. Radioact. Releases. Vienna, 8-12 May 1995, pp. 493-501.

[2] Г. Е. Каплан, Т. А. Успенская, Ю. И. Зарембо, И. В. Чирков. Торий, его сырьевые ресурсы, химия и технология, М, Госатомиздат, 1960.

[3] М. Ф. Троянов, В. Г. Илюнин, А. Г. Калашников, Б. Д. Кузьминов, М. Н. Николаев, Ф. П. Раскач, Э. Я. Сметанин, А. М. Цибуля. Некоторые исследования и разработки ториевого топливного цикла. Атомная энергия, 1988, Т. 84, вып. 4, с. 281-293.

[4] Н. Н. Пономарев-Степной, Г. Л. Лунин, А. Г. Морозов, В. В. Кузнецов, В. В. Королев, В. Ф. Кузнецов. Легководный ториевый реактор ВВЭР-Т. Атомная энергия, 1988, Т. 85, вып. 4, с. 263-277.

[5] Watanabe Isao. Настоящее и будущее циркона. Тайкабуцу, Refractories, 1985, N. 328, p. 47-50.

[6] M. L. Thorp. Plasma Arc Process makes Zirconia. Chem. Engin. News, 1971, V. 49, N. 35, p. 35.

[7] M. L. Thorp, P. H. Wilks. Electric Arc Furnace turns Zircon Sand to Zirconia. Chem. Engin. , 1971, V. 78, N. 26, p. 117-119.

[8] P. H. Wilks, P. Ravinder, C. D. Grant. Plasma Process of Zirconia. Chem. Engin. Prog, 1972, Vol. 68, N. 4, p. 82-83.

[9] P. H. Wilks. Zirconia Dioxide Production and Plasma Processes. Chemistry and Industry, 1973, N. 18, p. 891.

[10] P. H. Wilks. Arc Plasma Dissociation of Zircon. Chem. Engin. , 1975, V. 82, N. 25, p. 56.

[11] The Ionarc Process. In: Arc Plasma Processes / A Maturing Technology in Industry, UIE Arc Plasma Review 1988: Chapter 27.

[12] R. K. Bayliss, J. W. Bryant, I. G. Sayce. Plasma Dissociation of Zircon Sands. 3-me Symposium International de Chimie des Plasmas. IUPAC Communications, T. 3, Rapport S. 5. 2. Universite de Limoges, France, Limoges, 13-19 Juillet, 1977.

[13] Э. Г. Раков, Ю. Н. Туманов, Ю. П. Бутылкин, А. А. Цветков, Н. А. Велешко, Е. П. Поройков. Основные свойства неорганических фторидов. М: Атомиздат, 1976, 400 с; Япония, Шиобару, Ниссо-Цусин, 1979, 416 с.

[14] А. И. Соловьев, В. М. Малютин. Получение металлургического тетрафторида циркония, очищенного от гафния до реакторной чистоты. Известия ВУЗов/ Цветная металлургия, 2002, N. 5, с. 18-21.

[15] P. Meubus. The Use of Radio Frequency Induction Plasma for Nickel Extraction from Serpentine Minerals. Canad. J. Chem. Engin. , 1973, V. 51, N. 4, p. 440-445.

[16] Ю. В. Цветков, С. А. Панфилов. Низкотемпературная плазма в процессах восстановления. М, Наука, 1980, 360 с.

[17] G. Thursfield, G. J. Davies. Effect of Process Variables on the Decomposition of Rhodonite in Induction Coupled Argon Plasmas. Trans. Inst. Chem. Engin. , 1974, V. 52, p. 237-245.

[18] G. R. Kubanek, R. J. Munz, W. H. Gauvin. Plasma Decomposition of Molybdenum Disulphide- a Progress Report. . 3-me Symposium International de Chimie des Plasmas. IUPAC Communications, T. 3, Rapport S. 5. 4. Universite de Limoges, France, Limoges, 13-19 Juillet, 1997.

[19] Электродуговой плазмотрон ЭДН-ВС. НПО НИИХИММАШ, Изд. N. 2723, 1993.

[20] А. Б. Амбразявичус, Р. А. Юшкявичус. Диагностика газодинамических и теплофизических

параметров высокотемпературных потоков, генерируемых системой плазмотронов мощностью 1 МВт. Отчет по контракту N. 01-570/1988. Каунас, ИФТПЭ, 1989.
[21] Уэмацу Сейдзи. Термообработка урановой руды. Заявка 61-211912. Япония. Заявлена 10. 01. 86. МКИ C01F 13/00, A 61 N. 5/00.

第4章

等离子体处理硝酸铀酰溶液和水合盐制备铀氧化物

4.1 工艺原理

在萃取、吸附等纯化技术引入铀、钚及其他化学元素的湿法冶金工艺之后，硝酸和其他溶液(萃取液、脱附物)就成为后续化工冶金生产过程的原料，用于制备核纯级化合物，如氧化物。纯化是核燃料循环方案中的关键环节(图1.5)，利用天然和再生原料生产铀、钚等核材料以及各种各样的核工业结构材料(Zr、Sc、Ni、Ti、Ta及其化合物)。

按照核燃料循环方案，铀、钚氧化物以前述溶液为原料得到。这些氧化物要么直接用于生产核燃料，要么用于生产核材料循环其他环节所需的中间体，如UF_4和UF_6、PuF_4和PuF_6，金属铀和钚，各种合金以及金属间化合物。由于核能需要的主要是氧化物核燃料，实际上铀和钚的二氧化物大多用来生产最终产物——燃料元件芯块。

核工业的许多结构元件都经历了类似的从矿石到最终产品的湿法冶金路线：最初是锆和钪的生产。

利用溶液生产核纯级氧化物材料的传统技术路线主要由如下水化学工艺组成：不溶性盐(铵盐、草酸盐、碳酸盐、氟化物等)沉淀，过滤，干燥，煅烧，母液化学处理，氮氧化物吸收等。其中，许多沉淀操作都属于纯化阶段，是生产核纯级元素前期阶段(在萃取和吸附之前)所必需的，首先是生产铀和钚。但是，由于目前吸附和萃取已经能够提供纯度足够高的产物，因而沉淀和溶解等常规水化学操作就不再是必不可少的。然而，若采用等离子体技术，则有可能直接分解溶液，实现“溶液→氧化物”的技术路线。这时，在凝聚相中获得溶解金属(铀、钚及其化合物和锆等)的氧化物，在气相中形成酸性氧化物，假如采用氮等离子体就得到氮氧化物。在技术经济方面,核燃料循环结构发生的这种改变将从根本上降低各操作阶段的成本(将在后面讨论),原因在于削减了许多转化环节,减少了设备,降低了节约了化学试剂、能量和劳动力消耗。此外,从生态学角度看,吸附-萃取纯化与等离子体技术的结合必然带来全新的工艺品质,原因是基于从沉淀到后续水化学操作生产氧化物材料的所有操作都会对环境造成极大破坏。对此,Б. Н. 拉斯卡林教授(Б. Н. Ласкориным)做出如下论断:"野蛮的中和操作,正在摧毁化工行业的主要原料——酸和碱。"[1]吸附、萃取、蒸馏与膜技术的运用将化学纯化带来的次生环境和技术问题的负面影响降到最低,并使生产工艺沿着以电物理技术这一新理念为基础的路径发展下去。

就等离子体分解溶液生产氧化物这一技术而言,其开发的最初目的是处理石墨反应堆燃料棒后处理过程中产生的硝酸铀酰溶液[2]。因此,处理参数和特性都与此相关。不过,等离子体技术的独特之处在于它是一种物理技术,不受原料及其化学式的影响,在一定程度上具有普适性。如下面将要表明的,这种技术以及相关技术可能存在的局限性更多地与原料性质,如溶解度、溶解度的温度系数、溶液中化合物的分子结构,以及最终产物(氧化物和复合氧化物)的稳定性,对产品的要求等有关[3]。这就是首先要考虑工艺过程数学模型的原因——在等离子体技术真正应用于核燃料循环和核工业结构材料、相关化合物以及非核领域之后能够评估其技术、经济和环境效益。

4.2 等离子体分解硝酸铀酰制备氧化铀和硝酸的工艺流程

等离子体分解硝酸铀酰溶液制备铀氧化物和硝酸的总体方案示于图4.1[3-7]。在该方案中,等离子体反应器为圆筒状、圆锥状或者更复杂的构型,由水或气体进行表面冷却;反应器内有预分散后的溶液(雾化成液滴)以及与该溶液化学相容的等离子体两种流体。两种流体在反应器中混合均匀,溶液被加热至沸腾,溶剂(在当前情况下是水)从液滴中蒸发出来,形成盐类残渣,后者被迅速加热至高温,并在加热的同时发生分解,形成金属氧化物以及由氮氧化物、水蒸气、氮气和氧气组成的气态产物。对硝酸铀酰溶液(或者硝酸铀酰水合盐)而言,等离子体分解生成氧化物和气态产物的过程可以由如下方程描述:

$$[(UO_2(NO_3)_2]_{aq} \longrightarrow 1/3U_3O_8(s) + aNO_2(g) + bNO(g) + \\ + cH_2O(g) + dN_2(g) + eO_2(g), \Delta H > 0 \qquad (4.1)$$

该技术方案中的主要设备有:

(1) 等离子体炬电源(具有自动控制电流功能的直流电源、高频电源或微波电源等)。

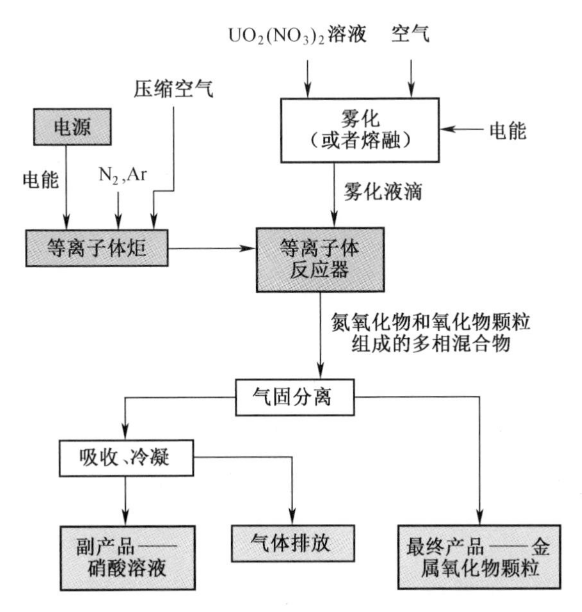

图 4.1　等离子体分解硝酸铀酰溶液制备铀氧化物和硝酸的过程总图

(2) 等离子体炬。工作气体与溶液化学相容,并被转变成等离子体(对于分解硝酸盐的情况,气体采用空气或其组分氮气和氧气,这取决于最终金属氧化物中金属的化合价)。后面将会讨论,当采用空气或氮气作为等离子体气体时,在某些情况下,等离子体分解硝酸铀酰溶液生成氧化物的过程可以与硝酸的再生过程结合起来。

(3) 等离子体反应器。在反应器中,等离子体与液滴混合,使溶液按照式(4.1)分解成氧化物和包括氮氧化物、水蒸气以及等离子体气体等成分在内的气相。如前面所述,等离子体反应器为圆筒状或圆锥状,通常安装几支等离子体炬和多个雾化喷嘴,因而在液滴与高温介质(等离子体)相互作用的过程中发生了非常剧烈的混合以及传热、传质现象。

(4) 分离设备。在分离设备中,气相与固体颗粒发生分离。在分离器之后形成颗粒状氧化物材料(最终产物)和气态物质(含有氮氧化物、水蒸气、氮气和氧气)两种独立的物料流,这一点从式(4.1)中可以看出。

(5) 冷凝吸收器。冷凝器用于水蒸气的强制冷却并吸收部分氮氧化物,吸收器用于完全吸收氮氧化物和重新合成的硝酸。因此,副产品硝酸必须从设备中排出。在有些情况下还需要增设辅助设备,进一步净化排放气体中的氮氧化物,以满足排放标准要求。

氧化物的化学组成与物理性质、硝酸的再生程度及其他参数取决于第一阶段——等离子体处理溶液和第二阶段——气、固分离过程。式(4.1)所示的硝酸铀酰溶液的分解过程可近似表示为图 4.2。该图给出了从液滴转化成最终产品的主要步骤。等离子体处理雾化溶液的最佳参数的确定基于数学模型进行,实际上是确定等离子体反应器的计算方法及计算其最优几何结构——反应器的长度 L 与直径 D 的比值(长径比)。在最佳工况下,可以实现溶液以给定的比例向目标产物转化,能量消耗最少而处理效率最高。开发计算方法实质上是将实际问题简化为数学模型。为此,需要将整个过程划分为几个阶段,再用数学方法描述各个阶段。这种数学模型已应用于硝酸铀酰溶液的分解,在建模和进行适当的计算之后将计算结果与实验结果进行比较,并验证它们的相关性。

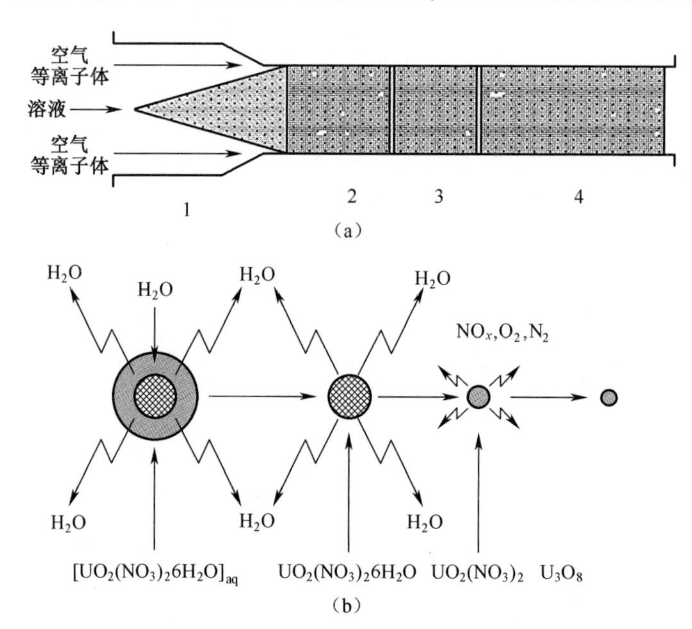

图 4.2　硝酸铀酰溶液与空气等离子体混合(a)以及液滴分解生成铀氧化物颗粒(b)的示意图
1—液滴被加热至沸点(T_b);2—溶剂蒸发,形成水合硝酸盐[$UO_2(NO_3)_2 \cdot 6H_2O$];
3—[$UO_2(NO_3)_2 \cdot 6H_2O$]受热分解,生成 U_3O_8 和气态产物;4—氧化铀颗粒受热。

4.3　描述硝酸铀酰溶液在空气等离子体中分解过程的数学模型

按照图 4.1 和图 4.2 所示液滴分解过程,硝酸铀酰溶液与空气等离子体流相互作用的过程可以分为四个阶段:

(1) 溶液分散(雾化)成液滴;

(2) 液滴加热至沸点(T_b);

(3) 溶剂蒸发,形成水合硝酸盐固体[$UO_2(NO_3)_2 \cdot 6H_2O$];

(4) [$UO_2(NO_3)_2 \cdot 6H_2O$]受热分解,生成铀氧化物 U_3O_8 和气态产物。

对上述过程和等离子体反应器参数的计算方法进行了研究,建立了该过程的数学模型。为此,首先利用数学方法描述所有阶段,然后利用实验数据验证这种表述的有效性。

雾化液滴与等离子体的混合在等离子体反应器中进行。反应器配备了冷却设施,通常安装多支等离子体炬,这种多弧反应器的混合效率更高、功率提升更快。按照图 4.1 所示的方案容易建立处理雾化液体的等离子体反应器。反应器为水冷圆管,上部安装 3 支或更多支等离子体炬。这些在同一个混合室内运行的等离子体炬产生的等离子体流与一个或者多个喷嘴喷出的溶液汇合。混合过程通过溶液与等离子体成一定夹角并且自上而下穿过等离子体流实现。因液滴的速度不同,液滴进入等离子体流之后被减速或者加速。

溶液的雾化过程至少是在雾化的初始阶段,由喷嘴的液滴分布函数决定。这里给出描述这种分布的一个例子——能够最充分描述实际过程的罗森-拉姆勒(Rosin-Rammler)分布[5]:

$$F(r_{c,0}) = (0.693n/r_0)(r_c/r_0)^{n-1}\exp[-0.693(r_c/r_0)^n] \tag{4.2}$$

式中:R_c 为液滴的半径,下标“0”和“c”分别表示液滴的初始状态和当前状态;n 为液滴的分布参数。

在理想或特殊条件下可以实现单分散雾化,这时所有进入反应器的液滴的半径都相同。

如果已知雾化液滴半径的最大值和最小值,实际分布函数可以利用一组半径固定的液滴进行近似。

在对等离子体分解硝酸铀酰溶液的过程进行模拟时,采用了如下假设[3-7]:

(1) 液滴在等离子体流线上的很短长度范围内均匀分布。

(2) 速度场、温度场、蒸气和液滴的浓度以及其他流动参数在反应器通道的任一截面上都是均匀的。

(3) 由于液滴与等离子体相互作用导致的液滴凝聚和二次破碎可忽略。

(4) 液滴表面不形成坚硬外壳,不影响溶剂蒸发速率和气态产物释放速率。

(5) 液滴为球形,其表面蒸发是球对称的。

(6) 沿液滴和固体颗粒半径方向不存在温度梯度。

(7) 不考虑液滴的辐射吸收。

(8) 气相由等离子体气体(空气)和水蒸气组成;在分析气相的热物理性质时,氮氧化物和三氧化铀部分分解会导致氧和氮不平衡,由于这部分氮和氧的体积分数极小,可以不予考虑。

(9) 理想气体状态方程适用于涉及气相的计算。

雾化溶液与等离子体的相互作用的数学描述基于上述阶段进行,并据此表述这些相互作用过程的方程。按照硝酸铀酰及其结晶盐的分解动力学方程,第3和第4阶段的分解速率与之前溶剂蒸发和颗粒加热阶段相比是微不足道的,认为溶剂蒸发过程一结束盐产物就开始受热并分解,盐的分解速率随温度的升高而增大,盐分解过程结束时,固体颗粒的温度接近于气态介质的温度,分解过程持续的时间由分解化学反应的速率常数决定(如果该过程包括几个阶段,就有多个常数)。

因此,基于上述假设,该方法可进一步详述如下:雾化溶液与等离子体流 $t=0$ 时刻在反应器 $X=0$ 的截面上开始混合。两种流体以不同初始温度、不同速度在 X 轴上沿同一方向运动。反应器壁温度在整个长度(高度)方向上保持恒定。

液滴以及之后固体颗粒的加热速率取决于它们的大小、等离子体的温度,以及其他决定传热和传质的参数。硝酸铀酰溶液的分解过程总体上由式(4.1)描述。根据物理和化学分析的结果,并考虑中间产物,分解过程可进一步由如下吸热反应方程组详细描述:

$$[(UO_2(NO_3))_2]_{aq} \xrightarrow{k_0} (UO_2(NO_3))_2 6H_2O + xH_2O(g),\ \Delta H_1>0 \tag{4.3}$$

$$(UO_2(NO_3))_2 6H_2O \xrightarrow{k_1} (UO_2(NO_3))_2 H_2O + 5H_2O(g),\ \Delta H_2>0 \tag{4.4}$$

$$(UO_2(NO_3))_2 H_2O \xrightarrow{k_2} \frac{1}{3}U_3O_8(s) + 2NO(g) + H_2O(g) + \frac{5}{3}O_2(g),\ \Delta H_3>0 \tag{4.5}$$

描述雾化溶液与等离子体流相互作用的一组方程如下。

4.3.1 凝聚相运动方程

由式(4.1)描述、图4.1和图4.2示意表示的这一过程的方程可写为

$$\frac{4}{3}\pi r_c^3 \rho_c w_c \frac{dw_c}{dx} = C_D \frac{\pi r_c^2}{2} \rho_g (w_g - w_c) \mid w_g - \omega_c \mid \tag{4.6}$$

式中:ω 为速度,下标“c”和“g”分别表示凝聚相和气相;ρ_g 为气相(等离子体气体和溶液分解产生的气态产物)的平均密度;C_D 为气流的阻力系数,其值通过推导出的插值公式计算[3],该式在来流雷诺数 $0<Re_M<200$、蒸发速率雷诺数 $0<R<10$ 的范围内有效,即

$$C_D = \frac{32R}{Re_M}\left\{\frac{12(1-R)e^{-R}}{2(1+R)e^{-R}-2+R^2}\left[1+\frac{Re_M}{8\psi}\frac{R^3}{2(1+R)e^{-R}-2+R^2}\right]+ + (Sc/6)[1-\exp(-3R/8)]\right\} \tag{4.7}$$

式中：Re_M 为由来流相对于液滴速度定义的雷诺数，$Re_M = [\rho_{g,\infty} | w_g - w_c |_\infty d_c]\mu_{g,f}$；$R$ 为由蒸发速率定义的雷诺数，$R = j_c d_c/(z\mu_g)$。S_C为施密特数(考虑了由球面对称引起的蒸发速率偏差)；函数 ψ 为

$$\psi = [1 + (1 + B_f)^{0.54} Re_M]^{0.37} \tag{4.8}$$

其中：B_f为传质参数，且有：

$$B_f = C_{pf}(T_{g,\infty} - T_d)/\Delta H_{ev} \tag{4.9}$$

其中：$T_{g,\infty}$、T_d 分别为距离液滴无限远处和液滴处的气体温度。

当液滴表面不存在径向传质时，式(4.7)可以简化为

$$C_D = \frac{24}{Re_M}\left[1 + \frac{3Re_M}{16 + (1 + Re_M)^{0.37}}\right] \tag{4.10}$$

4.3.2 液滴受热与溶剂蒸发方程

描述液滴受热以及溶剂从液滴中蒸发出来的方程如下：

$$\frac{4}{3}(w_c \pi r_c^3 \rho_c c_{pc}) \frac{dT_c}{dx} = 4\pi r_c^2 (q_c - \Delta H_{tr} j_c) \tag{4.11}$$

式中：c_{pc}为溶液的比热容；T_c为液滴(或者颗粒)的温度；j_c为分解产物从液滴表面蒸发的质量通量；ΔH_{tr}为相变热或者由盐分解引起的焓变；q_c为等离子体传递给液滴的热流密度，且有

$$q_c = (Nu_T/2r_c)\lambda_g(T_g - T_c) \tag{4.12}$$

其中：λ_g为混合气的热导率；T_g、T_c分别为高温气体和凝聚相的温度：Nu_T为热努塞尔数(Nusselt number)，且有

$$Nu_T = (2r_c q_c/4\pi r_c^2 \lambda_g)(T_g - T_c) \tag{4.13}$$

下面给出计算热努塞尔数的插值公式：

$$Nu_T = \frac{2}{Z} + \frac{Z^2 c^{-P}}{2Pr^{1/3}(1 + B_f)^{1.4}} \times \left\{\left[1 + \frac{2Pe}{Z^4} Pr^{1/3}(1 + B_f)^{1.4}\right]^{1/2}\right\}$$

其中：$Z = (\alpha^P - 1)/P$；Pe 由来流的流速定义的热贝克来数(Peclet number)，$Pe = RePr$；P 为由蒸发速率确定的热贝克来数，$P = R \cdot Pr$；Pr 为普朗特数，$Pr = \mu_g c_{pg}/\lambda_g$。

在第一阶段，蒸气流的质量通量由下式确定：

$$j_c = \frac{Nu_D}{2r_c} D\rho_v \ln\frac{1 - Z_{v,\infty}}{Z_{v,c}} \tag{4.15}$$

式中：$Z_{v,c}$、$Z_{v,\infty}$ 分别为液滴表面附近和距离液滴无限远处蒸气的摩尔分数；Nu_D 为扩散努塞尔数，且有

$$Nu_D = \frac{2r_c J_v}{4\pi r_c^2 \rho_v D(C_{v,d} - C_{v,\infty})}. \tag{4.16}$$

其中：J_v 为液滴表面的蒸发通量；D 为水蒸气对等离子体流的扩散系数；ρ_v 为水蒸气密度；$C_{v,c}$、$C_{v,\infty}$ 分别为液滴表面附近和无限远处水蒸气的质量浓度。

在第二阶段(溶剂蒸发)，蒸气流的质量通量由下式给出：

$$j_c = q_c / \Delta H_{tr} \tag{4.17}$$

式中：ΔH_{tr}为蒸气的相变热。

在第三阶段(盐加热和分解)，在六水合硝酸铀酰的分解过程中，盐颗粒表面产生的气相物质的质量通量通过下式计算：

$$j_c = \frac{w_c}{4\pi r_c^2}\left(\frac{5M_{H_2O}}{M_{hh}}\frac{dm_{hh}}{dx} - \frac{3M_{H_2O}}{M_{ox}}\frac{dm_{ox}}{dx}\right) \tag{4.18}$$

硝酸铀酰水合物分解和氧化铀生成的反应速率通过下列方程确定：

$$w_c = \frac{dm_{hh}}{dx} = - k_1 m_{hh} \tag{4.19}$$

$$w_c = \frac{dm_{mh}}{dx} = - k_1 m_{hh}\frac{M_{mh}}{M_{hh}} - k_2 m_{mh} \tag{4.20}$$

$$w_c = \frac{dm_{ox}}{dx} = - k_2 m_{mh}\frac{M_{ox}}{3M_{mh}} \tag{4.21}$$

式中：k_1，k_2 分别为六水合硝酸铀酰分解和氧化铀生成的反应速率常数；M_{H_2O}、M_{hh}、M_{mh}、M_{ox}分别为水、六水合硝酸铀酰、一水合硝酸铀酰和铀氧化物的相对分子质量；m_{hh}、m_{mh}、m_{ox}分别为六水合硝酸铀酰、一水合硝酸铀酰和铀氧化物的质量。

4.3.3 描述残盐蒸发分解时升温过程的方程

溶剂(水)从硝酸铀酰溶液的液滴中蒸发(式(4.3))之后，残盐——$UO_2(NO_3)_2 \cdot 6H_2O$ 开始与等离子体流接触，同时发生分解(式(4.4)和式(4.5))。在残盐分解过程中，盐颗粒中的升温过程由如下方程描述：

$$\frac{4\pi}{3}r_c^3\rho_c c_{pc} w_c \frac{dT_c}{dx} = 4\pi r_c^2 q_c \Delta H_{hh} w_c \frac{5M_{H_2O}}{M_{hh}}\frac{dm_{hh}}{dx} - \Delta H_{mh} w_c \frac{3M_{H_2O}}{M_{ox}}\frac{dm_{ox}}{dx} \tag{4.22}$$

式中所有下标的含义与前述相同。

4.3.4 两相流的质量平衡方程

描述第 1 阶段和第 2 阶段的两相流的质量平衡的方程如下：

$$\frac{d}{dx}\sum_{\alpha}\frac{4\pi}{3}r_c^3\rho_c w_c N_\alpha = \sum_{\alpha} J_\alpha N_\alpha \quad (4.23)$$

$$\frac{1}{S}\frac{d}{dx}(S\rho_g \omega_g) = \sum_{\alpha} J_\alpha N_\alpha \quad (4.24)$$

式中:下标 α 指一组大小固定的液滴(颗粒); J_α 为从该组液滴(颗粒)表面蒸发的水蒸气的质量通量;N_α 为在群组 α 的单位体积内的液滴(颗粒)的数目;S 为等离子体反应器的横截面积;ρ_g 为等离子体气体的密度。纯组分的密度用已知的压强和温度的函数来表示。当气态混合物的速度为亚声速时,在等离子体反应器中的大部分区域内都可以认为压强沿反应器的长度方向均匀分布,因而组分的密度值由其体积分数和温度决定。基于此,分散相颗粒物与气体混合物进行混合的动量平衡方程并未归入该方程组体系。第3阶段的质量平衡方程考虑了分解引起颗粒质量的变化:

$$\frac{d}{dx}\sum_{\alpha}\frac{4\pi}{3}r_c^3\rho_c w_c N_\alpha = \sum_{\alpha}\left(J_\alpha N_\alpha - N_\alpha w_\alpha \frac{dm_{ox}}{dx}\right) \quad (4.25)$$

或

$$\frac{1}{S}\frac{d}{dx}(S\rho_g w_g) = \sum_{\alpha}(J_\alpha N_\alpha) + \sum_{\alpha}(w_c N_\alpha)\left(\frac{6M_{NO} + 5M_{O_2}}{M_{ox}}\right)\frac{dm_{ox}}{dx} \quad (4.26)$$

等离子体气体的质量平衡可以写为

$$\frac{d}{dx}[S\rho_g(1 - Z_{v,\infty})w_g] = 0 \quad (4.27)$$

水蒸气的质量平衡可以写为

$$\frac{d}{dx}[SZ_{v,\infty}w_g] = \sum_{\alpha} J_\alpha N_\alpha \quad (4.28)$$

由于当前模型不考虑液滴的凝聚和二次破碎,故需考虑液滴的数量平衡方程:

$$\frac{d}{dx}\sum_{\alpha} w_c N_\alpha = \sum_{\alpha} N_{\alpha,0} w_{c,0} \quad (4.29)$$

4.3.5 两相流的动量和能量守恒方程

两相流的动量和能量守恒由如下方程组给出:

$$\rho_g w_g \frac{dw_g}{dx} + 4/3\pi\sum_{\alpha} r_{c,d}^3\rho_c N_\alpha w_{c,d}\frac{dw_{c,d}}{dx} + \sum_{\alpha} N_\alpha J_\alpha(w_g - w_{c,d}) = -\frac{dP_g}{dx} \quad (4.30)$$

$$\rho_g w_g c_{p,g}\frac{dT_g}{dx} + \rho_g w_g^2\frac{dw_g}{dx} + \frac{4}{3}\pi\sum_{\alpha} r_{c,\alpha}^3\rho_c N_\alpha\left(c_{p,c}w_{c,\alpha}\frac{dT_{c,\alpha}}{dx}\right.$$

$$+ w_{c,\alpha}^2 \frac{dw_{c,\alpha}}{dx}\right) = -\sum_{\alpha} N_\alpha J_\alpha \left(\int_{T_{c,d}}^{T_g} c_{p,v} + \Delta H_{tr} + \frac{(w_q - w_{c,\alpha})^2}{2} \right) - \frac{2q_\omega}{D_\omega} \tag{4.31}$$

式中：q_ω为通过反应器壁的热流密度；D_ω为反应器通道的直径。

在确定通过反应器壁的热流密度时，应考虑通过反应器的流体为两相流。对于无尘气流，通过反应器壁的热流密度由下式决定：

$$q_\omega = St\rho_g w_g (H_g - H_\omega) \tag{4.32}$$

式中：H 为焓；St 为斯坦顿数，且有

$$St = 0.332Re^{-0.5}Pr^{-0.67}, 600 < Re < 2300 \tag{4.33}$$

其中

$$Re = \frac{4G_g}{\pi D_w \mu_g} \frac{x}{D_c} \tag{4.34}$$

两相流通过反应器壁的热流密度 q'_w 与无尘气流通过反应器壁的热流密度 q_w 的比值定义为

$$q'_w / q_w = 0.76(G_g/G_c)^{0.128} \tag{4.35}$$

热努塞尔数的表达式为

$$Nu_{T,c} = 0.022(w_g \rho_g D_c / \mu_g)^{0.8} (c_{pg} \mu_g / \lambda_g)^{0.4} \tag{4.36}$$

上述方程组必须利用其他关系式来封闭，包括描述焓、热导率、热容、黏度以及其他参数与温度的关系的方程。

4.4 计算结果以及与实验数据的比较

式(4.3)~式(4.36)已通过两种近似方法求解：在第一种近似中，基于溶液单分散雾化假设，研究了铀及其他元素的硝酸盐溶液液滴在各种工况下沿等离子体反应器长度的演变；第二种近似方法考虑了更常见的情况，认为雾化液滴是多分散的，这时，由大小各异的液滴组成的雾化溶液用罗森-拉姆勒分布描述，其中液滴由 12 个等级的单分散雾化液滴组成，第 1 级和第 12 级分别指尺寸最大和最小的液滴。在这项研究中，我们分析了得到的氧化物的成分与工艺条件——功率、等离子体温度、等离子体与液滴的初速度之比、液滴(颗粒)在反应器通道中的所需停留时间以及液滴的大小之间的关系。下面简要讨论通过这两种近似取得的主要成果。

上述方程组求解的初始条件：电功率 150~4000kW；等离子体反应器的直径 0.1~0.6m；等离子体的初始温度 4000~6000K；溶液液滴的初始直径 20μm、40μm、100μm；在反应器入口液滴的速率 80~300m/s；溶液流量 0.015~0.23kg/s；

溶液初始浓度 0.05~0.3kgU/kg。

以下是功率 150kW 的等离子体反应器的设计特征。基于给定的反应器直径 D_w、产物在反应器中的停留时间 τ、通过反应器壁的热损失 P_W、颗粒温度 T_c 和气相温度 T_g，确定装置的长度 L。方程组的求解在反应器的长度 X 上进行，以形成氧化铀。硝酸铀酰转化为铀氧化物的转化率 $\varphi_{ox}=0.99$。对主要工艺参数进行分析发现，颗粒在反应器中停留的时间主要(70%~90%)取决于第三阶段。因此，为了使硝酸铀酰的分解率更高(φ_{ox}为 0.999 或 0.9999)，雾化溶液在反应器停留的总时间中这部分所占的比例应提高到 90%~95%。

对于单分散硝酸铀酰溶液喷入空气等离子体中的情况，图 4.3 示出了在两相流沿反应器轴线流动的过程中，等离子体参数和分散相的分布在等离子体中的演化，这些关系是所有计算中的典型关系。该图表明了液滴在等离子体中的加热动力学、等离子体冷却动力学、溶液分解反应动力学式(4.3)~式(4.5)、凝聚相和蒸气混合物速度的变化以及液滴大小的变化等。根据输入数据，液滴转变成最终产物颗粒所需的时间为 $10^{-3}\sim10^{-1}$ s。其他条件不变，增大液滴直径，达到给定分解深度所需的反应器长度增大(图 4.4)；并且当液滴的直径增大时，对其初速度和反应器长度的影响更加明显。因此，当液滴初始直径为 20μm，初速度从 30m/s 增加到 300m/s 时，反应器的长度增大到原来的 1.3~1.4 倍；初始直径 40μm 时，达到 2 倍；初始直径为 80μm 时，达到 2.4 倍。改变溶液的浓度，这种趋势将继续保持(图 4.5)。提高溶液浓度同时保持其他条件不变，液滴向最终产物转变过程中的总能耗将降低，反应器的长度和处理时间减少。随着处

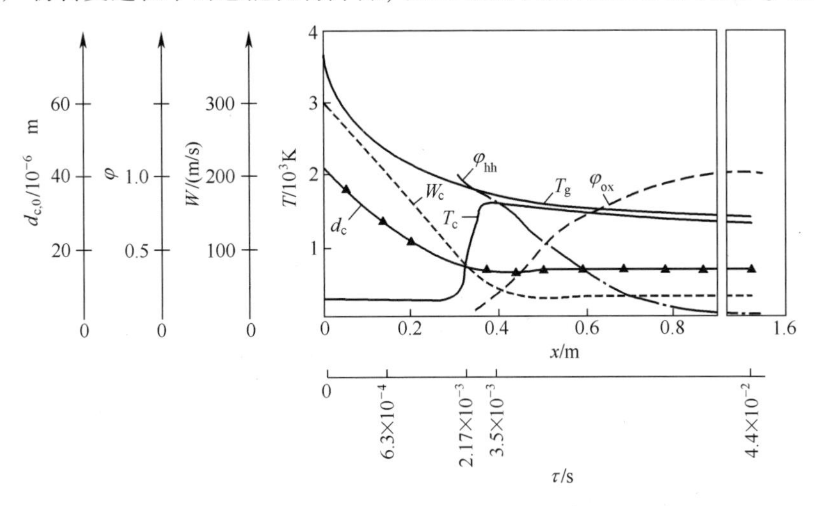

图 4.3　等离子体分解硝酸铀酰过程中主要参数沿反应器轴线的变化

注：$T_{g0}=4000$K，$G_s=0.015$kg/s，$\theta=0.05$kgU/kg，$w_{C0}=300$m/s，$D_W=0.1$m，$d_{C0}=40$μm。

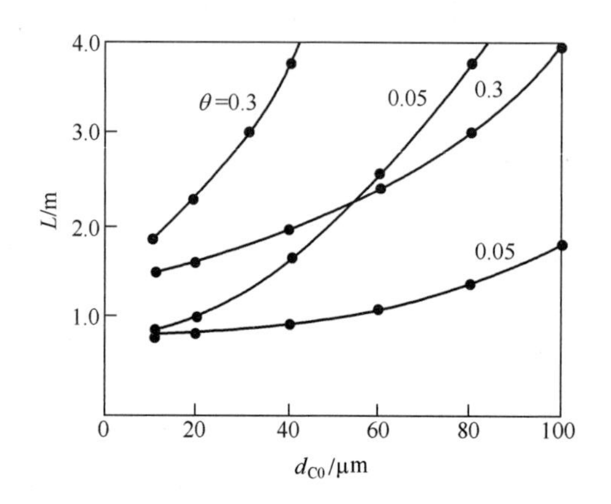

图 4.4　等离子体反应器的长度 L 与不同初速度 w_{C0} 条件下液滴初始直径 d_{C0} 的关系

注：$T_{g0}=4000K$，$Q_S=0.05m^3/h$，$D_w=0.1m$，$d_{C0}=40\mu m$；曲线附近的数据为浓度，单位为 kgU/kg；对于同样的浓度，下面的曲线对应于 $w_{C0}=30m/s$，上面的曲线对应于 $w_{C0}=300m/s$。

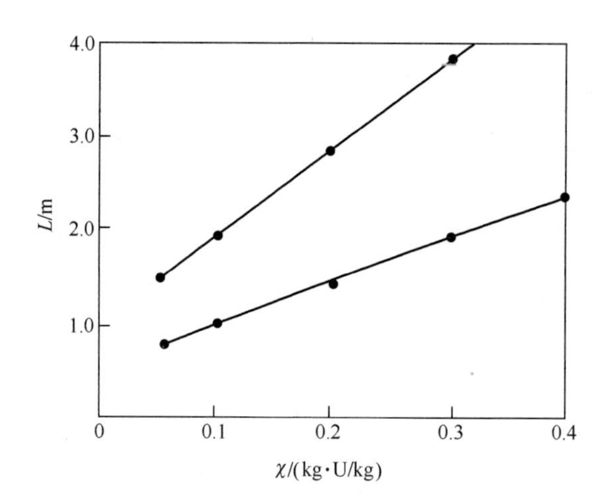

图 4.5　等离子体反应器长度与溶液初始浓度的关系

注：$T_{g0}=4000K$，$Q_S=0.05m^3/h$，$D_w=0.1m$，$d_{C0}=40\mu m$；下方曲线对应于 $w_{C0}=30m/s$，上方曲线对应于 $w_{C0}=300m/s$。

理过程中的能耗和等离子体初始温度的增加，达到给定分解率所需的反应器长度将会减小。

利用图 4.3 所示的关系可以计算给定工况下所需的反应器长度，得到一定化学组成的产物时颗粒与等离子体的最终温度、分散相和气相的速度，以及假设不存在二次(后续)破碎时的最终颗粒直径等。此外，还可以计算处理过程所需的时间。原则上,如果知道铀氧化物颗粒的相变速率与温度的关系,就可以定义反应器中某一点的时间—空间坐标,在此获得所需的化学组成与相组成的产物。

提高等离子体的初始温度 T_{g0} 和处理过程的比能耗 ε,形成一定化学组成的产物所需的反应器长度就会减小(图4.6)。分析图4.3~图4.6的数据可以发现,宜优先选用机械雾化方式($w_c = 30\text{m/s}$)。在所有情况下,当其他条件不变时增大反应器的直径,其长度会相应减小(图4.7),这与通过反应器壁的热损失降低有关。

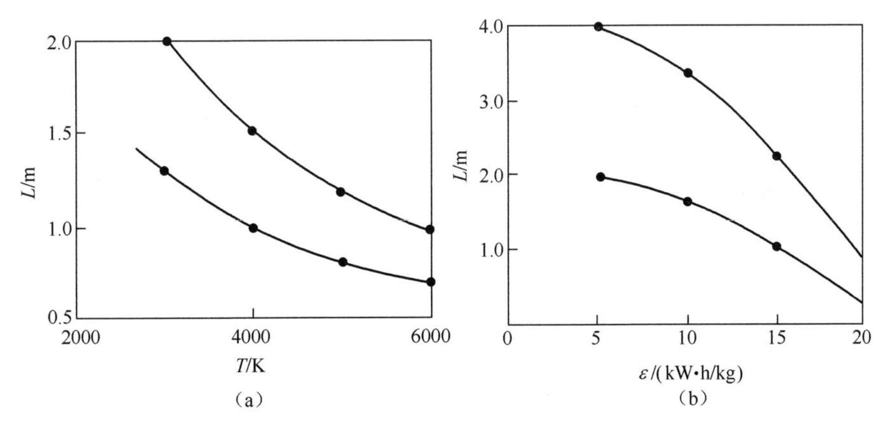

图4.6 等离子体反应器的长度 L 与等离子体初始温度(a)和比能耗(b)的关系

注:$T_{g0} = 4000\text{K}$,$Q_S = 0.05\text{m}^3/\text{h}$,$D_w = 0.1\text{m}$,$d_{C0} = 40\mu\text{m}$,$\theta_0 = 0.05$ kgU/kg (a)和0.3kgU/kg(b);下方曲线对应于 $w_{C0} = 30\text{m/s}$,上方曲线对应于 $w_{C0} = 300\text{m/s}$。

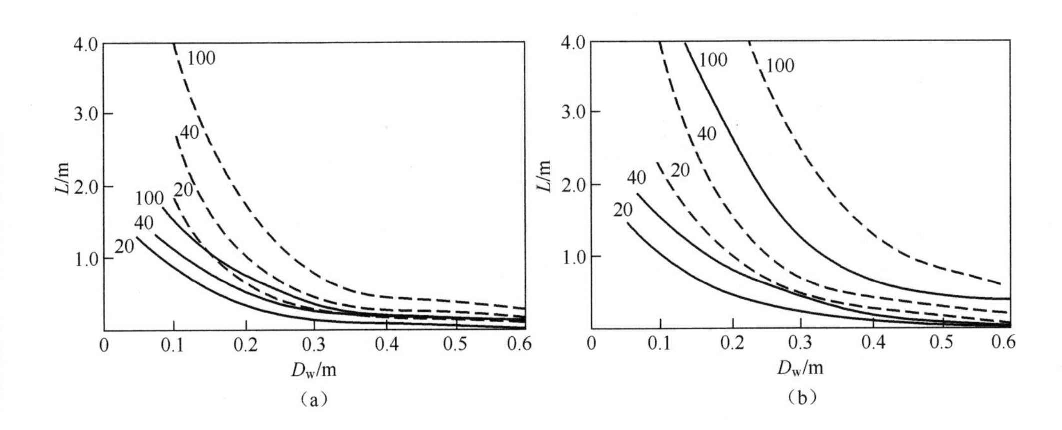

图4.7 等离子体反应器的长度 L 与其直径 D_w 的关系

注:$w_{C0} = 30\text{m/s}$(a);$w_{C0} = 300\text{m/s}$(b),$T_{g0} = 4000\text{K}$,$D_w = 0.1\text{m}$;$d_{C0} = 40\mu\text{m}$;实线 $G_s = 0.015\text{kg/s}$,$\theta = 0.05\text{kgU/kg}$;虚线 $G_s = 0.023\text{kg/s}$,$\theta = 0.05\text{kgU/kg}$;$Q_S = 0.05\text{m}^3/\text{h}$;曲线附近的数据为液滴的初始直径(μm);下方曲线对应于 $w_{C0} = 30\text{m/s}$,上方曲线对应于 $w_{C0} = 300\text{m/s}$。

反应器产生的气体和颗粒的最高温度主要取决于具体的技术条件。例如,如果需要在 0.1~0.001s 内将颗粒中的 NO_x 的含量降低到 0.001%,就需颗粒温度保持在 1000~1600K。这样的温度很容易在处理雾化溶液的等离子体反应器中实现,即使液滴的初始直径达到 100μm(图 4.8)。

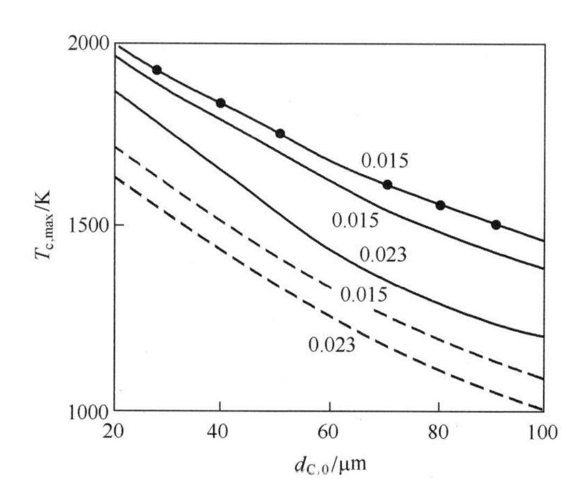

图 4.8 颗粒的最高温度与液滴初始直径的函数关系

注:图中数字表示溶液的流量(kg/s):T_{g0}=4000K;从上至下,第一条曲线 w_{C0}=30m/s,D_W=0.25m,第二、三条曲线 w_{C0}=30m/s,D_W=0.1m,虚线 w_{C0}=300m/s,D_W=0.1m。

随着液滴直径减小,反应器产生的气体的温度逐渐降低(图 4.9),原因在于通过反应器水冷壁的热损失增大了。实际上,如前面所述(图 4.4),为了达到所需的分解率,液滴直径的增大导致反应器长度必须增加,从而加剧了高温气体混合物与反应器表面的接触过程。

反应器排出的气体的温度不仅影响处理过程的能量特性(从这方面考虑,需要最大限度地降低排放气体的温度),还会影响产物的品质(铀氧化物中残留的氮的含量)。升高分散相与气相分离的温度会降低产物颗粒的吸附性能,因此得到的颗粒中氮氧化物的量较少,即升高气体混合物的温度提高了产物的品质。

从图 4.10 可以看出,通过反应器壁的热损失主要取决于液滴的大小、初始速度和反应器的直径。利用机械分散法,液滴进入反应器的速度较小(w_c=30m/s),从而降低了热损失,或者在热损失给定时使用孔径较粗的雾化喷嘴。

因此,通过对等离子体反应器进行模拟,可以掌握脱硝工艺的基本特征,并确定给定直径 D 的反应器所需的长度 L。所以,对于处理硝酸铀酰溶液的直径为 0.1m 的反应器,当进料量为 0.015kg/s(溶液用气动喷嘴雾化,液滴大小为 40μm,进入反应器的速度 w_c=300m/s)、等离子体的温度为 4000K 时,所需的反应器长度约为 1.5m(图 4.3)。在脱硝过程中,颗粒最高温度为 1540K,反应器排放的气体的温度为1350K(图4.3),热损失约为20%(图4.10)。

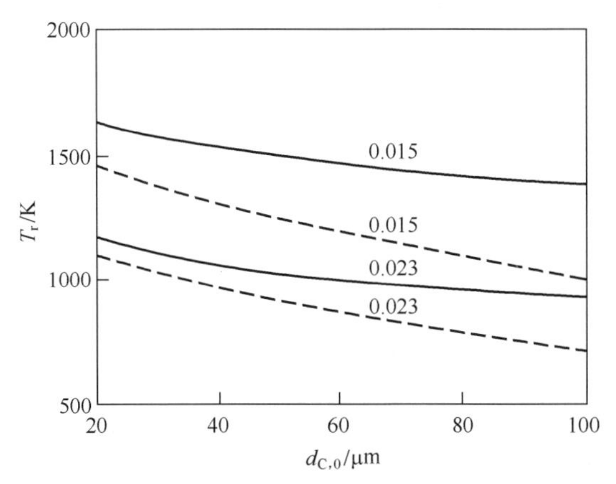

图4.9 反应器产生的混合气体的温度与液滴初始直径的关系

注:图中数据表示溶液的质量流量(kg/s):质量流量0.015对应于金属浓度为0.05,体积流量为$50\times10^{-3}m^3/h$;质量流量0.023对应于金属浓度为0.3;$T_{g0}=4000K$;$D_W=0.1m$;实线对应于$w_{C0}=30m/s$;虚线对应于$w_{C0}=300m/s$。

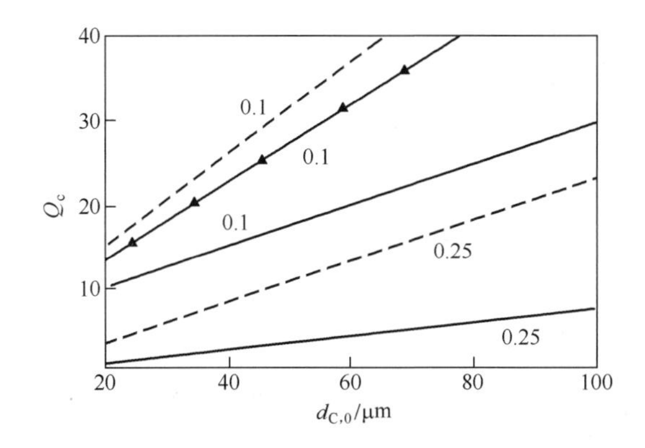

图4.10 等离子体反应器的热损失与液滴初始直径的关系

注:图中曲线附近的数字表示反应器直径(m):实线$w_{C0}=30m/s$,$G_s=0.023kg/s$;虚线$w_{C0}=300m/s$,$G_s=0.023kg/s$;标记线$w_{C0}=300m/s$,$G_s=0.015kg/s$。

4.5 化学反应体系与等离子体相互作用过程中的传热、传质和反应动力学等若干问题

在等离子体技术的诸多关键问题中,较为关键是实现等离子体与引入其中

的反应体系之间的强烈传热与传质过程,尤其对于必须降低通过多弧等离子体反应器壁面的热损失而言。使用热电偶进行的大量测量结果表明,等离子体射流在混合室入口处的温度分布是均匀的,在竖直放置的反应器水平截面的中心部分占据了 80%。对于在这类等离子体反应器中实现的工艺,人们最感兴趣的是溶液在等离子体中分解时的强烈吸热过程(如上述硝酸铀酰的分解过程)。迄今为止,人们已经开发的一些关于分散相与等离子体之间传热传质的模型仍然不够完善,主要缺陷简要总结如下[6]:

(1) 未考虑液滴表面迅速蒸发引起的径向质量流动对阻力系数 C_D 的影响;同样未考虑质量流动导致液滴偏离球对称的因素。

(2) 未考虑液滴初始粒径与速度的分布。

(3) 在计算液滴周围气相的输运系数时,对温度和化学组成进行平均这一方法的选择缺乏依据。

(4) 化学反应速率常数向更高温度范围外推存在显著的不确定性。

(5) 未考虑液滴与等离子体接触时的二次破碎现象。

(6) 在计算反应器壁的传热时,未考虑气态混合物及其中分散相的两相流问题。

在计算单个粒子在非等温气流中运动时,必须知道气体的阻力或者阻力系数 C_D。通过大量实验,人们建立了标准阻力曲线描述球形固体颗粒以恒定速度在静止、等温、不可压缩气体中运动无穷小长度的过程中 C_D 与雷诺数 Re 的关系(图 4.11)。

在低雷诺数($Re \leqslant 0.2$)数时,C_D 由斯托克斯方程给出:

$$C_D = 24/Re \tag{4.37}$$

当 $0.2 \leqslant Re < 2$ 时,将 Re 进行展开,C_D 由奥辛公式(Ozeen's formula)计算:

$$C_D = 24/Re[1 + 3/16(Re)] \tag{4.38}$$

当 $Re > 2$ 时,最常用的关系式是:

$$C_D = 24/Re[1 + 0.110(Re)^{0.81}], 2.0 \leqslant Re \leqslant 21 \tag{4.39}$$

$$C_D = 24/Re[1 + 0.185(Re)^{0.62}], 21 \leqslant Re \leqslant 500 \tag{4.40}$$

在 $Re \leqslant 1$ 并且 $Re \cdot Re_v \ll 1$ 的条件下,研究蒸发液滴表面上的径向传质以及空气动力学阻力对不对称蒸发的影响时,利用匹配渐近展开法,可以得到 C_D 的解析表达式[4]

$$C_D = \frac{32}{Re}\frac{Re_v[1-(1+Re_v)C_c^{-Re}]}{Re[2(1+Re_v)e_v^{-Re}-2+Re_v^2]} \times \left\{1+\frac{Re}{8}\frac{Re_v^3}{2(1+Re_v)e_v^{-Re}-2+Re_v^2}\right\} \tag{4.41}$$

式中:Re_v 为通过液滴蒸发速率确定的雷诺数。

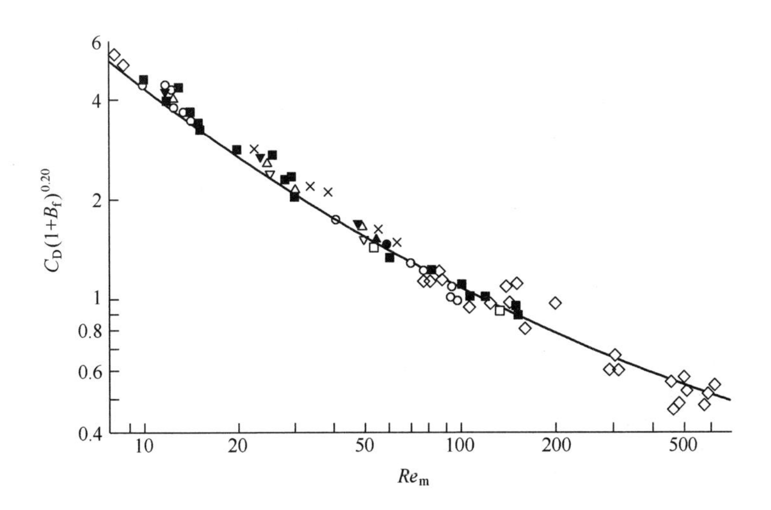

图 4.11　液滴蒸发的阻力系数

注:实线是标准曲线;其他符号是各种实验数据。

表 4.1 列出了通过式(4.41)确定的 C_D 值与排除蒸发利用奥辛公式计算的 C_D 值的比较。

表 4.1　喷入等离子体射流的液滴对空气阻力系数 C_D 的影响

Re_v	Re			
	0.1	0.5	1.0	2.0
0.1	0.971	0.974	0.971	0.980
0.5	0.867	0.897	0.891	0.911
1.0	0.753	0.774	0.796	0.832
2.0	0.573	0.607	0.643	0.701
5.0	0.250	0.339	0.391	0.474

从表 4.1 可以看出,式(4.41)在 $Re \leqslant 1$ 并且 $Re \cdot Re_v \ll 1$ 的范围内成立,误差约为 30%。当 $10<Re<260$ 时,可以采用下列 C_D 表达式:

$$C_D\ (1 + B_f)^{0.20} = 24/Re_m[1 + 0.2(Re_m)^{0.63}] \tag{4.42}$$

式中

$$B_f = C_{sf}(T_{g\infty} - T_c)/\Delta H_{ev} \tag{4.43}$$

其中:C_{sf}为在液滴表面(c)及远处(∞)的蒸气质量浓度;$T_{g\infty}$为距离液滴无限远处的气体温度;T_c为颗粒温度;ΔH_{ev}为液滴中液体的蒸发热。

Re_m为由自由流速度确定的雷诺数,且有

$$Re_m = \rho_{g0} w_{g\infty} d_c / \mu_{gf} \tag{4.44}$$

其中:ρ_{g0}为由水蒸气与气体组成的气态产物的密度,$w_{g\infty}$为气体速度,下标“∞”指数表示远离液滴的区域;d_c为液滴直径;μ_{gf}为水蒸气与气体混合物的黏度;下标“f”对应于气体的特征参数,即

$$T_f = T_c + 0.5(T_{g\infty} - T_c) \tag{4.45}$$

$$C_{sf} = C_{sc} + 0.5(C_{sf} - C_{sc}) \tag{4.46}$$

为了计算系数 C_D,可以使用雷诺数在冲击流 $0<Re_m<200$ 和蒸发速率 $0<Re_v<10$ 的范围有效的内插公式:

$$C_D = \frac{32}{Re_m}\left\{\frac{Re_v[1-(1+Re_v)\cdot e^{-Re_v}]}{2(1+Re_v)e^{-3/8Re_v}-2+Re_v^2}\right\}$$
$$\times\left[1+\frac{Re_m}{8\psi}\frac{Re_v}{2(1+Re_v)e^{-3/8Re_v}-2+Re_v^2}\right]+\frac{Sc}{6}[1-e^{3/8Re_v}] \tag{4.47}$$

式中

$$\psi = [1+(1+B_f)^{0.54}Re_m]^{0.37} \tag{4.48}$$

当球形颗粒表面不存在径向质量流动($R=0, B_f=0$)时,式(4.47)变成

$$C_D = \frac{24}{Re_m}\left[1+\frac{3Re_m}{16+(1+Re_m)^{0.37}}\right] \tag{4.49}$$

根据式(4.47)计算出结果见表4.2。由此式得到的 C_D 值与文献数据保持很好地一致,并符合标准阻力曲线(图4.11)。通过球形颗粒表面的热流密度和扩散通量基于热和扩散的努塞尔数计算:

表4.2 液滴蒸发的阻力系数

Re_v/Re_m	Re_m				
	1	5	10	15	20
0	29.4(28.2)	7.6(7.4)	4.5(4.3)	3.2(3.3)	2.5(2.7)
0.1	27.4(26.8)	7.1(6.5)	4.0(3.7)	2.8(2.7)	2.2(2.2)
0.2	26.6(26.8)	6.5(6.0)	3.5(3.3)	2.5(2.3)	2.0(1.8)
0.3	25.9(25.5)	6.0(5.5)	3.2(2.9)	2.3(2.0)	1.8(1.6)
0.4	25.2(24.8)	5.5(5.0)	2.9(2.6)	2.1(1.8)	1.6(1.5)
0.5	24.5(24.2)	5.1(4.6)	2.7(4.4)	1.9(1.7)	1.5(1.4)
注:括号中的数据取自文献[5]					

$$Nu_T = 2Q_c/[4\pi\cdot r_c\cdot\lambda_g(T_{g\infty}-T_c)] \tag{4.50}$$

$$Nu_D = 2J_s/[4\pi \cdot r_c \cdot \rho_s \cdot D(T_{g\infty} - T_c)] \tag{4.51}$$

式中：Q_c为输入液滴的热流密度；λ_g 为蒸气与气体混合物的热导率；J_s为液滴表面的水蒸气流量；D 为扩散系数；ρ_s为水蒸气的密度；其余符号如前文所述。

对于低雷诺数和贝克来数($Re \ll 1, Pe \ll 1$)、颗粒表面与无限远处之间的温度梯度和蒸气浓度梯度无限小，并且颗粒在静止气体中匀速运动的情形，可以得到努塞尔数的解析解[4]：

$$Nu_T = 2 + 0.5RePr_T \tag{4.52}$$

$$Nu_D = 2 + 0.5RePr_D \tag{4.53}$$

式中：Pr_T和 Pr_D 分别为热和扩散普朗特数。

分析液滴在高温环境下的蒸发过程，必须考虑液滴表面的蒸气流量对热流密度和扩散通量的影响。蒸气的质量流量通过液滴周围气态物质（包括蒸气和其他气体）的温度和成分变化对传热强度产生间接影响。

液滴在剧烈蒸发过程中，表面附近存在“冷”边界层，大幅降低了气体与蒸气混合物的局部热导率。此外，从液滴表面蒸发的蒸气阻止热量输入液滴，因为热边界层的厚度增大。

当自由流流速决定的贝克来数 Pe 较小($Pe<<1$)，并与蒸发速率决定的贝克来数 Pe_v满足条件 $Pe_v \cdot Pe<<1$ 时，Nu_T可通过匹配渐近展开法由如下表达式给出：

$$Nu_T = 2/Z + \frac{Pe \cdot e^{Pe_v}}{2Z^2} \tag{4.54}$$

式中

$$Z = (e^{Pe_v} - 1) \cdot Pe_v \tag{4.55}$$

其中：Pe_v为由蒸发速率决定的贝克来数。

根据 $10<Re_m<100, 0<B_f<0.8$ 和 $20<Re_m<400, 0<B_f<6$ 范围内的数值计算结果，以及在 $25<Re_m<2000$ 且 $0.07<B_f<2.8$ 范围内的实验数据，可以得到下列关系式[6]：

$$Nu_T(1 + B_f)^{0.70} = 2 + 0.57Re_m^{0.5} \cdot Pr_f^{1/3} \tag{4.56}$$

以及

$$Z_f^{0.70} = [Nu_T(1 + B_f)^{0.70} - 2] \cdot Pr_f^{1/3} = 0.57Re_m^{1/2} \tag{4.57}$$

根据式(4.56)和式(4.57)，并在数 Re_m和 B_f的指定范围内计算出的努塞尔与实验数据一致，误差为±15%（图 4.12）。Nu_T的值可以使用如下关系式来计算：

$$Nu_T = \frac{2}{Z}\frac{Z^2 e^{-Re_v}}{2Pr_T^{1/3}(B_f + 1)^{1.4}} \times \left\{\left[1 + \frac{2Pe}{Z^4}(1 + (1 + B_f)^{0.4})\right]^{0.5} - 1\right\} \tag{4.58}$$

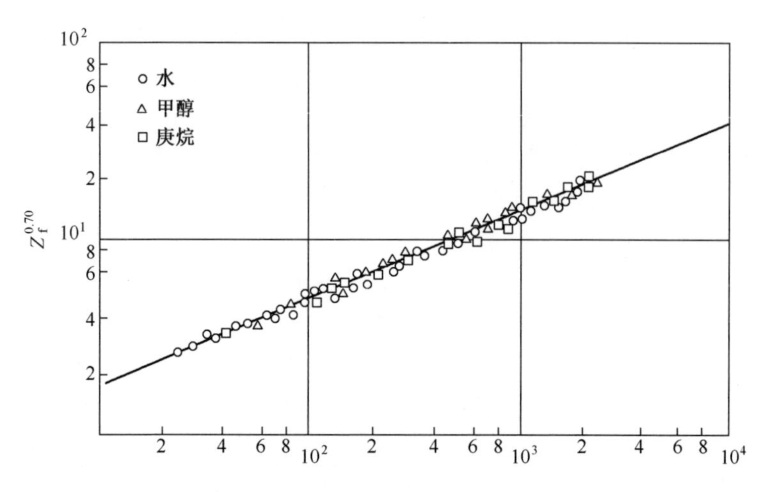

图 4.12 液滴蒸发过程的努塞尔数

式(4.58)在 $Pe \ll 1$ 时与式(4.54)一致,在 $Pe_v \gg 1$ 时与式(4.56)一致。表 4.3 是根据式(4.58)确定的努塞尔数与其他数值计算的结果(括号中的数值,见文献[4])。比较这些结果可以发现,在 $0 \leqslant Re_m < 200, 0 \leqslant B_t < 6, 0 \leqslant Re_v < 10$ 的范围内,式(4.58)对努塞尔数的计算结果误差不超过 20%。在非等温条件下液滴周围介质成分变化的影响体现在具体状态参数的选择。在确定状态参数的选取方法之后,液滴周围的蒸气介质的温度和质量浓度 c_s 可按照下式计算:

表 4.3 液滴蒸发过程的努塞尔数

Pr_T	$\frac{Re_m}{Re_m Pr_T}$	Re_m				
		1.0	5.0	10.0	15.0	20.0
0.5	0.0	2.20(2.15)	2.67(2.67)	3.10(3.10)	3.34(3.44)	3.60(3.73)
0.67	0.0	(2.28)	(2.85)	(3.32)	(3.68)	(4.02)
1.0	0.0	2.32(2.28)	2.96(3.01)	3.46(3.60)	3.84(4.05)	4.17(4.42)
0.5	0.1	2.15(2.13)	2.42(2.46)	2.57(2.60)	2.63(2.67)	2.64(2.71)
1.0	0.1	2.23(2.18)	2.48(2.55)	2.51(2.63)	2.39(2.62)	2.20(2.57)
0.5	0.2	2.10(2.11)	2.19(2.10)	2.13(2.14)	1.98(2.02)	1.79(1.88)
1.0	0.2	2.13(2.09)	2.05(2.08)	1.68(1.85)	1.23(1.58)	0.81(1.33)
0.5	0.3	2.05(2.08)	1.98(1.98)	1.73(1.73)	1.43(1.48)	1.11(1.24)
1.0	0.3	2.04(2.00)	1.66(1.70)	1.04(1.25)	0.52(0.88)	0.22(0.61)
0.5	0.4	2.00(2.03)	1.78(1.77)	1.38(1.38)	0.98(1.05)	0.64(0.78)
1.0	0.4	1.95(1.92)	1.32(1.37)	0.59(0.80)	0.20(0.45)	0.05(0.25)
0.5	0.5	1.96(2.00)	1.59(1.57)	1.08(1.09)	0.65(0.73)	0.34(0.47)
1.0	0.5	1.86(1.83)	1.03(1.09)	0.32(0.50)	0.07(0.21)	0.01(0.09)

$$T_a = T_c + a(T_{g\infty} - T_c) \tag{4.59}$$

$$c_{sa} = c_{sc} + a(c_{s\infty} - c_{sc}) \tag{4.60}$$

式中:a 的范围为0~1,取决于所选取的具体状态特性。例如,$a=0.5$ 对应于广泛使用的参数,用下标“f”表示(式(4.44)~式(4.46))。

液滴周围的非等温条件及气体组分的变化通过雷诺数体现出来,基于下列表达式计算:

$$Re_m = \rho_{g\infty} I w_g - w_c I d_c / \mu_{gf} \tag{4.61}$$

在确定雷诺数时所使用的两个特定条件在物理学上均是合理的,因为这一数值是惯性力与黏性力的比值。其中,惯性力与[$\rho_{g\infty} I w_g^- w_c I^2$] 成正比,黏性力与[$\mu_{gf} I w_g - w_c I / d_c$]成正比,并且黏度必须在接近液滴的特定状态下确定。

质量流量的影响通常体现在质量传递参数 B_f 中,该参数通过如下关系式确定:

$$B_f = \overline{B}_f (1 + Q_{rad}/Q_{con}) \tag{4.62}$$

式中:Q_{rad}、Q_{con}分别是等离子体通过辐射和对流传递给液滴的热量。

一般情况下,对于大多数分散液体在等离子体中蒸发的工程应用问题,$Q_{rad}/Q_{con} \ll 1$,因此

$$B_f = \overline{B}_f = C_{pf}(T_{g\infty} - T_c)/\Delta H_{ev} \tag{4.63}$$

对于绝热蒸发过程中液滴表面能量平衡的边界条件,文献[4]通过如下表达式引入了与参数 B_f有关的 Pe_v数

$$Pe_v = 2(B_f Nu_T) \tag{4.64}$$

对扩散问题的求解,将 Pr、Pe、Pe_v 分别替换成 $Pr_D(Sc)$、Pe_D、Pe_v,得到类似的努塞尔数表达式。

使用式(4.47)和式(4.58),等离子体反应器通道中蒸发液滴所需的反应器段中的比较计算已广泛用于实践中,用于计算式(4.37)~式(4.40)和兰策-马歇尔(Ranza-Marshall)公式。最后写成

$$Nu_T = 2 + 0.6 Re_f^{0.5} \cdot Pr_f^{1/3} \tag{4.65}$$

计算参数如下:等离子体功率为120kW,反应器入口处等离子体的平均温度为4000 K,溶液流量为0.015kg/s,反应器直径为0.1m,液滴初始直径为40~100μm,液滴初速度分别为30 m/s和300m/s,雾化气体流量为0.008kg/s,液滴初始温度为293K。由冲击流计算得到的雷诺数 $0.1 \le Re_m \le 75$,由蒸发速率计算得到的雷诺数 $0 \le Re_v \le 10$。两相流处于等离子体反应器中的蒸发段时,反映其参数变化的计算结果如图4.13所示。从表4.4所示的结果可以发现,使用式(4.52)~式(4.57)和式(4.65)等计算得到的蒸发段长度,比其他工作中的计算结果[6]小55%~73%。随着冲击流雷诺数的减小,蒸发段长度计算结果的差异

不断增大。

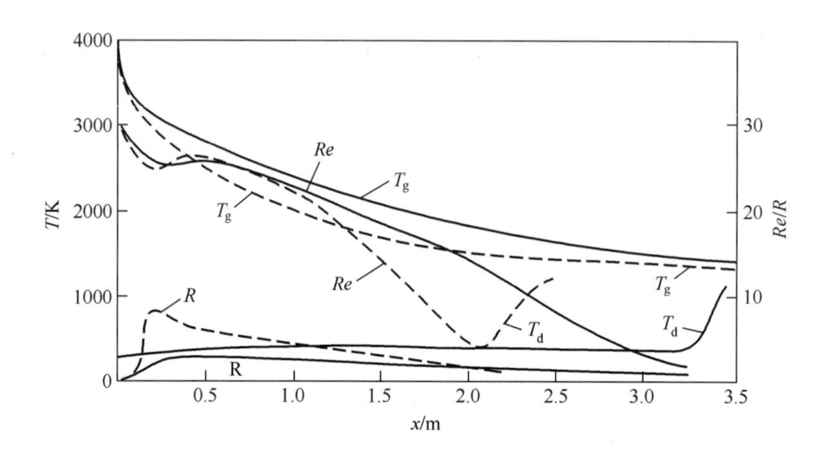

图 4.13　两相流参数沿液滴蒸发段长度的变化

注:实线为文献[4]的计算值,虚线为根据兰策-马歇尔公式的计算值;初始参数,$P=115\text{kW}$,$T_{g0}=4000\text{K}$,$G_s=0.015\text{kg/s}$,$d_c=4\times10^{-5}\text{m}$,$D_w=0.1\text{m}$。

表 4.4　等离子体反应器中液滴蒸发段长度的计算结果

蒸发段参数	计算 C_D 和 Nu 的表达式							
	C_D:式(4.37)~式(4.40) Nu_T:式(4.65)				C_D:式(4.47) Nu_T:式(4.58)			
液滴初始速度/(m/s)	30		300		30		300	
液滴初始直径/μm	40	100	40	100	40	100	40	100
等离子体初始速度/(m/s)	25.0	25.0	32.1	32.1	25.0	25.0	32.1	32.1
冲击流的雷诺数 Re_m	0.4	1.0	30	75	0.4	1.0	30	75
蒸发段末端的介质温度/K	1682	1600	1484	1305	1679	1536	1444	1166
蒸发段长度/m	0.053	0.329	0.208	1.048	0.090	0.570	0.324	1.791

为了实际计算化学反应等离子体中两相流的传热过程,必须考虑通过等离子体反应器壁的热损失。通过反应器壁的热流密度基于两相流确定:

$$q_w = St \cdot \rho_g \cdot w_g \cdot (h_g - h_w) \tag{4.66}$$

式中:h 为比焓;下标"g"和"w"分别指气体和反应器壁;St 为斯坦顿数,且有

$$St = 0.332\, Re^{-0.5}\, Pr^{-0.67}, 600 < Re < 2300 \tag{4.67}$$

$$St = 0.85 Re^{-0.46} Pr^{-0.60}, 600 < Re < 2300 \tag{4.68}$$

$$Re = (4G_g/\pi \cdot D_w \cdot \mu_g) \cdot (X/D_w) \tag{4.69}$$

$$q_w^* / q_w = 0.76/(G_c/G_g)^{0.128} \tag{4.70}$$

其中，q_{w*}、q_w分别为两相流和单相流通过反应器壁的热流密度；G_c、G_g分别为液体和气体的流量。

计算中使用了反应器给定截面上的平均温度作为特征温度。在确定这些总体参数时，如所需的反应器长度、反应器的出口的气体温度等，误差小于 20%，这间接确认了所选的数学模型的适当性以及 C_D、Nu_T和 Nu_D的表达式的正确性。

4.6　雾化硝酸盐溶液在等离子体中的分解

在实际应用中，人们对建立多分散盐溶液与等离子流相互作用的模型具有极大兴趣。对这些模型的分析在文献[7]中进行。分散溶液的半径分布函数用广义罗森-拉姆勒分布表示（式(4.2)）：

$$F(r_{c,0}) = 2.079\left(\frac{r_c}{r_0}\right)^2 \exp\left[-0.693\left(\frac{r_c}{r_0}\right)^3\right]$$

作为一个例子，多分散硝酸钇（$Y(NO_3)_3$）雾化溶液与空气等离子体相互作用的过程在文献[6]中进行了讨论。液滴按照初始粒径大小分为 12 个等级，平均半径为 9.9~56.5μm（表 4.5）。方程组的积分在反应器长度上进行，积分范围到 98%的硝酸钇溶液液滴转化为氧化钇为止。选择下列参数作为初始条件：溶液流量为 0.1kg/s，溶液浓度为 0.5kgY/kg，液滴的初始速度为 30~300m/s，液滴初始温度为 293K，雾化溶液的气体流量为 0.036kg/s，初始温度为 2200K 的等离子体气体流量为 0.36~0.72kg/s，反应器壁面温度为 970K。

表 4.5　雾化溶液的液滴半径分布

等级序号	液滴的平均半径/μm	等级序号	液滴的平均半径/μm
1	9.9	7	35.3
2	14.1	8	35.6
3	18.4	9	43.8
4	22.6	10	48.0
5	26.9	11	52.3
6	21.1	12	56.5

对计算结果进行的分析表明，在硝酸钇溶液分解为 Y_2O_3 的过程中，当反应器直径为 0.8m 时，98%的分解率在反应器 2.3~2.75m 的长度范围内完成（具体长度取决于输入的能量）。在多分散两相流中，组分间传热的特征是对液滴的加热明显不均匀（图 4.14）。例如，在 $x=0.12$m 的反应器截面上，半径最小的

液滴($r_c=9.9\times10^{-6}$m)的温度达到1690K,而下一等级液滴($r_c=1.4\times10^{-5}$m)在这里仅被加热至600℃。因此,与较大的液滴相比,小液滴会被过度加热。

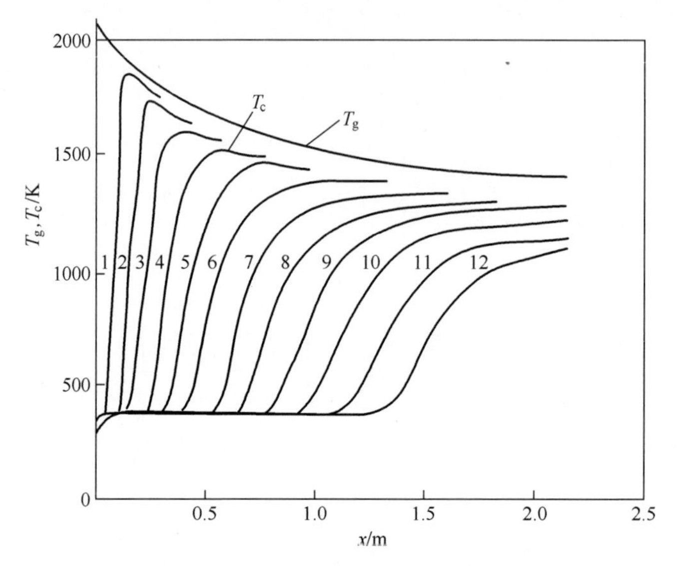

图4.14　气体介质温度T_g与硝酸钇液滴温度T_c沿反应器长度的变化

注:1—$r_c=9.9\times10^{-6}$m,...,12—$r_c=5.65\times10^{-5}$m。

上面所描述的现象导致气流温度在工艺初始段内急剧降低,导致所需的反应器长度增大,原因在于对更高等级组分的处理在温度梯度较小的区域内进行。溶剂从前6个等级的液滴中蒸发出来在约0.5m的长度内完成,然而从最大液滴($r_c=5.65\times10^{-5}$m)内完成蒸发需要1.6m以上。

大小不同的液滴在流体截面上的速度也存在显著差异(图4.15)。进入反

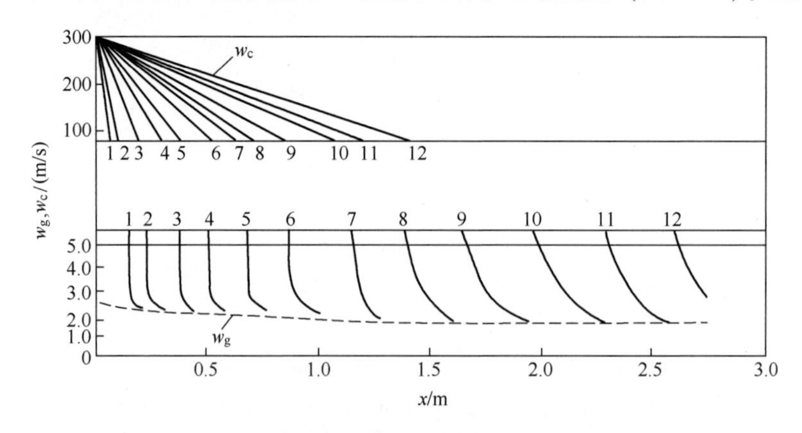

图4.15　等离子体与液滴的运动速度沿反应器长度的变化

注:$w_{c,0}=300$m/s;$w_{g,0}=2.5$m/s。

应器后,半径最小的液滴快速减速并接近于气体流速;大液滴则减速更慢。与此相应的是,最大液滴在反应器通道中停留的时间比最小液滴少1个数量级(图4.16)。

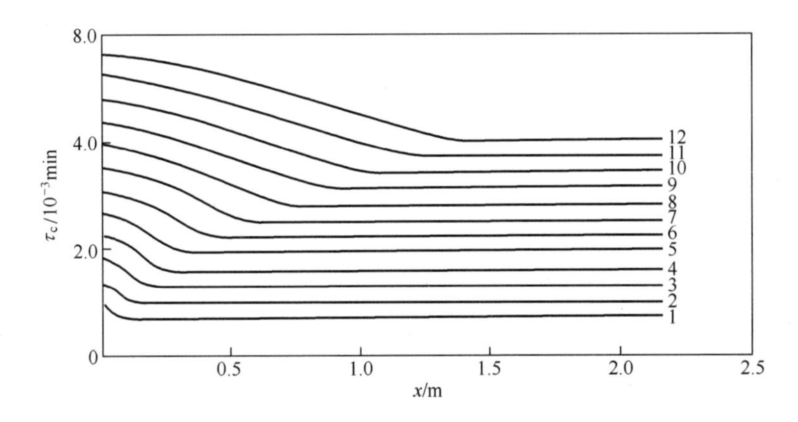

图4.16 大小不同的液滴在等离子反应器中停留的时间与反应器长度的关系

注:1—$r_c=9.9\times10^{-6}$m,…,12—$r_c=5.65\times10^{-5}$ m。

由于不同尺寸的颗粒在等离子体流中停留的时间存在差异,因而有必要增加反应器的长度,使等级最高的液滴也能完成热分解。所需的反应器长度取决于处理过程中的比能耗(图4.17)。当比能耗为16800kJ/kg Y时,可以在长度为2.75m的反应器中获得到Y_2O_3含量为98%的产物。将比能耗增加1倍,获得相同产物的反应器长度为2.3m。显然,反应器长度未减小,原因在于比能耗不合理增大、对液滴过度加热以及气体排放导致的热损失增大。

液滴中溶剂的蒸发和盐类热分解所需的长度取决于液滴的大小。对于较小的液滴($r_c<2.0\times10^{-5}$m),蒸发和分解所需长度的绝对值差异不大(0.2~0.5m),但对于较大的液滴$r_c>9.9\times10^{-6}$m,二者之差可以达到1.5~2.4m。由此可见,为了获得品质均匀的产物,有必要将溶液雾化得较细,形成大小均匀的液滴。

液滴初速度对所需的反应器长度具有显著影响。若将液滴速度从30m/s增大到300m/s,则所需反应器的长度增加近3倍。与$\varphi=0.98$对应的反应器长度为2.74m。在此长度的反应器中,$r_c=4.55\times10^{-5}$m的液滴的热分解过程可以完成。然而,对于半径更大的液滴($r_c=5.65\times10^{-5}$m),热分解过程尚未完成。不过,由于这些液滴的质量分数通常较小,因而在反应器出口处未分解产物的比例并不明显。

与单分散溶液与等离子体相互作用的过程相比,多分散溶液与等离子体相互作用过程的计算更加复杂。此外,为了确定所需的反应器的最佳长度,必须确

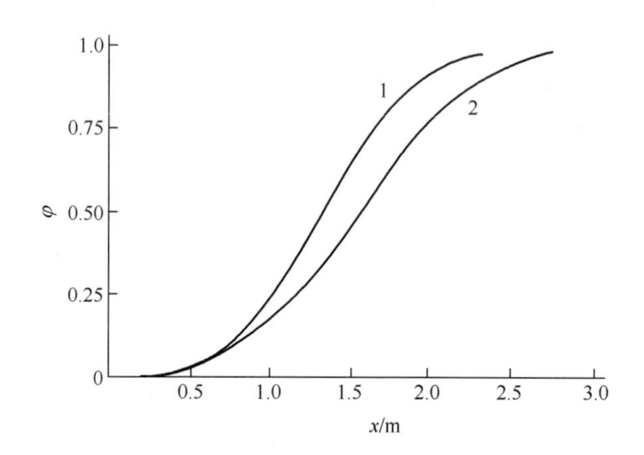

图 4.17　硝酸钇溶液的分解率沿反应器长度的变化与比能耗的关系

1—33600kJ/kgY；2—16800kJ/kgY。

定总转化率 $\sum_{1}^{12} \varphi_i$ 随 x 坐标的变化(图 4.18)。

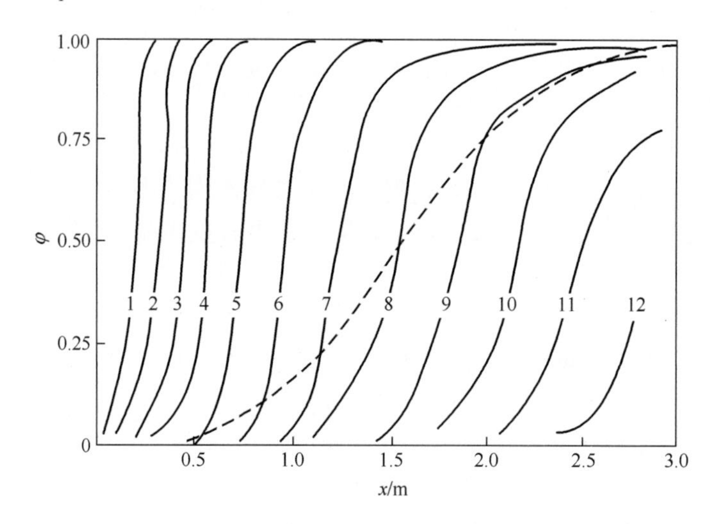

图 4.18　多分散雾化硝酸钇溶液(表 4.5)(液滴半径 r_c：1(9.9×10^{-6}m)～12(5.65×10^{-5}m))的分解率(φ)沿反应器的长度 x 的变化

注：虚线是总分解率。

对于各种处理能力的等离子体反应器，人们开发了适用于单分散和多分散溶液的计算方法，力图使用液滴的等效直径简化关于多分散雾化液滴的计算。为此，我们进行了比较计算。在这些计算中，反应器的输入参数均相同，差异仅在于液滴的直径。反应器的输入参数:等离子体功率为115kW,初始平均温度为4000K;溶液流量为0.015kg/s,浓度为0.05kJ/kgY;液滴初速度为30m/s,初始温度为293K;反应器直径为0.1m。单分散溶液由初始直径分别为20μm、40μm、60μm、100μm的液滴组成。

从表4.6可以看出,在误差允许范围内,采用多分散分布进行数值计算的结果通常与基于等效直径约为60μm利用单分散分布计算的结果保持一致。这个可接受的等效直径接近于索特平均直径($D_{32}=62.5\mu m$)。

表4.6 单分解与多分散雾化硝酸钇溶液与等离子体相互作用的计算结果

计算结果	雾化液滴的分布				
	单分散①				多分散②
液滴初始直径/μm	20	40	60	100	19.8 (min) 113 (max)
所需的反应器长度/m	0.75	1.09	1.38	1.75	1.42
液滴在反应器通道中停留的时间/s	0.0247	0.038	0.05	0.0637	0.059
溶液转化为Y_2O_3的分解率	0.998	0.990	0.990	0.990	0.980
反应器出口处气体的温度/K	1664	1512	1475	1433	1534
反应器出口处颗粒的温度/K	1654	1490	1400	1289	1490
通过反应器壁的热损失/%	11.0	15.5	20.0	27.7	25.0

①液滴初始直径(μm);
②液滴的最小初始直径和最大初始直径;$n=3.0$(见式(4.2))

我们对硝酸钇溶液分解的三个阶段进行了比较和分析,结果表明,最复杂的环节是溶剂(水)蒸发;并且,由于关系到经济因素,这一环节本身更能引起人们的兴趣,特别是对于稀溶液而言。

在设计等离子体反应器时,使用了上述比例的计算结果,以生产应用于核能领域的各种氧化物。并且,计算结果与实验数据进行了比较,验证了实际生产中感兴趣的反应器和工艺的整体参数,包括:获得预期产物所需的反应器长度,从原料到最终产物的转化率,通过反应器壁的热流密度,反应器出口处气体的温度等。表4.7示出了硝酸钇溶液分解的试验条件,试验结果以及与计算结果的比较示于表4.8。从后者可以看出,对于等离子体分解硝酸钇溶液生产氧化钇颗粒的工艺,二者之间的差异不超过20%。这些结果表明数学模型的选择是准确的,对C_D、Nu_T和Nu_D的值确定是正确的。

表 4.7　在等离子体反应器和火焰反应器中分解硝酸钇溶液的实验条件

初始参数	装置类型		
	等离子体①	等离子体②	化学火焰③
等离子体流量/(kg/s)	0.0154	0.004	0.027
等离子体温度/K	4000	4000	2200
溶液流量/(kg/s)	0.0186	0.003	0.009
每千克溶液的能耗/(kW·h)	2.2	2.7	2.2
溶液的浓度(kg Y/kg)	0.027	0.087	0.28
溶液温度/K	292	292	292
液滴速度/(m/s)	30	170	170
反应器直径/m	0.195	0.100	0.300
液滴中值直径/m	150~200	50~60	75~100

①装置功率 300kW,反应器直径 0.3m;
②装置功率 150kW,反应器直径 0.1m;
③设备为碳氢化合物火焰反应器,直径 0.3m

表 4.8　在等离子体反应器中分解硝酸钇溶液的计算值与实验值的比较

比较项	计算值	实验值	计算值	实验值	计算值	实验值
液滴直径/μm	100,150,200	150,200	40,100	50~60	100	100
反应器长度/m	1.0,1.76,2.0	1.8,2.5	0.96,1.73	1.50	2.12	2.40
转化率	0.99,0.99,0.99	0.99,0.99	0.99	0.996	0.98	0.996
通过反应器壁的热损失/%	13,22,31	15,22~35	15,28	20~35	20	25
反应器出口处气体的温度/K	1759,1620,1500	1500,1470	1070,870	820	1170	1085

在计算过程中,引入了通过反应器壁热损失最小的条件。在工艺开发过程中,传热与传质的效率问题非常重要。前面给出了阻力系数、热努塞尔数和扩散努塞尔数的值。这些计算结果已经与各种等离子体反应器和火焰反应器上进行的大规模试验结果进行了充分比较。

同时还分析了硝酸铀酰溶液分解的三个阶段中的传热与传质现象。由于关系到经济因素,溶剂蒸发环节是最复杂,也是最重要的,尤其对于稀溶液而言。在溶剂从液滴中蒸发的过程中,必须考虑质量流动对热流密度和扩散通量的影响。质量流动之所以影响传热强度,原因在于这个过程会引起液滴周围介质的温度和成分变化。溶剂从液滴中剧烈蒸发,就会在液滴周围形成温度相对较低的边界层,从而降低周围介质的局域热导率。此外,从液滴蒸发出来的蒸气还会阻止热量向液滴表面传递。热流和扩散流分别由前文所述的热努塞尔数和扩散努塞尔数描述。

4.7 等离子体生产回收铀氧化物的发展

对于从动力核反应堆和工业核反应堆(后者指生产钚的铀石墨反应堆)的乏燃料中回收铀的萃取技术而言,其最终产物是经过反萃取的硝酸铀酰溶液,其中U-235同位素的含量低于燃料棒中的初始含量。在放射化学工厂中对乏燃料中含有的铀、钚以及铀(和钚)的其他裂变产物进行分离之后,要将回收铀用于生产核燃料元件就必须解决如下两个问题:

(1) 恢复回收铀中的U-235含量,甚至进一步提高到高于原始燃料棒中的含量,这取决于反应堆的类型;

(2) 分离铀,得到UO_2,并通过粉末冶金得到燃料芯块。

第一个问题可以通过两种途径实现:

(1) 第一种方法治标不治本:溶解富集金属铀的核废物(如退役核弹头中的武器级铀或含有高浓度U-235的废物),进行重新提取,得到U-235达到所需含量的铀。这种方法的应用需满足一定的条件:上述废物存在,并无法通过一些相对简单的铀同位素分离操作用于其他一些工艺方案中。

(2) 第二种方法是常规方法:分解铀反萃取液得到铀氧化物,再转化成UF_6;在铀浓缩厂中浓缩,得到富集U-235同位素的UF_6,最终产物是制造燃料的氧化铀。

第二个问题可以通过本章开始描述的常规水化学工艺来解决。不过,建议采用等离子体分解技术解决铀回收和回收铀引入燃料循环的问题,这样会大幅精减工艺流程、降低铀氧化物粉末材料的生产成本,并且不会产生任何环境问题[2,8,9]。根据提高回收铀中U-235同位素含量的方法,存在两种具有代表性的利用回收铀得到核燃料元件芯块的方案(图4.19)。

这两种方案采用相同的等离子体处理硝酸铀酰工艺,然而铀氧化物却具有不同的物理化学性质和工艺特性。这两种方案都实现了从实验室到中试规模的研发,建立功率较大的等离子体装置(中试工厂)并进行试验,开发了工艺流程,获得一批铀氧化物材料,研究它们的物理化学性质和工艺特性,确定技术的经济性。技术和经济核算表明了等离子体技术的高效性。

等离子体技术的两种方案如图4.19所示。作为本章的主题,下面将讨论等离子体分解回收铀的硝酸铀酰溶液生产 UF_6,或者直接生产氧化物燃料,如果可以加入富集铀 U-235 同位素的浓缩铀废物,或者在核燃料循环的其他阶段完成了铀浓缩。

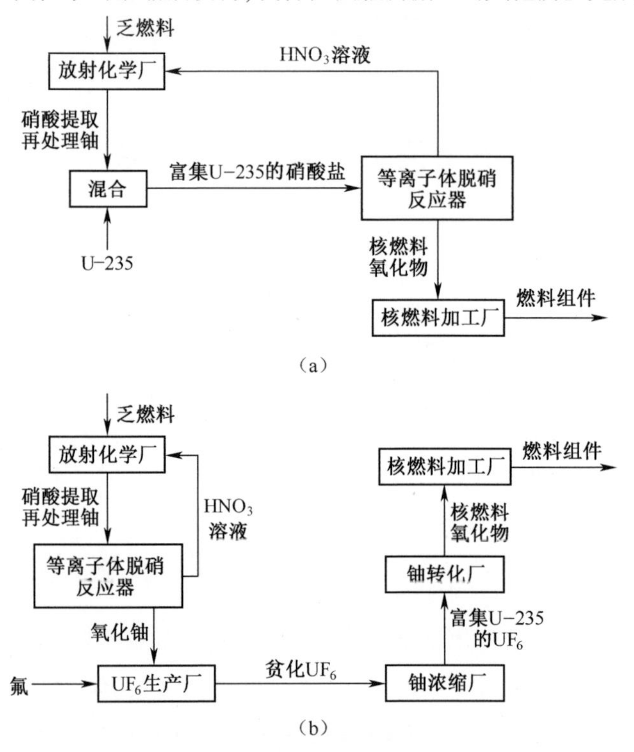

图 4.19　等离子体转化动力堆乏燃料回收铀的硝酸铀酰溶液生产氧化铀并制造核燃料的可能方案
(a)不生产 UF_6,直接得到氧化铀;(b)生产 UF_6。

4.8　分解硝酸铀酰溶液生产铀氧化物和硝酸的等离子体工艺

该工艺主要用于铀反萃取物(硝酸铀酰)的处理,这些反萃取物来自于生产钚的铀石墨反应堆乏燃料的后处理[2]。为了实现这种工艺,设计了标准等离子体装置,流程如图 4.20 所示[10]。该装置包括电源 5、等离子体反应器 9、等离子体炬 6 以及气体供应系统(空气压缩机 3 和氮气储罐 4)、溶液从储罐 1 输入反应器的系统(泵 2 和雾化喷嘴 7)、铀氧化物与气相分离系统(10~13),硝酸回收系统(14~17)和产物运输系统。根据其工艺流程,该装置属于中试等离子体装置,其技术特征如下:

(1) 放电形式,直流电弧放电;

(2) 工作气体,压缩空气;

(3) 电流强度,3 支 100kW 的等离子体炬同时运行为 150~1000A;

（4）等离子体炬电压，300～600V；

（5）等离子体反应器功率，高达300kW；

（6）硝酸铀酰溶液中的铀浓度，0.1～0.5kg/L；

（7）中试装置的产能，10～30kgU/h；

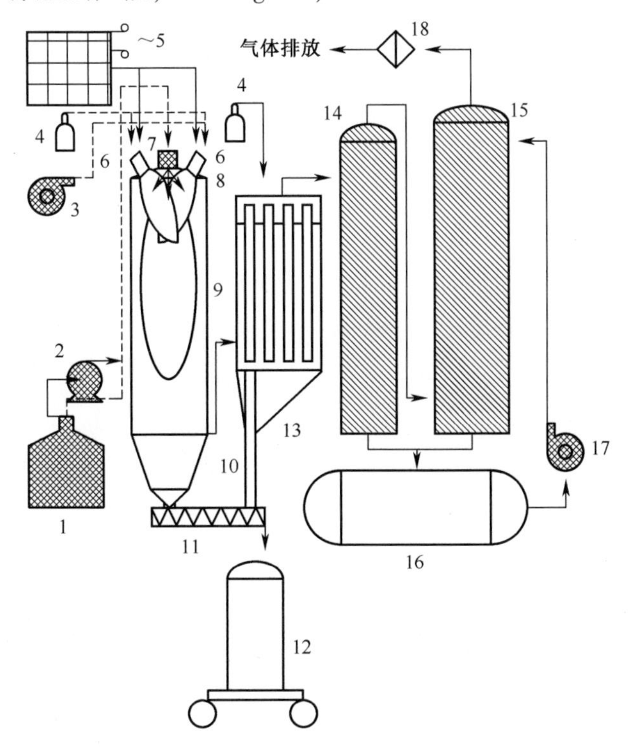

图4.20　将硝酸铀酰溶液分解成铀氧化物颗粒并回收硝酸的中试等离子体装置流程图

1—原料液储罐；2，17—泵；3—等离子体炬提供压缩空气的压缩机；4—电极保护气——压缩氮气（或氩气）储罐；5—等离子体炬电源；6—等离子体炬；7—溶液雾化喷嘴；8—等离子体反应器的混合室；9—等离子体反应器；10—等离子体反应器接料斗；11—螺旋卸料器；12—铀氧化物转运容器；13—烧结金属过滤器；14—冷凝器；15—鼓泡式吸收塔；16—硝酸溶液收集罐；18—卫生级过滤器。

（8）等离子体反应器中的压强，100～160kPa。

等离子体单元的主要设备包括：

（1）等离子体反应器9，配备了3支等离子体炬6以及混合室8和电源5；

（2）溶液供应和雾化系统，包括原料液储罐1、泵2和喷嘴7；

（3）气体供应系统；

（4）颗粒物收集系统（料斗10和容器12）和从气体中分离铀氧化物的烧结金属过滤器13和卫生级过滤器18；

（5）硝酸再生和收集系统（冷凝器14、吸收塔15和收集罐16）

此外,本中试工厂还配备了用于反应器冷却的空气和水辅助系统、强制通风系统、硝酸铀酰溶液转运系统等。下面将给出中试工厂的主要试验结果。

4.8.1 等离子体反应器

为了处理含 U-235 同位素(U-235 含量不高于天然铀)的硝酸铀酰溶液,我们开发了专用等离子体反应器,其总图如图 4.21 所示[10,12]。该反应器由等离子体反应器 2 和混合室 3 组成;反应器的直径与混合室底部的直径相等。在混合室上部锥体顶端安装了雾化溶液的喷嘴 5,在锥体侧面安装了 3 支(图中示出其中两支)等离子体炬 4,彼此成 120°夹角,与反应器的轴线成 60°夹角。反应器(实际上是反应管)和混合室具有双层冷却夹套;内层夹套由空气冷却,外层夹套由水冷却。反应器材料是 12X18H10T 不锈钢①。

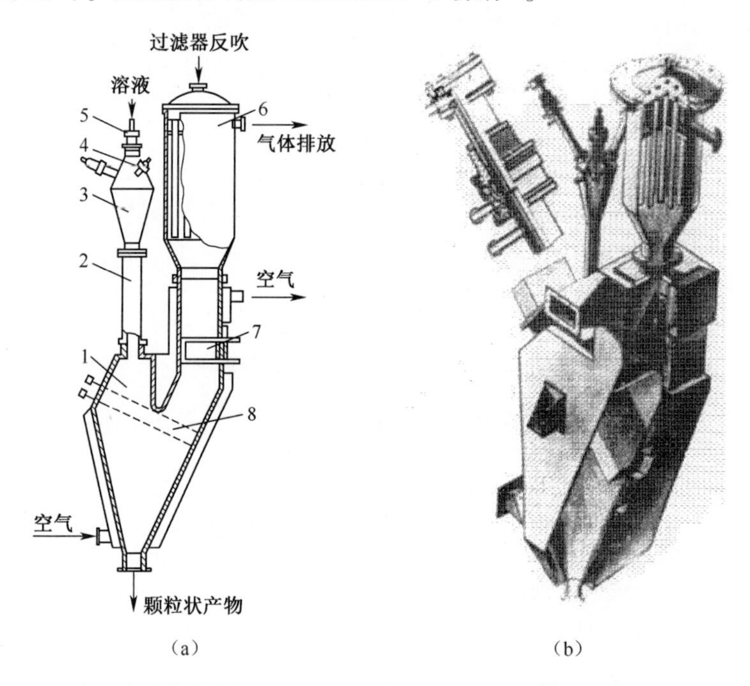

(a)　　(b)

图 4.21　用于硝酸铀酰溶液分解并分离颗粒物与气态产物的等离子体反应器方案和剖视图
1—铀氧化物接收容器;2—等离子体反应器;3—雾化溶液与等离子体混合室;4—直流电弧等离子体炬;5—雾化喷嘴;6—精细过滤器;7—预过滤器;8—热交换器。

位于反应器下方的是产物接收容器 1,然后是预过滤器 7 和精细过滤器 6 净化处理过程中产生的气体,热交换器 8 用于冷却两相流。

在设计中试装置时,我们开发了图 4.21 所示的等离子体反应器的计算方

① 对应于 1Cr18Ni9Ti;X-Cr,H-Ni,T-Ti。——译者

法。雾化喷嘴的安装角度根据实验结果选为 55°,液滴直径不大于 150μm。上部锥体的顶角基于计算结果为 65°。在上部锥体的顶部设置了特殊设备沿切向通入空气,防止液滴飘落到反应器壁上,这样可以避免分解产物在等离子体反应器壁上形成沉积。雾化溶液与等离子体混合、液滴被加热到沸点、液滴中水分蒸发以及硝酸盐分解等各段的长度在设计的最初阶段分别通过工程估算确定,然后根据数学模型进行计算。

我们计算了完成上述处理步骤所需要的时间,确定等离子体反应器的线性尺寸和体积。原则上,所有这些尺寸都必须基于核安全条件进行校核。不过,我们已经开发了一种工程计算方法,能够这样设计反应器:任何情况下,液滴在接触反应器的冷却壁之前都恰好分解成铀氧化物。功率为 300kW 的中试等离子体反应器的结构示于图 4. 22, 尺寸列于表 4. 9。反应器混合室锥体上部安装了 3 支 EDP-109M 型电弧等离子体炬,单支功率为 100kW(关于等离子体炬的更多信息参见第 2 章)。

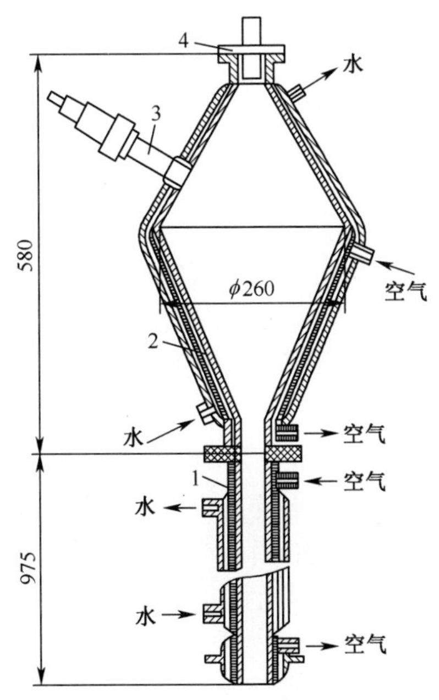

图 4. 22 等离子体反应器方案

1—用空气和水冷却的等离子体反应器;2—雾化液滴与等离子体混合的混合室;
3—3 支电弧等离子体炬之一;4—溶液雾化喷嘴。

试验对两种等离子体反应器方案进行了测试:

第一种反应器的尺寸:混合室的最大内径为 0. 195m、高为 0. 45m,反应器直径为 0. 092m、高为 1. 3 m;上部锥体顶角为 60°,下部锥角为 16°;混合室和反应器的总容积为27L。根据简化工程计算方法进行的计算结果,这种反应器在喷嘴安装角为50°时适用于液滴直径小于100μm、喷嘴中液滴速度小于或等于32m/s的工况。

表4.9 用于处理回收铀硝酸铀酰溶液的标准等离子体装置(中试工厂)的反应器尺寸

液滴直径/μm	喷嘴安装角/(°)	溶液压强/kPa	D_{max}/m	D_{min}/m	L_{evap}/m	L_{total}/m	L_1/m	顶锥角/(°)
150	55	100	0.3	0.19	0.36	1.86	0.13	65
200	55	100	0.4	0.25	0.48	2.40	0.13	65

第二种反应器的尺寸:混合室的最大内径为0.301m、高为0.7m;上部锥体的顶角为65°,下部锥角为20°。反应器直径和高度分别为0.195m和1.8m。混合室的容积为88L。该反应器设计用于处理直径小于150μm的雾化液滴。

4.8.2 溶液输送和雾化

有三种雾化喷嘴,即气动型、离心型和气动离心混合型可以用于溶液雾化。每种喷嘴都有其优点和缺点。离心喷嘴产生的液滴相对较粗(>100μm),并且难以控制喷射角度。气动喷嘴可以将溶液雾化到几十微米,易于控制雾化角度,但是这种喷嘴向反应器中引入大量雾化气体,不得不消耗能量将其加热到工艺所要求的温度。最理想的是气动离心混合型,能够实现前两种的优势并尽量减弱其缺陷。在分解回收铀的硝酸铀酰溶液时,等离子体装置配备了生产能力为60L/h的气动离心混合型喷嘴。雾化液滴的典型图像示于图4.23。

中试的原料是放射化学厂产生的回收铀的工业硝酸反萃取物。根据试验规模,使用容量分别为100L和3000L的两个储罐盛装待处理溶液。溶液通过柱塞计量泵从储罐输送至反应器,计量泵的工作压强为1000kPa,输送能力为100L/h;系统中设置了缓冲器用于抑止溶液波动,并采用过滤器净化溶液中的杂质。此外,系统中还设置了逆流冷却器和截止阀。

4.8.3 供气系统

气体供应系统为试验平台提供压缩空气、氮气和氩气。压缩空气由空气压缩机送入等离子体反应器。压缩空气供给单元包含过滤器、除水器、泄压阀和截止阀。通过液压密封控制压缩空气的压强不超过160kPa。氮气(氩气)供给单元由两列装有减压阀和截止阀的钢瓶组成。

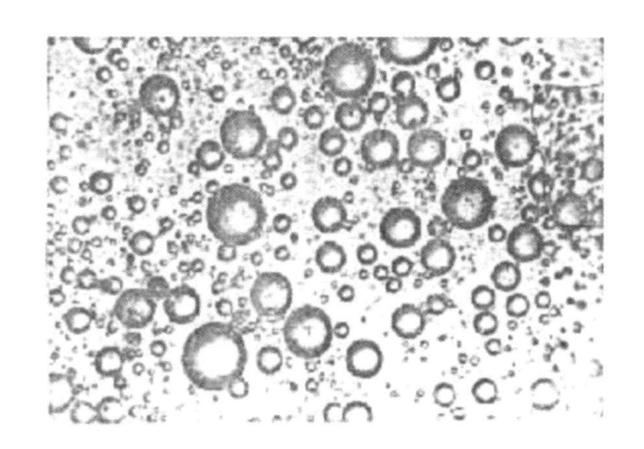

图 4.23　使用气动喷嘴雾化的硝酸铀酰溶液的液滴分布

4.8.4　反应器卸料、铀氧化物分离和气体净化系统

铀氧化物卸料和粉末收集系统(图 4.20)包括:料斗 10(反应器本体);用于从两相流中分离颗粒物的烧结金属过滤器 13,卫生级过滤器 18,用于冷却废气的换热器,烧结金属过滤器反吹颗粒物的接收容器,破渣器,卸料螺旋 11(其中一些设备未在图 4.20 中示出)和转运容器 12。

废气净化系统包括:冷凝器 14,捕集水蒸气和部分氮氧化物;吸收塔 15,用于完全吸收氮氧化物;储罐 16,容积为 3000L,收集冷凝水;泵 17,将冷凝液输送至前述吸收塔;除水器;卫生级过滤器 18 以及将废气温度加热至露点以上的前置加热器。为了净化废气中的气溶胶,使用了袋式过滤器。

4.8.5　中试工厂的其他设备

中试装置的所有管道都安装了计量仪表与控制设备,用于监测功率消耗,监控液体和气体的温度、压强和流量。此外,系统还具备自动联锁功能,可以自动停止输送溶液、关停等离子体炬电源。

4.9　处理溶液的等离子体装置及其试验结果

根据图 4.20 所示的工艺流程,中试装置的操作步骤如下:硝酸铀酰溶液从运输容器尕送到预抽真空的储罐 1 中。空气压缩机产生的压缩空气经过过滤器除去油和水分之后,通入由电源 5 供电的电弧等离子体炬 6 中,被加热到 3000~5000K。为了保护等离子体炬的阴极,氮气或氩气从钢瓶 4 通入阴极电弧室。

硝酸铀酰溶液从储罐 1 被泵送到喷嘴 7 中进行雾化。雾化溶液在混合室 8 中与等离子体混合,产生的两相流从混合室 8 沿反应器 9 向下流动,同时发生溶液分解过程。反应生成的铀氧化物收集在料斗 10 中,由螺旋卸料器 11 输送到转运容器 12 中。

反应产生的混合气体(NO_2、NO、N_2、O_2)和水蒸气通过烧结金属过滤器 13 或者带有卸料装置的颗粒物分离系统之后,在热交换器中被冷却下来,通过冷凝器 14 冷凝水蒸气并捕集部分氮氧化物。氮氧化物的进一步吸收发生在泡沫吸收塔 15 中。然后,气体被加热器加热,通过卫生级过滤器 18,或者(如有必要)通入接触催化或臭氧净化装置去除氮氧化物,最后排入大气。

上述工艺得到冷凝液是 5%~10%的硝酸溶液。来自吸收塔的溶液流入收集罐 16 中,然后被泵 17 送入运输容器。

因此,空气等离子体处理硝酸铀酰溶液可以得到铀氧化物和硝酸溶液两种产物。该过程中无废物产生。中试试验在一家化工厂中进行,所使用的溶液是回收铀提纯过程中的产物。表 4.10 列出了回收铀硝酸钠铀酰溶液的组成,根据这些数据很容易想象在实验室等离子体装置(以及中试装置)上所进行实验的规模。

表 4.10 回收铀硝酸铀酰溶液的组成

序号	被处理的原料		原料组成,g/L					
	kg	L	U	Fe	Cu	W	Na	HNO_3
1	1640	1066	398	0.13	*	NA	*	*
2	108.3	78.41	251	*	*	*	*	15.241
3	4841.3	3000.81	432	0.211	0.0041	NA	1.2	23.391
4	1429.3	894.51	437	0.111	0.0071	*	2.81	28.551
* 未进行分析								

中试试验结果示于表 4.11。从这些数据可以看出,硝酸铀酰分解的主要产物是八氧化三铀(U_3O_8)和硝酸溶液。当使用氮气作为等离子体气体时,铀中非挥发性杂质的含量与原料液中的杂质含量相当,而挥发性杂质的含量通常比原料液低 1~3 个数量级。当使用空气作为等离子气体时,铀中的杂质含量比原料液有所升高。

在中试试验中,原料液的进料量为 15~53L/h,对应的装置产能为 15~37kgU/h 或 6~43kgU_3O_8/h。等离子体气体(空气)的流量为 2.4~11Nm^3/kgU;获得最终产物所需的比能耗为 7kW·h/kgU。反应区的温度范围为 3500~

1000K,混合室与反应器的壁面温度分别为320℃和250℃。

表4.11 等离子体分解回收铀硝酸铀酰溶液获得的铀氧化物颗粒的化学成分

分析元素	质量分数/%		
	试验批次1(等离子体气体为氮气)	试验批次2(等离子体气体为空气)	原料
U_{total}	84.92	84.92	84.2
U^{+4}	24.35	25.07	—
N2	0.0020	0.0015	—
Cu	0.00098	0.0019	0.00028
Mn	0.0011	0.00098	0.00135
Fe	0.0058	0.0098	0.00135
Mg	0.0004	0.0005	—
Al	0.00034	0.0011	—
Cr	0.0037	0.001	0.00097
Si	0.0011	0.0013	—
Ca	0.00037	0.00037	—
V	0.0003	0.0003	—
W	0.0011	0.0011	—
Mo	0.0003	0.0003	—
Cd	0.000031	0.000031	—
B	0.000015	0.000015	—
P	0.003	0.003	—
注:每批次试验的处理量约为1400kgU;原料液浓度为400~450gU/L;比能耗为8~10kW·h/kgU			

经过多批次试验,获得的铀氧化物的湿度为0.1%,振实密度为2.5g/cm^3,比表面积为2.1~2.5m^2/g。

回收的铀氧化物如果用作生产UF_6的原料,就需要满足一定的技术要求,包括化学组成(表4.11)、相组成以及一系列物理性质(平均粒径、比表面积、堆积密度等)。

在中试系统中,铀氧化物分离设备包括离心分离器(旋风除尘器)、静电旋风分离器、烧结金属过滤器和金属网过滤器。试验发现,上述设备不存在通用的组合方式,必须通过试验确定合适的组合。特别是为了有效地从两相流中分离出铀氧化物,应当采用旋风分离器与烧结金属过滤器(实际上是两台烧结金属过滤器并联,分别处于过滤和反吹状态)组合的方式。

等离子体处理硝酸铀酰的主要产物是通式为 U_3O_8 的氧化铀,副产物是气流通过"冷凝器—吸收塔"之后得到的硝酸溶液。水蒸气的冷凝和部分氮氧化物的捕集在第一台设备——冷凝器中实现。此外,这一环节还捕集了穿过相分离系统的铀氧化物。根据等离子体分解回收铀硝酸铀酰溶液的统计结果,冷凝液中的铀含量为 0.0001~0.037gU/L;在大多数实验中,冷凝液中的铀含量为 0.0015gU/L。冷凝器出口处的 HNO_3 浓度为 15.8~55.7g/L,具体值因过程参数的变化而不同。冷凝后的气流被通入鼓泡式吸收塔,从气相进一步捕集氮氧化物。吸收塔出口处的 HNO_3 浓度为 18.9~97.0g/L。

中试装置的工艺气体经过卫生级过滤器之后(约 $70Nm^3/h$),与混合室、反应器和烧结金属过滤器的冷却空气一起通过高度为 22.5m 的排气筒排放。在卫生级过滤器(图 4.20)出口处气体的近似成分(体积分数)如下:N_2 与 O_2 的总量为 86%;水蒸气 13.8%;NO,0.2%。含有氮氧化物的废气被通入催化反应装置进一步净化,NO 浓度被降低达到卫生排放标准。不过,即使不采取催化反应净化措施,在危险风速条件下地面的最大 NO 浓度仅为 $0.09mg/m^3$,比卫生防护区的最大允许浓度(LAC)($1.5mg/m^3$)小得多。在卫生防护区之外,氮氧化物的浓度不应超过 $0.085mg/m^3$,该区域的范围约为 500 m。

空气冷却等离子体反应器排放的废气成分如下(体积分数):N_2 和 O_2 的总量,91.8%;水蒸气,8.1%;氮氧化物,0.12%。这样的混合气体排入大气之后,地面的氮氧化物最大浓度为 $0.06mg/m^3$,低于卫生防护区和居民区的 LAC ($0.085mg/m^3$)。系统所排放气体中的放射性物质的活度浓度为 $(40.5\sim18.8)\times10^{-14}Ci/L$($1Ci=3.7\times10^{10}Bq$),被冷却空气稀释后的活度浓度为 $(11.4-24.5)\times10^{-14}Ci/L$。混合气体排入大气之后,地面放射性物质的最大活度浓度为 $(5.3\sim11.4)\times10^{-16}Ci/L$,低于个人年平均容许活度浓度($2.5\times10^{-15}Ci/L$)。

4.10 用于生产 UF_6 的回收铀氧化物的制备:利用硝酸铀酰生产回收铀氧化物的大型等离子体装置的开发与设计

基于等离子体中试装置(图 4.20)的试验结果,我们建立了工业级大功率等离子体系统,其总体工艺布局示于图 4.24。该系统包括硝酸铀酰等离子脱硝单元、铀氧化物与气相分离单元、氮氧化物捕集并转化为硝酸(5%~8%)的单元,以及硝酸蒸发浓缩单元(浓度达到20%,3N,N为当量浓度——译者注)。浓缩后的硝酸可以用于从石墨反应堆的乏燃料中提取铀。

工业级等离子体系统的技术特征如下:

(1) 硝酸铀酰处理能力,1000~1500L/h。

(2) 铀产能,150~600kg/h。

(3) 铀氧化物产能,180~700kg/h。

(4) 等离子体反应器的气体排放量(温度为873K),10000~12000 m^3/h。

(5) 等离子体反应器排放气体的组成(体积分数):空气,49%;水蒸气,49.3%;氮氧化物,1.7%。

(6) 氮转化为氮氧化物的转化率,约为50%。

(7) 烧结金属过滤器入口处颗粒物的净化效率,98%。

(8) 等离子体反应器总功率,≤4.5MW。

(9) 单支等离子体炬功率,1~1.2MW。

(10) 等离子体炬效率,0.9。

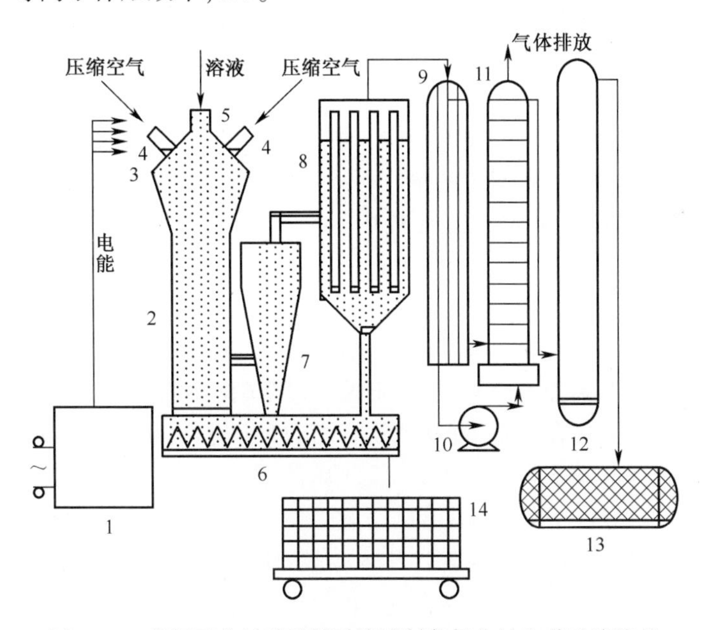

图4.24 分解回收铀硝酸铀酰溶液制备氧化铀和硝酸溶液的大功率(4MW)等离子体系统的工艺流程

1—电源;2—等离子体反应器;3—混合室;4—电弧等离子体炬;5—雾化喷嘴;6—螺旋卸料器;7—离心分离器;8—烧结金属过滤器;9—冷凝器;10—泵;11—吸收塔;12—蒸发塔;13—硝酸收集储罐;14—铀氧化物运输容器。

（11）用于等离子体脱硝的空气流量，500~1500Nm^3/h。

（12）等离子体炬冷却水流量，40m^3/h。

（13）最终产物中铀的回收率，≥98%。

（14）等离子体炬阴极保护气（氩气）流量，3~4Nm^3/h。

（15）原料液（$UO_2(NO_3)_2$溶液）特征：硝酸铀酰含量，100~500gU/L；HNO_3含量，10~20g/L；溶液的初始温度，293~298K；溶液的密度，1.1~1.7g/cm^3。

在最终产物中，铀氧化物（主要是U_3O_8）的含量（质量分数）应为83.5%~84.7%，其中U^{+4}的含量（质量分数）为20%~30%。产物的堆积密度为0.8~1.4g/m^3。

该装置主要包括带有混合室3的等离子体反应器2、等离子体炬4、雾化喷嘴5和公用系统（电源、压缩空气、氮气、氩气和水等）。等离子体炬由电源1供电。从反应器、离心分离器7和烧结金属过滤器8中得到的产物中通过螺旋卸料器6输送到运输容器14中。

从储罐向反应器输送硝酸铀酰溶液的系统包括计量泵、缓冲器和喷嘴5。离心分离器7之后是烧结金属过滤器8，之后是氮氧化物捕集和硝酸回收系统，其中包括冷凝器9、泵10、吸收塔11、蒸发塔12和硝酸收集储罐13。气体供应系统包括压缩空气供应线和氩气供应线。设备冷却空气由高压风机输送。

大功率等离子体装置的操作步骤：硝酸铀酰溶液由计量泵输入喷嘴5中，雾化后喷入由等离子体炬4产生的空气等离子体中。输送硝酸铀酰的管道上安装有加热器，使溶液的最高温度达到373K。

溶液与等离子体混合之后，脱硝过程在反应器中进行。反应生成的铀氧化物收集在反应器底部，被卸料螺旋输送到运输容器14中。脱硝过程中产生的气态产物由料斗中的空气换热器冷却至970K以下，铀氧化物颗粒被离心分离器7和烧结金属过滤器8分离出来，气体则被输送至硝酸再生系统。

氮氧化物的捕集在吸收塔（板式洗涤塔）11中进行，用蒸气冷凝水冲洗。捕集氮氧化物的标准设备与上述中试工厂中的相同。

放射性气溶胶在吸收塔11出口用湿式气体过滤器捕集。在吸收塔中收集到浓度为6%~8%的HNO_3，从底部排入收集储罐。吸收塔的塔盘上安装了散热管，通入冷却水，吸收氮氧化物去除过程中产生的热量。脱硝后的气体在吸附前被冷凝器10冷却到35℃。浓度为5%的HNO_3冷凝液排入储罐，与来自吸收塔11的溶液混合，然后用泵输送到蒸发器12中进行浓缩。蒸发器连续工作。蒸发得到的硝酸浓度为20%，收集在储罐13中，从这里输送给用户。蒸发产生的二次蒸气在冷凝器中凝结后依靠重力排入收集储罐。

空气等离子体由EDP-129型等离子体炬产生。该等离子体炬由俄罗斯科学院西伯利亚分院热物理研究所开发,其电路图和电弧引发系统如图 4.25 所示。EDP-129 型电弧等离子体炬的最大功率为 1MW,可以将空气加热到 4000K。电弧特性在 1200V 的电压下进行了计算。

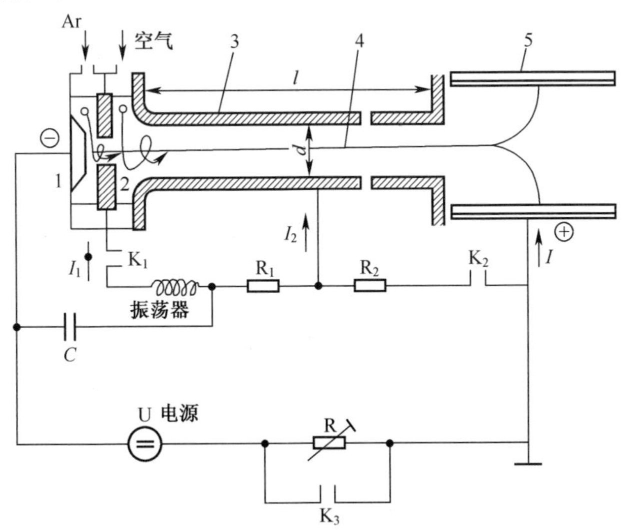

图 4.25　EDP-129 型电弧等离子体炬及电路构成
1—阴极;2—引弧电极;3—过渡阳极;4—电弧;5—工作阳极。

图 4.26 为 EDP-129 型等离子体炬的电源电路。对于该型等离子体炬而言,最合适的电源是 TPRZ-2500/1050T-2U4 型晶闸管整流器(U=1050V,I=2500A),由扎波罗热工业联合体“转换器”(Преобразователь)生产。这些整流器与 VNIIETO 制造的电流调节器结合可以得到陡降的伏安特性,能够使具有陡降特性的等离子体炬中的电弧稳定燃烧。该等离子体炬电源方案包括 KSO-266 型电源柜、6kV 变压站、含有 6 个标准机柜的 KRU-6E 型开关柜(SHV-1 型输入柜)、大功率晶闸管整流器 TM1 和 TM2,以及安装在换流站上满足内部需求的抽屉柜。

为了提高装置的效率,电源采用了特制的 TMPD-3200/10U2 型变压器 Tp1 和 Tp2(U_1=6kV,U_2=1080B,I=1000A),由 KRU-6E 控制器供电。晶闸管整流器的效率为 96.7%。考虑供电线路、电感和操作电路开关柜中的功率损耗,计算出的总电效率约为 95%。

大功率等离子体装置(M-1090)的工艺控制和自动化系统可以实现如下操作:

(1) 监测并自动调节等离子体形成气体、阴极保护气体、硝酸、冷凝液和水蒸气的流量,控制硝酸铀酰的进料量;

(2) 监测并自动调节反应器壁的温度,监测工艺气体、溶液和冷却水的

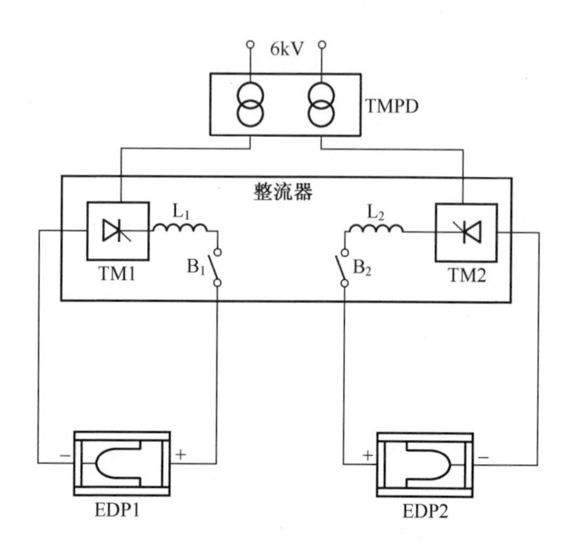

图 4.26 EDP-129 型等离子体炬的电源电路 TMPD—换流变压器；TM1，TM2—晶闸管整流器；B_1，B_2—接触器；L_1，L_2—电感；EDP1、EDP2—电弧等离子体炬。

温度；

(3) 控制装置和工艺管道中的压强；

(4) 监测储罐中溶液的浓度；

(5) 监测并控制设备和溶液储罐中的液位；

(6) 控制并稳定等离子体炬的电流与电压；

(7) 自动联锁。

4.11 生产铀氧化物的水化学工艺与等离子体工艺的技术经济比较

图 4.27 为水化学脱硝和等离子体脱硝硝酸铀酰溶液生产铀氧化物的工艺流程。

从图 4.27 可以看出，基于水化学工艺的脱硝方法包括如下步骤：制备沉淀铀的氨水，形成铀酸铵沉淀，过滤，洗涤，干燥和煅烧得到铀氧化物和气态产物，分离分散相与气相从气态产物中捕集颗粒物，从排放气体中实现氨回收，在压滤机上过滤母液，用硅胶吸附铀，铀从硅胶上解吸，深埋或处置硝酸铵（最后一步操作未在图中示出）。两种方法比较的结果示于表 4.12。

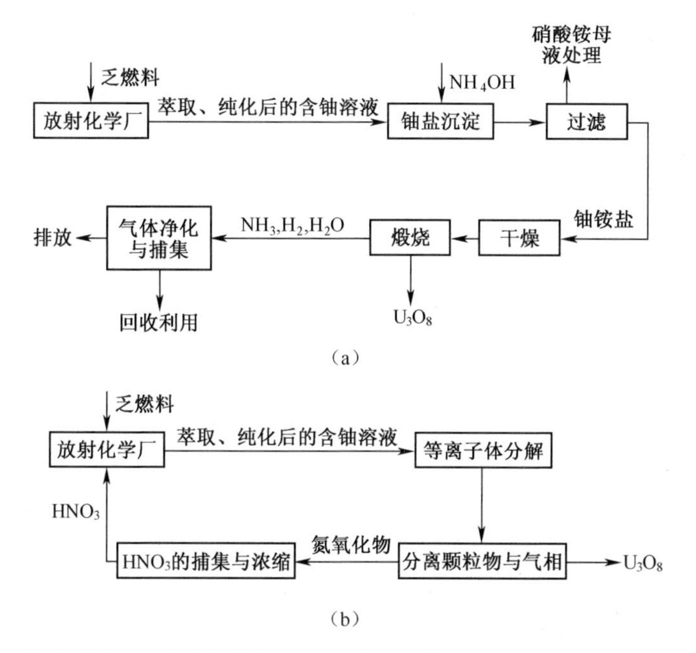

图4.27　由硝酸铀酰生产铀氧化物和硝酸溶液的水化学工艺和等离子体工艺的比较
(a)水化学工艺;(b)等离子体工艺。

表4.12　等离子体法和水化学法处理硝酸铀酰的技术经济比较(以生产1t铀计算)

序号	比较项目	等离子体法	水化学法
1	技术指标		
1.1	工艺步骤数量	7	10
1.2	工艺设备台数	20	80
1.3	电动执行机构、泵、搅拌器、螺旋输送器等数量	20	75
1.4	阀门数量	100	330
1.5	电动阀数量	22	50
1.6	生产车间容积/m^3	1200	1600
2	经济指标/(卢布/tU)		
2.1	化学品成本	—	159.0
2.2	燃料动力费	63.98	63.00
2.3	工资	40.0	195.0
2.4	折旧	41.97	231.00
2.5	车间成本	140.00	141.00
2.6	生产成本	159.00	159.00

（续）

序号	比较项目	等离子体法	水化学法
2.7	副产物处置成本（根据总成本计算）	-8.00	—
	第2部分合计	439.0	747.0
3	生产效率		
3.1	员工数	60	109
3.2	每个工人的产出/%	182	100
4	环境保护和废物管理		
4.1	液体废物： NH_4NO_3 溶液产量/t	—	0.8
	废水排入地下后（含氮化合物的 MPC=10mg/L）受污染水的体积/m^3	—	2800
4.2	废气排放量/m^3	2000	500
4.3	硝酸利用率（以60%的 HNO_3 计算）	0.33	—

在进行上述比较时，采用了以下输入数据：

（1）硝酸铀酰浓度，0.3~0.5kgU/L；

（2）独立工艺路线数量（其中一条线应急备用），2；

（3）两条工艺路线的成本，1190000卢布（1980年的价格），其中包括：主要工艺设备成本400000卢布；电气设备成本400000卢布；监测与自动控制设备成本90000卢布；工业建设成本240000卢布。

从表4.12中可以看出，与水化学工艺相比，等离子体工艺处理硝酸铀酰溶液生产铀氧化物可以将每吨铀的转化成本降低308卢布。表中的成本对应于1976年左右苏联卢布的价值，具有象征意义：表明在同等条件下水化学法与等离子体法的成本比较。根据当时核算的结果，劳动生产率提高了82%。即使这样，尚未考虑水化学工艺实施过程中与母液处置或填埋污染环境带来的相关成本。从环保角度看，等离子体工艺不产生废液，可以避免每生产1t铀对28000m^3天然水体造成的污染。

上述计算已经假定两种工艺用于比较的车间成本和生产成本均相同，以满足传统工艺捍卫者的要求。尽管原则上，在计算中会对新技术有所倾斜，并且新技术在试验中也表现出了相对于传统工艺的优势。

对于所讨论的情形，等离子体工艺的经济效益主要是体现在化学试剂消耗量的减少，以及工资和折旧的降低。生产率提高的原因在于工艺设备的数量减少了；这可以通过简化等离子体工艺的方案以及使用硝酸铀酰高效分解过程来实现。

4.12 等离子体分解硝酸铀酰制备用于生产核燃料芯块的氧化铀

工业规模的等离子体分解硝酸铀酰、制备用作核反应堆核燃料的铀氧化物的工艺流程与图 4.20 所示的中试装置大致相同。该中试装置具有如下技术特征：

(1) 等离子体炬的总功率,300kW;

(2) 等离子体形成气体,空气和氮气;

(3) 等离子体形成气体的总流量,≤50Nm^3/h;

(4) 等离子体的平均温度,3000~6000K;

(5) 硝酸铀酰溶液流量,≤60L/h;

(6) 溶液中的铀浓度,0.5kg/L;

(7) 雾化液滴的直径,100~150μm;

(8) 反应器内的压强,100~150kPa;

(9) 反应器壁的温度,≤873 K;

(10) 含铀颗粒的捕集效率,99.9%。

中试装置的操作步骤已在前面进行了描述。为了得到满足技术要求[13]的铀氧化物,我们开展了一些初步研究,选择特定工艺条件获得了物理化学性质令人满意的产物。表 4.13 表明试验的输入参数对产物物理化学性质的影响。

表 4.13 等离子体脱硝硝酸铀酰得到的用于制造轻水反应堆核燃料芯块的铀氧化物的物理化学性质

试验序号	质量分数/%			密度/(g/cm^3)		粒度分布/μm			
	U_{total}	U^{4+}	N_2	堆积密度	比重瓶法	<2	2~5	5~10	>10
1	86.05	23.96	0.011	1.31	7.12	5.9	19.0	75.1	—
2	84.86	23.72	0.007	0.98	6.93	4.7	28.3	33.5	—
3	85.64	24.53	0.01	1.15	7.25	19.5	38.0	14.1	28.4
4	85.20	27.11	痕量	1.01	6.28	4.4	29.5	16.2	49.9
5	84.33	25.56	0.007	1.04	7.44	14.6	35.4	14.9	35.1
6	84.81	25.76	0.01	0.94	8.62	2.8	35.1	29.5	36.2
7	84.76	26.09	0.01	0.72	6.62	17.4	24.1	26.9	31.6
8	84.70	25.46	0.006	1.07	7.38	9.5	27.2	20.8	42.5

(续)

试验序号	质量分数/%			密度/(g/cm³)		粒度分布/μm			
	U_{total}	U^{4+}	N_2	堆积密度	比重瓶法	<2	2~5	5~10	>10
9	84.32	26.93	0.004	1.08	6.56	4.3	27.0	23.0	45.7
10	84.89	25.46	0.002	0.88	7.76	14.2	36.2	37.6	12.0
11	83.62	19.81	0.01	1.16	6.68	2.1	33.7	64.2	—
注:产物的粒度分布通过沉降分析法确定;氮含量通过红外光谱确定									

对基于等离子体工艺通过批次试验得到的铀氧化物陶瓷的性能,我们在冶金厂利用常用方法进行了分析,这些方法也用于确定在该厂基于水化学工艺得到的工业批次的铀氧化物。由等离子体技术得到的 U_3O_8 在650℃下用氢气还原成 UO_2,作为生产 VVER-1000 核反应堆燃料元件芯块的原料。初步试验结果列于表4.14中。UO_2 芯块的生产工艺包括以下环节:

(1) 在振动磨中研磨30min;

(2) 与5%的黏结剂(10%的聚乙烯醇水溶液)混合15min;

(3) UO_2 粉末振动造粒15min;

(4) 以1.5t/cm² 的压强压制成型;

(5) 在1750℃的工业炉中烧结。

表4.14 等离子体脱硝硝酸铀酰溶液得到铀氧化物,并按照标准方法加工成VVER-1000反应堆 UO_2 燃料芯块的工业试验结果

序号	UO_2 粉末的堆积密度/(g/cm³)				芯块密度/(g/cm³)	
	未振实	振实	与黏结剂混匀后	造粒后	压制后	烧结后
1	0.9	2.64	2.97	3.40	6.47	10.57
2	1.0	1.86	2.30	3.10	6.20	10.45
3	1.15	2.53	2.97	3.44	6.67	10.56
4	1.2	2.78	3.38	3.58	6.78	10.63
5	0.98	2.83	3.38	3.59	6.86	10.59
6	1.11	2.69	3.33	3.69	6.87	10.54
7	0.9	2.20	2.78	3.28	6.67	10.38
8	1.11	3.01	3.69	4.22	7.25	10.30
9	0.87	2.40	2.89	3.95	6.94	9.68
10	0.94	2.98	3.11	3.43	6.75	10.16
11	0.97	2.74	3.25	3.10	6.82	10.28

(续)

序号	UO_2 粉末的堆积密度/(g/cm³)				芯块密度/(g/cm³)	
	未振实	振实	与黏结剂混匀后	造粒后	压制后	烧结后
12	1.15	2.80	3.51	4.10	6.94	10.44
13	1.05	2.74	3.20	3.57	6.82	10.45
14	0.89	2.89	3.70	4.20	7.23	10.46
15	0.9	2.69	3.19	3.51	6.67	10.39
16	1.02	2.69	3.60	4.10	6.94	10.15
17	1.1	2.79	3.40	3.95	7.0	10.37
18	1.05	2.80	3.35	3.89	6.77	10.25
19	1.01	2.79	3.00	3.47	6.63	10.35
20	1.12	2.70	3.31	3.70	7.01	10.49

初步试验结果表明,最令人满意结果是 2 号和 3 号试验得到的氧化物。在对 UO_2 粉末的基本要求中,重要的是 UO_2 陶瓷的烧结具有可重现性,即确保烧结芯块的密度为 10.4~10.7g/cm³,芯块内微观结构和外观均无缺陷,杂质含量满足要求。粉末冶金专家认为,目前还没有一套标准可以评价 UO_2 粉末的质量是否是令人满意,并精确分析 UO_2 陶瓷的性质。UO_2 粉末的品质最终在烧结试验中确定。在分析试验结果(表 4.14)时发现,UO_2 烧结芯块的密度与试验参数之间存在一定的关系,特别是硝酸铀酰溶液(放射化学工厂的反萃取物)的浓度对芯块密度影响很大:溶液浓度越大,芯块的密度就越高,即使其他参数存在一定的变化(表 4.15)。

表 4.15 工艺参数和等离子体初始温度 T_p、反应器温度 T_r 等对 UO_2 烧结芯块密度的影响

试验序号	比能耗/(kW·h/kgU)	等离子体比流量/(Nm³/kgU)	溶液中的铀浓度/(kgU/L)	等离子体初始温度/K	等离子体反应器中的温度/K	UO_2 芯块密度/(g/cm³)
1	5.30	3.42	4.53	3200	1630	10.51
2	5.93	3.83	4.04	3200	1310	10.59
3	11.61	7.67	4.04	3150	2100	10.57
4	5.87	2.10	4.04	4250	1650	10.36
5	7.10	4.59	3.37	3200	1660	9.96
6	10.65	6.88	3.37	3200	1950	10.39

（续）

试验序号	比能耗/(kW·h/kgU)	等离子体比流量/(Nm^3/kgU)	溶液中的铀浓度/(kgU/L)	等离子体初始温度/K	等离子体反应器中的温度/K	UO_2 芯块密度/(g/cm^3)
7	6.95	2.52	3.37	4250	1670	10.46
8	10.73	6.64	2.00	3250	1610	10.32
9	16.89	10.56	2.00	3250	1950	10.37
10	5.60	3.50	3.02	3250	1410	10.28
11	3.18	2.05	4.53	3200	1270	10.49

此外，这种关系也可以由等离子体技术制得的铀氧化物粉末的分散性予以说明。从表4.15可以看出，当溶液浓度为0.45kgU/L时，颗粒大小处于一个很窄的范围内（5~10μm）；但是，溶液浓度稍微降低，为0.4kgU/L时，粒度分布范围就扩展到2~10μm；当浓度为0.2kgU/L时，大部分颗粒的直径都大于10μm。

基于试验结果，中试等离子体装置的操作要求可表述为：溶液浓度0.4~0.45kgU/L，比能耗8~10kW·h/kgU。在这种工况下，得到了工业规模（372kg）的铀氧化物。因此，利用回收铀的硝酸铀酰溶液得到了氧化铀，其化学成分（表4.11）满足氧化铀生产的技术要求。在这些工作中还发现，产物中来自EDP-109M型等离子体炬输出电极的铜含量，当使用空气作为等离子体形成气体时比使用氮气时高1个数量级（对应的样品分别是1和2）。

X射线分析结果表明，这些铀氧化物的化学式对应于U_3O_8。经过多次试验，得到的铀氧化物的湿度为0.1%，振实密度为2.5g/cm^3，比表面积为2.1~2.5m^2/g。

U_3O_8在680℃的回转炉中被氢气还原成UO_2。乌尔巴冶金厂得到了7批每批40kg共280kg的UO_2。分析结果表明，所有产品均满足技术规范（表4.16）要求。产品的湿度为0.1%，μ晶粒尺寸为0.51，振实密度为2.5g/cm^3，比表面积为2.1~2.5m^2/g。

表4.16　用于制造核反应堆（包括动力堆和研究堆）燃料元件的UO_2（U-235浓度为1%~90%）中杂质含量的技术要求[13]

单位：μg/g

B	0.3	N	200
Cd	0.6	Cr	100
Li	2	V	100
C	200	P	200

(续)

Fe	200	Mg	100
Mn	20	Mo	100
Cu	50	Ca	200
Si	100	Al	200
Ni	150	W	100
F	350		
注:精炼铀锭中杂质含量的上限			

得到的 UO_2 粉末在工业生产线上加工成芯块,加工工艺包括振动研磨、与黏结剂混合和压制成型等。与水化学法得到的粉末相比,等离子体法制得的粉末的压制成型时间从 70min 缩短到 40min。上述粉末在 PF-30 型压缩机上被压制成 VVER-1000 反应堆的 UO_2 芯块,油压站的压强为 1000kPa。芯块烧结在 SOT 型氢气炉中进行,烧结温度为 1750℃,烧结瓷舟的推送周期为 48min。加工参数以及最后得到的 UO_2 陶瓷芯块的分析结果示于表 4.17。

表 4.17　由等离子体工艺得到的商用 VVER-1000 反应堆 UO_2 芯块

样品序号	UO_2 粉末的质量/kg	压制成型时间/min	UO_2 压制芯块密度/(g/cm^3)	UO_2 烧结芯块密度/(g/cm^3)
1	32.5	70	6.25~6.38	10.47
	14.8			
2	14.8	40	6.31~6.33	10.58
	35.2			
3	10.0	40	6.31~6.32	10.55
	37.0			
4	38.0	40	6.36~6.38	10.56
	12.0			
5	18.0	40	6.33~6.35	10.58
	30.0			

第一批芯块在烧结后密度有所降低,原因是粉末压制过程的压力过大。烧结芯块经过干法磨削之后进行分级。得到芯块的质量为 173.7kg,其中有 165kg 经检测合格,即 UO_2 芯块的成品率为 95%,相当于标准产品的正常成品率。合格产品应满足此类产品的技术要求。芯块磨削之后,密度稍有增大,比烧结后增

大了 0.05g/cm^3。

这样,利用等离子体脱硝回收铀的硝酸铀酰溶液能够得到 U_3O_8 粉末,这些粉末可以用于制造满足现行工业要求的核燃料芯块。

4.13 等离子脱硝回收铀六水合硝酸铀酰(UNH)过程中杂质的行为

4.13.1 等离子体脱硝 UNH 生产陶瓷级氧化物粉末

目前,一些国家基于水化学工艺利用(回收铀的)UNH 生产氧化物核燃料,操作步骤包括溶解、聚铀酸盐沉淀、过滤、干燥、煅烧和还原($U^{+6}+2e \rightarrow U^{+4}$)等,还包括母液的处理与处置[14]。尽管这样可以得到满足当前核燃料技术标准要求的氧化物,但是任何水化学工艺都会对生态环境带来负面影响,导致新问题。即使抛开水化学法的技术与经济问题(所有水化学法都面临的主要问题:操作步骤多,试剂和电力成本高,需要开发辅助技术处理母液),我们仍然具有足够的理由去寻求替代技术,首要原因是为了解决核燃料生产厂所处区域内的生态环境问题和社会问题。这些问题的关键在于,含有回收铀的原料的放射性比初始原料更高,从而导致与之相关的操作会引起这样或者那样的社会问题[15]。这些问题可以通过采用反应快速、工艺环节少、无需化学试剂的等离子体技术予以解决。该技术基于空气或氮气等离子体分解硝酸铀酰溶液或水合盐,获得铀氧化物和硝酸溶液。随着人们在这方面的经验不断积累,铀氧化物产物的物理和化学性质以及它们在某些工艺过程中的行为也得到了研究;并且,源于"等离子体处理硝酸盐"工艺的铀氧化物已经按照工业流程加工成核燃料芯块。分析结果表明,基于这种原料生产的核燃料芯块能够满足现行工业标准的要求。之前进行的探索性研究表明,向硝酸铀酰溶液中引入水溶性还原剂(如尿素或甲醛),溶液中的 U^{+6} 在酸性环境中被还原成 U^{+4} 和 UO_2 沉淀而不是 U_3O_8。

然而,关于硝酸铀酰水合盐(后处理厂的主要产物),尤其是 U-235 富集度高的水合盐的处理,并不是所有问题都得到了解决。有待研究领域可以表述为如下两个方面:

(1) 按照图 4.1 所示的方案,在等离子体处理硝酸铀酰溶液和六水合硝酸铀酰的过程中裂变产物的行为,即这些杂质的去向:存在于铀中还是进入气相?

(2) 等离子体脱硝工艺设备附近的辐射环境。

这些问题的答案,至少在原则上可以回答这些问题的研究成果将在本节下面的部分进行介绍。

4.13.2 原料特性

在轻水反应堆乏燃料的后处理中,必须处理比天然铀更多的同位素。核燃料在反应堆中辐照的过程中,除了天然铀同位素如 U-238、U-235、U-234 之外,还生成了其他同位素如 U-232、U-233、U-236。对人员健康具有最大潜在风险的是 U-232。U-232 形成的途径[15]如下:

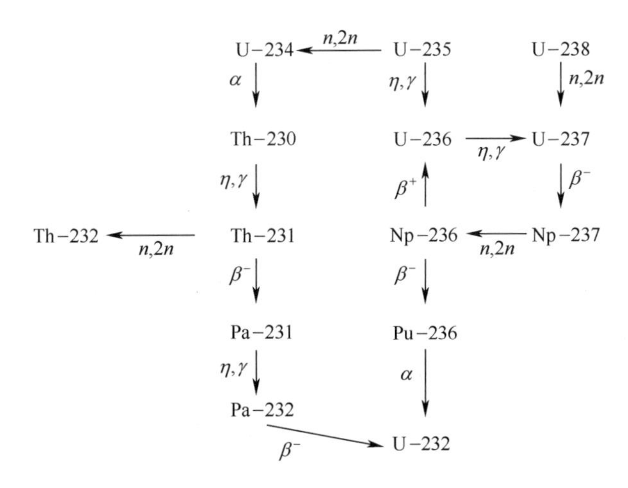

U-232 的半衰期是 72 年,可以形成复杂的放射性衰变链:

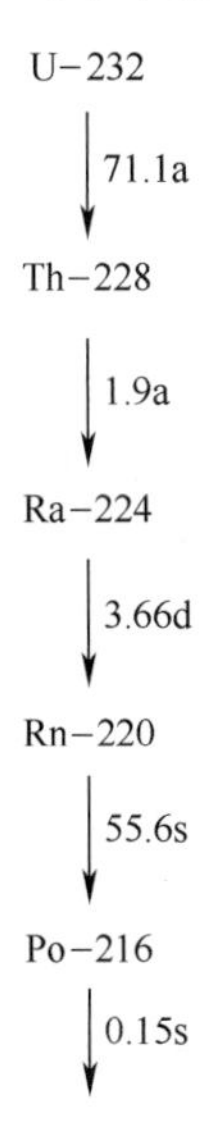

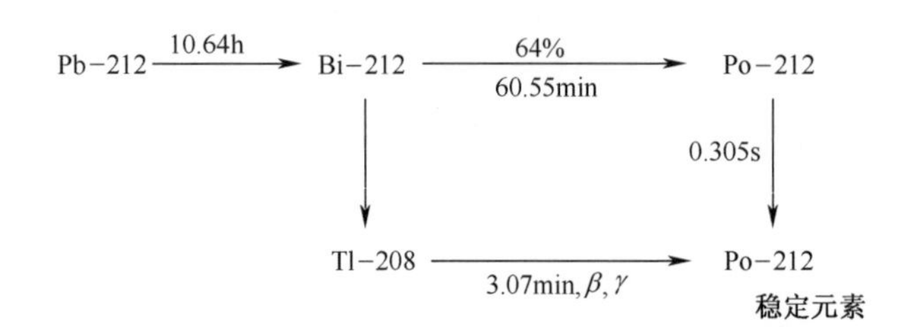

U-232 衰变产物最近的是 Th-228，半衰期为 1.9 年。即使这样，也比其他子体的半衰期长得多，后者以天、小时和分钟计算。因此，U-232 的年吸入量比 U-234、U-235 和 U-238 更为严格。此外，U-232 的衰变产物之一 Tl-208 可以发射能量为 2.6MeV、穿透力非常强的 γ 射线，这是另外一项潜在的放射性风险。出于这个原因，回收铀存储 10 年后，其衰变产物的累积量达到最大，γ 辐射强度比天然铀高 2 个数量级。在未经辐照的铀中，U-234 同位素的含量仅为 0.005%，在同位素分离过程中富集度不断提高。在辐照后的铀中 U-234 的典型含量为 0.02%，进一步分离后达到 0.13%。人们对这一现象关注的原因在于 α 辐射的比活度增加了 2~3 倍，因而开展与回收铀相关的工作时需要增加安全预防措施。

回收铀中 U-235 的平均浓度约为 0.9%，因装料批次不同而在 0.6%~1.2% 范围变化。

同位素 U-236 不会自然形成，由 U-235 同位素俘获中子产生。该同位素作为中子毒物时还需要进一步富集，因而增加了经济成本，原因在于与天然铀核燃料元件相比，利用回收铀制造燃料元件时需要进一步提高 U-235 同位素的富集度，以补偿反应性。

超铀 α 发射体是氧化物燃料在反应堆中被辐照后俘获中子以及随后发生链式衰变产生的。此外，还有少量的 Pu 和 Np 的同位素，不过对放射性的影响很有限。

铀裂变产物中含有痕量的 Ru 和 Tc。Ru-106 的半衰期相对较短（1 年），因而通过其衰变子体增强铀的 γ 放射性。Tc-99 的半衰期较长，是一种弱 β 发射体。

将回收铀引入核燃料生产工艺流程之后，U-232 含量升高带来的影响简要概括如下：

（1）由于回收铀中存在可以发射 α 射线的裂变子体，气载污染物的排放限值更加严格；

（2）γ 辐射剂量率升高，因为存在 Tl-208，能够发射 2.6MeV 的 γ 射线。

因此，回收铀参与核燃料循环会为铀工业带来新的社会问题，尽管这些问题对于天然铀早已得到了解决。这关系到 UF_6 生产、铀浓缩、铀氧化物生产或其他基于富集 U-235 同位素的 UF_6 的核燃料生产。这些问题必须通过一定方式进行解决,包括采取额外的辐射屏蔽措施,使用远程控制设备等。等离子体技术非常适合解决这一问题,因为这种技术可以大幅简化工艺步骤,并且能够实现远程控制。等离子体技术的一项重要应用将在下面讨论:分解富集 U-235 同位素的回收铀(如含有高浓度 U-235 或 U-233 的退役核弹头或其他废物)的水合硝酸盐,获得铀氧化物陶瓷和硝酸溶液。

按照回收铀的技术要求,对含有杂质的六水合硝酸盐进行了分析,其成分见表 4.18。

表 4.18　回收铀六水合硝酸盐中的杂质及含量

序号	成　分	含　量		
		最小值	最大值	平均值
1	U_{total}/%(质量分数)	42.47	44.83	43.02
2	Pu/(g/kgU)	0.22	21.00	—
3	HNO_3/%(质量分数)	0.70	2.10	1.56
4	K+Na/10^{-3}%(质量分数)	1.0	31.0	4.5
5	Ca/10^{-3}%(质量分数)	1.0	8.0	3.3
6	P/10^{-3}%(质量分数)	1.4	5.5	3.1
7	Mg×10^{-3}%(质量分数)	1.0	1.0	1.0
8	V/10^{-3}%(质量分数)	0.1	0.1	0.1
9	Fe/10^{-3}%(质量分数)	1.0	10.0	3.3
10	Mo10^{-3}%(质量分数)	0.2	0.2	0.2
11	W/10^{-3}%(质量分数)	0.2	0.2	0.2
12	Cr/10^{-3}%(质量分数)	1.0	2.0	1.0
13	Si/10^{-3}%(质量分数)	5.0	5.0	5.0
14	SO_4^{2-}/10^{-3}%(质量分数)	3.0	10.0	3.0
15	B/10^{-3}%(质量分数)	0.003	0.003	0.003
16	Cl/10^{-3}%(质量分数)	0.8	12.1	5.2
17	Cu/10^{-3}%(质量分数)	0.1	0.1	0.1
18	Ni/10^{-3}%(质量分数)	0.1	0.1	0.1
19	Cd/10^{-3}%(质量分数)	0.02	0.03	0.02
20	Al/10^{-3}%(质量分数)	0.2	—	0.2

（续）

序号	成　分	含　量		
		最小值	最大值	平均值
21	$Mn/10^{-3}\%$（质量分数）	0.2	0.2	0.2
22	$F/10^{-3}\%$（质量分数）	0.4	10	3.7
23	$C/10^{-3}\%$（质量分数）	10.0	13.0	2.4
23	$Si/10^{-3}\%$（质量分数）	5.0	5.0	5.0
24	U-232/$10^{-7}\%$（质量分数）	0.07	1.0	0.33
25	U-235/$10^{-3}\%$（质量分数）	1.98	2.15	2.07
26	U-236/（质量分数）%	0.13	0.36	0.28
27	MED/（$10^{-3}\mu$Ci/kgU）	0.71	2.70	2.42
28	Pa-234/（$10^{-3}\mu$Ci/kgU）	0.25	0.80	0.62
29	Pa-234m/（$10^{-3}\mu$Ci/kgU）	0.25	0.80	0.62
30	Ru-106/（$10^{-4}\mu$Ci/kgU）	0.04	8.7	0.38
31	Ru-103/（$10^{-3}\mu$Ci/kgU）	0.025	0.16	0.09
32	Cs-137/（$10^{-3}\mu$Ci/kgU）	0.014	0.066	0.040
33	Nb-95/（$10^{-4}\mu$Ci/kgU）	0.022	0.71	0.44
33	Zr-95/（$10^{-5}\mu$Ci/kgU）	0.50	11.0	5.90

UNH的放射性取决于其中存在的超铀元素、铀的裂变产物和铀同位素的衰变产物。UNH中的裂变产物主要是以下β和γ发射体：Ru-103，Ru-106，Zr-95，Sr-90，Cs-137，Sb-125，Ce-144。同位素U-232是弱γ发射体，但是在其放射性衰变链中具有高能量的γ发射体Tl-208。作为一个例子，表4.19给出了后处理厂提供给冶金厂的UNH的放射性数据。U-232存在引起的放射性危害与其气态衰变产物氡（Rn-220）有关，氡具有向工作场所释放并与人员接触的风险。根据各种同位素的平均含量，计算得到的UNH的比活度为2.44×10^{3}Ci/kgU。

表4.19　后处理厂为冶炼厂提供的UNH中放射性同位素含量和辐射剂量率

U-232 /$10^{-7}\%$（质量分数）	Pu-234 /（μg/kgU）	MED/（μg/kgU）	U-235/%（质量分数）	α活度/s^{-1}
0.01~0.49	5	0.71~1.80	0.64~0.81	
0.10~0.60	5	1.1~1.5	1.98~2.05	6550~9710
0.07~0.40	5	1.5~1.9	1.98~2.03	6000~8820

（续）

U-232 /10^{-7}%（质量分数）	Pu-234 /（μg/kgU）	MED/（μg/kgU）	U-235/%（质量分数）	α 活度/s^{-1}
0.10~0.70	5	1.2~1.46	2.05~2.10	6730~8820
0.10~0.40	5	1.43~1.68	2.13~2.15	6300~9400
0.20~0.40	0.7~0.95	0.9~1.68	2.01~2.11	3600~3840
0.30~0.70	0.2~2.10	1.47~2.70	2.02~2.11	3500~6400
注：MED—等效剂量率				

在采用水化学方法加工 UNH 的过程中，3%~10%的放射性转移到了母液中。因此，转移到 UO_2 中的放射性为 89.7%~97%。这一结论已经基于铀同位素 U-235、U-234 及其衰变产物 Ra-234、Th-228，及其 Pa-233 和衰变产物 Ra-226、Ru-103、Ru-106、Cs-137、Nb-95、Zr-95 和 Sb-125 等放射性核素进行了试验验证。

4.13.3 等离子体分解 UNH 过程中杂质和铀分布的初步分析

在等离子体分解硝酸盐或者溶液的过程中，放射性核素和稳定核素通过蒸气或气溶胶实现迁移。对于金属氧化物杂质而言，如果其蒸气压和温度的关系曲线与氧化铀的相当或者位于后者之下，又或者其蒸气压的绝对值足够小未能与铀发生显著的分离，该金属氧化物杂质就在整个工艺流程中与氧化铀共存。因此，当某些金属氧化物杂质倾向于气相迁移时，会使氧化物之间发生一定程度的分离（分离效果取决于氧化物与气相之间的分配系数），并且有可能在硝酸冷凝液或设备中发生累积（对于放射性核素就是活度累积）。

气溶胶的扩散可以通过过滤器进行控制，其可行性取决于设备设计，并且受技术手段影响。表 4.20 示出了表 4.18 中的铀裂变产物的氧化物的蒸气压与温度的函数关系。将这些数据与温度沿反应器时空坐标的变化进行对比，并考虑在图 4.1 所示的等离子体脱硝工艺中形成最终产物的放电区的温度相对较低（200~300℃），就可以判断 Th（ThO_2）、Pu（PuO_2）、Al（Al_2O_3）、Cs（Cs_2O）、Ca（CaO）、Cr（Cr_2O_3）、Gd（Gd_2O_3）、Fe（FeO，Fe_2O_3）、K（K_2O）、Na（Na_2O）、Nb（NbO_2）、Ti（TiO_2）、Mg（MgO）、Mn（MnO）、Si（SiO_2）、Sr（SrO）、Zr（ZrO_2）与铀氧化物共存。

同样是这些金属的氧化物，但不太可能存在的有氧化硼（B_2O_3）、硅和钆的低价氧化物 SiO 和 GdO、钒和铌的高价氧化物 V_2O_5 和 Nb_2O_5、氧化铜（CuO）和氧化锑（Sb_2O_3）。目前，还没有关于氧化钌蒸气压的可靠数据。但是，根据现有的半定量结果,氧化钌从铀转移到气相。

表 4.20 铀裂变产物氧化物的蒸气压与温度的关系[16]

元素	氧化物	蒸气压与温度的函数关系 (P 单位为 Pa,T 单位为 K)	P_{2000}	P_{1500}	P_{1000}	P_{500}
Al	Al_2O_3	$\lg P = 13.42 - 27320/T$	0.577	1.6×10^{-5}	2.5×10^{-14}	6×10^{-42}
B	B_2O_3	$\lg P = 11.75 - 16960/T$	1862	2.78	6.2×10^{-6}	7.6×10^{-23}
Cs	Cs_2O	$\lg P = 13.74 - 33880/T$	3.1×10^{-4}	4.2×10^{-9}	2.4×10^{-21}	10^{-54}
Ca	CaO	$\lg P = 12.85 - 28020/T$	0.07	1.5×10^{-6}	6.8×10^{-16}	10^{-44}
Cr	CrO	$\lg P = 10.55 - 23256/T$	0.08	1.1×10^{-5}	2.0×10^{-13}	10^{-36}
	Cr_2O_3	$\lg P = 14.14 - 30769/T$	0.06	4.2×10^{-7}	2.0×10^{-17}	10^{-51}
Fe	FeO	$\lg P = 14.70 - 24200/T$	398.1	0.037	3.0×10^{-10}	10^{-34}
	Fe_3O_4	$\lg P = 14.24 - 22780/T$	708	0.11	3.0×10^{-9}	10^{-31}
Cd	CdO	$\lg P = 18.95 - 14590/T - 1.761\lg T$	$10^{5.85}$	$10^{3.62}$	0.12	10^{-15}
	Gd_2O_3	$\lg P = 14.06 - 34200/T$	10^{-4}	2.0×10^{-9}	7.0×10^{-19}	10^{-55}
Cu	CuO	—	—	—	$\approx10^{-2}$	$\approx10^{-10}$
K	K_2O	$\lg P = 13.74 - 24262/T$	$10^{0.61}$	4.0×10^{-3}	10^{-11}	10^{-35}
Na	Na_2O	$\lg P = 13.74 - 24044/T$	$10^{1.72}$	5.0×10^{-3}	5×10^{-11}	4×10^{-35}
Nb	NbO_2	$\lg P = 14.54 - 30300/T$	0.245	2.0×10^{-6}	2.0×10^{-16}	10^{-46}
	Nb_2O_5	$\lg P = 14.54 - 22780/T$	—	—	$\sim10^{-3}$	—
Mg	MgO	—	2×10^{-1}	2.6×10^{-6}	$\approx10^{-30}$	$\approx10^{-60}$
Mo	MoO_3	$\lg P = 32.81 - 16140/T - 5.53\lg T$	$10^{6.2}$	$10^{4.48}$	1.2	7.0×10^{-16}
Mn	MnO	$\lg P = 11.62 - 21880/T$	$10^{0.68}$	8.0×10^{-4}	5.6×10^{-11}	7.0×10^{-33}
Pu	PuO_2	$\lg P = 13.08 - 29240/T$	0.03	4.0×10^{-7}	7.0×10^{-17}	10^{-46}
Sb	Sb_2O_3	$\lg P = 13.47 - 9535/T$	$10^{8.7}$	$10^{7.11}$	$10^{3.94}$	3.0×10^{-6}
Si	SiO	$\lg P = 13.08 - 16790/T$	$10^{4.3}$	$10^{1.89}$	$10^{-3.71}$	10^{-20}
	SiO_2	$\lg P = 15.55 - 26430/T$	$10^{2.33}$	$10^{-2.07}$	10^{-11}	$10^{-37.3}$
Sr	SrO	$\lg P = 13.62 - 26130/T$	0.412	1.8×10^{-5}	$10^{-12.5}$	10^{-39}
Th	ThO_2	$\lg P = 13.74 - 33880/T$	$10^{-4.41}$	$10^{-10.71}$	$10^{-23.32}$	10^{-61}
V	VO	$\lg P = 13.03 - 26820/T$	0.42	$10^{-4.9}$	$10^{-13.8}$	10^{-41}
	V_2O_3	$\lg P = 7.17 - 7100/T$	$10^{3.62}$	$10^{2.44}$	$10^{0.07}$	10^{-7}

（续）

元素	氧化物	蒸气压与温度的函数关系（P 单位为 Pa，T 单位为 K）	P_{2000}	P_{1500}	P_{1000}	P_{500}
W	WO_3	$\lg P=17.45-24600/T$	$10^{5.45}$	$10^{1.35}$	$10^{-6.85}$	$10^{-31.5}$
Zr	ZrO_2	$\lg P=14.5-32860/T$	$10^{-1.93}$	$10^{-7.41}$	$10^{-18.36}$	$10^{-51.2}$
U	UO_2	$\lg P=15.423-37195/T+3.516\times10^3/T^2+2.618\times10^9/T^3$	$10^{-3.17}$	$10^{-9.37}$	$10^{-21.77}$	10^{-59}

某些具有多个化合价的金属，如 Gd、Nb 等，其不同价态的氧化物的蒸气压与温度的关系存在显著差异。应当注意的是，在强氧化性气氛（如空气等离子体）中，以及在温度沿反应器轴线和工艺流程逐渐降低的条件下，很有可能形成较低价态的金属氧化物，但是在温度相对较低的区域内仍然有可能存在较高价态的金属氧化物。基于这一观点，钆（Gd）元素应该完全与铀共存。钒和铌的最高价氧化物与铀共存的可能性却不大，因为这些元素的氧化物在分散相与气相分离的区域内的绝对压强较低，因而从气相迁移到分散相的可能性不大。

将表 4.20 给出的数据进行图形化后进行比较[16]，并且根据技术要求和杂质的实际含量（见表 4.18）计算出铀与杂质元素氧化物的质量比，结果发现，在等离子体对回收铀的硝酸铀酰溶液或者 HHUN 进行脱硝的过程中，铀（U-238、U-236、U-235、U-234、U-232 等核素）的氧化物与钚（PU-239）、钍（TH-228）、锆（Zr-95）、铌（Nb-95）、铯（Cs-137）、铈（Ce-144）、锶（Sr-90）等核素的氧化物一起转移到分散相颗粒中。基于比较计算法的半定量分析结果表明，镭（Ra-226）和镤（Pa-234）的氧化物与铀氧化物共存的概率很高。考虑到气相与分散相发生分离区域内的温度，以及等离子体反应器中氧化锑的蒸气压过小（10^{-3}～10^{-4}Pa）的条件，锑（Sb-125）与铀分离的概率相对较低。不过，有可能实现钌（Ru-103，Ru-106）与铀的分离。

不过，放射性气溶胶的扩散不仅仅是理论预测问题，这个问题的每一个环节都取决于过滤元件的具体结构。

4.13.4 等离子体脱硝硝酸铀酰溶液时铀裂变产物行为的实验研究

在等离子体处理回收铀的硝酸铀酰溶液得到铀氧化物和硝酸溶液的过程中，通过实验研究了放射性核素的行为。这项工作在放射化学工厂的高频等离子体设备上进行，其工艺流程示于图 4.28。铀石墨反应堆和轻水反应堆乏燃料后处理厂产物的混合物作为实验原料。原料液中放射性核素的平均含量在表 4.21 中给出。

图4.28所示的装置运行如下：硝酸铀酰溶液在压缩空气作用下从容器4输入等离子体反应器3的喷嘴中进行雾化，然后与空气等离子体混合。空气等离子体由高频感应等离子体炬2产生，其电源是一台标准的HFI－63/5.28－IG－LO1(ВЧИ－63/5.28－ИГ－ЛО1)型高频发生器1。

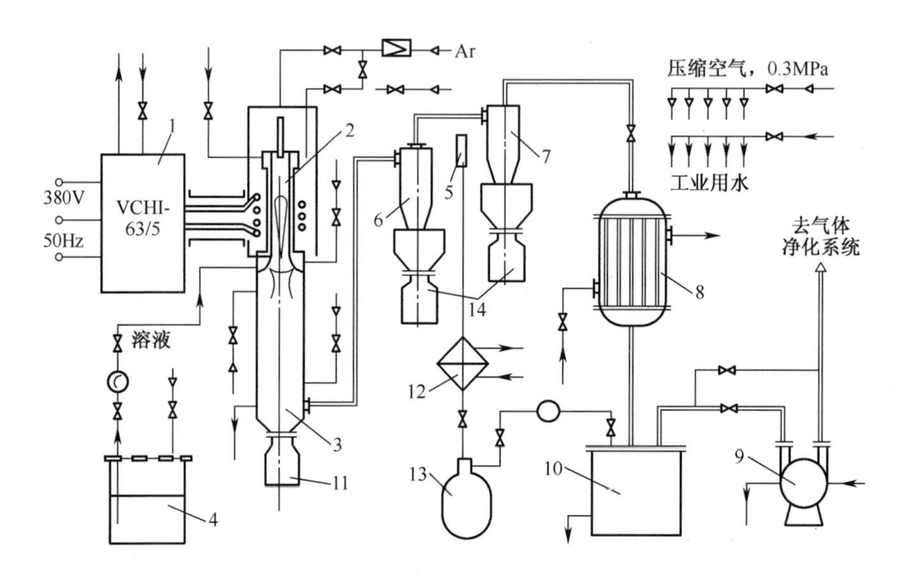

图4.28　研究等离子体分解硝酸铀酰溶液和铀裂变产物行为的高频等离子体系统
1—高频电源；2—等离子体炬；3—等离子体反应器；4—硝酸铀酰溶液储罐；
5—纤维过滤器；6，7—旋风分离器；8—冷却冷凝器；9—真空泵；10—冷凝液收集箱；
11，14—铀氧化物收集罐；12—热交换器；13—冷凝液收集罐。

如前面所述，硝酸铀酰溶液等离子体分解的产物是两相混合物。等离子体反应器排出的产物依次通过两台串联布置的旋风分离器6和7。铀氧化物粉末收集在容器11和14中。蒸气与气体产物在冷却冷凝器8中冷却下来，冷凝液收集在容器10中。排放的气体最终通入放射化学厂的气体净化系统。

硝酸铀酰分解工艺在负压下进行，系统压强由真空泵9维持。硝酸铀酰溶液、空气和冷却水的流量通过PM型流量计测量，温度由TXA型热电偶监测，压强由压力计监测。气体样品从两台旋风分离器之间的气流中取样。采集的样品通过纤维过滤器5滤去颗粒物，再进入热交换器12进行冷凝。冷凝液收集在储罐13中，用于分析铀和放射性核素的含量。

为了获得更具有代表性的结果，实验中分别采用铀浓度为50g/L、100g/L和200g/L的溶液作为原料液。每次实验处理总铀量为1kg的溶液。实验结果汇总在表4.21中。

表4.21 硝酸铀酰原料液和等离子体脱硝产物中的铀和其他放射性核素的含量

1—硝酸铀酰和裂变产物的原料液					
序号	U/(g/L)	比活度/(Bq/L)			
		Ru-103,Ru-106	Nb-95	Th-234	Pu-239
1	50	11.6×10^{4}	2.44×10^{4}	1.84×10^{7}	240
2	50	11.6×10^{4}	2.44×10^{4}	1.84×10^{7}	240
3	100	11.6×10^{4}	2.44×10^{4}	1.84×10^{7}	240
4	100	11.6×10^{4}	2.44×10^{4}	1.84×10^{7}	240
5	200	11.6×10^{4}	2.44×10^{4}	1.84×10^{7}	240
6	200	11.6×10^{4}	2.44×10^{4}	1.84×10^{7}	240
Cp[1]					240
Cp[2]$_{(-3)}$					
2—铀氧化物和杂质					
序号	U/(g/L)	比活度/(Bq/L)			
		Ru-103,Ru-106	Nb-95	Th-234	Pu-239
1		6.06×10^{4}	2.21×10^{4}	1.78×10^{7}	240
2		7.89×10^{4}	2.15×10^{4}	1.81×10^{7}	230
3		2.78×10^{4}	2.20×10^{4}	1.73×10^{7}	180
4		5.42×10^{4}	3.21×10^{4}	1.65×10^{7}	250
5		4.72×10^{4}	2.79×10^{4}	1.68×10^{7}	240
6		5.88×10^{4}	2.91×10^{4}	1.63×10^{7}	232
Cp[1]		5.46×10^{4}	2.45×10^{4}	1.71×10^{7}	232
Cp[2]$_{(-3)}$		6.00×10^{4}	2.45×10^{4}	1.71×10^{7}	242
3—冷凝液					
序号	U(g/L)	比活度,Bq/L			
		Ru-103,106	Nb-95	Th-234	Pu-239
1	10	5	5	50	0.01
2	10	5	5	50	0.01
3	10	5	5	50	0.01

（续）

3—冷凝液					
序号	U/(g/L)	比活度/(Bq/L)			
		Ru-103,Ru-106	Nb-95	Th-234	Pu-239
4	10	5	5	50	0.01
5	10	5	5	50	0.01
6	10	5	5	50	0.01
Cp①	10	5	5	50	0.01
$Cp_{(-3)}$②	10	5	5	50	0.01
①实验1~6的比活度的平均值； ②实验1~6中的比活度平均值，未计入实验3中Ru-103、Ru-106和Pu-239的比活度					

在对气体取样获得冷凝液时，分别使用了单层（实验1、3、5，参见表4.21）和双层（实验2、4、6）滤芯的过滤器净化气流。两种方案均在上述实验中得到了实施。所有实验条件都保持近似相同：硝酸铀酰溶液流量15.5~15.7L/h；雾化空气流量12.0~12.2N·m^3/h；压缩空气压强0.3~0.31MPa；通入HFI等离子体炬和等离子反应器的总空气流量20~21N·m^3/h；反应器中的负压-5~-3kPa；在第一台旋风分离器入口处两相流的温度170~480℃；电网输入高频电源的功率84kW。放射性核素的活度通过α和γ光谱测定。为了分析钚同位素的放射性活度，先对钚进行了初步化学分离，然后使用带有DKPs-350（ДКПс-350）型硅探测器的γ光谱仪进行分析。铀和衰变产物的活度采用带有DGDK-125A（ДГДК-125A）型锗探测器的伽马谱仪和AMA-02F（AMA-02Ф）型全自动脉冲谱仪（OST95.10215-86）测定。

根据放射化学分析结果，这些活度测量方法的相对误差如下：对于Np-237，活度为10~50Bq的不超过30%，为50~500Bq的不超过20%，在500Bq及以上的低于10%；Pu-239为13%；U为1%；对于其他核素为10%~30%。

迄今为止，其他放射性核素在等离子体脱硝过程的行为还没有得到研究。这样的研究进展既有技术方面的原因，也因为我们之前已经研究了不含放射性核素的相同杂质元素的行为。例如，碱金属（Cs、Na、K）氧化物可以与铀氧化物形成稳定的双氧化物[17]。所以在等离子体脱硝过程中，固定这些元素的机制包括冷凝和化合反应两种。对于Cr、Nb、Zr、W、Mo和V等元素，研究也得到了类似的数据。

表4.21表明，在等离子体脱硝硝酸铀酰溶液的过程中，放射性核素几乎完

全与氧化铀一起转移到分散相中。这些核素在冷凝液中的含量高于分析技术的检测限,并显著低于开放水体 MRL 的上限值。众所周知,根据 NRB-76/87(НРБ-76/87)的要求,水中放射性核素含量的上限值为:Nb-95,3552Bq/L;Ru-103,2960Bq/L;Ru-106,444Bq/L;Th-234,592Bq/L;Pu-239,81.4 Bq/L。

冷凝液中的铀含量较高(达到 150mgU/L)(表 4.21),原因在于图 4.28 所示的方案中缺少精细过滤器。这一点已经由类似等离子体单元的实验结果所证实,该装置采用金属网过滤器(MCF)和烧结金属过滤器(CMF)串联,捕集放射性核素颗粒。采用这种过滤元件组合方式,冷凝液中的放射性金属含量通常为 10~30μg/L。MCF 的平均效率为 99.8%,CMF 为 99.9%。推荐采用这种方案从气流中分离铀氧化物颗粒。

在第一台旋风分离器下面收集到了铀氧化物颗粒,其中集中了几乎所有 Th-234、Nb-95 和 Pu-239。这与初步研究的结果一致。如果对于 Th 和 Pu 而言得到这样的结果是意料之中的话,那么对于 Nb 而言更加令人满意,因为 Nb_2O_5 与 NbO_2 的蒸气压之间存在显著差异。另外,这样的结果也确认了在评价等离子体脱硝过程中放射性核素的行为时,所选择的原理的正确性。这些核素的浓度与其在原料液中的浓度之比分别为 93%、100% 和 100%。根据是否将实验 3 中关于 Ru-103 和 Ru-106 的数据计算在内,表 4.21 给出了这些放射性核素在颗粒中的两种平均含量。可以认为,实验 3 中关于 Ru-103、Ru-106 和 Pu-239 的分析结果与其他实验数据之间之所以存在明显的偏差,原因在于样品制备过程中存在误差。

对 Ru 而言,平均 50% 进入第一台旋风分离器下方的铀氧化物颗粒中,这与其高价氧化物的挥发性有关。通过对实验 6 中过滤器捕集的产物进行了分析,确认了存在的放射性核素及其活度:Ru-103,Ru-106,237.4Bq/L;Th-234,12252Bq/L;Nb-95,15Bq/L。放射性核素在工艺设备中更详细的分布可以通过它们的相对含量给出,例如相对于 Nb-95(表 4.22)。

表 4.22 放射性核素 Ru-103、Ru-106、T-234 和 Pu-239 在等离子体系统部分设备中的相对含量

设备	(Ru-103,Ru-106)/Nb-95	Th-234/Nb-95	Pu-239/Nb-95
原料液储罐	4.75	754	0.09×10^{-2}
第一台旋风分离器下方收集罐	2.45	698	0.99×10^{-2}
纤维过滤器	15.85	817	—

相对含量的计算结果表明,Ru-103 和 Ru-106 的分布发生了显著变化。Th-234含量的变化处于所采用检测方法的精度范围内(±10%)。

对反应器和旋风分离器下方容器中的铀氧化物进行了物料平衡分析,结果表明,78%~82%的颗粒被第一台旋风分离器捕获(两台旋风分离器对 U_3O_8 颗粒的总捕集效率为 91%~96%)。根据这些数据,可以计算 Ru-103 和 Ru-106 分布的物料平衡。在收集到的 U_3O_8 颗粒中,定义 Ru-103 和 Ru -106 的平均含量为

$$[(\text{Ru-103},\text{Ru-106})/\text{Nb-95}]_{av}=2.45x+15.82(1-x)=5.12$$

式中:x 为第一台旋风分离器的捕集效率。

因此,几乎所有的 Ru-103 和 Ru-106 都与铀氧化物一起被捕集下来。

基于冷凝液中的放射性核素含量开展物料平衡计算的可行性不大,原因在于这些核素在冷凝液中的含量很低,处于检测方法的灵敏度范围内。表 4.22 表明,Ru-103 和 Ru-106 的聚集发生在工艺流程中的低温处,即铀氧化物粉末捕集的第二级。工业生产中采用 MCF 和 CMF 两级净化系统,0.1%~0.2%的颗粒积聚在烧结金属过滤器上,因此这部分铀氧化物的活度将会发生重新分配。

杂质金属,如 Cs、Ta、K、Cr、W、Mo、V 和 Zr 等通过浓缩,或者与铀形成混合氧化物而与铀固定在一起。

在实验装置上开展辐射安全分析通常是不切实际的,因为实验室研究的目的是开展更加广泛的研究,对这些装置进行辐射测量获取的结果用途非常有限。辐射测量必须在规模较大、按照工业要求设计、产能接近于工业化水平的装置上进行,这样才能够充分表征辐射环境。对于密封装置而言,其辐射情况取决于产物卸料或排放的方式、效率与安全性。

因此,对于 UNH 中含有的金属的氧化物而言,根据对其蒸气压与温度的关系进行的初步分析,在等离子体脱硝过程中,Th(ThO_2)、Pu(PuO_2)、Al(Al_2O_3)、Cs(Cs_2O)、Ca(CaO)、Cr(CrO, Cr_2O_3)、Gd(Gd_2O_3)、Fe(FeO, Fe_2O_3)、K(K_2O)、Tl(Tl_2O)、Nb(NbO_2)、Ni(NiO)、Mg(MgO)、Mn(MnO)、Si(SiO_2)、Sr(SrO)、V(V_2O_3)、W(WO_3)、Zr(ZrO_2)将与铀氧化物共存,而铀氧化物中不大可能存在氧化硼(B_2O_3)、二氧化硅(SiO_2)、氧化钆(Gd_2O_3)、钒和铌的高价氧化物(V_2O_5和 Nb_2O_5)、铜和锑的氧化物(CuO 和 Sb_2O_3)。根据半定量数据,氧化钌可以从铀迁移到气相中。

等离子体脱硝过程中放射性核素行为的实验研究结果证实了初步分析的结论。放射性核素 Pu、Th、Nb 几乎完全与铀共存,集中在分散相中。因氧化钌的挥发性相对较高,在等离子体反应器中铀和钌发生了一定程度的分离,但是在等离子体工艺路线上温度较低的地方,氧化钌发生凝结,部分凝结在铀氧化物颗粒中。其余部分的钌聚集在等离子体系统的低温部分,并且不会凝结。

根据之前进行的稳定同位素研究的结果,UNH 中的 Tl、K、Cs、Cr、Nb、Zr、

Mo、W 和 V 等成分与 U 固定在一起,迁移机制不仅有凝结,还包括形成双氧化物(混合氧化物)。

在等离子体脱硝过程中,冷凝液(HNO_3 溶液)中不会发生放射性核素的累积;冷凝液的总活度比 NRB-76/87 对开放水体规定的最大允许浓度还低 2~3 个数量级。

根据初步分析和实验研究的结果,等离子体处理硝酸铀酰制备用于核燃料生产的铀氧化物,既不存在原理限制也不存在技术限制。装置按照等离子体脱硝方案正常运行时,不会向生产区域发生放射性物质排放(除了卸料)。因此,引入等离子脱硝工艺有望改善生产回收铀氧化物时的辐射环境。

4.14 等离子体技术处理硝酸盐溶液制备氧化物材料的大规模非核应用——制备用作电工钢保护涂层的氧化镁

利用铀、钚和其他元素的硝酸盐溶液大规模生产氧化物颗粒材料的等离子体工艺在其他非核领域得到了应用。这里讨论一个典型案例——生产用作变压器钢耐热绝缘涂层的特种氧化镁[18-22]。1991 年,上伊赛特冶金厂(Верх-Исетском)和新利佩茨克钢铁厂(Новолипецкий)对这种材料的需求量约为 2000t。这种变压器钢绝缘涂层可以在 1120℃~1170℃ 的高温退火过程中防止钢绕组黏结在一起,有助于在退火期间形成惰性的硫化镁从而除去金属中的硫,并进一步与钢表面上的二氧化硅发生反应,在钢铁表面形成镁橄榄石陶瓷薄层(约 3μm),作为钢材表面绝缘涂层的基材。

为了达到上述决定电工钢质量水平的所有目标,氧化镁粉末必须具有足够高的化学纯度、较小的堆积密度、一定的与水相互作用速率和给定的粒度分布。在 20 世纪 90 年代初期,苏联还无法生产满足这种要求的产品,必须从国外公司进口,供货商包括日本 Tateha 化学公司和德国莱曼公司。

我们采用分解硝酸铀酰溶液制备铀氧化物的等离子体法来生产这种氧化镁粉末。硝酸镁溶液是从菱镁矿中提取镁的过程中精炼的产物。等离子体分解硝酸镁溶液的过程与利用硝酸铀酰溶液制备氧化铀的相同。硝酸镁溶液的分解过程可由如下总方程描述:

$$[Mg(NO_3)_2]_{aq} \longrightarrow Mg(NO_3)_2 \cdot 6H_2O + H_2O, \Delta H > 0 \quad (4.71)$$

$$Mg(NO_3)_2 \cdot 6H_2O \longrightarrow MgO + 6H_2O + 1/2O_2, \Delta H = 232.3\text{kJ} \quad (4.72)$$

表 4.23 给出了得到的产物的特性,以及与国外公司产品的比较。此外,还给出了苏联关于生产这种氧化镁的技术要求。

等离子体分解硝酸镁溶液制备氧化镁的过程首先在实验装置上进行研究，然后放大到中试装置上，生产用于电工钢涂层的氧化镁。中试装置的工艺流程如图4.29所示。

表4.23　不同来源的氧化镁的物理化学性质

主要特征	Tateha 化学公司	莱曼公司	等离子体中试装置	技术要求
MgO 质量分数/%	99.0~99.5	93~97	97~98	97~98
CaO 质量分数/%	0.25	0.7~1.1	0.3~0.4	0.4
SO_3 质量分数/%	0.1~0.15	0.2~0.3	0.03~0.07	0.15
在 HCl 中不可溶残渣/%	0.01~0.02	0.04~0.05	0.02~0.06	0.1
N 质量分数/%	—	—	0.07~0.30	—
Fe_2O_3 质量分数/%	—	—	0.01~0.40	0.1
堆积密度/(g/cm^3)	0.24~0.25	0.12~0.15	0.02~0.3	0.4
柠檬酸活性[①]/s	50~100	25~35	20~120	70~90

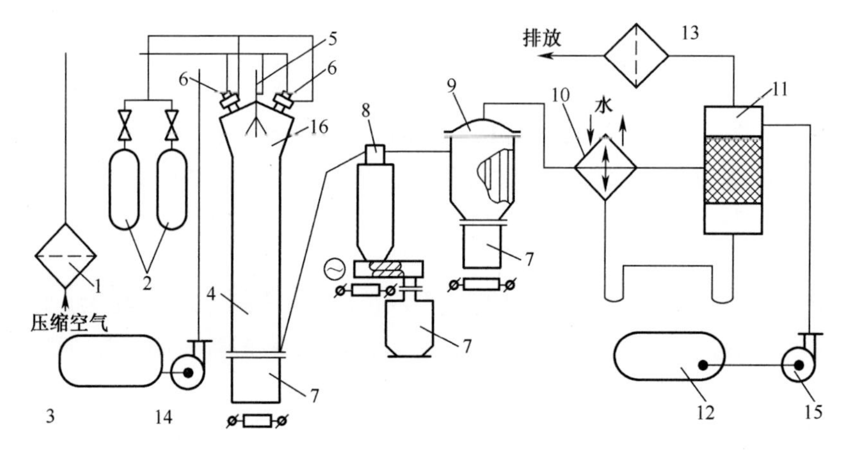

图4.29　由硝酸盐溶液分解制备氧化物的中试等离子体装置流程图

1—压缩空气过滤器；2—压缩氮气钢瓶；3—原料液储罐；4—等离子体反应器；5—溶液雾化喷嘴；6—电弧等离子体炬；7—产物接收容器；8—旋风分离器；9—烧结金属过滤器；10—冷凝器；11—吸收塔；12—硝酸溶液储罐；13—卫生级过滤器；14，15—泵；16—混合室。

从图4.29中可以看出，中试装置包括：用于压缩空气净化的过滤器1，氮气瓶2，配备3支等离子体炬6和溶液雾化喷嘴5的等离子体反应器4，从容器3中输送溶液的泵14，冷凝和硝酸溶液捕集单元（冷凝器10，吸收塔11，硝酸储罐12），废气净化单元（产物接收容器7，旋风分离器8，烧结金属过滤器9和卫生级过滤器13）。装置的特征工作参数：反应器功率为300kW，空气总流量为

① 氧化镁悬浊液从加入柠檬酸到浊度降为0所持续的时间。——译者

$50Nm^3/h$,等离子体的平均温度为3000~4000K,装置处理硝酸镁溶液的能力为60L/h,溶液浓度为0.150kgMgO/L。氧化镁生产模式具有以下特征:反应器4、过滤器9和用于收集粉末的容器7首先被等离子体炬6预热到350℃。

装置预热之后,原料液从储罐3输送到喷嘴5中。等离子体炬加热的空气和经喷嘴雾化的溶液进入反应器混合室16,等离子体与液滴发生混合。液滴被等离子体加热,其中的水分被蒸发处理,硝酸盐发生热分解(脱硝)。反应得到的粉末被旋风分离器8和烧结金属过滤器9分离后,废气被通入氮氧化物处理系统(通过冷凝器10,卫生级过滤器13,然后排放到大气中)。冷凝液(2%~10%的HNO_3溶液)收集在储罐12中,被泵15输送到吸收塔中。试验研究了工艺参数对产物性能的影响,目的在于确定最佳运行工况。

在得到的粉末中,活性氧化镁的含量用柠檬酸反应法(柠檬酸活性A)测定。实验研究了能耗对柠檬酸活性的影响。表4.24示出了等离子体处理的工艺参数。所开展的实验包括两个系列,一个系列在长度为2m的反应器上进行,另一个使用的反应器长度为4m。试验发现,产物所需的化学组成和相组成比较容易实现,但是柠檬酸活性和堆积密度受工艺参数的影响很大。

表4.24 基于浓度为150gMgO/L的硝酸镁溶液制备氧化镁的等离子体工艺参数

实验序号	等离子体反应器功率/kW	溶液进料量/(L/h)	平均温度/K		处理时间/s	柠檬酸活性/s	说明
			等离子体	液滴①			
1	141	50	3700	1636	0.44	35	反应器长度为2m
2	200	45	4300	1690	0.34	44	
3	184	24	3750	2078	0.31	66	
4	181	23	3700	2082	0.31	73	
5	162	15	4150	2235	0.41	80	
6	101	48	3100	1430	0.67	26	反应器长度为4m
7	120	48	3250	1620	0.60	30	
8	153	48	3700	1770	0.60	35	
9	183	48	3825	1830	0.53	41	
10	208	60	4375	1820	0.55	48	
11	208	52	4450	1920	0.59	48	
12	210	40	4350	2040	0.59	62	
13	213	30	4400	2250	0.61	76	
14	213	20	4450	2760	0.61	78	
15	213	10	4400	3070	0.60	87	

①液滴温度为计算值

实验发现,提高处理过程的比能耗(反应器内的温度相应升高)使 MgO 的柠檬酸活性增大、化学活性降低(图 4.30)。即使将液滴在反应器中处理的时间延长到 0.3s 以上,MgO 的柠檬酸活性也不会发生显著变化。在图 4.30 中还给出了柠檬酸活性与比能耗的理论关系(曲线 3)。在长 4m 的反应器(见表 4.24)中,等离子体分解硝酸镁溶液得到的氧化镁粉末的物理化学性质见表 4.25。从该表可以看出,氧化镁粉末的柠檬酸活性与其比表面积之间存在明显的相关性。当柠檬酸活性从 130s 减小到 35s 时,MgO 颗粒的比表面积从 20.3m^2/g 增加到 80.8m^2/g。需要注意的是,柠檬酸活性不仅取决于颗粒在反应器中热处理的参数,还取决于产物粉末与气流分离的条件。

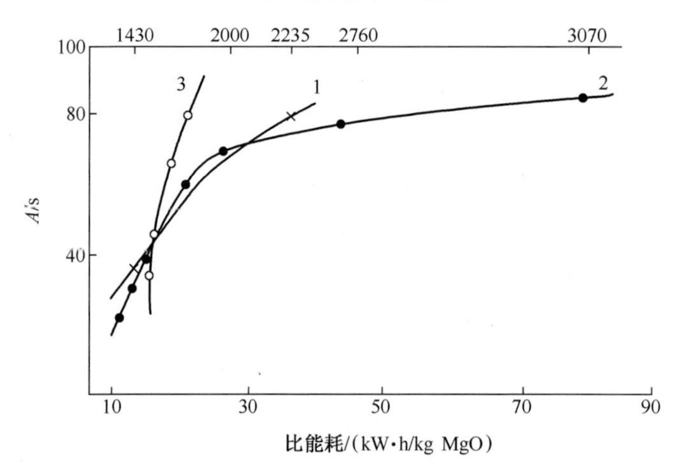

图 4.30 氧化镁颗粒的柠檬酸活性与比能耗的关系

1—0.3~0.4s;2—0.6~0.7s;3—0.3s(理论曲线)。

表 4.25 在长 4m 的反应器中等离子体分解硝酸镁溶液(浓度为 150g MgO/L)得到的氧化镁的物理化学性质

实验序号	颗粒粒径/μm		密度/(g/cm^3)		比表面积/(m^2/g)	A/s
	最小	最大	堆积密度	比重瓶法		
8	0.35	34	0.33	4.18	80.8	35
9	0.36	19	0.36	4.50	62.3	41
11	0.38	27	0.39	4.08	54.9	41
12	0.36	27	0.39	4.08	38.6	48
13	0.34	28	0.18	4.23	49.8	76
14	0.47	46	0.29	2.95	43.9	78
15	0.42	35	0.40	2.72	32.9	87
16	0.32	42	0.43	4.39	28.0	107
17	0.40	39	0.43	3.65	20.3	130

由于气相中含有一定量的水蒸气,这些水分会吸附在粉末表面。水分的吸附与分离温度之间存在函数关系:分离区的温度越高,柠檬酸活性越大。这种依赖关系在不高于770K的范围内是有效的。之后温度继续升高,对MgO的柠檬酸活性影响甚微。氧化镁粉末的柠檬酸活性与其比表面积之间的关系示于图4.31。

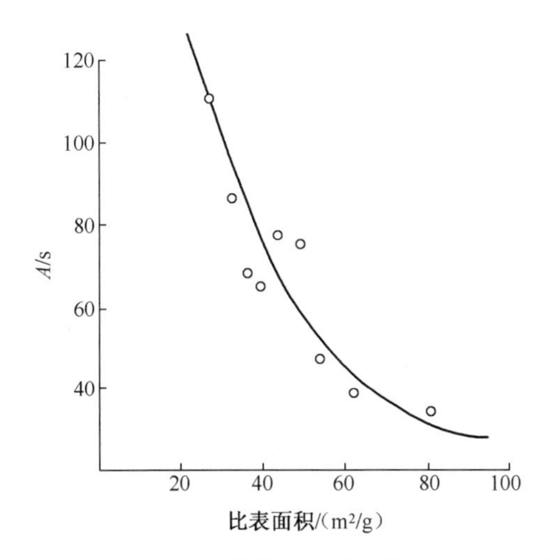

图4.31 氧化镁粉末的柠檬酸活性与其比表面积的关系

因此,为了得到柠檬酸活性70~90s、含水量低于2%的氧化镁粉末,必须使制备过程的比能耗处于25~30kW · h/kgMgO的范围内,并且保持相分离温度约为720K。

等离子体脱硝硝酸镁溶液的热平衡计算结果表明,增加原料液中的氧化镁浓度会显著降低比能耗;当使用$Mg(NO_3)_2 \cdot 6H_2O$作为原料时,比能耗仅为10kW · h/kgMgO。作为一个例子,图4.32示出了在等离子体平均温度为2000K的条件下,比能耗与原料液中MgO浓度的关系。

基于前述研究成果,对于工业规模生产用于电工钢涂层的氧化镁,我们建议:

(1) 采用等离子体处理硝酸镁溶液,可以获得具备所需物理化学性质的氧化镁粉末,液滴的大小为100~150μm,原料液中Mg的浓度尽可能高。

(2) 为了得到精细分散、具有特定化学组成的氧化镁粉末(粒径3~7μm,比表面积42~45m^2/g,堆积密度0.3~0.4g/cm^3,柠檬酸活性70~90s),必须使比能耗处于25~30kW · h/kgMgO的范围内,处理时间约为0.3s;当使用$Mg(NO_3)_2 \cdot 6H_2O$作为原料时,比能耗降低到10~12kW · h/kgMgO。

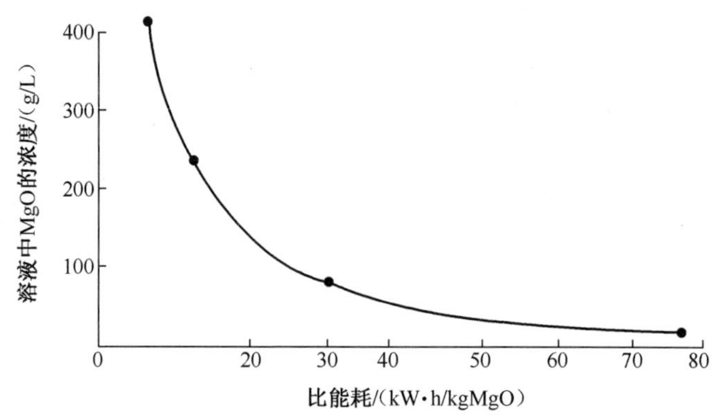

图 4.32　在等离子体平均温度为 2000K 的条件下，
生产 MgO 粉末的比能耗与原料液中 MgO 浓度的关系

第一批工业级 MgO 粉末在西伯利亚化工厂(SCC)的等离子体中试设备上得到,其运行参数如下:

(1) 等离子体反应器的总功率,180kW。

(2) 原料液中的氧化镁浓度,150g/L。

(3) 原料液进料量,20~30L/h。

(4) 等离子体气体(空气)流量,$40Nm^3/h$。

这一批(300kg)MgO 粉末的物理化学性质分析结果以及与进口产品的比较示于表 4.26 中。这批材料被上伊塞特冶金厂用于各向异性电工钢上,作为厚度 0.3mm 的耐热绝缘涂层。先后共约 90t 钢材使用这批材料进行了处理。

表 4.26　在中试等离子体装置上得到的工业级氧化镁粉末的物理化学性质

特性	等离子体法,产地分别为		日本 Tateha	德国莱曼化工	苏联的技术要求
组分含量/%	SCC	VIMP			
MgO	97.5~99.0	97~98	99.0~99.5	93~97	97~98
CaO	—	0.3~0.4	0.25	0.7~1.1	0.4
SO_3	—	0.03~0.07	0.10~0.15	0.2~0.3	0.15
Cl_2	—	0.014~0.019	—	—	0.02
不溶于 HCl 的残余物含量/%	—	0.06~0.02	0.01~0.02	0.04~0.05	0.1
N_2	0.07~0.30	—	—	—	—
Fe_2O_3	—	0.015~0.04	—	—	0.1
堆积密度/(g/cm^3)	0.2~0.4	0.2~0.3	0.24~0.25	0.12~0.15	0.4

（续）

特性	等离子体法，产地分别为		日本 Tateha	德国莱曼化工	苏联的技术要求
组分含量/%	SCC	VIMP			
柠檬酸活性/s	67~100	72~75	50~100	25~35	70~90
粒度分布	—	—	≤3μm，80%；3~5μm，20%	≤3μm，40%；3~7μm，60%	—

在备料和沉积耐热涂层的过程中，与日本进口产品相比我们制备的这批材料未出现任何问题。试验批次的电工钢经过处理后，在 1150℃ 氢气气氛的高温退火炉中退火，然后进行了目视检查。涂层的表面质量也未出现问题。另外，形成铝磷酸盐涂层之后，整个涂层的绝缘电阻系数满足 GOST21427—83（ГОСТ 21427—83）的要求。工业批量生产的钢材的磁特性在表 4.27 中给出。同期在工业条件下处理的钢材具有如下平均磁特性：$B_{100}=1.647\text{T}$，$B_{2500}=1918\text{T}$；$P_{15/50}=0.91\text{W/kg}$，$P_{1.7/50}=1.335\text{W/kg}$。因此，对变压器钢的处理结果表明，利用等离子体技术得到的氧化镁可以达到 Tateha 产品的相同效果。

表 4.27 厚 0.3mm 的各向异性钢板用 M-1585 等离子体装置上得到的工业级氧化镁（生产批号 10345）处理后的磁性能与塑性

钢材批号	磁特性				类别	弯曲次数
	B_{100}/T	B_{2500}/T	$P_{1.5/50}$/(W/kg)	$P_{1.7/50}$/(W/kg)		
08077451	1.67	1.94	0.90	1.39	3406	10/10
08077452	1.67	1.93	0.93	1.30	3405	10/10
08077453	1.67	1.95	0.87	1.30	3406	10/10
08077454	1.65	1.93	0.94	1.38	3405	10/10
08077455	1.66	1.94	0.90	1.33	3406	10/10
08077456	1.68	1.96	0.90	1.29	3406	10/10
08077457	1.66	1.93	0.87	1.29	3406	10/10
0810651	1.67	1.93	0.90	1.31	3406	10/10
0810652	1.65	1.92	0.92	1.36	3405	10/10
0810653	1.64	1.93	0.92	1.36	3405	10/10
0810654	1.67	1.93	0.88	1.32	3406	10/10

（续）

钢材批号	磁特性				类别	弯曲次数
	B_{100}/T	B_{2500}/T	$P_{1.5/50}$/(W/kg)	$P_{1.7/50}$/(W/kg)		
0810655	1.67	1.94	0.88	1.29	3406	10/10
0810656	1.67	1.93	0.87	1.27	3405	10/10
0810657	1.67	1.94	0.86	1.27	3406	10/10
平均值	1.665	1.933	0.90	1.31		

后来，根据上伊赛特冶金厂的要求，又生产了其他批次的工业级 MgO，并在钢材处理过程中进行了测试。根据 1989 年的报告，所得到的材料的物理化学性质达到了以下指标：

（1）氧化镁含量，96.7%~98.8%；

（2）柠檬酸活性，80~105s；

（3）NO_3 质量含量，0.03%~0.30%；

（4）挥发性物质含量，0.6%~2.0%；

（5）堆积密度，0.3~0.5g/cm^3。

中试等离子体装置生产的 310kg 工业级氧化镁均用于加工耐热涂层。共有 80t 各向异性电工钢按照上述工艺涂了厚 0.3mm 的涂层。其中，2 卷（15t）钢材仅使用等离子体法制得的氧化镁处理；9 卷（65t）使用两种氧化镁的混合物处理（0%~95%的等离子体法氧化镁和 5%~10%柠檬酸活性小于 40s 的 Tateha 化学氧化镁）。

为了进行工业测试，分两批浇铸的各向异性钢材被对半切成两块：第一块采用等离子体工艺制得的氧化镁作为耐热涂层；第二块使用当时上伊赛特冶金厂化学准备车间（ЦПХ ВИЗа）使用的 HP-100 氧化镁（日本）。测试结果再次证实，用等离子体装置制得的氧化镁作为耐热涂层处理后，钢材的磁特性和塑性与采用进口氧化镁处理的类似。涂层的电绝缘性能满足 GOST21427—83 标准的要求，并且这些钢材的商业外形也令人满意。

在分析实验数据的过程中，发现了 MgO 粉末的堆积密度（γ）与等离子体工艺中柠檬酸活性之间存在的关系：

$$\gamma = (3.91 \pm 0.43) \times 10^{-3}A + 0.1 \tag{4.73}$$

上述关系式可以用来计算工艺中的一些参数。

经过反复试验，苏联原子能与工业部和苏联冶金部决定建立采用等离子体法生产用于钢材涂层的氧化镁生产线，第一期计划在 1991 年建成产能为 1000t/a

的装置,到1993年完成第二期计划,再建成一套同样产能的装置。遗憾的是,这些计划被20世纪90年代众所周知的苏联的经济形势、1991年的苏联解体事件以及后续俄罗斯联邦和独联体国家的经济状况完全扼杀于摇篮之中,没有丝毫实现的机会。然而,上述过程仍然可以作为等离子体技术高效率应用的一个典型案例。该技术作为一种物理技术,受原料化学结构的影响不大。

参考文献

[1] Б. Н. Ласкорин. Создание технологических процессов, исключающих вредное воздействие промышленности на биосферу. Вестник АН СССР, 1973, № 9, с. 27-32.

[2] I. N. Toumanov, A. F. Galkin, V. G. Gracev, V. D. Rousanov. Little-Investigated Fields in Plasma Technology of Conversion of Solutions and Melts. 14th Intern. Symposium on Plasma Chemistry. Prague, Czech Republic, August 2-6, 1999. Symposium Proceedings, Vol. 5, pp. 2507-2512.

[3] Y. N. Toumanov, A. V. Sigailo. Plasma Synthesis of Disperse Oxide Materials from Disintegrated Solutions. Materials Science and Engineering, A140, 1991, p. 539-548.

[4] I. N. Toumanov, I. P. Butylkin, A. M. Golovin, V. G. Grachev. Mechanism and Kinetics of the Reactions《Liquid → Solid + Gas》 in Plasma Heat Carriers. 3 - me Symposium International de Chimie des Plasmas. Communications. France, Limoges, 1977, tome 2.

[5] Ю. П. Бутылкин, А. М. Головин, В. Г. Грачев, В. А. Гусев, Ю. Н. Туманов. Модель взаимодействия капель раствора с плазменным теплоносителем при наличии химических реакций. Плазмохимические процессы. Сборник под редакцией Л. С. Полака. М: АН СССР, ИНХС им. А. В. Топчиева, 1979, с. 204-220.

[6] Ю. Н. Туманов. Низкотемпературная плазма и высокочастотные электр омагнитные поля в процессах получения материалов для ядерной энергетики. М: Энергоатомиздат, 1989, 280 с.

[7] А. М. Головин, В. Г. Грачев, Ю. Н. Туманов и др. Взаимодействие распыленного водного раствора солей с высокотемпературным теплоносителем. В сб. Экспериментальные и теоретические исследования плазмохимических процессов. М: Наука, 1984, с. 94-106.

[8] Ю. Н. Туманов, В. П. Коробцев, В. А. Хохлов, Г. А. Батарев, Ю. П. Бутылкин, Н. П. Галкин. Способ получения тонкодисперсных порошков тугоплавких оксидов металлов. Авт. свидетельство СССР № 452177, 1974.

[9] В. П. Коробцев, Ю. Н. Туманов, В. Н. Грицюк, А. Н. Мамонов, Е. К. Никитин, В. С. Скотнов, В. А. Хохлов. Способ получения тонкодисперсных порошков оксидов урана. Авт. свидетельство СССР № 154707, 1981.

[10] В. П. Коробцев, Ю. Н. Туманов, Ф. С. Бевзюк, Г. А. Батарев, В. А. Хохлов, Н. П. Галкин. Плазменный аппарат для переработки жидкостей в твердые вещества. Авт. свидетельство СССР № 94378, 1976.

[11] Г. А. Батарев, Ф. С. Бевзюк, В. П. Коробцев, Ю. Н. Туманов. Исследование плазменного реактора с тремя плазмотронами. Известия СО АН СССР / Серия технических наук, 1976, № 3, вып. 1, с. 23-27.

[12] I. N. Toumanov, V. A. Hohlov, V. D. Sigailo, V. B. Khodalev, S. D. Shamrin, A. V. Sigailo. Plasma Arc

Process for Producing High Quality Ceramic Materials from Solutions and Melts. 12th Int. Symposium on Plasma Chemistry. Minneapolis, Univ. Minnesota, 1995. Proceedings, Vol. 3, p. 1273-1278.

[13] Диоксид урана. Рекламный проспект АО Новосибирский завод химконцентратов, NUCTEC-95, Москва, 1995.

[14] А. А. Майоров, И. Б. Браверман. Технология получения порошков керамической двуокиси урана. М: Энергоатомиздат, 1985, 128 с.

[15] H. Page. Conversion оГ Uranium Ore Concentrates and Reprocessed Uranium to Nuclear Fuel Intermediates at BNFL Sprigfields. Part B: Reprocessed Uranium. Advances in Uranium Refining and Conversion. Proceeding of a Technical Committee Meeting on Advances in Uranium Refining and Conversion organized by the International Atomic Energy and held in Vienna, 7-10 April, 1986. IAEA, Vienna, 1986.

[16] Физико-химические свойства оксидов. Справочник под ред. Г. В. Самсонова. М: Металлургия, 1978.

[17] Ю. Н. Туманов, В. П. Коробцев, В. А. Хохлов, Г. А. Батарев, Ф. С. Бевзюк, В. Н. Грицюк, Ю. П. Бутылкин, Н. П. Галкин. Способ получения урансодержащих смесевых оксидов. Авт. свидетельство СССР, № 94393619768, 1972.

[18] Ю. Н. Туманов, В. П. Коробцев, В. Д. Сигайло, В. Б. Ходалев, А. В. Иванов. Получение тонкодисперсных порошков оксида магния методом денитрации нитратных растворов. Физика и химия обработки материалов, 1990, № 2, с. 56-60.

[19] Y. N. Toumanov, A. V. Sigailo. Plasma Synthesis of Disperse Oxide Materials from Disintegrated Solutions. 2nd Int. Conference on Plasma Surface Engineering. Abstracts September 10-17, Garmish-Partenkirchen, Germany, p. 69.

[20] Y. N. Toumanov, V. P. Korobtsev, V. A. Hohlov, V. B. Khodalev, V. D. Sigailo, A. V. Ivanov. Plasma Process for Obtaining Magnesia for Metallurgical Applications. 9th Intern. Symposium on Plasma Chemistry. Symposium Proceedings, V. 2, pp. 721-726, Italy, Pugnochiuso, Sept. 4-8, 1989.

[21] Y. N. Toumanov, A. F. Galkin. Plasma Wastless Process for Obtaining Disperse Oxide Materials from Solutions and Volatile Fluorides. Commerce et Cooperation. Forum des Hautes Technologies / Paris, 1991, Special Issue, s. 49-50.

[22] Ю. Н. Туманов, В. П. Коробцев, В. Д. Сигайло, В. Б. Ходалев, Ю. М. Галкин, М. Я. Соколовский. Способ получения тонкодисперсных порошков оксидов металлов. Авт. свидетельство СССР № 1385451, 1986.

第5章

等离子体和微波脱硝混合硝酸盐溶液制备混合或复合氧化物

5.1 引言:氧化物在核燃料循环中的应用

在核燃料循环中,混合氧化物可以用作核燃料,UO_2 与 PuO_2 的固溶体足以证明这一点,这种燃料称为 MOX 燃料。随着能源级钚和回收铀参与核燃料循环以及快中子核反应堆投入运行,MOX 燃料的重要性在稳步提高。原则上,能源级和武器级钚均可用于制造混合氧化物燃料。

如今,世界上每年从 400 座核反应堆中大约卸载出来 10000t 乏燃料(SNF),其中约含 700t 钚(能源级钚)[1]。迄今为止,核电厂乏燃料水池中存放的乏燃料已经达到 12 万吨以上,这一数字到 2020 年将达到 45 万吨。从轻水核反应堆(轻水堆(LWR))卸载出来的乏燃料中约含有 97%适合再利用的重金属(HM、U和/或 Pu)。这些材料一旦实现利用,就可以对天然核燃料的需求降低约 30%。

在轻水堆装载部分 MOX 燃料能够节省裂变材料、限制钚的累积量,并将一部分钚保持在反应堆中,同时利用武器级钚和回收铀,减少高比活度废物的存储量。如果燃烧 MOX 的量能够与 UO_2 等同(70GW · d/tHM),基于回收钚的 MOX 燃料就有可能具有与 UO_2 燃料相匹敌的竞争力。

在美国、加拿大、日本、法国、英国和其他一些欧洲国家,MOX 燃料已经装入轻水反应堆。在美国,MOX 燃料还装入沸水堆(BWR),平均燃耗为 39.9GW · d/tHM,最大燃耗达到 57GW · d/tHM。在加拿大,MOX 燃料装入 CANDU 堆;1987 年至 1988 年, 5000 个(3t)MOX 燃料元件被制造出来,包括 Pu 含量(质量分数,下同)为 0.5%的铀钚元件、Pu 含量为 1.75%的钍钚元件、U-235 含量为 1.8%的钍铀元件、Pu 含量为 2.3%的钍钚元件和 U-235 含量为 1.4%的钍铀元件。MOX 燃料通过机械混合氧化物粉末、(加入黏结剂)压制后再烧结制成。

烧结块的密度为理论值的95%~97%,颗粒尺寸为8~10μm,PuO_2 的平均粒径为20~30μm,最大尺寸为50μm。1996年至1998年制造了37个MOX燃料组件,其中有1370个钚含量为0.3%、总质量为0.81 t的燃料元件。这些组件装入ZED-2反应堆中。

在法国,MOX燃料已用于压水堆(PWR)中,平均燃耗为37.5GW·d/tHM,最大燃耗为40GW·d/tHM。并且,将MOX燃料的燃耗提高至60~70GW·d/tHM的研发工作正在进行中。法国核燃料总公司①拥有4座MOX燃料生产厂,产能为180t/a(远期可以达到300t/a)。位于马尔库的MELOX工厂每周可生产5t MOX燃料芯块,其中钚的平均含量为5.3%。在卡达拉舍的工厂产能为42t/a。在(比利时)德塞尔比利时原子能公司的工厂中,每年可以生产350t铀和钚,其中 PuO_2 的量为20t。此外,在德塞尔还有一个法国与比利时共有的FBFC国际工厂,采用MIMAX技术制造MOX燃料。该工艺包括:

(1) PuO_2(20%~30%(质量分数))和 UO_2(70%~80%(质量分数))研磨混合;

(2) 用 UO_2 粉末稀释混合物,使钚的质量含量达到所需要求。

在平衡状态的燃料循环中,反应堆芯中MOX燃料的装载量为30%。经验表明,整个堆芯都可以更换为MOX燃料。这时,钚的质量含量可以提高至9.5%。U和Pu的平均燃耗为55GW·d/tHM。钚含量高使中子频谱的能量更高,从而降低了控制棒的效用,因而需要采取适当的改进措施。

英国核燃料公司(UK BNFL)采用简短无黏结剂工艺(Short Binderless Route,SBR)生产MOX燃料。该工艺包括如下工序:UO_2 和 PuO_2 研磨,在球磨机中混合,粉末颗粒球化,无黏结剂压制,最后在 $Ar+H_2$ 气氛中烧结。

在230W/cm的线功率密度辐照下,燃料芯块中心与周边的温度分别为1000℃和920℃。这种燃料的平均燃耗为33GWd/tHM,燃料元件中的压强为6MPa。

此外,钚即使不掺入铀中也可以用作轻水反应堆的燃料。在这种情况下,钚处于惰性基质之中(惰性基质燃料(IMF))。惰性基质应具有高熔点(3000℃)、高导热性、与包壳的兼容性和较高的密度,以及在热水中的溶解度较低等特性。可以用作惰性基质的材料有 CeO_2、$Zr_{1-x}Ca_xO_{(2-x)}$、$Zr_{1-x}Y_xO_{(2-x)/2}$、$ZrSiO_4$、$Al_2Y_3O_{12}$、$MgAl_2O_3$ 和复合陶瓷 $Al_2O_3-Zr_{1-x}Y_xO_{(2-x)/2}$、$MgAl_2O_3$、$MgO$、$ZrO_2$,以及合金陶瓷、碳化物和石墨等。在这类燃料中,应用最广泛的是在氧化锆基材中加入 PuO_2,形成 PuO_2-ZrO_2 燃料。在惰性基质燃料中消耗 PuO_2 时不会像使用 UO_2 燃料那样产生新的裂变材料,因此必须使用高品质钚。此外,为了补偿惰性基质核燃料的高初始反应性,有必要向核燃料中引入可燃毒物(中子吸收材料)Er_2O_3。

无铀惰性基质钚燃料的燃耗为100GW·d/tHM。

---

① Cogema,2016年3月1日更名为AREVA NC。——译者

未来几年,轻水堆核电站将装满含 9.5%钚的 MOX 燃料。UO_2 燃料与 MOX 燃料的主要特性差异在于 MOX 燃料的气态裂变产物(GFP)量较大,这是因为 MOX 燃料芯块的热导率比 UO_2 芯块更小,在燃料循环后期的线功率负荷更大,导致 MOX 燃料芯块的中心温度更高。为了降低裂变气体产生量,可以使用增大晶粒的 MOX 芯块,或者加入非裂变材料氧化物(如 Cr_2O_5),这样不仅有利于增大晶粒的尺寸,同时还可以降低裂变气体的扩散速度。

此外,还有许多其他类型含铀氧化物成分的材料,基于其物理化学性质组合在一起,并成功用作各种生产堆或动力堆的燃料元件芯块[2]。并且,铀酸铬($CrUO_4$)以及含有 Zr、Nb 和稀土元素的更复杂的燃料组成方案已经开发出来。压水堆中使用了氧化物燃料和稀土元素可燃毒物(中子吸收材料),特别是 Gd 和 Er。最终方案是向 UO_2 中以 1:(0.5~2.0)的比例均匀地加入 Er_2O_3[3]。

到 2010 年,全世界有 30~50 座轻水堆使用了 MOX 燃料,燃耗接近 70GW·d/tHM。

5.2 等离子体分解混合硝酸盐溶液生产复合氧化物的可行性

利用混合硝酸盐溶液生产复合氧化物的等离子体技术[4-6]具有诸多迥异于机械混合技术的显著特征。首先,通过这种技术可以获得组分分布均匀、所有粉末组成满足预期化学计量要求的材料;其次,产物的纯度本质上取决于原料的纯度,即萃取或吸附纯化所能达到的水平;再次,可以生产具有预期粒径的多分散或单分散粉末;最后,如有必要可以通过多种方式来影响颗粒的形貌。不过,该方法也存在明显的局限性——仅能够处理相变条件不存在明显差异的氧化物;并且,这些氧化物的蒸气压与温度之间的关系最好或多或少类似。不过,这种局限性更多存在于理论范畴,实践中还无法确定其范围,而该技术的应用已经远远超出了核能领域。下面讨论一些利用等离子体技术处理硝酸盐溶液(参见第 4 章)生产复合氧化物的例子。

5.3 等离子体技术生产 U-Cr 复合氧化物

我们研究了由硝酸盐原料合成铀铬复合氧化物的工艺原理。该工艺还在工业规模上进行了生产试验。在物相体系 $UO_2-UO_3-CrO_3-Cr_2O_3$ 中,已知成分有 $CrUO_6$、$CrUO_4$、$CrUO_{4.5}$ 和 Cr_2UO_6,其中三种成分的原子数之比 Cr/U 为 1:1,一种为 2:1。按照与制备单元氧化物基本相同的步骤,使用图 4.20 所示的等离子体中试装置制备铀铬复合氧化物。试验参数范围如下:

(1) 溶液浓度:Cr,0.052~0.097kg/L,U,0.250~0.484kg/L。初始溶液中铬与铀的摩尔比(Cr/U):0.84~1.08。

(2) 原料(混合溶液)进料量:15~20L/h。

(3) 三弧等离子体反应器功率:69~84kW。

(4) 等离子体气体(空气)流量:24~28Nm^3/h。

(5) 等离子体气体(与溶液混合之前)的初始温度:3000~3600K。

(6) 反应器壁的温度:315~550℃。

(7)生产 1kg 氧化物的总能耗(包括热损失):3.9~7.3kW·h。

铀、铬硝酸盐混合溶液与等离子体射流接触、混合,液滴就被加热到沸点,水分被蒸发,残留物被分解成单元氧化物气体,然后氧化物之间发生反应生成复合氧化物。喷嘴产生的多分散雾化液滴的尺寸接近罗森-拉姆勒分布,最大不超过 100μm。

采用 X 射线衍射分析了铀铬复合氧化物的结构。分析结果表明,在上述参数范围内,产物的物相结构与试验参数的关系不大(图 5.1)。

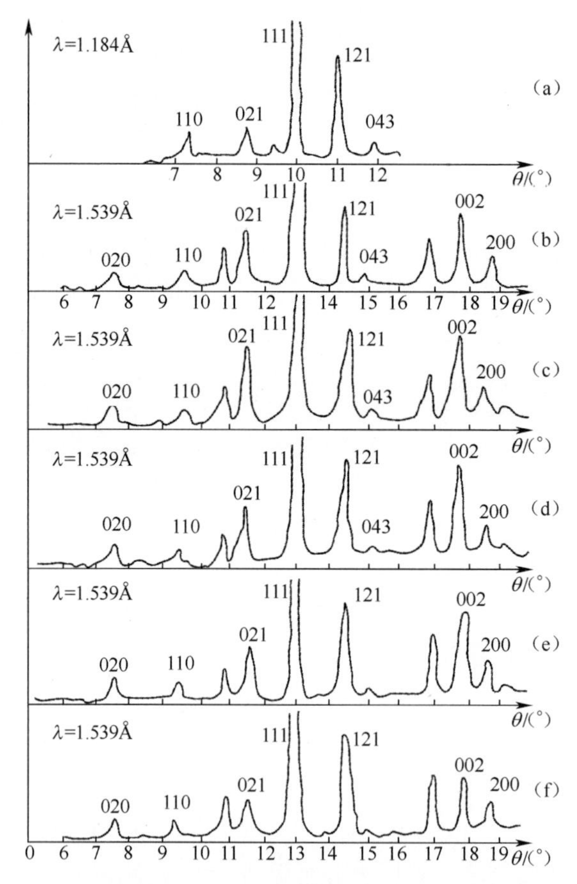

图 5.1 等离子体分解混合硝酸盐溶液获得的铀铬复合氧化物的 X 射线衍射分析结果与氧化物生产能耗 α 的关系

(a)α=3.9kW·h/kg;(b)α=5.3kW·h/kg;(c)α=6.9kW·h/kg;(d)α=5.0kW·h/kg;(e)α=6.0kW·h/kg;(f)α=5.7kW·h/kg。

图5.1给出了表5.1中一个样品(N5)的X射线衍射分析谱线。从图中可以看出,最明显的是$CrUO_4$的谱线。此外,还确认了U_3O_8和Cr_2O_3的谱线。根据X射线定量分析的结果(表5.2),产物主要是$CrUO_4$。$CrUO_4$晶胞的参数受试验中工艺参数变化影响很小(表5.3)。

表5.1　等离子体技术分解铀、铬硝酸盐混合溶液得到的复合氧化物的X射线分析结果

序号	d/n	强度	物相	序号	d/n	强度	物相
1	5.77	3	$CrUO_4$	27	1.70	2	U_3O_8
2	4.44	3	$CrUO_4$	28	1.68	2	U_3O_8
3	4.07	6	U_3O_8	29	1.67	2	Cr_2O_3
4	3.79	5	$CrUO_4$	30	1.67	1	Cr_2O_3
5	5.77	3	$CrUO_4$	31	1.62	3	Cr_2O_3
6	3.59	6	Cr_2O_3	32	1.58	1	Cr_2O_3
7	3.32	10	$CrUO_4$	33	1.57	4	Cr_2O_3
8	3.17	3	UO_2	34	1.548	3	Cr_2O_3
9	3.04	8	$CrUO_4$	35	1.525	5	Cr_2O_3
10	3.93	3	$CrUO_4$	36	1.514	5	Cr_2O_3
11	2.70	<1	(UO_2)	37	1.496	4	Cr_2O_3
12	2.61	7	$CrUO_4$	38	1.460	1	Cr_2O_3
13	2.53	6	$CrUO_4$	39	1.457	4	—
14	2.47	2	Cr_2O_3	40	1.424	2	U_3O_8
15	2.42	4	Cr_2O_3	41	1.411	4	U_3O_8
16	2.30	2	Cr_2O_3	42	1.374	2	U_3O_8
17	2.24	3	Cr_2O_3	43	1.344	4	U_3O_8
18	2.19	2	Cr_2O_3	44	1.314	2	U_3O_8
19	2.16	<1	—	45	1.307	3	U_3O_8
20	2.11	3	$CrUO_4$	46	1.287	5	U_3O_8
21	2.04	5	$CrUO_4$	47	1.272	4	U_3O_8
22	1.94	9	$CrUO_4$	48	1.261	2	U_3O_8
23	1.90	3	—	49	1.250	3	U_3O_8
24	1.87	3	$CrUO_4$	50	1.217	5	U_3O_8
25	1.81	1	Cr_2O_3	51	1.177	5	U_3O_8
26	1.75	9	Cr_2O_3				

表 5.2　等离子体分解铀、铬硝酸盐混合溶液产物的 X 射线定量分析结果

样品序号	质量分数/%		
	$CrUO_4$	U_3O_8	Cr_2O_3
1	92	8	低于检测限
2	91	9	
3	90	10	
4	89	11	
5	83	17	

表 5.3　$CrUO_4$ 的晶胞参数

样品序号	a	b	c
1	4.88±0.01	11.83±0.01	5.05±0.05
2	4.88±0.01	11.82±0.01	5.04±0.05
3	4.89±0.01	11.85±0.01	5.06±0.05
4	4.87±0.01	11.81±0.01	5.06±0.05
5	4.88±0.01	11.80±0.01	5.06±0.05

通过 X 射线衍射识别 $CrUO_4$ 时需要克服手册基础数据中存在的一些矛盾。手册中的数据显示，$CrUO_4$ 复合氧化物的晶格为菱面体，空间群对称参数 Pbcn 为：$a=4871$Å，$b=11787$Å，$c=5053$Å。同时，复合氧化物 $CrUO_{4.5}$ 具有斜方晶格，空间群对称参数 Pbcn 也非常相似：$a=4.8572$Å，$b=11692$Å，$c=5.074$Å。因此，根据 X 射线衍射和中子衍射分析，$CrUO_4$ 中的氧原子在垂直于轴线"a"布置的层内排列，形成六边形包络，铀原子和铬原子占据八面体空间的一半；剩余的四面体空间不足以容纳其余的氧原子。因此，复合氧化物 $CrUO_{4.5}$ 即使存在，其结构类型也不同于 $CrUO_4$。

等离子体方法制备的复合氧化物材料的化学成分分析结果（表 5.4）表明，前述铀、铬硝酸盐溶液的分解反应（脱硝反应）处于计算参数的范围内，反应产物的化学组成与装置运行参数的关系不大。

表 5.4　等离子体法制备的氧化物材料的化学成分

样品序号	化学成分（质量分数）/%						Cr/U 原子数比	
	U	Cr	N	H_2O	Zr	Cu	溶液中	氧化物中
1	63.75	13.32	0.005	0.5	痕量	痕量	0.92	0.96
2	67.15	12.57	0.020	0.4	痕量	0.006	0.84	0.86

(续)

样品序号	化学成分(质量分数)/%						Cr/U 原子数比	
	U	Cr	N	H_2O	Zr	Cu	溶液中	氧化物中
3	65.80	14.20	0.010	0.1	痕量	0.012	0.84	0.99
4	66.54	13.61	0.009	0.7	痕量	0.05	0.95	0.94
5	64.86	15.10	0.009	0.1	痕量	0.03	1.08	1.07
6	64.37	15.59	0.002	0.1	痕量	0.02	1.08	1.10
7	67.84	14.18	0.001	0.1	痕量	0.03	0.96	0.96
8	68.03	13.67	0.001	0.1	痕量	0.02	0.96	0.93
9	66.45	13.20	0.008	0.6	痕量	0.05	0.95	0.91
10	66.38	12.78	0.008	—	痕量	0.05	0.95	0.91
11	66.38	12.78	0.008	—	痕量	0.05	0.95	0.91
12	63.11	15.27	0.073	0.1	痕量	0.05	1.04	1.11
13	66.20	13.63	0.007	0.1	痕量	0.04	1.08	0.93
14	67.85	13.83	0.001	0.5	痕量	0.04	1.08	0.93

根据 X 射线分析结果,产物中含有一定量的 U_3O_8。基于表 5.4 和图 5.2 中的数据,很容易确定分解一定浓度的溶液的比能耗。在产物中,铬和铀的摩尔比与初始溶液保持一致。

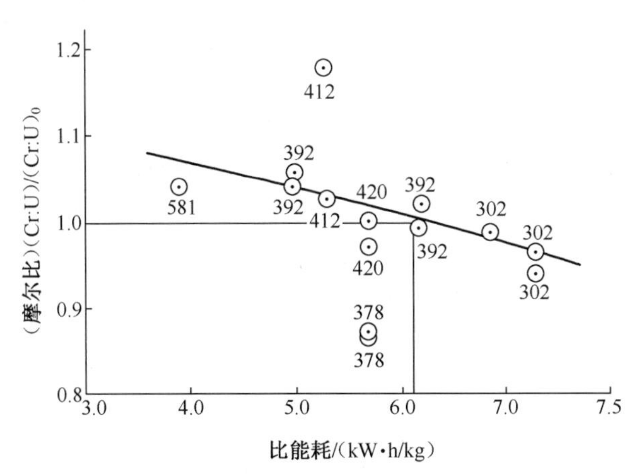

图 5.2 在铀、铬硝酸盐初始混合溶液中和分解产物中的 Cr/U(摩尔比)的比值与比能耗的关系(图中数字为溶液浓度,单位为 g/L)

因此,铀铬硝酸盐溶液在空气等离子体中分解时,如初步计算所预测的那样,在工艺参数的范围内形成了双氧化物 $Cr_2O_3 \cdot U_2O_5$(或铀酸铬 $CrUO_4$)。根据电子显微镜分析的结果,样品 1~5(表 5.4)由菱形和立方形晶体(20%~100%)构成,尺寸为 0.02~0.04μm(样品 5 中比例达 85%)(图 5.3)。粉末团聚后的尺寸为 2~3μm。所有粉末颗粒均为立方形(棱形)或球形。立方形和菱形颗粒显然是在合成过程的最佳结晶温度范围内形成的;而球形颗粒则主要形成于颗粒熔化后。所得到的粉末的堆积密度为 0.7~1.5g/cm^3,振实密度为 1.0~2.4g/cm^3。

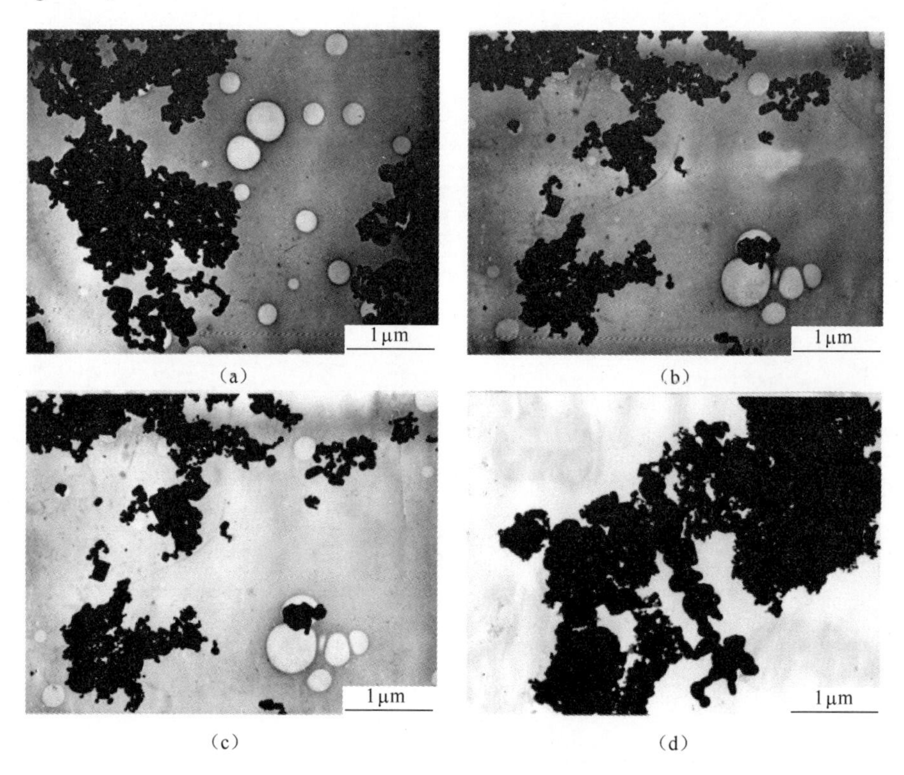

(a) (b) (c) (d)

图 5.3 等离子体分解铀铬硝酸盐混合溶液得到的复合氧化物的 SEM 照片

化学分析、X 射线衍射分析和电子显微镜分析的结果表明,铀铬硝酸盐溶液在等离子体中分解的过程可由下述方程描述:

$$[CO_2(NO_3)_2]_{aqa} \longrightarrow (UO_3)_c + 2(NO_2)_g + 1/2(O_2)_g \tag{5.1}$$

$$[Cr(NO_3)_2]_{aqa} \longrightarrow 1/2(Cr_2O_3)_c + 3(NO_2)_g + 3/4(O_2)_g \tag{5.2}$$

$$(Cr_2O_3)_c + 2(UO_3)_g \longrightarrow 2(CrUO_4)_c + 1/2(O_2)_g \tag{5.3}$$

此外,受温度影响,还可能发生后续反应:在固相,UO_3 分解成 U_3O_{10};在气相,NO_2 分解成 NO,并进一步(部分或完全)分解成元素。

在图 4.20 所示的中试等离子体装置中还得到了 10 多种不同的复合氧化

物,包括无铀的氧化物,其中一些将在下面讨论。

5.4 微波技术制备 U-Pu、U-Th 混合氧化物

采用高频电磁波加热物体时,电能转换为热能的效率随着频率的提高而增大,并与电场强度的平方成正比。但是,不可能任意增大电场强度,因为电场强度达到一定程度时设备就会发生电击穿。为了提高消耗在被加热物体中的能量,可以将频率提高到微波范围内(见第 2 章)。

频率为 915MHz、2.45GHz 的微波辐射可以被水分子很好地吸收。这一特性可以用来简化系统后端的各种冷凝系统。由于微波辐射还可以加热电介质材料,人们正在研究采用微波加热 U、Pu 和 Th 的硝酸盐溶液和锕系元素的硝酸盐混合溶液,生产 UO_2-PuO_2 和 UO_2-ThO_2 混合氧化物燃料(MOX 燃料)[7-15]。

铀、钚、钍的硝酸盐溶液能够高效率地吸收微波辐射,其中的水分迅速蒸发,残盐(硝酸盐水合物)受热分解后生成混合氧化物或复合氧化物。

关于微波加热铀钚硝酸盐混合溶液和中间残盐获得铀钚混合燃料的氧化物原料,这项研究在不同功率水平的微波装置上实现。图 5.4 为微波实验装置的示意图[7]。浓度为 0.28kg (U+Pu)/L 的铀钚硝酸盐混合溶液从储罐 1 泵入容积约为 7.2L 的罐 2 中,然后流入微波脱硝器 15 内的平坦容器 14(内径为 0.55m,高度为 0.05m)中。微波能量从微波源 4 沿波导管输入容器 14 内的溶液中。微波源的功率为 16kW,频率为 2.45GHz。游离水和化学结合水被蒸发出去,硝酸盐分解后形成混合氧化物 $PuO_2 \cdot UO_3$。

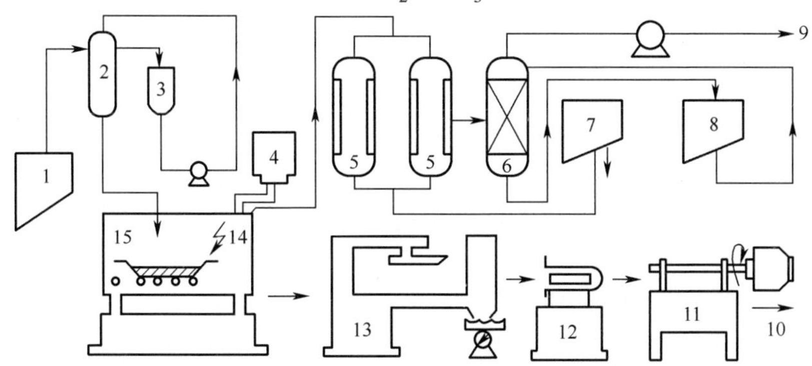

图 5.4 微波加热铀钚硝酸盐混合溶液生产铀钚混合氧化物的实验装置示意图[6]

1—铀钚硝酸盐混合溶液储罐;2—固定容积储罐;3—接收器;4—微波源;5—冷凝器;6—洗涤器;7—硝酸收集器;8—水吸收器;9—尾气;10—产物(铀钚混合氧化物);11—球磨机;12—煅烧还原炉;13—收集微波脱硝得到的混合氧化物的设备;14—平坦容器;15—微波脱硝器。

硝酸盐混合溶液被微波辐射加热到约 383K,蒸发约 20min。除去液相之后温度继续升高到 670K 甚至更高,使硝酸盐发生分解。上述过程得到的混合氧化物 $PuO_2 \cdot UO_3$ 装入煅烧炉中还原,最终得到 $PuO_2 \cdot UO_2$。该产物适用于制造(U-Pu)混合氧化物燃料。在混合氧化物中,Pu 与 U 的摩尔比分别为 0、1、2 和∞。此外,还开展了制造 U-Pu 氧化物燃料芯块的实验研究,结果表明,Pu 在芯块中分布均匀,芯块的密度满足要求、结构特性良好。

到 1980 年 12 月底,在文献[7]的中试装置上生产了 0.294t 混合氧化物,其中含钚 0.129t,制成了 16 组燃料组件。在中试试验的基础上又开发了工业化系统,该系统设计在工业化条件下运行。铀、钚硝酸盐溶液来自于后处理厂,并按照 Pu 与 U 的摩尔比约为 1 的比例混合。微波设备的频率为 2.45GHz,功率为 16kW。该设备每年能生产约 2t 铀与钚的混合物(每天约 10kg(Pu+U))。

类似工艺还用于处理混合溶液 $Th(NO_3)_4-UO_2(NO_3)_2$[14]。所得的产物在 1323~1573K 的空气中煅烧后用球磨机研磨,然后在空气中干燥,再用孔径为 850μm 的筛网筛分后用硬脂酸锌作为黏结剂在 345MPa 的压强下压制成球。直径 14.23mm 的小球在 1973K 的氢气气氛中烧结,加热和冷却速率均为 250℃/h。烧结后小球的密度达到理论值的 96%以上。

5.5 等离子体技术生产 U-Th 和 U-Pu 混合氧化物

等离子体大规模转化硝酸铀酰溶液和水合硝酸盐的技术已经开发出来并应用于 MOX 燃料生产。该工艺的基本原理已在第 4 章中给出,装置和工艺流程参见图 4.20。该工艺的基础是在等离子体射流中分解铀和钚的硝酸盐混合溶液。为了模拟铀、钚硝酸盐混合溶液,我们使用了铀、钍硝酸盐混合溶液。钍可以非常好地模拟钚在溶液中的稳定化合价(+4)、物理化学性质以及在固溶体 PuO_2-UO_2(ThO_2-UO_2)中的稳定性。在上述中试装置上进行了生产 ThO_2-UO_2 的批次试验,结果表明等离子体技术可以大规模制备前述混合氧化物。

然而,为了利用铀钚或铀钍混合硝酸盐溶液得到混合氧化物 ThO_2-UO_2 和 UO_2-PuO_2,必须向溶液中加入可溶性还原剂,因为在中性环境下硝酸铀酰会分解生成 U_3O_8 而不是 UO_2,如下式:

$$[CO_2(NO_3)_2]_{aq} \longrightarrow 1/3U_3O_8(s) + aNO_2(g) + bNO(g) + cH_2O(g) + dN_2(g) + eO_2(g), \Delta H_1 > 0 \tag{5.4}$$

对于硝酸钍(或硝酸钚),将按照如下方程分解成 ThO_2 和氮氧化物:

$$[Th(NO_3)_4]_{aq} \longrightarrow ThO_2(s) + a'NO_2(g) + b'NO(g) + c'H_2O(g) + d'N_2(g) + e'O_2(g), \Delta H_2 > 0 \tag{5.5}$$

因此,按照上述反应机理,U 和 Th(或者 Pu)的氧化物形成了均匀的混合氧化物 $U_3O_8 \cdot ThO_2$(或 $U_3O_8 \cdot PuO_2$)。

为了得到 UO_2,向溶液中引入了可溶性还原剂,如尿素($(NH_2)_2CO$)、甲醛(H_2CO)等。可溶性还原剂的分子在溶液的液滴上解离,形成氢原子和 CO,将铀还原到较低价态(+4)。该方法的目标产物是混合氧化物 ThO_2-UO_2(或 PuO_2-UO_2)。原则上,以等离子体脱硝铀钍和铀钚硝酸盐混合溶液的方式制备 ThO_2-UO_2 和 PuO_2-UO_2 的固溶体不应该存在问题。但是,其他原因的存在仍然导致了问题的出现。

在处理富集 U-235 同位素的铀、钚硝酸盐混合溶液时存在一种特殊因素,使问题变得极其复杂:必须确保设备处于核安全状态。为此,所有圆筒状设备的直径都不得大于 0.1m;横截面为矩形的设备,两组对边的长度同样不可以大于 0.1m。这为选择雾化喷嘴和等离子体炬的安装角度以及它们的运行工况带来了很大麻烦:既要等离子体与溶液充分混合,又要避免溶液和等离子体与反应器壁直接接触。这样就不得不降低等离子体脱硝反应器的产能,为此需要降低等离子体炬的功率,防止粉末温度升高过快发生结块、造成烧结产物的比表面积降低到临界值以下,因为这样会为后续压制成型和烧结成球等工艺过程带来问题。

另外,还有一些与使用电弧等离子体炬有关的问题,原因在于电弧等离子体炬中等离子体的流速很高,在几何结构满足核安全的设备中导致脱硝不完全。然而,降低等离子体的流速也不合适,因为这会加快电极烧蚀,降低产物的品质。

实验研究和工业统计分析发现,安装了直流电弧等离子体炬的等离子体反应器(包含等离子体炬本身和相应的反应器),主要用于生产氧化物粉末和复合氧化物材料,并没有考虑(针对天然铀、贫铀和钍的)核安全要求。这种反应器能够生产源自铜阳极的杂质含量为 $10^{-3}\%\sim10^{-2}\%$(因产率不同而有所差异)的氧化物粉末(来自阴极的钨含量约为 $10^{-6}\%$甚至更低,不会限制电弧等离子体炬的使用)。

在其他一些应用领域中,如核燃料循环、微电子和饰品加工等,需要铜杂质含量为 $10^{-4}\%$甚至更低的氧化物材料。

为了解决氧化物材料的纯度问题,并降低物料在等离子体反应器中的流速,最合适的方法是将有电极的电弧等离子体炬替换为无电极的等离子体炬——高频感应炬或微波炬。工业水平的高频感应等离子炬用于核材料生产时会存在一些问题,原因在于用作等离子体炬结构材料的电介质材料的可靠性无法满足要求。原则上可以使用金属与电介质材料结合的等离子体炬,然而金属与电介质材料结合处的密封非常复杂,并因钚处理的具体工况而加剧,因而这种等离子体系统在工业条件下运行时会出现很多问题。

幸运的是,有一种方法可以解决上述问题——使用安装了转换器将 H_{01} 电磁波转换为 H_{11} 电磁波的全金属微波等离子体炬(图 2.48~图 2.50)。其中,H_{01} 电磁波由磁控管产生,沿矩形波导传播;H_{11} 电磁波在垂直于矩形波导的圆形波导内传播。圆形波导作为等离子体反应器,无极放电等离子体在其中“燃烧”,溶液从矩形波导与圆形波导结合位置下方的平面处喷入反应器(图 2.48)。在反应器中,硝酸盐溶液或水合盐被转化成超纯材料(杂质含量 $10^{-5}\%\sim10^{-6}\%$)。图中还给出了在矩形和圆形波导中的电场分布 $\boldsymbol{E}_1$ 和 $\boldsymbol{E}_2$。

微波辐射经过矩形波导传输到圆形波导中。H_{01} 电磁波被转换成 H_{11} 波。这时,微波辐射与气流一起沿波导的轴线方向运动。放电受到沿切向通入的气流的作用保持稳定,气体通入的位置与微波能量输入的位置无关。向微波等离子体反应器中输入的总功率取决于连接到圆形波导上的矩形波导的个数。每个矩形波导中都装有一片对电磁辐射透明的电介质材料隔离片,将磁控管与圆波导内的工艺介质隔离开来,使磁控管到高温区的距离足够远。

现代电气工业提供了两种微波发生源,分别工作在 915MHz(真空中波长为 328mm)频率和 2.45GHz(真空中波长为 122mm)频率下。根据功率等级的不同,基于 H_{01} 波工作的等离子体炬又可以分成如下三类:

(1) 功率为 1~5kW 的实验室等离子体炬;

(2) 功率为 20~50kW 的中试规模等离子体炬;

(3) 功率为 100~500kW 的大功率、工业用等离子体炬。

因此,在技术上可以建立具有 3 支微波等离子体炬、功率达 1.5MW 的等离子体反应器。即使从等离子体发生区域移除陶瓷管,设备结构上仍然存在一些电介质元件,如图 2.48~图 2.50 所示。这些是圆形波导(充满工艺介质的反应器)与矩形波导连接处的绝缘密封件。这些元件由高温陶瓷制成,位于等离子体区较远处,以保护其免收等离子体辐射的损伤。矩形波导和圆形波导中的电场分布(矩形波导:$\boldsymbol{E}_1$,$\boldsymbol{E}_2$。圆形波导:$\boldsymbol{E}_3$)如图 2.48~图 2.50 所示。

另一种类似的全金属微波等离子体反应器概念由 Mistuda 等提出[16],示于图 2.56。该微波等离子体炬配备有微波源,产生的微波沿矩形波导管传输,透过电介质材料(石英)窗口输入与阻抗匹配的模式转换器,将微波能耦合到同轴波导中。位于圆形同轴波导中心的是一个水冷截锥形导体,作为一个电极,就像在电弧等离子体炬中那样;另一个电极是外围圆形波导管。圆形波导管末端是喷嘴,微波放电在电极与喷嘴之间燃烧,产生的等离子体射流延伸到反应器中(图 2.56)。根据 Mistuda 等的研究,当微波源的输出频率为 2.45GHz、功率为 2kW 时,工作气体(氢气)被击穿,形成由微波驱动的等离子体炬。在中心电极和外部同轴电极之间的工作气体中引燃了与直流电弧等离子体炬中类似的旋转电弧。

这两种概念都适用于分解铀、钍和钚的硝酸盐溶液,得到相应的氧化物或混合氧化物,副产品为硝酸溶液[17]。微波发生器的频率(915 MHz 或 2.45GHz),根据原料的类型确定(更准确地说,U-235 的含量以及是否存在钚)。在生产核动力反应堆燃料的氧化物(U-235 的含量为 5%以下)时,这两类微波等离子体发生器都可以使用,因为矩形波导的尺寸(分别为 32cm×16cm 和 12cm×4cm)满足核安全要求。在处理富集度更高的铀和钚时,仅可以使用频率为 2.45GHz 的微波等离子体发生器。

使用安装了一支或多支微波等离子体炬,在 100~160kPa 气压下工作的金属等离子体反应器(图 2.52),可以得到核纯级材料以及其他与原料纯度相对应的材料。考虑核安全因素的微波等离子体装置如图 5.5 所示,用于分解富集 U-235 同位素的 U-Pu、U-Th 和其他元素的硝酸盐混合溶液。原则上,该装置的工作方式与图 4.20 所示的电弧等离子体装置相同,唯一区别在于等离子体产生的方法:由多台微波源 1 产生的微波(H_{01} 波)沿矩形波导 2 传输(为简化起见,图 5.5 中仅示出其中 2 台微波源及相应波导),通过电介质隔离片 3 后输入圆形波导 4,并转换成 H_{11} 波。微波源的频率为 2.45GHz,相应的矩形波导的横截面规格为 120mm×40mm,满足核安全要求。放电受到通入圆形波导 4 的切向空气流的稳定作用;并且,圆形波导在通入原料后用作等离子体反应器。空气由压缩机 6 提供,流过过滤器 5 后通入圆形波导反应器。来自储罐 8 的硝酸盐溶液从略低于矩形波导与圆形波导结合处的总管 7 通入反应器,总管上安装了多支超声波雾化喷嘴。

近年来,超声波技术在液体介质雾化领域逐渐得到了应用:超声波雾化已经实现广泛采用。使用特殊设计的超声波雾化喷嘴可以获得细分散的原料液滴。图 5.6 是超声波雾化喷嘴雾化溶液。

除液体雾化之外,超声波技术还可用于粉末分散。粉末的分散在基于环形磁致伸缩换能器(AMST)的超声波反应器中进行。这种方法的显著特征之一是具有预期粒度的原料均匀性好、纯度高(以这种方式分散,不会向原料中添加杂质)。超声波分散的一项突出优势是不采用磨料,而是使用气体分散凝聚相原料。

溶液雾化后产生的液滴的直径由下式给出:

$$d = (\pi\sigma/4\rho f^2)^{1/3} \tag{5.6}$$

式中:σ 为液体表面张力;ρ 为溶液密度;f 为压电式传感器的频率。

实验数据表明,当所使用的超声波雾化器的频率分别为 750kHz 和 2.5MHz 时,产生的液滴的直径分别为 5μm 和 2μm。超声波雾化器产生的液滴的正常直

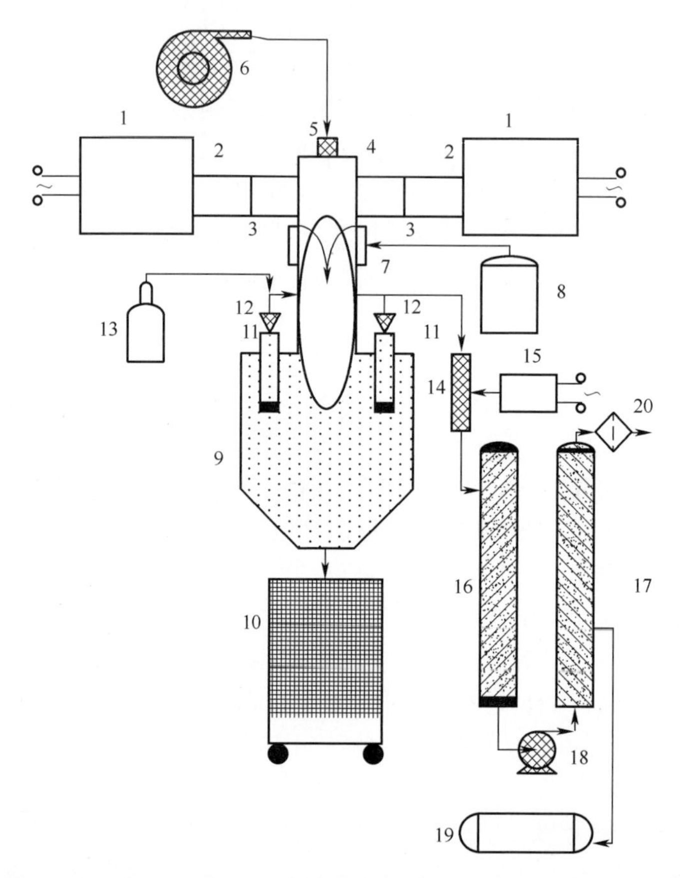

图 5.5　处理富集 U-235 同位素的铀、铀-钚、铀-钍等的硝酸盐混合溶液的微波等离子体系统示意图
1—微波源;2—矩形波导;3—电介质隔离片;4—圆形波导;5—压缩空气过滤器;6—空气压缩机;7—雾化喷嘴总管;8—混合溶液储罐;9—容器;10—产物转运容器;11—脉冲反吹烧结金属过滤器;12—电磁阀;13—压缩空气储罐;14—臭氧发生器;15—臭氧发生器电源;16—冷凝器;17—吸收器;18—泵;19—硝酸收集器;20—过滤器。

图 5.6　超声波雾化喷嘴雾化溶液

径范围为 0.5~5μm。雾化器的产率取决于压电式传感器的功率,这个参数可以调节。

雾化液滴在微波等离子体中分解的原理与在电弧等离子体反应器中发生的过程相似,生成的中间产物也相同。由于雾化液滴的尺寸近乎均匀且二次破碎的概率相对较小,因而能够获得具有相似粒度的粉末。基于韦伯数(Weber number)的临界值分析了与等离子体流相互作用时不发生二次破碎时液滴的尺寸,结果表明不发生二次破碎的液滴直径为 5~10μm,这意味着超音速雾化器形成的液滴不会发生二次破碎。

如图 5.5 所示,在反应器 4 下方是料仓 9 和可拆卸容器 10。双层烧结金属过滤器 11 由各向异性的金属粉末烧结材料制成,按照第 2 章所描述的方式围绕反应器安装在料仓 9 的顶部,并配备了脉冲反吹装置(为简化起见,图 5.5 中并未示出)。过滤器元件由不锈钢粉末通过特殊工艺制成(见第 13 章),能够充分捕集微米和亚微米级颗粒。每个滤芯都安装了用于脉冲反吹再生的喷嘴,在运行工况下,通过电子系统控制电磁阀 12 对过滤器依次进行反吹。脉冲反吹方式可以将储罐 13 中的气体消耗量降低 1 个数量级。这类过滤器的运行方式将在第 13 章中描述。

产生的粉末从过滤器外表面落入料仓 9 中,然后装入转运容器 10。氮氧化物气体首先通过由电源 15 供电的臭氧发生器 14,再通过冷凝器 16 和吸收器 17,在这里实现硝酸再生;回收的硝酸收集在收集器 19 中。气体经过卫生级过滤器 20 过滤后排放。

这样等离子体脱硝装置运行良好,等离子体反应器的功率为 10~30kW,ThO_2-UO_2或 PuO_2-UO_2 等混合氧化物的产量为每小时几千克。在更高功率下(100kW 及以上),产率可以达到每小时几十千克。在产物捕集系统中,我们建议双层烧结金属过滤器与静电除尘器结合使用。这时,大部分粉末捕集在静电除尘器中,烧结金属过滤器则过滤掉两相流中的细微颗粒。圆形静电除尘器与双层烧结金属过滤器结合使用如图 5.7 所示。静电除尘器 2 包括如下主要部件:沉降电极 3 和电晕电极 4,将来自等离子体反应器的颗粒物捕集下来。烧结金属过滤器安装在壳体 7 中,由双层烧结金属元件 8 构成,并与图 5.5 中的过滤器的工作模式相同。静电除尘器和烧结金属过滤器的产物收集在同一个料仓中。

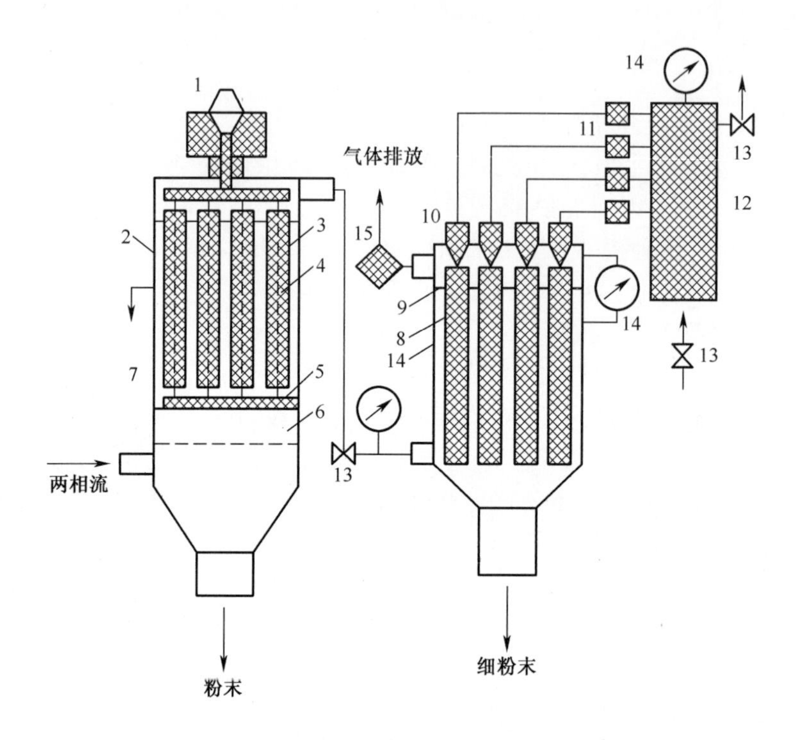

图 5.7　分离等离子体脱硝硝酸盐溶液得到的精细氧化物粉末与 NO_x 气体的静电除尘器与双层烧结金属过滤器的组合

1—绝缘体;2—静电除尘器壳体;3—沉降电极;4—电晕电极;5—支架;6—分配格栅;7—烧结金属过滤器;8—双层过滤器元件;9—隔板;10—喷嘴;11—电磁阀;12—压缩空气储罐;13—阀门;14—压力表;15—卫生级过滤器。

5.6　等离子体分解混合硝酸盐溶液的非核应用:制备复合氧化物高温超导材料

图 4.1 所示的等离子体分解硝酸盐溶液的方案还可以用于制备具有高温超导(HTSC)[6,18-23]特性的复合氧化物。与传统的水化学工艺和热工艺相比,这种方法具有如下优点:

(1) 形成超导复合氧化物的金属按照所需的摩尔比溶解于硝酸溶液中,分解这些溶液后就可以得到化学组成固定、金属元素分布均匀的复合氧化物;

(2) 在等离子体射流中分解分散溶液,可以得到任意粒径分布的产物;

(3) 在空气等离子体中分解硝酸盐溶液时,不会将反应器材料杂质引入到

高温超导材料中;

(4) 等离子体工艺的产率非常高;

(5) 上述工艺可以连续运行,易于实现计算机管理和自动化控制。

该工艺已用于制备 Y-Ba-Cu-O 和 Bi-Ca-Sr-Cu-O 等组成的复合氧化物。这些复合氧化物在图 5.8 所示的等离子体系统上得到。与图 4.20 所示的中试工厂有所不同,该系统可以制备小批量产物,能够对容器进行更深程度的清洁,以及在不同运行模式下开展各类试验。在此装置中,粉末与气相的分离通过惯性收集器(料斗 3)、离心分离器 5 和烧结金属过滤器 6 实现。此外,系统还包括如下设备:带有搅拌器的原料液储罐 1,电弧等离子体炬 2,转运容器 4 和 7,水蒸气和氮氧化物冷凝器 8,氮氧化物吸收器 9,硝酸收集罐 10,引风机 11,溶液雾化喷嘴 12。

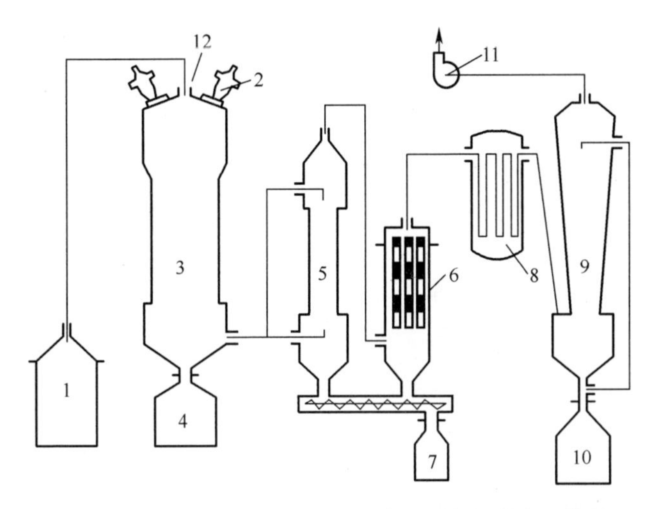

图 5.8 用于制备高温超导材料复合氧化物的等离子体装置

1—硝酸盐混合溶液储罐;2—等离子体炬;3—等离子体反应器及产物接收设备;4,7—转运容器;5—离心分离器;6—烧结金属过滤器;8—水蒸气和氮氧化物冷凝器;9—NO_x 吸收器;10—硝酸收集罐;11—引风机;12—溶液雾化喷嘴。

为了制备 Y-Ba-Cu 的复合氧化物,试验采用了 Y、Ba 和 Cu 的硝酸盐溶液。根据化学式 $YBa_2Cu_3O_{7-x}$ 计算了产物的组成,其中 x 的值根据等离子体处理的具体工艺和随后的产物加工流程来确定。图 5.9 为 $YBa_2Cu_3O_{7-x}$ 的能谱,表明计算和实际得到的成分比较。

在试验中,等离子体反应器的功率为 70~90kW,空气等离子体的温度为 4000~5500K,硝酸盐混合溶液的流速为 23L/h,Y、Ba 和 Cu 的浓度分别为 11.8g/L、36g/L 和 25.3g/L。批次试验得到的高温超导材料粉末的总质量达到

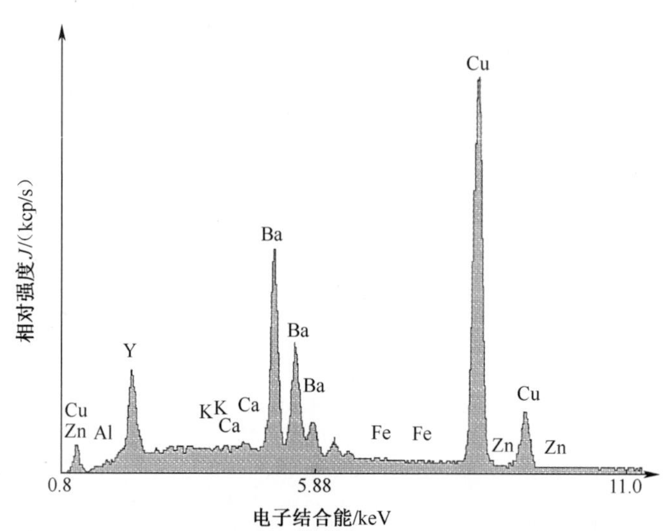

图 5.9　等离子体分解 Y、Ba 和 Cu 的硝酸盐混合溶液得到的复合氧化物 $YBa_2Cu_3O_{7-x}$ 的能谱(X 射线能量范围为 0~20keV)

2.5kg,比能耗为 35~47kW·h/kg。

试验得到的复合氧化物粉末通过"Cam Scan"电子显微镜结合"Link AN85S"微探针和"DRON-3M"衍射仪进行了分析。粉末的平均粒径为 1.5~2μm。X 射线衍射(XRD)分析表明,粉末中含有 23%~30% 的硝酸根离子(NO_3^-),通过化学键结合在产物中,这是复合氧化物中钡的硝酸盐。分析发现,复合氧化物的硝化反应是氧化钡与氮氧化物重新结合的结果。事实证明,在等离子处理硝酸盐混合溶液产生的粉末中无须过度追求 NO_3^- 含量的最小化,因为正如下面将会表明的,粉末不可避免地接受热处理(形成陶瓷、熔接网纹坯料、膜和类似产物)。在此阶段,粉末中的挥发性成分被去除,但是复合氧化物中含有的氧使最终产物中超导正交相的含量很高。所得到的粉末的比表面积为 1.9~4.8m^2/g,并可以通过改变试验条件提高至 11.9m^2/g。

在 Y-Ba-Cu-O 陶瓷中,相组成和超导态转变温度 T_c 的优化可以通过改变比压和烧结温度来实现。为了优化烧结温度,氧化物粉末需要在 773~1273K 的温度下进行退火。退火在空气中进行,升温速率为 300K/h,并保温 2h。图 5.10 表明退火温度对相组成的影响,试验样品是在空气中制备和存放的 CuO、Y_2O_3、$Ba(NO_3)_2$ 与 $BaCO_3$ 的混合物。当温度不高于 773K 时,样品仍然保持其最初组成。当温度进一步升高时,超导相的含量随之降低,而 Y_2BaCuO_5、$BaCuO_2$、CuO 的相对含量则升高。在最佳条件下,样品中超导相的含量达到 97%。在烧结后的样品中,超导相的含量在 1193~1233K 的温度范围内达到最高。此外,该物相的含量还取决于烧结的压强,最佳范围为 400~600MPa,此时 Y_2BaCuO_5 和

$BaCuO_2$ 的含量最低。在上述条件下，转变温度 T_c 均最高。制得的所有 $YBa_2Cu_3O_{7-x}$ 样品的 T_c 值均处于 90～96K 的温度范围内。此外，烧结压强还影响超导材料的密度。烧结压强提高到 1500MPa 时复合氧化物的密度增大 91%，然而 $YBa_2Cu_3O_{7-x}$ 的含量却降低到 65%。

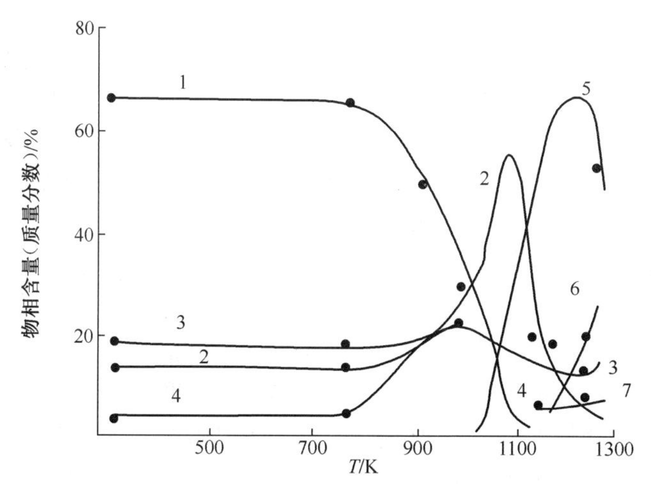

图 5.10　烧结样品中 $Ba(NO_3)_2$、Y_2O_3、CuO 和 $BaCO_3$ 的含量与烧结温度的关系

1—$Ba(NO_3)_2$；2—Y_2O_3；3—CuO；4—$BaCO_3$；5—$YBa_2Cu_3O_{7-x}$；6—Y_2BaCuO_5；7—$BaCuO_2$。

烧结产物的超导态转变温度通过电磁感应法确定。样品的磁化率与温度的关系如图 5.11 所示。从图中可以看出，复合氧化物 $YBa_2Cu_3O_{7-x}$ 转变成超导态发生在 95K，与等离子体合成工艺参数无关，主要取决于烧结工艺参数。每个样品的转变温度的偏差都不超过 4K。

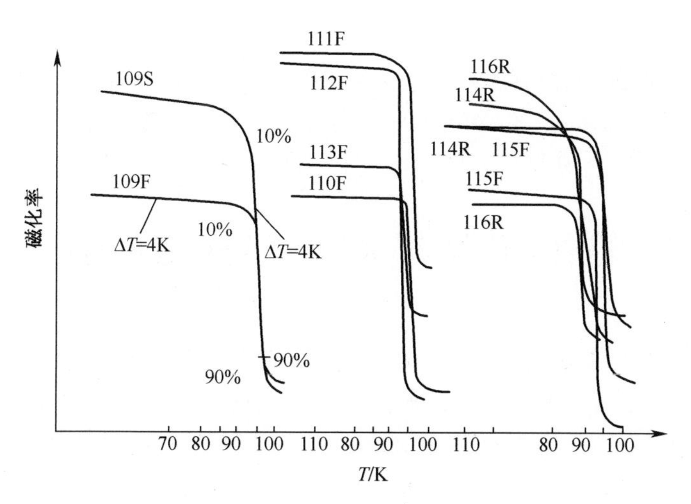

图 5.11　复合氧化物 $YBa_2Cu_3O_{7-x}$ 的磁化率与超导转变温度的关系

在 77K 的温度下磁场强度 $H=0$ 的磁场中，$YBa_2Cu_3O_{7-x}$ 陶瓷的临界电流密度 j_c 为 200~300A/cm^2。

为了生产铋陶瓷高温超导材料粉末，使用 Bi、Pb、Sr、Ca 和 Cu 的硝酸盐混合溶液作为原料。该混合溶液的组成对应于最终产物的化学式 $Bi_{2-x}Pb_xSr_2Ca_2Cu_3O_y$，其中 $x=0.3\sim0.4$。等离子体处理该混合溶液的参数与制备钇陶瓷的条件类似。当等离子体气体（空气）的流量保持稳定、等离子体炬的功率为 64~80kW 时，混合溶液的进料流量为 5~26L/h，处理过程的比能耗和产物的产率变化很大。当比能耗从 60.5kW · h/kg 降低到 16.3kW · h/kg 时，粉末的粒径增大到 10μm。X 射线衍射分析发现，粉末的晶相中含有 Bi(Pb)-Sr-Ca-Cu-O 和 $Sr(NO_3)_2$。

上述铋复合氧化物的压制在 500MPa 的压强下进行。然后，压块在 850℃热处理 200h 或以上。这样得到的样品具有足够好的同质性。样品的主要物相是 $Bi_{1.7}Pb_{0.63}Sr_2Ca_2Cu_3O_y$ 相（“2223”）。含有 Sr、Ca 和赤铜矿杂质的晶体用微探针进行了分析。样品的转变温度用磁屏蔽法确定，结果为 108K，偏差小于 6K。

基于超导复合氧化物的大规模生产，可以得出如下结论：

（1）已经形成了采用等离子体技术制备具有预定化学组成和相组成的 Y-Ba-Cu-O 和 Bi (Pb)-Sr-Ca-Cu-O 粉末的科学技术基础；完成了在空气中烧结由等离子体工艺合成的均匀粉末制备钇、铋陶瓷的批次试验。

（2）设计和制造了基于等离子体脱硝工艺制备复合氧化物粉末的设备，功率可达 0.25MW。

（3）开发了大规模制备超导材料的压制、烧结工艺。

基于上述成果，工业化生产下一代高温超导材料的技术已经开发出来，包括：

（1）用于激光、磁控管溅射和电子束溅射的直径 20~150mm 的靶材。

（2）直径 5~150mm、长 20~100mm 的各类电磁屏蔽装置。

（3）超导量子干涉器件（SQUID）的零部件（板形、柱形等）。

5.7 等离子体脱硝硝酸盐得到的粉末的形态

在等离子体脱硝硝酸盐原料（溶液或水合盐）生成金属氧化物和氮氧化物气体的过程中，形成的粉末类型有实心球形、空心球形以及两者的碎片。在某些情况下，生产陶瓷产品需要使用实心粉末，但有时陶瓷制造工艺却受粉末的形态影响不大。人们通常认为[24-26]，制造高品质陶瓷的最好材料是非团聚球形粉末。为满足这一要求，需要付出大量工作制备单分散的球形氧化物（或复合氧化物)粉末。然而,实际应用表明粉末有必要具备一定的分散性,以防止局部过度团聚产生缺陷。此外,粉末粒径的平均偏差最好为10%~30%。为了理解实心和空心粉末颗粒的成因,需要基于原料(前驱物)特性和等离子体参数的影响来分析颗粒内部发生转变的机理。

等离子体分解硝酸盐溶液制备氧化物粉末的工艺可以细分为几个独立过程,包括:溶液雾化形成液滴,液滴中的溶剂蒸发,溶质析出、分解生成金属氧化物等。该工艺用于陶瓷制备的主要缺陷在于可能形成空心或者不规则颗粒。众所周知,仅具有特定性质的无机盐可以用于合成固体氧化物粉末。对雾化溶液高温分解得到的粉末,通过分析与其形态有关的实验数据的统计结果,可以得出形成实心和空心颗粒的主要准则。

在等离子体处理硝酸盐溶液的过程中,金属氧化物产物形貌的形成过程始于溶剂蒸发和残盐结晶阶段。在溶剂蒸发过程中,液滴的表面积S按如下方程减小:

$$dS/dt = Kt \tag{5.7}$$

式中:K为蒸发速率常数,与温度和液滴周围空气的湿度有关;t为时间。

式(5.7)对时间t进行积分,得到液滴从原始尺寸D_0蒸发到较小尺寸D所需的时间:

$$D_0^2 - D_2 = Kt \tag{5.8}$$

对于盐溶液,由于在蒸发过程中溶解的盐会在液滴表面析出,因而溶液液滴中溶剂的蒸发过程与纯溶剂的蒸发过程大不相同。当盐的浓度为C_0时,处于蒸发平衡状态的液滴中盐的浓度C可用下式计算:

$$C/C_0 = (D_0/D)^3 \tag{5.9}$$

当盐的浓度达到饱和浓度C_s时,液滴的直径D_s定义如下:

$$D_s = D_0(C_0/C_s)^{1/3} \tag{5.10}$$

此外,C/C_s定义为溶液的相对饱和度,C_0/C_s定义为其初始相对饱和度。

为了理解等离子体分解无机盐溶液的过程中颗粒的形成,并确定固体颗粒形成的准则,首先应分析液滴在其溶剂(水)处于平衡和非平衡蒸发状态时的收缩情况。在等离子体中,水从液滴表面蒸发的过程属于非平衡蒸发。这时,水的蒸发速率高于盐从液滴内部向外表面扩散的速率,盐沉积在液滴的内表面,从而阻止液滴直径进一步减小。因此,非平衡蒸发中的液滴直径D_s大于平衡蒸发中的情形。文献[27]给出了一个方程,描述在非平衡蒸发过程中盐浓度与蒸发速率常数K、盐扩散系数D_0和确定蒸发条件的常数F之间的关系:

$$C = C_0\exp[4F^2D_0t/(D_0 - 8Kt)] \tag{5.11}$$

对于非平衡蒸发,$K=500\text{m/s}$,$D_0\approx 0.1\text{m/s}$。

5.7.1 盐溶解度的温度系数对颗粒形态的影响

当溶剂是水,并且盐不在液滴内表面析出时,被等离子体处理的液滴的表面温度可以取水的绝热饱和温度。由于盐溶液表面水的蒸气压低于纯水表面的蒸气压,液滴温度会高于纯水的湿球温度 T_{wb}。根据大量观察可知,在蒸发过程中,液滴表面的温度等于溶液的饱和温度 T_s,而液滴表面的浓度却小于饱和浓度;并且,二者之差 T_s-T_{wb} 表示溶解盐存在引起的液滴温度的升高。在等离子体处理过程中,液滴温度从进料的初始温度升高到 T_s,直到盐从液滴表面析出。其中,盐的析出取决于湿度、等离子体温度以及液滴中盐的浓度。液滴表面析出盐之后,温度快速升高。

如果进入等离子体射流的是饱和溶液的液滴,液滴中溶解的盐就立即在液滴内表面上析出。这样,在液滴表面的温度从室温上升到 T_s 之前,整个液滴表面上形成了固体外壳。亚表层水分的蒸发使内部压强升高。水蒸气透过液滴表面之后,形成了空心球。如果外壳的强度较低,内部压强就会使外壳破裂,形成碎片。

当进入等离了体射流的溶液饱和度较低(如 $C_0/C_s\approx10$)时,其初始阶段的蒸发行为类似于纯水:表面温度快速升高到 T_{wb}。表面温度的上升使液滴中盐的饱和浓度增大(假设该盐的溶解度具有正温度系数)。同时,较高的饱和浓度降低了水蒸气的分压,并提高溶液的饱和温度 T_s。由此产生的结果是,相对饱和程度降低了,盐的析出现象被延迟。因此,对溶解度具有正温度系数的盐溶液进行等离子体处理时,获得的最终固体颗粒通常是空心球或空心球碎片。

上述关于固体颗粒形成的分析表明,当两种溶液原料具有相同的相对饱和度(约 10^{-2})时,如果盐的溶解度具有正温度系数,得到的颗粒通常为实心球;然而,如果盐的溶解度具有负温度系数,其溶液经高温处理后得到的颗粒通常为空心球或碎片。实际工作发现,等离子体分解硝酸铀酰溶液得到的铀氧化物颗粒(U_3O_8)是实心颗粒(硝酸铀酰的溶解度具有正温度系数);然而,等离子体处理Zr、Mg、Al 的硝酸盐溶液得到的氧化物则是空心的,因为这些元素的硝酸盐的溶解度具有负温度系数。

在大多数情况下,固体颗粒都是由较小颗粒形成的多孔结构。固体颗粒的孔隙率 P 与过饱和浓度 C_{ss}、氧化物所占的比例 Y 以及氧化物密度 ρ_{oxide} 有关:

$$1-P=C_{ss}Y(1/\rho_{oxide}) \tag{5.12}$$

因此,为了得到稳定的氧化物颗粒,不仅要求盐的溶解度具有正温度系数,还要求盐在分解之前不发生任何塑性变形或熔化,并且盐分解后氧化物的产率还要高。其中,一定要避免盐在加热过程中出现塑性变形或熔化,因为这样会形成空心或者不规则颗粒,原因在于蒸发的溶剂和盐类分解产生的气体只有使颗粒变形才能释放出来。

5.7.2 系统的流体力学特性对粒子形态的影响

对于给定尺寸的液滴,所得到的氧化物粉末的粒径主要取决于溶液浓度。粒径由下式给出:

$$D_p = n^{1/3}[C/\rho]^{1/3} \tag{5.13}$$

式中:C 为以氧化物质量含量表示的溶液浓度;ρ 为粉末的表观密度;n 为凝聚成气溶胶的颗粒数。

式(5.13)适用于粉末颗粒是实心或微孔结构的情形。

粉末颗粒粒径的分布受多个参数影响。显然,系统的流体力学特性是其中的重要一项。为了使粒径离散性较小,原则上必须消除气流的湍流现象。因此,气流的形态需要根据反应器的具体几何结构进行优化。

等离子体的流体力学特性对溶液热处理形成的产物的分散性具有重要影响。液滴的二次破碎取决于液滴大小和等离子体的湍流态。基于临界韦伯数计算得到与等离子体流混合时的液滴直径为 5~10μm,这相当于金属氧化物颗粒的尺寸约为 2μm。颗粒团聚的可能性在很大程度上由产物卸料的条件决定。因此,要尽量缩短颗粒在放电区停留的时间,避免产物发生烧结或复合。

5.7.3 原料与产物(氧化物)的化学性质对颗粒形态的影响

在盐溶液分解制备氧化物的研究中,对大量实验数据的统计分析结果表明,原料液的化学性质和 pH 值对产物颗粒的形态影响很大。与 NO_3^- 离子相比,OH^-离子的存在,尤其位于溶解盐金属离子周围的配体中时,能够在更低温度下促进实心氧化物颗粒的形成。对于溶液中的金属氯氧化物,也观察到类似的结果:以氯化氢形式存在的氯离子,比 NO_x 更容易从颗粒中逸出,并且对外壳的损伤更小。大量实验数据表明,当溶质分子的配体中存在 NO_3^- 时,特别是在 pH 较小的条件下,溶液中出现了分子链,其中的金属元素通过 NO_3^- 之间的氢键相连,延缓了盐的分解过程。

当出现中等黏度的中间体时,液滴表面就会形成透气性不佳的外壳,这对于形成空心球及其碎片非常有利:气体膨胀形成空心球形颗粒,或使其破裂成碎片。减小液滴的粒度可以降低这些现象出现的概率,例如亚微米尺寸的颗粒可以在等离子体中发生二次重熔,因而急剧降低了气体释放和形成黏性、不透气颗粒的概率。在某些情况下,气体的释放并未产生空心球体,而是在颗粒中形成了大量贯通的毛细管。

5.8 等离子体加热的化学反应动力学研究

对于分解硝酸盐溶液制备氧化物粉末和硝酸溶液(见第4章)的工艺过程,在计算其反应动力学过程时,常常面临如下问题:文献中缺乏充分描述等离子体加热过程的动力学方程。事实上,液滴或熔体注入工艺等离子体之后,由于反应器初始段的温度高、动压大,在0.001~0.01s液滴(或熔体)就被快速加热至1000~1500K。这样,液滴温度迅速接近于等离子体,液滴中的吸热反应在非热力学平衡条件下继续进行,使液滴自身和其中的残盐被加热到过热状态。为了理解在残盐中发生的物理化学转变的动力学,需要弄清发生在液滴中的过程,因为液滴在反应器初始段中与等离子体剧烈相互作用之后,存在一段准等温过程,这时液滴及其分解产物的温度逐渐接近反应后的等离子体的温度,随后液滴、分解产物和等离子体因液滴中发生了吸热反应以及反应器壁中的冷却水散热而逐渐降温。

为了确定在10^{-2}~10^{-1}K/s的加热速率下液滴中盐类热分解的动力学特征,通常需要使用差热分析仪对材料进行线性非等温加热。然而,我们已经知道将加热速率从0.02K/s提高到0.56K/s会导致动力学参数变大,因此建议采用与高加热速率对应的这些参数的渐近值作为等离子体化学过程的动力学参数,尽管暂时还不清楚加热速率从0.02~0.56K/s过渡到10^3~10^6K/s的渐近过程究竟是怎样的。然而,利用差热分析近似研究液滴与等离子体相互作用的动力学以及直接研究反应器中的集总动力学,在多分散雾化和对液滴进行非等温加热的条件下无法确定真实的动力学参数。因此,需要对硝酸盐在类似于等离子体反应器的条件下发生分解的过程进行定量研究。

从经验可知,液滴在等离子体中的停留时间约为1s的量级。液滴具有边界,在边界处发生异相反应;随着溶剂蒸发,反应向液滴内部推进。液滴分解过程持续进行,液滴中的物质发生如下已知的物理化学转变:溶剂蒸发,盐类水解、离解等。液滴中含有多种组分,受热后产生新物相和物相边界处存在张力,以及许多形成新物相的核和新的晶核。所有这些都使发生在等离子体射流中的物理化学转化机制变得非常复杂。当喷入等离子体射流的液滴呈多分散形态时,尺寸不同的液滴具有不同的膨胀速率。这样更加难以分析液滴在等离子体中涉及溶液分解的反应动力学过程。因此传统方法,包括直接研究反应的集总动力学方法都会存在问题。

在等离子体化学反应动力学新研究方法领域,突破性进展由H. A. 日利切夫(Н. А. Зыричев)等实现[28-32];他们使用了莫斯科化学技术研究所(门捷列夫研究所)力学室开发的接触式热分析仪(CTA)[33]。由于在基于钚和回收铀制备混合氧化物燃料和其他类型燃料的过程中,对等离子体工艺动力学的研究是一个现实问题,因此需要详细地讨论 N. A. 日利切夫等在等离子体条件下对等离子体异相反应动力学研究的成果。

多功能接触式热分析的示意图如图 5.12。测试样品放置在由金属箔制成的样品盒中。装有样品 1 的盒子与热天平 3 的连杆 2 连接。对样品盒及样品的加热借助两个具有高热导率的金属盘 4 实现。加热盘 4 被电加热器 5 加热至恒定温度,并在电磁铁 6 的作用下移动。计时从加热盘压缩样品开始。加热盘在固定的时间间隔内分离,自动记录,然后再次压缩。采用连续体积法记录样品盒中释放出的气体(样品盒上用于释放气体的细玻璃管未在图 5.11 中示出)。CTA 能够在 0.5~1s 将样品接触加热至 20~800℃,并保温一定长的时间。质量为 10~15mg 的样品粉末放入由 0.05mm 厚的铝、钛或不锈钢箔片制成的尺寸为 8mm×10mm 的样品盒中;样品盒的厚度不超过 0.5~1mm。样品盒中的温度变化过程及所需时间通过触点直径为 0.02mm 的热电偶控制(图 5.12 未示出)。

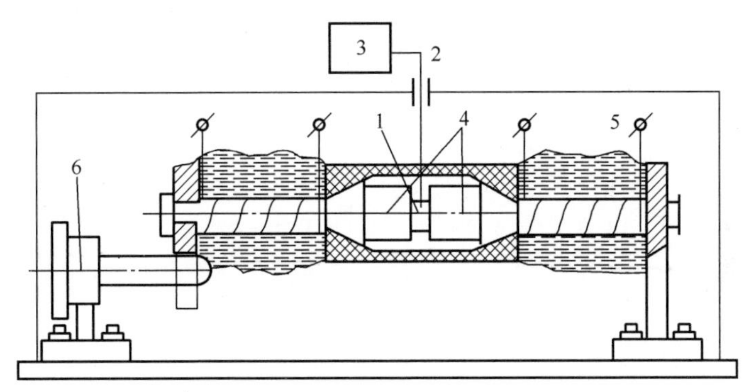

图 5.12　多功能接触式热分析仪示意图

1—样品;2—热天平连杆;3—热天平;4　加热盘;5—电加热器;6—电磁铁。

借助接触式热分析仪,可以研究凝聚相物质在 $5\times10^2\sim2\times10^3$K/s 快速加热或等温热处理条件下的动力学。该物质热解过程的热力学分析表明,提高加热速率时,物质的物理化学转化过程(相变、离解、合成等)来不及在平衡条件下发生而被延迟,从而对物质的状态带来不可逆的破坏,其特征是具有亚稳态温度。在此温度下,凝聚相物质的热力学稳定条件为:$\delta^2 G=0$,其中 G 为吉布斯自由能。在实践中,需要考虑的不是亚稳态温度,而是过热极限温度,其与亚稳态温度相差几摄氏度或几十摄氏度。

研究 CTA 中样品热分解的动力学时,样品在整个测试时间段内均处于其自身分解的产物中,并且一开始就与环境隔离。由于可以连续除去样品分解释放的气体，从而在技术上可以对测试样品的重量变化进行数字化控制。金属箔样品盒具有梯形形状，测试样品放置在其较窄的部位，这样样品盒较宽的上部就可以降低气体释放速率，并降低颗粒物夹带的可能性。

CTA 与等离子反应器之间存在一些相似之处：快速（$\leqslant$1s）非等温加热，以及随时间推移而持续的准等温分解。不过，二者之间仍然存在显著的区别：等离子体温度（2000~4000℃）显著高于加热盘的温度（100~800℃），（液滴或熔体形成的）细分散颗粒的尺寸比 CTA 样品盒中的样品小得多（分别对应于 10^{-2}~10^{-1}mm 和约 1mm）。由于预热时间正比于颗粒特征尺寸的平方，因而等离子体反应器中的预热时间比在 CTA 中短得多。

图 5.13 是 $Al(NO_3)_3 \cdot 9H_2O$ 热分解动力学的实验曲线。$w = M/M_0$ 作为分解残余物的相对质量，其中 M 和 M_0 分别为凝聚相物质的当前质量和初始质量。w_∞ 对应于样品在长时间（$t \to \infty$）分解后的残余质量，等于最终产物的相对质量，可以作为在此温度范围内不可分解的残余物质量。在当前所讨论的情形中，最终产物是 Al_2O_3，因此 $w_\infty = 0.136$。随着温度的升高和处理时间的延长，图 5.13 中的动力学曲线趋近于 $w_\infty = 0.136$，表明 $Al(NO_3)_3 \cdot 9H_2O$ 倾向于分解成为 Al_2O_3。上述分解过程的化学计量方程式如下：

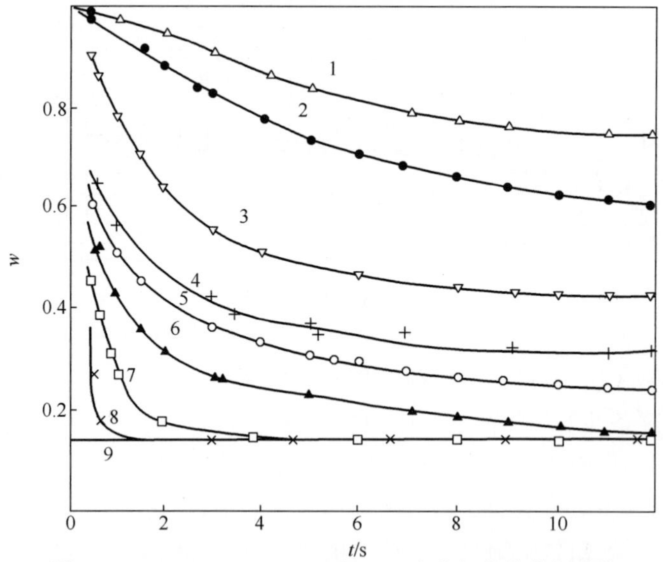

图 5.13　$Al(NO_3)_3 \cdot 9H_2O$ 在 CTA 中分解的热分析曲线

1—实验温度 100℃；2—实验温度 250℃；3—实验温度 150℃；4—实验温度 200℃；5—实验温度 300℃；6—实验温度 400℃；7—实验温度 480℃；8—实验温度 550℃；9—w_∞ = 0.136。

$$Al(NO_3)_3 9HOH \longrightarrow Al_2O_3(c) + 6NO_2(g) + 3/2O_2(g) + 18HOH(g) = B(c) + C(g) \tag{5.14}$$

H. A. 日利切夫比较了 $Al(NO_3)_3 \cdot 9H_2O$ 在 CTA 中分解的动力学数据和在保利克-艾尔代(Paulik-Erdey)示差热分析仪中等温加热得到的典型质量损失曲线。图 5.14 给出了 $Al(NO_3)_3 \cdot 9H_2O$ 样品在 CTA 中受热分解过程中的质量损失曲线,加热时间分别为 0.5s、1s、2s、12s 和 $t \to \infty$。在图 5.14 中还给出了示差热分析仪中不同质量的 $Al(NO_3)_3 \cdot 9H_2O$ 样品在不同升温速率下的质量损失曲线:0.59g,2.5K/min(150K/h);0.15g,10K/min(600K/h);≥0.15g,5K/min(300K/h)。在图 5.14 中,CTA 曲线以粗实线表示,DTA 曲线以细虚线表示。N. A. 日利切夫认为[27-31],上述比较证实,对于在很宽温度范围内发生的机理复杂的化学反应,DTA 得到的化学反应动力学数据之间存在矛盾之处,并且不可靠。然而,CTA 温谱图则提供大量有价值信息。首先,$Al(NO_3)_3 \cdot 9H_2O$ 样品在不同温度下的长时间实验过程给出了残余物质的热力学平衡数据。残余质量阈值 $w_\infty = 0.136$ 在约 200℃时获得,这与 $Al(NO_3)_3 \cdot 9H_2O$ 平衡组成的热力学计算结果一致。当温度为 80~115℃时对样品加热 12s 得到的温谱图接近于极限曲线($t \to \infty$);当 $T \geq 115$℃时则明显滞后,并在 $T = 400$℃时达到 $w_\infty = 0.136$。由此可以判断,使用 CTA 可以在 5~10min 内获得极限谱图($t \to \infty$)。其次,当 dT/dt=常数时,CTA 同步热分析(T=常数)的形状比 DTA 谱图更加复杂。同步 CTA 清晰地描绘出了 $Al(NO_3)_3 \cdot 9H_2O$ 分解过程的各个阶段:$T = 100 \sim 150$℃,盐脱水;$T = 150 \sim 400$℃,释放 N_2O_5(脱硝)以及水解;$T > 400$℃,$Al(OH)_3$ 脱水。当加热时间 $t = 0.5 \sim 3s$ 时,曲线之间分离最明显;当 $t > 10s$ 时,曲线与极限($t \to \infty$)曲线更相似。基于 CTA 实验数据确定动力学常数时应当牢记这一点。第三,CTA 能够在 0.5~1s 内加热全部样品,确保 $Al(NO_3)_3 \cdot 9H_2O$ 基本上完全分解,形成稳定的最终产物 Al_2O_3。在 1s 内达到这一结果的温度约为 550℃。在 400℃的 CTA 中获得相同分解率(约 98%)所需的时间为 12s。然而,通过传统热重分析获得类似结果所需的时间至少为 1h。采用 DTA 方法在 350~525℃的温度下达到上述分解率,当升温速率为 $dT/dt = 2.5 \sim 10K/min$ 时需要 1~2h。

分析 $Al(NO_3)_3 \cdot 9H_2O$ 在 CTA 中的分解动力学发现,其反应动力学方程可以写成普通的一阶微分方程,前提是采用如下假设:

(1) 该过程中物质的分解反应为一级反应;

(2) 该过程中不可逆,未出现逆反应;

(3) 反应式(5.14)中物相 B 与 C 的比例由该反应的化学计量比确定。

当 $w = w_\infty$ 时,$Al(NO_3)_3 \cdot 9H_2O$ 的分解过程完成,所以动力学方程的形式为

$$dw/dt = -K(T,t)(w - w_\infty) \tag{5.15}$$

初始条件为:$t = 0$;$w = 1$。积分式(5.15)可得

$$(w - w_\infty)/(1 - \omega_\infty) = \exp(-\int K(T,t)dt) \tag{5.16}$$

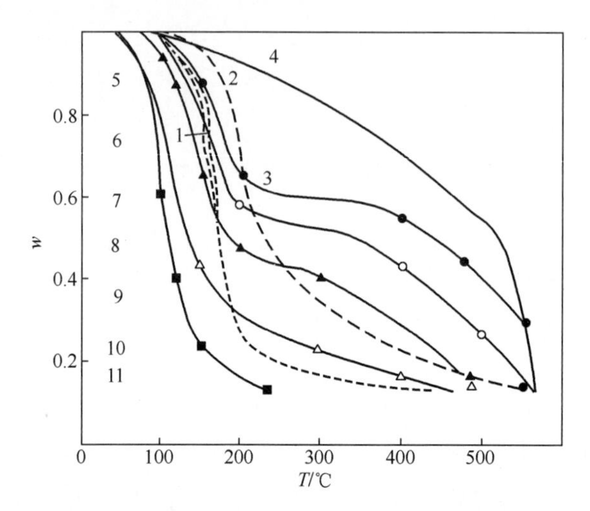

图 5.14 $Al(NO_3)_3 \cdot 9H_2O$ 在不同热分析仪中加热的质量损失曲线(由 CTA 同步分析得到)

●—$t=0.5s$;○—$t=1s$;▲—$t=2s$;△—$t=12s$;■—$t\to\infty$。

其他曲线 $dT/dt=$常数:1—DTA,2.5K/min;2—DTA,5K/min;3—DTA,10K/min;4—CTA,500K/min。

产物及其相对质量:5—$Al(NO_3)_3 \cdot 6H_2O$,$w=0.856$;6—$Al(NO_3)_3 \cdot 3H_2O$,$w=0.712$;

7—$Al(NO_3)_3$,$w=0.568$;8—$AlOH(NO_3)_2$,$w=0.448$;9—$Al(OH)_2 \cdot (NO_3)$,$w=0.328$;

10—$Al(OH)_3$,$w=0.208$;11—Al_2O_3,0.316。

在接触式热分析仪中加热金属箔样品盒中的物质可以分为两个阶段:样品在时间 t_1 内被非等温加热至恒定温度,然后被等温加热,持续时间为 $t-t_1$。因此,式(5.16)中的指数在整个积分限内的积分被 N. A. 日利切夫表示为两个积分之和:

$$\int K(T,t)\,dt = \int K(T,t)\,dt + \int K(T,t)\,dt = \int K(T,t)\,dt + K_T(t - t_1) \tag{5.17}$$

结果,式(5.16)被转化成

$$(w - w_\infty)/(w_1 - w_\infty) = \exp[-K_T(t - t_1)] \tag{5.18}$$

式中:w_1 为对应于积分式(5.16)在 $t=t_1$ 时的样品的相对质量;K_T 为等温加热条件下的化学反应式(5.14)的反应速率常数。

式(5.18)可以用于基于等温加热阶段获得的实验数据,确定反应式(5.14)的反应速率常数与温度 T 的函数关系。为此,可由式(5.18)得到 K_T 的表达式:

$$K_T = -1/(t - t_1)\ln[(w - w_\infty)/(w_1 - w_\infty)] \tag{5.19}$$

$$\ln K_T = \ln\ln[(w - w_\infty)/(w_1 - \omega_\infty)] - \ln(t - t_1) \tag{5.20}$$

对于厚度为 h 的扁平盒中的样品,在这个样品内形成均匀温度分布所需的加热时间通过求解厚度为 $2h$ 的无限大平板的热传导问题得到:

$$t_1 = h^2/a \tag{5.21}$$

式中：a 为热扩散率，$a=\lambda C_p\rho$。

利用初始原料（$Al(NO_3)_3 \cdot 9H_2O$）的热物理参数，并考虑这些参数与温度的关系，可以确定“a”的值 $a\approx 1.4\times 10^{-7}m^2/s$。由于在测试之前样品盒的厚度约为0.75mm，因而可得

$$t_1 = (0.75 \times 10^{-6}m^2)/(4 \times 1.4 \times 10^{-7}m/s) \approx 1s \tag{5.22}$$

现在，基于图5.13中的曲线可以确定对应于各实验温度和所选定的加热时间 $t\geq 1s$（1s、1.5s、2s、3s）的 w 值，并绘制 $\ln K_T$ 与温度的倒数 $10^3/T$ 的曲线。这种关系示于图5.15并具有以下特征。首先，有一定数量的点形成了实验曲线 $\ln K_T=f(1/T)$ 的线性部分。这意味着阿仑尼乌斯（Arrhenius）方程，表示化学反应速率常数与温度关系的指数函数，在足够宽的温度范围内仍然保持有效。第二，曲线 $\ln K_T=f(1/T)$ 具有两个明显的尾部。右尾（T=100~125℃）反映结晶水剥离，这个过程需要较多能量，其特征是活化能较高；左尾表示分解反应的速率常数急剧增大，接近对应于特征温度 T_1 时的值，由此确定了 $Al(NO_3)_3 \cdot 9H_2O$ 分解的上限温度。T_1 为物质达到过热状态时的温度，在此温度下均相成核机制中叠加了异相成核（在相界面上成核及生长）机制。在图5.15中，曲线 $\ln K_T=f(1/T)$ 逐渐接近的温度为560~565℃。阿仑尼乌斯动力学方程的参数被定义为如下方程式的系数：

$$\ln K_T = C_0 + C_1/T \tag{5.23}$$

指前因子和活化能的值分别为

$$K_0 = \exp C_0 = 12.03(s^{-1});E = - C_1R = 13.34(kJ/mol) \tag{5.24}$$

对 $Al(NO_3)_3 \cdot 9H_2O$ 在CTA中分解的动力学做进一步研究之后，N.A.日利切夫等提出[29,30]，为了总结温度高于400℃的实验结果，应采用下列参数的线性函数对方程 $\ln K_T= f(1/T)$ 做进一步近似：

$$K_0 = 1.58 \times 10^4 s^{-1}, E = 71.15kJ/mol \tag{5.25}$$

为了将 K_T 在温度接近过热温度 T_1 时急剧增大的因素考虑进来，应采用经过特殊修正的阿伦尼乌斯方程：

$$K_T^M = K_0\exp[- E/RT + A/(1/T - 1/T_l + \Delta)] \tag{5.26}$$

式中：A 为经验常数；Δ 为计算过程中使 $A/(1/T-1/T_1)$ 不等于∞的最小值。

至此，И.A.日利切夫等在对 $Al(NO_3)_3 \cdot 9H_2O$ 在CTA中热分解动力学的研究过程中，提出了复杂的计算过程，得到了在400~833K范围内适用的修正阿伦尼乌斯方程：

$$K_T^M = BK_T \tag{5.27}$$

$$K_T(T) = K_0\exp[- E/RT] \tag{5.28}$$

后一项是标准的阿伦尼乌斯方程，其中的常数为：$K_0=4.48s^{-1}$，$E=12.47kJ/mol$。

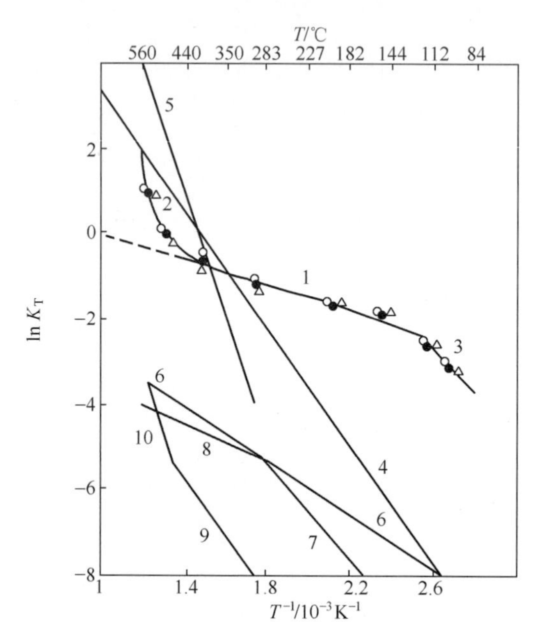

图 5.15 对 $Al(NO_3)_3 \cdot 9H_2O$ 在 CTA 中分解动力学数据的归纳

○—t=1.5s;●—t=2s;△—t=3s。

1—$K=4.48\exp(1500/T)\ s^{-1}$,$T$=395~773K;2—$K=[4.48\exp(-1500/T)+2T^{-15}]s^{-1}$,$T$=395~833K;

3—$K=[3.87\times10^4\exp(-5087/T)+2T^{-15}]\ s^{-1}$,$T$=373~833K。

在 PCR-8 反应器中求解逆动力学问题:4—$K_{rr}=3.0\times10^4\exp(-6892/T)\ s^{-1}$,$T$=373~833K;

5—$K_{ro}=10^9\exp(-141157/T)s^{-1}$,$T$=573~1000K。

文献数据:6—$K=1.4\exp(-3127/T)s^{-1}$,T= 473~1000K;

7—$K=91.2\exp(-5521/T)\ s^{-1}$,$T$=423~573K;8—$K=0.223\exp(-2065/T)s^{-1}$,$T$=573~833K;

9—$K=52.7\exp(-6892/T)s^{-1}$,$T$=400~733K;10—$K=8.75\times10^4\exp(-14.157/T)\ s^{-1}$,$T$=773~1000K。

修正的阿伦尼乌斯方程描述函数 $\ln K_T$ 在 400~673K 的范围内的线性部分。修正因子 B 可表示为

$$B(T)=\exp(A\,\overline{T}^n) \tag{5.29}$$

式中:$T=T/T_1$,指数的值($A=2,n=15$)通过这样的方式确定:由式(5.14)得到的动力学曲线的“左尾”,在 400℃、480℃和 550℃的温度下通过 K_T 的实验值。式(5.29)中的修正因子 B 不会使 K_T^M 逐渐逼近 T_1=560℃时的速率常数,但与 $10^3/T=1.2$ 的竖直线交叉后,曲线的“左尾”急剧上升:T_1 的增幅刚刚超过 1%(8K),速率常数 K_T^M 的增幅就达到了 33%。

$\ln K_T=f(1/T)$ 曲线的“右尾”也可以通过标准阿伦尼乌斯方程进行近似:

$$K_T=3.87\times10^{-4}\exp[-42.29/RT] \tag{5.30}$$

式中:常量 K_0 和 E 的值由 K_T 在100℃和115℃下的两个实验结果的平均值确定。式(5.17)应该在热处理硝酸铝溶液或含有硝酸铝的溶液的计算过程中使用,在水相蒸发完成之后、剧烈脱硝反应开始之前(≤130℃)。

图5.15还给出了И. А. 日利切夫归纳的 $Al(NO_3)_3 \cdot 9H_2O$ 分解动力学的实验数据,这些数据由其他研究者[34,35]得到。例如,文献[34]提出采用一个阿伦尼乌斯方程描述 $Al(NO_3)_3 \cdot 9H_2O$ 的分解过程,对应参数为:$E = 26kJ/mol$,$K_0 = 1.4s^{-1}$;文献[35]则认为,在不同温度范围内的反应过程应该由两个阿伦尼乌斯方程来描述,K_T 的值在 $0.007 \sim 0.05s^{-1}$ 的范围内。在相同条件下,CTA方法得到的 $K_T = 0.368 \sim 2.718s^{-1}$。后面这个数值更能充分描述硝酸铝在等离子体中分解的过程,这一点可通过修正的阿伦尼乌斯方程与竖直线的相交来证明,对应于方程

$$K_i(T) = K_{0i}\exp[-E_i/RT] \tag{5.31}$$

以及在实验数据基础上求解逆动力学问题得到的系数;实验数据来自于硝酸铝水溶液在长度可变的分段式等离子体反应器中的分解过程。式(5.27)是通过对 $Al(NO_3)_3 \cdot 9H_2O$ 在CTA中高加热速率下分解的动力学数据进行近似得到的。

采用CTA方法研究等离子体过程的动力学可以更充分地描述工艺过程,更可靠地计算等离子体反应器的几何尺寸,最终获得物理化学特性达到预期目标的产物。

5.9 结　　论

在过去的十年中,1970—1980年在核燃料循环厂中发展起来的、满足核燃料循环中加工天然铀和回收铀需求的等离子体无废物处理硝酸盐溶液制备氧化物材料颗粒的工艺,主要通过设计单位和其他机构扩散了出去,成为可以开放获取的内容。在大多数情况下,这种扩散又演变成各种研究机构对雾化溶液与工艺等离子体相互作用细节进行的迥然不同的研究[34],建立各种经验规律,获得有用的实验数据。到1998年年底,在从事矿物原料处理的机构(国立硝酸工业研究所(GIAP)和俄罗斯科学院科拉科学中心稀有元素及矿物原料化学与技术研究所(ICTREMRM KSC RAS))中,GIAP的研究人员И. А. 日利切夫和В. И. 扎哈罗夫(В. И. Захаров)及其他人员参考了核燃料循环机构中的类似进展,提出了一套整体方案,综合处理湿法冶金霞石原料过程中得到的硝酸盐溶液($Al(NO_3)_3$、$Fe(NO_3)_3$、$NaNO_3$、KNO_3、$Ca(NO_3)_2$ 等),同时借助空气等离子体

和原料液实现硝酸的合成和再生[36-38]。

第 4 章描述了等离子体脱硝核燃料循环中硝酸铀酰的工艺,使硝酸盐原料经过处理得到铀氧化物和硝酸溶液。在等离子体脱硝之后需要提取铀时,该方法可以与萃取—反萃取技术结合,生产天然铀和回收铀的氧化物,并且在等离子体脱硝过程中从有机相反萃取硝酸铀酰的环节实现硝酸再生(虽然无法再生原料中含有的所有酸),这一步使用的装置安装了臭氧发生器,以氧化废气中的氮氧化物。

应当指出的是,当这一工艺应用于核燃料循环过程时,副产物——再生的硝酸溶液从经济角度看更像是一种负担,因为它使生产工艺流程的长度增加 2 倍以上。仅基于经济因素考虑,在生产中更希望将硝酸盐残余物直接分解成氮气和氧气,仅收集相对昂贵的铀氧化物作为主要甚至唯一的产物。然而,这种方案在热力学上存在障碍:在等离子体处理条件下,NO 是热力学稳定的物质。因此,出于保护环境考虑,在等离子体反应器之后应安装吸收器和冷凝器捕集氮氧化物。

在 И. А. 日利切夫和 В. И. 扎哈罗夫的方案中,工艺的经济性取决于多方面因素:矿物原料加工过程的规模非常大,通用的氧化物产品则相对便宜,工艺的所有阶段都需要消耗大量硝酸。对等离子体反应器排放的气体进行急冷,可以捕集大部分氮氧化物,然后实现硝酸再生。通过实施上述方案,他们建立了闭式硝酸应用工艺,达到了中试规模。这样,他们成功地在特定条件下以可接受的技术经济成本解决了长久以来难以突破的问题——基于等离子体技术利用空气合成 NO。利用等离子体技术从空气中合成 NO 之所以被称为“顽固”的难题,原因在于过去几十年来人们试图回收等离子体合成过程中的热量,使工艺的经济性至少与工业上的氨催化氧化相当,但始终收效甚微。И. А. 日利切夫和 В. И. 扎哈罗夫则独辟蹊径,设法在矿物原料大规模加工的框架内实施上述工艺。

总之,应当注意的是,尽管等离子体分解硝酸盐溶液制备氧化物和硝酸溶液的工艺具有诸多优点,但仍然存在严重缺陷:任何等离子体装置排放的气体均含有 NO_x,即使安装了冷凝器和吸收器。下面是一组俄罗斯联邦关于 NO_x 排放的最大允许浓度(MPC),包括日平均和短时(20~30min)限值:NO_x 的日平均 MPC 为 60μg/m^3,短时间(20min)限值为 400μg/m^3;NO_2 的 MPC 更加严格,日平均为 40μg/m^3,短时间(30min)内为 85g/m^3[39]。冷凝器和吸收器无法达到这样的指标,必须采取其他净化措施。原则上,工艺排放的氮氧化物可以通过两种方式净化:

(1) 在相对较低的温度下通过异相催化反应将氮氧化物还原成 N_2,或在较高温度(约 1000°C)下用氨或者尿素等氨基还原剂进行非催化还原。

(2) 将较低价态的氮氧化物(主要是 NO)氧化成 NO_2,然后以硝酸的形式捕集下来。

目前,火力发电厂使用的第一种方法,利用氨或者尿素等氨基还原剂非催化还原氮氧化物,核燃料循环的放射化学工厂则采用第二种方法。因此,如果想通过等离子体脱硝技术来解决实际问题,为了通过环保审查,有必要在等离子体设备上安装这样氮氧化物处理设备。

参考文献

[1] Proceedings of the International Topical Meeting TopFuel'1999, 13 – 15 September 1999, France / Цитируется по переводу в журнале Атомная техника за рубежом, 2000, № 6, с. 8-15.

[2] Н. М. Воронов, Р. М. Сафонова, Е. А. Войтехова. Высокотемпературная химия оксидов урана и их соединений. М: Атомиздат, 1971.

[3] В. А. Махова, И. В. Семеновская. Использование РЗЭ в качестве выгорающих поглотителей для реакторов PWR во Франции. Атомная техника за рубежом, 1997, № 11, с. 3-7.

[4] Ю. Н. Туманов, В. П. Коробцев, В. А. Хохлов, Г. А. Батарев, Ю. П. Бутылкин, Н. П. Галкин. Способ получения тонкодисперсных порошков тугоплавких оксидов металлов. Авт. свидетельство СССР № 452177, 1974.

[5] Ю. Н. Туманов, Ю. П. Бутылкин, В. П. Коробцев, Ф. С. Бевзюк, В. Н. Грицюк, Г. А. Батарев, В. А. Хохлов, Н. П. Галкин. Способ получения урансодержащих смесевых оксидов. Авт. свидетельство СССР № 94393, 1976.

[6] I. N. Toumanov, A. V. Sigailo. Plasma Synthesis of Disperse Oxide Materials from Disintegrated Solutions. Materials Science and Engineering, A140, 1991, p. 539-548.

[7] Патент 57. 175. 732. Япония. МКИ G 21, С 19/42, С 01G, 43/02, b 01D 1/00, С 01G 56/00. Аппаратура для непрерывного преобразования нитратов урана и плутония и их смесей в оксиды под действием микроволнового излучения /Такео Шибаура/. Библиографический бюллетень. Серия《Патентная информация》, ЦНИИАИ, 1983, вып. 5.

[8] Development of the Co-Conversion Process of Pu-U Nitrate Mixed Solution to Mixed Oxide Powder using a Microwave Heating Method // M. Koizumi, K. Otsuka, H. Isagava e. a. // Trans. Amer. Nucl. Soc, 1981, vol. 38, p. 203-204.

[9] Oshima Hirofumi, Naruki Kaori. Проект установки по переработке растворов урана и плутония в порошок смесевых оксидов с применением метода прямой денитрации с микроволновым нагревом. // Nihon genshiryoku gakkaishi; J. Atom. Energy Soc. Japan, 1983, vol. 25, N. 11, p. 918 – 924.

[10] H. Oshima, T. Tamura, M. Koizumi. Process to Produce Starting Material for Fuel fabrication. Outline of the Co-Conversion Facility of Pu-U Nitrate Solution to the Mixed Oxide Powder Using a Microwave Heating Method. // Trans. Amer. Nucl. Soc, 1982, vol. 40, p. 48-50.

[11] Заявка № 56-212732 от 29. 12. 81. Япония. МКИ В 01 J 8/42, 10/8. Оборудование для проведения реакций с микроволновым нагревом. / Сато Хадзимэ // Р. Ж. Химия, 1984, N. 9, реф. 9Л9П.

[12] US Patent 4.439.402, Int. CI. B65G 53/60. Nuclear Fuel Conversion System / Tarutoni Kohei, Tamura Takeo, Oshima Hirofumi // Р. Ж. Химия, 1985, № 2, реф. 2Л7П.

[13] M. Koisumi, K. Ohtsuka, H. Isagava. Development of the Process of the Co-Conversion of Pu-U Nitrate Mixed Solution to Mixed Oxide Powder Using a Microwave Heating Method. // Nucl. Technology, 1983, vol. 61, № 1, p. 55-70.

[14] J. F. Palmer - Brad, L. E. Bahen, A. Celli. Thoria - Urania Powders Prepared by Bulk Microwave Denization. // Amer. Ceram. Soc. Bulletin, 1984, vol. 63, N. 8, p. 1030-1034.

[15] Continuous Microwave Denization of U and Pu Nitrate Solutions: 4th Int. Symp. Adx. Nucl. Energy Res. / Roles and Dir. Mat. Sci. Nucl. Techn. IAERI - M. 1992, N92-207, p. 160-162.

[16] Y. Mitsuda, T. Yoshida, K. Akashi. Development of a New Microwave Plasma Torch and its Application to Diamond Synthesis. Revue Scientific Instruments, 1989, v. 60, p. 249-252.

[17] I. N. Toumanov, A. F. Galkin, V. G. Gracev, V. D. Rousanov. Little - Investigated Fields in Plasma Technology of Conversion of Solutions and Melts. 14th Intern. Symposium on Plasma Chemistry. Prague, Czech Republic, August 2-6, 1999. Symposium Proceedings, Vol. 5, pp. 2507-2512.

[18] I. N. Toumanov, A. V. Ivanov, A. F. Galkin, S. I. Kucheiko. Plasma Process for Synthesis of Syperconducting Oxide Compounds. 9th Intern. Symposium on Plasma Chemistry. Symposium Proceedings, V. 3, pp. 1503-1508, Italy, Pugnochiuso, Sept. 4-8, 1989.

[19] I. N. Toumanov, A. V. Ivanov, A. F. Galkin. Synthesis of Syperconducting Oxide Compounds by Plasma Process. Colloque de Physique: Colloque C5, Supplement au N. 18, Tome 51, 15 Septembre, 1990.

[20] Ю. Н. Туманов, А. В. Иванов, А. Н. Коршунов, Е. В. Звонарев, А. А. Шевченок. Свойства сверхпроводящей керамики $Y_1Ba_2Cu_3O_{7-x}$, изготовленной из порошка, полученного плазмохимическим методом. Вестник АН БССР. Серия химических наук, 1990, N. 5, с. 25-39.

[21] Ю. Н. Туманов, А. Н. Коршунов, Е. В. Звонарев, А. А. Шевченок. Влияние статических и импульсных нагрузок на структуру и сверхпроводящие свойства иттриевой керамики. Вестник АН БССР. Серия химических наук, 1990.

[22] Ю. Н. Туманов, А. Ф. Галкин, А. В. Иванов. Плазменный процесс получения порошков для оксидной керамики. Высокотемпературная сверхпроводимость. Сборник тезисов 1-ой конференции МИФИ. М, МИФИ, 1990, с. 49-50.

[23] I. N. Toumanov, A. V. Ivanov, A. F. Galkin. Plasma Synthesis of Syperconducting Oxide Materias. 10th Intern. Symposium on Plasma Chemistry. Symposium Proceedings, V. 3, Paper 2. 4-33. Bochum, Germany, August, 4-9, 1991.

[24] F. F. Lange, Powder Processing Science and Technology Tor Increased Reliability. J. Am. Ceram. Soc. v. 72 (1), 3-15, 1989.

[25] J. S. Chappel, T. A. Ring and J. D. Birchall. Particle Size Distribution Effect on Sintering Rates. J. Applied. Phys., v. 60(1), 383, 1986.

[26] T. A. Ring. Continuous Production of Narrow Size Distribution Sol-Gel Ceramic Powder, Mat. Res. Soc. Bull., Oct. 1/Nov. 15, 34-38 (1987).

[27] D. H. Charlesworth and W. R. Marshall. Evaporation from Drops Containing Dissolved Solids., J. Am. Inst. Chem. Eng., 6(1), 19-23, 1960.

[28] O. F. Shlensky, M. T. Chirkov, N. A. Zyrichev. Rapid thermal analysis of processes of thermal decomposition of mineral salts. J. Thermal Analysis, 1992, v. 38, p. 981.

[29] N. A. Zyrichev, O. F. Shlensky. Thermal analysis and simulation of plasma-chemical processes of thermal treatment of inorganic salts. 10th Congress of International Federation of Thermal Analysis. England, Hatfield, 1992, p83.

[30] O. F. Shlensky, N. A. Zyrichev. A method of experimental determination of the kinetic characteristics of the thermal decomposition process of inorganic compounds near the upper boundary of the matastable state. Thermochimica Acta, 1993, v. 223, p. 281.

[31] O. F. Shlensky, N. A. Zyrichev. Prespinodal pyrolysis and its role in processes of the front combustion of materials. 26 International Symposium on Combustion. Italy, Naples, 1996, p. 20.

[32] O. F, Shlensky, N. A. Zyrichev. 14 International Symposium on Plasma Chemistry. Chech Republic, Prague, August, 2-6, 1999. Symposium Proceedings.

[33] О. Ф. Шленский, А. Г. Шашков, Л. Н. Аксенов. Теплофизикаразлагающихся материалов. М: Энергоатомиздат, 1985, 145 с.

[34] Б. А. Белов. Плазмохимический реактор для получения оксидов металлов из растворов. Кандидатская диссертация. М: МИХМ, 1985, 195 с.

[35] Т. С. Слащева. Регенерация азотной кислоты в производстве глинозема. Кандидатская диссертация. М: МХТИ, 1982, 182 с.

[36] Зыричев Н. А., Меркушкин В. М. Применение плазмотронов впроцессе азотнокислой переработки нефелинового сырья. Тезисы докладов 9 Всесоюзной конференции по генераторам низкотемпературной плазмы. Новосибирск: СО АН СССР, 1989, ч. 2, с. 340.

[37] Зыричев Н. А., Меркушкин В. М. Кислотные методы переработкиминерального сырья и отходовсплазмохимическойпереработкойпромежуточныхсоединений. ТезисыдокладовМепждународной научно-практическойконференции по плазмохимии. М: СЭВ, 1990, с. 7.

[38] Захаров В. И., Зыричев Н. А., Калинников В. Т. Новые направленияполучения глинозема на основе комплексной кислотной переработки нефелиносодержащего сырья Кольского полуострова. Труды ВАМИ, 1990, с. 87.

[39] Ходаков Ю. С. Оксиды азота и теплоэнергетика. М: Изд. ООО《ЭСТ-М》, 2001, 426 с.

第6章 等离子体碳热还原铀氧化物生产金属铀

6.1 核燃料循环中的铀

从铀矿石到核燃料循环的中间产物和最终产物,整个工艺过程可以划分为几个阶段。在这方面,不同国家的工艺与设备之间存在显著差异,不过也存在一些共同之处——最终产物相同:铀的八氧化物、二氧化物、四氟化物、六氟化物以及金属铀。此外,尽管各个国家核燃料循环中间阶段的数量和特征不同,但都拥有共同的目标——缩短核燃料循环路径,使铀加工的工艺和设备更加集中,即使目标的具体内容有所不同。

天然铀曾被广泛用于制造铀石墨反应堆的燃料元件,用来生产武器级钚。然而,目前用于这一目的的天然铀的需求量急剧下降,但一些国家使用金属铀制造气冷核动力反应堆(镁诺克斯反应堆和 AGR 反应堆)的燃料芯块;浓缩铀还作为海军核动力反应堆混合(U-Zr)燃料的组成部分。根据文献[1]提出的方案,钍被纳入核燃料循环,开发 VVER-1000T 型反应堆,堆芯装载不同类别的核燃料。这样,金属铀的消耗量将显著增加。异种核燃料组件由中心区(种子区)和周边区构成:中心区燃料为 U-Zr 合金,周边增殖区燃料为 UO_2-ThO_2 混合氧化物。

U-235 同位素激光铀浓缩法(AVLIS 法)的工业应用必将对核燃料循环结构产生显著影响(图 1.5),提高天然铀和回收铀生产的重要性。事实上,这种铀同位素分离技术实现应用之后,UF_6 在核燃料循环中的作用将明显弱化,氟化技术也面临同样情形,尽管氟化技术的重要性可能在另一个方向有所提升——快中子反应堆乏燃料的后处理。

从图1.5中可以看出,生产金属铀需要先对天然铀进行纯化、精制,再加工成二氧化铀(UO_2),然后将UO_2转化成四氟化铀(UF_4),最后通过钙热熔融或镁热熔融法将UF_4还原成铀。在金属热还原过程中,氟转移到炉渣中,形成低价值的氟化钙或氟化镁。该产物的应用非常有限,因为其中残存有铀。对于这些炉渣,人们关心的问题不仅限于氟的流失,还在于冶炼厂中大量被铀污染的炉渣长期存放带来的环境问题。为了解决这一问题,一些国家开发了专门技术处理CaF_2或MgF_2炉渣,回收其中的金属和氟。

与此同时,早已有其他方法来解决这个问题——直接还原铀氧化物(U_3O_8或者UO_2)得到铀。碳被用作还原剂,这样就不存在炉渣问题。从图1.5可以看出,这个概念付诸实施能够大幅精简核燃料循环的结构,同时避免生成UO_2和UF_4,消除或大大降低了对核纯级钙和镁的需求。

铀氧化物碳热还原的实验研究始于20世纪60年代的美国,而后随着等离子体技术的发展在苏联继续开展,但出于技术和历史机遇原因对核燃料循环中这一部分进行精简的工作最终未能完成。然而,现在的形势发生了明显变化,在一些国家(如法国),核能在电力生产中的比例已呈现上升趋势或占据主导地位。同时,世界各地的核电反对者和各类环保组织加强了反对力度,因为放射性废物问题以及放射性对动植物污染蔓延的问题客观存在。这会导致相关机构对核技术监管的定性和定量指标均趋于严格。

当然,放射性在生态环境中扩散问题的主要来源不是天然铀生产阶段,而是乏燃料后处理、回收铀应用以及后处理厂废物的处理与处置。然而,考虑天然铀及其化合物生产规模较大,在这一阶段有必要尽一切可能抑制放射性扩散。因此,有必要采用新技术解决碳热还原铀氧化物(U_3O_8或UO_2)的问题;并且,结合AVLIS技术的发展,新技术应当同时适用于天然铀和回收铀。由于铀氧化物等离子体碳热还原法的研究已停滞25年以上,在此期间等离子体技术与装备的发展水平得到了显著提高,热力学计算软件和输入的数据的品质与水平均有所提升。下面将从各方面分析铀氧化物碳热还原问题,并基于分析结果构建至少两种生产铀氧化物的化工冶金工艺。

6.2 铀氧化物碳热还原过程的热力学

根据U-C系统的平衡相图,U与C可以形成三种稳定的化合物——UC、U_2C_3、UC_2(图6.1)。一碳化物UC从低温到熔点一直保持稳定;U_2C_3稳定至1173℃,在此温度下未经熔化直接分解;UC_2稳定的温度范围为1500℃至熔点。

在约 1300℃及更高温度下，检测到铀在一碳化铀中的溶解较为明显。因此，在相图上对应于 U 和 UC 之间的合金都是两相的。在 1116.6℃的共晶温度下，碳在固体铀中的溶解度很小（约 0.002%）[2]，但在固相到液相的过渡区内溶解度随着温度的升高而急剧增大。在 2100℃以上，位于 UC 相和 β-UC_2 相之间以及固相线之上的区域都是固溶体区。

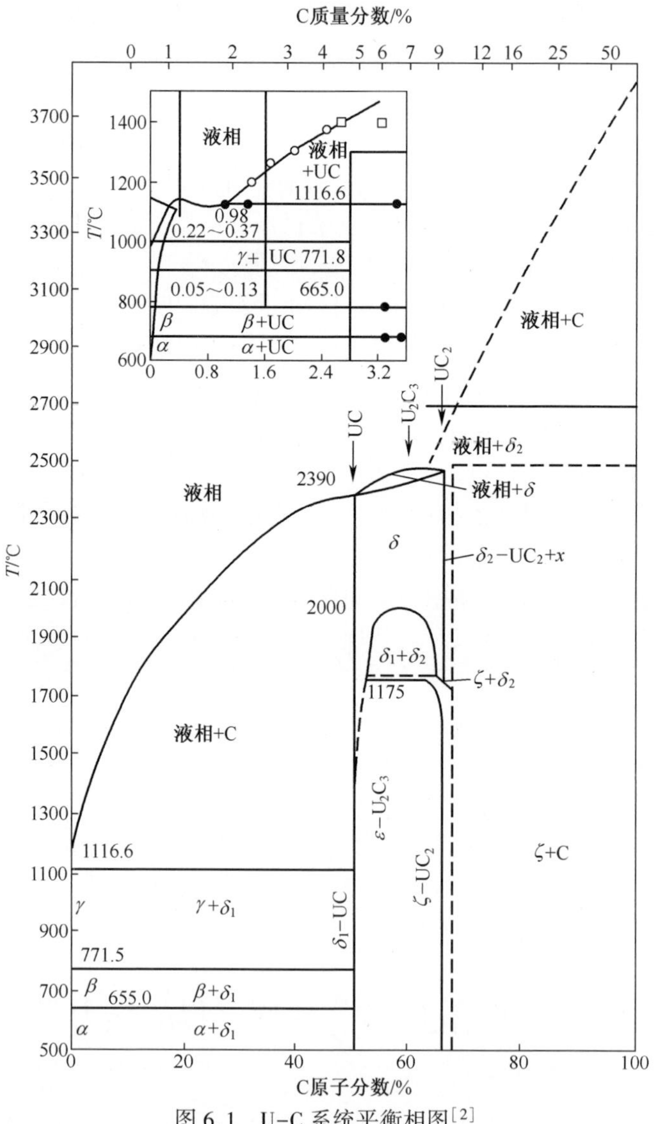

图 6.1 U-C 系统平衡相图[2]

因此，碳还原铀氧化物除了得到金属铀之外，还形成了碳氧化物和铀碳化物。这是因为在 2100～2200℃，碳还原铀氧化物的过程由几个并行和连续发生的反应描述：

$$UO_2 + 2C \longrightarrow U + 2CO \tag{6.1}$$

$$U + C \longrightarrow UC \tag{6.2}$$

$$UO_2 + 3C \longrightarrow UC + 2CO \tag{6.3}$$

$$UO_2 + 2UC \longrightarrow 3U + 2CO \tag{6.4}$$

基于上述反应中吉布斯自由能的变化进行初步热力学分析可以发现,反应式(6.1)发生的温度不得低于2100℃[2]。此温度可以通过减少CO的平衡压强来降低。基于实验数据,CO的压强与温度的关系由下式描述：

$$\lg P(\text{mmHg}) = -2400/T + 12.0 \tag{6.5}$$

反应式(6.3)的平衡常数与温度的关系曲线比反应式(6.1)的平衡常数与温度的关系曲线低。这意味着,当碳热还原铀氧化物制备铀时主要生成UC;为了通过反应式(6.4)得到金属铀,就必须使CO的压强非常低。根据上述反应可以判断:反应式(6.3)最容易发生,生成UC;反应式(6.1)和式(6.2)仅发生在更高温度下,并且反应式(6.4)发生的温度比反应式(6.1)更高。

在加热UO_2和C的混合物时,CO从1300℃开始释放;反应进行65%以上之后,气体释放速率急剧降低。此阶段的产物只有UC和UO_2。随后的反应按照式(6.4)在更高的温度下继续进行。

借助"阿斯特拉"(ASTRA)程序和RRC KI开发的软件包"化学工作台"(Chemical Bench)分析了U-O-C的平衡状态,后者是用于模拟、设计和优化各种过程、反应器和工艺的专用计算机程序。"化学工作台"包括一系列工艺模型和详尽的数据库,并采用了成熟可靠的求解方法。特别地,软件中内嵌了丰富的关于物质和化学反应特性的数据库,能够对化学反应平衡进行详细计算。为了计算U-O-C体系的平衡,使用了"冶金反应器"模型,该体系具有相变反应多、压强变化大的特征,同时还形成非理想合金与固溶体。

基于固溶体计算UO_2-C体系的平衡:C"溶解"于U中和U"溶解"于UC中。计算结果的比较表明,在UO_2-C体系的热力学分析中忽略固溶体,会在一定程度上扭曲温度与体系的中间产物和最终产物的关系以及形成这些产物的峰值位置。图6.2是UO_2-C体系在0.001MPa压强下的平衡组成。铀的一碳化物(UC)的最大含量对应于T=2100K,体系中凝聚相铀含量的最大值位于$T \approx$ 2650K处。在3600K的温度下,几乎所有铀都存在于气相。

当压强为0.01MPa时,UC、凝聚相铀和气相铀含量的最大值均明显向较高温区移动:UC的最大含量在$T \approx 2400$K,凝聚相铀在$T \approx 3000$K,气态铀在$T \approx$ 4000℃(图6.3)。气压进一步升高到0.1MPa,UC、凝聚相U和U气相含量的最大值分别位于2700K、3250 K和4550K(图6.4)。

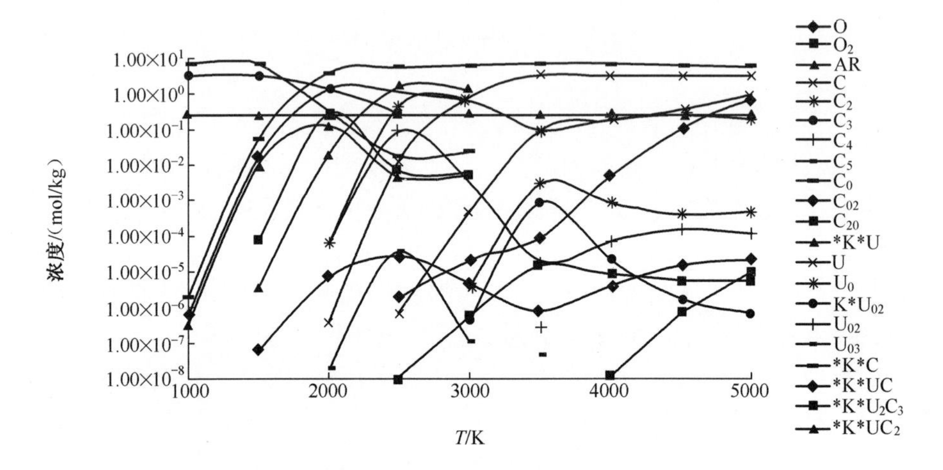

图 6.2 压强为 0.001MPa 时,原料化学计量比为(UO_2+2C)的UO_2-C 体系的化学组成与温度的关系

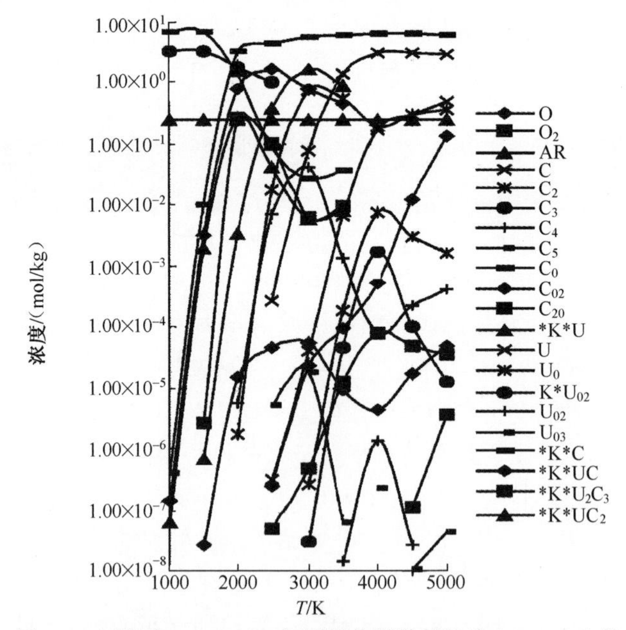

图 6.3 压强为 0.01MPa 时,原料化学计量比为(UO_2+2C)的UO_2-C 体系的化学组成与温度的关系

当温度高于 2000K 时,UO_2-C 体系中所有其他可能产物(U_2C_3、UC_2、铀的

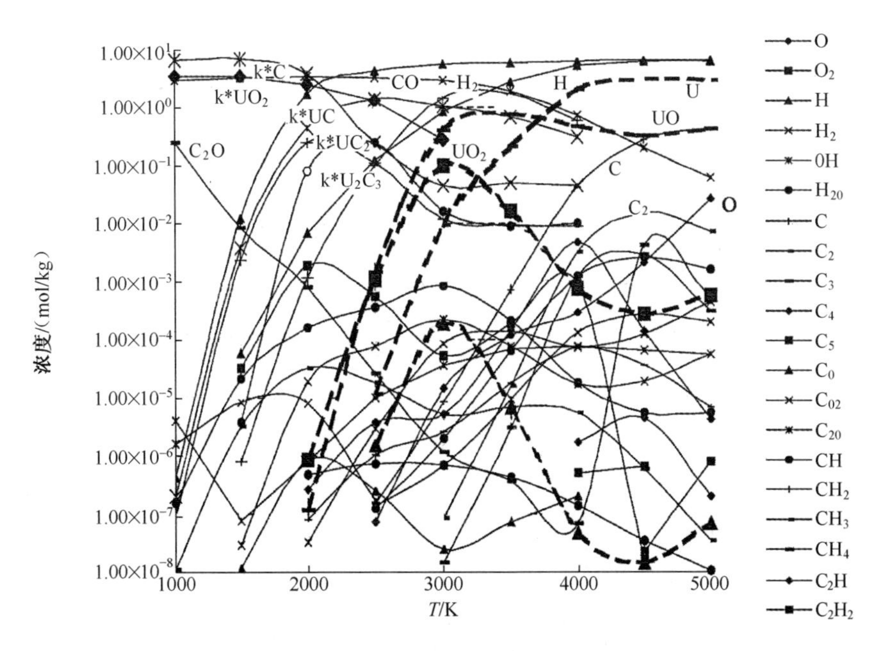

图 6.4　压强为 0.1MPa 时,原料化学计量比为(UO_2+2C)的
UO_2-C 体系的化学组成与温度的关系

氧化物和碳氧化物等)的含量均可以忽略不计。

不同规模的碳热还原铀氧化物制备铀的实验表明,在平衡状态下几乎不可能得到不含一碳化物的铀。即使在非平衡条件下(动态真空,即持续抽出 CO),铀中仍然残留有碳。因此,为了将金属铀中的碳含量降低到满足技术要求的水平,有必要另外采用水化学或冶金转化工艺。

热力学分析结果表明,如果能够将铀完全转化到气相,理论上可以在平衡条件下通过碳热还原铀氧化物得到纯铀。根据图 6.2~图 6.4 所示,压强 p = 0.001MPa 时,温度需要达到 T = 3500K;p = 0.01MPa 时,T = 4000K;p = 0.1MPa 时,T=4500K。这样高的温度可由等离子体加热来实现。不过,采用这种工艺路线还原铀氧化物时,需要对得到的气态铀进行快速冷却,类似于电子束重熔粗铀。在这种情况下,如果对工艺路线中的设备进行精心设计,就可以除去铀氧化物原料中含有的非挥发性杂质,但是铀有可能与残留的氧重新结合,因而需要对产物进行精炼。

下面将给出碳热还原铀氧化物制备铀的实验室研究和大规模试验的结果。

6.3 碳热还原铀氧化物制备铀的工艺与设备

碳热还原铀氧化物制备铀的发展历程在文献[3]中进行了回顾。在这一领域中稍稍具有针对性的技术研究始于20世纪50年代,基于高温(2000~2100℃)和真空技术进行。这些研究成果具有共同的缺陷:采用间接加热方式,铀转化成铀锭的产率较低(30%~60%),熔融铸锭规模小,碳含量高。

一项工业规模碳热还原铀氧化物的尝试在文献[4]中进行了描述。UO_2 与碳混合后装入石墨坩埚,置于真空感应炉中加热,在2200℃左右发生反应式(6.1)和式(6.3)。然后产物被粉碎,得到的海绵铀用水处理,使碳化铀水解,水解产物(氧化铀粉末)用水冲洗,海绵铀保留下来。海绵铀用 HNO_3 溶液处理除去痕量的铀氧化物,真空干燥后在真空电弧炉中熔化。电弧炉铸锭后的杂质含量(质量分数):C为0.0077%;N为0.001%;O为0003%;Fe为0.0056%;Al为0.0001%;Mg、Mn、Ni、Mo、Pb、Cr、Cu小于0.0005%,Ag小于0.0001%。采用该工艺得到每吨海绵铀的能耗为2600kW·h。从上述描述中可以看出,湿法冶金工艺的存在必然造成铀损失。

碳热还原铀氧化物的过程由如下总反应方程式描述:

$$UO_z + (x + y)C \longrightarrow U + xCO_2 + yCO \tag{6.6}$$

式中:$z=2x+y$。

如果反应式(6.6)在低气压、温度高于1000℃的条件下发生,则反应过程释放的 CO_2 的量可以忽略不计,式(6.6)中 $y=z$。如果该反应在低于1000℃的温度下发生,则气体产物中的 CO_2 的量就比较明显,达到 $z/2$,而CO的量则接近于零。

在碳热还原法制备铀的原料中,U_3O_8、UO_2 是最易获得和最合适的。UO_2 用作原料时,还原反应式(6.1)在1100℃以上开始发生,得到副产物CO:

$$UO_2 + 2C \longrightarrow U + 2CO \tag{6.7}$$

当使用 U_3O_8 时,还原反应在 $T<850℃$ 时发生,气体产物中含有一定量的 CO_2。描述还原反应的总反应方程式为

$$U_3O_8 + (x + y)C \longrightarrow 3U + xCO_2 + yCO \tag{6.8}$$

式中:$2x+y=8$。

反应式(6.7)的热力学计算结果表明,在低气压下此反应在温度低于1800℃时停止。这种计算实际上是一种很大程度的简化,因为该体系(UO_2-C)中存在多个中间化学反应(图6.2~图6.4),形成了铀的较低价氧化物、碳氧化物、固溶体和熔体。然而,碳和氧的活性逐渐降低,在低气压下温度低于2200℃时,反应式(6.7)终止,形成铀熔体和CO。

6.3.1 高频感应加热还原铀氧化物

高频感应还原铀氧化物制备铀的研究在实验室规模下进行[3]。该过程分两步实施:第一步,在石墨坩埚中感应加热氧化铀和碳,得到粗铀;第二步,在 UO_2 坩埚中感应加热粗铀,这种坩埚在较宽的温度范围内都具有介电性能,并能透过高频电磁场。实验用铀氧化物原料为 $UO_{2.06}$,成分与 UO_2 接近,在较宽的温度范围内保持稳定;碳原料选用石墨粉,杂质含量为 200ppm($2\times10^{-2}\%$)。研究表明[3],使用这种纯度的石墨可使得到的铀中的杂质含量降低到 20ppm($2\times10^{-3}\%$)。

用于碳热还原铀氧化物的真空感应炉系统示于图 6.5。系统包括与负载耦合的高频电源 1,功率为 25kW、频率为 4.5MHz;感应器 2,直径为 0.102m,高 0.254m,匝数为 40。真空感应炉的密封性主要取决于石英管 3,它的顶端安装了水冷黄铜盖 4,铜盖上设置有观察窗 5,石英管的底部是水冷黄铜座 12。石英管顶部与黄铜盖之间以及底部与底座之间均由氯丁橡胶垫片 6 密封。此外,系统还包括隔热支座 10 和金属垫圈 11。

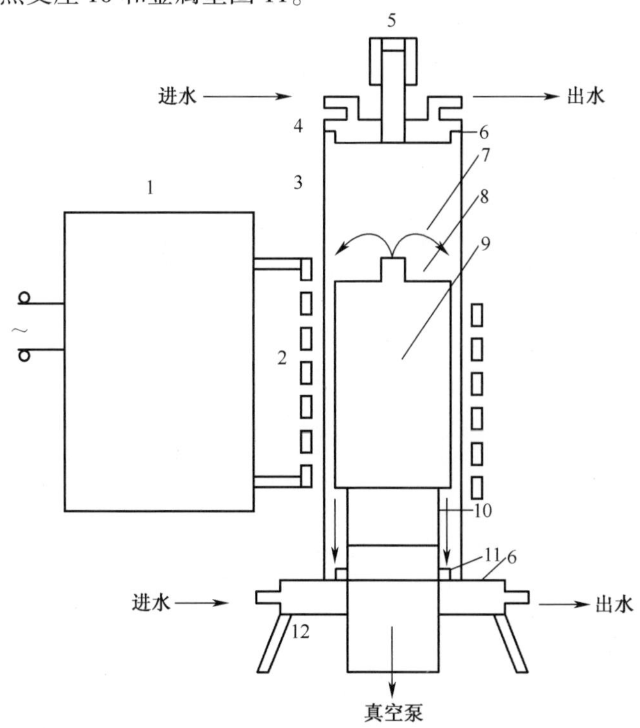

图 6.5 用于碳热还原铀氧化物的真空感应炉[3]

1—电源;2—感应器;3—电介质材料外壳(石英管);4—水冷黄铜盖;5—观察窗;6—氯丁橡胶垫片;7—被泵抽出的气流;8—石墨坩埚;9—原料;10—隔热支座;11—金属垫圈;12—水冷底座。

装满 $UO_{2.06}$ 和石墨粉原料 9 的石墨坩埚 8 置于真空感应炉的石墨隔热支座上。石英管的黄铜盖中央有排气孔。感应炉的真空抽气系统配备了扩散泵,能够使装置的真空度达到 7×10^{-5}Pa,在对原料加热前完全除去原料中的空气和其他气态杂质。反应过程中产生的气体从感应炉底部抽走。

碳热还原反应的第一步是将石墨坩埚中的原料通过电磁感应加热到 1550~1950℃,真空模式为动态真空,即非热力学平衡状态。相对于平衡状态而言,非平衡状态的中间产物和最终产物最大浓度值的位置均向低温区偏移。这一步的最终目标是获得导电的中间产物——含有碳和氧的铀(粗铀)。在对 $UO_{2.06}$ 和碳进行感应加热的过程中,在 900~1000℃开始有气体释放出来。将原料进一步加热到 1300℃,开始发生明显的碳热还原反应。当温度升高到 1550℃之后,整个还原反应进入第二步,铀氧化物与碳之间的反应变得更加剧烈。这时,碳与氧和铀结合,形成铀的碳化物与氧化物的混合物。在 1950℃,反应继续进行但速率降低了。对这个阶段的产物进行 X 射线分析得到的结果与其他研究者的结论一致:产物是铀的碳氧化物,通式为 $UO_{0.5}C_{0.5}$,含有约 3%的氧和约 2.5%的碳。

以式(6.7)的形式给出的总反应方程式是依照前述方程发生的一系列反应的总和。图 6.6 给出了在 1300℃之后反应物 $UO_{2.00}$+2.00C 释放出的气体的累积体积分数与温度的关系(曲线 1)。在碳热还原 U_3O_8 的过程中,气体释放从 750℃就开始了,这时的气体是 CO_2,然后随着温度的升高,气体变成了 CO。在 1550~1950℃范围内,碳热还原 U_3O_8 得到的产物归纳在表 6.1 中。在此特定条件下,式(6.8)中的 x 和 y 的值分别为 0.8 和 6.4。

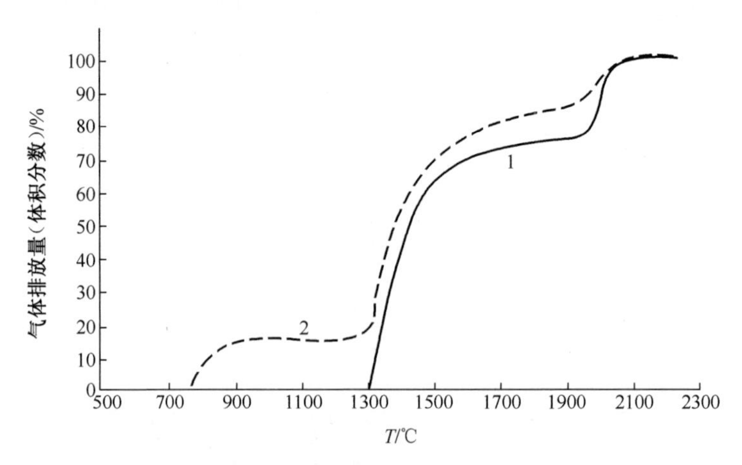

图 6.6 从反应物中释放出的碳氧化物的累积体积分数与温度的关系[3]

1—$UO_{2.00}$+2.00C→U+2.00CO;2—U_3O_8+7.2C→3U+0.8CO_2+6.4CO。

表 6.1 碳热还原 U_3O_8 中碳与 U_3O_8 的化学计量摩尔比和中间产物的分析结果

原料中的 U_3O_8/C 摩尔比	中间产物分析结果(质量分数)/%			U_3O_8/C 化学计量摩尔比
	U	C	O	
7.0	92.89	2.85	4.26	7.22
7.1	92.84	2.98	4.18	7.20
7.2	93.28	2.90	3.82	7.18
7.3	93.78	2.82	3.40	7.13
7.5	93.47	3.08	3.45	7.19

U_3O_8 的碳热反应一开始就放热,同时强烈释放气体。在这一阶段的加热过程中,为了防止石墨坩埚中的原料被所释放出的气体夹带出去,必须采取一些预防措施,包括:为石墨坩埚加上多孔材料盖,允许气体通过,但原料中的固体颗粒滞留在坩埚中;从顶部开始加热原料引发反应,然后将感应器从上向下移动加热所有原料。在 1000℃以上,U_3O_8 的还原反应与前述从 UO_2 中还原铀的情形类似。图 6.6 中曲线 2 所示是原料 U_3O_8+7.2C 从 750~2200℃释放气体的过程。

铀氧化物和碳通过碳热还原反应得到粗铀,其中包括铀的碳氧化物和中间产物。粗铀在 1550℃具有足够高的电导率,可以在适当的电磁场中进行自我加热得到金属铀。粗铀的感应加热流程:第一步还原反应得到的粗铀装入图 6.7 所示的冶金感应炉中。此炉包括石英玻璃罐 4 和位于其中的 UO_2 坩埚 3;玻璃罐 4 与感应器 2 同轴布置。在坩埚 3 与玻璃罐之间填充了 UO_2 粉末隔热材料 6。第一步产生的粗铀 5 装入坩埚中;盖上由 UO_2 压制而成的坩埚盖 1,盖上设置有排气孔。

在粗铀感应加热过程中,温度可以达到 2200℃,熔融物在高真空(10^{-5}Pa)下保持这一温度。这时,铀的碳化物和碳氧化物中含有的碳和氧在液相中发生反应,生成 CO 从加热区和反应区释放出去。

粗铀中 C、O 和 N 的含量约为 400ppm(4×10^{-2}%)。氮含量可以通过向感应炉更精确地加料来降低;氧和碳的含量可以通过延长熔融物的处理时间进一步降低,但这会加剧铀的挥发。产物中非挥发性杂质的含量取决于原料的纯度。在文献[3]中,铀锭的产率约为 80%。

本研究的规模较小;进一步放大后边缘效应就会减弱,工艺质量指标和产物品质也必将提高。

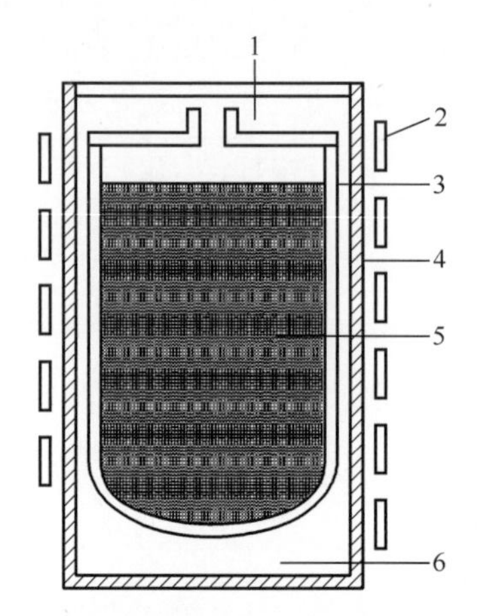

图 6.7　对碳热还原铀氧化物的中间产物进行感应加热的装置[3]

1—带有排气孔的 UO_2 炉盖;2—高频感应器;3—UO_2 坩埚;

4—石英玻璃罐;5—碳热还原铀氧化物得到的中间产物(粗铀);6—UO_2 粉末隔热材料。

6.3.2 高强度电弧还原铀氧化物

在 20 世纪 60 年代,等离子体技术——具有自耗电极的高强度电弧用于铀氧化物的碳热还原,产生电弧的电极材料是碳和铀氧化物的均匀混合物;电极制造工艺可以确保产品具备一定的机械强度,并具有足够的电导率。图 6.8 是利

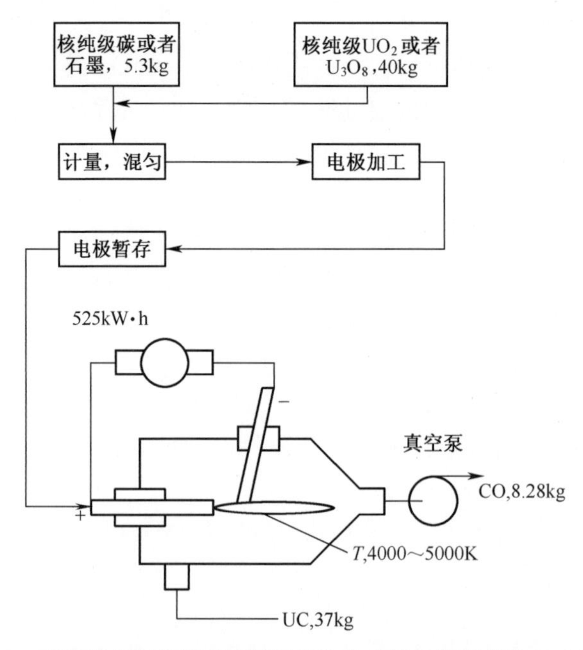

图 6.8　高强度电弧碳热还原铀氧化物合成铀和铀碳化物的工艺流程[5]

用高强度电弧碳热还原铀氧化物的工艺流程。阳极是经压制而成的电极。在炽燃的电弧中,温度高达4000~5000K。碳热还原产物以液体形式排出,在放电室底部冷却成球形收集起来。文献[5]中使用的高强度电弧炉主要用于合成铀和其他元素的碳化物。显然,通过这种熔融方式得到的产物是一种含铀碳氧化物的中间产物,需要进行第二步精炼。

下面所有碳热还原铀氧化物的工作都与文献[2]相同——由两个步骤组成:先获得粗铀,再进行精炼除杂。20世纪70年代,苏联原子能部的一座炼钢厂开展了这些工作,通过电弧等离子体加热的方式制备铀,用于生产铀-石墨反应堆的燃料棒,目的是生产钚。

6.4 等离子体竖炉还原铀氧化物

到20世纪70年代,研究发现,在等离子体碳热还原铀氧化物的技术中最具有发展前景的是利用竖炉处理块状氧化铀和碳[6-9]。其中一台装置如图6.9所示,2是水冷竖炉,其上部是加料料斗1。炉中装满铀氧化物和碳的料球,其化学组成对应于氧化铀(UO_2或U_3O_8)还原反应的化学计量比。原料压制成球的目的是抑制粉尘量、降低颗粒物的夹带,并稳定原料中铀氧化物与碳的化学计量组成。原料球3在重力作用下从料斗1送入炉内。竖炉下部的直径逐渐变小,呈锥形,控制进入熔炉炉膛4的原料量,并降低竖直方向的热对流。熔融区顶部安装几支(至少3支)正极性或反极性连接的电弧等离子体炬7,熔池作为另一组电极。

原料被等离子体炬产生的等离子体射流熔化,同时发生还原反应,并释放CO。汇集在炉膛4内的熔融体5从熔炉底部排出,流入模具形成铀锭6。模具采用便于脱模设计,可以通过提拉装置将金属锭从模具中取出。

等离子体竖炉用于碳热还原铀氧化物时的比能耗为20kW·h/kg。该装置不仅可以用于还原铀氧化物,还可以用于生产高熔点的稀土元素和稀有金属如Nb、Ta和Sm等。用于碳热还原铀氧化物的还原剂除碳之外,还可以是由电弧等离子体炬加热的氢气。

用于碳热还原金属氧化物原料的等离子体炬如图6.10所示,功率为0.25MW。这种等离子体炬为反极性连接,其内电极(阳极)为管状的铜或铜浸渍钨(W-Cu伪合金),轴向进气的氩气作为等离子气体[6]。阳极固定在炬主体的水冷铜座上;铜座上设计有将氩气通入阳极腔的轴向通道。与其他冶炼等离子炬的设计方案相比,反极性设计可以增大电极内部弧柱的长度,提高通入等离子炬电弧室中的氩气的加热效率。此外,采用反极性设计可以避免在等离子体

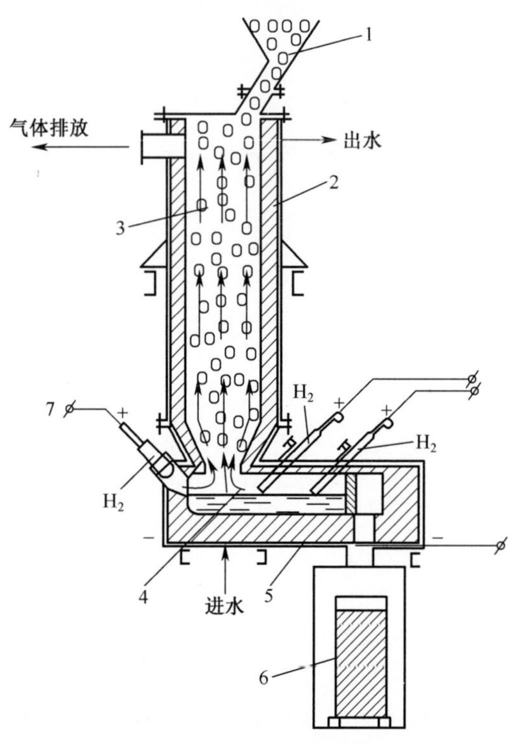

图 6.9　碳热还原铀氧化物的等离子体竖炉

1—加料料斗;2—竖炉;3—原料球;4—熔炉炉膛;5—熔融体;6—铀锭;7—电弧等离子体炬。

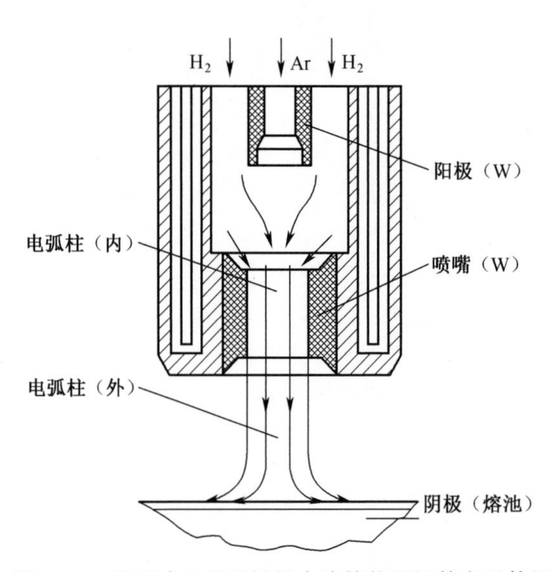

图 6.10　用于冶金的反极性水冷管状阳极等离子体炬

炬喷嘴内形成双弧,原因在于等离子体内离子的运动速度比电子慢,使喷嘴内气流壁面层的电气强度更高。等离子体炬的喷嘴焊接在水冷铜本体上。电弧建立在阳极与氧化物还原产生的熔融金属之间。图 6.11 给出了用于竖炉的管状阳极等离子体炬的工作特性:伏安特性、等离子体炬的热效率以及还原炉的功率与等离子体炬电流的关系。

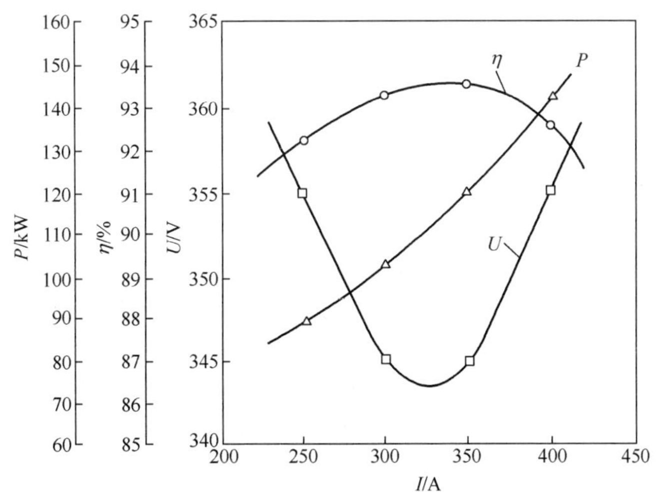

图 6.11　用于竖炉的管状阳极等离子体炬的工作特性

注:气流量:H_2—$2.58\times10^{-3}Nm^3/s$,Ar—$0.34\times10^{-3}Nm^3/s$。

用于铀氧化物还原时,阴极弧斑位于竖炉炉膛内的反极性水冷管状铜阳极冶金等离子体炬在工业条件下进行了长时间运行试验[7,8](表 6.2)。等离子体炬的电源选用 PIT-140 型电流源(见第 2 章),功率为 140kW。电源在负载的额定工作范围内提供下降的伏安特性。由气流湍动和电弧分流引起的等离子体炬电流的高频分量对电源的谐振条件造成了扰动,导致电弧熄灭。为了消除高频分量,直流电路中串联了标准感性电阻 PC-1500。

表 6.2　用于还原铀氧化物、阴极弧斑位于炉膛内的反极性冶金等离子体炬的试验结果

序号	气流量/(Nm^3/h)		电弧参数			等离子体炬的功率损失/kW		等离子体炬效率/%
	Ar	H_2	I/A	U/V	P/kW	外壳	阳极	
1	1.224	3.744	250	275	68.8	4.10	3.15	89.5
			300	275	81.6	4.78	3.68	90.0
			350	275	95.0	6.15	4.47	89.1
			400	275	110.0	7.10	5.00	89.1

（续）

序号	气流量/(Nm^3/h)		电弧参数			等离子体炬的功率损失/kW		等离子体炬效率/%
	Ar	H_2	I/A	U/V	P/kW	外壳	阳极	
2	1.224	5.256	250	310	77.5	3.42	3.15	91.5
			300	305	91.5	4.10	3.68	91.5
			350	310	108.2	5.47	4.47	90.7
			400	310	124.0	6.15	5.10	93.0
3	1.224	7.308	250	330	82.5	3.42	3.15	92.2
			300	330	99.0	4.10	3.68	92.2
			350	335	117.0	4.78	4.47	92.0
			400	340	136.0	5.72	5.00	92.0
4	1.224	9.288	250	355	89.0	3.42	3.15	92.2
			300	345	103.5	3.42	3.68	93.5
			350	345	120.2	4.10	4.47	93.3
			400	355	142.0	5.47	5.00	92.7
5	1.224	11.232	350	355	124.0	4.75	4.26	92.7
			400	360	144.0	5.05	4.73	93.5

等离子体炬产生的($Ar-H_2$)等离子体的平均温度为4100~5000K。当氢气流量为10.8Nm^3/h、等离子体炬功率为140kW时，运行寿命约达100h，效率达93.5%。

为了使冶金等离子体炬的阴极弧斑转移到竖炉内部，至少需要满足两个条件：

（1）在炉膛内建立液面稳定、与阴极弧斑结合的液态金属熔池；

（2）保持等离子体炬与炉体之间可靠的绝缘。

6.4.1 等离子体碳热还原铀氧化物的中试试验结果

用于中试试验的等离子体竖炉[7,8]与图6.9所示的类似。炉体呈圆筒状，直径为0.5m，高为0.8m。竖炉壁上安装了水冷夹套，用流动水冷却。竖炉底部安装3支等离子体炬。炉膛下面安装了水冷盘，用于接收还原得到的金属；烟气通过料球之间的缝隙向上流动，从竖炉中排出，经净化处理后通过安装了火焰消除器的烟囱排放。烟气依次通过竖炉上部的炉喉和由旋风分离器与烧结金属过滤器组成的集尘系统。

炉喉有滑槽,其上方设置液压驱动的进料料斗。料斗在等离子体熔炼过程中向炉内批次加料。竖炉的设计考虑了气密性,防止 H_2 和 CO 释放到厂房中。

等离子体炬由 3 台 PIT-140 型电流源供电,单台功率为 140kW。电源通过 ATMK-250/0.5 型自耦变压器、谐振转换器,以及由 VCD-200 型硅二极管组成的三相整流器。谐振转换器包括 TPP-140/50 型变压器的初级绕组、电感器和由 IBM-140 型电容器组成的容值为 1820μF 的电容器组。

等离子体炬的供气系统由三个独立系统构成,分别为 3 支等离子体炬提供氩气和氢气。氢气从氢气站通过管道输送,氩气由气瓶供应。

等离子体炬冷却水压强为 3atm。

在等离子体竖炉系统的控制面板上设置了一些设备的控制按钮,包括交流和直流接触器、振荡器、自耦变压器、液压传动装置,以及紧急停止按钮和测量仪表。测量与控制系统用于设备紧急停车、气体供应中断时将光信号传输到控制台上、测量输水管线的降压,以及检测控制室中 H_2 和 CO 浓度是否超限等。

等离子体竖炉的炉膛内具有暂存区,储存竖炉中产生的金属熔体。暂存区由 1 支等离子体炬加热,另外 2 支等离子体炬用于加热炉膛。暂存区有出料通道和水冷阀。等离子体炬的安装方式经过特殊设计,可以转动,便于加热出料通道和出料口。在中试竖炉上进行的试验表明,在竖炉下部铀的产率约达 50kgU/h。被还原的金属流入中间储罐形成质量约 40kg 的铸锭。部分熔融金属还可以注入模具,但是等离子体炬的功率不足以同时加热出料通道和中间储罐。

等离子体碳热还原铀中试试验所采用的原料为 U_3O_8+xC,其中 x 为 2.3~2.4。U_3O_8+xC 料球由 U_3O_8 与煤沥青进行预混后制成。原料中组分的初始比例为 1kg 的 U_3O_8 配 0.12~0.13kg 煤沥青。将原料混合物与铸铁球一起装入混合容器,放入混料机进行混合,同时粉碎煤沥青。混合后的原料通过直径为 18~20mm 孔输送到受热的模具上,在 15~18t 的压力作用下压制成型。模具的直径为 50mm。压制成型的料球装入不锈钢容器,送入电炉中在 700~800℃ 的温度下焙烧 3h。原料的初始成分和焙烧后料球的化学组成如表 6.3 所列。

表 6.3 原料和焙烧球的化学组成

元素	U_3O_8	煤沥青	焙烧后的料球
	元素质量分数/%		
U	84.9	—	81.3
C	1.2×10^{-1}	99.95	8.7
N	4.6×10^{-2}	7.0×10^{-3}	3.8×10^{-3}

(续)

元素	U_3O_8	煤沥青	焙烧后的料球
	元素质量分数/%		
Fe	5.0×10^{-3}	2.0×10^{-2}	2.5×10^{-2}
Ni	2.0×10^{-3}	$<1.0\times10^{-2}$	$<2.0\times10^{-3}$
Si	5.8×10^{-3}	$<1.0\times10^{-2}$	1.4×10^{-2}
Al	2.4×10^{-3}	$<1.0\times10^{-2}$	7.6×10^{-3}
Cu	2.0×10^{-4}	1.0×10^{-3}	2.5×10^{-3}
Mn	2.0×10^{-4}	$<1.0\times10^{-3}$	$<1.1\times10^{-3}$
Cr	3.0×10^{-4}	$<1.0\times10^{-3}$	3.0×10^{-4}
B	1.4×10^{-5}	$<1.4\times10^{-5}$	2.4×10^{-5}

X 射线分析结果表明,在焙烧过程中,U_3O_8 被还原成 UO_2,因此料球对应的化学式近似为 UO_2+2C。

料球通过顶部的进料口装入竖炉(图 6.9);将等离子体炬安装到竖炉上,密闭炉体,开启前级泵抽真空使炉内压强达到 0.04 Pa,向炉内充入氩气;启动等离子体炬,调节到预定的气流量。等离子体炬的工作参数:电流 375A,电压为 300~350V,氢气流量为 9~10.8Nm^3/h,氩气流量为 0.36~0.72 Nm^3/h。

等离子体炬启动之后,炉膛内开始发生剧烈的碳热还原反应;新原料被送入炉中,补充反应消耗掉的部分;待所有原料送入炉中之后,对还原得到的金属进行脱气、铸锭,然后切断氢气供应,关停等离子体炬,竖炉内充满氩气;冷却后,取出还原得到的金属锭,分析反应过程的各项平衡;炉内残留的产物和凝壳材料用于下一批次的凝壳熔炼。中试结果示于表 6.4。

表 6.4 等离子体碳热还原铀氧化物(U_3O_8)的研究结果

熔化序号	进料			熔炼时间/h	产物			U 锭中的 C 含量(质量分数)/%
	原料/kg	碳含量(质量分数)/%	凝壳材料/kg		模具中的铀锭/kg	凝壳/kg	未熔原料/kg	
PSHP14	15.5	9	0	30	7.30	1.9	2.90	2.0
PSHP15	15.0	9.0	1.9	40	8.26	2.1	2.90	1.9
PSHP16	19.4	9.0	0	40	10.0	2.1	3.30	2.0
PSHP17	12.9	9.0	2.1	40	7.5	2.1	3.5	1.4
PSHP19	15.0	8.5	1.4	35	7.1	1.1	4.8	2.1

（续）

熔化序号	进料			熔炼时间/h	产物			U 锭中的C 含量（质量分数）/%
	原料/kg	碳含量（质量分数）/%	凝壳材料/kg		模具中的铀锭/kg	凝壳/kg	未熔原料/kg	
PSHP20	16.0	8.0	1.1	50	9.0	1.1	3.6	2.2
PSHP21	16.0	8.0	1.1	30	11.7	0.6	0.55	1.9
注：还原过程中等离子体炬的工作参数，弧电压为 230V，弧电流为 300 A，功率为 69kW，氩气流量为 $1.224Nm^3/h$，氢气流量为 $5.256Nm^3/h$，$(Ar-H_2)$ 等离子体平均温度高于 5000K，等离子体炬的效率为 80%								

试验发现，为了使工业化装置实现连续或半连续运行，至少需要 4 支等离子体炬。根据中试装置的运行结果，我们建立了简化设计方案，如图 6.9 所示。竖炉的炉膛采用石墨作为炉壁材料，其直径比竖炉出口直径大得多。原料以一定的角度进入竖炉。3 支等离子体炬对称布置在竖炉炉膛的外围，朝向原料。当进料速率为 120~150kg/h 时，竖炉可以生产单锭质量达到 200kg（铀）的铸锭。

在半工业规模的批次试验中，得到了 2.423t 金属铀。铀直接转移到粗锭中的比例为 95%，余下的 5%从吹扫竖炉、炉膛和过滤器中获得。还原熔化的平均处理量为 124kg/h，能耗为 3kW · h/kg，氢气消耗量为 $0.4Nm^3/kgU$。铀锭中的碳含量为 2%~2.6%。粗铀锭的化学组成如表 6.5 所列。

表 6.5　粗铀锭的化学组成

试验序号	元素含量（质量分数）/%										
	U	C	N $(\times10^{-2})$	Fe $(\times10^{-2})$	Ni $(\times10^{-3})$	Si $(\times10^{-3})$	Al $(\times10^{-3})$	Cu $(\times10^{-3})$	Mn $(\times10^{-4})$	Cr $(\times10^{-3})$	B $(\times10^{-5})$	O
6	96.3	2.44	7.6	2.5	2.4	22	15	0.36	0.2	3	2.2	1.26
8	96.5	2.05	7.9	2.8	2.8	18	4.2	0.48	0.4	3	3.0	1.20
10	95.3	2.40	8.5	10.0	3.1	11	4.9	11.0	1.5	4.2	4.8	2.1
12	96.1	2.38	8.0	3.0	2.0	10	3.0	0.55	0.36	3	3.6	1.9
14	96.1	2.45	6.6	3.1	2.0	12	3.7	2.5	0.31	3	3.6	1.4
16	95.6	2.50	10	4.4	2.0	9.2	3.3	0.50	0.24	3	3.0	1.9
18	95.9	2.15	7.5	3.9	2.0	8.0	2.6	0.9	0.50	3	2.5	1.9
20	96.5	2.38	6.6	3.2	2.0	4.6	2.0	0.3	0.20	3	3.0	0.9
22	96.4	2.34	17	1.9	2.0	4.2	2.2	0.32	0.20	3	2.1	1.26
24	96.0	2.36	11	1.8	2.0	6.1	4.5	0.30	0.20	3	2.4	1.4

（续）

试验序号	元素含量(质量分数)/%										
	U	C	N $(\times10^{-2})$	Fe $(\times10^{-2})$	Ni $(\times10^{-3})$	Si $(\times10^{-3})$	Al $(\times10^{-3})$	Cu $(\times10^{-3})$	Mn $(\times10^{-4})$	Cr $(\times10^{-3})$	B $(\times10^{-5})$	O
26	96.3	2.56	19	1.1	2.0	5.9	2.0	0.30	0.1	3	2.0	0.9
28	95.8	2.40	12	2.0	2.0	6.8	8.6	0.20	0.20	3	2.1	1.4
30	96.1	2.37	7.3	2.8	2.0	3.2	10.7	0.33	0.21	3	2.4	1.3
平均	96.1	2.37	9.9	3.3	2.2	9.3	5.0	1.39	0.36	3.1	2.82	1.46

对于碳热还原铀氧化物的中试装置，其基本设计要求：还原产生的金属铀在炉膛中形成熔池，然后浇注入可更换的模具内，从而保持熔炉连续工作。计算结果表明，每批浇注的铀质量为200kg。装入竖炉的原料的总质量约为3t。

6.4.2 用于等离子体碳热还原铀氧化物的等离子体气体的选择

对于等离子体碳热还原铀氧化物而言，等离子体气体的选择是一个非常重要的问题。这项选择不仅需要考虑气体的焓与温度的关系，还需要考虑气体与熔融金属相互作用的可能性、安全问题（如爆炸风险）和气体成本。下面讨论不同等离子体气体用于上述工艺的可行性。

1. 氢气(H_2)

在等离子体碳热还原氧化物原料制备铀和一些稀有金属时，H_2 会被用作等离子气体。使用 H_2 一方面可以提高等离子体与料球（铀氧化物和碳(UO_2+2C 和 U_3O_8+$(x+y)$C)）之间的传热与传质效率；另一方面，氢等离子体异相碳热还原氧化铀时，原料中的氧不是以碳氧化物的形式脱除，而是以水蒸气分子的形式，因此粗铀中残碳的含量较高，至少在氢尚未失去还原性（≤3000K）的温度范围内是这样的。由此导致在粗铀锭生产阶段从凝聚相除去碳的问题变得更加复杂：根据碳的热力学参数可以判断，碳要么留在凝聚相中，要么以烃的形式去除。因此，为了研究氢和温度对碳热还原铀氧化物产物组成的影响，我们专门进行了热力学研究。图6.12给出了氢气的存在与否和温度对产物中铀碳化物、凝聚相和气相中铀浓度的影响。对 UO_2-C 体系中产物行为的热力学分析表明，氢的存在（图6.12(a)与否（图6.12(b)）对还原产物的成分与温度的关系几乎没有影响。原因很可能在于，当温度高于2500℃时，CO分子的热力学稳定性比水分子更好，即当 $T>2500$K 时，氢气失去其还原性，还原反应取决于原料中的C。因此，在这种情形中，不仅 H_2 可以用作等离子体气体，中性气体也可以用于此目的。

除上述问题之外，在碳热还原铀氧化物的过程中使用氢气还会带来另外两

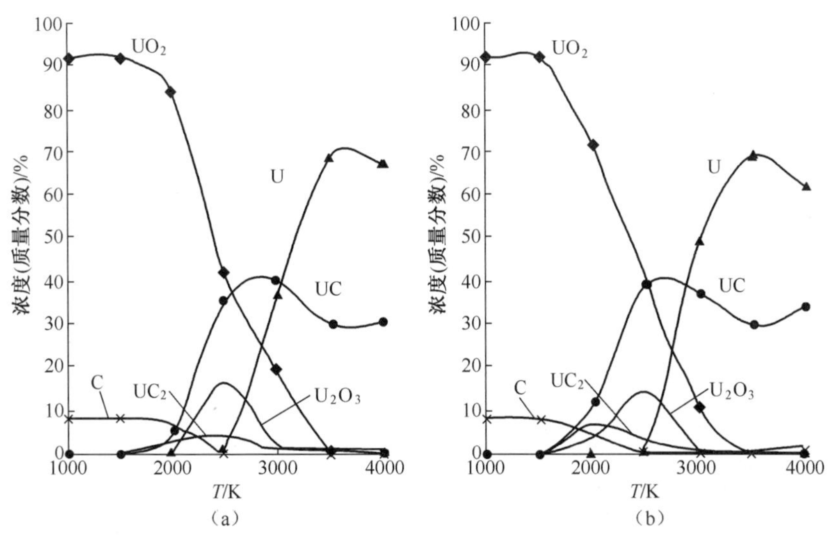

图 6.12　碳热还原 UO_2 的产物成分与温度的关系(p=0.1MPa)

(a)无氢的 UO_2-2C 体系;(b)有氢的 UO_2-2C 体系。

方面的问题。其中之一是材料性能问题,因为铀中即使含有少量的氢杂质也会降低其力学性能[2]。因此,若氢含量从 $0.3\times10^{-4}\%$ 增加至 $4.7\times10^{-4}\%$,铀的延展性就大幅降低;铀转变到脆性状态的氢浓度为 $(0.3\sim0.8)\times10^{-4}\%$。铀的最大脆化程度对应的氢含量为 $2.5\times10^{-4}\%$。据推测,铀的氢脆机理与氢在固溶体中的存在有关:氢溶解于杂质中,存在于晶粒边界处,导致脆性相的形成,并形成具有脆性的网状结构氢化铀(UH_3)。众所周知,铀的韧性可以通过真空退火恢复,因为这样将铀中的氢含量降到最低限度。不过,在生产铀-石墨反应堆的铀燃料元件时,这一因素不会造成任何问题,因为在铀精炼及后续的脱气操作阶段氢几乎被完全脱除。

第二方面涉及设备的安全运行。在工艺中使用氢气极大地提高了对设备安全性的要求。从系统中除去氢,或者用化学惰性的气体置换氢将大幅缓解设备运行的防爆压力。

2. 氮气(N_2)

使用氮气作为等离子体气体会导致氮溶解在铀中,形成铀氮化物,这种情形至少会发生在表层中。对 U-N_2 体系和 U-N 体系的等压相图进行的分析表明[2],铀中的氮含量超过允许限值几个数量级。此外,氧和碳的存在使 UN、UC、UO_2 彼此之间形成固溶体,从而使氮在铀中不是以纯粹的氮化物存在,而是以 N、O 和 C 含量不同的碳氮氧化物形式存在。在铀精炼阶段,除去以化学键形态结合的氮非常困难。另外,长时间暴露在精炼炉中会加剧铀的损失并增大能耗。

此外,使用氮气作为等离子体气体还会带来气体排放问题,因为铀氧化物与氮等离子体反应生成氮氧化物(NO_x)。为了中和或者捕集 NO_x,烟气净化系统会变得非常复杂。

3. 氩气(Ar)

使用氩气不会导致任何工艺问题,而且改善电弧等离子体炬的运行工况,只是会增加工艺成本。

4. 二氧化碳(CO_2)

CO_2 作为等离子体气体不会在铀回收过程中产生根本性技术问题,因为它与原料 U_3O_8+xC 和 UO_2+2C 化学相容。当 CO_2 在电弧放电中最后解离时,还另外产生还原剂 CO。但是热力学计算表明,使用 CO_2 作为等离子体气体会导致铀的理论产率急剧下降。

综上,对于等离子体碳热还原铀氧化物的工艺过程,对上述气体以及其他可用气体的分析结果表明,最适合的仍然是氢气或者氢气与氩气的混合气。

6.5 等离子体电子束精炼炉

对于含有残留氧和碳(以铀碳氧化物的形式)的粗铀,精炼是一项艰巨的任务。电子束熔化——这种在铀冶炼中常用的精炼技术对于当前工况却不再适用,因为碳和氧在铀中的含量为0.5%~1%,以CO的形式脱除C和O的同时会出现强烈的气体释放,这将破坏电子束炉(EBF)的真空环境。例如,当铀锭中碳和氧的含量为0.5%~1%时,从100kg铀锭中共释放出0.4~0.8Nm^3 的CO。对于这样的气体产生量,将EBF的真空度保持在0.1Pa左右是非常困难的,通常需要庞大的真空系统。从20世纪70年代开始,工作在0.1~100Pa压强范围内的等离子体电子束精炼炉投入使用,其工作基础是真空大电流自持放电与中空阴极热等离子体(HPHC)的结合[6,10]。

6.5.1 等离子体电子束炉

相对于反极性连接、高气压的等离子体炬而言,工作在中等真空范围内的直流冶金等离子体炬用作热源时,可以通过电子束轰击来加热阳极——接地的金属熔池。在中真空放电的弧柱中,对流传热所占的比例相对较小;随着弧柱长度的增大,辐射和传导导致的热损失在真空放电中居于次要地位,而弧柱拉长是真空炉精炼必不可少的。这种(真空电弧放电)形式与电子束装置类似,因为在真空放电中能量也是直接传递到接地电极上——主要是通过无碰撞的电子束传递。在中真空范围形成这样的电子束可以借助中空阴极等离子体实现,其电极示意图及工作原理如图 6.13 所示。中空阴极的电源在图中未示出,下面给出了其参数。空心钨阴极 3 被螺母 2 固定在阴极座 1 上,其内部的压强为 1~5kPa,是等离子体区(区域Ⅰ)。根据诊断结果[10],离子温度 T_i大致与电子温度 T_e相等。在阴极 3 与接地阳极 5 之间的电场中存在电位差,从而产生电子束 4,最终从孔中引出(Ⅱ区)。在中空阴极内部,由电子束形成的等离子体呈半球状。根据真空束放电理论[9],形成电子束的必要条件是在等离子体阴极的边界处产生电离度和密度足够高的等离子体。在等离子体阴极的边界处,放电形态从稳定的准平衡态等离子体(内弧柱 6)转变成无碰撞的电子运动形态(外弧柱 7),这是准平衡态等离子体瞬间暴露于外电场后破裂的结果。当电流为 1000~1500A 时,从中空阴极等离子体中引出的电子的初始能量为 40~70eV。由于“离子聚焦”效应,具有这种能量的电子束在压强为 0.1~10Pa 的真空环境下运动时不会发散。此外,还发现在该压强范围内,即使电极间距离远达 0.5m,从阴极孔到阳极(金属熔池)的电子束也仍然保持原有的运动方向。

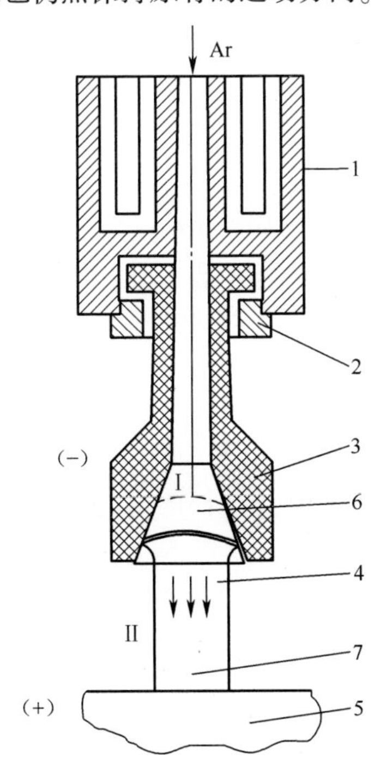

图 6.13 中空阴极等离子体电子束加热器示意图

Ⅰ—阴极内的等离子体;Ⅱ—非平衡态等离子体(电子束);

1—阴极座;2—阴极固定螺母;3—中空阴极;4—电子束;5—阳极(金属熔池);6—内弧柱;7—外弧柱。

对于不同的气体压强 p 和放电间隙 L,大电流(高达 1500A)放电“电子束”

的伏安特性示于图 6. 14。该图表明,电子束放电的伏安特性可以写成

$$U = a + bI^2 \tag{6.9}$$

式中:U 为电压(V);I 为电流(A);a、b 为取决于气体种类、压强和放电间隙长度的系数。

据测量[10],当径向放电电流不大于 1500A 时,电极间的电压梯度不大于 0. 5~0. 8V/cm,因为离子充分补偿了电子束的空间电荷。

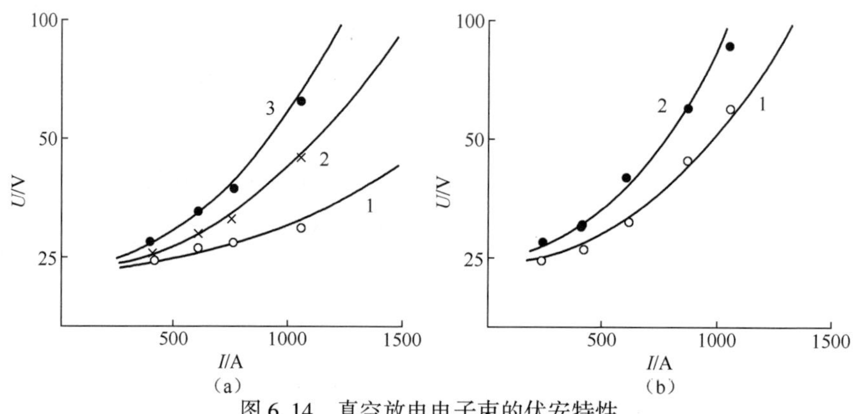

图 6. 14　真空放电电子束的伏安特性

(a)氩气流量 $G=3\times10^{-9}\mathrm{Nm^3/s}$,电极间距 $L=0.15\mathrm{m}$;

1—$p=10^{-1}$ Torr;2—$p=10^{-2}$ Torr;3—$p=10^{-3}$ Torr;

(b)$G=3.5\times10^{-9}\mathrm{Nm^3/s}$,$p=10^{-2}$ Torr;1—$L=0.10\mathrm{m}$;2—$L=0.25\mathrm{m}$。

电子束的形状非常窄,中空阴极放电等离子体的发射性能很高,因此金属表面的热流密度高达 $10^3\mathrm{kW/cm^2}$,与电子束熔化装置相当。真空放电产生的电子束很容易受磁偏转系统控制,在用于等离子体电子束炉(PEBF)之后可以调节熔融金属表面上的热流分布。

PEBF 以及与之最接近的电子束炉(EBF)的特性比较如表 6. 6 所列。从中可以看出,对于碳热还原得到的粗铀的精炼,等离子体电子束系统更加适合,因为工作压强范围更广,可以高于 EBA 最小压强 3 个数量级。

表 6. 6　等离子体电子束炉与传统电子束炉的特征比较

参数	PEBF	EBF
工作室的压强/Pa	0. 1~100	$\leqslant 10^{-1}$
工作电压/V	70~150	10000~40000
电子束电流/A	1500~3000	50~100
比表面功率/(kW/cm²)	10^3	$10^3 \sim 10^5$
效率/%	50~70	40~75
工作寿命/h	40~100	50~100

用于金属精炼的等离子体电子束系统的优势汇总如下[7,10]：

(1) 电子在中真空(0.1~10Pa)范围内进行加热。

(2) 等离子体气流量小：$(1\sim5)\times10^{-5}m^3/s$。

(3) 效率高：用电子束加热时至少 60%的功率传递给工件。

(4) 阴极烧蚀速率相对较低，工作寿命较长。

(5) 具有上升的伏安特性，放电稳定性高，发射过程的弛豫时间不超过 1s。

(6) 功率密度高($(1\sim5)\times10^5kW/m^2$)，并且在金属熔池表面分布均匀。

(7) 使用磁感应强度为 $10^{-2}T$ 的外部磁场就可以很容易地控制加热过程。

(8) 放电电压较低(约 100V)，然而为电子提供能量的电压却相对较高(50~70V)。

图 6.15 为中空阴极等离子体电子束装置的示意图，可以用于在真空中重熔金属。该装置包括中空阴极(钨)1、阴极座 2、转轴 3 和密封垫 4。基于上述等离子体电子束装置发展出了功率为 500kW 的装置，从而实现了在真空中高质量地重熔金属和合金。与常规熔化过程气体产生量较大的情形相比，这样可以将合金组分的损失降到最低[7,11]。

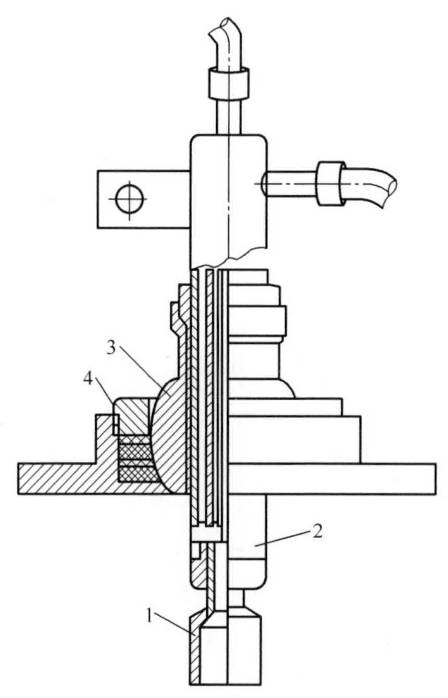

图 6.15　中空阴极等离子体电子束装置

1—中空阴极；2—阴极座；3—转轴；4—密封垫。

为了计算等离子体电子束炉的特性、选择合适的工作模式，应当使用氩等离子体的广义外特性：

$$\begin{aligned} U = & 25.9 + 2.5 \times 10^{-2}I - 5.7 \times 10^{5}Q - 2.1p - 3.4 \times 10^{1}L + 1.2 \times 10^{3}B \\ & + 3.2 \times 10^{2}d + 7.7 \times 10^{-6}I^{2} + 7.2 \times 10^{9}Q^{2} + 1.010^{-1}p^{2} + 2.5 \times 10^{3}d^{2} - 2.0 \\ & \times 10^{2}IQ - 1.3 \times 10^{-3}Ip - 6.5 \times 10^{-1}IB - 7.0 \times 10^{-1}Id + 1.1 \times 10^{4}Qp + 5.1 \\ & \times 10^{1}pd + 1.4 \times 10^{3}Ld - 7.8 \times 10^{3}Bd \end{aligned} \tag{6.10}$$

式中：U 为电极间的电压（V）；I 为中空阴极放电电流（A）；Q 为等离子体气体流量（m^3/s）；p 为炉膛的工作压强（Pa）；L 为外弧柱的长度（m）；B 为纵向外磁场的磁感应强度（T）；d 为中空阴极内径（m）。

式（6.10）的适用范围由等离子体气体的最大流量 Q_{max} 和最大压强 p_{max} 决定：

$$Q_{max} = 3.6 \times 10^{-5} + 1.3 \times 10^{-8}I + 1.0 \times 10^{-4}d \tag{6.11}$$

$$p_{max} = 7.8 + 5.7 \times 10^{-3}I - 2.4 \times 10^{2}d \tag{6.12}$$

为了计算等离子体电子束炉的热特性和能量特性，等离子体电子束炉热效率的广义方程为

$$\begin{aligned} \eta = & 24.7 + 2.3 \times 10^{-2}I - 2.3 \times 10^{5}Q - 2.1p - 2.0 \times 10^{-1}p - 8.4 \times 10^{-1}L \\ & - 1.3 \times 10^{2}B - 7.8 \times 10^{-6}I^{2} + 5.8 \times 10^{-1}Q^{2} + 4.4 \times 10^{1}L^{2} \end{aligned} \tag{6.13}$$

6.5.2 精炼铀和高熔点稀有金属的等离子体电子束炉

图 6.16 为 EPP-400 型等离子体电子束精炼炉的示意图[7,9]，包括炉内工作腔室和水平给进的粗铀锭。多个中空阴极 3 产生的电子束同时作用在粗铀锭 2 上（锭料给进机构未示出），熔体从铀锭向下流入水冷铜坩埚 6（熔体接收容器）；料斗上设置有熔体浇注装置，形成精铀锭 7。EPP-400 的主要结构有：熔炼室 1，真空系统 9，主、辅电源 4，天然气和水供应系统，工艺参数监测和控制仪表。安装在炉底 8 上的熔炼室 1 直径为 1600mm、高为 2500mm。容量为 10L 的水冷铜坩埚 6 置于熔炼室中，周围安装了一组由直径为 18mm 的铜管（图中未示出）制成的电磁线圈。线圈有 12 匝，每匝的直径为 420mm，作用是为等离子体电子束放电建立磁场，并对坩埚中的熔融金属进行搅拌。金属由中空阴极热等离子体产生的电子束加热。等离子体电子束加热器通过密封球窝接头安装在熔炼室顶盖上。此外，炉盖上还设置有观察窗。

熔炉的真空系统包括一台 VN300（BH300）型泵和一台最大流量为 5000L/s 的 ARW15000A 型泵。供气系统包括向熔炉供给 Ar 和 O_2 的管道。供电系统包括一台 RNTT300/600 型调压器，两台并联的 TFT250/150 型变压器，以及一台 3000A 的整流器。EPP－400 型等离子体电子束精炼炉的电源功率为 200～250kW。

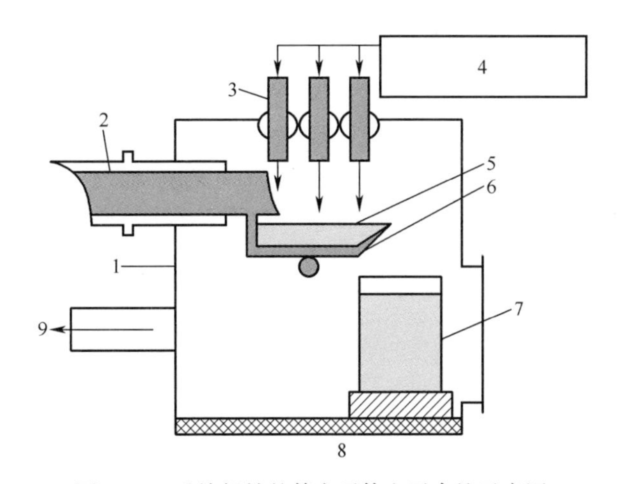

图6.16 重熔粗铀的等离子体电子束炉示意图

1—熔炼室;2—粗铀锭(给进机构图中未示出);3—中空阴极;4—电源;
5—熔融金属;6—具备机械浇注功能的熔体接收容器;7—精炼铀锭;8—炉底;9—真空管道。

粗铀精炼的目的是通过在熔体中发生氧化反应,除去存在于粗铀锭中的多余碳和氧。氧化剂可以是 U_3O_8 中的结合氧或者外部通入的氧气。

在第一种方案(无进料机构)中,35~43kg 粗铀装入坩埚中,将精炼炉内的气压抽至1.3 Pa,引入等离子体阴极并开始运行,将原料熔融1h。在此过程中,粗铀中残余的碳与氧发生反应。铀锭熔化和脱气完成后,通过螺旋进料器从料斗(图6.16中未示出)再加入占铀锭质量4%~10%的 U_3O_8,具体加入量取决于粗铀锭中的碳和氧含量。U_3O_8 的加入在降低加热功率使熔体表面冷却下来之后进行,以避免熔体从坩埚中飞溅出来。精炼结果如下:金属回收到精锭中的比例为95.6%~96.7%;熔化时间为12~17h,即熔化速率为2.3~3.5kgU/h;杂质含量(质量分数,因熔化过程和取样点的位置而有所不同):C 为 $(2\sim10)\times10^{-2}\%$;Fe 为 $(2\sim5)\times10^{-3}\%$;Ni 为 $(2\sim2.1)\times10^{-3}\%$;Si 为 $(0.7\sim1.3)\times10^{-3}\%$;Al 为 $(0.3\sim3.6)\times10^{-3}\%$;Cu 为 $(0.2\sim2.5)\times10^{-3}\%$;Mn 为 $2\times10^{-4}\%$;Cr 为 $3\times10^{-3}\%$;B 为 $(2\sim2.4)\times10^{-5}\%$;N 为 $(0.4\sim3.7)\times10^{-2}\%$。

在20世纪70年代,用于生产铀-石墨反应堆燃料元件的金属铀须满足一定的技术规范要求。将碳热还原工艺得到的精铀锭的化学组成与该技术要求进行了对比,结果表明,在等离子体电子束炉精炼碳热还原粗铀的过程中,U_3O_8 的使用使碳含量从2%~2.5%降低到0.02%~0.12%,这样的精铀锭满足技术要求。然而,这种精炼过程比较耗时,因为 U_3O_8 在熔体中扩散的过程相对较慢。因此,在粗铀精炼的进一步实验中使用了氧气。氧气通过水冷铜管通到熔体表面上。采用这种工艺之后,粗铀精炼获得的结果是:用于精炼的粗铀锭质量为56~

107kg；铀向精铀锭的转化率占 97.5%～98.8%；熔融时间为 3～6h；熔融速率为 15～20kgU/h；杂质含量（质量分数，因熔融过程和取样位置而有所差异）：C 为 $(5\sim11)\times10^{-2}\%$；Fe 为 $(0.4\sim6.9)\times10^{-3}\%$；Ni 为 $(2\sim3)\times10^{-3}\%$；Si 为 $(4.7\sim9.9)\times10^{-3}\%$；Al 为 $(1.0\sim3.0)\times10^{-3}\%$；Cu 为 $(2.0\sim3.0)\times10^{-3}\%$；Mn 为 $(1.5\sim2.1)\times10^{-4}\%$；Cr 为 $3\times10^{-3}\%$；B 为 $2\times10^{-5}\%$；N 为 $(0.4\sim9)\times10^{-2}\%$。在这项实验中，碳通过燃烧并以 CO 形式去除的速率显著提高。

精炼得到的金属铀在真空感应炉中熔化后按照标准尺寸（直径为 200mm，长度为 900～1000mm）铸锭。然后，该锭在轧钢厂被轧制成直径为 39.1mm 的棒材，再切割成长 105mm 的坯料。坯料在密闭的自动生产线上被加工成燃料元件。在加工过程中对芯块进行了抽样，并检测产品的几何尺寸和化学组成。

碳热还原铀加工燃料芯块在密闭环境中进行：温度为 600℃，真空度为 0.133Pa。然后在芯块上镀一层镍，侧面厚度为 3～7μm，端面厚度为 5～15μm。芯块被装入铝合金包壳，校准后经过加热脱气在真空（0.0133Pa）环境下用电子束焊接，成为燃料元件。燃料元件表面上沉积一层保护性阳极氧化膜，并对其几何尺寸以及与包壳配合的程度进行了检测。此外，在燃料元件中还需要控制芯块与包壳之间的结合强度，测量结果令人满意。

用等离子体电子束装置加热金属在一定程度上与电子束装置加热类似。图 6.17 为等离子体电子束装置的基本方案，用于熔炼等离子体碳热还原铀氧化物得到的粗铀锭。图 6.17（a）为两支中空阴极等离子体炬产生两束电子束 1 熔炼

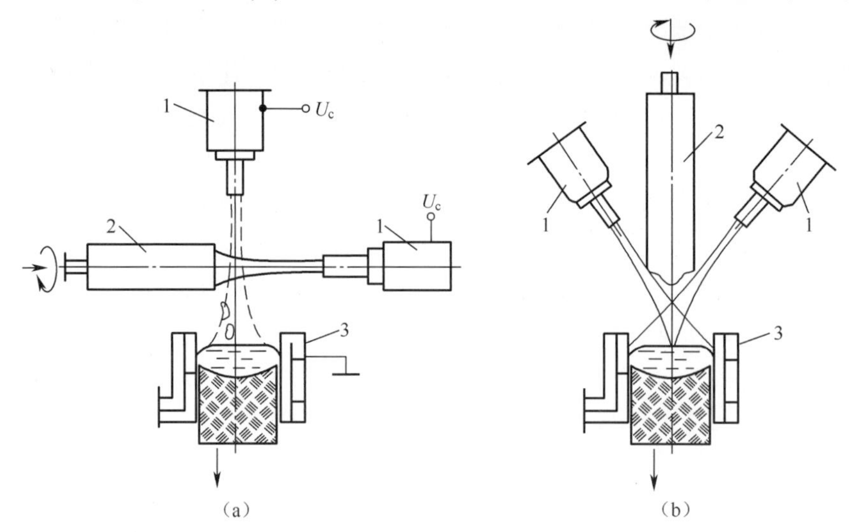

图 6.17　等离子体电子束炉炉示意图

（a）水平给料；（b）竖直给料。

1—中空等离子体阴极；2—被重熔的坯料；3—模具。

粗铀锭 2 的精炼炉的示意图。铀锭沿水平方向在转动的同时进入熔化区。一支等离子炬水平放置,对准铀锭的端部;另一支竖直放置,作用在铀锭的侧面上。铀锭的转动使熔化过程比较均匀。熔融金属浇注到模具 3 中,凝固后形成精铀锭。模具下方可以连接拉锭设备。

粗铀锭竖直给料精炼炉如图 6.17(b)所示。如同前一种方案一样,这种等离子体电子束炉与相应的电子束装置类似。粗铀锭在转动的同时向下移动,下端被从侧面作用的两束等离子体电子束加热熔化。形成精铀锭的方式也与图 6.17(a)相同。坯料的尺寸取决于模具的尺寸,并可以根据客户的要求定制。现代等离子体电子束精炼炉的功率达 0.5MW。

在研究堆燃料元件使用的合金和金属间化合物中,U-235 含量(质量分数)为 0.7%~93%。关于金属铀的现行规范列于表 6.7[11]。其中,杂质总含量不超过 1500mg/g,总硼当量不高于 2.5。

表 6.7 用于制造核燃料元件的精铀锭中杂质含量的上限(μg/g)

B	0.2	Cu	20
Cd	0.6	Sn	5
Li	1	Pb	10
C	550	Si	100
Al	50	Mg	10
K	50	Mo	50
Na	15	P	100
Ca	100	Be	1
Zr	100	Ag	1
Co	3	Mn	10
Ni	100	W	50
Fe	200	V	50
Cr	50		

6.6 等离子体碳热还原铀氧化物的技术和工艺现状

水冶厂精制后得到的铀氧化物原料可以直接通过等离子体碳热还原工艺得到金属铀。然而,到 20 世纪 70 年代人们对这项工艺没有进行充分研究,其中的原因之一是受当时等离子体技术发展水平的限制。因此,为了研发等离子体碳热还原工艺,必须同时开发等离子体炬并使其能够与当时的电源相匹配。在从铀氧化物转化到金属铀的两阶段(粗铀生产和精炼)中,最薄弱的环节就是粗铀锭的获取,因为粗铀中含有大量的碳和氧,这为精炼带来了许多问题。在当时,粗铀生产阶段的主要困难就在于冶金等离子体炬的技术水平不高。

当时的冶金等离子体炬具有的主要缺陷是功率较低而且电极寿命短。因此,在得到的金属产物中含有来自等离子体炬结构元件的金属杂质。在过去的20年中,电弧等离子体炬的技术水平得到了显著提高,尽管自1986年以来,苏联/俄罗斯的等离子体炬技术开发项目几乎依然停留在国家研发机构中,很多工作按照之前的惯性进行。然而,欧洲和美国的一些公司却将(苏联及后来的)俄罗斯科学院西伯利亚分院热物理研究所在20世纪70年代提出的概念和设计方案付诸实践,开发了新型等离子体炬。因此,今天在等离子体碳热还原铀氧化物的第一阶段——获得粗铀锭的过程中已经没有必要再去开发专门的等离子体炬了,市场上有各种转移弧型冶金用等离子体炬,从中选取功率水平和电极寿命满足需要的即可。

如第2章所述,功率大于1MW的电弧等离子体炬采用管状铜合金电极(铜与锆、银、铬等的合金),在某些情况下也使用石墨。图6.18为冶金用等离子体炬的示意图,其中电弧7闭合到熔体8上。等离子体炬的电路包括晶闸管整流器1、振荡器2、开关3;等离子体炬包括管状内电极阳极4、气体通入装置5、阴极(喷嘴)6。

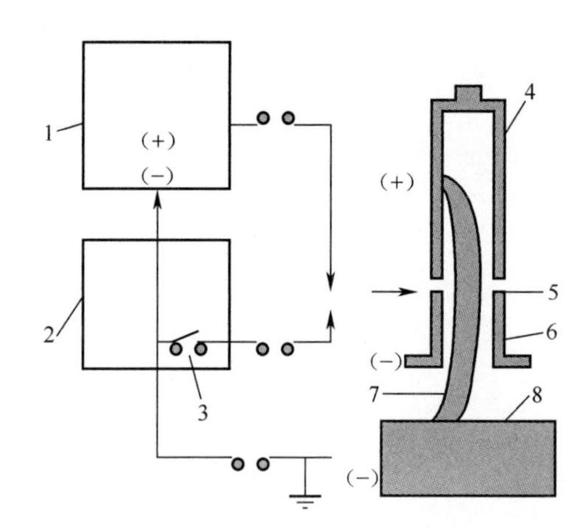

图6.18 转移弧型冶金等离子炬与电源的示意图

1—晶闸管整流器;2—振荡器;3—开关;4—等离子体炬阳极;
5—工作气体通入部件;6—阴极(喷嘴);7—电弧;8—熔体。

图6.19示意性地给出了等离子体能源公司[12]的管状电极冶金等离子体炬。该等离子体炬具有管状内电极(阳极)、绝缘件、工艺气体通入部件,以及用

于引燃电弧的阴极(喷嘴)等。电弧引燃之后被拉出到熔池上。内电极中的涂黑部分表示阳极弧斑与阳极表面接触的区域;此区域的范围可以根据等离子体炬的工艺参数和等离子体气体的流量而改变。

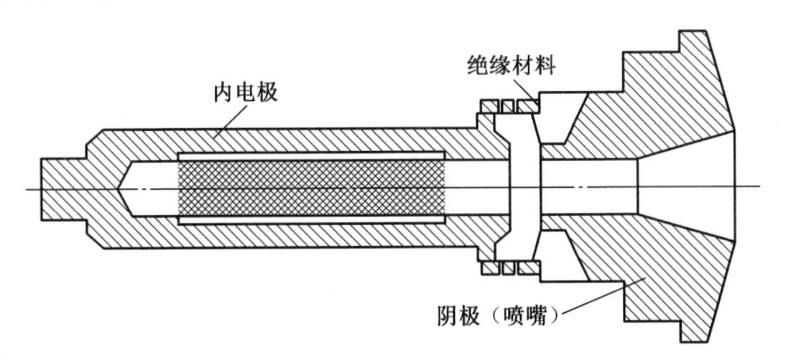

图6.19　等离子体能源公司的管状电极冶金等离子体炬示意图
(电极内表面涂黑部分为阳极弧斑与阳极接触的区域)

目前,电弧等离子体炬的电源、气体和冷却水供应方案已经发展成熟并实现标准化,如图6.20所示。冶金用电弧等离子体炬的电源电路也是标准化的,包括三相电源和电源辅助设备、开关设备、整流电源以及控制系统。控制系统具有控制面板,实现等离子体炬和物料流的控制、等离子体炬的启动以及气、水供应系统的调节。

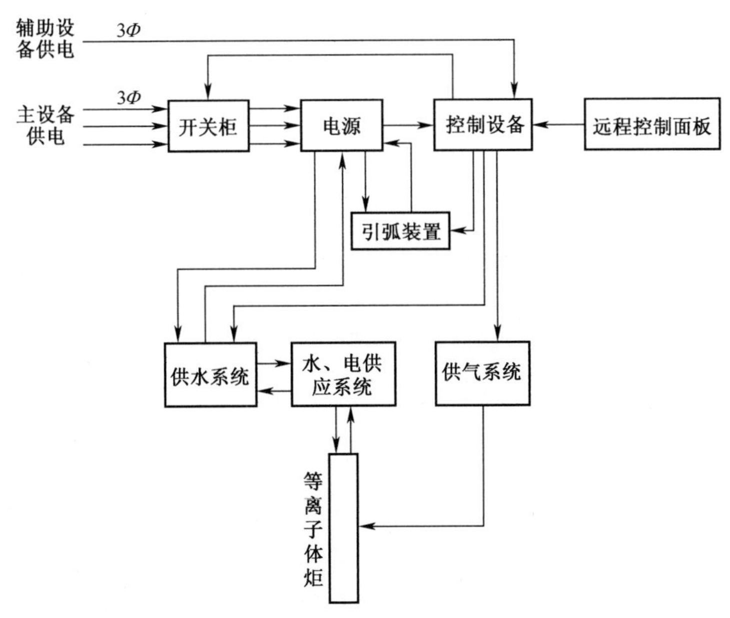

图6.20　冶金等离子体炬的水、电、气供应总体方案

等离子体炬的气体供应系统(图 6.21)包括气体入口调节阀、过滤器、测量气流压强的仪器仪表、流量计、控制阀前后的压力传感器、压力表等。这样的系统可以为等离子体炬提供流量稳定的气流,对等离子体炬的电极进行充分散热,避免其温度过高。

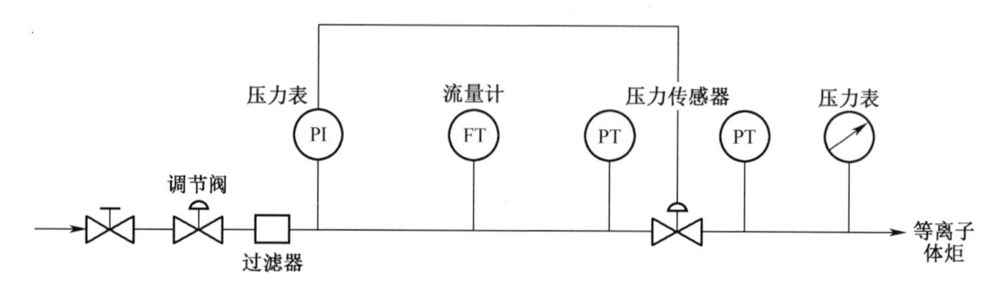

图 6.21　工业规模冶金等离子体炬的气体供应方案

等离子体炬的闭式冷却系统(图 6.22)包括冷却水储罐、低压泵、过滤器、高压泵和换热器等。使用高压水可以对等离子体炬的电极进行更有效冷却。冷却系统按照预定模式对等离子体炬的所有需要水冷的部件进行冷却。

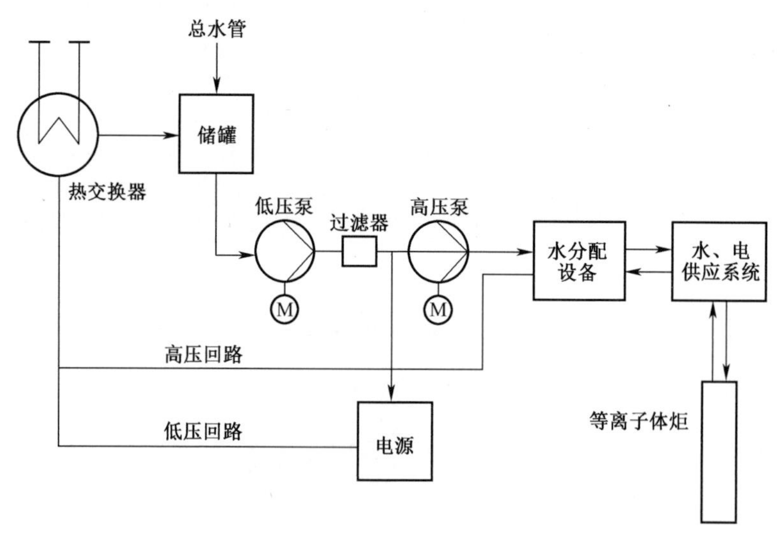

图 6.22　工业规模冶金等离子体炬的冷却水供应方案

等离子体能源公司(PEC)等离子体炬的管状电极由铜合金制成,功率在 250~4500kW 的范围内可调;电极间电压为 600~900V,电流为 420~5000A[13]。联合碳化物公司的冶金等离子炬(联合碳化物-林德炬)的结构和工作原理与 PEC 炬类似,功率达到 750kW(见第 2 章)。使用这些等离子体炬,可以建立功率为数兆瓦、电极使用寿命可以接受的粗铀生产装置,获得粗铀锭。粗铀锭不仅可以使用等离子体电子束装置精炼,也可以使用传统电子束装置精炼。

6.7 基于冷坩埚的电冶金技术现状

原则上,铀氧化物碳热还原也可以采用基于冷坩埚的技术和工艺,利用原料自身具有的或者感应加热产生的导电性加热 U_3O_8+xC 原料。目前,高频感应冷坩埚技术已经用于合成无氧陶瓷(碳化物、氮化物和各种复合化合物陶瓷,见第7章);低频感应技术则用于熔化氧化物陶瓷材料[14]、以氟化为原料通过金属热还原法大规模生产锆和铪,以及精炼各种稀土金属和合金(详见第14章)。以断续或连续模式进行金属冶炼和精炼的冷坩埚,以及合成无氧陶瓷材料的感应加热装置和冶金炉的示意图参见第7、8和14章。原则上,这些工艺和设备都可以用于碳热还原铀氧化物的大规模生产,但是必须开展相应研发工作以解决特定的工艺和设备问题。为此,20世纪七八十年代大量研究工作被付诸实施;目前,等离子体和感应加热设备的类型已经非常丰富。20世纪80年代出现了利用频率为数千赫电流工作的冶金冷坩埚,如用于生产Zr、Hf和稀土金属(包括Sc);在同一时期还出现了金属-电介质反应器,可以透过无线电频率范围内的电磁辐射,用于高温合成无氧陶瓷、熔融氧化物陶瓷,甚至实现放射性废物的玻璃固化。另外,研究者们还建立了等离子体与感应加热结合的设备,解决化工工艺和冶金工业中的问题。此外,兆瓦级设备已经建立起来,并且实现工业应用。这些研究成果将在以后的章节中提出。这些设备也非常有可能用于碳热还原铀氧化物的工业生产。

6.8 适用于天然铀和回收铀氧化物等离子体碳热还原的技术现状

为了缩短核燃料循环路径并解决与之相关的环境问题,研究者们开发了碳热还原铀氧化物的技术和工艺。对这些研发活动进行的分析,以及对高温下 $UO_2(U_3O_8)-C$ 体系的热力学分析的结果表明,等离子体碳热还原技术对于核纯级铀生产的实际应用而言,在理论和工艺方面均不存在局限性。因此,应当基于等离子体技术当前发展的水平,考虑如何建立这种大规模冶金转化过程。

显然,为了获得金属铀,应该着重将 U_3O_8 这种天然铀和回收铀的稳定化合物作为原料。原料 U_3O_8+xC 经过预处理、压制成型和相应的热处理之后,其化

学组成类似于 UO_2+2C。

前面所述的两种方法都适用于氧化铀原料的碳热还原:等离子体竖炉和类似于冷坩埚的感应炉。等离子体竖炉碳热还原工艺已经达到中试水平,系统采用了具有电流调节功能的标准直流电源、直流电弧等离子体炬和标准开关设备。在基于冷坩埚形式感应加热还原铀氧化物方面,仅实现了电源的标准化,因为冷坩埚的参数取决于物料的电物理性质和化学特性,这些必须通过实验确定。因此,在目前阶段,建议将等离子体竖炉作为还原铀氧化物获得粗铀锭的主要工业设备。竖炉的方案如图 6.9 所示,至少安装了 4 支等离子体炬。当铀产量为 0.5tU/h、整体能耗为 3kW·h/kgU 时,竖炉的功率为 1.5~1.6MW。单支等离子体炬的功率约为 400kW。等离子体气体为 H_2 或 H_2 与 Ar 的混合气。竖炉运行模式为连续或半连续,取决于拉锭方式。

在碳热还原法得到的粗铀锭中,碳和氧的含量均超过 550ppm(表 6.7),需要进一步精炼(在等离子体电子束炉中重熔)。因此,粗铀锭被运送到等离子体电子束炉中。

基于上述中空阴极热等离子体产生真空电子束放电的方案,人们建立了功率高达 500kW 的等离子体电子束精炼炉,实现了金属和合金的高品质真空精炼,并且由于熔化过程中脱气效率高使合金成分的损失达到最小。苏联中央有色金属研究所(CRSIFM)开发了一种用于真空等离子体重熔高合金钢和合金锭的精炼炉,其结构如图 6.23 所示。这种功率为 1.5MW 的精炼炉采用两束等离子体电子束加热。等离子体炬的电流强度高达 3kA,模具直径为 250mm。CRSIFM 设计并制造了上述参数的精炼炉,计算得到的铸锭质量高达 3t[15]。

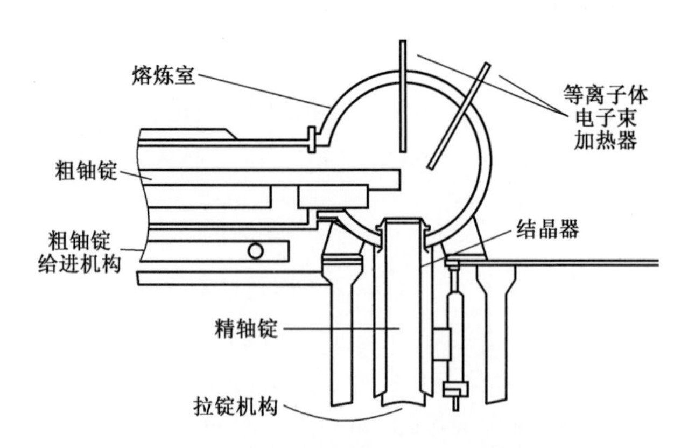

图 6.23　在真空环境下采用等离子体重熔生产钼、钛、高合金钢及其他合金的等离子体电子束炉

因此,对于由天然铀和回收铀精制后获得的 U_3O_8,在采用等离子体碳热还

原后,其产物一旦纳入核燃料循环,将消除如下生产或采购环节:UO_2 生产,氢气还原 U_3O_8,UF_4 生产,UO_2 被氟化氢氟化,氟化氢(或氢氟酸)的生产或购买,钙(或镁)的购买和精炼,金属热还原 UF_4,金属燃料核反应堆燃料棒的生产以及其他辅助操作。这样不会增加残留有铀的氟化物矿渣(CaF_2、MgF_2)的产量,而这正是铀生产厂环境问题的来源。

此外,在激光铀同位素分离技术实现应用之后,精炼获得的铀锭也可以送到浓缩厂生产富集 U-235 同位素的浓缩铀。

参考文献

[1] Н. Н. Пономарев-Степной, Г. Л. Лунин, А. Г. Морозов, В. Г. Кузнецов, В. В. Королев, В. Ф. Кузнецов. Легководный ториевый реактор ВВЭР-Т. Атомная энергия, 1998, т. 85, вып. 4, с. 263-277.

[2] Ю. Н. Сокурский, Я. М. Стерлин, В. А. Федорченко. Уран и его сплавы. М. Атомиздат, 1971.

[3] H. A. Wilhelmi, J. K. McClusky. Uranium Metal by Carbon Reduction of Oxide. J. Metals, 1969, December, p. 51-56.

[4] B. Koppelmann. Materials for Nuclear Reactors. N. Y. Mc Graw Hill Book Co. , 1959.

[5] J. O. Gibson, R. Weidman. Chemical Synthesis via the High Intensity Arc. Chem. Engin. Prog. , 1963, V. 59, N. 4, p. 53-56.

[6] А. Д. Свенчанский, И. Т. Жердев, А. М. Кручинин, Ю. М. Миронов, А. Н. Попов. Электрические промышленные печи: дуговые печи и установки специального нагрева. М. Энергоиздат, 1981.

[7] Ю. Н. Туманов, А. В. Носиков, А. М. Кручинин, А. Ф. Галкин, Б. В. Потапкин, М. А. Деминский, Г. В. Белов. Бесшлаковый процесс плазменного карботермического восстановления урана из оксидного сырья. Физика и химия обработки материалов, № 6, с. 46-54, 2000.

[8] Toumanov I. N. , Nosikov A. V. , Krouchinin A. M. et al. Plasma Metallurgy of Uranium: 1. Carbothermic Reduction of Uranium from Oxide Raw Material. In: 15 InternationalSymposium on Plasma Chemistry, July, 9-13, 2001, France, Orleans. Symposium Proceedings, v. VIII, pp. 3309-3314.

[9] Toumanov I. N. , Nosikov A. V. , Krouchinin A. M. et al. Plasma Metallurgy of Uranium: 2. Plasma-Electron Refining of Carbothermal Uranium. In: 15 InternationalSymposium on Plasma Chemistry, July, 9-13, 2001, France, Orleans. Symposium Proceedings, v. VIII, pp. 3315-3320.

[10] М. Я. Смелянский, А. М. Кручинин. Некоторые вопросы применения плазменных источников тепла в современной металлургии. В сб. Плазменные процессы в металлургии и технологии неорганических материалов. Под ред. Н. Н. Рыкалина. М. Наука, 1973, с. 143-151.

[11] Уран металлический. Рекламный проспект АО Новосибирский завод химконцентратов, NUCTEC-95, Москва, 1995.

[12] Plasma Torch PT-50C Manual 4002 / Plasma Energy Corporation.

[13] Arc Plasma Processes /A Maturing Technology in Industry. UIR Arc Plasma Review. International Union for Electroheat. Tour Atlantique-Cedex 6. Paris-La-Defense, 1988.

[14] Ю. Н. Туманов, С. В. Кононов, А. Ф. Галкин. Высокочастотные индукционные процессы получения тугоплавких соединений, редких металлов и прецизионных сплавов. М. Департамент исследований Минатома РФ, 1998.

[15] Вакуумно-плазменный переплав. Рекламный проспект ЦНИИчермет им. И. П. Бардина, 1992.

第7章

高频感应技术合成用于核工业的碳化物和硼化物

7.1 引言:材料科学发展中的问题

现代科学技术的发展需要不断开发新材料、改善现有材料的性能并提高产量。这种需求不仅针对金属和陶瓷,还同样适用于复合材料。目前机械加工行业面临的主要是材料问题。显然,机械和结构的使用寿命不是取决于许用应力,而是局部应力。对于在工作应力和残余应力及其集中条件下,受到与温度和时间有关的力作用下的结构和部件,局部应力决定其低周与高周疲劳、静态断裂和脆性断裂、循环响应、腐蚀和侵蚀开裂等。不过,对机械部件采用激光硬化、沉积硬质材料保护涂层或功能涂层以及等离子体表面改性等增强工艺之后,使用寿命可以延长3~4倍,甚至达到10倍。

目前,机械加工行业正逐渐采用轻质金属,如钛、铝、镁等。与传统钢材相比,钛镁合金具有优良的强度,并且不再需要防腐蚀处理。事实上,金属材料在现代技术中的作用无法低估;并且,各个领域的研究和设计人员对陶瓷材料的兴趣也与日俱增。本章讨论的主题是新型耐热和抗冲击陶瓷材料。从目前趋势来看,在未来几年内陶瓷将与金属、聚合物和黏结材料一起成为重要的结构材料。特种工艺陶瓷的基础是各种化合物,包括氧化物、碳化物、硼化物、氮化物、硅化物、铝硅酸盐,以及这些化合物的复合化合物。人们对镁、铝、硅、铍、锆和其他金属的氧化物,硼、硅、钛、铬的碳化物,硼、硅、钛的氮化物在不同领域中的应用表现出了极大兴趣。其中一些化合物已经在机械工程和工具行业得到了应用。因此,新型燃气轮机的叶片和汽车发动机的部件由氮化硅(Si_3N_4)或碳化硅(SiC)

制成;这些材料还用于制造陶瓷壳体、喷嘴、燃烧室以及活塞、活塞顶、汽缸套、涡轮增压器转子、后板、阀座等部件。基于 $Li_2O-Al_2O_3-SiO_2$、$MgO-Al_2O_3-SiO_2$、$Al_2O_3-SiO_2$ 等体系的复合氧化物的新型陶瓷用于制造热交换器。此外,陶瓷材料还用于加工切削工具,包括切削陶瓷本身的工具。这些陶瓷材料包括氧化铝(Al_2O_3)、氧化锆(ZrO_2)等氧化物、改性立方金刚石状的氮化硼(BN)和氮化硅(Si_3N_4)等。基于碳化物、硼化物、氮化物和氧化物的陶瓷还用于制造裂变反应堆部件和核聚变装置。最后,陶瓷材料也广泛应用于电气工程和无线电领域。

上述陶瓷材料具有诸多显著优势:密度相对较低,强度和硬度高,耐热性好,并且原料来源几乎无限多,因为碳、氮、氧和硅是自然界中最常见的元素。不过,陶瓷制品也具有一些明显的缺陷:比较脆,韧性差。这些缺陷可通过使用超纯超细粉末和合金以及碳化硅和氧化铝纤维增强的方法进行改善。在开发机械零件、加工工具、用于电子和医药领域的材料及部件的加工技术时,人们面临的一项挑战是对源于化工冶金工艺的陶瓷材料进行合成、分析和转化。其中,重要的是氧化物、碳化物、硼化物和氮化物的化学成分和相组成,它们的纯度以及性能,如颗粒的形状和大小、比表面积和堆积密度等。

在发展大多数功能陶瓷及其原材料(化合物及其组分)的生产技术时,应当始终牢记材料的生产方法与其结构和物理性质之间存在紧密的联系。因此,有必要了解在制造过程中哪些物理性能必须达到,需要形成怎样的结构以确保达到这些性能,以及采用何种方法得到所需的结构。

图 7.1 是陶瓷材料的生产过程、材料结构及其物理性质之间的关系[1]。分析该图给出的关系,或者更准确地说,通过对氧化物、碳化物、硼化物、氮化物等各种陶瓷进行统计分析,这些材料的结构与其物理性质之间的关系得到了深入、广泛的研究;然而,如何控制材料结构的问题仍未得到完全解决。因此,在科学研究层面,尤其是工业生产层面上对合成方法的选择远非完美。此外,应该指出的是,当前在人们对陶瓷材料质量不断提高的要求与陶瓷材料生产的科学、技术和生产条件之间存在着矛盾。这种情况尤其适用于无氧陶瓷——碳化物、硼化物和氮化物等。在这一点上,我们关注的是基于电弧炉、石墨管炉和无芯炉等的合成工艺设备,以及用于合成无氧陶瓷制品的原料(氧化物,固体酸等)等。在我们看来,根据能量影响物质和工艺的新原理,有必要也有可能改变这些工艺过程的硬件设计。关于能量影响的新原理,主要讨论的是等离子体和激光加工,以及在不同频率的电磁场内进行感应加热和微波加热的过程。如果能够找到一种具有选择性的工艺,就能够使能量直接作用在反应性化学体系上,使化学物质在高温条件下按照化学计量比进行反应,而无须使用大量过量的化学转化试剂。

外部电磁场,不论是交变的还是恒定的,均会对导体和电介质产生各种各样

图 7.1　陶瓷的合成工艺、结构特征及其物理性质之间的关系[1]

的强烈影响。在外场中,分子被极化,偶极矩形成或增强,分子的结构变形,对称性降低,键长和键角发生改变;并且,分子内部的自由度也会发生变化。在宏观水平上,这意味着物质的熵、热容、内能、热力学势发生了不同程度的变化,并因此反映为反应体系的平衡移动。外场积极与所有均相、异相和液相中的带电成分相互作用,使它们发生预期的甚至是意想不到的变化。等离子体或者近似于等离子体态的体系所发生的变化在文献[2-5]中进行了探讨。在这里,将分析在不同频率电磁场内的凝聚相中发生吸热化学反应的工艺流程。

然而,考虑各种外场均可以对物质的物理与化学性质产生根本性影响,进而影响工艺过程的方向和产物,纯粹的技术因素应当引起关注。利用上述原理,能够扩展原料的范围,特别是使用硅、硼、钛、铌、钽、铀等元素的挥发性化合物(氯化物、氟化物、碘化物、氢化物等)和挥发性转化产物(烃类和氨等)。由于大多数基于这些原理的工艺过程不具有惯性或者可以快速响应,其工作模式(连续、间断连续或者批次)可以根据需求或者便捷性来确定。

本章主要讨论用于核工业的无氧陶瓷材料的生产技术和设备。本章内容包括:在高频电磁场中合成碳化物、硼化物和其他难熔化合物的研究结果,进行高温吸热合成反应的设备的设计数据,以及在实验室、中试和工业设施上开展各种研究的结果。此外,还将讨论在高频电磁场合成或者处理后的材料的相关特性与工艺参数之间的经验和非经验关系,以及关于材料科学研究的成果。如果图 7.1 没有包含这些内容,首先就应该建立图示要素与相关内容之间的关系。

7.2　无氧陶瓷材料在核工业中的应用

目前,无氧陶瓷(碳化物、硼化物、氮化物等)已经广泛应用于工程技术的各个领域,包括核能工程领域。最有前途的碳化物是过渡金属和非金属材料的碳化物。这些碳化物具有很高的熔点和硬度(包括在高温下)、良好的耐热性和耐磨性,再结合其比热容、导电性、磁性、核性质和化学性质,这些材料已经成为能源、电气工程和机械工程中的基础材料。迄今,应用最广泛的一组碳化物是 B_4C、SiC、ZrC、HfC、VC、NbC、Nb_2C、TaC、SiC、WC、W_2C、UC 和 PuC。

在核能行业,应用最广泛的碳化物是碳化硼(B_4C)。这种化合物作为中子吸收材料在运行、在建和规划的核反应堆中用于反应性控制和中子屏蔽[6,7]。此外,碳化硼由于具有优异的耐火性、耐热性、耐腐蚀性、硬度以及相对分子质量小、对热中子的俘获截面高等综合特性,因而成为增殖反应堆乏燃料运输材料的一部分。此外,碳化硼还是含有 Cr、V、Cu 等金属陶瓷复合装甲的组成部分。

然而,碳化硼的应用范围并不仅限于这些领域[8]。这种材料在工程行业还用于研磨双边刀具的焊缝,加工截止阀、活塞环、活塞头、汽缸衬套和表面、齿轮、轴承、注射泵、填料盒、切割和冲压工具、钻头、铰刀、铣刀、曲轴和差速器,精加工铸件、金属表面、光学透镜、棱镜、天然和合成宝石、煅烧刚玉、石英、陶瓷和矿物质,以及超声钻孔等。

在上述碳化物之外,还应该关注 U、Pu 和 Th 的碳化物。对快中子核反应堆而言,这些材料是很有前景的高温核燃料。

在核能领域,还有一些金属的碳化物广泛用作核反应堆的保护涂层[9]。这些保护涂层通过爆炸喷涂沉积到核反应堆的各种部件和相关设备上。通常,Cr、W、Ti 的碳化物与镍铬合金黏结剂相结合用于此类目的。在这方面,应用最广泛的碳化物与合金具有如下组成:65% Cr_3C_2+35% NiCr,80% Cr_3C_2+20% NiCr,83% $Cr_{23}C_6$+17% NiCr,25% WC+5% Ni+70%(W、Cr 碳化物的混合物),83% WTiC+17% Ni。此外,Cr、W、Ti 的碳化物还用作燃气轮机叶片和喷气发动机承受热应力的部件的保护涂层。

碳化钽(TaC)和碳化锆(ZrC)常作为添加剂用于碳化钨超导带材中,或者用于在严苛条件下工作的热电偶合金中[10]。

碳化硅(SiC)在常规和特殊机械工程领域均得到了广泛应用。这是一种具有共价键的难熔材料,耐高温,硬度较高。碳化硅的特殊电气特性还使其可以作为加热元件和压敏电阻。碳化硅在机械工程中应用范围广的原因在于其硬度高和热物理特性好。

机械加工行业还使用了其他硬质合金材料,尤其是碳化钛(TiC)。碳化钛的电阻率随着碳含量的降低而增大(在 25℃,对于 $TiC_{0.95}$,$\rho=61\mu\Omega\cdot m$,而对于 $TiC_{0.62}$,$\rho=147\mu\Omega\cdot m$)。同时,霍尔常数和电阻系数绝对值的变化趋势则相反。电阻率和霍尔系数随温度的升高而增大表明碳化钛具有类似于金属的导电性。根据测试方法的不同,TiC 特征温度的范围为 340~660℃。TiC 具有较低的功函数,并随着碳含量的降低而急剧下降。在 20℃,TiC 的摩尔磁化率因碳含量的不同而呈几十倍的差异。

另一类很有前景的无氧陶瓷材料是硼化物。Ti、V、Nb、Ta、Mo 的二硼化物可以用于核能设备加工,用作耐热硬质合金生产的切削工具,作为研磨机的耐磨材料,以及熔融金属的难熔材料。

用于生产碳化物及相关化合物(如硼化物)的设备通常有电弧炉、管状石墨炉和无芯感应炉;原料采用含氧和其他化学元素的化合物以及各种形状的碳颗粒。使用这些设备无法实现目标产物的高收率,其工作原理决定了难以灵活调节合成工艺和产物性质,因而这些产物的化学组成和相组成在总体上通常是不均匀的。能量对物质和工艺过程产生影响的新原理,尤其是高频技术对各种原材料进行加热,为替代传统技术创造了机会。

应当注意的是,在过去十年中,使用挥发性化合物(氯化物、氟化物、氢化物)原料和等离子体技术制备无氧陶瓷(碳化物、氮化物)粉末的研究工作大量涌现出来。这些工作的主要方向是获得颗粒具有特定形貌的细分散(微米及亚微米)粉末。这种粉末材料的成本随着颗粒粒径的减小显著增大。有关这种无氧陶瓷制备技术的发展将在下面进行讨论。

7.3 高频等离子体气相合成无氧陶瓷

高频等离子体技术用于合成无氧陶瓷材料,如 P、Si 和 Ti 的碳化物,以及某些硼化物和氮化物。为了基于上述原料合成功能陶瓷,原材料的形态往往是粒度为 0.1~1μm 的均匀粉末,比表面积达 10~100m^2/g,并且纯度很高。

高频技术用于等离子体合成陶瓷材料时,最常用的是高频感应等离子体发生器,通过容性或感性高频放电产生的具有化学活性的等离子体。放电频率为 0.44~13.56MHz,性质是容性还是感性取决于其两个分量(电分量(E 放电)和磁分量(H 放电))的相对大小。对于典型的 H 放电,电场强度为 5~50V/cm,电流强度为 10^2~10^4A,并形成闭合结构。对于典型的 E 放电,电场强度为 10^2~10^3V/cm,其电流路径是开放的。在这样的放电形态中,电流强度相对较小,为 5~50A,电极间的电压为 5~20kV,功率约为 100kW。

在合成无氧陶瓷材料的应用中,高频感应等离子体炬(HFI)常用的频率为 0.44MHz、1.76MHz、5.28MHz、13.56MHz 和 27.12MHz。除 13.56~27.12MHz 之外,以其他频率进行放电时电磁场的磁分量都占据主导地位,因此这些放电属于 H 放电。H 放电是高频电源与负载(放电)通过感应耦合形成,在放电中产生闭合电流作为封闭的环路,电流强度可以达到成百上千安。当频率为 13.56MHz 时,放电产生的电磁场中电分量与磁分量的大小近似相等,所以这个频率可以用于产生感性放电,也可以用于容性放电。容性 HF 放电被用于在10~50MHz 的频率范围内产生等离子体。在这种放电形态中,电流作为偏置电流闭合到外部环状电极上。

高频等离子体合成无氧陶瓷粉末的工艺具有如下突出优点:反应空间内的

高温和化学活性物质(不同级别激发态的原子、分子、活性基团和离子等)的高浓度使气相合成反应速率高;目标产物的收率高;有可能在反应区建立非平衡条件进一步提高产率;可以通过蒸馏、选择性吸附和膜技术预先净化气相反应物。此外,技术和原理上还可能对产物进行急冷,阻止等离子体化学反应产生的颗粒进一步生长。

在气相合成无氧陶瓷材料如碳化物、硼化物和氮化物时,需要反应物在等离子体中停留的时间比合成类似氧化物材料更长。出于这个原因,高频感应放电比电弧放电更适合,因为用于产生 C-H 和 C-N 等离子体时,反应物在高频感应等离子体炬的放电区中停留的时间,比在非转移弧型电弧等离子体炬的放电区中停留的时间至少长 1 个数量级。尽管高频技术在化工合成领域中得到了各种各样的应用,但是除了一些特例之外这类工艺等离子体设备基本上都属于典型装置。作为这种工艺和装置的一个典型案例,给出文献[11]的研究结果。

合成无氧陶瓷的高频等离子体反应器的方案如图 7.2 所示。反应器包括气

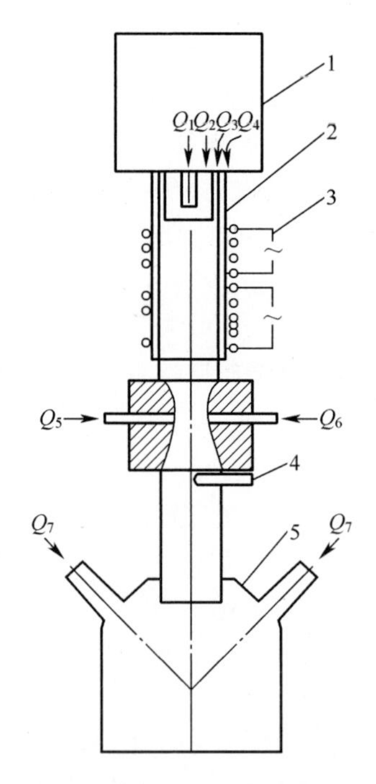

图 7.2 制备无氧陶瓷材料的等离子体反应器示意图

1—气体分配喷嘴;2—等离子体炬(反应器);3—高频电源及感应器;4—温度测量管(氧化铝管);5—产物急冷沉降室(产物接收容器);Q_1—载气(Ar);Q_2—等离子体气体(Ar);Q_3—稳流气体(Ar);Q_4—Ar(冷却气体);Q_5—原料气(SiH_4);Q_6—原料气(NH_3);Q_7—急冷气体(N_2)。

体分配喷嘴 1、高频感应等离子体炬 2(由电介质材料放电室和高频电源 3 及感应器组成),反应产物急冷沉降室 5 和用于分离粉末与气体的过滤器。此外,图中还包括温度测量管 4。

制备工艺按照标准流程进行。等离子体形成气体(Ar 与 N_2 的混合气或者纯 Ar)沿切向通入等离子体炬 2 的放电区;等离子体炬由高频电源 3 供电。作为进料装置的水冷管从气流分配法兰的轴线插入等离子体炬内,将反应物颗粒直接输送到放电区域的中心位置。此外,水冷管还用于引发等离子体放电。在文献[11]中,等离子体炬的内径为 0.05m,用压缩空气冷却,放电区域的长度约为 0.1m。电源——高频发生器的功率为 40kV·A,振荡频率为 4~6MHz。通入图 7.2 所示等离子体装置的气体和反应物的种类与流量汇总在表 7.1 中。反应物(Q_5、Q_6)以 10~30m/s 的流速从水冷反应器的同一截面上沿切向通入等离子体中。反应物在反应器的扩张段与等离子体发生剧烈反应,然后气体和反应产物进入急冷室。反应器出口处的气流温度可以用光学高温计间接测量。高温计聚焦在气流中的氧化铝管的端部。通过调节氮气流量 Q_7 的变化,将急冷温度控制在 200~700℃ 的范围内。反应器中的最大压强为 2atm。该装置具有铜外壳,以保护操作人员免受电磁辐射和紫外线辐射的伤害。

表 7.1　图 7.2 中等离子体装置的气体流量

气体符号及种类	气流量/(L/min)	用　途
Q_1,Ar	1~3	载气
Q_2,Ar	3~15	等离子体气体
Q_3,Ar	10~50	稳流
Q_4,空气	>1	冷却
Q_5,SiH_4	3~30	反应物
Q_6,NH_3	3~30	反应物
Q_7,N_2	15~150	急冷

高频感应等离子体制备无氧陶瓷的工艺流程如图 7.3 所示。气体供应系统(通过混合器 1)以所需的 Ar 与 N_2 的比例向等离子体炬通入气体,为急冷室通入氮气。液体原料,如 $SiCl_4$,由泵 5 输送到蒸发器 6 中,流量可达 3L/min。反应物的蒸气与载气混合后通入反应器 10 中,避免反应物进入反应区之前发生冷凝。固体物料通过活塞式送粉器 7 以 0.0005~0.4kg/h 的速率送入等离子体中。气体与颗粒物通过沉降室 12 和过滤器 13 实现分离。反应产物被气流夹带到沉降室中,少部分沉积在水冷壁上,其余部分被(金属网过滤器,烧结金属过滤器等)过滤系统捕集下来。为了实现气、固相分离,也可以使气流通过沉降室中的惰性液体,然后将洗涤液泵送到另一个过滤器中,分离液体与陶瓷材料颗

粒。对通过过滤器的气体进行洗涤、吸附、吸收等净化,确保排放的气体对环境无害。

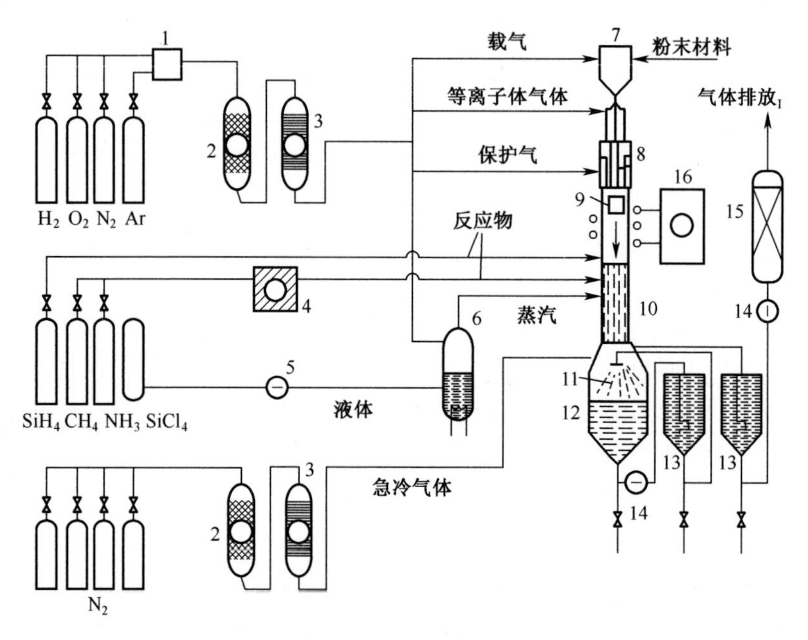

图 7.3　等离子体合成无氧陶瓷材料的工艺流程

1—气体混合器;2—吸附器;3—干燥器;4—分子筛;5—计量泵;
6—蒸发器;7—送粉器;8—气体分配器;9—等离子体;10—反应器;11—急冷室;
12—沉降室;13—过滤器;14—泵;15—洗涤器;16—高频电源。

为了获得可重现的结果,设备上安装了大量测量与控制仪器。为了避免感应器的电磁辐射对其这些仪器造成干扰,试验装置上采取了屏蔽措施。表 7.2 给出了典型测量结果,这些参数很容易根据具体工艺要求进行调节。

表 7.2　等离子体装置的工艺参数[11]

参数名称	参数值
电源振荡频率/MHz	4.0~6.0
放电能量密度/(MJ/m^3)	10~50
反应器中能量密度/(MJ/m^3)	5~30
放电的气流量/(m^3/h)	0.5~3.0
通入反应器的气流量(m^3/h)	1.0~5.0
通过过滤器的气流量(m^3/h)	3.0~12.0
反应器出口温度/K	773~1773
急冷区温度/K	473~973
过滤器滤芯温度/K	353~453

这类高频等离子体工艺都存在共同的缺陷:反应产物(碳化物、硼化物以及文献[11]中氮化物等)的产率较低。此外,很多时候还需要对合成的粉末做进一步的热处理,以达到所需的化学组成和相组成、除去粉末中吸附的气体,以及改变粉末的形貌。下面是成功应用上述技术和工艺制备碳化物的一些例子。

7.3.1 合成碳化硼

碳化硼粉末的合成在文献[12]中通过 C-H 等离子体转化气态氯化硼(BCl_3)实现。该化学反应过程由下式描述:

$$4BCl_3(g) + CH_4(g) \longrightarrow B_4C(s) + 4HCl(g) + 4Cl_2(g), \Delta H = 1277kJ \tag{7.1}$$

实验室的等离子体反应器(图 7.4)是安装了水冷套的石英管 2;反应器放置在高频电源 1 的感应器 4 中。反应器上部具有管道 3,用于沿切向通入 Ar,作为 H_2、CH_4 和 BCl_3 的载气,这些反应物气体从感应器下方的水冷混合器 6 通入。反应式(7.1)的产物从反应器进入用水冷却的急冷设备中,然后由过滤器将碳化物粉末从气流中分离出来;随后气流通过吸收剂,吸收其中的 Cl_2 和 HCl。CH_4 与氩等离子体混合产生的 C-H 等离子体转化 BCl_3 的实验结果示于表 7.3。从表中可以看出,B 与 C 在反应物和最终产物中存在比较清晰的相互依存关系。实验获得的最终产物的化学计量组成近似为 $B_{3.9}C$。碳化硼颗粒的

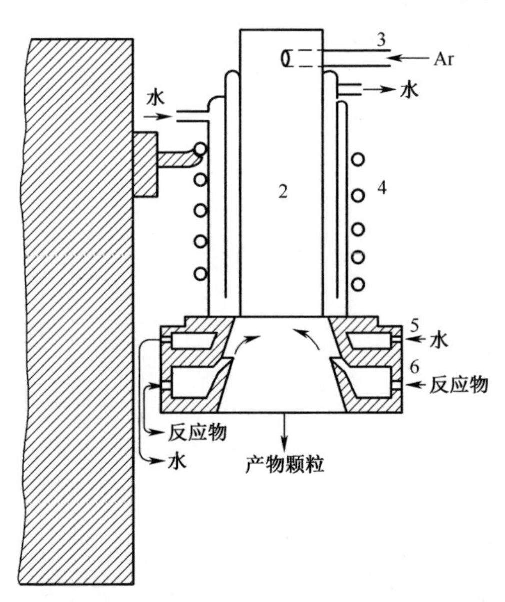

图 7.4　C-H 等离子体转化 BCl_3 合成 B_4C 粉末的高频感应等离子体反应器示意图

1—高频电源;2—石英管放电室;3—Ar 通入管;4—感应器;5—冷却水;6—反应物混合器。

尺寸为270~300nm,颜色为灰色到黑色(取决于颗粒中未与碳化物实现化学结合的碳含量)。这项研究表明,利用高频等离子体使反应物在等离子体中仅停留0.01~0.001s,就能够以高产率实现吸热反应式(7.1)的基本原理和工艺可行性。合成 B_4C 和 TiC 的类似过程在文献[13-16]中也进行了描述。

表 7.3 Ar-C-H 等离子体中转化 BCl_3 合成 B_4C 的实验结果

BCl_3/CH_4(摩尔比)	反应物含量/%		粉末的化学组成/%			粉末中的B/C(原子比)
	BCl_3	CH_4	B	C	B_2O_3	
∞	42.0	—	—	—	—	—
20.7	49.9	65.3	91.2	6.4	0.6	15.8
17.3	54.1	65.8	89.9	7.0	0.8	14.2
12.8	65.8	72.2	89.5	8.5	0.8	11.7
8.1	70.1	75.7	84.3	12.4	1.4	7.5
3.9	95.0	93.4	76.3	21.4	2.0	3.9
注:BCl_3 流量为20g/min,H_2 流量为30.6L/min BCl_3/H_2(摩尔比)=8,高频电源的功率为30kW						

7.3.2 合成碳化硅

在利用氧化物原料颗粒与C-H等离子体反应定量合成碳化物方面,研究者们进行了大量尝试。然而,从产物的量化产率方面来看,其中大多数已被证明是不成功的,因为这些反应发生在远离放电区的等离子体中,那里的温度比放电区低得多。事实上,通过感应耦合放电区产生C-H等离子体时,炭会沉积在放电室壁上,阻断从感应器向放电区的能量传输,从而导致等离子体衰减甚至放电熄灭。但是,在一些研究中使用了新技术和设备消除了这一缺陷。其中一项研究工作参见文献[17],碳化硅的合成直接在高频感应放电区内进行。这项研究所使用的反应器示意图如图7.5所示。

实验过程按如下步骤进行:首先向放电室6(放置在感应器7中)中通入Ar,引发高频感应放电。然后,通过进料管2通入甲烷,与Ar等离子体混合;待放电区中的放电稳定后,通过进料管3通入 SiO_2 粉末。为了防止在放电室壁上出现积碳,通过多孔壁5向放电区6通入氢气。这样,高频感应放电在混合气 $Ar+CH_4+H_2+SiO_2$ 中进行,合成碳化硅。碳化硅粉末、反应副产物(水蒸气、烟尘)和未反应完全的反应物从反应器中排出后进入急冷区。混合物通过与水冷壁8和反应器内的热交换器9接触实现急冷。冷却后,混合物通过过滤器10,将SiC颗粒与气态物质分离开来。

文献[17]进行的合成反应条件如下:Ar、CH_4 和 H_2 的流量分别为

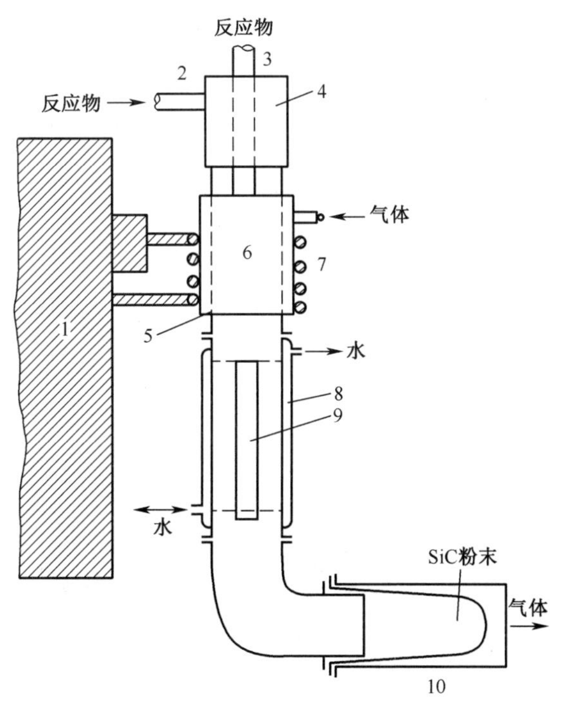

图 7.5 在高频感应放电产生的 C-H 等离子体中合成 SiC 的反应器示意图
1—高频电源;2,3—反应物进料管;4—反应物分配器;5—多孔壁;6—放电区;
7—感应器;8—水冷壁;9—热交换器;10—气固分离过滤器。

0.017m^3/min、0.0011m^3/min 和 0.017m^3/min;SiO_2 颗粒的尺寸为 44~150μm,进料量达 45g/min;高频电源的功率为 9.2kW。在高频感应放电区内合成无氧陶瓷颗粒的工艺具有诸多优势:合成的粉末粒度较小,因此无须进行破碎、研磨等进一步操作;产品纯度高,主要由反应物的纯度决定;反应过程可以以连续方式进行。但是,还必须看到存在的一些主要缺陷,使上述优势大打折扣,即颗粒状陶瓷材料的产率相对较低,需要从未反应或半反应原料的混合物中提取产物颗粒的问题,回收未反应原料,能耗高等。

在研究上述合成硼化物和碳化物材料的高频技术方案的适用性时,我们发现利用高频技术合成这些化合物的另一种方法。该方法将在下面描述,并且作为合成各种无机材料的基础工艺。

7.4 在高频电磁场中合成碳化物材料的原理

1969—1973 年,我们利用对电磁辐射透明的电介质或金属-电介质反应器

(MDR)感应加热氧化物和各种碳,包括过渡形态的碳(炭黑)或石墨块,开发了合成碳化物材料的工艺,接下来的几年内在科学、技术和设备开发等方面均取得了进展[18-28]。该工艺可以按照间断、半连续或连续模式运行。开发这种工艺的最初目的是合成 B_4C,后来扩展到合成其他元素的碳化物和其他化合物(硼化物和各种碳化物)。该工艺示意如图 7.6 所示,通过高频电源与其负载之间的感应耦合实现。反应器 2 可以透过高频电磁场,安装在高频电源的感应器 3 中。在反应器上方是进料装置,其活塞 1 可以沿反应器的轴线往复运动。原料在进料器活塞的推动下从料斗进入反应器。当原料的电导率足以产生感应加热(如果电导率不是足够高,就采用适当措施进行激发)时,启动高频电源就开始加热,随后按照如下总方程合成碳化物:

$$M_xO_y + zC = M_xC_{z-y} + yCO \tag{7.2}$$

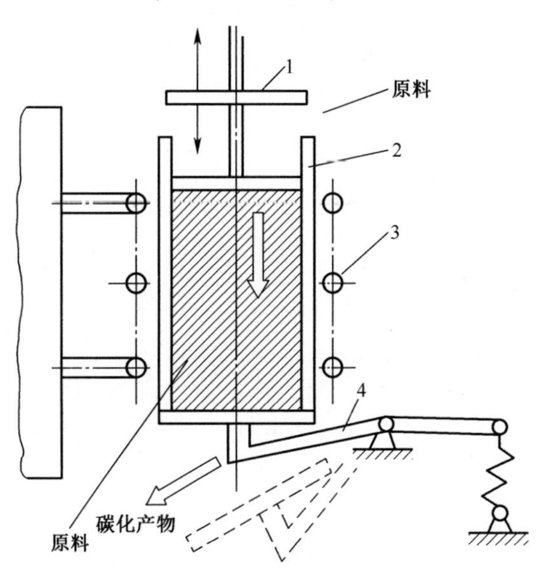

图 7.6　以氧化物和碳为原料在高频电磁场中合成碳化物的装置示意图

1—压实部件(活塞);2—电介质或者金属-电介质复合材料反应器;3—感应器;4—产物排放弹簧阀。

反应器中的原料被感应电流(涡流)加热到 1500~2500K,升温速率和原料的最终温度取决于其导电性,这一特性可以在加热时通过压缩原料进行控制。在感应加热和化学反应过程中,气体从反应器中释放出来,使反应器中原料的密度及其电导率降低,但是对原料进行压实可以恢复这些参数。此外,气态碳氧化物的释放会减少反应器中的原料量,这可以通过加料予以补充;加料速率与合成反应的速率有关。

在活塞和新加入原料的压力作用下,合成的产物在反应器中向下移动。弹簧阀4打开后以坯料形式进入接料斗,其密度取决于材料的特性和活塞施加的力。坯料在接料斗中被破碎或者装入运输容器中。上述碳化硼合成过程的原理描述如下:

$$2B_2O_3(s) + 7C(s) \longrightarrow B_4C(s) + 6CO(g), \Delta H = 1840.5\text{kJ} \quad (7.3)$$

下面分析当电阻率处于“绝缘体-半导体”范围内时描述负载与电磁场相互作用过程的主要关系。该作用过程按照图7.6所示的方案进行。描述该相互作用过程的主要参数近似表示在图7.7中。

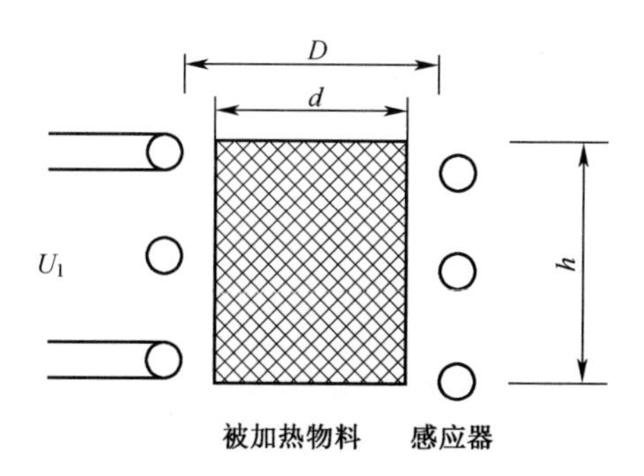

图7.7 高频(HF)电磁场与电介质反应器中的原料相互作用的示意图
D—感应器直径;d—物料直径;h—物料高度;U_1—感应器两端的电压。

反应器中的物料被感应电流加热。感应器两端的电压为U_1,物料中的感应电压为U_2。渗透入物料中的感应电流的特征由透入深度δ(趋肤深度)描述,定义为在该深度处的电流密度衰减至物料表面感应电流密度的$1/e$:

$$\delta = 5.03 \times 10^2(\rho/\mu f)^{0.5} \quad (7.4)$$

式中:ρ为物料的电阻率($\Omega \cdot \text{m}$);μ为相对磁导率;f为感应电流频率(Hz)。

下面讨论感应电流的趋肤深度大于原料半径的情况,即$\delta>d/2$。当温度$T>T_{\text{melt}}$时,频率f可以小于最佳频率f_0(ρ_0为原料的熔点T_{melt}或可以引发化学反应的电阻率)。最佳频率由如下关系确定:

$$f_0 = 10^9\rho_0/5d^2 \quad (7.5)$$

假设通过感应器的磁通量为Φ_1,透入物料的磁通量为Φ_2,这两个物理量的比值由如下方程描述:

$$\Phi_2 = \Phi_1(d/D)^2 \quad (7.6)$$

U_1和U_2定义为

$$U_1 = \text{d}\Phi_1/\text{d}t, U_2 = -\text{d}\Phi_2/\text{d}t \quad (7.7)$$

另一方面,有

$$U_2 = \int_0^{\pi d} E\text{d}S = \pi\text{d}E \quad (7.8)$$

式中:E 为原料中的电场强度。

通过简单的变换,可得

$$U_2 = -(d/D)^2(\mathrm{d}\Phi_1/\mathrm{d}t) \tag{7.9}$$

因此,有

$$E = U_2/\pi D = -(d/D)^2(U_1/\pi D) = -(\mathrm{d}U_1/\pi D^2) \tag{7.10}$$

经过变换之后,很容易确定在 $\delta \geqslant d/2$ 的条件下,在体积为 $\pi d^2 h/4$ 的原料中的感应加热功率为

$$P = (hU_1^2/8\pi\rho)(d/D)^4 \tag{7.11}$$

从式(7.11)可以看出,当 $\delta \geqslant d/2$ 时,原料中的感应加热功率与频率无关;并且,感应器上的电压 U_1 越高,原料直径与感应器直径之间的差值就越小。然而,U_1 的增大和 $D-d$ 的减小受多种因素限制,包括反应器壁本身以及反应器壁与感应器间隙的电气强度。

在实际应用中,更常见的情况是感应电流无法透入到负载中心,即 $\delta < d/2$。这时,大部分功率消耗在厚度为 δ 的物料层内:

$$P = \frac{10^5}{\pi D}\left(\frac{d}{D}\right)^3\left(\frac{U_1^2(\rho f_0)^{0.5}}{Lf^2}\right) \tag{7.12}$$

式中:L 为感应器的电感(自感);$f > f_0$。

显然,$\delta \geqslant d/2$ 时的加热模式对于感应加热物料是最有利的,包括化学合成碳化物、硼化物等无氧陶瓷和其他化合物。

然而,直接高频感应加热并不总能有效进行,因为高熔点金属氧化物通常是电介质。氧化物与碳的混合物的电阻率总体上类似于半导体材料,在一定条件下可以由射频范围的高频电流进行加热。例如,在频率为 1~10MHz 的范围内,B_2O_3 就是一种典型的电介质,不能直接进行感应加热。在反应式(7.3)中与 B_2O_3 反应的碳也可以选择有机碳,其电阻率与温度的关系通常具有数量级的差异;并且氧化硼和其他元素的氧化物进行碳化反应时,碳材料有足够的选择范围。不同形态的碳具有迥异的电学性质,并且温度和压缩的压力也会对这些性质产生各种各样的影响,显然碳化反应式(7.2)的电磁场频率主要取决于碳含量和加热条件(温度、压缩原料的压力等)。

电磁感应法合成高熔点材料的最初研究目标是制备碳化硼。该工艺的可行性是偶然发现的,当时在 10MHz 高频放电等离子体中感应加热 $2B_2O_3+7C$ 块状原料尝试合成 B_4C,结果却不很成功。原料块由绝缘杆推入等离子体区域。当原料块的表面加热至 1500~1800℃时,其内部温度仍然很低,因为原料块的热导率较低,并且强吸热反应式(7.3)产生了自动冷却效应。当放电意外熄灭时,借助肉眼可以看出在反应器空间内的原料块加热强度大幅提升。与此同时,碳化

反应的速率也迅速增加,原料块的外观和CO在空气中发生燃烧可以佐证。然而,原料块释放出CO之后,感应加热强度显著降低,因为在感应器范围内的原料块密度和质量均有所减小,从而导致电源与负载之间的耦合变差。事实上,当反应式(7.3)的平衡完全向右侧移动之后,原料的质量减少到初始质量的75%。为了恢复电源与负载之间的耦合,必须对原料进行压缩,以消除质量损失带来的负面影响。

根据初步实验的结果,确定了在高频电磁场中进行碳化反应的实验步骤。起初,采用石英管作为反应器。石英管直径为0.1m,高为0.2m;感应器的直径为0.13m,高0.08m;电磁场的振荡频率为10MHz。原料由B_2O_3和炭黑组成,其比例对应于反应式(7.3)的化学计量比。B_2O_3由硼酸脱水得到;碳成分使用炭黑,水分含量约为1%。

高频电源启动之后,起初对原料加热比较缓慢,但随着加热的进行升温速率显著提高。并且,加热过程具有明显逐步深入的特征:原料内部的温度比外围高。达到反应所需要的温度之后,原料表面出现CO在空气燃烧的现象。原料消耗的感应加热功率可以手动控制在一定范围内,使碳氧化物气流不能夹带原料。一旦CO释放强度有所降低,就用石墨棒压实位于感应器范围内的原料。最后,反应器中的所有原料都受到高频电流的作用;根据反应式(7.3)得到的碳化物以块状但未熔融的形态沉积在反应器底部。图7.8为实验获得的碳化硼样品。

图7.8 在石英反应器中感应加热$2B_2O_3+7C$得到的碳化硼样品

在原料与石英管接触的界面处,存在未完全反应的原料薄层,起到"自生坩埚"[29]的作用。

由B_2O_3和碳组成的原料在进行感应加热时,其电导率取决于以下因素:

(1) 原料的初始电导率及其与温度和频率的关系;

(2) 碳化反应的中间产物和最终产物的电导率及其与温度和频率的关系;

(3) 被加热反应物的密度。

下面更详细地讨论电磁场与化学活性负载相互作用的机理。

7.5 描述高频感应合成过程的主要关系式

为了确定描述高频感应加热合成无氧陶瓷的关系式,基于图 7.7 中的方案进行计算。磁场强度 **H** 的方向沿原料的轴向;对于无限长、轴对称的体系,磁场强度只取决于坐标 $d/2$。同样的道理也适用于电场强度 **E**。在 $d/2>4\delta$ 的情况下,对于磁场强度和电流密度,有以下已知关系式[30]:

$$H_{m} \approx \frac{H_{me}}{\sqrt{2r/d}}\exp[(r-d/2)/\delta] \tag{7.13}$$

$$I_{m} \approx \frac{\sqrt{2}H_{me}}{\delta\sqrt{2r/d}}\exp[(r-d/2)\delta] \tag{7.14}$$

式中:H_{me} 为被加热原料表面的磁场强度;r 为感应电流存在的范围。

如果 $d/2<\delta$,则有

$$H_{m} \approx H_{me} \tag{7.15}$$

$$I_{m} \approx H_{me}(r/\delta^{2}) \tag{7.16}$$

感应器两端的电压为

$$U_{1} = (j\omega - \Phi_{c}n)/\sqrt{2} \tag{7.17}$$

式中:j 为传导电流密度;ω 为电流频率;Φ_{c} 为通过感应器的总磁通量的幅值;n 为感应器的匝数。

感应器的极限电效率为

$$(\eta_{c})_{u} = \frac{1}{[1+(d/gD)\sqrt{\rho_{c}/\mu\rho}]} \tag{7.18}$$

式中:g 为感应器的填充系数;ρ_{c} 为感应器材料的电阻率。

在 $\delta<d/3$ 时,η_{c} 达到上限值。图 7.9 说明了 η_{c} 与比值 d/δ 之间的关系。从图中可以看出,$\eta_{c}=0.9$ 在 $d/\delta=3$ 时才能够实现。

假设 $d/D=2$,需要确定 $(\eta_{c})_{u}=0.9$ 时的电流频率的选择;关于 d/δ,基于文献[30]中的表达式可以发现其下限值为 1.8,即 $d/\delta\geqslant1.8$。频率的下限由下式给出[30]:

$$f > 3\times10^{6}[\rho/(\mu d^{2})] \tag{7.19}$$

根据上述实验,对于由氧化硼和碳组成的原料,当其形状为直径 0.13m 的圆柱体时,电阻率为 0.03Ω · m,感应加热电流的下限频率 $f>5.3$MHz。

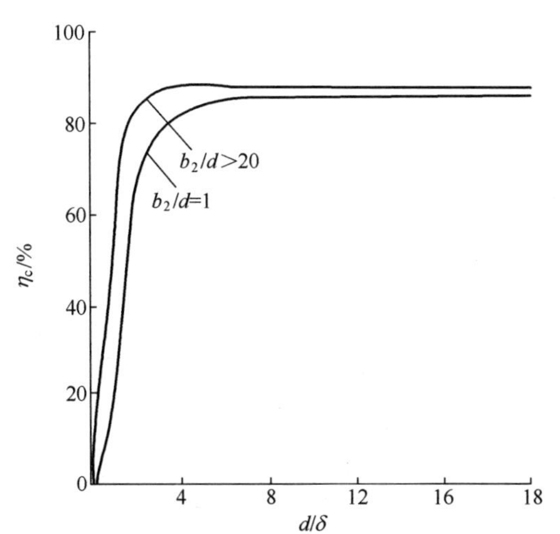

图 7.9　感应器的电效率与参数 d/δ 的关系(b_2 为感应器的参数)[30]

在文献[30]中,电流频率的上限通过分析表面层厚度 δ_a 与参数 δ/r 之间的关系(图 7.10)得到。如果 $\delta>d/2$,则在距离柱状原料的轴线为 r、厚度为 $\mathrm{d}r$ 的表面层内,每单位高度内的电流强度为

$$\mathrm{d}I = I_\mathrm{m}\mathrm{d}r \tag{7.20}$$

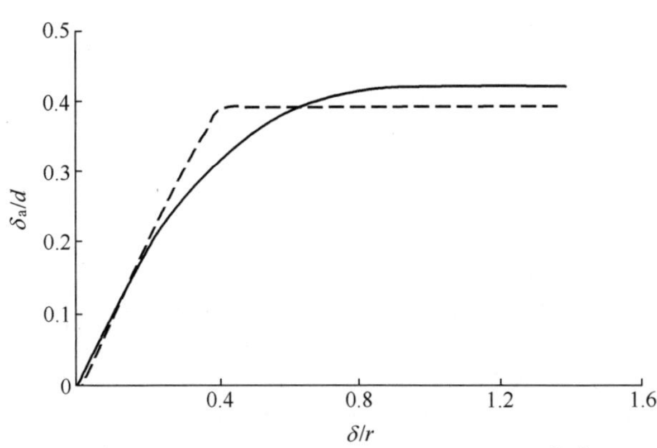

图 7.10　表面层厚度 δ_a 与参数 δ/r 的关系[30]

每单位高度原料内的功率为

$$\begin{aligned} P^{(1)} &= 0.5\int_0^{d/2}(I_m\mathrm{d}r)^2(2\pi r\rho/\mathrm{d}r) \\ &= (\pi\rho H_\mathrm{me}^2)/\delta^4\int_0^{d/2}r^3\mathrm{d}r \\ &= [(\pi\rho H_\mathrm{me}^2)/4](d/2\delta)^4 \end{aligned} \tag{7.21}$$

在单位高度的物料柱内，消耗在厚度为 δ_a 的环形趋肤深度内的功率用下式计算：

$$P_{\delta}^{(1)}=[(\pi\rho H_{me}^{2})/4](d/2\delta)^{4}[1-(1-2\delta_{a}/d)^{4}] \tag{7.22}$$

在厚度为 δ_a 的表面层内消耗了 86.5%以上的功率，即

$$P_{\delta}^{(1)}/P^{(1)}=[1-(1-2\delta_{a}/d)^{4}]=0.865 \tag{7.23}$$

这里

$$\delta_{a}=\delta_{lim}\approx 0.2d \tag{7.24}$$

该等式在 $\delta \geqslant d/5$ 的范围内成立。如果 $\delta<d/5$，则 $\delta_a<\delta_{lim}$。

基于图 7.10 所示的关系，可以确定使趋肤层深度最大的上限频率，这时物料的轴线和表面达到给定温度所需的加热时间最短。当 $d/\delta<5$ 时，有

$$f<6\times 10^{6}\rho/(\mu d^{2}) \tag{7.25}$$

对于上面讨论的情况，上限频率为 10.6MHz。

在高频范围内感应加热 $2B_2O_3+7C$ 合成碳化硼的研究过程表明，在这些条件下比较容易合成 B_4C 和 $B_{6.5}C$ 等碳化物。这些碳化物的收率为 93%～97%，其余 3%～7%的材料保留在反应器壁上作为“自生坩埚”。

7.6 高频电磁场与电学特性可变的化学活性负载的相互作用

上面以 $2B_2O_3+7C$ 为例研究了电磁场与具有化学活性的可变电学性质负载的相互作用过程。在反应中，原料的初始组成对应于反应式(7.3)的化学计量比。起始原料和产物的电阻率与温度倒数的关系示于图 7.11。该图表明，氧化硼在通常条件下是典型的电介质。但是，在受热以及电场作用下，氧化硼内部出现电荷，并定向或者沿电场方向运动。这些电荷不像自由电荷那样，而是相互作用的。这些电荷在交变电磁场中运动，并吸引周围的分子。分子在运动的同时，由于摩擦导致物质发热，因此，消耗在极化分子和电介质分子中的能量以热的形式释放出来。此外，消耗在氧化硼中的一部分热量使氧化硼由于存在杂质而出现电导率变化。

在足够高的温度和一定频率的电流作用下，B_2O_3 熔体中的 B－O 键发生断裂，表现为氧化硼的电特性发生急剧变化。图 7.12 表明温度和电流频率对氧化硼的相对介电常数的影响。在频率为 50kHz 和温度为 940 K 时，B－O 键开始断裂。

如果将这种电介质材料置于高频电磁场中，每单位体积材料中损耗的功率为

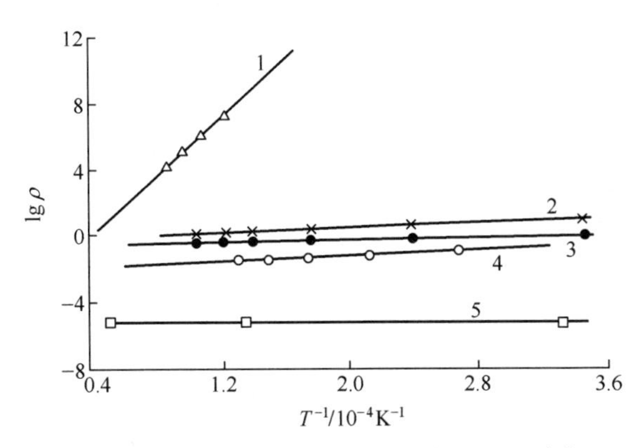

图7.11　氧化硼(1)、氧化硼+炭黑(2)、炭黑(3)、碳化硼(4)和石墨(5)的电阻率的对数与热力学温度倒数的关系

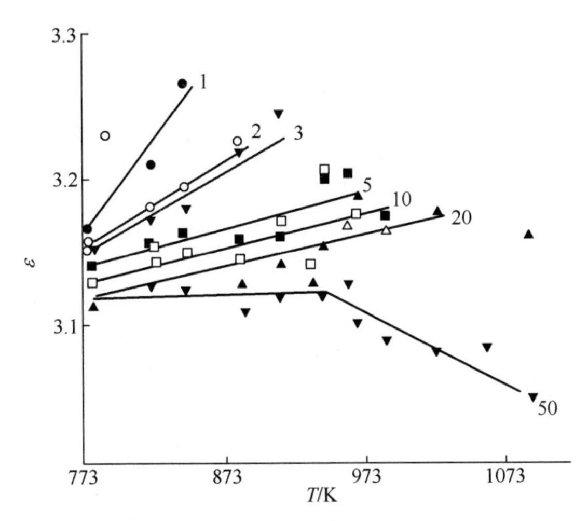

图7.12　在不同频率的电流作用下氧化硼的相对介电常数与温度的关系[31]

注：图中的数字是电流的频率(kHz)。

$$P = 2\pi f E^2 \varepsilon_0 \varepsilon \tan\varphi \tag{7.26}$$

式中：ε_0为真空介电常数；ε为材料的相对介电常数；$\tan\varphi$为介质损耗角的正切。

电磁场能量在电介质材料中消耗的机理包括：导电，弱结合粒子的位移，弹性结合粒子的谐振以及电介质的不均匀性。电磁场能量的介电吸收取决于电介质材料在电场作用下发生的极化过程。所有类型的极化都需要一定的时间。在电场的作用下，电子和离子的运动非常快(振荡周期分别为10^{-15}s和10^{-13}s)。因此，这类极化不会对微波范围内的能量产生吸收效应。然而，在红外和紫外范围内，离子和电子的振荡频率与电磁场的频率一致，这些极化过程将产生能量吸收效应。

通过导电而消耗的电磁场能量与电介质的极化过程无关。对于这种类型的能量损耗,有如下关系:

$$\tan\varphi = 1.8 \times 10^{12}/(f\rho\varepsilon) \quad (7.27)$$

由电流传导产生的能量损耗在低频率和高温下具有决定性作用。

由弱结合带电粒子(离子、离子基团、电子等)的运动而产生的介电损耗是最常见的松弛型损失。ε 和 $\tan\varphi$ 的变化与温度和频率的特征关系示于图 7.13。

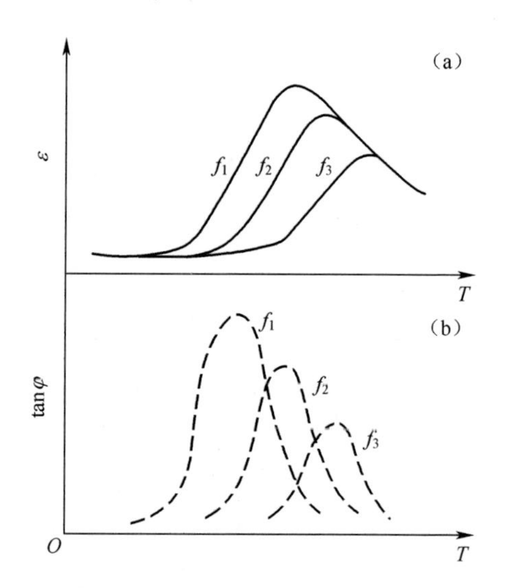

图 7.13　介电常数 ε 和介电损耗角正切 $\tan\varphi$ 的变化与温度和频率的关系($f_1<f_2<f_3$)[32]

谐振型介电损耗出现的原因在于粒子的振荡频率接近电场的频率,使粒子非弹性振荡的振幅增大。当带有不同电荷的粒子反向运动时,电场的存在增强光学范围内的振荡;如果相邻的粒子同方向运动,则不会对音频范围内的振动产生影响。

在多相介质中,由于不同物相的电特性之间存在差异,自由电荷有可能聚集在相界,因而电荷无法得到中和,电介质中的电场存在畸变,相当于发生了极化。这种现象在均匀电介质中表现为结构缺陷、位错和裂纹。在这种情况下,自由载流子发生的是与夹杂物尺度对应的宏观距离的位移,而不是与粒子相关的微观位移(弹性偏移,跳跃,取向)。具备上述所有极化现象的假想材料的全波段介质损耗如图 7.14 所示。从图中可以看出,电场的频率越高,材料的介电常数就越小。

在温度为 293K 时,氧化硼熔体的介电常数为 3.2。对于堆积密度为 0.5~

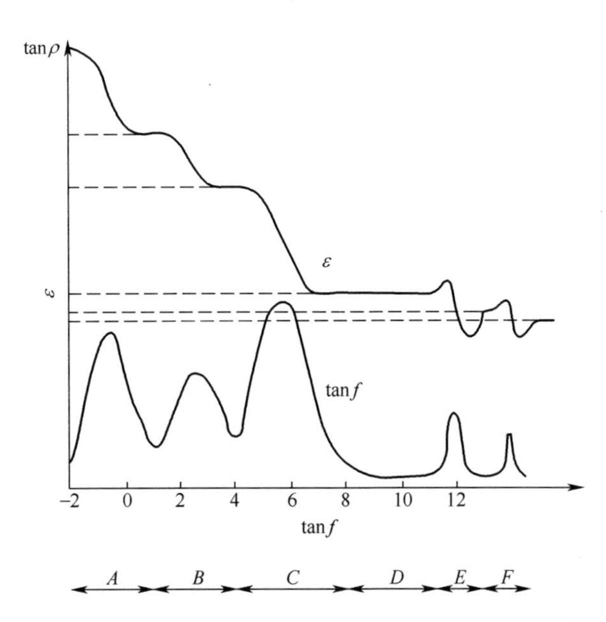

图7.14 具备各类极化功能的假想材料的全波段介质损耗[32]

A—甚低频区;B—音频区;C—射频区;D—微波区;E—亚毫米波区;F—红外区。

0.6g/cm^3 的 B_2O_3 粉末,当电场频率从0.3MHz增大至35MHz时,ε的值从2.4逐渐减小到2.2。显然,B_2O_3 粉末的ε值小于3.2,原因在于 B_2O_3 颗粒之间充满了氩气($\varepsilon_{Ar}=1$)。对于熔融 B_2O_3 研磨后得到的粉末,其堆积密度为0.5~0.6g/cm^3,在0.3~35MHz的范围内均不吸收电场的能量。

对于反应式(7.3)中除氧化硼之外的另一种反应物,我们测试了多种形态的碳,尤其是石墨粉和炭黑。图7.11是石墨和炭黑的电阻率ρ与温度的关系;很显然,这些ρ值的大小相差几个数量级。根据能带理论,过渡形态碳的电导率根据如下关系确定:

$$\sigma = neu \tag{7.28}$$

式中:e 为电子电荷;n、u 分别为载流子的浓度和迁移率。

n 的值主要由三部分组成:

$$n = n_T + n_e + n_p \tag{7.29}$$

式中:n_T 为热处理过程中产生的载流子密度;n_e 为导带中电子的浓度;n_p 为价带中的空穴浓度。

随着处理温度的升高,n 值逐渐减小,并在1973~2273K的范围内随温度的升高缓慢减小[33]。图7.15给出了不同形态的焦炭的电阻率ρ与温度的关系。发生在各种有机半导体内部的过程以及对ρ值的影响相当复杂,包括侧基的转变过程、碳原子层生长以及石墨化过程的引发等。

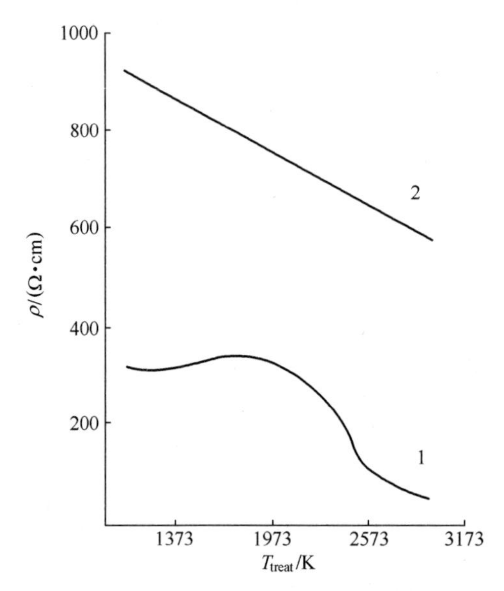

图 7.15　过渡形态碳的电阻率与处理温度的关系[33]

1—气态烃的热解焦;2—与 1 相同的焦炭,但进行了氧化。

大量物理特性和化学活性各异的过渡形态碳的存在,为碳化反应式(7.2)中的氧化硼和其他氧化物选择另一种反应物提供了空间。然而,这种选择标准并不存在,因为表征各种过渡形态碳特性的参数有很多。炭黑和烟道灰均匀石墨化,但其他烟灰并不完全石墨化[33]。随着处理温度的升高,非石墨化烟灰的反应活性逐渐降低,因为其比表面积不断减小。如果排除比表面积的影响,就可以发现,在与 Hf、Zr、Ta 的氧化物发生反应时,石墨化炭黑的反应活性比非石墨化炭黑大约高 1 个数量级。此外,这种炭黑的灰分、挥发分、水分的含量也相当显著。

以 0.1MPa 的压强形成的炭黑柱,电阻率从 300K 时的 10Ω · cm 降低到 973K 时的 0.4Ω · cm。当压强增加至 0.7MPa 时,973K 的电阻率值降低到 0.26Ω · cm。

不同形态的碳具有不同的学性质,并且温度和压力对这些性质也有一定的影响。因此,在为碳化反应式(7.2)选择电磁场的频率时,显然应当主要考虑炭成分的形态以及加热的初始条件(温度、对物料压缩的压强等)。压强对物料初始电阻率影响的程度可以从图 7.16 中的关系来判断。压缩柱状原料使炭颗粒之间的接触质量得到了提高,从而降低了电阻率 ρ。升高温度使氧化硼熔化,进一步强化了氧化硼颗粒之间的接触。在高频电磁场中,原料电阻率离散性的影响可以不予考虑。

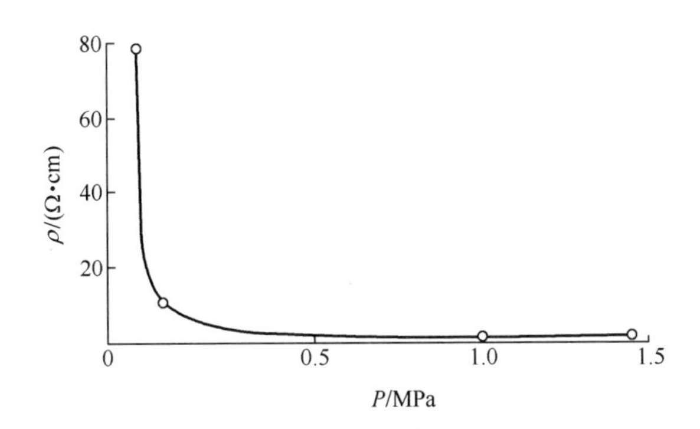

图 7.16　$T=295\text{K}$ 时压强对原料 $2B_2O_3+7C$ 电阻率的影响

当 $T=1100\text{K}$ 时,以 0.1MPa 的压强压缩 $2B_2O_3+7C$ 原料,假如不考虑其化学成分的变化,根据计算,当频率从 1MHz 增大到 10MHz 时,电磁场的透入深度从 3.5cm 减小到 1.1cm。加热开始后,炭颗粒中产生的焦耳热首先用于加热与之接触的 B_2O_3 颗粒。热量由直接接触颗粒之间的热传导、穿过颗粒间隙的热辐射以及间隙中的气体流动实现传递。在 $T=720\sim740\text{K}$,B_2O_3 熔化后,原料转变成黏稠液体。这时,B_2O_3 的电阻率降低了,并且在 2500K 变得与原料本身的电阻率相当。出现上述变化的原因在于碳化反应加速和气体释放,以及偶尔出现的原料从反应器中夹带出来,这些现象在实验中均可以观察到。

对高频感应加热合成碳化硼和其他相关化合物的机理进行的分析[10]表明,该过程不仅基于接触机理发生在凝聚相中,氧化物(在当前情况下是 B_2O_3)的蒸发在合成机理中也起着重要作用,尽管该氧化物的平衡蒸气压相对较低。在氧化物蒸气与凝聚相的碳之间发生异相相互作用的过程中,决定反应速率的因素不是氧化物的平衡蒸气压,而是氧化物的实际传质速率,后者主要取决于碳的存在。

在蒸发过程中,蒸发速率通过如下方程确定:

$$W_0 = P_0\sqrt{M/2\pi RT} \tag{7.30}$$

式中:P_0为平衡蒸气压,M 为分子质量;R 为气体常数,T 为热力学温度。

该过程只能发生在高真空环境中,此时蒸发速率极低,使分子间的平均自由程大于蒸发表面与冷凝表面之间的距离。

氧化物的实际蒸发速率取决于蒸发表面上的蒸气压 P:

$$W_9 = (P_0 - P)\sqrt{M/2\pi RT} \tag{7.31}$$

因此,蒸发速率越小,氧化物的蒸气压就越接近平衡压强。在这种情况下,氧化物的蒸气压梯度、在还原过程中形成的 CO 的分压 P_{CO} 以及氧化物与炭表面之间的距离都非常重要。如果不考虑 P_{CO} 的值，那么根据上述情况，可以给出 W 的方程：

$$W = DM(P_1 - P_2)/X \tag{7.32}$$

式中：D 为氧化物蒸气的扩散系数；X 为氧化物与炭表面之间的有效距离；P_1、P_2 为氧化物蒸气在氧化物和炭表面的分压。

当对原料进行碳热还原时，P_{CO} 的值可能很大，从而无法忽略。这样，碳化或还原反应的速率可以写成

$$W = (D'M/X)[(P_{CO} - P_2)/(P_{CO} - P_1)] \tag{7.33}$$

式中：D' 为氧化物蒸气在 CO 中扩散的系数。

在还原过程的初始阶段，氧化物分子被蒸发后随即与还原剂结合；与炭颗粒表面形成一层还原反应的中间产物或金属（P_2 实际上从 0 开始增大）之后相比，这时氧化物的蒸发速率更大。在 X 值减小的条件下，随着还原反应的进行，W 逐渐增大，显著增加了原料颗粒之间的孔隙直径。这样促进了 CO 的排放，减小了 P_{CO} 的值。

在对由金属氧化物和碳组成的原料进行感应加热时，金属氧化物不仅发生蒸发而且发生分解。严格地讲，如果工艺过程反应速率的计算仅基于单种氧化物的平衡解离压强，那么计算得到的还原反应速率通常小于实际观测到的。此外，需要注意的是还原剂的存在对氧化物的分解影响显著，因为氧与碳结合形成 CO 和 CO_2。因此，在金属氧化物与碳共同加热的过程中，氧的分压比平衡状态中低得多。

对于高频感应加热金属或非金属氧化物和碳合成碳化物的反应过程，分析其反应机理可以发现，因金属或非金属氧化物的性质和合成的具体条件不同，氧化物与碳之间发生的还原反应和碳化反应将按照不同机理进行。在同一时间通常有一种或者多种机理起作用，而在整个工艺过程中，每种机理的部分环节会因反应条件和还原反应的程度而变化，进而使工艺过程中的限制性环节发生变化。根据文献[10]中关于碳热还原氧化物进行碳化反应的数据，氧化硼与碳的反应按照如下两条路径进行：氧化硼与碳颗粒之间发生接触反应；气态 B_2O_3 及其（挥发性相对高的氧化物）分子片段与碳发生异相反应。

在反应式（7.2）中，碳化硼合成反应在 $T = 1650K$ 变得明显起来[34]。在此温度下，B_2O_3 的蒸气压达到 130Pa，并且在 1800K、1900K 和 2000K 的温度下分别达到 350Pa、1220Pa 和 3680Pa。在这些压强下，气态 B_2O_3 与碳按照式（7.3）发生异相反应的作用越来越大，并且其重要性随温度的升高而迅速提高。在温度 $T \leqslant 2000K$ 的范围内，B_2O_3 的解离以及形成挥发性分子片段（B_2O_2、BO）不会

对碳化反应产生显著影响。热力学分析表明,当 $T<2000$ K 时,B_2O_3 更倾向于转化到气相并与碳发生异相反应,而不是发生解离或者由 B_2O_3 的分子片段与碳发生异相反应。

关于 B_2O_3 凝聚相和气相分别与碳发生接触反应和异相反应这两种机理,就重要性而言前者显然低于后者。这一观点的合理性可通过如下现象得到证实:随着温度从 1923K 升高到 2023K,块状 B_2O_3 与碳的碳化反应速率提高到原来的 1.5 倍左右(图 7.17),尽管随着碳化反应的进行原料密度以及反应物之间接触的程度大幅降低[34]。

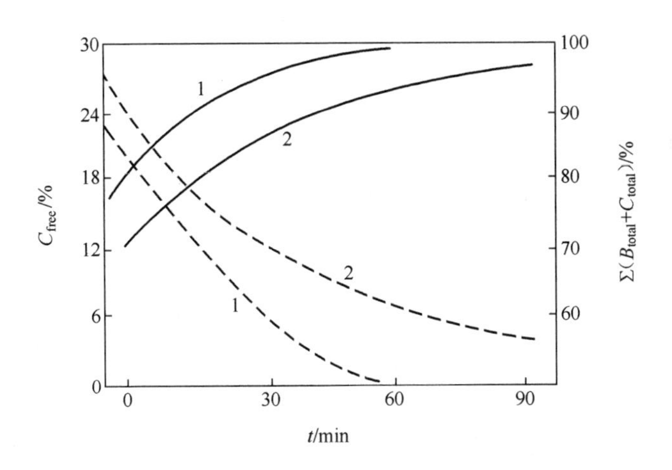

图 7.17　B_2O_3 被碳还原的程度与温度和反应时间的关系[34]

注:原料 $2B_2O_3+7C$ 中含有的 B_2O_3 比反应式(7.3)的化学计量比过量 10%:

1—2023K;2—1923K。实线—$\Sigma(B_{total}+C_{total})$;虚线—$C_{free}$。

在碳化反应和还原反应中,决定性因素不是平衡蒸气压(尤其是当其值较小时),而是实际传质速率(见关系式(7.30)~式(7.33)该参数受碳存在的影响显著。因此,在由反应式(7.3)合成碳化硼的过程中,B_2O_3 起着重要的作用。

当 $T>2000$K 时,B_2O_3 解离对碳化反应机制贡献明显。尽管 B_2O_3 的分压比 B_2O_3 分子片段的分压大得多,B_2O_3 解离的实际作用比热力学分析结果重要得多。在碳发生氧化的同时,体系中氧的分压急剧下降,从而加速了 B_2O_3 的分解。碳氧化的产物(CO)进一步用于 B_2O_3 的还原,显著提高了硼的还原率。因此,单一的 B_2O_3 解离反应速率,与包括解离步骤在内的整个碳还原过程的反应速率相比,二者之间存在着本质的差别。

实验对碳化反应过程的气态产物进行了红外光谱分析,结果(图 7.18(a))表明,反应式(7.3)的主要产物是 CO(波数为 2169~2198cm^{-1})、B_2O_3(2030~2040cm^{-1})、B_2O_2(2100cm^{-1})和 CO_2(弱吸收峰 2290~2390cm^{-1})。样品保持密

封48h后,红外光谱发生了一些变化(图7.18(b)),尤其是2290~2390cm^{-1}的CO_2吸收谱强度有所增加,在2169~2198cm^{-1}的CO吸收谱强度相应减弱。并且,B_2O_3和B_2O_2吸收谱的最大值发生明显分离。反应式(7.2)气态产物中可能含有一定量的B_2O_3解离产生的游离氧,尚未来得及与碳反应。显然,暴露在光线中之后,发生了CO氧化成CO_2的反应。

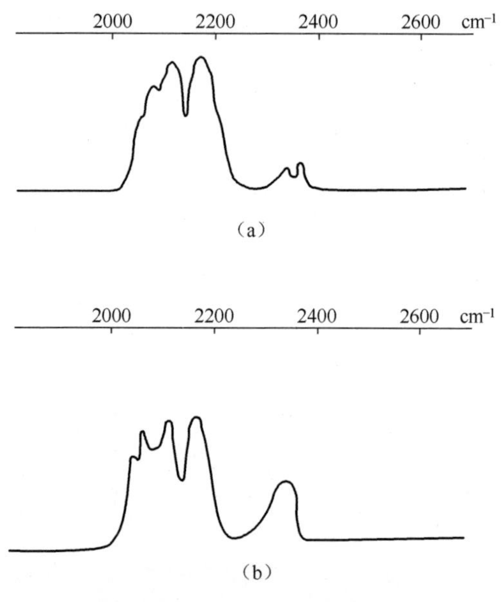

图7.18 感应加热$2B_2O_3$+7C所释放气体的红外光谱

(a)取样后立即分析;(b)样品放置48h后分析。

原料$2B_2O_3$+7C在感应加热作用下,反应式(7.3)的平衡向右侧移动,碳以CO的形式从反应体系中逸出。当平衡完全移动到右侧之后,起始原料中6/7的碳从反应器中逸出,导致原料的电导率急剧降低。不过,如前面所述,碳消耗导致原料电导率的减小由B_2O_3在高温下导电性的提高以及B_4C的形成进行补偿,并且压缩形态的B_4C的导电性高于起始原料。

测量结果表明,在低温下碳化硼粉末的电阻率ρ比压实样品高几个数量级,原因在于颗粒之间的过渡电阻较大,并且颗粒之间填充了气体(图7.19)。然而,当温度升高到740K(B_2O_3的熔点)以上时,ρ的值快速减小,根据图7.19中曲线外推的结果,当温度达到2500K时,电阻率为0.56Ω·cm,仅比压缩样品高1个数量级。因此,在碳化反应过程中,电磁场与反应物相互作用的条件不会发生显著变化,直到碳化全部完成。

在反应过程中,实验对物料的径向温度分布进行了测量(图7.20),表面温

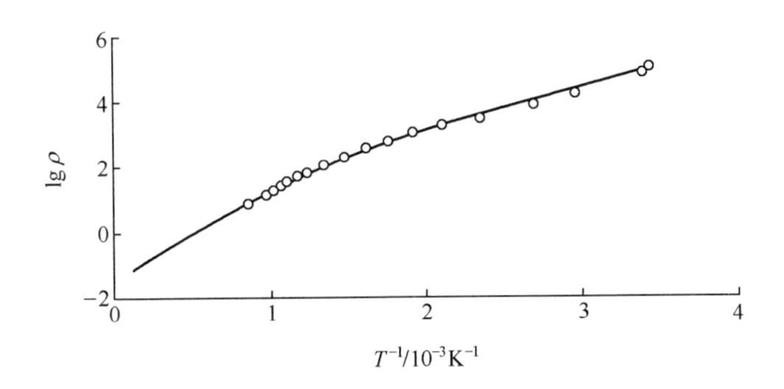

图 7.19 碳化硼粉末(粒径约为 14.7μm)电阻率的对数与绝对温度倒数的关系(物料压缩压强 $P=9.81\times10^4$Pa)

度用光学高温计测量,内部温度使用钨-铼热电偶。在该实验中,原料的电阻率约为 8Ω · cm,原料直径 $d=8$cm,感应器直径 $D=13.4$cm、高度 $h=6$cm,消耗在物料中的功率 $P=16.4$kW,电流频率 $f=10$MHz。根据计算,此时 $\delta=4.5$cm,因此满足 $\delta>d/2$ 的条件。从图 7.20 可见,碳化反应过程中温度沿反应器的半径几乎保持恒定,但在边界层存在约 800K 的跳跃式降低。在该层,即所谓的"自生坩埚"中,碳化反应并未完成。如有需要,"自生坩埚"的厚度可以通过调节对反应器壁的冷却强度来控制:壁面温度越高,"自生坩埚"越薄。

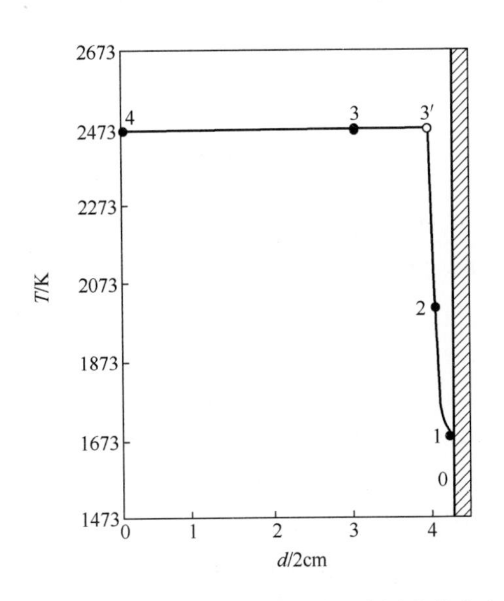

图 7.20 感应加热 $2B_2O_3+7C$ 原料柱时温度沿半径方向的分布

注:点 0~4 由实验得到,点 3′由外推得到。

在上述实验条件下,用 0.8kg 原料制得 0.19kg 碳化硼。将原料加热到 2480K 所需的时间为 10~12min,在同一温度下进行碳化反应的时间为 18min。反应过程处于"静态工况"("静态工况"是指在碳化反应过程中不向反应器补充原料,反应结束后才从反应器取出产物),只对反应混合物进行压缩。因此,整个反应过程持续的总时间约为 30min。

根据图 7.6 所示的方案,在"冥王星"-1(Плутон-1)型装置上感应加热 $2B_2O_3+7C$ 合成了碳化硼。在一次典型实验中测定的能量平衡结果如下:高频电源消耗电网的功率为 28.17kW;在阳极、栅极电路和感应器上消耗的功率分别是 10.42kW、2.82kW 和 14.93kW。由此可见,来自电网的功率约 53%用于有用的目的——加热原料和维持碳化反应进行。

碳化硼样品(图 7.8)的典型化学分析结果如表 7.4 所列。这些样品分别在"静态工况"(样品 1~4)和"动态工况"(样品 5、6)中得到("动态工况"是指在碳化反应过程中不断向反应器中补充原料,并且产物连续排出)。

表 7.4 碳化硼样品的成分(质量分数) 单位:%

分析结果	样品序号					
	1	2	3	4	5	6
B_{bound}	80.3	81.4	80.9	79.2	77.4	75.7
C_{bound}	7.1	15.2	16.6	18.7	18.0	17.8
B_2O_3	0.6	1.7	0.2	2.0	0.5	0.7
C_{free}	—	—	—	—	0.6	1.4

注:1. 下标 bound 和 free 分别表示元素处于结合态或游离态;
2. 游离碳的含量通过 X 射线分析确定

反应式(7.3)完成之后,材料与电磁场相互作用的条件随之发生变化。与起始原料相比,B_4C 的电阻率较低,因此电磁场在反应物中透入的深度和被加热原料中消耗的能量均减小了。然而,反应器冷却水的温度却有所升高,因为反应器中碳化硼边界层剧烈发热。这是一个停止感应加热的信号。涡流在碳化硼中透入深度减小,可以避免 B_4C 发生过热、熔化和分解。

对动态模式下得到的碳化硼产物进行了 X 射线分析,结果表明,在产物连续排出的条件下,产物的结构往往呈非均匀状态,并且部分扭曲变形。这种非均匀和扭曲现象显然与发生碳化反应的非平衡条件有关。非平衡条件形成的原因在于反应物中存在感应电流,并且感应电流被迫持续流过 CO 释放后形成的空隙。分析发现,得到的大部分样品都含有 $B_{3.75}C$~$B_{4.78}C$ 等物相,即富集碳和硼的物相。这显然与蒸发和解离引起的氧化硼迁移有关。

7.7 在高频电磁场中合成碳化物及其他化合物的装置的开发原则

7.7.1 “冥王星”-2(Плутон-2)型高频感应加热装置

为了研究高频电磁场与电学特性可变的化学活性物质相互作用的过程,我们建立了一系列高频感应加热装置,命名为“冥王星”系列。这些装置均按照图 7.6 中所示的方案工作,仅在技术细节上存在一些差异。“冥王星”-2 的系统构成如图 7.21 所示。

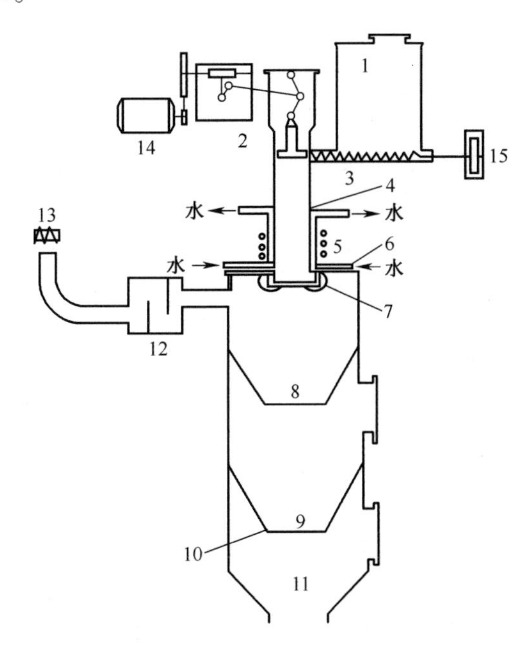

图 7.21 “冥王星”-2 的系统构成

1—原料斗;2—进料推杆;3—螺旋进料器;4—反应器;5—感应器;6—卸料上法兰;
7—卸料阀;8—接料斗;9—冷却料斗;10—冷却料斗阀门;11—卸料料斗;12—未反应原料冷凝器;
13—电子点火器;14,15—电动机。

“冥王星”-2 装置主要由 4 部分组成:进料系统;对电磁能透明的反应器;合成产物(B_4C)出料系统;碳氧化物排放管线。进料系统包括:容量 0.5m^3 的原料斗 1;水平螺旋进料器 3,由功率为 1.2kW 的电动机驱动,将原料从料斗 1 送入反应器中;竖直推杆 2,由另外一台 1.2kW 的电动机 14 驱动,在反应器 4 的进料管中做往复运动。高温反应器包括电介质材料反应器4、感应器5以及与通风系统相连接的反应器壳体(图中未示出)。

B_4C 出料系统由下列单元组成:上部卸料法兰6,卸料阀7,带有卸料阀7的接料斗8,B_4C 冷却料斗9及阀门10,料斗11连接到运输容器上(后者在图中未示出)。碳氧化物排放管线包括管道、捕集从反应器中逸出的 B_2O_3 的冷凝器12和燃烧CO的点火器13。除反应器之外的其他所有设备均由不锈钢制成。

该装置的操作步骤:由 B_2O_3 和碳组成的原料在螺旋进料器3的作用下,从料斗1输送到立式反应器4和闸板阀7构成的封闭空间内;反应器4装满料之后,启动高频电源;原料被涡流加热,开始发生由式(7.3)所描述的化学反应;反应产生的CO气体通过闸板阀7的间隙排入排放管线,反应器中正在反应的原料被推杆2和新加入的原料压缩;通过控制进料量和反应器的输入功率,使每千克原料的能耗不低于3.22kW·h,即不低于 B_4C 生产的最小理论能耗12.83kW·h/kg B_4C。随着碳化反应的进行,反应物的密度有所降低;加入新原料之后,反应物被压实,恢复所需的密度;反应生成的 B_4C 被挤压在出料阀上然后排入接料斗中。该过程连续进行:原料送入高温区之后,被压实并推入反应器中。合成的碳化硼通过排放阀7落入接料斗,冷却到300~400℃;然后将其输送到最终冷却料斗9中。最后,B_4C 通过阀门10进入运输容器,转移到下一个环节做进一步处理。

"冥王星"-2系统设计了控制设备和控制方案,目的在于确定碳化反应过程中的下列参数:进料速率 G_0(kg/h);从电网获得的功率 P_0(kW);高频电源的效率 η_g,$\eta_g=P_v/P_0$(P_v 为"感应器-反应器"系统从电源获得的振荡功率);反应器消耗的功率 P_r(kW);加热和碳化反应消耗的功率 P(kW);碳化反应本身的能耗 P/G_0(kW·h/kg B_4C)。

"冥王星"-2装置的输出参数:初始(未压缩)B_4C 的产率 G_1(kg/h);B_4C 产率 G_2(kg/h);碳化反应能耗 E(kW·h/kg B_4C);考虑电流转换过程能量损失的碳化反应总能耗 E_e(kW·h/kg B_4C)。

在装置运行过程中需要监测如下参数:

(1) 进料斗中的料位。料位由杆式传感器监测,传感器与控制指示灯连接。当料位低于允许值时,控制台上的信号灯亮。

(2) 进料螺旋的转速。通过控制电动机的转速对调速器和进料螺旋进行调节。

(3) 碳化物接料斗的温度。使用插入接料斗的热电偶和安装在控制台上的电位计及辅助设备监测。

(4) 系统的压强。系统压强用压力计和自动记录仪测定并记录。当系统压强超过1atm时,电源自动关闭。

(5) 向装置中通入的 Ar 的压强和流量。为了消除 CO 与空气形成爆炸性混合物的可能性,有必要在装置启动、完成装料和工作结束时采用氩气吹扫。氩气流量通过转子流量计测量,压强由压力表监测。吹扫氩气的压强由出料电磁阀控制。电磁阀的设计确保装置在卸料前必须进行氩气吹扫。

(6) 反应器冷却水的流量和温度。冷却水流量由转子流量计监测,温度由热电偶及辅助设备监测。

(7) 电源电子管和其他部件的冷却水的温度和流量。当冷却水不足时,电源自动关停。

为了控制“冥王星”-2 装置的运行,系统还提供了声光报警:

(1) 在冷却水流量减少和工艺管线压力上升的情况下,声光报警提示禁用高频加热;

(2) 提示开启排放管线上的电子点火器引燃 CO;系统可在主点火器工作故障的情况下自动启动备用点火器。

在加热的初始阶段,原料的电阻率约为 100Ω · cm;这时,电源与原料之间的相互作用较弱。在涡流作用下,加热区内的原料温度逐渐升高,电阻率相应降低,产生热量的区域逐渐集中,当原料温度达到 1660~1700℃时,开始碳化反应。从外观上看,这时出现了 CO 在空气中燃烧形成的火焰。由于碳化反应释放出 CO,感应加热范围内的原料质量减少了,电源与负载之间的匹配逐渐失谐。因此,一旦开始从反应器中释放 CO,就启动推杆 2,压缩原有原料并送入新原料。新送入的原料压在反应生成的 B_4C 之上,B_4C 又将压力传递给阀门 7。最后打开该阀门,B_4C 以坯料或碎块的形式落入接收容器。

在第一批实验中使用的石英反应器的参数:高度为 300mm,内径为 160~180mm,外径为 200~220mm。装置连续运行,$2B_2O_3+7C$ 原料发生反应后得到 B_4C 和 CO,B_4C 坯料落入接料斗。图 7.22 是从石英反应器中得到的 B_4C 坯料

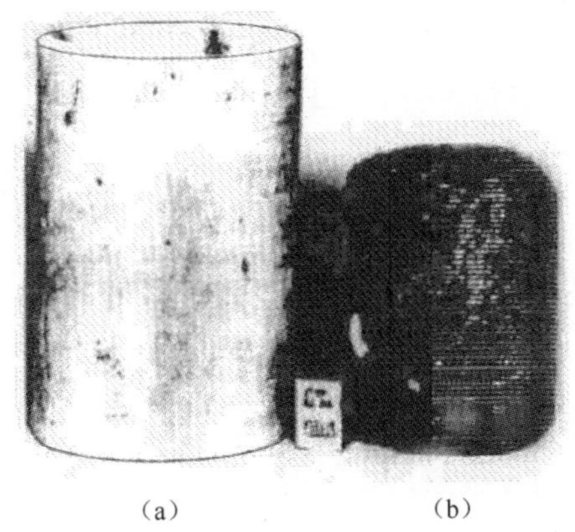

(a) (b)

图 7.22 反应器和在反应器中加热 B_2O_3 与碳的混合物得到的碳化硼

和反应器。在碳化物坯料的外表面可以明显看到"自生坩埚"。产物的质量为4.15kg,消耗 $2B_2O_3+7C$ 的量为16.6kg。在大部分产物中,B_4C 中的硼含量几乎都达到理论值(78.2%),在74.9%~79.5%的范围内(表7.5)。产物中心部分的硼含量较少(68.9%~74.1%)。产物的外表面是"自生坩埚"层,厚度为2~4mm,是不完全反应的产物,其中含有23.8%~48.4%的硼。"自生坩埚"外表面有一层很薄的硼氧化物玻璃。对接收容器中得到的碳化产物进行了逐层分析,结果表明其主要成分均是碳化硼。

表7.5　在石英反应器中感应加热 B_2O_3 和碳得到的 B_4C 坯料的化学成分

取样位置	主要化学成分(质量分数)/%				源于设备的杂质(质量分数)/%		电源频率/MHz	总能耗/(kW·h/kg B_4C)
	B_{total}	B_2O_3	C_{total}	C_{free}	Si	Fe		
A①	74.9~79.5	0.13~0.9	14.6~18.8	1.85~3.9	0.6~2.8	0.2~1.0	2.0~4.7	60~90
B②	68.9~74.1	0.5~4.4	13.8~18.9	3.4~4.3	0.5~2.5	0.16~1.0	—	—
C③	23.8~48.4	10.65~14.08	8.6~13.4	0.56~6.5	5	0.1~2.0	—	—

①坯料的主要部分,85%~88%;
②坯料中心部分,2%~6%;
③"自生坩埚"部分,5%~7%

尽管实验得到的大部分产物都是 B_4C,但是"冥王星"-2的运行状态很难令人满意:反应器壁对向下移动的物料的摩擦阻力很大。此外,反应器壁上的负荷不均匀,因为在大多数情况下用作反应器的石英管的横截面都呈椭圆形,并且管壁的厚度也有所差异。出于上述原因,石英管反应器经常发生故障。为了消除上述缺陷,我们尝试了多种办法,包括将物料直接送入反应器,但是并没有从根本上解决问题。石英管壁厚存在的不均匀现象致使反应器壁局部受热严重,即使采用压缩空气进行表面冷却,其外表面的温度也可以升高至1200~1400℃。有时,反应器的内表面甚至发生熔化。在高温下,石英材料开始与电磁场发生相互作用。在实验过程中,这种相互作用进一步加剧,因为石英可以与原料中的一些组分发生反应。这样,位于感应器范围内的反应器的壁厚就有所减小。在高温下,未参与反应的石英则发生了晶型转变(鳞石英→方石英),从而失去其原有的力学性能。

因此,即使在最合适的实验条件下,"冥王星"-2的石英反应器持续工作的时间也不超过6~7h;在大多数实验中,仅仅工作3~4h后反应器表面局部过热区域内就会出现裂缝;这些裂缝逐渐变宽,CO火焰穿过裂缝释放到反应器外,使感应器发生电击穿,导致装置停机。通过强化表面冷却、选用壁厚相同但椭圆度较小的石英管可以延长反应器的持续工作时间,但只能达到8~9h。因此,这些措施仅起到缓解作用,还需要开展研发工作提高装置的可靠性。

7.7.2 “冥王星”-2 高频电源的设计与建立

对高频电源而言,当 B_2O_3 与碳的混合物作为负载时,其电阻率的变化范围很宽(10^0~$10^2\Omega\cdot cm$)。因此,在加热和碳化反应过程中,涡流的透入深度也会变化很大,可能比原料柱的半径大,也可能更小。基于上述原因,除了7.6节的基本计算关系之外,还应考虑最佳电流频率的选择问题,解决这一问题不仅要基于感应加热理论,还要考虑负载的热物理性质。

感应加热的方案示于图7.23。感应器1持续加热。反应器2由电介质材料制成,如石英。对于被加热材料3和“自生坩埚”4而言,反应器采用圆筒状构型,这是一种简单的结构方案。“自生坩埚”直接形成于石英管的内表面,其内部边界并不是很清晰,为了分析反应过程,将化学反应完全的区域或者可以形成最终产物的温度范围定义为“自生坩埚”的内径 d_0。感应器的电、热模式满足一定的关系“自生坩埚”才有可能形成;如果反应器外表面的散热不足而加热功率密度相当大,反应器的内表面温度就高于或等于上述化学反应发生的温度,“自生坩埚”无法形成。

“冥王星”-2 电源的频率基于稳态运行模式选择。假设加热过程中负载各层的温度均保持恒定,电磁波的能量只用于改变材料的化学组成、聚集状态或者产物结构。这种假设是合理的,因为在实验过程中起始原料在反应器中的进料速率很低。

在上述条件下,感应加热装置连续运行,感应加热区域内负载的平均参数没有发生变化。在稳态工况下,温度沿负载、“自生坩埚”和石英反应器径向的分布曲线如图7.23(a)所示,其近似值如图7.23(b)所示。

对实际曲线做近似时,采用了以下假设:

(1) 功率仅消耗在负载的加热层内,其厚度等于电磁波的透入深度 δ_e;在加热层内,温度沿半径方向保持恒定,等于最高温度 T_{max}。

(2) “自生坩埚”的壁厚等于最高温度 T_{max} 与 T_{ir}(反应器内壁的温度)之间的厚度。

(3) “自生坩埚”壁对电磁波透明,在“自生坩埚”壁的厚度方向上,温度分布遵从热传导规律。

(4) 热量按照热传导规律从温度为 T_{max} 的加热层传递到负载中心。加热层的厚度根据式(7.4)确定,从中定义所需的频率,即

$$f = 2.5\times 10^7\rho/\delta_e^2 \tag{7.34}$$

加热层的厚度还可以根据下式确定,该式通过分析图7.23很容易得到:

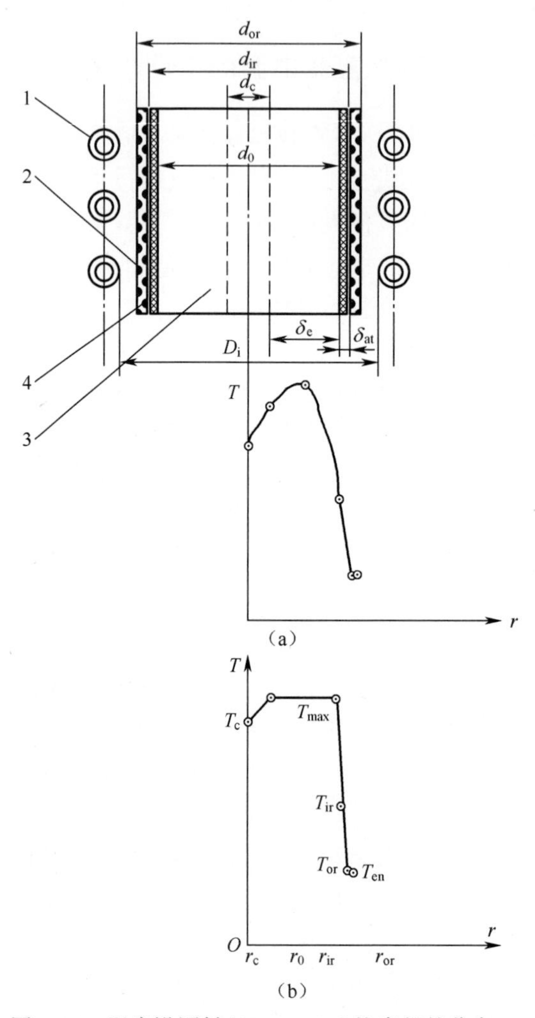

图 7.23　温度沿原料($2B_2O_3+7C$)柱半径的分布

(a)在稳态条件下的一般结果;(b)近似结果。

1—感应器;2—石英反应器;3—被加热物料(高频电源的负载);4—“自生坩埚”;

D_i—感应器内径;d_{ir}、d_{or}—反应器的内、外径;d_0—物料直径;

d_c—物料中心部分的直径;δ_e—电磁场透入物料的深度;δ_{at}—“自生坩埚”厚度;

T_c—物料中心不低于化学反应所需的温度;T_{max}—物料中的最高温度;T_{ir}—由反应器材料的热稳定性决定的反应器内壁温度;T_{or}—反应器外壁温度;T_{en}—环境温度;r_c,r_0,r_{ir},r_{or}—反应器中心区、物料温度最高的区域、物料边界处以及反应器外壁的半径。

$$\delta_e = d_{ir}/2 - \delta_{at} - d_c/2 \tag{7.35}$$

式中:d_{ir}为反应器的内径;δ_{at}为“自生坩埚”的壁厚;d_c为负载中心部分的直径。

“自生坩埚”的壁厚可以根据工艺条件或者加热层向周围空间传热的边界条件确定。基于电介质反应器材料的热稳定性和允许的温度梯度,确定其内壁温度(T_{ir})和外壁温度(T_{or}),从而可以计算的通过单位高度反应器壁从内向外传递的热量:

$$Q = 4\pi^2\lambda_r^2(T_{ir} - T_{or})/\ln(d_{or}/d_{ir}) \tag{7.36}$$

由于热流流过圆筒形“自生坩埚”的壁,因此可以利用式(7.36)写出用于计算“自生坩埚”的表达式:

$$Q = 4\pi\lambda_{at}^2(T_{max} - T_{ir})/\ln(d_{ir}/d_0) \tag{7.37}$$

式中:λ_{at}为“自生坩埚”的平均热导率。

从式(7.37)可以得到d_0的值。“自生坩埚”的壁厚为

$$\delta_{at} = (d_{ir} - d_0)/2 \tag{7.38}$$

下面确定负载中心部分的直径d_c。根据假设,当负载置于感应器中一段时间之后,由于温度恒定为T_{max}的加热层的热传导效应,负载内部轴线附近任何一点的温度都升高到T_c。加热层与中心部分之间的相对温差根据热传导理论近似确定:

$$\Delta T = (T_{max} - T_c)/(T_{max} - T_0) = 5.79(F_0 - 0.081) \tag{7.39}$$

式中:T_0为物料的初始温度下;F_0为傅里叶数(无量纲时间),$F_0 = \lambda\tau/r_c$,λ为导热系数,τ为负载在感应器中停留的时间,r_c为负载中心部分的半径(加热层的内径)。

将式(7.39)转换后,就可以定义负载中心部分的半径:

$$r_c = \sqrt{5.79\lg(et\lambda)/(\lg e^{0.47} - \lg\delta t)} \tag{7.40}$$

这样,用于确定加热层深度所需的所有值均已知,可以根据(7.34)来计算电源电流的频率。当石英管反应器的外径为200mm、壁厚d_w=20mm时,对于原料$2B_2O_3$+7C而言所需的平均频率为2.3MHz。在此频率下,可以观察到化学反应在所有原料中进行。当使用频率为5.28MHz的电源时,在产物的中心部分出现了未完全反应的物质。

下面分析高频电源频率的上限和下限。假设原料的电阻率范围为2~10Ω·cm,振荡器的频率应为0.73~3.63MHz。在碳化反应初期,由于物料的电阻率取决于其所承受的压力,可能会在3~80Ω·cm之间变化,频率上限可以提高到29MHz。为了形成电磁场与原料、碳化反应中间产物和最终产物之间相互作用的最佳条件,电源的频率应可以在0.73~29MHz的范围内连续变化。此外,电源必须具备在达到稳态运行状态之后输出功率仍然灵活可调的能力。

感应器参数的计算采用文献[35]中所描述的步骤。根据计算结果,当电流频率为2.3MHz、反应器外径为200mm时,可以使用内径为230~240mm的2~3

匹感应器。由计算得到的“感应器-负载”系统的参数是近似值,因为在实际情况中函数 $\rho = f(d)$ 非常复杂。为了更准确地确定感应器的几何参数和电参数并获得计算“冥王星”-2 电源所需的可靠数据,另外进行了实验[10]。在“冥王星”-2 运行的过程中,特意短时切断振荡器的负载电路,以获得其响应特性。这些工作持续时间为 1min 左右,结果发现并没有对装置的运行状态带来明显影响。得到了响应频率 f_0 和相应的电压 U_0,测量了振荡电路的频宽和衰减特性,计算了全部负载电路的电感,测量了感应器的电压,计算了感应器中的电流。然后,根据文献[35]中的表达式得到了“感应器-负载”体系中电阻和阻抗的精确值,这些参数是计算“冥王星”-2 的电源和与负载之间的匹配性所必需的。

基于上述分析,对于“冥王星”-2 装置,其高频电源的具体要求归纳如下:

(1) 功率灵活可调,电源与化学活性负载之间匹配的效率足够高。

(2) 电气连接必须便捷,振荡电路中包含的元件数量最少。

图 7.24 中的振荡电路满足上述要求,其主要参数如下:

(1) 电网电压,380/220V;

(2) 电网频率,50Hz;

(3) 电网提供的功率,190kW;

(4) 阳极直流电压,10.5kV;

(5) 振荡功率,120kW;

(6) 工作频率,5.28MHz;

(7) 三极管阳极标称电流,9A;

(8) 栅极电流,1.5~3.0A;

(9) 高频电源冷却水流量,250L/min。

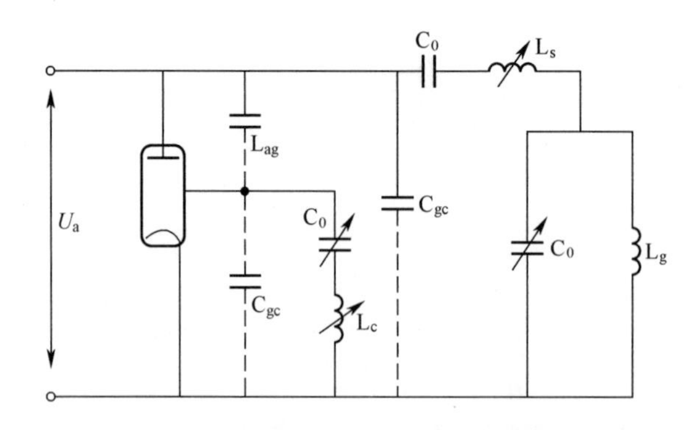

图 7.24　用于高温合成反应的多回路高频电源

高频电源由以下部分构成[10]:供电电路,高压整流器,电子管高频振荡器,控制电路,保护及报警电路。根据该方案,高频振荡器由两支并联的 GU-23A

型三极管构成,并共用阴极和反馈电容。负载电路包括一个电感和一个电容,与阳极耦合电容构成阳极电路。反馈电路包括第二支电子管电路中的电感和电容等元件。反馈电路的粗调通过改变电感线圈的匝数进行;细调通过改变真空可变电容器的电容实现。电子管栅极的直流负偏压由栅极电流的直流分量通过电阻产生。在阳极和栅极电路中,直流与交流电流的分离通过电容和电感实现。电路中的电阻防止出现寄生振荡。装置的工作状态通过以下仪表监测:

(1) 电流表显示电子管的阳极电流。

(2) 电流表显示电子管的栅极电流。

(3) 电压表测量电子管两端的电压。

(4) 电压表(千伏计)测量阳极的直流电压。

(5) 电压表测量电源电压。

(6) 伏特计测量在阳极变压器一次侧的电压。

(7) 电流表测量阳极变压器一次侧电路的电流。

(8) 电容阻止高频电流通过其他设备。

控制电路具有如下电气保护功能:

(1) 使用过流继电器防止阳极变压器电路中的电流过大。

(2) 防止电子管振荡电路出现异常:

① 过流继电器防止阳极电流过大;

② 最大和最小电流继电器控制栅极电流。

(3) 使用熔断器防止电子管供电电路出现短路和过流。

(4) 使用控制器和报警熔断器防止风扇电动机电路出现短路。

(5) 使用熔断器防止高频发生器的阳极电路出现短路。

(6) 使用电容器防止射频电磁波传输到主电源中。

7.7.3 “冥王星”装置中金属-电介质反应器的开发和试验

根据“冥王星”-2 的试验结果,逐渐得到了比较清晰的结论:由电介质材料制成的反应器可靠性不足。为了保证设备运行稳定,有必要将“冥王星”装置中的电介质反应器更换为金属-电介质复合材料反应器,其原理类似于第 2 章描述的复合材料高频等离子体炬。为了确定高频电源与负载相互作用的基本参数,我们将一个具有纵向狭缝的非磁性金属腔室置于高频电源的感应器内,研究了电磁场与导体的相互作用过程。实验方案如图 7.25 所示。实验目的是确定负载消耗的能量与金属腔室参数(狭缝数量、高度和宽度)的关系。

实验在低功率下进行,盛满(1.3L) NaCl 溶液的薄壁圆玻璃筒作为等效负载。玻璃筒放入铜腔室实验装置中。铜腔室外径 185mm,内径 175mm,高

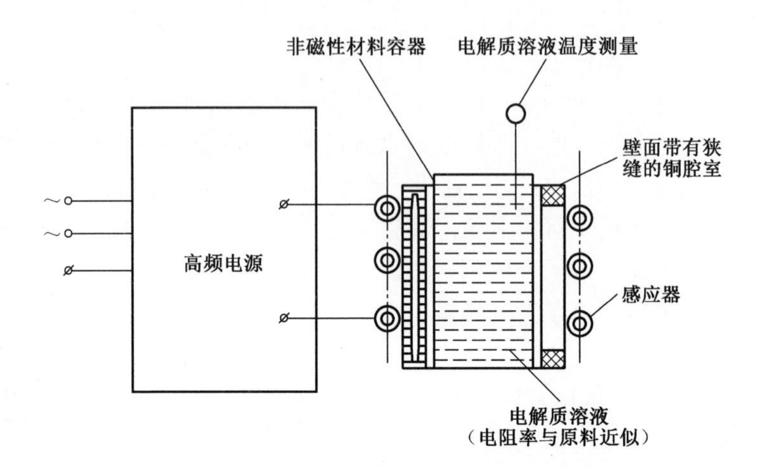

图 7.25　对带有狭缝的金属腔室中的导体进行高频感应加热的实验装置示意图

200mm。U 形铜管钎焊在腔室外表面上，通入循环水对腔室进行冷却。腔室的侧面加工了数量不同、高度均为 150mm 的狭缝。玻璃筒与腔室之间的间隙不大于 3mm。在实验过程中，保持电源的输入功率恒定（E_{an} 为常数），增大狭缝的面积并测量溶液中消耗的功率。消耗在溶液中的功率与狭缝面积 S_{slot} 之间的关系示于图 7.26。这些研究的主要结论如下：导电材料放置在带有狭缝的铜腔室中之后，会被高频电流产生的涡流加热；负载消耗的功率随着腔室表面狭缝面积的增大而增大。

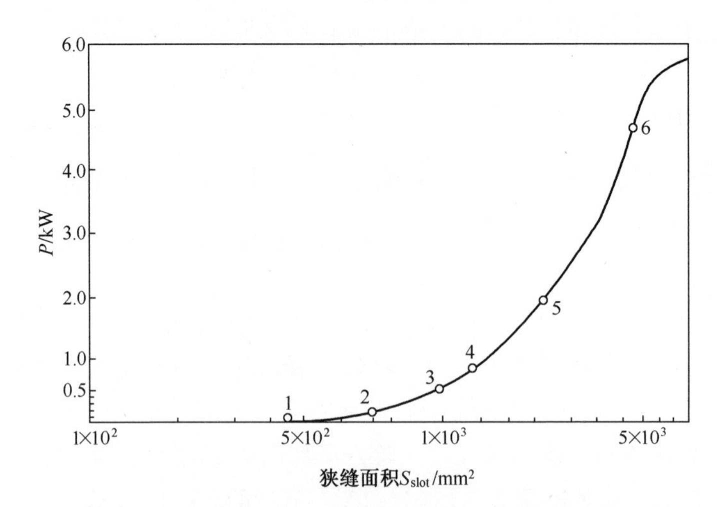

图 7.26　消耗在等效负载上的功率与铜腔室狭缝面积的关系

1—$n=2$，$\delta=1.5$mm；2—$n=4$，$\delta=1.5$mm；3—$n=6$，$\delta=1.5$mm；4—$n=8$，$\delta=1.5$mm，$P=3.8$kW；5—$n=8$，$\delta=3.0$mm，$P=4.3$kW；6—$n=16$，$\delta=3.0$mm，$P=8.2$kW。

接下来的实验基于真实负载——B_2O_3 与 C 的粉末进行。为了使实验得以开展,铜腔室的狭缝中填充了石英材料。实验发现,原料放置在具有 16 条高 150mm、宽 5mm 的狭缝的铜腔室中之后,在高频场(f= 5. 25MHz)中同样被急剧加热;原料在金属-电介质反应器中吸收的功率与在电介质反应器中的相当。

基于上述研究,我们开发了工业规模的"冥王星"-2 反应器模型。按照新术语,"冥王星"-2 的反应器是指金属-电介质反应器。该反应器结构和实物分别如图 7. 27 和图 7. 28 所示。该反应器由铜管制成,有 20 条沿母线方向的狭缝;狭缝的内、外侧宽度分别为 6mm 和 12mm。铜管接口采用氦气保护电弧焊焊接。狭缝的宽度由内向外逐渐增大,因而可以填充外侧宽度和厚度达 12mm 的电介质材料。最后,填充物采用了直径为 12mm 的石英棒。石英棒与反应器紧密结合,并采用耐高温的磷酸盐胶泥密封。专门进行的测试表明,高频电磁场不与磷酸盐密封泥发生相互作用。

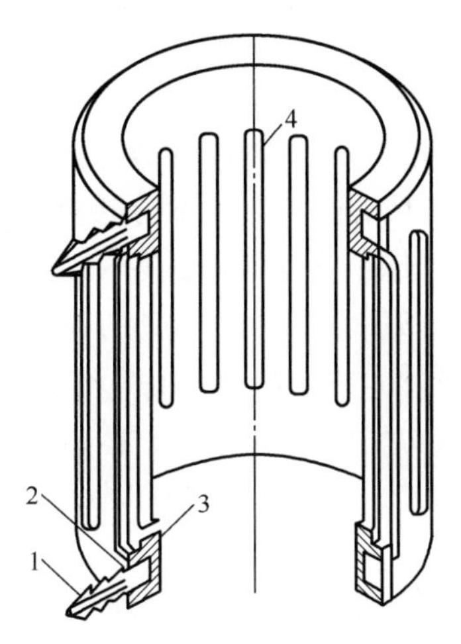

图 7. 27 "冥王星"-2 的金属-电介质反应器结构

1—冷却水接头;2—内部冷却通道;3—反应器;4—狭缝。

为了提高反应器与感应器之间的绝缘强度,反应器铜管上缠绕了聚四氟乙烯(特氟龙)胶带。在常温下特氟龙绝缘性能非常好,并且在运行过程中也不会发生变化,因为在水冷条件下反应器的温度变化对特氟龙的影响可以忽略。此外,由于磷酸盐填料的屏蔽作用,通过狭缝的光辐射也被降到最低。第一台这种类型的反应器(1 号反应器,见图 7. 28)的几何参数如下:d_1 = 175mm;d_2 = 215mm;D = 235mm;H = 300mm。沿反应器母线加工的狭缝数量 n = 20,每条狭缝的宽度为 6mm,高度为 160mm。为了便于碳化物坯料的排出,反应器底部设计成渐扩的锥形。

配备了金属-电介质反应器的"冥王星"-2 装置可以进行长期(10~20h)试

图 7.28 “冥王星”-2 的金属-电介质反应器实物

验。在此期间,我们研究了高频电源、进料和出料单元的稳定性,反应器的稳定性,电气和能量参数对卸载到接收容器中的碳化物材料特性的影响。所有试验中的原料消耗量均为 6kg/h,装置功率为 120~140kW,电流频率 2.5~2.8MHz。反应生成的碳化物材料每隔 2~3h 就周期性地卸载到接收容器中。在试验过程中,对电参数和能量参数进行了监测。一部分数据示于表 7.6。从表中显然可以看出,试验过程中的总比能耗为 77.5~82kW · h/kgB_4C,用于加热和碳化的比能耗为 21.0~25.5kW · h/kgB_4C,碳化反应的比能耗为 13.3~15.9kW · h/kgB_4C,反应器的能量损失为 26kW · h/kgB_4C。生产 B_4C 的理论能耗为 12.3kW · h/kg。因此,输入功率的 16%~20%用于有用目的。电源和反应器中的电、热损失达到 80%~84%。有效能耗的比例可以通过降低反应器的热损失和电流转换损失得到进一步提高。

表 7.6 “冥王星-2”连续运行生产碳化硼的能量参数(碳化物的产率为 1.6kg/h)

时间/h	1	2	3	4	5	6	7	8
电网输入的总功率/kW	128	126	128	132	125	124.5	124	124
反应器功率/kW	69.8	64	66.5	64.7	62.5	62.6	62	62
在反应器中用于加热和碳化反应的功率/kW	25.2	23	25.5	21.2	21.5	21.0	22	22
碳化比能耗/(kW · h/kgB_4C)	15.7	14.4	15.9	13.3	13.3	13.3	13.3	13.3
考虑能量损失的总比能耗/(kW · h/kgB_4C)	80	80	80	82	78	77.8	77.57	77.5

反应结束后,从反应器中取出来的碳化物产物呈锭状(图 7.29),主要成分是 B_4C。产物外表面包覆一层“自生坩埚”材料,厚 3~4mm。图 7.29 给出了得

到的碳化物和反应器实物。在实验期间(3 个星期),装置每天运行 6~12h,碳化物材料的平均产率为 1.6kg/h。装置的运行参数列于表 7.6 中。我们在 22h 内共处理了 120kg 原料,得到 36kg 碳化物材料。因为排放阀存在缺陷,一些未完全反应的物料进入了产物中,后来对产物进行分类处理。最后得到的碳化物总量为 32.2kg,对这些产物进行破碎和洗涤,得到 24.9kg 满足要求的 B_4C 粉末(其化学组成见表 7.7)。

图 7.29　在金属-电介质反应器中感应加热 $2B_2O_3+7C$ 得到的碳化硼和反应器实物

表 7.7　底部具有一定张角的“冥王星”-2 反应器中生产的 B_4C 的化学组成(%)

总硼	B_2O_3	游离碳	
		化学分析	X 射线分析
76.5	0.3	3.7	未检出

碳化硼中的杂质含量主要由原材料的杂质决定,为 1.1%(Si,0.3%;Ca,0.1%;Al,0.1%;Mg,0.05%;Fe,0.55%)。用于核能领域的 B_4C 的技术要求是:B,75%~76%;C(X 射线分析),0.5%~2%;B_2O_3,1.2%~1.5%;杂质总含量不高于 2%~6%。在“冥王星”-2 中得到的 B_4C 满足此类产品的技术要求。对于 120kg 原料,B_4C 的理论产量为 29.1kg。实验结束后,经过第一次洗涤获得的产物(其中含有一定量的游离碳(3.7%),由燃烧法测定)为理论值的 93%(27kg);经过第二次洗涤(分析结果见表 7.7),达到理论值的 85.6%(24.9kg)。

7.8　“冥王星”-3(Плутон-3)高频感应加热装置

在合成难熔材料的高频感应加热设备开发过程中,接下来设计的是“冥王星”-3 装置,可以在静态、连续和半连续模式下合成高熔点物质。图 7.30 是“冥王星”-3装置的总体电气技术方案。在工厂内进行的操作包括利用起始原料制备炉料、研磨从反应器中获得的产品以及将产品装载到运输容器中等步骤。

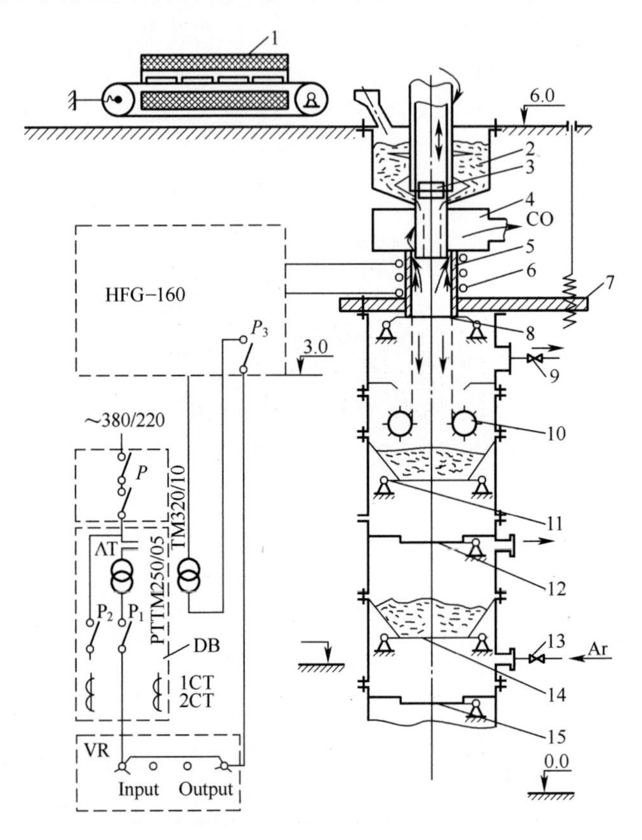

图7.30 合成高熔点陶瓷材料的“冥王星”-3的电气技术方案

1—原料处理炉;2—进料斗;3—推杆;4—过滤器;5—反应器;6—感应器;7—装置的框架;8—弹簧阀;9,11,13,14—卸料阀;10—破碎机;12,15—阀;HFG-160—输出功率为160kW的高频电源;P,P_1,P_2,P_3—闸刀开关;AT—自耦变压器;DB—配电盘;VT—稳压器;PT—电力变压器;CT—电流互感器;C—接触器。

在合成高熔点陶瓷材料时,“冥王星”-3的操作步骤如下:

(1) 备料:将硼酸和炭黑装入炉1,形成$2B_2O_3+7C$。

(2) 进料:将原料从炉1输送到料斗2中,用推杆3送入金属-电介质反应器5的高频加热区。

(3) 合成:启动高频电源6,感应器对原料加热,合成碳化物。

(4) 卸料:将反应得到的碳化物通过卸料阀(8,9,11,13,14)从反应器中卸出,在过滤器4中净化气体副产物(主要是CO)。

(5) 破碎:利用破碎机10将得到的产物破碎。

(6) 输送:将最终产物输送到加工 B_4C 的生产线上。

在碳化物、硼化物和其他类似产物的合成过程中,会释放出气体副产物CO。"冥王星"-3 的工艺中设置了 CO 排放管道。为了防止 CO 与空气形成爆炸性混合物,在加热之前以及将产物从一个腔室转运到另一个腔室的过程中,用氩气定期进行吹扫。"冥王星"-3 系统的动作执行机构简图如图 7.31 所示。

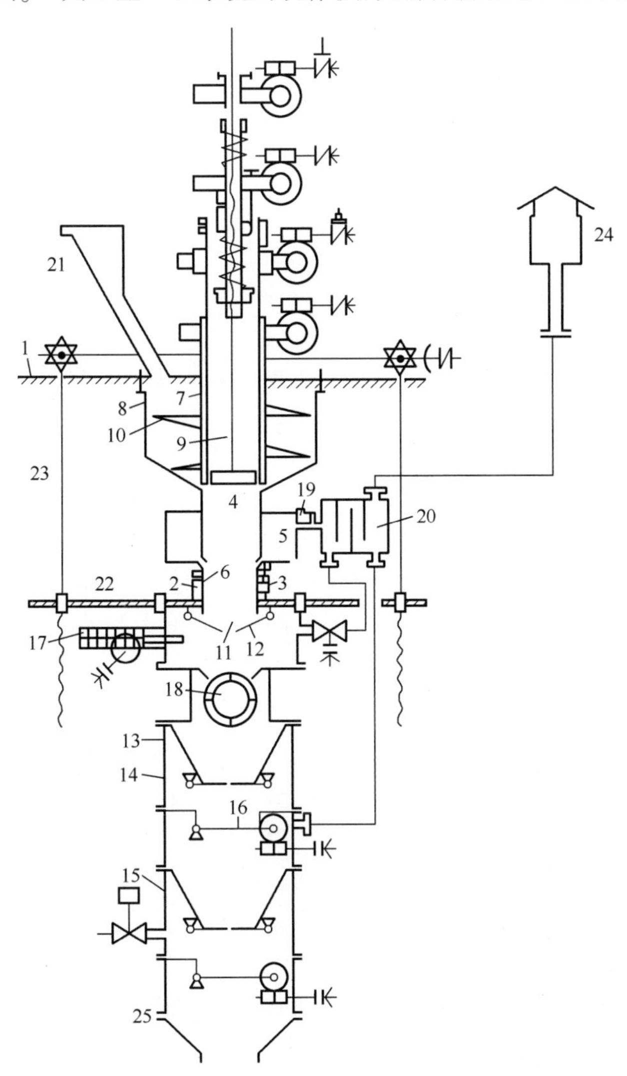

图 7.31 "冥王星"-3 装置的动作执行机构简图

1—带有顶升装置的设备安装基座;2—感应器;3—金属-电介质反应器;4—进料活塞;5—热交换器;6—反应器内表面;7—导向管;8—进料斗;9—推杆;10—搅拌器;11—感应器内部空间;12,16—阀;13—接收器;14—接料斗;15—中间料仓;16—密封阀;17—碳化物坯料切割器;18—破碎机;19—CO 排放管道;20—洗涤器;21—进料口;22—活动钢板;23—螺杆;24—燃烧器;25—产物储存料斗。

进料装置包括进料斗 8、进料口 21 以及带有搅拌器 10 的导向管 7。料斗的侧壁具有气体排放出口。料斗安装在固定板(基座)1,配备有顶升装置。料斗容积为 0.140m^3,每批次可装入 80~90kg。原料在推杆 9 和活塞 4 的作用下输送到加热区内;系统还配置了带有安全阀的热交换器 5。热交换器固定在料斗 8 的底部,用于回收废气的热量,预热送入反应器的原料。热交换器的换热管由铜制成,外表面有纵向槽用于排放加热区产生的高温气体;热交换器通过管道 19 与洗涤器 20 连接。在热交换器下方是反应器 3 和接收料斗,安装在非磁性钢板 22 上①。钢板 22 通过螺杆 23 安装在基座 1 上,从而使所有设备都可以升高或者降低 0.8m。

感应加热装置由反应器 3 和感应器 2 组成。反应器 3 固定在钢板 22 上,可以向下移出感应器。感应器通过硬铜管与电源 HFG-160 的接线端子连接。在对反应器进行冷却时,避免将管线连接到表面上,这样可以快速组装和拆卸反应器及相关设备。

高温产物的收集、初级破碎和冷却设备布置在活动板 22 的下方。高温产物以圆柱形坯料形式落入接收料斗 13 中。料斗安装了双叶弹簧蝶阀 12,将产品保持在反应器中;电动机驱动的切割器 17;破碎机 18;弹簧阀 12 的驱动器为 A 型,安装在料斗外。阀板可以承受的力通过弹簧的弹力控制。阀杆与限位开关连接,向自动控制系统传递信号。当产物在料斗中积累时,由双叶阀 12 支撑,其下方是密封阀 16。料斗 13 上设计了一个带有远程控制阀的支管(DN-50),当料斗压力升高时排放 CO;此外,该支管还用于在装置运行前用氩气对设备进行吹扫。

中间料斗 15 与接收料斗 14 连接,其底部也安装了蝶阀以滞留高温碳化物并保护密封阀。密封阀阻止 CO 从生产设施泄漏出来,并防止空气进入高温产物所处的料斗中。所有截止阀和密封阀均为电动型,可以自动或手动调节。卸料装置的末端是储存料斗 25。

该系统上部的运行机制如下:

(1) 电动机驱动螺杆 23 反转,分离反应器上方的装料部分和下方的卸料部分;螺杆的行程由限位开关控制。

(2) 电动机驱动搅拌器 10。

(3) 电动机驱动环形阀开、闭。阀瓣的行程由限位开关控制,位置由高度指示器控制。

(4) 电动机驱动推杆 9 和活塞 4 往复运动。活塞在 25s 内向下运动 37mm,反向行程在 5s 完成。

---

① 原图中 1 标识有误,已修改。——译者

(5)电动机执行器使推杆9运动,从起始位置向下移动520mm。如有必要,推杆还可以推动活塞卸载反应产物以及反应器和热交换器通道中的部分原料。当活塞到达感应器环绕的空间中时,高频电源自动断开,防止驱动杆和活塞熔化。驱动杆在运动过程中的位置由高度计控制,行程位置的终点由限位开关确定。CO通过在安装在生产区之外的专用燃烧器24燃烧。系统中的所有承压部件均按照20t的压力负荷设计。工艺系统中的所有设备均由1X18H10T不锈钢制成。

装置中的高温部件均通水冷却。这些部件的温度由热电偶测量。此外,对装置内的冷却水流量、气压以及CO燃烧器的运行参数也进行类似监测。

原料从料斗8送入反应器3和热交换器5,进料量由环向间隙和活塞位置控制。搅拌器10可以防止结块降低流动性。反应器和热交换器中装满原料之后,往复运动的推杆9开始工作。活塞的最低位置基于装置的容积结合经验选定。通常情况下,原料的进料量是多个参数的函数,取决于环形阀的环向间隙、活塞往复运动过程中的最低位置、原料颗粒的大小和水分等。

活塞向下移动,携带从料斗通过环形间隙输送过来的原料,并推动原料柱进入反应器和热交换器内。由于在工艺过程开始阶段加热区与产物接收区被弹簧阀12隔离开来,所有物料在活塞作用下被压缩。活塞返回最上方位置之后,热交换器中形成无原料的空间,原料通过料斗与搅拌器之间的环形通道进入热交换器。当活塞重新向下移动时,进料和压缩过程重复进行。活塞对原料进行压缩,直到压力与弹簧阀所产生的反向作用力相平衡。然后,弹簧阀稍微打开,这个动作触发限位开关,作为高频加热启动的信号;与此同时,推杆停止动作,中止向反应器中进料。当活塞4的工作循环完成之后,按照活塞与环形阀配合的方案,环形间隙不得高于活塞的上极限位置。当环形阀处于打开状态时,自动控制方案不允许推杆将活塞推到规定位置之下。在系统发出指令启动高频加热电路的同时,自动控制系统发出开启燃烧器24的指令,以燃烧系统排放的CO。燃烧器未启动之前,无法启动高频电源。感应器2中的原料被涡流快速加热,并且由于原料电学性能的变化其温度急剧升高。

由混物原料合成碳化硼的反应按照式(7.2)进行。反应产物是碳化硼(起始原料量的25%)和CO(起始原料量的75%)。生成的CO从孔隙中释放出来,通过换热器外表面的纵向狭缝进入洗涤器,然后沿管线通入燃烧器。

在反应过程中,高频电源阳极电流的变化可以作为反应状态的指示信号。阳极电流减小意味着反应器中碳化硼合成反应的结束,需要启动推杆将产物从反应器中卸出。从这一刻开始就可以连续得到碳化硼。在高频感应加热区合成的碳化硼移动到反应器下部,被水冷反应器壁快速冷却,凝固成锭,受到弹簧阀12的支撑。产物的凝固过程非常重要,可以避免弹簧阀表面被产物烧损。

碳化硼锭在活塞 4 的作用下,从反应器 3 中卸出进入接收容器 13。这时,进入换热器 5 的新原料被连续推入反应器 3,保持系统准稳态运行,形成碳化硼柱体。当柱体长度达到约 15cm 时,被 A 型电驱动横向切割器 17 切断。横向切割器的动作周期取决于装置的生产能力,可以通过时间继电器调节(30~60min)。

反应器中得到的碳化物锭进入安装在料斗 14 中的破碎机 18 中。破碎机在推杆 9 动作完成、驱动系统关闭一段时间之后启动。

碳化硼产物通过破碎机之后得到尺寸为 10~20mm 的颗粒,然后进入破碎机下方的料斗 14。该料斗采用水冷,容积为 40L,其出口用石墨板增强的双叶阀密封。碳化硼在料斗中不断累积和冷却。在碳化硼积累到一定程度并冷却之后,转移到中间料斗 15 中,其结构类似于接收料斗,即漏斗形、具有水冷功能,底部被双叶阀门和远程控制闸阀封闭。在产物转移之前,用氩气吹扫 15~20s。这样,中间料斗中原有的空气通过洗涤器 20 排出。这一步操作很有必要,可以防止 CO 和空气在中间料斗内形成爆炸性混合物。

碳化硼在中间料斗中冷却到 100~200℃。中间料斗的温度由安装在中间料斗 15 锥部的镍铬-镍铝热电偶测量,其读数与密封阀的电动执行器联锁,这样可以避免高温产物从中间料斗中卸载出去。从中间料斗到存储料斗 25 最后一步产物转移步骤与从接收料斗中卸出的步骤相同。产物卸出之后,蝶阀返回原来的位置,并关闭密封阀。合成的碳化硼用于生产最终产品。

对感应加热 $2B_2O_3+7C$ 生产碳化硼这一过程的研究表明,在高频条件下相对容易合成碳化物 B_4C 和 $B_{6.5C}$,碳化硼的收率为 93%~97%,剩余 3%~7%的材料作为“自生坩埚”保留在反应器壁上。

7.9 金属-电介质反应器的计算

“冥王星”-3 感应加热器由金属-电介质反应器和环绕反应器的感应器组成。电能被负载吸收的物理过程借助图 7.32 所示的“感应器-反应器-负载”系统的模型予以说明。

感应器的电压 U_i 由高频电源提供;高频电源将工频电能转化为高频振荡能量。施加高频电压之后,感应器中产生交变电流 I_i,进而在导电介质,如负载和铜反应器中建立电磁场。电磁场传播到导电介质中之后逐渐衰减,能量被负载和反应器吸收。负载和反应器消耗的功率的比例取决于反应器的结构设计。

一般而言,反应器中的被加热原料可以分为三个主要区域:

(1)“自生坩埚”层,这是紧贴水冷反应器内壁、厚度 $\delta_{at}=2\sim3$mm 的区域。

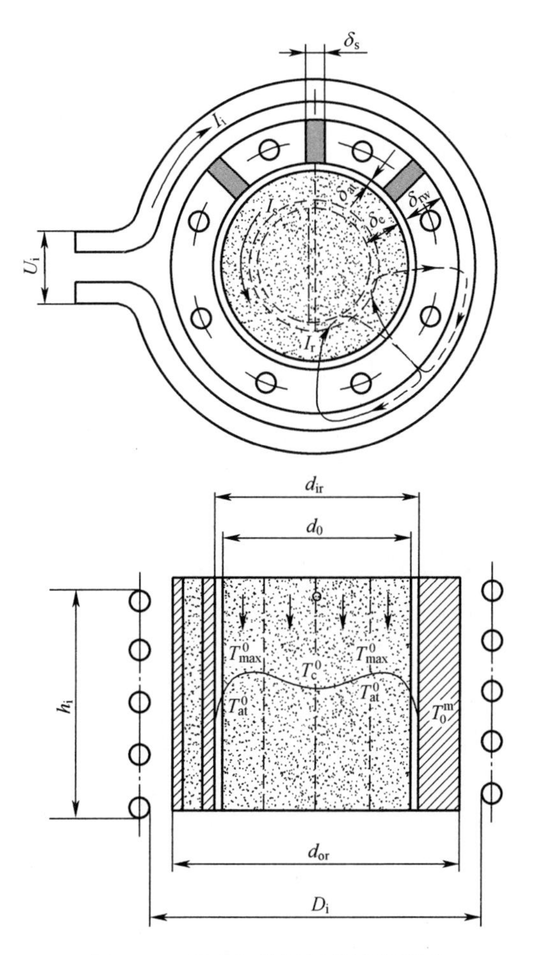

图 7.32　感应加热装置的计算模型

U_i—感应器两端的电压；I_i—感应器中的电流；I_r—围绕反应器分瓣的感应电流；
I_s—由原料中的 I_r 之和近似得到的环向电流；d_0—负载(原料)直径；d_{ir}—反应器内径；
d_{or}—反应器外径；D_i—感应器内径；h_i—感应器的工作高度；T^0_c—负载中心的温度；
T^0_{max}—加热区的最高温度；T^0_{at}—负载外表面的温度("自生坩埚"的温度)；
T^0_m—铜反应器的壁面温度；δ_{at}—"自生坩埚"厚度；δ_e—电磁波在负载中的透入深度；
δ_s—反应器狭缝的宽度；δ_{rw}—反应器壁厚。

"自生坩埚"层由起始原料和未完全反应物组成。这一层消耗的功率可以忽略，原因在于起始原料的电阻率很高(10~100Ω · cm)，并且频率为 2.5MHz 的电磁波在"自生坩埚"中衰减得很慢。

(2) 加热层，厚度为 δ_e，吸收电磁能的主要区域。该层的厚度在感应器高度方向上是变化的，因为物料在向下移动过程中其物理和化学性质不断变化。在计算中,我们采用这一层的平均厚度,该数值在约 1300℃ 的温度下于反应器高度的中间位置测得。我们认为,电磁波在加热层中逐渐衰减到零。

(3) 中心层,被吸收电磁能的加热层所包围。对于这一层而言,电磁波无法到达,其加热过程源于加热层传导过来的热量。

感应加热装置的计算需要采用基于电动力学方程和干式空冷变压器的电磁波吸收理论。其中,干式空冷变压器基于闭合回路与电流相互作用的理论。感应加热器的计算可以简化为确定反应器和感应器的最佳几何尺寸,并计算其工作过程中的电、热参数。

7.9.1 反应器几何尺寸的确定

为了确定用于感应加热的金属-电介质反应器的尺寸,需要设定一定的初始条件。以生产 B_4C 的“冥王星”-3 反应器为例,其几何尺寸基于如下初始条件确定:B_4C 产率 $G_{B_4C}=3kg/h$,碳化工艺所需的时间 $t=0.5h$。基于这些条件我们确定原料($2B_2O_3+7C$)的需求量 $G=12kg/h$;每批次装载入反应器的原料量 $G_r=G\cdot t=12\times0.5=6(kg)$。原料的堆积密度 $\rho=2.0\times10^{-3}kg/m^3$,这样可以得到反应器的容积 $V_r=3\times10^{-3}m^3(3L)$。

在加热过程中,碳化产物的密度逐渐降低。为了恢复物料的密度,需要持续压缩物料,这样可以将反应器的容积减小 10%~20%。

下面考虑 $V_r=2.7L$ 的情况。对于感应加热过程,反应器的直径与高度之比的推荐值 $d_0/h_i=0.8$[35],原料直径确定为 13.6cm。考虑“自生坩埚”的厚度,反应器的内径 $d_{ir}=14.0cm$,因而感应器的高度 $h_i=140/0.8=175mm=17.5cm$。

7.9.2 反应器分瓣数量和间隙尺寸的确定

反应器中存在“自生坩埚”时,金属-电介质反应器(冶金行业的冷坩埚)分瓣数量和间隙尺寸取决于间隙的电气强度、分瓣的总电阻与两个相邻分瓣之间原料的电阻之比。并且,间隙的电气强度取决于多个因素,如间隙大小、电流频率、分瓣的几何形状和表面状态及“自生坩埚”温度等。鉴于影响间隙电气强度的参数较多,我们建议间隙的电场强度不应大于 100V/mm。此外,金属-电介质反应器在工业条件下运行时,还应考虑空气中导电尘埃的存在。因此,间隙的电场强度降低到 $E_s=50\sim70V/mm$。

间隙中电场强度的确定基于如下假设:反应器作为由“感应器-反应器”系统构成的空冷变压器的副边。在这种情况下,反应器的感生电动势 $E_2=U_i/\omega_i$。不考虑漏磁通时,施加到感应器(原边)上的电压可以达到 $U_i=8\sim10kV$。并且,为了与高频电源相匹配,感应器的匝数 ω_i 选定为 3~5。这样,副边(反应器)上

的最大电动势在 $\omega_i = 3$ 时得到，此时 $E_2 = 3\text{kV}$。

反应器间隙的宽度之和 $\delta_e = E_2/E_s = 3000/(50\sim70) = 60\sim45\text{mm}$。考虑到填充在间隙中的绝缘材料的使用条件和加工技术水平等因素，间隙的尺寸确定为3mm。因此，反应器上纵向狭缝的数量 $(60\sim45)/3 = 20\sim15$。除上述因素之外，在设计反应器时，还需要考虑机械加工和水冷方案，这样狭缝的数量最终确定为18。

间隙的高度应满足如下条件：反应器两端部短路匝不产生显著的退磁效应，并且不影响反应器结构的机械强度。文献[36]建议，冷坩埚的短路匝到感应器线圈平面的距离应不小于感应器的半径。然而，这一建议并没有考虑对于给定直径的短路匝，其退磁效应与分瓣数量存在一定的关系。确定负载消耗的功率与分瓣数量的实验研究表明，当感应器的磁化力保持恒定时，负载消耗的功率随着分瓣数量的增加而增大。这证实了当短路匝位置固定时，其退磁效应随着分瓣数量的增加而减弱。这一现象的原因在于，各分瓣中感应电流的一部分在分瓣表面形成闭合回路，而另一部分则通过连接分瓣的短路匝形成闭合回路。这些电流的比值取决于电流流过电路上的电阻。随着分瓣数量的增加，电流流过分瓣的电阻逐渐减小。模型实验表明，当分瓣数量大于10、反应器短路匝到感应器边缘的距离为40mm时，负载消耗的功率达到极限值。当然，短路匝越接近感应器的线圈，消耗的功率越大。但是，这些损失对于总能量平衡而言并不重要。综合考虑上述因素，纵向狭缝的高度 $h_s = h_i + 3(30\sim40) = 250(\text{mm})$。

对于由实心铜材料制成的反应器，难以加工出如此之长的纵向水冷通道，因此，将狭缝的高度减小到210mm。这样设计并不会显著影响负载对电磁波能量的吸收，因为反应器上狭缝的数量是18(远大于10)。

这样，用于反应器设计的所有基础数据均已确定。设计结果示于图7.33。

下面进一步分析"冥王星"-3感应加热装置在稳态模式下加热原料时的能量特性。这时，感应加热装置的电、热特性的计算基于上述参数的平均值进行。

7.9.3 反应器的热损失

在反应器中，物料消耗的电磁场功率等于如下部分之和：通过反应器水冷壁和上、下端面的热损失，物料焓的增加。其中，物料焓的增加取决于生产1kg成品所消耗的理论功率。因此，物料消耗的功率为

$$P_{\text{load}} = \Delta P_{\text{end}} + \Delta P_s + P_{\text{theor}} \tag{7.41}$$

式中：ΔP_{end} 为通过反应器端面的功率损失；ΔP_s 为通过反应器侧表面的功率损失；ΔP_{theor} 为由原料合成碳化硼(B_4C)所需的理论功率。本产物合成的理论功率 $P_{\text{theor}} = 12.8\text{kW}\cdot\text{h/kg}B_4C$。通过反应器侧面的功率损失由式 $\Delta P_s = P_{s0}\cdot S_s$

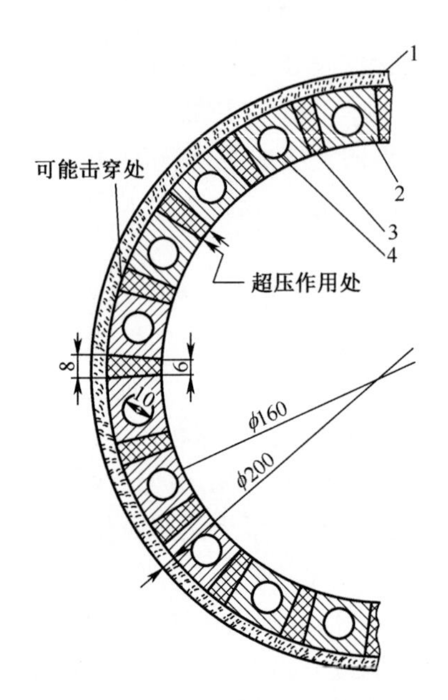

图 7.33 “冥王星”-3 反应器的结构(图中数据的单位为 mm)
1—绝缘材料壳体;2—金属分瓣;3—分瓣间的电介质材料;4—冷却通道。

计算,其中 P_{s0} 为通过物料侧面的热通量,S_s 为反应器的侧表面积。

“自生坩埚”的厚度与反应器的壁厚相比可以忽略,因此通过“自生坩埚”的热流密度可以采用平面壁的计算方法。通过平面壁的热通量由下式定义:

$$P_{s0} = \Delta T(\delta_{at}/\lambda_{at} + \delta_m/\lambda_m + 1/\alpha_T) \tag{7.42}$$

式中:ΔT 为“自生坩埚”厚度方向上的温度梯度,$\Delta T = T_{max} - T_m$,T_{max} 为“自生坩埚”内表面上的最高温度,T_m 为反应器本身的温度;α_T 为从反应器壁到冷却水的传热系数;δ_{at} 为“自生坩埚”的壁厚(1~3mm);λ_{at} 为“自生坩埚”的平均热导率;δ_m 为铜反应器的壁厚;λ_m 为铜反应器的热导率。

计算时,假设 $T_{max} = 2000℃$,$T_m = 100℃$。在计算通过反应器侧壁上的热通量时,式(7.42)的分母是热流从负载到反应器冷却水的各部分热阻。由于 $1/\alpha_T$ 和 δ_m/λ_m 的值与热阻 δ_{at}/λ_{at} 相比很小,因而热通量的表达式可以简化为

$$P_{s0} = \Delta T/(\delta_{at}/\lambda_{at}) = (2000 - 50)/(0.225/0.75) = 585(\text{kW/m}^2) \tag{7.43}$$

铜反应器内侧的表面积 $S_{is} = (\pi D_{ri} - \delta_s) \cdot h_i = 0.067(\text{m}^2)$。因此,通过物料侧面的热损失功率为 $\Delta P_s = 585 \times 0.067 = 39.2(\text{kW})$。

在计算通过反应器上、下两个端面的热通量时,认为通过二者的热通量与通过侧面的相等,均为 P_{s0},然后得到 $\Delta P_{seq} = P_{s0} \cdot 2\pi d_0/4 = 18(\text{kW})$。因此,反应

器的总功率损失 $\Delta P_{T}=\Delta P_{s}+\Delta P_{seq}=57.2(kW)$。

7.9.4 感应加热装置的电气参数计算

在计算感应加热装置的电气参数时，采用如下假设：

(1) 被加热物料、(反应器的)金属分瓣以及感应器的高度均为无限大；

(2) 物料参数(电阻率、温度)在感应器高度方向上不发生变化；

(3) 物料对反应器的传质可以忽略，对感应加热装置和负载的电气参数无影响；

(4) 物料的参数沿径向变化，可以用平均值代替；

(5) 反应器到对感应器电磁场的退磁作用可忽略；

(6) “自生坩埚”的电导率很小，可以忽略。

感应器中高频电流的频率取决于物料的几何尺寸、电阻率和磁性能。物料的电阻率取决于其温度和密度。然而，物料电阻率与温度和压力分布的关系非常复杂。因此，对于感应器电流的频率的计算，采用原料在平均温度下的电阻率值 $\rho_{cp}=1\Omega\cdot cm$。然后，电源频率通过下式[35]确定：

$$f > 4.54 \times 10^{8}\rho/d_{0}^{2} = 2.5(\mathrm{MHz}) \tag{7.44}$$

电磁波在冷物料中的透入深度：

$$\delta_{e,c} = 5030\sqrt{\rho_{c}/\mu f} = 5030\sqrt{8/(2.5 \times 10^{6})} = 9(\mathrm{cm}) \tag{7.45}$$

式中：ρ_{c} 为冷料的电阻率，$\rho_{c}=8\Omega\cdot cm$。

若平均电阻率取对于温度为 800 ~ 1200℃ 的值，电磁波的透入深度 $\delta_{e}=3.2cm$。

合成 1kg 碳化硼的理论能耗是 12.8kW · h。因此，产率为 3kg/h 时有用功率为 $P_{theor}=38.4kW$。因此，原料中所需要的功率 $P_{load}=P_{theor}+P_{T}=38.4+57.2=95.6(kW)$。“反应器-物料”系统的热效率 $\eta=P_{theor}/P_{load}=38.4/95.6=0.4$。

感应加热器需要向物料输送的功率为 95.6kW，其电气参数的按照以电磁波吸理论为基础的方法计算[35]。

对于感应器，高度 1m 的磁化力由下式计算：

$$I\omega_{1,0} = 10^{3}/K_{s}[(P_{c}/6.2)(d_{0}h_{i})\sqrt{\rho\mu f}F_{e}]^{0.5}(\mathrm{A\cdot V/m}) \tag{7.46}$$

式中：$\omega_{1,0}$为感应器中每单位高度的匝数；F_{e}为考虑了电磁波在圆筒内传播特征的函数，根据文献[35]提供的图确定，即

$$F_{e} = \varphi[d_{0}\sqrt{2}/2\delta_{e}] = 0.8 \tag{7.47}$$

K_{s}是考虑了电磁场散射的系数：

$$K_{s} = [(\pi^{2}/2)(d^{t}/h_{c})(h_{i}/h_{c}M_{0})]/L_{0}[1 + (r/\omega L)^{2}]^{0.5} \tag{7.48}$$

其中：$(r/\omega L)^{2} \ll 1$；$h_{c} = h_{i} = 0.171m$；h_{c} 为被加热物料的高度。

由文献[35]给出的图表中得出

$$(h_i/h_c M_0)=f[(D_i/h_i),(h_i/h_c)]=1.1$$

$$L_0=f(h/d_0,\delta_e/d')=3.8 \tag{7.49}$$

式中：$d'=d_0-\delta_e$。因此，$K_s=(\pi^2/2)\times 0618\times 1.1/3.8=0.89$。感应器的比安匝数 $I\cdot\omega_{1,0}=2500\mathrm{A\cdot V/m}$；狭缝中消耗的无功功率为

$$P_{r,s}=6.2\times 10^{-9}(I\omega_{1,0})^2 f d_0^2 h_i\cdot[(d_i/d_0)^2-1]=486(\mathrm{kvar}) \tag{7.50}$$

感应器的内径通过如下关系确定：

$$D_i=d_{or}+2.2\mathrm{mm}=0.22(\mathrm{m}) \tag{7.51}$$

式中：d_{or}是反应器的外径，等于180mm①。

物料中的无功功率

$$P_{r,s}=6.2\times 10^{-6}(I\cdot\omega_{1,0})^2 d_0 h_c\sqrt{\rho\mu f}G_{oc}K_s^2=125(\mathrm{kvar}) \tag{7.52}$$

$G_{oc}=f[d_0\sqrt{2}/2/2\delta_e]=1.05$，从文献[35]的表中得到。感应器中的无功功率和有功功率分别为

$$P_{r,i}=6.2\times 10^{-6}(I\omega_{1.0})^2 D_i h_i\sqrt{\rho_i f}G_{emw}/K_{csf} \tag{7.53}$$

$$P_{a,i}=6.2\times 10^{-6}(I\omega_{1.0})^2 D_i h_i\sqrt{\rho_i f}F_{emw}/K_{csf} \tag{7.54}$$

式中：ρ 为感应器铜材的电阻率，$\rho=2\times10^{-8}\Omega\cdot\mathrm{m}$；$K_{cfs}$ 为感应器的填充系数，$K_{csf}=0.7$。

由文献[35]给出的图确定的、描述电磁波入射到圆筒内表面的函数如下：

$$G_{emw}=\varphi[D_i\sqrt{2}/2\delta_{ei,i}] \tag{7.55}$$

$$F_{emw}=f[D_i\sqrt{2}/2\delta_i] \tag{7.56}$$

可以得到 $G_{emw}=F_{emw}\approx 1$。这样，$P_{a,i}=0.5\mathrm{kW}$，$P_{r,i}=0.5\mathrm{kvar}$。根据实验结果，反应器未装料运行时的功率损失 $P_{nload}=4\mathrm{kW}$。

“感应器–反应器–负载”系统的总有功功率为

$$\sum P_a=P_{load}+P_{a,i}+P_{a,r}=100.1(\mathrm{kW}) \tag{7.57}$$

系统的总无功功率为

$$\sum P_r=P_{r,s}+P_{r,i}+P_{r,r}=611.5(\mathrm{kvar}) \tag{7.58}$$

系统的视在功率为

$$P_\Sigma=\sqrt{\sum P_a^2+\sum P_r^2}=620(\mathrm{kV\cdot A}) \tag{7.59}$$

系统的总效率为

① 原文如此，实际上 $D_i=d_{or}+2.2\mathrm{mm}=202.2\mathrm{mm}$；$d_{or}$ 为反应器的外径，$d_{or}=200\mathrm{mm}$，见图7.33。——译者

$$\eta_e = P_{theor}/P_a = 38.4/109.4 = 0.35 \tag{7.60}$$

GU-23A(ГУ-23A)型三极管高频电源在节拍模式(telegraph mode)运行时，感应器两端的电压为 7%～8kV；阳极供应的电压 E_{an} = 10.5kV。当三极管工作在边缘模式(boundary operating mode)且阳极电压系数 ζ = 0.85[37]时，GU-23A 型三极管阳极的交流电压幅值为

$$\widetilde{U} = \zeta \cdot E_{an} = 10.5 \cdot 0.85 = 8.9(\mathrm{kV})$$

连接感应器的母排的电压降为 20%：

$$U_i = 0.8\widetilde{U}/\sqrt{2} = 5(\mathrm{kV}) \tag{7.61}$$

通过感应器的电流强度为

$$I_i = P_\Sigma/U_i = 620 \times 10^3/(5 \times 10^3) = 124(\mathrm{A})$$

感应器单位高度(1m)的匝数为

$$\omega_{1,0} = I\omega_{1,0}/I \approx 20 \tag{7.62}$$

对于实验中使用的感应器，其匝数为

$$\omega = \omega_{1,0}h = 20 \times 0.175 = 3.5 \tag{7.63}$$

实验中取 3 匝。感应器的高度 $H_c = H_i \cdot K_{sf}/\omega_1$ = 40(mm)。

7.9.5 反应器的冷却计算

反应器冷却损失的功率等于通过负载表面的热损失的总和[35,38]：

$$P_{loss,c} = P_{nload} + \sum P_s = 4 + 39.2 = 43.2(\mathrm{kW}) = 155.52(\mathrm{kJ/h}) \tag{7.64}$$

所需要的冷却水流量通过下式确定：

$$G_w = P_{loss,c} \times 10^{-3}/(T_{out} - T_{in}) = 2.35(\mathrm{m^3/h}) \tag{7.65}$$

式中：T_{in}、T_{out} 分别为反应器冷却水的入口和出口温度 T_{in} = 15℃，T_{out} = 35～40℃。

冷却水带走的热量取决于多个因素。冷却水在反应器中的流动形态可根据雷诺数判断：

$$Re_e = V_w d_c/\nu_w \tag{7.66}$$

式中：V_w 为水在冷却通道中的流速；d_c 为冷却通道的直径；ν_w 为水的运动黏度。

水在通道中的流速为

$$\begin{aligned} V_w &= G_w \times 10^{-3}/3.6q_k n \\ &= 2.35 \times 10^{-3}/(3.6 \times 11 \times 0.25 \times 10^{-4} \times) = 0.92(\mathrm{m/s}) \end{aligned} \tag{7.67}$$

水在平均温度 25℃ 下的运动黏度 $\nu_w = 9\times10^{-7}\mathrm{m^2/s}$。由此，可以得到雷诺数为

$$Re_e = 0.92 \times 0.01/9 \times 10^{-7} = 10200 \tag{7.68}$$

该值对应于水的湍流运动状态,这对于反应器的冷却而言是最好的。

在这种情况下,传热系数由下式定义:

$$\alpha = 0.023\lambda_w/d_c(3600v_w/a_w)^{0.43}(\nu_w d_c/n_w)^{0.8}(\text{kJ}/(\text{m}^2 \cdot \text{h} \cdot \text{K})) \quad (7.69)$$

式中:λ_w 为水的热导率,$\lambda_w = 2.210\text{kJ}/(\text{m} \cdot \text{h} \cdot \text{K})$;$\alpha_w$ 为热扩散率,$\alpha_w = 5.26\times 10^{-4}\text{m}^2/\text{h}$。$\alpha = 18837\text{kJ}/(\text{m}^2 \cdot \text{h} \cdot \text{K})$。冷却水带走的热量 $P_{cool} = \alpha \cdot S \cdot \Delta T$,其中 S 为传热面积,ΔT 为冷却通道壁与冷却水之间的温度差。当 $S = 0.1\text{m}^2$,$\Delta T = 95-25 = 70$℃时,$P_{cool} = 131859\text{kJ/h}$。该值略小于实际热损失 $P_{loss.c} = 155518\text{kJ/h}$。因此,2.35m³/h 的水流量无法提供正常的冷却,需要将其增大至 3m³/h。

7.10 "冥王星"-3 连续运行生产碳化硼的试验研究

在"冥王星"-3 上实现了连续生产碳化硼。该装置采用窄间隙(3mm)金属-电介质反应器,并且反应器在整个高度方向上具有一定的锥度(1°)。进料速率通过设定活塞与通道之间的环形间隙为 15mm 并改变驱动杆的位置进行控制。进料装置校准之后,制定了设备运行的工艺方案(表 7.8),推荐给值班运行人员。"冥王星"-3 实现连续运行之后,工作人员每 3h 进行一次"卸料"操作,并在 3~5min 的时间间隔内进行产物"倒料"操作(产物输送)。

表 7.8 "冥王星-3"连续、半自动运行时的操作工艺卡

时间	操作步骤	备注
7:30:00	将环形阀打开 15mm(仪表盘上的读数为 28)	操作员执行
7:32:00	启用加料搅拌器	—
7:33:00	进料推杆推入	—
8:00:00	停用推杆	自动
8:00:00	启用 CO 燃烧器	自动
8:01:00	启动感应加热	—
8:10:00	启动推杆	—
8:30:00	启动破碎机	自动
8:33:00	停用破碎机	每 30min
11:00:00	倒料	操作员执行
11:00:00	打开阀门 DU-10(ДУ-10),通入 Ar	自动
11:00:25	关闭阀门 DU-10(ДУ-10)	—
11:00:25	打开阀门 DU-10(ДУ-10),使压力均衡(31)	—
11:00:30	打开环形阀(37)	—

（续）

时间	操作步骤	备注
11:00:35	打开蝶阀(36)	—
11:01:05	关闭蝶阀	—
11:01:15	关闭环形阀(37)	—
11:01:20	关闭控制阀 DU-50(ДУ-50)(31)	—
13:55:00	启动“卸料”	操作员执行
13:55:00	打开环形阀(41)	自动
13:55:05	打开阀门(39)	—
13:55:35	关闭阀门(39)	—
13:55:40	关闭阀门(41)	自动
14:00:00		操作员执行
然后,重复上述操作步骤		

在一个批次的试验中,装置在连续运行模式下的能量参数如表7.9所列。此外,我们还研究了物料平衡。为此,进行了8批次试验,每次连续运行6h(共运行48h)。试验得到154kg碳化硼,经过水洗处理后,分析其主要成分的含量(质量分数):总B,81.4%;B_2O_3,0.7%;游离C,0%。B_4C的产率处于理论值的90%~95%。

表7.9 “冥王星”-3连续运行时的能量参数

时间	I_a/A	I_{a1}/A	I_{a2}/A	I_{g1}/A	I_{g2}/A	P_a/kW	$\widetilde{\Delta P}$/kW	ΔP_r/kW	η/%
11:00	10	6	6	1.4	1.4	120	58	40	52(48.3)
12:00	10	6.5	6.5	1.2	1.2	130	58	42	55.4(44.6)
13:00	10	6.2	6.2	1.2	1.2	124	58	42	53.6(46.8)
14:00	10	6.7	6.5	1.25	1.25	130	58	44	55.4(44.6)

在一次B_4C产率为2.5kg/h的典型试验中研究了能量平衡,并将计算结果与试验结果进行了比较。在此产率下,装置所需的理论功率$P_{theor}=12.8\times2.5=32$(kW)。在38%的热效率下,负载(原料)消耗的功率$P_{load}=32/0.38=84$(kW)。基于试验得到的经验,反应器未装料时的功率损失$P_{nload}=4$kW。振荡电路和感应器系统的功率损失与反应器的损失相当,即$P_{vcr}=4$kW。因此,高频电源所需的输出功率为

$$\widetilde{P}=P_{load}+P_{nload}+P_{vcr}=92(\text{kW}) \tag{7.70}$$

阳极电路的效率为0.6,则阳极电源的功率为

$$P_a = 92/0.6 = 153.3(\text{kW}) \tag{7.71}$$

对于 15 A 的阳极电流和 18V 的电压,整流器的功率损耗 P_{rec} = 0.3kW。高频发生器的整流器和灯丝电路的功率损失 P_{triode} = 5kW。当变压器的效率为 0.98 时,变压器为阳极提供的功率为

$$P_{atr} = (P_a + P_{rec})/\eta_1 = 153.6/0.98 = 156.7(\text{kW}) \tag{7.72}$$

自耦变压器的效率为 0.97,输入的功率 $P_{au,tr}$ = 156 /0.97 = 160(kW)。

电缆损耗的功率 P_c = 1.5kW,电动机构和自动设备消耗的功率 P_{em} = 2kW。总功率为

$$P = P_c + P_{au,tr} + P_{e,m} = 163.5(\text{kW})$$

碳化硼生产的比能耗为

$$P_{1,0} = 163.5/2.5 = 65.4(\text{kW} \cdot \text{h/kg}) \tag{7.73}$$

根据"冥王星"-3 的运行日志,该装置在 56h 内生产了 154kg 碳化硼,消耗的电能为 9425kW · h。因此,实际比能耗为 9425kW · h /154kg = 61.2 kW · h/kg。在连续运行中装置的 B_4C 平均产率为 2.75kg/h。

实际生产中得到 1kg 碳化硼消耗的能量过多,原因在于通过反应器上下端面的热损失较大。

7.11 "冥王星"装置自动化运行控制参数的识别——碳化硼自动化生产工艺开发

氧化硼和碳组成的混合物在加热过程中体系的焓增加了,然后发生复杂的化学转化过程,使体系的物质结构发生变化,最终改变了物料的参数。上述一系列变化过程使感应加热装置的计算变得更加复杂,并且需要通过实验确定每种具体情况下物料电学特性的变化与温度(焓)的关系。在动态过程中通过实验确定物料的特性,可以基于物料的平均参数计算感应加热器,或者将反映物料特性变化的参数引入计算解析表达式中,如物料的温度和密度。

通常而言,这类问题存在于起始原料和反应物的热导率相对较低,尤其是在感应电流未透入到被加热物和反应物中心的情况下。在这种情况下,为了使全部物料达到发生反应的温度,尤其是物料中心部分,需要使物料外围区域达到过热,电磁波能量在这里转化成热量。其后果是,对原料的加热不均匀,导致合成产物的外围和中心部分品质不均匀。为了更加均匀地加热物料,应当选择合适的电流频率,使得电磁波的透入深度不小于原料的半径。

7.11.1 物料电、热参数的确定——对物料受热瞬态过程的研究

物料的电学性能通过稳态法和非稳态法确定。与非稳态法不同,稳态法不能给出与实际情况等同的所有必要过程,其描述的是长期实验的特征。因此,在20~1250℃的温度范围内同时测定颗粒材料的热导率、热扩散率和比热容的非稳态法的重要性与日俱增。

对于块状材料,在试样表面形成等温条件的最合适测量单元是圆柱体。非稳态法的基础是,对内表面具有恒定热通量而外表面为理想绝热条件的无限长空心圆柱体求解傅里叶方程[39]:

$$\mathrm{d}T/\mathrm{d}t = \alpha[\mathrm{d}^2T/\mathrm{d}r^2 + (1/r)\mathrm{d}T/\mathrm{d}r] \tag{7.74}$$

式中:T 为取样点的温度;r 为圆柱体的半径;α 为热扩散率。

求解的边界条件和初始条件:

$$T(r,0) = T_0 = \text{常数} \tag{7.75}$$

$$q_1(r,t) = 0, q_2(r,t) = q = \text{常数} \tag{7.76}$$

对于样品内部具有功率恒定热源加热的准稳态过程,傅里叶微分方程的解具有如下形式:

$$T(r,t) - T_0 = (q/\lambda r^2)\{R_2^2/(R_2^2R_1^2)[2F_0 - 0.25(1 - 2r^2/R_2^2)] - R_1^2/R_2^2(\ln r/R_1 + R_2^2/[(R_2^2 - R_1^2)\ln R_1/R_2] + 3/4)\} \tag{7.77}$$

通过测量样品中两点处的温度,并了解加热器的功率,就可以得到计算热导率、热扩散率和比热容的表达式:

$$\lambda = [2\pi qR_1/4\pi(R_1^2)/(R_1^2 - R_2^2)\Delta T][(R_1^2 - R_2^2 + 2R_2^2\ln R_2/R_1)] \tag{7.78}$$

$$\alpha = 1/4[\Delta T(\Delta T/\Delta t)(R_1^2 - R_2^2 + 2R_2^2\ln R_2/R_1)] \tag{7.79}$$

$$c = 2\pi qR_1/[\Delta T/\Delta t(R_1^2 - R_2^2)]\gamma \tag{7.80}$$

式中:q 为热流密度;R_1、R_2 分别为圆柱体的外径和内径;ΔT 为温差;$\mathrm{d}T/\mathrm{d}t$ 为样品的加热速率;γ 为材料的密度。

通过上述步骤,确定了形成碳化硼的起始原料和加热过程中过渡形态的热导率值、热扩散率和比热容。实验和计算的结果示于表 7.10。

表 7.10 合成碳化硼所使用的原料的热物理性质

t/℃	λ/(W/(m·K))	c/(kJ/(kg·K))	α/(10^{-7}m^2/s)
250	0.93	1.29	0.83
300	0.98	2.2	0.52

(续)

t/℃	λ/(W/(m·K))	c/(kJ/(kg·K))	α/($10^{-7}m^2/s$)
350	1.022	2.3	0.29
400	1.02	2.57	0.39
500	1.108	2.07	0.54
555	1.099	2.26	0.319
600	1.11	2.5	0.56
650	1.11	3.53	0.35
700	1.10	3.0	0.42
755	1.105	3.86	0.33
850	1.16	2.78	0.62
900	1.156	1.93	0.688
950	1.184	2.3	0.61
1000	1.19	2.48	0.557
1050	1.22	2.96	0.544
1100	1.255	2.65	0.494

原料及其过渡形态的电阻率与温度的关系在持续约4h的动态实验中测定。这部分材料的电阻通过探针之间的电压和电流关系确定,然后得到材料的电阻率。碳化反应式(7.3)的原料及其过渡形态的电阻率测量结果见表7.11。

表7.11　反应式(7.3)中原料的电阻率

T/℃	17	92.6	150	195	243	287	314	678	743	835	907	1156	1200
ρ/(Ω·cm)	7.9	8.32	12.8	6.35	5.0	4.5	3.9	1.36	0.97	0.72	0.63	0.6	0.54

原料$2B_2O_3$+7C及其过渡形态的电阻率和热物理特性的变化与温度关系如图7.34所示。在测定热物理性质时,产生的误差包括仪器误差和方法误差;后者起因于传热模型的理想化。根据估算,由热通量流入测量样品或者从样品流出导致的误差小于或等于6%。由热通量的不均匀性导致的方法误差不高于1%。

仪器的测量误差取决于仪器的精度等级,估计为1.5%。温度测量误差取决于多种因素(所使用仪器、热电偶的精度),以及温度范围和材料的热导率,这项误差在2%以内。此外,试验中还存在由样品附近容器结构变化导致的误差。分析表明,对于所研究的样品颗粒,上述因素引起的误差小于3%。

综合考虑各种因素引起的误差,我们认为在原料的电、热特性测量中的最大误差为15%。从图7.34中可以看出,原料的电、热特性与实验温度的关系相当

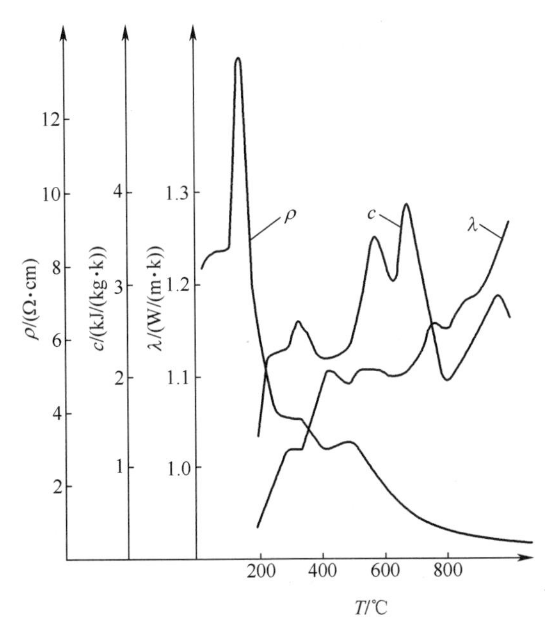

图 7.34 原料 $2B_2O_3+7C$ 的电、热特性与温度的关系

复杂,反映出在加热过程中原料中发生了化学变化和相变。重要的是,所有三条曲线都具有重合的特征拐点,这表明了结果的客观性。根据实验结果,$\lambda(T)$ 曲线具有增大的特性,这是因为随着温度的升高,辐射传热的作用逐渐增强;但是,这种增大并不是单调的,原因在于样品中形成了新结构。在加热过程中,$\rho(T)$ 曲线单调下降的规律也发生了变异,原因在于物料中发生了物理化学变化。

7.11.2 工艺优化和自动运行控制参数的识别

为了识别工艺过程控制所需的参数,需要考虑原料消耗的功率、最佳加热频率与原料温度的关系。计算结果示于图 7.35。

在计算中,假设感应器上的有效电压 $U_i=5.3\text{kV}$,并接近于所使用的振荡器的最大输出电压。为便于分析,在计算中装置的热效率 $\eta=30\%$。基于这些假设,“感应器–负载”系统的功率通过下式确定:

$$P = P_{800}\sqrt{\rho/\rho_{800}}\,(\sqrt{f_{800}}/f^{1.5}) \tag{7.81}$$

式中:$P_{800}=123\text{kW}$,$\rho=1\Omega\cdot\text{cm}$,$f_{800}=2.5\text{MHz}$ 对应于 800℃ 的计算结果;ρ、f 分别为不同温度下的原料电阻率和电流频率。

对所获得的曲线进行分析的结果表明,在刚开始加热 $2B_2O_3+7C$ 时,需要将电源的频率降低到原来的 1/10(从 25 MHz 降低到 2.5MHz),使加热效果达到

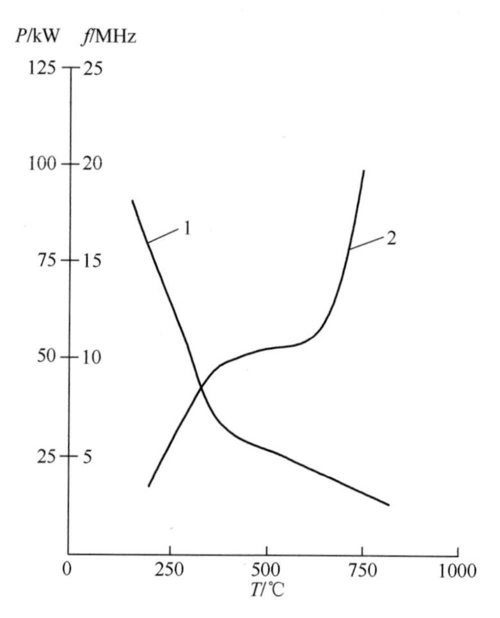

图 7.35　最佳加热频率、原料消耗的功率与原料温度的关系
1—最佳频率；2—功率。

最佳。

使用由真空可变电容器组成的可调电容 C_1、C_2 可以很方便地调节"冥王星"-3 振荡器的频率和反馈增益。根据这些电容器的值与振荡频率和电路参数的关系由下式确定：

$$C_1 = 1/[(2\pi f)^2 L_v] - [C_{ak} + C_{ac}(1 + k)] \tag{7.82}$$

$$C_2 = 1/\{(2\pi f)^2 L_c - 1/[C_{ac}(1 + 1/K) + C_{pc}]\} \tag{7.83}$$

设计参数 L_v、L_c及电源三极管之间的电容 C_{ac}、C_{ag}、C_{cg}在频率变化过程中并不调节。由于电流振荡器的频率是加热温度 T 的单值函数，C_1 和 C_2 的表达式可以写成

$$C_1 = [1/a_1(T)][b_1(T) + c_1(T)] \tag{7.84}$$

$$C_2 = 1/[a_2(T) - 1/b_2(T) + c_2(T)] \tag{7.85}$$

式中：$a_1(T)$、$a_2(T)$ 、$b_1(T)$、$b_2(T)$、$c_1(T)$、$c_2(T)$ 为温度的单值函数。

因此，决定振荡器运行模式的电容 C_1 和 C_2 的容值唯一地取决于原料的温度（温度的单值函数）。

上述关系可以用于确定工艺过程的步骤，以优化装置并实现自动化运行。构建了容值 C_1 和 C_2 与温度的关系，并选定了可变真空电容器的转动圈数。为了改变转动圈数和调节容值，最好采用步进驱动器，并作为传感器——埋入式热电偶。

7.11.3 碳化硼自动化生产线

碳化硼自动生产线的工艺流程如图7.36所示。原料(炭黑和硼酸)由提升机从存储料仓输送到密封料斗2和3中,通过闸板阀进入容积计量给料器4和5。两种原料以所需的摩尔比在混料机6中混合后进入容积计量设备7,然后进入匣钵8。

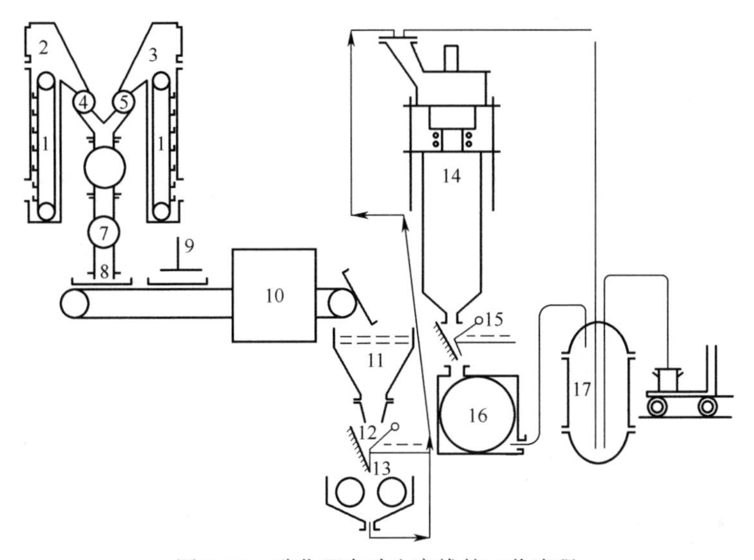

图7.36 碳化硼自动生产线的工艺流程

1—炭黑与硼酸储仓和提升机;2—炭黑进料斗;3—硼酸进料斗; 4,5—容积计量给料器;6—混料机;7—混合料的容积计量器;8—匣钵;9—压实机;10—三段式链条电阻炉;11—震动卸料器;12,15—颚式破碎机;13—辊磨机;14—高频感应加热装置;16—离心粉碎机;17—碳化硼颗粒气力输送系统。

容积计量器的给料速率根据匣钵的容积设计。压实机9将匣钵中的原料压实,然后送入三级链条电阻炉10。在电阻炉中,原料被脱水到所需的摩尔比$2B_2O_3+7C$。混合料中残留的水分含量不应高于2%,以避免湿气与碳之间发生副反应。

匣钵8在震动卸料器11处将原料脱水后的煅烧海绵物卸载下来,进入颚式破碎机12预粉碎,再进入辊磨机13进一步研磨。将制得的原料送入高频感应装置14。得到的碳化硼首先用颚式破碎机15破碎,然后用离心粉碎机16研磨到所需的粒度。研磨后的碳化硼直接用系统17气力输送到包装工位。

7.11.4 金属-电介质反应器的设计和试验结果

金属-电介质反应器是“冥王星”装置中能量密度最高、最关键的设备,所以对其加工制造技术进行了反复研究和开发，以解决制造工艺问题，包括采用各种非磁性材料和陶瓷材料，开发新材料加工工艺等。该反应器通常由铜制成，成型方案有两种：用多块铜板拼焊，或者用一块铜板通过机械加工而成。

“冥王星”-2采用的是焊接反应器，从处理能力角度看是令人满意的。然而，这种方案在加工和运行过程中暴露了如下缺陷：

(1) 反应器结构相当复杂，包括多条(20)纵向狭缝和内部水冷通道(20)；这种反应器在制造过程中会形成许多条焊缝，总长度达到10m甚至更长。

(2) 焊接反应器在高动态负荷工况下可靠性差。动态进料工况对“冥王星”-2反应器壁的影响并不显著，因而这种缺陷并未表现出来。但是，在“冥王星”-3的运行期间，当进料工况发生显著变化(这种工况在“冥王星”-3上开发出来)时，焊缝附近会出现裂纹，导致反应器无法继续工作。

(3) 在反应器焊接过程中，工件会发生变形，因而需要进一步加工。因此，反应器的设计必须具备一定的加工余量，即壁厚最小不小于5mm。

(4) 无法完全清除冷却通道中的焊渣和机械加工产生的金属屑。

(5) 焊接结构将各种接管设计在反应器的侧面上，妨碍感应器与反应器耦合，并且使设备难以安装到整个工艺线上或者拆卸下来。

由一整块铜板经过一系列机械加工(车削、钻孔、打磨等)制成反应器可以消除上述缺陷。这种方案在设计“冥王星”-3装置时被采用。该反应器顶部有一个可拆卸的圆环，密封后可以用作循环冷却水通道。冷却水从反应器底部法兰上的径向奇数孔流入，从同一法兰的偶数孔流出。冷却水的入口和出口在法兰圆周上交错布置，并分别连接到反应器上彼此隔离的两个相邻通道上。这样，反应器具有9条并行的冷却通道；当冷却水系统的压强为2atm时，计算得到的水流量为2.5m^3/h。

反应器的下部呈圆筒状，引导高温产物进入料斗。由于铜具有良好的导热性，产物在反应器下部急剧冷却、快速凝固，保证生产过程连续进行。反应器内表面以1°的锥度向下扩张，有利于最终产物从反应器中卸料。所选择的锥度最小，这样可以防止活塞工作产生的张力和反应器主体的弹性变形导致反应器内表面的锥度发生变化。

在开发和试验的众多“冥王星”-3型反应器[10]中，最有效的反应器具有如下几何参数：内径160mm，外径200mm，狭缝数量为20、高210mm、宽3mm。为了安装电介质材料并在狭缝中填充密封材料，在反应器壁上沿竖直方向加工了圆形孔(图7.37)。反应器使用基于氧化铝与磷酸溶液混合制成的耐火泥实现密封。反应器密封后，置于烘箱中在200~300℃的温度下加热4~6h。这样，石英棒被固定下来，反应器壁实现最终密封。

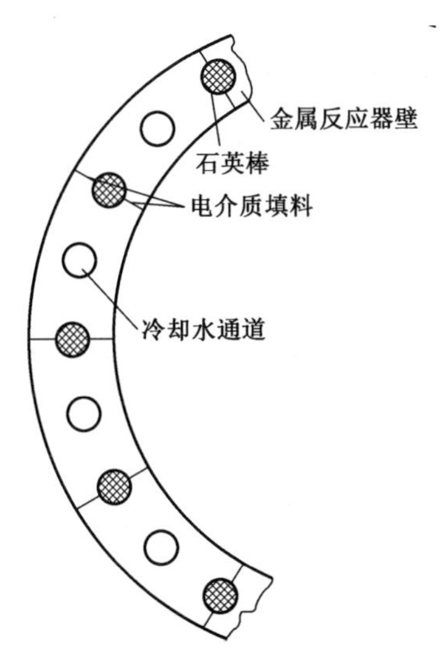

图7.37　以石英棒作为电绝缘材料的金属-电介质反应器的壁面结构

然而,这种采用一块铜板制造反应器的工艺仍然相当复杂。后来将反应器分为不同的分瓣,分别进行加工。这些分瓣由两块焊接在一起的金属板构成,在其中一块板上加工出冷却剂流动通道。上、下两端分别焊接在一起的外板构成反应器的坚固外壳,在其内侧固定的是具有高热导率和电导率的内板。采用这种结构形式可以更换有缺陷的部分。

这种反应器设计方案示于图7.38。反应器由12个相同的分瓣组成,其中每一个分瓣都由两块板构成——内侧铜板2和外侧不锈钢板1。U形冷却水通道4加工在铜板上,其外侧覆盖不锈钢板。铜板和不锈钢板的厚度这样选择:在加工内侧圆柱面或者锥面时,不会造成冷却通道变形;而在加工外表面时,不会

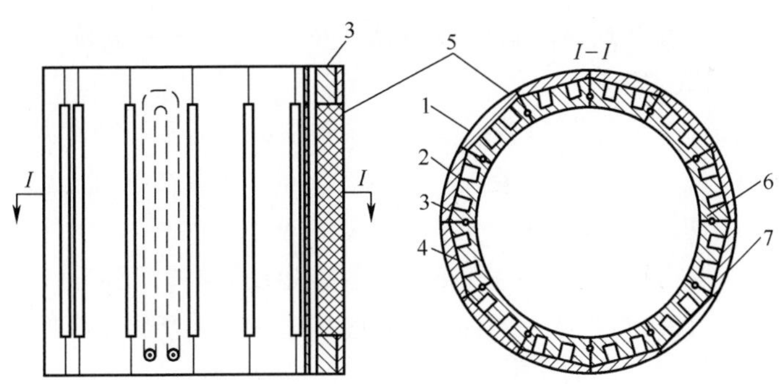

图7.38　(由铜板和不锈钢板构成的)冷坩埚型金属-电介质反应器

1—不锈钢板;2—铜板;3—电介质材料棒;4—冷却水通道;5—基于环氧树脂的密封剂和填料;6—高温黏结剂;7—其中一个分瓣的侧面。

破坏不锈钢板。铜板与不锈钢板通过爆炸焊连接。然后,对各分瓣的侧面进行研磨,在铜板上加工出满足安装电介质材料棒 3 所需直径的凹槽,使各分瓣可以组装起来,并加工分瓣的内、外表面。这些工作完成之后,反应器进行最终装配,将不锈钢板焊接起来,或者压入特殊的固定密封环内。

为了确保反应器分瓣的侧面 7 密封良好,从内侧向纵向凹槽内填充带有绝缘材料(Al_2O_3、MgO 等)颗粒的填料、基于铝磷酸盐和铝铬磷酸盐以及其他类似高温黏结剂的耐火泥 6,外侧涂刷具有相同填料的环氧树脂 5。这样设计的反应器可以承受真空。

7.11.5 碳化硼生产线的试验结果

下面逐一讨论碳化硼生产线中所有设备的运行情况,从原料准备开始,到最终产物性能测试为止。

1. $2B_2O_3+7C$ 备料

用于生产碳化硼的原料组成:总 B,19.3%~21%;B_2O_3,62.5%~64.6%;C,35.4%~37.5%;H_2O,<1%。备料过程按照如下步骤操作:

(1) 向球磨机中加入 105kg 硼酸和 34kg 炭黑,在球磨机中将原料(硼酸 67%~68%,炭黑 32%~33%)混合 3~4h。这一步的能耗为 0.75kW · h/kg;

(2) 混合后的原料在传送带式电阻炉中烧结 2h20min,最高烧结温度为 650~700℃。

球磨之后的原料装入匣钵,以 25min 的时间间隔送入传送带式电阻炉。在烧结过程中,与起始原料相比,水分蒸发和 B_2O_3 挥发导致的失重率为 35%~37%。烧结所用的电阻炉的规格:功率为 46kW;工作电压为 380V;工作温度为 650~700℃;生产能力为 7.5kg/h。

(3) 烧结产物在颚式破碎机中破碎成尺寸为 3~5mm 的颗粒。

2. 生产线调试

前面已经描述了反应器的供料单元。原料在进料活塞沿竖直方向往复运动的作用下送入反应器。活塞的最大行程为 37mm。在调试期间,活塞受驱动器作用的运动曲线如图 7.39 所示。从图中可以看出,活塞的一个工作循环为 30s,其中 25s 是向下推物料(正向运动),5s 是返回其原始位置(反向运动)。在推杆作用下,活塞工作曲线可以上下移动,调节进料速率。活塞驱动杆的运动由活塞端部的限位开关控制。同时,环形闸阀的位置也需要调节。

检查装置的连接状况,确定螺旋运行的同步性、限位开关的位置和驱动马达的负载能力等。

通过限位开关和弹簧共同实现双叶阀、密封阀的打开与关闭,使合成的产物

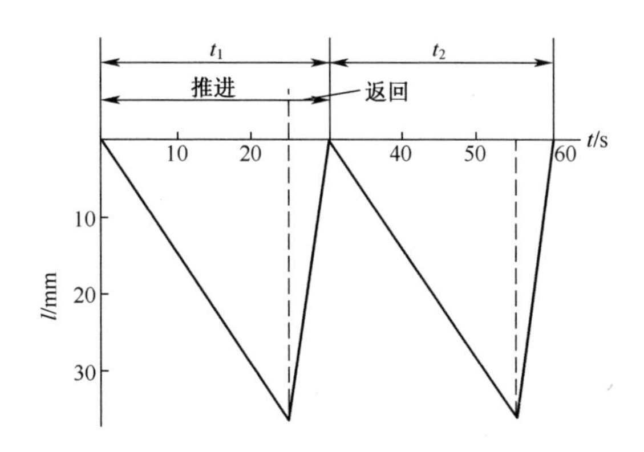

图 7.39　进料活塞的工作曲线

t—活塞的动作周期；l—活塞运动的行程。

可以顺利落入接收容器。阀弹簧的弹力必须因工作周期而有所差异：在碳化反应开始时，弹力较小，弹簧的反作用力仅用于支撑被压实的原料；随着碳化反应的进行，形成的碳化硼坯体不断增长，最终从反应器卸载到接收料斗中，弹簧阀的弹力需要与物料的重力、活塞的压力和产物向下运动的摩擦力相平衡。弹簧阀的弹力在连续工作状态下进行最终调整。我们测试了在手动控制和半自动控制模式下的进料情况。在半自动模式下，产物接收机构的运行机制示于图 7.40。

3. 检查存储设备的密封性

在正常工作状态下，"冥王星"-3 的反应器、换热器和接收容器中的绝对压强可以达到 2atm。因此，在运行过程中高温产物经过的所有设备都需要通过 5atm 以上的压力试验。在此压强下测试设备的密封性时，设备中压强降低的幅度不应大于 0.1atm。系统内压强高于 2.5atm 时，泄压阀打开。

4. 校准温度测量仪表、进料速率和冷却水流量

对于生成的产物，需要在在接收料斗和中间料斗中两个阶段控制其温度。温度由镍铬-镍铝热电偶测量，信号被传送到测量电位计。电位计的读数通过已经标定的温度传感器进行校准。高频发生器和反应器的冷却水出口温度由测量电位计连续读取。这些电位计的读数与膨胀温度计的读数进行了对比，相应数据的偏差不大于±0.5%。冷却水进、出口的温度由温度计测定，精度在 1℃以内。

进料速率的决定因素之一是环形闸阀的开度，其开口大小通过电位计读数进行视频监控。电位计的读数对应于环形间隙的值。根据环形闸阀和活塞推杆的位置与位置指示器读数的关系，我们建立了这些设备动作的校准曲线。

选择合适的冷却水流量之后，在冷却通道出口处的水温不超过 40~45℃，避

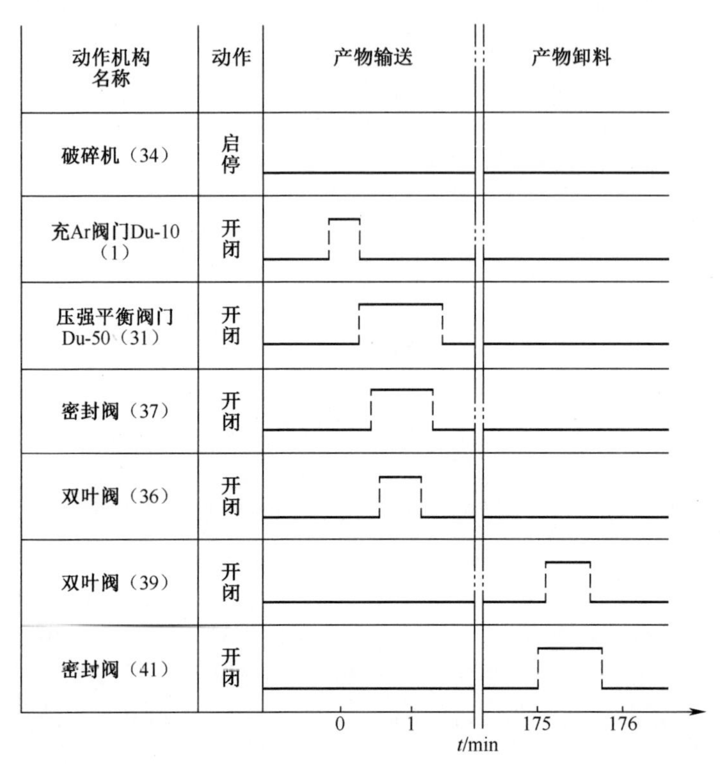

图 7.40 "冥王星"-3 在半自动运行模式下产物接收机构的工作过程

免在输送管道和冷却管道内结垢。不建议使用过量的冷却水，因为当水温低于15℃时，湿气会在带电部件（感应器、三极管高频发生器、反应器、电容器、电感器等）上大量凝结，绝缘间隙中可能发生电击穿。

7.11.6 感应加热 $2B_2O_3+7C$ 合成的碳化硼的测试结果

对于在"冥王星"装置上得到的碳化物材料，在作为原料进一步加工成产品之前进行了富集操作（水洗）。产物的化学、光谱和 X 射线分析结果表明，所得到的产物满足制造核反应堆控制和保护系统元件的技术要求。

得到的碳化硼粉末首先进行压实和煅烧。为了实现这一目的，粉末首先与糊精混炼，然后压成 26.4mm×29mm×30mm 和 70mm×70mm×30mm 的制品。煅烧需要较高的温度（2200℃）。为了降低煅烧温度、提高在核反应堆辐照期间对氦的滞留能力，碳化硼粉末中掺杂了铁和锆。所有原料首先通过孔径为 0.063mm（240 目）的筛网，含有 2.5%～5%掺杂剂的原料再搅拌 4h，然后用直径 11mm 的多腔模具热压得到的碳化硼产物。通过向碳化硼中加入合金掺杂剂形成硼化物相改进了热压条件，并且能够得到物理密度和硼密度均满足当前要求的产品。

7.12 高频感应加热合成其他元素的碳化物和硼化物

上述高频感应加热过程已经成功地用于合成 Ti、Si、La、Sc 等的碳化物[40]。对于能够形成碳化物的大多数化学元素,其碳化物原则上均可以通过这种工艺合成。

此外,上述工艺还可以用于合成其他无氧陶瓷材料,如硼化物。硼化碳(CB_4)就可以视为硼化物的代表。其他硼化物,如 Ti 和 Zr 的硼化物,人们已经发现了它们的重要用途。

7.12.1 硅、钛和其他元素的碳化物的合成

高频感应合成碳化物的研究基于一些元素的氧化物和不同形态的碳进行。多种氧化物如 MgO、Al_2O_3、SiO_2、Sc_2O_3、TiO_2、Mn_2O_3、Y_2O_3、SnO_2、ZrO_2、La_2O_3、CeO_2、CoO,大部分稀土元素的氧化物,以及 Ta_2O_5、WO_3、PbO、Bi_2O_3、ThO_2、U_3O_8 等的电阻率值在通常条件下都处于典型的半导体或电介质材料范围内。然而,随着温度升高到 2000~2500K,这些氧化物的电阻率降低到 $10^{-4} \sim 10^{-1}$ $\Omega \cdot cm$。在加热的初始阶段,原料的电阻率可以通过选择特定组成的碳成分进行调整,因为不同成分的碳的电特性存在数量级的差别。

通过分析氧化物的电阻率与温度的关系可以判断,使用频率为 $10^5 \sim 10^7$ Hz 的电磁场通过上述方法可以得到一些元素如 Mg、Al、Si、Ti、Sc、Mn、Y、Zr、La,其他稀土金属,以及 Ta、W、Bi、Th 等的碳化物,还有可能得到铀的碳化物。

某些氧化物如 V_2O_5、Cr_2O_5、Nb_2O_3、ReO_2、ReO_3、PbO_2 和 UO_2 等的电阻率,在通常条件下约达到 $0.1\Omega \cdot cm$。欲使感应电流在这些氧化物和碳中的透入深度至少达到 2~3cm,高频电源必须具有较低的频率($10^3 \sim 10^4$ Hz)。然而,在感应加热过程中,化学活性原料消耗的高频电源的功率与原料中感应电流的频率和透入深度成正比,其关系式如下:

$$P = H^2 Sf\mu\delta\sqrt{\pi l_r}/(5 \times 10^3) \qquad (7.86)$$

式中:H 为磁场强度;S 为感应加热空间的表面积;f 为电磁场频率;μ 为磁导率;δ 为感应电流在原料中的透入深度;l_r 为由感应器中被加热材料的几何参数和电学参数定义的函数。

在频率较低和 δ 值较小的条件下,物料中消耗的感应加热功率可能不足以达到发生碳化反应所需的温度。因此,对于各种不同情况是否能够使用感应加

热,只能在初步分析原料组分的电学性质和热物理性质以及化学反应和相变温度的基础数据之后才能够确定。

下面讨论使用高频感应合成碳化硅、碳化钛,以及一些其他化学元素的碳化物的实验结果。选择这些碳化物主要取决于实际应用,因此并没有进行系统性的研究。这些合成反应总体上可由如下方程式描述:

$$SiO_2(c) + 3C(c) \longrightarrow SiC(c) + 2CO(g), \Delta H = 61434\text{kJ/mol} \quad (7.87)$$

$$TiO_2(c) + 3C(c) \longrightarrow TiC(c) + 2CO(g), \Delta H = 504.4\text{kJ/mol} \quad (7.88)$$

$$ZrO_2(c) + 3C(c) \longrightarrow ZrC(c) + 2CO(g), \Delta H = 675.8\text{kJ/mol} \quad (7.89)$$

$$Nb_2O_5(c) + 7C(c) \longrightarrow NbC(c) + 5CO(g), \Delta H = 1161.3\text{kJ/mol} \quad (7.90)$$

$$La_2O_3(c) + 7C(c) \longrightarrow 2LaC(c) + 3CO(g), \Delta H \gg 0 \quad (7.91)$$

$$Sc_2O_3(c) + 5C(c) \longrightarrow 2ScC(c) + 3CO(g), \Delta H \gg 0 \quad (7.92)$$

1. 碳化硅(SiC)

该产物在静态运行的“冥王星”-1 装置上合成。装置的工作参数:频率为 5.25MHz,阳极电路功率为 46kW,振荡功率为 24kW,合成反应总时间约为 32min。除了“自生坩埚”部分之外,几乎所有合成产物都是均匀的海绵体,含有 70.3%的 Si 和 29.43%的 C;游离碳未检测到,杂质含量(质量分数):Si_{free},0.05%~0.1%;SiO_2,0.05%~0.1%;Fe,0.05%~0.1%;Al,0.01%~0.05%。杂质中 Fe、Al 等的含量主要取决于其在原料中的含量。由于高频反应区的温度保持在 2200~2300℃,即比 β-SiC→α-SiC 的转变温度(1800~2000℃)高得多。因此,根据 X 射线分析的结果,合成的碳化硅主要是 α-SiC。这种产物在高温下很稳定,在温度高达 1800~2000℃时硬度高、耐腐蚀性好,可用于机械工程和其他领域。

2. 碳化钛(TiC)

这种碳化物由摩尔比接近于 TiO_2+2C 的原料合成,所用装置是一台“冥王星”-4(图 7.41)。当使用石墨粉作为碳材料、电流频率为 5~13MHz 时,感应加热立即开始,并且比使用炭黑进展更快。事实上,这并不难理解,因为石墨的电阻率比炭黑低 3 个数量级以上。TiC 合成所需的温度为 1600~1620℃。当装置以静态模式运行时,以金红石和炭黑为原料在 5.25 MHz 的频率下合成 TiC 所需的时间约为 35min。

合成的 TiC 的成分(质量分数):Ti,79.6%;C_{bound},18.98%;C_{free},0.2%;O,0.1%。测试发现,其硬度为 40~45GPa。一碳化钛(TiC)的 X 射线分析表明,该产物具有面心立方晶格,晶格参数取决于碳和氧含量。化学计量氧含量最少的 TiC 的晶格周期长度为 0.4326nm[15]。

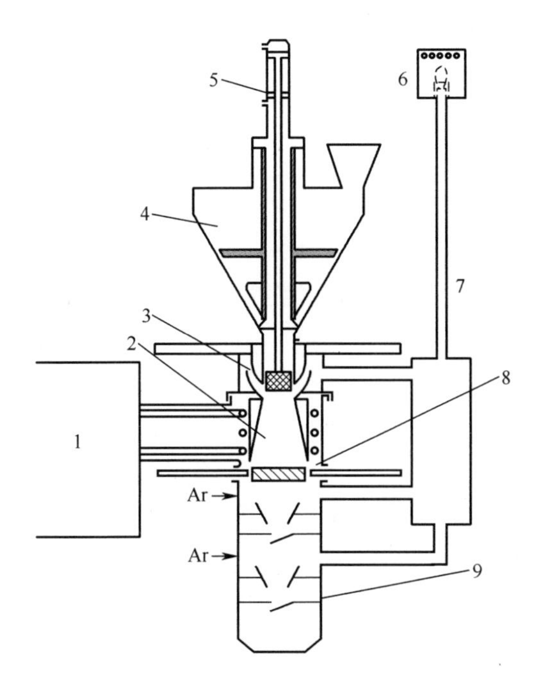

图 7.41　合成无氧陶瓷材料的“冥王星”-4 装置

1—高频电源;2—金属-电介质反应器;3—进料和卸料活塞;4—进料斗;
5—用于进料和产物排出的气动推杆;6—CO 燃烧器;7—CO 收集罐;8—弹簧阀;9—卸料斗。

3. 碳化镧

起始原料的组成应满足如下目的:合成热力学稳定性更好的二碳化镧(LaC_2)。在真空下镧氧化物的碳热还原反应开始于 1500℃。生成 LaC_2 的最佳温度为 1800~1900℃。所得到产物成分(质量分数):La,84.93%;C,23.89%。

4. 碳化钪

该产物由氧化钪(Sc_2O_3)在 2000℃以上的保护气氛中被碳还原得到。根据 X 射线的分析结果,产物中除了 Sc_2O_3 和石墨之外,还包括与 NaCl 结构类似的立方相,晶格周期长度 $a=0.447$nm[19]。有人认为,该产物是存在碳原子缺陷的碳化钪(ScC_{1-x}),或者是碳氧化钪。碳氧化钪的形成在文献[20]中得到了证实。因此,在 Sc-C 体系中存在组成与 ScC 相似、晶体为立方结构的碳化物,并且容易形成碳氧化物。

此外,实验还合成了 80%TiC+20%ScC 的复合碳化物。

7.12.2　在高频电磁场中合成硼化物

高频感应加热合成 Ti 和 Zr 的硼化物通过如下反应实现:

$$TiO_2(c) + 1/2B_4C(c) + 3/2C(c) \longrightarrow TiB_2(c) + 2CO(g), \Delta H = 426.7kJ \quad (7.93)$$

$$ZrO_2(c) + 1/2B_4C(c) + 3/2C(c) \longrightarrow ZrB_2(c) + 22CO(g), \Delta H = 575kJ \quad (7.94)$$

与合成 Ti 和 Zr 的碳化物相比,以上反应的共同特征在于吸热效应较弱。从能量消耗和合成动力学的观点看,Ti 和 Zr 的硼化过程比相应的碳化过程更易于实现。得到的二硼化钛(TiB_2)的主要成分(质量分数):Ti,68.8%;B,30.9%;C,0.5%;O,0.5%。

合成的二硼化锆(ZrB_2)的成分未进行分析,但其合成过程的各项定量指标均与合成 TiB_2 的过程大致相同。

7.13 结　论

众所周知,对任何技术所具有的显而易见的优势均需要进行技术经济分析,因为大多数非常突出的优势可能会被这些分析所发现的暂时或者固有的缺陷所抵消(例如,电力消耗过多,试剂成本太高或者缺乏市售,会对生态环境造成不可修复的破坏等)。作为一个例子,表 7.12 比较了不同 B_4C 合成工艺的技术经济分析结果。这项比较是基于 1988 年的物价进行的。不幸的是,这些结果仅给出了相对值,因为苏联的整个价格体系从 1988 年开始混乱,到 1992—1993 年(俄罗斯)终于彻底崩溃了。尽管如此,从表中的相对数据仍然可以看出,基于高频感应加热生产无氧陶瓷的技术,仅运行成本方面就具有突出的技术经济优势,即使不考虑所获得产物的品质和生产过程中的环境效益。然而,与提升运行性能相比,后者的影响更为深远。不过,这些分析比较的目的仅在于展开讨论,而不是引起更多疑问。

在高频感应加热合成碳化硼的过程中,反应物的成本分别是电弧合成、均匀混合合成、镁热还原氧化硼合成和自蔓延高温合成(SHS)的 65.9%、61%、31.4%和 0.04%[①]。这是一项重要优势,因为反应物过量会造成一定的损失或者未完全反应,必须采用辅助工艺处理主工艺产生的废物。此外,反应物大量过量还间接表明反应过程中的传热与传质效果较差,并且有可能对环境带来损害。

能耗的比较则不太明显,因为所比较的一些工艺根本未使用电能,如通过放热反应实现合成(镁热还原和 SHS 合成)。但是,生产这些反应物以及相关原料

---

① 原文有误,应为 3.7%。——译者

也需要消耗能量。与电弧合成和均匀混合合成相比,高频合成的成本分别为 109.6%和 10.3%。电弧合成的能耗比高频合成稍低的主要原因在于,电弧熔融的功率更高(因而热损失更小)以及“冥王星”装置中高频电源的效率相对较低(0.4~0.5)。然而,后者的缺陷是暂时的:采用带有磁聚焦电子束的三极管高频发生器可以显著提高高频电源的效率。另一项非生产性能量损失是反应器冷却水带走的热损失。但是,这些热损失可以通过在反应器内壁采用绝热保护涂层得到显著降低。

人工成本的比较表明,由于电弧合成需要大量人工操作,因而是这些工艺中最昂贵的。高频感应加热的综合人工成本是电弧法的 56.1%。关于这一项,与其他工艺的比较没有意义,因为那些过程均在较小规模上实现,并且缺少可靠的数据。

成本的其余部分通过随机来源获得,所以对其进行分析没有意义。不过,由于前三项构成了总成本的主要部分,后者可以用作总成本比较的客观标准。上述数据表明,电弧合成的成本比高频合成高 1.75 倍。基于反应物均匀混合、镁热还原和 SHS 合成的工艺成本更高,分别为高频合成的 2.1 倍、2.1 倍和 14 倍。

再次分析图 7.1。该图表明了陶瓷的合成工艺、结构及其性质之间的关系。对该图进行分析将使我们更深入地了解采用高频技术合成无氧陶瓷并控制其特性的可行性。

高频合成能够将物料整体均匀地加热到所需的温度,从而保证产物的化学组成和相组成的均匀性。由于高频感应加热是直接加热,因而至少可以通过两种方式控制加热速率和原料温度:控制加热功率和原料的消耗量。如果能够从整体上控制化学反应原料的加热温度,就可以控制产物的晶体结构和形貌(松散的海绵状还是熔融或煅烧的块状)。此外,当高频感应方法用于直接加热合成时,根据产物中的杂质含量判断,产物的纯度至少不低于原料。如前面所述,这一优势可以确保由其制成的高熔点材料和陶瓷产品具有很高的品质,这对于核能、空间技术和现代技术其他新领域中的应用尤为重要。

现在,仍然有必要再次审视高频感应加热过程的特征。不考虑原料准备过程(这一环节与其他工艺过程中相比并无根本性差异),仅高频合成环节就备受关注。原料通过密封路径输送到反应器中,被转变成高熔点产物和 CO。固体产物排入料斗,含有碳氧化物的气体由净化系统过滤掉气溶胶和颗粒物之后,通过管线输送到利用系统或燃烧。在我们的试验中尚未发现 CO 的用途(如用于还原或气体火焰过程),仅做燃烧处理。但是,这种副产物存在回收的可能性,并且技术上也容易实现。对于难以合成的产物,如 B_4C,从合成工艺开始仅需要约 30min 即可完成,或者在动态模式下需要 15~20min。如硼化钛这样的产物则更容易、更快得到。

高频感应加热合成工艺事实上很灵活,比较容易实现机械化和自动化。这项技术作为最有前途的电物理技术之一已经在冶金领域占据了重要地位,并且正在化学工程的各个领域发挥越来越重要的作用。

表 7.12　采用不同工艺生产 1tB_4C 的成本比较(以 1989 年的物价计算)

费用项目	单位	价格/卢布	工艺方法									
			电弧合成		均匀混合合成		镁热还原合成		自蔓延高温合成		高频感应合成	
			用量	成本	用量	成本	用量	成本	用量	成本	用量	成本
1. 材料												
1.1 硼酸	t	1050	7.497	7867	4.94	5183	7.24	7602	—	—	4.94	5183
1.2 炭黑(ПМ-15)	t	181.5	2.54	461	—	—	0.21	38	0.21	38	1.67	303
1.3 镁粉	t	2600	—	—	—	—	3.7	9620	—	—	—	—
1.4 盐酸	t	31.5					6	189	—	—	—	—
1.5 无定形硼	t	190000	—	—	—	—	—	—	0.79	150000	—	—
1.6 蔗糖	t	900	—	—	4.25	3825	—	—	—	—	—	—
第一项合计				8238		9008		17449		150038		5486
2. 能耗												
2.1 电耗	kW·h	0.015	32330	485	343459	5152	2359	35	—	—	34660	520
2.2 工艺水	$1000m^3$	72	333	24	200	14	283	20	—	—	200	14
2.3 复用水	$1000m^3$	18	—	—	13738	247	235	4	—	—	1333	24
第二项合计				509		5413		59		—		558
3. 工资				3562		2000		2000		200		2000
4. 车间成本				4888		2500		2500		2500		2500
5. 设备一次性投资				864		3550		59		100		186
6. 生产 1t 碳化硼的成本				18061		22471		22067		154638		10730

参考文献

[1] Тонкая техническая керамика. Под ред. Х. Янагида. М: Металлургия, 1986, 258 с.

[2] Ю. Н. Туманов Электротермические реакции в современной химической технологии и металлургии. М: Энергоиздат, 1981, 232 с.

[3] Ю. Н. Туманов. Низкотемпературная плазма и высокочастотные электромагнитные поля в процессах получения материалов для ядерной энергетики. М: Энергоатомиздат, 1989, 280 с.

[4] Ю. В. Цветков, С. А. Панфилов. Низкотемпературная плазма в процессах восстановления. М: Наука, 1980, 360 с.

[5] В. Д. Русанов, А. А. Фридман. Физика химически активной плазмы. М: Наука, 1984, 416 с.

[6] В. П. Гольцев, Т. М. Гусева. Свойства и поведение под облучением карбида бора. Вопросы атомной науки и техники. Сер. Топливные и конструкционные материалы, 1975, вып. 3, с. 13.

[7] T. Moruyama, S. Onose, T. Kaito, H. Horiuchi. Effect of Fast Neutron Irradiation on the Properties of Boron Carbide Pellets. Nuclear Science and Technology, 1997, v. 34, N. 10, p. 1006-1014.

[8] Tetrabor-Boron Carbide. Elektroschmelzwerk Kempten GmbH, Munchen, BRD, 1981.

[9] Schwarz E. Detonation Gun Coatings for Nuclear and Related Industries/General Aspects of Thermal Spraying. 9th Intern. Thermal Spraying Conference. The Hague, Netherlands. Instituut voor Lastechniek. 19-23 May, 1980.

[10] Ю. Н. Туманов, С. В. Кононов, А. Ф. Галкин. Высокочастотные индукционные процессы получения тугоплавких соединений, редких металлов и прецизионных сплавов. М, Департамент исследований Минатома РФ, 1998.

[11] Schulz O., Hausner H. Plasma Synthesis of Silicon Nitride Powders. 1. RF-Plasma System for the Synthesis of Ceramic Powders. Ceramics Int., 1992, V. 18, p. 177-183.

[12] Mack-Kinnon J. M., Wickens A. J. The preparation of boron carbide using a radiofrequency plasma. Chemistry and Industry, 1973, N. 16, p. 800.

[13] Bourdeau R. G. Verfahren zur Herstellung von Borkarbid grosser Harte. Pat. BRD. N. 1251289, 1967.

[14] Holden C. B., Wilson W. L. Preparation of Titanium Carbide. Pat. USA N. 3661524, 1972.

[15] Sheppard R. S., Wilson W. L. Preparation oF Titanium Carbide. Pat. USA N. 3661523, 1972.

[16] Swaney L. R. Preparation of Submicron Titanium Carbide. Pat. USA, N. 3812239, 1974.

[17] Evans A. V., Wynne W. G., MarinowskyC V. Verfahren zur Herstellung von Feinteiligen Silicium Karbid. Pat. Grossbritannien N. 1283813, 1968.

[18] Ю. Н. Туманов, Б. А. Киселев, Ю. П. Бутылкин, И. Б. Соркин, В. И. Добровольский. Индукционная высокотемпературная печь для получения карбидов. А. с. СССР № 331718, 1972.

[19] Ю. Н. Туманов, Б. А. Киселев, Ю. П. Бутылкин, И. Б. Соркин, В. И. Добровольский, А. И. Андрюшин, С. А. Кузнецов, Н. П. Галкин. Способ получения карбида бора. А. с. СССР № 352538, 1972.

[20] Ю. Н. Туманов, М. Я. Смелянский, К. Д. Гуттерман, С. В. Кононов, Н. П. Галкин, Б. А. Киселев, Ю. П. Бутылкин, В. Н. Кузь, С. А. Кузнецов, И. Б. Соркин. Способ получения карбидов. А. с. СССР № 387790, 1973.

[21] Ю. Н. Туманов. Высокотемпературные реакции в плазменных теплоносителях и внешних

силовых полях. Химия плазмы, 1975, т. 2, с. 97-130, М: Атомиздат.

[22] I. N. Toumanov, K. P. Andreev. Various Methods of Approach to Carbidation Reactions in High Frequency Electromagnetic Fields. 3-me Symposium International de Chimie des Plasmas. France, Universite de Limoges, 1977, t. 3.

[23] I. N. Toumanov, B. A. Kiselev, I. B. Sorkin, Y. P. Butylkin, V. I. Dobrovolsky, A. I. Andrjushin, S. A. Kyznetzov. Verfahren zur Erzeugung von Karbiden und Anlage zur Durchfuhrung des Verfahrens. Deutches Patentamt Offenlegungsschrift N. 2620313, 1977.

[24] I. N. Toumanov, B. A. Kiselev, I. B. Sorkin, Y. P. Butylkin, V. I. Dobrovolsky, A. I. Andrjushin, S. A. Kuznetzov. Procede de Production de Carbures et Installation pour la mise en ceuvre de ce Procede. French Patent N. 2350301, 1978.

[25] I. N. Toumanov, B. A. Kiselev, I. B. Sorkin, Y. P. Butylkin, V. I. Dobrovolsky, A. I. Andrjushin, S. A. Kuznetzov. Method of Preparing Carbides and Apparatus for Carrying out the Method. British Patent N. 1521384, 1978.

[26] I. N. Toumanov. The Synthesis of Boron Carbide in a High Frequency Electromagnetic Field. Journal of the Less-Common Metals, 1979, v. 67, pp. 521-529.

[27] I. N. Toumanov, A. I. Andrjushin, S. A. Kuznetzov, N. P. Galkin, B. A. Kiselev, Y. P. Butylkin, I. B. Sorkin, V. I. Dobrovolsky. Apparatus for Preparing Carbides. US Patent N. 4221762, 1980.

[28] Ю. Н. Туманов, Б. А. Киселев, Ю. П. Бутылкин, Н. П. Галкин, И. Б. Соркин, В. И. Добровольский, А. И. Андрюшин, С. А. Кузнецов. Способ получения карбидов и устройство для его осуществления. Патент Японии N. 55-023203, 1980.

[29] Reboux J. Les Courants d'Induction Haute Frequenceet Leurs Utilizations dans le Domaine des Tres Hautes Temperatures. Ingenieurs et Techniciens. 1964, N. 177, p. 115-119.

[30] Установки индукционного нагрева/А. Е. Слухоцкий, В. С. Немков, Н. А. Павлов и др. / Под ред. А. Е. Слухоцкого. Л: Энергоиздат. Лен. отделение, 1981.

[31] Stern K. H. Low Frequency Dielectric Properties of Liquid Boric Oxide. J. Res. Nat. Bur. Stand. A. Physics and Chemistry, 1965, v. 69A, N. 3, pp. 281-288.

[32] Машкович М. Д. Электрические свойства неорганических диэлектриков в диапазоне СВЧ. М: Советское радио, 1969.

[33] Структурная химия углерода и углей. Под ред. В. И. Касаточкина М: Наука, 1969.

[34] Меерсон Г. А., Кипарисов С. С, Гуревич Б. Д. О получении карбида бора в графито-трубчатой печи. / Тугоплавкие металлы. Труды Московского института стали и сплавов, 1968, с. 115-120.

[35] Вайнберг А. И. Индукционные печи. М-Л, Госэнергоиздат, 1967. 36. Петров Ю. Б., Ратников Д. Г. Холодные тигли. М: Металлургия, 1972, 112 с.

[37] Зейтленок Г. А. Радиопередающие устройства. М.: Связь, 1969.

[38] Кутателадзе С. С. Основы теории теплообмена М: Наука, 1977, 660 с.

[39] Жуковский В. С. Основы теории теплопередачи. М: Энергия, 1969, 224 с.

[40] I. N. Toumanov, S. V. Kononov, A. F. Galkin. Alternative Methods of Approach in Use of High Frequency Induction Processing of Raw Materials for Producing Oxygen-Free Ceramics. 14th Intern. Symposium on Plasma Chemistry. Prague, Czech Republic, August 2-6, 1999. Symposium Proceedings, Vol. 4, pp. 2193-2198.

第8章

感应加热和等离子体技术加工天然与合成含氟矿物提取氟并生产UF_6

本章将扩展以上章节中所讨论的感应加热和等离子体技术的应用范围，解决核燃料循环中的其他问题，尤其是从矿石和精矿中提取挥发性物质。这类问题之一就是从氟化物——萤石(CaF_2)中提取氟。在工业生产中，氟主要通过萤石与硫酸反应以化合物——氟化氢(HF)的形式分离出来。这一过程由以下方程描述：

$$CaF_2 + H_2SO_4 \longrightarrow CaSO_4 + 2HF \quad (8.1)$$

单质氟的获得通过在氟化氢气氛中电解熔融氟化钾实现。在电解槽的电极上发生以下反应：

阳极 $$2F^- \longrightarrow F_2 + 2e; 2H^+ \longrightarrow H_2 - 2e \quad (8.2)$$

阴极 $$2HF_2^2 + 2e \longrightarrow H_2 + 4F^-$$

拥有核工业的国家利用上述工艺生产氟。尽管硫酸工艺相对简单，人们仍然需要开发替代方法，以解决与设备腐蚀、含氟石膏废物量大等有关的问题，并使萤石中存在的杂质(S、P 和 Si 等)对环境的破坏程度降到最低。

解决该问题的方法之一是采用对设备腐蚀较弱的试剂代替硫酸。对于这样的试剂，目前人们关注较多的有 $Ca(OH)_2$、CaO、SiO_2、O_2、水蒸气和 H_2 等。氟以 HF 或游离态形式分离出来时有可能发生的化学反应如下：

$$CaF_2 + Ca(OH)_2 \longrightarrow 2CaO + 2HF(\Delta H = 396.8kJ, T_0 \approx 1450K) \quad (8.3)$$

$$CaF_2 + 3CaO + 2SiO_2 + 1/2O_2 \longrightarrow$$
$$2(2CaOSiO_2) + F_2(\Delta H = 430.7kJ, T_0 \approx 1590K) \quad (8.4)$$

$$CaF_2 + 3CaO + 2SiO_2 + H_2O \longrightarrow$$
$$2(2CaOSiO_2) + 2HF(\Delta H = 130.0kJ, T_0 \approx 1040K \quad (8.5)$$

$$CaF_2 + H - OH \longrightarrow CaO + 2HF(\Delta H = 287.6kJ, T_0 > 2200K) \quad (8.6)$$

$$CaF_2 + H_2 \longrightarrow Ca + 2HF(\Delta H = 671.4kJ, T_0 > 3600K) \quad (8.7)$$

式中:T_0 为化学反应的热力学容许温度。

发生这些反应所需的温度可以通过使用非传统类型的加热方式实现,尤其是等离子体加热和感应加热。

反应式(8.3)发生在凝聚相(熔体)中;反应式(8.4)~式(8.7)是异相反应。在式(8.3)~式(8.5)描述的反应中,起始原料发生反应时,凝聚相化合物的成分非常复杂,因为 $CaO-SiO_2$ 体系中存在多种化合物,并且温度低于 2000℃时部分氟会与硅结合形成 SiF_4。

为了实现上述反应过程,原则上可以采用三种非传统方法来加热起始原料。

(1) 高频电磁场感应加热原料(对于反应式(8.3)~式(8.5));

(2) 分散相原料与水蒸气等离子体或氢等离子体混合,实现等离子体加热原料颗粒(对于反应式(8.6)~式(8.7));

(3) 将燃烧在水蒸气和氢气中的电弧转移到原料熔体上,实现等离子体弧加热原料(对于反应式(8.3)~式(8.7))。

在本章下面的内容中,主要讨论各种与电磁感应和等离子体加热萤石提取氟的分析和实验研究结果。式(8.6)和式(8.7)描述的过程在这里未予以考虑,因为实施这些反应需要较高温度,将原料转化至气态甚至原子态;在这种模式下,原料加工的能耗远远超出合理范围。

8.1 以 HF 形式从萤石中提取氟的高频感应加热过程

该工艺是式(8.3)~式(8.5)所描述的化学反应过程的应用。基于萤石原料感应加热提取氟的工艺流程与高频感应合成无氧陶瓷(图 7.6 和图 7.7)相同,唯一区别在于原料的化学成分不同。在计算式(8.3)~式(8.5)描述的感应加热系统的参数时,应当考虑 CaO 和 SiO_2 在通常条件下是绝缘体这一因素,因而在高频感应加热初期原料的导电性完全取决于 CaF_2 的电导率。在通常条件下 CaF_2 的电阻率为 5~500Ω·cm,具体数值取决于 CaF_2 的纯度和杂质含量。但是,混入电介质材料之后,原料的电阻会变得相当高。因此,为了引发感应加热,要提高原料的导电性,在感应器作用的区域内放入石墨棒或金属棒。加热开始后,取出导电棒材,原料温度达到 2000~2700K 之后反应过程自持进行,如第 7 章所描述的合成无氧陶瓷的过程一样。感应加热启动的条件是原料的电阻率达到 5~10Ω·cm,取决于电源频率和原料直径。

表 8.1 给出了对高频电流透入深度的分析结果,该参数取决于原料的电阻

率和高频率振荡器频率的上、下限值。为了分析感应电流透入原料的深度,选择了 1MHz 作为起始频率,取直径为 0.05m 的柱体作为加热对象,由第 7 章给出的关系计算频率的限值 f_1 和 f_2。

表 8.1 高频电磁场透入原料的深度(式(8.3)~式(8.5)),以及用于感应加热所需的频率的上、下限值

$\rho/(\Omega\cdot cm)$	100	50	20	10	5	1	0.5	0.3	0.1
δ/m	50.3	35.6	22.5	15.9	11.3	5	3.6	2.7	1.6
f_1/MHz	12	6	2.4	1.2	0.6	0.12	0.06	0.04	0.01
f_2/MHz	24	12	4.8	2.4	1.2	0.24	0.12	0.08	0.02

然而,实际情况却复杂得多,因为萤石中可能存在含量显著的杂质。即使来自南非矿山纯度相对较高的萤石,也具有以下化学成分:CaF_2,98%;SiO_2,1%;$Al_2(CO_3)_3$,0.2%~0.4%;$Fe_2(CO_3)_3$,0.2%~0.4%;$CaCO_3$,0.1%~0.2%。因此,当原料按照式(8.3)进行反应时,气相中除了 HF、SiF_4、CO 和 CO_2 之外,还可能含有痕量的 COF_2。为了获得用于电解制氟(式(8.2))的纯 HF(99.99%),必须对氟化氢气体进行提纯(如精馏)。高温转化后得到的凝聚相产物中通常还含有铁和铝的氧化物。计算表明,使用式(8.3)描述的方法,实现 1000tHF/a 的产能,每年需要的原料为 2020.6t 纯度为 98%的萤石和 2036.95t $Ca(OH)_2$,其中 $Ca(OH)_2$ 考虑 10%的过量。当效率为 0.48 时,能耗为 10197MW·h。因此,根据质量平衡得到的产物有:CaO,3128t;SiF_4,34.51t;Al_2O_3,1.77~3.55t;Fe_2O_3,2.52~5.04t;碳氧化物,3.85~7.7t。

热力学分析表明,式(8.3)及其类似反应在技术上难以实现,因为 $Ca(OH)_2$ 在较低温度(<1000K)下发生分解,而与萤石的相互作用却发生 T>1000K。因此,在这样的条件下不大可能发生提取 HF 的过程。反应式(8.4)和式(8.5)描述的工艺似乎也不被看好,因为氟可在 HF 与 SiF_4 之间重新分配,从而需要辅助工艺从硅氟化物中提取氟。因此,似乎使用一种在温度高达 2000K 时仍能保持热力学稳定的转化物更有前景,如碳;从而不是以 HF 的形式,而是以碳氟化物(CF_4,C_2F_4,C_2F_6 等)形式提取氟。碳氟化物可以用于制造含氟聚合物,比 HF 具有更高的商业价值。基于此,利用等离子体弧加热开展了以碳氟化物形式从萤石中提取氟的多次实验。以下内容是在当时所取得的研究成果。

8.2 等离子体弧碳热加工萤石生产氟化碳提取氟的研究结果与分析

在工业上,碳氟化物(CF_4、C_2F_4、C_3F_6 等)的生产工艺通常包括如下环节:首

先利用含氟原料(CaF_2)生产 HF,然后通过电解 HF 得到 F_2,再利用 F_2 对碳或者适当的烃类进行氟化得到碳氟化物。这样,获得目标产物碳氟化物的流程不仅冗长,而且复杂。有时还需要首先获得特定的氟化剂,可以与含碳原料发生反应得到碳氟化物(CF_4、C_2F_4、C_3F_6、C_3F_8 等),从而使氟化工艺变得更加复杂。

总的来看,人们至少开发了两种采用等离子体弧碳热加工萤石合成碳氟化物提取氟的方案:

(1) 在电炉中利用碳和 SiO_2 批次碳热加工萤石的德国专利[1]。该专利提出的工艺由如下放热反应描述:

$$CaF_2 + 1/4SiO_2 + 11/4C \longrightarrow CaC_2 + 1/4CF_4 + 1/4SiF_4 + 1/2CO \quad (8.8)$$

该工艺在工业电炉中实现了大规模熔融原料,尽管存在与热力学参数有关的困难。事实上,$\Delta H_{298} = 582.6kJ$,$\Delta S_{298} = 171.9J/(m \cdot K)$,$T_{min} = 3389K$。后面会对该过程的热力学进行分析。

从以氟化碳形式提取氟的角度看,该工艺存在一项重要缺陷——F 会分别与 Si 和 C 结合,因而还有必要采用其他工艺分离 SiF_4、CF_4 和 CO 以及从 SiF_4 中提取氟。

(2) 为解决相同技术问题的美国专利[2],但该工艺更加简洁,并由以下方程式描述:

$$CaF_2 + 5/2C \longrightarrow CaC_2 + 1/2CF_4 \quad (8.9)$$

热力学参数至少从形式上表明,该过程在热力学上是禁止发生的:

固态:$\Delta H = 659.58kJ$,$\Delta S = 118.03J/(m\ K)$,$T_{min} \approx 5588K$;

液态:$\Delta H = 616.88kJ$,$\Delta S = 83.68\ J/(m\ K)$,$T_{min} \approx 7372K$。

然而,美国专利[2]的发明人却报道了该专利实施后产生的积极效果。但是,与德国专利[1]不同的是,美国专利[2]并没有提供量化参数。不过,尽管反应式(8.9)存在热力学上的限制,但是至少还存在两种方法可以进行定量实施:

(1) 在该过程中,通过从反应区排出气相产物为反应式(8.9)创造热力学非平衡条件;

(2) 大量 C_xF_y 自由基在反应器出口处发生复合,形成非平衡效应。

对反应式(8.8)和式(8.9)产物的平衡浓度进行了热力学分析。结果表明,假设这两个过程都在凝聚相中形成 CaC_2、SiC 与碳的固溶体(反应式(8.8)以及 CaC_2 与碳的固溶体(反应式(8.9)),从热力学上就可以在气相中形成多种碳氟化物,包括自由基型化合物以及在凝聚相析出的碳化物(图 8.1~图 8.4),尽管这些产物的平衡产率的绝对值相对较小。在与碳的所有反应中,CaF_2 在其沸点(2507℃)以下的温度范围内均非常稳定。对反应式(8.8)~和式(8.9)的热力学进行的研究发现,在原料 CaF_2+5/2C 中加入 SiO_2 不仅无助于提高氟的转化率,还会使产物CaC_2与碳氟化物的分离变得复杂。对$CaF_2+5/2C$在高温下反应产物的化学组成进行的分析发现,该平衡体系中包括碳氟化物CF、CF_2、CF_3、C_2F_2、C_2F_4等(图 8.3)及其自由基;自由基如果重组可以生成大于平衡浓度的碳氟化物。

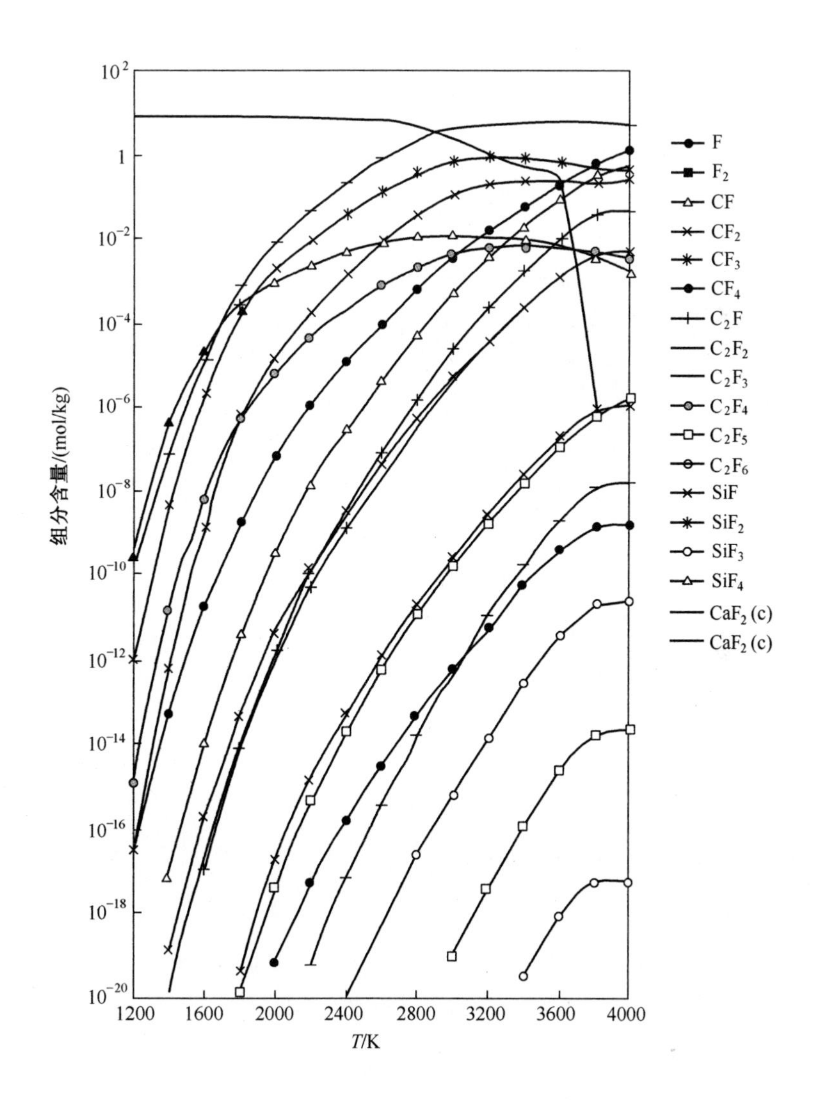

图 8.1 $CaF_2+11/4C+1/4SiO_2$反应产物的平衡组成

注:初始条件:各组分按照化学计量比给出;

$P=0.1MPa$;5%的 Ar。产物:氟和 Ca、C、Si 的氟化物。

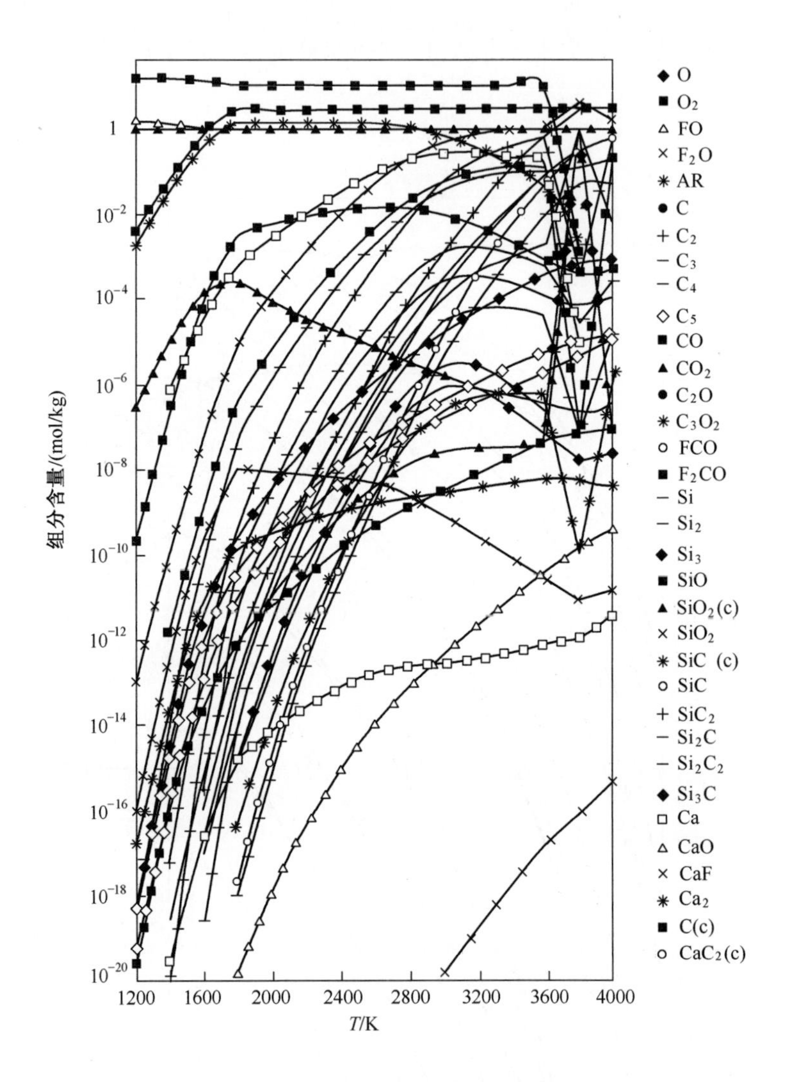

图 8.2　$CaF_2+11/4C+1/4SiO_2$ 反应产物的平衡组成

注：初始条件：各组分按化学计量比给出；

$P=0.1$MPa；5%的 Ar。产物：C、Si、F 的氧化物和

Si、Ca 的碳化物以及原子。

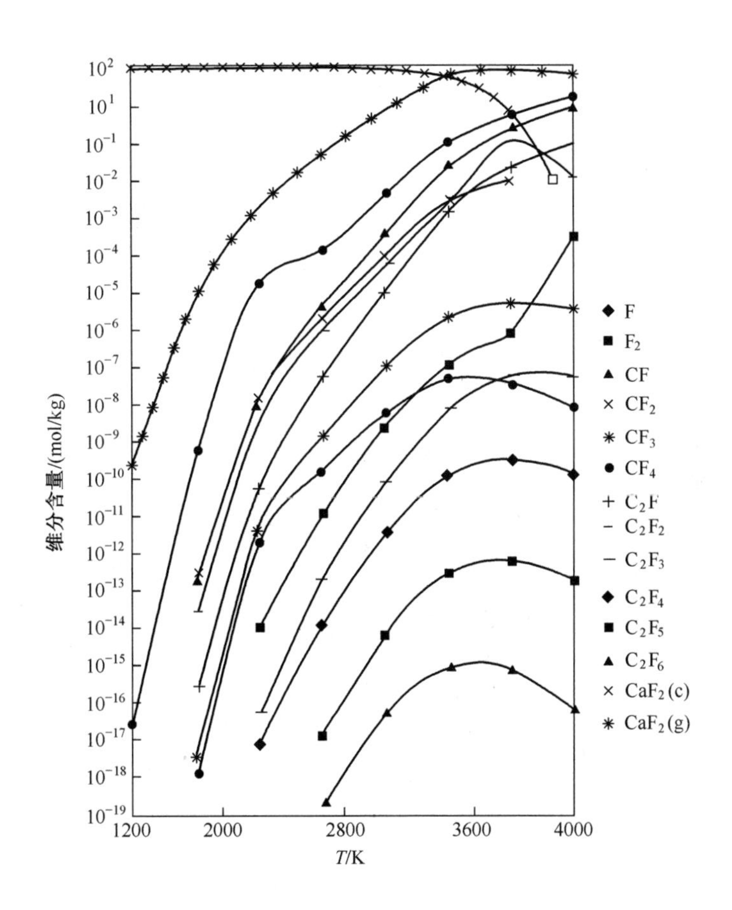

图 8.3 CaF_2+ 5/2C 反应产物的平衡组成

注:初始条件:68.61%CaF_2+26.39%C+5%Ar;

P=0.1MPa。产物:氟和Ca与C的氟化物。

由此可见,式(8.8)和式(8.9)的热力学计算结果与实验数据[1,2]之间存在明显的矛盾(尤其与文献[1]的数据相比)。如前面所述,鉴于有两种非平衡方式实现上述过程,采用三种加热方式(等离子体弧加热、不同频率的感应加热以及二者结合加热)进行碳热转化萤石的研究。这些实验的目的如下:

(1) 确定非平衡条件会在多大程度上影响CaC_2和碳氟化物的产率;

(2) 将前面章节描述的合成无氧陶瓷的高频技术应用于天然矿物的转化,并浓缩至目标产物。

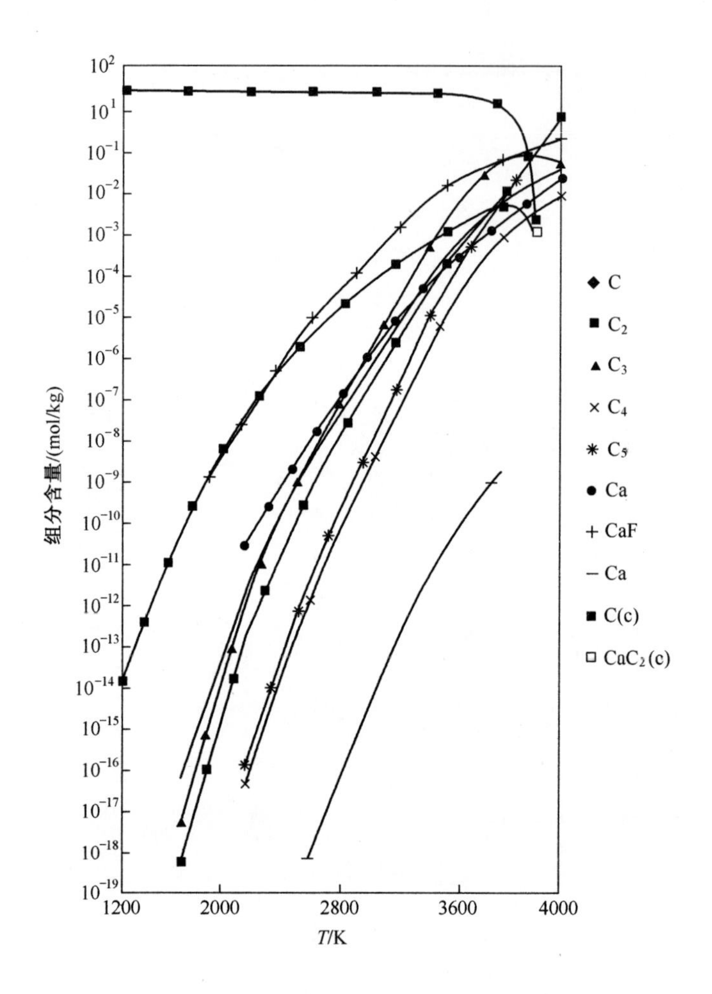

图 8.4　CaF_2+5/2C 反应产物的平衡组成

注:初始条件:68.61%CaF_2+26.39%C+5%Ar;P=0.1MPa。

产物:CaC_2、C、原子等。

8.3　低频感应加热 CaF_2+5/2C 合成 CaC_2 和碳氟化物

由于原料 CaF_2+5/2C 的电学特性未知,并且这些性质取决于温度、压缩比和原料的组成,我们尝试在不同频率的电磁场[3,4]中合成 CaC_2 和碳氟化物。首次尝试在 2.4kHz 的频率下进行。

碳与 CaF_2 通过低频率感应加热发生反应的实验研究在一种真空感应炉中

进行。该装置配备了特殊水冷铜质冶金反应器,反应器被电绝缘材料沿纵向隔开(冷坩埚,详见第 14 章)。目前,这种技术已用于电冶金回收和精炼稀有金属和稀土元素。装置的示意图如图 8.5 所示。电源功率为 200kW,频率为 2.4kHz,冷坩埚的直径为 0.1m。冷坩埚 5 可透过低频电磁场,放置在与低频电源 1 连接的感应器 7 中;示意图中还给出了电容器组 2。所有工艺设备都布置在密闭的真空室 3 中,由真空泵 14 抽真空。真空室 3 上设置有用于气体取样的取样管 13;取样管经过阀 11 与真空室连接,其上还设置有取样阀门 12。试验步骤:将约 1.5kg 组成为 $CaF_2+5/2C$ 的物料装入冷坩埚中。萤石的组成:CaF_2,98.0%;SiO_2,1%;$Al_2(CO_3)_3$,0.2%~0.4%;$Fe_2(CO_3)_3$,0.2%~0.4%;$CaCO_3$,0.1%~0.2%。碳成分是粒状炭黑。坩埚放置在石墨垫 9 上。测温点 8 和 9 处的温度由 K 型热电偶测定。

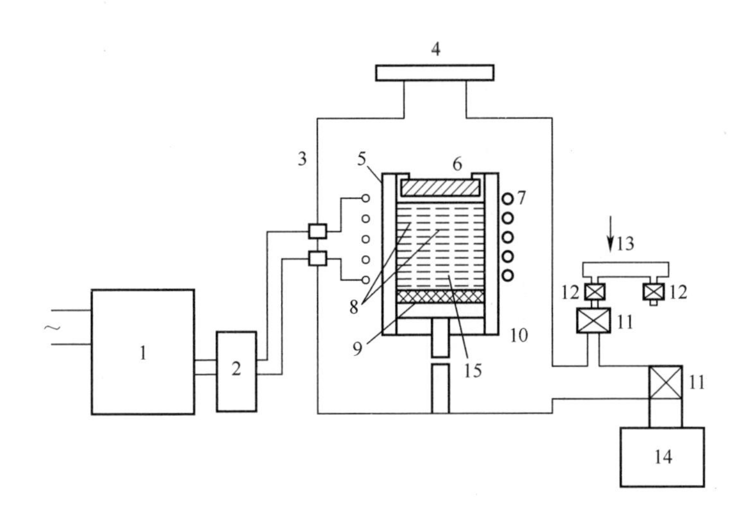

图 8.5 用于感应加热 $CaF_2+5/2C$ 的低频装置示意图

1—200kW(f=2.4kHz)电源;2—电容器组;3—真空室;4—观察孔;5—可透过低频电磁场的冷坩埚;6—引发感应加热的不锈钢盘或石墨盘;7—感应器;8—测温热电偶插入位置;9—石墨垫;10—活动推杆;11,12—阀门;13—取样管;14—真空泵;15—$CaF_2+5/2C$ 原料。

感应加热过程以 200kW 的功率进行了 60min,但未能成功:低频电源没有在原料中产生感应电流。为了提高原料的导电性、引发感应加热,在原料表面、距离感应线圈顶部 2 匝的地方放置一个不锈钢盘 6(直径 98mm,厚 20mm)。不锈钢盘在 200kW 的功率下 12min 内升温至 1500℃(温度由光学高温计测得)。不锈钢盘下方的萤石发生了熔化,但熔体未能引发后续对原料的感应加热,尽管不锈钢盘本身熔化了。将不锈钢盘更换为石墨盘后,同样未能引发对原料的感应加热。上述过程可通过观察孔 4 进行目视观察。

为了进一步提高原料的电导率,向原料中添加少量(10%)的 AlF_3,与 CaF2 达到低共熔点。然而,对于这样的原料,仍然未能以 2.4kHz 的频率引发感应加热过程。

由此可见,上述现象的根本原因似乎不在于原料 $CaF_2+5/2C$ 的电导率过低,而在于加热所使用的频率过低。根据式(7.73),消耗在原料中的感应加热功率正比于电流的频率和电磁场透入原料的深度:

$$P = H^2 S(f\mu\delta(\pi l_r)^{0.5})/(5 \times 10^3) \tag{8.10}$$

式中:H 为磁场强度;S 为感应加热空间的表面积;f 为频率;μ 为磁导率;δ 为电磁场透入原料的深度;l_r 为由感应器内被加热材料的几何参数和电学参数所定义的函数。

因此,在低频率和低 δ 值时,消耗在原料中的感应加热功率可能不足以达到熔化原料所需的温度。根据这一关系可以得出结论:为了实现对 $CaF_2+5/2C$ 进行感应加热,必须提高外部电磁场的频率。因此,在接下来的研究中我们提高了频率,这些研究工作介绍如下。

8.4 高频感应加热 $CaF_2+5/2C$ 合成 CaC_2 和碳氟化物

高频感应加热 $CaF_2+5/2C$ 的实验装置如图 8.6 所示。

装置的核心设备是高频电源以及安装在感应器 9 中的负载——金属-电介质反应器 8。高频电源的阳极功率高达 100kW,频率在 1.75~13.56MHz 范围内可以调节。反应器 8 中装满原料 10 与感应器 9 一起放置在反应腔 7 中。反应腔上设置有观察窗 5 和 17。反应器上设置有排气管 18。取样气室 2 和 3 通过阀门 K_2、K_3 连接在排气管上,用于气体采样。此外,气体排放管道上还安装了流量计 1。该反应器装有装置 11 用于排出凝聚相产物。图 8.6 中以标号 A、B、C、D 显示的管道分别用于输送废气、保护气(Ar)、缓冲气和冷却水。图中还示出了 OPPIR-17 型光学高温计的光学系统 4,冷却水集箱 12 和管线 13,以及阀门(K_1~K_6)。

测量仪器包括:测量高频电源参数(阳极电压 E_a 和栅极电压 E_g,阳极电流 I_a 电流和栅极电流 I_g 的一组仪表 15;测量感应器电压的高电压电压表 16;测量反应腔 7 内压强的压力表 6。金属-电介质反应器中的熔体表面温度由光学高温计测定(4 是高温计的光学系统)。高频电源与负载的耦合结构以框图示于图 8.7。

图 8.8 是金属—电介质反应器实物。在这种反应器中,纵向狭缝填充了电

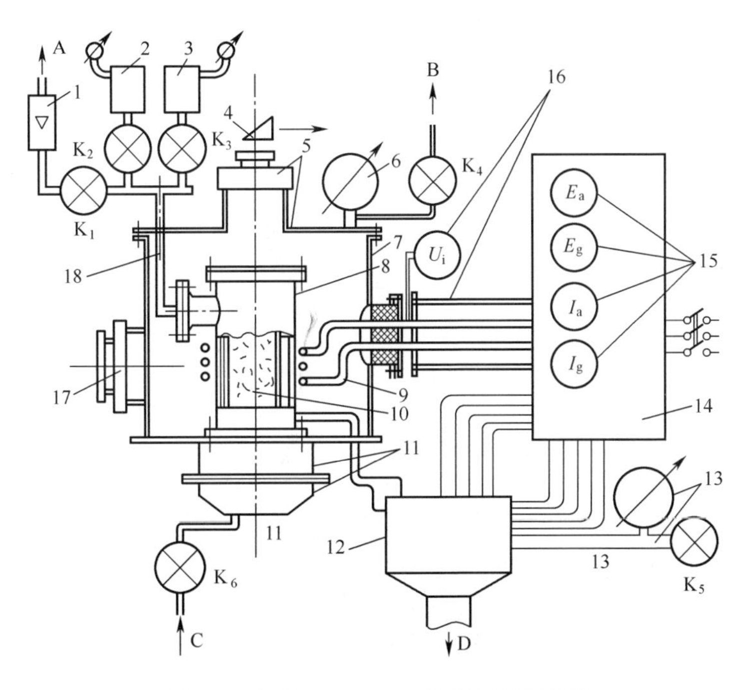

图 8.6　加热 CaF_2+5/2C 原料的高频系统

1—流量计;2,3—取样气室;4—OPPIR—17 型光学高温计的光学系统;5,17—观察窗;6—压力表;7—反应腔;8—金属—电介质反应器;9—感应器;10—原料;11—出料装置;12—冷却水箱;13—冷却水管道;14—高频电源;15—高频振荡器参数测量系统;16—测量感应器电压的高压电压表;18—排气管;19—阀门 K_1 ~ K_6(K_1—排气管截止阀,K_2、K_3—气体取样管截止阀;K_4—截止阀,K_5—冷却水截止阀,K_6—工艺气体截止阀);A—反应器工艺气体排放管;B—保护气(Ar)排放管;C—缓冲气体管道;D—冷却水管。

绝缘材料(氧化铝棒,用氧化镁膏密封)。反应器内部通水冷却。感应器与反应器之间间隙的绝缘强度足以承受 7~8kV 的电压。

实验所用萤石的化学成分(质量分数):CaF_2,96.5%;SiO_2,0.27%;Fe_2O_3,0.53%;$CaCO_3$,0.1%~0.2%。碳成分采用炭黑或者相对纯净的石墨粉(石墨电极生产的余料)。

高频感应加热 CaF_2+5/2C 的流程在图 8.9 中予以说明。图中给出了电源(高频电源)与工艺单元(反应器中的负载)之间的关系。质量约 1.8kg、组成为 CaF_2+5/2C 的原料装入金属-电介质反应器中。感应器的工作频率由频率计 6 测量。原料的初始电导率不足以引发感应加热,因此向原料中加入了小石墨块 7 提高局部电导率,引发对所有原料进行加热。金属-电介质反应器的底部 5 为石墨材料,并由循环水冷却。

石墨块在感应电流作用下被加热,并将热量传导至原料。原料的电导率在

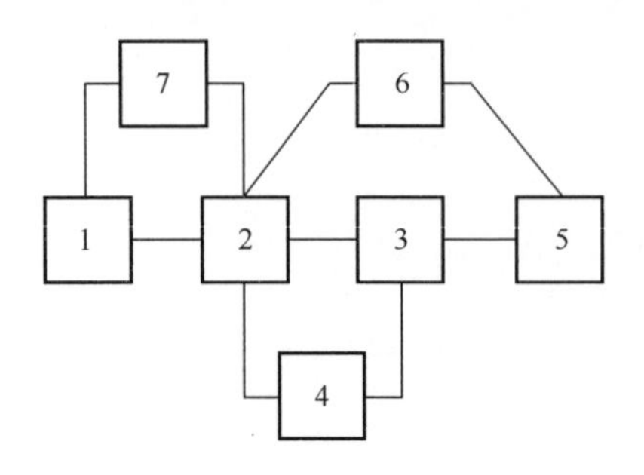

图 8.7　带有负载的高频电源结构框图

1—阳极电源；2—晶体管发生器；3—具有输入电压调节功能的阳极电路；
4—具有自动偏压和激励电压控制的反馈电路；5—负载电路；6—高频电源和负载中功率元件的监测和冷却系统；7—高频电源参数测量、控制与电气保护系统。

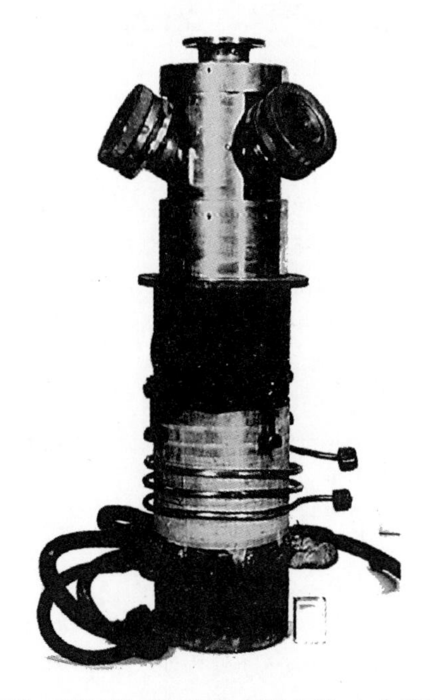

图 8.8　用于加工萤石和碳原料的高频金属-电介质反应器实物

25~30min 增大至足以产生感应加热的程度。这一阶段就是图 8.10 和图 8.11 所示的阶段Ⅰ——石墨块强化加热过程。图 8.10 和图 8.11 是原料 CaF_2+5/2C 对电源功率的吸收以及其他参数（阳极电流、电网电流、电效率等）的动态过程。在外部强化加热之后，紧接着就是迅速发展的感应加热模式（第Ⅱ阶段）。在这一阶段，原料温度快速升高，两种成分之间发生化学反应，生成 CaC_2 和碳氟化物。随着碳在反应过程中不断消耗，加热模式进入第Ⅲ阶段：保持高温，反应产物发生凝聚或者分解。在这一阶段，因为原料存在自我加热倾向，我们力图通过

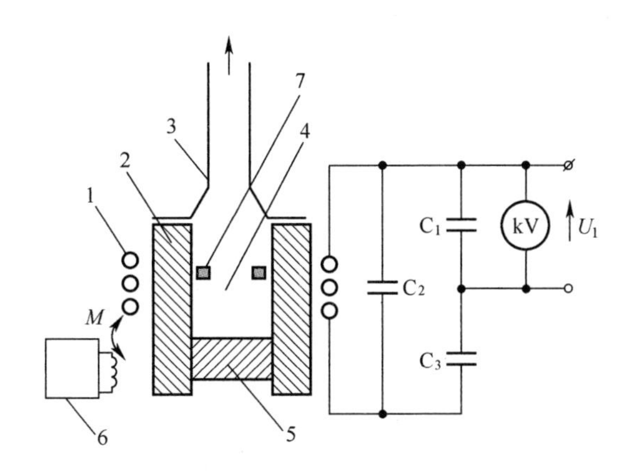

图 8.9　高频电源对负载(CaF_2+5/2C)感应加热的方案

1—感应器;2—金属-电介质反应器;3—烟气;4—原料;5—反应器的石墨底;
6—频率计;7—石墨块;C_1、C_2、C_3—负载电路的电容器。

调节高频电源的功率保持稳定加热过程。在实现自我加热之后,原料急剧升温,有可能被气流夹带出反应器,因而不得不调节电源的功率。每批次实验的质量损失为 0.2~0.25kg(11~14%),但是难以基于质量分析结果来评价产物的产率,因为在实验过程中烟气对部分产物存在夹带效应,并且碳可能与进入反应器的环境成分发生副反应,即使采取了气体保护措施。

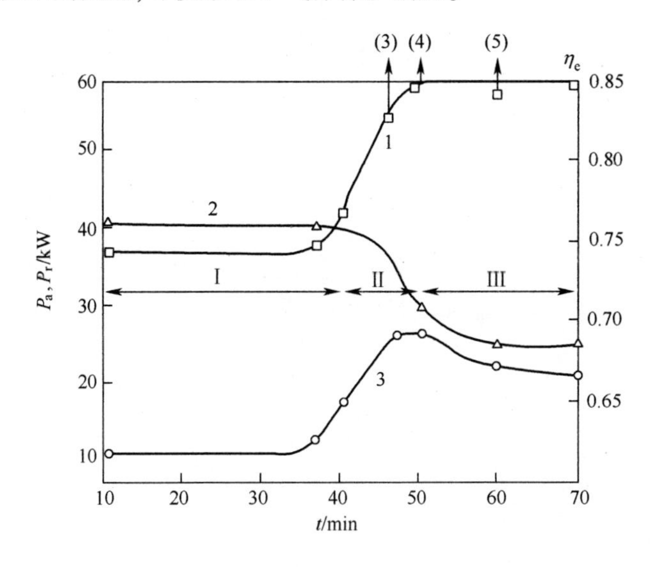

图 8.10　原料 CaF_2+5/2C 吸收高频功率的动态过程

1—电源阳极的功率(P_a);2—电效率(η_e);3—通过金属-电介质反应器壁损失的功率(P_r);
Ⅰ—外部激励加热阶段;Ⅱ—发展中的自持感应加热;Ⅲ—稳定的自持感应加热阶段;
(3),(4),(5)—气体采样时间(结果见表 8.2)。

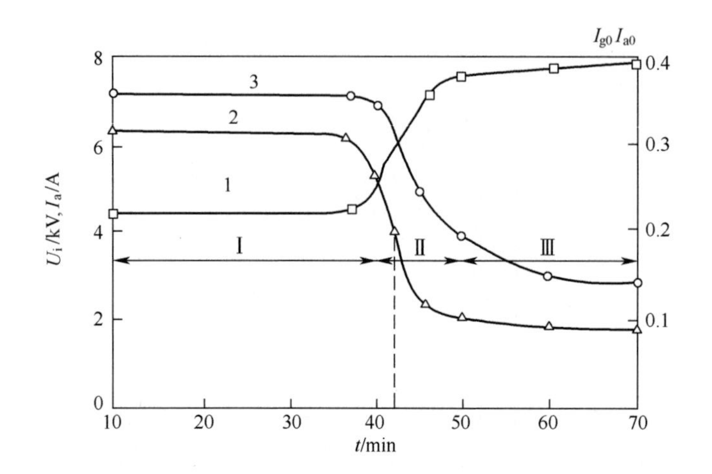

图 8.11 阳极电流 I_a、栅极电流 I_g 以及感应器电压 U_i 随时间的变化

1—阳极电流；2—栅极电流和阳极电流的相对变化(对应于高频电源的最佳工况 $I_{g0}/I_{a0}=0.2$)；3—感应器电压；Ⅰ—原料受到外部增强的加热过程(受激加热)；Ⅱ—发展中的自持感应加热；Ⅲ—稳定的自持感应加热。

表 8.2 CaF_2+5/2C 在感应加热过程中排放气体的质谱分析结果

成分	平均含量(质量分数)/%					
	样品 1	样品 2	样品 3	样品 4	样品 5	偏差/%
H_2	0.222	0.256	0.502	0.919	0.586	3
N_2	0.035	0.016	0.091	1.23	0.474	0.13
O_2	0.017	0.0092	0.015	0.379	0.158	0.15
Ar	99.24	99.30	94.01	92.72	94.79	0.2
H_2O	0.041	0.056	0.101	0.127	0.046	2
CO_2	0.315	0.120	3.767	3.586	2.419	0.3
CH_4	—	0.135	0.226	0.389	0.995	6
$C_2H_6+C_3H_8$	—	—	0.678	0.209	0.133	5
C_3H_6	0.0059	0.0257	0.098	0.209	0.021	9
C_4H_8	0.041	0.055	0.075	0.121	0.0111	10
COF_2	0.007	0.004	0.332	0.013	0.0474	9
CF_4	0.0199	0.018	0.0482	0.076	0.211	9
C_2F_4	0.0064	0.005	0.0106	0.015	0.021	13
C_2F_5CO	—	—	0.0458	—	0.087	12

当使用石墨粉作为 CaF_2+ 5/2C 中的碳组分时，阶段Ⅰ持续的时间缩短到

12~15min。不过,从经济上考虑炭黑更合适,因为炭黑的价格比较低。阶段Ⅲ持续的时间不应超过 10~15min,以避免熔体过热和 CaC_2 发生分解。CaF_2+5/2C 在高频感应加热作用下的反应过程,可通过反应器顶部的摄像头进行远程观测(图 8.12)。

图 8.12　金属-电介质反应器中 CaF_2+5/2C 熔体表面

(从顶部观察,可以看到熔融体和透过高频电磁场的狭缝)

为了理解和分析在感应加热过程中发生在物料中的物理、化学过程,需要知道在感应加热过程中原料内部的温度及其分布。高温计可以测量熔体表面的温度,但无法提供发生在表层以下的相关过程的信息,为了解决这一问题我们采用了热电偶测量和参考点估算法。根据后者,我们发现,在反应过程中反应器内的温度首先高于 1418℃(CaF_2 的熔点),然后高于 2046℃(氧化铝的熔点),甚至高于 2800℃(氧化镁的熔点;该电介质材料有时与 CaF_2+5/2C 发生共熔)。原则上,碳成分的温度可以升高到 4200℃(石墨的升华温度)。遗憾的是,由非金属材料制成的热电偶无法测量 3000℃左右的温度(SiC/C-1600℃,W/C-1650℃,B_4C/C-2400℃,C/ZrB_2-2400℃,C/TiC-2400℃)。然而,金属热电偶却适用于这样的测量(W/Re 热电偶可以测量到 2500℃;W/Ta 热电偶可以测量到 3000℃)。在实验中,使用了 W/Re 热电偶测量 CaF_2+5/2C 在高频感应加热过程中的温度,发现这种热电偶在 2000~3000℃的范围内只可用于短期测量,因为热电偶材料渗碳十分快,而且很可能会熔化。

利用热电偶测量的方法:在装满熔融 CaF_2+5/2C 的金属-电介质反应器中,熔体表面上方的固定点布置 3 支 W/Re 热电偶。然后关闭高频电源,避免干扰热电偶的读数,将 3 支热电偶同时浸入熔体,使它们到达感应加热空间的中心位置。测量电路中设置有毫伏计和开关,可以快速采集所有 3 支 W/Re 热电偶的读数。热电偶的测量电路、校准曲线和熔体内温度的径向分布分别示于图 8.13~图 8.15。

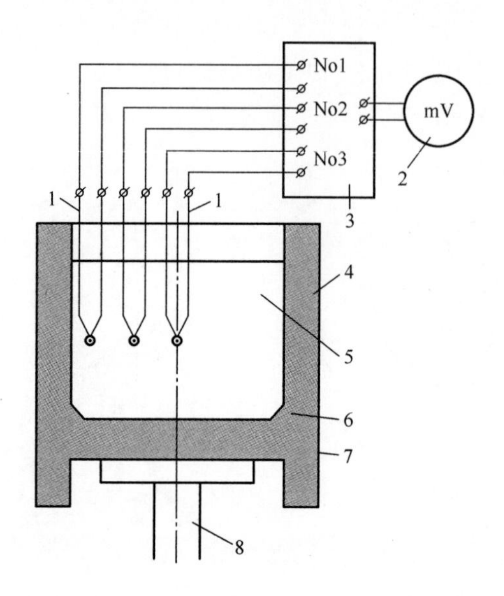

图 8.13　W/Re 热电偶测量 CaF_2+5/2C 的熔融物温度的示意图

1—W/Re 热电偶;2—毫伏计;3 —热电偶开关;4—金属—电介质反应器;5—原料;
6—衬里;7—反应器的石墨底;8—活动推杆。

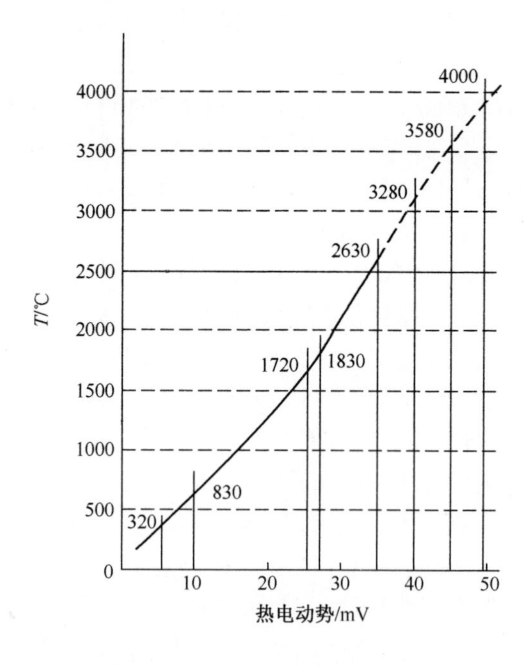

图 8.14　W/Re 热电偶的标定曲线(虚线表示外推到更高温度范围内)

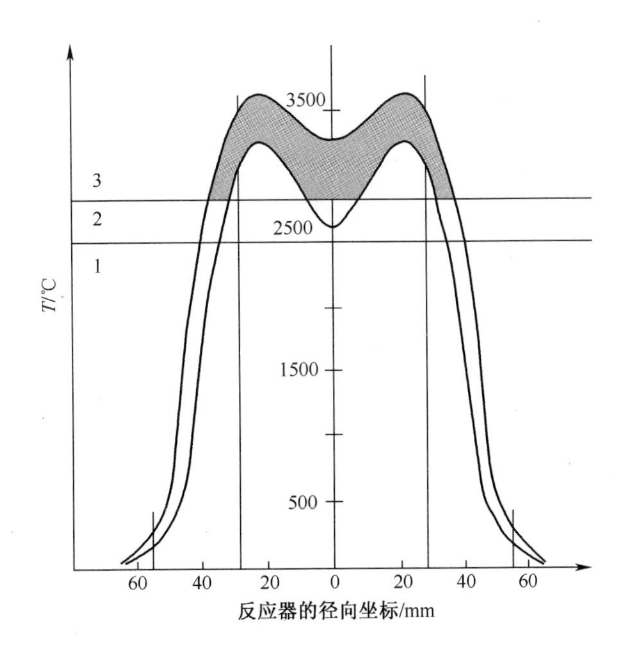

图 8.15　CaF_2+ 5/2C 在感应加热过程中的径向温度分布

注:2500℃线,W/Re 热电偶的确定测量限值;2800℃线,基于参考点估算法确定的热电偶的第二个测量限值;阴影部分,外推区域。

尽管 2500℃是 W/Re 热电偶的确定测量限值,但仍然基于间接数据(前述的参考点估算法)将确定测量限外推到 2800℃。熔体温度高于 2800℃的原因在于可能存在石墨颗粒,这些物质可以承受 4000℃的高温。有趣的是,在热电偶测量法得到的温度沿反应器直径分布曲线上,发现在物料中心存在温度降低的现象,这是因为高频电流在物料中的透入深度小于反应器的半径。

在反应器中得到的熔融产物颜色暗淡,厚度不均匀(图 8.16),具有电石的特殊气味,浸入水中时释放出乙炔。简单分析后发现,产物中的 CaC_2 含量为 0.1%~5%,具体值取决于测量的位置和暴露在空气中的时间。产物在空气中暴露一天之后,释放气体的能力明显减弱。

XRD 分析结果表明,产物的上层由 CaF_2、C(石墨)和 CaC_2 组成,其中 CaC_2 的含量约为 2.5%;中部由 CaF_2 和少量(2%~5%)的石墨组成;下层由 CaF_2、C(石墨)和 1%~2%的 CaC_2 组成。

在对 CaF_2+5/2C 进行高频感应加热的过程中,从反应器中释放的气体被保护气(氩气)携带到取样气室(图 8.6)中。为了防止空气进入,从反应器顶部通入氩气。因此,反应器排放的气体被氩气稀释。在实验中,一份典型的质谱分析

图 8.16　$CaF_2+5/2C$ 经过高频感应加热处理后的产物

报告见表 8.2。样品 1 和 2 分别来自两个不同的实验批次;样品 3、4、5 取自同一次实验(分别在实验开始、中间和结束时取样,见图 8.10):样品 3 取自实验的第Ⅱ阶段,样品 4 取自第Ⅲ阶段开始时,样品 5 取自第Ⅲ阶段结束时。

根据表 8.2 中的质谱分析结果,可以得出以下结论:

(1) 当采用高频方式对 $CaF_2+5/2C$ 进行感应加热时,氟以碳氟化物的形式从原料中逸出,主要是 CF_4、C_2F_4 和 C_2F_6。在一次(无氩气)实验中,碳氟化物的浓度随时间的变化示于图 8.17。如图 8.17 所示,在实验的最后阶段,气相中 CF_4 的浓度达到 C_2F_4 的 10 倍,并且是其他氟化物如 C_2F_6(在质谱仪被转换成 C_2F_5CO)浓度的 2 倍以上。实验中碳氟化物的浓度比热力学平衡浓度高几个数量级,并且部分钙转化成了 CaC_2。

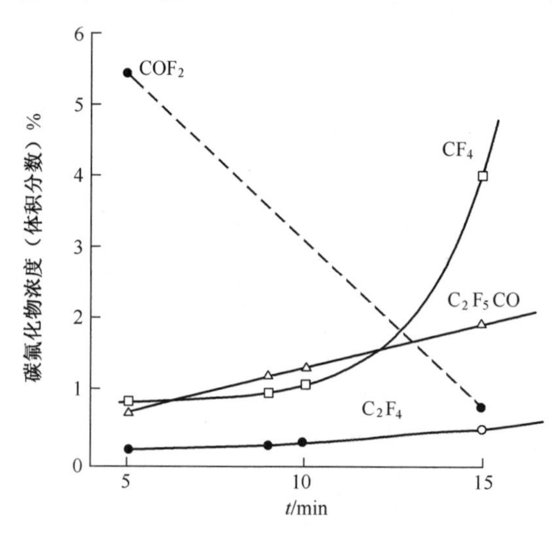

图 8.17　在高频感应加热 $CaF_2+5/2C$ 的自我加热阶段(图 8.10),碳氟化物的浓度随时间的变化

(2) 遗憾的是,该实验未能保持纯粹的无氧条件。反应生成的气态产物表明,显然空气与 CaF_2+5/2C 发生了接触,将原料部分氧化成了碳的氧化物和氟氧化物。氧与原料接触的原因之一是反应物的温度较高使空气可以穿过反应器的电介质材料(图 8.15)。此外,氧元素还可能源于密封反应器狭缝的氧化物陶瓷材料。通常情况下,金属-电介质反应器的设计工作温度为 2000~2200℃,而在这些实验中,使用温度比工作温度高约 1000℃。因此,有必要开展相应的研究工作将反应器的工作温度提高到 3000°C 以上。另外,提高反应器狭缝中电介质材料的稳定性可以增加碳氟化物和 CaC_2 的产量,因为这样会减弱或消除氧的竞争反应。显然,CO、CO_2 和 COF_2 的生成降低了碳氟化物产量。

(3) 实验中烃类产物的浓度高,出乎意料。烃形成于炭黑受热过程,甚至在与 CaC_2 发生反应之前,并且部分炭黑被夹带出反应区。由此可见,需要对原料中碳的化学组成给予更多关注。

(4) 反应动力学研究对于提高碳氟化物产量和优化反应过程至关重要。目前,我们还不了解氟从 CaF_2-C 体系中逸出的决定因素:形成固熔体、非平衡条件还是自由基在高温区外(非平衡急冷)实现(随机)复合。为了优化萤石中氟的提取和碳化钙的合成,有必要详细研究反应物相互作用的动力学,并确定产物产率超过热力学平衡过程的机理。

影响碳氟化物产量的主要因素可能来自 C_xF_y 自由基的非平衡复合,以及反应过程本身的非平衡特性。此外,在研究中还需要研究冷却过程在多大程度影响平衡状态的移动,以及如何快速冷却气态产物。

8.5 等离子体弧加热 CaF_2+5/2C 合成 CaC_2 和碳氟化物

图 8.18 为等离子体弧处理 CaF_2+5/2C 的示意图[5]。系统的主要设备是等离子体弧炉,包括:球形水冷腔室 1,容积为 0.148m^3,其中沿轴线布置具有可更换钨或石墨电极(阴极)的电弧等离子体发生器;水冷铜模具 5 呈槽形或者直径为 60~100mm 的圆盘,作为阳极。等离子体弧的电源是直流电源 12。电弧 3 通过高频击穿或阴极与阳极短路后拉开引发。电极的轴向运动由装置 13 驱动。

实验步骤:将原料 4 装入模具 5 中,用真空泵 9 对反应腔 1 抽真空,充入氩气。然后引发电弧放电,用电弧 3 将模具中的原料处理 50~600s。氩气流量和压强由流量计 8 和压力表 7 监测;冷却水的压强由压力表 7 监测。处理过程中产生的气体通过水冷铜探针(11 为烟气排放管)取样。采集到的气体输入取样器 10,进行收集和分析。弧电流通过电流表测量并由可变电阻器 R_b 调节;弧电

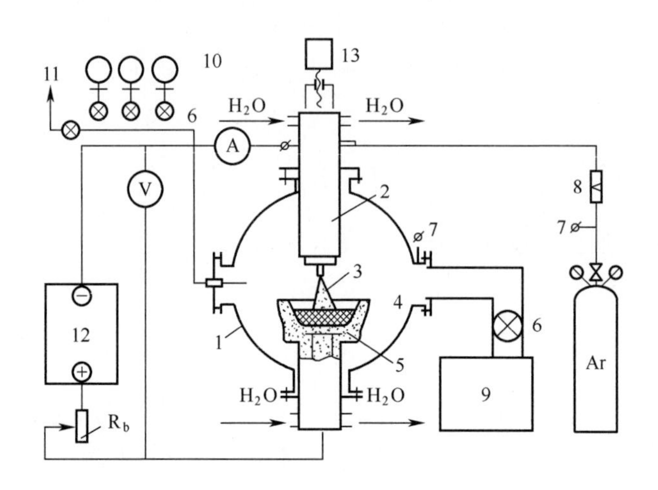

图 8.18 加热 CaF_2 和碳的电弧炉示意图

1—反应腔;2—直流等离子体发生装置;3—电弧;4—CaF_2+5/2C 原料;
5—模具;6—阀门;7—压力表;8—转子流量计;9—真空泵;
10—气体取样器;11—烟气排放管;12—直流电源;13—电极驱动装置;
R_b—可变电阻器;V—电压表;A—电流表;Ar—氩气瓶。

压由电压表 V 测量。实验参数:弧电流 100~4000A;弧电压 20~1000V;反应腔中的压强(1.3~1.33)×10^5Pa;Ar 流量 0~100Ncm^3/s;模具直径 60~100mm;一次实验处理的原料量为 0.09~0.11kg。在实验过程中,对反应腔内的压强和温度、腔室入口和出口处的气体流量以及冷却水温度均进行了测量。实验在大气压的氩气气氛和真空(约 13.3Pa)两种条件下进行。在任何一种实验条件下,都预先将反应腔抽真空至 1.3Pa。

实验时间为 50~600s。每次实验结束后,收集模具中的产物和反应腔壁上的粉末,进行称重并计算物料平衡。

上述实验采用了四种阳极:槽式铜模具(图 8.19(a));安装在管状铜座中的槽式模具(图 8.19(b));石墨容器(图 8.19(c));石墨模具(图 8.19(d))。

实验采用的萤石的化学成分与之前相同。碳成分使用具有有机半导体电学特性的炭黑和石墨粉末(石墨电极生产中的工艺废物)。

在电弧加热 CaF_2+5/2C 的过程中,产生的气体用取样器 10 取样(图 8.18),然后用质谱法分析,固体产物用 X 射线进行分析。

遗憾的是,这项研究的结果总体上是负面的:在电弧与 CaF_2+5/2C 相互作用的产物中未能发现任何碳氟化物或 CaC_2。向原料中加入 SiO_2 后在气态产物中发现了痕量 SiF_4 和 C_2F。在原料中发生化学反应的程度如此之弱,主要原因在于,在高温下 CaF_2 在热力学上倾向于挥发,因此反应物组分在化学反应开始

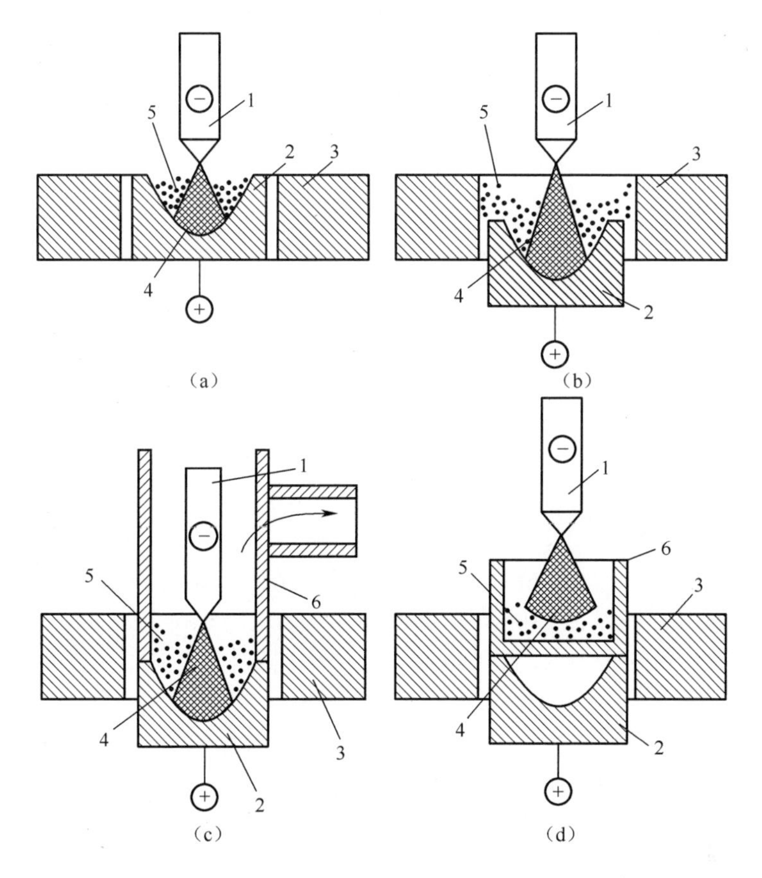

图 8.19　等离子弧处理 CaF_2+5/2C 的实验示意图

1—阴极;2—槽式铜模具;3—管状铜座中的模具;4—电弧;5—原料;6—石墨坩埚。

之前就发生了分离。

8.6　等离子体与高频感应结合加热 CaF_2+5/2C 合成 CaC_2 和碳氟化物

感应加热 CaF_2+5/2C 合成 CaC_2 和碳氟化物的工艺存在重要缺陷:原料的初始电导率过低,需要采取其他措施予以“激活”。如前面所述,为了消除这项缺陷,可将石墨块添加到原料中。在更深入的研究中,我们决定放弃这一方法,而是采用等离子体预处理原料表面的方式“激活”原料的导电性。为了实现这一目的,利用转移型电弧进行了专门实验(见 8.5 节)。然而不幸的是,这种方法被证明是不成功的,原因在于原料中的 CaF_2 在与弧斑接触的区域内急剧蒸发,在与碳反应前几乎全部挥发到反应腔壁上。使用氩气作为等离子体气体反而强化了这种效应。因此,对于以碳氟化物的形式提取氟而言,等离子体弧加热是没有前景的。经过多次实验,我们决定将同一台高频电源的功率分配成两部分:一部分通过点火电极引入到高频等离子体中;另一部分引入感应器实现感应加热。这时,高频电弧等离子体只对原料进行初步加热(预热)。由于高频电弧放电不产生弧斑,电弧作用在更广阔的空间内,因此可以提高原料的电导率而不会导致 CaF_2 蒸发。高频电弧的另一个优势在于,即使不通入等离子体形成气体,也仍然可以工作。据此可以想象,利用高频等离子体处理原料将提高原料的导电性,使原料整体得到更加有效的感应加热。原则上,这两种加热方式相结合有可能在更低频率下工作,并在最大程度上消除电弧等离子体加热的缺陷。此外,利用苏联时期开发的工业级高频技术可以设计出更大功率的冶金设备,大规模生产稀有金属和稀土元素。

等离子体与高频感应结合碳热转化 CaF_2 合成 CaC_2 和碳氟化物的电路示意如图 8.20 所示。从图中可以看出,与图 8.9 的电路相比电路结构发生了明显变化(图 8.20 和图 8.21)。高频点火电极 7 采用组合式,包括一个铜夹持器和石墨电极本体,穿过氟塑料绝缘材料 8 插入金属-电介质反应器 2 中。反应器放置在与高频电源连接的感应器 1 中。高频电源功率的分配和调节通过电容 C_D 进行,并由此控制电路中的电流 I_D 和电压 V_D。等离子体与高频感应结合加热 CaF_2+5/2C 的等效电路示于图 8.21。

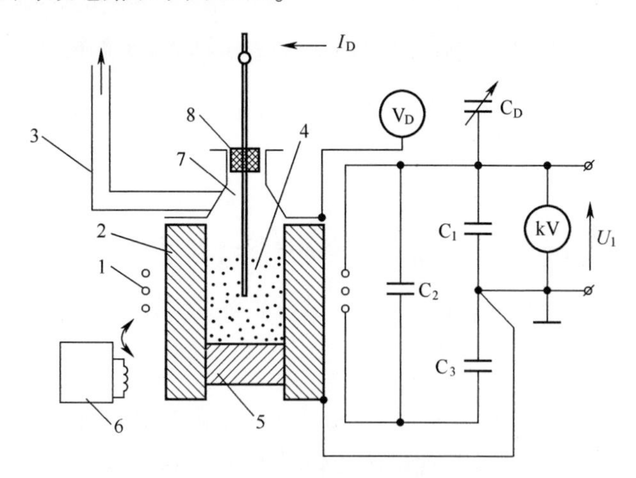

图 8.20 高频等离子体与高频感应结合加热 CaF_2+5/2C 的电路图

1—感应器;2—金属-电介质反应器;3—气体排放管线;4—原料;5—反应器的石墨底;6—频率计;7—石墨电极;8—氟塑料绝缘体;C_1,C_2,C_3—负载电路电容器;C_D—调节电容器。

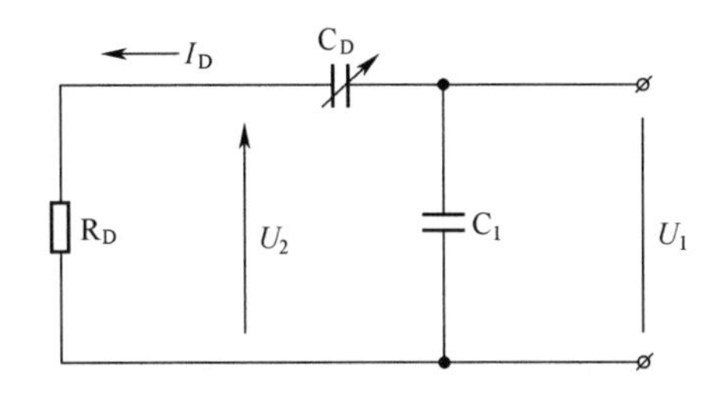

图 8.21　等离子体与高频感应结合加热 CaF_2+5/2C 的等效电路
U_1,U_2—感应器和电弧两端的电压;
C_D—调节电容;R_D 和 I_D—电弧的电阻和电流。

实际用于处理 CaF_2+5/2C 的等离子体-高频感应加热的装置示于图 8.22。实验使用了与图 8.9 相同的金属-电介质反应器、实验设施和材料。

图 8.22　等离子体-感应加热处理 CaF_2+5/2C 的装置
1—高频"点火"电极;2—调节电容器;3—气体排放管;4—反应腔。

采用上述组合方式处理 CaF_2+5/2C 的操作步骤:高频电源启动后(图 8.20),在石墨电极 7 与原料 4 的表面之间引发高频放电,然后手动调节电路中的电流 I_D(图 8.21),以降低原料飞溅。金属-电介质反应器内的原料被部分熔融,原料的电导率增大。这时,即使不加入石墨块,原料内也会自发启动感应加热。按照这种操作方式,原料的受激感应加热过程被消除(图 8.10 和图 8.11 中的第一阶段),直接进入第二阶段。实验期间,必须及时调节高频电源的功率,避免负载消耗功率的能力出现陡升以及原料从反应器中发生喷射,并控制实际生产过程。在这样的情况下,我们未能像感应加热那样(图 8.10 和图 8.11)研究工艺参数变化的动力学。按照这种工艺,在原料中实现目标反应所需的处理时间缩短为原来的1/5~1/3。遗憾的是,与感应加热相比,氟化物熔体对金属-电介质反应器狭缝中填充的绝缘材料的热冲击和电冲击加剧,反应器无法长期承受热应力和熔体渗透,致使绝缘材料熔融加快。在多次实验中,都无法阻止生成的 CaC_2 分解成 Ca 和石墨。并且,在比较精确控制的实验批次中发现,从反应器中得到了与使用电弧时颜色同样暗淡的熔融体,但是更加不均匀。尽管如此,仍然设法获得了产物特性的一些统计信息。X 射线分析表明,产物中存在 CaF_2 和石墨,并且 CaC_2 的含量极无规律(0.1%~8%),具体值取决于取样位置。产物的其他特性也与 CaC_2 类似,如气味。

尽管处理过程中产生的气体快速流动,在一些实验中仍然成功地对气体进行了取样。质谱分析发现,生成的气态产物中存在一些具有代表性的碳氟化物和碳氟氧化物。产物 COF_2、CF_4、C_2F_4 和 C_2F_6 的浓度分别为6.35%~8.517%、5.3%~6.32%、0.385%~0715%和0.041%(Ar 除外)(可与表8.2中的数据比较)。

当然,对于以 CaF_2 为原料生产 CaC_2 和碳氟化物而言,现有结果尚不足以提供新的工业化方案。目标产物的产率仍然不够高,并且在实验进行过程中还出现诸多技术问题。此外,实验结果之间的差异也较大。尽管如此,这些实验结果仍然具有非常重要的意义:将合成无氧陶瓷所开发的高频方法和装置扩展到了更复杂的新领域——利用非平衡条件加工天然和合成矿物,回收其中的有价值成分,并且产物的产率有可能比平衡条件下高许多倍。目前,有许多天然和合成矿物,其加工过程正如前文所讨论的情形一样不需要克服过于严苛的热力学限制。这些矿物均可以按照上述方法通过高频技术加工成所需的产物。

8.7 利用等离子体技术从氟化氢厂排放的废气中提取氟

从硫酸与萤石反应合成氟化氢的流程(见式(8.1))可以看出,这一过程无法替代,但是如果能够降低各种杂质(如 Si、S 和 P)的氟化物损失就可以实现大幅改进。作为一个例子,表8.3给出了某氟化氢厂废气的成分。该厂通过硫酸与萤石反应生产氟化氢。这些废气取自氟化氢吸收环节之后。

表8.3 某氟化氢厂废气的组成(体积分数) 单位:%

SiF_4	HF	N_2	O_2	CO_2	Ar	POF_3	SO_2F_2
6~30	≤6	58~75	8~15	4~7	≤0.8	≤0.3	≤3.5

从表中可以看出,该厂排放的废气的主要成分是含氟的挥发性物质,以及热力学稳定的 SiF_4。氟化氢生产的总体方案如图8.23所示。其中,对于某些萤

石,以 SiF_4 形式逸出的氟的总量甚至达到 4%。

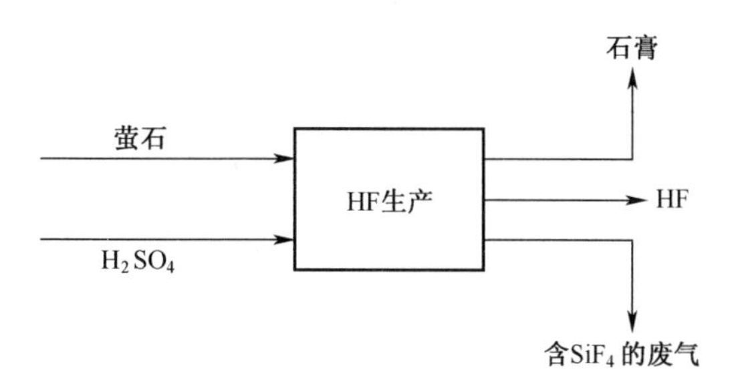

图 8.23 用萤石生产氟化氢的总体方案

受 HF 厂附近水蒸气等离子体转化贫化 UF_6 生产铀氧化物(见第 11 章)的启发,我们形成了一种概念:使用水蒸气等离子体处理氟化氢厂废气,将 SiF_4 转换成 SiO_2 颗粒和 HF[6-10]。为了实现这一概念,氟化氢厂的管线延伸到转化贫化 UF_6 的中试等离子体工厂(关于该工厂的更多细节参见第 11 章)。水蒸气等离子体转化 SiF_4 的过程由如下方程描述:

$$SiF_4 + 2(H - OH) - plasma \longrightarrow SiO_2 + 4HF \tag{8.11}$$

我们建立了小型等离子体实验台,主要包括水蒸气等离子体发生系统(等离子体炬和电源)、等离子体反应器、SiO_2 颗粒与气态产物(包括氟化氢气体、过量的水蒸气和中性气体(见表 8.3))分离器以及氟化氢或氢氟酸冷凝器。等离子体反应器的功率为 200kW,所用原料是含有 15%~30%的 SiF_4、流量 12~15Nm^3/h 的氟化氢厂废气。在实验中,我们研究了两种情形:HOH 与 SiF_4 摩尔比一定,SiF_4 的转化率与温度的关系;处理温度一定,SiF_4 转化率与 HOH 与 SiF_4 摩尔比的关系。实验结果示于图 8.24 和图 8.25。从这些曲线可以看出,氟化氢厂废气中含有的 SiF_4 在 T=3000K、HOH 与 SiF_4 摩尔比为 6~8 的条件下转化率达到了 99.5%~99.8%。SiF_4 的转化率在该范围内变化而不是一个固定值,原因在于废气中 SiF_4 的含量在 15%~30%的范围变化。实验结果的统计分析表明,转化约 1t 的 SiF_4,得到的氢氟酸中 HF 浓度为 40%~50%。该方法的副产物是 SiO_2 颗粒,根据工艺条件的不同副产物可以是晶体或者是无定形的。

基于小型实验装置的研究结果,我们设计并建造了中试装置,方案示于图 8.26。根据该方案,由式(8.1)描述的工艺生产的氟化氢经过硫酸吸收之后,氟化氢厂的废气直接从工艺管线输送过来,由压缩机通入等离子体反应器上部,与水蒸气等离子体混合。SiF_4 按照式(8.11)发生高温水解,产生两相流,其中包括 SiO_2 颗粒、过量的水蒸气、HF 气体和载气(主要是空气)。该两相流被冷却到 250~300℃,通入过滤器分离颗粒物与气体。后者经气体输送管道通入发烟硫酸中;然后,混合气进入冷凝器,将 HF 冷凝下来。硫酸与 HF 的混合物再通入

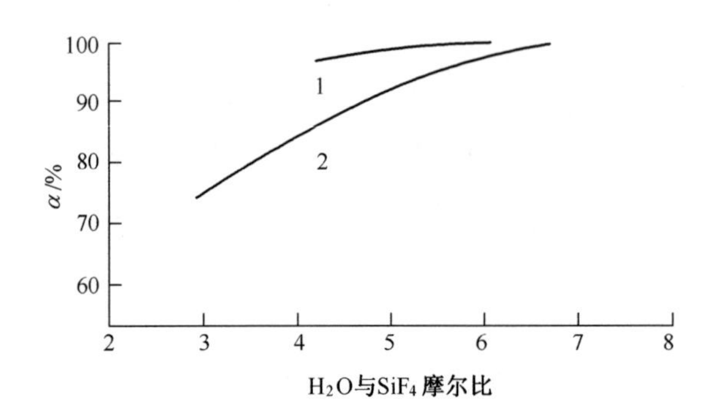

图 8.24　在不同温度下，SiF_4 的转化率 α 与摩尔比 HOH/SiF_4 的关系

1—T=3000~3100K；2—T=2600~2700K。

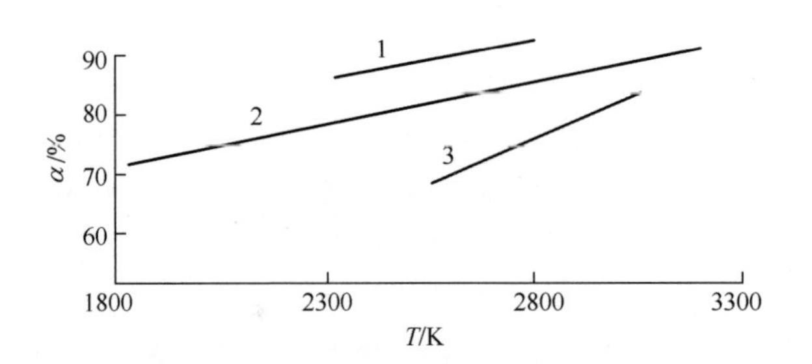

图 8.25　对于不同的 HOH/SiF_4 摩尔比，SiF_4 的转化率 α 与温度的关系

1—HOH 与 SiF_4 摩尔比为 6.5；2—HOH 与 SiF_4 摩尔比为 5.0；3—HOH 与 SiF_4 摩尔比为 3.5。

吸收塔，吸收其中的 HF。其他不可冷凝的气体通入氟化氢厂的碱液中。

等离子体中试装置的初步试验实现了如下目标：

(1) 确定了氟化氢厂排放的稀释气流中含有的 SiF_4 的转化效率。

(2) 得到了成分满足要求的氢氟酸，这种产物可以作为商业产品或者作为生产无水氟化氢的原料。

(3) 得到了 SiO_2 粉末。

(4) 形成了氟化氢厂排放含氟尾气的净化工艺。

中试装置的参数如下：

(1) 基于干蒸气运行的等离子体炬的功率，120~140kW；

(2) 通入等离子体炬的蒸气流量，25~30kg/h；

(3) 氟化氢厂排放气体的流量，35Nm^3/h；

(4) 废气中 SiF_4 的浓度,15%~30%;

(5) 处理废气的比能耗,2.0~2.5kW·h/ Nm^3;

(6) 中试工厂的 SiO_2 产率,25kg/h;

(7) 中试工厂的 HF 产率,35kg/h;

(8) 氢氟酸浓度,50%~55%。

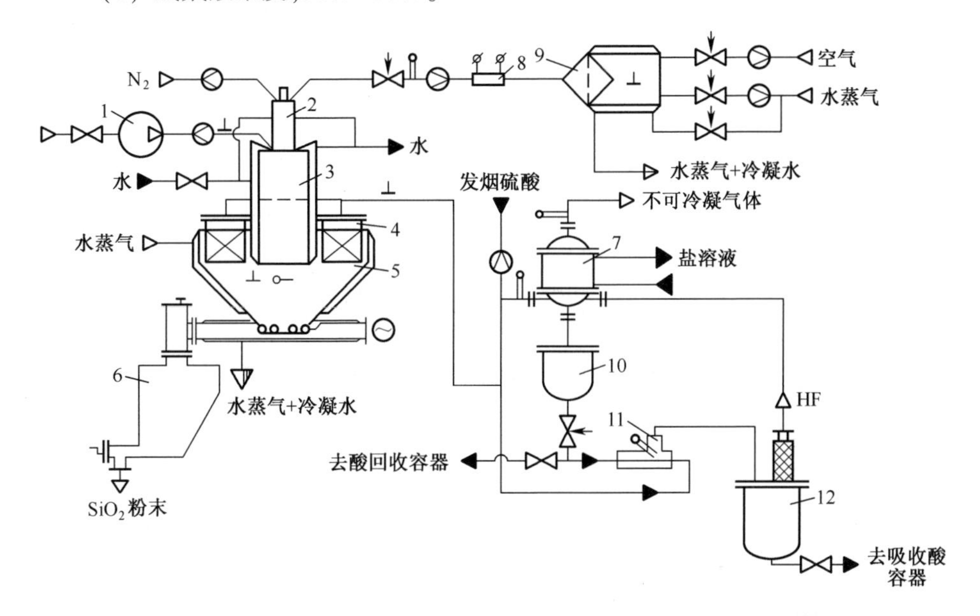

图 8.26 水蒸气等离子体转化氟化氢厂废气中含有的 SiF_4 合成 HF 和 SiO_2 颗粒的中试装置

1—压缩机;2—等离子体炬;3—反应器;4—过滤器;5—产物颗粒收集器;
6—产物接收料斗;7—冷凝器;8—蒸气过热器;9—接收器;10—储罐;11—混合器;12—吸收塔。

对于氟化氢厂废气中的 SiF_4,其大规模工业化转化试验的结果如表 8.4 所列。在这些试验中,废气中 SiF_4 含量为 8%~18%。为了达到式(8.10)的化学计量比,需提高水蒸气等离子体的流量,因此,得到的氢氟酸的浓度在一定范围内变化。这种产物被返回到氟化氢生产中。

表 8.4 等离子体转化 HF 生产废气中的 SiF_4(8%~18%)的工业化试验数据

试验序号	等离子体反应器功率/kW	水蒸气等离子体流量/(kg/h)	废气流量/(Nm^3/h)	H_2O 与 SiF_4 的摩尔比	混合后的温度	SiF_4 的转化时间/s	SiF_4 的转化率/%	氢氟酸的质量浓度/%
1	120	30	28	8.0	2600	0.009	99.5	42.14
2	120	30	36	13.0	2100	0.01	94.0	26.3

试验中得到了氢氟酸和 SiO_2,其参数在表 8.4 中给出。通过这种方式,还解

决了 HF 生产中的环境问题。表 8.5 表明,废气中 SiF_4 的含量(%)降低了 1.5~2 个数量级,并且原始废气中所含有的其他元素(S、P)以挥发性氟化物或氟氧化物的形式转化到凝聚相中。因此,水蒸气等离子体转化废气得到的氢氟酸中含有一定量的氟硅酸、硫酸等杂质(表 8.6)。

表 8.5 氟化氢厂废气等离子体处理后的组成
(在等离子体反应器的入口与出口处)

试验序号	取样位置	排放气体的组成(体积分数)/%					
		SiF_4	POF_3	O_2	N_2	HF	其他
1	入口	18.8	0.2	10.2	54.1	0.00	16.7
	出口	0.1	0.00	6.4	67.2	0.00	26.3
2	入口	8.2	0.00	6.9	73.4	1.2	10.3
	出口	0.5	0.00	7.3	82.0	0.4	9.8

表 8.6 水蒸气等离子体处理氟化氢厂废气得到的氢氟酸的成分

试验序号	成分含量(质量分数)/%				SiF_4 向 HF 的转化率/%
	HF	H_2SiF_6	H_2SO_4	SO_2	
1	40.0	2.40	2.21	0.001	97.8
2	42.14	3.41	1.64	0.001	97.1
3	46.09	2.08	0.98	0.017	98.0

为了得到适用于进一步生产无水氟化氢的氢氟酸,在过滤工序后向管道中通入了发烟硫酸(图 8.26)。这样,得到了组成如表 8.7 所列的产物。

表 8.7 水蒸气等离子体转化氟化氢厂废气获得的产物的组成

气体取样位置	成分含量(质量分数)/%					备注
	HF	H_2SiF_6	H_2SO_4	SO_2	HNO_3	
冷凝器	40~46.5	1.4~3.0	1.5~4.5	0.015	1.0~1.5	未使用发烟硫酸
冷凝器	36~55.9	1.2~4.2	1.4~41.0	0.015	0.5~1.0	使用发烟硫酸
吸收塔	3.1~8.5	—	84~94	—	0.1~0.4	

由上述工艺得到的酸可分为氢氟酸、氢氟酸与硫酸混合物(hydrofluoric sulfuric acid)、含氟硫酸三类。其中,含氟硫酸的成分与吸收酸相当;氢氟酸与硫酸混合物的成分则近似于氟化氢生产中形成的可再利用酸,可按照式(8.1)初步分解萤石制备氟化氢。因此,这些酸的利用并不存在问题。

由水蒸气等离子体转化 SiF_4 得到的 SiO_2 粉末呈白色,即"等离子体化

学 SiO_2”。根据 X 射线衍射的分析结果,这种细分散颗粒是(无定形)鳞石英,其特性示于表 8.8。为了便于比较,表中还给出了白炭黑和气相 SiO_2 的特征参数。

表 8.8 水蒸气等离子体转化 SiF_4 得到的 SiO_2 粉末的性质

取样位置	密度(振实密度/堆积密度)/(g/cm^3)	SiO_2 含量(质量分数)/%	含水率/%	比表面积/(m^2/g)	氟含量(质量分数)/%
过滤器	0.07/0.096	93.5	0.19	212	3.1
料斗	0.05/0.07	89.7	2.17	127	3.5
BS-120 白炭黑 SiO_2(基于标准 18307—78)	0.12/0.22	87.0	6.50	120	—
A-175 气相 SiO_2(基于标准 14922—77)	0.06/0.14	99.9	1.5	175	—

此外,我们还研究了这些 SiO_2 粉末的粒度和形貌。结果发现,得到的 SiO_2 粉末的尺度为 170~1000Å,粉末团聚成平均粒径约为 0.9μm 的颗粒。与白炭黑和气相 SiO_2 相比,等离子体化学 SiO_2 的若干属性与二者均不相同,并且具有非常高的化学活性。

对等离子体化学 SiO_2 粉末压制样品的热、电性能(采用绝热性能最好的材料——合成石英玻璃纤维作为比较对象)的研究表明,在 250~450℃ 的范围内,等离子体化学 SiO_2 的热传导率约为合成石英玻璃纤维的 1/2(图 8.27)。

“等离子体化学 SiO_2” 压制样品的电阻率 (图 8.28)在 330℃ 以下的范围内

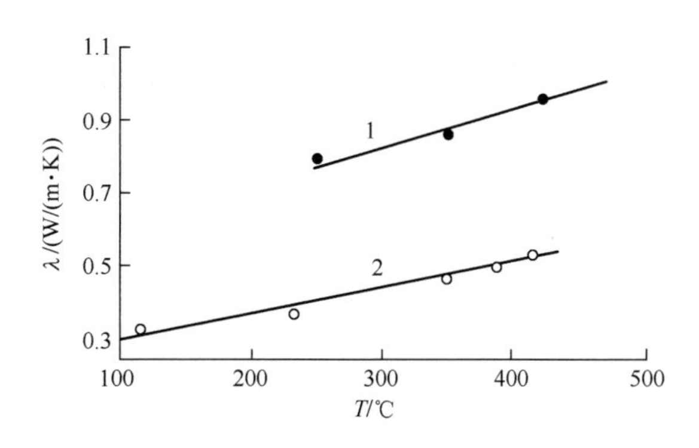

图 8.27 SiO_2 的热导率与温度的关系
1—合成石英纤维;2—等离子体化学 SiO_2。

较高,进一步受热后就会降低。其原因在于,随着温度的升高样品的吸收能力增强了,并且由于吸收了杂质促进了漏电流的增大(在400℃,样品呈黑色)。然而,其整体绝缘性能并未同时降低。

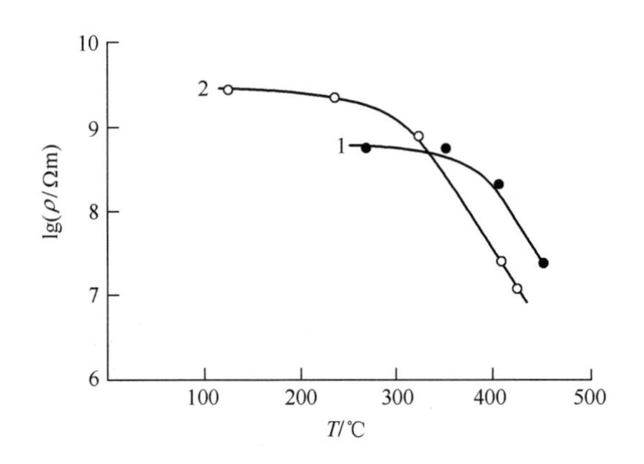

图 8.28 SiO_2 的电阻率与温度的关系

1—合成石英纤维;2—等离子化学 SiO_2。

应注意的是,等离子化学 SiO_2 制品在加热过程中可以承受 450~500℃/mm 的升温速率。即使快速加热和冷却也不会导致制品开裂或剥落。由这种材料制成的样品局部暴露在 1650~1700℃ 的高温下,形成厚度为 0.3~0.5mm 的熔融体之后,在凝固过程中仍然保留在基材表面。这种材料在熔融过程中体积不会发生变化。此外,熔融等离子化学 SiO_2 是一种良好的绝热材料,具有良好的热反射性和散射特性。这些优异性能的原因在于等离子体化学 SiO_2 具有特殊的多晶型转变性质。因此,在水蒸气等离子体处理含有 SiF_4 的废气时,SiF_4 定量转化成 SiO_2 粉末和氢氟酸而无须预先进行浓缩。在得到的氢氟酸中,HF 的质量浓度达到 46%,SiF_4 在水蒸气等离子体中的转化率达到 98%。由此解决了更高效地以氟化氢形式从萤石中提取氟的问题,将总提取比例提高约 4%。在解决这个问题的同时也解决了 HF 生产的环境问题。此外,水蒸气等离子体转化 SiF_4 的副产物——SiO_2 粉末属于无定形结构的鳞石英,是一种很有应用前景的耐高温绝热材料,并且可以作为气相 SiO_2 的高度类似物用作橡胶制品的矿物填料。

8.8 等离子体和吸附技术处理合成含氟矿物提取用于微电子工业的纯硅和氟化氢

除萤石之外,生产氟的原料还包括磷酸盐矿,其中氟的平均含量为 3%~

4%。以这种矿物作为原料时，氟以 SiF_4、HF、H_2SiF_6、NH_4HF_2 和氟硅酸盐（Na_2SiF_6、K_2SiF_6、$(NH_4)_2SiF_6$）的形式被提取出来[11]。

前面所述的从 SiF_4 中提取氟的等离子体技术，同样适用于氟硅酸（H_2SiF_6）的转化。然而，在核工业中，利用萤石生产氟化氢时，一部分氟在 NaF 吸收 SiF_4 时作为废气处理系统的副产物——氟硅酸钠（Na_2SiF_6）被收集起来。因此，加工矿石的湿法冶金厂产生了大量含氟和硅的 Na_2SiF_6。

苏联解体后，俄罗斯失去了微电子工业的原料基地——生产高纯度多晶硅的氯化硅原料。不过，仍然有多种方法来重建这种工业基础，其中的选项之一就是利用含氟和硅的原料 Na_2SiF_6。这一方向在苏联核工业从军事转向民用时就已经处于研发阶段。

对 Na_2SiF_6 进行初步热处理，就会得到挥发性的 SiF_4 和 NaF 颗粒两种产物，可以用于后续原料加工。该工艺的第一阶段由如下方程描述：

$$Na_2SiF_6 \rightarrow SiF_4 + 2NaF \tag{8.12}$$

在 716~1000K 的温度范围内，在 Na_2SiF_6 固体表面 SiF_4 的蒸气压由下式计算：

$$\lg(P\text{atm}) = -30600/4.575T + 1.75\lg T - 0.00823T + 3.2 \tag{8.13}$$

在大约 1000K，SiF_4 的蒸气压达到常压，Na_2SiF_6 的固相转变发生在 963K 以下，963K 是 NaF+Na_2SiF_6 共晶熔化温度。为了避免出现液相，式（8.12）中 Na_2SiF_6 的分解温度取 923K（650℃））。两种中间产物（SiF_4 和 NaF）在后续等离子体吸附阶段用于从 Na_2SiF_6 中获得 Si 和 HF[12,13]。

在式(8.12)所描述的工艺的第一阶段之后，SiF_4 被压缩然后输送到氢等离子体转化阶段，在此期间 SiF_4 被转化成氟硅烷（SiF_xH_{4-x}）；后者与氢气组成的混合气体进入 NaF 吸附柱，氟硅烷被吸附-热转换成甲硅烷（SiH_4）和 Na_2SiF_6。由实验结果可知，这一步操作具有深度精制的特征，其副产物 Na_2SiF_6 是生产中间原料（SiF_4）的第二种原料。氢等离子体转化 SiF_4 的过程由下列反应方程描述：

$$SiF_4 + H_2 \longrightarrow SiHF_3 + HF \tag{8.14}$$

$$SiHF_3 + H_2 \longrightarrow SiH_2F_2 + HF \tag{8.15}$$

$$SiH_2F_2 + H_2 \longrightarrow SiH_3F + HF \tag{8.16}$$

$$SiH_3F + H_2 \longrightarrow SiH_4 + HF \tag{8.17}$$

氟硅烷在 NaF 中的吸附和热转换过程由如下反应方程描述：

$$4SiHF_3 + 6NaF \longrightarrow 3Na_2SiF_6 + SiH_4(SiH_4\text{ 产率为 }25\%) \tag{8.18}$$

$$2SiH_2F_2 + 2NaF \longrightarrow Na_2SiF_6 + SiH_4(SiH_4\text{ 产率为 }50\%) \tag{8.19}$$

$$4SiH_3F + 2NaF \longrightarrow Na_2SiF_6 + 3SiH_4(SiH_4\text{ 产率为 }75\%) \tag{8.20}$$

$$NaF + HF \longrightarrow NaHF_2 \tag{8.21}$$

200~250℃的氟硅烷 SiF_xH_{4-x} 与氟化氢的混合气通过吸附塔内的 NaF 颗粒层时,NaF 的吸附容量快速下降,因为在发生反应式(8.18)~式(8.20)的同时也发生了对氟化氢的吸附反应式(8.21)。这一过程中形成的 $NaHF_2$ 可以基于同类反应方程转化氟硅烷。对于其中一种氟硅烷 SiH_2F_2,反应方程如下[14]:

$$NaHF_2 + SiH_2F_2 \longrightarrow SiF_4 + 2H_2 + 2NaF \tag{8.22}$$

$NaHF_2$ 与其他氟硅烷相互作用时发生的反应与式(8.22)类似。这些副反应降低了甲硅烷的产率和工艺的产能。

按照专利[12]提出的技术,等离子体吸附技术转化 SiF_4 的过程:SiF_4 与氢气的混合气体通过非压缩微波放电形成的非平衡态等离子体,其特征在于电子温度 T_e 和振动温度 T_v 较高而气体温度 T_g 相对较低,这样,$T_e>T_v>T_g$。因此,T_e 值达到 8000~10000K,$T_v\approx4000$K,气体温度 T_g 为 300~3000K,具体值取决于压强。在这些条件下,相当一部分氢处于原子态,SiF_4 与氢原子发生反应的主要产物是 SiF_2H_2 和 $SiFH_3$ 的混合物,从而使氟硅烷转化为甲硅烷(反应式(8.18)~式(8.20))时甲硅烷的产率达到75%。非平衡态氢等离子体转化 SiF_4 的主要产物(SiF_2H_2 和 $SiFH_3$)与氢气及其他产物的混合物被送到热交换器中,混合气体的温度缓慢降低到 400~600℃。此混合气体被输送到填充 NaF 颗粒的第一吸附塔。第一吸附塔的温度保持在 280~350℃。在这样的温度下,按照式(8.18)~式(8.20)反应物以可以接受的反应速率和转化率完成了由氟硅烷向甲硅烷的转化,而氟化氢吸附的竞争过程则由式(8.21)得到了抑制。在第一吸附塔中氟硅烷与 NaF 接触的时间不低于 1s。然后 SiH_4、HF 和 H_2 的混合气被通入第二个 NaF 吸附塔,其中的温度维持在 100~150℃;在此温度下,氟化氢被定量吸附。最终,从第二吸附塔排出的是 SiH_4 与 H_2 的混合气,被通入还原炉通过氢气还原生产多晶硅棒。

第一吸附塔在吸附 SiF_4时生成 Na_2SiF_6,饱和后从系统中断开并切换到再生模式,Na_2SiF_6在 550~600℃的温度下减压分解实现 NaF 再生,未转化的 SiF_4 再次进入转化循环。

第二吸附塔捕集 HF,饱和后同样从系统中断开并切换到再生模式:在减压条件下加热至 350~450℃。HF 在这里定量解吸,释放出的 HF 冷凝在带有截止阀的容器中。

8.8.1 等离子体吸附转化 Na_2SiF_6 制备 Si 和 HF 的工艺和设备

等离子体吸附转化 Na_2SiF_6 的工艺流程和设备分别示于图 8.29 和图 8.30。在第一阶段,Na_2SiF_6 的分解过程在 650℃的常规设备(带有镍基合金甑的回转管式炉)中进行。Na_2SiF_6 分解产生的 SiF_4 进入压缩机,然后通入氢等离子体反应器中与等离子体混合。取决于对中间硅产物的要求(SiH_4 或者硅),氢等离子体可以由电弧、高频或者微波等离子体炬产生。试验中采用了电弧等离子体炬和微波等离子体炬两种方式,在这些条件下得到了 SiH_4。

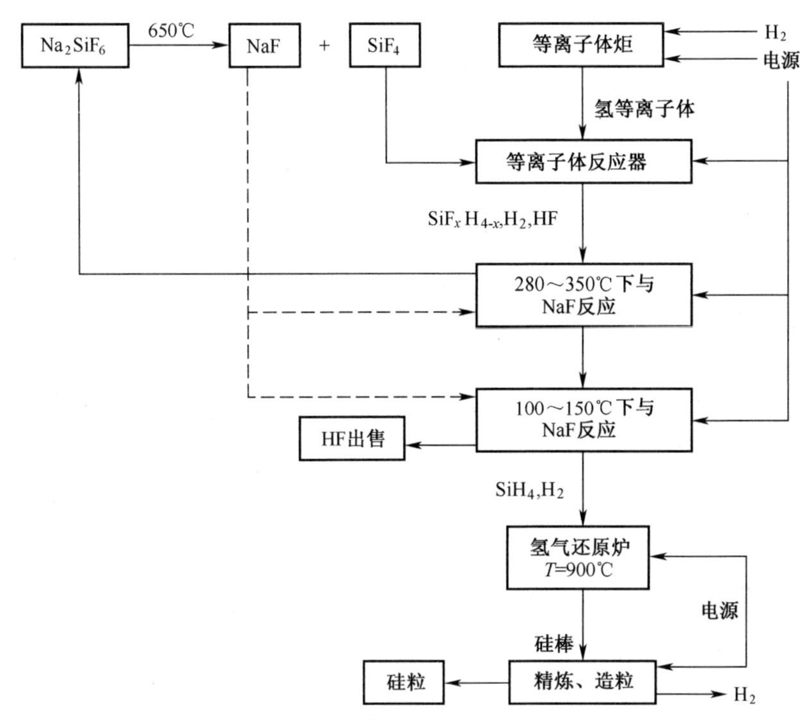

图 8.29 等离子体吸附转化 Na_2SiF_6 制备硅和氟化氢的工艺流程

从氢等离子体转化 SiF_4 的产物中吸附回收氟化氢的技术,在核工业得到了进一步发展,并且已经实现工业化应用,许多文献都对此进行了描述,如文献[11]。

甲硅烷在氢气还原炉中的分解同样也达到了工业规模;这样就可以使用生产多晶硅(PCS)的标准设备。该过程可由一个简单的方程式描述:

$$SiH_4 \longrightarrow Si + 2H_2 \tag{8.23}$$

还原生成的硅沉积在炽热的硅芯上,氢气被回收利用。由于下一个环节需要得到粒状硅,我们研究了硅棒造粒工艺。为此,硅棒在处于高频电磁场中的冷坩埚型感应加热设备(见第 7 章和第 14 章)中熔融。造粒通过如下两种方式实现:

(1) 熔体离心造粒;

(2) 从坩埚底部浇注在电磁场中熔化造粒。

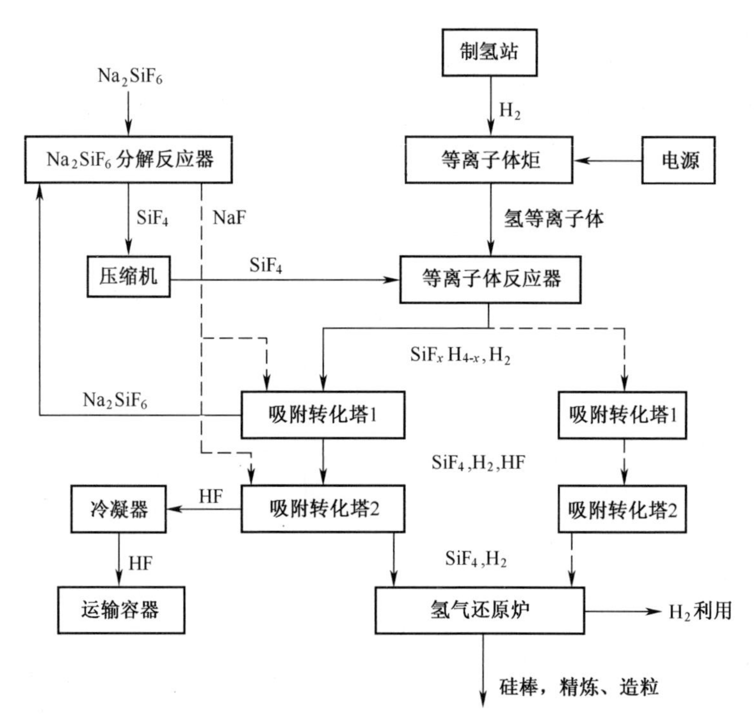

图 8.30　等离子体吸附转换 Na_2SiF_6 制备硅和氟化氢的设备构成

硅棒熔化的过程对硅进行了再次提炼。与此相关的是,需要为主要产物选择合适的工艺路线,以及在不同阶段的提纯工艺。

硅和氟化氢的提纯开始于第一阶段——Na_2SiF_6 分解阶段;其中的挥发性中间产物 SiF_4 进入气相,而大多数非易挥发的杂质保留在 NaF 中。生成的 SiF_4 经过提纯后在氢等离子体中转化为氟硅烷,冷却后与氢气混合通入第一吸附塔。在这里,氟硅烷通过吸附-热转化生成 SiH_4 和 Na_2SiF_6(见式(8.18)~式(8.20))。在此阶段再次提纯硅和氟化氢。SiH_4 和 HF 两种气态产物流出吸附塔,杂质留在 NaF 中。然后,甲硅烷、HF 以及过量 H_2 的混合物进入第二吸附塔,其中的 HF 被吸附下来。由此实现甲硅烷与氟化氢的最终分离。氟化氢杂质在“吸附—解吸”循环中几乎被完全除去,在此阶段得到高品质的商业产品。

如前面所述,硅通过甲硅烷在氢气还原炉中热分解实现回收,并在冷坩埚中熔融进一步精炼。我们对等离子体吸附转化 SiF_4 的硅精炼提纯过程做了实验研究。SiF_4 在频率为 2.4GHz 的微波放电等离子体中进行转化。原料(SiF_4)由 Na_2SiF_6 分解得到,并具有下列化学组成:SiF_4,99.99%;H_2O,5×10^{-3}%;HF,3×10^{-3}%;CO_2,10^{-3}%;H_2SiF_6,5×10^{-3}%;CF_4,2×10^{-4}%;SO_2,10^{-3}%。实验中物料 H_2 与 SiF_4 的摩尔比为 5∶1,Si-F-H 等离子体形成区域内的压强为 150Torr($2\times$

10^4Pa),放电呈清晰的非收缩形态。微波源功率为4kW。在实验过程中处理的SiF_4的总量为0.25kg(体积为57.7NL)。

质谱分析发现,反应器产生的气态产物是氟硅烷与化学式为$SiF_{22}H_{1.8}$的混合物。此混合物通入NaF颗粒吸附塔,加热至330℃(塔内温度控制在280~350℃)。当温度低于280℃时,甲硅烷的产率降低,原因在于发生了氟化氢竞争吸附反应(反应式(8.20))和副反应式(8.21)。当温度升高到350℃以上时,甲硅烷开始分解,生成硅和氢气。

$SiF_{22}H_{1.8}$、HF和H_2的混合气通过直径为0.2m的吸附塔,流量为0.026Nm^3/h,流速约为7.05m/s。这样,氟硅烷与NaF接触的时间不小于1s。SiH_4理论的理论产率为40.3%。

通过质谱分析确定了$SiF_{2.2}H_{1.8}$中的杂质及其含量(质量分数):B,7×10^{-5}%;O,2×10^{-4}%;Na,8×10^{-3}%;F,9×10^{-6}%;S,4×10^{-6}%;Cl,4×10^{-5}%;K,2×10^{-5}%;Ca,3×10^{-5}%;Sc,2×10^{-5}%;Cr,6×10^{-5}%;P,9×10^{-6}%;Fe,5×10^{-5}%;Ni,3×10^{-5}%;Cu,9×10^{-5}%;Zr,6×10^{-5}%;As,4×10^{-5}%;Ag,5×10^{-6}%;Ba,2×10^{-6}%;Hf,5×10^{-6}%;W,9×10^{-6}%。此外,还有一些杂质(Fe、I、La、Pr、Na、Sm、Eu、Ca、Tb、Ho、Er、Tm、Yb、Lu、Re、Os、Yr、Pt、Au、Hg、Te、Bi、Th)的含量低于10^{-6}%。根据相同的质谱分析结果,甲硅烷中的杂质及其含量(质量分数):B,3×10^{-6}%;C,1×10^{-5}%;O,2×10^{-5}%;P,5×10^{-5}%;S,3×10^{-6}%;Na,8×10^{-5}%;F,9×10^{-6}%;K,2×10^{-6}%;Ca,3×10^{-6}%;Ge,7×10^{-5}%;As,4×10^{-5}%;Sc,2×10^{-6}%;Zr,6×10^{-6}%;Sn,5×10^{-5}%;其余杂质的含量均低于10^{-6}%。

SiH_4、HF和H_2的混合气通入装有NaF颗粒的第二吸附塔,塔内温度保持在100℃,在这里HF被完全吸附。即使温度稍高或稍低一些,HF在氟化钠上的化学吸附率也不低于理论值的99%。然而,当温度高于100℃时,吸附过程会减缓;而低于100℃时则形成了化学式为NaF nHF($n=2\sim4$)的低熔点多氟氢化物,破坏了吸附剂颗粒。

实验结束后,吸附了SiF_4的第一吸附塔(在这种情况下尚未达到饱和,因为实验处理的SiF_4有限)从系统中断开,切换到再生模式:温度保持在575℃,压强约为1Torr(133.32Pa),使Na_2SiF_6分解并使SiF_4挥发。后者在液氮冷却的容器中冷凝。通常,SiF_4的解吸在550~580℃、压强小于或等于1Torr的条件下效率最高。在更高温度下,NaF颗粒发生烧结,会降低其在下一个使用周期中的吸附性能,而当温度低于550℃时解吸时间则显著延长。

第二吸附塔捕集HF之后,也从系统中断开并切换到再生模式:加热至400℃并减压。在这种情况下,HF发生解吸,然后被冷凝在带有截止阀的抽真空容器中。第二吸附塔中的NaF在350~450℃时再生,确保HF快速、完全解吸。

8.8.2 多晶硅颗粒生产设备

多晶硅造粒可采用合成耐火无氧陶瓷(见第7章)以及从 CaF_2 中提取氟的高频技术和设备来实现。高频设备的流程示于图8.31,包括频率为0.44~5.25MHz的高频电源、金属-电介质反应器、将多晶硅棒送入感应加热区的输送装置、分散熔体的压缩气体喷嘴以及硅粒容器。

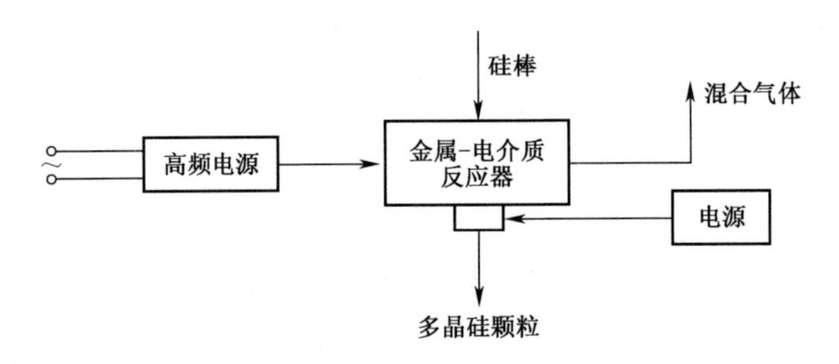

图8.31 生产多晶硅颗粒的设备构成

在高频电源与负载硅棒匹配的过程中,硅棒初始电导率不高,这一问题通过等离子体与高频感应加热结合的方式解决(8.6节)。高频电源的功率分成两部分:高频电弧放电,加热硅棒上部;感应加热,加热棒的其余部分。这样,通过放电等离子体加热提高了硅棒的导电性。

8.8.3 产能为1000t/a的多晶硅厂的原材料和能源消耗

1992年,我们完成了等离子体吸附转化技术处理 Na_2SiF_6 生产多晶硅并回收氟的研发工作,编制了采用新技术的工厂建设计划,计算了原料和能源消耗。关于生产硅棒的计算和分析结果示于表8.9。

表8.9 等离子体吸附转化技术处理 Na_2SiF_6 生产多晶硅棒的原材料和能源消耗

序号	消耗项	单位	年产能为1000t多晶硅的需求量
1	原料:Na_2SiF_6	t	6720
2	材料:H_2	Nm^3	6461538
3	材料:NaF	t	3000(由 Na_2SiF_6 生成并重复利用)
4	电能	MW·h	14400
5	水	M^3/h	40(重复利用)
6	HF	t	2856(商品级副产物)

对于同样1000tSi/a的产能,为了得到粒状多晶硅,需要额外消耗4000MW·h

的能量，以及$5m^3/h$的水（水可以重复利用）。

为了使产能达到140kgSi/h，每年所需的工作时间为7200h。根据到1992年为止所开展的等离子体转化SiF_4的经验，单台工业装置的产能可以达到$120kgSiF_4/h$，相当于32gSi/h。因此，为了实现计划产能需要安装5个模块，单个模块的功率为300~600kW。为了提供所需的甲硅烷，需要2MW的电力供应。此外，要得到粒状硅，还需要0.8MW的功率。将甲硅烷分解成硅和氢气的分解炉大约也需要0.8MW的功率。对Na_2SiF_6分解装置和吸附-再生塔进行加热，将需要约0.4MW的功率。

为了组织这种新型生产工艺，以Na_2SiF_6为原料生产多晶硅颗粒，并以无水氟化氢的形式回收氟，需要具备以下条件：

（1）电源，容量为4MW；

（2）用于产生氢等离子体的高频电源，4台或5台，单台功率为300~600kW；

（3）等离子体炬，4支或5支；

（4）化学吸附塔，10台；

（5）分解Na_2SiF_6的回转煅烧反应器，4台或5台；

（6）氢气还原炉，0.8MW，将甲烷硅分解成硅和氢气；

（7）压缩机，流量为$130Nm^3/h$，将SiF_4输送到反应器中；

（8）氢站，供应能力为$3.5\times10^6Nm^3/h$；

（9）Na_2SiF_6，用量为6712t/a；

（10）相关的工艺控制和自动化设备。

上述设备的范围可以根据电源和工艺设备的市场供应情况进行调整。

8.9 基于铀氟化物和铀氧化物生产UF_6的其他高温设备——火焰反应器

前面所述生产铀材料（尤其是氧化铀）以及从天然和合成原料中提取氟的等离子体技术，与生产UF_6的火焰反应器技术相当类似。不过，相对于原料的化学组成而言，这种火焰反应器对原料颗粒的形貌、大小和比表面积更加敏感，包括UF_4、U_3O_8、UO_2或者UO_2F_2等。对于这些铀原料，一些杂质能够与其形成低熔点化合物。因此，上述铀原料对杂质含量有严格的限制，从而导致火焰反应器无法对原料实现完全氟化。

原则上，火焰处理的上限温度（2000~2200℃）相当于平衡态等离子体过程的下限温度。以等离子体作为热载体的化工冶金工艺尤其如此，在这些等离子体反应器中多相反应混合物的平均温度为800～2500℃。因此,在我们看来,对采用火焰反应器氟化悬浮在气流中的氧化物或者氟化物原料制备 UF_6 感兴趣,与前面表述的一般概念并不矛盾。

图8.32示意性地给出了用于生产 UF_6 的火焰反应器的上部。UF_6 的合成通过下列强放热反应实现:

$$UF_4 + F_2 \longrightarrow UF_6, \Delta H = 283\text{kJ} \tag{8.24}$$

$$1/3U_3O_8 + 3F_2 \longrightarrow UF_6 + 4/3O_2, \Delta H = 941.8\text{kJ} \tag{8.25}$$

原料颗粒分散在氟气流中。氟与铀原料的摩尔比接近于反应式(8.24)和式(8.25)的化学计量比,但氟稍微过量。

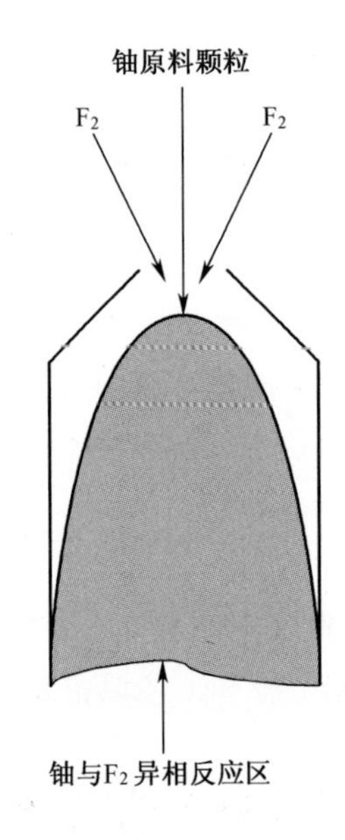

图8.32 以铀氧化物或氟化物和氟为原料制备 UF_6 的火焰反应器的上部结构

8.9.1 决定火焰反应器热稳定性的参数

具有一定直径 $D_r(D_r=2R)$、长度 L 和容积 V 的火焰反应器的稳定运行取决于以下参数:

(1) 工艺过程的焓变 ΔH;

(2) 氟化反应释放的有效热量 Q_1;

(3) 火焰的有效温度 T_F;

(4) 火焰反应器壁的温度 T_W;

(5) 原料颗粒的比表面积 S 和粒径 d;

(6) 冷却导致的火焰反应器的热损失 Q_2。

Q_1 由铀原料氟化过程的焓变、质量流量和氟化动力学决定。铀原料颗粒在与氟发生化学反应的过程中,其质量减少速率 m 的一般形式由如下方程确定:

$$dC/dt = -3k(1-C)^{2/3}/r_0\rho \tag{8.26}$$

式中:C 为原料颗粒减少的质量;k 为氟化反应的动力学常数;r_0、ρ 分别为颗粒的初始半径和密度。积分之后,得到$(1-C)^{1/3}=1-K't$,其中 K'是当 T=常数和 p_{F2}=常数时的常数,决定氟化反应区域内的放热效率。

8.9.2 火焰反应器直径对铀氟化过程的影响

当 F_2 与悬浮在气流中的铀原料颗粒反应时,产生的热量 Q_1 集中在一定范围的空间内 $V=\pi R^2L$;反应器在冷却过程中损失的热量 Q_2 正比于 $2RL$。因此,$Q_2/Q_1=2/R \sim a(1/R)$。这个比值表明,减小火焰反应器的直径,热损失 Q_2 就相对于发热量 Q_1 增大。当反应器半径 R 取某些值时,因为 $Q_1<Q_2$,所以反应器内的化学火焰会熄灭。因此,对应于每一个给定的产率,火焰反应器都存在一个临界半径(直径),小于这个几何尺寸反应器就无法工作。因此,当火焰反应器稳定运行时,$Q_1=Q_2$。

8.9.3 火焰温度对火焰反应器运行状态的影响

假设火焰反应器的 D_r 和 T_w 为定值,只有 T_F 的值可以根据原料和反应器的参数不同而变化。UF_4(或 U_3O_8)的氟化是一种异相过程,其中至少存在两个关键环节:

(1) 氟从反应器空间内扩散到单个颗粒表面;

(2) 在颗粒表面发生化学反应。

这样,氟化工艺的发展就存在三种可能:

(1) 化学反应速率 W_R 远小于氟扩散到颗粒表面上的速率 W_D,即 $W_R \ll W_D$。该过程在动力学范畴内属于异相反应:

$$W_R = K_0\exp(-E_{act}^r/R'T) \tag{8.27}$$

式中:K_0、E_{act}^r、R'、T 分别为反应速率常数、反应活化能、气体常数和热力学温度。

(2) 过渡形态,化学反应速率与氟扩散速率相当($W_R=W_D$)。

(3) 扩散形态,$W_R \gg W_D$,即异相反应过程由氟向颗粒表面扩散的速率决定:

$$W_D = D = D_0\exp(-E_{act}^d/R'T) \tag{8.28}$$

式中:D_0 为氟的扩散系数,E_{act}^d为扩散活化能。

众所周知,$E_{act}^d \ll E_{act}^r$,即温度对化学反应速率的影响比对扩散速率的影响更大。因此,当温度较低时,$W_R<W_D$,温度较高时,$W_R>W_D$。曲线 $Q_1=f(T_F)$ 呈 S 形(图 8.33),这是所有异相过程的共同特征。另外,冷却导致的火焰反应器壁的热损失 Q_2 可通过相对简单的关系来确定(图 8.34):

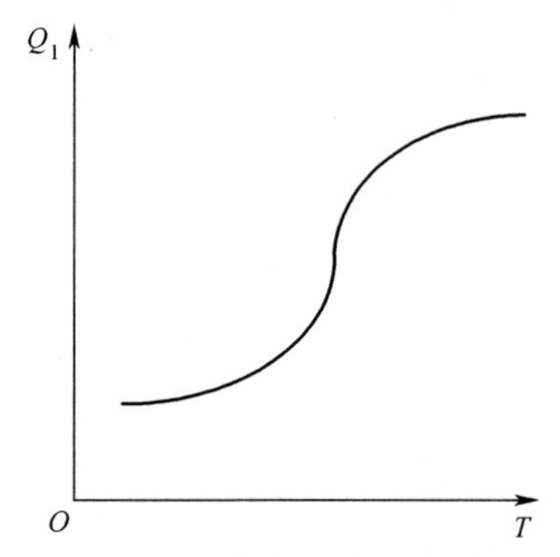

图 8.33 描述强放热异相反应的放热函数 Q_1

(或铀原料颗粒与氟发生异相反应的动力学)曲线(S 形曲线)

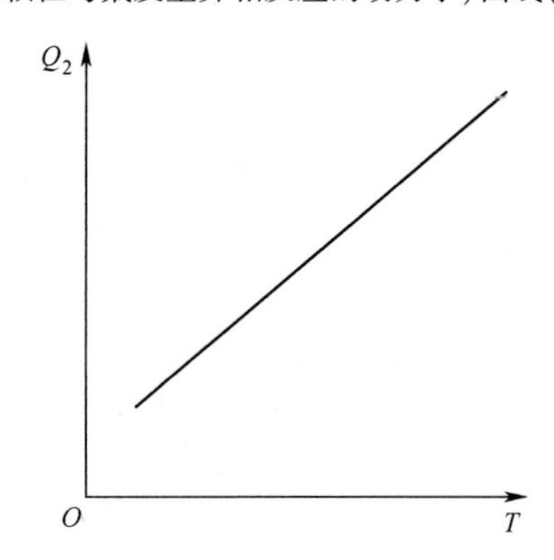

图 8.34 冷却造成的火焰反应器壁的热损失(函数 Q_2)与反应器壁面温度的关系

$$Q_2 = \alpha \cdot S(T_F - T_W) \tag{8.29}$$

式中:α 为化学火焰对反应器壁的传热系数;S 为反应器的内表面积,T_F、T_W 分别为火焰和反应器壁的温度。图 8.35 示出了 Q_1 和 Q_2 与火焰温度的共同关系;二者之间存在三个交点(1,2,3),分别对应于火焰反应器的三种工作状态。

状态 1:氟化反应引发阶段。

这种运行状态属于异相反应动力学,反应速率由 W_R 决定。该状态运行稳定,因为 T_F 升高,$Q_1<Q_2$;而 T_F 降低,则 $Q_1>Q_2$。这样的运行状态特别适用于配备有混合器的反应器,并且必须有效散热,将温度保持 250~500℃,满足氟化反应动力学要求。在任何火焰反应器中,氟化过程均始于这种运行状态:铀原料颗

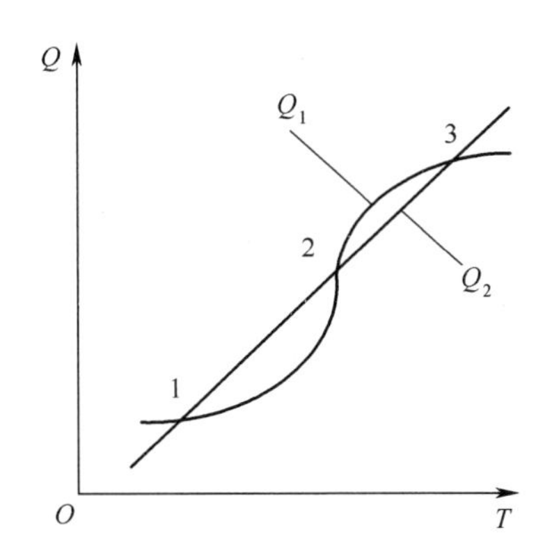

图 8.35　发生在火焰反应器中的异相过程中的 Q_1 和 Q_2 与温度的关系

注:1、2、3 为火焰反应器的三种运行状态。

粒随着氟气流运动,受热之后颗粒与氟相互作用产生火花,然后开始燃烧。

状态 2:$Q_1=Q_2$。

在这种状态下,$Q_1=Q_2$,但是运行不稳定,因为随着 T_F 升高,$Q_1>Q_2$,但当 T_F 降低时,$Q_1<Q_2$。这样,系统的运行状态要么退回到状态 1(火焰熄灭),要么跳跃到状态 3(燃烧)。

状态 3:稳定的氟化反应。

这是稳定的氟化反应过程,因为当 T_F 升高时 $Q_1<Q_2$,而当 T_F 降低时 $Q_1>Q_2$。在这种燃烧状态下,可以产生温度至少达到 1000~1300℃的火焰;并且,在反应物消耗速率和反应器壁温度 T_W 保持恒定的条件下,反应器中形成了沿轴向和径向稳定的温度分布。其中,沿反应器轴向的典型温度分布如图 8.36 所示。

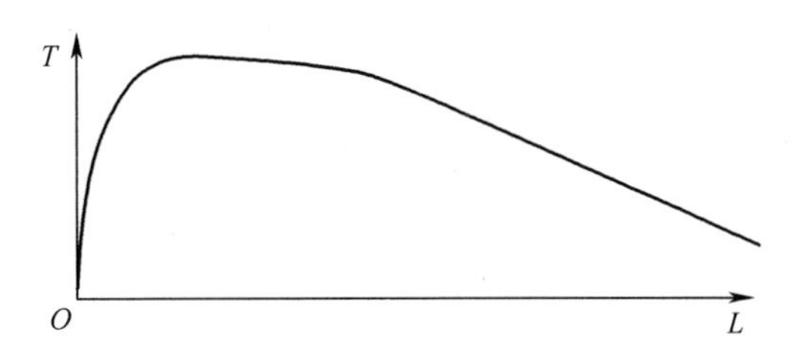

图 8.36　化学火焰的温度沿反应器轴线的分布

8.9.4 火焰反应器直径对其热特性的影响

这种影响因素由关系式 $Q_2/Q_1\sim 1/R$ 决定。因此,根据反应器直径的不同,Q_2/Q_1 也发生相应改变。当火焰反应器的产率保持恒定时,改变其半径,函数

Q_2 的倾角也会相应变化(由冷却带来的反应器壁的热损失,见图 8.37)。图中曲线 1、2、3、4、5 分别对应于半径为 R_1、R_2、R_3、R_4、R_5 的火焰反应器(反应器 1~5),其中 $R_1<R_2<R_3<R_4<R_5$。图 8.37 表明,火焰在反应器 3 和 4 中稳定燃烧,这时火焰反应器的半径为 R_3,位于 Q_1 与 Q_2 交点的上限;然而,当反应器的半径取最小值 R_1 时,原则上火焰不可能存在于反应器中。在反应器 3 和 4 中,反应过程可能稳定也可能不稳定,取决于运行参数和反应物消耗量的可能波动。利用这些关系,原则上我们可以基于原料物性(粒度、比表面积、冷却方式等)确定具有一定产能的火焰反应器半径的上、下限值(图 8.37)。

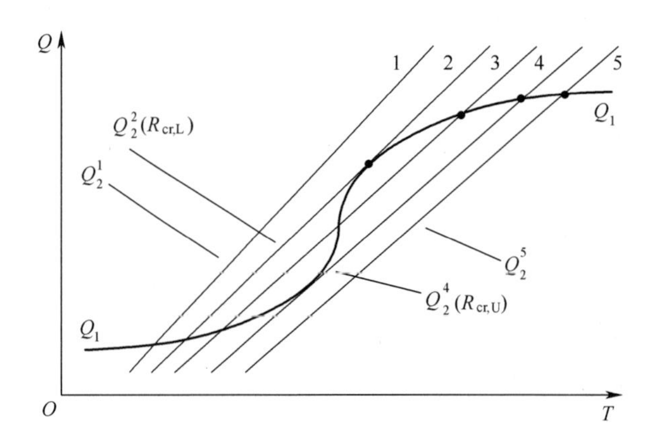

图 8.37 火焰反应器的热稳定性与其半径的关系

注:1、2、3、4、5 分别为半径 R_1、R_2、R_3、R_4、R_5 的火焰反应器的热损失,
$R_1< R_2<R_3<R_4<R_5$;$R_{cr,U}$,$R_{cr,L}$ 分别为半径的上、下限值。

8.9.5 壁面温度对火焰反应器的影响

当火焰反应器壁的温度 T_W 变化时,描述通过反应器壁的热损失的曲线几乎保持平行(图 8.38):$T_{W1}<T_{W2}<T_{W3}$。火焰反应器壁的温度通过调节冷却强度来控制。因此,基于关系式 $Q_1=f(T_F)$、通过调节不同的 T_W 值可以实现反应器的多种运行模式。然而,T_W 值取决于反应器结构材料的稳定性。此外,这种效应仅在直径不太大、火焰可以接触壁面的反应器中观察到。如果火焰接触不到壁面,T_W 的值就不会影响火焰的稳定性。这种模式不适用于以氟化铀为原料制备 UF_6 的工况。在这种情况下,对氧化铀氟化的较有利方式是选取反应器壁的温度为 T_{W2}。

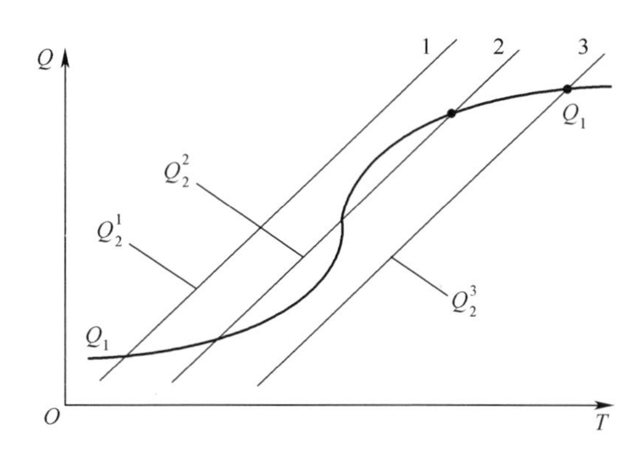

图 8.38　火焰反应器的热稳定性与壁面温度的关系

注:曲线 1、2、3 均为通过反应器壁的热损失,且 $T_{W1}<T_{W2}<T_{W3}$。

8.9.6 铀原料粒度对反应器热特性的影响

研究发现,若减小铀原料的粒径(相当于增大了比表面积),就会提高异相反应的速率,即增大了放热强度。图 8.39 表明了当 $d_1>d_2>d_3$(d 为原料粒径)时反应器热特性的变化(D_R = 常数)。因此,改变原料的分散性,可以使反应器进入稳定燃烧状态(曲线 3),或者退出(曲线 1)。

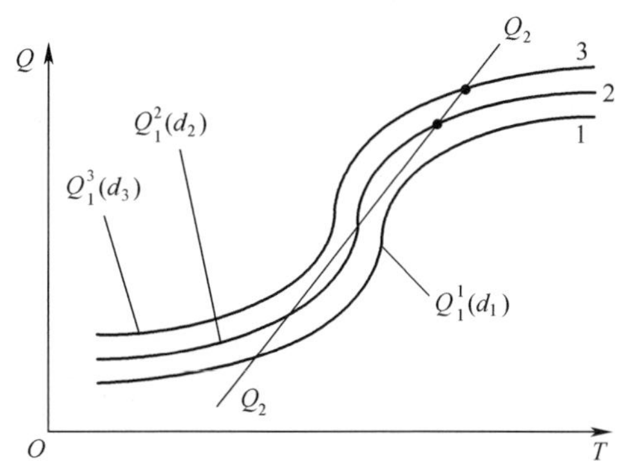

图 8.39　火焰反应器的热稳定性与原料分散性的关系

注:曲线 1、2、3 分别为火焰反应器三种运行状态中的放热量,原料粒径 $d_1>d_2>d_3$。

此外,火焰反应器的性能还取决于其他一些因素,包括原料与氟混合的效率、反应物进料量的波动、反应器壁的腐蚀以及原料纯度等。

8.9.7 氟化 UF_4 和 U_3O_8 的火焰反应器的实际运行结果

1. 火焰反应器的直径

火焰反应器的直径 $D\approx0.15$m,在铀原料颗粒的氟化过程不能稳定运行,火焰的引燃和熄灭交替出现,同时还合成了铀氟化物的中间体(U_2F_9、U_4F_{17}、UF_5)。在氟化比表面积较小的大颗粒原料时,生成这些中间产物的概率会增大。

火焰反应器的直径 $D \approx 0.20$m。这样的尺寸位于热稳定区域的边界处,反应器运行的稳定性取决于原料的物理性质。工业用火焰反应器的直径不小于0.25m,具体大小取决于原料的化学组成和物理性质。具有这样直径的火焰反应器的产率通常为0.25tUF_6/h,甚至更大。工业用大功率火焰反应器的产率超过1t/h;如有必要,单台装置的产率还可以进一步提高。

2. 火焰反应器的长度

火焰反应器竖直布置,沿其长度方向可以分为几个区域:

(1) 混合区,铀原料颗粒与氟混合;

(2) 稳定燃烧区,铀原料颗粒在 F_2 中稳定燃烧;

(3) 火焰熄灭区;

(4) 冷却区,将产物及未反应的原料冷却到100~150℃(过滤器的工作温度)。

这些区域的长度取决于原料的粒径、化学活性、火焰反应器的直径以及氟和铀原料的进料量波动等因素。一般情况下,工业用火焰反应器的总长度为6~7m。

3. 氟相对于反应式(8.23)~式(8.24)的化学计量比的过量程度

氟相对于氟化反应化学计量比的过量程度主要取决于铀原料的分散性以及氟和原料进料的均匀性。如果原料是反应器尾气系统中氟回收系统的副产品,其中过量的氟已被铀原料吸收,氟过量的典型值为6%~15%,具体数值取决于原料特性。

4. 火焰反应器壁的温度

如果工业火焰反应器在运行过程中壁温不超过220℃,其正常工作寿命为5~10年。在此温度下,碳钢可以用作反应器的结构材料。使用蒙乃尔合金可以将反应器的工作时间延长到8~10年。当反应器用水冷却时,冷却水的温度不应高于60℃。

5. 铀原料颗粒与氟的混合

对任何火焰反应器而言,铀原料与氟的混合都是氟化过程中的关键环节,原因在于这一环节决定 Q_1 的大小和其他运行参数。我们建议将氟通过与水平线成一定夹角的喷嘴通入反应器,并尽可能接近原料颗粒的进料口(图8.40)。这个角度范围为30°~45°,取决于火焰反应器的直径。

6. 适用于火焰反应器的铀原料的性质

不建议在生产 UF_6 的火焰反应器中使用比表面积小于3.6m^2/g 或大于10m^2/g 的铀原料:比表面积小于3.6m^2/g,未燃烧原料的量就会增加,并增加沉

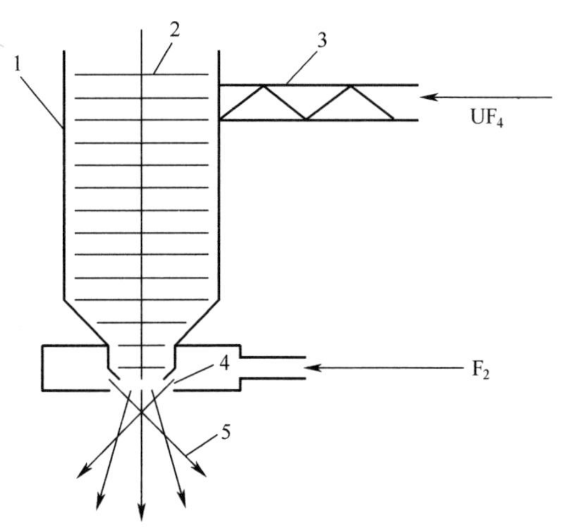

图 8.40 火焰反应器上部的铀原料与氟混合机构

1—分散机;2—叶片及驱动轴;3—为反应器供料的螺旋进料器;
4—通入 F_2 的喷嘴(近 20 个);5—混合、燃烧区。

积在反应器壁上的可能性;大于 $10m^2/g$,会在火焰反应器的上部形成“烧焦”区。因此,原料的粒径通常不超过 50μm。从反应器顶部到底部的产物卸料平面,反应器的长度为 6~7m。反应器的最小直径为 0.25m;若要提高生产率,对于给定的长度仅需进一步增大火焰反应器的直径。在氟化颗粒较大的原料时,反应器中形成了结渣(1%~2%)。

在工业火焰反应器中,二次原料从该火焰反应器后端的氟回收系统得到。通过实验确定了二次原料的组成,并确认这些物质不会黏附在反应器壁上。当使用 UF_4 作为原始原料时,如果二次原料的组成介于 U_2F_9 和 U_4F_{17}之间,就不会不发生壁面黏附。二次原料由进料螺旋送入火焰反应器中。带有铀与氟混合机构的火焰反应器上部示于图 8.40,其中包括分散机 1,叶片与驱动轴 2,将原料输送至反应器中的进料螺旋 3,通入氟的喷嘴 4(20 个),以及混合和燃烧区 5。

7. 火焰反应器内壁上的沉积物

当反应器处于稳态运行时,深入反应器内表面的热电偶的读数基本保持稳定,仅有小幅波动。然而,一旦内表面上沉积物开始形成,热电偶的读数就会减小,因为沉积物的热导率比反应器本体金属材料的热传导率小得多。沉积物减缓了火焰对反应器内壁的热作用(并导致热电偶嵌入其中)。火焰反应器壁内表面的典型温度范围是 120~220℃,具体数值取决于壁面的位置和结构材料(低碳钢,蒙乃尔合金等)的厚度。

8.9.8 基于火焰反应器生产 UF_6 的总体工艺流程

基于火焰反应器生产 UF_6 的总体工艺流程及设备示于图 8.41。该工艺的核心设备是火焰反应器3,工艺所需气体原料 F_2 由压缩机1通入,铀原料通过进料螺旋送入。在火焰反应器中合成的 UF_6 首先通过烧结金属过滤器 4_1,除去其中的颗粒物;未发生反应的原料进入辅助氟化器2,然后与主气流一起再次通过烧结金属过滤器 4_1。接着,由 UF_6、过量的 F_2、氟化氢杂质和其他气体(如铀氧化物氟化过程中生成的氧气)组成的气流进入冷凝器 5_1,UF_6 从气流中冷凝下来,其余气流被引入回收系统。回收系统的反应器6是火焰反应器3的改进型,目的在于处理主反应器3排气中含有的氟处理起始原料(UF_4、U_3O_8 等)。二次铀原料在气力作用下从容器 11_2 输送到容器 11_3 中。除去氟和含氟气体的气流经过烧结过滤器 4_2,由辅助冷凝器 5_2 回收在反应器6中合成 UF_6。然后,气流在洗涤器7中净化后送入专用通风系统。此外,图中还示出了从冷凝器中接收 UF_6 的容器 8_1 和 8_2、溶液储罐9、泵10和未反应物容器 11_4。

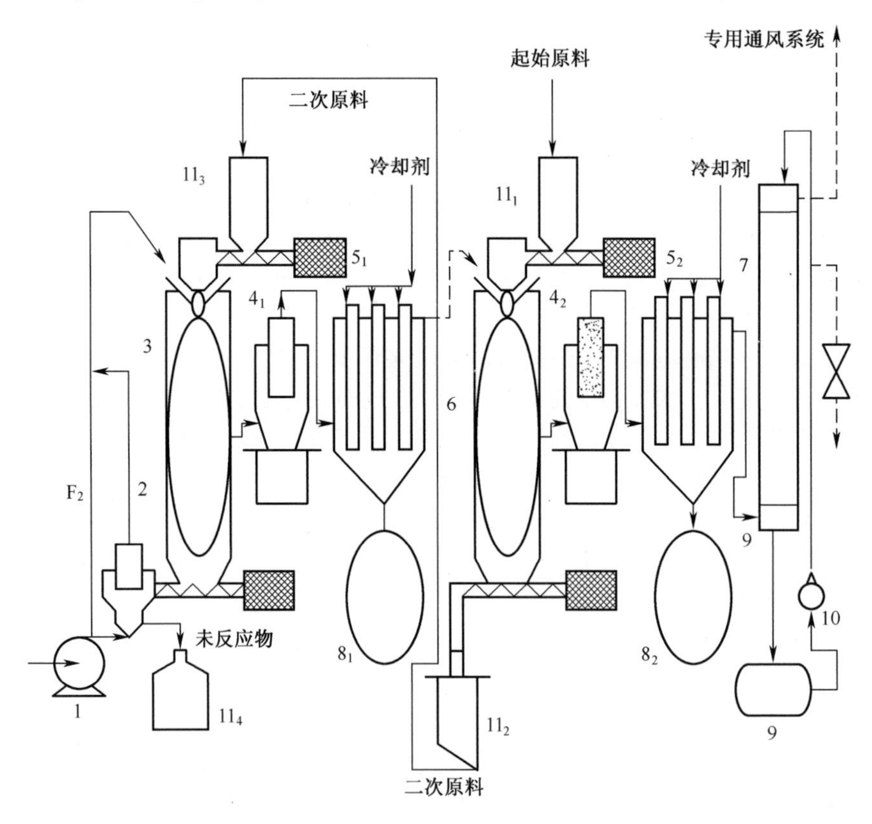

图8.41 在火焰反应器中氟化铀原料颗粒生产 UF_6 的工艺流程与设备

1—压缩机;2—燃烧未反应物的辅助反应器;3—火焰反应器;4_{1-2}—烧结金属过滤器;5_{1-2}—UF_6 冷凝器;6—从火焰反应器排气中回收氟的反应器;7—洗涤器;8_{1-2}—从冷凝器中收集 UF_6 的容器;9—溶液储罐;10—泵;11_1—原始原料储罐;11_2,11_3—二次原料储罐;11_4—未反应物储罐。

参考文献

[1] P. A. F. Baumert. Veffahren zur Herstellung von Tetrafluorkohlenstoff neben Siliciumtetrafluorid and im wesentlichen Calciumkarbid enthaltender Schlacke. Patentschrift 1167805, 1964.

[2] J. K. Wolfe, B. Hills, N. C. Cook. Preparation of Fluorocarbons and Chlorofluorocarbons. US Patent 2, 835,711, 1958.

[3] I. N. Toumanov, A. V. Galkin, V. D. Rousanov, S. V. Kononov. Plasma Liberation of Fluorine from Fluorite as Carbon Fluorides. 13 Int. Symp. Plasma Chemistry. Beijing, China. Aug. 18-22, 1997. Vol. 4, pp. 1602-1607.

[4] Ю. Н. Туманов, С. В. Кононов, А. Ф. Галкин. Высокочастотныеиндукционные процессы получения тугоплавких соединений, редких металлови прецизионных сплавов. М. Департамент исследований Минатома РФ, 1998.

[5] Ю. Н. Туманов, С. В. Кононов, А. Ф. Галкин, Ю. В. Цветков, А. В. Николаев, А. А. Николаев. Плазменная и плазменно-частотная технологияизвлечения ценных компонентов из рудных минералов и концентратов: извлечение фтора из флюорита в виде фторидов углерода. Физика и химия обработки материалов, 1999, № 5, с. 40-48.

[6] Ю. Н. Туманов, В. И. Середенко, В. П. Коробцев, В. Д. Сигайло, В. И. Хохлов, Ю. Я. Томаш, В. Г. Сапожников и др. Способ получения фтористоговодорода, авт. свидетельство СССР № 1341899, 1985.

[7] I. N. Toumanov, A. V. Ivanov, V. P. Korobtsev, V. A. Hohlov, V. D. Sigailo, S. A. Kuzminykh, A. A. Guchin. Plasma Conversion of Silicon Tetrafluoride. 10th Int. Symposium on Plasma Chemistry. Bochum, Germany, 1991. Symposium Proceedings, Vol. 2, paper 1.5-1.

[8] I. N. Toumanov, A. V. Ivanov, A. F. Galkin, V. P. Korobtsev, V. A. Hohlov, V. D. Sigailo. Plasma Process for Producing Silica and Hydrogen Fluoride by Conversion of Silicon Tetrafluoride. High Temperature Chemical Processes, 1992, v. 1, pp. 341-348.

[9] I. N. Toumanov. Combined Plasma Sorption Process for Producing Monosilane from Fluoride Raw Material. 12th Int. Symposium on Plasma Chemistry. Minneapolis, Univ. Minnesota, 1995. Proceedings, Vol. 2, pp. 619-624.

[10] Ю. Н. Туманов, Ю. Ф. Кобзарь, В. А. Хохлов, С. А. Кузьминых. Плазменная технология производства дисперсного оксида кремния и плавиковойкислоты из тетрафторида кремния, содержащегося в выхлопных газахфтористоводородного производства. Физика и химия обработкиматериалов, 1996, № 5, pp. 27-32.

[11] Н. П. Галкин, В. А. Зайцев, М. Б. Серегин. Улавливание и переработкафторсодержащих газов. М. Атомиздат, 1975.

[12] Ю. Н. Туманов, Д. И. Скороваров, Ю. К. Кварацхели, М. В. Сапожников, В. И. Вандышев. Способ получения моносилана. Патент РФ № 2050320, 1995.

[13] I. N. Toumanov, V. A. Hohlov, V. D. Sigailo, S. A. Kuzminykh, S. D. Shamrin. Plasma Arc Process for Producing Disperse Oxide Materials from Volatile Fluoride. 12th Int. Symposium on Plasma Chemistry. Minneapolis, Univ. Minnesota, 1995. Proceedings, Vol. 3, p. 1267-1272.

[14] US Patent N. 2933374, 1968.

第9章

等离子体和激光铀浓缩技术

9.1 引　　言

本书设置这一章内容的目的是表达我的期待：在铀生产与浓缩中应用新型纯化工艺和等离子体工艺，并在此基础上重新构建核燃料循环体系。与其他章节主要论述我本人的研究工作不同，本章内容主要基于他人的研究工作，主要包括 RRC KI 分子物理研究所的同事们发表的成果和国外出版的资料。不过，在我加入物理学家团队，开展电磁波和等离子体离心技术分离铀同位素的研究之后，就积累了同位素分离经验。在这项研究的初期，使用惰性气体（Ar 和 Xe）的混合物开展了惰性气体分离实验。在分离效应得到确认之后，UF_6 和 WF_6 的混合物通入分离室。这时，与分离对象——UF_6 分子（使用上述氟化物混合物时还包括 WF_6 分子）的辐照、热和光化学不稳定性相关的问题很快就暴露出来。在低气压高频放电中，UF_6 分子会分解成 UF_5、UF_4、UF_3、F_2 分子和 F 原子；此外，还应当形成正、负离子；这样，最初以 UF_6 分子形式分离铀同位素的工作就变得极其复杂。在该项工作中，还需要关注另一个重要问题：UF_6 分子在放电区内和放电管壁上的凝结。这些现象将在下一章的部分内容中进行讨论。向放电区内加入 F_2，试图通过这种方法尽量降低 UF_6 的分解率，但即使在静态条件也无法完全抑制这一过程，更不用说在行波电磁波中的分离过程，因为过量的 F_2 会从较重的 UF_n 分子中分离出来。

这样一来，等离子体铀同位素分离工作就停止了，然而在研究 UF_6 气体放电等离子体行为的基础上发展出了等离子体化工冶金工艺，这些内容将在本书的其他章节中介绍。

用于铀同位素分离的等离子体和激光工艺,在一定程度上与核燃料循环其他环节的等离子体和激光工艺具有共同的基础:核心都是产生各种激发态原子和分子,进行电离,以及消耗、转化激发态分子。用激光分离铀同位素时,同位素效应与离解过程相结合,使铀同位素的激发和电离等物理过程变得更加复杂,最后导致需要分离富集的同位素原子或化合物(低价铀氟化物)。

由于我的研究工作涉及生产纯铀化合物的化工冶金过程,包括 UF_6 生产、浓缩铀生产以及在化工冶金厂转化浓缩和贫化 UF_6,必须接触生产和科研活动中的铀同位素分离技术。我亲自参与了等离子体铀同位素分离技术的研发;后来,又与同一个团队的同事们一起开发铀同位素分子激光分离(MLIS)技术。在南非原子能公司(AEC,RSA)做顾问期间,我接触到了 AEC 的物理学家们。在我看来,当时他们在分子激光分离同位素领域已经达到了非常高的水平。这种方法受到南非官方高度重视,原因在于该国可以以很低的成本生产铀——黄金生产的副产品;采用同位素激光分离技术之后就可以生产出世界上最便宜的富集 U-235 的铀。

我曾经以多种方式参与或接触了等离子体和激光分离铀同位素的研发工作,因而具备一定的基础对这些领域的前景发表看法。更重要的是,铀同位素分离技术会影响核燃料循环的基本架构(参见第17章)。在我看来,铀同位素激光分离技术(AVLIS 和 MLIS)比等离子体技术更具有优势,因为所有激光技术都能够比我所了解的等离子体技术“更加精确地实现目标”。因此,如果用于铀同位素等离子体分离技术受化学过程影响变得更加复杂,那么激光分离技术(AVLIS 和 MLIS)却恰恰相反(如果将 AVLIS 方法中铀原子的电离归于化学过程)。

基于上述原因,我认为可以在本章中讨论一些已知的等离子体和激光技术并表达个人的评价。通过这些讨论,可以形成与核燃料循环体系中化学和工艺过程相关的要求。

9.2 铀同位素分离工业概况以及离心技术和激光技术

据了解,俄罗斯的新型铀同位素分离技术——离心法萌芽于20世纪50年代初,后来取代了气体扩散法[1]。离心法的主要特征是在热力学平衡条件下的离心机中发生分离效应。将混合气体通入旋转的圆筒状回转体内(图9.1),回转体的转动角速度恒定并且所处的温度也恒定,那么各组分的分布将满足玻耳兹曼分布:

$$n_1(r) = n_{10}\exp(M_1 w^2 r^2/2RT) \tag{9.1}$$

$$n_2(r) = n_{20}\exp(M_2 w^2 r^2 / 2RT) \tag{9.2}$$

式中：n_{10}、n_{20} 和 $n_1(r)$、$n_2(r)$ 分别为各组分沿轴向和径向的分密度；M_1、M_2 分别为气体成分的摩尔质量；w 为旋转角速度；R 为气体常数；T 为温度。

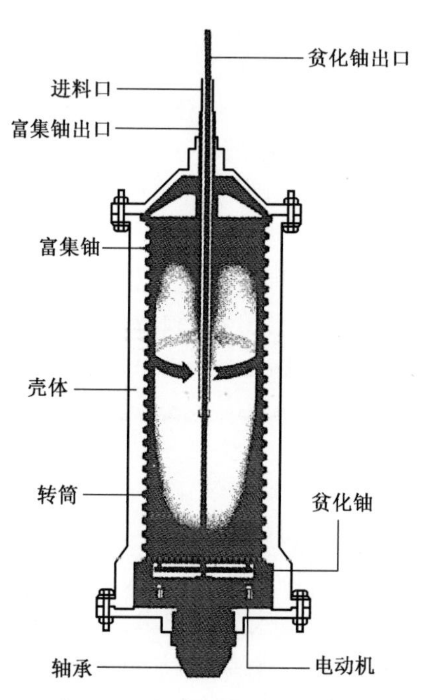

图 9.1　气体离心机结构示意图

因此，转筒中的同位素在离心力作用下沿径向发生分离，在轴线附近富集较轻的分子，在筒壁附近富集较重的分子。在转动过程中转筒的最大线速度 $U=\omega \cdot a$（a为转筒半径）在筒壁处。根据玻耳兹曼分布，转筒内的平衡分离系数为

$$\alpha_0 = \exp[(M_2 - M_1)U^2/2RT] \tag{9.3}$$

与气体扩散法不同，离心法的平衡分离系数与产物组分的摩尔质量差和线速度的平方呈指数关系，其值可通过改变转筒的转速来控制（表 9.1）。

表 9.1　铀同位素的富集因子与气体离心机转速的关系

转筒的最大线速度 U/(m/s)	α_0	ε_0	$p/p_0$①
400	1.0975	0.0975	5.5×10^4
500	1.156	0.156	2.5×10^7
600	1.233	0.233	4.6×10^{10}
700	1.329	0.329	3.3×10^{14}
① UF_6 在离心机筒壁和轴线上的压强比			

当离心机转筒的转动速度足够高时,可以获得的平衡富集因子($\varepsilon_0 = \ln\alpha_0$)比气体扩散法高 20~75 倍。因此,为了生产用于核电的浓缩铀,需要采用 10~12 级离心机串联,其中每一级都由多台离心机并联。

当沿轴向运动的逆向气流发生转动时,由于气体固有的热力学平衡性质,起初沿径向发生的分离效应就被转换成轴向分离效应。因此,根据已知逆流塔的原理,总分离系数可以通过各个主分离系数相乘得到。

理论上,长度为 Z 的气体离心机的最大分离功率 δU 通过著名的狄拉克公式确定:

$$\delta U = \pi\rho D[(M_2 - M_1)U^2/2RT]^2(Z/2) \tag{9.4}$$

式中:ρ 为混合物的密度;D 为同位素成分的相互扩散系数。

离心机的分离功率与其长度的一次方和线速度的四次方成正比。转筒转动速度的上限取决于转筒材料的许用应力。增大转筒的长度需要解决与开发超临界离心机有关的复杂技术问题,超临界离心机的转动频率高于其(临界)弯曲振动频率。

离心法比气体扩散法具有更多优势,其中最突出的一点是,气体离心法将分离过程的能耗降低许多,并减少了级联数量(达到几百分之一),从而大大提高铀浓缩的经济性。

E. M. 加米涅夫(E. M. Каменев)原子能研究所的一位研究人员提出了先进离心机的技术方案。该方案采用薄壁刚性短转筒与底部针形轴承结合(图 9.2)[1],显著提高了铝合金转筒的转动速度。N. K. 基科因(И. К. Кикоин)建议将固定取料器从转筒端部引入到转筒内部气体较厚的外围层中[1]。这项建议非常重要,甚至具有决定性的意义。在这一层中,较高的气体动压驱动轻、重组分产生所需的流动,从级联离心机的一台流动到另一台。同时,旋转气体与固定取料器之间发生相互作用,在转筒内产生了具有必要速度的逆向环流。这样就无须研发柔性超临界离心机。世界上第一座拥有成百上千台离心机的工厂于 1962—1964 年投产。这些离心机的转筒由铝合金制成,几乎没有进行额外强化,仅在顶盖附近采用了由增强材料制成的细环。在这座工厂中,数量最多的一级并联了 15000 台离心机。安装在这座工厂中的第一批离心机以年故障率小于 1.5%的水平工作了 10~12 年,然后更换为新一代设备。俄罗斯铀浓缩厂的气体扩散工艺于 1991 年停止使用。气体离心法用于生产低富集度铀,能够为 100GW 的核电机组提供核燃料[1]。

同位素分离过程的特征参数由分离功来描述,其单位由分离功单位(SWU)和质量单位(kg 或 t)构成。分离功是 6 个变量的函数:原料质量(A)、富集(P)和贫化(R)产品的质量、上述物流中有价值同位素的相对比例(n_A, n_P, n_R)。计

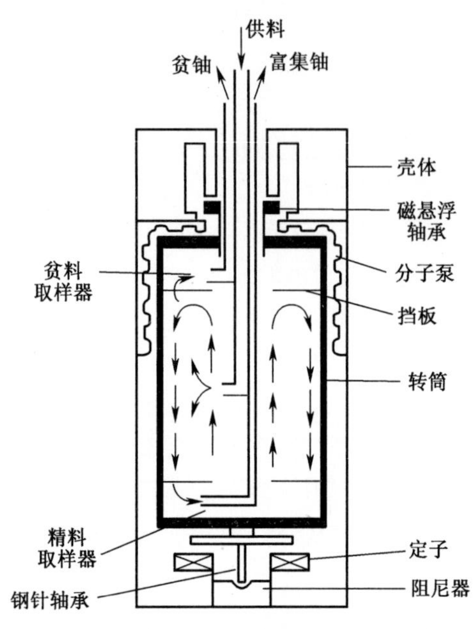

图 9.2　气体离心法分离铀同位素的示意图

算结果表明(图 9.3),要获得 1kg U-235 富集度为 3%(U-235 的初始富集度为 0.2%)的铀,需要 5.48kg 天然铀和 4.31kgSWU 的分离功;而生产 1kg U-235 富集度为 90%的铀(武器级铀),则需要 172kg 天然铀和 234kgSWU 的分离功。

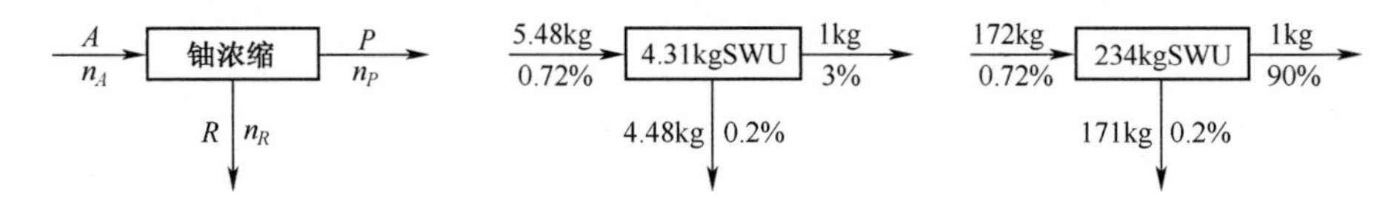

图 9.3　铀同位素的分离功取决于 U-235 的富集度

铀浓缩厂的离心机能够以年故障率<0.1%的水平连续运行 15 年以上。现有离心机的比能耗为 120 ~ 140kW · h/kgSWU(气体扩散法的比能耗为 2500kW · h/kgSWU)。生产率的提高可以通过如下途径实现:提高材料强度、优化材料的结构和机械性能,改进转筒的气体动力学特性以提高转筒的转速等。

到目前为止,核电特殊地位的褪去已成大势所趋[2],世界核电重新定位于商业目的,同时发生了劳动力、服务和信息市场的融合。铀浓缩阶段决定了核燃料循环前段的性质和成本。用于生产浓缩铀的离心机的装机容量已经足以满足世界核电的需求。除了欧洲铀浓缩公司 URENCO(英国、德国、荷兰)之外,其他主要浓缩铀供应商的产能(表 9.2)并没有得到充分利用。欧洲气体扩散公司(EURODIFF,法国)的名义产能为每年 1080 万 SWU,出于优化成本考虑每年的实际产能仅达到约800万SWU。美国公司USEC公司关闭了其在朴次茅斯工厂,保留的年产能仅有500万SWU,并消除了对稀释俄罗斯高浓缩铀的需求。这些高浓缩铀原本经过稀释后生产用于核燃料的浓缩铀。

表9.2 各国铀浓缩厂可以达到的生产能力[2]

国家	公　司	浓缩方法	生产能力/(MSWU/年)
美国	美国铀浓缩公司(USEC)	气体扩散法	11.3
法国	欧洲气体扩散公司(EURODIF)	气体扩散法	10.8
英国	欧洲铀浓缩公司(URENCO)	离心法	5.85
德国			
荷兰			
日本	日本核燃料有限公司(JNFL)	离心法	1.05
巴西	巴西核工业公司(INB)	离心法	0.1

国外铀浓缩厂退役的原因是,与离心法相比扩散法已不具有竞争能力。离心法的引领者是俄罗斯联邦,拥有4座分离工厂。离心技术所具有的优势使主要核工业国家纷纷开展大规模开发工作,取代气体扩散技术(表9.3)。如果这些计划得以实施,即使俄罗斯终止向美国市场交付浓缩铀,2012年后高浓缩铀市场也将出现供过于求的情况,可能导致铀浓缩服务价格大幅下降。

表9.3 采用离心法浓缩铀的国家的开发计划[2]

国家	公司	年份	产能
俄罗斯	Rosatom	2010	提高30%
美国	USEC	2010	3.5MSWU/年
		2008	1MSWU/年
		2012	3MSWU/年
法国	高杰马公司	2007	3MSWU/年
英国	Urenco	2006	提高1.15倍
德国			
荷兰			
日本	JNFL	2005年之后	保持0.45MSWU/年
巴西	INB	2005—2010	保持1MSWU/年

为保持在铀同位素分离科学技术方面的领先地位,俄罗斯联邦已实施“2010年前实现分离生产现代化”的计划。在2004年,约有6%的离心机已被第7代和第8代设备取代。

在铀蒸气和 UF_6 中分离铀同位素的激光分离技术(AVLIS 法和 MLIS 法)的进展,应在上述世界核能变化的背景下,尤其是在离心分离技术存在和发展的背景下考虑。

9.3 铀同位素等离子体分离技术

本节简要介绍一些铀同位素等离子体分离技术的研究成果,遗憾的是这些成果最终没有得到应用。

铀同位素电磁分离技术的基础是弱电离气体中的电流与外磁场相互作用时对物质产生的电磁加速效应[3]。对等离子体的转动进行分析的结果表明,当电流为 1.5kA 时,在 200Gs 的磁场中可以获得 2.6km/h 的流速。此时得到的离心力足以使铀同位素发生有效分离。因此,将铀等离子体包容在由同心电极和上、下两个绝缘板围成的环形空间中。当电场沿半径方向、磁场平行于电极轴线方向时,就会产生沿角向加速等离子体的力。文献[3]进行的计算表明,当每一级的分离系数为 1.25 时,要将 U-235 的浓度从 0.7%提高到 3%,需要 13 级,而(根据文献[2]的数据)气体扩散法约需要 1000 级,离心法需要 20~30 级。然而在我们看来,文献[2]提出的技术发展水平不足以进行这样的比较。

文献[4]提出了一种等离子体离心分离铀同位素的方案。等离子体在洛伦兹力的驱动和控制下转动。铀等离子体由半径不同的电极之间引燃的电弧产生。氢等离子体的旋转速度 $W_\varphi \approx 10^7$cm/s。分离系数 α 和分离功取决于 W_φ(分离功正比于 W_φ^4)以及等离子体的温度和密度。在用 U 和 UF_6 进行的实验中发现,等离子体的温度 $T \approx 5700$K。实验还研究了铀在各种条件下的蒸发。当铀被用作阴极材料时,蒸发速率达到约 10^{-7}kg/℃。根据该文献的观点,可以在部分电离(约 10%)的铀蒸气中实现等离子体离心分离效果。等离子体的最大旋转速度决定临界速度 $W_c = 2.19\times10^5$cm/s,此时 $\alpha = 1.14$。在完全电离($T = 8000$K)等离子体中,等离子体的旋转速度可以达到 10^6cm/s,此时 $\alpha = 1.74$。关于等离子体离心分离铀同位素的能耗,据估算,完全电离的等离子体为 120~230kW · h/kgSWU,部分电离等离子体为 230~340kW · h/kgSWU。

文献[5]给出了利用离子回旋共振(ICR)进行等离子体分离铀同位素的研究成果。该方法的基础是铀同位素离子的回旋共振频率之差。在均匀磁场中,在圆形轨道上运动的离子的频率(离子回旋频率)取决于离子的质量和磁场强度,轨道半径取决于离子的能量。U-235 和 U-238 两种同位素的离子回旋频率相差约 1%。如果向等离子体中输入电磁辐射,并且其频率与 U-235 的离子回旋频率相等,那么仅这些离子吸收电磁辐射的能量。然后 U-235 离子的能量会增加,轨道半径随之增大。这样,U-235 与 U-238 离子的轨道就从空间上分离开来,每种同位素分别由不同的收集器收集。这种方法可以一步得到高富集度的 U-235 同位素,同时在其他领域也具有工业应用前景。需要特别指出的是,RRC KI 分子物理研究所开展了大量研究工作,开发了锂同位素(^{6}Li 和^{7}Li)分离方法,后来也用于一些稀土元素和碱土元素同位素的分离[6]。

图 9.4 示意性地表述了 ICR 分离方法的原理:等离子体通入位于磁场中的圆筒形空间内;在该空间的入口处是工作在射频范围内的电磁辐射天线。图中还示出了回旋频率是否与辐射频率一致的离子的轨迹。从图 9.4 中可以看出,在二者频率相同的情况下,离子的能量和轨道不断增大,从而使离子轨道在空间发生分离。对电磁辐射敏感和不受电磁辐射作用的离子被分别分离到不同收集器上:在一个收集器上得到目标同位素,在另一个收集器上得到的是所谓的废物,即同位素"废物"。

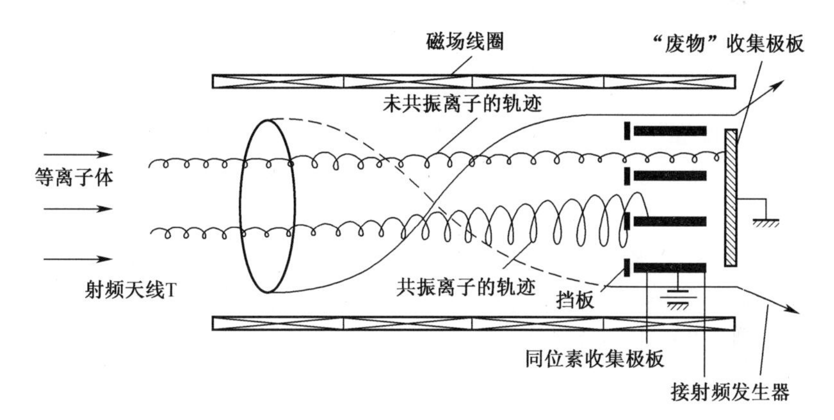

图 9.4 离子回旋共振(ICR)等离子体分离同位素的技术原理

图 9.5 是 RRC KI 利用离子回旋共振分离锂同位素的实验装置[6]。将锂蒸气送入直流放电中产生锂等离子体。在高频场开启加热离子和未开启的条件下,实验分别测量了等离子体通量密度的径向分布。当离子被螺旋高频场加热并沿着拉莫尔方向旋转时,可以观察到等离子体束的范围变宽。

装置的参数选定如下:

(1) 均匀磁场的磁感应强度,0.2~0.27T。

(2) 均匀等离子体密度,$n_e = 10^{12}\text{cm}^{-3}$。

(3) 等离子体束的直径,6cm。

(4) 离子被加热后的温度,100eV。

(5) 射频场的频率,656kHz。

实验对富集物质(产物)在收集器上沉积的过程进行了研究。此外,实验对

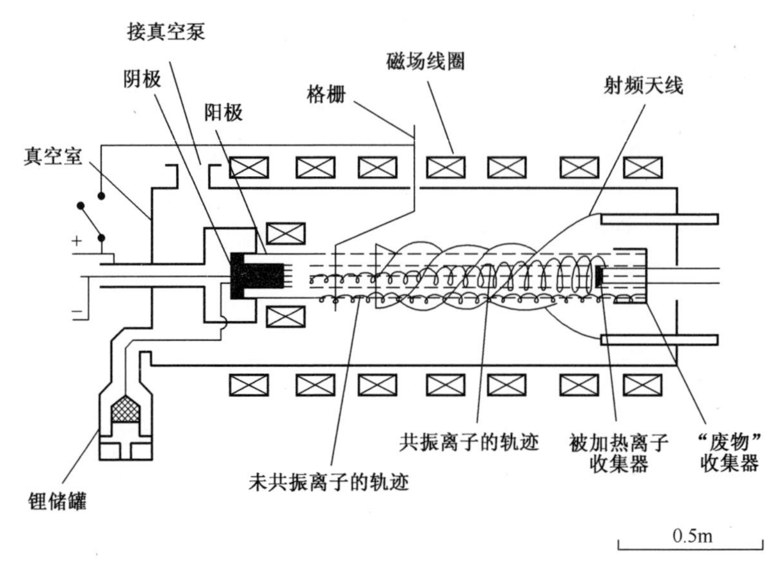

图 9.5　RRC KI 分子物理研究所通过离子回旋共振分离同位素的实验装置

平板收集器表面锂沉积物密度的分布和相应的同位素组成分布也进行了研究。实验表明，当收集器上不存在反向电压时，两个收集器表面上沉积物的密度分布不均匀。从形式上讲，沉积物密度的分布可以通过等离子体束的左旋（从等离子体源方向观察）来解释。实验结果表明，沉积的不均匀性是由等离子体的漂移运动引起的，并且与选择性加热离子的螺旋高频场无关。当收集器上存在高于 20V 的反向电压时，板上沉积物的密度分布就变得均匀。

已经进行的实验包括确定锂等离子体源中的特定区域，除等离子体之外还产生中性的原子。在等离子体中，中性原子的存在会对 ICR 分离同位素的效率产生不利影响：由于共振电荷交换，一些被选择性加热的离子将以中性粒子的形式离开等离子体，不会被系统收集起来。实验表明，中性原子的通量 $\leqslant 2.5\times10^{16}$ at/($cm^2\cdot s$)。因此，在通量为 2.5×10^{18} at/($cm^2\cdot s$) 的等离子体中，潜在的离子损失比例很小（约 1%）。

实验对目标同位素的提取效率和收集器的分离能力与收集极板上的反向电压、收集极板前挡板的高度、收集极板之间的距离等关系都进行了研究。结果表明，当收集极板的间距 $b=2r_L^*$ 时收集器的效率最高，其中 r_L^* 为被加热离子的平均朗缪尔半径。

采用离子回旋共振选择性加热同位素通常需要以下条件：

（1）磁场的均匀性 $\Delta B/B<\Delta M/M_i$，其中，B 为磁感应强度，M 为相对分子质量。

（2）离子碰撞的频率 γ_{ii} 遵从关系式 $\gamma_{ii}/\omega_{ci}<\Delta M/M_i$，其中，$\omega_{ci}$ 为离子运动

的圆频率。

(3) 运动离子的共振条件遵循关系式 $\omega - k_z V_z = \omega_{ci}$，其中，$k_z = 2\pi/\lambda$ 为天线的波矢量(λ 为波长)，V_z 为沿 z 坐标的离子速度。

(4) 由于速度 ΔV_z 的变化，存在限制条件 $\Delta\omega_D = k_z \Delta V_z \approx k_z V_z$ 且 $\Delta\omega_D/\omega < \Delta M/M_i$。

(5) 离子在加热螺旋射频场中沿拉莫尔旋转方向运动期间，等离子体束扩展的时间遵从关系式 $\Delta\omega_\tau = \pi V_z/L$，其中，$L$ 为加热区域的长度；在当前情况下，$\Delta\omega_i/\omega < \Delta M/M_i$。

RRC KI 分子物理研究所在之前研究工作的基础上，又设计了按照上述原则运行的 MCIRI 分离装置，旨在分离 Li、Ca、Ta 和一些稀土金属(Pr、Nd 和 Gd)的同位素。该装置及相应的说明如图 9.6 所示。在 MICRI 装置中，溅射靶(磁控溅射)用于产生金属离子流，其中的同位素后来被分离。围绕分离空间的磁体的线圈由超导材料制成，放置在低温恒温器中；为了提高 ICR 方法的有效性，装置上还采用了其他改进技术[6]。表 9.4 中给出了 MCIRI 装置的主要参数。

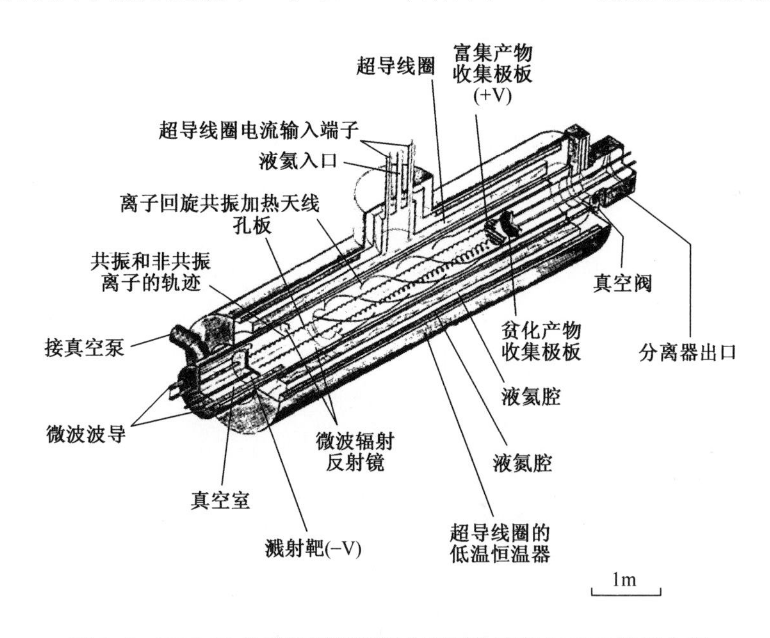

图 9.6 RRC KI 分子物理研究所分离同位素的 MCIRI 装置方案

MCIRI 的长度 $L = 7\text{m}$，直径 $D = 1\text{m}$；磁感应强度 $B = 3 \sim 4\text{T}$，$\Delta B/B \leqslant 10^{-3}$；等离子体束的长度 $l = 5\text{m}$，直径 $d = 0.5\text{m}$；粒子密度 $< 10^{12}\text{cm}^{-3}$；加热同位素离子的高频场的频率，$f = 0.5 \sim 1.0\text{MHz}$；产能 $Q = 10\text{kg}/$天。

离子回旋共振法同位素分离技术的优势归纳如下：

表 9.4 MCIRI 装置的设计参数

金属类别	MCIRI 装置处理原料的能力/(kg/天)	原料中目标同位素的含量	产物中目标同位素的含量	产物的产率/(g/天)	电磁法分离的成本/(10^3 美元/g)	MCIRI 装置分离的成本/(10^3 美元/g)
Li	5	$^{6}Li^{+}$,8%	$^{6}Li^{+}$,90%	100	—	—
Ca	5	^{48}Ca,0.2%	^{48}Ca,20%	10	200	0.7
Pd	10	^{102}Pd,0.96%	^{102}Pd,40%	10	900	—
Nd	10	^{150}Nd,5.6%	^{150}Nd,80%	200	20	—
Gd①	10	^{157}Gd,15%	^{157}Gd,85%	250	12	0.04
Tl	10	^{203}Tl,30%	^{203}Tl,95%	500	2	0.015

①全球用于核燃料循环的钆同位素 Gd-157 的需求量为 1t/年

（1）ICR 同位素分离法适用于任何化学元素的同位素。

（2）已开发技术的生产率相对较高(比电磁法高 100~200 倍)。

（3）ICR 同位素分离法的现有设备可以用于工业领域,包括超导线圈、微波发生器、射频发生器、真空泵、控制和诊断设备等。

（4）只需一步分离,富集因子却足够高(10~100,因同位素种类不同而有所差异)。

（5）与 AVLIS 同位素分离技术不同,该分离方法是基于同位素质量之间的差异。

迄今为止,ICR 同位素分离技术是目前唯一有望实现工业应用的等离子体技术。遗憾的是,其余方法以及在引言中提到的其他一些实验研究的水平仍然无法与激光分离技术的研究成果相媲美,尽管后者起步较晚。即便如此,等离子体分离技术也达到了建立中试和工业装置的水平。

9.4 铀同位素激光分离技术

激光铀浓缩技术的基础是 U-235 与 U-238 的电子能级之间存在细微的差异,此差异与 U-238 原子核中额外 3 个中子引起电子组态变化的二次效应有关。这种差异引发铀原子光谱出现明显的等温偏移效应。U-235 与 U-238 光谱之间的频率差约为 8GHz。

通过使用经精确调制、具有(与电子跃迁对应的)特定波长的单色激光可以利用这种频差效应。将激光波长的线宽调制到非常窄时,能够有选择地只激发所需的同位素(当前为 U-235),使其发生光致电离。由于获得精确调制单色光的主要手段是激光,因而采用激光激发浓缩同位素的方法通常称为激光分离法(LIS)。

激光分离可在以下条件下进行:

(1) 同位素的原子或分子谱线存在明显差异,足以与其他同位素谱线区别开来。

(2) 将激光器调谐到适当频率。

(3) 待浓缩原子或分子不会与设备壁或其他粒子发生过于频繁的碰撞。

(4) 应当开发最终分离富集和贫化物质的物理或化学工艺。

例如,汞同位素的分离就比较容易,因为它们的原子谱线是分离的。然而,对于高温下的铀,问题却复杂得多,原因在于需要加热才能得到原子态气体,并且铀原子光谱和 UF_6 分子光谱都比较复杂。激光分离方法最具魅力之处就在于单级分离系数高(达到 2 甚至更高),即使对于稀有元素的同位素也可以达到这样的效果。

激光分离过程按照以下步骤进行:

(1) 激光沿横向照射原子束或分子束。具有某些共振能量的光子被特定同位素吸收,使这些同位素具有横向速度。为了将所选定的同位素从波束中分离出来,可以对原子或分子反复激发,但是这需要大量高能量激光光子。

(2) 激光打破电子处于稳定基态的分子中的各种化学键。分子被激光照射分解后,化学键的能量使分子自由基获得反冲能量,从粒子束中分离出来。

(3) 原子被激光束电离,电离后的粒子在电场作用下被分离出来。

与 AVLIS 法相比,MLIS 法更加复杂,因为 UF_6 分子中的原子具有多种振动状态,因而 UF_6 分子具有许多能级。尽管 $^{235}UF_6$ 分子与 $^{238}UF_6$ 分子的振动能级之间存在细微差异,但是很难找到使 $^{235}UF_6$ 发生选择性光致电离的跃迁通道。然而,这种方法的优势非常突出——即使在低温下,铀氟化物也具有很强的挥发性。当用于金属铀的同位素分离时,AVLIS 法的工艺非常复杂,因为铀的熔点(1150℃)与沸点(4200℃)之间相差很大。即使在高真空和高热流密度条件下,铀从固相挥发的行为也仍然比较复杂。

9.5 铀原子蒸气激光同位素分离技术

在铀原子蒸气中可以进行激光分离铀同位素,其原理是激光照射使金属铀蒸气发生选择性电离。在理想情况下,可以只对其中一种同位素进行电离(原料混合物中的任何一种),同时使其他所有原子保持中性。铀在电子束作用下蒸发形成蒸气,与激光束相互作用后 U-235 蒸气发生电离。电离产生的离子在电场作用下从同位素蒸气中偏转出来,并收集(取样)在浓缩产物收集器上,而中性原子继续运动沉积在尾端的收集器上(图 9.7)。关于真空蒸发铀的电子束炉,更多细节如图 9.8 所示。AVLIS 工艺包括两个步骤(图 9.9):一是实现对 U-235原子的选择性激发($h\nu_1$),为此需要建立一台可以高精度调制的激光器;二是受激原子被电离,使用 3 台染料激光器(激光染料:罗丹明),总功率约为 10kW。

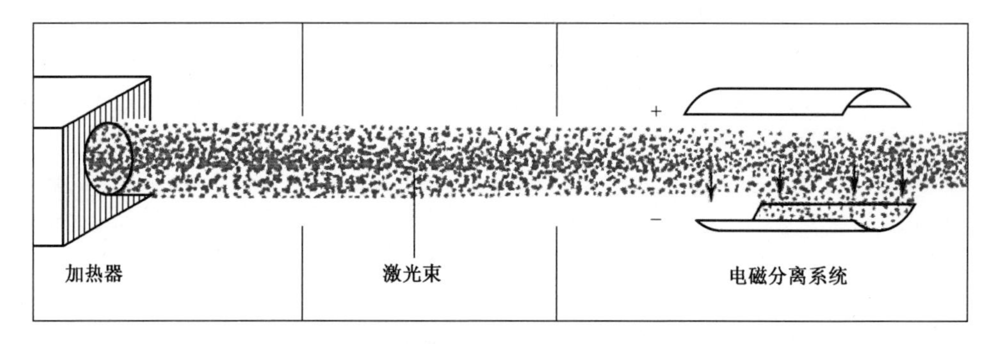

图 9.7 原子蒸气激光同位素分离示意图

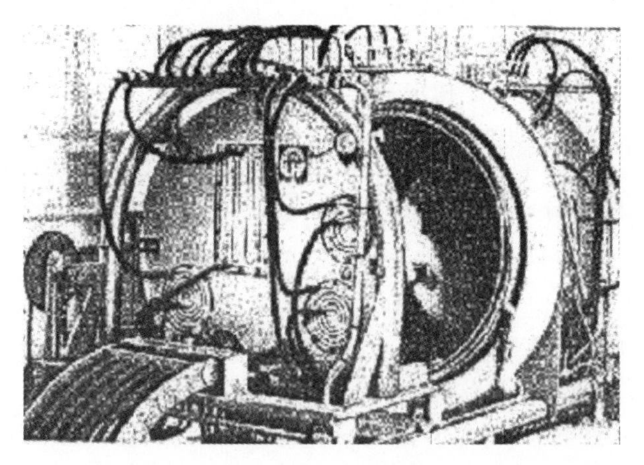

图 9.8 蒸发铀的电子束炉(实验装置,位于法国萨克莱)

铀原子具有复杂的电子壳层结构,有 900 多个能级、9000 多种电子跳跃方式。铀同位素之间的能级差约为 3×10^{-5}eV,频率差为 8GHz,因此用于选择性激发 U-235 原子的激光频率必须精确调制。当光子能量约为 1eV 时,激光能量误差不能超过 10^{-5}eV(图 9.6)。U-235 原子被激发之后再通过一步($h\nu_2$,过程 A)或两步($h\nu_2$、$h\nu_3$,过程 C)照射实现电离。对于过程 B,第二阶段的能量($h\nu_2$)可能稍低于电离阈值。在这种情况下,电离借助外加电场 E 实现。

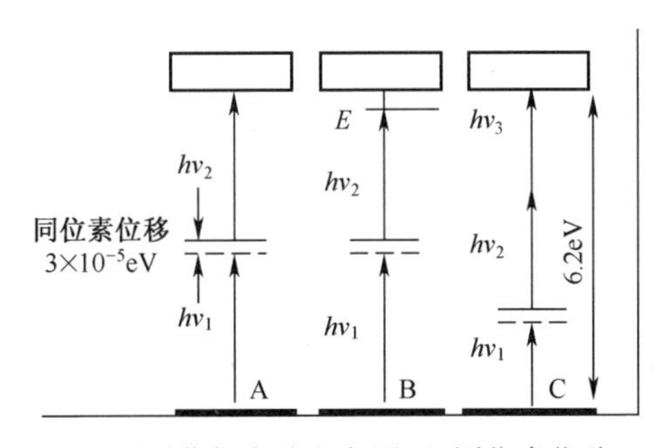

图 9.9　原子蒸气光致电离原理(同位素位移)

著名的劳伦斯-利弗莫尔国家实验室(LLNL)提出的工艺过程[5,7,8]就是铀原子蒸气激光同位素分离的例子。LLNL 过程示意如图 9.10 所示。该分离装置由三部分组成:激光系统,调谐到选择性激励 U-235 的频率;激光放大系统;U-235 原子电离后的分离系统。铀受到电子束作用在 T=2600K 蒸发,其中 45%的原子处于较低的能量状态,27%处于稍高的亚稳态,该状态并不独立于基态,不能由辐射跃迁实现。只有亚稳态的离子会被激发和收集。这一过程称为原子蒸气激光同位素分离(AVLIS)。

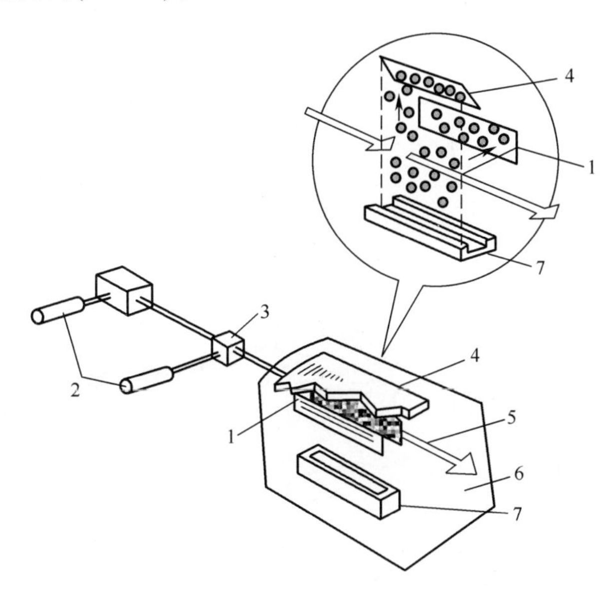

图 9.10　LLNL 的 AVLIS 过程示意图

1,4—收集浓缩和贫化 U-235 产物的收集器;2—铜蒸气泵浦的染料激光器;3—染料激光的放大器;5—激光束;6—铀蒸气;7—金属铀电子束蒸发炉。

电子束蒸发炉能够最大程度地满足大规模生产的需要。高强度电子束轰击蒸发材料的表面。电子在材料中运动的路径很短,后者被局部加热到所需的蒸发速率;局部蒸发的性质决定物质蒸发的气体动力学状态。在蒸发表面上形成了致密且瞬时存在的蒸气层,然后超声速流出形成真空环境。蒸气流被冷却并且达到所需的速度(约 1000m/s)和温度(2000K);这样我们就得到了无碰撞的细原子束。

蒸气膨胀的气体动力学状态与金属表面附近的高电子密度相结合,使处于亚稳态的原子的温度低于蒸发表面的温度。几乎所有原子都处于最低电子态中的一个或两个,即使有大量电子处于次亚稳态。为了避免材料蒸气导致电子枪阴极中毒,阴极通常隐藏在电子束背面,电子束在磁场作用下偏转到坩埚中。

金属铀的吸收光谱非常复杂,但是其中有几条固定谱线相当清晰,并且与其他铀同位素的谱线具有足够的距离,因而可以对其进行选择性激发。从图 9.10 中可以看出,该方案使用了两台激光器:第一台为 150W 的铜蒸气激光器,驱动第二台染料激光,使之产生所需波长的光(图 9.11)。所使用的激光应当单色性好、辐射强度高,并且波长能够从紫外到红外(0.2~0.22μm)精细调节。铀的蒸发速率为每秒几百克。当铀蒸气中原子密度为 $10^{20}m^{-3}$ 时,该装置的浓缩铀产率为 0.6g/s,或者 52kg/天、18t/年。

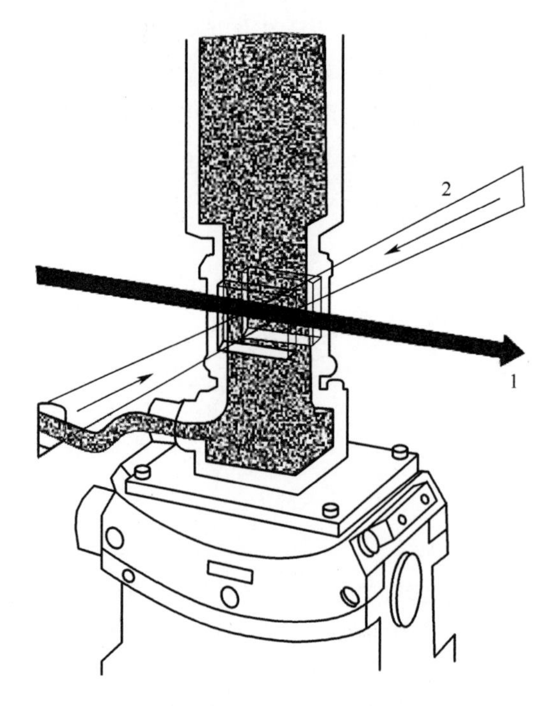

图 9.11　染料激光放大器的示意图(燃料激光(1)和泵浦激光(2)在放大通道中相互作用)

在实验中,该装置的产率有所降低,原因在于一些U-238原子也被电离(通常在电子束炉中),并被收集在极板上。U-238原子如果与U-235离子碰撞后交换电子,也可以在极板上收集。尽管如此,仍然得到了U-235富集度约为3%的产物。

LLNL过程对铀原子束中的原子数密度有根本性要求,这就限定了装置的产率。其他非限制性但必须要解决的问题还包括铀粒子束高温腐蚀问题和合适的激光(能量密度、脉冲重复率、调制精度、稳定性和可靠性)。此外,传热也是一项技术问题。

基于上述工艺,LLNL还研究了钚同位素分离。钚的熔点 $T=1187℃$,大约比铀低500℃。然而,钚的问题在于其同位素之间的质量差异很小(1个质量单位,而铀的是3个)。此外,人们希望留下可裂变同位素Pu-239和Pu-241,放弃不可裂变同位素Pu-238和Pu-240。同位素顺序之间的这种“跳跃”带来了很多技术问题。当使用 PuF_6 分子浓缩钚时,就会遇到 PuF_6 分子在较低温度下的热力学稳定性问题。PuF_6 随着温度的升高更加稳定,为了防止 PuF_6 解离要保持氟过量。然而,游离态氟的存在会加剧腐蚀,并由此导致新问题出现。

激光浓缩法分离系数很大,但是为了能够与其他技术竞争必须提高生产率。从降低能耗的角度看,激光浓缩法潜力巨大。如果能量转换成单色激光的效率为0.2%,则获得一个U-235原子需要0.5~5keV的能量(扩散法需要5MeV)。美国能源部已经在LLNL建成AVLIS法分离铀同位素的中试装置。

与AVLIS过程相关的问题之一是,铀的熔点(1150℃)与沸点(4200℃)之间相差很大。即使在高真空和高热流密度条件下,铀从固相挥发的行为仍然比较复杂。电子束蒸发铀的工艺被认为是令人满意的。在2270℃下,蒸发表面上铀的蒸气压仅为0.01Pa。为了产生足够的蒸气,需要提供高温和真空条件,但在高温下铀原子就不只是处于基态了。

AVLIS过程的分离系数为3~15,远高于一级气体离心法的浓缩倍数,也比气体扩散法高得多。由于分离系数高,AVLIS过程可以用于贫化 UF_6 的再加工。在此过程中,铀扩散厂的尾端产品(0.25%的U-235)通过一级AVLIS过程就可以浓缩到反应堆级(约3%的U-235)。

对于激光泵浦法,考虑使用铜蒸气和氯化氙两台激光器。铜蒸气激光器的设计方案更好,而氯化氙激光器却可能更便宜。泵浦激光器产生的激光激发第二台激光器,后者发射的光用于分离过程。在这个方案中,效率和精度对波长的要求是分开的。第二台设备由染料激光器(图9.11)组成,将泵浦激光器的光转换成工艺用光。该设备可灵活调节,并且可靠性高。染料激光器将绿光和黄光转变成为精确调制的红光,对应于铀原子的吸收谱线。用于铀浓缩的染料激光器安装在三轴装置上,其中泵浦激光器的光线、流动染料和染料激光束在狭窄流道中交汇。泵浦激光被转变成染料激光,从而增强了染料激光器的光束。

使用传统液体有机染料的可调谐染料激光器的效率很低(约 0.2%),工作脉冲重复频率不高(约 100Hz)。此外,燃料激光器所用的染料溶剂必须提纯到适用于激光的品质;燃料在分解后还需要持续不断补充。尽管染料的浓度很小,但是溶剂的流速却很高,这样就会带来严重的问题。脉冲频率(约 10000Hz)根据铀蒸气的速率来确定,因此需要大量连续工作的激光放大器。

9.6 AVLIS 过程的商业化

在 AVLIS 过程中,U-235 由电场或磁场引出,沉积在收集极板上。浓缩倍数(分离系数)取决于同样沉积在板上的 U-238 原子的量。这些 U-238 原子的来源有:

(1) 直接扩散到极板上;

(2) 带电的 U-238 在电子束作用下被直接引出;

(3) U-238 原子与带电的 U-235 碰撞后交换电荷,然后沉积在极板上。

AVLIS 过程在走向商业化时还存一些障碍,包括具有高化学活性的铀蒸气和形成、维持较低的工作气压。根据初步测算,AVLIS 过程的能耗为 100~200kW·h/SWU,这与气体离心法的能耗相当,约为气体扩散法能耗的 1/10(表 9.5)。据 1979 年的估算,AVLIS 过程的成本为 20~80 美元/SWU,气体扩散法为 120 美元/SWU(表 9.5 和图 9.12)。建造 AVLIS 工厂的主要成本是激光器和反射镜的成本。激光器的能耗成本是另外一个重要问题。能耗在很大程度上取决于反射镜的质量。当反射镜的反射系数为 99.6%、一个激光脉冲通过 300 多面反射镜时,反射损失的能量占 70%以上。考虑铀原子对激光的吸收截面,以及电离每个铀原子需要 6.2eV 的能量,以 0.2%的效率工作、输出功率为几千瓦的激光系统,其输入功率应达到几兆瓦。

表 9.5 气体扩散法(GD)、气体离心法(GC)和 LIS 法的相关参数比较[2]

参数	GD	GC	LIS
投资/(美元/SWU)	388	233	195
能耗/(kW·h / SWU)	2100	210	170
产能/(t/年)	9000	3000	3000

基于对 AVLIS 方法经济性分析的结果,原型系统建立了起来。该系统包含 40 台铜蒸气激光器,5 台染料激光器,7 台染料激光放大器。天然铀蒸气通过分

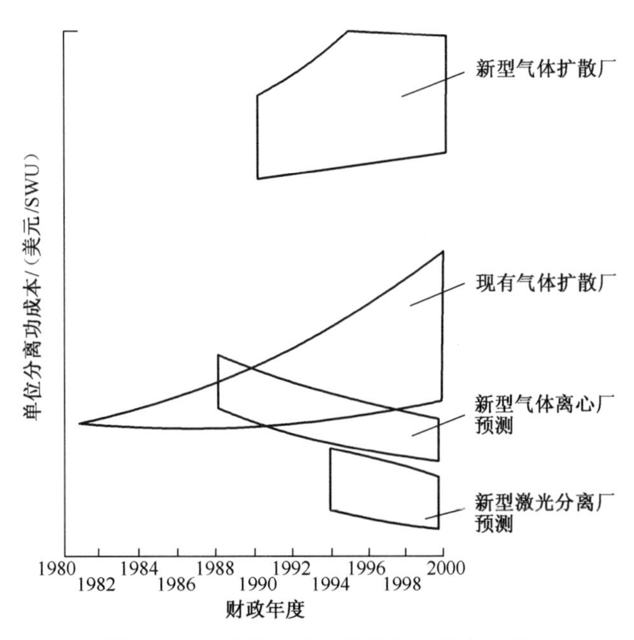

图9.12　各种铀浓缩工艺的相对成本比较

离模块一个循环就可以得到富集度为3.2%的U-235。

在LLNL实验系统的基础上,一套全尺寸示范装置(图9.13)于1990年建成,基于该装置可以完成铀浓缩的生产流程。该装置的分离模块密封在高真空外壳内,包括铀原料蒸发器和浓缩铀收集极板。

当铀蒸气中铀原子的数密度为$10^{20}m^{-3}$(U-235原子数密度为$7\times10^{17}m^{-3}$)时,在与激光相互作用的区域内铀蒸气的体积约为$0.4m^{-3}$(长200m,直径0.05m),激光脉冲的频率约为10^4Hz,该装置浓缩铀的产能为0.6g/s、52kg/天或18t/年。

为了实现更高的分离系数,铀蒸气的密度应足够小,因为随着密度的增大,原子U-235与U-238原子之间交换电荷的频率也增大,从而降低激发过程的选择性。与此同时,铀蒸气的密度也不能太低,否则会降低装置的产能。

据美国专家估算,建设一座产能为10^6SWU/年的工厂,1SWU/年的成本约为122美元。投资成本(根据1986年的美元汇率)概括如下:

(1)标准厂房和构筑物建设,157.83$10^6$美元;

(2)工艺设备:

激光器,227.40$10^6$美元;

分离系统,171.40$10^6$美元;

电厂,81.71$10^6$美元;

测控仪器和自动化设备,10.65$10^6$美元;

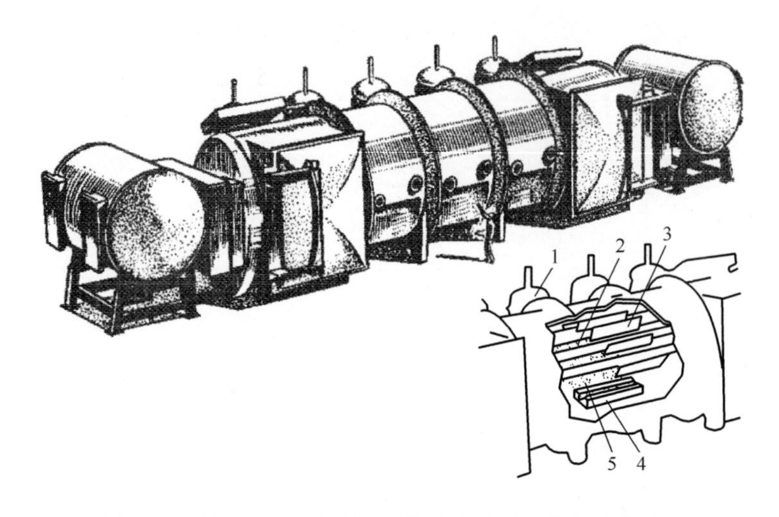

图 9.13 基于 LLNL 实验装置的全尺寸激光分离示范系统

1—贫铀容器;2—激光束;3—浓缩铀收集极板;4—电子束蒸发炉;5—铀蒸气。

辅助设备,8.5510^{6} 美元;

总计: 841.2510^{6} 美元。

(3) 项目工作,140.0010^{6} 美元;

(4) 安装工作,233.7510^{6} 美元;

总计:1215.0010^{6} 美元。

对于产能为 5×10^{6}SWU/年的工厂,投资额预计为 7 亿美元,或 1SWU/年的投资成本 $k_{sp}=140$ 美元。

对于产能 5×10^{6}SWU/年和 10×10^{6}SWU/年的铀浓缩厂,根据美国专家的估算,1SWU 的运行成本 18.5~25 美元;其中各部分所占的比例为:电力成本占 30%,铀原料处理成本约占 20%,工资约占 15%,其他成本约占 20%。所有测算不包括折旧成本以及设备和建筑物维修成本(10~15 美元/SWU)。

激光分离系统所需的厂房总面积约为 50000m^{2},其中包括:激光器占 9000m^{2};分离模块占 17000m^{2};铀蒸发、冷凝和运输设备占 18000m^{2}。

贫料中 U-235 的含量为 0.047%。对于产能为 5×10^{6}SWU/年的激光浓缩厂而言,每年可生产 25t U-235 富集度为 93%的铀。在美国,激光技术的一种有效用途是对扩散浓缩厂积累的尾料进行再加工(约为 70 万 t;U-235 的平均富集度约为 0.25%)。

据 1985 年美国进行的测算,各种铀浓缩法的能耗分别为:气体扩散法,2400kW · h/SWU;气体离心法,100kW · h/SWU;激光法,100kW · h/SWU。就单位分离功的成本而言,扩散法为 90 美元,离心法为 90 美元,激光法为 25~30

美元(根据1984年的美元汇率)[7]。关于当时浓缩厂的投资成本,激光浓缩厂和(采用SET-5的)离心浓缩厂均约为200美元/(SWU·年)。

俄罗斯AVLIS技术的研发工作于1994年完成[1]。图9.14给出了RRC KI的数据,用于说明激光功率对铀同位素分离效果的影响。曲线1、2、3分别表示U-235同位素吸收不同波长的激光后发生的各种“失谐”情形,竖线对应于产能为10^6kgSWU/年的系统的计算结果。从图中可以清楚地看出,利用不同波长的激光激励,均可将产物中的U-235浓缩到20%。AVLIS技术中最有前景的设备组合方案是铜蒸气激光器、可调谐染料激光器和电子束铀蒸发装置。

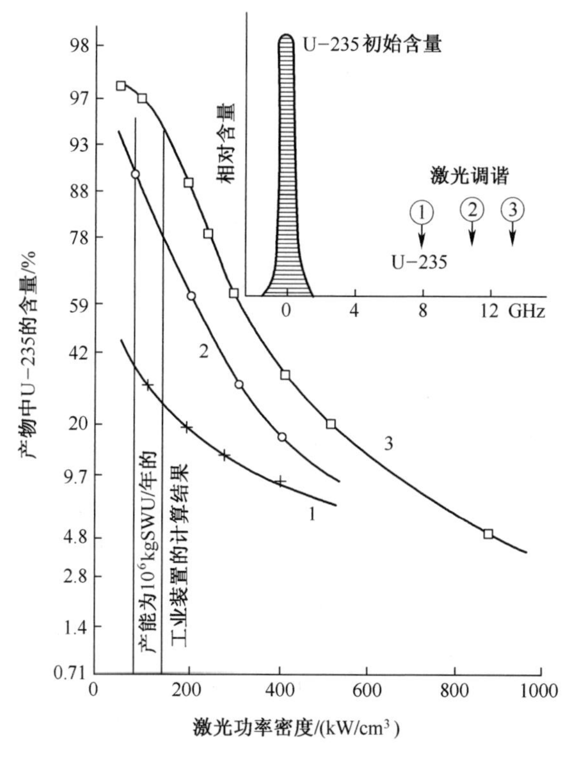

图9.14 激光功率对铀同位素分离选择性的影响(实验结果)[1]

在科技文献中通常会看到一些观点,反对当前工业中的激光铀浓缩法。然而,美国20世纪90年代初就建成了产能为10^6SWU/年的激光分离中试装置;在法国,激光分离技术正得到大力发展,这种反对声音并没有起任何作用,因为法国的分离技术仍然基于气体扩散法。然而,在拥有先进铀同位素离心分离技术的国家,非常难以发展与之竞争的AVLIS激光技术。此外,若采用AVLIS方法,就不得不重新构建这些国家所需的核燃料循环。问题的关键在于,在许多国家,将铀最终纯化到核纯级是通过精馏获得UF_6之后实现的。如果坚持采用AVLIS

分离方案,就需要在浓缩厂之后建设更多的转化厂还原 UF_6。然而,在拥有铀矿场和冶金厂、提取核纯级铀用于商业核反应堆生产 Pu-239 的一些国家,就有可能为了新目的采取新的提取精炼方案。

还有一种观点认为,AVLIS 方法不应当被看作离心法的竞争对手,而是作为一种补充。这种观点认为,AVLIS 技术是选择性技术,因而它能更好地解决回收铀二次富集中存在的同位素校正问题(表 9.6)。计算表明,对于含有浓度几乎相同的 U-234、U-236 和具有辐照风险的 U-232 等杂质的回收铀,与其他技术不同,AVLIS 技术能够凭借其选择性一步将 U-235 从初始混合物富集到产品级。

表 9.6 反复循环后的核燃料中铀同位素的含量[1]

同位素	原料中的含量/%	多次浓缩后的含量/%	
		GD 和 GC	AVLIS
U-235	0.83	3.7	3.7
U-232	10^{-7}	6×10^{-7}	10^{-7}
U-234	0.02	0.11	0.02
U-236	0.41	1.40	0.41

9.7 铀同位素分子激光分离技术(MLIS)

在美国斯坦福大学和洛斯阿拉莫斯国家实验室(LANL),研发工作聚焦于 UF_6 分子中铀原子的振动[5,8,9]。MLIS 过程的目的是仅使 $^{235}UF_6$ 分子与激光辐射发生相互作用,并使其解离。在 UF_6 分子的振动能级中,有三个区域可供选择:

(1) 具有最低离散能级的振动区;

(2) 准连续光谱区;

(3) 连续光谱区。

对应于 UF_6 分子中原子的振动状态,UF_6 分子具有许多能级(图 9.15)。$^{235}UF_6$分子的振动状态较低,相对于$^{238}UF_6$ 分子的能级存在细微偏移。在红外光谱区选择适当波长的激光,就可以选择性地只激发$^{235}UF_6$ 分子。然后,在紫外区运行的激光照射下,激发态分子发生分解$^{235}UF_6\rightarrow^{235}UF_5+F$。$UF_5$ 的挥发性较 UF_6 差,会沉积下来。

在 MLIS 法的第一阶段,波长为 16μm 的红外激光激发$^{235}UF_6$ 分子,使分子的振动状态发生改变。由于分子振动频率和转动频率的存在,UF_6 的吸收光谱比铀原子复杂得多。为了促进对$^{235}UF_6$吸收光谱的选择性激发,将 UF_6 与氢气的混合气通过超声速喷嘴使之绝热膨胀。这种膨胀既冷却了$^{235}UF_6$,又不使其凝结。由于气体膨胀,UF_6 气体中分子随机运动的动能大部分被转变成在喷嘴中的直线运动。通过喷嘴之后,由于分子间的碰撞,UF_6 分子振动和转动的能量有所降低,处于高振动和转动态的分子数量减少了,从而使$^{235}UF_6$ 吸收光谱的波长约为 16μm。含有 UF_6 和 H_2 的气体被冷却到约 30K,此时所有分子都处于振动最弱的基态。

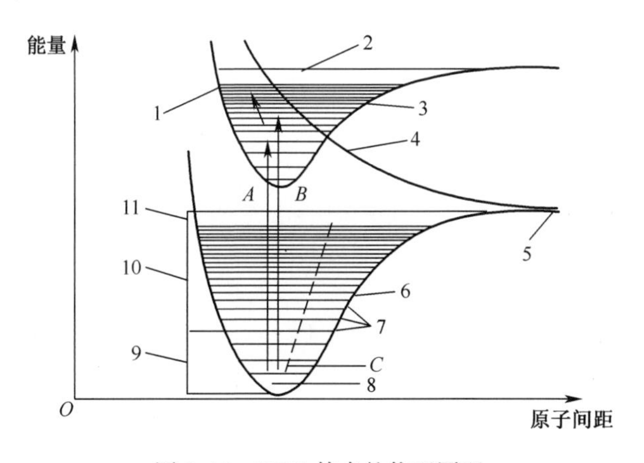

图 9.15　MLIS 技术的物理原理

1—电磁波红外光谱区(IR)中的多光子吸收曲线;2—激发态的解离阈值;3—电子的激发态;4—分子的解离态;5—基态的解离阈值;6—电子的基态;7—分子的振动能级;8—红外区的光子吸收;9—离散光谱区;10—准连续光谱区;11—连续光谱区。

MLIS 过程示于图 9.16。绝热膨胀后的 UF_6 以约 500m/s 的速度注入混合器 2,在此与载气(H_2)3 混合后通入照射室 5,在这里同时被红外激光 14(16μm)和紫外激光 4(0.08μm)照射。接着,流体分成两相:$^{235}UF_5$ 凝结成精细粉末("激光霜"),形成一种独立物流,收集在收集器 8 中;氟与$^{238}UF_6$ 的混合气通过扩散器 7 之后通入分离器 9;在这里,氟 6 与贫化 $UF_6$10 分离。$^{235}UF_5$ 粉末被送入氟化器 12,被氟化成富集 U-235 同位素的 UF_6(13)。

MLIS 过程已由南非原子能公司(AEC)于 1994 年前实现商业化,用于生产 U-235[10]。(1994 年,南非的政治权力从白人少数民族移交到非洲国民大会手中,位于佩林德巴的南非 AEC 进行了重组,尤其是关闭了铀浓缩厂)。

AEC 的过程根据图 9.16 中所示的概念进行:采用脉冲频率为 2kHz 的 CO_2 激光器选择性激发$^{235}UF_6$,并实现激发态$^{235}UF_6$ 分子的解离[10]。AEC 基于 MLIS 技术建立的中试装置如图 9.17 所示。图中设备包括 CO_2 激光器、激光器电源、放大器、激光光学装置,以及汇聚成一束之后传输到分离模块的激光(分

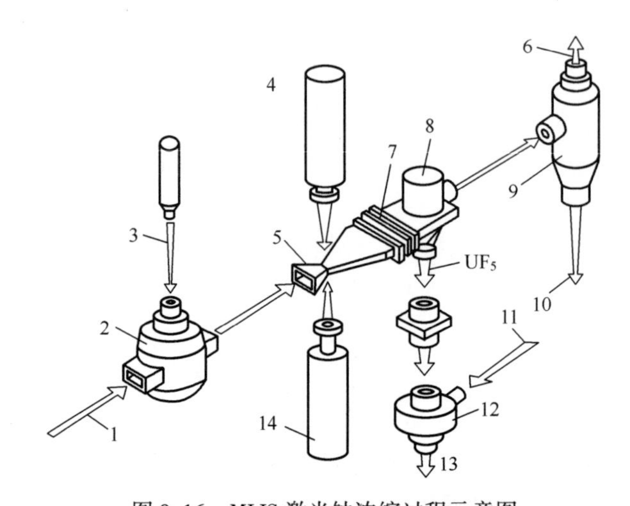

图 9.16　MLIS 激光铀浓缩过程示意图

1—原料；2—混合器；3—惰性气体；4—紫外激光；5—照射室；

6—$^{235}UF_6$ 解离产生的氟；7—扩散器；8—收集器；9—分离器；10—贫化 UF_6；

11—氟；12—氟化器；13—富集 UF_6；14—红外激光器。

离模块位于图的右上部，图中未显示）。脉冲频率为 2kHz 的工业级 CO_2 激光器如图 9.18 所示。

图 9.17　AEC 基于 MLIS 技术建立的中试装置[10]

MLIS 系统配备了先进的共振耦合充电激光电源、驱动激光脉冲的多级磁压缩机，以及使 UF_6 在解离区绝热冷却的超声速喷嘴[10]。对于由扩散法或离心法分离铀同位素得到的贫化 UF_6，利用 MLIS 激光浓缩处理时，物料流向总体方案如图 9.19 所示。红外（IR）和紫外（UV）激光作用在气流上。贫化产物$^{238}UF_6$送去存储，产品$^{235}UF_5$ 送入氟化器合成富集 UF_6。

图 9.18　脉冲频率为 2kHz 的工业级 CO_2 激光器

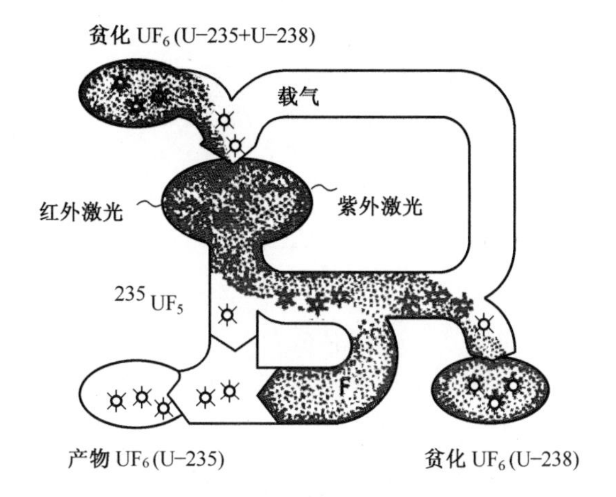

图 9.19　MLIS 激光浓缩过程的物料流向总图

9.8　级联分离方案的构建

与气体扩散法、离心法和喷嘴法等铀浓缩技术不同,基于激光法构建级联分离方案不一定是最佳选项。这是因为激光法具有如下特征:

(1) 分离系数大;

(2) 为提高经济效益而选择流量分配系数的范围有限;

(3) 能量回收需要发生化学和/或相位变化;

(4) 投资成本高,能源强度低。

对于分离系数较低的技术,如气体扩散法,理想的级联方案是富集物料在同一级内不发生混合。混合会导致熵、分离功率和能量需求均增加。对于这样的过程,通过选取适当的进料、产物和尾料数据,可以很好地接近于理想级联方案。对于分离系数较大的过程,可能需要非理想级联方案,以最大限度地降低运行成本,尤其对于同位素数量大于 2 的情形。从自发链式反应的角度看,同位素混合的风险可以通过小批量定期分离来消除。如果每批待分离混合物的制备时间很长和/或一次分离操作中物料的利用率(由分离设备处理的初始同位素混合物的分数)很低,那么从经济性考虑,宜将未分离的同位素混合物反复通过分离系统。

对于激光分离系统而言,如果产物和尾料的浓度与级联数量、对进料的要求和激光功率相适应,该分离系统的设计就可以认为经济上是最佳的。如果要实现富集目标仅需要附加分离级的一小部分能力,物料的部分循环就具有经济性。如果这些情形需要附加一大部分分离能力,就有可能将物流分成多路,而这不仅可以降低激光的功率和物流参数,还减少了局部富集现象。采取不同数量的富集和贫化级结合向级联分离级输入物料,可以有效地减少达到目标富集度所需的总级数。

9.9 JANAI-LIS 铀同位素分离法

泽西核富高同位素(JNAI)公司开发了另外一种激光分离同位素原子蒸气的工艺,采用的是电子束和铜坩埚蒸发铀原子[5]。当磁感应强度为 0.1T,温度 $T=1000$K 时,U-235 与 U-238 的同位素位移约为 0.01nm(U-235 的谱线为 502.729nm,U-238 为 502.74nm)。由于光谱的结构非常精细,激发过程变得非常复杂,所使用的激光束的波长精度需要达到 10^{-5}(约 0.002nm)。这一精度由可调谐染料激光束经过多次反射实现,并且铀蒸气穿过激光束。JANAI-LIS 法是一个单级过程,因为尾料不进行循环处理,并且电力周期性地供给。JNAI-LIS 方案示于图 9.20。铀原子在真空中被电子束蒸发后,穿过收集极板,在极板之间被激光束照射。U-235 原子被选择性电离,并在电场作用下收集在极板上。

如前面所述,AVLIS 过程存在的问题之一在于,铀的熔点(1150℃)与沸点(4200℃)之间相差很大。因而,即使在高真空和高热流密度条件下,铀也很难从固态蒸发出来。利用电子束熔融是一种令人满意的工艺。在 2270℃下,铀蒸气在蒸发表面的压强仅为 0.01Pa。为了得到足够的蒸气流,需要高温和真空条件,但在高温下铀原子不仅仅处于基态。为了解决这一问题,JNAI 过程采用了四种波长的激光,分别选择性激发处于基态和热激发态的铀原子。由于美国能源部决定选择 LLNL 工艺并继续推动,JNAI 工艺的进一步开发工作已经

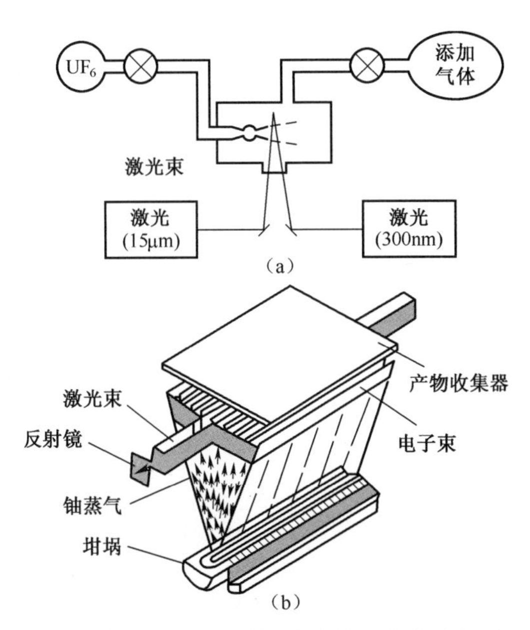

图 9.20 JNAI-LIS 激光分离铀同位素示意图
(a)铀蒸气产生;(b)离子收集。

停止[5]。

9.10 MLIS 法的新应用——分离锕系元素

MLIS 法用于除去 UF_6 中的 NpF_6 和 PuF_6 杂质时,基本原理与前述大致相同[11]。该方法的基础是用激光照射含有 NpF_6 和 PuF_6 杂质的 UF_6,将 NpF_6 和 PuF_6 选择性激发到其解离阈值之上,使之解离生成非挥发性的低价氟化物和氟。激光照射过程分两个阶段进行:第一阶段采用能量范围为 10000~7000cm^{-1} 的激光,第二阶段采用 13000~9000cm^{-1} 的激光。

不易挥发的 Np 和 Pu 的低价氟化物沉积在反应器壁上,实现 Np、Pu 与 U 的分离。沉积下来的 Np、Pu 的非挥发性氟化物可以进一步氟化,形成挥发性的六氟化物。如有必要,还可以基于 PuF_6 在较低温度下的热不稳定性进一步分离和收集。

参考文献

[1] Материалы юбилейной сессии Ученого совета РНЦ《Курчатовскийинститут》. 11 - 13. 05. 1993,

с. 116.

[2] М. И. Солонин. Состояние и перспективы развития ядерного топливного цикла мировой и российской ядерной энергетики. Атомная энергия, 2005, т. 98, выпуск 6, с. 448-459.

[3] Okada Osami, Dodo Taro, Kawai Toshio. Separation of Uranium Isotope by Plasma Centrifuge. J. Nucl. Sci. and Tech, 1973, v. 10, N. 10, p. 626-631.

[4] N. Natrath, H. Kress, J. McClure, G. Muck, M. Simon, H. Dibbert. Isotope Separation in Rotating Plasmas. Uranium Isotope Separation. Proceed. Int. Conference, London, 1975, p. 53-60.

[5] Н. М. Синев. Экономика ядерной энергетики. М. : Энергоатомиздат, 1987.

[6] A. I. Karchevsky. Performance of the High Aperture Plasma Flow for Stable Isotope Separation of the Eleme nt-Metals via the Method of Ion Cyclotron Resonance (ICR) Heating. 2001 International Workshop on Plasma Processing for Nuclear Applications. Hanyang University, Seoul, Korea. August 9 - 10, 2001. Pages 96-106.

[7] W. De Rulter. La Separation Isotopique par Laser. La Recherche, 1985, N. 162, p. 32-40.

[8] US Picks Lasers to Enrich Uranium Fuel. New Scientist, 1985, N. 1460, p. 5.

[9] Г. А. Котельников, Л. Н. Нефедова. Лазерное разделение изотопов урана. Атомная техника за рубежом, 1986, № 3, с. 8-12.

[10] Enabling Technologies. Technology Development. AEC RSA, 1993.

[11] Джипе Эндрю Филлип, Филдс Марк. Способ и система очисткигазообразного UF6. Заявка 96114913/25. Россия, МПК, C01G 43/06. Заявлено 10. 07. 96. Опубл. 27. 10. 98. Бюллетень № 30.

第10章

零废物制备材料的新技术：铀氟等离子体及应用

10.1 铀氟等离子体的一般特征

铀氟(U-F)等离子体之所以值得深入研究,首要原因与气态铀燃料核动力反应堆的建设计划有关。这种气态铀燃料是 UF_6 气体或铀等离子体。为了产生铀等离子体燃料,需要在 UF_6 中激发放电。UF_6 先进核反应堆的概念出现于20世纪50年代末[1];从那时起,人们进行了大量尝试[2-10]。利用高温气态燃料的核反应堆加热发电系统的工质,可以大幅提高发电效率。这对于高峰值功率的磁流体(MHD)发电机而言尤为重要[8]。在采用气态燃料核反应堆的磁流体发电机中,工质(如氩气)流过气态核燃料所占据的空间。在这种情况下,根本问题是工质与气态燃料混合的概率。因此,对于这种发电系统最有意义的方案是工质即反应堆的核燃料。这种工质(或者燃料)就是含有不同浓度 U-235 的 UF_6。在发展这种概念的核反应堆时,需要研究 UF_6 的热物理性质和电物理性质,研发产生 U、U-F 和 U-F-Ar 等离子体的技术、设备并研究这些等离子体的特性。此外,这些研究还受到 U-F 等离子体其他潜在应用的推动,其中值得关注的领域如下：

(1) 利用铀的裂变能直接激发激光。

(2) 利用铀裂变产生的热辐射或非平衡电磁辐射对激光进行光泵浦,这是 UF_6 气体和/或裂变铀等离子体的一部分。

(3) UF_6 作为工质或者工质的组成部分用于磁流体发电机产生电能;由于

无需传热面就可以获得高温工质,并且铀原子的电离电位低(4eV),二者结合就有可能实现磁流体能量向电能的转换。

(4) 改善闭式循环燃气涡轮发电机的性能。

(5) 发展各种等离子体同位素分离技术,包括等离子体离心分离和等离子体电磁分离技术。

此外,U–F 等离子体在化工冶金领域中的应用同样重要。利用 U–F 等离子体可以合成或分离各种用于核燃料循环的产物:粉状或块状铀、非挥发性铀氟化物、单质氟等,以及用作转化剂制备铀的氧化物、碳化物、氮化物和 HF 等。这些应用方向的发展和实施在很大程度上得益于各种等离子体放电技术的研究,如大功率高频等离体发生器(功率约为 1MW 甚至更高),等离子体诊断技术等。此外,研究者们还设计了特殊等离子体炬和管道,用于产生和输运 U–F 等离子体;研究了 UF_6 分子片段的结构和特性及其形成的动力学,确定 U–F、U–F–Ar 等离子体沿管道输运过程中以及在管道出口处形成的最稳定产物的成分。

10.2 高温 UF_6 中的物理化学过程

对于具有循环活性区的气体燃料核反应堆,用作燃料的 UF_6 及其与氦气的混合气体的热物理性质在文献[9]中进行了详细讨论。所以,这里仅讨论 U–F 等离子体与化工冶金应用有关的性质。

10.2.1 U–F 等离子体的热力学

严格地讲,UF_6 在高温下的热力学和热稳定性这一概念是不充分的,因为在 U–F 体系中存在挥发性、弱挥发性、稳定和可能不稳定的氟化物,并且在任何有限尺寸等离子体反应器的近壁区域都存在凝结现象,即使温度高于 3000K。但是,在任何情况下为了分析 U–F 等离子体的行为都需要了解其热力学信息。对于化工冶金领域的应用而言,UF_6 热分解和 U–F 等离子体的形成至少由下列方程描述:

$$UF_6(g) \longrightarrow UF_5(g) + F(g), \Delta H = 278\text{kJ} \quad (10.1)$$

$$UF_5(g) \longrightarrow UF_4(g) + F(g), \Delta H = 423.06\text{kJ} \quad (10.2)$$

$$UF_4(g) \longrightarrow UF_3(g) + F(g), \Delta H = 624.60\text{kJ} \quad (10.3)$$

$$UF_3(g) \longrightarrow UF_2(g) + F(g), \Delta H = 605.3\text{kJ} \quad (10.4)$$

$$UF_2(g) \longrightarrow UF(g) + F(g), \Delta H = 565.17\text{kJ} \quad (10.5)$$

$$UF(g) \longrightarrow U(g) + F(g), \Delta H = 663.50\text{kJ} \quad (10.6)$$

$$2F(g) \longrightarrow F_2(g) \tag{10.7}$$

$$U(g) \longrightarrow U^+(g) + e(g),\ \Delta H = 597.63\text{kJ} \tag{10.8}$$

$$F(g) \longrightarrow F^+(g) + e(g), \Delta H = 1682.77\text{kJ} \tag{10.9}$$

$$F(g) + e(g) \longrightarrow F'(g), \Delta H = -345.55\text{kJ} \tag{10.10}$$

如有必要,这组方程可由其他方程来补充,包括组分分子的电离方程以及铀、氟原子的更深程度电离方程。作为U-F等离子体的组分,铀氟化物的一些物理、化学性质列于表10.1。借助这些参数,可以分析、预测U-F等离子体在不同应用领域中的行为。

表10.1　U-F等离子体的组分——铀氟化物的物理、化学性质

化合物	生成焓/(kJ/mol)	平均结合能/(kJ/mol)	升华焓/(kJ/moL)	沸点(*)/K	熔点/K	UF_{n-1}-F结合能/(kJ/mol)
UF_6	-2142.426	523.513	50.232	325	329	305.70
UF_5	-1945.000	573.275	139.724	960	629	387.20
UF_4	-1604.036	612.034	315.0	1690	1309	624.58
UF_3	-1060.000	608.942	447.479	2550	1700	605.3
UF_2	-535.000	612.275	(495)	(3080)	(1650)	565.17
UF_1	-47.860	660.135	(526)	(3170)	(1500)	663.50
U	535	—	535	380	1405	—
注:括号内的是估算值或者假定值						

目前,关于U-F等离子体组分的热力学性质已有充足的数据[11,12]。根据这些数据,可以计算当压强$p=1.013\times10^5$Pa和$p=1.013\times10^6$Pa时U-F等离子体的组成(图10.1)。分析现有的U-F等离子体热物理性质的数据,可以得出如下结论:

(1) 随着UF_n分子中氟配位体数量的减少,平均结合能增大了,化合物的挥发性逐渐降低。因此,这些铀氟化物是稳定的,如UF_6、UF_5、UF_4和UF_3等。

(2) 如果氟化铀的解离发生在非等温等离子体中,低挥发性UF_6片段和重新复合的挥发性氟化物UF_6、UF_5有可能在放电室的近壁区和等离子体中其他温度较低的区域内发生凝结。

(3) 在大气压下,UF_6在$T\approx1850$K时明显开始解离,UF_5、UF_4、UF_3、UF_2分子密度以及U和F原子密度分别在约2400K、3000K、4000K、4600K、5350K、6000K和5250K达到最大值。F_2分子密度在2300K达到最大值。压强升高,UF_6分子及其片段分压的最大值向温度更高的方向偏移。因此,当压强升高到

$p=1.013\times10^{6}$ Pa 时,对应于最大值的温度分别增大至 3200K、3500K、4800K、5100K、5900K、6400K 和 5400K。

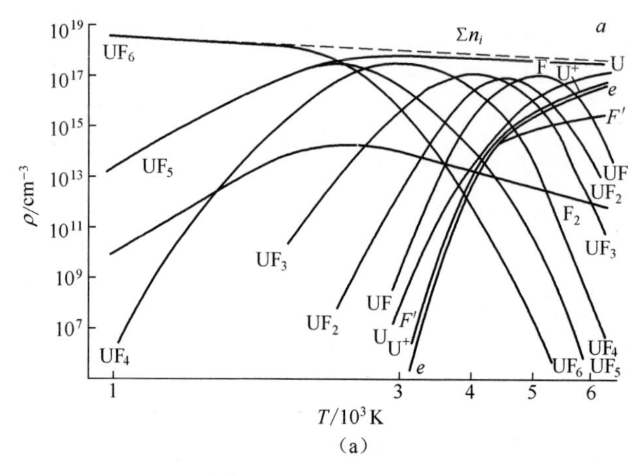

(a)

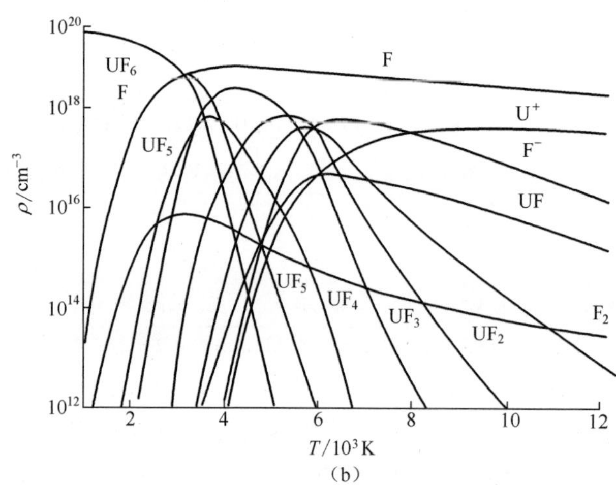

(b)

图 10.1　U-F 等离子体的准平衡组成

(a) $p=1.013\times10^{5}$ Pa;(b) $p=1.013\times10^{6}$ Pa。

10.2.2 U-F 等离子体的电导率

等离子体的电导率根据斯必泽(Spitzer)理论近似计算[13]:

$$\sigma = 2.64\times10^{-4}[\gamma(z)/Z\ln\Lambda]T^{3/2}(\Omega^{-1}\cdot\mathrm{cm}^{-1}) \tag{10.11}$$

式(10.11)考虑了电子与电子和电子与离子的相互作用。文献[14]基于电子的非库仑相互作用对 U-F 等离子体的电导率进行了计算。结果发现,在5000~20000K的温度范围内,介质原子对电子的弹性散射起决定性作用。

在等压过程中,等离子体电导率使用下式计算:

$$\sigma_{eio} = 1/(\rho_{ei} + \rho_{eo}) \tag{10.12}$$

式中：σ_{ei0}为等离子体电导率；ρ_{ei}为斯必泽等离子体电阻率；ρ_{e0}为非库仑过程的等离子体电阻率。ρ_{ei}和ρ_{e0}分别为

$$\rho_{ei} = 3.78 \times 10^3 [(Z\ln\lambda\Lambda)/\gamma(z)] T^{-3/2} (\Omega \cdot cm) \tag{10.13}$$

$$\rho_{e0} = 2.40 \times 10^9 T^{1/2} (1/n_e) \sum n_k q_k (\Omega \cdot cm) \tag{10.14}$$

式中：$\gamma(z)$的关系式在文献[13]中给出，在这种情况下，$\gamma(z) \approx 0.582$；q_k为电子与密度n_k的等离子体相互作用的横截面。

U-F等离子体在$(1 \sim 11) \times 10^3$K范围内的电导率由文献[8]进行了计算。计算基础是气体的部分电离理论，采用的表达式如下：

$$\sigma^{-1} = \sigma_{e,0}^{-1} + \sigma_{e,i}^{-1} \tag{10.15}$$

$$\sigma_{e,0}^{-1} = \sqrt{8kTm_e/\pi e^4} \sum_k [q_k(n_k/n_e)] \tag{10.16}$$

$$\sigma_{e,i}^{-1} = (\sqrt{\pi/2})[(\sqrt{m_e}e^2\ln\lambda)/(kT)^{1,5}] \sum_k [n_i/n_e] \tag{10.17}$$

式中：$\sigma_{e,0}$、$\sigma_{e,i}$分别为电子与中性粒子和离子碰撞形成的电导率；n_i为第i类离子的密度；n_k为第k类中性粒子的密度；n_e为电子密度；q_k为电子与第k类中性原子碰撞的截面；m_e和e为电子的质量和电荷；λ为导热系数。

不同压强下U-F等离子体的电导率与温度的关系如图10.2所示。从图中可以看出，当$T<6000$K时，U-F等离子体的电导率相对较小。如果我们认为当等离子体的电导率达到$1\Omega^{-1} \cdot m^{-1}$时才可以在$UF_6$中存在自持放电，那么在$p=1.013\times10^4$Pa的条件下，所需的最低温度$T=3500$K。随着压强的升高，该温度点几乎与$\ln p$呈线性关系向右侧移动。当$p=1.013\times10^7$Pa时，维持自持放电所需的最低温度约为5000K。

在U-F-Ar等离子体中，当铀与氩原子的数量之比$\alpha=U/Ar=10^6$时，电导率计算结果表明，在工艺上可接受的压强范围内(1.5~10atm)，这种等离子体要达到很高的电导率(约$5000\Omega^{-1} \cdot m^{-1}$)，温度需要达到9000~11000K。当温度降低至6000~7000K时，电导率仍然较高(约$2000\Omega^{-1} \cdot m^{-1}$)。压强降低至0.3atm时，电导率不会显著增大(在6000~7000K，电导率几乎没有变化；但在10000K，$\sigma_{ei0}=3500\Omega^{-1} \cdot m^{-1}$)。当压强为0.3atm，U与Ar的原子之比$\alpha=U/Ar=1000$(接近于U-F等离子体的实际比例)时，$\sigma_{ei}(T)$和$\sigma_{ei0}(T)$的值难以区分。然而，在温度继续升高到$T=13000$K的范围内，随着压强的升高二者之间的差异逐渐变得显著。当温度为13000~20000K时，上述差异几乎保持恒定，然后随着压强的升高而增大。

U-F等离子体电导率的计算结果表明：

(1)当温度为5000~20000K、压强为0.33~20atm时，U-F等离子体的电导

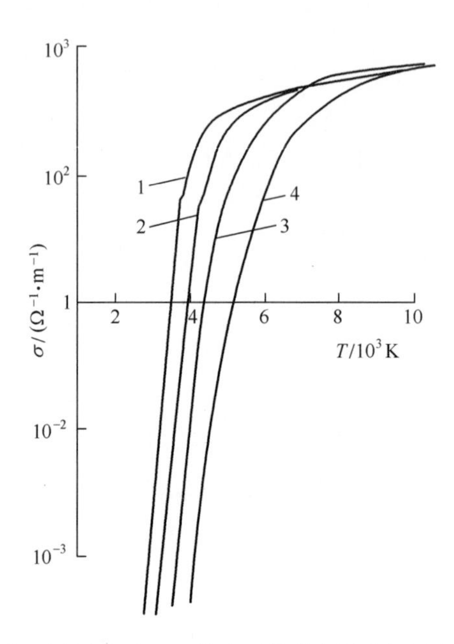

图 10.2　在不同压强下 U-F 等离子体的电导率与温度的关系[8]

1—压强为 1.013×10^4;2—压强为 1.013×10^5;3—压强为 1.013×10^6;4—压强为 1.013×10^7。

率可以认为遵从斯必泽方程;

(2) 当压强高于 20atm 时,在应用中需要考虑 U-F 等离子体中的非库仑相互作用,虽然这种作用机制并不重要;

(3) 在压强高达 50atm 的中温(6000~8000K)范围内,U-F 等离子体具有很好的导电性($(2\sim5)\times10^3\Omega^{-1}\cdot m^{-1}$)。

在低温(1000~6000K)下,U-F 等离子体的电导率相对较低,原因在于电子附着在氟原子上形成负离子 F′,在此温度范围内离子对总电导率的贡献大于电子。随着温度的升高,离子密度逐渐减小,电子对电导率的贡献逐渐增大。基于前述原因,通过添加易电离物质提高 U-F 等离子体电导率的标准方法仅在温度升高到 6000K 之后才有效,因为在较低温度下电子附着在氟原子上从而阻止其密度增大。

10.2.3 U-F 等离子体形成的动力学

随着 UF_6 分子解离程度的增加,U-F 键能逐渐增大,UF_6 分子及其片段的分解过程应当用林德曼(Lindemann)分步解离方程[15]描述:

$$UF_n \longleftrightarrow UF_n^* \rightarrow UF_{n-1} + F \tag{10.18}$$

式中:UF_n^* 为 UF_n 的活化分子。

键能高、结构复杂得多原子分子的解离过程具有单分子分解机理的特征。单分子分解反应速率常数可以通过如下表达式来测定[16]：

$$k_{\infty}=(kT/h)\exp(\Delta S^{*}/R_0)\exp[-(E_a-R_0T)R_0T] \tag{10.19}$$

式中：k_{∞} 为在高气压下的反应速率；h 为普朗克常数；ΔS^{*} 为形成活化分子时的熵变；R_0 为气体常数；E_a 为活化能；k 为玻耳兹曼常数；T 为热力学温度(K)。

式(10.18)是 UF_6 分解成原子的整个反应的基本步骤。由于 UF_n 分子的电子能级相当高[12]，从电子基态逐步离解。在这种情况下，反应式(10.1)~式(10.6)的活化很可能等于对应的 U-F 键能。

发生在低气压下的单分子反应为二级反应，发生在高气压下的属于一级反应；反应式(10.1)~式(10.6)级别改变的压强上、下限根据经验关系确定。这些描述过渡压强的经验关系取决于分子中受激振动粒子的数量，根据文献[17]中的数据构建。根据上述关系，在 $4\times10^1\sim2\times10^4$Pa 的压强范围内，$UF_6$ 和 UF_5 分子的热分解反应由二级反应转变为一级反应。当气压高于 2×10^4Pa 时，反应式(10.1)和式(10.2)均为一级反应。在相同的压强范围内，在 UF_6 分子更深程度的解离过程中，二级反应同样会转变为一级反应。

反应式(10.1)的动力学通过激波管和吸收光谱进行了实验研究[18]。其中，k_{∞} 的值由式(10.20)描述：

$$k_{\infty}=3.3\times10^{16}\exp[-(294276)/R_0T] \tag{10.20}$$

式(10.1)的计算值与实验数据的比较[15]表明，在 1000~6000K 的整个温度范围内实验值[18]均比计算值大 3~4 个数量。对于诸如反应式(10.1)的单分子反应，人们已经发展出了各种计算其速率常数的理论方法。对这些理论计算方法进行验证的实验结果表明，式(10.19)对于类似于 UF_6 的物质，特别是 SF_6 反应中 k_{∞} 的实验值与计算值之间符合得很好[15]。文献[18]认为，式(10.1)反应速率常数的实验值与计算值之间存在差异的现象，应归因于文献[17]给出的 UF_5(g)生成焓的值不准确。因此，尽管文献[15]更准确地确定了 UF_5(g) 的生成焓，缩小了 k_{∞} 的实验值与计算值之间的差异[15,17,18]，然而这种差异仍然很大(图 10.3)。

尽管式(10.1)~式(10.6)反应速率常数的计算方法在可靠性方面存在一定的缺陷[15,17,19]，我们仍然相信，文献[18]给出的 UF_6 在 1100~1450K 按照式(10.1)发生热分解的反应速率被过高估计了。原因在于，UF_6 在这样的温度下具有良好的热力学稳定性(图 10.1)：UF_6 的合成通过铀氧化物或氟化物在火焰反应器的氟气中“燃烧”实现[20,21]，其中反应区的温度为 1600~2300K(见第 8 章)。这意味着，在方程 $k_p=k_d/k_r$ 中(k_p 为平衡常数，k_d 和 k_r 分别为 UF_6 解离和复合反应的速率常数)，k_d 可忽略不计；并且 UF_6 有可能发生转化，形成

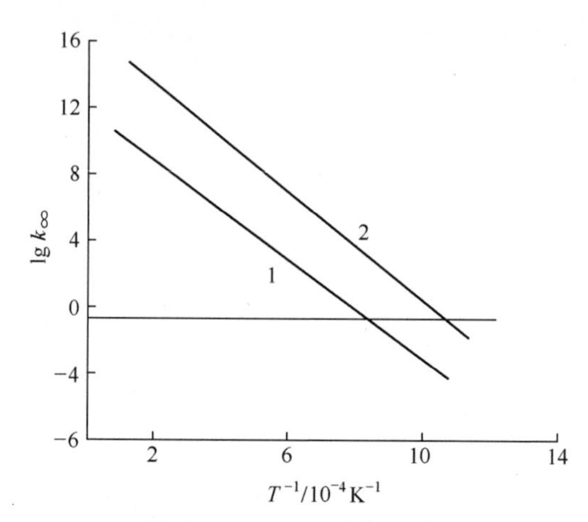

图 10.3 式(10.1)的反应速率常数 k_∞ 的对数($\lg k_\infty$)与温度倒数(T^{-1})的关系

1—根据式(10.19)进行计算的结果;2—根据式(10.20)进行实验的结果。

UO_xF_{6-2x} 类型的化合物,腐蚀由不锈钢制成的实验设备,这就是氧的影响[18]。显然,这一问题只能通过在激波管中重复上述实验来解决,这时设备主体的材料由不锈钢替换成镍基合金。在反应 $SF_6 \to SF_5+F$ 和 $SF_4 \to SF_3+F$ 中,k_∞ 的实验值与计算值之间良好的一致性证实了这一结论[15];气态硫氟化物更加稳定,在反应器内和反应器壁上不发生副反应[22,23]。因此,在硫氟化物的热分解反应中,逆反应对正反应可能造成的影响要弱得多。

基于上述分析,采用文献[19]中关于式(10.1)~式(10.6)反应速率常数的理论值分析 U-F 等离子体形成的动力学。这些数值根据式(10.19)计算得到,列于表 10.2。

表 10.2 式(10.1)~式(10.6)反应速率常数的计算值

T/K	k_∞/s^{-1}					
	$UF_6 \to UF_5+F$	$UF_5 \to UF_4+F$	$UF_4 \to UF_3+F$	$UF_3 \to UF_2+F$	$UF_2 \to UF+F$	$UF \to U+F$
1000	5.56×10^{-3}	5.03×10^{-10}	4.19×10^{-20}	4.34×10^{-20}	2.06×10^{-18}	1.85×10^{-23}
2000	7.18×10^{4}	3.71×10^{1}	3.69×10^{-4}	1.62×10^{-4}	3.36×10^{-3}	4.69×10^{-6}
3000	1.55×10^{7}	1.42×10^{5}	4.54×10^{1}	2.38×10^{1}	2.37×10^{2}	3.82×10^{1}
4000	2.17×10^{8}	8.48×10^{5}	3.03×10^{4}	9.05×10^{3}	6.20×10^{4}	3.43×10^{3}
5000	1.23×10^{9}	1.16×10^{7}	1.11×10^{6}	3.10×10^{5}	2.17×10^{6}	2.68×10^{5}
6000	—	4.27×10^{8}	1.44×10^{7}	4.59×10^{6}	7.50×10^{6}	3.78×10^{5}

10.3 产生稳定 U-F 等离子体的实验结果

大多数产生 U-F 等离子体的实验都具有实际应用目标——无试剂回收 UF_6 中的铀，并回收氟用于合成 UF_6。然而，其中的一些实验是为了确定 U-F 等离子体的组成与温度的关系，解决建立 UF_6 气体堆芯核动力反应堆的实际问题；另一些实验则是为了解决其他实际问题——验证以 UF_6 作为原料在等离子体态分离铀同位素的技术可行性。在这些情况下，必须确定 UF_6 分子在低气压等离子体放电中的稳定性，这时中性粒子的温度可以相对较低(<1000K)，而电子温度则高于原子和分子的动力学温度。以下是 UF_6 在直流辉光放电、高频和微波放电等离子体中行为的实验研究结果。

10.3.1 UF_6 中的直流辉光放电

在这种方案中，U-F 等离子体通过低气压直流辉光放电的方式产生。研究装置示于图 10.4。放电管 1 由石英制成，在整个长度方向上都装有冷却水套。管状尖端电极(阳极 2 和阴极 3)穿过钢片插入放电管中，电极内部通水冷却。电极间的距离为 0.1m，放电管的内径为 0.025m。放电管内的压强通过光学气压计 4 测量；如有必要，等离子体诊断探针 5 可通过支管插入放电管。实验所用的电源为高压直流电源 6，电路的电流强度通过镇流电阻 7 调节。UF_6 从置于恒温器中的容器 8 通入放电管。为了调节 UF_6 的进料量，系统中设置了缓冲罐 9。系统的真空由真空泵 10 维持。恒温器 11 和 12 将容器 8 和缓冲罐 9 维持在所需的温度范围内。通过调节真空阀 13 使容积不同的设备保持所需的压强。

实验步骤：用真空泵对放电系统抽真空，包括容器 8 内 UF_6 未占据的空间(为了抽去容器 8 中自由空间内的空气，容器用液氮冷却)。UF_6 预先通过真空蒸馏除去痕量氟化氢，尽可能降低对放电管壁的腐蚀。然后，将 UF_6 通入放电管达到预定压强(压强由光学气压计监测)，最后引发放电。

尽管在放电电极之间施加的电压高达 1kV，在 UF_6 中激发放电却需要 13Pa 以下的压强。为了解决这个问题，我们开发了一项特殊工艺：标定整个放电系统(确定放电管 1 和所有管道的容积)；对系统抽真空后从容器 8 充入一定量的 UF_6，将这些 UF_6 用液氮冷却在缓冲罐 9 中；系统重新抽真空，压强达到 0.1Pa；在电极间施加 1000V 的直流电压；迅速加热缓冲罐 9 将 UF_6 快速转变成气态，在 UF_6 中激发放电。放电参数：UF_6 的初始压强 0.05~3kPa；电极间电压 0.4~1kV；放电电流 0.05~0.6A。

在放电产生的等离子体中，中性粒子的温度由穿过测量孔深入放电区的热

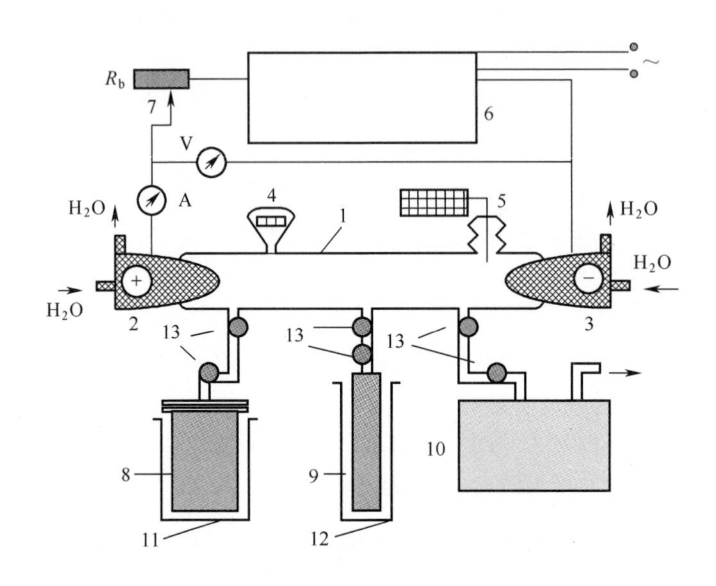

图 10.4　UF_6 直流辉光放电研究装置

1—放电管;2—阳极;3—阴极;4—真空计;5—等离子体诊断探针;6—高压直流电源;
7—镇流电阻;8—UF_6 容器;9—缓冲罐;10—真空泵;11,12—恒温器;13—真空阀。

电偶 5 测量;该温度取决于放电率和压强,范围为 400~1000K。电子温度(T_e)由朗缪尔探针(从热电偶测量孔插入)测量,结果为 5600~18000K。遗憾的是,由于从测量孔 5 插入的钨丝被严重腐蚀,致使朗缪尔探针的测量精度相对较低。

在 UF_6 中激发的辉光放电的第一阶段,放电管发出炫目耀眼的白光。放电首先充满整个放电管,但是随着缓冲罐 9 受热压强升高,逐渐被压缩到通道轴线附近,但辉光放电等离子体继续发出刺眼的亮光,无法直接用肉眼观察。当压强增加至 40kPa 时,在 500~600V 下放电开始变得不稳定(等离子体开始弯曲,有时破裂)。降低压强或升高电压可以提高等离子体的稳定性。

在放电开始后的 0.5~1min 内,放电的外观和性质持续发生变化:UF_6 分解产生了挥发性较弱的低价铀氟化物——UF_5 以及 UF_4。这些低价铀氟化物冷凝在放电管壁上,导致铀离开放电区,残留下来的更多是氟。这时,放电的颜色变为紫色,电极上的电压降低了 150~300V,而电流却增加了 70~120A。实验结果表明,在等离子体不发生纵向流动,并对放电管壁进行冷却的条件下,铀的还原率比较低,原因在于 UF_6 分解的中间体凝结在放电管壁上,致使较低价铀氟化物在被进一步还原前就离开了放电区。凝结在放电管壁上的分解产物通常为 UF_4~UF_5,但更接近于 UF_4。这样的结果其实可以理解,因为放电区的空间比较小,冷却壁对放电空间造成了很强的干扰;并且,气体缺乏纵向流动。

上述实验结果的应用意义：不可能在低气压等离子体，即行波电磁波中定量地分离铀同位素，原因在于 UF_6 分子分解后形成了大量质量各异的其他分子，比铀的同位素还要多。我们进一步研究了向放电区添加氟对 UF_6 分子稳定性的影响。事实上，以 F_2 ∶ UF_6 = 1 ∶ 1（摩尔比）向 UF_6 中加入氟之后，UF_6 的分解率降低了 15%～20%；然而，这种现象对等离子体分离铀同位素的效率并没有产生明显影响。

对 UF_6 中辉光放电的研究表明，在 U-F 体系中，铀与 UF_6 之间存在两种不易挥发的氟化物（UF_4 和 UF_3），其挥发性与最终产物——铀的挥发性相当，而还原得到后者需要高温，这就要求中间产物始终保持气态直到完全打断所有 U-F 键。此外，由于放电区的空间有限并且放电管壁被冷却，因而有必要使等离子体与放电管壁接触的概率降到最低，同时使等离子体的流量足够高，将反应产物从放电区携带出去，并以某种方式处理化学活性等离子体以防止发生复合。处理方法有多种：

（1）冷却等离子体，减缓发生在气相的复合反应；使铀发生凝结，并机械分离分散相与气相，从而阻止异相复合。

（2）通过电动力或电磁力与带电粒子或等离子体组分相互作用来分离等离子体中的成分。

（3）使用选择性化学试剂与等离子体组分（如氟）结合，形成市场价值比氟更高、化学性质更稳定的化合物。

下面将给出采用上述方法产生并处理 U-F 等离子体的结果。

10.3.2 高频感应放电无试剂还原 UF_6 制备铀

对于产生 U-F 等离子体的方式而言，无电极的高频感应放电无疑最具有吸引力，特别是放电室由水冷金属材料制成、带有纵向狭缝、其中填充电介质材料的情形。首次利用高频无极放电产生等离子体无试剂还原 UF_6 制备铀的实验，是我们在 20 世纪 70 年完成的[24-27]。

在 UF_6 中进行高频感应放电的实验装置示于图 10.5。电源为具有耦合电感负载的高频电源 1。放电室 3 是一个水冷空心铜制圆筒，带有纵向狭缝，狭缝中填充电介质材料。放电室 3 置于与高频电源 1 相连接的感应器 2 中。UF_6 容器 8 安放在恒温器 9 中。从容器 8 流出的气态 UF_6 通过加热管线经过阀 6 和流量计 7 通入放电室 3。如有必要，可预先通过阀 6 向放电室 3 中通入氩气进行清洗。放电室中的压强由光学气压计 5 测量。

实验步骤：关闭 UF_6 进料阀门 6，启动真空泵对系统抽真空至 10^{-2} Pa。然后，向放电室中通入氩气，当压强 p = 1.3～2Pa 时在感应器上施加电压激发高频

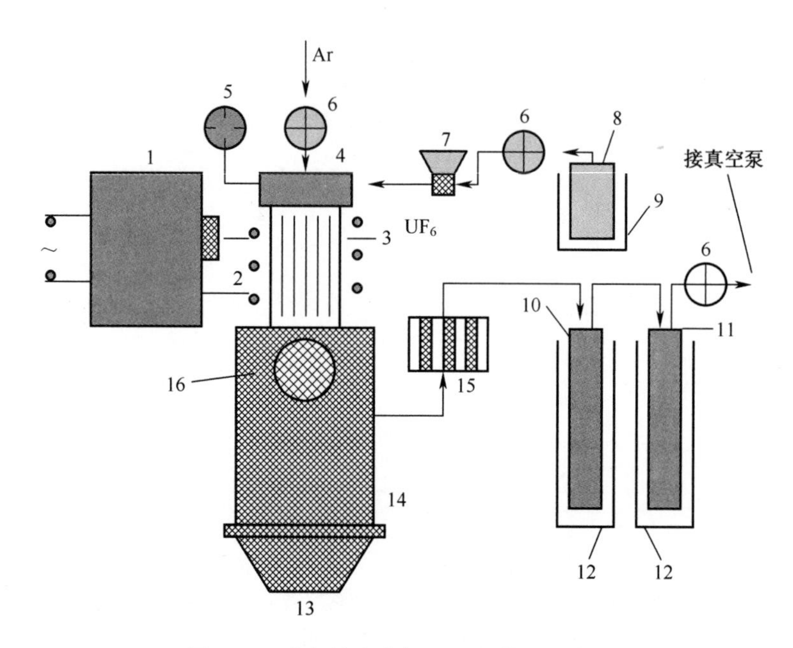

图 10.5 高频放电分解 UF_6 的装置示意图

1—高频电源;2—感应器;3—带有纵向狭缝的金属-电介质反应器;4—反应器顶盖;
5—气压计;6—阀门;7—UF_6 流量计;8—UF_6 容器;9,12—恒温器;10—氟碘转化器;
11—冷凝器;13—卸料料斗;14—反应产物容器;15—过滤器;16—急冷器。

感应放电。这时,开始通入 UF_6 并停止氩气供应。在 UF_6 气体中产生的高频感应放电的稳定性由放电区的压强、电源的振荡频率和电源功率等多种因素决定。当电源功率为 15~20kW、振荡频率约为 10MHz 时,UF_6 中的无极放电稳定燃烧的压强可以达到 2~2.7kPa。在相同功率下,频率增加到 17MHz 时,放电区中的压强可以提高到 4kPa。当频率为 2450 MHz 时,UF_6 中的无极高频感应放电可以在大气压下稳定燃烧(更多细节参见下文)。

UF_6 中的高频感应放电是一种非常可观的景象:放电发出耀眼的白光,与之相比普通灯泡显得暗淡许多;放电释放出高功率的紫外线,在这种光芒之下暴露 1min 就足以灼伤实验者裸露的皮肤;当高频电源功率达到约 60kW 时,等离子体炬冷却水的橡胶管开始冒烟并炭化。实验测量了 UF_6 高频感应放电产生的 U-F等离子体的发射光谱[5](图 10.6),以及功率平衡中 U-F 等离子体的辐射功率。图 10.7 给出了 U-F 等离子体的辐射功率(19.5kW)与等离子体总功率(58kW)的比较,以及辐射功率在 400~460nm 波长范围内的分布。

U-F 等离子体从放电室 3 排出后通入产物接收容器 14,在这里发生冷凝和复合。急冷装置 16 安装在放电室 3 下方,以加速冷凝、减缓复合。急冷器是一个水冷铜鼓,带有翅片的固定式或振动式换热器。急冷器上设置有喷嘴,由此向

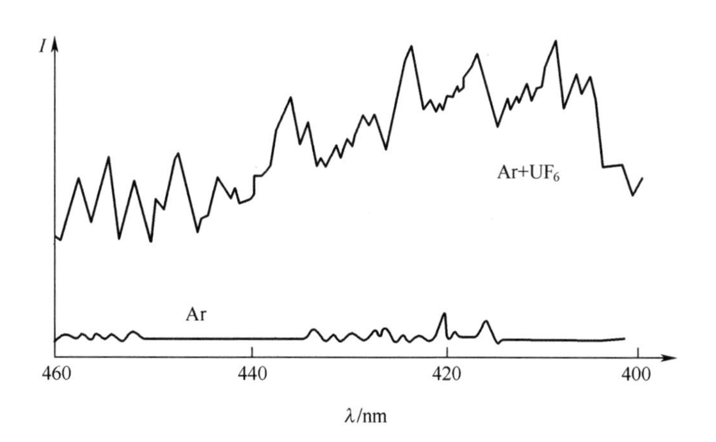

图 10.6　U-F-Ar 等离子体的发射光谱

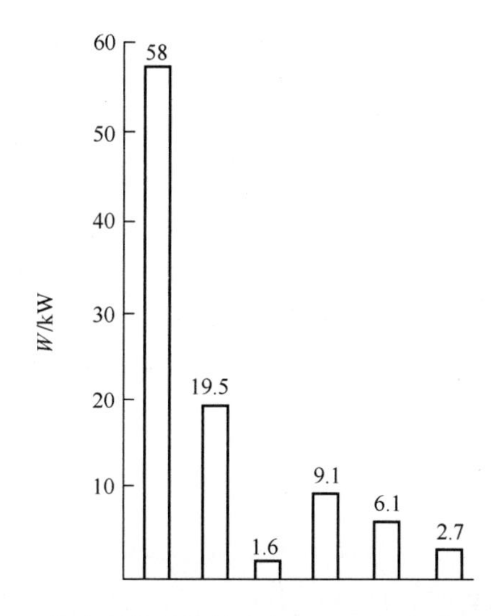

图 10.7　U-F-Ar 等离子体的辐射功率(19.5kW)与放电总功率(58kW)的比较以及辐射功率在 400~460nm 波长范围内的分布

容器 14 中通入惰性气体(Ar、N_2 等),稀释具有反应活性的 U-F 等离子体。

UF_6 分解的产物——较低价的铀氟化物收集在容器 14 的冷却壁上和容器 13 中。几乎所有实验产物的组成都介于 $UF_{4.5}$ ~ UF_4,但更接近于 UF_4。UF_6 分解产物的成分与电源功率和压强的关系不大,由此可以认为这些产物的成分在更大程度上取决于凝结和复合过程,而不是等离子体参数。这一假设已由独立实验对 U-F 等离子体的温度和成分进行测量的结果证实。这些实验采用类似方法并在类似条件下进行,但参照了 UF_6 气体堆芯核动力反应堆的程序。结果发现,当 $T=6000\mathrm{K}$ 时,放电空间中心的 U-F 等离子体主要由铀原子和带负电的氟离子组成。

接下来,含氟气流通过金属网过滤器 15,在通常条件下不挥发的铀氟化物颗粒沉降下来。气流再通过氟碘转化器 10,继续发生反应:

$$2KI(s) + F_2(g) \longrightarrow 2KF(s) + I_2(g) \quad (10.21)$$

然后,碘收集在冷凝器 11 中。碘的量通过化学分析、UF_6 的消耗数据以及 UF_6 分解产生的非挥发性产物的量确定。其中,分解产物的量基于 UF_6 分解反应的总方程式 $UF_6 \to UF_n + (6-n)/2F_2$ 的质量平衡进行计算。在急冷装置中得到的 UF_6 分解产物为 $UF_{4.5} \sim UF_4$,并且该产物的组成与放电功率和等离子体平均温度的关系不大。然而,根据该半定量数据,UF_n 中的氟含量却随着分解产物冷却速率和凝聚相与气相分离速率的增大而显著降低。当电源功率为 15~20kW、UF_6 消耗量约为 3kg/h 时,放电区内的平均温度(考虑到潜在的热损失)不低于 6000K。对计算得到 U-F 等离子体在该温度下的准平衡组成与接收器中得到的 UF_6 放电分解产物进行比较,就会发现二者之间差异很大,这说明在气相和凝聚相发生了密集的复合反应。显然,用于 U-F 等离子体急冷的换热器的作用非常有限。那么,为了获得凝聚相铀,或其他特定成分的产物,需要以多快的速率冷却 U-F 等离子体? 这个问题可参见文献[28],伯克(Burk)介绍了利用电弧放电分解 UF_6 的短时间实验结果。在这些实验中,将 UF_6 注入电弧等离子体炬的放电室。等离子体炬的工作气体为氩气,阴极材料为钍钨,阳极为铜。等离子体炬的功率(不考虑效率)为 15kW,UF_6 的流量没有给出。这项研究发现,钨电极末端凝结了金属铀,伯克过滤了等离子体炬含有颗粒物的气流得到 UF_4 粉末。实验没有给出物料平衡,但是按照我们在类似放电条件下分解 UF_6 的经验,可以认为源于 UF_6 的铀主要转化成不易挥发的铀氟化物粉末。关于钨电极末端金属铀的成因,可能是铀液滴在与氟重新结合之前具有充足的时间凝结在等离子体炬的冷却部件(阴极)上,或者该区域的氟已经与钨或绝缘材料发生了反应,还有可能是铀发生了快速冷凝而使铀与氟发生了分离。此外,低价的铀氟化物也可能发生歧化反应形成金属铀:

$$UF_3 \longrightarrow 3/4UF_4 + 1/4U \quad (10.22)$$

因此,根据在图 10.5 中所示的装置上进行实验的结果,有两个领域仍需要进一步研究: U-F 等离子体诊断;无试剂还原 UF_6 获得单质铀所需的等离子体急冷参数。下面给出在这两个领域中的研究成果。

10.3.3 U-F 等离子体诊断

文献[24-27]中给出了关于 U-F 等离子体的实验解释和预测计算的结果。

然而,这些结果存在重要缺陷:缺乏对 U-F 等离子体的组成进行精确诊断研究。无试剂还原 UF_6 回收铀技术复杂,实验成本也很高,并且由此获得的结果可能不具有足够的说服力。然而,具有说服力的研究成果已经出现在其他领域[29]。

在实施高温 UF_6 燃料气体堆芯反应堆计划时,需要对稳定的 U-F 和 U-F-Ar 等离子体的特性进行实验研究。前面已经提到对上述等离子体的温度和成分进行测量一些实验工作。文献[5]进行了非常深入的针对性研究。在这些实验中,UF_6 通入由旋流氩气稳定的射频(RF)放电氩等离子体中。射频放电功率为 85kW,放电室中的压强高达 12atm(约 10^6Pa),UF_6 的流量为 21g/s(75.6kg/h),实验时间长达 41.5min。等离子体炬放电室的剖面图如图 10.8 所示。射频等离子体炬的放电室 1 由熔融石英制成,置于感应线圈 3 中,射频发生器的功率为 1.2MW。沿放电室轴线布置两条水冷喷管 7,UF_6 从水冷管通入氩等离子体 2 中。U-F-Ar 等离子体受到从切向小孔 5 通入放电室的旋流氩气的压缩。放电室 4 的内壁由流过环形管道 9 的水冷却。放电室盖 8 内部也有冷却部件 6。

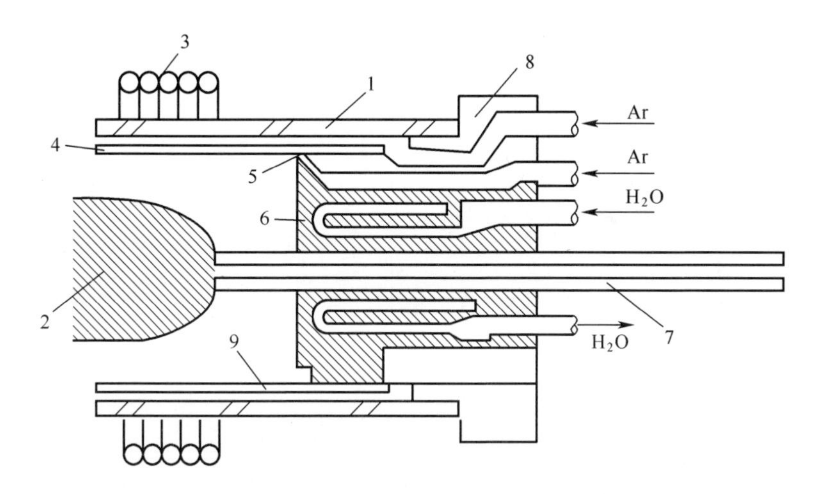

图 10.8 射频(RF)等离子体炬的放电室与 UF_6 的通入

1—由熔融石英制成的射频等离子体炬放电室外壳;2—射频等离子体;3—感应线圈;4—等离子体炬放电室内壳;5—通入工作气体(Ar)的切向孔;6—冷却器;7—UF_6 进料管;8—放电室盖;9—等离子体炬放电室内壁的环形水冷管。

等离子体诊断系统示于图 10.9。这些实验的目的[5]是研究 U-F-Ar 等离子体的吸收光谱和发射光谱,确定等离子体的温度、半透明辐射等离子体的不透明度、等离子体成分沿径向的分布,以及凝聚相的组成。其中,凝聚相沉积在等离子体炬的熔融石英壁上,即使 U-F-Ar 等离子体受到旋流氩气的压缩。

射频 U-F-Ar 等离子体吸收的功率通过功率平衡确定——从电源获得的功

率与消耗功率之差。消耗功率包括将工频电流变换成高频电流的损失、感应线圈的电磁辐射、等离子体的光辐射、放电室冷却套的热损失、放电室金属进料管以及排气中的热损失等。U-F-Ar 等离子体的辐射功率用辐射计测量。等离子体在不同波长范围内的总辐射功率在文献[5]中基于各向同性假设进行了计算。

从图 10.9 中可以看出,对 U-F-Ar 等离子体辐射的研究基于等离子体的发射和吸收光谱与激光诊断法进行。在使用激光对射频放电 U-F-Ar 等离子体进行诊断时采取了校准措施。所采用的激光波长 $\lambda = 591.54\text{nm}$,对于此波长激光的半宽度 $\Delta\lambda = 10^{-4}\text{nm}$。U-F-Ar 等离子体诊断实验的参数汇总在表 10.3 中。

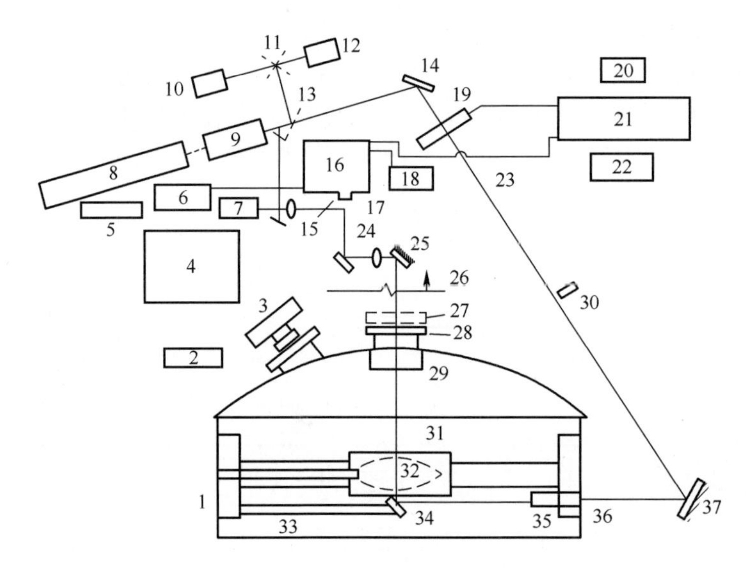

图 10.9　射频 U-F-Ar 等离子体的吸收和发射光谱诊断测量系统

1—UF_6 进料管;2,5,22—自动记录仪;3—辐射计;4—镜面扫描驱动信号发生器;6—处理器;7—灯;8—泵浦激光的离子器件;9—激光;10—频谱分析仪;11—可转动镜面;12—功率测量仪表;13—分光镜;14,25,34,37—前表面固定的反射镜;15—可移动透镜;16—单色仪;17—滤光片;18—高压电源;19,28—扫描吸收光断续器;20—指示器;21—相位变化放大探测器;23—信号;24—透镜;26—转动 90°示意;27—去探测器;29—位于放电室内的透镜;30—辐射扫描快门;31—放电室;32—等离子体;33—可调镜架;35—准直仪;36—放电室入口。

UF_6射频放电中铀原子的密度为 $3\times10^{16}\sim3\times10^{18}\text{cm}^{-3}$,这些结果通过研究等离子体对能量为 8keV 的 X 射线的吸收得到。该测量系统由 X 射线源和探测器组成,放电室位于二者之间。该系统未在图 10.9 示出,因此需要给出与其相关的详细信息。

表 10.3　U-F-Ar 等离子体诊断实验参数

测　量　参　数	测　量　结　果
氩气流量/(g/s)	2.58
氩气在切向孔中的流速/(m/s)	21.6
通入放电室的 UF_6 的流量/(g/s)	3.2×10^{-2}
UF_6 在供料管中的流速/(m/s)	0.7
质量流量比 UF_6/Ar	0.0124
放电室内的气压/Pa	1.975×10^{5}
射频放电功率/kW	58
感应线圈中电流的频率/MHz	5.42
辐射功率/kW	19.5
辐射功率所占总功率的比例	0.34
放电直径/m	2.8×10^{-2}
诊断测量时间/min	2
放电室壁沉积物的质量/mg	20

X 射线依次通过准直仪、狭缝、单色仪和放电室。X 射线窗口安装在放电室外壳上。窗口外面是闪烁探测器。通过探测器的信号被线性放大器和单通道分析仪处理后输入计数率计。由此确定通过等离子体的 X 射线的比例。

为了详细分析 UF_6 在射频等离子体中分解的产物，采用了以下仪器：

（1）表面形貌测量仪，测量放电室表面沉积物的厚度，石英放电室壁的侵蚀状况；

（2）红外分光光度计，确定在等离子体中和在放电室壁上形成的化合物的成分；

（3）扫描电镜，研究在射频放电等离子体中形成并沉积在放电室壁上的化合物的表面形态；

（4）X 射线衍射仪，确定放电室壁上的沉积物的化学组成；

（5）电子显微镜，确定沉积物的相对结晶度；

（6）离子光谱与质谱联用仪，确定放电室壁上沉积物的化学元素及其化合物。

辐射计测量结果表明，与氩等离子体的辐射相比，诊断实验中 U-F-Ar 等离子体辐射功率的相当一部分偏移到可见光区和近紫外区（图 10.6 和图 10.7）。

实验确认了 U-F-Ar 等离子体辐射功率的分布(表 10.3 和图 10.7),解释了 10.3.2 节中高频感应放电分解 UF_6 实验的特征。射频 U-F-Ar 等离子体的温度径向分布以及穿过等离子体的辐射示于图 10.10。根据激光束穿过 U-F-Ar 等离子体后强度的衰减可以得到等离子体的吸收系数。为了正确确定辐射衰减的部分,必须从入射辐射中减去等离子体反射的辐射。为此,激光束的透射通量应大于或等于发射通量。文献[5]使用的激光满足这一条件。通过迭代方法可以得到发射系数的径向分布,然后得到吸收系数的径向分布。由局部吸收系数与发射系数之比可以得到一定波长和局部温度的普朗克函数,所以可以在不了解粒子密度和光谱跃迁概率的情况下来确定这些系数的径向分布。文献[5]的测量结果被用于计算吸收系数和发射系数,计算结果与其他测量结果符合得很好。

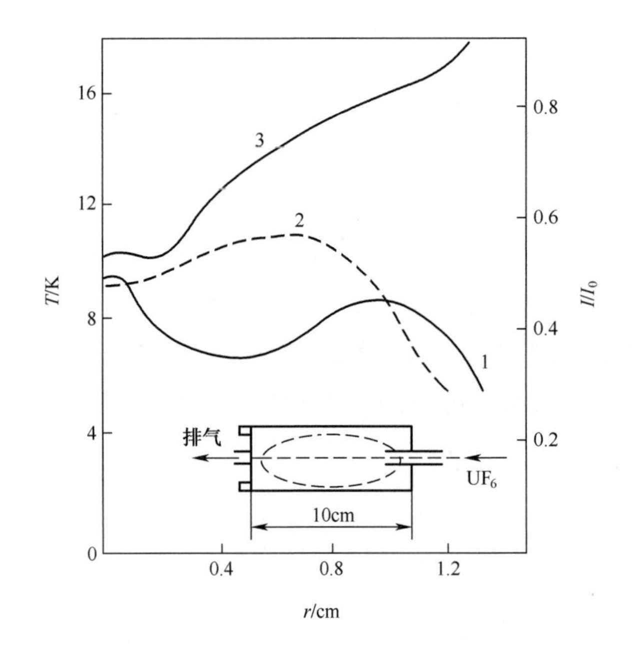

图 10.10 射频放电 U-F-Ar 等离子体的温度和辐射的径向分布
(r 为到放电室轴线的距离,I/I_0 为无量纲量)

1—根据吸收和发射光谱得到的温度分布;2—利用氩 415.8nm 谱线强度确定的温度分布;
3—等离子体对外辐射。

基于自身的研究结果和前人的数据,文献[5]认为,在功率和压强较高的条件下可以观察到铀原子的吸收和发射谱线($\lambda = 591.45$nm)显著变宽。为了更好地理解铀原子吸收谱线的半宽,在压强不同而其他参数均相同的条件下进行了测量。在 1000K 时计算得到铀原子谱线($\lambda = 591.45\text{nm}$)多普勒展宽的半宽等于 0.75GHz。并且,多普勒展宽的变化与$\sqrt{T}$成正比。因此,当 $T \approx 10^4\text{K}$ 时该谱线的多普勒展宽应为 2.34GHz;实验得到的结果为 2.5GHz。当压强为 $2.026 \times 10^5\text{Pa}$时,测得的谱线宽度为 3.5GHz。

对于该实验,铀原子密度沿放电区半径的分布如图 10.11 所示,实验参数汇总于表 10.3 中。图中曲线上的数据是铀原子的分压。在放电室轴线上,铀原子密度达到 10^{16}cm^{-3}。根据图 10.11 计算得到实验中的铀质量,等于 0.03mg。将这些结果与测量 X 射线辐射吸收时得到的铀原子密度数据进行了比较。根据辐射吸收测量的数据,铀原子密度为$(2.8 \sim 6.4) \times 10^{16}\text{cm}^{-3}$。显然,如果将 X 射线吸收测量时近壁区域内温度较低的 UF_6 吸收的部分考虑进来,这些测量数据之间的一致性非常好。若将通入等离子体的 UF_6 的质量流量增大到 9.3×10^{-2} g/s(表 10.3),等离子体中铀原子的密度将达到 $4 \times 10^{17}\text{cm}^{-3}$。

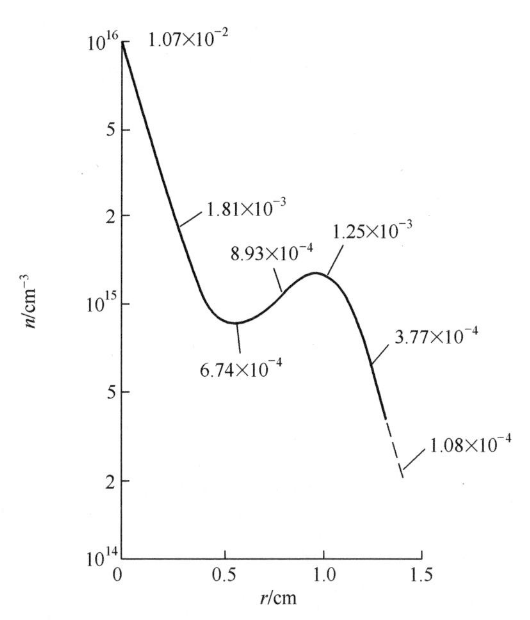

图 10.11 UF_6 注入射频放电氩等离子体后铀原子密度的径向分布
(r 为到放电室轴线的距离;曲线上的数据表示铀原子的分压)

实验后,在石英放电室壁上沉积一层物质,是 UF_6 分解和转化的产物。在 41.5min 的实验中,管壁上沉积物的质量达到 20mg。沉积物的化学式是 UO_2F_2,这表明在放电区中存在水蒸气,或者放电形成了易氧化、不稳定的较低价铀氟化物,在放电室出口与空气发生了反应。沉积物还可能有另外一种成因——UF_6

与放电室的石英材料发生了化学反应[29]。

因此,尽管 U-F 等离子体诊断很难得到任何关于其组成和性质的全新数据,但是确认了其复合速率非常大,如果不对等离子体进行强制冷却或强制分离其组分,就难以得到 UF_6 分解的产物。即便如此,诊断实验仍然给出了重要的定量结果:对于在氩气与 UF_6 的混合气中进行射频放电产生的 U-F-Ar 等离子体,在能量平衡中辐射所占的比例非常高。辐射谱线位于可见光区和近紫外区。

10.3.4 U-F 等离子体的急冷

如 10.3.2 节所述,实验对 U-F 等离子体进行了相对缓慢的冷却。结果发现,U-F 等离子体的冷却速率对等离子还原 UF_6 回收铀的收率具有毋庸置疑的影响。因此,需要深入分析从等离子体中分离铀这一问题的技术可行性。

U-F 等离子体的高冷却速率可以通过多种方式实现,这些方法各有优、缺点。冷却高温流体的最简单方法是用冷气体或液体射流与之混合,对应的冷却速率为 10^8K/s。另一种方法是气流通过拉瓦尔喷嘴进行气体动力学冷却。然而,气流经过喷嘴收缩段冷却后在减速过程中温度会再次上升,因而必须设置热交换器。最后,气流可以在管壳式或翅片式热交换器的传热表面进行间接冷却。急冷速率变化与温度之间的关系如图 10.12 所示。图中曲线 1 和 2 表示用冷气流冷却高温气流时温度和压强对急冷速率的影响;曲线 3 表示拉瓦尔喷嘴的急冷速率特征;曲线 4 是计算得到热交换器的急冷速率。

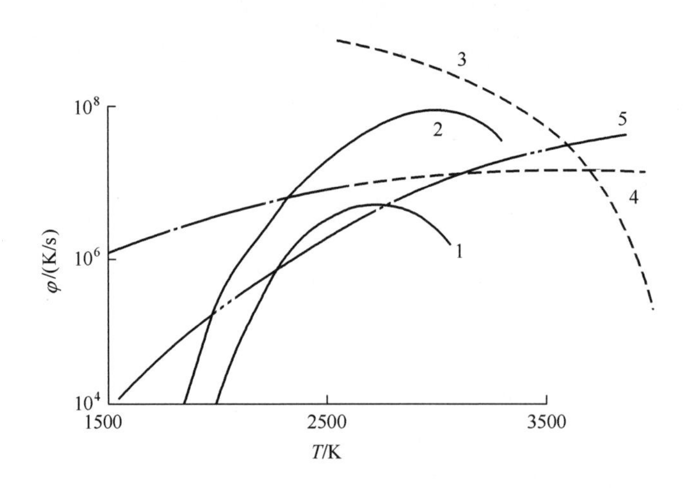

图 10.12 冷却速率变化与温度(T)和压强(p)的关系[30]

1—T=2000K,p=0.1MPa;2—T=3000K,p=1MPa;3—T=4000K,拉瓦尔喷嘴冷却;4—直径为 1mm 的管式换热器;5—计算得到的换热器的最佳冷却速率。

根据关系式[30]计算得到的最佳急冷速率为

$$\varphi = 10^{10}\exp(-200/T) \tag{10.23}$$

通过调节急冷装置的流通截面降低气体的流速，有可能将急冷曲线近似成极限关系（将图 10.12 中的曲线 4 近似为曲线 5）。

下面分析对 U-F 等离子体进行急冷的可行性。由于铀及其低价氟化物（UF_4、UF_3）均为不挥发物质，因此自然就出现了对 U-F 等离子体冷却的问题：对铀或其低价氟化物采用怎样的冷却速率，才可以使其冷凝速度高于挥发性铀氟化物的均相复合速度。此外，还需回答如何在高价铀氟化物发生异相复合前快速分离凝聚相与气相。

为了简化对铀氟化物气相复合速率的量化计算，假设复合按照以下方式逐步进行：

$$UF_{n-1} + F \underset{k_2}{\overset{k_1}{\longleftrightarrow}} UF_n \tag{10.24}$$

式中：k_1 值示于表 10.2；k_2 值可通过热力学平衡方程 $k_2=k_1 \cdot (K_p)^{-1}$ 计算，其中 K_p 为铀氟化物单分子分解反应式（10.1）~式（10.6）的平衡常数。

使用这些值很容易计算出铀氟化物复合所需的时间：

$$t_R = 1/k_2(P_F^0 - P_{UF_n}^0)\ln[P_{UF_n}^0(P_F^0 - P_F)/P_F^0(P_{UF_n}^0 - P_{UF_n})] \tag{10.25}$$

式中：下标“0”表示初始状态。

铀及其低价氟化物（UF_4 和 UF_3）均为非挥发性物质，如果 UF_6 分解产物的凝结时间小于其复合时间，当温度降低时 U-F 等离子体将成为一个多相体系。

低价铀氟化物从过饱和蒸气冷凝的动力学常数基于弗伦克尔（Frenkel）冷凝理论计算：

$$J_c = N_1(2\rho/kT)\sqrt{\sigma M/2\pi A_0}\exp(-4\pi r_*^2\sigma/3kT) \tag{10.26}$$

式中：N_1 为冷凝蒸气密度；p 为压强；k 为玻耳兹曼常数；T 为温度；σ 为气-液界面的表面张力；M 为相对分子质量；A_0 为阿伏加德罗数；r_* 为凝结核的临界半径。

为了更准确地计算凝结速率，应考虑 σ 与 r_* 之间的关系，因此式（10.26）采用以下形式：

$$I_e = N_1\exp\left\{-\frac{4\pi\sigma_0 r_c^4}{3kT(r_* + 2\delta)^2}\right\}2\pi r_*^2\left(\frac{2p}{kT\rho_c}\right)\left[\frac{\sigma M}{2\pi N_A}\right](m^{-3}\cdot s^{-1}) \tag{10.27}$$

式中：σ_0 为在平面上的表面张力；δ 为表面曲率修正因子，$\delta=0.5r_*$。

借助式（10.27）可以计算凝聚相凝结成核的速率。然而，该式不足以估算上述过饱和状态消退所需要的时间，仅可以计算单位体积内每秒钟形成的凝相粒子的数量。具有临界粒径的颗粒的形成只是凝结过程的一个阶段，发生在过饱和状态消退的初始时刻，并在 $S>S^*$ 的条件下继续进行。随着凝结核的形成及其表面积不断增大，冷凝和颗粒生长等异相过程逐渐起决定性的作用。随着过饱和状态的消退，基于冷凝速率保持不变的假设，凝结核的生长过程可由如下方程描述：

$$\mathrm{d}(r_c^{*2})/\mathrm{d}\tau = C \tag{10.28}$$

式中：C 为常数。

在某一时刻 τ，$r_c=r_c^*$。从这一时刻开始，经过一段时间 t，颗粒半径增大到：

$$r_c = \sqrt{r_c^{*2} + Ct} \tag{10.29}$$

该颗粒的质量为 $4/3\pi\rho_c(C\tau + r_c^{*2})^{3/2}$。在时刻 $\tau(0<\tau<t)$ 形成的颗粒质量为 $4/3\pi\rho_c[C(t-\tau) + r_c^{*2}]^{3/2}\mathrm{d}\tau$。在 $t\sim t+\mathrm{d}\tau$ 期间形成一组新颗粒 $J\cdot\mathrm{d}\tau$。它们在时刻 t 的质量为 $4/3\pi\rho_c\cdot J[C(t-\tau) + r_c^{*2})^{3/2}\mathrm{d}\tau]$。因此，经过时间 t 后，凝聚相的质量为

$$m(t) = 4\pi/3\int_0^t J\cdot\rho_c[C(t-\tau) + r_c^{*2}]^{3/2}\mathrm{d}\tau \tag{10.30}$$

当 $t=\tau$ 时，$r_c = r_c^*$ 即有

$$m(t) = 4\pi/3\cdot J\cdot\rho_c\cdot r_c^{*3}\cdot t \tag{10.31}$$

由此可得

$$\tau = t = 3m(t)/(4\pi J\cdot\rho_c\cdot r_c^{*3})^3 \tag{10.32}$$

如果 $m(t)=1\mathrm{kg/m^3}$，$J=10^{29}\mathrm{m^{-3}\cdot s^{-1}}$，$\rho_c=5\mathrm{kg/m^3}$，$r_c^*=10^{-9}\mathrm{m}$，则 $\tau\approx4.8\times10^{-4}\mathrm{s}$。如果 $r_c^{*2}\ll C\tau$，积分式(10.30)，则可

$$t_c \approx 15m(t)/8\pi J\cdot\rho_c[C^{5/2}\cdot\rho_c]^{2/5} \tag{10.33}$$

式(10.33)仅能用作粗略的近似，因为该式基于假设随着过饱和状态的消退，J 为常数得到。事实上，冷凝速率随过饱和度的降低而减小。过饱和状态的消退可以通过两种方式实现：形成新凝结核；已有凝结核生长。

更准确计算 $m(t)$ 的值需要基于以下假设进行：

(1) 在蒸气冷凝过程中，其质量 $m(t)$ 从零变化到某一值 m_c；

(2) 过饱和度 S 从初始值变成 1；

(3) 在凝结过程中温度从 T_0 升高到 T_c；

(4) 凝结速率 $J[\mathrm{m}(t)]$ 从最大值下降到零。

基于这些假设，将新关系式代入式(10.30)，得到[31]

$$m(t) = 4\pi\rho_c/3\int_0^t [C(t-\tau) + r_c^{*2}]^{3/2}\cdot J[m(t)]\cdot\mathrm{d}\tau \tag{10.34}$$

这些关系式足以计算 U-F 等离子体片段凝聚的时间，并且已经有了一些关于表面张力和蒸气压与温度关系的数据。重要的是，式(10.30)和式(10.32)可以用于计算凝结初始阶段所需要的时间。文献[27]比较了 UF_6 分子片段的凝聚时间与复合时间。然而，这种比较是仅适用于 UF 和 UF_5 的复合反应，以及处理 UF_4 和铀的冷凝，因为只有 UF_4 和 U 的表面张力值是已知的[32,33]。这些复合反应与冷凝过程由如下方程式描述：

$$UF_4(g) + F(g) \longrightarrow UF_5(g), \Delta H = -423.07\text{kJ} \qquad (10.35)$$

$$UF_4(g) \longrightarrow UF_4(c), \Delta H = -315.0\text{kJ} \qquad (10.36)$$

$$U(g) + F(g) \longrightarrow UF(g), \Delta H = -663.5\text{kJ} \qquad (10.37)$$

$$U(g) \longrightarrow UF(g), \Delta H = -535.3\text{kJ} \qquad (10.38)$$

初始条件：$\sum P^0 = 1.013\times10^5\text{Pa}$；在反应式(10.35)和式(10.36)中，组分的分压为 $P^0_{UF_4}=3.37\times10^4\text{Pa}, P^0_F=6.76\times10^4\text{Pa}$；在反应式(10.37)和式(10.38)中，组分的分压分别为 $P^0_U=1.45\times10^4\text{Pa}, P^0_F=8.68\times10^4\text{Pa}$。

终止条件：各组分的分压降低 2 个数量级，即 $P^f_{UF_4}=3.37\times10^2\text{Pa}, P^f_U=3.37\times10^2\text{Pa}$。

对于 UF_4 和 U 而言，即使分压这样降低式(10.32)偏离其适用范围的程度也不大，因为过饱和度仍然很大。因此，r_c 和 I_c 的值并未出现明显变化。比较结果示于表 10.4 和表 10.5。由表 10.4 可见，如果将部分解离的 U-F 等离子体(成分为 UF_4+2F)冷却至 300~1500K，至少在冷却初始阶段 UF_4 的凝聚速率比 UF_5 的复合速率高 1.5~3 个数量级，这时传热过程不受急冷设备壁上沉积物形成的影响。这与高频放电分解 UF_6 和利用各种热交换器冷却 U-F 等离子体的实验数据定性地保持一致。复合反应温度 T_r 与凝聚温度 T_c 大小顺序的调换发生在约 1500K 时。当 $T>1500$K 时，UF_4 通常不会发生冷凝，因为缺少过饱和的 UF_4。

表 10.4　UF_5 复合与 UF_4 凝聚所需时间的比较

T/K	300	500	800	1000	1300	1500
t_r/s	6.6×10^{-6}	9.9×10^{-5}	1.5×10^{-5}	1.7×10^{-5}	2.1×10^{-5}	2.4×10^{-5}
t_c/s	9.5×10^{-8}	3.9×10^{-8}	3.1×10^{-8}	1.3×10^{-8}	10^{-8}	7.3×10^{-5}
注：$P^0_{UF_4}=3.37\times10^4$ Pa, $P^0_F=6.76\times10^4$Pa, $P^f_{UF_4}=3.37\times10^2$Pa						

对于由 U、F 原子和带电粒子组成的 U-F 等离子体，在冷却过程中铀凝结时间比 UF 复合时间小约 1 个数量级(表 10.5)。由于 $P_{UF_4,sat} \gg P_{U,sat}$，对 UF_4 而言不等式 $t_c<t_r$ 转换的阈值温度要高得多(至少 2400K 以上)。

为了防止气相 UF_5 和 UF 发生复合并确保 UF_4 和 U 冷凝，在此条件下对含有多种成分的 U-F 等离子体进行冷却的最小速率示于图 10.13。

表 10.5 UF 复合与 U 冷凝所需时间的比较

T/K	500	800	1000	1300	1500	1800	2100	2400
t_r/s	6.3×10^{-7}	9.10×10^{-7}	1.62×10^{-6}	7×10^{-6}	1.9×10^{-6}	2.2×10^{-6}	2.5×10^{-6}	2.7×10^{-6}
t_c/s	—	—	2.8×10^{-7}	3×10^{-7}	1.5×10^{-7}	1.6×10^{-7}	8.6×10^{-8}	6.6×10^{-8}
注：$P_U^0=1.45\times10^4$Pa，$P_F^0=8.68\times10^4$Pa，$P_U^f=1.45\times10^2$Pa								

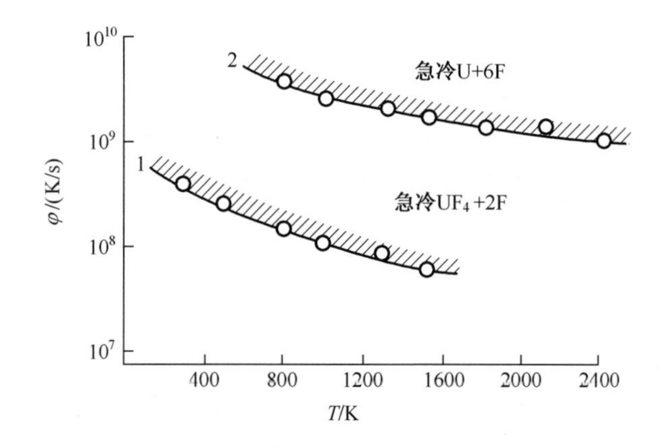

图 10.13 为了防止 UF_5 和 UF 发生气相复合并使 UF_4 和 U 在冷却区冷凝，U-F 等离子体所需的冷却速率与温度的关系

1—U-F 等离子体的组成为 UF_4+2F、T_0=3200K 时所需的冷却速率；

2—U-F 等离子体的组成为 U+6F、T_0= 6000K 时所需的冷却速率。

比较结果表明，如果以大于 10^8K/s 的速率冷却初始温度为 3200K 的部分离解 UF_6(UF_4+2F)，就不会发生 UF_5 复合，并且 UF_4 快速冷凝、原来的均相流体转变成 UF_4 和氟的多相混合物。当以大于 10^9K/s 的速率冷却初始温度约为 6000K、含有 U 和 F 原子的 U-F 等离子体时，同样也应当形成多相混合物。每种情况下所需的急冷速率均高于图 10.13 中相应的曲线 1 和曲线 2。

从图 10.12 中可以看出，技术上可以实现的急冷速率为 $10^4\sim10^9$K/s。所以，采用众所周知的常规方法冷却 U-F 等离子体，不可能从组成为(U+6F)的等离子体中得到分散相的铀，实际得到的产物仅仅是 UF_4 与 F_2 的多相混合物，这与前面给出的实验数据很好地一致。

此外，即使在冷却 U-F 等离子体时成功地阻止了高价铀氟化物的均相复合，也无法分离出分散相产物，因为 UF_5 和 UF_6 可以发生剧烈的异相复合反应，尤其在氟原子或氟分子与凝聚相颗粒之间。对这种相互作用速率的分析由文献[20-21]完成,该工作基于 UF_4 与单质氟的氟化动力学实验数据进行：

$$UF_4(c) + F_2(g) \longrightarrow UF(g) \tag{10.39}$$

与单质氟反应时 UF_4 颗粒质量的变化率由以下方程描述：

$$dm/dt = -k4\pi r_0^2(1 - C)^{2/3} \tag{10.40}$$

式中:k 为反应速率常数;r_0 为 UF_4 颗粒的初始半径;m 为 UF_4 颗粒的质量,C 为颗粒质量的相对变化,$C=(m_0-m)/m_0$。

式(10.40)可改写为

$$dm/dt = -k4\pi r_0^2(m/m_0)^{2/3} \tag{10.41}$$

对上式积分并进行适当变换,可得

$$(1 - C)^{1/3} = 1 - R't \tag{10.42}$$

$$m = m_0(1 - R't)^3 \tag{10.43}$$

式中:R'为氟化常数(min^{-1})。

UF_4 与氟发生氟化反应的典型定量数据示于图 10.14。这些数据被转换为纵坐标$(1-C)^{1/3}$与横坐标时间 t 的关系,示于图 10.15。从图中可以看出,数据在反应过程的初期与末期偏离了线性关系。前者的原因在于向反应器中充入了氮气;而在反应过程结束时出现的偏离是由于铀氟化的中间体如 U_4F_{17}、U_2F_9 发生了氟化。UF_4 的氟化速率比这些中间体高得多(表 10.6)。

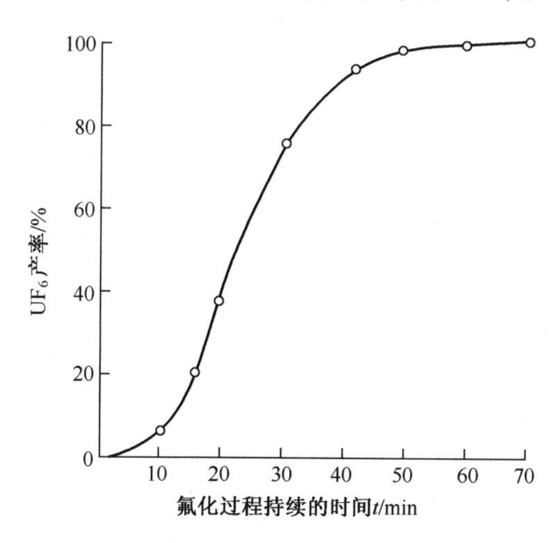

图 10.14　UF_4 的氟化时间对 UF_6 产率的影响

注:F_2 的分压为 29.3kPa(220mmHg);UF_4 由 UO_2 氢氟化得到。

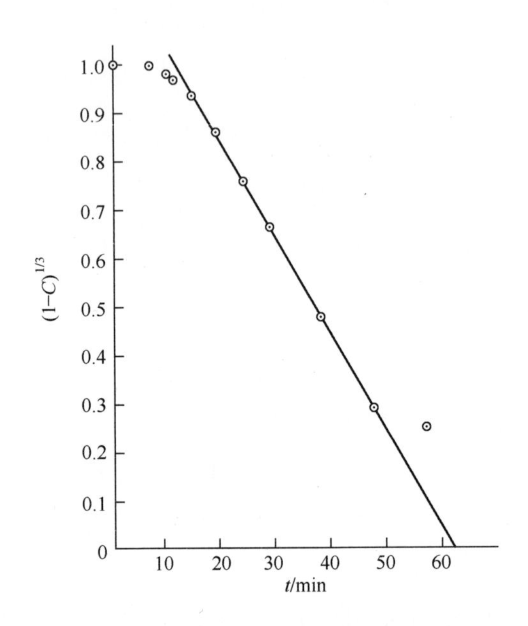

图 10.15　F_2 氟化 UF_4 的过程中 $(1-C)^{1/3}$ 与反应时间的函数关系

表 10.6　F_2 与铀氟化物中间体(U_4F_{17}、U_2F_9)①反应动力学的实验数据

UF_4 的制备方法	氟化前中间体的组成	氟化温度 /℃	氟化后中间体的组成	中间体氟化的 R' 常数 /min^{-1}	UF_4 氟化的 R' 常数 /min^{-1}
$UF_4 \cdot 2.5H_2O$ 脱水	$UF_{4.25}$	300	$UF_{4.52}$	0.00770	0.0185
$UF_4 \cdot 2.5H_2O$ 脱水	$UF_{4.28}$	300	$UF_{4.57}$	0.00530	0.0185
UO_2 氟化	$UF_{4.23}$	300	$UF_{4.2532}$	0.00476	0.0212
UO_2 氟化	$UF_{4.19}$	300	$UF_{4.52}$	0.00435	0.0196

①中间体通过用 UF_6 与 UF_4 反应得到,反应温度 $T=300$℃,UF_6 的分压为5.6kPa;在中间体与 F_2 发生的氟化反应中,F_2 的分压为29.4kPa

我们研究了温度对不同 UF_4 样品氟化速率的影响(图10.16)。反应的活化能示于表10.7。

此外,实验还研究了 UF_4 粉末的比表面积和 F_2 的分压对氟化速率的影响(表10.8和10.9)。从这些数据可以看出,在实验参数的范围内 UF_4 的氟化速率与 F_2 的分压成正比,但过量的 F_2 不会对氟化产生显著影响。然而,增加 UF_4 的比表面积使氟化率增大,尽管二者之间不存在直接的比例关系。

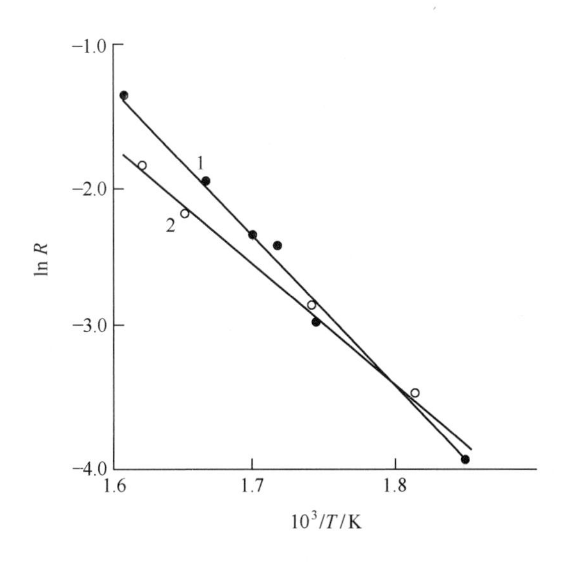

图 10.16　氟化反应的速率常数与温度的函数关系

1—UF_4 由水溶液制备；2—UF_4 由 UO_2 氟化制备。

表 10.7　F_2 氟化 UF_4 的活化能

UF_4 的制备方法	氟化温度/℃	活化能/(kJ/mol)
$UF_4 \cdot 2.5H_2O$ 脱水	270	15.3
UO_2 氟化	400	19.1
UF_4 升华	1000	19.9

表 10.8　UF_4 的比表面积对氟化①速率的影响

UF_4 的制备方法	UF_4 的合成温度/℃	UF_4 的比表面积/(m^2/g)	氟化温度/℃	氟化常数 R'/min^{-1}	氟化常数与比表面积之比/(g/($m^2 \cdot min$))
UF_4 升华	1000	0.021	280	0.0024	0.1123
UO_2 氟化	400	0.930	280	0.0113	0.0122
$UF_4 \cdot 2.5H_2O$ 脱水	270	2.020	280	0.0107	0.0051
UF_4 升华	1000	0.021	320	0.0080	0.3810
UO_2 氟化	400	0.930	320	0.0290	0.0312
$UF_4 \cdot 2.5H_2O$ 脱水	270	2.020	320	0.0341	0.0169
①氟化在氮气流中进行，F_2 的分压为 29.4kPa					

表 10.9 F_2 的分压对 UF_4 氟化速率的影响①

F_2/N_2(体积比)	F_2 的分压 P/kPa	R'常数/min^{-1}	$100R'/P$
∞	1.35×10^4	0.0877	0.0115
1∶1	6.72×10^3	0.0383	0.0105
1∶2.5	3.90×10^3	0.0245	0.0111
1∶10	1.24×10^3	0.0050	0.0070
①UF_4 由 UO_2 在 400℃氢氟化制取;UF_4 的氟化反应在 308℃进行			

使用式(10.43),可以根据下式计算氟化反应持续的时间:

$$UF_4 + F_2 \longrightarrow UF_6 \tag{10.44}$$

当 T=593K(320℃)时,$R'=3.41\times10^{-2}min^{-1}$。因此,为了使式(10.43)中的 m 值等于 $0.9m_0$、$0.99m_0$、$0.999m_0$,反应所需的时间分别为 60.72s、5.885s 和 0.587s。

然而,UF_4 颗粒——铀氟等离子体急冷时获得的凝结核的比表面积原则上要大得多:颗粒半径为 5×10^{-10}m,比表面积达到 $7.9\times10^2m^2/g$。因此,这样的颗粒异相复合所需的时间为十分之几秒。不过,如果能够得到未发生显著均相复合反应的铀氟等离子体粉末,就可以使用各种分离技术(如离心分离)来降低异相复合的可能性。然而,这要求 UF_6 分解产物不会黏附到反应器壁上,为此必须将这些颗粒冷却到合适的温度,使其与反应器壁碰撞时不发生变形。

10.3.5 UF_6 中的微波放电

在研究 UF_6 中的高频感应放电时已经发现,U-F 等离子体的稳定性随着放电频率的增加而提高。如果电流的频率可以提高到微波范围,更准确地讲是在 915~2450MHz 的范围内,放电频率就可以大幅提高。实验进行的频率为 2450MHz,装置示于图 10.17。

频率为 2450MHz 的微波源 1 用于产生 1atm 的 U-F 等离子体。微波源与耦合负载——波导 2 连接。实验采用了双磁控管微波源,连接到两个波导上(为简单起见,图 10.17 示出了单个波导)。微波源的总振荡功率为 5kW。微波等离子体炬的放电管 3 由电介质材料(石英)制成,垂直穿过两个矩形波导 2。UF_6 容器 7 置于恒温器 8 中。UF_6 被载气(Ar)携带,通过阀门 6 和设置有流量计的加热管线 5,由喷嘴 4 通入放电区。放电由短时插入放电管的辅助电极引发("点火"),放电引发时放电管内的压强为 $(2.7\sim4)\times10^4$Pa;"点火"后放电管中的压强升高到 1atm。由这种方法产生的放电呈压缩弧形态。U-F 等离子体射流被旋流 Ar 压缩,可以输送到相应的等离子体反应器中满足应用需求。UF_6 分解的产物收集在接收容器 10 中;容器 7 和接收容器 10 的质量变化通过称重装置 9 监测。

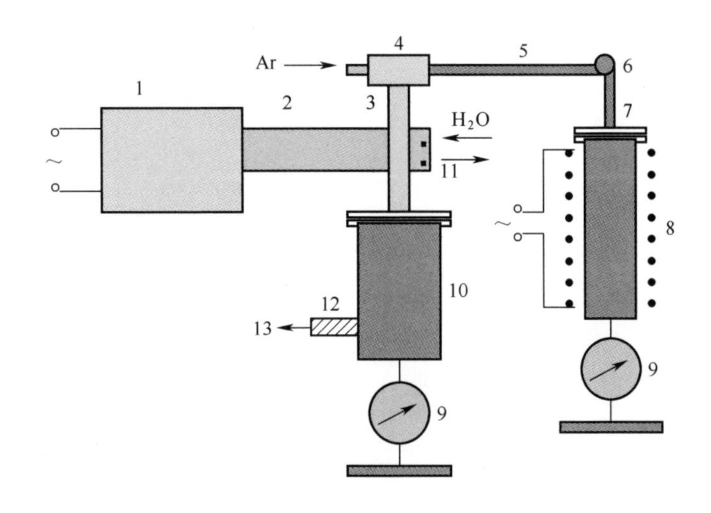

图 10.17　产生 U-F 等离子体的微波反应器

1—微波源;2—波导管;3—由电介质材料制成的放电管;4—喷嘴;5— UF_6 输送管线;6—阀门;7—UF_6 容器;8—恒温器;9—称重装置;10—UF_6 分解产物接收容器;11—水负载;12—气体排放管;13—去气体净化系统。

原则上,当频率为 2450 MHz 时微波放电可以在 UF_6 中稳定燃烧。显然,这是获得稳定的 U-F 等离子体的最合适方式。在本例中该方法已被付诸实施,并在图 10.17 中示出。然而,这种产生 U-F 等离子体的有效方法却存在两项关键缺陷:

(1) 必须防止铀产物在等离子体放电管壁上形成沉积,否则沉积层会反射电磁波损坏磁控管。这一缺陷可通过使用铁氧体环行器予以克服,使反射波偏转到水中负载中。

(2) 波导和工艺设备必须严格密封,防止微波能量从间隙(如法兰的间隙)中泄漏出去。

10.4　用于化工冶金的高频 U-F 等离子体的参数

根据计算[8,27]和实验[8,24-26]得到的结果,当温度 $T\approx 6000\mathrm{K}$、压强接近于 1atm 时,U-F 等离子体不含任何分子成分,基本上是由原子态的铀和氟组成。

降低压强，铀原子最大分压对应的温度向较低温区偏移：当压强为 15kPa 时，铀原子最大分压对应的温度约为 5400K；在 1kPa 压强下，该温度约为 4600K。

在铀和氟为原子形态的情况下，分离这些组分的唯一但几乎不可行的方式是快速冷却（急冷），使铀发生冷凝并实现分散相与气相的快速分离。

当温度更高、气压更低时，铀原子发生电离。因此，在 $P\approx10^5$Pa 的压强下，铀离子 U^+分压的最大值对应于 $T\approx9000$K（图 10.18）；当压强降至 $P\approx10^3$Pa 时，U^+的最大分压对应于 $T\approx7500$K（图 10.19）；进一步降低压强至 $P\approx10^1$Pa，则分压最大值对应的温度 $T\approx4800$K（图 10.20）。

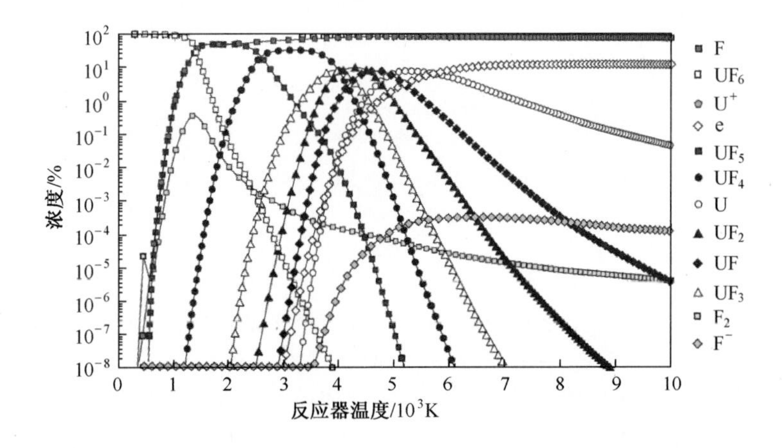

图 10.18 压强 $P=1.013\times10^5$Pa 时，U-F 等离子体的平衡组成

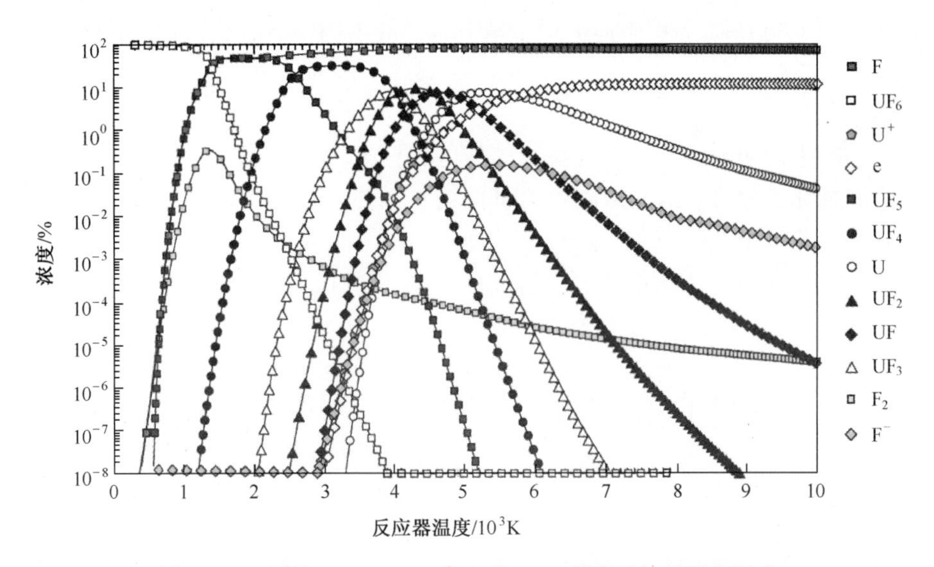

图 10.19 压强 $P=1.013\times10^3$Pa 时，U-F 等离子体的平衡组成

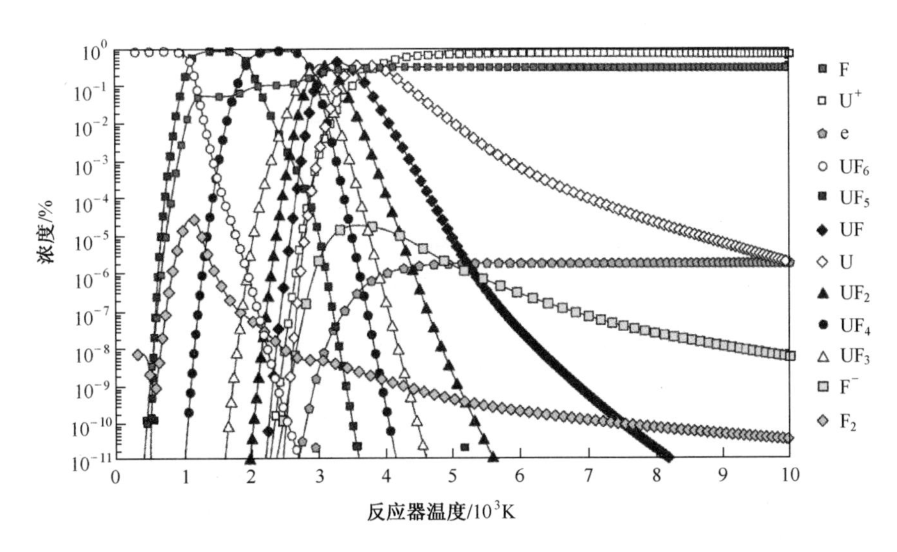

图 10.20　压强 $P=1.013\times10^1$ Pa 时，U-F 等离子体的平衡组成

从图 10.18～图 10.20 所示的热力学计算数据可以看出，带负电的氟离子 F^- 的分压比电子的分压小 4 个数量级。在大气压下，以及随着总压强的降低，二者之间的差距再增加几个数量级。这意味着，U-F 等离子体的电导率主要取决于其电子的密度和迁移率，在 U-F 等离子体工艺应用的物料平衡中，带负电的 F^- 都可以忽略不计。

当铀和氟处于原子态时，分离这些组分的唯一可行但难以实现的方法是快速冷却（急冷），冷凝铀蒸气并快速分离分散相与气相。如果其中一种组分带有电荷（在这种情况下是铀），就可以在极性相反的电极上收集铀从而分离铀与氟，然后通过冷凝得到颗粒状或熔融态的铀，或者应用电磁力使铀保持离子态而用干式泵抽出中性的氟。借助核工业中的技术手段，这两种方法都具有可行性，但是二者共有的关键之处均在于 U-F 等离子体发生器的设计，尤其是高频感应等离子体炬。这种设备在 20 世纪 70 年代进行了首次实验[24-26]并发展至今。对于这种等离子体炬，需要考虑以下因素：

（1）高频感应 U-F 等离子体的参数；

（2）具有金属-电介质放电室的无极放电等离子体炬；

（3）高频电源；

（4）与高频电源匹配的负载。

10.4.1　高频感应 U-F 等离子体参数的计算

目前，即使采用将放电区的气体流动和等离子体内部流动考虑在内的模型，仍然不足以精确计算高频感应 U-F 等离子体的参数。然而,可以采用一些相对简单的模型估算其特性,如埃克特(Eckert)模型[34-36]。该模型针对高频感应放电产生的对电磁场透明的静止等离子体柱,基于能量平衡假设使感应加热输入等离子体的能量与沿径向传导至放电管壁的热通量相等。在此模型中,等离子体柱半径 R 与放电管内径 R_W 相等,$R=R_W$。

感应器产生的磁通量由如下方程描述:

$$\Phi_0 = \pi R^2 \omega\mu H_R \tag{10.45}$$

式中:ω 为电磁场的圆频率;μ 为介质的磁导率;H_R 为磁场强度的轴向分量。

适当变换埃克特模型,可以得到磁通量的表达式:

$$\Phi_0 = [\pi j_{01}(q+1)/C]\sqrt{\alpha_4/4q^2 + (q+1)^2} \tag{10.46}$$

式中:$\alpha = kR = \sqrt{2(R\delta)}$,$\delta$ 为感应电流在负载中的透入深度,且有

$$\delta = \sqrt{2/\mu\sigma_R\omega} = \sqrt{\pi\mu\sigma_R f} \tag{10.47}$$

其中:σ_R 为等离子体的初始电导率。

C 为成分一定的等离子体的特性参数,且有

$$\sigma = C^2 S \tag{10.48}$$

其中:σ 为等离子体的电导率,S 为热势。

$$q = \{0.5 \times [1 + (1+\alpha^4)^{0.5}]\}^{0.5} \tag{10.49}$$

σ_R 的值与等离子体柱轴线上的电导率 σ_0 有关,二者之间存在如下关系:

$$\sigma_0 = 2.31[(q+1)/q]\sigma_R \tag{10.50}$$

电导率的径向分布由下列关系确定:

$$\sigma = \sigma_0 J_0[j_{01}(r/R)^{q+1}] \tag{10.51}$$

根据式(10.48),热势具有相似的分布:

$$S = S_0 J_0[j_{01}(r/R)^{q+1}] \tag{10.52}$$

结合已知的等离子体物性参数,式(10.51)和(10.52)均可用于计算等离子体温度的径向分布。

根据埃克特模型,每单位长度等离子体柱所消耗的功率为

$$P = (4q/\pi R^2\mu\omega\alpha^2)\{\Phi_0^2 - [(\pi j_{01}/C)(q+1)^2]\} \tag{10.53}$$

式中:Φ_0 为均方根(RMS)值。

基于埃克特模型分析 U-F 等离子体径向温度的分布可以给出一个接近真实的图像,并能估算等离子体的一些特性参数,如 Φ_0、σ_R、σ_0、P 等与磁场强度的关系。分析 δ、μ、σ、ω 的比值,可得

$$\delta = 503.3/\sqrt{\sigma f} \tag{10.54}$$

如果认为 U-F 等离子体的平均有效电导率为 $1000\Omega^{-1}\cdot m^{-1}$(在 0.1atm 的压强下对应于约 5000K 的温度)，可以得到 $\delta = 15.9/\sqrt{f}$。$R/\delta = 1.77$，所以 $R = 28.1/\sqrt{f}$。这样就可以确定等离子体柱的半径 R，其数值取决于电流的频率。

通过等离子体炬放电管壁的热流密度 Q_c 基于热势分布函数(式(10.52))进行估算：

$$Q_c = \left.\frac{dS}{dr}\right|_{r=R} = \sigma_0\{[(q+1)j_{01}]/C^2R\}J_1(j_{01}) \tag{10.55}$$

文献[37]进行了该计算。基于这些计算结果，即便不能准确掌握 U-F 等离子体参数，也能大致了解感应器参数(如 H 和 Φ_0)与等离子体参数之间的关系。

这些数据示于表 10.10、表 10.11 和图 10.21。

表 10.10 基于埃克特模型[37]得到的高频感应 U-F 等离子体的参数

H/(A/m)	Φ_0/Wb	α	Q	$\sigma_R/(\Omega^{-1}\cdot m^{-1})$	$\sigma_0/(\Omega^{-1}\cdot m^{-1})$	P/(kW/m)	Q_W/(kW/m^2)
2000	37.208	1.555	1.345	408	1645	21.2	67
2600	48.370	2.038	1.624	701	2618	37.6	120
3000	55.811	2.309	1.792	900	3240	49.8	158
4000	74.415	2.895	2.137	1415	4774	83.1	265
注：R=0.05m；f=0.3MHz							

表 10.11 基于埃克特模型[37]得到的高频感应 U-F 等离子体的参数

H/(A/m)	Φ_0/Wb	α	Q	$\sigma_R/(\Omega^{-1}\cdot m^{-1})$	$\sigma_0/(\Omega^{-1}\cdot m^{-1})$	P/(kW/m)	Q_W/(kW/m^2)
2600	46.564	1.976	1.586	685	2580	34.7	145
3000	53.728	2.236	1.746	877	3186	48.1	201
4000	71.637	2.814	2.119	1389	4723	80.9	339
注：R=0.038m；f=0.5MHz							

基于埃克特模型得到了高频感应 U-F 等离子体的参数。尽管这些数据之间存在某些矛盾之处，但仍然能够给出电源和等离子体炬的初步参数。要验证这些参数，还必须掌握等离子体的辐射系数，以及在 UF_6 中维持高频感应放电所需的最低功率。

U-F 等离子体辐射的相关数据是在气体堆芯核反应堆的研究项目中获得的，其中的一些列于表 10.12。这些数据是关于铀等离子体的体辐射 ε_T 和单个

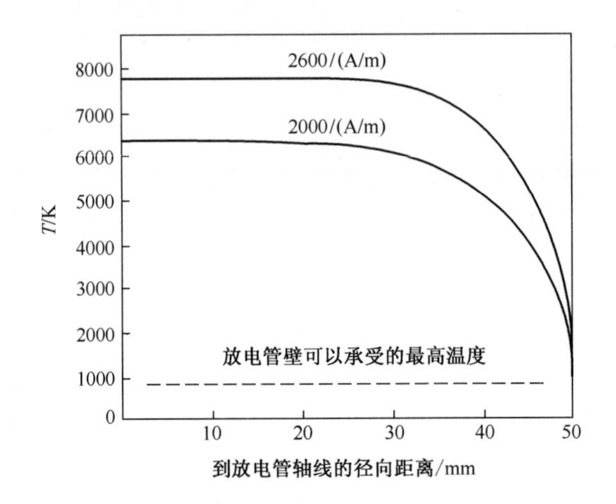

图 10.21　基于埃克特模型得到的高频感应 U-F 等离子体的径向温度分布[34](f=0.3MHz)

粒子的辐射($q=\varepsilon_T/n_U$);n_U 是根据状态方程确定的铀原子密度,所有实验测量均基于局域热力学平衡并且光学薄的假设进行。对这些和之前得到的数据进行了分析,结果表明,U-F 等离子体辐射对等离子体的能量平衡以及径向和轴向温度分布具有显著影响。

表 10.12　U-F 等离子体辐射参数:铀等离子体的体辐射系数和单个粒子的辐射系数

来源	文献[5]	文献[4]
实验数据	在 UF_6-Ar 中的高频感应放电;研究范围为 220~1300nm	在 He-U 中的电弧放电;研究范围为 330~7000nm
温度/K	8000	8000
U 原子的分压/Pa	90.5	1000
n_U/m^{-3}	8.2×10^{20}	9.1×10^{21}
$\varepsilon_T/(W\cdot m^{-3})$	3.17×10^{8}	0.56×10^{8}
q/W	387×10^{-15}	6.2×10^{-15}

10.4.2　产生高频感应 U-F 等离子体的高频电源的计算

对于 UF_6 流量确定的等离子体炬,在选择高频电源时应考虑输入等离子体炬的功率包括 UF_6 分解所需的最小功率、热传导导致的功率损失以及等离子体沿轴向流动的辐射功率损失，然后考虑其他能量消耗以及交流电向高频电流转换的效率，最终确定电源所需的功率。

电网输入的功率在高频感应等离子系统的各单元中的分配决定了相关工艺过程的能量效率。高频等离子体系统通常由阳极变压器、电子管高压整流器、振荡电路、感应器和等离子体炬 5 个主要单元构成。等离子体炬采用带有狭缝的金属-电介质放电室，如图 2.68～图 2.70 所示。功率在所有这些单元上的分配在表 2.10 中给出。如果取自电网的功率 P_{total} 为 100%，详细分配如下：阳极变压器的效率为 91%～98%，风冷变压器的效率约为 99.5%；晶闸管高压整流器不考虑热损失的效率为 99.5%；使用晶闸管整流电源，灯丝上的功率损失可忽略不计。因此，根据技术水平，在这些电路中损失的总功率为 1%～9.5%。灯丝电路的功率损失占 2%～3.5%，取决于阴极的发射能力。

在交变电流转变成高频电流的过程中，绝大部分功率损失源于灯丝电路的阳极，达到输入功率的 25%～30%。当使用磁聚焦电子管时功率损失最少可以降低到 5%。

在等离子体系统的振荡电路中，功率损失 P_{cir} 包括电子管高频发生器的热损失，以及振荡电路的陶瓷电容、电感、母线和屏蔽外壳的热损失，这些损失的比例通常为 1.5%～5%。统计表明，感应器上的功率损失所占的比例为 2%～9%。使用常规（无磁聚焦）的电子管电源时，上述电路中的总功率损失可以达到 40%。在金属-电介质放电室上损失的功率 P_{cham} 取决于电源频率和放电室的其他参数，比例为 1.5%～10%。根据第 2 章的数据，当频率为 5.28MHz 时，放电室损失的功率相对较小；当频率降低到 1.76MHz 时，功率损失增大至 6%；频率为 0.44MHz 时，功率损失为 10%。第 2 章的系统性数据表明，在 5.28～0.44MHz 的范围内降低振荡电路的频率，感应器和放电室上的功率损失显著增加。振荡电路和感应器中功率损失增加的机理显而易见：为了在较低频率下激发和维持放电，感应磁场电磁力的减少必须通过电场强度的增大来补偿，即增大振荡电路和感应器中的电流。如果频率为 5.28MHz 的等离子体的功率为 20～50kW，在 0.44MHz 的频率下要产生相同功率的高频感应等离子体，需要将感应器中的电流强度增大到 5.28/0.44 = 12 倍。

对各种高频装置的研发和运行情况进行统计的结果表明，使用无磁聚焦的电子管振荡器时，装置的效率通常为 0.4～0.6，因此电源的功率至少应该是放电功率的 1.4～2.5 倍。文献[37]计算了进料量为 0.00938kgUF_6/s 时，在 UF_6 中进行高频放电所需的最低功率。这一参数的值取决于温度和压强，其结果示于表 10.13。

表 10.13 高频感应 U-F 等离子体炬电源的功率

等离子体炬出口处的等离子体温度/K	UF_6 分解所需的最小功率/kW		等离子体轴向流动的功率/kW	热传导损失的功率/kW	热辐射损失的功率/kW	振荡电源的功率/kW
	气压为2kPa	气压为15kPa				
6000	125.8	119.7	6.5	14	65	206
7000	133.0	130.7	8.9	24	74	238
8000	138.8	137.7	11.3	37	142	328
9000	146.8	143.6	12.9	—	—	—

10.5 用于产生 U-F 等离子体的高频电源

用于产生 U-F 等离子体的高频电源的总体方案之一示于图 2.71。该电路包括电源本体、电源本体与频率为 50~60Hz 的三相电路之间的开关设备,以及高频激励单元。其中,电源本体由反馈控制器和整流模块组成,后者包括高电压变压器、整流器、高压滤波器;高频激励单元包括真空电子管、振荡电路的反馈电感或电容及其他元件(更多细节参见 2.17.2 节)。图 10.22 是 Hüttinger 电源的设计图[38],表 10.14 给出了该高频电源的参数,其电路示于图 2.71。

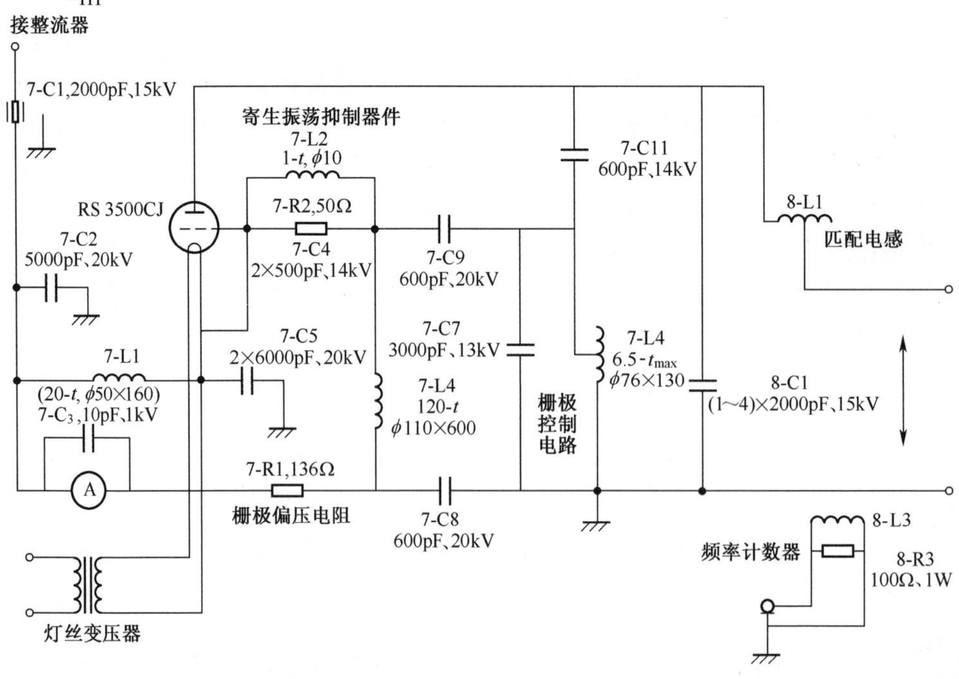

图 10.22 Hüttinger 高频电源的计算方案[38]

表 10. 14 给出了图 10. 19 所示的高频电源的参数。

表 10. 14　用于产生 U-F 等离子体的高频电源(图 2. 71)的典型技术参数

参数名称	参数值
输入放电室的功率/kW	300
振荡功率/kW	360
电网输入功率/kW	630
电网电压/V	3×415
电网的电流频率/Hz	50
$\cos\varphi$	0. 9
电网的电压波动范围/%	±5
熔断电流/A	1000
工作频率/MHz	1. 5
阳极电压/kV	14
阳极电流/A	42

从表 10. 14 可以看出，电源的整体效率为 57. 14%。然而，如果把感应器上的损失和放电室中的电、热损失考虑进来，整体效率就降低到统计结果的范围内(40%～50%)。与电弧等离子体发生器相比，高频等离子体发生器的缺陷之一是成本较高。在 20 世纪 90 年代后期的欧洲，这种设备每千瓦射频功率的成本指标是 1000～1500 美元。

下面分析金属-电介质等离子体炬的可接受参数。这里以文献[37]中用于产生高频感应等离子体的实验装置作为例子(图 10. 23)：等离子体炬的高度 $h_{ch}=0.4\text{m}$；外径和内径(刚玉管直径)分别为 $d_{pt,out}=0.12\text{m}$ 和 $d_{pt,in}=0.110\text{m}$；放电室外径和内径分别为 $d_{dc,out}=0.106\text{m}$ 和 $d_{dc,in}=0.075\text{m}$；感应器的内径和外径分别为 $D_{c,i}=0.13\text{m}$ 和 $D_{c,o}=0.15\text{m}$，感应器高度 $H_c=0.175\text{m}$；放电室各分瓣之间的间隙(狭缝)宽度为 0. 004m。放电室内径与感应器内径之比为 0. 075/0. 13＝0. 577。

显然，这个例子看起来并不成功。因为几乎所有已知的(实验和实际应用的)带有分瓣式金属放电室的高频感应等离子体炬，这个比值都在 0. 667～0. 750 的范围内。对于所分析的等离子体炬，感应器(此处及下文中均指感应器的内表面)与金属放电室之间的间隙为 0. 024m，感应器与放电(放电直径 d_{dis} 通常指放电室的内径)之间的间隙为 0. 055m。这样，直径为

$$d_{dis} : d_{dc,out} : D_{c,i} = 0.075 : 0.106 : 0.13 = 1 : 1.41 : 1.73$$

与此同时，根据文献[39]中的数据，对于在大气压下工作的等离子体炬，推荐的直径比不大于 $d_{dis} : d_{dc,out} : D_{c,i} = 1 : 1.2 : 1.4$

因此，对上述感应器与放电之间耦合情况进行纯粹经验分析的结果表明，该金属-电介质等离子体炬设计方案无法确保与电源良好耦合。

(a)　　(b)　　(c)

图 10.23　带有金属-电介质放电室的高频感应等离子体炬[37]

(a)等离子体炬;(b)放电室冷却通道;(c)放电室组件。

鉴于 d_{dis} 实际上比放电室的内径小(d_{dis}<0.075m),可以预见,即使在低气压条件下,这样的放电直径、放电室直径和感应器直径之间的比例也不利于感应器与放电之间实现良好耦合。因此,当沿切向通入气体时,放电直径的值更有可能是 d_{dis}=0.065m。这样,前面所述的直径比关系为

$$d_{dis} : d_{dc,out} : D_{c,i} = 0.065 : 0.106 : 0.13 = 1 : 1.63 : 2.0$$

远在稳定耦合范围之外。

为了改善感应器与放电之间的耦合,必须减小二者之间的间隙。首先,可以将放电室的内直径增大至 0.087~0.098m,同时保持外径恒定。采用在规定范围的放电室内径的限值,上述比例关系为

$$d_{dis} : d_{dc,out} : D_{c,i} = 0.087 : 0.106 : 0.13 = 1 : 1.22 : 1.49$$

$$d_{dis} : d_{dc,out} : D_{c,i} = 0.098 : 0.106 : 0.13 = 1 : 1.08 : 1.33$$

因此,对于给定的设计方案,放电室的最小内径显然不得小于 0.09m;然而,如果可以克服结构限制,直径可以取 0.095~0.1m。不过,这看起来仍然不够。感应器与放电室外表面之间的间隙似乎过大,因为电介质材料(Al_2O_3)壳体与金属放电室之间存在间隙,导致感应器的直径增大到 0.014m。如果去除 Al_2O_3 管,用电介质材料填充金属放电室各分瓣之间的间隙,就可以将感应器直径减小到 0.01~0.014m。为保持感应器与金属-电介质放电室(内径 0.095m,同时保持外径 0.106m)之间具有足够的介电强度,感应器直径取 0.12m。这样就能够进一步改善上述直径比关系:

$$d_{dis} : d_{dc,out} : D_{c,i} = 0.095 : 0.106 : 0.12 = 1 : 1.12 : 1.26$$

放电室各分瓣之间的间隙为 0.004m,可以减小到 0.002~0.003m,并且基本上不会降低传输到负载上的高频功率。

当电路达到震荡状态之后，在感应器中产生的电流为

$$I_C = U_{input}\omega C_{TC} \quad (10.56)$$

或

$$I_C = U_{input}/\omega L_{TC}$$

式中：U_{input}为负载电路电容器 C_{TC}上的电压；ω 为感应器中电流的频率；L_C 为感应器的电感。

感应器两端的电压为

$$U_C = U_{input} - 2\Delta U_{C,L} \quad (10.57)$$

式中：$\Delta U_{C,L}$为连接母线上的电压降，取决于其感抗。

此外，考虑到 $U_{c,max}/U_{c,min} \approx 1.5$，有必要测量感应器两端的电压，该参数由感应器与阳极电路连接的位置决定。

我们已经知道，电源电压按照感应器的参数从高频发生器的阳极分压到感应器上。现在讨论分压过程。假设阳极供电电压 $E_a = 16$kV，那么阳极电压的幅值 $U_a \approx 0.9E_a = 0.9\times16 = 14.4$(kV)；在阳极电路中感应器支路上的电压为 $U_a/\sqrt{2} = 14.4/\sqrt{2} \approx 10.2$(kV)；感应器上的电压 $U_c \approx 0.5(U_a/\sqrt{2}) = 0.5(1.44)\sqrt{2}) = 5.1$(kV)。假如考虑到感应器母线上存在一定的电压降，感应器上的电压就小于 5.1kV。以这样的电压，感应器可以在 Ar 气中引发并保持高频感应放电，但不足以在 N_2 尤其是 UF_6 中引发放电。

因此，有必要改进阳极电路和负载电路的设计，使 $U_c \geqslant U_a$。

10.6 金属-电介质等离子体炬参数对电源与高频感应 U-F 等离子体耦合品质的影响

目前，高频感应等离子体炬的最可靠设计方案是采用分瓣式水冷铜腔室；各分瓣之间填充电介质密封材料，或者装上电介质材料外套（形成“金属-电介质等离子体炬”或“金属-电介质等离子体反应器”）。关于这些放电室设计的方法目前尚没有形成统一观点，包括分瓣数量、狭缝宽度和相对于感应器的高度，更谈不上电介质密封材料的填充方法及其设计特征。然而，仍然有一些方法可以从原理上分析放电室的设计。在这些方法中，其中一个方向[37]就是对高频电源与等离子体负载的相互作用进行电磁感应分析（评价 Q 因子，即 $\cos\varphi$ 的倒数），以及分析金属-电介质等离子体炬的效率（电能损失最小的条件）。图 10.24 是金属-电介质等离子体炬周围 3 匝感应器的磁力线计算结果，等离子体炬如图 10.23 所示。图 10.25 给出了高频电磁场与等离子体负载相互作用的模型，包括等离子体、感应器和等离子体外围放电室壁的相应截面。图 10.25(a)为电介质材料反应器壁的部件，图 10.25(b)为等离子体炬的无冷却金属壁。

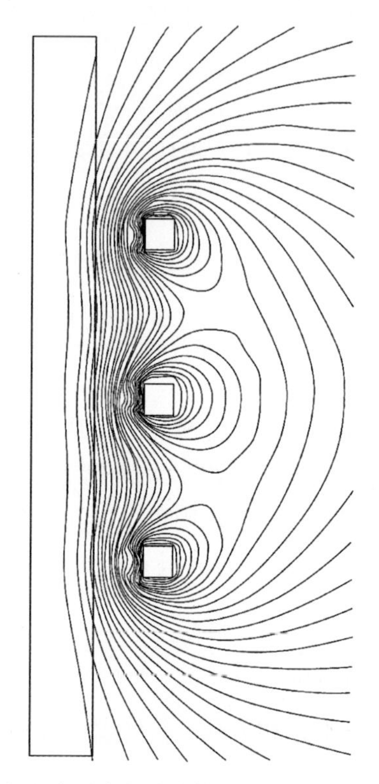

图 10.24　位于金属-电介质高频感应等离子体炬外围 3 匝感应器的磁力线

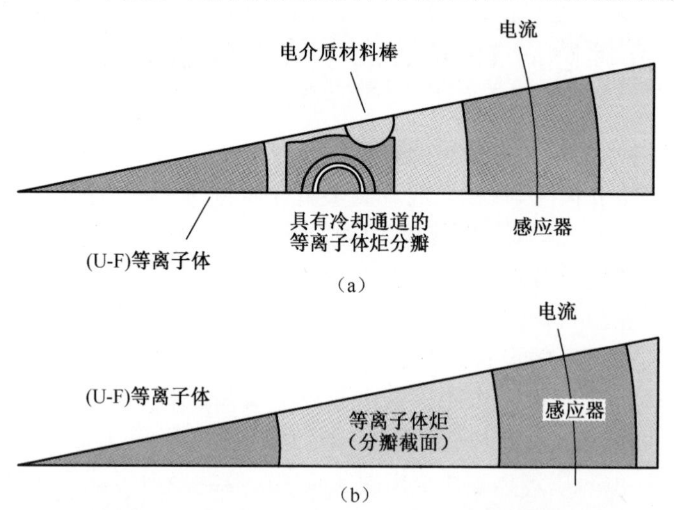

图 10.25　电磁场与等离子体负载相互作用的模型

(图中所示是等离子体、相应的感应器和等离子体外围放电室的扇区)

(a)具有冷却通道的金属-电介质等离子体炬和填充在放电室壁两个分瓣之间的电介质材料棒(实际设计方案);(b)金属-电介质等离子体炬的无冷却壁(假设结构)。

文献[37]最终确定了高频电源与负载相互作用的效率 η 和 Q 因子两个参数,定量决定电源与负载之间的关系。效率的大小由能量参数之比决定,形式为分数或百分数:

$$\eta = \frac{\text{感应器输入等离子体的功率}}{\text{电源输入感应器的功率}} \tag{10.58}$$

Q 因子定义为 $\cos\varphi$ 的倒数,或者说是从电网获得的功率 P_0 与输入负载的功率 P_1 之比:

$$Q = 1/\cos\varphi = P_0/P_1 \tag{10.59}$$

因此,Q 值越大,高频电源与负载耦合的品质越差,消耗电网的电能越多。

文献[37]中的模型采用了一些假设,包括等离子体的导电率为定值,感应器线圈的空间位置不变,感应器端部磁场不变形,感应器的几何尺寸固定等。计算模型的主要参数列于表 10.15。

表 10.15 描述高频电源与金属-电介质等离子体炬中的等离子体负载相互作用品质(Q 因子)的基本参数

参 数 名 称	测 量 结 果
等离子体炬狭缝的数量	16
等离子体直径(假定)/m	0.07
金属-电介质等离子体炬放电室内径/m	0.076
感应器内径/m	0.126
感应器外径/m	0.0162
额定频率/MHz	1.0
等离子体的电导率/$(\Omega \cdot m)^{-1}$	1000
铜(等离子体炬材料)电导率/$(\Omega \cdot m)^{-1}$	58.8×10^6
等离子体炬分瓣的间距(狭缝宽度)/m	0.002

电磁分析结果如图 10.26~图 10.30 所示。决定效率和 Q 因子的主要变量包括感应器中电流的频率 f(MHz)、金属-电介质等离子体炬金属分瓣之间的狭缝宽度 d (mm)以及等离子体的电导率 $\sigma(\Omega^{-1} \cdot m^{-1})$。此外,分析中还使用了一些辅助变量,特别是等离子体炬金属分瓣之间的电介质棒的直径,该数值小于狭缝的宽度。

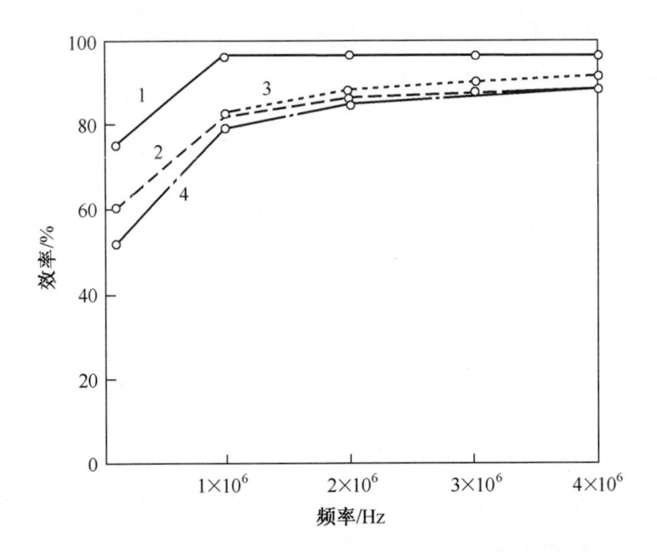

图 10.26　高频电源与负载相互作用的效率与电感器中电流振荡频率的函数关系
（等离子体的电导率为 $1000\Omega^{-1}\ m^{-1}$）

1—假设方案（图 10.25(b)）；2—实际方案（图 10.25(a)），但电介质棒未能覆盖两分瓣之间的间隙；3—实际方案（图 10.25(a)）；4—实际方案（图 10.25(a)），但等离子体的电导率为 $720\Omega^{-1}\ m^{-1}$。

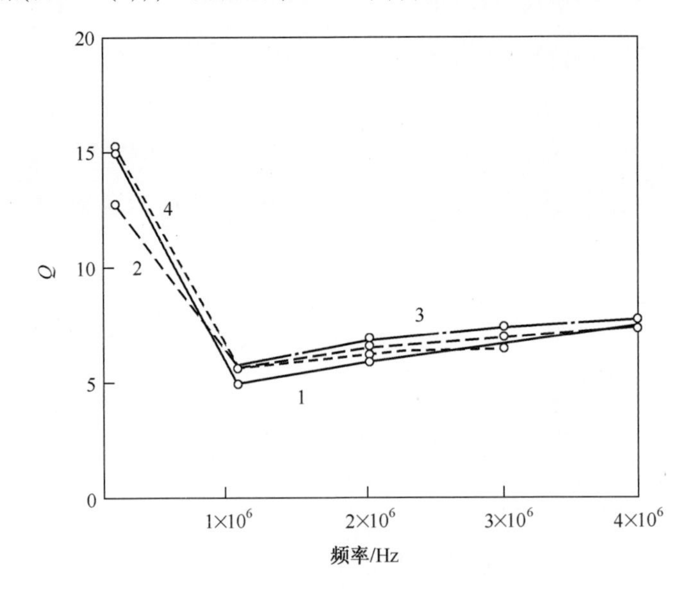

图 10.27　Q 因子与感应器中电流振荡频率的函数关系
（等离子体的电导率为 $1000\Omega^{-1}\ m^{-1}$）

1—假设方案（图 10.25(b)）；2—实际方案（图 10.25(a)），但电介质棒未能覆盖两分瓣之间的间隙；3—实际方案（图 10.25(a)）；4—实际方案（图 10.25(a)），但等离子体电导率为 $720\Omega^{-1}\ m^{-1}$。

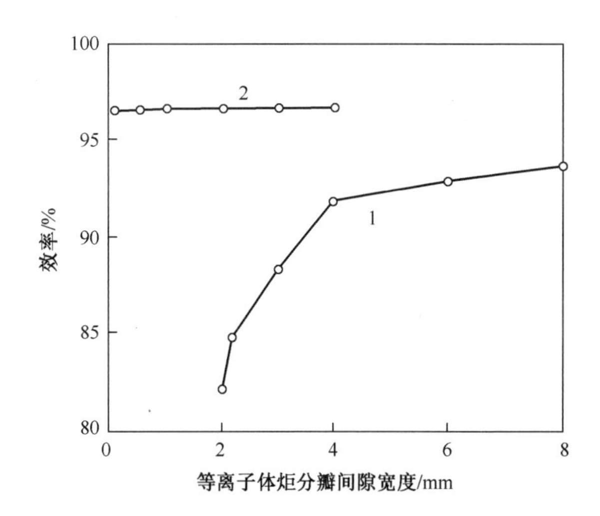

图 10.28 感应器中电流振荡频率为 1MHz 时,电源与负载相互作用的效率与金属-电介质等离子体炬分瓣间隙宽度的函数关系

1—实际方案(图 10.25(a));2—假设方案(图 10.25(b))。

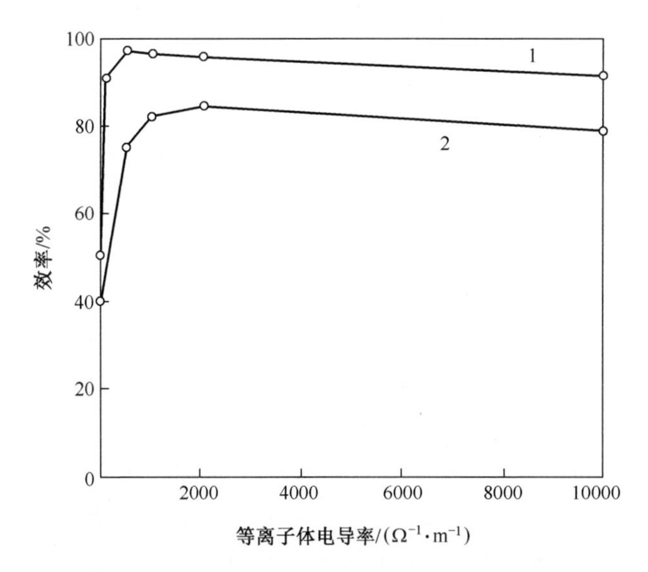

图 10.29 电源与负载相互作用的效率与等离子体电导率的函数关系

1—假设方案(图 10.25(b));2—实际方案(图 10.25(a))。

从图 10.26 中的关系可以看出,电源与电导率为 $1000\Omega^{-1}$ m^{-1}的负载相互作用的效率随着频率从 500kHz 增加到 1MHz 而显著提高,但频率进一步增加影响不明显。不过,在实际设计中频率高达 4MHz,特别对于减小等离子体炬分瓣

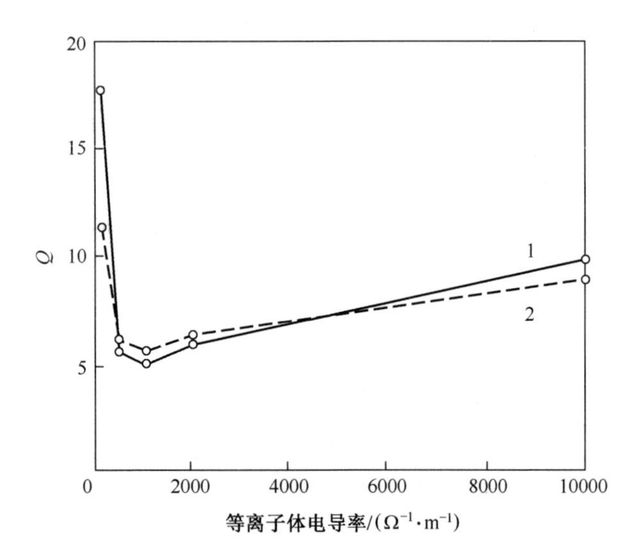

图 10.30 Q 因子的值与等离子体电导率的函数关系

1—假设方案(图 10.25(b));2—实际方案(图 10.25(a))。

之间电介质棒直径的情形。当等离子体的电阻率降低到 720Ω^{-1} m^{-1}时,效率略有降低。

图 10.27 所示的关系表明,当频率从 0.5MHz 增大到 1MHz 时,Q 因子急剧减小,但是随着频率增加到 4MHz,假设方案和实际方案中的 Q 因子仅有一定程度的增大,尤其对于等离子体炬分瓣之间的电介质棒直径减小和等离子体的电阻率降低到 720$\Omega^{-1}\cdot m^{-1}$的情形而言。

至少在 1MHz 的频率以下,在实际方案中扩大金属-电介质等离子体炬分瓣之间的间隙宽度,有利于提高效率、降低 Q 因子(图 10.28)。

当等离子体的电导率从 500Ω^{-1} m^{-1}增大到 1000Ω^{-1} m^{-1}时,该参数对效率的影响非常明显(图 10.29)。电导率进一步增加则影响很小,但总体是不利的:当电导率继续增大到 10000Ω^{-1} m^{-1}时,效率继续降低,但趋势并不明显。同样,等离子体电导率的增大对 Q 因子也存在影响:当等离子体电导率从 500Ω^{-1} m^{-1}增大到 1000Ω^{-1} m^{-1}时有利于减小 Q 因子,但进一步增大就不利了——当电导率进一步增加到 10000Ω^{-1} m^{-1}时,Q 因子有所增大(图 10.29)。

对高频电源与负载(U-F 等离子体)相互作用进行模拟的结果与实验结果并不矛盾,尤其是图 10.26 和图 10.28 中的关系,以及图 10.27、图 10.29 和图 10.30 中的部分关系。U-F 等离子体的电导率对效率 η 和 Q 因子产生具体影响的计算结果并不完全清晰。因此,模拟结果的应用还存在一些困难。从 10.28 可以看出,有必要将等离子体炬分瓣之间的狭缝宽度增大到 6~8mm,但是这将导致 U-F 等离子体辐射功率损失增大、设备密封性降低；这些因素有可能导致感应器发生电击穿或其他故障。

10.7 U-F 等离子体组分的分离

根据计算[8,27]和实验[8,24-26]结果，当 $T \approx 6700\mathrm{K}$，$P \approx 10^3\mathrm{Pa}$ 时，在 U-F 等离子体中分压最大的是 U^+。这时，氟的主要形式是中性原子 F。进一步降低压强，U^+最大分压的位置向温度降低的方向偏移。因此，原则上可以通过电磁力作用于铀离子来分离铀与氟，同时用干式真空泵抽出中性氟。基于这一原理，有可能实现等离子体-电磁分离过程，将富集同位素 U-235 的 UF_6 加工成金属铀和单质氟。为此，首先需要在等离子体反应器中将 UF_6 转化成 U-F 等离子体。所选择的参数是热力学允许的等离子体参数（温度和压强），其中铀是单电荷的正离子 U^+，氟是中性原子 F。U-F 等离子体一离开等离子体反应器，就进入长圆筒形腔室，U^+在电磁力作用下沿等离子体轴线向下方的收集器——铀熔体方向运动，随即被吸收下来。同时，氟通过侧面的管道被干式泵抽出。

对于各种类型的气相和凝聚相原料，英国核燃料公司在图片[40]中展示了实施这项工艺所需的基本硬件。该设备至少由四个主要部分组成：

（1）等离子体发生器，用于选择性电离待分离组分的装置。

（2）在等离子体流周围产生磁场、作用于带电组分的装置。

（3）从磁场中移除不带电组分的装置。

（4）将一种或多种带电等离子体组分转换为不带电物质的设备。

文献[40]提供了各种分离等离子体组分的方案，包括各种原料中的铀。关于 U-F 等离子体组分的分离，用于产生这种等离子体并分离其成分的基本设备方案如图 10.31 所示。更确切地说，它应该称为将 UF_6 分解成金属铀和氟的等离子体-电磁反应器的示意图。如图 10.31 所示的结构包括以下主要部分：

（1）原料（UF_6 气体）输送管线。

（2）U-F 等离子体发生器，包括高频电源和金属-电介质感应耦合等离子体炬。

（3）电磁分离器，以及将分离器与等离子体发生器分开的隔板。

（4）电磁分离器电源系统，环绕分离器的感应器及其电源（射频电源）。

（5）从自上而下运动的 U-F 等离子体中抽取氟的干式泵。

（6）带有加热系统的坩埚，用于从 U-F 等离子体中收集与熔体表面接触铀离子；铀离子受电磁力约束沿着等离子体的中心运动并被熔体吸收。

下面讨论文献[40]提出的将 UF_6 分解成金属铀和单质氟的等离子体-电磁

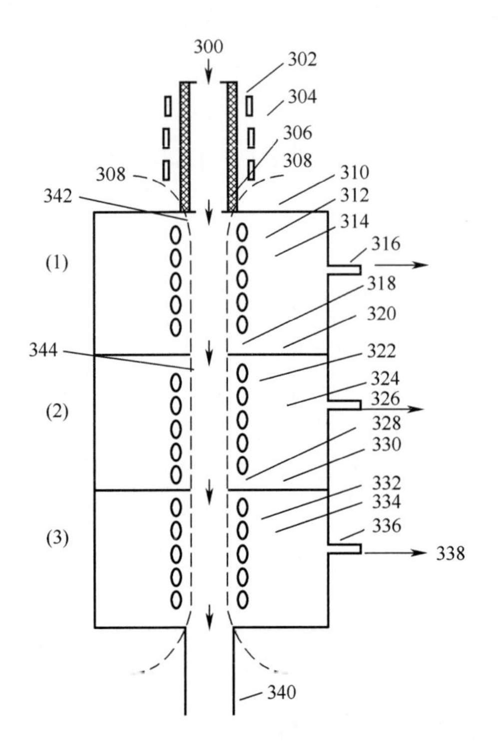

图 10.31 将 UF_6 分解成金属铀和单质氟的等离子体-电磁反应器方案

300—UF_6 气体;302—等离子体炬;304,312,322,332—感应器;306—喷嘴;308—磁场;310—分离室;314,324,334—分离室((1),(2),(3)分别为分离空间);320,330—分区隔板;316,326,338—氟;318,328—分区的开口;336—导管;340—铀;342,344—等离子体流。

反应器的主要单元及其通常运行方案(图 10.31)。

按照上述方案,UF_6 300 通入微波或 RF 等离子体炬 302;等离子体炬配置有适配器 304(对于射频感应等离子体炬是感应器;对于微波等离子体炬是波导)。这样,原料被转化成温度约 6000K 的 U-F 等离子体。当使用射频感应放电时,等离子体炬 302 由水冷铜部件制成,各部件之间存在狭缝,其中填充对感应器 304 产生的电磁辐射透明的绝缘材料,感应器与 RF 发生器(未示出)相连接。当使用微波放电时,等离子体炬由非磁性金属管构成,金属管上垂直插入一条或多条波导,将磁控管产生的微波能输入金属管中。每个波导中都放置了耐高温的电介质材料隔离片,将磁控管与工艺区隔开。

U-F 等离子体 344 通过喷嘴 306 通入分离室 310 中,分离室被隔板 320、330 分成三个区域,其中感应器 312、322 和 332 分别由独立电源供电产生磁场 308。喷嘴 306 的直径达到 0.03m,因而足以在分离室 310 中保持约 2kPa 的压强并使

U-F 等离子体达到所需的流量。

在温度为 4000K、压强接近于 2kPa 的条件下，U-F 等离子体 342 主要由铀离子(U^+)344 和中性氟原子 F(316、326、338)组成。等离子体射流从喷嘴 306 进入感应器 312 环绕的分离室之后发生膨胀，并按照焦耳-汤姆逊效应发生自冷却。感应器 312 对 U-F 等离子体进行加热，补偿之前发生的冷却，使等离子体保持足够高的温度，确保铀处于 U^{+1} 的形态。沿分离室 310 的长度方向，分离区(1)和(2)分别位于感应器 312 和 322 中，被隔板 320 和 330 分开，隔板上具有开口 318 和 328。分离区首先形成 U-F 等离子体 342，然后形成 U 等离子体 344。区域(1)中的压强为 10~50Pa，区域(2)中的压强为 5~20Pa。

混有少量氟原子的铀等离子体 344 流经隔板 330 中的孔 328 进入区域 3，其中的压强在 2~10Pa 的范围内。其余的氟通过导管 336 被泵出。

感应器 312、322 产生大约 0.1T 的磁场 308，在其作用下铀离子流保持在分离室 310 的中心；中性的氟原子被干式泵抽出。因此，在分离室 310 中，U-F 等离子体的组分几乎被完全分离，形成两种流体：氟原子流 316、328 和 338，用于复合和后续利用(包括收集以及随后注入气瓶中)，或者用于一些特殊的化学合成(如合成 KrF_2、O_2F_2 等)；铀离子流 344，在磁场 308 中向下流动，进入装有铀熔体的收集器。铀离子流 340 从分离室 310 中排放出来形成熔体浇注到模具中，或者形成铀锭，对于后者出料装置需要配备拉锭机构。铀中残留的氟含量(质量分数)约为 $10^{-4}\%$。下面介绍文献[40]中提到的等离子体分离器的主要构成。

10.7.1 UF_6 向等离子体反应器的输送

UF_6 原料储存在标准储罐中，后者受热后 UF_6 发生蒸发并通过装有监测仪表的加热管道输送到等离子体反应器中。

10.7.2 U-F 等离子体发生器

气态 UF_6 通过水冷标准喷嘴通入金属-电介质等离子体炬(等离子体反应器)中；高频无电极放电在 UF_6 中引发之后，产生温度达 6000~7000K 的 U-F 等离子体。在此温度下，氟分子被分解成原子，铀被完全电离。

圆筒形等离子体反应器由沿纵向水冷的非磁性金属部件构成，在部件之间沿反应器母线设置有纵向狭缝。感应器的绕组环绕等离子体炬，其产生的电磁能可以自由地穿过狭缝透入反应器中。

由铀离子、电子和中性氟原子组成的 U-F 等离子体从等离子体炬中流出，轴向流速高于声速。铀离子和氟原子的混合物通过等离子体反应器底部的喷嘴输入电磁分离器中。

对于 U-F 等离子体,重要的是避免其成分在从等离子体炬进入电磁分离器的过程中发生复合反应(以及发生其他化学反应,如 $U^+ + F \rightarrow UF^+$ 和消电离 $U^+ + e \rightarrow U$)。等离子体在从等离子体炬进入分离器时受到由膨胀、辐射传热、对流传热和热传导导致的冷却,因而需要对等离子体进行额外加热,以维持所需的温度。这种加热由电磁分离器外部的高频电源提供:为了保持 U-F 等离子体的温度,电源为感应器的绕组施加高频电压,对等离子体进行二次加热。

在等离子体炬出口、电磁分离器入口处的节流条件通过以下表达式确定:

$$\frac{p_0}{[(\gamma+1)/2]^{\gamma/\gamma-1}} \cdot S_x = (\varphi x R_0 T_x)/a \tag{10.60}$$

式中:p_0 为上游等离子体炬的压强;S_x 为等离子体炬(放电室)出口的横截面积;γ 为比热比,$\gamma = 1.6$;φ 为由解离和电离导致的摩尔膨胀比;x 为原料 UF_6 的消耗量(mol/s);T_x 为输出等离子体的温度,$T_x = 6000\text{K}$;a 为放电室出口处的声速,$a = 1260\text{m/s}$。将数值代入式(10.60)可得

$$p_0 \ S_x = 637.6x(\text{Pa} \cdot \text{m}^2) \tag{10.61}$$

原料 UF_6 的消耗量为 0.014mol/s,$p_0 = 2\text{kP}$,$S_x = 4.46 \times 10^{-3}\ \text{m}^2$,所以 $d_x = 75\text{mm}$。

当气压从 10kPa 降低到 2kPa 时,等离子体特性(σ、S 或 k 和参数 C)的变化认为是相当小的。对于上述几何参数的等离子体炬,估算得到高频发生器的频率为 0.56MHz。假定等离子体的体积为 $7.85 \times 10^{-4}\text{m}^3$,则等离子体发生器放电室的长度为 173mm。表 10.11 和图 10.32 是在 500kHz 的频率下使用埃克特模型获得的结果。

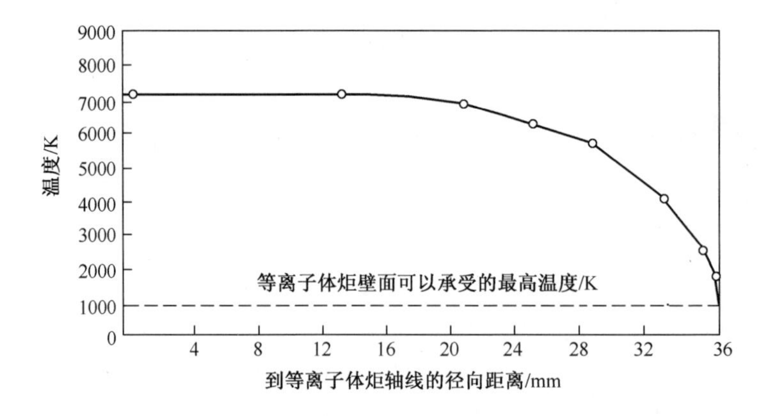

图 10.32 基于埃克特模型得到的高频感应 U-F 等离子体的径向温度分布

注:$f = 0.5\text{MHz}$,$H = 2600\text{A/m}$,金属-电介质等离子体炬放电室的内径 $d = 76\text{mm}$。

估算结果表明，当磁场强度为 2.6kA/m 时，直径为 76mm、长度为 173mm 的放电室的传导热损失为 6kW，辐射热损失下限值为 11kW，总热损失为 17kW。对于 0.014mol/s 的 UF_6 进料量，理论上输入等离子体的功率至少为 67kW。

10.7.3 电磁分离器

图 10.31 表明，在等离子体反应器下方，有一个水冷圆筒形分离器。分离器由非磁性金属(铝或不锈钢)制成，腔室垂直延伸，外围环绕了产生磁场的螺线管。由于 U-F 等离子体流中的铀被完全电离，因此这种流体是导体，并且磁力线穿过其内部。铀离子沿着磁力线运动，不过仍然靠近等离子体柱的轴线；中性的氟原子则充满了等离子体所在的整个空间。因此，即使不使用干式泵，铀和氟也发生了初步分离。

当 U-F 等离子体通过喷嘴进入磁力分离器并膨胀时，流体在加速的同时发生了冷却。U-F 等离子体通过喷嘴、随后的膨胀以及对分离器壁的强烈辐射均对等离子体产生冷却效应。然而，磁场延缓了这种膨胀，并与铀离子发生相互作用。

U-F 等离子体的流动速度、压强、密度和温度沿电磁分离器径向和轴向坐标的分布，从感应器传输至电磁分离器中等离子体的功率，以及等离子体流经等离子体炬出口处气体动力学喷嘴的流动路线，都基于文献[37]对等离子体-电磁分解 UF_6 制备铀和氟的数学模型进行了研究。基于这些计算，确定了电磁分离器及其部件的几何尺寸。因此，图 10.33(a)是 U-F 等离子体的轴向流速 U 和径向流速 V 在电磁分离器中的变化。这些信息是进行电磁分离器几何尺寸设计所必需的。

图 10.33(b)是 U-F 等离子体中的压强沿着电磁分离器轴向坐标的分布。当设计一台用于从电磁分离器中抽取氟的泵送系统(图 10.31)时，这是一项必要信息。

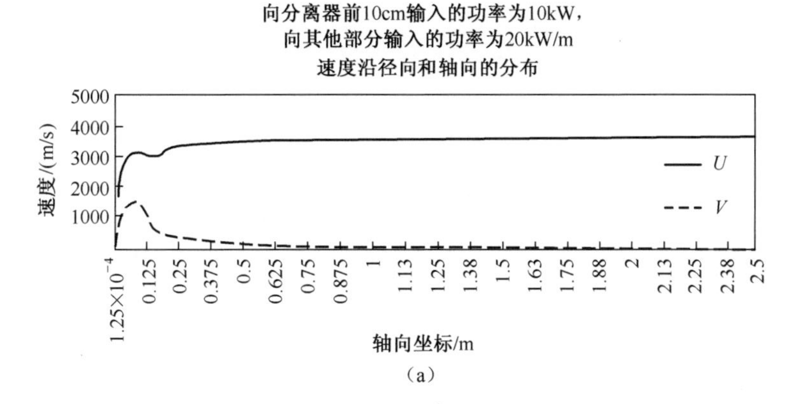

(a)

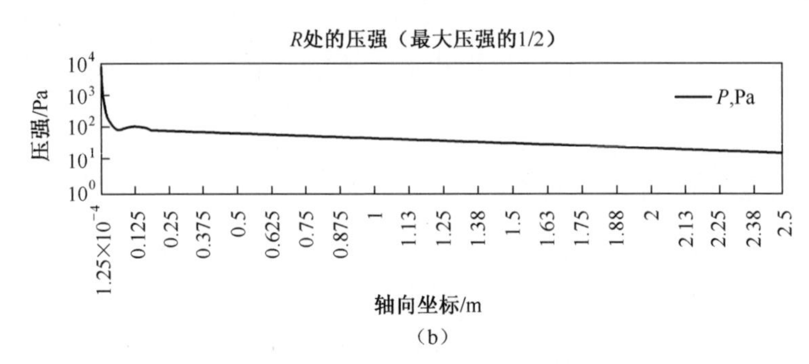

（b）

图 10.33 U-F 等离子体的流速沿电磁分离器的轴向 U 和径向 V 坐标的分布(a)；U-F 等离子体中的压强沿轴向坐标的分布(b)

等离子体温度沿电磁分离器轴向坐标的分布也同样重要,特别是等离子体通过喷嘴之后在电磁分离器的初始段,等离子体的温度在这里急剧下降(图10.34(a))。为了计算因补偿等离子体流经喷嘴后发生的温度降低而向 U-F 等离子体输入的功率,必须精确地知道温度降低的程度。为此,温度和压强的数值对于确定等离子体的电导率是必不可少的,并由此确定感应器与负载之间的磁链。文献[40]认为,应当沿轴向坐标来分隔电磁分离器的空间,即通过带有中心孔的隔板将分离室分成三部分。为此,有必要知道流体沿分离器轴向坐标运动时的膨胀特性(半径增大)。这种关系如图 10.34(b)所示。

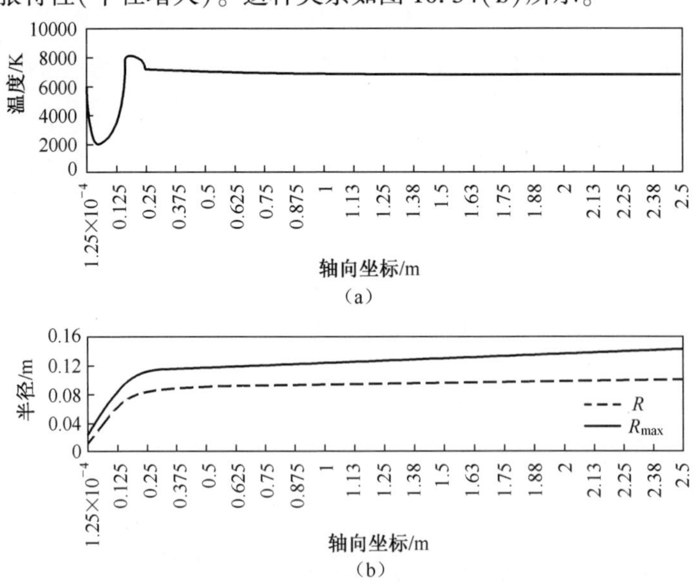

（b）

图 10.34 U-F 等离子体温度沿电磁分离器轴向坐标的分布(a)；U-F 等离子体的半径 R 和最大半径 R_{max} 沿电磁分离器轴向坐标的增大(b)

图 10. 35(a)表示等离子体向下运动过程中 U^+浓度沿电磁分离器轴线的变化；图 10. 35(b)表示考虑等离子体柱的辐射和传导损失在内，为了维持等离子体温度需要外部感应器为等离子体提供的功率沿电磁分离器长度的分布。U-F 等离子体流的辐射功率损失根据表 10. 12 中的数据计算。当等离子体温度为 8000K、压强为 1000Pa 时，辐射功率密度为 $5.6\times10^7 W/m^3$。输入功率沿等离子体长度的分布由下式给出：

$$dQ/dz_R = \pi R^2 \times 5.6 \times 10^7 (T/8000)^4 (n_U/9 \times 10^{21}) \quad (10.62)$$

式中：n_U 为铀原子密度。

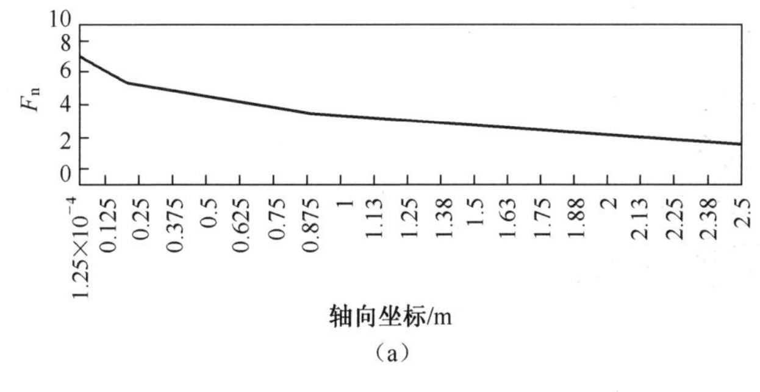

(a)

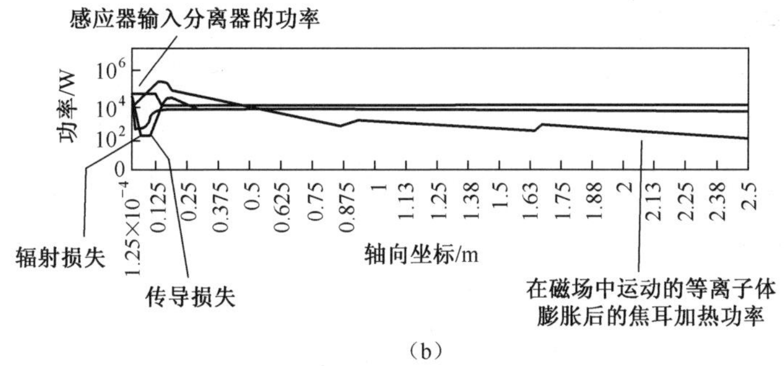

(b)

图 10. 35　(a)等离子体从磁分离器顶部流向底部运动的过程中 U^+密度的变化；(b)考虑等离子体柱的功率损失，输入 U-F 等离子体的功率沿电磁分离器长度方向的分布

等离子体的热传导损失按如下模型计算：电磁分离器与等离子体由三层同心圆柱体构成，中心是等离子体，最外侧是电磁分离器壁，二者之间是氟介质。沿等离子体长度的功率分布通过式(10. 62)确定，结果由下式描述：

$$dQ/dz_C = 2\pi k_F \cdot (T_p - T_w)/\ln(R_w/R_p) \quad (10.63)$$

式中：T_p、T_w 分别为等离子体和壁面的温度；R_p、R_w 分别为等离子的半径和外围分离器壁的半径；k_F 为氟的平均导热系数，$k_F = 6\times10^5(T_p+T_w)/2$。

接下来计算从感应器输入等离子体的功率沿电磁分离器长度的分布。

10.7.4 从分离器中抽取氟

氟原子是中性的,因而不与磁场相互作用,并可以从等离子体向外围空间扩散。氟由干式泵(多级叶片式真空泵)从分离室中抽出。分离器与等离子体炬由隔板隔开。隔板中心有小孔,使流体形成射流。

10.7.5 铀冶炼设备

在电磁分离器底部设置了专用坩埚,等离子体中的铀与坩埚内的铀熔体(温度为1400℃)接触。来自气相的铀转变成液相,后者流入安放在转盘上的两个收集容器中的一个(图10.31未示出)。部分氟到达熔体表面,与铀重新结合成氟化铀从熔体表面升华,随后被泵出并捕集下来。

当铀装满之后,转盘转动,空收集容器转换到接收位置继续收集铀。装满铀的收集容器冷却后使铀凝固,得到的铀锭通过密封窗口(图10.31中未显示)取出,并放入空容器中供进一步使用。铀收集容器最初用石墨制成,后来使用石墨和特殊 NbC_2 涂层来延长其寿命。

10.8 利用等离子体-电磁分离技术分离U-F等离子体中的铀和氟的试验结果

英国核燃料公司工作人员,包括文献[37]的作者,在本书作者的参与下,设计了一座基于等离子体-电磁分离技术运行的中试工厂,其基本方案如图10.31所示。相应的计算结果如图10.33~图10.35所示。通过计算,可以得到如下参数:考虑原料分解消耗的能量和各种能量损失在内的U-F等离子体发生器所需的功率;U-F等离子体发生器和电磁分离器中的压强;电磁分离器中磁场的磁感应强度;工艺路线的范围。对于分离器的工作空间,宜将其分成三个独立的腔室,以改善泵的运行条件。每个分离室的长度均足以使等离子体内氟的分压与(由氟扩散造成的)等离子体之外氟的压强达到平衡。

中试工厂的方案如图10.31所示。基于由埃克特模型和其他估算结果进行的计算,中试工厂的运行参数列于表中10.16。得到这些结果的基础数据列于表10.12。

相应计算表明,U-F等离子体的总长度为2.5m。等离子体在3个长度为0.8m的腔室中延伸。当等离子体从发生器进入电磁分离器时,在经过前400mm之后其直径从最初的75mm膨胀到170mm,然后近似均匀增大,最终达到220mm。U-F等离子体外围是分离器的金属壳体。壳体内径为1m,与等离子体同轴。分离室由 3 块中心有孔的金属板隔开,孔直径大致与等离子体直径相当。

表 10.16　利用等离子体-电磁技术将 UF_6 转化为金属铀和单质氟的中试工厂的运行参数

参　数　名　称	中试厂产能	
	100t/年	200t/年
运行气压/kPa	2	4
等离子体炬(反应器)出口温度/K	6000	
等离子体反应器直径/mm	75	
等离子体反应器长度/mm	173	
电源频率/kNz	500	
热传导损失/kW	6	6
热辐射损失(估算最小值)/kW	11	22
等离子体功率/kW	67	134

该中试装置对 UF_6 的加工力为 76kg/h,金属铀产率为 51.4kg/h;因此 F_2 的产率为 24.6kg/h,从 3 个分离室泵出的 F_2 的量:分离室(1)泵出的 F_2 的量为 17.1kg/h;分离室(2)泵出的 F_2 的量为 5.97kg/h;分离室(3)泵出的 F_2 的量为 1.53kg/h。

10.8.1 U-F 等离子体的电导率

如果 U-F 等离子体在电磁分离器入口处的初始温度为 6000K,则等离子体的电导率从初始值 1600S/m 先快速减小,然后到等离子体末端减小得更慢,最终达到 650S/m。输入等离子体中的功率仅需要使其维持所需的温度。

10.8.2 向电磁分离器中的 U-F 等离子体输入的功率

估算结果表明,为了使电磁分离器中的 U-F 等离子体在喷嘴出口处保持所需的温度,必须对前 100mm 长的等离子体输入 10kW 的功率,对下游输入的功率为 45kW。然而,对功率损失的估算并不十分准确,因而建议将估算得到的功率数据增加一半,即为估算值的 1.5 倍。一种优选方案是使用一台电源加热 U-F 等离子体的前 100mm,第二台电源加热剩余部分。这样,两台电源输入等离子体的功率分别为 20kW 和 100kW。

10.8.3 电磁分离器电源与等离子体负载的相互作用

电源与等离子体的相互作用通过感应器实现,感应器的绕组完全覆盖电磁分离器(图 10.36 和图 10.37)。沿电磁分离器的长度方向设置 3 个相同的感应器,每个感应器的长度均为 500mm,内径均约为 460mm。3 个感应器串联,每个为等离子体提供 33kW 的功率输入。前置感应器安装在这 3 个感应器之前,位于等离子体反应器的出口处,具有直径较小的锥形结构:线圈直径从 150mm 逐渐扩大到 250mm,为前 100mm 的等离子体柱输入 20kW 的功率。

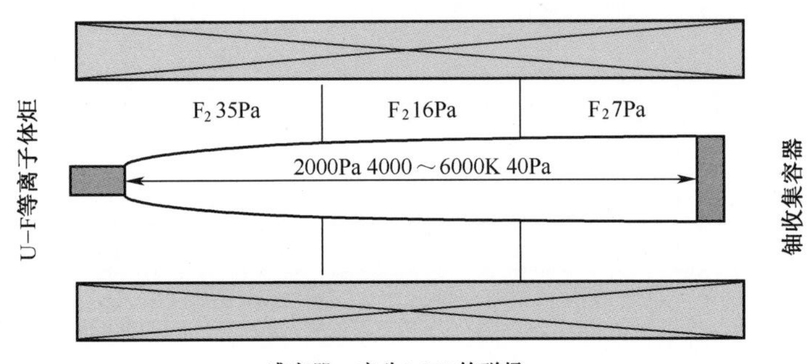

图 10.36 等离子体炬和电磁分离器的相对位置,U-F 等离子体沿电磁分离器运动

注:图中示出了为约束铀离子所需的分离室中压强分布的计算结果,以及感应器产生的磁场。

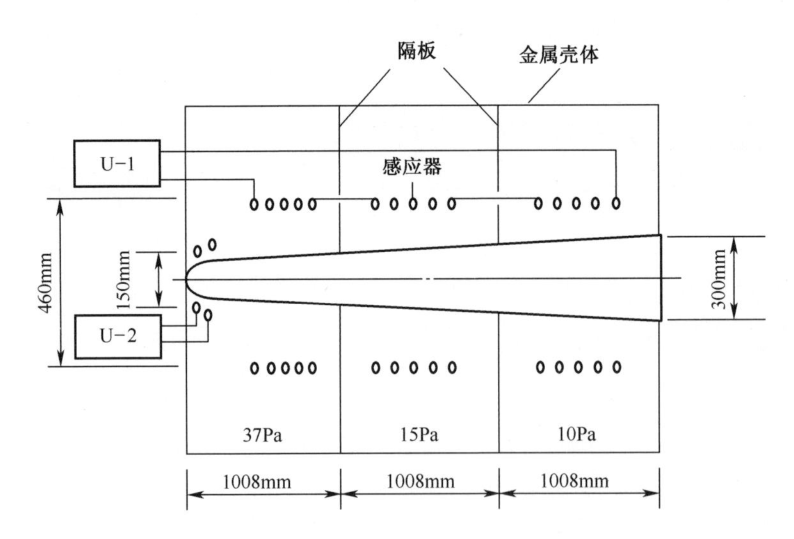

图 10.37 等离子体炬和电磁分离器的示意图与几何参数

注:图中示出了电源(U-1,U-2)、电源作用于负载的系统(感应器)以及分离室中的压强。

由于使用了两台电源来加热 U-F 等离子体,感应器之间的相互作用可能会产生负面效果,必须予以抑制。为了产生 U-F 等离子体,使用的是高频电源(射频发生器),因此,有必要确保该电源与二次加热 U-F 等离子体的电源相匹配。

此外,还有必要尽可能降低 3 台二次加热感应器之间的相互作用,以在等离子体炬和磁分离器长度方向上达到所需的功率分布。

10.8.4 电磁分离器电源的频率

基于上述条件,U-F 等离子体的趋肤深度应不小于等离子体半径的 0.57,因而在等离子体炬出口处,感应器电源的频率约为 350kHz;在电磁分离器的 3 个分离室外围,感应器电源的频率为 100kHz。

在等离子体炬出口处,进入电磁分离器的等离子体的初始压强基于 U-F 等离子体的质量流量、温度和出口直径确定。对于当前的流量和流速,该值为 2kPa。

10.9 基于等离子体-电磁分离技术转化 UF_6 生产金属铀和单质氟的中试装置的总体方案

对于图 10.31 所示分离 U-F 等离子体组分的等离子体-电磁分离器总体方案[40],在开发过程中可以做一些改进,主要在于 U-F 等离子体发生器、铀冶金设备和捕集或消耗氟原子的方案。其中一项技术方案是基于等离子体-电磁分离技术将 UF_6 转化为金属铀和单质氟,于 2000—2003 年在位于斯普林菲尔德的英国核燃料公司实施。这项工作具有具体应用目标——解决欧洲铀浓缩公司堆放的贫化 UF_6(DUF_6)占用场地的问题。目前唯一现实的方法是开发等离子体-电磁分离技术,从氟化物原料中还原金属铀。基于此,中试工厂建立了起来,并进行了一系列试验。中试工厂的总功率为 600kW,包括 U-F 等离子体的产生和组分分离得到铀;中试工厂安装了抽取 F_2 的干式泵和气、水供应系统,以及铀卸载设备、回收利用氟的容器和气体净化系统。中试工厂垂直布置,借助于视频设备,工艺过程的各个阶段都可以进行计算机监控。

中试装置的电源如图 2.71 和图 10.22 所示。金属-电介质等离子体炬如图 10.23所示。中试装置的结构、几何参数、能量参数、电学参数和其他参数如图 10.31、图 10.36 和图 10.37 所示。如前面所述,该中试装置对 UF_6 的加工力为 76kg/h,金属铀产率为 51.4kg/h,F_2 的产率为 24.6kg/h。从 3 个区域泵出的 F_2 的量:分离室(1)泵出的 F_2 的量约为 17.1kg/h;分离室(2)泵出的 F_2 的量约为 5.97kg/h;分离室(3)泵出的 F_2 的量约为 1.53kg/h。

这种方案还存在一些缺陷,因为关于 U-F 等离子体发生器的研发工作还不够充分。遗憾的是,基于等离子体-电磁技术转化 UF_6 生产金属铀和单质氟的研究工作最终未能完成，主要原因在于BNFL出现了财务问题。然而，这是一种可以与21世纪的火箭和计算机相媲美的革命性技术，必将在工程技术和冶金领域发挥其应有的作用。

图10.38是基于等离子体-电磁分离技术无试剂转化DUF_6得到铀金属和单质氟的中试装置，综合了英国核燃料公司[40]的方案和其他方案。

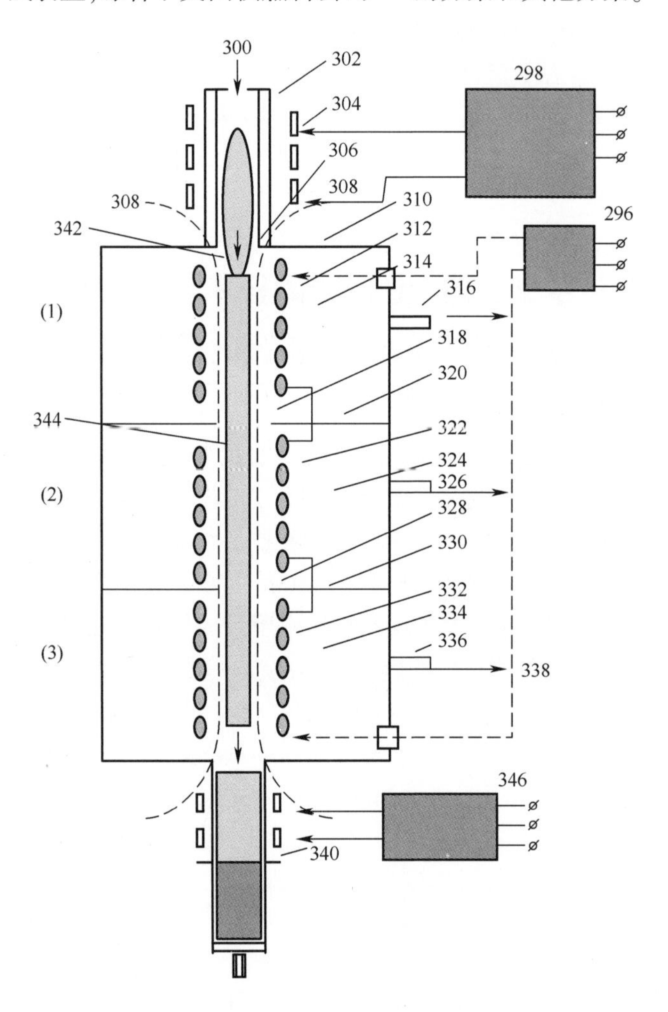

图10.38　基于等离子体-电磁分离技术无试剂转化DUF_6生产金属铀和单质氟的具有应用前景的中试装置

296—电磁分离器电源（射频电源）；298—U-F等离子体发生器电源（射频电源）；300—原料（UF_6气体）；302—金属-电介质等离子体炬；304，312，322，332—感应器；306—喷嘴；308—将铀离子（U^+）保持在分离室中心的磁场；310—分离器；314，324，334—铀与氟分离的区域（分离室）；316，326，336—抽取氟的干式泵；320，330—分离室之间的隔板；340—铀熔体；342—U-F等离子体；344—U^+射流；318，328—形成U-F等离子体和铀等离子体射流的孔；346—冷坩埚电源。

图 10.38 所示中试装置的工作原理与图 10.31 所示的相同。首先，U-F 等离子体在等离子体炬中产生，然后通过等离子体炬底部的气体动力学喷嘴通入电磁分离器中，在这里铀与氟发生了电磁分离。为此，铀离子束被感应器产生的磁场约束在分离器中心，同时氟被干式泵抽出。铀离子束进入感应加热熔炉中的铀熔体内，被捕集下来，形成铀锭被专设机构拉出。

中试装置的其他设备包括：具有脉冲喷射再生功能的双层烧结金属过滤器（更多细节参见第 13 章），用于净化氟中粉尘，以及抽取、压缩和收集氟的系统。

这种加工技术属于物理技术，不会产生废物。通过原位获得特殊的铀合金以及使用原子态氟合成商业需求量很大的产物（O_2F_2、KrF_2、碳氟化物），可以将等离子体-电磁分离技术处理贫化 UF_6 得到的产品的商品价值提高一个数量级。这种方案可以用在所有国家的铀加工厂中，解决与贫化 UF_6 有关的问题。并且，用于加工贫化 UF_6 的等离子体-电磁分离技术，还可以用于解决其他产生废物的化工冶金企业遇到的环境问题。

苏联工业中一度出现了从氟化物原料中提取金属的问题，这些问题是随着军工企业对贫化铀、钨、钼、铼和其他金属或其同位素的需求而产生的。这些金属与氟形成挥发性化合物——六氟化物（MeF_6）是化工冶金的理想原料，基于这些原料通过精馏提纯可以达到任何所需的纯度。当使用无试剂的等离子体-电磁分离技术时，由于等离子体本身具有特殊性，工艺中不再使用还原或转化试剂，从原则上避免了废物产生。

10.10 U-F 等离子体的产生

根据前面所述，迄今为止在技术上最广为接受的高频感应 U-F 等离子体发生器通常由高频电源和金属-电介质等离子体炬组成。然而，英国核燃料公司在位于斯普林菲尔德的中试装置上进行试验的初期发现，在电负性的 UF_6（以及其他类似气体）中形成稳定的射频放电存在一定的困难。基于上述讨论，产生长时间稳定的高频感应 U-F 等离子体的困难之处归纳如下：

（1）在 UF_6 及其分解产物中进行高频感应放电的稳定性相对较差，尤其是当压强高于阈值几十托（Torr，1Torr = 133.322Pa）时。

（2）在电负性气体（如 UF_6）中形成的高频感应放电的稳定性主要取决于放电频率：频率越低，放电稳定性越差；与此同时，出于技术原因，现有高频电源的输出功率却随着频率的降低而增大。

（3）UF_6 及其分解产物的分解过程存在吸热效应，因此在 UF_6 中的气体放电往往伴随着强烈的冷却，从而降低放电的稳定性，尤其当气压较高时。

由于存在这些局限性,任何采用高频感应等离子体炬的工艺和冶金设备都具有一定的压强、频率和寿命限制。要消除这些限制,必须为高频感应等离子体炬配备辅助设备,以某种方式重新分配高频电源的功率,或者使用外部独立电源,将其功率输入放电气体中。为此,我们研发出了基于上述概念的高频感应等离子体系统。图 10.39 为这种等离子体系统的示意图,其中包括用于激发放电和提高高频感应 U-F 等离子体稳定性的辅助装置。

该电路包括一台主电源——高频电源及其感应器 13,带有纵向狭缝 14 的金属-电介质等离子体炬 10 安装在感应器 13 中。放电室上方是水冷法兰 8,法兰上有切向通道 9 用于将 UF_6 气体通入高频感应放电 12 中。为了引发和稳定主电源产生的高频感应放电,系统采用了辅助电源或者高频电源的振荡功率分配电路 2;在等离子体炬 10、辅助电源 2 和适配器 3 之间是部件 7,用于传输功率或者将通过放电产生等离子体 11;UF_6 通过工艺管线 6 和喷嘴 5 通入部件 7 中。辅助电源 2 用于产生工作介质与放电室相同的独立工艺等离子体或者是一个功率分配电路,后者通常由电容、电感和电阻构成,将高频电源的功率分为两个通道,分别输入感应器和插入金属-电介质放电室中的水冷“点火”电极上。

如前面所述,辅助电源 2 可以是同一台高频电源的功率分配回路,也可以是电弧等离子体炬、微波等离子体炬,或者激光束。其原理已在图 10.39 中给出,具体方案将在下面讨论。在这些情况下,传输功率的适配器 3 可以采用以下形式:

(1) 固定水冷“点火”电极,此时通过功率分配电路将高频电源的功率分配到上述两个通道中。

(2) 直流电弧等离子体炬,此时辅助电源采用高压整流器。

(3) 波导管,辅助电源为功率相对较小的微波源。

(4) 光纤线路,包括偏转反射镜和会聚透镜,用于传输和聚焦辅助激光束。

辅助功率输入系统还包括其他部件:

(1) 部件 4、喷嘴 5 以及工艺管线 6,用于通入辅助气体如氩气或者氮气等,气体种类取决于辅助电源 2 和适配器 3。

(2) 工艺部件 7,用于将辅助电源的功率或者辅助等离子体输入金属-电介质放电室。

图 10.39 所示的高频感应 U-F 等离子体系统的操作步骤:同时为两台电源(1 和 2)供电;为所有需要冷却的设备通入冷却水,包括放电室 10、辅助功率输入部件 4、法兰 8 和感应器 13;对输送 UF_6 的工艺管线 6 加热,避免原料发生凝聚;启动辅助电源 2,UF_6 通过管线 6 输送到喷嘴 5 中(根据辅助电源 2 及其适配器 3 的类型,在通入 UF_6 辅助气流之前可以短时通入用于引发放电的辅助气流

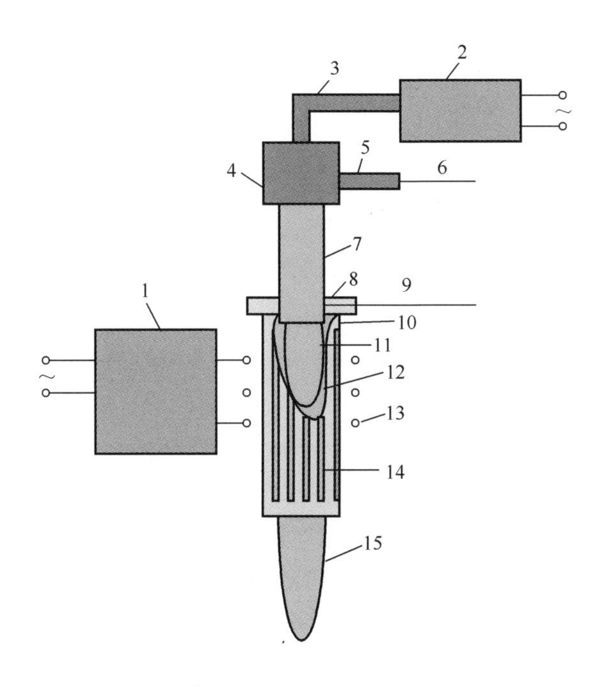

图 10.39　带有辅助电源激发 UF_6 放电和提高放电稳定性的高频感应 U-F 等离子体系统示意图

1—高频电源;2—辅助电源或者高频电源功率分配电路;3—用于传输辅助电源 2 的功率的适配器;4—辅助功率输入部件;5—UF_6 通入喷嘴;6—与 UF_6 容器相连接的工艺管线;7—将 U-F 等离子体输入金属-电介质放电室的通道;8—高频感应等离子体炬上法兰;9—UF_6 通入主通道;10—金属-电介质放电室;11—辅助 U-F 等离子体;12—高频感应放电;13—与高频电源连接的感应器;14—金属-电介质放电室的纵向狭缝;15—主(工艺)等离子体。

Ar 或者 N_2),在从电源适配器 3 输入能量的作用下在装置 7 中产生辅助 U-F 等离子体 11;辅助等离子体被输送到金属-电介质放电室 10 中;为感应器 13 施加来自主电源 1 的高频电压,电磁能通过狭缝 14 输入放电室 10 中,同时 UF_6 主气流通过通道 9 沿切向通入放电室 10,在放电室 10 中产生由辅助 U-F 等离子体 11 增强的高频感应放电 12;等离子体 15 射流的长度取决于具体参数,尤其是压强。随后,产生的 U-F 等离子体 15 通入工艺流程供后续使用。

图 10.39 所示的 U-F 等离子体系统消除了 U-F 等离子体应用于化工冶金领域时的限制。这种方式具有如下优势:

(1) 对于 F_2、UF_6 以及其他挥发性氟化物等电负性气体,将稳定高频感应放电存在的气压提高到约 10^5Pa。

(2) 如有必要,可以采用较低频率(0.3~0.44MHz)的高频发生器作为 U-F 等离子体的电源。

(3) 通过辅助电源向金属-电介质放电室中额外输入功率,可以在很宽范围内调节主、次等离子体的功率比例:辅助等离子体的功率水平从仅仅“点火”到稳定放电,甚至与主等离子体相当。这样可以降低放电室壁的热负荷,延长其使用寿命。

下面讨论图 10.39 中所示方案的具体实施。

10.10.1 带有功率分配电路的高频感应 U-F 等离子体系统

这种等离子体系统的工作原理是将高频电源的功率分配到两个通道中:主通道,高频能量从感应器输入放电室中;辅助通道,通过沿金属-电介质放电室轴线安装在顶部的水冷尖端铜制“点火”电极输入。电极通过功率分配电路与感应器连接在同一台高频电源上。高频放电与传统的电极放电相比,具有如下显著特征:

(1) 电极上不存在弧斑,因此电弧可以分布在相对较大的范围内,从而与其他电极上的电弧放电相比大幅降低电极的烧蚀。

(2) 用于 UF_6 中引发感应放电“点火”时,可以在没有任何其他气流的条件下工作。

该电极为 UF_6 中的高频放电提供了长期可靠的“点火”,还可以用作高频能量的另一条输入通道,引发并增强高频感应区的放电。

这种组合式高频感应 U-F 等离子体系统的技术方案示于图 10.40,其中包括功率分配电路,将能量从同一台电源通过感应器和点火电极同时输入 UF_6 放电。水冷金属-电介质放电室 8 同轴安装在高频电源的感应器 9 中,由主电源 12 供电。在高频电源 12 的输出端与负载之间设置了电容器 $C_1 \sim C_3$ 和可调电容器 C_D,通过手动调节 C_D 可以改变输出到“点火”电极 1 上的高频电压。高频水冷“点火”电极 1 由铜制成,穿过绝缘件 3 同轴引入放电室 4 中,再通过水冷部件 5 插入放电室 8 中。

工作气体为 UF_6,用于引发放电的辅助气体为 Ar。UF_6 和 Ar 分别通过电极 1(轴向 2)和通道 6(切向)通入放电室 8 中。

根据图 10.40 建立了实验装置,电源功率为 100kW,其中振荡功率为 25~60kW,频率为 5.25MHz;通过感应器输送至放电室的振荡功率为 20~55kW,通过“点火”电极传输的功率为 0.8~5kW。实验中通过电极的 UF_6 流量为 1.3~2.7kg/h,通过切向通道通入的 UF_6 流量为 9.7~16kg/h。放电引发期间临时通入了氩气,流量为 1~10Nm^3/h。电极 1、放电室 4、法兰 5 和金属-电介质放电室 8 的壁温均不低于 73℃,防止 UF_6 发生冷凝。

在采用 UF_6 运行时,图 10.40 所示的高频感应等离子体系统的操作步骤:准

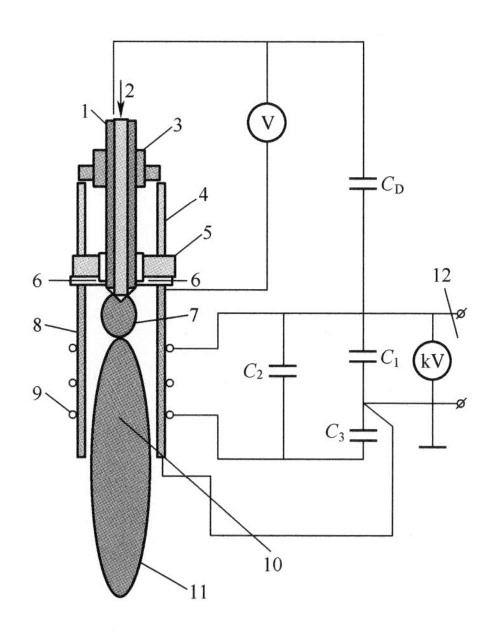

图10.40　组合式高频感应U-F等离子体系统方案

1—高频点火电极；2—轴向通入UF_6(Ar)；3—绝缘件；4—“点火”电极放电室；5—感应等离子体炬上法兰；6—UF_6通入口(切向)；7—高频“点火”放电；8—金属-电介质放电室；9—高频感应器；10—高频放电；11—等离子体射流；12—高频电源输出端；C_1,C_2,C_3,C_D—振荡功率分配电容器；V,kV—用于测量电极和感应器电压的伏特计和千伏计

注：包括功率分配电路，将同一台电源的能量通过感应器和“点火”电极输入放电室中。

备工作(预热高频电源、UF_6容器和工艺管线，对装置抽真空)完成后，向电极1的通道2中通入氩气，同时启动高频电源12向电极1和感应器9施加高频电压。高频功率在两个通道(感应器和电极)之间适当分配，同时引发高频“点火”放电7和高频感应放电10。利用氩气引发放电之后，将通道2中的气流切换成UF_6并向切向通道6中通入UF_6，根据工艺要求和等离子体炬自身的运行要求调节电极上的电压。

金属-电介质放电室中的压强为2.1~19.2kPa。无功率分配电路时，对于5.25MHz的振荡频率，放电室中的气压不超过2.9kPa，或者在这个气压下不能降低放电的频率；否则，放电就会中断。然而，采用上述振荡功率分配方案之后，即使放电频率从5.25MHz降低到1.76MHz，也未对UF_6中放电的稳定性产生影响。

原则上也可以不采用高频电源振荡功率分配方案，而是通过小功率辅助高频电源为等离子体炬的“点火”电极提供能量。这一概念看起来似乎更简捷，但是显然存在使两台互相接近时高频电源相容的技术问题，并且需要设计特殊的电极给进机构。

10.10.2 直流电弧等离子体炬辅助高频感应 U-F 等离子体发生器

这一方案使用两支电源独立、类型不同的等离子体炬。其中，直流电弧等离子体炬起辅助作用。对于 10.7.1 节所述概念的改进方案（“点火”电极连接独立辅助高功率电源）时，这一概念与之具有一定的相似性。使用辅助电弧等离子体炬的优势之一在于，直流电源（整流器）可以安装在远离高频电源之处，从而简化高频感应等离子体炬的电源系统。这一概念的另一项优势是，同时使用两种不同类型的等离子体炬弥补了二者的缺陷，增强了优势，形成新型组合方案。

这种组合式等离子体系统示意如图 10.41 所示。金属-电介质放电室 16 安装在与高频电源 15 连接的感应器 17 中。放电室顶端是一个水冷法兰 12，法兰内部有 UF_6 输入通道 13。直流电弧等离子体炬安装在水冷法兰 12 上方，与放电室同轴。以 UF_6 为工作介质的直流电弧等离子体炬采用可控硅整流器 1 作为电源。电弧等离子体炬的阴极 6 固定在水冷铜座 5 中。UF_6 由进料口 8 通入。水冷阳极 9 外部安装了电磁线圈 11，中间电极 7 将阴、阳极隔离开来。这些电极之间均安装了绝缘部件。直流电弧由振荡器 4 引发。用于引弧、控制以及保护直流电源（晶闸管整流器）1 和振荡器 4 的器件包括电容 C_1、C_2、电阻 R_B 和 $R_{B,I}$ 和接触器 K_1、K_2 等。

在上述装置中，高频电源的功率为 100kW，振荡功率为 25~60kW，频率为 5.25MHz。金属放电室 16、阴极 6 的铜座 5、中间电极 7、阳极 9 以及法兰 12 等的冷却水温均为 73℃（图中 2 和 3 分别表示冷却水的流入、流出方向）。沿切向通道 13 通入高频放电 18 的 UF_6 的流量为 9.2~13.6kg/h。以 UF_6 为工作介质的直流电弧等离子体炬的参数建议如下：

（1）功率，40~100kW；

（2）电压，400~500V；

（3）最大电流，250A；

（4）UF_6 的质量流量，14~16kg/h；

（5）U-F 等离子体的最高平均温度，6000K；

（6）热效率 0.6~0.8；

（7）阴极材料，钨或者石墨；

（8）阳极材料，铜；

（9）中间电极材料，铜；

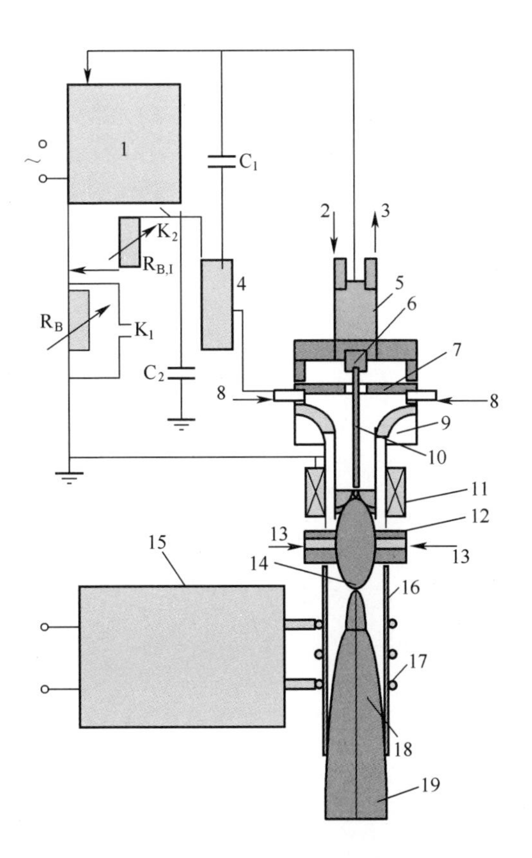

图 10.41　由直流电弧等离子体辅助的高频感应 U-F 等离子体发生器

1—直流电源；2—冷却水流入；3—冷却水流出；4—振荡器；5—直流电弧等离子体炬阴极座；6—直流电弧等离子体炬阴极；7—中间电极；8—UF_6(Ar)入口；9—直流电弧等离子体炬阳极；10—直流电弧；11—磁场线圈；12—水冷法兰；13— UF_6(Ar)入口；14—直流电弧等离子体；15—高频电源；16—金属-电介质放电室；17—感应器；18—高频感应放电；19—高频等离子体；C_1,C_2—电容器；R_B,$R_{B,I}$—电阻；K_1,K_2—接触器。

(10) 阳极磁场强度，2×10^4A/m；

(11) 引发电弧放电的 Ar 的体积流量，$1\sim10Nm^3/h$。

电弧放电辅助高频感应放电的引发与运行步骤如下：

(1) 关闭 UF_6 进料阀，对放电室和所有工艺管线抽真空。

(2) 同时对金属-电介质放电室 16 和感应器 17 施加高频电压，为电极 6 和 9 施加直流电压。

(3) 向直流电弧等离子体炬中通入氩气，启动振荡器 4 激发直流电弧放电 10；同时，在直流电弧等离子体 14 的作用下在放电室 16 中激发高频感应放电 18。

(4) 关闭氩气,同时打开 UF_6 进料阀门,将氩等离子体转变成 U-F 等离子体。

(5) 将 UF_6 通过通道 13 沿切向通入高频感应放电中,并使放电稳定。

(6) 调节 U-F 等离子体 19 的运行参数。

在运行过程中,金属-电介质放电室中的压强保持在 8.1~79.2kPa。当电源的振荡频率从 5.25MHz 降低至 1.76MHz 时,UF_6 放电的稳定性并未减弱。如果只运行高频电源而不启动辅助电弧等离子体炬,就无法在 5.25MHz 的频率下将金属-电介质放电室中的压强提高到 2.9kPa 以上,或者不能在此压强下降低频率,否则放电就会中断。在我们的实验中,高频频率从 5.25MHz 降低到 1.0MHz,在 UF_6 中放电的稳定性仍然没有变差。

与两种等离子体炬单独工作相比,直流电弧等离子体炬增强的高频感应 U-F 等离子体系统在运行中具有以下突出优势:

(1) 高频感应 U-F 等离子体发生器的性能接近理论值。

(2) 在 UF_6 中实现的稳定高频感应放电突破了压强和频率限制(实验研究的频率范围为 1.76~13.56MHz),因此装置的运行范围比单一的高频等离子体炬宽得多。

(3) 由于直流电弧等离子体炬及其可控硅电源的效率较高,从而降低了产生稳定 U-F 等离子体的成本。

10.10.3 微波等离子体辅助高频感应 U-F 等离子体发生器

利用微波等离子体炬辅助的高频感应 U-F 等离子体系统如图 10.42 所示。两支等离子体炬均以纯 UF_6 为工作介质稳定运行。该图没有示出次要技术细节,包括圆形波导与放电室的连接、支持系统启动的 Ar 和 N_2 输送管线、对装置和管道抽真空的泵以及用于温度测量的传感器和仪表等。

根据图 10.42,金属-电介质放电室 12 被放置在与高频电源 9 连接的感应器 10 中。放电室的顶端是水冷法兰 7,来自容器 11 的 UF_6 经由输送管线 8 从法兰 7 中的切向通道通入放电室。微波源 5 产生的电磁波通过矩形波导 3 传输到圆形波导 6 中,其间经过模式变换从 H_{01} 波变换成 H_{11} 波。圆形波导 6 同时作为向微波等离子体炬输送 UF_6 气体的管线,从容器 1 通过管线 2 将 UF_6 通入放电室。电介质片 4 由氧化铝制成,将微波源 5 和微波等离子体炬隔离开来。

装置中高频电源的功率为 100kW,振荡功率为 25~60kW,频率为 5.25MHz。金属-电介质放电室 12 和法兰 7 的冷却水温度为 73℃。通过法兰 7 的切向通道向高频放电通入 UF_6,质量流量为 9.2~17.6kg/h。

微波 U-F 等离子体发生器的功率相对较小(约 5kW),频率为 2.45GHz。标

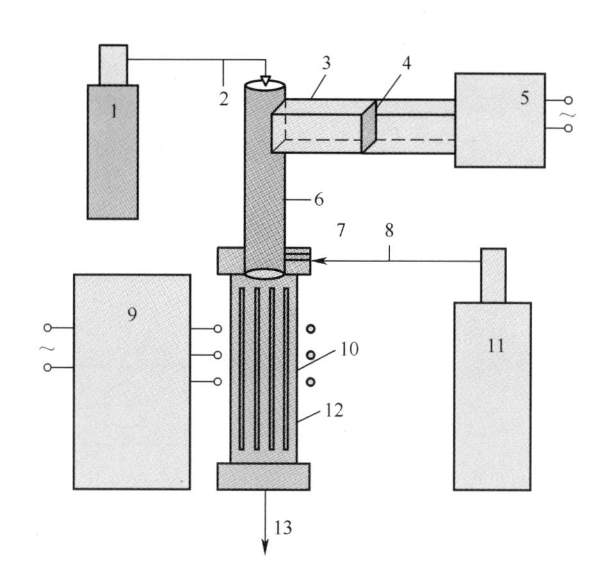

图 10.42　以 H_{11} 波运行的微波等离子体炬辅助的高频感应 U-F 等离子体炬

1,11—UF_6 容器;2,8—UF_6 输送管线;3—矩形波导;

4—电介质材料隔离片;5—微波源;6—圆形波导;7—水冷法兰;9—高频电源;10—感应器;

12—金属-电介质放电室;13—U-F 等离子体。

准矩形波导的横截面为 90mm×45mm,经过适当的波导过渡到圆形波导,后者又作为 U-F 等离子体的传输管道与金属-电介质放电室的上法兰相连接。通过圆形波导 6 的 UF_6 流量保持在 1.2~2.3kg/h。

这种 U-F 等离子体系统的操作步骤:在高频电源和微波源完成启动准备、UF_6 容器完成进料准备之后,对系统抽真空;向系统内充入 N_2 并调整到规定的压强范围内。然后,启动微波源,从容器 2 向圆形波导管通入 UF_6,同时关闭 N_2 供气阀。微波放电起初在 N_2 与 UF_6 的混合气中形成,然后 U-F-N 等离子体迅速改变成 U-F 等离子体。这时高频电源 9 向感应器 10 施加高频电压,并从容器 11 向金属-电介质等离子体炬中通入 UF_6。这样,在微波 U-F 等离子体的辅助作用下在金属-电介质放电室中引发了高频感应放电,建立了稳定的 U-F 等离子体 13。

对于这种等离子体炬,其金属-电介质放电室内的气压范围为 41~83.8kPa。将高频电源的频率从 5.25MHz 降低到 1.76MHz,UF_6 放电的稳定性并未减弱。

10.10.4 激光等离子体辅助高频感应 U-F 等离子体发生器

由激光离子体辅助的高频感应 U-F 等离子体发生器如图 10.43 所示。金属–电介质放电室 8 放置在与高频电源 9 相连接的感应器 11 中。放电室顶部为水冷法兰 6,其中具有用于切向通入 UF_6 的内部通道 7。法兰 6 的中央安装了光阑 5,光阑的平面玻璃窗由含氟玻璃制成,对激光束透明并且可以经受含氟物质的化学腐蚀。激光器 1 安装在金属–电介质放电室 8 附近,激光束 3 被平面镜 2 反射后由透镜 4 聚焦,穿过光阑 5 后光束汇聚在感应器 11 的顶部线圈所处平面内,通过光致电离或电气放电形成等离子体团 10,在 UF_6 中引发并保持高频感应放电 12。

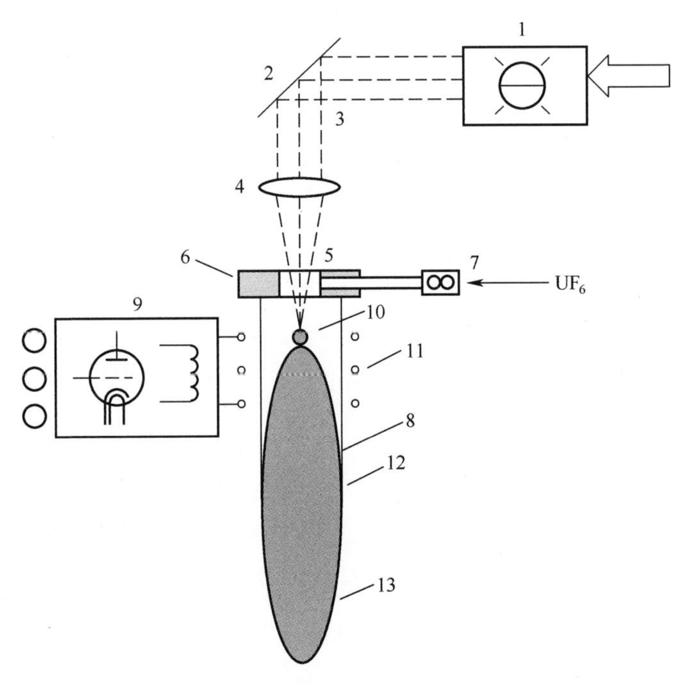

图 10.43　激光等离子体辅助高频感应 U–F 等离子体发生器

1—激光器;2—反射镜;3—激光束;4—透镜;5—光阑;6—水冷法兰;
7—UF_6 入口;8—金属–电介质放电室;9—高频电源;10—激光等离子体团;
11—感应器;12—高频感应放电;13—U–F 等离子体。

激光等离子体辅助高频感应过程产生 U–F 等离子体的操作步骤如下:

(1) 关闭 UF_6 进料阀,对放电空间及工艺管线抽真空。

(2) 对环绕金属–电介质放电室 8 的感应器 11 施加高频电压。

(3) 向放电室通入 Ar,启动激光器 1,在放电室引发激光击穿,形成激光等离子体团 10 并引发高频感应放电 12。

(4) 关闭 Ar 阀门,同时打开 UF_6 阀门使 UF_6 由切向通道 7 通入放电室,将氩等离子体转变成 U–F 等离子体。

（5）调节高频感应 U-F 等离子体 13 的参数，形成稳定放电。

在该装置中，高频电源的功率为 100kW，振荡功率为 25～60kW，振荡频率为 5.25MHz。金属-电介质放电室 8 和法兰 6 的冷却水温为 73℃。通过切向通道 7 通入高频放电 12 的 UF_6 的流量为 11.2～17.3kg/h。

输出能量为 5J、脉冲频率为 20kHz 的脉冲 CO_2 激光器被用作辅助能源，设置在金属-电介质放电室附近。根据估计，激光的强度为 10^5MW/cm^2，对应于 10^6～10^7V/cm 的电场强度。激光等离子体团保持在感应器顶部线圈所处的平面上，这里的电压为 10～14kV。根据我们的经验，击穿阈值随焦点光斑的增大而减小，光斑的大小通常为 10^{-1}～10^{-2}cm。在 UF_6 中放电形成的"工艺尘埃"有利于降低激光击穿阈值。

在这种等离子体炬的放电室中，气压范围为 2.1～9.6kPa。将放电频率从 5.25MHz 降低到 2.56MHz，在 UF_6 中放电的稳定性并未变差。

激光，取决于其性质和参数，能够产生光致电离或电击穿，形成等离子体团或带电粒子群，在感应器产生的高频电磁场中振荡，使电子与中性粒子碰撞引起自发电离，形成放电等离子体。这种产生 U-F 等离子体的方法优于前三种，其中一个重要原因在于这种方案不会导致等离子体系统设计的复杂化。实际上，激光器可以与金属-电介质放电室保持一定距离，同时后者的顶部法兰上也无须安装其他电气设备或元件。然而，这种方法存在唯一的问题：需要寻求合适的光阑材料，能够同时满足激光技术和放电室内部耐腐蚀环境的要求。氟化物玻璃，如 CaF_2、LF 等，这类器件适合激光的波长，同时在含氟介质中也具有良好的稳定性。

大功率 CO_2 激光器是理想的工具，能够在放电空间中产生电击穿引发放电，形成激光等离子体团。然而，目前这种辅助设备的成本显然远高于电气设备。此外，并非一定要产生等离子体团。或许我们可以仅限于实现激光击穿。为了实现激光击穿，激光束的强度需达到 10^5MW/cm^2，对应的电场强度为 10^6～10^7V/cm。暴露在这样的场强中，所有的中性分子，特别是多原子分子如 UF_6，由于极化几何结构强烈扭曲形成偶极子，导致其分子力场发生变化，并改变其熵、焓、热容以及吉布斯势能。在这样的电场中，在激光击穿的区域中出现了稳定的导电介质团，位于感应器顶部线圈所处的平面内。

激光的有效性取决于诸多参数：

（1）气压：放电室中的压强越高，激光的作用越有效。

（2）在击穿条件下焦点光斑的尺寸。大量实验表明，当焦点光斑的尺寸增大时，击穿阈值减小；光斑区的场强越大，因扩散逃逸出光斑导致的电子损失的作用越小。基于这些实验数据，可以通过改变焦点光斑的大小控制击穿阈值。

（3）工艺环境中的尘埃。光学击穿阈值通常随着含尘量的增加降低 1 个数量级甚至更多。已知 CO_2 激光器在无过滤空气中的击穿阈值约为 $2\times10^9W/cm^2$,而在无尘空气中,这一数值却不低于 $10^{10}W/cm^2$。此外,尘埃对 CO_2 激光器影响很大,但对钕和红宝石激光器的影响很小。这种差异存在的原因在于,固体激光器的短波辐射可为自身提供引发“雪崩”效应的电子,而 CO_2 激光器的长波辐射在清洁环境中却无法实现。

对任意一种激光器而言,一个非常重要的参数是激光脉冲频率。一般认为,该参数不仅关系到激光击穿形成等离子体团,而且还与等离子体团的稳定性有关:这一数值越大,在感应器范围内的等离子体团中带电粒子就越稳定。基于对现有技术水平的初步分析可以认为,为了在 UF_6 中引发并保持高频感应放电,所选择的激光器的输出功率应不小于 0.3J,脉冲持续时间应为几纳秒(10~20ns)甚至更长,脉冲频率尽可能高并且具有与激光相适应的光阑。对于 UF_6 中的高频感应放电而言,采用激光引发并持续增强放电的方法与使用微波等离子体炬一样产生积极的效果:成功实现“点火”,大幅扩展允许的工作气压范围,提高等离子体的稳定性等。

10.11 U-F 等离子体在化工冶金中的应用

获得稳定的 U-F 等离子体之后,就可以设计并实施各种新工艺,回收核燃料循环中所需的 U、F 以及工程技术相关领域所需的各种化合物。目前看起来最密切相关的技术是等离子体处理贫化 UF_6 并分离铀与氟。这些等离子体技术还可用于从硅的氟化物、氢化物(SiF_4,SiH_4)生产硅,从堆积在铀浓缩厂的矿渣(MgF_2,CaF_2)中回收镁和钙,从锆的碘化精炼工艺中得到的四碘化锆(ZrI_4)中还原锆,以及其他从挥发性金属卤化物中还原金属并回收卤素。

参考文献

[1] В. А. Дмитриевский, В. А. Волков, С. Д. Тетельбаум. Применение гексафторида урана в ядерных энергетических установках. Атомная энеогия, 1970, т. 29, вып. 4, с. 251-256.

[2] K. Thom, R. T. Schneider. Research of Uranium Plasmas and their Technological Applications. /Proceed. 2nd Symp. Uranium Plasmas. Research and Applications. Atlanta, Georgia, 1971.

[3] K. Thom, R. T. Schneider. Fissioning Uranium Plasmas. Fissioning Uranium Plasmas/ Proc. Symp. Appl. Nuclear Data in Science and Technology. Intern. Atomic Energy Agency, Vienna, 1973.

[4] R. T. Schneider, H. D. Campbell, J. M. Mack. On the Emission Coefficient of Uranium Plasmas. Nuclear Technology, 1973, v. 20, pp. 15-26.

[5] W. G. Roman. Properties of Dynamically Fluid Stabilized RF-Heated Ar-U-F-Plasmas. Plasma Chemical

Proc. A. I. Ch. E., Symp. Series, 1979, v. 75, N. 186, p. 50-62.

[6] N. J. Diaz, E. T. Dugan. Gaseous Core Reactor Technology. Proceed. 2nd Int. Conf. Alternative Energy Sources. Miami Beach, Florida, 1979, p. 2289.

[7] E. T. Dugan, N. J. Diaz, C. C. Oliver. Cyclic Gaseous Core Reactor. Atomkernenergie /Kerntechnik, 1980, v. 36, N. 3, p. 191.

[8] К. А. Казанский, В. М. Новиков. Тепло – иэлектрофизическиесвойствагексафторидауранав областитемператур (1-11) $\times 10^3$ Кидавлений 0.1-100 атм. Теплофизика высоких температур, 1976, т. 14, № 13, с. 450-456.

[9] C. C. Oliver, E. T. Dugan. Thermochemical Properties of UF_6-He Mixtures relevant to Cyclic Gaseous Core Reactor Systems, 1985, v. 69, N. 2, p. 161-169.

[10] V. Banjac, A. S. Heger. Optical and Thermophysical Properties of High Temperature Gaseous Uranium for Nuclear Rocket Applications. AJAA Pap., 1994, N. 2898, p. 1-9.

[11] Э. Г. Раков, Ю. Н. Туманов, Ю. П. Бутылкин, А. А. Цветков, Н. А. Велешко, Е. П. Поройков. Основные свойства неорганических фторидов. Справочник под ред. Н. П. Галкина. М.: Атомиздат, 1976.

[12] Термодинамические свойства индивидуальных веществ. Справочник под ред. В. П. Глушко. М.: Наука, 1982.

[13] Л. Спитцер. Физика полностью ионизованного газа. М.: Мир, 1965.

[14] Л. П. Кудрин. Оценка электропроводности (и-Р)-плазмы. Атомная энергия, 1967, т. 22, № 4.

[15] Ю. Н. Туманов. Электротермические реакции в современной химическойтехнологии и металлургии. М.: Энергоиздат, 1981, 232 с.

[16] Кондратьев В. Н., Никитин Е. Е. Кинетика химических газовых реакций. М.: Наука, 1974.

[17] Ю. Н. Туманов, Н. П. Галкин. Химические и фазовые превращения в гсксафториде урана при высоких температурах. Атомная энергия, 1971, т. 30, вып. 4, с. 372-377.

[18] K. P. Schug, N. G. Wagner. Zur Thermischen Zerfall von UF_6 inder Gasphase. Zeitschrift fur Physlka-lische Chemie. Neue Folgc, 1977, B. 108, T. 11, S. 173-184.

[19] Ю. Н. Туманов, К. В. Цирельников. Свойства и применение уран-фторной плазмы. Физика и химия обработки материалов, 1991, № 6, с. 66-72.

[20] C. D. Harrington, A. Ruehl. Uranium Production Technology. Van Nostrand Co. N. Y.-London, 1959.

[21] Химия и технология фтористых соединений урана. Под ред. Н. П. Галкина. М: Госатомиздат, 1961, 348 стр.

[22] Н. П. Галкин, Ю. Н. Туманов, Ю. П. Бутылкин. Некоторые вопросытермической устойчивости и реакционной способности гексафторидов d- и f-элементов. Известия Сибирского отделения АН СССР. Серия химических наук, 1968, № 4, с. 12-22.

[23] Ю. Н. Туманов, Н. П. Галкин. Реакционная способность и термическая устойчивость и реакционная способность гексафторидов d- и f-элементов. Успехи химии, 1971, т. XL, № 2, с. 276-294.

[24] Ю. Н. Туманов. Физико-химические превращения в уран-фторной плазме. Второй Всесоюзный симпозиум по плазмохимии, Рига, 1975, т. 1, с. 238-242

[25] Ю. Н. Туманов. Некоторые проблемы получения и закалки уран-фторной плазмы. Атомная энергия, 1975, Т. 39, Вып. 6, с. 424-425.

[26] Ю. Н. Туманов, Н. П. Галкин. Физико-химические превращения в плазме фторидов актиноидных элементов. Радиохимия, 1976, т. 18, № 5, с. 714-721.

[27] Ю. Н. Туманов, К. В. Цирельников. Свойства и применение уран - фторной плазмы. 1. Безреагентное восстановление урана из гексафторида урана в плазме высокочастотного безэлектродного разряда. Физика и химия обработки материалов, 1992, № 1, с. 61-66.
[28] R. S. Burk. Production of Uranium Metal Usinga thermal Plasma. J. Nucl. Materials, 1987, V. 149, N. 1, p. 103-104.
[29] Ю. Н. Туманов, К. В. Цирельников. Свойства и применение уран - фторной плазмы. 3. Диагностика потоков (и-Р) - плазмы. Физика и химия обработки материалов, 1992, N. 4, с. 72-77.
[30] А. Амбразявичус. Теплообмен при закалке газов. Под ред. А. Жукаускаса. Вильнюс, Мокслас, 1983, 190 стр.
[31] D. Stahorska. Condensation of Supersaturated Vapour. J. Chem. Phys., 1965, V. 42, N. 6, pp. 1887-1891.
[32] A. B. Kirshenbaum, J. A. Cahill. Surface tension of Liquid UF_4 and ThF_4 and Discussion on the Relationship Between the Surface Tension at Critical Temperature of Salts. J. Phys. Chem. 1966, V. 70, N. 10, pp. 3037-3042.
[33] Ю. Н. Сокурский, Я. М. Стерлин, В. А. Федорченко. Уран и его сплавы. М.: Атомиздат, 1971, 137 с.
[34] H. U. Eckert. Analysis of Thermal Induction Plasmas Dominated by Radial Conduction Losses. J. Applied Phys. 1970, V. 41(4), pp. 1520-1528.
[35] H. U. Eckert. Analysis of Thermal Induction Plasmas Dominated by Radial Conduction Losses. J. Applied Phys. 1971, V. 42, pp. 3102-3108.
[36] H. U. Eckert. Analysis of Thermal Induction Plasmas Dominated by Radial Conduction Losses. J. Applied Phys. 1972, V. 43, pp. 2707-2710.
[37] M. Copsey, D. Witt, S. Brown. Private communication, England, Capenhurst, 1998.
[38] Electromagnetic Compatibility Tube Type Generator Huttinger IG 150/200: 1-14889, 1997.
[39] И. П. Дашкевич. Высокочастотные разряды в электротермии. М.: Машиностроение, 1980, вып. 13, 56 с.
[40] Bailey J. H., Whitehead C., Gilchrist P., Webster D. A. Separation of Isotopes by Ionization for Processing of Nuclear Fuel Materials. GB Patent Application WO07/34684, 25. 09. 1997, IPC B01D 59/48, 59/50.

第11章

等离子体转化贫化UF_6

11.1 问题与现有解决方案

目前,几乎所有核技术及其应用活动都基于U-235的利用。这种同位素在天然铀中的含量仅为0.7204%。U-238在天然铀中的含量却高达99.2739%。迄今为止,天然铀矿提取后的含铀矿物仍然以贫化(或部分贫化)UF_6的形式存放在浓缩厂内。

基于气体离心法的铀同位素分离技术,可以从UF_6中提取大部分U-235,产生贫化U-235的UF_6废物。以UF_6气体作为原料,利用激光同位素分离技术可以进一步提高U-235的提取比例,同时降低铀浓缩成本。在铀浓缩过程中,当U-235的富集度达到90%时,浓缩厂每接收1t UF_6,就有约0.99t贫化UF_6成为废物被储存起来。自1950年以来,在掌握铀同位素分离技术的国家贫化铀仍在继续积累。在这段时期内,世界各地积累的贫化UF_6已经达到了数百万吨。

目前,贫化UF_6的问题主要体现在环境和经济两个方面。环境问题已经出现,因为挥发性放射性物质包装钢桶的露天存放为公众带来了潜在和现实威胁。在过去的几十年中,一些区域内的环境问题不断恶化,因为贫化UF_6储存场所逐渐接近居民区。

此外,贫化UF_6的经济问题至少体在现在如下三个方面:

(1) 在苏联解体前,大量含氟原料是稀缺产品,如今却闲置堆放。苏联解体后,大多数开采氟原料的萤石矿留在“周边国家”。每吨贫化UF_6中含有0.324t氟;在苏联时期,从这种原料中提取氟的成本实际上主要取决于提取设施的投资和运营成本。

(2) 贫化铀仍然具有相当大的价值,可以作为一些核反应堆燃料的成分,还可以作为精密特种合金或者通用合金的成分。

(3) 贫化铀的存储需要大量费用,用于存储场所维护、存储容量扩展以及容器制造和维修等;并且,在不久的将来当土地价格上涨和修复成本问题出现时,这些成本将进一步增加。

目前,人们已经发现至少一种具有针对性的方法来解决贫化铀问题[1-3],并进行了大规模技术研究与设备开发工作。该技术基于水蒸气等离子体(H-OH 等离子体)转化贫化 UF_6 或化学计量比接近 UF_6 的物质,其化学反应总方程如下:

$$UF_6 + 3(H - OH) - plasma \rightarrow 1/3U_3O_8 + 6HF + 1/6O_2 \tag{11.1}$$

上述工艺已经完成了实验室研究、试验平台验证、中试试验以及工业规模研究和试验四个阶段的研究。原定于 1989 年开展工业应用的工艺与设备已经准备完成,但当时发生了横扫苏联核工业界的危机。受其影响,这项工作最终未能付诸实施。该工艺的基本原理将在下面进行详细介绍。

目前,解决上述问题还有另外一种方法,这是基于氢等离子体处理贫化 UF_6 的概念[4]。由此可以得到更合适的产物——无水氟化氢和熔融金属铀。后者更加满足回收甚至存储的要求。这个概念仍处于实验室研究阶段,其实验结果将在下面讨论。

UF_6 与氩气的混合气喷入由电弧等离子体炬产生的 Ar-He-H_2 等离子体射流中,方向与射流垂直。原料的摩尔比为 H:F=3:1。混合条件选择的依据是使 UF_6 分子和 H_2 分子完全解离并部分电离。混合均匀的 U-F-Ar-He-H 等离子体通过超声速拉瓦尔喷嘴,在喷嘴扩张段混合气体的冷却速率达到 $10^8 \sim 10^9$ K/s。拉瓦尔喷嘴入口处的压强为大气压,出口处的压强保持 85Torr。喷嘴两端的压强差使喷嘴内超声速气流的马赫数达到 2.85。喷嘴喉部的温度为 5000K,出口处的温度为 1880K。

U-F-Ar-He-H 混合物在超声速拉瓦尔喷嘴的扩张区冷却后,其中的部分铀元素凝结下来,形成由铀粉末、HF 分子、F_2 分子、氟化铀分子以及氦和氩原子组成的两相流。混合物在喷嘴出口处被氢气稀释,以降低铀氟化物分子发生复合的概率。根据实验测量结果,在 H_2 喷嘴之后的产物接收器中温度为 600K。

含铀和氟化铀(UF_3、UF_4)的粉末通过多级旋风分离器从两相流中分离出来。铀元素的收率为理论值的 30%左右。在我们看来,在这一过程中获得游离态铀的主要机理在于 H_2 首先将 UF_6 还原成氟化铀(UF_3),然后这种氟化物按照下式发生歧化反应:

$$UF_3 \longrightarrow 3/4UF_4 + 1/4U \tag{11.2}$$

用于实现上述工艺[4]的装置如图 11.1 所示,其中包括电弧等离子体炬 1,由棒状钨阴极 2 和管状铜阳极 3 构成。阳极出口被设计成拉瓦尔喷嘴 5 的形式,阳极壁上有进料口 4 将 UF_6 通入等离子体中,在拉瓦尔喷嘴出口处有氢气通入接口 6。根据文献[4],在拉瓦尔喷嘴之后安装了旋风分离器和过滤器,将粉末分离出来。系统中设置了真空泵作为压力控制设备。

然而,文献[4]中提出的氢等离子体转化贫化 UF_6 回收金属铀和无水氟化氢的概念具有如下缺陷,阻碍了其向工业化发展:

(1) 元素铀收率较低,低于理论值的 30%。这意味着,为了从全部产物中提取铀,必须建立另一条工艺线来回收剩余 70%的非挥发性氟化铀中的铀。

(2) 在还原得到的混合产物中,铀是一种易燃粉末,在空气中会发生自发氧化甚至自燃,这样为建立大规模处理 UF_6 的工艺系统带来了很大潜在风险。

(3) 在采用这种工艺时,尤其在超声速拉瓦尔喷嘴之后进行急冷时,形成的微米和亚微米级粉末难以通过旋风分离器捕集。

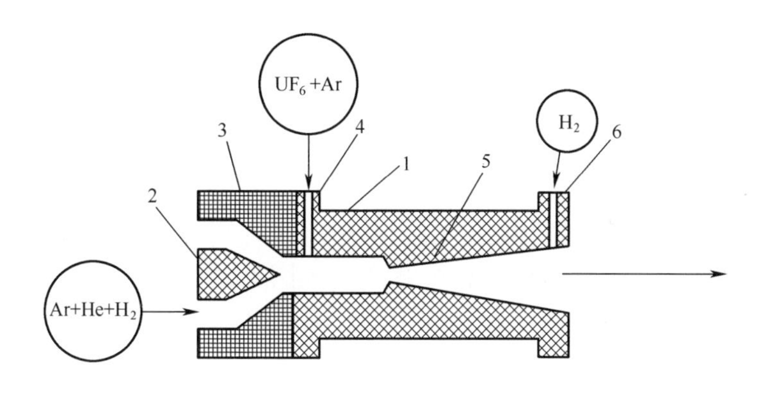

图 11.1 氢等离子体还原 UF_6 回收铀的装置[4]

1—电弧等离子体炬;2—棒状钨阴极;3—管状铜阳极;4—UF_6 进料口;5—拉瓦尔喷嘴;6—H_2 入口。

我们基于上述原理开发了一些改进工艺,利用等离子体转化贫化 UF_6 得到铀氧化物、金属铀和无水氟化氢。这些研发工作的主要成果呈现如下。

11.2 水蒸气等离子体转化贫化 UF_6 形成铀氧化物和无水氟化氢的基本原理

水蒸气等离子体可用于贫化 UF_6 的转化过程,因为在水蒸气等离子体存在的条件下，当反应物之间的比例接近化学计量比时，可以实现 UF_6 高温水解。在这种情况下，根据式(11.1)可以获得 U_3O_8 和近乎无水的氟化氢[5-12]。在工业上，无水氟化氢可以作为原料电解生产单质氟。

为了实现上述过程，首先必须获得 U-F-H-O 等离子体。这是一种铀氟化物等离子体，通过在 UF_6 与不同工艺气体的混合气中放电产生，或者由上述工艺气体的等离子体与 UF_6 混合得到。在后一种情形中，U-F-H-O 等离子体由 UF_6 与过热蒸气中电弧放电产生的水蒸气等离子体混合形成。展望未来，我们必须指出，水蒸气等离子体转化技术和其他任何基于 UF_6 高温水解(如火焰)技术，面临的问题之一就是控制残留在铀氧化物中的氟含量，原因在于初始 UF_6 无法实现完全转化或者氟化物从反应器出口到接收器之间发生了复合。为了将残留的氟控制在合理水平，需要确认氟在铀氧化物中存在的形态。为此，需要对 UF_6 在水蒸气等离子体中转化的机理进行分析。

11.2.1 U-F-O-H 等离子体形成的热力学

多项研究工作[5-7]计算了 UF_6-HOH 体系在高温下的平衡。该体系包括 4 种元素和 22 种组分，分别为 UF_6(g)、UF_5(g)、UF_4(g)、UO_2F_2(g)、UO_2(g)、F_2(g)、O_2(g)、HF(g)、H_2O(g)、H_2(g)、H(g)、UF_4(c)、UO_2F_2(c)、UO_3(c)、U_3O_8(c)、UO_2(c)、UO(g)、U(g)、U(c)、O(g)、F(g)、OH(g)，其中 16 种为气态，6 种为凝聚态。决定该体系总热力学势最小的 28 个方程构成非线性方程组，通过牛顿法求解。体系的压强范围为 $1.03\times10^4 \sim 1.03\times10^5$Pa，温度范围为 800~4000K，起始组分的摩尔比 n = HOH/UF_6 分别为(化学计量比)6、12。图 11.2 给出了 UF_6+3HOH 体系在 53kPa 压强下的平衡组成与温度的关系。从图中可以看出，一旦温度达到 T = 850K，除了在较高温度下二次生成的痕量 UF_6(g) 之外，体系中基本上不存在反应物 UF_6。当温度高于 1000K 时，氟主要以气态 HF 的形式存在，少量以氟化物 UO_2F_2 的形式存在，首先是凝聚相，然后成为气相。气态 UO_2F_2 相当稳定，在温度接近 2000K 仍然未解离出氟。为了降低 UO_2F_2(g)的含量，需要加入过量水蒸气。在温度约为 1450K 时，几乎所有铀的存在形式均为 U_3O_8。在这种方案和其他方案中，温度升高会形成氧元素含量较少的铀氧化物。若压强增大，UF_6 中的 F 会转化成 HF，U 转化成氧化铀；同时，气态的铀氟氧化物含量也会增大，这种化合物在高温下很稳定。在反应物中增大水蒸气浓度会降低铀氟氧化物的含量，见反应式(11.1)。

由于铀的氟化物、氟氧化物以及氧化物的热化学和热力学常数已经得到系统化总结，利用热力学计算结果和实验数据可以从一定程度上建立水蒸气等离

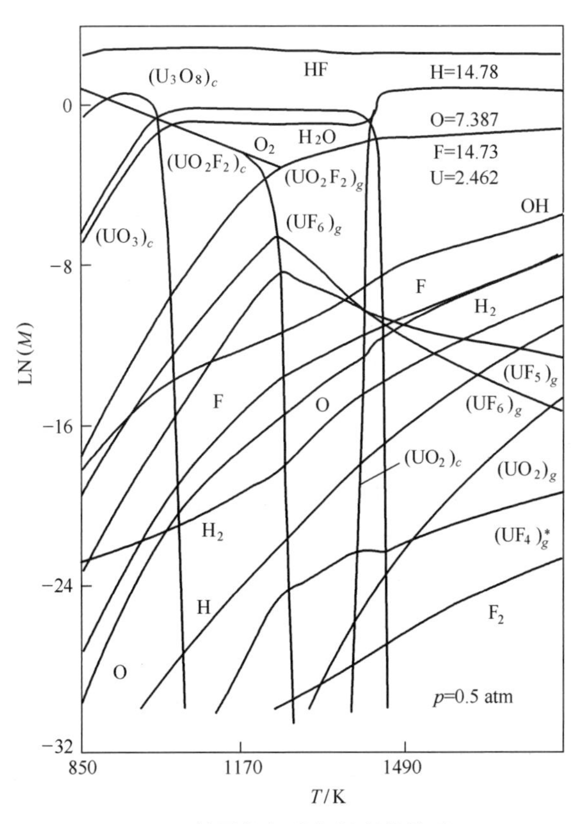

图 11.2　UF_6+3(H−OH)的平衡组成与温度的关系($n=3.0, p=53$kPa)

子体高温转化 UF_6 的详细过程。这一过程可以通过下列化学反应和相变方程式充分描述:

$$UF_6(g) + H-OH(g) \longrightarrow UOF_4(g) + 2HF(g)$$
$$\Delta H = 54.8\text{kJ}, \quad \Delta S = 145.1\text{J/(m} \cdot \text{K)} \tag{11.3}$$
$$UOF_4(g) + H-OH(g) \longrightarrow UO_2F_2(g) + 2HF(g)$$
$$\Delta H = 123.0\text{kJ}, \quad \Delta S = 138.1\text{J/(m} \cdot \text{K)} \tag{11.4}$$
$$UF_5(g) + 2H-OH(g) \longrightarrow UO_2F(g) + 4HF(g)$$
$$\Delta H = 342.3\text{kJ}, \quad \Delta S = 259.7\text{J/(m} \cdot \text{K)} \tag{11.5}$$
$$UF_5(g) + H-OH(g) \longrightarrow UOF_3(g) + 2HF(g)$$
$$\Delta H = 134.4\text{kJ}, \quad \Delta S = 125.3\text{J/(m} \cdot \text{K)} \tag{11.6}$$
$$UF_4(g) + 2H-OH(g) \longrightarrow UO_2(g) + 4HF(g)$$
$$\Delta H = 518.8\text{kJ}, \quad \Delta S = 220.5\text{J/(m} \cdot \text{K)} \tag{11.7}$$
$$UO_2F_2(g) + H-OH(g) \longrightarrow UO_3(g) + 2HF(g)$$
$$\Delta H = 250.5\text{kJ}, \quad \Delta S = 125.6\text{J/(m} \cdot \text{K)} \tag{11.8}$$

$$UF_4(g) + H - OH(g) \longrightarrow UOF_2(g) + 2HF(g)$$
$$\Delta H = 185.9kJ, \quad \Delta S = 132.0J/(m \cdot K) \quad (11.9)$$
$$UOF_3(g) + 3/2H - OH(g) + 1/12O_2 \longrightarrow 1/3U_3O_8(c) + 3HF(g)$$
$$\Delta H = 138kJ, \quad \Delta S = -38J/(m \cdot K) \quad (11.10)$$
$$UO_2F(g) + 1/2H - OH(g) + 1/12O_2 \longrightarrow 1/3U_3O_8(c) + HF(g)$$
$$\Delta H = 346kJ, \quad \Delta S = -172J/(m \cdot K) \quad (11.11)$$
$$UOF_2(g) + H - OH(g) \longrightarrow UO_2(g) + 2HF(g)$$
$$\Delta H = 332.9kJ, \quad \Delta S = 88.4J/(m \cdot K) \quad (11.12)$$
$$UO_2F_2(g) \longrightarrow UO_2F_2(c)$$
$$\Delta H = -300.0kJ, \quad \Delta S = -207.22J/(m \cdot K) \quad (11.13)$$
$$UO_3(g) \longrightarrow 1/3U_3O_8(c) + 1/6O_2(g)$$
$$\Delta H = -392.4kJ, \quad \Delta S = -181.2J/(m \cdot K) \quad (11.14)$$
$$UO_2(g) \longrightarrow UO_2(c)$$
$$\Delta H = -605.0kJ, \quad \Delta S = -189.3J/(m \cdot K) \quad (11.15)$$
$$UO_2F(c) + H - OH(g) \longrightarrow 1/3U_3O_8(c) + HF(g) + 1/6O_2$$
$$\Delta H = 157.2kJ, \quad \Delta S = 151.5J/(m \cdot K) \quad (11.16)$$
$$UF_4(c) + 2H - OH(g) \longrightarrow UO_2(c) + 4HF(g)$$
$$\Delta H = 225.9kJ, \quad \Delta S = 242.6J/(m \cdot K) \quad (11.17)$$
$$UF_6(g) \longrightarrow UF_5(g) + F(g)$$
$$\Delta H = 278.2kJ, \quad \Delta S = 133.0J/(m \cdot K) \quad (11.18)$$
$$UF_5(g) \longrightarrow UF_4(g) + F(g)$$
$$\Delta H = 423.1kJ, \quad \Delta S = 136.0J/(m \cdot K) \quad (11.19)$$
$$2F(g) \longrightarrow F_2(g)$$
$$\Delta H = 158.8kJ, \quad \Delta S = -114.7J/(m \cdot K) \quad (11.20)$$

然而,从图 11.2 可以看出,反应式(11.18)~式(11.20)在水蒸气等离子体转化 UF_6 中的作用可以忽略不计。这一点也可以通过铀氟化物分子的热力学稳定性计算结果[13,14]来证实。这些结果表明,仅当温度高于 2500K 时,体系中才明显存在 UF_5。这意味着,与反应式(11.3)、式(11.4)的作用相比,中间反应式(11.5)~式(11.7)、式(11.9)~式(11.11)的作用均比较小,因为要发生这些中间反应就必须发生反应式(11.18)和式(11.19)。因此,铀的气态氟氧化物 UOF_3、UO_2F 和 UOF_2 在反应产物中的浓度应比 UO_2F_2 的浓度低得多。在 1030~1430K的温度范围内,UO_2F_2 的浓度比上述铀氧化物的浓度低得多。因此,如果在该温度范围分离凝聚相与气相,大部分的 U 将成为 U_3O_8,而 F 则成为 HF。

在较低温度下(600~900K)分离转化产物,产物中UO_xF_y的含量远低于平衡组成含量,因为所得产物在凝聚相中的复合比气相中慢得多。

从上述分析可以判断,铀的氟氧化物UOF_3、UO_2F、UOF_2、UOF 只出现在气相中,并且在冷凝期间不稳定。这项假设的间接证据来自 X 射线分析,其结果表明,在水蒸气转化UF_6的产物中,残留的氟存在于UO_2F_2中。在此基础上,上述描述水蒸气等离子体转化UF_6过程的方程至少可以大幅简化为如下 6 个,即式(11.3)、式(11.4)、式(11.8)、式(11.13)、式(11.14)和式(11.16)。

11.2.2 UF_6在水蒸气等离子体中转化的动力学以及U-F-O-H 等离子体的产生

U-F-O-H 等离子体由UF_6与过热蒸气中电弧放电形成的水蒸气等离子混合生成。因此,如前面所述,到反应器出口,20 多个均相、异相化学反应和相变过程已经结束,反应得到的混合物在这里发生一致或不一致凝结。根据热力学计算结果,温度高于 3000K 之后,铀氟化物发生解离,使铀的化合价从+6 降至+4,同时发生各种反应转化为铀氟化物和氟氧化物。然而,经过适当推算后发现,发生在 U-F-O-H 等离子体中的所有化学反应和相变均受上述直接化学反应和冷凝过程的限制;从反应器中得到的产物在很大程度上取决于复合过程。该过程是不可避免的,因为所有多相复合反应都伴随着强烈放热。UF_6在水蒸气等离子体中发生的化学反应和相变由以下方程(式(11.3)、式(11.4)、式(11.8)、式(11.13)、式(11.14)、式(11.16))描述:

$$UF_6(g) + H-OH(g) \xrightarrow{k_3} UOF_4(g) + 2HF(g)$$

$$UOF_4(g) + H-OH(g) \xrightarrow{k_4} UO_2F_2(g) + 2HF(g)$$

$$UO_2F_2(g) + H-OH(g) \xrightarrow{k_8} UO_3(g) + 2HF(g)$$

$$UO_2F_2(g) \xrightarrow{k_{13}} UO_2F_2(c)$$

$$UO_3(g) \xrightarrow{k_{14}} 1/3U_3O_8 + 1/6O_2(g)$$

$$UO_2F_2(c) + H-OH(g) \xrightarrow{k_{16}} 1/3U_3O_8(c) + 2HF(g) + 1/6O_2$$

式中:k_3、k_4、k_8、k_{13}、k_{14}、k_{16}为相关化学反应和相变的动力学常数。

根据前面对UF_6高温水解的描述,UF_6在 U-F-O-H 等离子体中的气相化学转化可由一组动力学方程描述:

$$d(UF_6)dt = k_3(UF_6)(H-OH) \tag{11.21}$$

$$d(UOF_4)/dt = k_3(UF_6)(H-OH) - k_4(UOF_4)(H-OH) \tag{11.22}$$

$$d(UO_2F_2)/dt = k_4(UOF_4)(H-OH) - k_8(UO_2F_2)(HO-H) - k_{13}(UO_2F_2) \tag{11.23}$$

$$d(UO_3)/dt = k_8(UO_2F_2)(H-OH) - k_{14}(UO_3) \tag{11.24}$$

反应式(11.3)、式(11.4)和式(11.8)的动力学常数基于反应物分子的过渡态理论估算。根据该理论,这些常数通过使用起始反应物活化络合物的平衡分布函数确定[15]:

$$k_i = \theta(kT/2\pi h)(F^*/F)\exp(-\Delta E_{Ai}/kT) \tag{11.25}$$

式中:θ 为传输系数;k、h 分别为玻耳兹曼常数和普朗克常数;F^*、F 分别为活化络合物分子和起始反应物分子的函数;ΔE_{Ai} 为考虑零点振动的活化络合物与起始化学系统的最小势能之差;T 为温度(K)。

根据过渡态理论,式(11.25)中的指前因子由下式确定:

$$A = (kT/2\pi h)\prod_{s=1}^{s-1}(F_v^{*i}) = \nu^* = (\nu_1\nu_2\cdots\nu_s)/(\nu_1^*\nu_2^*\nu_{s-1}^*) \tag{11.26}$$

式中:ν_i^*、ν_i分别为活化络合物和起始反应物分子的振动频率;s 为振子数量。

对于相对简单的 $AB+CD \to ABCD^* \to AC+BD$ 型复分解反应,其活化能约等于化学键断裂总能量的 0.25[15]。对于反应式(11.3)的活化能,取二次结合能 −423.05kJ/mol。在 H_2O 分子的 H−OH(490.7 kJ/mol)和 O−H(424.37kJ/mol)两次化学键断裂过程中,具有限制性的是第一次断裂。因此,反应式(11.3)的活化能为

$$E_3 = 0.25[E(UF_4-F) + E(H-OH)] = 228.434(kJ/mol)$$

在反应式(11.4)中,U−O 键并未断裂,为了计算 E_4,仅采用 U−F 键的键能,分别来自 UOF_4 分子(350.75 kJ/mol)和 UOF_3 分子(470kJ/mol);这样,所有分子均失去两个氟原子。一种更合乎逻辑的方法是使用 E_2 这个较大值(−470kJ/mol)。然后

$$E_4 = 0.25[E(UOF_2-F) + E(H-OH)] = 240.173(kJ/mol)$$

对于反应式(11.8),基于同样的原理确定了 UO_2F_2 分子中 U−F 键的结合能(595.335kJ/mol):

$$E_8 = 0.25[E(UO_2-F) + E(H-OH)] = 271.506kJ/mol$$

通过使用手册中关于反应物分子(UF_6、UOF_4、UO_2F_2、HOH)振动频率的基础数据和活化能的计算值,得到计算方程式(11.3)、式(11.4)、式(11.8)的动力学常数的表达式:

$$k_{11.3} = 4.98\times10^{13}\exp(-228434/RT) \tag{11.27}$$

$$k_{11.4} = 5.01\times10^{13}\exp(-240173/RT) \tag{11.28}$$

$$k_{11.8} = 5.07\times10^{13}\exp(-271506/RT) \tag{11.29}$$

反应式(11.3)、式(11.4)、式(11.8)为双分子反应物之间的反应,可以由如下一般形式的方程描述:

$$UO_xF_y + (H - OH) \longrightarrow UO_{x+1}F_{y-2} + 2HF \qquad (11.30)$$

反应速率为

$$d(OU_xF_y)/dt = k_R[(UO_xF_y)_0 - z_R][(H - OH)_0 - z] \qquad (11.31)$$

式中:下标"0"表示初始浓度;z_R 为在反应过程中已经转化的物质的浓度变化。

反应所需的时间为

$$t_R = \frac{1}{k_R[(H - OH)_0 - (UO_xF_y)_0]}\ln\frac{(UO_xF_y)_0[(H - OH)_0 - z_R]}{(H - OH)_0[(UO_xF_y)_0 - z_R]} \qquad (11.32)$$

我们计算了铀化合物的浓度从初始值降低 1 个、2 个、3 个和 4 个数量级所需的时间,即 $t_{0.9}$、$t_{0.99}$、$t_{0.999}$、$t_{0.9999}$,计算结果列于表 11.1~表 11.3。t 值取决于温度、反应物的摩尔比 HOH/UF_6 以及随着反应程度增加产物对反应物的稀释效应。

从表 11.1~表 11.3 和图 11.3 所示的计算结果可以看出,气相 UF_6 向 U_3O_8 的转化发生不会立即发生,这一点可以由众所周知的文献[16,17]的描述证实。甚至在水蒸气等离子体中,在水蒸气稍微过量的条件下,主要反应过程 UF_6→UOF_4 在约 1000K 的温度下也只能在 0.01s 内达到 99%的转化率。对于发生在水蒸气等离子体中的更进一步的反应过程——UOF_4→UO_2F_2,要在 1000K 达到 99%的转化率,所需的时间为 2~3 倍。对于第三级转化 UO_2F_2→UO_3,要在

表 11.1 对于不同的温度和初始摩尔比(H-OH)/(UF_6),按照反应式(11.3)UF_6 实现 90.0%、99.0%、99.9%和 99.99%的转化率所需的时间

单位:s

T/K	反应物摩尔比(H-OH)/(UF_6)							
	3.1				12			
	0.9	0.99	0.999	0.9999	0.9	0.99	0.999	0.9999
500	$2.3×10^9$	$5.0×10^9$	$7.7×10^9$	10^{10}	$1.6×10^9$	$3.22×10^9$	$4.9×10^9$	$6.5×10^9$
750	38.4	82.7	127.8	172.2	11.42	26.4	81.0	108.3
1000	$5.4×10^{-3}$	$1.2×10^{-2}$	$1.8×10^{-2}$	$2.4×10^{-2}$	$3.8×10^{-2}$	$7.5×10^{-2}$	$1.1×10^{-2}$	$1.5×10^{-2}$
1250	$2.8×10^{-5}$	$6.0×10^{-5}$	$9.2×10^{-5}$	$1.3×10^{-4}$	$1.9×10^{-5}$	$3.9×10^{-5}$	$5.8×10^{-5}$	$7.8×10^{-5}$
1500	$8.5×10^{-7}$	$1.8×10^{-6}$	$2.8×10^{-6}$	$3.8×10^{-6}$	$5.9×10^{-7}$	$1.2×10^{-6}$	$1.8×10^{-6}$	$2.4×10^{-6}$
1750	$7.3×10^{-8}$	$1.6×10^{-7}$	$2.4×10^{-7}$	$3.3×10^{-7}$	$5.0×10^{-8}$	$1.0×10^{-7}$	$1.5×10^{-7}$	$2.1×10^{-7}$
2000	$1.2×10^{-8}$	$2.5×10^{-8}$	$3.9×10^{-8}$	$5.0×10^{-8}$	$1.6×10^{-8}$	$1.6×10^{-8}$	$2.5×10^{-8}$	$3.3×10^{-8}$

表 11.2 对于不同的温度和初始摩尔比(H-OH)/(UF_6),按照反应式(11.4) UOF_4 实现 90.0%、99.0%、99.9%和 99.99%的转化率所需的时间

单位:s

T/K	反应物摩尔比(H-OH)/(UF_6)							
	3.1				12			
	0.9	0.99	0.999	0.9999	0.9	0.99	0.999	0.9999
750	592.6	1205.5	1902.4	2606.0	235.0	478.1	722.1	966.2
1000	4.6×10^{-2}	1.1×10^{-1}	1.7×10^{-1}	2.3×10^{-1}	2.1×10^{-2}	4.2×10^{-2}	6.3×10^{-2}	8.5×10^{-2}
1250	1.8×10^{-4}	4.1×10^{-4}	6.5×10^{-4}	8.8×10^{-4}	8.0×10^{-5}	1.6×10^{-4}	2.5×10^{-4}	3.3×10^{-4}
1500	4.6×10^{-6}	1.0×10^{-5}	1.6×10^{-5}	2.2×10^{-5}	2.0×10^{-6}	4.1×10^{-6}	6.2×10^{-6}	8.3×10^{-6}
1750	3.4×10^{-7}	7.8×10^{-7}	1.2×10^{-6}	1.6×10^{-6}	1.5×10^{-7}	3.1×10^{-7}	4.7×10^{-7}	6.2×10^{-7}
2000	5.0×10^{-8}	1.1×10^{-7}	1.8×10^{-7}	2.4×10^{-8}	2.2×10^{-8}	4.2×10^{-8}	6.8×10^{-8}	9.1×10^{-8}

表 11.3 对于不同的温度和初始摩尔比(H-OH)/(UF_6),按照反应式(11.8) UO_2F_2 实现 90.0%、99.0%、99.9%和 99.99%的转化率所需的时间

单位:s

T/K	反应物摩尔比(H-OH)/(UF_6)							
	3.1				12			
	0.9	0.99	0.999	0.9999	0.9	0.99	0.999	0.9999
750		1.4×10^{6}	—	—	—	7.4×10^{4}	—	—
1000	8.99	11.56	67.85	102.5	0.91	1.85	2.79	3.37
1250	1.6×10^{-2}	6.3×10^{-2}	2.2×10^{-1}	8.1×10^{-1}	1.7×10^{-3}	3.4×10^{-3}	5.1×10^{-3}	6.8×10^{-3}
1500	2.5×10^{-4}	9.7×10^{-4}	1.9×10^{-3}	2.9×10^{-3}	2.5×10^{-5}	5.2×10^{-5}	7.8×10^{-5}	1.1×10^{-4}
1750	1.3×10^{-5}	5.1×10^{-5}	10^{-4}	1.5×10^{-4}	1.3×10^{-6}	2.7×10^{-6}	4.1×10^{-6}	5.5×10^{-6}
2000	1.5×10^{-6}	5.6×10^{-6}	1.1×10^{-5}	7.7×10^{-5}	1.5×10^{-7}	3.0×10^{-7}	4.5×10^{-7}	6.1×10^{-7}

0.01s 内达到99%的转化率,所需的温度为 1350K。蒸气相对于化学计量比过量对缩短反应式(11.3)所需的时间作用不大,但对反应式(11.4)的影响很明显,并且大幅缩短最终转化步骤——反应式(11.8)所需的时间。因此,在 $T=1500$K 的条件下,要达到 99.99%的转化率,当反应物的摩尔比 HOH/UF_6 从 3.1 增大至 12 时,反应式(3.11)的转化时间缩短为 1/1.58;在相同条件下,反应式(11.4)所需的时间缩短为 1/2.65,反应式(11.8)则为 1/26.4。

当 $T\approx1000$K 时,根据蒸气过量程度和温度的不同,最终转化步骤(反应式(11.8))所需的时间为 1s~1min,甚至更长。并且,这一步限定了 UF_6 在水蒸气

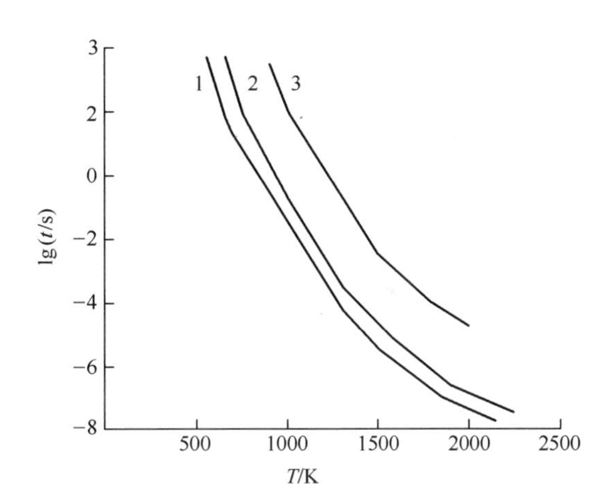

图11.3 UF_6、UOF_4、UO_2F_2在水蒸气等离子体中通过反应式(11.3)、式(11.4)和式(11.8)达到99.99%的转化率所需的时间与等离子体反应器温度的关系 1—反应式(11.3);2—反应式(11.4);3—反应式(11.8)

等离子体中的总转化速率。因此,在$T=1000$K的条件下达到99%的转化率,反应式(11.8)所需的时间是反应式(11.4)的105倍,是反应式(11.3)的963倍。这是因为与反应式(11.3)和式(11.4)的活化能相比,反应式(11.8)的活化能更高,并且主反应的产物(HF、UO_3、UO_2F_2)对反应物进行了稀释。

UO_2F_2按照式(11.13)凝结所需的时间在一定条件下小于UF_6和氟氧化铀按照式(11.3)、式(11.4)、式(11.8)转化所需的时间。下面确定这些条件。

反应式(11.13)和式(11.14)的动力学常数、UO_2F_2凝结速率与UO_3的不一致凝结速率,原则上可以像第10章那样基于弗伦克尔过饱和蒸气凝结理论进行计算:

$$J_c = N_1(2p/kT)\sqrt{\sigma M/2\pi A_0}\exp(-4\pi r_*^2\sigma/3kT) \tag{11.33}$$

式中:N_1为发生冷凝的蒸气密度;p为压强;k为玻耳兹曼常数;T为温度;σ为气液界面的表面张力;M为相对分子质量;A_0为阿伏加德罗常数;r_*为凝结核的临界半径。

为了更准确地计算凝结速率,应将σ与r_*的关系考虑进来,因此式(11.33)采用以下形式:

$$J_c = N_1(2p/kT\rho_c)\sqrt{\sigma_0 M/2\pi A_0}\exp[-4\pi r_*^4\sigma_0/3kT(r_*^2+2\delta)^2] \tag{11.34}$$

式中:σ_0为平面上的表面张力;δ为液面曲率修正系数,$\delta=0.5r_*$。

式(11.34)用于计算由中性分子形成凝结核的速率。当一个化学反应伴随着凝聚相从带电气体中分离出来时,必须考虑凝聚相的形成对带电粒子可能造成的影响[18]。根据前述章节的分析,如果过饱和蒸气(过饱和度为 S)在 $t=0$ 时刻的带电粒子数为 $N_0(\text{cm}^{-3})$,则过饱和度 S 可表示为

$$\ln S=(M/RT\rho)[2\sigma/r_c-(1-\varepsilon^{-1})(e^2/8\pi r_c^4)] \tag{11.35}$$

式中:ρ 为蒸气密度;ε 为凝聚相中颗粒的介电常数;e 为粒子的电荷;r_c 为颗粒半径。

如果每个液滴中的 g_0 个分子凝结成半径为 r_0 的颗粒,则系统热力学势的变化为

$$\Delta\Phi=-(4\pi RT\rho a^3\ln S/3M)(g-g_0)+\\4\pi\sigma a^2(g^{2/3}-{g_0}^{2/3})+be^2(g^{-1/3}-g_0^{-1/3}) \tag{11.36}$$

式中:$\alpha=3M/(4\pi A_0\rho)$;$b=1-1/e$。

与中性颗粒凝结的情形类似,$\Delta\Phi$ 在 $g=g^*$ 时取最大值,对应于 $r=r_c^*$。过饱和蒸气分子在离子上凝结的速率由下式给出:

$$J(g^*\tau)=\beta^*N^*\sqrt{B/2\pi KT}\{1-\exp[-(2B\beta^*\tau)/KT]\} \tag{11.37}$$

式中:$B=1/4\pi(M/A_0\rho)^2r_*^{-3}[(2\sigma/r_c)-(be^2/2\pi r_*^4)]$;$\beta^*$ 为临界尺寸的液滴捕获的分子数,且有

$$\beta^*=(4\pi r_*^2/A_0\rho)\sqrt{2pMR_0T} \tag{11.38}$$

N^* 为临界尺寸液滴中的凝结核浓度,且有

$$N^*=N_0\exp(-\Delta\Phi/R_0T) \tag{11.39}$$

如果忽略指数项和含有 e 和 g_0 的项,并用 N_0 取代 N,式(11.39)可以很容易地转换成式(11.34)。

上述表达式仍不足以计算除去过饱和铀氧化物和铀氟氧化物蒸气所需要的时间;通过这些表达式仅可以计算在单位体积内每秒形成凝相颗粒的个数。形成大小为临界尺寸的颗粒仅是凝结的第一阶段,主要存在于过饱和消失的时刻并在 $S>S^*$ 的条件下继续发展。随着过饱和蒸气中形成凝结核及其在蒸气空间内总表面积逐渐增大,不一致凝结过程和所得颗粒的生长变得越来越重要。假设随着过饱和度的消失凝结速率保持不变,则凝结核的生长过程可由以下方程描述(见第10章):

$$\mathrm{d}(r_c^{*2})/\mathrm{d}\tau=C \tag{11.40}$$

式中:C 为常数。

在时刻 t,$r_c=r_c^*$,经过一段时间 t 后颗粒半径变为

$$r_c=\sqrt{r_c^{*2}+Ct} \tag{11.41}$$

该颗粒的质量为 $4/3\pi\rho_c(C\tau+r_c^{*2})^{3/2}$。形成于 τ 时刻($0<\tau<t$)的颗粒,具有

的质量为$4/3\pi\rho_c[C(t-\tau)+r_c^{*2}]^{3/2}d\tau$。在从$\tau$到$\tau+d\tau$的时间段内形成了一组新颗粒,$Jd\tau$。在时刻$t$的质量等于$4/3\pi\rho_c J[C(t-\tau)+r_c^{*2}]^{3/2}d\tau$。因此,在时间$t$内,凝聚相的质量为

$$m(t) = 4\pi/3\int_0^t J\rho_c[C(t-\tau)+r_c^{*2}]^{3/2}d\tau \tag{11.42}$$

在时刻$t=\tau, r_c=r_c^*$,有

$$m(t) = 4\pi/3 J\rho_c r_c^{*3} t \tag{11.43}$$

由此可得

$$\tau = 3m(t)/(4\pi J\rho_c r_c^{*3})^3 \tag{11.44}$$

如果$m(t)=1\text{kg/m}^3$,$J=10^{29}\text{m}^{-3}\cdot\text{s}^{-1}$,$\rho_c=5\text{kg/m}^3$,$r_c^*=10^{-9}\text{m}$,则$\tau\approx 4.8\times 10^{-4}\text{s}$,如果$r_c^{*2}\ll C\tau$,积分式(11.42)可得

$$\tau_c = \left[\frac{15m(t)}{8\pi JC^{5/2}\rho_c}\right]^{2/5} \tag{11.45}$$

不过,式(11.45)仅可以用于近似估算,因为该式基于假设:随着过饱和度的消失,J=常数。事实上,凝结速率随过饱和度的降低而降低。过饱和度的消失可能源于两个原因:

(1)凝结核的形成;

(2)已形成的凝结核的生长;

更准确地计算$m(t)$的值需基于以下假设:

(1)在蒸气冷凝的过程中,其质量$m(t)$从0变化到某一值m_c;

(2)过饱和度S从初始值变为1;

(3)在冷凝过程中,温度从T_0升高到T_c;

(4)冷凝速率$J[m(t)]$从最大值减小到零。

在上述假设[18]的基础上,可以得到代替式(11.42)的新关系式:

$$m(t) = 4\pi\rho_c/3\int_0^t [C(t-\tau)+r_c^{*2}]^{3/2} J[m(t)]d\tau \tag{11.46}$$

另外,还有一种基于上述假设确定过饱和蒸气冷凝速率的方法[18]。冷凝速率的表达式可以写成

$$J = F\exp(-4\pi r_c^{*2}\sigma/3kT) \tag{11.47}$$

式中:F为随着过饱和度下降而变化的函数。然而,与指数因子的变化相比这些变化很小,因而F值可假定为常数。假设表面张力与温度无关,将

$$r_c^{*2} = 2\sigma M/RT\rho\ln S \tag{11.48}$$

$$F = 16\pi M^2\sigma^3/3N^2a^2k^2 \tag{11.49}$$

代入式(11.47),文献[18]得到了下列计算冷凝速率表达式:

$$J = F\exp[-f(T^3\ln^2 S)] \tag{11.50}$$

凝结区的温度由下式给出:

$$T = T_0 + \Delta H_e / E_w \tag{11.51}$$

式中:T_0 为凝结前的温度;ΔH_c 为凝结过程中的焓变;E_w 为 $1m^3$ 蒸气中含有的凝结物质的量。

如果理想气体状态方程适用于蒸气,则可以将压强写为

$$p = R_0 T(\rho_0 - m/M) \tag{11.52}$$

式中:ρ_0 为凝结前过饱和蒸气的密度。

根据半经验方程,当温度为 T 时,蒸气的压强可表示为

$$\rho_T = A\exp(-\gamma/R_0 T) \tag{11.53}$$

因此,用于计算过饱和度的表达式具有以下形式:

$$S = p/p_T = \omega(T_0 + qm)(\rho_0 - m)/\exp[-\gamma/(T_c + qm)] \tag{11.54}$$

式中:$w = R_0/AM$;$q = \Delta H_c/E_w$。

将式(11.48)、式(11.49)、式(11.51)和式(11.54)代入式(11.47),可得

$$\begin{aligned} J_c &= F\exp\{-f(T_0 + qm)^{-3} \times \ln^{-2}(T_0 + qm)(\rho_0 - m)\exp[\gamma/(T_0 + qm)]\} \\ &= J[m(t)] \end{aligned} \tag{11.55}$$

将 J_c 代入式(11.46),并忽略第一个括号内的 r_c^*,就可以得到确定 $m(t)$ 的表达式:

$$\begin{aligned} m(t) = (4\pi F C^{3/2}\rho_c/3)\int_0^t (t-\tau)^{3/2}\exp(-f[T_0 + qm(\tau)]^{-3}) \\ \times \ln^{-2}\{w[T_0 + qm(\tau)][\rho_0 - m(\tau)]\exp[\gamma/(T_0 + qm(\tau))]\}\,d\tau \end{aligned} \tag{11.56}$$

方程式(11.56)在文献[18]已通过数值法求解。计算结果与云室实验得到的蒸气在中性颗粒和离子上凝结的动力学数据进行了比较。实验值与计算值之间具有良好的一致性。

对于方程式(11.13)和式(11.14)描述的反应过程,不可能更加精确地计算 k_c 值,因为缺乏 UO_2F_2 和 $UO_3(U_3O_8)$ 的表面张力数据。然而,可以通过使用另一种铀化合物 UF_4 的表面张力来估算这些物质从过饱和蒸气中凝结的速率。在这种情况下,使用已经得到的 J_c、r^* 和 C 的值,并假定不同的 $m(t)$ 值,就可以根据式(11.45)确定等离子体转化 UF_6 的过程中中间产物和最终产物在水蒸气等离子体中凝结所需时间。并且,还可以将得到的凝结时间进一步与 UF_6 在水蒸气等离子体中实际转化的时间进行比较。其中,实际时间通过使用由式(11.27)~式(11.29)(表11.1~表11.3和图11.3)定义的动力学常数确定。

计算结果与实验结果的比较表明，反应(11.3)、式(11.4)、式(11.8)在至少$10^{-4}\sim10^{-6}$s 达到 99.99%的转化率需要的温度为 1500K。当摩尔比 H-OH/UF_6 从 3 增大到 12，即达到化学计量比的 4 倍时，UF_6、UOF_4 和 UO_2F_2 在水蒸气等离子体中的转换时间缩短到 1/4~1/2，即降低 1 个数量级以内。比较 UF_6 在水蒸气等离子体中的转化率的实验数据与计算结果可以发现，二者之间相差不超过 10%~15%。这样的结果相当令人满意，尤其考虑到在动力学计算中做了一些假设的因素。

为了防止 UO_2F_2 凝结(式(11.13))并得到 U_3O_8(式(11.14))，有必要控制等离子体反应器中的温度和反应物在其中停留的时间，使 UO_2F_2 凝结时间长于转化为氧化铀的时间。图 11.4 给出了 UO_2F_2 的分压从 3.4×10^4Pa 降低至 3.4×10^2Pa 所需要的时间。在该图中，$\tau_{0.99}$ 在 500~1400K 的范围存在离散现象，其原因可能在于 UO_2F_2 分压的估算值在该温度范围内存在离散。比较图 11.4 和图 11.3 中得到对应关系可以发现，在此温度范围内 UO_2F_2 凝结所需的时间比 UOF_4 和 UO_2F_2 在水蒸气等离子体中转化的时间更长。随着反应混合物的温度接近 UO_2F_2 的沸点(与 UF_4 的沸点近似)，UO_2F_2 凝结所需的时间急剧增加。这意味着在热力学上 UO_2F_2 的凝结过程是不允许发生的，因为 UO_2F_2 无法达到过饱和状态。图 11.4 表明，这种情况发生在 1500℃。因此，在水蒸气等离子体中转化 UF_6 时，维持等离子体反应器转化区的温度为 1600K，就可以在气相中进行反应式(11.3)，式(11.4)和式(11.8)并完全抑制反应式(11.13)。这种情况下，UF_6 在水蒸气等离子体中实现完全转化，得到 UO_3 并使 HF 完全形成于气相中。在反应器出口，UO_3 在凝结时分解为 U_3O_8。这样，二次反应式(11.16)的作用就变得最小。

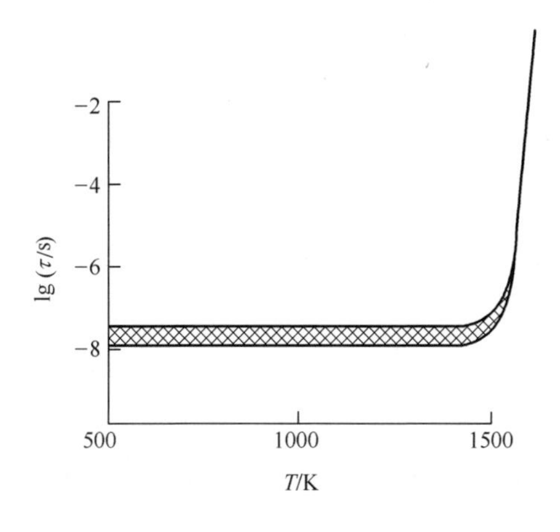

图 11.4 UO_2F_2 按照式(11.8)凝结所需的时间与温度的关系

11.3　等离子体转化贫化 UF_6 试验研究:中试装置及其特征

如上所述,在水蒸气等离子体转化贫化 UF_6 的过程中,当 UF_6 与水蒸气等离子体的比例满足或接近于化学计量比时,该转化过程由化学反应总方程式(11.1)描述:

$$UF_6 + 3(H-OH)-plasma \longrightarrow 1/3U_3O_8 + 6HF + 1/6O_2$$

这项工艺已经完成了实验室研究、实验平台验证、中试试验以及工业级设备开发和试验四个阶段的研究。下面给出的是中试试验的最终结果,实际上是对前面各阶段工艺研究成果的总结。

中试装置的构成示于图 11.5。该装置的主要部分是水蒸气等离子体系统,包括等离子体炬 4、驱动电弧转动的电磁线圈 5(等离子体炬的结构和主要特征将在下面讨论)和等离子体炬电源——整流器 3。在等离子体炬的下方是具有冷却夹套的等离子体反应器 6。水蒸气等离子体与从容器 1 通入的 UF_6 气体在等离子体反应器中混合。其中,容器 1 置于带有加热器 16 的蒸发器中。蒸发器安装在称重设备 15 上,以称重方式控制 UF_6 的进料量。在蒸发器与等离子体反应器之间有压缩机 2。在等离子体反应器下方是 UF_6 转化产物(主要 U_3O_8)的粉末接收器 7,再下面是电动螺旋输送机 8,将反应产物输送到转运容器 14 中。在接收器 7 的右侧是产物分离系统,将产物中的粉末(U_3O_8)与氟化氢(HF)、残留的水蒸气和氧(根据式(11.1))等气体分离开来。该系统包括金属网过滤器(9)和烧结金属的过滤器(10)。从烧结金属过滤器(10)中卸载出的铀氧化物也装入同一运输容器 14。此外,沿工艺流程向下游还有 HF 冷凝器 11 和氢氟酸收集器 12。

中试试验的工艺流程:等离子体炬 4 产生稳定的水蒸气等离子体。在反应器 6 的入口处,水蒸气等离子体与 UF_6 混合。在这两种流体混合的过程中发生了反应,其中的基本步骤已在 11.2 节中进行了讨论。U_3O_8 在等离子体反应器的出口处从反应后的混合气体中冷凝下来,以粉末形式沉积在接收容器 7 下部,然后由螺旋输送机 8 输送到转运容器 14 中。

从等离子体反应器排出的气体经过串联的金属网过滤器 9 和烧结金属过滤器 10,滤去气流中的含铀粉末。在起初的试验中,离心分离器用作主要过滤设备,然而被证明并不适用,因为重新生成的铀氟氧化物具有很强的附着力,致使粉末黏附在分离器壁上;由于分离器发生了堵塞,试验过程被迫中止。因此,在后续所有试验中,分离器均由金属网过滤器和烧结金属过滤器组成,前者作为主

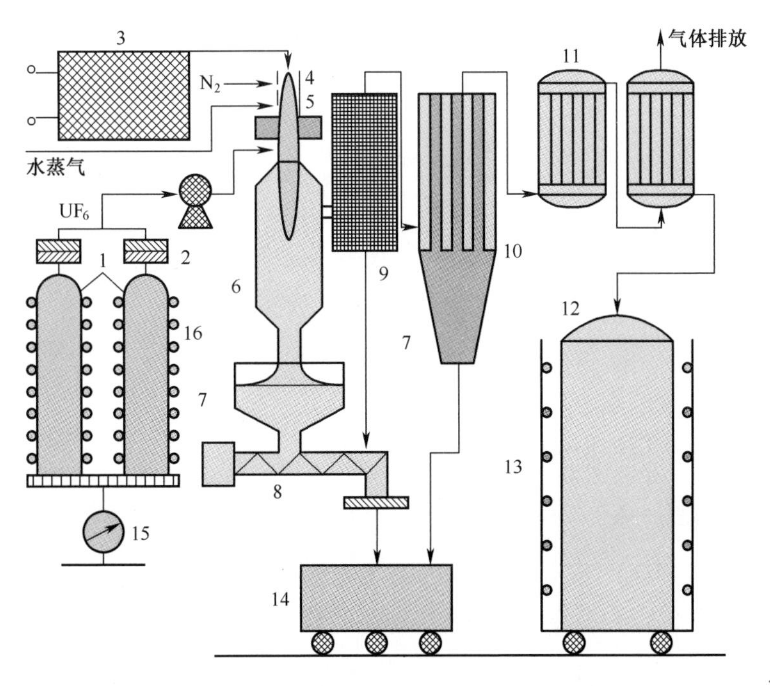

图 11.5 等离子体转化贫化 UF_6 回收铀氧化物粉末和浓氢氟酸的中试装置

1—UF_6 容器；2—压缩机；3—电源；4—水蒸气等离子体炬；5—电磁线圈；6—等离子体反应器；7—铀氧化物粉末接收容器；8—螺旋输送机；9—金属网过滤器；10—烧结金属过滤器；11—冷凝器；12—氢氟酸容器；13，16—加热器；14—转运容器；15—称重设备。

分离设备。HF 和过量的水蒸气在冷凝器 11 中凝结成为浓氢氟酸。氢氟酸容器 12 上设置有加热器 13。因此，容器 12 可以作为理论塔板数为 1 的精馏塔。这样，在容器 12 中得到组成为 40%(HF)~60%(H_2O)的共沸物，设备中还残留了少量 HF 气体与 O_2 的混合气(参见式(11.1))，通往铀处理厂的氟利用系统。

下面进一步详细讨论中试系统中各主要设备的具体特征。

11.3.1 UF_6 蒸发器

UF_6 的蒸发在容积为 2.5m^3 的标准容器中进行。容器内的工作压强为 0.1~1.1kgf/cm^2((0.98~1.08)×10^5Pa)；蒸发器的温度为 373K，容器内的温度为 333K。容器的加热方式为混合式：底部为电加热，侧面为蒸气与空气的混合气加热。底部加热器的功率为 12.8kW，侧面加热的蒸气流量达 15kg/h，温度 T=423K。从每一个容器通入压缩机的 UF_6 流量约为 0.02kgUF_6/s，压缩机工作压力 P_{exc}=0.1kgf/cm^2(0.98×10^5Pa)(g)。由于同时运行两个容器，因而中试系统的处理能力高达 150kgUF_6/h。

11.3.2 压缩机

为了压缩 UF_6 并注入等离子体反应器,试验采用了涡流式二级单轮压缩机,压缩方向沿垂直方向,并由 UF_6 蒸发器系统中通过压缩机夹套循环的热冷凝液加热。

压缩机的规格如下:

(1) 转子转速:3000r/min。

(2) 电机功率:55kW。

(3) UF_6 的压缩比:5。

(4) 冷却水温度:338~348K。

(5) 冷却水压强:6kgf/cm^2(5.88×10^{5}Pa)。

11.3.3 蒸气供应单元

在自动控制模式下,蒸气从蒸气厂房经管道输送到容器中,除去其中的水滴;然后,蒸气经过孔板流量计通入电加热的过热器中,加热至 502~523K。

11.3.4 EDP-145 型水蒸气等离子体炬

由于水蒸气等离子体炬的方案和基本参数将在本章后面的两节中讨论,这里只给出用于中试装置的水蒸气等离子体炬的技术参数:

(1) 功率:350kW,$I \approx 600$A,$U \approx 600$V。

(2) 等离子体气体流量:水蒸气流量≤9g/s;启动时的空气流量≤12g/s,保护气(氮)流量 2g/s;运行中的保护气(氮气)流量 0.3~0.4g/s。

(3) 等离子体炬入口处的蒸气温度 502~523K。

11.3.5 金属网过滤器

金属网过滤器由 19 个过滤单元构成,镍网夹在每个单元的两层之间,网孔尺寸≤100μm。过滤器的总过滤面积为 8.7m^2,过滤单元之间的距离为 90mm。过滤器的工作压强高达 9.8×10^{4}Pa(1.0kgf/cm^2);氮气吹扫压强高达 2.94×10^{5}Pa(3.0kgf/cm^2)。过滤器壁的温度为 473K。

在金属网过滤器之后是烧结金属过滤器,其壁面温度约为 423K。

11.3.6 铀氧化物收集器

中试系统中设置了两个铀氧化物收集器:第一个收集器的容量 7t;第二个收集器的容量同样是 7t(当产物的堆积密度为 (4~5)×10^{-3}kg/m^3 时,该设备可以连续工作 60~80h 而无须启动螺旋输送机卸料)。

11.3.7 中试装置的总体性能

中试装置的总体性能如下:

(1) UF_6 蒸发器性能:0.15tUF_6/h。

(2) 电弧等离子体炬功率:0.35MW。

(3) 水蒸气等离子体流量:0.0324t/h。

(4) 等离子体平均温度:3500~4100K。

(5) 等离子体炬阴极保护气(氮气)流量:1.1kg/h。

(6) 过滤系统对铀的捕集效率:99.99%。

(7) 处理过程中的平均比能耗:1.7~1.9kW·h/(kgUF_6)。

11.4 等离子体转化贫化 UF_6 试验研究:中试装置的试验结果

中试装置的试验结果简要总结如下:

(1) 产率:0.14~0.15tUF_6/h。

(2) 等离子体炬总功率:260kW。

(3) 反应物(H-OH)/UF_6 的摩尔比:约为 3.4。

(4) 冷凝器入口气流中的 HF 浓度:88.5%。

(5) 冷凝器出口气流中的 HF 浓度:95.4%。

(6) 产物中氟的收率:约为 98%。

(7) 铀氧化物中残留(及再合成)的氟含量:0.02~1.4%。

(8) 铀氧化物的堆积密度:3.5~5.4g/cm^3。

(9) 在进入氟回收系统之前气流中的铀含量:$(2\sim5)\times10^{-3}$g/L。

在中试装置运行过程中,一小部分氟以氢氟酸的形式在冷凝器中冷凝下来,流入接收容器。该容器受热时可以作为理论塔板数为 1 的精馏塔工作。因此,在容器中得到的只有一种产物——40%HF+60%H_2O 的共沸混合物。大部分氟以浓氢氟酸(95.4%的 HF)的形式流向氟回收系统。

此外,还有一部分氟留在分散相——铀氧化物 U_3O_8 中,主要形式是铀的二氧二氟化物(UO_2F_2)。这部分氟既有残留的,也有重新合成的。在中试试验中,氟在固相粉末、氢氟酸和气相中的分布示于表 11.4。

在水蒸气等离子体转化 UF_6 的过程中,有一种副产品——氧气,这种气体在 UO_3 不一致凝结时释放出来,产率为 11.61Nm^3/tUF_6。这是一种相当特殊的现象,工艺设备排放的废气反而为环境带来益处。

表 11.4 水蒸气等离子体转化贫化 UF_6 的中试试验结果(氟的分布)

试验条件			试验结果					
			在铀氧化物中		在冷凝器得到的氢氟酸中		在通向氟利用系统的气流中	
UF_6 进料量 /(kg/h)	反应物的摩尔比 /(H-OH) /UF_6	比能耗 /(kW·h /kgUF_6)	氟在铀氧化物中的含量(质量分数) /%	铀氧化物中氟的比例(质量分数) /%	氢氟酸中的氟含量(质量分数) /%	氢氟酸中氟的比例(质量分数) /%	气相中的氟含量(质量分数) /%	气相中氟的比例(质量分数) /%
100	4.4	2.0	2.50	5.7	36.5	13.6	97.3	80.7
120	4.1	1.4	1.67	4.1	35.0	11.3	98.0	85.6
150	3.3	1.1	1.67	4.1	32.0	2.6	98.1	99.3
125	3.1	1.6	1.44	3.5	35.0	0.8	95.4	95.7
135	3.1	1.04	1.67	4.0	49.6	1.8	94.9	94.3
130	3.1	1.23	1.30	3.2	57.0	1.9	95.1	94.8

颗粒产物(U_3O_8)的比表面积和堆积密度是多个参数的复杂函数,包括:铀颗粒在等离子体反应器和卸料料仓,特别是第一个料仓中的停留时间;处理温度,特别是接收容器中的温度,因为产物在这里受残余等离子体作用的时间相当长;其他因素等。由于产物(约7t)收集过程的时间较长,得到的 U_3O_8 的比表面积比较小,为 0.037~0138m^2/g。显然,出于同样的原因,U_3O_8 粉末的堆积密度却相当大,为 3~6g/cm^3。

如果需要将产物 U_3O_8 粉末的比表面积限定为 2~6m^2/g(UF_6 转化成铀氧化物陶瓷的级别),分离铀氧化物粉末与 HF 的工艺将变得更加复杂。

在中试试验中,得到的铀氧化物中的杂质含量(质量分数):Ni,3×10^{-3}%~10^{-2}%;W,6×10^{-5}%~5×10^{-4}%;Cr,10^{-3}%~3×10^{-2}%;Cu,2×10^{-3}%~5×10^{-2}%。

11.5 等离子体精馏技术转化贫化 UF_6

贫化 UF_6 转化过程中产生的 HF 用于电解制备氟。然而,通入熔融酸式氟化钠电解槽中的 HF 必须是无水的(根据技术规格书要求,HF 含量必须为 99.99%)。

根据实验数据,在水蒸气等离子体转化贫化 UF_6 的过程中很难直接得到无水氟化氢,因为将反应物的摩尔比 H_2O/UF_6 保持在反应式(11.1)的化学计量

比同时又使 U_3O_8 中氟的残留量很低是非常困难的。基于反应动力学的角度考虑并结合诸多技术方面的原因,最好使水蒸气等离子体比式(11-1)确定的化学计量关系稍微过量,即 $H_2O/UF_6 \approx 3.4$。在这种情况下,可以通过逆流蒸馏-精馏工艺从水蒸气等离子体转化 UF_6 的初级产物中获得无水氟化氢。

等离子体精馏技术转化贫化 UF_6 的总体方案示于图 11.6。该技术的等离子体阶段已在上面进行了讨论,精馏阶段还需要做进一步解释。对含有 80%~95% HF 的浓氢氟酸精馏之后,得到两种产物:无水氟化氢(99.99%HF)和塔底残余的共沸物 40%HF+60%H_2O。该残余物本身和其中的铀气溶胶有可能穿过烧结金属过滤器。取决于当地的条件及共沸物中的铀含量,这种产物可以或者部分可以用作商业氢氟酸。此外,该共沸物还可以返回到等离子体反应器中,作为雾化液体或气体用于产生比反应式(11.1)的化学计量比稍微过量的水蒸气。根据图 11.5 所示的方案,贫化 UF_6 的等离子体精馏转化过程是一个"零废物"过程。

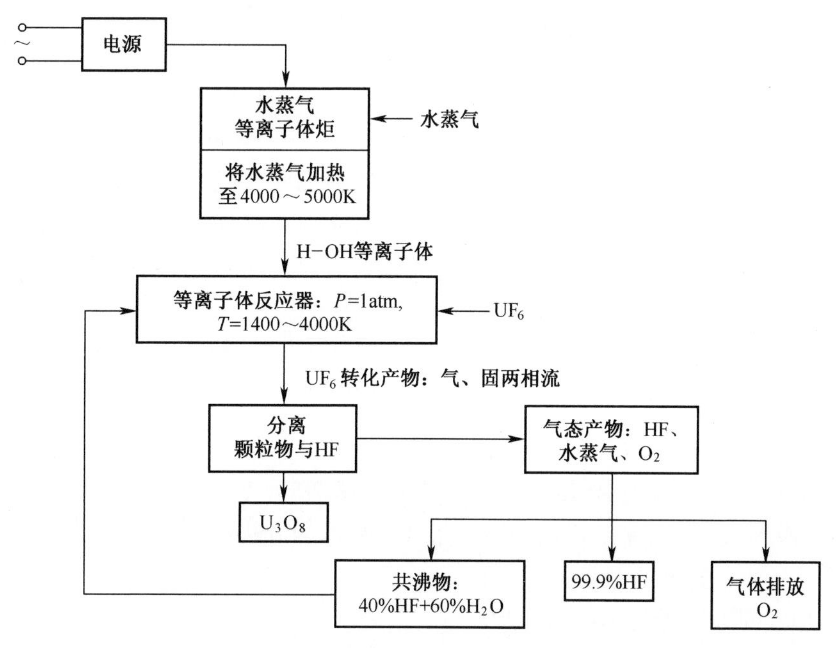

图 11.6 等离子体精馏技术转化贫化 UF_6 获得无水氟化氢和铀氧化物的总体方案

11.6 水蒸气等离子体炬的工作原理

鉴于水蒸气电弧等离子体炬具有诸多特殊之处,这里给出其简要信息以解释基于这类等离子体炬的工业系统的运行原理。采用水蒸气等离子体炬转化贫

化 UF_6 的工作由俄罗斯科学院西伯利亚分院热物理研究所的 Б. И. 米哈伊洛夫(Б. И. Михайлов)①提出并进行了研究[19]。他在管状电极等离子体炬上进行的水蒸气实验表明,在通常条件下利用不可凝结气体产生等离子体的传统等离子体炬无法基于水蒸气运行:电弧会快速脉动然后熄灭。这类传统等离子体炬的特殊性在于,通入等离子体炬的水蒸气在正常条件下会部分凝结在水冷部件(如电弧室的冷却壁)上。凝结的液滴吹入电弧通道中的等离子体中,被加热至过热后形成热力学不稳定的液体,然后再次成为蒸气,然而这次却通过微爆的方式。当电弧室壁处于冷态时,这种冷凝水微爆会在电弧室内经常发生。微爆干扰电弧的稳定位置(图 11.7),并导致电弧发生凝结脉动。水蒸气的凝结导致铜阳极表面的电弧附着区内出现许多小凹坑,使电极表面变得更加粗糙,在这种情形中烧蚀速率 $\overline{G}$ 达到 10^{-7}kg/C。当不发生凝结现象时($T_w>T_{con}$,其中 T_w 和 T_{con} 分别为等离子体炬的壁面温度和水蒸气的凝结温度),电极的烧蚀速率就急剧下降到正常值 $\overline{G}=(1\sim3)\times10^{-10}$kg/C。

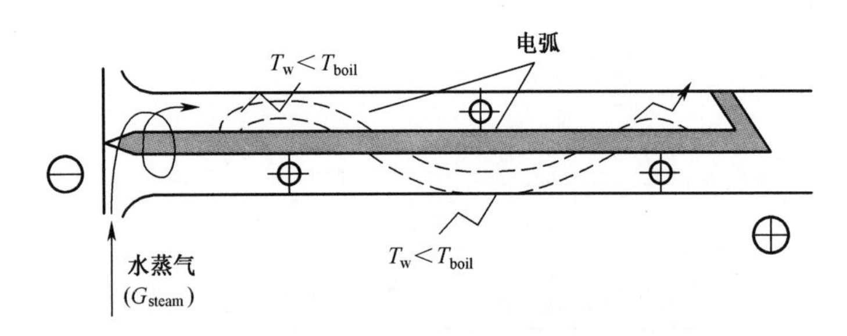

图 11.7 在传统冷壁电弧等离子体炬通道中的电弧行为

T_w—壁面温度;T_{boil}—水的沸点;G_{steam}—水蒸气流量。

因此,在设计和使用水蒸气电弧等离子体炬时,要遵守的第一项原则就是“热壁原则”。B. I. 米哈伊洛夫开发了许多技术和方法保护冷壁,并防止蒸气凝结在冷壁上。这些方法包括:Б. И.

(1) 对通道进行辐射状冷却;

(2) 采用多层冷却壁面;

(3) 对冷却部件壁进行散热;

(4) 局部收缩导热截面,等等。

在传统的双室或者三室等离子体炬中,当需要固定弧斑在电极上的位置时,

① 应为“理论与应用力学研究所”,参见 Б. И. Михайлов. Дароводяная ллазма-оптимальнейшая среда лля многих ллазменных технологий[J]. ВЕСТНИК ВСГУТУ, 2013(6):77-82。——译者

可以通过空气动力学效应或磁透镜来实现。然而,在水蒸气等离子体炬中,升高放电室的壁面温度出现了之前从未观察到新的现象:电弧在通道的初始段就发生了分流。这种情形类似于圆柱形电容器,基于这样的类比可以定性分析电弧在当前条件下的行为。在"弧—壁"之间的空间中存在电场(图 11.8),在通道壁附近其强度的径向分量为

$$E(x,D)=(U_e+E_g x)/[D\ln(D/d_0)] \tag{11.57}$$

式中:U_e 为近电极区的电势梯度;E_g 为电弧通道中的纵向电场强度;x 为等离子体炬的轴向坐标;D 为与长度有关的输出电极的通道直径,通常圆管状通道具有沿长度 x 方向可变的横截面,其直径为 $D(x)$;d 为电弧通道的直径。其他参数如图 11.8 所示。由于电弧存在紫外辐射,"弧—壁"之间的原子可能发生初次激发,然后在下列条件下发生碰撞电离 $eE_r\lambda_e \geqslant e\Delta U_i$($\Delta U_i$ 为电离电位,λ_e 为电子的平均自由程,e 为电子电荷)。

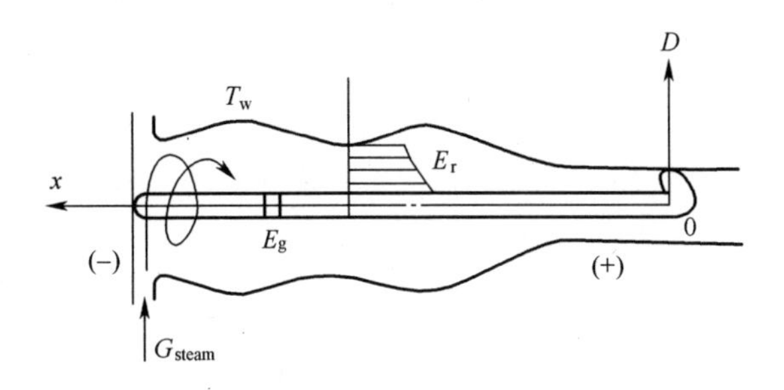

图 11.8 在等离子体炬热壁通道中的电弧

T_w—电弧室壁温;E_g,E_r—纵向和径向电势梯度;

G_{steam}—水蒸气流量;x,D—轴向和径向坐标。

实验已经证实,在等离子体炬的通道壁被加热之后,电弧在通道初始段就开始出现"弧—壁"及"弧—弧"之间的电击穿。发生击穿的物理条件如下:

$$D\ln(D/d_0) \leqslant \text{const}\cdot E_g T x \tag{11.58}$$

由此得到水蒸气等离子体炬设计的第二项原则——收缩原则:水蒸气等离子体炬通道必须呈锥形,即收缩形。收缩程度可由平均收缩角描述(图 11.9):

$$\alpha=(1/L)\int_0^L \alpha(x)\,\mathrm{d}x \tag{11.59}$$

或由收缩度 $\xi=d/D$ 描述。对于温度分别为 T_c 和 T_h 的冷壁和热壁,比较式(11.58)后可以得到以下近似关系:

$$D_h/D_c \approx T_h/T_c \tag{11.60}$$

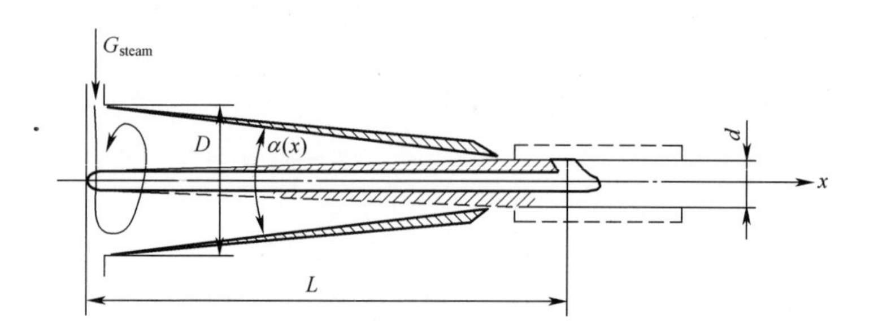

图 11.9　基于水蒸气运行的等离子体炬的示意图

当通道壁的温度高于水蒸气的初始温度时，电弧在通道的初始段中就会发生分流，这种现象在离心场中更有可能出现，因为这时水蒸气的近壁边界层会失去其稳定性。在这些条件下，蒸气会发生膨胀并离开通道壁，然后开始在离心场的压强梯度作用下向着通道的轴线运动。显然，这种现象进一步促使电弧在通道的初始段中发生对通道壁的击穿。然而，对于这种情况，电弧通道的收缩有助于提高在蒸气中燃烧的电弧沿轴向保持稳定，原因在于电弧通道的收缩影响电弧室内部的气压分布。事实上，这种收缩对电弧室壁面附近的压强梯度几乎没有影响，但大幅增大了轴线附近的压强梯度，从而显著提高电弧的稳定性并降低发生“弧—壁”击穿的概率。此外，对电弧的对称气体动力学压缩进一步增强了对电弧的稳定作用。提高蒸气的初始温度也会增强电弧的轴向稳定性。

当采用蒸气发生器为水蒸气等离子体炬提供蒸气时，不可以使用管壳式蒸气发生器，因为这类设备具有显著缺陷——产生的水蒸气存在脉动。这种脉动和冷凝脉动一样，由流体中逸出的泡核的过热和破裂引起。这些脉动的相对尺度可以达到±100%。向等离子体炬通入脉动蒸气会导致弧电流、弧电压以及最终等离子体的焓发生脉动。为了抑制蒸气的脉动，应采取一定的阻尼措施。由此得到设计蒸气等离子体炬必须遵从的第三项原则——阻尼原则。

因此，为了使蒸气等离子体炬稳定运行，在设计时至少需要遵从三项原则：热壁原则、收缩原则和阻尼原则。实践表明，这三项原则是必要的，但仍不充分，还需要采取一项必要措施：在水冷铜阳极与（由钨及其他不能承受如水蒸气之类含氧气体作用的金属制成的）热阴极之间安装一个孔板形电极。除了保护阴极之外，这个孔板还可以用作引弧电极。

孔板形电极安装在单室等离子体炬（图 11.10）的热阴极与阳极之间，对放电室内气流回流的形成与发展具有决定性影响。根据 Б. И. 米哈伊洛夫的研究[19]，将烟气混合尼古丁通入等离子体炬的电弧室，当直径 $d_0/d_1>0.7$ 时，主弧室中的回流可以很容易地通过孔板进入阴极室扩散到阴极上；当 $d_0/d_1<0.7$ 时，孔板起到气动隔离作用，通过气体动力学作用将阴极室与回流隔离开来，只保留

气流扩散通道。当电弧等离子体炬使用含氧气体(空气、水蒸气、氧气等)运行时,由于浓度扩散效应这些气体会到达阴极表面并氧化阴极。从阴极室通入保护气(G_0)之后(图 11.10),保护气取代了扩散进来的含氧气体,将阴极表面的含氧气体浓度从 C_0 降低到 C,该浓度沿轴线的分布满足以下规律:

$$C = C_0 + (1 - C)\{[\exp(vx/D - 1)]/[\exp(vl/D - 1)]\} \quad (11.61)$$

此时,保护气体的流量为

$$G_0 = -[(\rho SD)/l]\ln C_0 \quad (11.62)$$

式中:ρ—保护气体的黏度;C_0—阴极表面允许的相对氧浓度;S—孔板电极上小孔的面积。

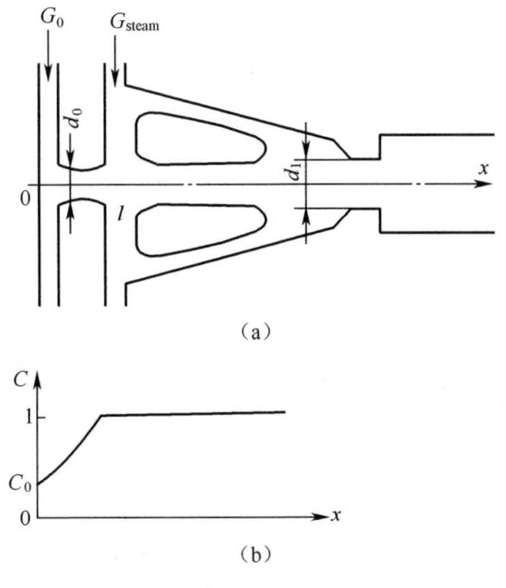

图 11.10 具有孔板形电极、基于水蒸气工作的电弧等离子体炬示意图

G_0—保护气体流量;G_{steam}—水蒸气流量。

(a)带有孔板形电极的水蒸气等离子体炬;(b)氧浓度沿水蒸气等离子体炬轴线的分布。

等离子体炬电弧室中静压的分布对于电弧的引燃和稳定运行非常重要。孔板中央小孔的直径通过径向压强梯度(图 11.11)极大地影响阴极弧斑在阴极上“收缩”的程度,而通道收缩度 $\zeta = d/D$(图 11.9)的变化则强烈影响通道内气压场的分布(图 11.12)。当 $G/d^2<70\text{kg}/(\text{m}^2 \cdot \text{s})$ 时,在直通通道($\zeta=1$)中阴极弧斑在阴极表面的位置并不固定。然而,当 $\zeta=0.66$ 时,则可以沿径向观察到气流的旋转形态(图 11.12)。因此,最有利的方案是使弧斑“聚焦”,并在通道收缩度较小的条件下在整个电弧室内稳定电弧,尤其将电弧稳定在轴线附近的空间内。

由旋流水蒸气稳定的电弧的能量特性如图 11.13 所示。图中给出了在三种

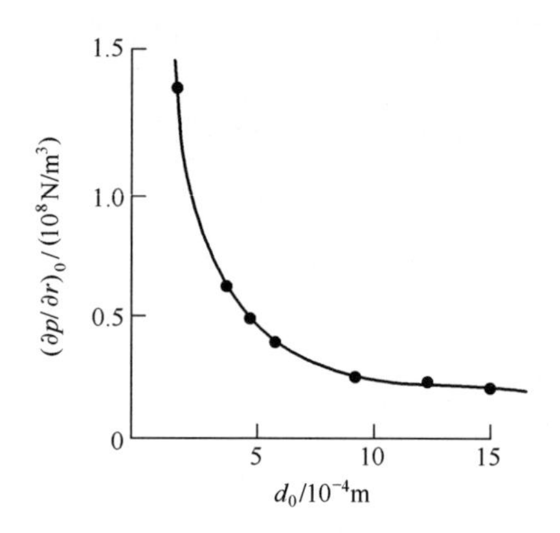

图 11.11　等离子体炬电弧室中的压强梯度与孔板形电极小孔直径的关系

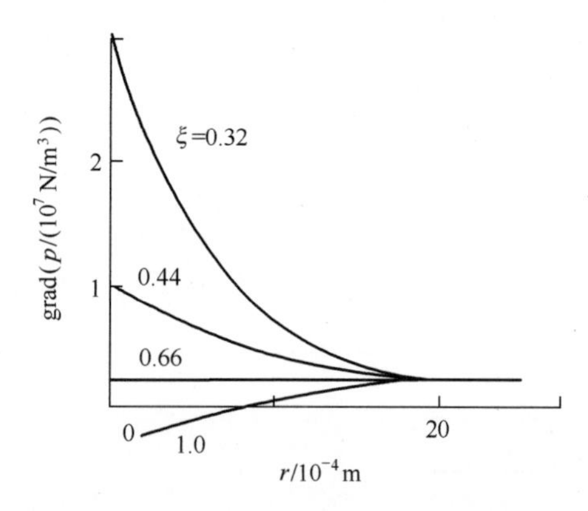

图 11.12　等离子体炬电弧室中的压强梯度与通道半径和收缩度的关系

管状通道(直径分别为 2cm、2.8cm、4cm)的初始段中电弧的电场强度与弧电流和蒸气流量(1.3~6.8g/s)的关系曲线。总体上,这些曲线都呈现出如下特征:所有曲线都呈 U 形;顶点坐标随着通道直径和蒸气流量的增大而向右侧大电流区域偏移,随着蒸气流量的增大和通道直径的减小而向上方电场强度 E 更大的区域偏移。基于顶点坐标(I_{cr},E_{cr})对这些数据进行近似分析,顶点两侧的抛物线可分别表述为以下近似关系:

$$E=\begin{cases}E_{cr}[1+4.1\times10^{-6}(I_{cr}-1)^{1.87}], I\leqslant I_{cr}\\ E_{cr}[1+3\times10^{-3}(I_{cr}-1)], I\geqslant I_{cr}\end{cases} \quad (11.63)$$

用于计算顶点坐标的表达式为

$$E_{cr}d^{0.85}=2.64(G/d)^{0.24}(pd)^{0.48}, I_{cr}/d^{1.04}=45240(G/d)^{0.34} \quad (11.64)$$

这些表达式已在以下准则范围内得到验证:

$$pd=(2\sim4)\times10^3\text{N/m}, G/d=0.0325\sim0.34\text{kg/(m}\cdot\text{s)} \quad (11.65)$$

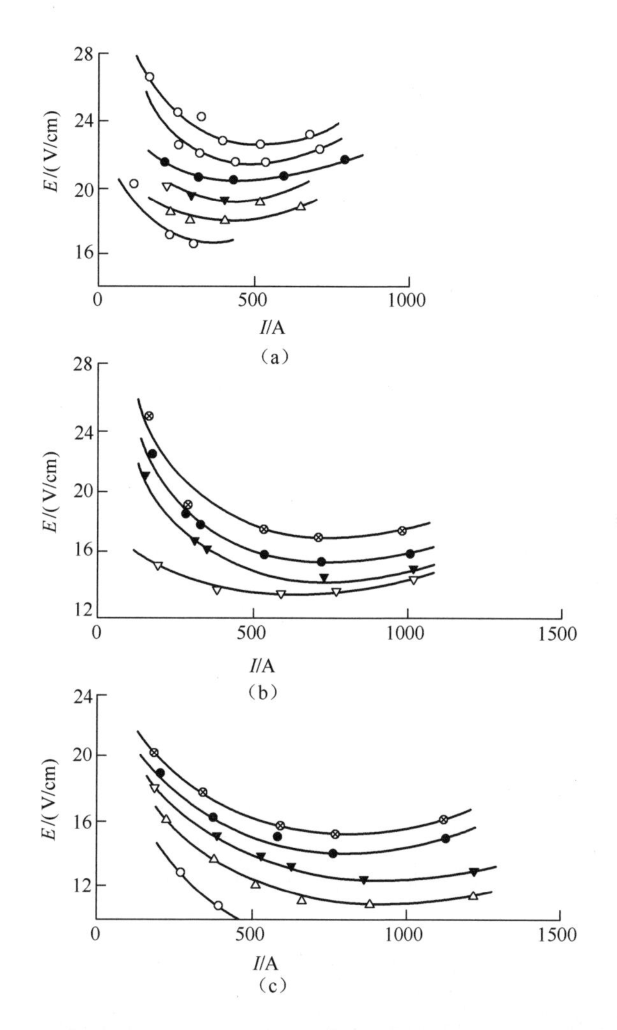

图 11.13　当蒸气流量从 1.3g/s(上部曲线)增大到 6.8g/s(下部曲线)时，
在三种管状电极初始段中电弧的电场强度与弧电流强度的关系
(a)通道直径为 2cm;(b)通道直径为 2.8cm;(c)通道直径为 4cm。

这些数据通过实验得到[19],实验装置如图 11.14 所示。电弧在铪电极与旋转铜盘之间引燃,被旋流蒸气稳定在管状通道的轴线附近。电路中的电流强度通过可变电阻器调节。电弧的平均电场强度由下式计算:

$$E_i = (U_i - U_e^{\Sigma})/L \tag{11.66}$$

式中:U_i—弧电流为 I_i 时的弧电压;U_e^{Σ}—水蒸气等离子体中近电极区的电位降总和,$U_e^{\Sigma} = 15V$。

在实际应用中,对旋流水蒸气等离子体炬最感兴趣的是其热特性(能量特

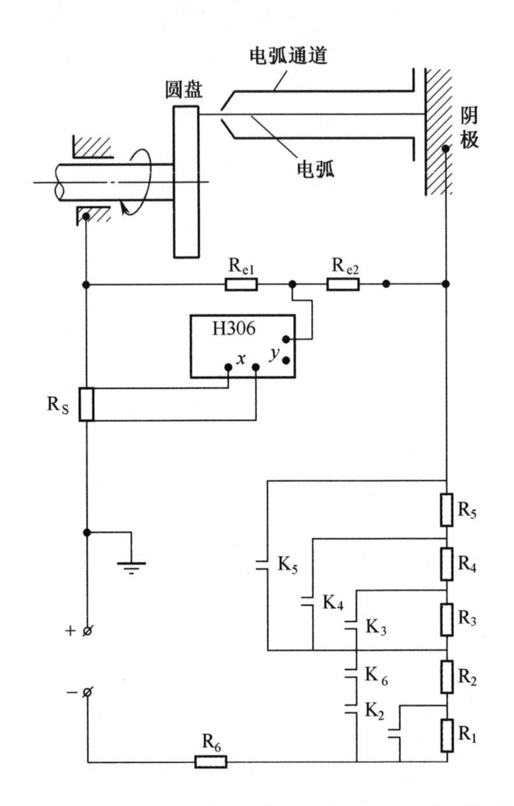

图 11.14 研究蒸气中电弧的电场强度与弧电流关系的实验装置

性)和伏安特性(VAC)。结构形式各异的水蒸气等离子体炬(图 11.15)的热特性和伏安特性的研究成果已经得到了归纳,并应用于不同旋流蒸气等离子体炬的设计。对这些等离子体炬而言,其介质流通部件的特征参数是通道直径 D 和收缩角 α 的值,以及等离子体炬的运行模式——电弧的平均弧长 L。阳极弧斑的位置由阳极上的突扩结构(后向台阶)限定。阳极上台阶的存在进一步改善了对弧长的限制,并通过增加烧蚀区的阳极质量和烧蚀的均匀性延长阳极的使用寿命。

旋流水蒸气等离子体炬的广义伏安特性方程具有以下形式:

$$U = 70 + 17.6[1 + 0.5\exp(-G_0/0.025 \cdot 10^{-3})] \times (I^2/GD)^{0.13}(GD)^{0.20}(pD)^{0.48}(L/D)^{1+\alpha/88.8} \tag{11.67}$$

由式(11.67)得到的计算结果与实验数据的比较示于图 11.16。该式考虑了所有参数和准则,包括通道的收缩和保护气体(氩气)的使用。式(11.67)已在参数和准则的如下范围内得到验证:

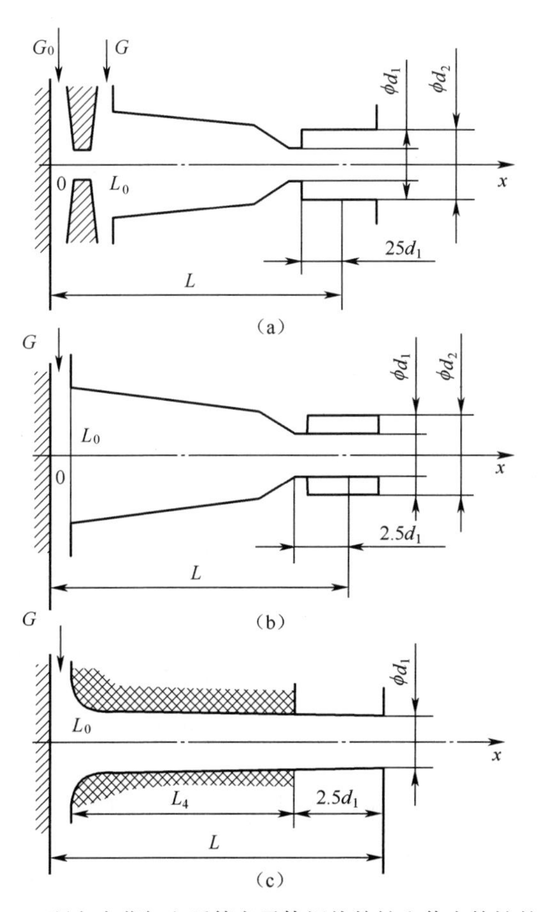

图 11.15　研究水蒸气电弧等离子体炬热特性和伏安特性的方案

$$\bar{L} = 4.1 \sim 13.55, pD = (1 \sim 49) \times 10^4 \mathrm{N/m}, I^2/GD$$
$$= (2 \sim 350) \times 10^8 \mathrm{A}^2 \cdot \mathrm{s}/(\mathrm{m} \cdot \mathrm{kg})$$
$$G/D = 0.03 \sim 0.22 \mathrm{kg}/(\mathrm{m} \cdot \mathrm{s}), \alpha = 0° \sim 22°,$$
$$G_0 = 0 \sim 0.6 \times 10^{-3} \mathrm{kg/s}, D/d_1 = 1 \sim 3.5$$

在式(11.67)中出现常数项(70V)的原因在于,近电极区存在电位降以及在弧斑与管状阳极结合的区域中存在固定弧斑位置的电位梯度。通入阴极室的保护气(Ar)流量(G_0)对弧电压具有显著的影响。并且,当氩气流量较小($<10^{-4}$kg/s)时这种影响却特别大。Б. И. 米哈伊洛夫分析了这种效应存在的可能机理[19]。在电弧放电中,水蒸气被电弧加热,H_2O 分子离解成 H 原子和 O 原子。在离心力作用下,较重的 O 原子向通道周边聚集,而较轻的 H 原子则停留在通道轴线附近。H 原子与少量 Ar 混合后大大降低了等离子体弧柱中的电场强度。由于离心力的存在,Ar 被逐渐分离出来,远离近轴线区。因此,当 Ar

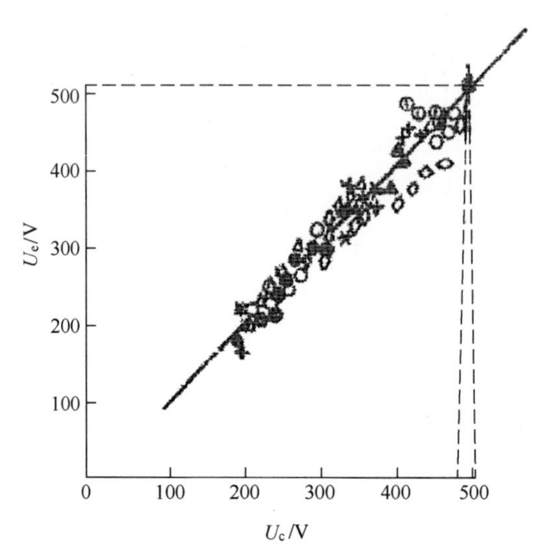

图 11.16　旋流水蒸气等离子体炬伏安特性的计算值与实验值的比较

被分离出近阴极区之后,阴极附近的电弧变得越来越接近于"蒸气"气氛。出于这个原因,即使进一步增大氩气的流量($>10^{-4}$kg/s),弧电压基本上也不受影响。然而,弧电压的降低表明氩气从轴线分离的效应增强了,原因可能在于电弧与通道壁之间的径向电场的作用。从式(11.67)的伏安特性可以看出,当通道的收缩度增大时,弧电压随之增大,这是由于蒸气对弧柱产生了气体动力学压缩效应。这种效应在形式上表现为弧长的虚拟增加:

$$L_F = L^{1+\alpha/88.8} \tag{11.68}$$

旋流水蒸气等离子体炬的广义热特性基于相对热损失和已知的等离子体炬的准则与参数得到

$$\eta \approx (1-\eta)/\eta = 3.02\times10^{-6}(I^2/Gd)^{0.32}(G/D)^{-0.57}(pD)^{0.40}$$
$$\times(1+1.2K_e)(1+\tan\alpha/2)\sqrt{1/d} \tag{11.69}$$

除了能量准则、雷诺数和克努森数之外,这个公式还考虑了输出电极上的台阶(电极突扩结构)和电极通道截面收缩的影响。电极上台阶的影响通过引入分段函数来考虑:

$$K_e = \begin{cases} 1, 输出电极内存在台阶 \\ 0, 输出电极内无台阶 \end{cases}$$

从物理上看,这些影响是由于台阶的存在增强了湍流效应,并且随着角度 α 的增大边界层厚度逐渐减小。通入少量保护气体对传热过程影响甚微。

11.6.1 旋流水蒸气等离子体炬中过热干蒸气的稳定产生

旋流水蒸气等离子体炬的设计原则之一——对过热蒸气发生器和连接发生器与等离子体炬的管道采用阻尼原则(图 11.17)。下面的物理模型可以解释脉动在蒸气发生器加热管内形成的过程。加热管是一种圆形管道,流体(冷却水)在其中通过。加热管壁通常由电流产生的焦耳热加热。当水在管中流动时,会被管壁加热,过冷度 Δt_{uh} 减小,到沸点时为零,并且在过热情况下其符号会发生改变。因此,通过加热管壁传入水中的临界热流密度按照下式减小:

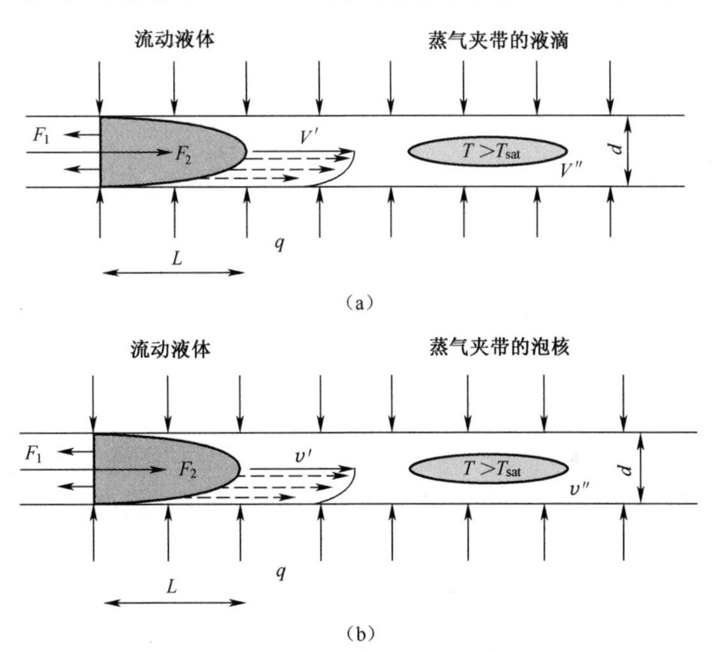

图 11.17 液体在直流蒸气发生器加热管中的蒸发过程,用于说明脉动的成因

q—通过直径为 d 的加热管壁输入管内的热流密度;L—流体泡核的长度;

F_1,F_2—作用在加热管内流体上的力;v'—液体流动速度在加热管半径方向上的分布;

v''—蒸气在泡核与管壁之间的流动速度;T_{sat}—蒸气的饱和温度。

$$q_{cr} = q_0(1 + B\Delta t_{uh})(v_B/v_0)^{0.5} \tag{11.70}$$

式中:q_0、B、v_B、v_0均为取决于压强和被加热水的物理性质的函数。

在加热管的某一截面上,管壁附近的水开始沸腾。首先出现的是核态沸腾。然后,进一步加热,过冷度逐渐减小,热流密度的有效值 q_w 开始大于临界热流密度,发生了沸腾危机——核态沸腾被膜态沸腾取代,泡核与管壁之间被蒸气膜隔开。加热管向水传热和水分蒸发过程继续进行。蒸气通过管壁泡核之间环形间隙的速度 $v'' = (q/\rho''r)(l/l_{drop})$,该值大于水泡核的速度 v',因而由于黏性原因

会夹带泡核,但表面张力的存在却抑制这种效应。在某一时刻,蒸气层的平均长度达到

$$l = \{\sigma^{7/2} p'' r^{3/2} / 0.33^2 \nu'' q^3 g^{3/2} (\rho' - \rho'')^{3/2}\}^{1/4} \quad (11.71)$$

当这两个力达到平衡时,泡核从流体中脱离出来,形成抛射(其中,σ 为水的表面张力;ρ、υ 分别为相应状态下水的密度和黏度)。泡核脱离后继续升温,经历过热阶段达到热力学不稳定状态,破裂后形成稳定的蒸气。在直流蒸气发生器中,这些破裂发生的频率为

$$f = [G_w^{0.36} q^{0.72}] / 46 d^{1.5} (\mathrm{Hz}) \quad (11.72)$$

由此形成脉动(d 单位为 cm;q 单位为 $\mathrm{W/cm^2}$;G_w 单位为 g/s)。

为了抑制直流蒸气发生器中产生的脉动,在蒸气管路中使用了气囊作为脉动阻尼器,其特性用阻尼系数 β 描述。该系数是蒸气在阻尼器前后的峰值流速 b_1 与 b_2 的比值,通过如下表达式确定:

$$\gamma = b_1 / b_2 = \frac{2\pi V}{\varepsilon \tau_a S a} \quad (11.73)$$

式中:a 为声速;V 为阻尼器的容积;ε 为管道与阻尼器的截面积之比;S 为阻尼器进口管道的横截面面积;τ_a 为特征阻尼时间。

蒸气通过阻尼器的脉动剪切角为

$$\varphi = \arctan\gamma \quad (11.74)$$

对于互相串联形成的多级系统,总阻尼系数等于各级阻尼系数的乘积。这样总阻尼系数会急剧增大,同时蒸气发生器中所需要的压强也急剧增大。

11.6.2 自动水蒸气等离子体炬

这一概念也是由 Б. И. 米哈伊洛夫提出的[19]。等离子体炬的热特性即其热效率。回收损失的热量可以提高等离子体炬的效率。当这一原理应用于水蒸气等离子体炬时,就需要使等离子体炬具备额外的功能——产生水蒸气。依靠自我产生的水蒸气工作的等离子体炬,无须外接蒸气发生器,称为自动等离子体炬。这是旋流水蒸气等离子体炬与外部蒸气发生器共同发展的结果,可以认为是这两类设备相互结合形成的第二代产品[19]。去除外部蒸气发生器大大简化了旋流蒸气等离子体炬的运行过程。热损失回收的程度用回收率 $\beta \approx Q_{sg}/(1-\eta)N_g$ 表示,该参数表示所回收的热能与弧柱辐射到电弧室壁上的总能量之比。几乎回收全部热损失($\beta \approx 1$)的自动等离子体炬的热效率接近于 1。这种自动等离子体炬(图 11.18)的冷却系统完全与蒸气发生系统融合。在这种等离子体炬中,大多数受热部件的可靠冷却需要采用专门技术,如采用毛细管结构。当等离子体炬工作在高焓模式时,回收热损失有可能导致冷却能力不足,此时必须施加

外部冷却措施。当热损失实现部分回收($\beta<1$)时,等离子体的焓通过以下关系式确定:

$$h = h_0[1 + \eta/\beta(1 - \eta)] \tag{11.75}$$

自动等离子体炬产生的水蒸气等离子体的焓取决于其热效率 η、热损失回收率和对电弧室的冷却效率。在任何情况下,具有一定热损失回收率 β 的自动等离子体炬的热效率,始终高于流通部件相同但缺乏热损失回收措施的等离子体炬,二者之差为 $\Delta\eta\approx\beta(1-\eta)$。

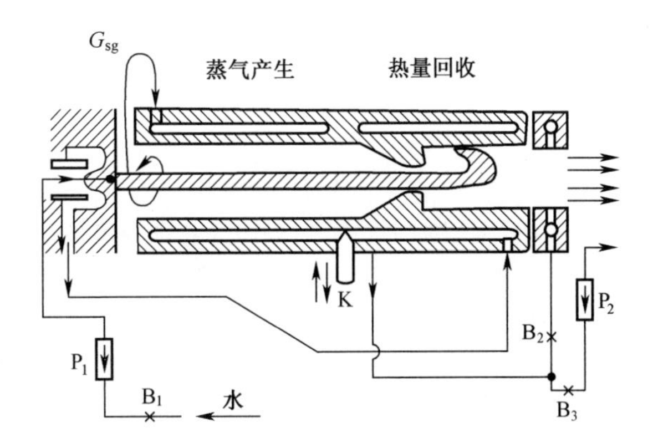

图 11.18 自动水蒸气等离子体炬

$B_1 \sim B_3$—水管阀门;P_1,P_2—水流量计;K—产生蒸气的供水调节阀;

G_{sg}—用于产生蒸气的水流量。

对于自动等离子体炬,以给定热损失回收率 β 运行可通过调节蒸气发生器供水系统的水流量来实现。自动水蒸气等离子体炬的一个非常重要的问题是提高其功率。随着功率的提高,蒸气发生器消耗的水量也增大,使等离子体炬水冷夹套中的冷却水呈现湍流形态,简化了等离子体炬冷却的技术问题。在实际应用中,这种湍流形态可以在功率 1MW 及以上的等离子体炬上实现。对于功率较小的等离子体炬,产生蒸气的水量也较小,这大大降低了对等离子体炬部件的冷却效率。因此,在后一种情况下,有必要采用其他外部冷却方式。

基于上述分析,将等离子体形成和蒸气产生的功能结合在一起,就会简化旋流水蒸气等离子体炬的辅助系统,消除外部蒸气发生器的维护工作,并且,这种方式还能提高自动等离子体炬的热效率,通过完全回收热损失的方式使热效率接近于 1。

11.6.3 水蒸气等离子体炬的电极烧蚀

在电弧等离子体炬中,通过弧斑流入电极的热流密度为 $50 \sim 100kW/cm^2$。因此,为了使等离子体炬正常工作,在固定弧斑时必须使用可耐极高温度的材料并且采取外部冷却措施,或者强制弧斑在电极表面快速运动。对于后一种情形,为了避免电极材料发生熔化,弧斑转动的速度必须不小于由以下关系确定的临界值:

$$v_{cr} \approx d_s/t_0 = 8au_e^2\sqrt{Ij^3}/\sqrt{\pi}\lambda^2(T_{melt}-T_0)^2 \tag{11.76}$$

式中:d_s 为弧斑的直径;t_0 为弧斑与电极表面接触的特征时间;a 为经验系数;u_e 为等效电压;I 为弧电流;j 为电流密度;λ 为热导率;T_{melt} 为电极材料熔点;T_0 为电极温度。

由于阴极、阳极的电流密度和等效电压存在差异,弧斑的速度必然不同,将阴极和阳极的电流密度代入式(11.76)可以得到弧斑转动速度的必要关系:

阴极 $$v_{c,cr} = 6.8\sqrt{J}\,(\mathrm{m/s}) \tag{11.77a}$$

阳极 $$v_{a,cr} = 0.17\sqrt{I}\,(\mathrm{m/s}) \tag{11.77b}$$

铪阴极在水蒸气中的比烧蚀与等离子体电弧电流强度的关系如图 11.19 所示。铪阴极平齐压入水冷铜座中。阴极弧斑在铪阴极的端面上形成了球台状凹坑。凹坑的深度随时间的延长而增大。当弧电流为 200A 时,凹坑深度增加的速率为 0.1mm/h。在水蒸气等离子体炬中,对应于阴极热损失的等效电压 u_c = 5.55V,高于空气气氛中的 u_c = 5.4V。当水蒸气等离子体炬使用钨或石墨作为阴极时,需要使用氩气或氮气进行保护。

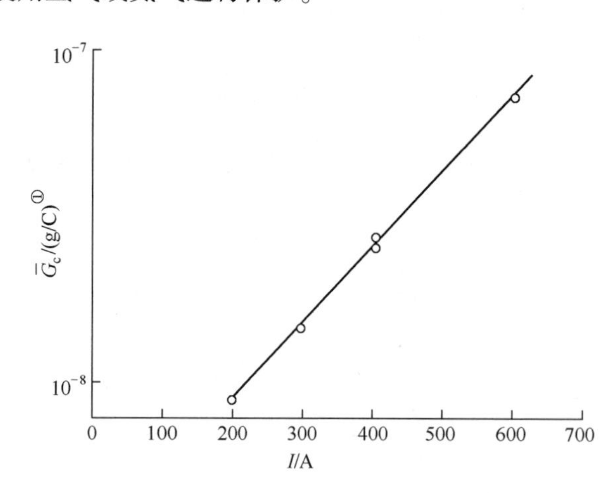

图 11.19 水蒸气等离子体中铪阴极的比烧蚀与弧电流的关系

如果提高等离子体炬内部的压强,弧斑会进一步收缩,通过弧斑的热流密度增大,并因此加剧了烧蚀。这种现象在具有固定弧斑的(热和热化学)阴极上尤

① 单位应该是 g,250A 对应于 10^{-11}kg/C,原文有误。——译者

其明显。对于弧斑不固定的电极,情况稍好一些。实际上,弧斑直径 d_s 的减小增大了通过弧斑的热流密度,但缩短了弧斑与电极表面相互作用的时间,弥补了压强增大带来的负面影响。此外,还有一项影响电极烧蚀的因素——弧斑在气动力和电磁力作用下的运动速度。管状电极所展现的新特征使设计者可以实现多种等离子体炬方案。“冷”电极的比烧蚀在很大程度上取决于极性和外部影响。管状铜阳极在不同工艺介质(水蒸气、空气、氢气)中的比烧蚀的统计结果示于图 11.20。此外,系统性研究还揭示了磁场对水蒸气等离子体炬管状铜阳极的烧蚀影响很大(图 11.21)。比烧蚀的最小值出现在 $B=(600\sim700)\times10^{-4}T$ 处,这一现象可解释如下:当感应磁场 B 比较小时,磁场加速弧斑在阳极表面上的运动,从而降低了弧斑对阳极表面的热作用,降低了阳极的烧蚀;但当 $B>B_{cr}$ 时,电弧的阳极段被扭曲成沿角向延伸的螺旋形空间结构,加热阳极表面。这样增大了弧斑的有效面积以及弧斑与阳极的接触面积,从而加剧了阳极烧蚀。这表明无须为降低电极的比烧蚀而使用过强的磁场。

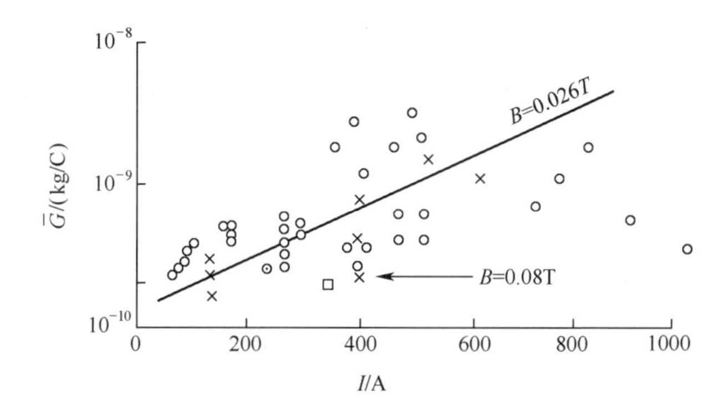

图 11.20　管状铜阳极在各种工艺介质中的比烧蚀结果统计
×—水蒸气;○—空气;□—氢气。

温度对铜阳极烧蚀的影响有两个方面:一方面,温度越高,铜阳极的热导率越低,阳极表面熔化的可能性就越大,比烧蚀也越大;另一方面,温度升高改善了铜的延展性,降低了在电极中形成网状微裂纹、通过从电极表面发生剪切而加剧烧蚀的风险。这些观点已为实验所证实(图 11.22),即阳极和阴极的比烧蚀随着温度的升高单调增大;当 $T^*=0.8T_{melt}$(T_{melt}为铜熔点)时,比烧蚀增大的速率几乎是灾难性的。这种趋势可近似表述为如下指数函数:

$$\begin{cases}\bar{G}_c = 1.4\times10^{-9}/(1-T/T^*)^{1.5}(kg/C)\\ \bar{G}_a = 2\times10^{-10}/(1-T/T^*)(kg/C)\end{cases} \tag{11.78}$$

在 100~200℃温度范围内,比烧蚀的增加非常缓慢。这一结论具有重大现实意义,因为这样就有可能使用由“干法”冷却的可更换电极嵌入件。比较研究

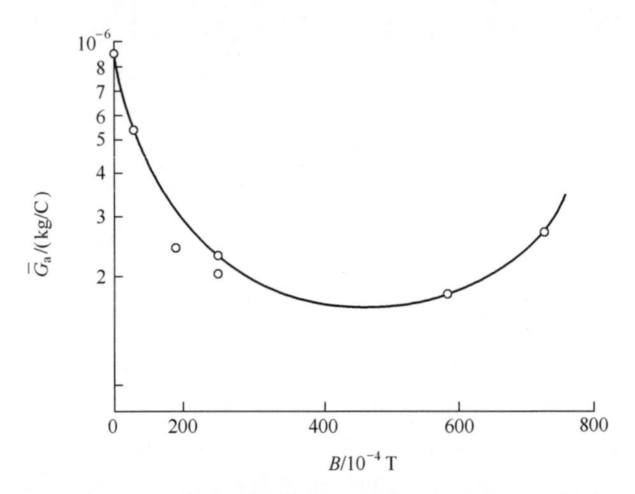

图 11.21　水蒸气等离子体炬中管状铜阳极的比烧蚀与阳极外磁场磁感应强度的关系

表明,空气等离子体中的比烧蚀比水蒸气等离子体中的大。这种现象可解释如下:在电极表面,水蒸气的温度低于解离温度,因此在弧斑与电极表面接触的区域内不存在自由氧。铜阳极在水蒸气等离子体中的比烧蚀约为空气等离子体中的 1/2。

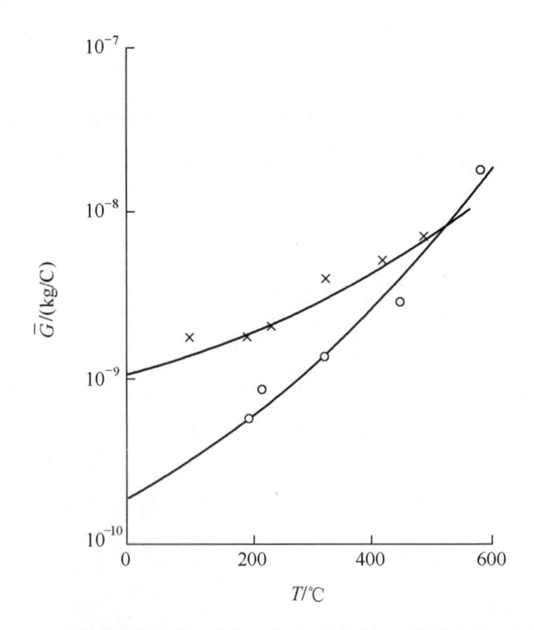

图 11.22　管状铜阳极在不同工艺介质中的比烧蚀与温度的关系

×—空气;○—蒸气。

过热以及由其导致的比烧蚀增大对于杯状电极(末端封闭的管状电极)而言尤其重要,因为弧斑一直在电极中运动。在弧斑作用的时间 $\tau_0=d_s/v_{rot}$ 内(d_s 为弧斑直径;v_{rot} 为弧斑圆周运动的速度),电极表面的温度升高了 ΔT_0,$\Delta T_0=(q/\lambda)\cdot\sqrt{(\alpha\cdot\tau_0)}$。弧斑离开后,受其作用区域内的温升按照如下规律降低:

$$\Delta T_0(\tau)=\Delta T_0\cdot\Phi_1(d_S/(2\sqrt{4\alpha\tau_0}))\cdot\Phi_2(\delta/(\sqrt{4\alpha\tau})) \tag{11.79}$$

式中:Φ_1、Φ_2 为高斯积分,即

$$\Phi(z)=2\sqrt{\pi}\int_0^z e^{-z}dz$$

δ 为弧斑在电极表面作用的深度,即

$$\delta=\sqrt{4(\alpha\tau_0)}$$

当弧斑在杯状电极内沿圆形轨迹运动时,轨迹上任一点都受到弧斑的周期性作用,周期 $\tau_1=\pi\cdot D/v_{rot}(s)$,$D$ 为电极的内径。其结果是电极表面的局部温度升高。

对电极的烧蚀和电极表面温度升高的机理进行分析之后发现,为了降低电极的比烧蚀应当使弧斑在电极表面连续扫描。对于按照给定规律运动的弧斑,必须将其保持在预先冷却的电极表面上,而不是在其自己的轨道上。驱动弧斑扫描的方式通常有磁扫描和气动-磁场扫描。

进行磁扫描时,弧斑在两个或多个磁透镜场的洛伦兹力作用下往复运动,磁透镜依次启动,产生运动的磁场,使弧斑沿管状电极内表面上的预定轨迹往复运动。

进行气动-磁场扫描时,弧斑扫描所处的位置在气动平面(两个循环区的交汇处)与磁面之间。磁透镜以脉冲模式运行,其电流的传输周期随之变化并存在过零,在此期间弧斑返回到气动平面上。弧斑实现气动-磁场扫描条件是气流旋转方向与电磁力作用方向一致。驱动弧斑扫描是设计长寿命电极等离子体炬的良好方式,其益处体现在两个方面:一是降低弧斑作用下的局部温度;二是受到弧斑作用区域的范围增大 1 个数量级以上。

图 11.23 是水蒸气电弧等离子体炬的分类,这些等离子体炬的参数示于表 11.5。

表 11.5 水蒸气电弧等离子体炬的型号及参数

参数 \ 型号	EDP-166	EDP-148	EDP-145	EDP-207	EDP-201	EDP-210
功率/kW	20~70	40~100	200~450	70~130	500~700	700~1000
I_{max}/A	250	400	700	350	700	1000

（续）

参数 \ 型号	EDP-166	EDP-148	EDP-145	EDP-207	EDP-201	EDP-210
U_{max}/V	280	250	645	375	1000	1000
G_{H_2O}/(g/s)	0.5~3	1~3	4~10	3~6	20~30	40~60
效率/%	50~70	60~70	60~70	80~85	70~80	80~95
保护气(N_2)流量/(g/s)	0	0.5~0.7	0.5~1	0	1	1
使用寿命/h	30	100	100	30	100	100

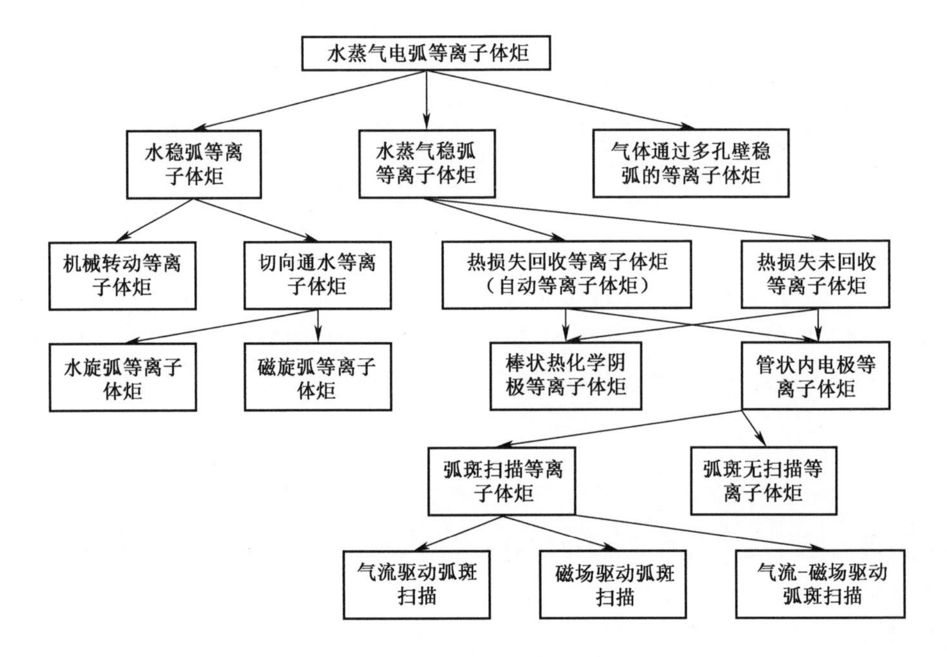

图 11.23　水蒸气电弧等离子体炬的分类

11.7　氢等离子体转化贫化 UF_6 制备金属铀和无水氟化氢

关于处理贫化 UF_6 的等离子体技术，除了等离子体精馏之外，另一种技术是氢等离子体还原 UF_6 得到金属铀，这时，UF_6 中含有的氟均转化成无水氟化氢。基于该技术开发了一种氢气高温还原 UF_6 的工艺[20]，该工艺在一个反应器中实现，由 4 个串、并联的工艺环节组成。下面首先对这些步骤进行总体描述，然后根据实际验证的阶段进行更深入的讨论。

11.7.1 氢等离子体处理 UF_6 制备金属铀和无水氟化氢的总体方案

氢等离子体还原 UF_6 的装置和总体工艺流程如图 11.24 所示。在该方案中，第一步先将 UF_6 还原成铀元素或铀的较低价氟化物。这一步的阶段性目标通过在 UF_6 与 H_2 的混合气体中放电实现；在这一步，UF_6 与 H_2 的混合气被转化为 U-F-H 等离子体，包括铀、氢和氟的原子，铀氟化物（UF_4、UF_3、UF_2、UF）分子，氟分子，HF 分子，正、负离子和电子。这一步，如果在（或接近）大气压下等离子体温度为 6000K，铀主要以原子形态存在，即铀几乎完全被还原。然而，U-F-H 等离子体在离开放电区之后，铀氟化物分子发生剧烈复合，随后强烈发光，并且 UF_6 分子片段和通常条件下的非挥发性物质（UF_4、UF_3 和单质铀）发生冷凝。复合反应原则上可形成部分挥发性铀氟化物——UF_5 甚至 UF_6。急冷，即将温度快速降至从动力学上可以抑制铀氟化物复合的水平，会降低复合的程度和速率，但复合过程的总体情况不会发生大幅改变。

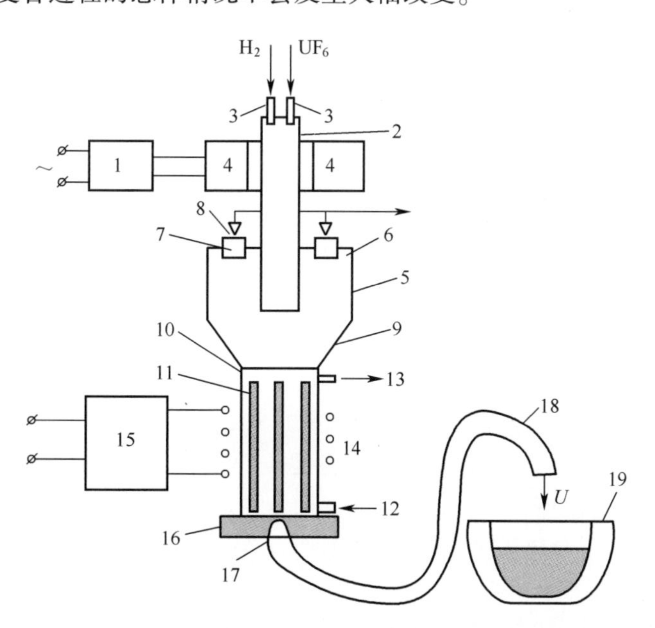

图 11.24 氢等离子体还原 UF_6 制备金属铀和无水氟化氢的装置示意图

1—电源；2—等离子体炬和等离子体反应器；3—进料喷嘴；4—适配器；5—壳体；6—顶盖；7—过滤器；8—过滤器反吹喷嘴；9—产物接收料斗的收缩段；10—金属-电介质反应器；11—狭缝；12，13—冷却水进、出口；14—感应器；15—高频发生器（高频电源）；16—反应器炉底；17—浇注口；18—熔融铀排放管道；19—冷却铸锭模具。

对于 UF_6 与 H_2 的混合气,最合适的方式是通过无电极放电(高频感性、高频容性和微波)产生等离子体。如果对铀的纯度没有特别要求,也可以采用电弧等离子体炬产生电弧放电;等离子体炬使用镧钨或钍钨阴极和铜合金阳极,阳极上还需要安装驱动弧斑旋转的电磁装置。不过,当使用电弧等离子体炬时,等离子体炬的阴极和阳极之间应该设置水冷孔板形铜电极,将电弧的阴极段与阳极段隔离开来;小孔位于孔板中央,作为气体动力学隔离部件,防止氟和铀渗透到阴极区,起保护阴极的作用。

在本工艺的第二步,UF_6 还原得到的产物被转化成凝聚相,这时复合过程被降低几个数量级,并且完成铀还原过程,得到液态的铀熔体。这一步操作如下:

第一步产生的 U-F-H 等离子体被通到 UF_4 熔池的表面。UF_4 熔池通过如下方式形成:UF_4 原料装入可透过射频电磁场、耐铀氟化物腐蚀的水冷圆筒状容器中。筒状容器置于高频感应器内,并与 U-F-H 等离子体的放电室同轴。等离子体与 UF_4 物料的表面发生相互作用并熔化其表层。向感应器通入高频电流;熔化的 UF_4 与高频电磁场发生相互作用,从而所有物料通过感应加热而迅速升温并熔化。

在 UF_4 熔体表面,UF_4 与 U-H-F 等离子体发生反应,生成凝聚相的铀和价态较低的铀氟化物;在铀被还原的同时,较低价态的铀氟化物按照下式发生歧化反应:

$$UF_3 \longrightarrow 1/4U + 3/4UF_4 \quad (11.80)$$

$$UF_2 \longrightarrow 1/2U + 1/2UF_4 \quad (11.81)$$

$$UF \longrightarrow 3/4U + 1/4UF_4 \quad (11.82)$$

由于反应产物的熔点和密度之间存在差异(铀的熔点为 1133℃,密度为 $19.04g/cm^3$;UF_4 的熔点为 1036℃,密度为 $6.43 \sim 6.95g/cm^3$;UF_3 的熔点为 1427℃,密度为 $8.95g/cm^3$),随着反应式(11.80)~式(11.82)的进行,凝聚相中发生剧烈的传质过程。因此,首先熔化的是 UF_4,然后是铀,最后是 UF_3。由于金属铀与铀氟化物的密度差异很大,因此铀会在熔体中沉积下来,而铀氟化物则浮于表面暴露在氢等离子体之下,并且 UF_4 浮在 UF_3 之上。

因此,在等离子体和高频感应加热的作用下,铀在几分钟之内就可以从 UF_6 和最初加入的 UF_4 中完全还原出来。在此过程中消耗的 UF_4 的量由 U-F-H 等离子体中较低价态的铀氟化物不断补充。在这个过程中,氟转化成热力学稳定的 HF 气体,从铀还原区逸出。

本工艺的第三步与前两步同时进行——从反应器底部排出液态铀,并在保护气氛下浇注到冷却模具中。模具的容积依据商业上可接受的铀锭的形状和质量标准确定。

第四步结合前三步进行，即排出、收集第二种商业级产品——无水氟化氢。这种产物的获得是将工艺过程中产生的气体通过由多层可再生的烧结金属材料构成的过滤器，以捕集其中的微米、亚微米级颗粒和气溶胶，防止易燃产物从工艺区不可控地逸出，确保处理过程的安全性。然后，经过净化的无水氟化氢冷凝成液态收集在运输容器内，用于出售或者电解生产单质氟。

处理 UF_6 气体的装置主要由三个部分构成：

(1) 将 UF_6 转化成 U-F 等离子体的气相（等离子体）反应器；这里的“等离子体反应器”实际上包括等离子体炬和电源；如有必要，也可以采用还原 UF_6 的火焰反应器，其中 UF_6 与氢气的混合气被 F_2 与 H_2 的火焰加热。

(2) 带有顶盖的密闭壳体；等离子体反应器穿过顶盖中央插入密封壳体中，外围围绕着同样穿过顶盖并与之同轴的过滤器，用于分离气体与颗粒物；过滤器由多层烧结金属单元组成，并配备有反吹再生系统。

(3) 感应加热熔化铀氟化物的高频金属-电介质反应器，用于铀的还原以及将铀浇注到冷却模具中；“高频反应器”包括反应器本体、熔化铀的容器及高频发生器（高频电源）。

从 UF_6 中还原金属铀的装置同样示意在图 11.24 中。等离子体反应器 2 是冷却管状设备，根据电源 1 类型的不同，反应器材料可以选用高温电介质材料，或非磁性金属、非磁性金属与电介质的复合材料，以及在高温环境下耐氟化物腐蚀的金属等。等离子体反应器上装有适配器 4（感应器，内、外部电极，波导等），用于传输电源 1 产生的电磁能。此外，反应器上还安装了进料喷嘴 3，将 UF_6 和 H_2 通入反应器中。

在实际应用中，也可以使用气体火焰反应器代替等离子体反应器。这时，气体火焰反应器为长管状金属设备，由耐腐蚀的镍基合金制成，具有外部冷却；原有的电源则替换成氟源（储罐或者电解槽）。在这种情况下，适配器则是用于通入氟的控制阀。

等离子体炬和反应器 2 穿过顶盖 6 的中心放入密封壳体 5 中，周围同心布置由多层烧结元件组成的过滤器 7，过滤器上配备有喷嘴 8 用于脉冲反吹再生。壳体下部为截锥体 9，其底部与金属-电介质材料反应器 10 连接，并密封良好。

金属-电介质反应器 10 的主体由厚壁铜管制成，铜管之间有纵向狭缝 11，铜管内部通冷却水；反应器与等离子体反应器同轴布置。冷却水通过反应器底部的管口 12 通入，从上部管口 13 流出。狭缝中填充了具有介电性能的耐高温材料，并与炉底密封连接。反应器主体中的冷却通道位于纵向狭缝中的电介质材料之间，使电介质材料与金属壁紧密接触从而得到冷却。

金属-电介质反应器置于感应器 14 内,后者与高频电源 15 连接。反应器具有炉底 16,其上设置有浇注口 17 用于排出最终产物——金属铀熔体。金属-电介质反应器的直径比等离子体反应器的直径略大。从等离子体反应器到高频反应器采用圆锥状过渡,确保对烧结金属过滤器 7 进行脉冲反吹时过滤器表面的沉积物落入高频反应器中。

熔融铀排放管 18 采用 S 形,其最高点不低于感应器的顶层线圈,以防止铀氟化物未转化成单质铀就流入排放管中。水冷铸锭模具 19 位于排入管 18 出口的下方。

上述装置的操作步骤:启动电源 1 为等离子体反应器 2 供电,氢气通过一个进料喷嘴 3 通入反应器并在其中激发放电,形成氢等离子体。对于电源 1,在实际应用中可以采用不同类型,如频率为 0.44~13.56MHz 的可调谐高频振荡器、频率为 2450MHz 的微波发生器或者晶闸管整流器等。当采用氟氢火焰反应器时,电源替换为氟储存容器或氟源。

UF_6 在容器中被加热至一定温度后,从另一个喷嘴顺流通入反应器中。UF_6 一进入等离子体反应器就发生解离,形成 U-F-H 等离子体。

在高频反应器内,U-F-H 等离子体与 UF_4 发生反应。这些 UF_4 预先装入水冷金属-电介质材料反应器 10 内,反应器置于感应器 14 中,感应器与高频发生器 15 连接。高频发生器 15 与电源 1 同时启动。等离子体熔化了 UF_4 原料的表层,提高了原料的电导率。感应器的电磁场穿过狭缝 11 在原料中形成感应电流。感应电流在几分钟内加热所有原料,使 UF_4 完全熔化。

铀和源于 U-F-H 等离子体的低价态铀氟化物在熔体表面发生凝结,后者进一步发生歧化反应得到金属铀。这样,表层中就富集了铀。由于铀的密度比其氟化物大得多,因而在熔体中下沉,铀氟化物则上浮。在此过程中,原料内部的温度高于 UF_4 的熔点(1427℃),达到 1600~1800℃。

处理过程开始 5~15min 后,高频金属反应器中装满了金属铀熔体。由于从 U-F-H 等离子体中额外获取了铀,熔体的液面升高。这时,有必要从反应器底部 16 的出料孔 17 排出熔融铀或者拉锭。

基于图 11.24 的方案,为了获得无任何氟杂质的纯铀,一种方案是通过 S 形管 18 排出铀熔体,排出管的最高点高于感应器的顶层线圈。铀熔体收集在被冷却的模具 19 中。

此外,从金属-电介质反应器中排出铀还有一种方案,即同步拉锭。

在高频等离子体反应器和金属-电介质反应器运行的过程中,得到的气相产物是 HF 和一些过量的氢气。U-F-H 等离子体与熔体表面反应后的气体充满密封壳体 5,然后通过过滤器 7 排入管道中。反应器的排气管与冷凝器和运输容器连接,用于收集液态 HF。HF 分离出去之后,得到的氢气进一步循环利用。

从密封壳体 5 排出的 HF 气体流过过滤器,尺寸为 0.1~0.01μm 的气溶胶颗粒沉积在多层过滤器单元表面。这些过滤器单元通过脉冲反吹实现再生,用于脉冲反吹的气体主要是已过滤的气体。过滤单元的反吹交替进行,在 0.1~0.3s 内通过喷嘴喷入压缩氮气,这样所有过滤器不会同时停止工作。用于反吹的氮气的流量不大于被过滤气体的 0.5%。这种多层过滤单元对颗粒物和气溶胶(颗粒尺寸<0.1μm)的捕集效率达到 99.9%以上。

接着,经过过滤的无水氟化氢气体被冷凝成液态收集在运输容器内,用于商业用途或者电解制氟。

上述工艺过程的所有阶段均已经完成实验室研究,并通过了原子能部所属机构的中试试验。下面将给出上述方法与步骤的结果。

11.7.2 氢等离子体还原 UF_6 制备 UF_4 的动力学

在当前的铀生产工艺中,氢气还原 UF_6 的操作主要用于生产 UF_4,这是生产金属铀的中间产物。在该工艺中,铀还原($U^{+6}+2e \rightarrow U^{+4}$)的机理通常由如下放热反应方程描述[16,17]:

$$UF_6(g) + H_2(g) \longrightarrow UF_4(c) + 2HF(g), \Delta H = -292.2\text{kJ} \quad (11.83)$$

然而,上述反映过程实际上仅开始于 498~523K,并且进展缓慢,直到 873K 仍未完全结束[21]。文献[22]对反应式(11.83)的机理进行了更详细的分析,结果表明,气相还原 UF_6 制备金属铀的反应实际上是吸热的:

$$UF_6(g) + H_2(g) \longrightarrow UF_4(g) + 2HF(g), \Delta H = 31.0\text{kJ} \quad (11.84)$$

通过氢气还原法制备铀的总放热效应源于 UF_4 凝结过程中的放热:

$$UF_4(g) \longrightarrow UF_4(c), \Delta H = -306.0\text{kJ} \quad (11.85)$$

如文献[22]所表明的,氢还原铀的反应 $U^{+6}+2e \rightarrow U^{+4}$ 极有可能是逐步发生的,首先形成 UF_5,然后形成 UF_4;并且,第一步少量放热,而第二步却是吸热的:

$$UF_6(g) + 1/2H_2(g) \longrightarrow UF_5(c) + HF(g), \Delta H = -10.05\text{kJ} \quad (11.86)$$

$$UF_5(g) + 1/2H_2(g) \longrightarrow UF_4(c) + HF(g), \Delta H = 41.02\text{kJ} \quad (11.87)$$

因此,在整个还原反应过程中,第一步不存在热力学限制,第二步却存在明显的热力学限制,即反应温度需要高达 1000K 以上,并且仅在约 2600K(表 11.6)时才反应完全。这一点与已知的中间反应动力学限制[22]相结合就成为在高温下

还原 UF_6 得到铀的理由,即使还原程度相对较低地达到 UF_4($U^{+6}+2e \rightarrow U^{+4}$)这样的中间状态。

表 11.6 氢气分步还原 UF_6 时气相反应的平衡计算结果

T/K	反应式(11.86)		反应式(11.87)	
	$K_p/\sqrt{atm}$	还原率	$K_p/\sqrt{atm}$	还原率
298	4.70×10^6	≈1	3.02×10^{-3}	0.05
400	1.26×10^6	≈1	2.34×10^{-1}	0.345
500	5.89×10^5	≈1	3.98×10^0	0.745
600	3.32×10^5	≈1	1.95×10^1	0.895
1000	9.12×10^4	≈1	4.58×10^2	0.980
1400	6.46×10^4	≈1	1.02×10^3	0.990
1800	2.89×10^4	≈1	2.63×10^3	0.995
2200	2.0×10^4	≈1	3.80×10^3	0.999
2600	1.55×10^4	≈1	5.0×10^3	≈1
3000	1.26×10^4	≈1	6.46×10^3	≈1

关于氢气还原 UF_6 最有可能的机理,文献[22]采纳了 H. H. 谢苗诺夫(H. H. Семенов)提出的观点[15]:在 1500K 以下通过饱和分子的双分子碰撞形成单自由基。这一过程可通过以下反应方程描述:

$$UF_5-F(g)-H-H(g) \longrightarrow UF_5(c)+H-F(g)+H(g) \quad (11.88)$$

$$UF_5(g)+H(g) \longrightarrow UF_4(c)+H-F(g) \quad (11.89)$$

$$UF_6(g)+H(g) \longrightarrow UF_5(c)+HF(g) \quad (11.90)$$

$$2H(g) \longrightarrow H_2(g) \quad (11.91)$$

$$UF_4(g) \longrightarrow UF_4(c) \quad (11.92)$$

其中,反应式(11.88)具有限制性。

进一步升高温度(≥1800K),UF_6 的解离还原机理逐渐变得明显起来,并最终起主导作用。这一机理的初始过程由以下反应方程描述:

$$\begin{aligned} &UF_6(g) \longrightarrow UF_5(g)+F(g),\Delta H=338.1kJ \\ &F(g)+H_2(g) \longrightarrow H(g)+HF(g),\Delta H=-130.2kJ \end{aligned} \quad (11.93)$$

对于上述氢等离子体还原 UF_6 的过程,开展热力学研究是必要但不充分的,还需要进行动力学研究,这些工作文献[22]已经完成。问题在于,按照式(11.84)进行实验确定的氢气还原 UF_6 的活化能为 34.1kJ/mol,并不是真正的还原反应中的活化能。根据估算[22],在温度≤1500K 时限制性反应(反应式(11.88))的活化能大得多,为 207.9kJ/mol。在过渡到 UF_6 解离还原机理之后,限制性反应式(11.88)的活化能约为 338kJ/mol。然而,在高温下,对于典型的等离子体态物质,当阿仑尼乌斯方程中的 kT 值与活化能相当时,动力学限制就相对比较容易克服。因此,在进行氢等离子体还原贫化 UF_6 铀实验之前,根据如下实际情况对反应式(11.84)进行了计算机模拟:UF_6 与氢等离子体混合,这样氢不仅作为热载体,还可以起还原剂的作用。

氢气与 UF_6 相互作用的动力学和机理在文献[23,24]中进行了实验研究,实验中使用重氢同位素(氘)代替较轻的氢同位素(氕)。文献[23]证实了文献[22]的结论:总反应式(11.84)的限制环节是反应式(11.88)。根据文献[23]的研究,UF_6 与氢在 625~825K 温度范围相互作用的过程由动力学方程 $k=8.7\times10^{14}\cdot\exp(-144000/RT)\ cm^3/(m\cdot s)$来表述。文献[23]使用了分光光度法控制氢气还原过程中的 UF_6 浓度。此外,该工作还研究了壁面效应的影响。为此,实验在 1.09~2.67cm 的范围内改变 UF_6 还原反应器的直径。如前面所述,该反应的总活化能与中间反应的活化能之间存在着复杂的关系,而与单个阶段的值关系不大。为了对 UF_6 还原的动力学进行数值计算,必须掌握中间反应的动力学常数,其中一些数据已经在文献[23]中给出,这项工作应当是对反应式(11.84)的动力学进行的最基础的研究。

因此,综合考虑氢气还原 UF_6 机理中的各种因素[22],氢等离子体将 UF_6 还原成较低价态的铀氟化物以及回收铀的化学反应不存在热力学或动力学限制。然而,出于应用考虑,基于氢气还原法回收铀的工艺中有两种方案具有现实意义:

(1) 一步法,通过 $U^{6+}+6e\to U^0$,将铀从化合物直接还原成单质;

(2) 折中方案,按照 $U^{6+}+2e\to U^{4+}$ 进行还原反应,得到稳定的中间产物 UF_4,然后通过金属熔融还原工艺获得单质铀。

氢等离子体还原法回收铀的初步实验[25,26]表明,不论 H_2 与 UF_6 摩尔比和等离子体放电的功率如何,反应的主要产物均为 UF_4。根据计算,在 3500~4000K 的温度范围内,氢气失去还原性,因而氢气不会直接将 U^{6+}还原到+3、+2、+1 等价态甚至单质铀。然而,由于解离还原机制的存在,仍然有可能将 UF_4 中铀的化合价降低到+3 价或者+2 价。

根据实验观察,UF_6 还原后得到以 UF_4 形式存在的稳定产物。这种产物主要由较低价的铀氟化物剧烈复合而成。但是,这种复合只发生在 UF_4 再合成之前,因为更高价态的铀氟化物(UF_5、UF_6)在氢气气氛中热力学稳定性较差。为了从 U-F-H 等离子体中分离出化合价低于+4 的产物铀,需要像等离子体分解 UF_6 那样在反应器出口以 $10^8\sim10^{10}$K/s 的速率急剧冷却 U-F-H 等离子体,或者按照专利[20]的方案将 UF_6 分子片段转化到凝聚相中。

为了实施专利[20]提出的还原 UF_6 回收铀的方法,有必要掌握氢等离子体工艺各个环节的动力学特征,以确定等离子体反应器的长度。为此,我们对该工艺进行了计算机模拟;所采用的数学模型考虑了非挥发性氟化物的凝结过程,用于分析获得一定粒度组成的颗粒材料的可行性。关于这个问题的表述,包括等离子体在反应器中的理想流动、UF_6 与 Ar-H 等离子体在反应器入口瞬时混合的数学模型以及 UF_4 冷凝和颗粒生长的数值模型,文献[27,28]均进行了考虑,即形成的 UF_4 颗粒的分布模型。氩气的引入是出于技术原因:提高气体放电形成的 U-F-H 等离子体的电导率,以及改善等离子体沿反应器轴向流动的稳定性。

UF_6 与 Ar-H 等离子体在反应器入口混合时,发生了一系列化学反应,其中考虑了氢气还原 UF_6 的解离和还原机理,以及挥发性铀氟化物的分解反应

$$UF_6(g) \longrightarrow UF_5(g) + F(g)$$

$$UF_5(g) \longrightarrow UF_4(g) + F(g)$$

以及氢气和氟气的解离与复合

$$H_2 + M \longrightarrow H + H + M \tag{11.94}$$

$$F + F + M \longrightarrow F_2 + M \tag{11.95}$$

$$H + F + M \longrightarrow HF + M \tag{11.96}$$

接着,还需要考虑一组置换反应

$$F + H_2 \longrightarrow HF + H \tag{11.97}$$

$$H + F_2 \longrightarrow HF + F \tag{11.98}$$

$$F_2 + H_2 \longrightarrow HF + HF \tag{11.99}$$

以及氢原子还原 UF_6 和 UF_5 的双分子反应

$$UF_6 + H \longrightarrow UF_5 + HF \tag{11.100}$$

$$UF_5 + H \longrightarrow UF_4 + HF \tag{11.101}$$

这里,M 是给定相互作用过程中的任意中性粒子。由于氢与 UF_6 的反应发生在高温下,在一级动力学计算中没有考虑凝结、多相相互作用和凝聚相中的歧化反应。因此,需要确定等离子体反应器轴线上特定一点的坐标,在这里完成 $U^{6+} + 2e \rightarrow U^{4+}$ 的气相还原反应,并且最终产物开始凝结;这种凝结可以自然发生,也可以是强制的。现在,不考虑对 U-F-H 等离子体进行快速冷却(急冷)而强制冷凝,仅讨论自然凝结的情形,因为在后续实验中使用的冷壁管状反应器中,温度沿轴向坐标是逐渐降低的。

对于先单相后两相并发生化学反应的非黏性多组分混合物(通常由理想气体和反应器通道中大小不同的颗粒组成),描述其稳态一维运动的方程组通常基于下列假设:

(1) 介质是等温、等速的,即在流场内的每一点气流与颗粒的速度相同、温度相等;因此,凝聚相颗粒在整个反应器空间内均匀分布,可以引入特定的参

数——颗粒密度ρ_s。

（2）两相混合物在反应器半径方向的质量流量为零，即不考虑颗粒物在反应器壁上的沉积，反应器壁也同样不提供反应物。

（3）颗粒物为粒径不同的球形，彼此之间以及与反应器壁之间不发生相互作用。

（4）由于颗粒物的热导率足够高，其整个体积内的温度都保持恒定。

（5）压强仅源于气体，颗粒物的影响忽略不计。

（6）与声速相比，化学反应物的流速较小，所以动能对焓和压强变化的影响可以忽略不计。

基于上述假设，可以写出以下形式的方程组：

$$\rho_{\Sigma} v = m, \rho_{\Sigma} = \rho_s + \rho_f, \rho_s = \int_0^{\infty} \rho_e (4/3) \pi r^3 f \mathrm{d}r \tag{11.102}$$

$$\rho_f v = \frac{\mathrm{d}y_i}{\mathrm{d}z} = w, y_i = Y_i / w_i (i = 1, 2, \cdots, 9) \tag{11.103}$$

$$\rho_{\Sigma} v = \frac{\mathrm{d}h}{\mathrm{d}z} = Nu(T_w - T), h^0 = \sum_{\alpha=1}^{9} y_{\alpha} h_{\alpha} + h_s y_s \tag{11.104}$$

$$\rho_f v = Pw/RT \tag{11.105}$$

式中：i为气相成分的种类，而$i=1,2,\cdots,9$分别对应于UF_6，UF_5，UF_4，H_2，H，F，HF，F_2和Ar；h为不考虑动能的两相混合物的焓；f为颗粒数密度分布函数；ρ_f为介质的密度；Nu为努赛尔数；T_w为反应器壁的温度；ρ_{Σ}为两相混合物的密度；v为流速；m为反应器入口处的质量流量；y_i为第i个组分的浓度；z为从入口处计起的反应器的轴向坐标；w_i为在单位体积内通过所有基元反应形成第i个组分的质量速率；Y_i为第i个组分的质量分数；h为混合物的质量焓；h^0为在反应器的入口部分的混合物的质量焓；h_{α}为组分α的焓；P为系统压强；M为混合物的相对分子质量；R为气体常数。

H_2与Ar的混合气在等离子体炬中加热到温度T_H后，立即与初始温度为T_f的UF_6混合，由此形成U-F-H等离子体，其温度降低到T_M。该值通过反应器入口处等离子体的质量焓表达式来确定：

$$h_{T_M}^0 = y_{UF_6}^0 h_{UF_6} T_f + y_{Ar}^0 h_{Ar} T_H + y_{H_2}^0 h_{H_2} T_H \tag{11.106}$$

式(11.105)基于如下假设得到：两相流的流速为v，与声速相比较小，因而流体混合过程对压强变化的影响以及流体动能对能量平衡的贡献可以忽略不计。反应式(11.91)、式(11.93)~式(11.101)的动力学常数在文献[22,23]中给出。

在计算进行时，反应区入口处的条件如下：H_2与UF_6的摩尔比n分别为1，2，…，6；反应物快速混合后的温度为1500~2500K；反应器压强为11.1~

101kPa;两相流的流速为 $1L/s$,其中 L 为反应器的特征长度。

文献[27,28]对两种动力学方案都进行了计算,二者的差异在于 UF_6 分子分解速率常数指前因子的取值不同,分别为 10^{13}[29] 和 $10^{16.6}$[30]。通过计算确定了如下特征参数:组分 Y_i 的质量分数分布,温度 T,密度 ρ,速度 v,平均相对分子质量 M,转化率 $\eta=(X^0_{UF_6}-X_{UF_6})\times100\%/X^0_{UF_6}$($X$ 为摩尔分数),以及反应器长度为 0~0.1 时反应的选择性 $\sigma=X_{UF_6}\times100\%/X^0_{UF_6}$。图 11.25 给出了质量分数分布的一个例子。

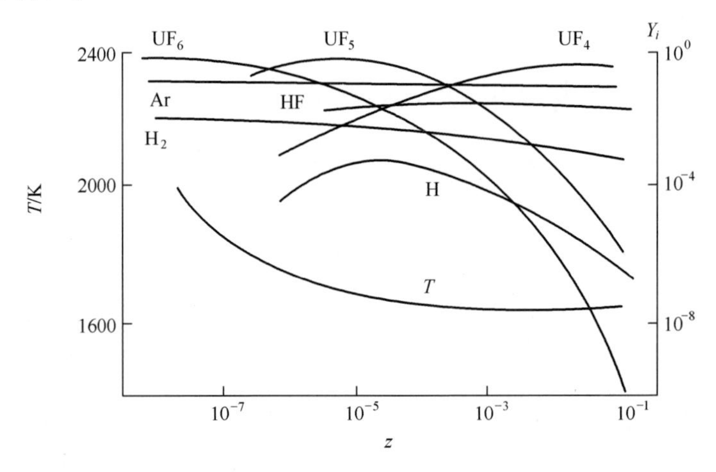

图 11.25 UF_6 与 Ar-H 等离子体反应产物的质量分数 Y_i 的变化与反应混合物的温度 T 和反应器坐标 z 的关系

注:H_2 与 UF_6 摩尔比 $n=2$;$T_M=2000K$。

反应物在反应器入口处混合时的温度 T_M 对铀从 UF_6 中还原的比例影响最大。对于上面所讨论的发生在 U-F-H 等离子体中的氢气还原 UF_6 气相动力学方案,总反应式(11.84)是吸热的。如果温度 T_M 不足够高,UF_5 和 UF_6 就没有充足的时间分解,导致 UF_4 的产率降低。

与图 11.25 中所示相似的一组关系可以用于计算,以确定反应器的长度。在这样的反应器中,铀的化合价按照 $U^{6+}+2e\rightarrow U^{4+}$ 的方式降低。

11.7.3 UF_4 的凝结及其颗粒数密度分布的形成

对于氢气还原 UF_6 制备铀的反应,在反应器出口具备 UF_4 发生凝结的条件。UF_4 颗粒在两相流中的颗粒数密度分布由分布函数 $f(x,y,z)$ 表示。乘积 $(f\cdot dr)$ 决定单位体积内的颗粒数,其大小处于 r 和 $r+dr$ 的范围内。这样,凝聚相物质在反应器空间内的密度分布由下式表达:

$$\rho_s = (4/3)\pi\int_{r_{cr}}^{\infty}\rho_i r^3 f\mathrm{d}r \tag{11.107}$$

式中:ρ_i为凝结形成的UF_4颗粒的密度;r_{cr}为凝结过程中凝结核的临界半径;符号“∞”通常表示颗粒的最大半径。

颗粒数密度分布函数的主要动力学方程如下:

$$\mathrm{d}f/\mathrm{d}r + \partial(fv)/\partial r + \partial(gf)/\partial r = J\delta(r - r_{cr}) \tag{11.108}$$

式中:J为确定在单位时间单位体积内形成凝结核数量的函数;δ为狄拉克函数;g为单个颗粒增长的速度。

求解方程式(11.108)可以唯一确定由成核、凝结、对流输运等过程形成的凝结物质在单位体积单位时间内的增加量。考虑大量颗粒的颗粒数密度分布函数$G = f/(\pi\cdot\rho_{\Sigma})$。使用两相流的连续性方程

$$\mathrm{d}\rho_{\Sigma}/\mathrm{d}t + \rho_{\Sigma}\partial v/\partial z = 0 \tag{11.109}$$

得到用于确定大量颗粒数密度分布的函数为

$$\mathrm{d}G/\mathrm{d}t + \partial(gG)/\partial r = (J/\rho_{\Sigma})\delta(r - r_{cr}) \tag{11.110}$$

对于稳态二维流动,方程式(11.111)可以写成

$$v\mathrm{d}G/\mathrm{d}z + \partial(gG)/\partial r = (J/\rho_{\Sigma})\delta(r - r_{cr}) \tag{11.111}$$

最终得到了一阶线性偏微分方程。对其进行数值求解时采用了文献[27,28]中的“RA”(Running Account)算法。由凝结带来的颗粒半径r的变化源于颗粒表面附近UF_4浓度与水蒸气浓度之差。这种浓度梯度的存在使UF_4扩散凝结到颗粒表面上。这里并未考虑颗粒的凝聚(coagulation)生长机制,这种情况适用于尺寸为10^{-6}m的低浓度颗粒。由蒸气凝结引起的UF_4颗粒的生长取决于凝结气体的扩散速率。半径为r的颗粒的凝结生长过程由下式给出:

$$g = \frac{1}{RT}\frac{DM(P_{UF_4} - P_s)}{\rho_f[(D/\Delta)(2\pi M_{UF_4}/RT)^{0.5} + r/(1 + \lambda/r)]} \tag{11.112}$$

式中:D为UF_4蒸气在介质中的有效扩散系数;M为相对分子质量;下标“s”为凝结液滴表面;Δ为凝结系数(与表面碰撞后凝结的分子所占的比例)。

式(11.112)描述了在连续和自由分子状态下颗粒半径的变化率。该式基于如下假设得到:UF_4蒸气通过两个区域扩散到颗粒表面——远离颗粒的连续区和距离颗粒表面一个分子自由程λ的自由分子区(“克努森”区),即自由分子区的边界位于$r_{\Delta}=r+\lambda$处(r是颗粒半径)。分子到达自由分子区边界的速度定义为

$$(P_{\infty} - P_{\Delta})DM/(RT\rho_L r_{\Delta}) \tag{11.113}$$

式中:P_{Δ}为边界处的压强。

在自由分子区,UF_4分子在颗粒表上沉积的速率可以写为$(M/2\pi RT)^{0.5}\cdot$

$\Delta(P_{\Delta} - P_s)$,其中 P_s 为 UF_4 在颗粒表面的分压,且有

$$P_s = P_s^{\infty} \exp[(2M_{UF_4}\sigma_{UF_4})/(\rho_i RTr)] \tag{11.114}$$

其中:P_s^{∞} 为在二维平面上 UF_4 的饱和蒸气压。P_s^{∞} 和 σ_{UF_4} 分别取自文献[31,32]。

图 11.26 给出了在反应器内轴向坐标分别为 0.139L、0.1565L 和 0.173L 三个截面上过饱和 UF_4 蒸气在凝结过程中的颗粒数密度分布。从图中可以看出,UF_6 与 H_2 的混合气在通过反应器的过程中,UF_4 颗粒不断形成并且粒度分布的范围逐渐变窄。在这种情况下,由于气相还原反应形成 UF_4 的吸热作用以及对反应器表面进行的冷却,反应器中的温度自然降低。温度的降低过程相当缓慢(图 11.25),因此发生在反应器中的凝结过程可能会延迟,从而不仅发生在反应器及其下游区域,还包括连接装置的管道中,导致在管道中沉积,引起堵塞。因此,鉴于冷却对产物的凝结速率和团聚过程具有一定的影响,有必要在目标化学反应完成后采用更强烈的降温措施,使产物在给定的设备空间内强制凝结。根据实际经验,铀氟化物对工艺设备的壁面具有很强的黏附性,必须使用非接触式冷却装置,如亚声速或超声速喷嘴等。计算机模拟的结果已经应用于氢等离子体还原贫化 UF_6 制备 UF_4 的中试装置的设计过程。

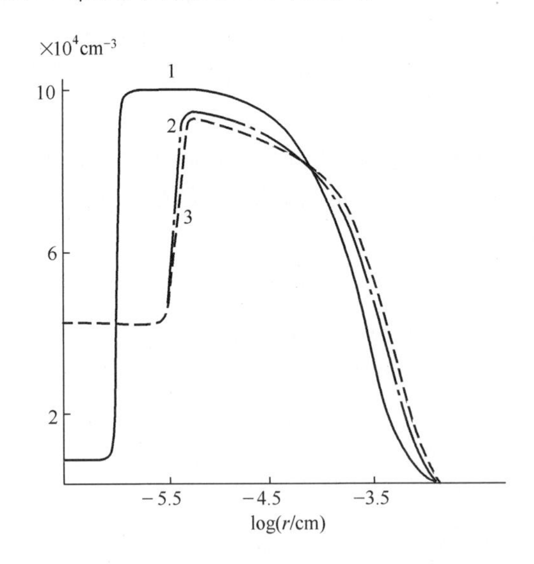

图 11.26　UF_6 与 H_2 的混合气沿反应器轴向流动时,在坐标为 0.139L(1)、0.1565 L(2)和 0.173 L(3)截面上的 UF_4 颗粒的数密度分布

注:压强 p = 101kPa;T_M = 2160K;反应器壁面温度 T_w = 400K;努赛尔数 Nu = 10;反应物 H_2 与 UF_6 的摩尔比 n = 1;UF_6 分解反应的指前因子 $\alpha = 10^{13}$。

11.7.4 氢等离子体还原贫化 UF_6制备 UF_4的研究

氢等离子体还原贫化 UF_6制备 UF_4的中试工厂“德尔塔”-1(Дельта-1)的工艺流程与设备示于图 11.27[33-36]。等离子体单元的电源(高频电源)1 配备了——感应器,电源功率为 70kW,频率在 5.25~13.56MHz 的范围内可以调节。电源 1 由变压器、整流器和高频发生器三个单元组成。中试装置的处理能力约为 75kgUF_6/h,氢气消耗量为 25Nm^3/h。感应耦合等离子体炬 5 安装在与高频发生器连接的感应器 2 中。感应等离子体炬采用组合方式设计:外壳由电介质材料(石英)制成,内层是带有狭缝的铜制放电室,由水冷却并可透过感应器产生的高频电磁场。在该金属-电介质感应等离子体炬的顶部设置有供气部件 4。等离子体气体($Ar+H_2$)通过阀门 3 和供气件 4 的切向入口通入等离子体炬。等离子体反应器 6 位于等离子体炬下方,由镍基合金制成,并安装了水冷套和将 UF_6通入 $Ar-H_2$等离子体的进料器。反应器下方是产物接收容器 11;这是一种大容量料仓,储存氢等离子体还原 UF_6沉积下来的产物颗粒。沿工艺路线向下游设置了第二个料仓 12,与前述料仓的功能相同;料仓 12 的出口配置有过滤气体产物的金属网过滤器 14;两个料仓(11 和 12)都配备有卸料料斗 13。沿工艺流程进一步向下游,设置了 3 台吸收器 15,用于吸收 HF 气体;在吸收器出口安装了能够在氢气氛中运行的真空泵 17。在吸收器 15 下面是氢氟酸收集储罐 16。

UF_6从容器 8 经过流量计 7 通入等离子体反应器 6 中,其流量通过温度控制器 9 和称重装置 10 调节。工艺装置内的压强可以在很宽范围内调节(0.001~1atm)。

“德尔塔”-1 中试工厂所采用的金属-电介质高频感应等离子体炬的更详细结构如图 11.28 所示。工艺系统的核心设备——金属-电介质高频感应等离子体炬安装在感应器 6 中,感应器连接到改进型 HFI-63/5.25(ВЧИ-63/5.25)高频电源上。等离子体炬包括壁面带有狭缝的水冷铜放电室 5 及石英外壳 4,二者之间存在很窄的间隙。石英外壳与上法兰 3 和下法兰 8 紧紧连接。在上法兰 3 之上是通入等离子体气体(H_2+Ar)的部件 1,其中有通入气体的切向通道 2。等离子体炬位于钢壳 7 中,钢壳内充满大气压的氮气,从而有效控制各种潜在风险,包括感应器上的高电压、感应器的电磁辐射以及可能的氢气泄漏等。在等离子体炬下方是环形进料器 9,将 UF_6通入等离子体炬放电室内的 H-Ar 等离子体中。从通入 UF_6的径向通道 10 向下是等离子体反应器 11,其尺寸大小根据计算机对工艺模拟的结果确定;反应器外部有水冷套 12。整体工艺技术路线如图 11.27 所示。

等离子体反应器 11 的下部设计成拉瓦尔喷嘴(图 11.28 未示出),对氢等

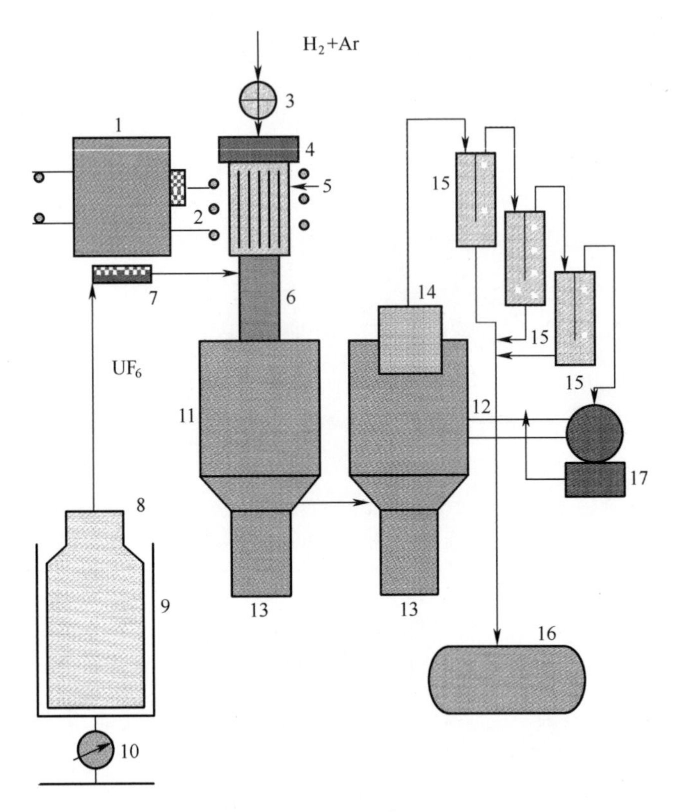

图 11.27　氢等离子体还原贫化 UF_6的“德尔塔”-1 中试工厂流程图

1—高频电源(包括变压器、整流器和高频发生器);2—感应器;3—气体调节阀;4—等离子体炬供气部件;5—感应等离子体炬;6—等离子体反应器;7—流量计;8—UF_6容器;9—温度控制器;10—称重装置;11,12—反应物接收容器;13—颗粒物卸料斗;14—金属网过滤器;15—HF 吸收器;16—氢氟酸收集储罐;17—真空泵。

离子体还原 UF_6的产物进行急剧冷却,使第一个料仓 11(图 11.27)中收集到的 UF_6还原产生的低价铀氟化物发生凝结,并防止这些低价铀氟化物在与装置接触过程中凝结在接收料仓 11 和 12 的壁上。拉瓦尔喷嘴对 UF_4产物卸料工况的积极影响通过半定量方式确定:按照实验数据,安装了这种喷嘴之后,大部分 UF_4(80%~90%)收集在料仓 11 下方的料斗 13 中;其余部分(10%~20%)在料仓 12 下部收集,主要来自料仓 12 顶盖中央的金属网过滤器。并且,料仓 11 和 12 的壁上没有出现明显的产物沉积。在没有安装喷嘴的试验中,产物在料仓 11 与 12 之间几乎平均分配。

氢等离子体还原 UF_6的工艺按如下步骤进行:首先对装置检漏,然后启动真空泵将系统压强抽至 0.001~0.01atm,开启 UF_6储罐和所有管道的加热电源,并

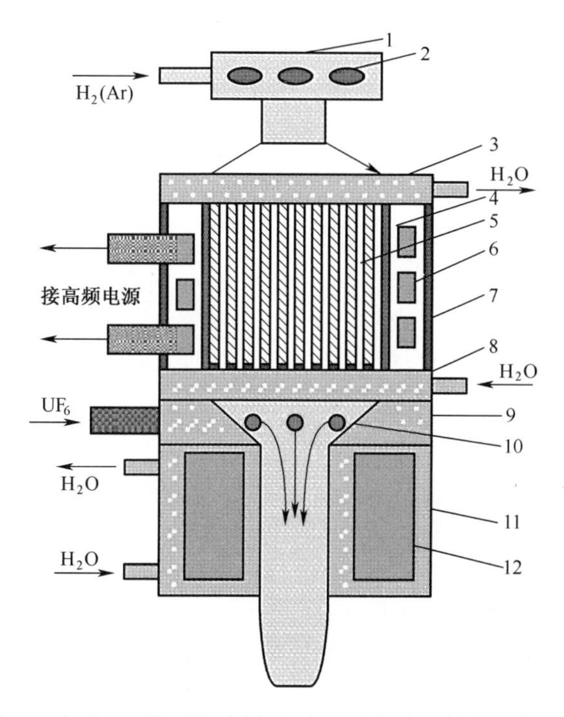

图11.28 “德尔塔”-1中试工厂使用的金属-电介质高频感应等离子体炬及等离子体反应器
1—等离子体气体(氢气、氢氩混合气)供气部件;2—通入等离子体气体的切向通道;
3—等离子体炬放电室上法兰;4—电介质材料外壳;5—带有纵向狭缝的水冷铜放电室;6—高频感应器;
7—等离子体炬保护钢壳;8—放电室下法兰;9—环形UF_6进料器;
10—UF_6进料器的径向进料通道;11—等离子体反应器;12—水冷套。

为所有设备需要冷却的部件提供冷却,将氩气注入等离子体炬放电室中激发高频感应放电并通入氢气。调节H_2和Ar混合气的成分达到所需的摩尔比(1∶1;1.5∶0.5),建立稳定的H-Ar等离子体,控制UF_6的流量喷入等离子体中。UF_6的进料量保持在60~75kg/h之间,H_2的流量为0.68~0.853kg/h(7.64~9.55Nm^3/h),氩气的体积流量为5~12Nm^3/h。在后续试验中将氩气替换成氮气,并没有对工艺造成任何显著影响。UF_6还原的产物是UF_4和无水氟化氢。

中试装置的等离子体反应器由耐腐蚀的镍合金制成,料仓、容器和管道都内衬镍,氢氟酸吸收器和收集容器的内壁均有氟塑料内衬。

根据前述氢等离子体还原UF_6的机理,UF_6与高频放电产生的氢原子之间发生相互作用。考虑到氟化铀分子的解离效应,可能会形成较低价的铀氟化物(UF_3、UF_2)。然而,由于温度沿反应器的轴向逐渐降低,较低价铀氟化物的自由基发生重新结合,形成热力学稳定的产物UF_4,从收集装置的料斗中卸载出来[35,36]。

上述中试装置已经进行了试运行。在试运行期间,中试装置的工作参数如下:

(1) 高频电源的总功率:95kW。

(2) 振荡电源的功率:62kW。

(3) 电流的振荡频率:5.25MHz。

(4) UF_6流量:75kg/h。

(5) 氩气流量:83kg/h。

(6) UF_4产率:65.6kg/h。

(7) 以45%的氢氟酸形式(在吸收器中)获得的HF产率:7.47kg/h。

在后续设备试验以及氢等离子体还原UF_6的各种运行模式的研究中,我们分析了等离子体反应器底部的拉瓦尔喷嘴对产物冷却效果的影响。结果发现,当等离子体反应器所需的长度比动力学长度(约0.2m)大15%~20%时,就没有必要在反应器出口处安装急冷喷嘴:反应器会在此区域内对UF_4进行自动凝结("自动喷嘴")。这种"自动喷嘴"为产物提供了必要的冷却条件,但是从料仓11下部排出的不仅是UF_4粉末,部分还呈颗粒状,颗粒大小取决于自动喷嘴的运行模式。

当上述产物(UF_4)用作金属热熔融(热还原反应)的原料时,球形将具有积极效果,因为在与钙块组成原料时可以降低粉尘量。在这样的情况下,按照专利[20]的方案(图11.24),等离子体反应器作为复杂工艺系统的一部分生产金属铀,获得凝聚相产物(优先得到UF_3)不存在问题,因为液态的低价铀氟化物会降低粉尘量,并在金属-电介质反应器中将初步还原产物输送到铀氟化物熔体表面上提供了有利条件。因此,专利[20]的第一步已经达到了中试规模,第二步同样也发展得很好,只是应用在另外一个领域——合成无氧陶瓷材料(见第7章)。

此外,在氢气还原UF_4的过程中还研究了生成铀的情形。这项研究结果将在下面介绍。

11.7.5 氢气高温还原UF_4制备金属铀

氢气在高温下还原UF_4制备铀的工艺实现了实验室规模的研究,这里的高温由大功率氪灯产生[34]。实验装置与工艺流程示于图11.29。反应器1是水冷镍坩埚,反应器盖2由石英制成。直径0.04m、厚度0.004m的盘状铀样品放置于反应器1底部。该样品的表面被预先抛光以除去铀氧化物。

在铀样品的上方安装一盏大功率氪灯3,由电源11供电,并带有反射镜4。

这样可以将氪灯辐射的功率集中在盘状铀样品的中心。在反应器1的左侧是供气系统,包括氢气和氩气钢瓶和流量计7。反应器右侧是烧结金属过滤器8及其脉冲反吹系统9。沿工艺流程向下游依次有HF冷凝器10、HF转运容器12、吸附塔及解吸附系统13、真空控制系统14、缓冲器15、真空泵16、过量氢气燃烧器17。此外,系统还包括截止阀(及其他各种阀门等)、用于监控工艺系统和烧结金属过滤器脉冲反吹系统压强的仪表和测量铀样品表面温度的光学高温计等。

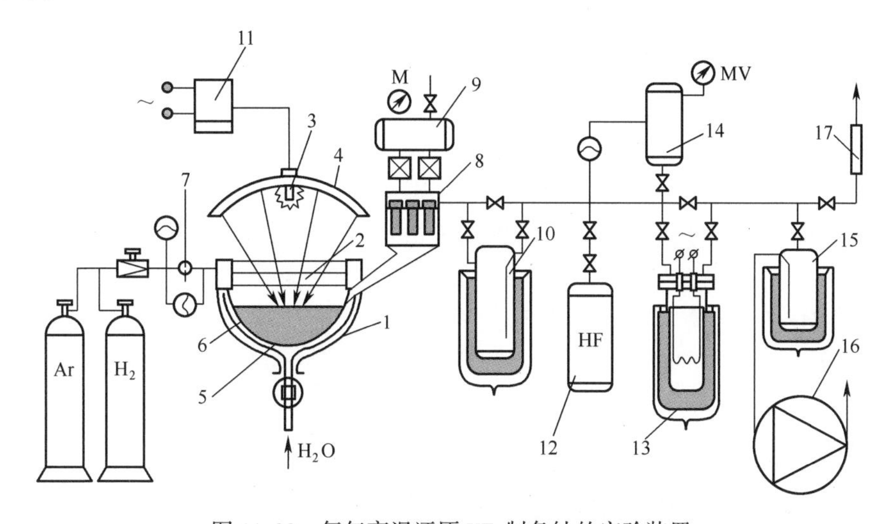

图11.29 氢气高温还原UF_4制备铀的实验装置

1—还原反应器;2—反应器石英盖;3—氪灯;4—氪灯反射镜;5—铀锭;6—UF_4层;7—H_2和Ar流量计;8—烧结金属过滤器;9—过滤器脉冲反吹系统;10—HF冷凝器;11—氪灯电源;12—HF转运容器;13—吸附塔和解吸附系统;14—真空度控制系统;15—缓冲器;16—真空泵;17—过量氢气燃烧器。

氢气还原UF_4的实验步骤:将铀样品装入坩埚1中,启动真空泵16对整个工艺系统抽真空;打开氪灯3,其光线被抛物面反射镜4聚焦到铀锭5的表面上,在坩埚中熔融铀锭;熔体转化成铀锭5并冷却至室温;打开石英盖2,在铀锭表面铺一层单斜晶结构、无结合水的干燥UF_4;再次对系统抽真空,并充入高纯度氩气;打开氪灯3熔化铀和UF_4,同时控制氢气的流量。铀熔体和UF_4的表面温度通过光学高温计测量。

UF_4熔体与氢气的反应不仅发生在铀锭表面上,还发生在气相中。铀逐渐从UF_4中还原出来,反应生成的HF与过量氢气的混合气首先通过镍基烧结金属过滤器8。过滤器为双层结构,配备有脉冲反吹系统9,可以滤去微米和亚微米的气溶胶。然后,HF在冷凝器10中用氟利昂和干冰冷却;过量的氢气在燃烧器 17 中燃烧。回收的 HF 经过“蒸发-冷凝”循环输送到容器 12 中,并分析其中的 HF 含量。

按照前述工艺进行了氢气还原 UF_4的定量实验。铀从 UF_4中的还原率通过两种方式确定:铀锭质量的增加,或者在容器 12 中回收的 HF 的量。在实验中,根据高温计的测量结果,铀熔体和 UF_4表面的温度为 1200~1300℃。由于石英盖的存在,测量结果存在一定的误差。

典型的实验参数:铀样品的初始质量为 0.09566kg。对样品进行了 3 批次实验,每批次持续 12min,步骤包括

(1) 在铀锭表面铺一层 UF_4;

(2) 将 UF_4加热至 1200~1300℃;

(3) 用氢气处理所述铀锭的表面。

在每批次实验中,添加到铀锭表面的干燥 UF_4的质量均为 0.015kg。3 批次实验后,铀锭的质量达 0.11835kg,即铀锭增重 0.02234kg。被氢气处理的 3 批次 UF_4中铀的理论含量为 0.034108kg,即铀的还原率为 65.5%。基于此还原率,得到的 HF 的质量应为 0.0751kg。实际上,在运输容器 12 中得到 HF 为 0.00619kg,这表明通过两种方法确定的铀还原率的一致性非常令人满意。此外,实验中氢气的利用率约为 75%。

11.7.6 根据专利[20]进行氢等离子体转化贫化 UF_6制备金属铀和无水氟化氢的高频感应加热技术的发展现状

从 11.7.4 节给出的等离子体中试装置的运行数据可以看出,氢等离子体转化贫化 UF_6制备金属铀和无水氟化氢工艺的第一阶段,已经发展到足以设计和建设综合性工业化系统的水平,其基本工艺流程示于图 11.24。这意味着,使用一种第 2 章描述的经过验证的等离子体炬,就可以获得稳定的 U-F-H 等离子体,其中含有较低价铀氟化物(UF_3、UF_2、UF)的自由基和铀原子。为了降低 U-F-H 等离子体的动能,避免在第二阶段扰动熔体表面并使气溶胶的形成降至最低,宜采用基于交变电磁场的等离子体炬:高频、微波或者第 10 章讨论的组合方式。出于同样的原因,应降低反应器内的压强,使铀还原反应的平衡向产物移动。

氢等离子体转化贫化 UF_6的第二阶段通过两种工艺实现:在温度≥2000℃的条件下合成无氧陶瓷材料(见第 7 章),以及在温度高达 2800℃的条件下从天然和合成矿物中提取氟并进行浓缩(见第 8 章)。由此有了充足的数据设计冷坩埚式高频感应反应器、选择参数最优的电源和冶金设备。然而,根据前期的分析,这一阶段仍然存在两个问题:

(1) 在 1000~1200℃的温度下 UF_3的歧化反应的速率较低,有可能导致从 UF_6还原铀的整个反应过程出现不平衡;

（2）U-F-H 等离子体在金属-电介质反应器中与熔体表面相互作用的过程中产生大量烟雾。

第一个问题可以通过几种途径解决。第一种方法是提高反应器中熔体内部的温度，将温度提高到 2000～2400℃技术上不存在任何困难（该温度范围在高频感应加热合成高熔点陶瓷时属于常规参数）。第二种方法是优化该第一阶段的工艺，使熔体表面铀氟化物中所含有的铀的平均化合价低于+3，从而使液相中（约 2000℃或更高）自由基型铀氟化物的歧化反应速率比 1200～1300℃时高几个数量级。第三种方法是歧化反应。歧化反应只是通过还原过程得到金属铀多种机制中的一种。氢气气氛中的还原反应不仅发生在熔体表面，还发生在气相中。在这些条件下，铀被还原的过程是一种高度非平衡过程：平衡状态发生了移动，原因在于不论何种还原反应机理，得到的铀都会由于密度较大而立即“沉”入熔体中。因此，如前面所提到的，第三种方法与前两种同时实施——从反应器底部排出铀熔体，并在保护气氛下浇注到模具中。所使用的模具的参数基于商业铀锭的质量与形状标准选取。

第二个问题可以在工艺流程的第一阶段解决：减小 U-F-H 等离子体的动能，降低反应器内的压强。此外，在第四阶段 HF 气体净化的过程中，气溶胶过滤之后可以压实返回到金属-电介质反应器中。前面已经表明，第四阶段（收集第二种商业产品无水氟化氢）与前三阶段同步进行。HF 的净化由过滤模块实现，过滤器具有可再生的多层烧结金属单元结构，能够捕集微米和亚微米级的颗粒物和气溶胶，从而阻止易燃产物不可控地泄露到处理区域之外，确保设备安全运行。最后，净化后的无水氟化氢经过浓缩后收集在运输容器内，用于出售或作为电解制氟的原料。用于过滤 HF 气体的烧结金属过滤器由各向异性陶瓷制成，其运行状态非常重要，并且从根本上讲属于新工艺。这种过滤器的应用范围并不限于本章的内容，其科学基础和技术原理将在后面的章节中进一步讨论。

参考文献

[1] Ю. Н. Туманов, В. А. Хохлов, В. П. Загайнов, Б. А. Киселев, С. И. Зайцев, Н. П. Галкин, В. П. Коробцев, Н. С. Осипов, А. А. Майоров, М. Б. Серегин, А. С. Леонтичук. Способ утилизации фтора из гексафторида урана, обедненного изотопом урана-235. Авт. свидетельство СССР N 94387, 1975.

[2] Туманов Ю. Н., Галкин А. Ф.. Плазменно - ректификационная технология переработки газообразного фторидного сырья. Физикаи химия обработки материалов, 2001, №6, с. 54-61.

[3] Туманов Ю. Н., В. П. Коробцев, В. А. Хохлов, В. Д. Сигайло. Способпереработки гексафторида урана. Патент РФ №2090510 от 26. 08. 91. Бюллетень изобретений №29, 20. 09. 97.

[4] J. R. Fincke, W. D. Swank, D. C. Haggard, B. A. Detering, P. C. Kong. Thermal Plasma Reduction of UF_6. 12 Int. Symposium on Plasma Chemistry. USA, Minneapolis, Minnesota, July 1995, Symposium Proceedings, Volume 2, p. 1045-1050.

[5] Ю. Н. Туманов, Н. П. Галкин, Е. П. Поройков. Механизм и термодинамика восстановительного гидролиза гексафторида урана. Первый Всесоюзный симпозиум по химии урана. М: АН СССР, 1974.

[6] В. С. Аставин, Ю. Н. Туманов, Ю. Д. Шевелев. Термодинамикахимических и фазовых превращений в системе UF_6 - HOH. Плазмохимия - 79. Третий Всесоюзный симпозиум по плазмохимии. М:Наука, 1979, с. 156-159.

[7] В. С. Аставин, Ю. Н. Туманов, Ю. Д. Шевелев. Расчет равновесногосостава паров гексафторида урана и воды. Тезисы докладов Четвертого Всесоюзного симпозиума по плазмохимии. Днепропетровск: изд. ДХТИ, 1984, т. 1, с. 126-127.

[8] I. N. Toumanov, A. V. Ivanov, A. F. Galkin. Production d'Oxydes en Poudre Finement Dispersee a Partir de Ffluorures Volatis oun en Solutions. Commerce et Cooperation. Forum des Hautes Technologies Sovietiques. Paris. 17-19. 04. 1991, p. 58-60.

[9] I. N. Toumanov, I. A. Stepanov, A. V. Ivanov. Chemical and Phase Transformations in (U-F-H-O)-Plasma. 10th Int. Symp. Plasma Chemistry. Bochum, Germany. Symposium Proceedings, V. 2, Paper 1. 5-10, August 4-9, 1991.

[10] Ю. Н. Туманов, К. В. Цирельников. Свойства и применение уран-фторной плазмы: механизм икинети каконверсии гексафторида урана в (U-F-O-H)-плазме. Физика и химия обработки материалов, 1992, N 5, с. 58-66.

[11] I. N. Toumanov, V. A. Hohlov, V. D. Sigailo, S. A. Kuzminykh, S. D. Shamrin. Plasma Arc Process for Producing Disperse Oxide Materials from Volatile Fluoride. 12th Int. Symposium on Plasma Chemistry. Minneapolis, Univ. Minnesota, 1995. Proceedings, Vol. 3, p. 1267-1272.

[12] I. N. Toumanov, V. A. Hohlov, V. D. Sigailo, A. F. Galkin. Plasma Hydrolysis Technology for Conversion of Depleted Uranium Hexafluoride: Scientific Basis and Application. 14th Int. Symposium on Plasma Chemistry. Prague, Czech Republick, August 2-6, 1999. Proceedings, Vol. 5, p. 2399-2406.

[13] Туманов Ю. Н. Некоторые проблемы получения и закалки уран-фторной плазмы. Атомная энергия, 1975, т. 39, вып. 6, с. 424-426.

[14] Ю. Н. Туманов, Н. П. Галкин. Физико-химические превращения в плазме фторидов актиноидных элементов. Радиохимия, 1976, т. 18. N. 5, с. 714-721.

[15] Кондратьев В. Н., Никитин Е. Е. Кинетика химических газовых реакций. М: Наука, 1974.

[16] C. D. Harrington, A. Ruehl. Uranium Production Technology. Van Nostrand Co. N. Y. -London, 1959.

[17] Технология урана. Под ред. Н. П. Галкина. М: Атомиздат, 1961, 280 с.

[18] D. Stahorska. Condensation of Supersaturated Vapour. J. Chem. Phys., 1965, V. 42, N 6, pp. 1887-1891.

[19] B. I. Mikhailov. Electric Arc Water Steam Plasma in Processes of Solid Fuel Gasification. In: Thermal Plasma Torches and Technologies. Vol. 2: Thermal Plasma and Allied Technologies. Research and Developments, pp. 256-269. Ed. by O. P. Solonenko. Cambridge Int. Sci. Publishing, 1999.

[20] Ю. Н. Туманов, Н. М. Троценко, В. Д. Русанов, А. Ф. Галкин, А. В. Загнитько, А. А. Власов, М. В. Сапожников, С. В. Кононов. Способпереработки гексафторида урана на металлический уран и безводный фторидводорода и устройство для его осуществления. Патент

РФ №2120489 от 24. 06. 97. Бюллетень изобретений РФ № 29 от 20. 10. 98.

[21] Дж. Кац, Е. Рабинович. Химия урана, т. 1. М. : Издательство иностранной литературы, 1954.

[22] Ю. Н. Туманов, Н. П. Галкин. О механизме восстановления гексафторида урана водородом. Атомнаяэнергия, 1972, т. 32, вып. 1, с. 21-25.

[23] A. L. Myerson, J. J. Chludzinsky. Chemical Kinetics of the Gas-Phase Reaction between Uranium Hexafluoride and Hydrogen. J. Phys. Chem. , 1981, v. 85, N. 25, pp. 3905-3911.

[24] J. C. Maienschein, W. E. Sunderland. Kinetics and Mechanism of the Reaction of Uranium Hexa-fluoride and Tritium. J. Nucl. Materials, 1985, v. 131, N. 1, p. 70-84.

[25] Ю. Н. Туманов, Н. П. Галкин. О возможности восстановления урана изгексафторида урана до элементного состояния водородом. Вкн. Первая Всесоюзная конференция по химии урана. Тезисы докладов Издательство АН СССР, 1974, с. 12-13.

[26] Ю. Н. Туманов, Н. П. Галкин. Можно ли восстановить уран из гексафторида урана до элементного состояния водородом? Атомная энергия, 1974, т. 37, вып. 4, с. 340-342.

[27] Аставин В. С. , Туманов Ю. Н. , Шевелев Ю. Д. Механизм взаимодействия фторидов урана с компонентами (Ar-H)-плазмы. 3-я Всесоюзнаяконференция по химии урана. М: Наука, 1985, с. 86-87.

[28] I. N. Toumanov, V. S. Astavin, V. S. Ivanov, K. V. Tsirelnikov, E. G. Spektorov. Modelling of a Plasma Hydrogen Reduction of Uranium from Uranium Hexafluoride. 9th International Symposium on Plasma Chemistry. Symposium Proceedings, v. 1, pp. 115-120. Italy, Pugnochiuso, September, 4-8, 1989.

[29] Ю. Н. Туманов, Н. П. Галкин. Химические и фазовые превращения в гексафториде урана при высоких температурах. Атомная энергия, 1971, т. 30, вып. 4, с. 372-377.

[30] K. P. Schug, N. G. Wagner. Zur Thermischen Zerfall von UF_6 inder Gasphase. Zeitschrift fur Physikalische Chemie. Neue Folge, 1977, B. 108, T. 11, S. 173-184.

[31] A. B. Kirshenbaum, J. A. Cahill. Surface tension of Liquid UF_4 and ThF_4 and Discussion on the Relationship between the Surface Tension at Critical Temperature of Salts. J. Phys. Chem. 1966, V. 70, N 10, p. 3037-3042.

[32] Ю. Н. Сокурский, Я. М. Стерлин, В. А. Федорченко. Уран и его сплавы. М, Атомиздат, 1971, 137 с.

[33] Ю. Н. Туманов, К. В. Цирельников. Свойства и применение уран-фторной плазмы: механизм и кинетика восстановления урана при смешениигексафторида урана с водороднойплазмой. Физика и химия обработкиматериалов, 1992, № 5, с. 67-73.

[34] I. N. Toumanov, N. M. Trotsenko, A. V. Zagnit'ko, A. V. Galkin, V. D. Rousanov. New Approach to Plasma Process of Conversion of Depleted Uranium Hexafluorides to Condensed Uranium and Hydrogen Fluoride. 13 Int. Symp. Plasma Chemistry. Beijing, China. Aug. 18-22, 1997. Symposium Proceedings, Vol. 4, pp. 1528-1533.

[35] Ю. Н. Туманов, С. В. Кононов, И. А. Колесников, С. М. Петухов. Способ и устройство для восстановления гексафторида урана. Авторскоесвидетельство СССР № 191989, 1983.

[36] Туманов Ю. Н. , Троценко Н. М. , Загнитько А. В. , Галкин А. Ф. Плазменная технология переработки отвального по изотопу U - 235 гексафторида урана: плазменно - водородное восстановление отвального гексафторида урана. Атомная энергия, 2001, т. 90, вып. 6, с. 480-487.

第12章

等离子体转化UF_6制备核燃料氧化物

12.1 氧化物核燃料生产技术

所有基于富集U-235同位素的UF_6生产氧化物核燃料的过程都可以分为水化学法(基于沉淀转化的湿法)和气相法(干法)两类。水化学法基于不溶性盐(多铀酸盐,三碳酸铀酰铵等)的沉淀、过滤、干燥、煅烧进行,同时产生母液[1]。

气相法生产氧化物核燃料的技术基础是在中、高温条件下转化UF_6和水蒸气,形成铀氧化物(主要以U_3O_8形式)和氢氟酸(HF)。为了生产核燃料氧化物(UO_2),用氢气还原U_3O_8。如果使用水蒸气与氢气的混合物来转化UF_6,也可以得到二氧化铀(UO_2)。

气相转化UF_6的工艺设备与水化学法不同,使用的是回转转化炉、火焰反应器,以及等离子体反应器。这一章仅讨论等离子体反应器。对于水化学法和非等离子体法,感兴趣的读者可以参阅详细描述这些工艺的其他文献(如文献[1])。在这里,有必要简要说明生产氧化物核燃料的气相转化技术,目的在于:首先说明UF_6转化为UO_2的环节在整个生产过程中所处的地位;其次说明转化方法对UO_2粉末性质的影响,以及在制造核燃料芯块时可能遇到的问题。

作为UF_6气相转化为UO_2的一个例子,下面讨论英国核燃料公司使用的一体化干法(Integrated Dry Rout,IDR)工艺,该工艺将UF_6气体转化成UO_2粉末,生产轻水反应堆(LWR)和气冷反应堆(AGR)的燃料芯块。

IDR工艺的生产方案如图12.1所示[2]。根据该流程,低富集度的UF_6(U-235最高浓度为5%)装在特殊的核安全容器(高压釜)中,以固体形态从浓缩厂(位于卡彭赫斯特)运送到冶金厂(位于斯普林菲尔德)。基于IDR技术,高压釜水平放置并受热;UF_6转变成气态并输送到水平转动的电加热 IDR 炉的上部,在炉内第一区域温度为 250~300℃的条件下与水蒸气混合,然后与逆流的水蒸气和氢气一起进入回转炉通道中。UF_6通过下式转化为 UO_2和 HF:

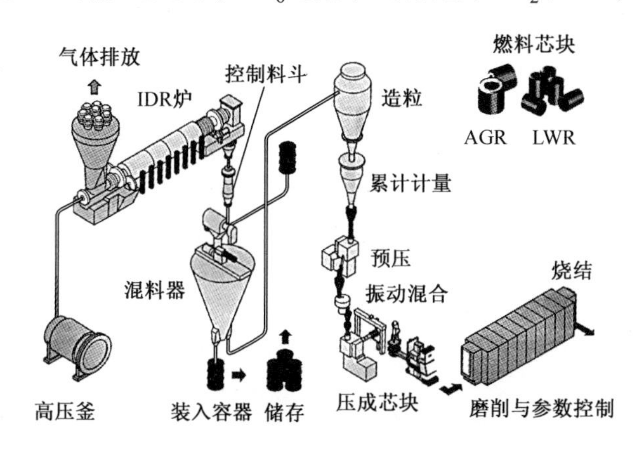

图 12.1　将富集 U-235 同位素的 UF_6转化成用于核动力反应堆氧化物燃料芯块的生产线

$$UF_6(g) + 2(H - OH)(g) + H_2(g) \longrightarrow UO_2(c) + 6HF(g) \quad (12.1)$$

由于反应式(12.1)的放热效应,反应产物——气体与颗粒物的温度升高到850~900℃。在沿着 IDR 炉通道运动的过程中,铀被还原成+4 价,氟以氟化氢的形式蒸发。最后得到陶瓷级 UO_2粉末,适用于图 12.1 所示的粉末冶金工艺。

IDR 排放的气体包括 HF 以及相对于反应式(12.1)的化学计量比过量的水蒸气和氢气。混合气体通过安装在 IDR 顶盖上的过滤器阵列,将 UO_2粉末过滤下来,再通入冷凝器或吸收器,以氢氟酸的形式捕集 HF。

得到的 UO_2粉末输送到控制料斗中,可以从其中卸载出来,也可以用于生产核燃料芯块。对于后者,UO_2粉末被输送到混料器中,向粉末中加入成孔添加剂,促进气体排出,然后将粉末预压制成圆柱形,形成一定的微观结构并达到所需的密度;然后送入振动混料器涂覆润滑粉(硬脂酸锌),再装载到具有自动润滑功能的压力机中压制成型,最后输送到烧结炉中,在 1750℃的温度下烧结。在此之后,还需要对氧化物核燃料芯块进行后续操作,以控制其参数(图 12.2)。

图 12.1 和图 12.2 所示的两种方案对于在 UF_6转化为氧化物阶段得到的 UO_2粉末的性质非常敏感。下面将首先阐述对初级产品 UO_2粉末性能的要求,这些要求解释了等离子体转换技术未采用第 11 章中给出的最佳方案的原因。

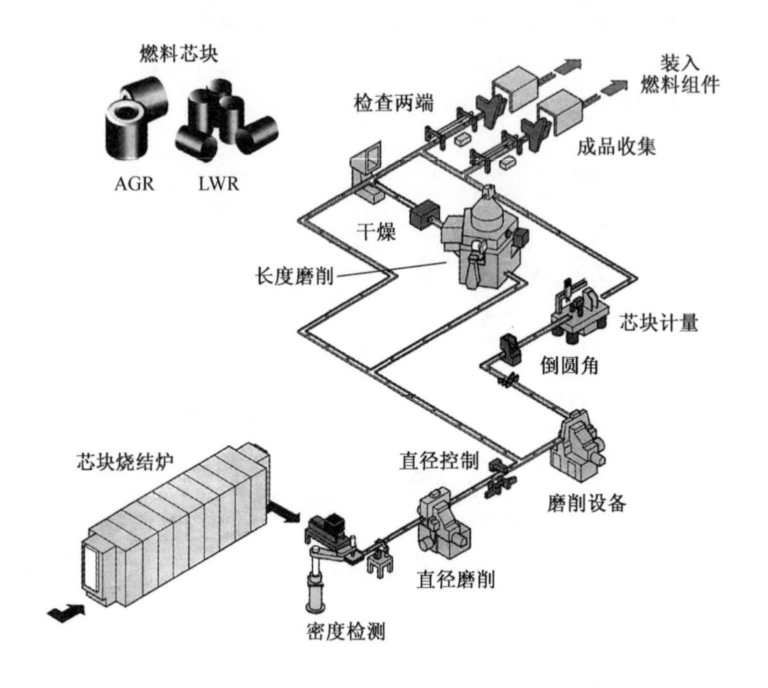

图 12.2　氧化物核燃料芯块生产线和参数控制流程

12.2　氧化铀陶瓷粉末品质的评价标准

用作核燃料的 UO_2 粉末应具备一定的特性，确保得到的燃料芯块的密度为 10.4～10.7g/cm^3，收缩率可控，无组织缺陷和表面缺陷。只有当 UO_2 粉末的特性处于相当窄的范围内时，这些技术要求才能得到满足。决定 UO_2 陶瓷品质的粉末特性可以分成三类：化学特性（化学成分，杂质含量）；物理特性；工艺特性。

UO_2 粉末的特性之间存在复杂的相互关系，其中一些取决于生产过程，另一些取决于原材料的性质。下面讨论 UO_2 粉末的特性，以及对粉末烧结行为和 UO_2 燃料芯块在反应堆中行为的影响。

12.2.1　UO_2 粉末的化学组成

含有 U-235 同位素的 UO_2 粉末，用于制造轻水反应堆的燃料芯块，其上限为 5%（相对于铀的总质量）。U-235 质量分数的允许范围如下[1]：

U-235 百分含量/%	允许质量偏差/%
<1	±0.015
1~2	±0.02
2~5	±0.05

CANDU 型重水反应堆的燃料芯块由天然铀的 UO_2 制成,其中 U-235 含量为0.71%。然而,在 UO_2 粉末中铀的含量通常并不是关键参数:粉末中铀的总含量低的原因不在于产物的纯度不够,而是因为氧铀比(O 与 U 的摩尔比)过高会间接影响粉末活性。在不同国家,UO_2 粉末中铀的含量从 86.9%(比利时、法国、加拿大)至 87.7%(美国)。

UO_2 粉末的 O/U 是一个重要参数,决定烧结过程中粉末的活性。O/U 的值通常与粉末的比表面积密切有关,并且分布范围较宽:下限为 2.06~2.07,上限为 2.17~2.18;在 2.10~2.15 内最优[1]。在还原性气氛中烧结时,UO_2 粉末中按化学计量的氧与铀的摩尔比接近 2.00,并且与初始粉末的氧与铀的摩尔比无关,原因在于烧结温度一旦达到 873~1073K(第一烧结工序的温度条件),UO_2 中按化学计量的过剩氧就会被除去,使氧铀摩尔比接近 2.0。

作为一个例子,下面给出了俄罗斯关于作为核燃料的 UO_2 粉末的技术规范(表 12.1)。根据该规范,粉末中杂质的总含量不超过 1500mg/gU,湿度小于 0.5%(与铀的质量百分比)。

表 12.1 用于生产热中子反应堆核燃料的 UO_2 粉末的杂质元素和最大限值[3]

杂质元素含量/(μg/gU)			
B	0.3	N	200
Cd	0.6	Cr	100
Li	2	V	100
C	200	P	200
Fe	200	Mo	100
Mn	20	Mg	100
Cu	50	Ca	200
Si	100	Al	200
Ni	150	W	100
F	350	—	—

近似相同的标准已被其他国家所采纳。UO_2 中杂质含量的要求由实际情况决定。例如氢,以其他形式进入燃料芯块并不重要,但是如果以水的形式存在,就会造成锆合金燃料包壳氢化。因此,水分含量必须受到严格限制。F、Cl(以

及作为裂变产物的 I)会对包壳内表面的保护性氧化膜产生局部去钝化效应,进而引起氢腐蚀。氮会在包壳内表面上形成氮化物,同样会导致后者发生氢腐蚀。

从中子经济学的角度考虑,反应堆中核燃料的化学纯度用硼当量来评价。热中子反应堆燃料的总硼当量(OBE)定义为各种杂质的硼当量(BE)之和,通过下式计算:

$$\mathrm{OBE} = \sum \mathrm{BE}_j \tag{12.2}$$

各种杂质的硼当量均等于转换因子与其浓度的乘积:

$$\mathrm{BE}_j = [(A_\mathrm{B} \cdot \sigma_j)/(A_j \cdot \sigma_\mathrm{B})] \cdot x_j \tag{12.3}$$

式中:A_B、A_j分别为硼和杂质的原子质量;σ_B、σ_j分别为硼和杂质对速度 2200m/s 的中子的吸收截面;x_j为杂质浓度(μg/g)。

总硼当量不应大于 2.5。近年来,许多国家都趋于降低杂质的浓度,从而在稳定的技术条件下改善最终产品的品质。

12.2.2 UO_2粉末的物理化学性质

对于制造核燃料芯块的 UO_2 粉末而言,评价其特征的重要参数是分散性。分散性通过材料的比表面积、晶粒大小、平均粒径等参数表征。

比表面积是 UO_2粉末的一项重要参数,表征粉末的潜在用途及其适用于制造燃料芯块的程度。按照通常假设,所有粉末颗粒都呈直径相等的球形,那么知道了颗粒的尺寸之后就可以计算该粉末的比表面:

$$S = (n\pi d_\mathrm{av})/(\rho n\pi d_\mathrm{av}{}^3/6) = 6/(d_\mathrm{av}/\rho)(\mathrm{m}^2/\mathrm{g}) \tag{12.4}$$

式中:d_av、ρ 分别为平均粒径和密度。

对现有比表面积测量方法(低温气体(如 N_2)吸附到颗粒表面上,在大气压和低气压下测定气体的单层饱和吸附量)进行分析的结果表明,该参数蕴含丰富的信息,包括晶粒尺寸、粉末聚集和团聚程度、颗粒形状和结构等。因此,粉末的比表面积和可烧结性只在一定限度内具有相关性。该参数的上、下游都存在约束条件。

根据 ASTM 分类,粉末由以下类别组成:

(1) 单个颗粒:最小的分散体(晶粒或无定形颗粒)。

(2) 聚集体:一组彼此紧密联系的单个颗粒。

(3) 团聚物:通过较弱的内聚力结合在一起的两个或多个颗粒和(或)聚集体。

(4) 初级颗粒:一组单个颗粒、团聚物或聚集体,无法区分形成该组的各个部分。

这种分类方法特别适用于基于水化学工艺利用不溶性盐(多铀酸盐、碳酸盐、草酸盐等)沉淀获得的各种 UO_2粉末。在应用这些技术的过程中发现,二氧化铀颗粒仍然保持着其母体盐颗粒的形状。

人们在 UO_2粉末的粒径大小及孔隙率对其陶瓷性能的影响方面已经积累了大量数据。此外,人们还了解到,通过 UF_6高温水解得到的 UO_2粉末具有较低的孔隙率和比表面积,不容易形成聚集体、团聚物和其他使 UO_2粉末陶瓷性质复杂化的现象。

12.2.3 UO_2粉末的工艺特性

关于 UO_2粉末的工艺特性,首先应考虑堆积密度、振实密度和粉末流动性。堆积密度较小的粉末通常含有小尺寸晶粒;这些晶粒形成松散的团聚物,其各组分通过弱内聚力相连接。这种粉末具有良好的烧结性,但成型性较差。众所周知[1],粉末的烧结性随着堆积密度的增大而变差,这种关系仅适用于由水化学工艺得到的 UO_2粉末。

粉末的流动性表征其填充模具的能力。具有球状颗粒的粉末拥有较好的流动性。这些粉末由富集 U-235 同位素的 UF_6通过气相转化法得到:利用(H_2+O_2)火焰法或等离子体法转化 UF_6。

然而,仅分析 UO_2粉末的性质仍不足以评价 UO_2陶瓷的物理性质,需要进一步测试成型性和烧结性。为了获得高密度(10.4~10.7g/cm^3)芯块并得到具有可重复性的结果,这些工作很有必要。

12.2.4 UO_2的生产工艺对其特征和技术经济参数的影响

这个问题应当从几个方面进行考虑。广泛采用水化学工艺生产 UO_2粉末在核工业发展的早期阶段是合理的,因为当时缺乏足够的条件开发精制浓缩技术。然而,今天这项技术不仅过时,还造成大量的经济和环境问题。在苏联解体前,由原子能部组织的可行性研究发现,基于不溶性盐(多铀酸盐、铵盐、三碳酸铀酰等)沉淀、过滤、干燥、煅烧并产生母液的工艺成本比气相转化法昂贵得多,后者使用水蒸气将 UF_6直接转化成铀氧化物。气相转化法的经济性表现在生产主要铀氧化物 U_3O_8时无须一些反应试剂,并大幅减少了容器数量,从而降低了设备腐蚀杂质和结构材料对产物的污染。此外,在气相转化工艺中,UF_6以氢氟酸的形式回收,从而不产生含氟母液。气相转化法大幅简化了工艺流程,降低了废物产量和浓缩铀损失。按照 UF_6-U_3O_8的技术路线,许多工艺环节和监控参数都被精简。事实上,由 UF_6高温水解得到的 U_3O_8颗粒近似于球形,其粒径、比表面积和堆积密度可通过工艺参数(温度、压强、用中性气体稀释反应物等)进行控制。上述气相转化工艺相对于水化学工艺的优势促使该技术在核燃料氧化物生产阶段得到了广泛应用。这无疑会降低核燃料生产的成本,并有助于进一步提高社会对核能利用的接受程度。

基于 UF_6气相生产核燃料氧化物的技术可以分为两类:

(1) 火焰转化技术:利用氧气-氢气或空气-氢气火焰处理 UF_6。该方法旨在直接生成 UO_2,或在第一阶段得到 U_3O_8随后用氢还原 U_3O_8得到 UO_2。该过程中的氟以稀氢氟酸的形式回收。

(2) 等离子体转化技术:利用水蒸气等离子体将 UF_6转化成 U_3O_8,然后用氢气还原 U_3O_8得到 UO_2。根据所需 UO_2陶瓷的性能,此过程中的氟可以以浓氢氟酸的形式或作为无水氟化氢回收(在满足核安全要求的设备中利用水蒸气等离子体技术转化贫化 UF_6)。

技术经济研究表明,等离子体技术的产率更高、生产规模更大,环境风险却更低,并且能够回收更高品质的氟。因而,这项技术被苏联原子能部的冶金厂(位于今天的哈萨克斯坦)接受并实现应用[4]。下面讨论利用富集 U-235 同位素(U-235 含量不高于 5%)的 UF_6生产铀氧化物的等离子体技术。各种火焰转化技术在文献[1]中从与水化学工艺相配合的角度进行了详细讨论。

12.3 等离子体技术转化低富集度(5%)UF_6生产铀氧化物和氢氟酸溶液

为了生产用于 RBMK-1000 和 VVER-1000 反应堆的核燃料氧化物,我们在冶金厂建立了等离子体装置(中试厂),将富了 U-235 同位素(约 5%)的 UF_6铀转化成铀氧化物(U_3O_8)和氢氟酸[4,5]。该装置的示意图如图 12.3 所示。等离子体发生系统包括直流电源 3 和利用还原性介质——N_2工作的电弧等离子体炬 4。等离子体炬 4 与反应器 5 之间有水冷法兰,氮等离子体通过法兰通入反应器。UF_6从恒温容器 1 经过质量流量控制器通入反应器的上半部分,流动方向与氮等离子体的方向垂直。UF_6与氮等离子体混合后形成 U-F-N 等离子体。蒸气发生器 2 产生的过热蒸气沿切向通入等离子体反应器下部;蒸气流动速度的轴向分量向下,压缩 U-F-N 等离子体流并与之混合。最终,水蒸气等离子体按照以下方程实现 UF_6的转化:

$$UF_6(g) + 3H - OH(p) \longrightarrow U_3O_8(c) + 6HF(g) + 1/6O_2 \qquad (12.5)$$

从上述方程可以看出,最终产物是 U_3O_8粉末以及被过量水蒸气和氮气稀释的氟化氢。

等离子体转化产物进入容器 6,部分 U_3O_8沉积在这里,通过螺旋输送机 8

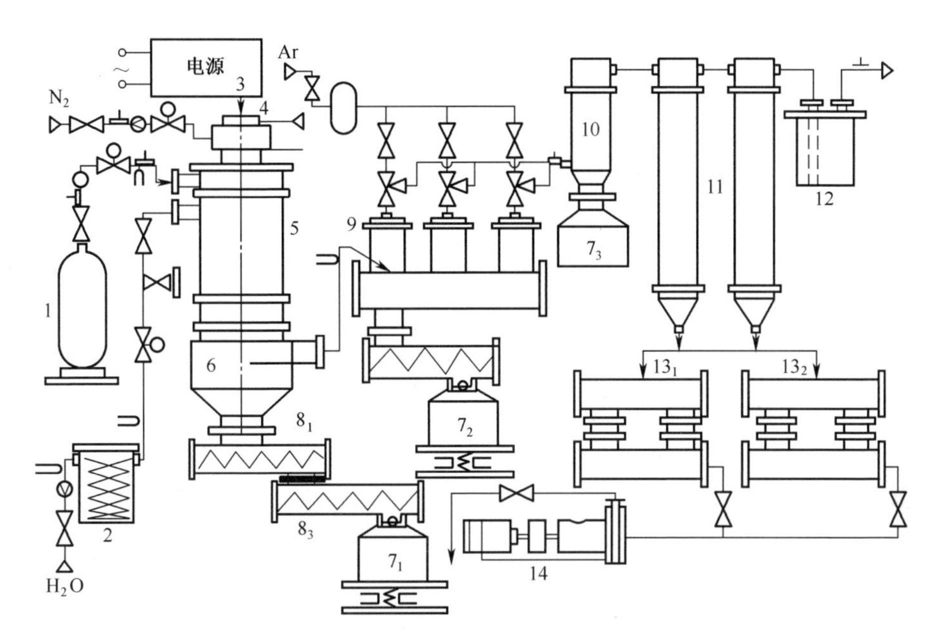

图 12.3　等离子体中试工厂的工艺流程图(将低富集度的 UF_6转化成用于制造反应堆核燃料的铀氧化物和氢氟酸)

1—UF_6容器;2—蒸气发生器;3—电弧等离子体炬的直流电源;4—电弧等离子体炬;5—等离子体反应器;6—铀氧化物粉末收集容器;7—铀氧化物粉末收集料仓;8—螺旋输送机;9—烧结金属过滤器;10—控制过滤器;11—HF 冷凝器;12—高效过滤器;13—氢氟酸收集容器;14—泵。

送入料仓 7_1。大部分 U_3O_8 进入设置有脉冲反吹系统的烧结金属过滤器 9。U_3O_8粉末从收集料仓 7_2中卸出。气相产物中含有被过量蒸气和氮气稀释的氟化氢,通过控制过滤器 10 之后进入冷凝器 11,在这里氢氟酸被冷凝并流入多个收集容器 13,然后被泵 14 泵出。废气通过高效过滤器 12 后进入通风系统。所有设备都满足基于含铀-235 同位素(含量≤5%)的 UF_6运行的核安全要求。

与图 11.5 所示等离子体转化贫化 UF_6装置不同的是,高富集度 UF_6的转化不是在水蒸气等离子体中进行,而是在 N-H-O-H 等离子体中:等离子体首先由 N_2产生,然后氮等离子体与蒸气和 UF_6混合,产生 N-H-O-H 等离子体。选择这样的工艺路线是为了满足冶金厂制造 UO_2燃料芯块时的压制烧结技术要求,并与水化学工艺——碳酸盐水解和萃取要求一致。由于上述因素的限制,等离子体技术仅有 20%~25%的潜力用于转化贫化 UF_6(图 11.5)。

图 12.3 所示的中试装置的工作参数如下:

(1) 电弧等离子体炬功率:100kW。

(2) 等离子体气体(N_2)消耗量:$(6\sim8)\times10^3$kg/s。

(3) 等离子体温度:约 5000K。

(4) 电弧等离子体炬效率:约 0.7。

(5) 驱动弧斑旋转的磁场的磁感应强度:6×10^{-2}T。

(6) 中试工厂的 UF_6产率:40~50kg/h。

(7) 水蒸气消耗量:22~24kg/h。

上述工艺过程得到的 U_3O_8中含有 2%~6%的残余氟和重新合成的 UO_2F_2。由于该产物将进一步被氢气还原处理,中间产物中的残余氟含量没有限制。工艺过程的副产品——氢氟酸溶液的成分类似于由 40%HF+60%H_2O 组成的共沸物。

在核燃料加工厂,水蒸气等离子体转化 UF_6得到的主要产物 UO_2按照标准技术制成 VVER-1000 和 RBMK-1000 反应堆的核燃料芯块,而工艺中产生的 U_3O_8则在 650℃的温度下被氢气还原成了 UO_2。UO_2芯块的制造工艺包括以下步骤:

(1) 原料在密封振动磨中研磨 30min;

(2) 与 5%(质量分数)的黏结剂(10%的聚乙烯醇水溶液)混合 15min;

(3) 振动造粒 15min;

(4) 以 1.5t/cm^{2}的压强压制成型;

(5) 在温度 1750℃的工业炉中烧结。

芯块的密度受 U_3O_8的物理、化学特性和工艺特性等综合因素的影响,其范围为 10.5~10.8g/cm^3。

尽管这种利用富集铀-235 同位素的 UF_6生产核燃料的技术正在不断发展,一些缺乏氟化设施的核燃料厂仍然坚持配备各种基于水化学工艺的辅助设施,从制造燃料芯块的各个环节所产生的废物和废料中回收浓缩铀。然而,原则上拥有氟化设施之后,这些工厂就可以进行氟化和精制,无须水化学设备,因为含铀废物可以通过氟化工艺实现纯化。

在 U-F-N-H-O 等离子体转化 UF_6的工艺中,含铀废料可能是沉积在等离子体反应器壁上的铀氧化物,这些被压缩或者熔融的沉积物被引入核燃料生产工艺中。在等离子体转化区内,在出于核安全考虑而形成的阻力较大的几何结构中,产物沉积的概率就会增大。通过采取理论分析和技术措施并选择适当的运行模式可以防止沉积物的形成。

为了掌握转化过程的理论基础,需要对转化机理进行深入理解,获得与转化动力学和中间产物性质有关的定量数据。根据这些数据控制反应物混合过程和混合物的运动规律,避免黏性中间产物与反应器壁接触;反应器壁的材料和温度也必须根据上述数据选取。然而这些理论基础并没有得到充分发展,原因在于缺乏重要的实验结果——反应混合物的成分沿等离子体反应器的轴向和径向坐标的分布以及随时间的变化。关于这方面的内容呈现在本书的第 11 章中,并在 12.4 节继续讨论。

为了防止产物沉积到反应器壁上,工程上已经形成了一系列技术,包括利用旋气压缩反应气流和施加外力等。

12.4 UF_6在水蒸气等离子体中的转化动力学和 U-F-N-O-N 等离子体的形成

在如图 12.3 所示的工艺流程中,氮等离子体与 UF_6和水蒸气混合之后产生了 U-F-N-O-H 等离子体。如第 11 章所述,混合物中发生了 20 多种均相和异相化学反应以及相变。这些过程在反应器出口通过铀氧化物发生一致和不一致凝结而终止。根据热力学计算结果,当温度高于 2000K 时铀氟化物会发生分解,使铀的化合价从+6 降低到+4,并且铀的氟化物和氟氧化物同时发生各种转化反应。不过,相关分析表明,U-F-N-H-O 等离子体中的所有化学反应和相变,都可限定为几个有限的化学反应过程和凝结过程;在反应器中获得的产物的成分在很大程度上取决于复合过程,这一过程在任何情况下都不可避免,因为所有多相复合反应都是强烈放热的。根据在第 11 章中分析的数据,UF_6在 U-F-N-H-O 等离子体中转化的机理通过如下化学反应方程和相变方程描述(见式(11.3)、式(11.4)、式(11.8)、式(11.13)、式(11.14)、式(11.16)):

$$UF_6(g) + H - OH(g) \xrightarrow{k_3} UOF_4(g) + 2HF(g)$$

$$UOF_6(g) + H - OH(g) \xrightarrow{k_4} UO_2F_2(g) + 2HF(g)$$

$$UO_2F_2(g) + H - OH(g) \xrightarrow{k_8} UO_3(g) + 2HF(g)$$

$$UO_2F_2(g) \xrightarrow{k_{13}} UO_2F_2(c)$$

$$UO_3(g) \xrightarrow{k_{14}} 1/3U_3O_8(c) + 1/6O_2(g)$$

$$UO_2F_2(c) + H - OH(g) \xrightarrow{k_{16}} U_3O_8(c) + 2HF(g) + 1/6O_2$$

式中:k_3、k_4、k_8、k_{13}、k_{14}、k_{16} 分别为相关化学反应和相变的动力学常数。

与水蒸气等离子体转化过程相同,UF_6在 N-H-O-H 等离子体中的气相化学转化过程也由一组动力学方程描述,差异在于此时等离子体的电位更低,并且由于氮气的稀释反应物的浓度也更小:

$$d(UF_6)/dt = k_3(UF_6)(HOH) \tag{12.6}$$

$$d(UOF_4)/dt = k_3(UF_6(HOH) - k_4(UOF_4)(HOH) \tag{12.7}$$

$$d(UO_2F_2)/dt = k_4(UOF_4)(HOH) - k_8(UO_2F_2)(HOH) - k_{13}(UO_2F_2) \tag{12.8}$$

$$d(UO_3)/dt = k_8(UO_2F_2)(HOH) - k_{14}(UO_3) \tag{12.9}$$

反应式(11.3)、式(11.4)、式(11.8)、式(11.13)、式(11.14)的动力学常数和 UF_6转化产物发生一致和不一致凝结的速率常数在第 11 章进行了估算，这里分析在 U-F-N-H-O 等离子体中的转化过程：

$$k_{11.3} = 4.98 \times 10^{13} \times \exp(-228434/RT) \tag{12.10}$$

$$k_{11.4} = 5.01 \times 10^{13} \times \exp(-240173/RT) \tag{12.11}$$

$$k_{11.8} = 5.07 \times 10^{13} \times \exp(-271506/RT) \tag{12.12}$$

反应式(11.3)、式(11.4)和式(11.8)是双分子反应，可由通式描述如下：

$$UO_xF_y + HOH \longrightarrow UO_{x+1}F_{y-2} + 2HF \tag{12.13}$$

反应速率为

$$d(UO_xF_y)/dt = k_r[(UO_xF_y)_0 - z_R] \cdot [(HOH)_0 - z] \tag{12.14}$$

式中：下标“0”表示起始浓度；z_R表示在反应过程中可转化物质的浓度变化。

转化所需的时间为

$$t_R = \frac{1}{k_R[(HOH)_0 - (UO_x - F_y)_0]} \ln \frac{(UO_xF_y)[(HOH)_0 - z_R]}{(HOH)_0 \cdot [(UO_xF_y)_0 - z_R]} \tag{12.15}$$

与 UF_6在 H-OH 等离子体中转化的情形不同，在 U-F-N-H-O 等离子体中，反应物 UF_6和 H-OH 等离子体被氮分子稀释了。为了确定 UF_6在 U-F-N-H-O 等离子体中转化动力学的理论参数，需要进行适当估算。反应条件：N_2流量 6×10^{-3}kg/s；UF_6流量 1.39×10^{-2}kg/s；水蒸气流量 2.2×10^{-3}kg/s。由于氮气的稀释，在 U-F-N-H-O 等离子体中 UF_6和水蒸气的起始浓度是水蒸气等离子体中的 1/2.3。

此外，需要计算在上述条件下铀化合物在 U-F-N-H-O 等离子体中从起始浓度降低 1、2、3 和 4 个数量级所需要的时间，即 $t_{0.9}$、$t_{0.99}$、$t_{0.999}$和 $t_{0.9999}$的值。t 值取决于温度和 H_2O 与 UF_6摩尔比，以及随着 UF_6转化率的提高反应产物产生的稀释效应。计算结果示于表 12.2~表 12.4。为了更加便于比较 UF_6在水蒸气等离子体和 U-F-N-H-O 等离子体中实现一定转化率所需的时间，我们计算了 H_2O 与 UF_6摩尔比一定时(分别为 3.1 和 12)，在 500~2000K 的温度范围内，转化率达到 0.9、0.99、0.999 和 0.9999 所需要的时间。

表12.2 给定H_2O与UF_6初始摩尔比,在不同温度下UF_6在U-F-N-H-O等离子体中按照方程式(11.3)达到0.9、0.99、0.999、0.9999的转化率所需要的时间(s)

T/K	反应物H_2O与UF_6摩尔比							
	3.1				12			
	0.9	0.99	0.999	0.9999	0.9	0.99	0.999	0.9999
500	2.4×10^{11}	5.1×10^{11}	7.9×10^{11}	1.1×10^{12}	10^{11}	2×10^{11}	3.1×10^{11}	4.1×10^{11}
750	4×10^{3}	8.6×10^{3}	1.3×10^{4}	1.8×10^{4}	1.7×10^{3}	3.4×10^{3}	5.1×10^{3}	6.9×10^{3}
1000	5.6×10^{-1}	1.2	1.84	2.53	2.3×10^{-1}	4.7×10^{-1}	7.2×10^{-1}	9.6×10^{-1}
1250	2.9×10^{-3}	6.2×10^{-3}	9.5×10^{-3}	1.3×10^{-2}	1.2×10^{-3}	2.4×10^{-3}	3.7×10^{-3}	4.9×10^{-3}
1500	8.8×10^{-5}	1.9×10^{-4}	2.9×10^{-4}	4×10^{-4}	3.7×10^{-5}	7.4×10^{-5}	1.1×10^{-4}	1.5×10^{-4}
1750	7.5×10^{-6}	1.6×10^{-5}	2.5×10^{-5}	3.4×10^{-5}	3.2×10^{-6}	6.4×10^{-6}	9.7×10^{-6}	1.3×10^{-5}
2000	1.2×10^{-6}	2.6×10^{-6}	4×10^{-6}	5.5×10^{-6}	5×10^{-7}	10^{-6}	2.5×10^{-6}	2.1×10^{-6}

表12.3 给定H_2O与UF_6初始摩尔比,在不同温度下UF_6在U-F-N-H-O等离子体中按照方程式(11.4)达到0.9、0.99、0.999、0.9999的转化率所需要的时间(s)

T/K	反应物H_2O与UF_6摩尔比							
	3.1				12			
	0.9	0.99	0.999	0.9999	0.9	0.99	0.999	0.9999
500	3.7×10^{12}	1.7×10^{13}	2.7×10^{13}	3.7×10^{13}	1.9×10^{12}	3.9×10^{12}	5.9×10^{12}	8×10^{12}
750	2.4×10^{4}	1.1×10^{5}	1.7×10^{5}	2.4×10^{5}	1.3×10^{4}	2.6×10^{4}	3.9×10^{4}	5.2×10^{4}
1000	2.1	9.65	1.5×10^{1}	2.1×10^{1}	1.1	2.25	3.4	4.6
1250	8.3×10^{-3}	3.1×10^{-2}	5.9×10^{-2}	8.1×10^{-2}	4.3×10^{-3}	8.7×10^{-3}	1.3×10^{-2}	1.8×10^{-2}
1500	2.1×10^{-4}	9.5×10^{-4}	1.5×10^{-3}	2.1×10^{-3}	1.1×10^{-4}	2.2×10^{-4}	3.3×10^{-4}	4.5×10^{-4}
1750	1.5×10^{-5}	7.1×10^{-5}	1.1×10^{-4}	1.5×10^{-4}	8.2×10^{-5}	1.7×10^{-5}	2.5×10^{-5}	3.4×10^{-5}
2000	2.2×10^{-6}	10^{-5}	1.6×10^{-5}	2.2×10^{-5}	1.2×10^{-6}	2.4×10^{-6}	3.6×10^{-6}	4.9×10^{-6}

表12.4 给定H_2O与UF_6初始摩尔比,在不同温度下UF_6在U-F-N-H-O等离子体中按照方程式(11.8)达到0.9、0.99、0.999、0.9999的转化率所需要的时间(s)

T/K	反应物H_2O与UF_6摩尔比							
	3.1				12			
	0.9	0.99	0.999	0.9999	0.9	0.99	0.999	0.9999
500	5.9×10^{16}	2.4×10^{17}	4.8×10^{17}	7.3×10^{17}	4.2×10^{15}	8.5×10^{15}	1.3×10^{15}	1.7×10^{16}
750	3.1×10^{7}	1.3×10^{8}	2.5×10^{8}	3.8×10^{8}	2.2×10^{6}	4.5×10^{6}	6.7×10^{6}	9×10^{6}

（续）

T/K	反应物 H_2O 与 UF_6摩尔比							
	3.1				12			
	0.9	0.99	0.999	0.9999	0.9	0.99	0.999	0.9999
1000	7.8×10^{2}	3.2×10^{3}	6.3×10^{3}	9.6×10^{3}	5.5×10^{1}	1.1×10^{2}	1.7×10^{2}	2.3×10^{2}
1250	1.42	5.76	1.2×10^{1}	1.7×10^{1}	10^{-1}	2×10^{-1}	3.1×10^{-1}	4.1×10^{-1}
1500	2.2×10^{-2}	8.9×10^{-2}	1.8×10^{-3}	2.7×10^{-1}	1.6×10^{-3}	3.2×10^{-3}	4.8×10^{-3}	6.4×10^{-3}
1750	1.2×10^{-3}	4.6×10^{-3}	9.2×10^{-3}	1.4×10^{-2}	8×10^{-5}	1.6×10^{-4}	2.5×10^{-4}	3.3×10^{-4}
2000	1.3×10^{-4}	5.1×10^{-4}	10^{-3}	1.5×10^{-3}	9×10^{-6}	1.8×10^{-5}	2.8×10^{-5}	3.7×10^{-5}

表12.2～表12.4中的计算结果表明，当水蒸气稍微过量（0.1mol）时，UF_6在U-F-N-H-O等离子体中转化成U_3O_8需要的时间更长，比在水蒸气等离子体中多2个数量级以上。在水蒸气稍微过量的情形中，即使是UF_6在U-F-N-H-O等离子体的主反应UF_6→UOF_4，在温度≤750K的范围内也是微乎其微的，只有当T≈1200K时转化率才达到0.9，远远超出等离子体化学反应所需的典型时间（10^{-2}～10^{-3}s）。在10^{-2}～10^{-3}s内，UF_6实现0.99～0.9999的转化率需要的温度更高（1300～1600K）。

当H_2O与UF_6的摩尔比接近化学计量比时，为了使UOF_4→UO_2F_2在10^{-2}～10^{-3}s内实现的转化率更高，达到0.99，温度需要达到约1500K；欲使转化率在同样长的时间内达到0.9999，需要的温度更高，达到约1650K。在反应物摩尔比相同的条件下，当T>1900K时，最后一步转化反应UO_2F_2→UO_3在10^{-2}～10^{-3}s内仅达到0.99；若需达到0.9999，温度需要达到T≈2000K。

在U-F-N-H-O等离子体中与在H-OH等离子体中的情形相同，化学计量过量的蒸气对于缩短反应式（11.3）的时间效果甚微，然而对反应式（11.4）的影响却更加明显，将最后一个转化步骤——反应式（11.8）的时间降低了1个数量级。基于上述原因，这一步骤对UF_6整个转化过程的影响在U-F-N-H-O等离子体中比在H-OH等离子体中更大（在相同的温度下所需的转化时间相差约2个数量级）。

计算值与实验值的比较表明，当H_2O与UF_6摩尔比为3.1时，为了使反应式（11.3）、式（11.4）和式（11.8）在10^{-2}～10^{-3}s的时间内至少达到0.9999的转化率，温度需要达到1900～2000K。为了防止UO_2F_2（式（11.4））凝结并得到U_3O_8（式（11.5）），必须限定反应物在等离子体反应器中停留的时间和反应器内的温度，此时UO_2F_2凝结的时间大于其转化成铀氧化物所需的时间。第11章表明，对于UF_6在H-OH等离子体中转化的过程，当温度高于1600K时可以避

免 UO_2F_2凝结。在这种情况下,UF_6在 H-OH 等离子体和 U-F-N-H-O 等离子体中都可以实现完全转化得到铀氧化物,生成的所有 HF 都存在于气相中。

然而,当采用上述工艺路线时,UF_6与氮等离子体和水蒸气混合之后,难以将 U-F-N-H-O 等离子体的温度维持在 2000K 附近,原因在于等离子体炬产生的氮等离子体的初始温度不高于 4000K。此外,还需考虑 UF_6与水蒸气的比热比。因此,在 UF_6和水蒸气与氮等离子体混合的过程中,温度急剧下降到 1000~1500K。这时,UF_6的完全转化最终无法实现,UO_2F_2也在反应器中凝结;当凝聚相与气相产物分离时,铀的氟氧化物在反应器内壁上发生复合。

原则上,就 UO_2芯块生产技术的具体要求而言,试验工厂及其运行工艺条件均处于中间阶段,但有望将等离子体技术推进到工业生产水平,即使以某种“简化”的形式,原因在于在当时有限的条件下已经获得了积极的技术、经济效果和良好的社会影响。基于该技术发展的需要,下一步将重建该装置,将等离子体气体由 N_2更换为水蒸气,选定等离子体单元的工作模式,使产物 U_3O_8满足生产 UO_2粉末和芯块的要求。在工业中,当以 80%~95%的 HF 的形式利用氟时,对其蒸馏可以得到无水氟化氢,去除杂质净化之后就具有很高的商业价值。上述工艺可以得到 40%HF+60%H_2O 的共沸物;同时,在气体净化系统中实现铀浓缩。不幸的是,现在已经没有机会将等离子体技术推进到这样的高度了。1991 年,该冶金厂也成了他人之物。

参考文献

[1] А. А. Майоров, И. Б. Браверман. Технология получения порошков керамической двуокиси урана. М: Энергоатомиздат, 1985.

[2] BNFL Fuel/Oxide Fuels for the Worlds Energy Suppliers. Special Issue: BNFL Public Relation Department, Code 04/95/382, 1995.

[3] Uranium Dioxide. Specification / Novosibirsk Chemical Concentrates Plant Inc. NUCTEC-95.

[4] Conference on Application of Atomic Energy in Republic of Kazakhstan. Conference Proceeings. Alma-Ata, Kazakhstan, 1996.

[5] Ю. Н. Туманов, А. Ф. Галкин, В. Д. Русанов. В книге Энциклопедический справочник машиностроения: Машиностроение в ядерной энергетике: т. IV-25: раздел 7: Специальное оборудование ядерной энергетики под ред. В. А. Глухих: гл. 7.3: Плазменное оборудование, 29 с. Издательство Машиностроение 2004-2005.

第13章 分离等离子体化学产物的新技术与新工艺

13.1 两相工艺流体中的组分分离问题

在等离子体处理物料的过程中，由于产物在气相或异相反应中生成，因而具有很高的分散性，或者提高了原料的分散性。在这些过程中，原料以气态或者预先转化为气态通入等离子体反应器。作为例子，下面给出一些描述这些产物制备过程的总反应方程：

$$(UF_6)_g + 3(H-OH)_{plasma} \longrightarrow 1/3(U_3O_8)_d + 6(HF)_g + 1/6(O_2)_g \quad (13.1)$$

$$(UF_6)_g + (H_2)_{plasma} \longrightarrow (UF_4)_d + 2(HF)_g \quad (13.2)$$

$$(SiF_4)_g + 2(H-OH)_{plasma} \longrightarrow (SiO_2)_d + 4(HF)_g \quad (13.3)$$

$$(ZrF_4)_g + 2(H-OH)_{plasma} \longrightarrow (ZrO_2)_d + 4(HF)_g \quad (13.4)$$

$$[(UO)_2(NO_3)_3]_{aq} \longrightarrow 1/3(U_3O_8)_d + 2(NO_2)_g + (NO)_g + 5/3(O_2)_g \quad (13.5)$$

由气相生成产物（见第10、11章）的条件可以得到任意所需粒度的粉末，其最小尺寸甚至达到临界晶核半径。临界晶核半径为10^{-7}cm，而粉末体系从粒径为10^{-5}cm就开始表现出超分散的特殊性质[1]。超分散体系的性质是由小颗粒中的原子和离子的状态决定，可以认为是凝聚相的一种特殊状态。在等离子体制备超细粉末的工艺中，金属或陶瓷粉末的凝聚发生在高过饱和体系中，并且过饱和状态消失的主要原因在于形成了凝聚相晶核。这样得到的粉末粒径通常小于10^{-5}cm，并且粉末呈现出非平衡结构。在这种粉末中，与非平衡状态对应的物相被稳定下来；有时还形成在压实状态下未观察到物相。因此，过渡金属（Nb、Ta、Mo、W）的超细粉末具有与块体材料不同的晶体结构。此外，气态杂质对金属超细粉末的晶格参数影响很大[2]。

对于超细粉末,其表面能接近于结合能(表 13.1)。粒径为 10nm 的颗粒,原子数量约为 30000,占颗粒原子总数的 20%;粒径为 1nm 的颗粒,原子数量约为 30,是颗粒原子总数的 99%[2]。对于这样的颗粒,其表面性质与整体性质之间的界限已不复存在。

表 13.1　超细粉末的性质

粒径/nm	比表面积/(m^2/g)	表面能/(N/m)	表面能与结合能之比
1	4.2×10^{4}	1.4×10^{-1}	1.7×10^{-1}
10	4.2×10^{3}	1.4×10^{-2}	1.7×10^{-2}
100	4.2×10^{2}	1.4×10^{-3}	1.7×10^{-3}
1000	4.2×10^{1}	1.4×10^{-4}	1.7×10^{-4}
10000	4.2	1.4×10^{-5}	1.7×10^{-5}

超细材料由于具有上述特性,因而其物理、化学、热、电等性能与压实状态之间存在差异。一个例子可以作为证明——超细金属材料的熔点取决于其粒径。此外,在超导态转变温度和电特性方面,也可以观察到分散性产生的同样显著的影响。超分散体系所具有的非平衡晶体结构和过剩能量提高了这些材料在各种工艺中的化学活性。因此,过渡金属的细分散粉末具有自燃性,易于在空气中自燃。超细粉末自燃性的降低可以通过使超细颗粒吸附气体抑制其表面活性来实现,或者在这样的条件下分离等离子体设备中的粉末,获得接近于平衡态的结构。

基于上述原因,在从等离子体反应器出口的工艺流体中分离分散颗粒的过程中,重要的是保持这些材料所具有的特性。事实上,在粉末冶金中使用超细粉末,可以得到高密度产物,而无须预先对颗粒进行分级,并且初级制品的密度也低得多。超细粉具有少量的体缺陷,不过这为生产密度接近理论值的陶瓷材料创造了先决条件。与使用标准粒度的粉末材料相比,使用超细粉末时,陶瓷材料可以在较低温度下获得。这种效应已在多项研究工作中得到证实。

因此,等离子体烧结碳化钽(TaC)的温度范围为 1373~2073K,而工业级微米 TaC 粉末的烧结温度则超过 3273K[2]。研究发现[2],比表面积为 30m^2/g 的氮化铝(AlN)的烧结温度较比表面积为 5m^2/g 的低 300K。高分散性氮化钛的烧结温度则降低更多,甚至达到 500~700K[3]。

等离子体工艺制备的细分散金属和陶瓷粉末被用于烧结工艺和异种材料结合,以及改善由标准粒度粉末生产的制品的性质,获得具有特殊功能的材料,如高矫顽力永磁产品,实现金属和合金的分散硬化,以及沉积保护涂层等。然而,超细金属和陶瓷粉末的应用范围宽得多,涉及生产无线电电子学领域的磁性电介质材料、具有高介电常数的人工合成电介质材料、高分散材料铁氧体以及性能特殊的半导体材料等。此外,超细粉末用于化工合成催化剂和试剂的需求也在不断增长。尤其是,当氮化钛(TiN)颗粒的粒径降低到15nm时,其临界磁场强度是同成分块体材料的20倍[4]。随着粒径减小,制品的力学性能逐渐提高:耐久性和屈服强度增大,蓄冷容量阈值减小[5]。

借助现代等离子体技术,可以在工业规模上生产具有上述性能的材料。然而,问题在于如何将这些材料从等离子体流中分离出来,即以高分离系数分离粉末与气态产物[6]。不过,即使这种分离在技术上是可行的,这个问题仍然没有完全解决,因为还必须将获得的粉末与高温气流及其他影响因素迅速隔离开来,防止性能发生退化,特别是防止出现团聚和烧结。因此,本章的主要内容是分析苏联/俄罗斯在这一领域中的工艺和技术水平,给出原子能部所属机构从等离子体工艺中分离产物的研究成果,以及这些机构基于扩散法分离铀同位素所使用的材料而发展出的新型过滤技术和工艺。

13.2 解决等离子体工艺中粉末与气体分离问题的总体方案

从等离子体工艺中分离粉末与气体的技术基础是使用各种各样的过滤器,如沉降室、惯性和离心力分离器、洗涤分离器、静电分离器、布袋分离器以及织物与烧结金属过滤器等。表13.2列出了一些分离工业上应用最广泛的设备及主要特征。

表 13.2 分离粉末与气体的设备和技术特征[6]

分离粉末与气体的设备类型 \ 颗粒捕集效率/% \ 颗粒粒径/μm	50.0	5.0	1.0	0.1~0.5
1. 沉降室	95.0	10.0	—	—
2. 惯性分离器	96.0	16.0	3.0	—
3. 旋风分离器	96.0	89.0	13.0	—
4. 洗涤器	100.0	94.0	48.0	10.0
5. 文丘里洗涤器	100.0	99.0	96.0	50.0
6. 静电分离器	99.0	98.0	92.0	40.0
7. 布袋分离器	100.0	99.0	98.0	95.0
8. 带有涂层的布袋分离器	100.0	100.0	99.0	99.0
9. 彼得里亚诺夫(И. В. Петрянов-Соколов)纤维布袋分离器(PF)	100.0	100.0	99.99	99.99

注:И. В. 彼得里亚诺夫·索科洛夫(И. В. Петрянов-Соколов),1907—1996年,苏联物理化学家,1938与Н.Д罗泽布鲁姆(Н. Д. Розенблюм)在苏联卡尔波夫气溶胶实验室制备了静电纤维,并应用于过滤器,即PF过滤器(现在称为纳米纤维过滤器)。——译者

表13.2所列的数据表明,捕集粒径小于5μm、特别是0.1~0.5μm的颗粒是一项复杂的技术问题。只有PF细纤维过滤器(表13.2)对粒径小于1μm的颗粒捕获效率才能够达到99.99%以上,但这只是部分地解决产物捕集问题。这种过滤器不能再生,而且不能在T>60℃和湿度>85%的条件下工作。陶瓷过滤器也无法适用于等离子体系统颗粒产物的分离,因为其材质较脆,并且对温度变化敏感。在等离子体工艺中,最常用的是烧结金属多孔过滤材料,但是烧结粉末过滤器由于具有扩展、变窄、曲折、弯曲的孔,过滤效率虽高但小孔易于快速堵塞。尽管如此,烧结金属过滤器仍然被认为是等离子体装置中收集和获得分散相的最有效工具。通过使用特殊技术和新材料,这种过滤器的缺陷正逐渐得到弥补甚至完全消除。下面的章节呈现由RRC KI开发并在乌拉尔电化学联合体实施的一些方法,特别是基于电解纤维开发的过滤器、双层镍过滤器和不锈钢过滤器的加工技术,以及过滤器脉冲反吹再生的研究和计算方法[7]。

解决等离子体工艺中(由式(13.1)~式(13.5)所描述的过程)颗粒物与气态产物分离问题的主要方法,是沉降室与烧结金属过滤器相结合。其中,沉降室的几何形状不受核安全原则的限制;烧结金属过滤器安装在沉降室出口(图4.20和图4.21)或者其顶盖上,从而过滤下的产物可直接送入反应器下方的接收容器中。烧结金属过滤器的再生通过周期性脉冲反吹实现。

这种相分离方案的缺陷在于,过滤器的透气性逐渐降低,因为颗粒不断沉积在过滤器通道中,即使采取定期再生措施。此外,RRC KI尝试还使用了薄壁烧结金属以弥补这种缺陷,然而并没有显著延长过滤器的使用寿命。

等离子体装置每小时的产能可以达到几十或几百千克(如由式(13.1)~式(13.5)描述的工艺),使烧结金属过滤器的负荷很大,以至于烧结金属过滤器不间断工作的使用寿命无法有效地支撑连续运行工况。有鉴于此,RRC KI不得不采用复杂的相分离和捕集系统:第一级为离心分离器,进行预过滤,分离气流中的大部分颗粒物;在离心分离器之后设置烧结金属过滤器,进行精过滤(图4.24和图4.29)。

常见的离心分离器是旋风分离器,尤其是逆流旋风分离器,其中两相流(BF)从分离器的上部通入,形成旋流,沿圆筒形或圆锥形壳体的内壁向下运动(图13.1)。由于气流的离心加速度很大,大于重力几个数量级,颗粒从气流中分离出来并沉积在壁上,然后被二次流夹带(DP为分散相)并沉积在料斗中。在旋风分离器中心,滤去颗粒物的旋转气流由下向上通过与分离器同轴的出口排出。

RRC KI开发了多种逆流旋风分离器(图13.2)。这些分离器的圆筒段与圆锥段比例各不相同,因此流动阻力、颗粒物收集效率以及产物分离成本等均有差异。颗粒物与气流分离的效率主要取决于颗粒物的分散性(表13.3)。

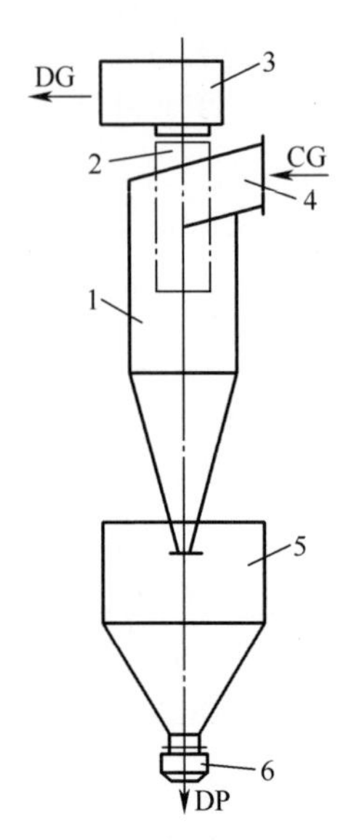

图 13.1　分离两相流组分的逆流旋风分离器

1—分离器壳体;2—排气管;3—螺旋输送机;4—入口;5—接料斗;6—出料阀;
DG—含有颗粒物的两相流;CG—洁净气流;DP—颗粒物(粉末)。

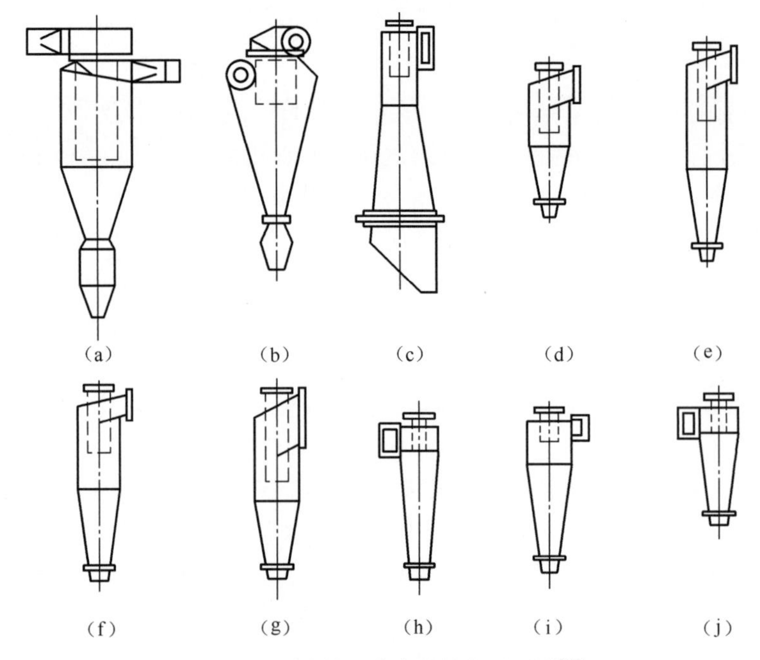

图 13.2　逆流旋风分离器的主要型号[8]

(a)LIOT;(b)CIOT;(c)VCIIIOT;(d)CN-15u;(e)CN-15;(f)CN-16;(g)CN-24;
(h)SK-CN-33;(i)UC-38;(j)SK-CN-34。

表 13.3　NIOGas(НИОГаза)开发的旋风分离器对颗粒物的分离效率[8]

逆流旋风分离器的型号	壳体直径/mm	对不同粒径颗粒的分离效率%		
		粒径 5μm	粒径 10μm	粒径 20μm
CN-15	800	50	85	97.15
	600	55	87	98.0
	400	69	89	98.5
	200	77	93	99.0
	100	83	95	99.5
CN-15u	800	40	81	97.0
	200	70	91	99.0
CN-24	1000	30	70	96.0
	500	41	79	97.0
CN-11	800	65	90	98.0
	100	86	97	99.8

根据分离理论[8],旋风分离器能够完全捕捉到的颗粒的最小粒径可由下式计算:

$$d_{cr} = 3\{(w_0/w_{in}) \cdot [D/(h_1 \cdot H)] \cdot (W_g \cdot \mu_g/\Delta P) \cdot [\rho_g/(\rho_s - \rho_g)]\}^{1/2} \tag{13.6}$$

式中:w_0、w_{in}分别为旋风分离器中气流的轴向速度和入口处的速度;D 为旋风分离器直径;h_1、H 分别为旋风分离器的圆筒段高度和总高度;W_g为气体的体积流量;μ_g为气体黏度;ρ_g、ρ_s分别为气相和凝聚相的密度;ΔP 为分离器的流动阻力,且有

$$\Delta P = \xi \cdot \rho_g \cdot w_g^2/2 \tag{13.7}$$

其中:ζ 为分离器的流动阻力系数。

旋风分离器的特征是对粒径小于 10μm,尤其是小于 5μm 的颗粒物的捕集效率急剧降低(表 13.3)。不过,对粒径小于 1μm 的颗粒,旋风分离器的捕集效率可以通过使用逆流旋风分离器(旋风分离器或(VDC)[8])加以改进。除其他效果之外,这样可以显著减少细颗粒物的二次夹带。工业上应用最广泛的两种旋风分离器是喷嘴型和叶片型,两者示于图 13.3。

在喷嘴型 VDC 中,气固两相流沿着旋流叶片 2 和折流板进入腔室 1。在入口的环形通道上安装了挡板 3,防止清洁气体夹带气溶胶。颗粒物在辅助气流形成的离心流的作用下从上升流向周边偏转,然后下落;辅助气流从喷嘴 4 通入。反复通入辅助气流,分离效率可以达到约 99%。

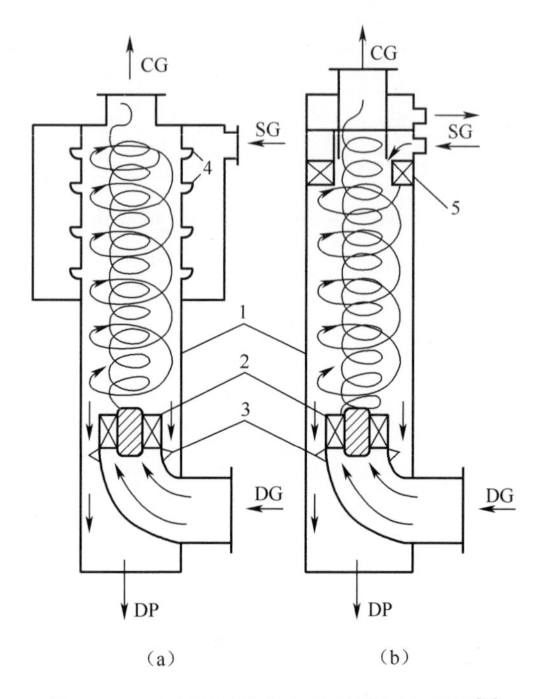

图 13.3　分离颗粒物与气流的旋风分离器[8]
(a)喷嘴型;(b)叶片型。
1—腔室;2—旋流叶片;3—挡板;4—喷嘴;5—环形旋流叶片;
DG—两相(主)流;SG—辅助气流;CG—洁净气流;DP—颗粒物(粉末)。

在叶片型 VDC 中,从净化后的气流中抽取辅助气流,然后通过环形旋流叶片 5 与倾斜叶片通入分离器。这样能够实现很高的分离效率,即使存在细颗粒。例如,当壳体直径(D_s = 200mm)和体积流速(V_g = 330m^3/h)均相同时,喷嘴型 VDC 的捕集效率 η=96.5%(ΔP=3.7×10^{3}Pa),而对于叶片型,则 η=98%(ΔP=2.8×10^{3}Pa)。

13.3　使用旋风分离器从等离子体反应器的产物中分离颗粒物

喷嘴型旋风分离器的发展是为了在等离子体脱硝硝酸铀酰和其他硝酸盐原料(见第 4、5 章)的过程中分离颗粒物与气体产物。与标准旋风分离器[8]相比,这种分离器的首要特征在于使用与主气流相同的两相流代替辅助气流:将初始两相流分成两股，通过喷嘴分别通入 VDC，使它们相向运动并且旋转方向相同。第二个重要特征是相分离就发生在等离子体反应器的出口处，也就是在高温或更高温度（400~500℃）下进行。

如前面所述，RRC KI 开发了各类喷嘴型和叶片型 VDC。图 13.4 示出了具备核安全几何形状的 VDC 结构。这种 VDC 用于分离各种等离子体反应器产生的硝酸盐脱硝产物。这种逆流两相流旋风分离器与图 13.3 所示的 VDC 方案相似，但是等离子体反应器排气管中的气流被分到两条管道中，在 VDC 内相向运动。因此，该分离设备主要包括以下单元：壳体 1，通入主两相流的管道 2，通入辅助两相流的总管 3，旋流器 4，通入辅助两相流的喷嘴 5，排气隔板 6。在主、辅两相流相互作用的过程中，颗粒物向分离器壁运动，并沉降到下部，清洁气体通过分离器上部的排气口排出。

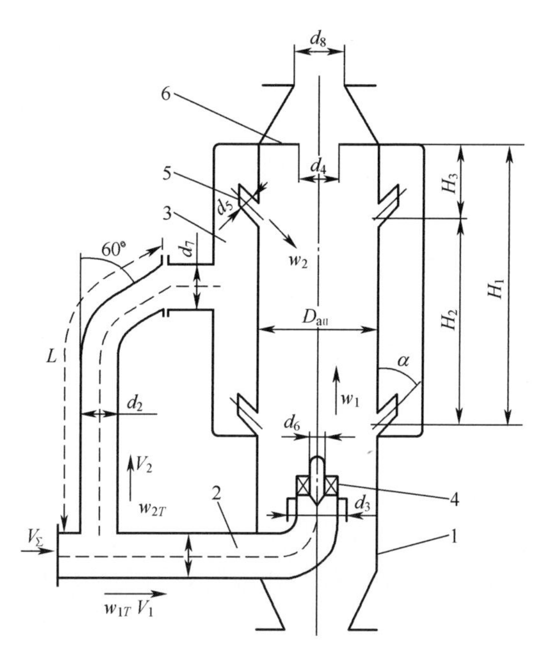

图 13.4　在等离子体反应器出口分离颗粒物与氮氧化物的逆流两相流旋风分离器示意图

1—壳体；2—主两相流通入管；3—辅助两相流总管；4—旋流器；5—辅助两相流喷嘴；6—排气隔板；V_{Σ}—管内两相流的流速；V_1，V_2—在 VDC 管道中气体的流动速度；W_{1S}，W_{2S}—管道内分散相颗粒的速度；w_1，w_2—旋流在 VDC 工作空间内的平移速度；D，d—直径；H_1，H_2，H_3—VDC 相关部件的高度。

图 13.4 所示的逆流旋风分离器的技术参数如下：

（1）处理流量：0.22m^3/s。

（2）分离介质的温度：400℃。

(3) 分离器内的压强:0.1MPa。

(4) 分离器的压损:0.07MPa。

(5) 所捕集的颗粒物中粒径大于10μm的颗粒含量:80%。

(6) 所捕获的颗粒物中粒径小于10μm的颗粒含量:20%。

颗粒物的捕集效率取决于主气流和辅助气流的速度(分别为w_1和w_2,并分别由旋流器直径d_6和喷嘴直径d_3决定)之比。此外,喷嘴的倾角α,H_1、H_2、H_3之间的比值,直径D、d_4和d_8以及分离器的其他参数对分离效率均有很大影响。直径D=200mm、H_1=1500mm的VDC工作效率最高。遗憾的是,在较高温度(对于当前情形是400℃)下,对于按照式(13.5)从等离子体反应器件得到的气态产物和颗粒物,在描述其分离过程时,基于室温模拟实验结果计算得到的所有VDC参数均发生了根本性改变,原因在于气体的密度、黏度以及其他参数均发生了变化。由于科技文献中尚无分离这种产物的全尺寸试验数据,下面给出一些与这种分离有关的较大规模实验的结果。

对旋风分离器进行流体力学分析的结果表明,这种分离器的捕集效率主要取决于如下多个因素:辅助气流流速,分离器高度,主气流与辅助气流的总流量,主气流中的颗粒物含量,主气流旋流器叶片倾角以及辅助气流喷嘴倾角等。通过控制这些参数,可以在分离器的工作空间内实现预先设定的气体动力学效果,从而保证其有效运行。然而,形成分离效率最高的气流形态往往伴随着复杂的过程,不适合进行解析描述。与普通旋风分离器相比,VDC的工作模式更难以进行数学计算,特别是在较高温度下分离化学活性物相,至少难以在分离器的工作性能与其基本几何参数之间建立联系。因此,工业用VDC的发展主要基于实验研究结果并运用相似理论实现。

为了获得设计分离设备所需的基础数据,我们建立了实验平台,方案如图13.5所示。实验平台的主要设备是VDC模型2(图13.4),由玻璃制成。该设备的直径为90mm,高为800mm。两列直径为8mm的喷嘴4以45°倾角沿设备高度方向布置,每列6个,通入辅助气流。空气经过总管由阀门1分配到两条通道中:一条是含颗粒物的主气流,另一条是捕集颗粒物的辅助气流。主气流中的颗粒物由螺旋进料器和喷射器送入(图中未示出)。主流通过旋流器5通入VDC。为了控制逸出的颗粒物,系统安装了高捕集效率的旋风分离器6,其效率通过结构设计和提高运行成本来保证(由于流动阻力大,这种运行模式并不适合工业应用)。

在VDC模型2和旋风分离器6中捕集到的颗粒物收集在料斗9中。超细粉末(小于3μm)捕集在配备了脉冲再生系统(气体反吹)的烧结金属过滤器7上。在实验研究中,改变了隔板3的位置和喷嘴4的数量,由此改变设备高度和

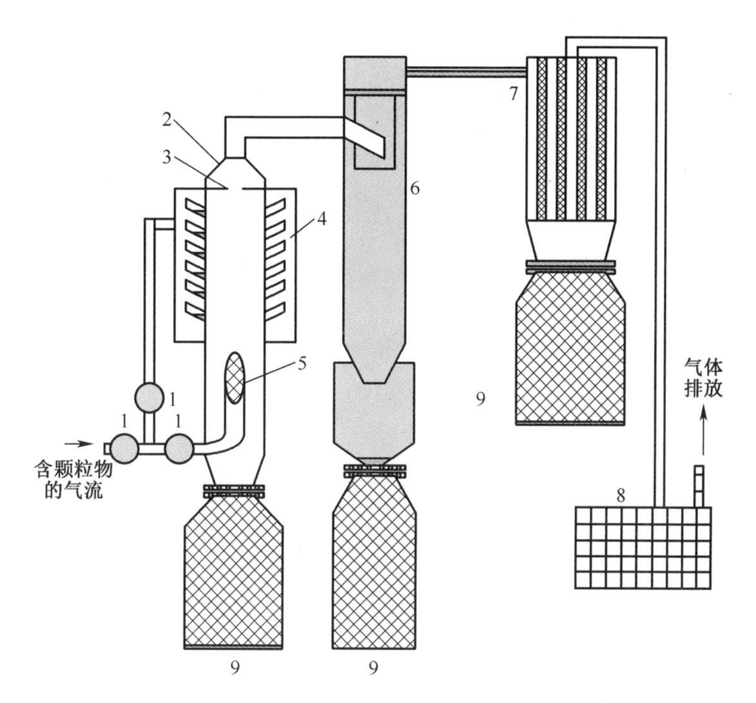

图 13.5 获得旋风分离器基础设计数据的实验平台

1—阀门;2—分离器;3—排气隔板;4—辅助气流喷嘴;5—旋流器;6—旋风分离器;7—具有反吹再生功能的烧结金属过滤器;8—引风机;9—料斗。

辅助气流速度。此外,还调节了主气流与辅助气流的流速比。

VDC 的效率定义为总捕集效率 θ,是分离器捕集并收集在料斗中的粉末质量与螺旋进料器送入的粉末总质量的比值。所有实验均按照如下步骤进行:将限制隔板 3 调整到所需位置,连接所需数量的工作喷嘴 4,启动引风机 8,通过调节阀 1 将主气流和辅助气流调节到所需的流量。然后将粉末称重并装入料斗,启动螺旋进料器将粉末输送到气流中,使含有颗粒物的气流通入分离器 2,其中的颗粒被捕集下来。实验过程中需记录下列参数:

(1) 分离器中粉末的高度;

(2) 主气流和辅助气流总管中的压强 P_1 与 P_2;

(3) 装置的压降 ΔP;

(4) 主气流和辅助气流的流量;

(5) 实验持续的时间。

实验结束后,从料斗 9 中卸载所捕集到的颗粒物,称重并计算捕集效率,误差不超过 1.0%。

为了研究粉末捕集过程,实验采用了等离子体技术生产的氧化锆粉末(由硝酸锆溶液脱硝得到)。粉末的堆积密度、比重瓶法测量的密度以及比表面积分别为 $1360kg/m^3$、$5500kg/m^3$ 和 $3m^2/g$,粒度数据列于表 13.4。

表 13.4 用于研究 VDC 模型运行参数的氧化锆粉末的粒度分布

粒度/μm	<2	2~4	4~6	6~8	8~10	10~15	15~20	>20	最大	最小
含量/%	22	25	15	9	8	11	6	4	35	0.6

在含尘气体的流速恒定为 $V_1 = 20Nm^3/h$、含尘量 $g = 100\mu g/Nm^3$ 的条件下,通过改变喷嘴的数量确定了捕集效率 θ 与辅助气流流速的关系。当参数 ε(主气流与辅助气流的流量比)分别为 0.5 和 1.0 时,确定了不同辅助气体流量的捕集效率。结果发现,当 $\varepsilon = V_1/V_2$ 为恒定值时,增大辅助气流的流速,捕集效率会增大,并且设备中粉末的高度也会降低。

当参数 ε 为定值时,随着设备高度的增加捕集效率也增大;但是当高度达到 0.7m 之后,捕集效率不再发生实质性变化。增大设备高度使捕获颗粒物的高度也增大。对于相同的设备高度,捕集效率随参数 ε 的增加而增大。

增大气体总流量(或等同地增大轴向气流的速度),使装置内气体流速达到 2.6m/s,捕集效率将提高,达到 99.2%。在所有试验中,当总气流量为 $44m^3/h$ 时,设备的流动阻力均不大于 2.8kPa。气流中的粉末含量在 $0.02 \sim 0.14kg/m^3$ 的范围内变化时,对捕集效率没有影响。此外,所有上述关系均是使用 6 叶片喷嘴作为旋流器得到的。

基于试验结果,对于已知粒度分布的粉末(表 13.4),建议 VDC 的运行参数如下:

(1) 装置入口处辅助气流(捕集气流)的流速:≥50m/s。

(2) 旋流器出口处主气流的流速:20~30m/s。

(3) 主气流与辅助气流的流量比:≥1。

(4) 分离设备的高度:(3~6)D。

(5) 辅助气流喷嘴倾角:30°。

(6) 主气流旋流器叶片倾角:30°。

(7) 装置内的轴向气流速度:3~5m/s。

(8) 捕集效率:95%~99%。

13.3.1 分离等离子体脱硝反应器产生的气体与颗粒物的核安全旋风分离器

研究得到的上述 VDC 运行模式用于核安全等离子体装置的试验研究,该装置设计用于对高富集度(高达 90%的 U-235)硝酸铀酰溶液脱硝。进入 VDC 的铀氧化物颗粒的尺寸为 1~5μm,所以为了获得最大捕集效率,参数 $\varepsilon = V_2/V_1 = 2$,喷嘴中的气流速度选定为 100m/s。用于核安全等离子体装置的 VDC 的主要技术特征如下:

(1) 直径:0.1m。

(2) 分离区高度:0.6m。

(3) 主气流流量:100Nm^3/h。

(4) 辅助气流(捕集气流)与主气流的流量比:2。

(5) 主气流温度:700~800K。

(6) VDC 的压损:10kPa。

(7) 设备入口处辅助气流(捕集气流)的流速:100m/s。

(8) 辅助气流喷嘴的倾角:30°。

(9) 所捕获颗粒的平均粒径:1~5μm。

(10) 预期捕集效率:90%~95%。

VDC 单元的设计处理量为 300m^3/h,其结构足够紧凑,与等离子体脱硝的工艺流程相匹配。含铀氧化物的气流最终通过两台精细过滤器净化,过滤元件是 10X18H10T 不锈钢制成的壁厚 1~3mm、直径 40mm、长 600mm 的金属筒,或者选用型号为 C-500 的金属网织物。过滤面积基于含铀氧化物固体颗粒的最大允许过滤速率(0.03~0.05m/s)来计算。过滤器的再生通过压缩空气反吹实现。

13.3.2 在中试等离子体装置"TOR"上捕集铀氧化物颗粒的 VDC 试验研究

中试等离子体装置"TOR"的建立是为了对主要系统和设备的运行性能进行试验验证,特别是确定对铀氧化物实现最高捕集效率的运行模式。

"TOR"的工艺流程和设备类似于图 4.20、图 4.24、图 4.29 等所示的其他等离子体化学装置。"TOR"的脱硝过程按照如下步骤执行:原液从容器输送到安装在反应器顶盖上的喷嘴中。热载体(等离子体气体——空气)通入同样安装在顶盖上喷嘴周围的 3 支等离子体炬中。等离子体炬与等离子体化学反应器(PCR)的轴线成 60°夹角。加热后的空气被通入 PCR 的混合室与雾化溶液反应。PCR 排放的烟尘和气流首先进入沉降室,实现初步分离。然后,气流进入旋风分离器,气流中所含的 95%的铀氧化物被捕集下来。铀氧化物的最终捕集(99.9%)发生在过滤器面积为 1.5m^2 的烧结金属过滤器内。在运行过程中,烧结金属过滤器通过压缩空气反吹实现再生。此外,系统还配备了冷凝器和洗涤器,用于捕集氮氧化物。"TOR"装置的技术特征如下:

(1) 等离子体炬总功率:100kW。

(2) 等离子体气体:空气。

(3) 等离子体气体总流量:30m^3/h。

(4) 加热后空气的平均温度:3500~5000K。

(5) 硝酸盐溶液处理能力:0.03m^3/h。

(6) 溶液中的铀含量:0.15kgU/kg。

旋风分离器按照含尘气流分离的方案连接(图13.4)。该方案经济性较好,因为无须从PCR的冷却夹套中引出捕集颗粒物的气流。如同图13.4那样,气流输送管道的末端是带有折流板的旋流器。捕集气流沿切向通入环形支管和喷嘴中。支管的直径按照避免颗粒物在分离器壁上沉积进行计算。通过节流装置调节辅助气流流量 V_2 与主气流流量 V_1 的比值。

通过改变下列参数研究颗粒物捕集效率最大时设备的运行模式:

(1) 气体的流量比 $\varepsilon = V_2/V_1$。

(2) 捕集气流输入单元的设计,以改变二次气流通入位置并调节其脉动。

(3) 主气流输入单元的设计。

(4) 通入设备的气体总流量 $V = V_1 + V_2$。

根据上述方案,我们开展了一系列试验(表13.5),由此得到铀氧化物捕集效率最高时的运行参数:

(1) 含尘气体总流量:82Nm^3/h。

(2) 含尘气体在 T=790K 的总流量:237m^3/h。

(3) 辅助气流在 T=595K 的流量 V_2:165m^3/h。

(4) 主气流在 T=790K 的流量 V_1:20m^3/h。

(5) 辅助气流从喷嘴中喷出的流速 W_2:101m/s。

(6) 旋流器出口处主气流的流速 W_1:5.5m/s。

(7) 分离器高度:0.5m。

(8) 分离器直径:0.1m。

(9) 气流中的颗粒物含量:0.068kg/m^3。

(10) 辅助气流的喷嘴数量:4。

(11) 分离器的流动阻力:10kPa。

(12) 铀氧化物捕集效率:93.9%。

表13.5 "TOR"装置中VDC运行模式的试验研究

试验序号	V_2/(m^3/h)	V_1/(m^3/h)	ε	T_1/K	T_1/K	k	w_1	w_2	H	α
1	145.0	20.0	7.2	510	707	202	89.0	16.7	0.5	82.0

(续)

试验序号	V_2/(m^3/h)	V_1/(m^3/h)	ε	T_1/K	T_1/K	k	w_1	w_2	H	α
2	182.0	23.5	7.7	570	810	89.7	12.0	6.6	0.4	91.9
注:向 VDC 中通入两相流的流量 $G = 0.01m^3/h$;VDC 的直径 $D = 0.1m$;辅助气流通过 4 个直径为 0.012m 的喷嘴通入分离器										

在整个试验期间,VDC 运行稳定,流动阻力没有发生明显变化,且设备内壁保持清洁,无颗粒物沉积。在沉降室和 VDC 中获得的总捕集效率达到 97%。气流的最终净化由烧结金属滤波器实现,在其表面达到 99.9%的净化效率。这样,通往第三级金属网过滤器或者烧结金属过滤器的颗粒物比例不超过 5%。

在"TOR"装置上通过等离子体分解硝酸盐溶液制备分子量小于氧化铀的金属氧化物的试验结果表明,与捕集铀氧化物粉末的情形相比,分离系统的各个环节对这些金属氧化物的捕集效率相差很大。作为一个例子,考虑磷灰石浮选尾矿(TAF)的再加工及颗粒物捕集过程。原料采用硝酸盐溶液,其成分是比铀盐更轻的盐类,以氧化物形式表示(质量分数):Al_2O_3,90.0%;Fe_2O_3,0.5%;Na_2O,5.5%;K_2O,3.0%;SiO_2,0.2%。溶液中氧化物的总浓度为 120g/L。对于由 TAF 衍生出的硝酸盐,等离子体脱硝的工艺参数如表 13.6 所列,玻璃纤维过滤器(GCF)用作捕集颗粒产物的第三级。

表 13.6 对磷灰石浮选尾矿脱硝的工艺参数

试验序号	等离子体反应器功率/kW	等离子体气体流量/(Nm^3/h)	硝酸盐溶液流量/(L/h)	VDC 入口的气体温度/K	第一、二级的捕集效率/%	处理溶液的比能耗[①]/(kW·h/kg)
1	58.1	14.3	15	900	20	1.54
2	58.2	14.6	22	920	25	1.05
3	62.2	14.1	10	970	64	2.47
4	59.7	14.7	15	870	47	1.58
5	64.9	14.1	22	930	43	1.17
6	57.5	14.5	10	950	39	2.28
7	57.5	14.2	10	1010	63	2.28
8	63.0	14.5	10	1020	67	2.50
①TAF 硝酸盐溶液脱硝的理论比能耗为 1.11kW·h/kg						

从表 13.6 中可以看出,对于分离系统的第 1 级和 2 级(沉降室和 VDC 料斗)而言,最佳总捕集效率出现在试验 3 和 8 中,分别达到 64%和 67%,最高比

能耗分别达到 2.47kW h/kg 和 2.50kW h/kg。与马弗炉中煅烧硝酸盐的传统工艺相比,等离子体脱硝过程的能耗急剧飙升会降低其经济性。实验 1、2 和 6 的低捕集效率与颗粒物产量低有关,因为试验过程中在 PCR 壁上形成了凝固的熔融体,在 VDC 壁上沉积了粉末。在试验 3 和 8 中,第三级玻璃纤维过滤器上捕集的比例分别为 33%和 36%,与生产铀氧化物的"TOR"系统相比,第三级捕集的比例是后者的 7 倍。

因此,可以发现,在等离子体脱硝硝酸盐溶液或熔体的过程中,氧化物产物的相对分子质量越小,在反应器沉降室和 VDC 料斗中实现的总捕集效率就越低,相应地精细过滤器(烧结金属、金属网或玻璃纤维)上的负荷就越大。因此,对于等离子体制备氧化物材料这种技术,其通用性主要取决于颗粒物收集问题解决的程度。一种有效的捕集系统应当包括料斗、储存容器、VDC 和烧结金属(或玻璃纤维)过滤器。

然而,遗憾的是,用于分离等离子体工艺中的气体与颗粒物时,离心分离器结合烧结金属过滤器这一方案的效率并不总是令人满意。此外,在由式(13.1)和式(13.2)所描述的工艺中,这种组合方式通常不可行,因为冷凝产物对各类离心分离器的壁面都具有很强的附着性,因此有必要采用另一种分离方式——金属网过滤器与烧结金属结合(图 11.5)。此外,在第 4 章的微波等离子体脱硝系统中,采用了另外一种组合方式:静电过滤器结合烧结金属过滤器。这里讨论的是新一代烧结金属过滤器,由 RRC KI 基于气体扩散法分离同位素所使用的烧结金属过滤器发展而来。这种新型过滤器将在下面介绍。

13.4 在分离等离子体工艺产生的颗粒物与气态产物时,两相流通过烧结金属过滤器的过程以及烧结金属过滤器的制造与运行

含有颗粒物的气流通过孔径小于或等于颗粒物尺寸的多孔材料,在过滤该两相混合物来分离颗粒物与气体(颗粒筛分机理)时,烧结金属过滤器的效率最高。但是,随着孔径减小流动阻力逐渐增大,为了保证过滤器的必要性能,必须减小过滤材料的厚度或者增大过滤面积。然而,厚度减小会导致强度降低,过滤面积增大的程度是有限的。尽管增大过滤器两端的压差和过滤速率可以提高产能,但同时会加剧颗粒物的泄漏,并且还必须提高过滤材料的强度。

粉末冶金提供了许多制造金属多孔材料的方法。轧制是制造烧结粉末多孔材料的最有效和最经济的途径。我们掌握了厚 0.24~1.0mm、长 600mm、宽 100~300mm 的镍、钛和不锈钢等多孔片材的生产技术。然而,这些片材的孔径

较大(20~40μm),过滤效率较低。随着薄轧镍基合金技术的进步,圆筒形过滤器可以确保对直径小于 0.5μm 的颗粒达到 99.9%以上的捕集效率。然而,由于它的比热低、与高温颗粒接触时易烧穿,尤其在强氧化剂(如氟)气氛中更是如此,因而薄轧制工艺生产的过滤器不适用于中试和工业水平的等离子体系统。另外,小孔(3~6mm)、厚壁(2~3mm)轧制材料的流动阻力很大。

B. H. 普鲁萨科夫(B. H. Прусаков)等[7]发现,机械强度、流动特性以及颗粒物净化效率的最佳关系可以通过使用两层过滤元件来实现,其中厚壁、粗孔过滤单元保证过滤器的力学性能,而薄壁细孔材料则对气溶胶进行高效率净化。

为了获得孔隙率均匀的超长过滤元件(Filter Element, FE,滤芯),需要采用静压和爆炸压实法。但是,这两种方法都具有效率低、成本高的缺陷。尽管在模具中压制过滤器元件的方法得到了广泛应用,但是仍然存在严重缺陷:孔隙率和孔尺寸沿高度方向分布不均匀,降低了过滤器元件的性能并限制过滤元件的高度。采用焊接与退火结合的工艺有可能克服这些缺陷。

对于粗糙多孔基材,人们已经掌握了提高高度方向的孔隙率、增大强度与透气性之比的方法,包括使用表面光滑的球形颗粒、使用平均粒径分布较窄的粉末、在孔隙中选择性沉积金属、选择性引入粉末、选择性蚀刻以及粉末球化等。然而,当使用金属粉末时,这些方法的作用相当有限。

使用短切金属纤维制造过滤器元件可以获得孔隙率高(60%~70%)、力学性能好的产品。但是,这种方法的应用非常有限,原因在于这种纤维的生产成本较高。后来,开发通过电解水溶液制备短切镍纤维的技术。电解纤维具有良好的流动性,可以加工成孔隙率均匀的过滤元件。

形成细多孔层的方法有两种:在粗多孔层上再附加一层细多孔层,或者在粗多孔基材中形成细多孔层。其中,最简单的方法是分层沉积不同粒径的粉末,沉积之后进行反复烧结。在这种情况下,后续层的形成可以通过松散嵌入粉末或者对悬浊液进行过滤得到。然而,这些方法都具有显著的缺陷:由于颗粒大小不同,在烧结过程中收缩状况存在差异,导致细多孔层在烧结过程开裂。为了解决这一问题,目前采用以下方法在大孔内形成细多孔层:将高度分散的悬浊液或者含有细颗粒物的气流通过粗多孔基材,随后再进行烧结。不过,这样会在基材的厚度方向上形成不利于气流扩散的细多孔层。

在粗多孔基材的孔内形成细多孔层的最有效的方法是适用增稠悬浊液。这种方法可以在进气口形成厚度为 10~20μm 的细多孔薄层,透气性和对气溶胶的捕集效率最佳[9-12]。

从气固相分离和再生的角度看,金属多孔材料过滤器的最佳设计方案:底端封闭的圆筒状过滤元件上端固定在过滤器隔板上,隔板将过滤器空间分隔成尘区和净区,滤芯与过滤器本体结构之间通过焊接实现良好密封。这种设计确保密封可靠,并将过滤装置进行合理分区。含尘气流从外部通入,使滤芯的过滤能力提高20%~30%,并改善了再生条件。根据文献[7,9-11],滤芯的最佳直径$D=20\sim80$mm。以下是滤芯的优选尺寸:外径$D_0=(40\pm0.5)$mm,内径$D_I=(34\pm0.5)$mm。滤芯高度L与直径D_0的最佳比值为2~5。

滤芯再生的方法也非常重要。经验表明,振打、超声波以及气流吹扫等再生方法的有效性均不足,并可能导致过滤器不可逆地快速堵塞。这些方法必须与其他方法相结合,如反吹。反吹是最简单、最有效的再生方法。然而,为了避免小孔发生堵塞,在选择再生方法时应考虑过滤器的结构细节。因此,为了防止过滤器孔出现不可逆的堵塞,过滤器需要保持部分再生,再生速率V_p与过滤速率V_ϕ的关系为$V_p/V_\phi=0.5\sim0.6$;这一关系仅对过滤器元件由球形粉末制成的情形有效。对于由非球形粉末制成的过滤器,再生速率与过滤速率的比例应为$V_p/V_\phi=0.7\sim0.8$;但是这仅适用于粗孔过滤器。根据文献[7,9-11],对于孔径2~7μm的过滤器,当$V_p/V_\phi=1.0\sim1.3$时,再生效果最佳;并且,在同一项研究工作中,脉冲反吹被认为是最有前景的再生方式;它可以无须中断工艺流程实现过滤器再生,并且使反吹气体流量减少到1/5~1/3。

13.5 等离子体工艺产生的颗粒物与气态产物的分离机制

在特定情况下,当颗粒的直径大于过滤器孔径时,颗粒就会根据筛分机制完全捕集在多孔介质表面上。然而,对于尺寸比孔径小得多的颗粒,其捕集机制则更加复杂。这些机制在H. M. 特洛森科(H. M. Троценко)、A. V. 萨尼兹科(A. B. Загнитько)等人的工作(如文献[7,9-12])中得到了详尽分析。以下是上述工作的一些重要成果。

理论研究发现[12],气溶胶颗粒通过接触R、扩散D、惯性力St、重力G以及静电力E等作用机制实现沉降。颗粒在过滤器表面的沉积和沉积层的形成示意如图13.6所示。对于每一种机制,均得到了捕集效率与相关参数的数学关系,而总捕集效率表示为各种机制和雷诺数Re的函数:

$$\eta_\Sigma = f(R, D, \mathrm{St}, G, E, Re) \tag{13.8}$$

$$\eta_\Sigma = \eta_R + \eta_D + \eta_{\mathrm{St}} + \eta_G + \eta_{\mathrm{E}} \tag{13.9}$$

13.5.1 扩散沉降

基于扩散机理沉降的捕集效率由下式给出:

$$\eta_D = 2.7Pe^{-2.3} = 2.7(2 \times a \times U/D)^{-2/3} \tag{13.10}$$

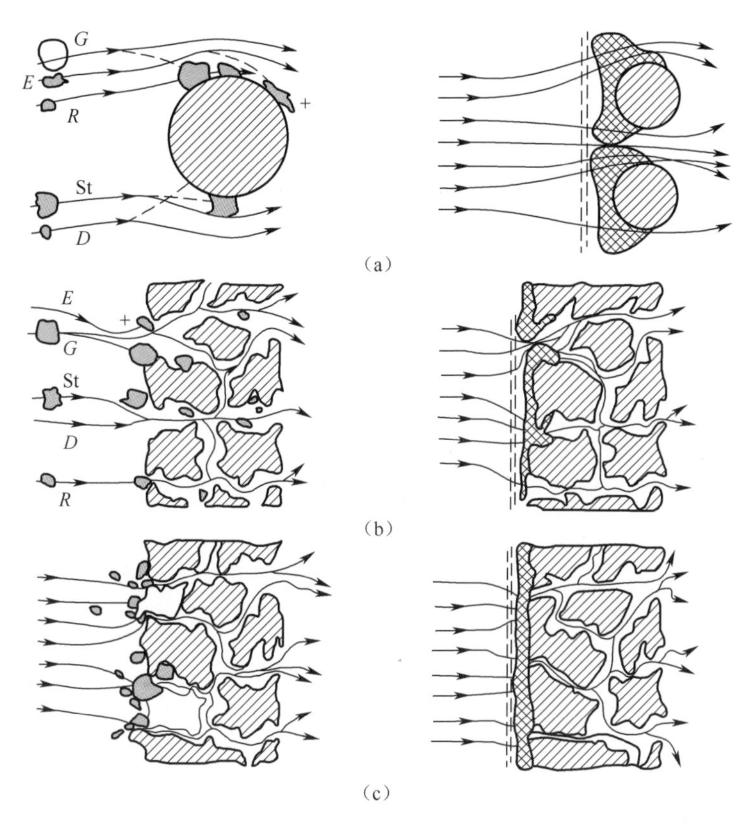

图 13.6　气固两相流通过过滤元件时气体与颗粒物分离过程示意图
(a)细纤维过滤器;(b)烧结粉末过滤器;(c)双层过滤器。

式中:Pe 为贝克来数;a 为颗粒的粒径(m);U 为气体流速(m/s);D 为颗粒物扩散系数。

对于不同粒径的颗粒,其布朗扩散系数根据下式确定:

$$D = (kTC)/(6\pi\eta r) \tag{13.11}$$

式中:k 为玻耳兹曼常数;T 为温度(K);C 为滑移修正系数;η 为气体黏度(Pa·s);r 为颗粒半径(m)。

计算结果列于表 13.7。

表 13.7　不同粒径颗粒的扩散系数

颗粒直径 $a/10^7$m	1	3	6	10	30	50
$D/(10^{10}m^2/s)$	6.82	1.12	0.435	0.274	0.076	0.048

为了解决颗粒在长细管内的沉降问题,可以采用汤生所用的方法[12]:

$$n/n_0 = 4[0.1952\exp(-7.313\zeta) + 9.0243\exp(-44.4\zeta)] \quad (13.12)$$

式中：n、n_0 分别为进入和离开过滤器的颗粒数；系数 ζ 为

$$\zeta = (D \cdot \delta \cdot a_{tort} \cdot p)/(2d_F^2 \cdot U)$$

其中：D 为扩散系数；d 为试样厚度(m)；a_{tort} 为曲折因子；p 为孔隙率(%)；d_F 为过滤材料孔径(m)；U 为气体流速(m/s)。

对式(13.12)的分析表明，基于扩散机制的捕集效率 n/n_0 在 $\zeta \geqslant 0.045$ 才具有重要意义。对于厚度 $d=0.003$m、$a_{tort}=2p=0.15$ 的过滤元件，ζ 的计算值以及与 d_F 和 U 的关系在表13.8中给出。

表13.8 对于不同孔隙率的颗粒，系数 ζ 与气体流速 U 和孔径 d_F 的关系

颗粒直径/m	扩散系数 D /(m^2/s)	气体流速 /(m/s)	对于不同孔径(m)系数 ζ 的值		
			5×10^{-6}	10^{-5}	5×10^{-5}
10^{-6}	6.82×10^{-10}	0.01	5.3	1.334	0.053
		0.1	0.53	0.13	0.0053
		1.0	0.053	0.013	0.00053
6×10^{-7}	4.4×10^{-11}	0.01	0.4	0.09	0.004
		0.1	0.04	0.009	0.0004
		1.0	0.004	0.0009	0.00004
10^{-7}	2.7×10^{-11}	0.01	0.2	0.053	0.0002
		0.1	0.02	0.0053	0.00002
		1.0	0.002	0.00053	0.000002

当气体流量为0.01～1.0m/s时，使用孔径为5～20μm的过滤器捕集0.1～0.6μm的颗粒，ζ 约为0.045，这表明了扩散沉降机制的重要性。在研究颗粒物沉积到多孔过滤元件的过程中，这一机制必须予以考虑。

13.5.2 接触沉降

接触沉降的主要参数是待过滤颗粒的直径 d_{DP} 与形成多孔介质的颗粒直径 d_{FP} 之比，即 $R = d_{DP}/d_{FP}$。颗粒物在过滤器表面接触沉降的效率通过如下方程确定：

$$\eta_R = W/(\alpha \times U) = [1/2 \times (2 - \ln Re)] \times [2(1+R)/\ln(1+R) - (1+R) + 1/(1+R)] \quad (13.13)$$

式中：W 为含颗粒物气流的流量(m^3/s)；a 为在过滤器表面形成的较大颗粒的半径(m)；U 为气体流速(m/s)。

当 $R = d_{DP}/d_{FP} < 0.12$ 时,不会发生接触沉降现象;但是,如果 $R>0.12$,颗粒将遵从接触沉降机理沉积下来。当使用孔径 7~15μm 过滤器捕集直径 1~5μm 的颗粒时,接触沉降机理就非常重要。

13.5.3 惯性沉降

惯性沉降是指颗粒在惯性力作用下从两相流中分离出来,与设备壁面接触后沉积下来的现象。惯性沉降机制的特征在于无量纲斯托克斯数:

$$St = (pd^2v)/18\eta\alpha \tag{13.14}$$

当斯托克斯数小于某一临界值 $St_{cr} = 1/16 = 0.055$ 时,惯性沉降并不明显。对于密度 $\rho=5\times10^3\text{kg/m}^3$、颗粒粒径 $d_P=1\times10^{-6}\text{m}$、流速 $v=1\text{m/s}$、过滤孔径 $d_F=1\times10^{-7}\text{m}$ 的情形,斯托克斯数为 0.1,大于临界值。因而,在分析沉降效率、解决气体净化的实际问题时,惯性机制应予以考虑。

13.5.4 重力沉降

在重力作用下对颗粒捕集的情形由以下关系描述:

$$\eta_G = U_S/U = St/2Fr \tag{13.15}$$

$$U_S = [d^2(\rho_P - \rho_G)g]/18\eta \tag{13.16}$$

式中:Fr 为弗劳德数, $Fr = U^2/2 \cdot d \cdot g$;U_S为自由沉降速率(m/s);U 为气体流速(m/s);ρ_P、ρ_G分别为颗粒和载气的密度(kg/m^3);g 为重力加速度。

根据重力沉降机理,当 $\eta_G>0.01$ 时颗粒在过滤器孔隙中发生沉降。计算表明,在所关注的范围内($d_P=(0.1\sim1)\times10^{-6}\text{m}$,$d_F=(8\sim20)\times10^{-6}\text{m}$,$U=0.1\sim1.0\text{m/s}$),$\eta_G\leqslant0.01$。因此,粉尘的重力沉降机制可以忽略不计。

13.5.5 静电沉降

当过滤器表面存在电荷时,就会吸引颗粒物沉降到过滤材料上。此时,捕集效率由如下关系式表示:

$$\eta_E = -\pi K_K \tag{13.17}$$

式中:K_K为无量纲参数。

当金属过滤器元件不带电荷、只有颗粒带电时,K_K可由如下关系描述:

$$K_K = \{g^2/[96(\pi)^2\varepsilon_0\eta rd^2U]\}\{(\varepsilon_F - 1)/(\varepsilon_F + 1)\} \tag{13.18}$$

式中:g 为颗粒所带的电荷(C);ε_0为绝对介电常数($8.85\times10^{-12}\text{F/m}$);$\varepsilon_F$为过滤材料的介电常数。

电荷的存在促进颗粒团聚和生长,大大提高了集尘效率。但是,这样会导致颗粒上电荷减少,并且过滤材料上不存在电荷,因而静电相互作用机制对颗粒沉积的影响可以忽略。

从沉降机制的分析可以看出,对于所讨论的情况,颗粒物的沉降主要取决于接触、扩散和惯性等作用机制。此外,还存在多种机制的相互影响。接触和惯性机制的相互影响通过如下关系描述:

$$\eta_{ST+R}=0.16[R+(0.25+0.4R)St-0.0263RSt^2] \tag{13.19}$$

扩散和接触机制相互影响形成的沉积效率由下式确定:

$$\eta_{D+R}=1.24K_H^{-0.5}Pe^{-0.5}R^{2/3} \tag{13.20}$$

式中:K_H为流体动力学因子,$K_H=-1.151P-0.52$。

颗粒物的总沉积率具有如下形式:

$$\eta_\Sigma=\eta_R+\eta_D+\eta_{St}+\eta_{St+R}+\eta_{D+R} \tag{13.21}$$

颗粒物通过多孔介质的渗透系数由下式确定:

$$\lg(1/K)=(0.651\eta(1-p)\eta_\Sigma)/5d_pp \tag{13.22}$$

式中:K为颗粒物的渗透系数。

式(13.22)用于初步评价过滤材料的效率。

在颗粒沉积之后,过滤器的阻力ΔP是洁净过滤器的阻力ΔP_0、空隙中颗粒层的阻力ΔP_{P1}与过滤器表面颗粒层的阻力ΔP_{P11}之和:

$$\begin{aligned}\Delta P&=\Delta P_0+\Delta P_{P1}+\Delta P_{P11}\\&=[(U\delta\eta)/K_P]+[a/2(\pi)^2a_{tort}^2]\{[(1-p_P)^2\eta G_1U\psi^2]/[p_P^3\cdot d_{DP}^2\rho K_1^2]\}\\&\quad+g_{1,2}\{[\pi^2a_{tort}^2(1-p_P)^2\eta G_2U]/[p_P^3\cdot d_{Dp}^2\rho]\}\end{aligned} \tag{13.23}$$

式中:U为气体流速(m/s);δ为过滤材料的厚度(m);η为气体的动力黏度(Pa·s);K_P为洁净过滤器的渗透系数;a_{tort}为堆积颗粒层的曲折因子;p_P为灰尘层的孔隙率(%);ψ为灰尘层内、外的气体流速比;ρ为堆积密度(kg/m^3);d_{DP}为颗粒物的平均直径(m);G_1、G_2分别为沉积在孔隙内和表面上单位体积的颗粒质量(kg/m^3)。

13.6 双层过滤元件的发展

RRC KI分子物理研究所开发了双层烧结金属过滤器,这种过滤器由渗透性高、外表面相对粗糙的多孔基材和沉积在基材外表面的细孔过滤薄层构成。

13.6.1 双层过滤元件制造技术

文献[7,9-12]比较了以粉末和纤维为原料制造烧结金属过滤器基材的各种技术。所用的纤维由溶液电解得到——通入溶液中的电流密度比通常情况更大;电解纤维在1100~1200℃氢气中退火之后,强度接近于拉伸纤维。通过改变溶液的浓度、电流密度、阴极的表面结构和沉积时间,可以电解得到直径5~200μm、长5~50mm的纤维。电解纤维具有多种形状和良好的流动性(如粉末一样)。

使用电解和拉伸纤维可以得到孔隙率为80%的过滤元件。并且,由于颗粒之间大量接触,过滤元件具有足够的机械性能保持其形状:以80%的孔隙率,许用压强可以达到0.3~0.5MPa,拉伸强度为10~17MPa,断裂伸长率为1.5%~2.0%。当颗粒与过滤元件之间的接触面积较小时,在粉末烧结期间孔隙率达到65%时就失去延展性;孔隙率为80%时过滤元件几乎没有强度,很容易被破坏。过滤元件的平均孔径和最大孔径取决于孔隙率和纤维(颗粒)的尺寸。对于由流体流动法(如气体渗透法)测得的平均孔径与孔隙率的依赖关系而言,电解纤维压制制品比拉伸纤维制品更加显著,原因在于两种纤维的结构存在差异。电解纤维的发达结构使压制制品的结构更加均匀,并且同等条件下的最大孔径比粉末压制制品的更小。

电解纤维过滤元件的渗透系数由如下关系描述:

$$q = Kp^m \tag{13.24}$$

式中:q为气体渗透系数($m^3/(m^2 \cdot s)$);K、m为取决于纤维尺寸和形状的常数;p为孔隙率(%)。

对所有过滤元件而言,空气的渗透性随着过滤元件上压降的增大而线性增大,这表明层流气流的运动遵从达西定律:

$$Q = (K_p S \Delta P)/(\eta \delta) \tag{13.25}$$

式中:Q为气体流量(m^3/s);K_P为渗透系数(达西系数)(m^2);S为过滤面积(m^2);ΔP为过滤器的压降(Pa);η为气体黏度(Pa·s);δ为过滤元件壁厚。

渗透系数通过经验关系确定:

$$\lg K_p = -1.077 + 1.744\lg(d_F \cdot p) \tag{13.26}$$

式中:d_F为过滤孔径。

渗透系数由二项式表示:

$$1/K_p = \alpha + (\beta P_2 M Q)/\eta RT \tag{13.27}$$

式中:α、β分别为气流的黏性阻力系数(m^{-2})和惯性阻力系数(m^{-1});P_2为过滤器上游的压强(Pa);M为气体的分子量(kg/mol);Q为气体透过率($m^3/(m^2 \cdot s)$);η为气体黏度(Pa·s);R为气体常数;T为温度(K)。

对于多孔纤维材料,拉伸纤维制品的α和β值都小于电解纤维制品和粉末制品,原因在于拉伸原料纤维表面光滑并且曲折因子较小(表13.9)。

表 13.9　由纤维和粉末制成的多孔材料的曲折因子[12]

材料 \ 曲折因子 \ 孔隙率/%		40	50	60	70	80
拉伸纤维	$d_{av}=70\mu m$	1.21	1.29	1.43	1.60	1.7
	$d_{av}=40\mu m$	1.14	1.17	1.28	1.54	1.8
电解纤维	$d_{av}=71\mu m$	1.70	1.80	2.0	2.2	2.3
	$d_{av}=42\mu m$	—	1.70	1.8	2.0	2.1
喷射粉末 $d_{av}=73\mu m$		1.50	1.60	1.70	—	—
电解粉末 $d_{av}=73\mu m$		1.3	1.5	1.6	1.7	—
注：d_{av}为平均直径						

电解纤维具有完善的结构，由其制成的过滤元件的曲折因子比由拉伸纤维制成的高 1.3~1.4 倍，比粉末制成的高 1.1~1.15 倍。因此，电解纤维制成的过滤元件的惯性系数比拉伸纤维和粉末制成的过滤元件大得多。

对于各类过滤元件，其黏性阻力系数均比较接近。表 13.10 和表 13.11 给出了具有相同许用内压的过滤元件的渗透系数和参数 K_P/d_{MAX}的值。

表 13.10　当压降为 5.8kPa 时，具有相同许用内压、由不同材料制成的 $\phi40\times80\times3$ 的过滤器元件的渗透系数[12]

过滤元件材料 \ 渗透系数 \ 内压/MPa	0.5	1.0	1.5	2.0
拉伸镍纤维($d_{av}=70\mu m$)	7.1	5.7	3.5	1.7
电解镍纤维($d_{av}=71\mu m$)	7.0	5.8	3.8	1.8
喷射镍粉($d_{av}=73\mu m$)	1.8	1.3	0.8	0.4

表 13.11　具有相同许用内压，由不同纤维制成的过滤元件的 K_P/d_{MAX} 值[12]

过滤元件材料 \ $K_P/d_{MAX}/10^{-7}$ \ 内压/MPa	0.3	0.5	1.0	1.5	2.0	3.0
拉伸镍纤维($d_{av}=70\mu m$)	190	95	77	68	58	40
电解镍纤维($d_{av}=71\mu m$)	220	122	100	90	70	41
喷射镍粉($d_{av}=73\mu m$)	71	45	28	22	17	18
电解镍粉($d_{av}=40\mu m$)	—	35	24	18	13	11

从表 13.10 可以看出,当强度和内部静态载荷均相同时,由电解纤维制成的过滤元件的渗透系数与拉伸纤维制品相当,比镍粉制品高 4~6 倍。电解纤维制成的过滤元件的参数 K_P/d_{MAX}(表 13.11),比拉伸纤维过滤元件高 10%~30%,比粉末过滤元件高 3~4 倍。这些实验数据表明,电解纤维制成的过滤元件的力学性能优于粉末制品,与拉伸纤维制品相似。同时,电解纤维的成本和制造复杂性是拉伸纤维的 1/5~1/3。

制造高渗透性基材的最佳参数如下:

(1) 纤维厚度:50~80μm。

(2) 材料组成(质量分数):主要成分是纤维;此外,石蜡 5%~7%,碳酸镍 8%~9%。

(3) 碳酸镍与纤维混合时间:1.5~2h。

(4) 分批装入具有耙型搅拌器的混合器,加热至 120~130℃,搅拌,然后冷却至 30~40℃。

(5) 用孔径为 1.0~1.5mm 的筛网筛分。

(6) 在 80~250MPa 的压强下压制。

(7) 在氢气中分两步烧结:①温度(500±50)℃,时间 1.5~2.5h;②温度 1300~1350℃,时间 4~5h。

(8) 对过滤元件取样,按照表 13.12 归纳的特性做进一步测试。

试验结果发现[12],使用成本较低的电解纤维可以生产出具有高渗透性的双层过滤元件基材,并且强度、渗透性和孔径等均优于粉末制品 3~5 倍。

表 13.12 由电解纤维和粉末制成的过滤元件的特性

材料	粒径/μm	孔隙率/%	渗透性/(m^3/min)	曲折系数	平均孔径/μm	最大孔径/μm	许用内压/MPa	极限拉伸强度/MPa	相对伸长率/%
电解纤维	71±5	55	2.8	1.9	42	65	1.8	40	5.0
		65	3.8	2.1	63	80	1.3	15	3.1
		75	6.8	2.2	75	115	0.7	9	2.1
	50±5	55	2.1	1.8	30	60	1.9	50	4.9
		65	2.9	2.0	60	75	1.4	20	3.0
		75	6.0	2.1	70	95	0.8	12	2.5
喷射粉末	73±5	55	0.8	1.65	38	55	1.2	10	0.7
		65	1.2	1.8	42	63	0.6	4.5	—
电解粉末	40±5	55	0.3	1.5	25	35	1.1	11.0	0.8
		65	0.75	1.65	27	45	0.7	5.0	—

13.6.2 在双层过滤器基材中形成精细过滤层的方法

过滤器在工作过程中,为了对颗粒物实现高效率捕集,需要减小过滤材料的孔径。捕获粒径小于 1μm 的颗粒物,过滤材料的最大孔径不超过 7~10μm。但是,减小孔径会增大过滤器的阻力,这可以通过减小过滤器的壁厚予以弥补:

$$\Delta P = (Q\delta\eta)/(SK_p) \tag{13.28}$$

但是,随着厚度减小,过滤器的强度也会降低,不利于在火焰反应器和等离子体装置中使用。这个问题可以通过设计双层过滤器[9-15]予以解决。

双层过滤器的阻力可表示为

$$\Delta P = \Delta P_0 + \Delta P_2 = (Q\eta/S)[\delta_0/K_{p0} + \delta_2/K_{p2}] \tag{13.29}$$

式中:ΔP_0、ΔP_2分别为大孔基材和细多孔层的阻力(Pa);δ_0、δ_2分别为基材和细多孔层的厚度(m);K_{p0}、K_{p2}分别为基材和细多孔层的渗透系数(m^2)。

过滤材料的渗透系数取决于孔隙率和孔径。如前面所述,可以利用电解纤维获得坚实的具有高渗透系数($K_p = (80 \sim 150) \times 10^{-12} m^2$)的粗多孔基材。当孔径给定时,可以通过减小过滤层厚度和提高细多孔层的孔隙率降低阻力。

文献[12]给出了利用旋转刷在粗多孔基材表面涂刷增稠浆料形成细多空层的研究数据。该工艺的实现原理如图 13.7 所示。粗多孔过滤材料(基材)2 固定或焊接在转轴 1 上。浆料(悬浮液)通过计量器 4 输送到粗多空基材 2 上,然后被旋转锦纶刷 3 刷入基材孔内,刷子沿着转轴往复运动。试验发现,这样可以将粒径 d_P是孔径 d_F的 1/3 甚至更小的颗粒刷入基材孔内。最利于刷入的颗粒呈球形。

文献[12]的数据表明了在镍基材上刷入镍粉的方式对细多孔层结构的影响。悬浮液的固相与液相之比($S:L$)和粉末颗粒的尺寸非常重要。稀释悬浮液,使粉末更深入地渗透到基材孔内,形成扩散层。粉末渗透入孔内的实际深度取决于颗粒的粒度。浆料中的固体成分含量增大,平均孔径就会减小。此外,前三道涂刷进一步填充了基材的孔隙,使平均孔径和最大孔径减小。同时,孔内颗粒之间互相黏连,显著增加了孔隙内粉末的强度。

研究发现,固液比例的最佳值是 $S:L = 1.5:3.0$,涂刷的次数是 3 次或 4 次。通过改变粉末的分散性和 $S:L$,可以在基材孔内制备厚 10~40μm、细孔直径 2~10μm 的浆料层。然而,尽管颗粒之间存在黏连现象,黏结强度仍然不足,还需要进行烧结。文献[12]通过实验研究了黏结强度随烧结温度的变化。结果发现,细粉末比大颗粒烧结得更快;粉末的可靠黏结发生在 750~800℃。在这种条件下,颗粒的再结晶导致孔径显著增大,尤其对于较小的孔隙而言。

更小的平均孔径和最大孔径通过将上述过程重复 2 次或 3 次实现。使用不

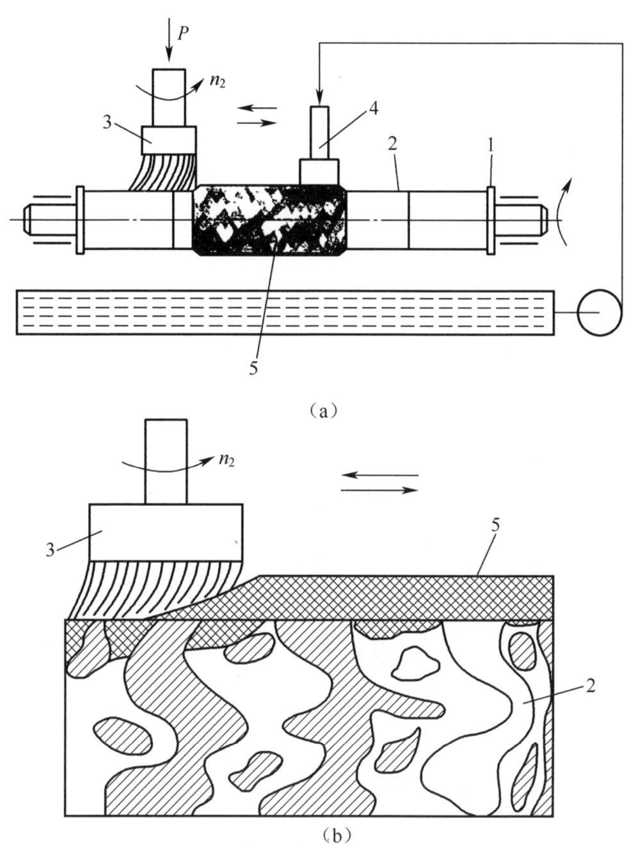

图 13.7 浆料刷入粗孔基材外表面的装置以及细过滤层的形成机理
1—转轴;2—粗孔基材;3—锦纶刷;4—浆料计量器;5—细多孔层。

同粉末并改变实施方式,可以得到工作层孔径 5μm 以上、厚度 10~50μm 的双层过滤材料。双层过滤材料对于穿透性最强、直径(0.2±0.1)μm 的颗粒仍然具有很高的过滤效率(捕集效率可达 99.999%)[12]。

13.6.3 过滤元件的焊接

文献[12]开发了焊接过滤器元件的氩弧焊技术。焊接中使用了 VD-302(ВД-302)型标准焊机、RB30142(РБ30142)型变阻器和专用机床,其结构示于图 13.8。过滤元件 1($\phi40\times80\times3$)安装在铜杆 2 上,用夹具 4 夹紧,在螺杆 5 的带动下转动。螺杆 5 由电动机 3 和减速机 6 驱动,转速控制在 0.5~3.0r/min。电源提供的电流通过电阻器滑动触点 7,而另一极阳极则与焊枪 8 的钨针相连接,氩气从气瓶 9 通过减压阀 10 和流量计 11 通入焊枪。

最佳焊接参数如下:

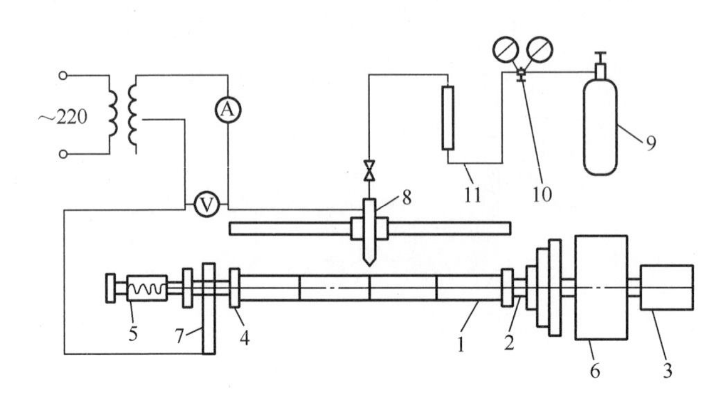

图 13.8 过滤元件焊接装置示意图

1—过滤元件;2—铜杆;3—电动机;4—夹具;5—螺杆;6—减速机;7—滑动触点;8—焊枪;9—氩气瓶;10—减压阀;11—流量计。

(1) 螺杆转速,0.8~1.2r/min。

(2) 焊接电流 20~30A,电压 25~35V。

焊接之后,焊缝及附近区域可能会被氧化,导致制品性能减弱。为消除上述缺陷,在氢气中对焊缝进行退火,还原氧化物并消除应力。最佳退火条件:退火温度 850~900℃;退火时间 2~3h。

13.7 烧结过滤器的再生技术

在现代工业中,人们已经掌握了利用镍、钛、青铜和不锈钢等金属材料的粉末生产各种形状(圆筒形、圆锥形、双凸透镜形、圆盘形)烧结过滤器的技术[13]。从空气动力学角度看,圆筒形元件较为有利,因为可以从外侧过滤被污染的气体。在同等条件下,这类过滤元件的过滤面积要比其他类型大 10%~25%,并且在过滤过程中表面积还会进一步增大。圆筒形结构在组装时更加方便,并且从机械加工角度看也很方便。圆筒形过滤元件从外表面进行过滤更适合再生,因为反吹时其表面发生膨胀,更容易打破尘埃层并使之脱落;若灰尘沉积在圆筒的内表面上,在再生过程中灰尘层会被压缩、压实,难以从过滤元件表面剥离。因此,从外表面过滤气体的圆筒形过滤元件在实验研究和工业生产中得到了广泛的认可和应用。采用这种元件之后,过滤器的最合理设计方案是采用隔板将过滤器空间分隔成尘区和净区。根据文献[12]的数据,过滤元件与隔板连接的最好方式是氩弧焊接,然后对过滤元件进行还原退火。最方便的安装方式是通过法兰或螺纹固定在隔板上。

在工业生产中,标准烧结过滤器的再生普遍基于脉冲反吹实现,反吹所使用的气体对工艺而言通常呈中性。在大多数应用中,这是一种缓冲气体,迟滞气体产物的释放。反吹速率 v_P 与过滤速率 v_F 的最佳比例是 0.5~0.6。

为了恢复双层过滤器元件的透气性,文献[13]开发了一种喷射脉冲再生方法,显著降低了反吹气体的消耗量。配备有脉冲反吹系统的过滤器示意如图 13.9 所示。该过滤器包括一个下端带有盲板的圆筒形过滤器元件(滤芯)4,安装在隔板 6 上;隔板将上述过滤器壳体 1 内的空间分隔成尘区和净区。含尘气流通过管道 2 从外部通入,再生气体从储罐 8、电磁阀 7 和喷嘴 5 通入;净化后的气体通过管道 3 排出。滤芯的尺寸根据技术能力确定:目前,生产直径小于 10mm 和大于 200mm 的滤芯在工业上存在很大困难。烧结滤芯的阻力比其他常用滤芯有所增大,但是可以通过减小滤芯直径并增加隔板上滤芯的数量来保证其处理能力。文献[13]计算了在 1000mm×1000mm×1000mm 的过滤器内以 $1.5D_0$ 可以布置的不同直径的滤芯的数量、过滤面积、处理量、过滤器体积和成本等(表 13.13)。计算中设定过滤器的压降为 500Pa,其中包括多孔隔板的阻力、气流通过滤芯时的阻力以及过滤器外壳的阻力等。在计算净成本时,文献[13]以处理能力为 $1000m^3/h$、通过洁净气流时压降为 500Pa 的过滤器为比较对象。为了便于比较,过滤器的体积和成本均表示为滤芯直径为 200mm 的过滤器的百分比。

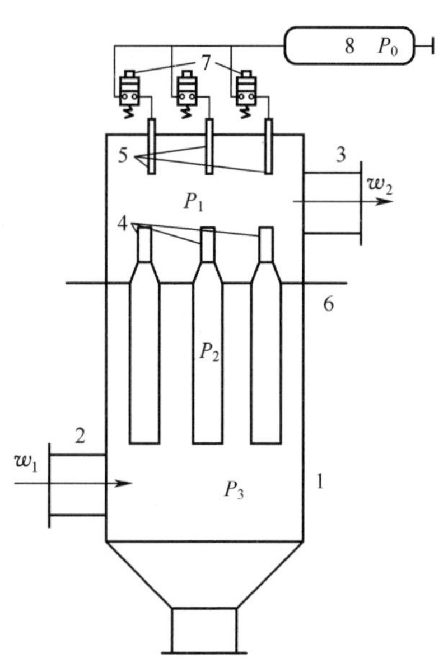

图 13.9 脉冲反吹再生的烧结金属过滤器示意图

1—过滤器壳体;2,3—通过含颗粒物气流和洁净气流的管道;4—滤芯;5—反吹气流喷嘴;6—隔板;7—电磁阀;8—反吹气储罐;P_0,P_1,P_2,P_3—分别是过滤器前的储罐中、滤芯中和滤芯后的反吹气流压强;w_1,w_2—过滤器入口和出口的气流速度。

表 13.13　安装不同直径滤芯的过滤器特性

滤芯直径 /mm	在 $1m^2$ 面积上安装的滤芯数	过滤面积 /m^2	设备压降 $\Delta P=500Pa$ 时的处理量 /($(m^3 \cdot h)/m^2$)	处理量为 $1000m^3/h$ 时的过滤器体积 /%	处理量为 $1000m^3/h$ 时的过滤器净成本/%
200	9	6	1800(100%)	100	100
150	16	6	2400(133%)	74	90
100	36	11	3000(166%)	60	85
80	64	16	5000(278%)	36	80
70	100	21	5300(294%)	33	72
60	120	23	5800(322%)	31	75
50	170	26	6200(344%)	29	87
40	250	31	8000(444%)	22	90
30	480	45	9000(500%)	20	130
20	900	65	10000(555%)	18	240
10	3000	100	15000(533%)	13	434

表 13.13 表明,随着滤芯直径和单位体积内总过滤面积的减小,滤芯的数量增大。这样,对于相同的过滤器体积可以提高处理能力,或者保持过滤器的处理能力不变而减小其体积。

对于烧结粉末材料的滤芯,其最佳直径为 30~80mm。直径大于 80mm 将导致过滤器体积急剧增大、处理能力降低,并且成本增加 20%~30%。选择 30~80mm 作为最佳直径范围的原因在于过滤器运行条件特殊,标准滤芯的优选直径为 40mm。

滤芯的最佳长度取决于在过滤和再生过程中充分利用的过滤面积。颗粒物在滤芯表面上的沉积取决于含颗粒物气体的流动方向、颗粒物含量以及滤芯长度与其直径之比(l_{ft}/d_{out})的值。根据文献[13],在 $d_{out}=0.074m$、$l_{ft}=2.2m$ 的滤芯表面,颗粒物最初沉积在滤芯中部,然后逐渐覆盖整个滤芯。当滤芯再生时,颗粒物从整个表面脱落,即在滤芯的整个表面上再生效率几乎相同。随着滤芯直径减小,颗粒物沿其长度方向沉积和再生的特性也会发生变化。对于外径 $d_{out}=0.034m$ 的滤芯,当 $v_P/v_F=1.2$ 时,颗粒沉积和滤芯再生并未发生在整个表面上。由于气流通道内的阻力增大,滤芯下部无法有效地工作。在 $d_{out}=0.034m$ 的滤芯下部,多孔壁的阻力与滤芯内部气流通道的阻力相当。这时,气体流量降低到最低限度,并且沉积的颗粒物量更少,直至各层的沉积过程结束。当气流从储罐 8 经过电磁阀 7 和喷嘴 6(图 13.9)进行反吹时,滤芯未能实现完全再生，因为滤芯通道的阻力比通常情况更大，所以滤芯的下部几乎不起作用。滤芯的有效长度取决于其直径，其最大值可以根据由实验得到的关系式来确定[13]：

$$l_{eff} \leqslant 30d_{out} \tag{13.30}$$

由于结构上的原因，滤芯长度只能减小而不能大于上式确定的值。根据实验数据，对于给定的处理能力，推荐6组滤芯尺寸（表13.14）。

表13.14 处理能力不同的过滤器的最佳滤芯尺寸

滤芯类型	过滤器处理能力 /(m^3/h)	滤芯的外径 /内径/m	滤芯长度/m	滤芯过滤面积 S_{FE} /m^2
1	<5	0.030/0.025	0.40	0.038
2	5~50	0.040/0.034	0.40	0.050
3	50~500	0.040/0.034	0.56	0.070
4	500~1500	0.040/0.034	0.96	0.120
5	1500~8000	0.040/0.034	1.04	0.131
6	8000~10000，甚至更大	0.080/0.070	2.00	0.500

实验表明[13]，滤芯的再生主要取决于反吹气体的流量，与再生时间的长短关系不大。对于给定的反吹气流速度，滤芯在1s内即可达到一定的再生程度，此后不会继续改善。反复脉冲反吹基本上不会提高再生程度。根据实验数据，脉冲再生的最佳持续时间为0.3~1.0s。

13.8 双层烧结金属过滤器脉冲反吹再生系统最佳几何尺寸的试验研究

脉冲反吹可以以低气流量实现烧结金属过滤器不间断再生。脉冲反吹系统的构成如图13.10所示。实际上，这是图13.9所示结构的一部分，其中主要单元包括：反吹喷嘴1；引射器2；隔板3①。文献[13]开发了4种计算过滤器脉冲反吹系统的方法，这里简要给出其应用步骤。这些计算使用以下参数进行：

（1）喷嘴直径 d_n：1mm，2mm，3mm，4mm，5mm，7mm。

（2）喷嘴上游压强 P_0：1.25MPa，2.0MPa，3.0MPa，4.0MPa，5.0MPa，6.0MPa。

下面给出的是引射器的主要尺寸：

① 引射器通常由收缩段、混合段和扩散段组成，图13.10中的收缩段很短，被归入了混合段。——译者

(1) 混合段直径 D_{mc}:10mm,15mm,20mm,22mm,25mm。

(2) 混合段长度 l_{mc}:10mm,30mm,50mm,75mm,150mm。

(3) 滤芯长度 l_{ft}:160mm,400mm,960mm,2200mm。

(4) 在压降为 5884Pa 的条件下确定滤芯的渗透系数。

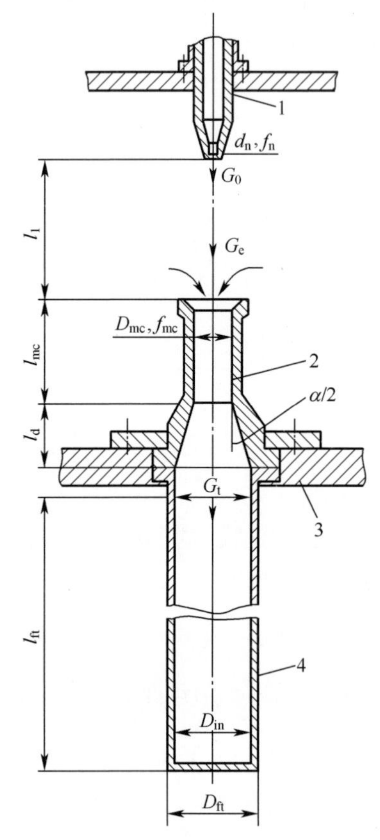

图 13.10 烧结金属过滤器的脉冲反吹再生系统

1—反吹喷嘴;2—引射器;3—隔板;4—滤芯;

D, d, l—脉冲反吹再生系统的指定直径和长度;G_0, G_e, G_t—通过喷嘴的脉冲反吹气体、引射气体和再生气体的总流量;w_i, P_i—系统各部件中的气流速度和压强;f_n—速度系数;

n,mc,out,in,ft—喷嘴、混合段、外部和内部的尺寸以及过滤器滤芯。

气体总流量 G_t 由下式给出:

$$G_t = G_0(1 + U) = G_0(1 + G_e/G_0) \tag{13.31}$$

式中:G_t、G_0、G_e 分别为总气流量、反吹气流量和引射气流量(kg/s);U 为引射系数。

通过喷嘴的气流量为:

$$G_0 = \mu f_n (P_2/P_0)^{1/K} \cdot \tau_p \cdot \{2K/(1-K) g P_0 \rho_g [1-(P_2/P_0)^{K-1/K}]\}^{0.5} \tag{13.32}$$

式中：μ 为消耗系数，当 $P_2/P_0 = e_{cr}$ 时，$\mu = 0.85$；P_2、P_0 分别为喷嘴上游进气管中和喷嘴下游净区中的压强；τ_p 为气体流出喷嘴所需的时间(s)；f_n 为喷嘴的速度系数；g 为重力加速度，$g = 9.81\text{m/s}^2$；ρ_g 为气体密度(kg/m^3)；K 为绝热指数，空气 $K=1.4$，氮气 $K=1.4$，氩气 $K=1.68$。

通过滤芯的最大气流量由下式确定：

$$G_\Sigma = K_1 (S_{FS} \Delta P \rho_c)/\mu_1 \delta \tag{13.33}$$

式中：K_1 为渗透系数(m)；S_{FS} 为滤芯的过滤面积(m^2)；ΔP 为滤芯上的压降(Pa)；ρ_c 为混合气体的密度(kg/m^3)；μ_1 为混合气体的黏度(Pa·s)；δ 为滤芯的壁厚(m)。

根据实验数据，引射系数通过以下关系确定：

$$U = (G_\Sigma - G_0)/G_0 \tag{13.34}$$

可实现的最大理论引射系数通过如下方程计算：

$$U = [-b + (b^2 - 4ac)^{0.5}]/2a \tag{13.35}$$

对于带有扩散段的引射器，式(13.35)中的参数表示如下：

$$a = (1/f_3 - 0.5) \cdot v_c/v_g - (f_2 f_4 - 0.5) v_H/v_g n \tag{13.36}$$

$$b = 2(1/f_3 - 0.5) v_c/v_g \tag{13.37}$$

$$c = -[K_g/2(K_g+1) f_1^2 f_2^2 \lambda_{ph} \tau_g / d\tau_c] - (1/f_3 - 0.5) v_c/v_g \tag{13.38}$$

$$n = f_3/f_1 \tag{13.39}$$

式中：f_1、f_2、f_3、f_4 为引射器不同部位的速度系数，$f_1 = 0.95$，$f_2 = 0.975$，$f_3 = 0.9$，$f_4 = 0.925$；v_c、v_g、v_H 为比容(m^3/kg)。

关于喷嘴到混合段的最佳距离 l_1，文献[13]根据再生期间滤芯上的最大压降确定。下面是确定参数 l_1 的关系式之一：

$$l_{1opt}/D_{mc} = \{[(0.072 + 10U)^{0.5} - 0.268]/0.0228\} (f_n/f_{mc})^{0.5} \tag{13.40}$$

该参数也可基于实验数据进行估算：

$$l_{1opt} = (3.6 \sim 4.1)(D_{mc} - d_n) \tag{13.41}$$

对于是否使用脉冲反吹的两种情形，滤芯壁上的压降沿多孔滤芯长度方向的分布在文献[13]中进行了讨论，获得这些结果的参数如下：$d_n = 3\text{mm}$；$D_{mc} = 22\text{mm}$；$l_{mc} = 55\text{mm}$；$\alpha = 12°$；$l_1 = 70\text{mm}$。未使用喷嘴反吹再生时，压强沿滤芯长度的分布是不均匀的，并且滤芯的初始部分约 20% 未能实现再生。使用喷嘴之后，压强呈现均匀分布，并且在其他条件相同时达到较大值，这对于过滤器的再生非常必要。

关于扩散段，它的重要作用之一就是通过膨胀将气体的动压转换成静压。

未采用扩散段时，在滤芯的初始段就不再生发生动压转换为静压的过程，导致约15%长的滤芯无法实现再生。在扩散段张角≤14°的范围内，压强在整个滤芯长度上均相等。扩散段张角的最佳范围为9°~14°。扩散段的长度通过下式确定：

$$l_d = (D_{in} - D_{mc})/2\tan(\alpha/2) \tag{13.42}$$

引射系数随着混合段长度 l_{mc} 的增大而增大。在同等条件下，滤芯内部压强的升高过程：首先急剧升高，然后继续缓慢增大。当 l_{mc}/D_{mc} 增大3倍以上时，在脉冲反吹再生过程中，过滤器滤芯中的压强并未显著增大，但过滤器实现再生的范围有所增加。根据实验结果，混合段最佳长度的范围为 $l_{mc}=(2.3\sim2.7)D_{mc}$。

在脉冲再生过程中，引射系数和过滤器内压的增大过程除了受喷嘴几何尺寸影响之外，还取决于喷嘴与混合段的横截面积之比（$B = d_n^2/D_{mc}^2$）、喷嘴上游的气压 P_0、反吹气体流量 G_0、滤芯壁的渗透率 Q_{ft}、在过滤过程中过滤器上的压降 ΔP、过滤气体流量（w,G）、过滤器中尘区与净区之间的压差（$\Delta P_F=P_1-P_2$）、再生气体流量（v,G）和在再生过程中滤芯上的压差（$\Delta P_P=P_P-P_2$）。

在过滤器再生过程中，随着压强的增大和颗粒物厚度的减小，许多再生参数都会发生变化。

文献[13]给出了基于实验数据开发的再生装置算图№1。开发工作基于下文给出的相关规则进行（在此重现该算图存在技术上的困难，读者在实际使用中参阅其原始来源——文献[13]）。

根据过滤器反吹再生过程中的物料平衡，通过喷嘴和混合段的总气流量应等于通过滤芯的气流量。这样，物料平衡方程可以写成

$$G_t = G_0(1 + U) = G_{out} = K_1(S_{FS}\Delta P_p\rho_c)/\mu_1\delta \tag{13.43}$$

$$G_{out} = - A\Delta P_p \tag{13.44}$$

式中：$A = K_1(S_{FS} \cdot \rho_c)/(\mu_1 \cdot \delta)$；$G_\Sigma$、$G_{OUT}$、$G_0$ 分别为质量流量进入从滤芯输出滤芯和流出喷嘴（kg/s）；U 为引射系数；S_{FS} 为滤芯的过滤面积（m^2）；K_1 为渗透系数（m）；ΔP 为再生过程中过滤器上的压降（Pa）；ρ_c 为混合气体的密度（kg/m^3）；μ_1 为混合气体的黏度（Pa·s）；δ 为滤芯的壁厚（m）。

在算图№1[13]上部，通过滤芯的气流量与过滤器压降的关系以斜直线表示。另外，通过喷嘴的气流量取决于喷嘴的运行状态。根据现有喷射泵理论，获得最大引射系数 U_{max} 的条件是引射器下游不存在流动阻力（$\Delta P_P=0$）：

$$G_{max} = G_0(1 + U_{max}) \tag{13.45}$$

实现滤芯上压降最大的条件是无气流通过滤芯（$G_{OUT}=0$）。在其余的中间状态，相关特征参数通过一系列基于实验数据生成的曲线确定。同时，气流通过喷嘴产生的压降 ΔP_E 与滤芯上的压降 ΔP_P 是不同的，原因在于滤芯的净区与尘区之间存在压差 ΔP_F：

$$\Delta P_E = \Delta P_p + \Delta P_F \tag{13.46}$$

在滤芯上,尘区与净区之间的压差定义为滤芯内部的摩擦损失 ΔP_{FT}、喷嘴内的压差 ΔP_E 和局部压差 ΔP_{LR} 等三者之和:

$$\begin{aligned}\Delta P_F &= \sum_1^n (\Delta P_{FT} + \Delta P_E + \Delta P_{LR}) \\ &= \lambda_{FT}(l_{FT}/D_{in}) \cdot (\rho_g w^2/2) + \xi_1(\rho_g w^2/2) \\ &\quad + L_{mc}(l_{mc}/D_{mc}) \cdot (\rho_g w^2/2) + \xi_2(\rho_g w^2/2) + \xi_3(\rho_g w^2/2)\end{aligned} \tag{13.47}$$

式中:λ_{FT}、λ_{mc} 分别为气流通过过滤器滤芯和引射器混合段时的摩擦阻力系数;ζ_1、ζ_2、ζ_3 分别为在气流转向处、扩散段狭窄部位和混合段扩张部位的局部阻力系数。

滤芯上的最大压降取决于喷嘴横截面积 S_n 与引射器混合段横截面积 S_{mc} 之比,以及喷嘴上游压强 P_0 和过滤器净区内的压强 P_2:

$$\Delta P_{E,MAX} = \beta(P_0 - P_2)/(1 + \beta) \tag{13.48}$$

式中:P_0、P_2 分别为喷嘴上游的总压强和过滤器净区内的压强(Pa);β 为喷嘴的几何参数,定义为喷嘴的横截面积与引射器混合段横截面积之比,$\beta = S_n/S_{mc} = {d_n}^2/{D_{mc}}^2$。

算图 No. 1[13] 的下部给出了当喷嘴上游气压不同时,$\Delta P_{E,MAX}$ 与喷嘴几何参数关系的实验数据。该图的左下方给出了对于某一 β 值、用于确定喷嘴的最佳直径 d_n 和混合段直径 D_{mc} 的数据:

$$d_n = \sqrt{\beta D_{mc}} \tag{13.49}$$

在使用算图确定喷嘴参数之前,必须首先了解滤芯的渗透率,并根据式(13.47)确定 ΔP_F。

为了确定喷嘴的参数,需要首先确定再生过程中过滤器上的压降 ΔP_P。然后,借助垂直线与斜线的交点确定再生时通入滤芯的气流量(质量流量)、通过滤芯气流量 G_{OUT} 和引射系数 U 的实际值。从交点沿垂直线向上,可以确定反吹所需气体的质量流量以及 U_{MAX};沿垂直线向下到 x 轴上,则可以确定将压降 ΔP_F 考虑在内、建立所需压降 ΔP_P 的 $\Delta P_{E,MAX}$ 值。然后,通过固定喷嘴上游和过滤器腔室中尘区中的压强,确定几何参数 β 的值。最后,在算图的左下角确定混合段直径 D_{mc} 和喷嘴直径 d_n 的最佳值。

13.9 双层烧结金属过滤器的计算方法

过滤器在工作过程中,颗粒沉积在滤芯表面形成筛孔效应,这种效应通过比

较过滤器孔径 d_F 与气溶胶粒径 d_a 确定：

$$d_F \leqslant 2d_a \tag{13.50}$$

因此，提高过滤效率的一种有效方法是利用气溶胶的凝聚效应。其中，扩散凝聚由斯莫卢霍夫斯基（Смолуховского）方程[13]描述：

$$1/n - 1/n_0 = 4RT/3\mu N_A(1 + A\lambda/r)t \tag{13.51}$$

式中：n_0、n 分别为初始时刻和经过时间 t 后的气流中的颗粒数；R 为气体常数，$R=8310\text{N}\cdot\text{m}\cdot\text{kmol}^{-1}$；$T$ 为温度（K）；μ 为气体黏度（Pa · s）；N_A 为阿伏伽德罗常数；A 为常数，$A=0.9$；λ 为分子的平均自由行程（m）；r 为颗粒半径（m）。

气溶胶的凝聚速率可通过下式近似确定：

$$\mathrm{d}n/\mathrm{d}\tau = K_g n^2 \tag{13.52}$$

式中：K_g 为碰并因子，对于单分散气溶胶，K_g 为 $(0.5\sim0.6)\times10^9\text{cm}^3/\text{s}$。

从式（13.51）和式（13.52）可以看出，气溶胶颗粒凝聚越来越快。随着粒径增大，凝聚速率逐渐减小。直径大于 5μm 的单分散气溶胶颗粒一般不发生凝聚。多分散气溶胶的凝聚速率更高。多分散气溶胶的扩散系数因 $(r_1^2 + r_2^2)/(4r_1r_2)$ 值不同而有所差异。对于半径为 1～5μm 和 1～8μm 的颗粒，K_g 的平均值增大到 1.19～1.27。气溶胶颗粒的最有效凝聚发生在湍流中。在湍流中凝聚因子 K_{turb} 的特征值根据其与雷诺数 Re 的关系计算：

$$K_{turb} = 1/3 \times 10^{-19} Re^3(\text{cm}^3/\text{s}) \tag{13.53}$$

因此，为了提高滤芯的过滤效率，可以通过使用湍流增加直径 3～4μm 的气溶胶的形成。为了形成筛孔效应过滤气溶胶，滤芯的最佳孔径 $d_F \leqslant 5\sim8\mu\text{m}$。

过滤面积根据下式计算：

$$S_F = (Q_F + Q_R)/q + S_R \tag{13.54}$$

式中：S_F、S_R 分别为正处于工作状态的过滤面积和再生的过滤面积（m^2）；Q_F、Q_R 分别为被过滤的和再生的气体体积（m^3）；q 为气流的通过率（$\text{m}^3/(\text{m}^2\cdot\text{h})$），且有

$$q = q_n p_1 p_2 p_3 p_4 \tag{13.55}$$

其中：q_n 为额定气流量（$\text{m}^3/(\text{m}^2\cdot\text{h})$）；$p_1$、$p_2$、$p_3$、$p_4$ 分别为考虑到颗粒物浓度、颗粒成分的分散性、温度和化学相互作用影响的系数。

气溶胶捕集效率达到最大的条件是气流过滤速度小于或等于 0.06m/s。多分散气溶胶的过滤效率和气体的额定负荷通过文献[13]给出的算图 No.2 确定。考虑颗粒物浓度对气体负荷影响的 p_1 值由文献[13]得到的实验曲线确定。考虑到颗粒物成分对气体负荷影响的 p_2 值由表 13.15 确定。

表 13.15 考虑颗粒物组分对分散性影响的 p_2 的值

颗粒粒径/μm	p_2
>100	1.2
50~100	1.1
10~50	1.0
3~10	0.9
1~3	0.8
<1	0.7

系数 p_3 表征温度对气体黏度和多孔介质阻力的影响(表 13.16)。

表 13.16 考虑温度影响的 p_3 的值

温度/℃	20	50	80	100	120	150	200	250
p_3	1	0.87	0.78	0.75	0.73	0.72	0.65	0.60

当过滤腐蚀性气体时,滤芯的渗透性可能因腐蚀而减小,系数 p_4 考虑了腐蚀效应及其他化学相互作用的影响(表 13.17)。

表 13.17 考虑滤芯材料与所过滤气体之间化学相互作用的 p_4 的值

渗透性 ΔQ/%	10	20	20
p_4	0.90	0.80	0.75

将 q_n、p_1、p_2、p_3、p_4 值代入式(13.55),可以得到 q 值。同时再生的过滤面积不超过 25%。再生时间为 0.3~1s。通常情况下,在确定了两次再生之间的过滤时间 τ 和再生频率 $x_r = \tau_f^{-1}$ 之后,式(13.54)可写成:

$$S_F = [Q_F + (n_r/N_{FT})Q_R x_r]/q + S_R \tag{13.56}$$

式中:N_{FT}、n_r 分别为过滤器的滤芯数量和同时再生的滤芯数量。

滤芯的过滤面积和尺寸通过表 13.14 来确定。滤芯数量通过下式得到:

$$N_{FT} = S_F/S_{FT} \tag{13.57}$$

再生的过滤面积 S_R 由下式给出:

$$S_R = n_r \cdot S_{FT} \cdot \tau_r \cdot x_r/3600 \tag{13.58}$$

式中:n_r 为同时再生的滤芯数量;S_{FT} 为滤芯的过滤面积(m^2);τ_r 为再生时间(s);x_r 为再生频率(1/h)。

将滤芯置于过滤器内,就可以确定过滤器的几何尺寸。通过单支滤芯的气流量根据下式确定:

$$G_{FT} = G/N_{FT}(\text{kg/s}) \tag{13.59}$$

13.9.1 喷嘴的最佳尺寸及其流动特性测定

在文献[13]进行的相关计算中,锥形喷嘴的张角被设定为12°。扩散段的长度通过下式确定:

$$l_d = (D_{in} - D_{mc})/2\tan(\alpha/2)$$

为简化起见,文献[9]认为 $D_{mc} \leqslant D_{in}/1.5$。混合段的长度根据式 $l_{mc} = (2.3\sim2.7)D_{mc}$确定。根据实验数据,混合段的长度可按照关系式 $l_{mc} = 2.5D_{mc}$来计算。滤芯上的流动阻力通过式(13.47)计算。$\Delta P_{E,MAX}$、U、B、d_n、G_Σ的值根据上述方法在算图上确定。

13.9.2 反吹气体储罐的容积和脉冲再生时间间隔的确定

再生所需的反吹气体储罐的容积通过下式确定:

$$V_R = (V_{FT} \cdot K_E)/(P_R - P_{RES}) - wS_n \cdot \tau_r \cdot \rho' \tag{13.60}$$

式中:V_{FT}为同时再生的滤芯的体积(m^3);K_E为考虑了部分气体引射并取决于引射系数 U 的系数;P_R、P_{RES}分别为再生前、后反吹气体储罐中的压强(Pa);w 为反吹气体储罐供气的管道中的气体流速(m/s),通常为20~30m/s;S_n为喷嘴的截面积(m^2);τ_r为再生时间(s);ρ'为管道内与净区中的气体密度之比,对于空气$\rho'=2.5\sim3.5$。如果已知通过喷嘴的气流量,则式(13.60)可以写成

$$V'_R = (G_0 \cdot \tau_r \cdot n_r)/\rho_g(P_R - P_{RES}) - w \cdot S_P \cdot \tau_r \cdot \rho' \tag{13.61}$$

式中:n_r为同时再生的滤芯的数量;ρ_g为反吹再生气体的密度。

在选择滤芯时,必须估算过滤器的流动阻力 ΔP_F,该数值是滤芯自身的阻力 ΔP_{FT}与过滤器外壳阻力 ΔP_{FW}之和:

$$\Delta P_F = \Delta P_{FT} + \Delta P_{FW} \tag{13.62}$$

滤芯的流动阻力由两部分组成:滤芯多孔材料的固定阻力 ΔP_{PB},表征滤芯的特性;颗粒沉积引起的可变阻力 ΔP_D,取决于沉积物的厚度和密度。可表示为

$$\Delta P_{FT} = \Delta P_{PB} + \Delta P_D \tag{13.63}$$

概括地说,滤芯的流动阻力通过如下表达式[13]确定:

$$\Delta P_F = w\mu K_{PB} \cdot R_O \cdot \ln(R_O/R_I) + 0.5K_D w\mu R_O \cdot \ln[(2wZ_{ENT\cdot\tau_F})/(\rho_D \cdot R_O) + 1] \tag{13.64}$$

式中:K_{PB}、K_D分别为多孔壁与颗粒层的阻力系数(m);R_O、R_I分别为滤芯的外半径和内半径(m);w 为过滤速度(m/s);μ 为气体黏度(Pa·s);τ_F为过滤时间(s);Z_{ENT}为输入过滤器的气流中的颗粒物浓度(kg/m^3);ρ_D为堆积颗粒的密度(kg/m^3)。

对于双层过滤器,下列关系式成立:

$$1/K_{FB} = 1/K_0 + 1/K_{FL} \qquad (13.65)$$

式中:K_{FB}、K_0和 K_{FL}分别为滤芯、滤芯与颗粒层和过滤层的阻力系数(m)。

当缺乏 K_0和 K_{FL}的数据时,可借助经过验证的数据确定 ΔP_{FB}:

$$\Delta P_{FB} = A(5884Q_D/Q_{FT}) \qquad (13.66)$$

式中:Q_{FT}为在压降为 5884Pa 条件下通过滤芯的气流的比流量($m^3/(m^2 \cdot s)$);Q_D为通过滤芯的气流比流量的设计值;A 为考虑颗粒沉积到孔隙内的系数,对于孔径 $d_F<2.0d_p$(d_p为平均粒径)的双层滤芯,颗粒主要沉积在表面,$A=1.05$,对于单层滤芯,$A=1\sim1.3$(参见文献[13])。

式(13.63)中的第二项描述可变阻力,根据柯兹尼-卡尔曼(Kozeny-Carman)公式计算:

$$\Delta P_D = [K_{PC}\mu w^2 Z_{ENT} \cdot \tau_F \cdot a(1-p_p)^2]/d_p^2 p_p^3 \rho_p \qquad (13.67)$$

式中:p_p为颗粒物的孔隙率(%);d_p 为颗粒物平均粒径(m);ρ_p为颗粒密度(kg/m^3);K_{PC}为渗透系数,对于 $d_p<6\mu m$ 的颗粒为 240;p_p、d_p 和 ρ_p可在文献[13]中查到。

利用式(13.67),并设置 ΔP_D的值,可以确定再生间隔的时间:

$$\tau_F = \Delta P_D d_p^2 p_p^3 \rho_p / K_{PC}\mu w^2 Z_{ENT} a(1-p_p)^2 \qquad (13.68)$$

过滤器的总流动阻力为各个部分的阻力之和:

$$\Delta P_{FW} = s(\Delta P_{FT} + \Delta P_{LR}) = \sum_1^n \lambda_i/D_i + \sum_1^i \xi_i \rho_g w_i^2/2 \qquad (13.69)$$

摩擦系数 λ 和局部阻力系数 ξ 可以在文献[13]中查到。

13.10 双层过滤元件寿命试验

双层过滤元件的疲劳试验在文献[13]中进行。图 13.11 是试验装置示意图,包括由 4 支滤芯组成的过滤器 1、控制单元、再生单元和测量单元。气流中的颗粒物由镍升华产生。这些粉末材料在流化床中进行了预分级,以收集其中穿透能力最强的部分(0.1~0.5μm)。控制单元包括阀门 VN1、VN2、VN3、反吹气储罐 5 以及压力表 2、6、7。再生单元包括电磁阀 EK1~EK4 和调节再生脉冲反吹时间 t_p的计时器(图中未示出)。

测量单元包括:压力表 2,用于测量过滤器尘区与净区之间的压差;转子流量计 4 和采用彼得里亚诺夫滤布的过滤器 3,以确定过滤器 1 泄漏的气体量。

在工作状态下,阀门 VN1 打开,VN2 关闭,含颗粒物的气流通入过滤器的尘

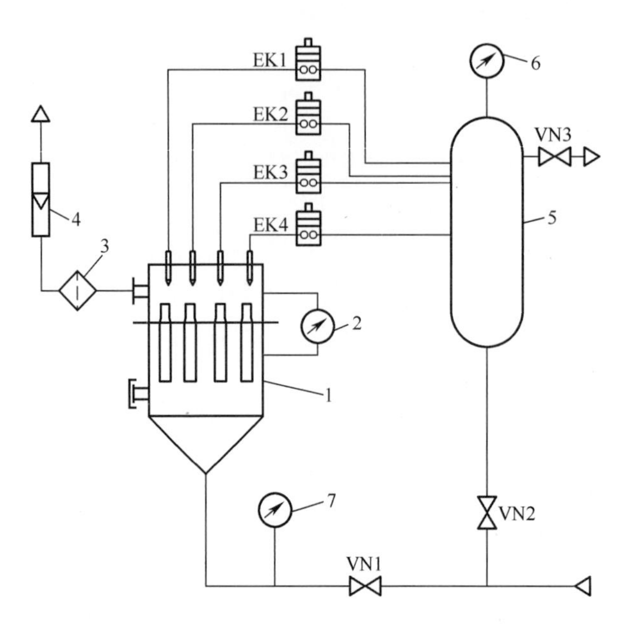

图 13.11　双层滤芯过滤器疲劳试验的试验装置

1—通入含有一定量颗粒物气流的过滤器;2,6,7—压力表;3—采用彼得里亚诺夫滤布的过滤器;4—转子流量计;5—反吹气体储罐;VN1～VN3—压缩空气管线上的阀门;EK1～EK4—电磁阀。

区。管线内的气压由压力表 7 测量,过滤器上的压差由压力表 2 测量。过滤器排出的气流量为 $2m^3/min$,由转子流量计 4 测量,在过滤期间通过调节 VN1 使之保持恒定。当压力表 2 测量的压差 $\Delta P = 1.344kPa$ 时,阀门 VN2 打开进行再生,在反吹气储罐达到一定的压强后关闭计时器。电磁阀交替触发,使滤芯再生的时间间隔保持 1s。

试验在反吹气体储罐压强 P_0 为 0.2MPa、0.3MPa、0.4MPa、0.5MPa、0.6MPa、1.0MPa 条件下进行,并且选择 $P_0 = 0.4MPa$,$t_P = 0.4s$ 作为最佳值。在试验期间,对于粒径 d_P 为 0.1～0.5μm 范围内的颗粒物,由过滤时间引起的捕集效率的变化示于表 13.18。

表 13.18　过滤时间对捕集效率的影响

过滤器工作时间/h	0.1	5.0	10.0	100	150	250
捕集效率/%	99.96	99.99	>99.99	>99.99	>99.99	>99.99

表 13.18 表明,双层过滤器对穿透能力最强的颗粒(0.1～0.5μm)的捕集效率达到了 99.9%以上。过滤器的循环试验结果表明[13],过滤器的阻力仅在前两个周期内略有增加(约 80Pa),原因在于颗粒物沉积在滤芯的粗孔内形成固定沉积层。在之后的过滤周期内(250h),阻力并没有发生变化。此外,试验还发

现,脉冲反吹可以消耗少量气体(<1%)实现双层烧结金属过滤器的再生,而无须中断设备运行。

13.11 基于 RRC KI 开发的多层烧结金属过滤器和陶瓷过滤器的细颗粒物与气体分离技术的发展

RRC KI 分子物理研究所研制出了多层烧结金属和陶瓷过滤器,这类设备的制造技术和工艺由乌拉尔电化学厂开发。这样,安装了脉冲反吹再生系统的过滤器被设计和制造出来,从根本上改进了各类等离子体系统的布置。首先来看由上述两个单位开发的多层烧结金属过滤器和陶瓷过滤器样机。

多层烧结金属过滤器具有各向异性的(多层)结构,由粗孔基材和沉积在基材上的精细多孔陶瓷层或金属层构成。在过滤器压降小于 0.2atm 的条件下,小型烧结过滤器模块对于粒径大于 0.01μm 的超细颗粒的过滤效率 $E>99.9999995\%$,并具有强大的处理能力($0.5\sim2000m^3/h$)。

所开发的过滤元件(滤芯)是直径 16~40mm 的强化盘和直径 30~100mm、长 80~540mm 的圆管。圆盘和圆管由氧化铝、碳化钛、镍或不锈钢制成,如有需要,还可以选用钽、锆或氧化锆构成的高孔隙率保护涂层。图 13.12 说明了由氧化铝和碳化硅构成的双层陶瓷过滤器的结构。其他陶瓷或者金属材料过滤器的壁面结构均相同。乌拉尔电化学厂生产的过滤材料的规格如下[14]:

(1) 直径 40mm、长 80~560mm 的滤芯;

(2) 直径 16.5mm、长 540mm 的滤芯;

(3) 厚度为 50~500μm、宽度达 300mm 的滤带。

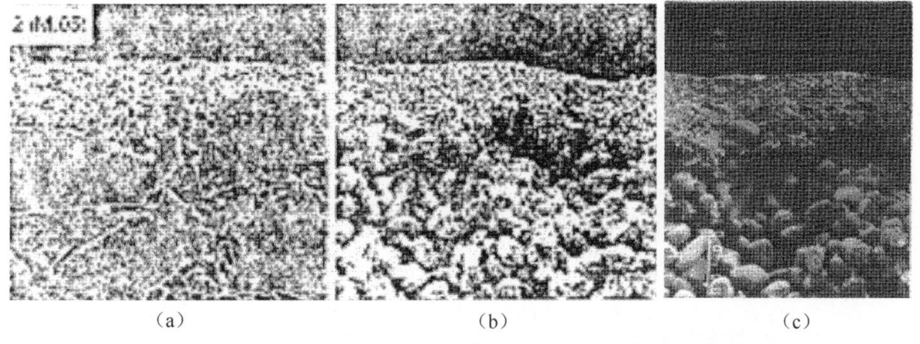

(a) (b) (c)

图 13.12 基于 SiC 和 Al_2O_3 的多层陶瓷过滤材料的显微照片

滤芯安装在过滤模块中,如图 13.13 所示。滤芯与其脉冲反吹再生喷嘴之间的相对位置如图 13. 14 所示。

乌拉尔电化学厂生产的过滤模块的特征参数如下[7,15]：

外形尺寸：长度为 110mm、140mm、240mm、130mm、270mm、270mm、1500mm、2000mm。

直径为 40mm、56mm、56mm、112mm、114mm、154mm、1500mm、1500mm。

气体处理量：0. 6L/s、1. 0L/s、2. 0L/s、3. 0L/s、6. 0L/s、14. 0L/s、300L/s、600L/s。

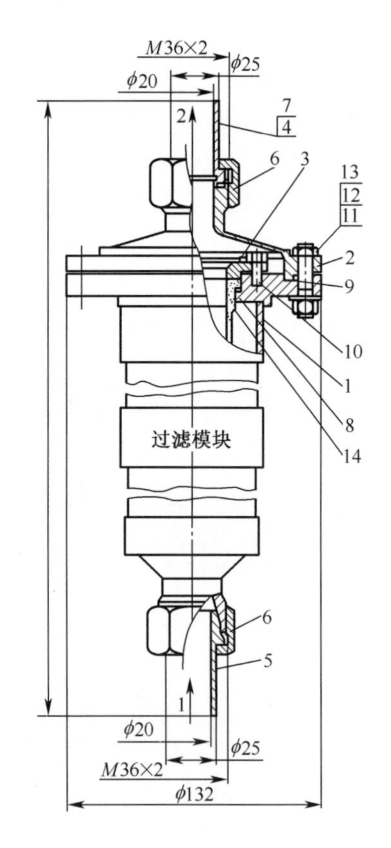

图 13. 13　过滤模块示意图

1—壳体；2—洁净气体排出口；3—过滤器元件安装口；4，5，7—气体进口和出口；
6—锁紧螺母；8，9—聚四氟乙烯密封件；10，11，12，13—固定螺栓；14—圆筒形滤芯。

烧结金属滤芯和过滤器模块如图 13. 15 和图 13. 16 所示。这些是铀同位素扩散分离技术的副产品，已经用于火焰反应器的烟气处理生产富集 U-235 同位素的 UF_6，以及在半导体工业中净化空气和工艺气体中的微量颗粒物杂质等[16]。

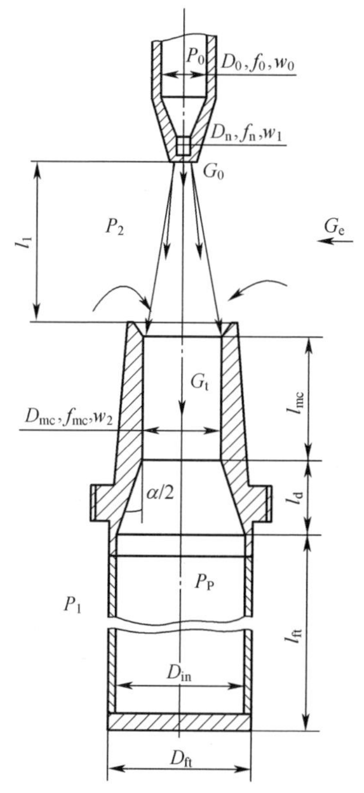

图 13. 14　配备有脉冲反吹系统的多层过滤器滤芯(与图 13. 10 相同)

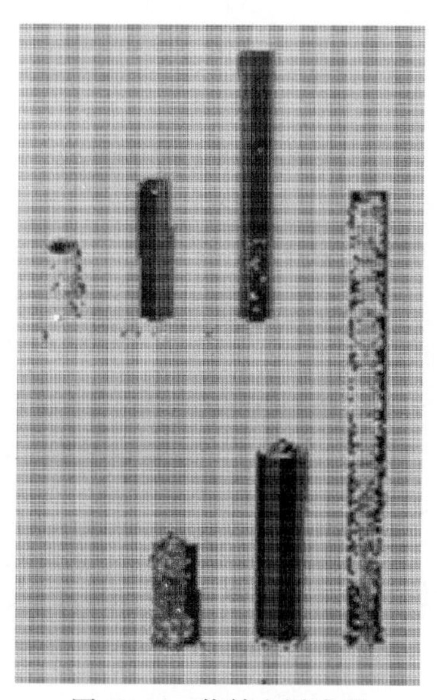

图 13. 15　烧结金属滤芯

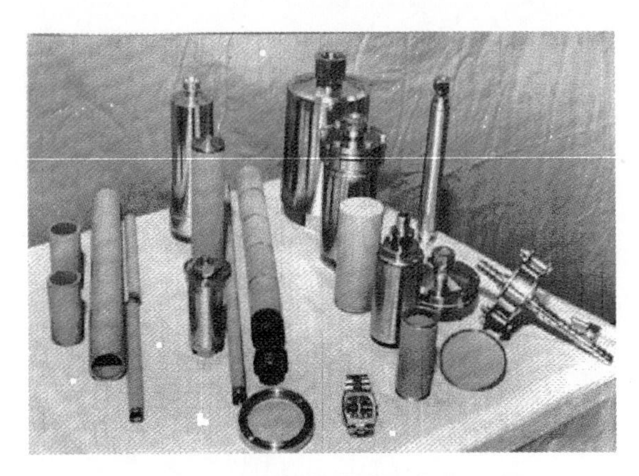

图 13.16 烧结金属滤芯和过滤器模块

13.12 等离子体化学工艺中颗粒物与气体产物的分离技术展望

式(13.1)~式(13.5)所描述的工艺过程在等离子体中试装置上得到了实现。在这些试验过程中获取的实际经验表明,当每小时的粉末产量为数十或数百千克时,过滤器上的负荷非常大。因此,如前面所述,有必要使用烧结金属过滤器与其他分离设备结合,如离心分离器。

很遗憾,烧结金属过滤器与离心分离器组合的方式在用于分离等离子体工艺产生的颗粒物与气体产物时,效率总是无法令人满意。此外,在式(13.1)和式(13.2)所描述的工艺中,这样的组合通常并不可行,因为中间产物(氟氧化物)会凝结在不同类型的离心分离器壁上,并且结合强度很高。因此,为了分离这些工艺中的产物,不得不使用另外一种组合方式——烧结金属过滤器与金属网过滤器结合(图 11.5)。试验表明,这种组合方式很有效,因为颗粒物首先经过金属网过滤器,降低了烧结金属过滤器的负荷。然而,从表 13.2 中的数据可以看出,为了降低这种负荷,还可以在分离的第一阶段使用静电除尘器。这种设备对粒径 1μm 以上的颗粒的捕集效率达到 92%,对于粒径 0.1~0.5μm 的颗粒捕集效率可以达到 40%。这样,双层烧结金属过滤器的功能就变成捕集精细颗粒物、净化气体产物以及保护生态环境。

静电除尘器的优势(除了分离效率较高)已广为人知[8]:流动阻力低(150~200Pa),运行成本和能耗相对较低(0.1~0.5kW·h/1000m^3),能够实现自动化运行等。同样广为人知的是,静电除尘器对气流的净化程度取决于其中颗粒的电导率。此外,鉴于静电分离设备投资成本相对较高,因而应当用于净化大流量的含尘气体。

静电分离系统由静电除尘器、电源和颗粒物卸料装置组成(图 13.17)。含尘气流通过电晕电极与集尘电极之间的电场。电晕电极连接直流电源的负极,集尘电极接地,二者之间的电压为 50~80kV。图 13.18 是集尘电极分别为管状和板状的静电除尘器示意图。

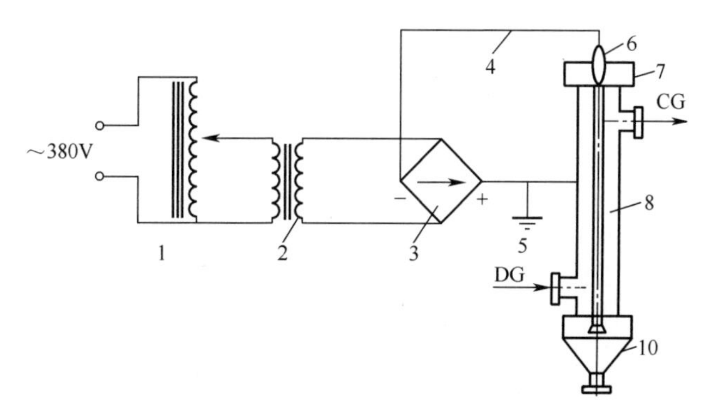

图 13.17　静电除尘系统示意图

1—调压器;2—升压变压器;3—高压整流器;4—高压电缆;5—地;6—绝缘体;7—静电除尘器;8—集尘电极;9—电晕电极(位于集尘电极 8 的轴线上);10—颗粒物收集料斗;DP—含尘气流;CG—洁净气流。

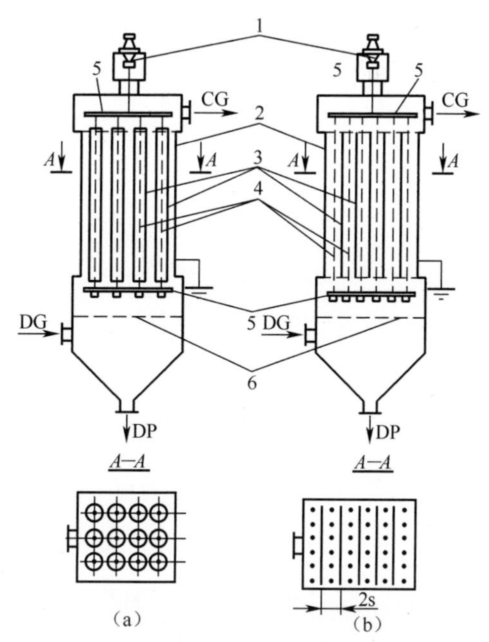

图 13.18　使用管状和板状集尘电极的静电除尘器示意图

1—绝缘支撑套管;2—壳体;3—集尘电极;4—电晕电极;5—电晕电极框架;6—气流分配格栅。

在管状电极静电除尘器(图 13.18(a))中,管状集尘电极 3(直径 0.15~0.30m、高 3~6m)安装在壳体 2 内;电晕电极 4 沿管轴线布置,固定到框架 5 上;框架与绝缘支撑套管 1 连接。含尘气流通过分配格栅进入除尘器;捕集到的颗粒物周期性地从料斗 10(图 13.17)排出。

对于板状电极静电除尘器(图 13.18(b)),电晕电极 4 位于集尘电极 3 表面,其所处平面与集尘电极平行;其他所有过滤元件以与管状静电除尘器相同的方式布置。

静电除尘器的计算方法已经发展成熟。首先根据流通通道的截面积选定,然后通过计算颗粒物与气体分离的效率进行验证:

$$\eta = 1 - \exp(-W_p a) \tag{13.70}$$

式中:W_p为带电粒子向集尘电极运动的速度(m/s);a 为表征除尘器几何尺寸及其中气流速度的系数,对于所有类型的集尘电极,有

$$a = (LP)/(SW_g) \tag{13.71}$$

其中:L 为集尘电极长度(m);P 为集尘电极工作区的周长(m);W_g为含尘气、固两相流的流速(m/s);S 为由集尘电极壁面所限定的集尘电极的横截面积,且有

$$S = (KV_g)/W_g \tag{13.72}$$

其中:K 为考虑了空气吸入的系数($K=1.1$);V_g为在净化温度下含尘气流的体积流量(m^3/s)。对于板状电极,$P/S=2/b$,其中 b 为板间距($b\approx0.3m$)。

与按照斯托克斯沉积条件计算得到的运动速度相比,带电颗粒的实际漂移速度较小(约为计算值的 1/2):

$$W_p = (6 \times 10^{-12} \times K_p E^2 r)/\mu_g \tag{13.73}$$

式中:E 为电场强度(V/m);r 为颗粒半径(m);μ_g为气体黏度(Pa·s);对于粒径 2~50μm 的颗粒,$K_p=1$,对于粒径小于 2μm 的颗粒,$K_p=1+1/(107r)$。

管状集尘电极静电除尘器中的电场强度为

$$E = \sqrt{i_0(2\pi\varepsilon_0 K)} \tag{13.74}$$

板状集尘电极静电除尘器中的电场强度为

$$E = \sqrt{i_0 b(\pi\varepsilon_0 Kl)} \tag{13.75}$$

式中:i_0为电晕放电的线电流密度(A/m);ε_0为真空介电常数 $q_0=8.55\times10^{-12}$F/m;K 为离子迁移率($m^2/(V\cdot s)$);L 为相邻电晕电极的间距(m),$L=0.25m$;b 为电极板的间距(m)。

对于管状集尘电极的静电除尘器,电晕电流的线性密度为

$$i_0 = [(U - U_0)2K)]/\{[9 \times 10^3 R^2 \ln(K/K_1)]U(U - U_0)\} \tag{13.76}$$

对于板状集尘电极的静电除尘器,有

$$i_0 = [U(U - U_0)4\pi^2\varepsilon_0 KK_1]/\{[9 \times 10^9 L^2][\pi b/(2L) + \ln(2\pi R_1/L)]\} \tag{13.77}$$

式中:U 为电极上的电压(V);U_0为电晕放电电压(临界电压)(V);R 为集尘电极半径(m),假设 $R=0.15$m;R_1为电晕电极半径(m),假设 $R_1=0.0015$m;K_1为板状电极之间的布置系数,$K_1=0.12(U \cdot b)^2$。

管状电极静电除尘器的临界电压为

$$U_0 = E_0 R_1 \ln(R/R_1) \tag{13.78}$$

对于板状电极的静电除尘器,有

$$U_0 = E_0 R_1[\pi b/(2l) - \ln(2\pi R_1/l)] \tag{13.79}$$

式(13.78)和式(13.79)中临界电场强度可由下式计算:

$$E_0 = 3.04(B + 0.0311\sqrt{b/R_1}) \times 10^6 \tag{13.80}$$

式中:B 为气体在工作状况和标准状况下的密度比,且有

$$B = 293(1 \pm P/10^5)/(273 + t) \tag{13.81}$$

其中:T 为工作状况下的气体温度(℃);P 为管道中的压强(Pa)。

在第 5 章已经看到了“静电除尘器+双层烧结金属过滤器”这种组合方式的实际应用:用于微波等离子体脱硝铀-钍、铀-钚硝酸盐混合溶液的反应器系统,得到 UO_2-ThO_2和 UO_2-PuO_2 等混合氧化物。显然,对于利用硝酸盐和氟化物原料生产氧化物粉末、功率高于 100kW 的大型等离子体系统(最终产物产量达每小时几十到几百千克)而言,这种组合方式很有应用前景。管状集尘电极静电除尘器结合双层烧结金属过滤器的应用已示于图 5.7。静电除尘器捕集从等离子体反应器排出的大部分颗粒物;烧结金属过滤器的工作模式与图 5.5 中相同,过滤穿过静电除尘器的细微颗粒。静电除尘器和烧结金属过滤器捕集到的颗粒物都卸载到同一个料斗中。

作为本章的结论,需要指出,颗粒物与气体产物的分离并没有通用的方法,每一种情况必须采用合适的非标解决方案。

参考文献

[1] И. Д. Морохов, Л. И. Трусов, С. П. Чижик. Ультрадисперсныые металлические среды. М, Атомиздат, 1977.

[2] Ю. В. Цветков, С. А. Панфилов. Низкотемпературная плазма в процессах восстановления металлов. М, Наука, 1980.

[3] В. И. Торбов, В. Н. Троицкий, А. З. Рахматуллина. Исследование спекания нитрида титана, полученного плазмохимическим методом. Порошковая металлургия, 1980, № 1, с. 19-23.

[4] В. Н. Троицкий. Основные проблемы синтеза нитрида титана в низкотемпературной плазме. В

сб. Синтез в низкотемпературной плазме. Под ред. Л. С. Полака. М, Наука, 1980, с. 4-23.

[5] М. Л. Бернштейн, Л. Н. Займовский. Структура и механические свойства металлов. М, Металлургия, 1970.

[6] I. N. Toumanov, N. M. Trotsenko, A. V. Zagnit′ko, A. V. Galkin. Extraction of Submicron Products of Plasma Chemical Processes from Process Gases. 13 Int. Symp. Plasma Chemistry. Beijing, China. Aug. 18-22, 1997. Vol. 4, pp. 1886-1891.

[7] V. N. Prusakov, A. V. Zagnitko, E. A. Nikulin, N. M. Trotsenko, A. A. Kosyakov, B. S. Pospelov. Multilayer metalceramic filter for high efficiency gas cleaning. J. Aerosol. Sci., 1993, v. 24, Suppl. 1, pp. 5284-5289.

[8] О. С. Балабеков, Л. Ш. Балтабаев. Очистка газов в химическойпромышленности: процессы и аппараты. М.: Химия, 1991.

[9] А. В. Загнитько, О. А. Иванов, В. Г. Карамышев, А. А. Косяков, Е. А. Никулин, Б. С. Поспелов, В. Н. Прусаков, Н. М. Троценко, А. Н. Аршинов. Способ получения многослойного металлического фильтрующегоматериала. Патент РФ № 2044090, БИ № 26, с. 204, 1995.

[10] В. С. Гацков, С. В. Гацков, А. В. Загнитько, Е. А. Никулин, В. Н. Прусаков, Н. М. Троценко. Способ изготовления спеченного фильтрующегоматериала. Патент РФ № 2070873, БИ № 19, 1995.

[11] А. В. Загнитько, Н. М. Троценко, В. И. Уваров, В. Г. Гнеденко, Е. С. Лукин. Способ изготовления многослойного металлического фильтрующегоматериала. Патент РФ № 2044090, БИ № 36, с. 163, 1996.

[12] Н. М. Троценко, В. С. Гацков, С. М. Баженова. Исследование и разработка высокоэффективных регенерируемых фильтров для установк типа《Факел》. Отчет Отделения е2 МИФИ о НИОКР. Этап 1. Инв. 70/3020, 1987, 85 с.

[13] Н. М. Троценко, В. С. Гацков, С. М. Баженова. Исследование и разработка высокоэффективных регенерируемых спеченных порошковых фильтров для установк типа《Факел》. Отчет Отделения № 2 МИФИ о НИОКР. Этап 2. Инв. 70/3020, 1987, 55 с.

[14] Пористые металлокерамические изделия. Уральский электрохимический комбинат. Рекламный проспект, 1994.

[15] Керамические фильтры. РНЦ《Курчатовский институт》. Рекламныйпроспект, 1994.

[16] A. V. Zagnitko, N. M. Trotsenko, V. N. Prusakov, V. G. Gnedenko, A. A. Kosyakov. High Temperature Regenerative Multilayer Metalceramic Filters for High-Efficiency Collection of Radioactive Aerosol Particles in Nuclear Fuel and Radioactive Waste Reprocessing. J. Aerosols, 1998, v. 4, № 6, p. 189.

第14章 利用感应加热技术生产用于核工业的稀有金属

14.1 引　言

感应加热技术已应用于核燃料循环的许多工艺过程。在第 7、8、10 和 11 章中,工作在射频范围内的高频系统用于高温合成无氧陶瓷(碳化物、硼化物及其化合物),从天然和合成矿物中回收有价值成分,通过与物理过程相关的新型无试剂工艺从挥发性化合物中回收金属,以及建立物理与化学结合工艺在气相和凝聚相的处理对象中产生高频感应电流。

高频和超高频(微波)技术的化学工艺应用将在第 15 章中讨论。

本章讨论提取和加工稀有金属与稀土元素的低频感应加热过程。这些金属从核燃料循环的不同阶段分离出来,或者应用于核燃料循环的不同阶段,包括 Zr、Hf 以及矿石中 Zr 的伴生矿和稀土金属(Sc、Gd、Er、Dy 等)。

采用感应加热技术生产上述及其他金属可显著提高这些金属的物理化学性能、简化工艺流程,并大幅降低主工艺中“废物和需回收物”的量,降低对环境的负面影响。

低频感应加热技术在冶金领域取得的最重要进展是用于生产锆,因此,从这个元素出发展开本章的讨论。

14.2 锆在核工程中的作用

锆是核工程结构材料的关键金属之一,是制造核反应堆燃料包壳合金的主要成分。锆合金对高参数的水和蒸汽具有优异的耐腐蚀性,对热中子的吸收截面较小,这些合金比纯锆的力学性能更好。

近年来,核燃料循环出现了一些新变化——将钍纳入进来,这为锆在核电工程中的应用提供了新空间[1,2]。这些变化之一是为 VVER-T 型核反应堆提供混合燃料组件[2],分别装载在堆芯和转换区。堆芯装载的是 U-Zr 合金燃料,其中 U-235 含量为 20%;转换区装载的是 UO_2-ThO_2燃料,UO_2中的 U-235 含量为 20%。这种 U-Zr 合金燃料用于舰船的核动力反应堆中。文献[2]建议的变革实现之后,核级锆在核电领域的应利用范围大幅扩展。作为一种混合物燃料,U-Zr 合金(含 1%的 Nb)中铀的质量含量为 20%~60%(锆的质量含量为 40%~80%)。这种合金通过铸造或粉末冶金工艺得到。如下数据将说明锆在 VVER-1000T 反应堆中的消耗量:VVER-1000T 反应堆堆芯的首次装料量为 1150kg,燃料补充量为 650kg/a[1]。

锆的原料是锆石和斜锆石,锆含量分别为 45.6% 和 69.1%。在这些矿物中,锆与铪共生,后者的热中子吸收截面较大。因此,任何锆开采和提炼工艺的目标都在于除去铪。早在 20 世纪 80 年代初,苏联就开发出了生产锆的新工艺,主要步骤包括:锆与碳酸钠烧结,然后洗去硅酸钠;将锆溶解在硝酸中,通过萃取分离其中的铪;提取锆制成 ZrF_4,利用钙热熔融还原得到金属锆;最后对锆进行电子束精炼,得到的锆用于生产核燃料元件包壳合金。

14.3 核级锆生产技术

当对锆进行提取并除去其中的杂质时,锆石(或斜锆石)中含有的铪也通过萃取—反萃取工艺分离出来。铪的提取实际上几乎与锆类似,采用反萃取工艺最终得到金属铪。

通过反萃取工艺得到 ZrF_4的结晶水合物,然后干燥、脱水,升华精制,对升华后收集到的 ZrF_4进行钙热熔融还原。由于对锆的化学纯度和与化学纯度对应的物理性质要求很高,苏联冶炼业无法继续采用标准设备进行生产。例如,在石墨炉中进行钙热还原反应时,得到的锆中含有一定量的碳化锆,导致锆材的冲击强度变化很大,用这种锆材制成的核反应堆燃料元件包壳无法满足技术要求。因此,ZrF_4钙热还原工艺得到了改进,基于冷坩埚技术感应加热 ZrF_4+2Ca 进行。后来,这项技术被进一步应用于其他稀有金属和稀土元素的生产。

在生产钪时出现了类似的冶金问题:人们对钪的品质要求同样很高,因为这种金属需要用于军事和航空航天领域。类似例子还包括生产钆(Gd)、钐(Sm)、钕(Nd)以及基于这些金属的精密合金。这些问题以及类似问题已经成功地得到了解决:对原料进行感应加热,生产具有所需复杂物理化学性质的稀有金属铸锭。

人们已经开发了多种利用高频感应加热实现金属还原的冶炼工艺。常见的是利用碱土金属(钙和镁)还原氟化物原料制备稀有金属和稀土金属,其中一些例子如下:

$$ZrF_4 + 2Ca \longrightarrow Zr + 2CaF_2 \tag{14.1}$$

$$HrF_4 + 2Ca \longrightarrow Hf + 2CaF_2 \tag{14.2}$$

$$ScF_3 + 3/2Ca \longrightarrow Sc + 3/2CaF_2 \tag{14.3}$$

利用碱土金属还原氟化物原料的高频感应冶金过程与高频感应加热氧化物和碳(或者硼)制备碳化物或硼化物(见第7章)之间存在一定相似之处:原料均通过其自身具有的或者受激发产生的电导率实现感应加热。但是,二者之间也存在显著差异:在目前所讨论的情形中,原料都是电介质或半导体与导电金属块的混合物,金属的导电性决定原料的导电性。此外,由式(14.1)~式(14.3)所描述的金属的还原反应通常剧烈放热,所以冷坩埚的"冷壁"需要既可以透过电磁能,确保获得的金属或合金的均匀性,又可以防止结构材料杂质污染熔体,提高目标金属从熔渣进入熔体的比例。

此外,二者之间还存在一些技术差异:在碱土金属还原氟化物的过程中,金属和中间产物的电阻率比无氧陶瓷材料的电阻率低几个数量级。因此,冷坩埚冶金反应器的电源频率比"冥王星"(Плутон)装置(见第7章)低得多。并且,金属熔体接收器具有典型的冶金特征:金属熔体浇注入模具,形成铸锭或铸件。对于合成的陶瓷材料,则倾向于在未熔化状态时排出,因为熔融会破坏碳化物或硼化物形成其他物相,改变其化学计量组成。

按照式(14.1)~式(14.3),通过感应加热实现金属热还原稀有或稀土金属氟化物的过程按照如下步骤进行:稀有或稀土金属氟化物与钙(或者镁)混合,放入可透过频率为几到几十千赫电磁辐射的冷坩埚中;冷坩埚置于与电源连接的感应器内。电源启动之后,在钙或镁块中引发感应电流,将钙或镁加热熔化。金属氟化物被炽热的钙或镁加热至高温,熔化后电阻率迅速下降,使感应加热愈加剧烈,引发金属热还原反应并快速蔓延,使稀有或稀土金属金属在几秒内被还原。金属热还原反应继续进行,形成金属和熔渣。该过程具备一些重要特征:可以对熔渣进一步加热,因而熔渣中金属的回收率更高。在还原反应和从熔渣中回收金属完成之后,金属熔体浇注入模具,得到具有一定形状的铸锭。

14.4 用于还原和熔炼金属的高频感应加热熔炉——冷坩埚

化工冶金领域已经使用冷坩埚感应加热金属或其他化学活性物料体系。这些原料本身就具有一定的电导率，或者可以被激发出导电性。关于这类设备的基本工作原理，人们已经有不同程度的了解[3,4]。这些原理正在进行修正，并应用于可透过高频电磁场的金属-电介质反应器合成无氧陶瓷，这部分内容已在第7章给出。应用于冶金过程的冷坩埚的工作原理阐述如下。

14.4.1 化工冶金用冷坩埚的工作原理

在冶金工业中，用于熔化或重熔高熔点金属的冷坩埚是一种圆筒状或椭圆筒状设备，由截面为圆形或矩形的水冷部件组成(这些部件称为分瓣)。所有分瓣均由非磁性金属制成，分瓣之间存在狭缝并彼此绝缘；狭缝使感应器的电磁能可以自由透入熔融空间内并传递给待加热对象(原料)。此外，狭缝应足够窄，熔融金属可以借助表面张力保持在冷坩埚内。此类冷坩埚既可以是无底的，也可以有底；有底冷坩埚底部的电性能要求与壁面相同。对于这类装置，基本要求是冷坩埚对感应器电磁场的屏蔽程度最小，即冷坩埚分瓣吸收的电磁能最少。这意味着，由感应器磁场联系起来的冷坩埚分瓣不可以形成电路上的连通。如果分瓣之间连通起来，电源功率就会消耗在冷坩埚结构材料中；感应电流一旦在分瓣中形成，就会将感应器的电磁场与被处理原料屏蔽开来。为了避免出现这种连通现象，在设计中磁力线通常不穿过由冷坩埚分瓣构成的轮廓面，而与这些面平行。然而，由于感应器的磁场存在径向不均匀性，所有分瓣中均会出现沿感应器轴向的电流。这部分感应电流的大小及其"消磁"效应取决于感应电流在冷坩埚分瓣中形成的环路的面积。因此，必须尽可能保证该环路的面积最小。

冷坩埚熔化金属时，物料与坩埚内表面之间存在电接触。感应器磁场通过坩埚分瓣之间的狭缝传递给物料，在冷坩埚与熔体之间形成感应电流环路，如图14.1(a)所示。显然，在这种情况下，传递给熔体的电功率仅分配在间隙附近的一小部分熔体中。这种冷坩埚对熔体感应加热的效率很低，原因在于熔体的电导率与冷坩埚材料(铜)的电导率相当，并且与熔体中的感应电流路径长度相比，冷坩埚中感应电流的路径更长。

为了提高对物料的加热效率，可以在冷坩埚内表面涂覆电介质材料(Al_2O_3或ZrO_2)涂层，将冷坩埚内壁与熔体隔离开来。涂层厚0.5~1mm，通过等离子体喷涂工艺沉积。利用这种冷坩埚熔化金属时，熔体内各点的电磁场强度都相等，加热非常均匀。在这种条件下，感应电流穿过冷坩埚分瓣的间隙透入熔体内，路径近似于圆形。这组感应电流在熔体内形成了闭合回路(图14.1(b))(坩埚内的虚线)，加热并熔化冷坩埚内的金属。冷坩埚与感应电流虚线圆环之间的环形层称为趋肤层，其厚度称为感应电流的透入深度(趋肤深度)。采用内

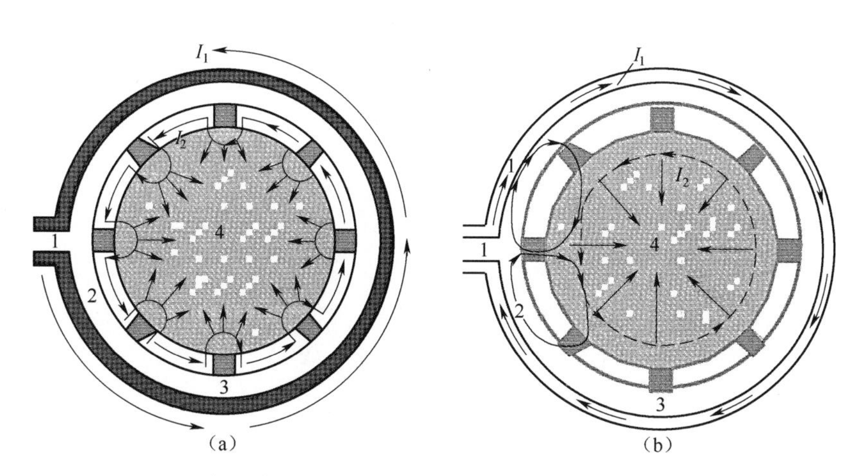

图 14.1　高频感应器内冶金冷坩埚横截面上的电流和热通量分布

(方向朝内的箭头表示对熔体感应加热的热通量)

1—感应器;2—冷坩埚;3—冷坩埚部件之间的狭缝;4—熔融体;

I_1—感应器中的电流;I_2—感应电流。

(a)形成于由冷坩埚与熔体构成的回路中;(b)形成于熔体内(虚线为熔体轮廓)。

表面具有绝缘涂层的冷坩埚可以显著提高加热效率。

此外,通过电动力学方法使熔体脱离坩埚壁也可以达到同样效果。这时,在冷坩埚与物料之间形成了气体间隙,起到电绝缘材料的作用。

利用冷坩埚还原、熔炼或者重熔金属,可以得到高纯度产物。然而,与熔炼电介质材料和半导体材料的传统感应炉相比,冷坩埚熔炼的效率更低。因此,使用者应根据具体应用目的(获得金属的纯度更高,还是熔炼或者重熔的效率更高),决定采用传统感应炉还是包括冷坩埚在内的感应炉。

14.4.2 熔炼冷坩埚的电气参数

圆筒状冷坩埚及其主要参数总高度 H 与直径 $D_{c.c}$ 如图 14.2 所示。感应器的内径为 D_c,在冷坩埚中产生感应电流。当 H 与 $D_{c.c}$ 取值适当时,感应器的电磁场与冷坩埚底部之间不发生相互作用。根据经验,为了避免冷坩埚底部产生消磁效应,必须使冷坩埚底部与感应器下层线圈所处平面之间的距离不小于冷坩埚的半径;在这个距离上,冷坩埚底部的磁场可以忽略。假设熔池的高度 H_m 等于感应器线圈的高度 h_c。根据图 14.2 中的符号,对于竖直的圆筒状冷坩埚,其高度可通过下式确定:

$$H = D_c/2 + h_c + (2 \sim 5)(\mathrm{cm}) \tag{14.4}$$

当 h_c>0.1m 时,式(14.4)中的第三项的值可以更大(如取 5cm)。

在选取冷坩埚的电气参数时,所考虑的基本关系讨论如下。

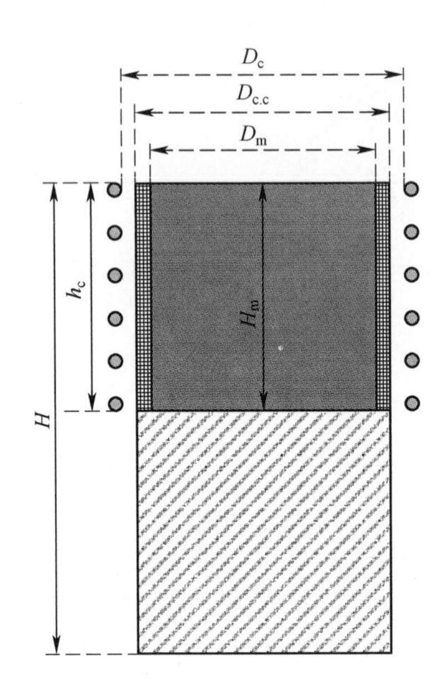

图 14.2　感应加热熔炼冷坩埚电气参数的计算方案(冷坩埚壁由竖直纵向部件组成)
D_m—熔体直径;$D_{c.c}$—冷坩埚直径;D_c—感应器内径;
h_c—感应器高度;H_m—熔体高度;H—冷坩埚总高。

1. 冷坩埚电源的最佳频率

感应电流在被加热物料(负载)中的透入深度取决于材料的电学性质和电磁场的频率。对于给定的频率f,透入深度随负载的电阻率ρ的增大而增大。当对圆柱形物体进行加热时,感应加热效率取决于电磁场频率和被加热材料特性,可通过关于G_c的标准图形(图 14.3)描述,其中G_c是圆柱形负载的有功阻抗系数。从这些关系可以看出,消耗在负载中的电功率在$m = (D_m/\delta_m \cdot \sqrt{2}) < 3$时急剧降低,其中$m$为圆柱形负载的等效直径,$\delta_m$为感应电流的趋肤深度,且有

$$\delta_m = 5.03 \times 10^8 (\rho/\mu f)^{0.5} \tag{14.5}$$

式中:μ为负载的磁导率。

根据描述高频电磁场在导体中传播的基本规律,所需的电源频率为

$$f \geqslant (4.5 \times 10^8)/(\sigma_m D_m^2)(\text{Hz}) \tag{14.6}$$

式中:σ_m为熔体电导率;D_m为熔体直径。

从上式可以看出,可以为任意一台冷坩埚选配电源,甚至其直径仅有几毫米。然而,与式(14.6)确定的下限值相比,提高电源频率存在一定的风险,因为这会导致感应器匝间电压升高,有可能使感应器发生电击穿。

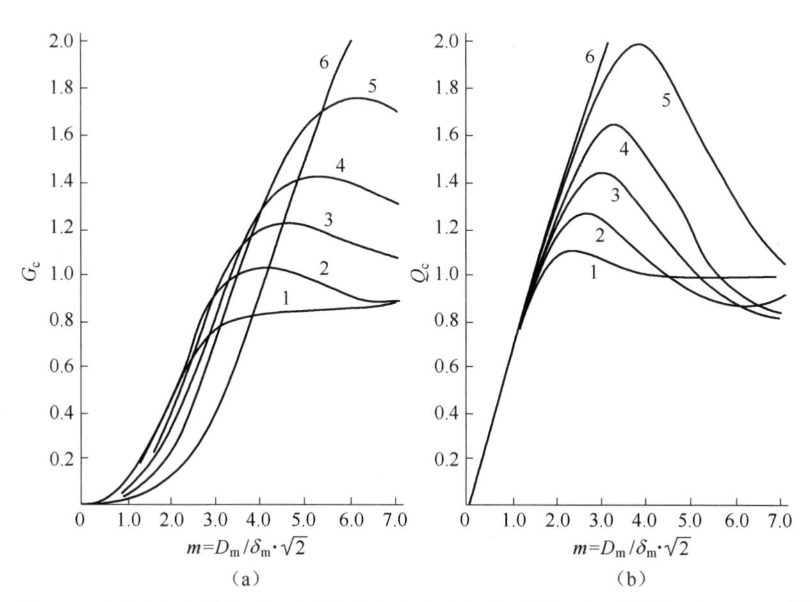

图 14.3　圆柱形负载的有功阻抗系数和无功阻抗系数与负载等效直径的关系[3]

1— $D_t'/D_t=0$;2—0.7;3—0.8;4—0.85;5—0.9;6—0.95

D_t' ,D_t—构成冷坩埚的金属管的内径和外径。

2. 熔体的有功阻抗和无功阻抗

根据冷坩埚理论[3],熔体的有功阻抗 r_m 与其感抗 x_m 之间存在以下关系:

$$r_m + jx_m = (2P_a + jP_r)/(H_{m,e} \cdot h)^2 \tag{14.7}$$

式中:P_a 为熔体的有功功率;P_r 为消耗在熔体内的无功功率;$H_{m,e}$ 为熔体表面的磁场振幅;$j=\sqrt{-1}$;h 为圆柱形负载的高度。

反过来,有

$$P_a = (\pi mh \cdot H_{m,e}^2 \cdot G_c)/(\sigma_m\sqrt{2}) \tag{14.8}$$

$$P_r = (\pi mh \cdot H_{m,e}^2 \cdot Q_c)/(\sigma_m\sqrt{2}),m = D/(\delta\sqrt{2}) \tag{14.9}$$

式中:G_c、Q_c 分别为圆柱形负载的有功阻抗系数和无功阻抗系数,从图 14.3(a)和图 14.3(b)中确定;m 为圆柱形负载的等效直径;δ_m 为电流趋肤深度。

$$r_m = (\pi m_m \cdot \sqrt{2} \cdot G_c)/(h_m\sigma_m) = (\pi \cdot D_m \cdot G_c)/(h_m \cdot \sigma_m \cdot \delta_m) \tag{14.10}$$

$$x_m = (\pi m_m \cdot \sqrt{2} \cdot Q_c)/(h_m\sigma_m) = (\pi \cdot D_m \cdot Q_c)/(h_m \cdot \sigma_m \cdot \delta_m) \tag{14.11}$$

3. 冷坩埚的有功阻抗和无功阻抗

如果构成冷坩埚的铜管的内、外径分别为 D_t' 和 D_t ,匝数为 n,则冷坩埚的有功和无功阻抗由以下关系式表示：

$$r_{c.c.} = (n\pi m_t \cdot \sqrt{2} \cdot G_c)/(h_{cc}\sigma_{Cu}) = (n\pi \cdot D_t \cdot G_c)/(h_{cc} \cdot \sigma_{Cu} \cdot \delta_{Cu}) \tag{14.12}$$

$$x_{c.c.} = (n\pi m_t \cdot \sqrt{2} \cdot Q_c)/(h_{cc}\sigma_{cc}) = (n\pi \cdot D_t \cdot Q_c)/(h_{cc} \cdot \sigma_{Cu} \cdot \delta_{Cu}) \tag{14.13}$$

式中：σ_{Cu}为铜的电导率；G_c、Q_c与m_t、D_t'和D_t对应的标准函数(图14.3(a)、(b))。

如果冷坩埚由n块宽度为b的铜板构成，则其相应的阻抗表达式为

$$r_{c.c.} = (2bn \cdot G_b)/(h_{cc} \cdot \sigma_{Cu} \cdot \delta_{Cu}) \tag{14.14}$$

$$x_{c.c.} = (2bn \cdot Q_b)/(h_{cc} \cdot \sigma_{Cu} \cdot \delta_{Cu}) \tag{14.15}$$

式中：G_b、Q_b为手册中对应于板的函数(分别为基于等效板宽度的有功、无功阻抗系数，见图14.3(a)和14.3(b)的曲线)。

4. 感应器的有功阻抗

感应器的阻抗由以下关系式确定：

$$r_1 = (\pi D_c)/(h_c \cdot g \cdot \sigma_{Cu} \cdot \delta_{Cu}) \tag{14.16}$$

式中：D_c、h_c如图14.2中标注；g为感应器的填充系数，g为0.76~0.8；σ_{Cu}，δ_{Cu}分别为铜的电导率和趋肤深度。

5. 不考虑边缘效应的空心感应器的阻抗

$$x_{1,0} = (6.2 \times 10^{-8} f D_c^2)/h_c \tag{14.17}$$

6. 冷坩埚内存在熔体时，冷坩埚与感应器之间间隙的阻抗

$$x_{c.} = (7.9 \times 10^{-8} \cdot f S_{cl})/(h_c) \tag{14.18}$$

$$S_{cl} = S_c - (S_{cc} + S_m) \tag{14.19}$$

式中：S_{cl}为感应器与冷坩埚之间的间隙的截面积(cm^2)；S_c为感应器开口面积(cm^2)；S_{cc}为冷坩埚的截面积(cm^2)；S_m为熔体的截面积(cm^2)。

7. 回路阻抗

$$x_0 = x_{1,0} \cdot k_1/(1 - k_1) \tag{14.20}$$

式中：k_1为自感系数(长冈系数)，且有

$$k_1 \approx 1/(1 + 0.45 D_c/h_c) \tag{14.21}$$

这里

$$x_0 \approx 2.2[(x_{1.0} \cdot h_c)/D_c] \tag{14.22}$$

8. 参数衰减系数

$$C = x_0/[(r_m + r_{cc})^2 + (x_0 + x_m + x_{cc} + x_s)^2] \tag{14.23}$$

9. 置于感应器中的冷坩埚和熔体的有功阻抗

$$r_m' = C \cdot r_m \tag{14.24}$$

$$r'_{cc}=C\cdot r_{cc} \tag{14.25}$$

10. 感应器的无功阻抗

$$x_c=C\{(x_m+x_{cc}+x_s)+[(r_m+r_{cc})^2+(x_m+x_{cc}+x_s)^2]/x_o\} \tag{14.26}$$

11. 单匝感应器的有功阻抗

$$r_c=r_1+r'_m+r'_{cc} \tag{14.27}$$

12. 单匝感应器的总电抗

$$Z_c=(r_c^2+x_c^2)^{0.5} \tag{14.28}$$

13. 熔融系统的效率

$$\eta=r'_m/r_c \tag{14.29}$$

14. 感应器所需的安匝数

$$I_c\cdot w_c=(P_\Sigma/r'_m)^{0.5} \tag{14.30}$$

式中:P_Σ 为冷坩埚稳态熔融时的热损失,且有

$$P_\Sigma=P_s+P_b+P_{rad}+P_{conv} \tag{14.31}$$

其中:P_s、P_b、P_{rad}、P_{conv}分别为冷坩埚侧面、底部以及由辐射和对流导致的功率损失。

15. 感应器单匝线圈的电压

$$U_{c.1}=I_c\cdot w_c\cdot z_c \tag{14.32}$$

16. 感应器匝数

$$w_c=U_{ps}/U_{c.1} \tag{14.33}$$

式中:U_{ps}为高频电源的电压。

17. 冷坩埚的功率损失

$$P_{cc}=P_\Sigma(r'_{cc}/r'_m) \tag{14.34}$$

18. 感应器的功率损失

$$P_c=P_\Sigma(r_1/r'_m) \tag{14.35}$$

19. 输入感应器的有功功率

$$P=P_\Sigma(1/\eta) \tag{14.36}$$

20. 输入感应器的总功率

$$P_f=I_c\cdot U_c \tag{14.37}$$

21. 感应器的功率因数

$$\cos\varphi=P/P_f \tag{14.38}$$

14.4.3 冷坩埚分瓣的数量和间隙

用于熔融金属的无绝缘涂层的冷坩埚,其分瓣的数量应尽可能多。沿冷

坩埚圆周方向分瓣的宽度 b 取决于冷却水通道区的截面积,并且不能小于 0.5mm;否则,为了不增加分瓣中冷却水的流动阻力,就必须增大冷坩埚的半径。

金属的熔炼过程通常无凝壳,因而冷坩埚分瓣的间隙应适当小,使熔体的表面张力足以阻止熔体泄漏。熔体流入间隙之后,在表面张力作用下停滞下来。间隙越小,表面张力越大。然而,技术上很难保证间隙小于 0.5mm。因此,用于熔炼金属的无涂层冷坩埚,其分瓣之间的距离通常不小于 1mm。用于熔炼金属或处理放射性废物的冷坩埚的分瓣数量通过下式确定:

$$n \approx (\pi D_m)/(b+1) < \pi D_m/6 \tag{14.39}$$

式中:D_m 为熔体直径(mm)。

对于具有绝缘涂层的冶金冷坩埚和在凝壳中熔化材料的冷坩埚,其分瓣的数量基于间隙的电气强度确定。对于熔炼金属的无涂层冷坩埚而言,其间隙的电气强度无足轻重,因为所有间隙都填充了金属熔体。对于熔化电介质材料的冷坩埚而言,在工作中其所有分瓣均作为变压器的次级绕组,其两端的距离为 $\delta_c n$,电压为 U_{ps}/w_c。因此,间隙中的电场强度为:

$$E_c = U_{ps}/w_c \cdot \delta_c \cdot n \tag{14.40}$$

间隙中的电气强度取决于以下因素:

(1) 间隙大小;

(2) 间隙中是否存在绝缘介质;

(3) 气态介质的电气强度,该参数又取决于电流频率和气体压强;

(4) 分瓣的表面形貌;

(5) 凝壳的外表面温度。

对于工作在不同条件下的冷坩埚,设计时通常采用以下准则:

(1) 对于熔炼金属的有涂层冷坩埚和在凝壳中熔化电介质材料的无涂层冷坩埚而言,其分瓣之间的间隙宽度主要从熔体稳定性方面考虑,即 $\delta_c \leqslant (1 \sim 5)$mm。

(2) 用于隔离熔体与分瓣的涂层,还应使各分瓣彼此绝缘;为此,绝缘材料不仅涂在分瓣的内表面上,还应涂在其侧面上,这样既能保持了分瓣的形状又能提高其电气强度。

(3) 间隙的电气强度通常随着电流频率的增大而降低,而气压对电气强度的影响则遵从帕邢定律。

(4) 分瓣的表面无缺陷(毛刺,钎焊或焊接形成的粗糙表面等),则间隙的电气强度更高。

(5) 当冷坩埚内存在凝壳时,间隙的电气强度主要取决于凝壳温度。电离气体的电子落入凝壳高温侧的间隙内。凝壳外表面温度越高,进入间隙的热电子就越多,从而显著降低间隙的电气强度。

(6) 综合考虑影响间隙电气强度的各项参数,应限定间隙中电场强度的最大值为 100V/mm;将该值代入式(14.40),并考虑冷坩埚结构对分瓣宽度的约束,可以看到,带有涂层或者熔化氧化物电介质材料的冷坩埚的分瓣数量为

$$n \approx U_{ps}/(100w_c \cdot \delta_c) < \pi D_m/6 \tag{14.41}$$

熔体对感应器的电磁场完全不产生屏蔽效应的情形,只有在一种特殊的冷坩埚中才能观察到。这种冷坩埚在结构上与感应器结合了起来,因而熔体与感应器之间不存在冷坩埚这一媒介。关于这种设计方案,最简单的例子就是线圈紧密缠绕的螺线管。按照这种设计方案,线圈沿竖直方向绕制的感应器型冷坩埚不存在消磁效应。

关于不同用途的冷坩埚的电、热计算方法,更多细节参见文献[4]。

14.5 冷坩埚还原稀有金属和有色金属的工艺与设备

目前,人们已经开发出了热(钙热)还原氟化物原料生产有色金属和稀有金属及其合金的工业设备。这类感应炉命名为“脉冲”(Импульс)系列[4-6],方案如图 14.4 所示。熔炉的主要部件冷坩埚 4 安装在感应器 3 中;感应器由高频电源供电(图中未示出)。冷坩埚 4 位于真空熔炼室 2 中,真空由真空泵和相应的管线(系统 5)产生。图 14.4 中的“脉冲”型熔炉由 4 个熔炼室 2 组成,共用一套真空系统和电源系统。每个熔炼室中都安装一台具有感应器和独立电容器组的分瓣式水冷铜坩埚,并配备有金属锭 1 的卸载和运输机构 6。熔炉的所有设备均可远程控制。

分批加料,金属熔化还原(参见式(14.1)~式(14.3)),熔炼产物冷却,锭卸载和运输等过程在每个熔炼室中依次进行。其他冷坩埚型工业电熔炉参见文献[4]。

用于工业上钙热还原 ZrF_4 生产锆的“脉冲”型感应炉的规格如下[6]:

(1) 用于感应加热的电源(高频发生器)功率:2000kW。

(2) 分瓣式冷坩埚尺寸:内部直径,650mm;高度,2500mm;还原区容积,600L。

(3) 工作区介质:真空或者惰性气体。

(4) 熔炼室真空度:0.133Pa。

(5) 惰性气体的最大允许超压:10^4Pa。

(6) 电流频率:主电路,50Hz;振荡电路,2400Hz。

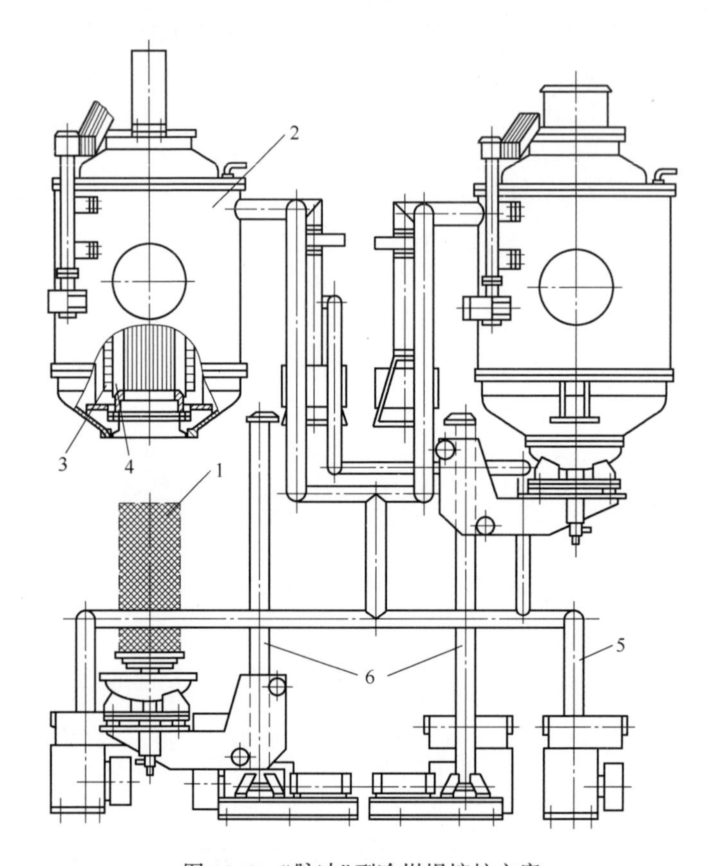

图 14.4 “脉冲”型冷坩埚熔炉方案

1—金属锭;2—熔炼室;3—感应器;4—冷坩埚;5—真空系统;6—金属锭运输机构。

(7) 电压:振荡电路,800V;控制电路,220V。

(8) 外形尺寸:长,17000mm;高,10000mm;宽,13000mm。

(9) 质量:100t。

采用“脉冲”型感应熔炉热还原金属氟化物生产金属具有诸多优势:

(1) 与传统工艺相比,大幅强化了熔炼过程。

(2) 无须使用可消耗坩埚或内衬材料(石墨、捣打料、陶瓷等材质)。

(3) 提高熔炼金属的纯度。

(4) 提高冶金过程的生产率。

(5) 改善工作条件和安全性。

迄今为止,不同类型的感应熔炉已经用于生产有色金属、稀有金属和高纯度合金,其工作原理都是基于感应加热金属氧化物、氟化物、氯化物等与活泼碱土金属的混合物[4,5]。

如前面所述,如果原料的电导率过低无法直接启动感应加热,则可以先采用其他技术措施进行激发,如采用外部电源预热原料、加热甚至熔化原料的一种组分,向原料中短时间插入导电棒材等。

14.6 感应加热精炼金属和合金

感应加热已应用于精炼稀有金属、稀土金属及其合金[7]。用于金属熔融的从底部批次浇注的感应加热冷坩埚精炼炉(RFIFCC)如图 14.5 所示。从总体上看,RFIFCC 是一种具备内部冷却功能、带有狭缝的感应炉;感应炉由非磁性金属制成,圆筒状炉体上带有纵向狭缝。炉体的金属部件之间保持电绝缘。图 14.6 给出了 RFIFCC 连续冶炼和精炼金属的方案,其中配备了金属锭转运机构。与现有设备不同的是,RFIFCCT 冷坩埚顶部安装了多孔材料炉盖,排放熔炼过程中产生的气体;在冷坩埚底部中心设置了与金属暂存容器连接的金属熔体排出通道,冷坩埚下面还有为排出金属熔体而产生负压的导管。此外,在冷坩埚下方的金属结晶区还安装了辅助感应器,以便更有效地拉锭。

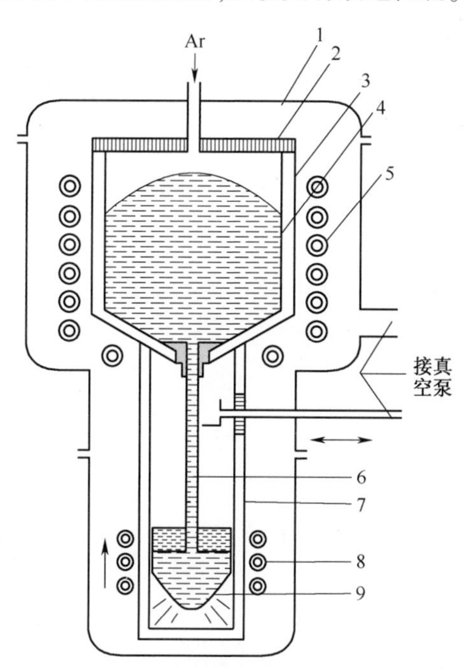

图 14.5 从底部浇注的感应加热冷坩埚精炼炉示意图

1—炉体;2—多孔材料盖;3—冷坩埚;4—金属熔体;5—感应器;
6—熔融金属;7—金属储存容器;8—辅助感应器;9—金属锭。

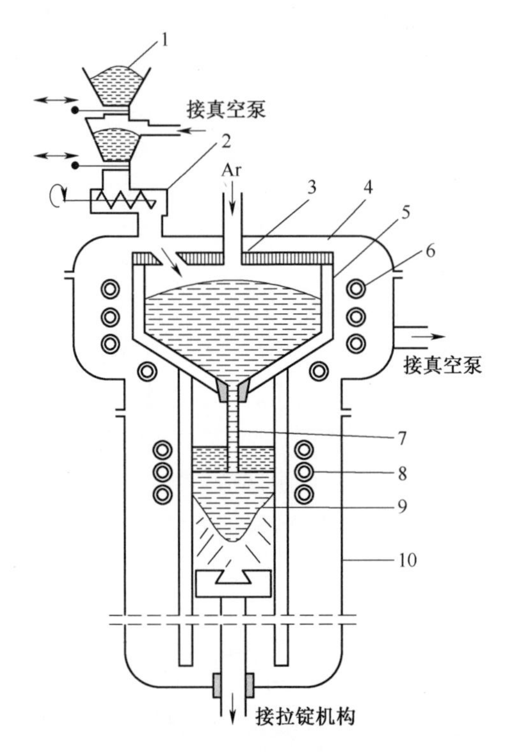

图 14.6 冷坩埚感应炉在连续运行模式下冶炼和精炼金属的方案

1—料斗;2—螺旋进料器;3—多孔材料坩埚盖;4—炉体;5—冷坩埚;6—感应器;7—熔融金属;8—辅助感应器;9—金属锭;10—金属储存容器。

在 RFIFCC 熔炼金属的过程中,由于存在电磁搅拌效应,得到的产物成分非常均匀。RFIFCC 的规格参数如下:

(1) 总功率:400kW。

(2) 感应器电压:750V。

(3) 电流频率:2. 5kHz。

(4) 冷坩埚内径,100mm;高度,900mm。

(5) 熔融区容积:7800cm^3。

(6) 完全熔化一炉料所需的时间:5~8min。

RFIFCC 的冷坩埚由异形截面铜管制成;冷却水入口压强为 4atm。RFIFCC 占地面积为 40m^2(不考虑电源)。

RFIFCC 的主要优势与其他用于还原、熔炼和精炼的感应加热设备类似,即坩埚材料不会对熔融金属造成污染,能够在从真空到高气压的任何压强下熔化各种物料和废料(粉末、碎料、下脚料等)。原则上,使用 RFIFCC 可以对金属进行多级熔炼,从而实现精炼:液态除杂,真空脱气,利用合成助熔剂处理金属熔体,在助熔剂作用下调节金属晶体形成的条件使金属锭定向结晶。

RFIFCC 还可用于熔化金属,包括连续熔化金属废料——连续进料,连续拉锭。

14.7 冶金用冷坩埚的设计与制造

冷坩埚在冶金领域具有许多用途,包括金属热还原、铸锭的拉拔或表面硬化、成型铸造等。根据应用目标的不同,冷坩埚的结构也千差万别,但其主要部件具有诸多共同基本特征。冷坩埚与感应器通常安装在真空或充气熔炼室中,在熔炼室下面可以设置铸锭出料室或成型模具室(图 14.7)。在熔炼室顶盖上安装了用于过程监测的玻璃器件以及各种工艺设备(进料器、热电偶插入口、闸板阀等)。在具有可控气氛的熔炉中熔炼高蒸气压金属时,有必要在熔炉内形成超压(通常为 10^4Pa)。

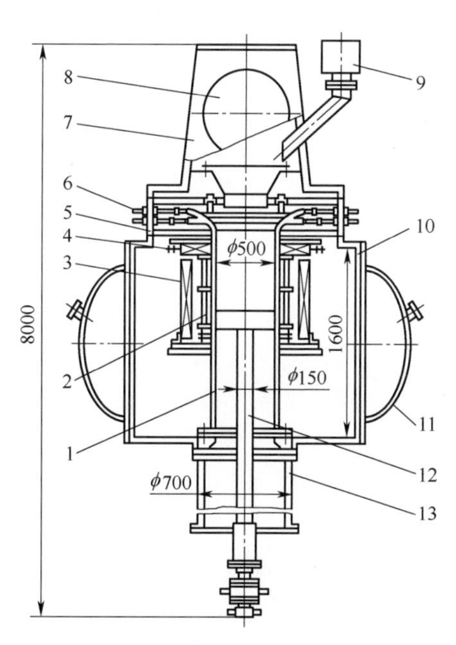

图 14.7 冷坩埚式感应加热炉的熔炼室

1—冷坩埚;2—感应器;3—磁路;4—支撑框架;5—水冷管接头;6—水冷管;7—熔炼室上部;8—进料装置;9—计量器;10—熔炼室主体;11—顶盖;12—铸锭出料机构;13—铸锭出料室。

冷坩埚的电源包括变频器、电容器组、开关器件和测量仪表。图 14.7 所示感应熔炉还配备有专设机头,用于装料、铸锭出料、离心工作台转动、坩埚倾倒以及控制熔体从底部流出的电熔炉中的出料。

冶金冷坩埚是一种水冷金属结构,由彼此电绝缘的部件组装而成(图14.8)。冶金冷坩埚的典型结构具有圆形横截面,横截面为椭圆形、矩形或其他形状的冷坩埚也可以用于生产铸锭。

图 14.8　正在工厂中制造的冷坩埚

为了形成铸锭,冷坩埚的模具的底部是封闭的;为了提取铸锭,模具的壁面呈锥形或与底部垂直。此外,为了去除凝壳,冷坩埚本体应具有很小的锥度。

对于向下拉锭的电熔炉,可以使用底部活动的冷坩埚结晶器,并配备与成型锭下端或与辅助模具连接的锁扣。

用于铸造的电炉由可倾斜熔化单元构成,用于从侧面排出熔融金属,或者具有可以控制熔体从底部排出的装置。

冶金冷坩埚的部件由截面形状各异的毛坯管铣削而成。此外,还可以使用矩形材料,特别是单条矩形截面铜条。对于后一种情形,冷却水通道在铜条面对感应器的侧面上通过铣削加工出来,然后通过焊接到铜板或者冷坩埚壁上将冷却通道密封起来。

用于加工冷坩埚部件的铜坯的品质必须非常高,无夹渣、微裂纹、气泡等缺陷。如果存在这些缺陷,冷坩埚就可能会出现泄漏。此外,当冷坩埚处于工作状态时,由于缺陷所处位置电阻增大而发生局部过热,甚至由此可能导致部件熔断或力学性能降低。此外,缺陷导致故障出现的原因还在于,在缺陷所处位置铜有可能与被熔化合金的组分相互作用,形成低熔点共晶体。

冷坩埚、底部托盘(如果有)和感应器均由流动水冷却。冷却通道截面经过合理选择,确保对包括热损失和电损失在内的热流形成有效散热。如有可能,可以对冷坩埚部件进行接续冷却,并且冷却水通常从部件下方通入,在冷却通道上部应避免出现水流停滞区和气泡。

冷坩埚部件之间的电绝缘通过在部件侧面涂覆氧化铝(Al_2O_3)来实现。此外,也可以将冷坩埚完全嵌入玻璃纤维真空密封壳中,在部件之间形成绝缘效果[4](图 14.9)。

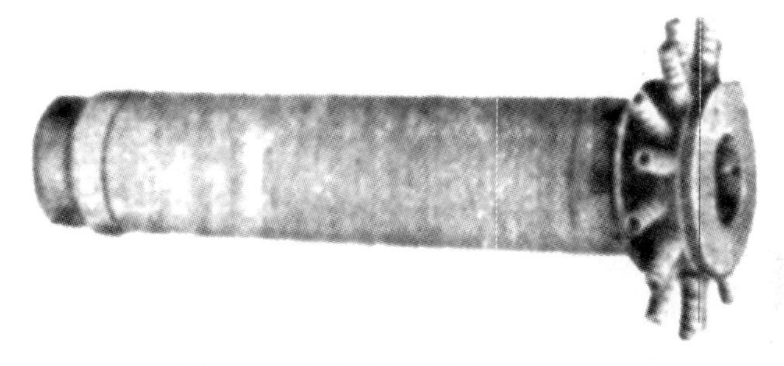

图 14.9　由玻璃纤维密封的冷坩埚

将感应器布置在真空空间之外非常重要,因为这样感应器就无须真空绝缘,也不需要保护绝缘层免受化学活性气体的侵蚀。采用这种设计方案可以大幅度减小熔炼室的容积。为此,有必要使用可以同时基于低频和高频电流运行的冷坩埚。解决这个问题的方法之一是使用耐热有机硅酸盐密封材料[8]。

14.8　电磁冷坩埚熔化金属

冷坩埚式感应炉主要用于通过金属热还原(式(14.1)~式(14.3))从原料中获得金属锭或者熔化金属;在这两种情形中,工艺过程均在目标金属与冷坩埚材料之间不发生相互作用的条件下进行。在这样的熔化过程中,在坩埚的冷表面、周边感应加热以及电磁场压缩等综合因素作用下,金属熔体中产生上凸的弯月面(凸起部分称为“驼峰”),从而具有以下技术优势[9]:

(1) 坩埚材料不污染金属;

(2) 同时熔化坩埚中装载的所有原料,并将得到的熔体在给定温度下保持所需的时间;

(3) 金属熔体中存在强烈的电磁搅拌过程,有可能获得成分均匀的熔体;

(4) 能够融化任何物料;

(5) 能够控制铸锭晶种的形状和结构;

(6) 在电磁场作用下熔体从坩埚壁收缩而出现自由表面,从而强化精炼过程；

(7) 提高精细合金添加剂的比例，从而可以获得合金成分含量(质量分数)高(高达50%)的复合合金，并且这些合金成分的熔点、密度和蒸气压可以相差很大；

(8) 能够在任何压强下的可控气氛中使用。

目前，在冶金冷坩埚中熔化多种金属和合金的可行性已经得到证实[4,9]，特别是得到了 Al 与 Zr、Cr 与 La 的合金以及基于 V 和 Ga 的可变形导电合金 V_3Ga。

冷坩埚技术最适合用于以下工艺：

(1) 冶炼物理特性差异大、组分含量高的复杂合金；

(2) 精炼具有化学反应活性和难熔的金属；

(3) 利用金属热还原法从氟化物或氧化物原料中提取金属；

(4) 连续铸锭生产定向结晶的金属；

(5) 生产金属粉末。

根据设计方案，带有冷坩埚的电熔炉可以分为两类：从冷坩埚中拉出铸锭的熔炉(图14.10)和从冷坩埚底部排出液态金属的熔炉(图14.11)。

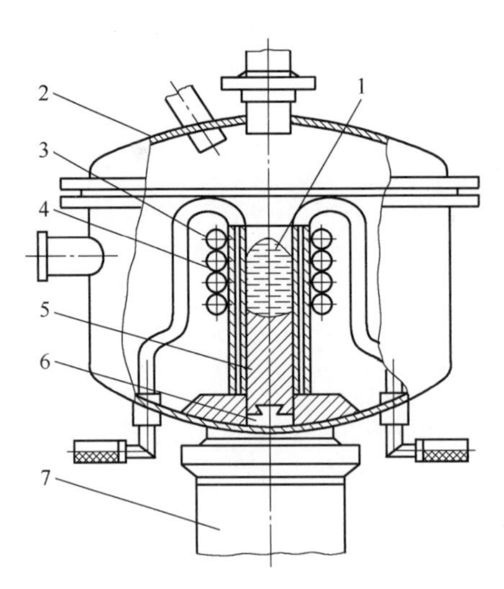

图14.10　具有拉锭机构的冷坩埚电熔炉

1—金属熔体；2—炉壳；3—感应器；4—冷坩埚；5—金属锭；6—托盘；7—拉锭机构。

在冷坩埚中形成熔体之后，根据熔体在电磁力作用下脱离冷坩埚壁的程度以及流过熔体与冷坩埚界面的电流分布，可以将熔体分为性质彼此不同的3个区域[4](图14.12)：Ⅰ—完全脱离区；Ⅱ—部分脱离区，脱离与接触的地方是不连续的；Ⅲ—熔体与坩埚完全接触区。

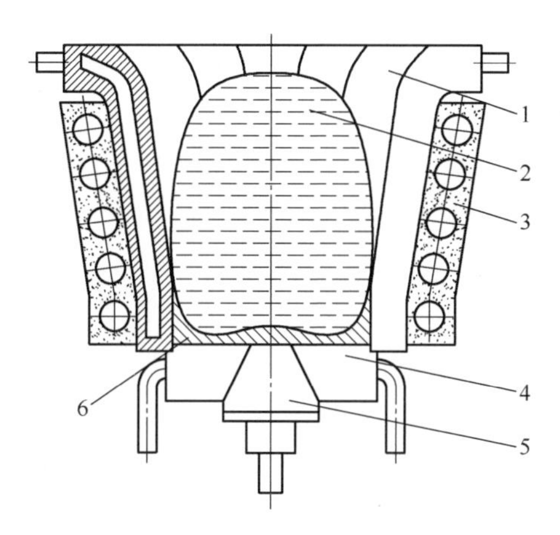

图 14.11　从冷坩埚底部排出金属的电熔炉

1—冷坩埚;2—熔体;3—感应器;4—托盘; 5—出料控制装置;6—凝壳。

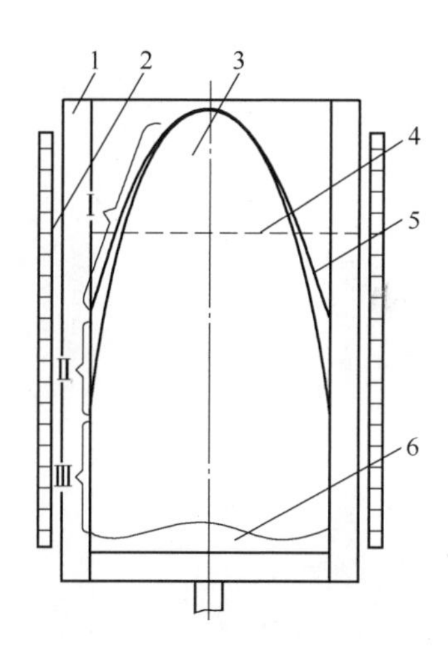

图 14.12　冷坩埚的电磁系统

1—冷坩埚;2—感应器;3—熔体;4—感应器开启前的熔体表面位置;

5—“驼峰”的轮廓;6—凝壳。

感应器产生的交变电磁场之所以能够作用于负载上,原因在于冷坩埚部件之间存在狭缝。如前面所述,冷坩埚上的电流分布形态可能有多种:

(1) 熔体完全脱离冷坩埚,因而熔体与冷坩埚部件中的电流是彼此独立的;

(2) 熔体与冷坩埚接触,界面具有很高的接触电阻,电流连续流过冷坩埚以及与之接触的熔体部分。

熔体“驼峰”的一项重要作用是阻止输入熔体的功率发生变化。该功率主要通过弯月面输入。由于该表面可以移动并自动调整，因此表面上的电磁力与熔体的静压力相平衡，并且随着感应器中线电流密度的增加，“驼峰”发生变形并向磁场较弱的区域偏移。“驼峰”的流体动力学不稳定性导致弯月面在垂直方向上持续出现褶皱。在数量级上，这些褶皱的横截面的尺寸通常与电流透入熔体的深度相同。

本节最后介绍一些关于冷坩埚技术在核燃料循环中应用的数据。图 14.13 是俄罗斯无机材料研究所（ARSRIIM）宣传材料中的感应加热装置。该装置基于冷坩埚技术工作，用于熔化乏燃料元件碎块。装置的电源功率为 1000kW，感应器中电流的频率为 2400Hz。图 14.14 是该装置冷坩埚的内部。

图 14.13 ARSRIIM 的感应加热装置

注：基于冷坩埚技术运行，用于熔化乏燃料元件碎块。

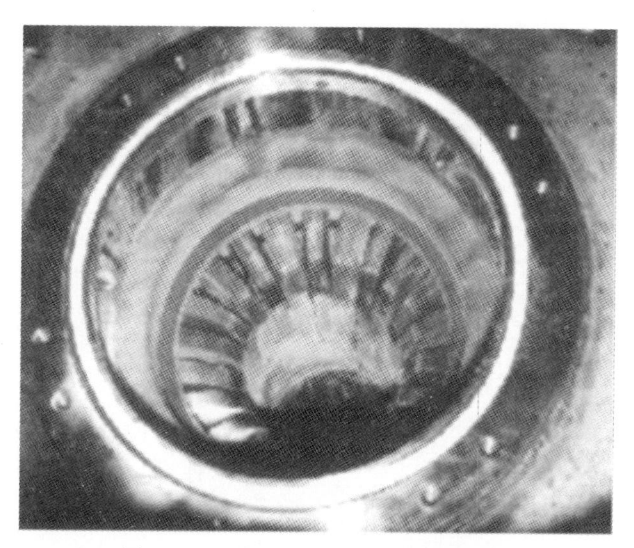

图 14.14　图 14.13 所示冷坩埚的内部

14.9　生产金属和合金的等离子体感应炉

用于化工冶金的高频感应加热技术具有明显的缺陷:这些工艺中使用的原料(氧化物、氟化物等)在常温下均不导电,因而需要引发这些常温下导电性差的原料的加热过程。这就意味着,要么对物料进行初步加热,在物料内部形成电导率较高的区域,达到可与电磁场相互作用的水平,要么在物料中插入可在短时间内耗尽的导体棒(石墨或金属),被涡流加热后形成电导率较高的区域。不过,上述缺陷可以通过使用等离子体感应炉来消除,该炉型将这两种加热方式成功地结合起来。

典型的等离子体感应炉示于图 14.15。从图中可以看出,等离子体感应炉上安装 1 支电弧等离子体炬,可以在转移弧模式下运行,只需要物料具有一定的初始电导率;不过,必要时该等离子体炬也可在以非转移弧模式运行。此外,在技术上等离子体炬(加热熔融表面的等离子体流)还可以转动,使等离子体能够加热熔体的整个表面。

这种等离子体感应炉广泛应用于各个国家的冶金行业,如熔炼金属炉料(日本大同特钢)、钢铁精炼(意大利材料中心(Centro Sviluppo Materiali, CSM))等。表 14.1 和表 14.2 给出了日本开发的两类等离子体感应加热冶金炉参数。

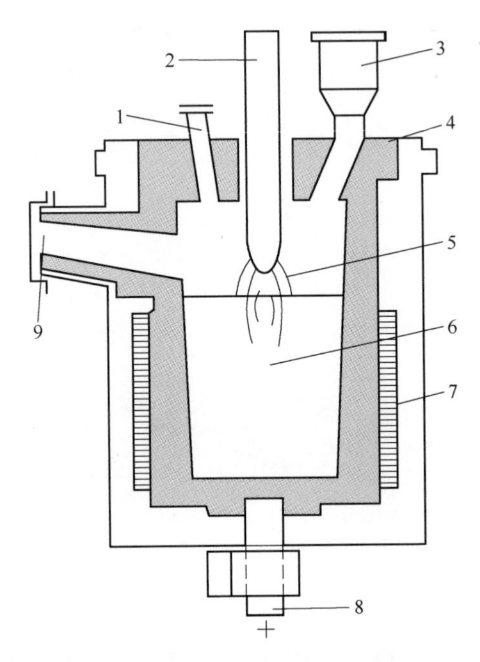

图 14.15　日本大同特钢的等离子体感应炉示意图

1—测温孔;2—电弧等离子体炬阴极;3—料斗;4—炉盖;5—电弧;6—熔融金属;
7—感应器;8—电弧等离子体炬阳极。

表 14.1　日本大同特钢开发的等离子感应加热冶金炉的设计参数[10]

型号	设计容量/kg	功率/kW		
		等离子体炬	感应加热	合计
PL-500F	500	150	200	350
PL-1000F	1000	200	350	550
PL-1500F	1500	200	350	550
PL-2000F	2000	350	600	950
PL-3000F	3000	500	800	1300
PL-5000F	5000	700	1200	1900

表 14.2　日本大同特钢设计的具有电磁搅拌功能的工频交流等离子体感应加热冶金炉的设计参数[7]

型号	设计容量/kg	功率/kW			钢产率(1600℃)/(kg/h)
		等离子体炬	感应加热	合计	
PHL-500F	500	150	200	350	300

(续)

型号	设计容量/kg	功率/kW			钢产率(1600℃)/(kg/h)
		等离子体炬	感应加热	合计	
PHL-1000F	1000	200	350	550	570
PHL-1500F	1500	250	450	700	800
PHL-2000F	2000	350	600	950	1200

从表 14.1 和表 14.2 可以看出,交流电和直流电均适用于等离子体的直接和间接加热。不过,应当注意的是[10],转移弧加热效率比非转移弧加热更高,并且消耗氩气的成本较低。此外,等离子体炬的上部电极(用直流电时的阴极)可以有非自耗的水冷钨(掺杂钍)阴极和可消耗石墨阴极两种方案。考虑金属产物的品质,有些情况下不能使用石墨电极。

对于等离子体炬与感应加热结合的设备,人们在应用中感兴趣的是等离子体炬的参数(表 14.3)。关于等离子体炬的上游电极(内电极,用直流电时的阴极),掺杂钍降低电子功函数的水冷非自耗钨电极应用最广泛。第二电极——阳极(图 14.15)穿过由耐火材料制成的炉底,与熔体接触。阳极材料为石墨(当产物品质允许时)、不锈钢或阿姆科钢等。

表 14.3　等离子体感应冶金炉中等离子体炬的参数[10]

开发者	电极材料	电源类型	功率/kW	最大电流/A	氩气流量/(L/min)	阴极到熔池的距离/mm
日本大同特钢	钢,钍钨	直流	70	—	40~100	—
日本大同特钢	钢,钍钨	直流	200	2300	100	—
意大利 CSM	钍钨	直流	200	500~600	100	400

等离子体感应加热设备将电磁感应、电弧和等离子体等多种加热方式的优势结合起来。这类设备在应用中的主要优势总结如下:

(1) 电磁搅拌作用使熔体的成分和整个熔池的温度分布更加均匀;利用等离子体处理熔体表面使熔体与熔渣具有良好的接触。

(2) 可以严格控制熔融或精炼表面的介质,从而降低金属中的氧含量。此外,这种方法还能对金属进行更深度脱硫。

(3) 熔渣温度高(2000~5000℃)有助于降低其黏度,在还原反应条件下消除动力学限制,使熔渣与金属熔体之间发生良好的传热与传质。

下面讨论等离子体感应炉在核工业之外的冶金领域中的应用。

14.9.1 废钢重熔

目前,各种废钢用于钢铁生产过程。利用等离子体感应炉重熔废钢所需的时间很短;并且,电磁感应对熔体带来良好的加热和传质作用,使合金添加剂在熔体内分布非常均匀;同时,可以在惰性介质中得到氧含量很低的活泼金属,如钛、铝、铬等。

14.9.2 熔池脱气

在还原气氛下的等离子体感应炉中,CO 的分压可以达到真空感应炉的水平(约 1Pa)。因此,钢中的氧含量低至 40~50ppm,熔炼过程中无须添加脱氧剂。氢含量被降低至 1~2ppm。氮气和其他气体的浓度大致处于同一水平。

14.9.3 杂质蒸发

等离子体感应炉的熔化温度通常高于 2000℃,因此,在金属精炼过程中,与传统电弧炉相比,Pb、Ca、Zn 等杂质能够更有效地从熔体中蒸发出来。

14.9.4 脱硫

原则上,传统感应炉不是金属精炼的理想设备。感应电流加热金属,但不一定加热炉渣,因为金属的电导率比炉渣低几个数量级,导致炉渣温度显著低于金属。因此,金属与炉渣之间的质量传递相对较弱。

然而,在等离子体感应炉中,炉渣的黏度更低、受热更加均匀,与金属熔体之间的传质更好。这促进了对熔化金属的深度脱硫和深度脱磷。在等离子体感应炉内,等离子体对熔体表面的处理时间为 5~10min。图 14.16 比较了两种熔炉的脱硫速率,一种是氩气介质的等离子体感应炉,另一种是分别使用了二元($50\%CaO+50\%Al_2O_3$)和三元($50\%CaO+25\%Al_2O_3+25\%CaF_2$)助熔剂的传统感应炉[10]。

14.9.5 脱磷

在等离子体感应炉中,高温下的炉渣通常不利于金属发生脱磷反应。然而,由于在感应炉中炉渣具有高流动性和强湍流度,脱磷过程比传统感应炉更加有效。意大利 CSM 成功地在 250kg 的竖炉上实现了钢水脱磷。该研究采用 Na_2CO_3 和 $Fe_2O_3+CaO+CaF_2+Na_2CO_3$ 作为助熔剂。使用上述熔炉之后,脱磷率达到 40%,最终磷含量达到 60ppm(图 14.17)。

因此,与分别使用感应加热和等离子体加热这两种方法相比,采用二者结合的方式产生了新效果——金属纯度更高。近年来,工业级大功率等离子体感应加热冶金炉已经在日本大同特钢完成安装,该装置熔融金属的容量为 2t。

我们认为,等离子体加热与感应加热相结合不仅在冶金行业具有非常高的

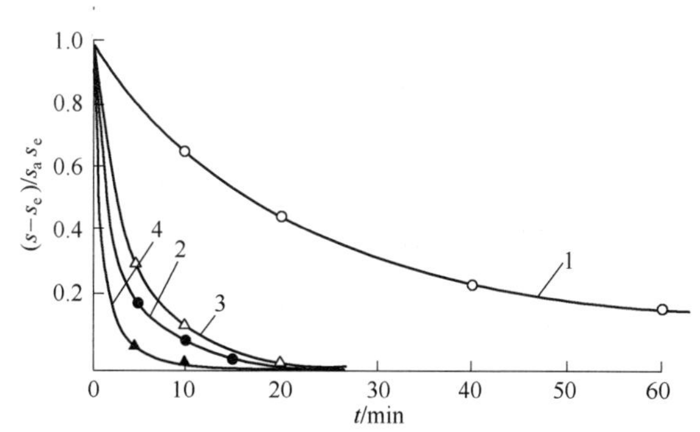

图 14.16　在传统感应炉和等离子体感应炉中高、低黏度金属的脱硫速率比较

1,3—传统感应炉,其中 1—50% CaO+50% Al_2O_3,

3—50% CaO+25%Al_2O_3+25%CaF_2;2,4—等离子体感应炉,

其中 2—50% CaO+50%Al_2O_3,4—50%CaO+25% Al_2O_3+25%CaF_2。

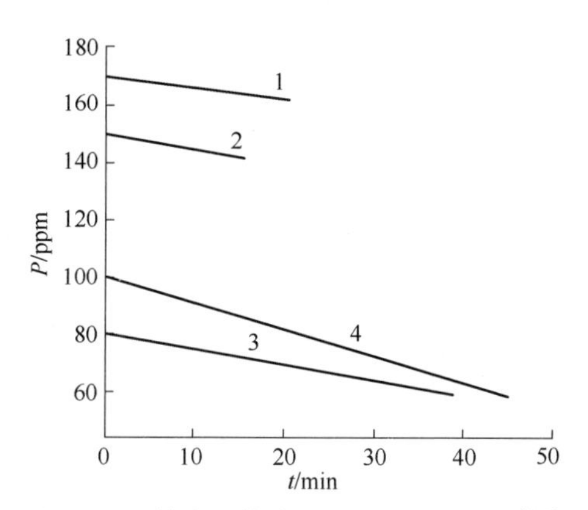

图 14.17　等离子体感应炉脱磷实验结果[10]

产率:1—1. 2kg/h;2—1. 2kg/h;3—0. 72kg/h;4—0. 66kg/h。

助熔剂:1,2—Na_2CO_3;3,4—39%Fe_2O_3+39%CaO+11%CaF_2+11%Na_2CO_3。

应用价值,而且可以解决化工领域中的问题,包括从精矿中除去或提取挥发性物质(如从萤石和氟硅酸钠中得到氟),在锆的氟化过程中升华分离锆与硅等。这项技术优势与冶金领域相同:电磁感应能够对大体积材料的内部进行加热,达到高温,并且能在材料内部引发感应加热等。目前,这一概念正应用于某些矿石和精矿的加工。

参考文献

[1] М. Ф. Троянов, В. Г. Илюнин, А. Г. Калашников, Б. Д. Кузьминов, М. Н. Николаев, Ф. П.

Раскач, Э. Я. Сметанин, А. М. Цибуля. Некоторыеисследования и разработки ториевого топливного цикла. Атомная энергия, 1988, Т. 84, вып. 4, с. 281-293.

[2] Н. Н. Пономарев-Степной, Г. Л. Лунин, А. Г. Морозов, В. В. Кузнецов, В. В. Королев, В. Ф. Кузнецов. Легководный ториевый реактор ВВЭР-Т. Атомная энергия, 1988, Т. 85, вып. 4, с. 263-277.

[3] Петров Ю. Б. Холодные тигли. М: Металлургия. 1972, 198 с.

[4] Л. Л. Тир, А. П. Губченко. Индукционные плавильные печи для процессов повышенной точности и чистоты. М: Энергоатомиздат, 1986, 120 с.

[5] Индукционная печь《Импульс-1》. Рекламный проспект ВДНХ Т-09386, 1985.

[6] Процесс получения металлов и сплавов высокой чистоты и индукционная печь для его осуществления, ИКВХ-0. 3-4/2000-И1. Рекламный проспект ВДНХ Т-18867, 1987.

[7] Плавильная печь с холодным тиглем для рафинирования металлов и сплавов. Рекламный проспект ВДНХ СССР, Т-19164, 1975.

[8] Н. П. Харитонов, И. А. Шентенкова. Термостойкие органосиликатныегерметизирующие материалы. Л: Издательство《Наука》, 1977, 184 с.

[9] Л. Л. Тир, А. П. Губченко, И. П. Фомин. Тенденции развитияиндукционных печей с《холодным тиглем》/ Исследования в областипромышленного электронагрева. Труды ВНИИЭТО, 1979, Вып. 10, с. 31-38.

[10] Arc Plasma Processes. A Maturing Technology in Industry. UIE Arc Plasma Review 1988. Report written by the UIE《Plasma Processes》Working Group.

第15章

微波、感应加热和等离子体技术处理放射性废物

15.1 放射性废物的积累与处理概述

在核燃料循环的所有阶段均会产生液态、固态和气态放射性废物(表15.1)。在俄罗斯的核燃料循环机构中,已经积累了约2000MCi的放射性废物,95%以上是这些机构自己产生的,其中很大一部分属于军工废物。这些核燃料循环机构已经开发出针对不同活度水平和聚集状态的废物处理技术[1]。当然,放射性废物处理的最大难题出现在乏燃料后处理厂。现在,全世界每年从核动力堆卸载的乏燃料为1.08万吨;到2010年,年卸载量增加到1.15万吨。根据最新的预测,到2020年卸载的乏燃料总量将达到44.5万吨。在乏燃料水池中已经存放了约1.5万吨的乏燃料[1]。迄今为止,工业规模的乏燃料后处理工艺已经在英国、法国和俄罗斯实现。此外,日本和印度也拥有处理能力较小的后处理厂在运转。

表15.1 核燃料循环各阶段的放射性废物产量[1]

核燃料循环的阶段	产生的废物	
	种类	产量/(m^3/(GW·a))
矿物提取和矿石加工	铀尾矿和低水平废物	254~300(每吨U_3O_8)
铀转化	低水平放射性废物(低放废物(LLWE))	33~112
铀浓缩	同上	39
核燃料制造	同上	3~9
反应堆运行	低放废物 中水平放射性废物(中放废物(ILW))	86~130 22~33

（续）

核燃料循环的阶段	产生的废物	
	种类	产量/(m^3/(GW·a))
中间储存燃料并转移到干式储存	低放废物 中放废物	2 0.2
乏燃料后处理和处置(闭式核燃料循环)	低放废物 中放废物 高水平放射性废物(高放废物(HLW))	70~95 20~32 3~4
乏燃料取出并封存(开式核燃料循环)	低放废物 中放废物 高放废物	0.01m^3/t 0.2m^3/t 1.5m^3/t
核设施退役： 铀转化厂 铀浓缩厂 核燃料组装线 核反应堆 燃料处理设施和废物玻璃固化	低放废物 低放废物 低放废物 低放废物 中放废物 低放废物 中放废物	92 5 6 175~230 9 5 0.8

按照图 1.5 所示方案，闭式核燃料循环的最后阶段是回收裂变材料，实现再利用。在乏燃料中，97%是铀和反应堆中生成的钚，3%是 U-235 的裂变产物、可裂变的钚同位素及其他产物。闭式核燃循环的概念包括处理各类放射性废物，形成适合长期储存的玻璃固化体。

热中子轻水反应堆乏燃料的回收在后处理厂中进行。在这里，铀和钚首先从裂变产物中分离出来，然后通过萃取实现铀与钚的分离。图 15.1 给出了铀、钚和裂变产物萃取分离主要过程的例子。这项技术应用于英国核燃料有限公司的“索普”(THORP)后处理厂，对轻水核反应堆的乏燃料进行后处理[2]。索普厂的萃取工艺属于普雷克斯流程，在高活度区和钚提取段使用由煤油稀释的磷酸三丁酯(TBP)和脉冲萃取柱，在铀提取段使用混合澄清槽。铀与钚的分离在第一循环中实现，从而使后续废液蒸发系数最大化。使用四价铀 U^{4+} 还原钚($Pu^{6+}+3/2U^{4+} \rightarrow Pu^{3+}+3/2U^{6+}$)，避免外加盐类离子。使用联氨稳定铀钚($U^{4+}/Pu^{3+}$)的还原反应并在下游工艺中去除，同样是为了避免生成盐类。

如图 15.1 所示，乏燃料元件在硝酸中溶解得到澄清硝酸盐溶液，从下向上通入第一脉冲柱 1，与 30%的 TBP 和煤油溶液形成逆流。在这里，铀和钚被萃取到有机相中，大部分裂变产物(>99%)保留在水相中，最后输送到高水平放射性废液(HRW)储存容器内，用蒸气脱除其中的溶剂。含铀和钚的上升流在第一脉

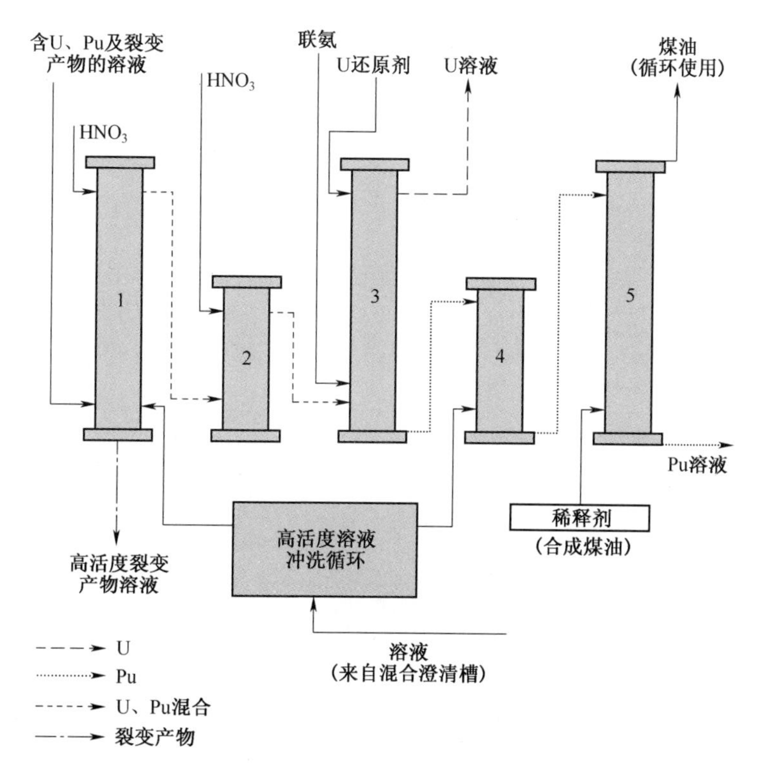

图 15.1　THORP 厂中的铀、钚和裂变产物萃取分离流程示意图

1—第一脉冲柱,分离铀、钚与裂变产物;2—第二脉冲柱,从有机相中洗去残存的裂变产物;
3—钚还原及铀分离柱;4—级联萃取柱;5—钚洗涤柱。

冲柱 1 顶部用硝酸溶液洗涤,尽可能除去裂变产物。第一脉冲柱 1 产生的洗涤液输送到脉冲柱 2 下部,与向下流动的硝酸溶液接触,进一步除去有机相中残存的裂变产物,后者进入含有放射性废液(LRW)的水溶液中。放射性废液洗涤后得到的有机相被输送至下一个柱(钚还原柱 3),通入 U^{4+}溶液还原钚;这里还使用了联氨以稳定钚的还原过程。还原得到的钚(Pu^{3+})不溶于有机相,因此与铀分离并转移至水相,从第三柱的顶部抽出并输送至独立的级联萃取柱进行精制。Pu^{3+}的硝酸盐溶液通入萃取柱 4 的顶部,循环萃取剂从萃取柱下部通入。在这里,钚与铀实现最终分离,有机相返回到前一柱中,含钚水溶液被送到第五个萃取洗涤柱,含钚水溶液从有机相中洗涤出来,分解产物是一种纯稀释溶液;从洗涤柱底部得到钚的水溶液,从顶部得到煤油继续用作稀释剂。

从图 15.1 所示的工艺路线中可以清晰地看出,在从乏燃料中萃取、分离铀和钚的过程中放射性废液是如何产生的。从主工艺延伸出两条辅助工艺:铀和钚的纯化——通过萃取铀和钚,得到纯铀、钚产物和放射性废液。然后,这些废液用于热处理和玻璃固化,形成硼硅酸盐或铝磷酸盐玻璃固化体,随后进行地质处置。对于高放废物和长寿命中放废物而言,地质处置是迄今为止唯一可以接受的解决方案[1]。

俄罗斯马雅克(Маяк)放射化学厂可以处理来自 VVER-440、BN-350 和 BN-600 等型号反应堆以及动力堆和研究堆的乏燃料。该厂第一处理单元的生产能力 60~70t/a,第二单元的能力为 150~200t/a,第三单元定位于 VVER-1000 和 RBMK-1000 型号乏燃料元件的后处理,并设计用于处理功率为 26×10^6kW 的动力反应堆的乏燃料[3]。从 1997 年初开始,马雅克放射化学厂已经处理了 3000t 乏燃料,储存了 20t 钚。这些钚计划作为 BN-800 型反应堆的 U-Pu 燃料。该厂拥有 400t/a 的乏燃料处理能力。

马雅克放射化学厂在采用放射化学法处理乏燃料时,产生的放射性废液按放射性水平不同进行了分类,在表 15.2 中给出。欧洲的后处理厂也采用类似的分类方法[4]。

表 15.2 马雅克后处理厂产生的各类放射性废液

废液	总 β 活度/(Bq/L)	总 α 活度/(Bq/L)
低水平(≤95%)	3.7×10^5 (1.0×10^{-5}Ci/L)	3.1×10^4 (1.0×10^{-6}Ci/L)
中水平(4.4%)	3.7×10^5~3.7×10^9 (1.0×10^{-5}~1.0Ci/L)	3.7×10^4~3.7×10^8 (1.0×10^{-8}~1.0×10^{-2}Ci/L)
高水平(0.6%)	3.7×10^{10} (1.0Ci/L)	3.7×10^8 (1.0×10^{-2}Ci/L)

15.2 工业规模的高放废液玻璃固化技术

对于选择乏燃料后处理路线的国家而言,其高放废物管理程序的基础应当是将高放废液固化成适合最终处置的整块惰性材料,同时净化处理过程中产生的水,满足排放标准。关于高放废物固化的基材,最合适的是硅酸盐、硼硅酸盐和磷酸盐玻璃体系的惰性基质;对于中放废物,则是沥青体系;对于低放废物,沥青和水泥材料均可。

高放废物的固化过程包括废物的浓缩、干燥、煅烧、玻璃化或陶瓷化等操作步骤,即涉及加热到高温的过程,因此应当进一步简要介绍放射性废物中各组分的行为。

在放射性废物玻璃固化或陶瓷固化过程中,发生了复杂的物理化学过程,其动力学和机理与发生在常规玻璃和陶瓷生产中的类似。二者的主要区别如前所述,放射性废液主要是硝酸盐溶液和浆料,因此玻璃和陶瓷固化体从硝酸盐溶液制得,而不像常规的玻璃和陶瓷工业那样以碳酸盐和氧化物为原料获得。

对于放射性废物中存在的放射性核素而言,锝(Tc)、钌(Ru)和铯(Cs)的挥发性最强。在放射性废物硝酸盐中,锝可以处于氧化态,化合价为+4 价和+7 价。即使蒸发以 TcO_4^{-1}的形式含有 Tc(+7 价)的硝酸盐溶液,锝氧化物也会挥发。氧化锝(TcO_2,Tc 为+4 价)的挥发性相对较差,但蒸气压较高。

Ru 以亚硝酰硝酸盐配合物的形式存在于硝酸盐溶液中,在蒸发过程中发生分解形成挥发性氧化物 RuO_4。如果进一步加热未在还原条件下进行,那么所有的 Ru 将转化成 RuO_2和金属形态,在氧化条件下几乎所有的钌都挥发出去。

在温度不高于 400℃的条件下,Cs 不会表现出明显的挥发性。$CsNO_3$的分解发生在 414℃以上,形成氧化物、过氧化物和金属铯。随着温度进一步升高,这些氧化物、过氧化物和金属铯开始挥发。为了抑制 Cs 的挥发,可以引入酸性氧化物,形成热稳定性较好的铯化合物,包括硅酸盐、磷酸盐、钛酸盐、铀酸盐。当温度更高时(磷酸盐熔体,800~900℃;硅酸盐和硼硅酸盐熔体,1200℃;钛酸盐熔体,1400~1500℃),铯通过从熔体中蒸发开始挥发出来,并随着温度的进一步升高和时间延长而加剧。

在化合物直接蒸发的同时,会在排出气体的条件下由于气溶胶传输而出现一定程度的物质损失。

放射性废物中的其他放射性核素(锶、稀土金属、锕系元素)的挥发性较弱。

放射性核素的挥发性主要取决于废物的总体组成。例如,在氯存在的条件下,腐蚀产物(铁族元素,尤其是钴)的损失急剧增加,这是由于它们的氯化物的熔点较低、蒸气压较高。

在稳定分离的情况下,由于硫和氯的化合物从表面蒸发出来,可观察到含有硫和氯的有毒组分出现明显的质量损失。当磷酸盐熔体过热时,磷酸酐可能发生蒸发,尤其从熔体中蒸发。在高温条件下,高达 10%~15%的 PbO、1%~3%的 B_2O_3(当使用复杂原材料时)可以蒸发出来,B_2O_3(使用硼酸和氧化硼)的蒸发比例高达 20%~40%。

放射性废物高温处理过程的另一项特征是,一些组分发生不完全溶解形成非均匀熔体。在放射性废物,特别是在固体放射性废物中,经常存在各种难熔化合物(正磷酸盐、硅磷酸盐、尖晶石,特别是磁铁矿,锆、铀、钚的氧化物等),其中一些难以溶于硅酸盐和硼硅酸盐熔体。由于这些化合物不会溶解在含有放射性废物的熔体中,因此至少在处理过程中,形成的熔体内可能含有大量的固相。一方面,会导致最终产物的质地不均匀;另一方面,这些难熔和不溶性夹杂物中所含的放射性核素实际上不会进入熔体中,而是仍然固定在矿物中,从而抑制了其挥发性。

高放废液玻璃固化的主要步骤如下:

(1) 通过水分蒸发和硝酸蒸馏实现高放废液浓缩;

(2) 干燥和煅烧固态残余物,使硝酸盐分解成氧化物,同时释放氮氧化物和结合水;

(3) 硝酸盐分解生成的氧化物与形成低熔点玻璃的添加剂发生反应并熔化,放射性残余物分布在玻璃中实现固化。

根据具体工艺的不同,上述步骤可以分别实施或者组合进行,即一步或者多步工艺。高放废物的干燥和煅烧通常在一个单元——回转煅烧炉中进行。玻璃熔化在金属或陶瓷熔炉中进行。金属熔炉可以利用感应加热金属炉壳向玻璃熔体传热或采用电阻加热方式。金属熔炉的优势在于成本低和容易操作,缺陷在于生产能力有限(30~40L/h)。陶瓷熔炉通常由浸没电极直接加热,生产能力超过100L/h。然而,陶瓷熔炉的运行成本较高,运行过程复杂。

迄今为止,高放废液的玻璃固化至少有如下三种工艺[3,5,6]:

(1) 法国的两步法AVM工艺(马库尔玻璃固化工艺),自1978开始在马库尔工厂的金属熔炉上运行。在此基础上,由高杰马公司在阿格后处理厂建成两个处理能力更大的玻璃固化装置,同样采用“回转煅烧炉+金属熔炉”工艺。第一个新建造的单元于1989年投入运行,第二个单元于1990年完成热试。类似工艺被英国核燃料公司应用于位于塞拉菲尔德的温茨凯尔(Windscale)玻璃固化工厂(WVP),这里建造了两套生产系统。

(2) 德国的连续一步法(帕梅拉工艺,Pamela Process),自1985年起在莫尔(比利时)建成帕梅拉玻璃固化工厂并运行陶瓷熔炉。采用类似技术的工厂也在美国(萨凡纳河、西谷、汉福德)和日本(东海后处理厂)建设。

(3) 俄罗斯工艺,从1986年起在马雅克工厂运行陶瓷熔炉。

15.2.1 AVM工艺[5]

AVM工艺主要由一台回转煅烧炉和一台感应加热冷坩埚玻璃熔炉构成(图15.2)。高放射性裂变产物溶液和煅烧添加剂从上端送入回转煅烧炉。煅烧炉稍微倾斜,以30r/min的速度转动。回转炉两端均由轴承支撑。回转炉的出、入口均装有密封材料(石墨环),使回转炉发生纵向膨胀时仍然保持密封。回转炉内设计有搅拌棒,避免在炉壁上结渣。回转炉由安装在外侧四个区域的电阻元件加热。前两个区域为溶剂的蒸发区,每个加热器的功率为20kW;其余两个区域每个加热器的功率为10kW。回转炉入口处的温度为225℃,逐渐升高到煅烧区的600℃。

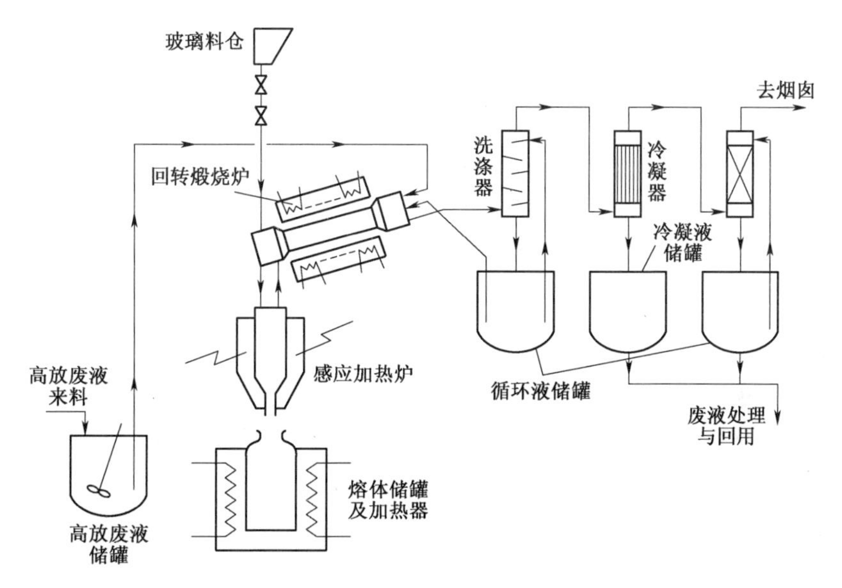

图15.2 高放裂变产物溶液玻璃固化的AVM工艺流程(马库尔玻璃固化厂)

在该工艺中,废液进料量约为40L/h。回转煅烧炉的出口连接到熔融炉上。煅烧产物在重力作用下从煅烧炉进入熔融炉,被中频感应加热到1150℃左右。同时,玻璃料也被送入熔融炉,熔融玻璃每8h浇注一次。熔炉的底部有浇注口,将玻璃熔体排入接收罐中。玻璃固化体产能约为15kg/h。

煅烧炉和熔融炉排放的气体首先由洗涤器处理。洗涤器捕集气流中夹带的颗粒物,将这些颗粒溶解在沸腾的硝酸溶液中。所得到的溶液被连续循环到煅烧炉内,含有硝酸的废气首先用硝酸复合器处理,再通过两台吸收塔和一台过滤器。处理后的气体最终排入专用的通风系统。复合得到的硝酸可循环利用。

玻璃熔体浇注到不锈钢罐中,充满后封盖,最后用自动氩弧焊焊接。每个罐中盛装的玻璃固化体约为0.36t。罐体表面用250bar的水流冲洗后运送到通风暂存储库中。自1988年底至1989年,AVM工艺处理了1225m^3含有裂变产物的放射性废液,总活度为250MCi。在此期间,产生了1547罐、540t硼硅酸盐玻璃。

英国核燃料公司产生的玻璃固化体暂存在塞拉菲尔德具有生物屏蔽功能的隔间内,每个隔间都有一列竖直管道。在这些管道均为双层,内层管底端封闭,其中放置盛装玻璃固化体的不锈钢罐,顶端由可插拔塞子密封。玻璃固化体被管道内外层之间的空气冷却。

英国放射性废物管理白皮书(Cmnd 8607)规定,高放废物玻璃固化体至少暂存50年,使固化体释热率显著下降,可以简化处置流程。

15.2.2 帕梅拉工艺[5]

帕梅拉工艺是一步法,该工艺基于液体进料陶瓷熔炉进行,将含有裂变产物的高放废液与玻璃形成剂一起或者分别送入熔炉内,在炉内同时发生干燥、煅烧和熔化过程。陶瓷熔炉由抗腐蚀耐火材料筑成,基于焦耳加热效应工作,因为玻璃在高温下具有较好的导电性。交流电流通过电极和熔体产生焦耳热,维持熔池并熔化来料。4对铟科镍690合金电极分2层布置,浸入温度为1150~1200℃的熔体中(图15.3)。玻璃出料通过熔炉底部的出料口或者负压辅助侧面溢流完成。熔炉底部的出料通道上采用了两个电加热回路提高熔体温度。出料停止只需断开其中的一个加热回路。通过溢流出料系统将熔融玻璃排入不锈钢罐时也采用类似加热系统。陶瓷熔炉产生的烟气经过多级净化处理后才允许向环境排放。盛装玻璃固化体的罐体必须受控冷却,以免玻璃体产生裂纹而降低品质。

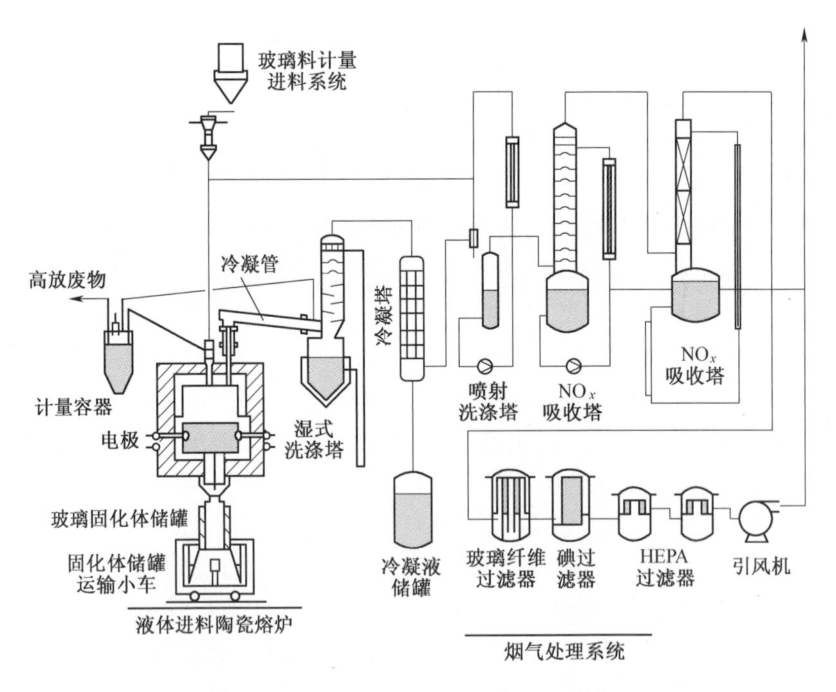

图15.3 玻璃固化含裂变产物的高放废液的帕梅拉工艺流程

1985年10月至1988年5月,帕梅拉工厂完成了近265m^3高放废液的玻璃固化,产生了1381罐、重265t、硼硅酸盐玻璃,总活度为9MCi。

15.2.3 马雅克放射化学厂的后处理工艺[3,5]

马雅克厂的 RT-1 车间采用普雷克斯流程处理乏燃料始于 1976 年,处理能力为 400t/a。采用当前工艺的原因主要在于,VVER-440、BN-600 等型号的核反应堆以及核动力舰船反应堆的乏燃料中 U-235 同位素的含量相对较高。不过,马雅克厂已经计划对 RT-1 进行现代化改造,以便将 VVER-1000 型反应堆乏燃料的后处理也纳入进来[1]。

乏燃料后处理能力的增长态势取决于核能自身的发展趋势(快中子反应堆投入使用的进展)和天然铀价格升高的程度。通常而言,从核燃料供应的角度看,乏燃料的量和未燃烧的 U-235 以及累积的钚的量并不是那么重要。据估计,即使将这些材料再次纳入热中子反应堆的核燃料循环,也仅能支撑人们在大约 4 年内不用消耗天然铀。

在俄罗斯,VVER-1000 反应堆的乏燃料被运送到 RT-2 车间(处理能力为 800t/a)集中存储,RBMK 反应堆的乏燃料放置在核电站附近的近场储存设施中。为提高乏核燃料长期"湿式储存"的可能性,矿业和化学联合体将热中子反应堆乏燃料的储存量扩大到 9000t;并且,为了长期储存 VVER-1000 和 RBMK 反应堆的乏核燃料,已经启动了一个项目,准备建造容量为 3.4 万吨的干式储存设施。

在马雅克放射化学厂,表 15.2 中所列的三类放射性废液的处理方案示于图 15.4。这里的高放废液分为当前的和存放的(放射化学后处理厂从 1977 年投产开始存放的)。存放的高放废液采用悬浮、沉淀等工艺处理。当前废液的解决方案是蒸发,并向蒸发塔底部的残渣中加入添加剂(H_3PO_4、Na)之后在 EP-

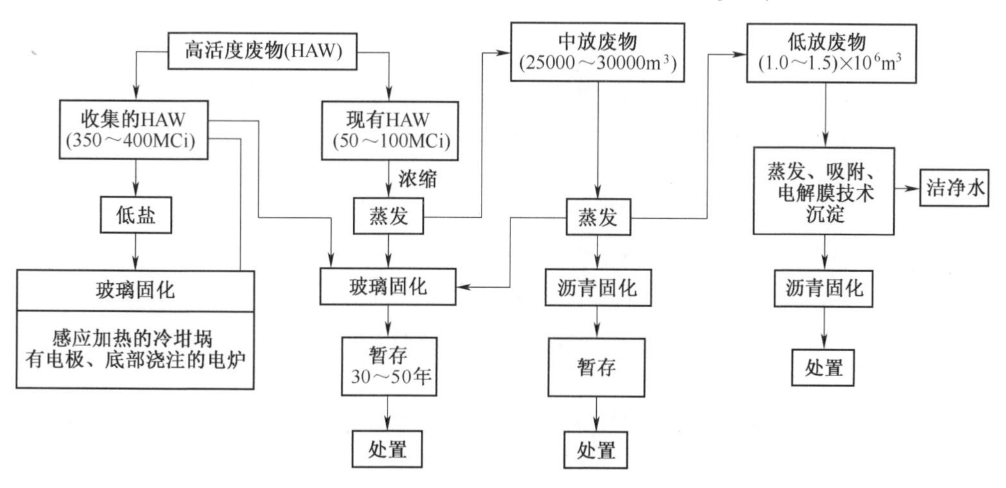

图 15.4　马雅克放射化学厂放射性废液处理工艺流程

500 型熔炉(浸没电极式陶瓷熔炉,与帕梅拉工艺中的熔炉类似)中进行玻璃固化。高放废物玻璃固化的基材是磷酸盐玻璃。表 15.3 所列 1987—1995 年马雅克放射化学厂完成的放射性废液玻璃固化的数据,描述了放射性废液的量,表述了基于等离子体和感应加热技术开发替代技术的需求。到 1997 年 1 月,马雅克厂共生产了 2195t 磷酸盐玻璃,总活度为 280×10^6Ci[5]。

表 15.3 1987—1995 年马雅克放射化学厂完成的放射性废液玻璃固化数据

年 份	玻璃固化体	
	质量/t	活度/10^6Ci
1987—1990	162	3.96
1991	178	28.2
1992	563	77.2
1993	448	46.8
1994	407	57.4
1995	216	31.7
合计	1974	245.76

马雅克厂处理低放液的工艺基于湿法冶金的方法进行,目的在于将有毒物质浓缩减容,并净化排放的水。处理这类废物所需的设备通常有机械过滤器、阳离子交换器以及用于脱盐的渗析装置和用于浓缩的浓缩器及超滤装置等。

为了对中放废液的蒸发浓缩残渣进行处置,马雅克厂采用了沥青固化工艺。沥青固化的对象包括废离子交换树脂、污泥和放射性废物焚烧灰等。目前,马雅克厂已经积累了基于 EP-500/1P 型陶瓷熔炉对高放废液进行玻璃固化的经验;比活度为 5~40Ci/L 的高放废液被加工成磷酸盐玻璃[7]。陶瓷熔炉处理的高放废液的化学组成和放射化学组成:Al,12.5~20g/L;Na,22~48.3g/L;Fe,0.5~3g/L;Ni,0.2~2.5g/L;Cr,0.1~0.5g/L;Ca,0.3~3g/L; La,0.03~2.4g/L;Ce,0.03~0.3g/L;Nd,0.03~1g/L;Sm,0.03~0.3g/L;Ru,0.03~0.1g/L;Rh,0.01~0.03g/L;Pd,0.01~0.1g/L;U,0.75~2.5g/L;Pu,0.001;SO_4^{2-}, 0.3~0.9g/L;游离硝酸,50~129g/L;固相的浓度,132.8~261g/L。

放射性核素的含量:^{90}Sr,28.5~45.2%;^{154}Eu,0.7~1.6%;^{144}Ce,2.0~7.9%;^{137}Cs,35.5~47%;^{145}Pm,1.6~8%;^{106}Ru,1.5~7.9%;^{134}Cs,2.1~6.7%。

EP-500/1P 型陶瓷熔炉是一种矩形电炉,内衬 BAKOR 陶瓷,主要成分是氧化锆和氧化铝,熔炉的金属外壳用水冷却(图 15.5)。炉内的熔池分为熔融区、溢流区和暂存区三个区域。炉膛的每个区域内都安装了与水冷电缆连接的钼电极。3 支水冷进料器分别穿过熔融区的拱形炉顶插入炉膛内。放射性废液与液态玻璃形成剂(正磷酸)和钌挥发抑制剂(乙二醇)的混合物通过进料器输送到玻璃熔体表面(图 15.6)。原料的组成根据磷酸盐玻璃的如下主要成分(质量分数)进行调整:NaO_2,23.09%;Al_2O_3,18.42%;氧化磷,52.21%;总腐蚀产物的氧化物,包括 Ca、稀土元素、Zr 等的氧化物之和,7.71%。

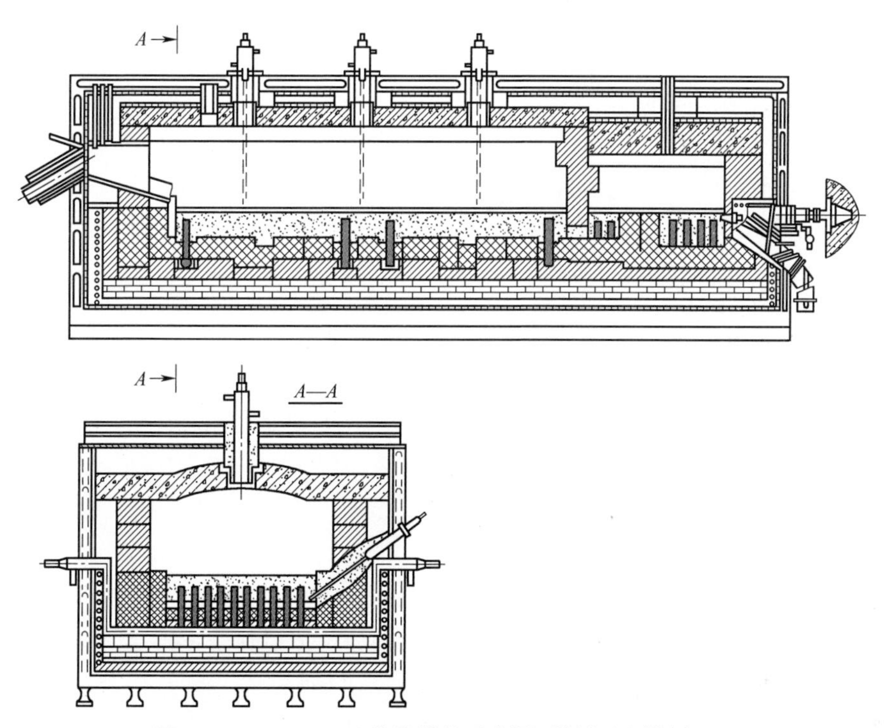

图 15.5 EP-500/1P 陶瓷熔炉示意图(纵剖面和横剖面)

熔融区产生的玻璃熔体通过溢流区进入暂存区,然后定期浇注到放置在转运设备上的 220L 罐中。浇注单元包括浇注设备和开关装置,由水冷塞和水冷出料管组成。水冷塞根据炉内的液位打开和封闭出料孔,水冷出料管则是玻璃熔体流入罐中的通道。

玻璃体罐密封完成后转移到临时储存设施中。EP-500/1P 型陶瓷熔炉对玻璃固化体的生产能力为 100~110kg/h。气体净化系统包括鼓泡蒸发式冷凝器,粗过滤器和精过滤器,软锰矿吸收塔,净化后的气体通过风机排入大气。

上述技术解决了高放废液玻璃固化的问题,但也存在一些缺陷。在 AVM 工艺中,煅烧是基于对回转炉中溶液的间接加热。在煅烧炉入口 225℃至出口 600℃的温度范围内,传热和传质的效率较低。基于这种方案组织的生产工艺,不可能将盐完全分解成氧化物。并且,随着设备材料的磨损和消耗,回转煅烧炉最终成为需要处理的放射性废物。

煅烧产物和玻璃形成添加剂在间接加热的金属熔炉中受热熔化。由于炉内

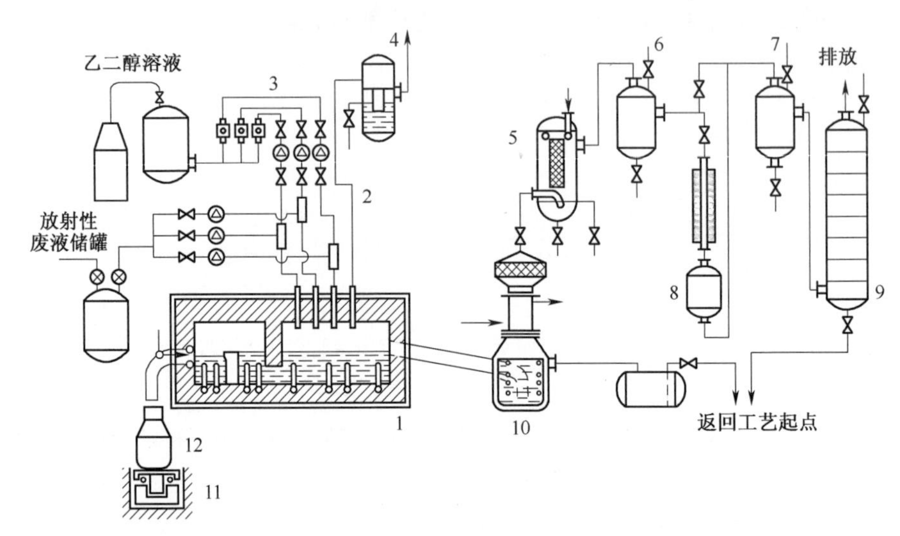

图 15.6 工业级放射性废液玻璃固化熔炉系统示意图

1—电熔炉;2—混合器;3—计量泵;4—水封装置;5,6—粗过滤器,精过滤器;
7—软锰矿吸收塔;8—催化塔;9—吸收塔;10—鼓泡蒸发式冷凝器;11—转运设备;12—容器;
⋈, ⊗, ◯—手动阀,泵,流量计。

物料在1150℃的温度下通过炉壁与周围环境进行换热,因此在这种工况下炉壁材料消耗很快,熔炉的使用寿命相当有限。随着炉体材料消耗殆尽,炉壳就成为待处理的放射性废物。

“一步法”帕梅拉工艺的设备与EP-500/1P型陶瓷熔炉类似,同样也具有有限的使用寿命,原因在于二者均在1150~1200℃的较高温度下对腐蚀性介质进行接触式加热。

因此,现有的处理高放废液的方法均具有共同的缺陷——熔炉的传热元件(炉壁、电极)与待处理材料直接接触,其结果是熔炉迟早会变成放射性废物,需要处理,从而增加了放射性废物的量。

15.3 高放废液玻璃固化的新技术——微波技术

由前面可知,现有放射性废液处理方法具有一项共同缺陷:熔炉的传热元件(炉壁、电极)与被处理对象在高温下直接接触。为了克服这一缺陷,几种新型处理方法被开发出来,利用不同频率范围内的电磁波直接加热放射性废液。俄罗斯安装技术研究设计院(Научно-исследовательский и конструкторский институт монтажной технологии, НИКИМТ)开发了一种基于微波加热处理和玻璃固化高、中水平放射性废液的新技术,并建立了相应装置[8]。

微波技术的原理是基于微波能量通过波导从微波源直接传输到装有放射性废液的金属熔炉中,借助微波能量在凝聚相介质中的强穿透性,将微波能转化成被加热材料整个体积内的热能。金属熔炉壁不参与微波能向热能的转化;作为熔炉的废液容器具有密封功能,可用于最终产物的暂存或处置。这项技术的独特之处在于,上述所有处理放射性废液的操作过程(浓缩、盐分解、熔融和玻璃化)都在同一台装置内进行,并且废物与加热元件无接触。

放射性废液微波处理的工艺流程如图 15.7 所示。微波熔炉包括容量为 200L 的一次性坩埚(废液及产物容器)10 和固定顶盖 9。顶盖上设置有波导 12 的输入端,引入微波能量,还有进料装置和带有参数测量与工艺控制仪器接口的气体排放管道。熔炉连接到微波源上,其他主要单元有控制单元 1、电源 2、微波源 3。环行器 4 可防止反射波损坏微波源,确保其可靠、稳定运行。由电介质材料制成的绝缘隔离片 5 阻止化学活性气体或者蒸气进入微波源。波导的结构与长度在设备设计阶段确定。

放射性废液从储罐 6 经计量泵 7 送入熔炉。系统的产率、温度、功率等工艺参数均由远程控制系统监控。玻璃熔体的温度由传感器 8 监测,容器和烟气的温度由传感器 11 监测。

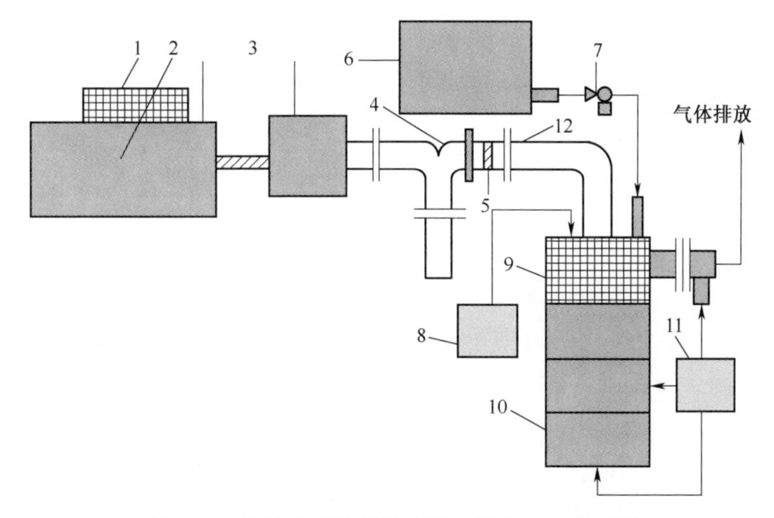

图 15.7 微波处理放射性废液的装置与工艺流程

1—控制单元;2—电源;3—微波源;4—铁氧体环行器;5—电介质材料隔离片;6—放射性废液储罐;7—计量泵;8,11—温度传感器;9—固定顶盖;10—一次性坩埚(废液与产物容器);12—波导。

微波熔炉的处理效率取决于废液的组成、特性、盐浓度、微波功率和频率等。微波源运行频率为(915±15)MHz 时,熔炉的处理效率达到最高。当微波源功率为 50kW 时,对于浓度为 500g/L 的废液,熔炉的处理能力为 45L/h。向废液中加入合适的添加剂,可以形成具有微晶结构的低熔点固化体(T_m<1100℃),适合长期安全储存。

NIKIMT 开发的放射性废液玻璃固化的微波设备功率可达 50kW(参数见表 15.4)。

表 15.4 处理放射性废液的微波源的技术特征

<table>
<tr><th colspan="3" rowspan="2">参　数</th><th colspan="2">微波源型号</th></tr>
<tr><th>ER191</th><th>ER191M(ER192)</th></tr>
<tr><td colspan="3">输出功率/kW</td><td>25</td><td>50</td></tr>
<tr><td colspan="3">工作频率/MHz</td><td>915±15</td><td>915±15</td></tr>
<tr><td colspan="3">磁控管型号</td><td>M93</td><td>M116</td></tr>
<tr><td colspan="3">波导横截面规格/(mm×mm)</td><td>104×220</td><td>104×220</td></tr>
<tr><td colspan="3">输出功率范围/kW</td><td>2-25</td><td>3-50</td></tr>
<tr><td colspan="3">电源输入功率/kW</td><td>35</td><td>75</td></tr>
<tr><td rowspan="6">微波源</td><td rowspan="2">电源柜</td><td>外形尺寸/(mm×mm×mm)</td><td>1400×800×1150</td><td>1400×800×1150</td></tr>
<tr><td>质量/kg</td><td>720</td><td>720</td></tr>
<tr><td rowspan="2">微波模块</td><td>外形尺寸/(mm×mm×mm)</td><td>645×493×700</td><td>530×480×773</td></tr>
<tr><td>质量/kg</td><td>170</td><td>350</td></tr>
<tr><td rowspan="2">控制单元</td><td>外形尺寸/(mm×mm×mm)</td><td>530×500×280</td><td>530×500×280</td></tr>
<tr><td>质量/kg</td><td>12</td><td>12</td></tr>
</table>

对于放射性废液玻璃化而言,图 15.7 所示的设备与工艺的主要优势在于,一次性容器可以直接用于地质处置。放射性废液玻璃固化的过程在控制室进行(远程)控制。安装在热室中的都是一些由耐腐蚀材料制成的设备,如可更换坩埚(废液与产物容器)、固定顶盖、提升和转运机构等,这些设备可以使用已经开发的设备和专用工具进行去污和远程更换。如有必要,微波熔炉可以在任何时候停止运行,重新启动时不需要额外的设备或技术措施。

15.4 放射性废液冷坩埚玻璃固化

在对电磁能透明的反应器(冷坩埚)中,利用高频感应直接加热各种凝聚态体系的原理和应用已在第 7、8、14 章中进行了讨论。根据需要,这些体系的电导率可以通过使用适当添加剂或辅助动力源预热来激发。根据体系的具体电导率,可以调节和控制振荡器的频率,尽管标准电源通常调谐到特定频率。

基于冷坩埚技术熔融各种放射性废物的感应加热设备已由多个国家(法国、美国、日本和俄罗斯)开发出来[4]。本节没有必要讨论这些发展过程的细节,因为这些设备的工作原理相似,并且在文献[4]中进行了详细讨论。莫斯科科学与工业联合体"拉冬"(Радон)开发了一系列感应加热(冷坩埚型)熔炉,处理经过煅烧、化学组成为氧化物和复合氧化物的放射性废物[9]。这种感应熔炉及其剖视图如图 15.8 所示。从图中可以看出,该型熔炉的横截面呈椭圆形,由一系列铜制水冷分瓣 4 组成,安装在双匝高频感应器 5 内;冷却水通过总管 3 供应;熔炉由可移动炉盖 1 进行密封,炉盖上有烟道 2 排出气体以及出料口 6 排出熔体。

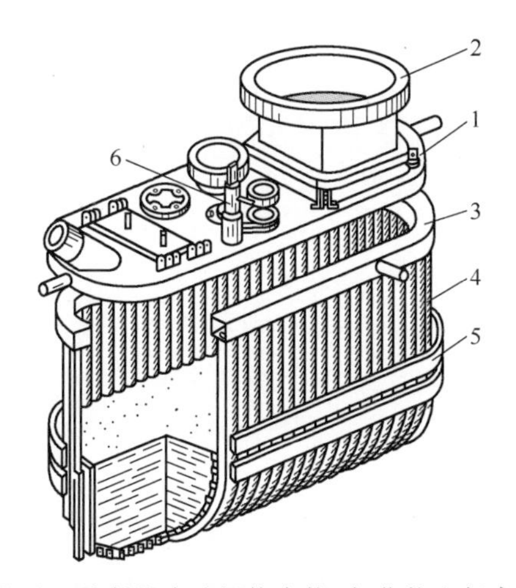

图 15.8　用于感应加热处理放射性废液煅烧产物(氧化物和复合氧化物)的冷坩埚熔炉
1—炉盖;2—排烟管;3—总水管;4—水冷分瓣;5—高频感应器;6—出料口。

该系列熔炉包括炉底可拆卸和不可拆卸两类。根据技术要求,熔炉可以密闭出料,也可以通过水平管道开放出料,出料方式可以连续或批次。冷坩埚熔炉从结构上通常分为多个标准分瓣,因而可以将多个分瓣组合起来在各种工况下运行,并改善其可维护性。加热过程的启动方式取决于待处理物料的成分和熔炉的具体结构。

在这种情况下,冷坩埚由一组彼此间存在窄间隙的分瓣构成。分瓣的截面呈椭圆形,材料为非磁性金属,便于从高频发生器传输到感应器上的电磁能透入熔炉内,加热待处理废物。各分瓣之间的间隙足够窄,确保熔体在表面张力作用下保持在熔炉内。分瓣由坩埚底支撑,坩埚底同样满足上述关于间隙的要求。

对于此类装置,主要要求与冶金工业相同——坩埚本体对从感应器传输到熔炉内的电磁场的屏蔽效应最小。

当冷坩埚熔融放射性氧化物时,熔体与坩埚内表面存在电接触。回想冶金工业的情形,感应器产生的电磁场透过冷坩埚各分瓣之间的间隙作用在熔融金属表面上,感应电流在坩埚与熔体构成的回路中流动,如图 14.1(a)所示。不过,对于当前讨论的这种情形,加热效率会大幅提高,因为熔体与坩埚内壁被氧化物凝壳隔开,凝壳层具有电介质材料的特性。当废物在这种坩埚中熔化时,电磁场在整个被加热物料内部都具有相同的强度,因而加热是均匀的。这时,感应电流的路径是一组近似于环形的闭合回路(图 14.1(b));这些环形回路构成的环形层(趋肤层)就是感应电流透入熔体的深度。

通过施加电磁力使熔体脱离坩埚壁也可以达到类似效果。这时,在熔体与坩埚壁之间的气隙就类似于绝缘凝壳层。当这种工艺应用于放射性废物玻璃固化时,熔体与坩埚壁接触的概率就会降低,因而熔体不大可能向坩埚释放放射性。

冷坩埚的计算基于第 14 章中给出的方法进行,但是需要根据无功负载的具体电、热特性做一些修正。在凝壳保护下,熔化过程中熔炉内的温度可以达到 2000℃,这不仅避免了熔体直接影响炉体结构材料,还可以避免炉体材料污染熔化对象。

对于冷坩埚感应熔炉,高频电源的功率为 60kW、160kW、250kW,工作频率为 0.44MHz 和 1.76MHz。这些熔炉的典型参数如下:

(1) 熔体温度:900~2000℃。

(2) 废物玻璃体产率:0.6~35kg/h。

(3) 熔炉内熔体的体积:1.50~50L。

(4) 熔炉质量(含熔体):5~200kg。

(5) 使用寿命:3000h。

烟气净化系统可以除去所有的放射性核素和有害化学物质。从烟气净化第一步开始,所有灰渣产物都返回到熔炉内处理。

冷坩埚已用于中试规模的含钚[10]和铀[11]的放射性废液的玻璃固化,处理能力达 100L/h。冷坩埚的直径为 100mm、高为 250mm,高频电源的频率为 5.28MHz,玻璃熔融温度范围为 1200~1300℃。最终产物的形式是磷酸盐或硼硅酸盐玻璃,以及类似于天然矿物的复合氧化物。固化在玻璃体中的铀、钚氧化物的含量由其溶解度决定,后者取决于温度和被固化元素的价态。提高熔体的碱度,或者说是提高熔体结构中非桥氧阴离子与桥接阴离子所占份额的比值,有助于提高氧化物在玻璃体中的溶解度。

15.5 等离子体处理浓缩放射性废物

第 4 章给出了空气等离子体脱硝铀硝酸盐溶液的中试装置(图 4.20),可用于处理大量混合硝酸盐溶液(同时进行蒸发和煅烧,得到由混合氧化物组成的粉末),溶液的化学组成可以模拟放射性废液。这些溶液中含有 K、Na、Cs、Mg、V、Fe、Mo、W、Cr、B、Cu、Ni、Cd、Al、Mn、Pa、Ru、Gd、Nb、Zr、Sb、Ce 金属的硝酸盐,以及所有来自萃取剂和稀释剂与铀、钚的裂变产物一起进入溶液的元素(P 和 C)。在等离子体脱硝废液的过程中得到的复杂氧化物包括如下元素的氧化物:Cs(Cs_2O),K(K_2O),Na(Na_2O),Sr(SrO),Ca(CaO),Al(Al_2O_3),Cr(Cr_2O_3),Gd(Gd_2O_3),Fe(FeO,Fe_2O_3),Nb(NbO_2),Ti(TiO_2),Mg(MgO),Mn(MnO)和 Zr(ZrO_2)。这些氧化物的蒸气压在高温下都很低,并在很宽的温度范围内与铀、钚氧化物的蒸气压相近(表 4.21)。同样观点也适用于(但可能性不大)硼氧化物(B_2O_3)、硅的低价氧化物(SiO)、钆氧化物(GdO)、钒的高价氧化物(V_2O_5)、铌氧化物(Nb_2O_5)和氧化铜(CuO),一定程度上也适用于氧化锑(Sb_2O_3)。关于氧化钌的蒸气压目前还没有可靠的数据,但是根据半定量数据可以判断,氧化钌与其他裂变产物分离后被转移到了气相中。因此,钌(Ru)的捕集应单独进行。

对于具有多价态金属(如 Gd、Nb、V 等),其不同价态的氧化物的蒸气压差异相当大。在强氧化性气氛(如空气等离子体)中,当温度沿反应器轴向坐标以及设备安装路径下降时,低价氧化物仅存在于温度相对较低的区域内,并且很有可能存在价态较高的金属氧化物杂质。从这个角度来看,钆必定完全与铀共存。钒和铌的高价氧化物与铀共存的可能性不大,但是在分散相与气相分离的区域内这些氧化物的绝对蒸气压相对较小,因此这些物质仍然保持其氧化物形态,尤其在等离子体煅烧后形成的固溶体中,从而在一定程度上提高了裂变产物在粉末中的含量。

与后处理厂处理裂变产物和其他废物相比,放射性废物(RW)处理问题总体上要宽泛得多。放射性废物产生于核电厂、冶炼厂、燃料棒生产厂以及辐射事故和异常情况发生后的清理过程。“拉冬”把运送到区域处理厂需要处理与处置的放射性废物分为如下几类:

(1) 无机液体废物:水溶液、悬浮液和泥浆,其成分与浓度差异很大;VVER 和 RBMK 反应堆产生的典型低、中水平放射性废液的主要成分是 Na、K、Ca、Mg、Al 和 Fe 的盐类,以及阴离子 NO_3^-、SO_4^{2-}、Cl^-、BO_3^{3-}等。

(2) 无机固体废物:被污染的土壤,废无机离子交换树脂,过滤材料,放射性废物处理装置的保温材料和耐火内衬,放射性废物焚烧灰渣,核电厂拆解期间产生的建筑材料,废石墨等。

(3) 有机废液:废萃取剂,废溶剂,废油。

(4) 有机固体废物:废聚合物材料,离子交换树脂,纤维素包装材料,生物废物等。

在待处理的混合废物中,有金属加工废料、电缆、连接件、玻璃器皿和建筑材料碎片等。废物的放射性核素组成和活度相差很大。例如,无机废液中通常含有:80%~90%的 β 和 γ 放射性核素 Cs(Cs-134、Cs-133、Cs-136、Cs-137),5%~10%的 Sr-90,2%~5%的 Co-60、Ce-144;放射性核素 Cr、Mn、Fe、Ni、Zr、Nb、Mo 和稀土元素(REE);<1%的 α 发射体(Ra、Po、U、Pu、Am、Cm 等)。β 和 α 比活度分别为 10~10000MBq/m^3 和 0.1~1MBq/m^3。在放射性废物焚烧产生的底灰中,α 发射体的比活度可达几百兆贝可每千克,高于 β 和 γ 活度 1~2 个数量级。

“拉冬”提出的放射性废物处理的总体概念和技术方案已经出现在多种出版物(见文献[12-21])中,这些方案均基于等离子体和感应加热技术,其工艺流程概括在图 15.9 中。浓缩后的废液在等离子体中煅烧,煅烧物与玻璃形成添加剂混合后在等离子体反应器中熔融玻璃化。玻璃态产物直接装入容器中进行处置。所得到的固化体一部分用作等离子熔融固体废物的助熔剂。

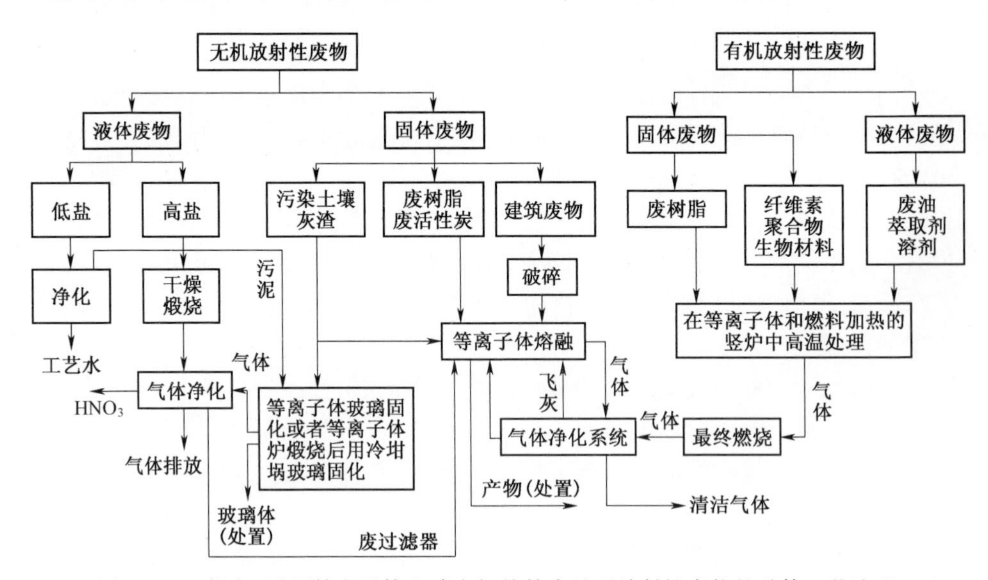

图 15.9 “拉冬”采用等离子体和感应加热技术处理放射性废物的总体工艺流程

固体放射性废物在安装了非转移弧型等离子体炬的熔炉中熔化。废物中的无机成分在竖炉炉膛内熔融,熔体排入容器后进行处置。

废物中的有机成分在等离子体竖炉中被等离子体炬处理。所采用的非转移弧型等离子体炬以空气为工作气体。

所有等离子体炬都配备了气、水供应系统。下面将讨论“拉冬”采用等离子体技术处理放射性废物取得的成果。

15.5.1 放射性废物等离子体玻璃固化

图 15.10 是“拉冬”处理放射性废液的中试等离子体炉示意图。这些等离子体炉的出料方式各异,包括:

(1) 熔体直接排入接收容器;

(2) 熔体通过倾斜陶瓷通道排入容器;

(3) 熔体先排入熔池,再排入容器。

这些等离子体炉的基础型号是一种直筒、带有水冷系统、等离子体射流沿切向进入炉内的装置(图 15.10(a)),包括等离子体炬 1、带有轴向进风口和进料口的炉盖 2、水冷铜混合室 3、采用电熔刚玉内衬的等离子体反应器 4、熔体接收容器 7、气体排出通道(烟道)9。

这种基础型号等离子体炉的内径为 0.04m,等离子体气体(空气)的流量为 4.1×10^{-3}kg/s,等离子体炬的功率为 120kW,生产玻璃体的比能耗为 4~8kW·h/kg,废物进料量为 10~70kg/h,熔体出料速率为 7~45kg/h。中试装置处理了中水平的放射性废物,活度约为 1GBq/m^3。玻璃形成添加剂包括硅硼钙石、二氧化硅、黏土。各成分之间的比例:放射性盐∶硅钙硼石∶二氧化硅∶黏土=40∶30∶15∶15。

当使用切向进风的混合室时,气旋效应在距离等离子体炬喷嘴 0.07~0.08m 处形成;并且,该过程的主要部分在反应器空间内。将反应器的长度增加 0.25m 并没有改善玻璃体的质量,原因在于等离子体反应器壁的温度降低了。如果采用直通方案(图 15.10(a)),玻璃体不会完全熔融和澄清。大多数高品质玻璃需要借助均化池(图 15.10(b))实现。这时,等离子体反应器可以用作与熔化单元连接的煅烧炉。当等离子体炬的功率为 100~150kW 时,这类装置的生产能力为 70~100kg/h。若对废物进行预处理,则该工艺的处理效率将会更高。

对于预处理后的物料,在进料量最佳(>40kg/h)的工况下,等离子体炉中 Na 和 Cs 的逸出率仅为 3%~4%,其他 β 发射体和 γ 发射体小于 1%。α 发射体的总逸出率远低于 1%。

得到的玻璃固化体的化学稳定性通过浸出性实验表征,结果处于 10^{-5}~

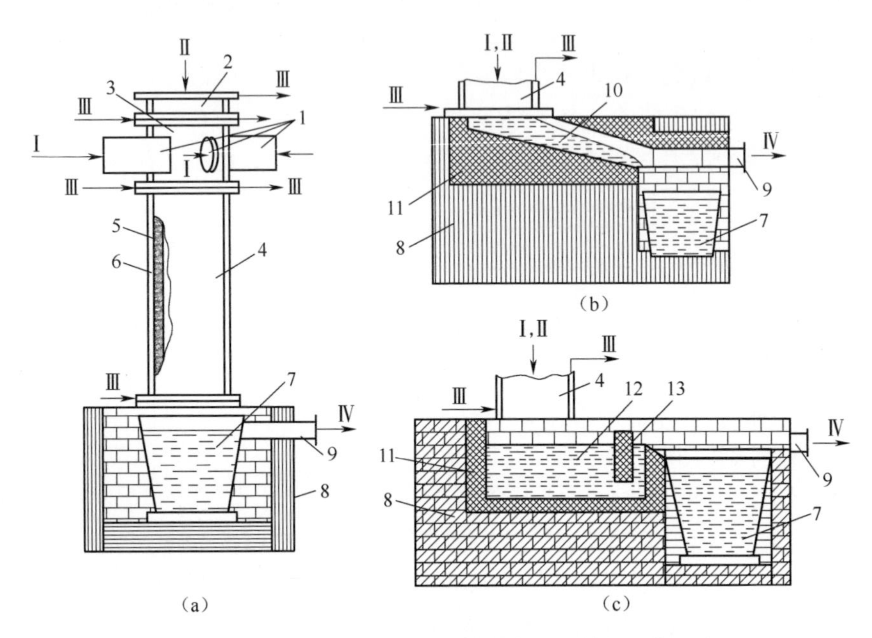

图 15.10　出料方式不同处理放射性废液的等离子体反应器

(a)直接出料;(b)通过倾斜陶瓷通道出料;(c)通过熔池出料。

1—等离子体炬;2—具有轴向通风和进料功能的炉盖;3—混合室;4—等离子体反应器;5—锚固钉;6—耐火层;7—熔体容器;8—保温层;9—烟道;10—倾斜陶瓷通道;11—耐火内衬;12—熔池;13—挡板;Ⅰ—空气;Ⅱ—废物;Ⅲ—冷却水;Ⅳ—气体排放。

10^{-6}g/(cm^2·d)的水平。

"拉冬"对放射性废物玻璃固化的各种熔炉都进行了比较,其中包括直接加热电阻炉(DHRF)、冷坩埚感应加热熔炉(CCIM)和等离子体熔炉(PM)。结果发现,等离子体熔炉的效率高于电阻炉,与冷坩埚感应熔炉相当(表 15.5)。

表 15.5　放射性废物玻璃固化用熔炉的比较

特征参数 \ 炉型	DHRF	CCIM	PM
最高工作温度/℃	1600	3000	3000
最大玻璃比产能/(kg/(m^2·h))	100	500	200
玻璃固化体的比能耗/(kW·h/kg)	2~4	5~7	4~8
玻璃比产能为 100kg/(m^2·h)时熔炉的质量(含熔体)/kg	≈5000	≤500	200~400
预计使用寿命/年	1	2	2

15.5.2 等离子体熔融不可燃放射性固体废物

无机固体废物包括含氧化物和复合氧化物的灰渣,以及基于硅酸盐、铝硅酸盐、铝酸盐、钛酸盐、钛硅酸盐的耐火材料。为了实现这些物料的熔融和均化,温度需要高于 1500℃。在设计熔融这些废物的熔炉时,面临挑战之一是尽可能降低挥发性核素的逸出。“拉冬”开发了熔融此类固体废物的特殊等离子体炉,示意如图 15.11 所示。该等离子体炉具有耐火材料炉膛,由两支电弧等离子体炬加热,输入总功率达 150kW。如有必要,等离子体炬还会配备燃料预燃器。炉膛内是方形截面($S \approx 0.15m^2$)的可翻转熔池。熔炉配备了物料分配器、推杆、气体净化系统,以及空气、水和电源系统。该等离子体熔炉批次运行,主要参数示于表 15.6。

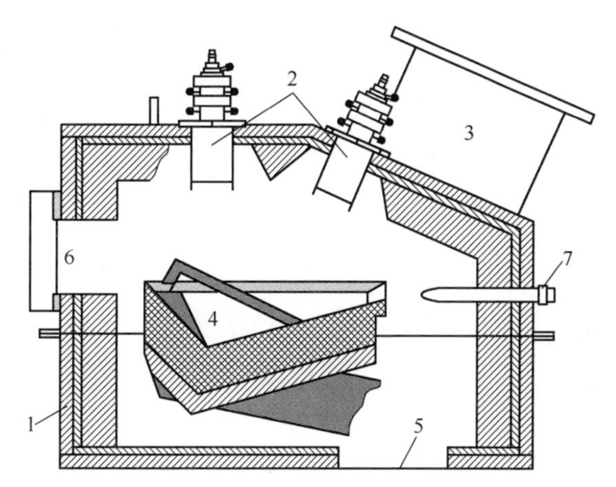

图 15.11 熔融放射性固体废物的专用等离子体炉

1—炉壳;2—等离子体炬;3—进料口;4—熔池;5—出料口;6—烟道;7—热电偶。

表 15.6 放射性固体废物等离子体熔融炉的主要参数

参 数		数值或范围
固体废物处理能力/(kg/h)		≈40
出料能力/(kg/h)		≈30
比产能/($kg/(m^2 \cdot h)$)		≈120
比能耗/($kW \cdot h/kg$)		5~8
放射性核素逸出率/%	Cs	15~25
	Sr	<1
	锕系元素	≪1

（续）

参　　数	数值或范围
尺寸/(m×m×m)	1.20×1.35×1.62
输入总功率/kW	150
等离子体炬数量	2

固体废物以小包形式送入等离子体熔炉，每包质量为5~10kg，成分包括保温材料(≤15%)、耐火材料(≤10%)、混凝土(≤10%)、玻璃(≤30%)、黏土(≤20%)、金属(≤10%)、沸石(≤20%)和玻璃纤维(≤20%)。炉内熔融温度达1550℃。

从熔炉得到产物呈玻璃陶瓷态，其中含有未熔融的陶瓷、金属夹杂物和气泡。陶瓷夹杂物包括铝硅酸钙和耐火材料(莫来石、镁橄榄石、斜锆石)。晶相主要是复杂的Ca-Mg-Fe的铝硅酸盐；玻璃相的成分为铝硅酸盐并富含SiO_2。该产物具有良好的化学稳定性：Cs的浸出率为$(3\sim5)\times10^{-7}g/(cm^2\cdot d)$，Sr、Co和α发射体的浸出率为$10^{-8}g/(cm^2\cdot d)$甚至更低。

15.5.3 用等离子体炬和燃烧器在竖炉中处理混杂固体废物

为了处理大量可燃和未分类的放射性混杂固体废物，“拉冬”采用了等离子体竖炉，并将等离子体加热与化石燃料燃烧器加热结合起来。该装置基于逆流原理运行，如图15.12所示。工艺中使用了液态烃燃料作为整个竖炉空间内的补充热源。烃燃料首先被等离子体被转化成1700℃以上的还原性气体和还原剂，包括CO、H_2和C。当过量空气系数$\alpha=0.4$时，CO和H_2浓度分别为62~70mol/kg和52~61mol/kg。基于等离子体炬和化石燃料的竖炉处理混杂固体废物的中试系统如图15.13所示。固体废物通过闸板阀1进入竖炉2，竖炉由预燃室4配备的两支等离子体炬3加热。固体废物在重力作用下进入竖炉，依次经过干燥区、气化区、热解区、燃烧区和熔融区。废物中的无机成分熔融后流入容器，经过降温固化、在退火炉5中退火之后进行处置。燃烧区产生的气体依次经过废物层、装有燃料和空气喷嘴7的二燃室6、蒸发换热器9、烧结金属过滤器10、冷凝器11、加热器13、精细过滤器14和引风机15之后从烟囱16排放。冷凝液流入水箱12后在泵17的驱动下经过喷嘴8喷入热交换器9作为冷却剂。竖炉的总高度为3m，底部面积为$0.12m^2$，容积为$8m^3$。输入设备的热量由燃料($\alpha=0.3\sim0.4$)和等离子体炬提供。该装置的主要性能指标在表15.7中给出。

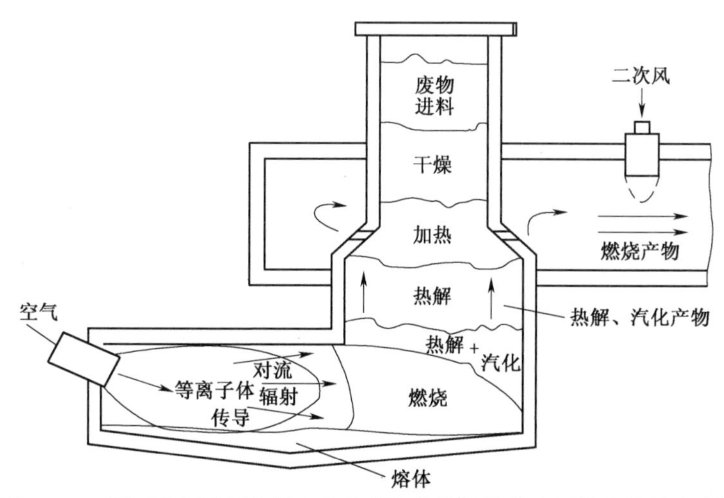

图 15.12　基于化石燃料和等离子体炬加热的竖炉处理固体废物的示意图

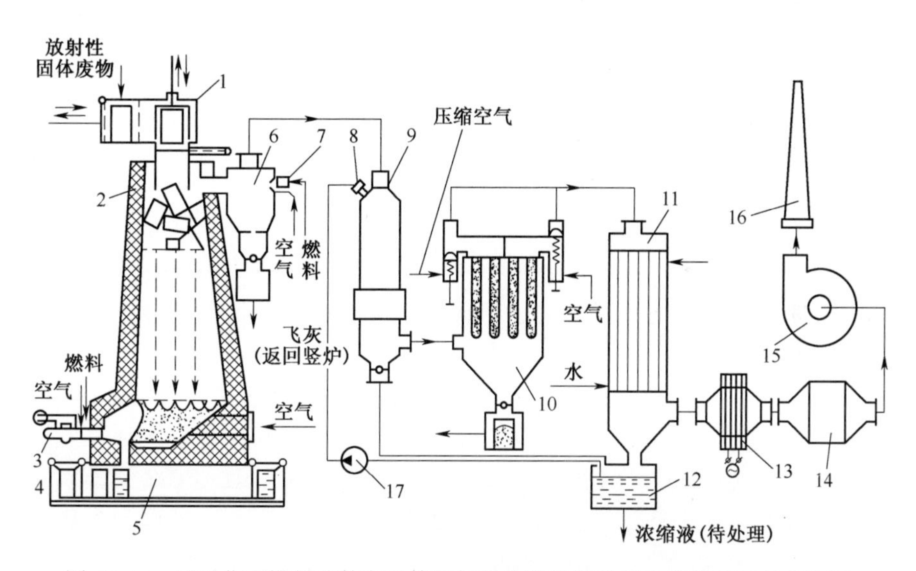

图 15.13　基于化石燃料和等离子体炬加热处理放射性混杂废物的工艺流程图

1—闸板阀;2—竖炉;3—电弧等离子体炬;4—化石燃料预燃室;5—退火炉;6—二燃室;7,8—喷嘴;9—蒸发换热器;10—烧结金属过滤器;11—冷凝器;12—水箱;13—加热器;14—精细过滤器;15—引风机;16—烟囱;17—泵。

表 15.7　竖炉的主要性能指标

竖炉参数和废物处理模式	数　值
等离子体炬的数量/支	2
等离子体气体种类	空气,碳氢化合物

（续）

竖炉参数和废物处理模式		数　值
过量空气系数		0.3~0.4
竖炉中的废物高度/m		2
炉内温度/℃	顶部	400~500
	中部	800~900
	底部	1400~1500
	近等离子体炬	1800~1900
固体废物处理能力/(kg/h)		达 80
竖炉的比处理能力/(kg/(m^2·h))		达 500
排渣速率/(kg/h)		≤7
废物减容比		10~100
尾气排放量/(m^3/h)		140~180
放射性核素逸出率/%	Cs	<2
	Sr	<0.1
	Fe+CO	<0.1
	稀土金属	<0.01
	α 发射体	<0.01
废气中放射性核素的去污因子		达 10^3

“拉冬”采用竖炉处理了具有多种化学组成和形态结构的固体废物，包括：木材（50%），废纸和纸板（20%），塑料（15%），建筑垃圾（≤5%），陶瓷和玻璃（≤10%），高分子材料（≤10%），金属（≤10%）。固体废物中 β 发射体和 γ 发射体的总比活度约为 1MBq/kg，α 发射体的总比活度则为 β 发射体和 γ 发射体总比活度的 1/10~1/5。废物的放射性主要来自 Cs-137。其他 β 发射体和 γ 发射体（Sr、Fe、Co、稀土金属）的含量低 1~2 个数量级。该处理过程为半连续方式：随着竖炉内废物高度的降低而批量进料，炉底温度保持在 1450~1500℃，连续排出熔体。

根据表 15.7，竖炉的比处理能力为 500kg/(m^2·h)。与炉膛截面积相等、处理能力相同的焚烧炉相比，竖炉的烟气量仅为其 1/4~1/3。在满负荷运行工况下，放射性核素 Cs 向气体净化系统的逸出率不超过 1%~2%。烟气中的颗粒物（主要是树脂分解产物）浓度降低到约 10^3mg/m^3，至少降低 2 个数量级。

熔体从炉底排入接收容器中，熔渣的基本性能列于表 15.8。由于容器中的温度相对较低，金属和熔渣并未完全分离，因此炉渣由金属或金属-陶瓷复合材料组成,密度分布范围较宽。此外,炉渣中还含有 Cr-Mg 内衬和莫来石炉底的腐蚀产物。Cs 的逸出率很低,表明 Cs 被固化在非均质熔渣中。向废物中加入硅质添加剂可提高熔渣的均匀性并增加其密度,由此得到的熔渣质地类似于铸造石或玄武岩。

表 15.8 使用化石燃料和等离子体炬加热的竖炉处理混杂固体废物得到的熔渣的主要特性

参数		数值
化学成分(质量分数)/%	Na_2O+K_2O	4.0~10
	$CaO+MgO$	13~20
	Al_2O_3	8.0~26.0
	FeO_n	7.0~30.0
	$Cr_2O_3+MnO+NiO+CuO$	1.0~2.0
	SiO_2	25.0~33.0
	TiO_2+ZrO_2	0.5~3.0
	P_2O_5	0.5~15.5
	金属(Fe+Ti+Al+Cu+合金)	其余
比活度/(MBq/kg)	Cs-137	0.5~3.0
	Sr-90	0.1~1.0
	Fe-59	0.02~0.08
	Co-60	0.02~0.08
	稀土元素	0.01~0.05
	锕系元素	0.005~1.0
核素在金属和熔渣之间的分布系数	Cs-137	10^{-3}~10^{-4}
	Sr-90	10^{-2}~10^{-3}
	Fe-59	10^{-3}~10^{-4}
	Co-60	10^2
	锕系元素	10^{-1}~10^{-2}
密度/(kg/m^3)		1800~5000
在1400℃的黏度/(Pa·s)		10~60
Cs-137 的固化率/%		98~99
放射性废物中的氧化物含量/%		93~98
抗压强度/GPa		0.8~2.0

(续)

参 数		数 值
废物减容比		>100
根据国际原子能机构的程序要求,在第28天的核素浸出率/(g/(cm^2·d))	Cs-137	$\approx 10^{-5}$
	Sr-90	$10^{-6} \sim 10^{-7}$
	Fe-59	$10^{-6} \sim 10^{-8}$
	Co-60	$10^{-6} \sim 10^{-7}$
	锕系元素	$10^{-7} \sim 10^{-9}$

“拉冬”对熔渣的研究表明,利用化石燃料和等离子体炬加热的竖炉处理混杂固体废物得到的产物呈玻璃陶瓷态或金属陶瓷态,结构上类似于体岩浆形成的岩石。此外,“拉冬”还研究了熔渣材料在自然环境中的行为,结果发现得到的熔渣足够稳定,因而“拉冬”所开发的技术充分适用于放射性废物的固化。

为了提高处理效率和生产率,有必要采用等离子体或者感应加热的方法将炉底加热到更高温度。这一观点实现的可行性在下面讨论。

15.6 等离子体结合感应加热处理浓缩放射性废物

15.6.1 等离子体、微波和感应加热技术的缺陷

与现有放射性废物处理技术相比,等离子体、微波和感应加热等新技术具有诸多显著优势。这些新技术能够向工艺设备相对较小的空间内输入更高的能量密度,使设备设计小型化,同时大幅降低设备损耗过程中的二次废物产量。然而,这些技术也具有与上述优势相对应的缺陷。

对于上述三项技术而言,最明显的缺陷在于设备,这是由于从20世纪90年代俄罗斯开始著名的改革以来,国家层面几乎放弃了所有高技术研发工作造成的后果。尽管上述三项技术分别具有其自身的缺陷,但是可以通过互相结合或者采取其他外部措施来使缺陷最小化。首先来分析这些新技术的具体缺陷。

(1) 等离子体技术是最先进的技术,拥有功率强大、形态多样的等离子体发生器(基于电弧、高频、微波、激光等的发生器),与对象的作用过程也最为剧烈。该技术具有如下三项重要缺陷:

① 等离子体气体流量大,可以(但不一定)是工艺载气。

② 导致大量颗粒物传输,粉尘量大,因此需要高效率分离分散相与气相的设备和细颗粒物过滤系统,尤其用于放射性废物处理时。

③ 产物有可能黏附在等离子反应器的冷壁上,导致工艺设备堵塞。

(2) 微波技术的工作原理是基于微波能对凝聚相介质(如放射性废液)的高穿透能力,以及将微波能转换成被加热材料整个体积内的热能,即微波源产生的微波通过波导非接触地传输到包容待处理材料的金属熔炉中。

当微波发生器用于潮湿无机材料干燥时,微波技术的根本缺陷就暴露出来了。在材料中存在大量水分的条件下,干燥过程剧烈进行。但是,随着水分的蒸发,微波源与负载之间的耦合逐渐变差。并且,当水分含量达到某一值时,这种耦合关系完全终止,尽管按照工艺参数要求的干燥过程仍然没有完成(按照生产行业的说法,这时得到的不是产品,而是废品)。

微波技术的另一项缺陷在于将工频电流转换成超高频电流的效率不高。

此外,微波技术还存在第三项缺陷,尽管是暂时的:在某些应用中,微波发生器的功率已经达到几百千瓦,但是由于缺乏需求,对于一般应用而言,微波源的成本仍然较高。

(3) 基于感应加热原理工作的冷坩埚像微波技术一样,将外部能量通过非接触方式传输到被处理材料中。这种技术的缺陷在于,电源与负载之间耦合的品质主要取决于后者的电导率。但是这项缺陷可以通过其他技术方式予以克服——在加热初期借助外部能量在负载中形成具有一定电导率的区域。然后,其余部分的负载由起始区域的热传导加热,最终使所有物料都达到所需的电导率。

该技术和已经开发的同类技术均存在更加严重的缺陷:传输到负载中的功率主要取决于感应器与产生感应电流的负载导电区之间的距离,后者位于负载外层("趋肤层");因而由电介质或金属-电介质复合材料制成的冷坩埚(参见第 7、9、14 章)的壁面,在面对感应器的一侧承受着强烈的热冲击和化学侵蚀,并且由于感应器上施加了高频电压(>10kV)而使问题更加复杂。综合考虑这些因素,必须增大感应器与负载之间的间隙。但是,感应电流在负载中产生的电功率与$(d/D)^x$(其中:d 为电抗性负载的直径;D 为感应器直径;指数 x 的值为 3~4,取决于趋肤层的厚度成正比。当冷坩埚中的产物内存在气体时,所有这些问题都会大幅加剧;在这种情况下,就要求坩埚壁完全密封。

为了克服上述缺陷,需要有针对性地开展材料科学研究。在这方面,大有前景、效果明显的途径是研发形成保护性和功能性涂层,包括在冷坩埚内、外壁和感应器上形成电绝缘涂层,从而可以大幅缩小感应器与冷坩埚壁之间的间隙。

此外,感应加热技术通常还存在另一项固有缺陷:将工频电流转换成高频电流的效率相对较低,但是这项缺陷可以通过技术手段逐渐弥补(关于这部分的更多细节参见第 2 章)。

15.6.2 等离子体结合感应加热处理或玻璃固化放射性废物的建议

15.3 节至 15.5 节表明,纯粹考虑技术原因,(非等离子体的)微波技术处理放射性废物可以由其本身单独实现,然而对于等离子体技术与冷坩埚技术而言,技术上有可能将二者整合在同一台设备中,以强化单项技术的优势而弱化其劣势。目前,这项工作已经在稳步推进,开发等离子体与感应加热结合的设备:等离子体煅烧放射性硝酸盐废液,然后在冷坩埚型高频感应熔炉中熔融煅烧产物,随后进行玻璃固化;所有步骤均在同一台设备上进行。该项目由之前开展的四项研发工作组成,其中一些内容前面已有所介绍:

(1) 等离子体分解回收铀的硝酸盐(脱硝、煅烧),得到氧化铀和硝酸溶液。

(2) 冷坩埚熔融烧产物,并固化在磷酸盐或硼硅酸盐玻璃中。

(3) 推进材料科学发展:通过电解-电火花氧化形成保护性和功能性涂层。

(4) 开发基于双层烧结金属过滤器和喷射脉冲反吹再生过滤表面的气体净化技术。

这个项目的各个组成部分是分开实施的,项目的任务是把它们结合起来。下面介绍如何做到这一点。

等离子体技术应当用于煅烧放射性废液,如同在第 4 章和第 5 章中脱硝硝酸铀酰溶液那样。所需的工艺和相应设备已经开发出来,用于处理铀硝酸盐溶液和其他各种混合硝酸盐溶液,并在图 4.20 所示的中试装置上较大规模地处理模拟高水平放射性废液。玻璃形成添加剂应当在等离子体煅烧阶段加入放射性废物硝酸盐溶液中;这样添加剂能够在原料和氧化物颗粒中均匀分布。

等离子体煅烧过程最终得到溶解在硝酸盐废液中的放射性核素的氧化物;这些氧化物均匀分布在气流中形成两相流,以鼓泡形式通入冷坩埚内的熔体中,使氧化物进入熔体并与之混合,得到均匀的新熔体;然后利用在冷坩埚领域积累的技术和经验,将熔体浇注成一定的形状。

15.5.1 节描述了具有各种出料形式、用于放射性废液处理的等离子体中试装置的结构和运行方案。这些装置原则上均可用于组合工艺中煅烧放射性废液。但是,在我们看来,所提出的工艺路线与设备仍然存在一些缺陷,妨碍其投入实际应用。具体如下:

(1) 等离子体反应器混合室:实现等离子体与放射性废液混合的反应器混合室,其设计方案并不适合连续运行,因为无法保证废液与混合室本体和等离子体反应器壁不发生接触,从而无法避免在壁上形成结渣并最终造成堵塞。

(2) 等离子体反应器内衬:任何等离子体反应器壁的内衬材料都无法承受长时间运行;内衬材料在设备运行中会发生磨损甚至损坏,同时产生具有放射性的二次废物。

（3）等离子体反应器下部：在熔池所处的位置，反应器内部需要内衬耐火材料，如镁质或铬镁质耐火材料。内衬与含有腐蚀性成分的熔体接触，发生侵蚀产生二次废物。

（4）等离子体气体：使用空气作为等离子体气体会增加除尘和气体净化系统的负担。另外，在等离子体条件下使用空气会增加气体产物中氮氧化物的浓度，使放射性废物处理装置的气体净化系统变得更加复杂。

在下面将要讨论的电热处理放射性废物的方案中，煅烧和熔融分开实施，但在同一台装置上进行，因而两个阶段可以由统一的管理系统提供能量并分别控制。该方案基于等离子体与感应加热相结合来实现：等离子体加热雾化放射性溶液，然后在同一台装置感应加热生成的残盐，以下统称"电热处理区"。工艺流程设计：煅烧废液的等离子体射流鼓泡通过冷坩埚型感应炉的熔融区，在一定程度上降低了处理过程中的粉尘排放量，并"激发"冷坩埚中熔体的导电性，从而提高高频电源与负载耦合的品质。冷坩埚排放的气体首先被冷却下来，然后净化其中的粉尘和放射性废液分解产生的挥发性产物（Ru、Te 或 Cs）。

该方案计划使用 500～600℃的过热水蒸气作为等离子体气体，大幅降低气体排放。等离子体炬出口处的水蒸气等离子体的温度为 3000～4000℃。根据高频电源的频率和功率不同，在等离子体处理高放废物的熔池表面介质的温度可以达到 1700～2500℃。

该方案使用的等离子体反应器如第 4 章所述：由不锈钢制成，无内衬材料，在整个长度上都用水与空气冷却，将等离子体反应器的温度保持在 500～600℃。放射性废液等离子体处理区的上部制成截锥形；（至少 3 支）电弧或微波等离子体炬穿过锥形外壳插入处理区内，产生向下流动并且与等离子体反应器轴线成一角度的水蒸气等离子体，使等离子体射流与熔池接触而不与反应器壁直接接触。等离子体处理的煅烧产物进入由高频感应加热的水冷熔炉的熔池内。

通过电弧或全金属微波等离子体炬产生水蒸气等离子体（图 5.5），两种放射性废液方案已经开发出来。在第二种方案中，水蒸气沿竖直方向通入等离子体反应器中，微波能沿着与水蒸气垂直的方向通入，将其转化成水蒸气等离子体。对于使用电弧或者微波产生等离子体的两种情形，反应器的其他所有部件都相同。

放射性废液经过等离子体处理之后，其中的水分被蒸发出来，残盐被分解，氮氧化物被去除。凝聚相是仅由氧化物颗粒构成的煅烧产物，熔融后浇注到设计用于长期储存的容器中。这些氧化物颗粒的温度可以达到 1200～2000℃；将氧化物颗粒与"废"等离子体一起通入熔体有助于提高熔体的导电性、降低其黏度以及形成鼓泡效应,并在不升高等离子体反应器内压强的前提下增大鼓泡深度。为了维持冷坩埚电源与负载之间的稳定感性耦合,熔炉中熔体的电导率应不小于 1S/m(最好是 1~100S/m)。

氧化物相是一种细粉,积聚在熔炉(冷坩埚)中已有的熔体内。当感应炉内的熔体液面升高到感应器顶部线圈以上的临界位置时,熔融物开始出料并流入罐中,经过密封和表面钝化之后可以处置。

包括水蒸气和氮氧化物等在内的气态产物从感应熔炉中排出之后首先进入热交换器,将温度降低到 80~100℃;再通入吸收器,被冷凝液淋洗;吸收器完全吸收放射性废液分解形成的挥发性产物和氮氧化物;然后气流通入烧结金属过滤器实现最终净化。

烧结金属过滤器由各向异性的金属陶瓷制成,用于捕集细微气溶胶,并配备了根据反吹原理对过滤表面进行脉冲喷射再生的设备。这种过滤器对 0.1~0.5μm 的气溶胶的捕集效率可以达到 99.9%。因此,等离子体与感应加热结合处理放射性废物的系统按如下步骤操作:

(1) 在微波等离子体炬或由晶闸管或晶体管整流器供电的直流电弧等离子体炬中产生水蒸气等离子体。

(2) 将放射性废物的硝酸盐溶液通过雾化器输送到等离子体反应器中。

(3) 通过感应加热放射性废物或与放射性废液分解产物相容的其他氧化物初步形成熔池。

(4) 用水蒸气等离子体处理雾化放射性废液;在处理过程中,溶剂从雾化溶液的液滴中蒸发,氮氧化物和其他挥发性氧化物从液滴中蒸馏出来,液滴中仅留下放射性废物的氧化物。

(5) 将处理废液之后的工艺等离子体通入位于等离子体反应器下方的感应加热熔炉的熔体表面上;气流在熔体中形成鼓泡,颗粒物积聚在熔体中,净化气流中的粉尘和气溶胶。

(6) 借助电磁搅拌效应,熔体在感应炉中实现完全熔融和均化。

(7) 熔融物从感应熔炉中排入被加热的熔体收集器中。

(8) 熔体从收集器底部出料,浇注到储罐内;经过例行去污之后送往处置场所。

(9) 等离子体反应器和感应熔炉中产生的气态产物主要由水蒸气和氮氧化物组成,从感应熔炉中排出后通入热交换器中。

(10) 在冷凝器-热交换器中将气流冷却到 80~100℃,用硝酸溶液捕集部分氮氧化物,吸收放射性废物分解形成的挥发性氧化物。

(11) 在硝酸溶液中最终吸收放射性废物分解产生的挥发性氧化物和氮氧

化物;所用的硝酸溶液在冷凝器-热交换器对气相冷凝的过程中获得。

(12) 将气体通过各向异性的烧结金属过滤器实现净化;过滤器具备脉冲喷射再生过滤表面的功能,捕集粉尘并精细过滤气流中的气溶胶;将捕集的颗粒物定期送入放射性废物收集容器中。

等离子体结合感应加热处理放射性废物的装置示意图如图 15. 14 所示。管状等离子体反应器 8 由不锈钢制成,沿竖直方向安装,其上部是截锥形混合室 6。反应器外侧是双层冷却夹套:内层冷却介质是空气,外侧是水。因此,装置外表面的温度接近于室温,内表面的温度保持在 500~600℃。

溶液喷嘴 3 位于截锥形顶部的中心,将放射性溶液 5 喷入反应器中。在截锥形顶部的外围,安装了几只喷嘴 2(不少于 2 支)插入电热处理区,喷入过热水蒸气。水蒸气喷嘴 2 的轴线与等离子体反应器的轴线平行,并沿圆周方向均匀布置。

在混合室 6 的下方是等离子体处理放射性废液的区域,空间呈圆筒形。矩形截面的波导 4 一端连接微波源 1,另一端垂直插入电热处理区。微波由磁控管产生,电介质材料制成的隔离片 7 安装在磁控管与工艺区之间。隔离片可透过电磁辐射,将磁控管与工艺区隔开。采用矩形截面波导插入圆形截面反应器的方案,可以实现电磁波模式的转换——将 H_{01} 波转换成 H_{11} 波。电磁场在矩形波导和圆形波导中的分布 E_1 与 E_2,如图 2. 53 所示。当微波辐射从矩形波导输入圆形波导时,H_{01} 电磁波就转换成了 H_{11} 电磁波。微波等离子体反应器的总功率取决于插入圆形波导的矩形波导的数量,这些矩形波导可以位于同一平面,也可以位于不同平面上。

与电弧等离子体炬相比,全金属微波等离子体炬至少具有以下两项优势:

(1) 无须电极,因而不存在电极烧蚀问题。

(2) 可以在较宽的范围内改变等离子体气体——水蒸气的流量,而无须担心电极损坏;这意味着将等离子体的产生与等离子体反应器(同时也是圆形波导)中的工艺过程“解耦”。

冷坩埚感应熔炉 19 通过法兰与等离子体反应器的下部相连接。熔炉位于法兰 9 与 20 之间,安装在感应器 16 中;感应器由高频电源 24 供电。放射性废物的氧化物成分落入熔体中之后,熔炉对其进行感应加热。

冷坩埚感应熔炉的电源与负载之间通过感应加热实现耦合。感应器通过炉壳 15 上的绝缘端子和电缆 23 连接到电源 24 上。感应熔炉用水冷却。冷却水由泵 21 驱动,从感应熔炉 19 下方的进水口 22 流入,从熔炉上方的出水口 25 流出。

管道 10 用于将熔体从感应熔炉 19 排入收集器 12 中。收集器外部具有加热器 11,底部安装有热阀 13,可以将熔体浇注到储罐中。热阀由自动电源供电。

等离子体反应器的下部插入感应熔炉内,使等离子体煅烧产生的气体和颗粒物可以穿过熔体,形成鼓泡效应。在鼓泡的同时,颗粒物被滞留在熔体中,实现工艺气体的初步净化。

排气管 26 安装在感应熔炉顶部法兰 9 上,用于排出工艺气体以便后续进行冷却与净化。气体净化设备包括:换热器(冷凝器)27,用于气体冷却、水蒸气冷凝以及部分吸收 NO_x 和挥发性金属氧化物(如 Ru 和 Te 的氧化物)。冷凝器 27 配备有储罐 28 和水泵,用于收集冷凝液并向吸收器 29 泵送。吸收器用于最终吸收 NO_x,得到的硝酸溶液收集在储罐 30 中。

烧结金属过滤器 31 由各向异性的陶瓷制成,过滤表面具有脉冲反吹再生功能,用于净化排放气体中的细颗粒物。过滤下来的颗粒物首先收集在容器 33 中,然后混入放射性废液 5,经过喷嘴 3 重新喷入等离子体反应器 8 中。

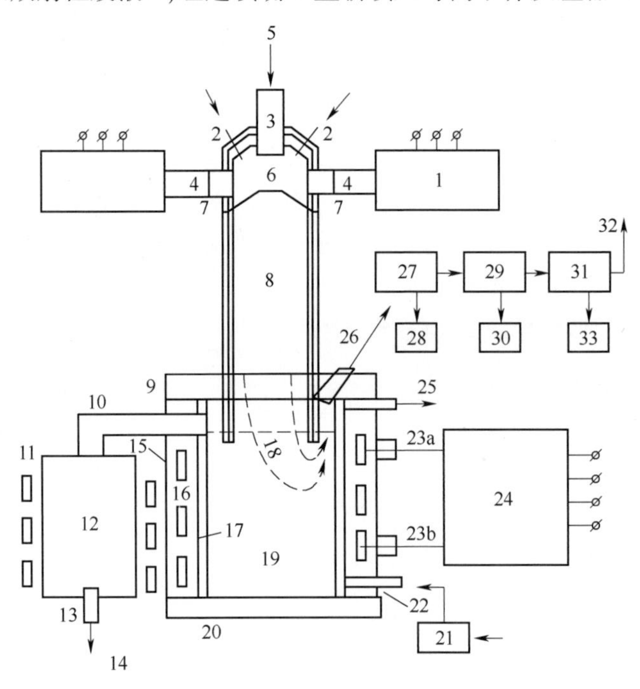

图 15.14　等离子体与感应加热结合处理放射性废液的装置示意图

1—微波源;2—水蒸气喷嘴;3—放射性废液喷嘴;4—波导;5—放射性废液;6—混合室;
7—电介质材料隔离片;8—等离子体反应器;9,20—感应熔炉上、下法兰(炉盖、炉底);
10—放射性废物熔融体出料管;11—加热器;12—收集器;13—热阀;14—熔体;15—感应炉炉壳;
16—感应器;17—感应熔炉内壁;18—分解溶液之后的"废"等离子体;19—感应熔炉;21—泵;22,25—进、出水管;
23a,23b—连接感应器与电源的电缆;24—高频电源;26—排气管;27—换热器-冷凝器;28—凝结水收集器;
29—吸收器;30—硝酸溶液收集器;31—烧结金属过滤器;32—气体排放;33—颗粒物收集容器。

烧结金属过滤器(图 15.14 中的设备 31)的更多细节如图 15.15 所示。工艺过程排放的气体在冷凝之后通过管道 34 通入过滤器。管道中的压强通过压力表 35 测量。过滤器下部具有收窄段,形成灰斗 48。过滤器内安装了密封隔板 37,将过滤器内部的空间分隔成尘区和净区。由各向异性陶瓷制成的圆管状过滤元件(滤芯)47 穿过隔板,安装在过滤器内。喷嘴 39 安装在过滤器盖板 38 上,并且每个喷嘴的方向都沿滤芯 47 的轴线,通入反吹再生气体。每个滤芯的再生单元都由管线 40、带有时间继电器的电磁阀 41(继电器未在图中示出)和压缩气体储罐 43 组成,时间继电器用于调节脉冲再生的时间 t_p。电磁阀交替工作,滤芯再生的时间间隔为 1s。

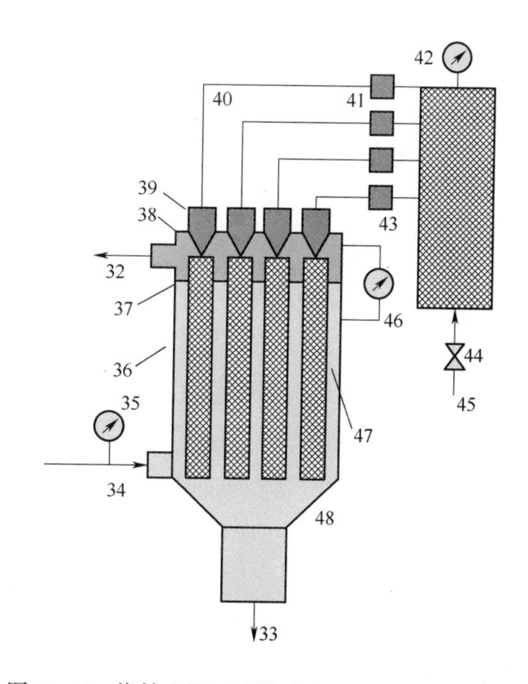

图 15.15　烧结金属过滤器(图 15.14 中的设备 31)

32—洁净气体;33—颗粒物收集;34,40—管道;35,42,46—压力表;
36—过滤器壳体;37—密封隔板;38—过滤器盖板;39—反吹喷嘴;41—电磁阀;43—储气罐;44—阀门;
45—通入反吹气体储罐的压缩气体;47—过滤元件(滤芯);48—灰斗。

含尘气体经过管道 34 输送到滤芯 47 的外表面上,洁净气体流 32 通过控制过滤器(视需要设置)后排出。来自储气罐 43 的压缩气体经过电磁阀 41 和喷嘴 39 对滤芯 47 内部进行脉冲喷射反吹,实现过滤器表面的再生。

含尘气流管线上的压强、反吹气体储罐中的压强以及过滤器尘区与净区之间的压强差分别由压力表 35、42 和 46 测量。

烧结金属过滤器用于过滤细微颗粒物,其工作步骤:含尘气体经过管道通入过滤器,穿过滤芯 47 时,基于筛分机制灰尘沉积在滤芯外表面,洁净气体从滤芯中排出。受到压缩气体对过滤器内表面的反吹作用,沉积下来的灰尘从滤芯外表面落下,经过灰斗 48 收集在容器中。

图 15.14 所示的装置用于处理放射性废物时操作步骤[22]:首先在密封良好的冷坩埚感应熔炉 19 中装满模拟放射性废物的氧化物,用于形成初始熔池。向装置和所有管道通入氩气,排出其中的空气。向感应熔炉和炉盖通入冷却水。启动微波源,电磁能经过矩形波导 4 输入圆形波导——反应器 8 中;同时经过喷嘴 2 向反应器 8 中通入水蒸气。反应器中产生无极放电,形成水蒸气等离子体。将放射性废液 5 经由喷嘴 3 喷入等离子体中。

启动高频电源 24,向感应熔炉 19 的感应器 16 供电,加热并熔融模拟氧化物,在熔炉中形成熔池。熔池的温度达到 2000~2500℃。

携带放射性废液分解产物的水蒸气等离子体喷射到熔池表面上。在等离子体作用下,液滴分解成放射性核素氧化物,以及由水蒸气和 NO_x 组成的气态产物。由分解液滴之后的等离子体与分解产物组成的气、固两相流通过熔体,产生鼓泡效应并将颗粒物滞留在熔体中,此时的气相产物主要由水蒸气和 NO_x 组成,经过管道 26 从冷坩埚中排出。

在感应熔炉中,熔体的液面达到一定高度之后,就经过管道 10 从熔炉中溢流出来,排入收集器 12。收集器外侧安装有电加热器 11,使熔体保持熔融状态。熔体浇注入储罐通过热阀 13 实现,浇注操作周期性进行。

图 15.14 和图 15.15 中的所有设备均通过计算机监控。根据运行程序,计算机可以监控如下操作:微波源运行,向等离子体反应器中通入水蒸气,高频电源运行,等离子体反应器与感应熔炉的冷却,放射性废液向反应器中进料,熔体的温度以及向收集器溢流,换热器、吸收器和其他气体净化设备的运行等。

在研发阶段,用于产生水蒸气等离子体的全金属微波等离子体发生器和模拟高放废液雾化喷嘴的设备如图 15.16 所示。高频感应熔炉(冷坩埚)安装在反应器下方,用于熔化放射性废物分解产生的无机成分并实现均化。熔炉上安装有管道用于排出熔体和排放熔融过程产生的气体。气体净化设备包括冷凝器、吸收器和由各向异性陶瓷形成的烧结金属过滤器以及过滤表面脉冲反吹再生系统。

为了与微波等离子体反应器(图 15.16)连接,拟安装在俄罗斯国家科学中心无机材料研究所(VNIINM)研发的冷坩埚感应熔炉,熔融和均化高放废液分解产生的无机成分。这种特殊的冷坩埚设计用于熔融在喷雾干燥器中产生的煅烧产物。从外观上看,VNIINM 开发的冷坩埚(图 15.17)与“拉冬”开发的设备结构类似(图 15.8)。VNIINM 开发的冷坩埚设计用于马雅克厂对高放废液进行

图 15.16　采用全金属微波等离子体炬产生水蒸气等离子体的等离子体反应器

玻璃固化,其技术特征如下:

（1）废液处理能力:100L/h。

（2）熔融物产能:18kg/h。

（3）熔炉内的工作温度:≤1800℃。

（4）高频电源的频率:1.76MHz。

（5）高频电源的功率:160kW。

在 VNIINM 的装置上,最终得到的产物是含有放射性废物磷酸盐、硅酸盐和硼硅酸盐的玻璃,以及其他水解稳定性、热稳定性和辐照稳定性比上述玻璃更好的各种类似矿物。

在等离子体反应器中,放射性废物热处理区的温度为 1700~1800℃。取决于放射性废液成分的不同,冷坩埚熔炉的工作频率为 0.44~13.56MHz。熔炉内的温度为 1600~1800℃,同样取决于处理对象的成分、电源的频率和功率。本项目解决了如下问题:

（1）将一部分设备替换成寿命更长的电热设备,降低了折旧成本;未采用带有内衬的设备,从而进行了简化;间接实现了目标——避免二次废物产生。

（2）在放射性废物煅烧和玻璃固化阶段均采用无接触的加热方式,减少结构材料的消耗。

(3) 提高了熔体品质。

(4) 提高这种具有潜在风险的工艺的安全性。

遗憾的是,迄今为止,由于缺乏资金投入,技术研发工作无法完成,设备设计也无法推进。

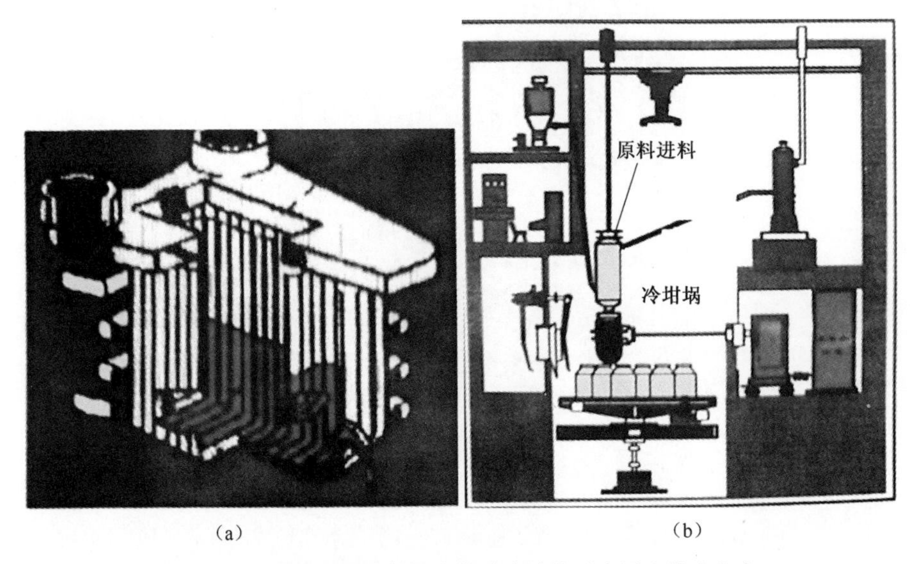

(a) (b)

图 15.17 冷坩埚型放射性废物感应熔炉示意图和技术方案
(包括将高放废液熔体浇注入储罐中)

参考文献

[1] М. И. Солонин. Состояние и перспективы развития ядерного топливного цикла мировой и российской ядерной энергетики. Атомная энергия, 2005, т. 98, выпуск 6, с. 448–459.

[2] Nuclear Fuel Reprocessing Technology / British Nuclear Fuels pic. Risley, Warrington, 1992.

[3] Ю. В. Глаголенко, Е. Г. Дзекун, Г. М. Медведев, С. И. Ровный, В. П. Уфимцев, Б. С. Захаркин. Переработка отработавшего ядерного топлива АЭС и жидких радиоактивных отходов на ПО《Маяк》. Атомная энергия, 1997, т. 83, № 6, с. 446–452.

[4] С. А. Дмитриев, С. В. Стефановский. Обращение с радиоактивными отходами. М., РХТУ им. Д. И. Менделеева, 2000, 220 с.

[5] W. Baehr. Industrial Vitrification Process for High – Level Liquid Waste Solutions. IAEA Bulletin, N4/1989.

[6]《Mayak》Production Association, Chelyabinsk–65, Russia, 1993.

[7] А. С. Поляков, Г. Б. Борисов, Н. И. Моисеенко. Опыт эксплуатациикерамического плавителя ЭП–500/1 по остекловыванию жидкихрадиоактивных отходов. Атомная энергия, 1994, т. 76, вып. 3, с. 183–188.

[8] В. Н. Молохов. Оборудование для микроволновой переработки радиоактивных отходов. Технико-коммерческое предложение НПО НИКИМТ /1998.

[9] Melters for Inductive Melting of Oxides. Moscow Scientific and Industrial Association《Radon》/NUCTEC-95.

[10] В. В. Кушников, Ю. И. Матюнин, Т. В. Смелова. Индукционное плавление в《холодном тигле》для иммобилизации плутонийсодержащих отходов. Атомная энергия, 1997, т. 83, вып. 5, с. 336-341.

[11] Ю. И. Матюнин, С. В. Юдинцев. Иммобилизация U_3O_8 в боросиликатное стекло в индукционном плавителе с《холодным тиглем》. Атомная энергия, 1998, т. 84, вып. 3, с. 230-236.

[12] И. А. Соболев, Л. М. Хомчик, Б. А. Каратаев, С. А. Дмитриев, В. И. Пантелеев. Практика переработки и захоронения твердых радиоактивных отходов. Атомные электрические станции, 1980, № 3, с. 14-19.

[13] И. А. Соболев, Ф. А. Лифанов, С. В. Стефановский, С. А. Дмитриев, В. Н. Захаренко, А. П. Кобелев. Снижение улетучивания компонентов при варке боросиликатного стекла. Стекло и керамика, 1987, № 4, с. 9-10.

[14] И. А. Соболев, Ф. А. Лифанов, С. В. Стефановский, С. А. Дмитриев, Н. Д. Мусатов, А. П. Кобелев, В. Н. Захаренко. Переработка радиоактивных отходов АЭС на пилотной установке с электрической ванной печью. Атомная энергия, 1990, т. 69, № 5, с. 233-236.

[15] С. В. Стефановский, И. А. Князев, С. А. Дмитриев. Остекловывание радиоактивных отходов в плазменном реакторе. Физика и химия обработки материалов, 1991, № 4, с. 72-80.

[16] С. А. Дмитриев, С. В. Стефановский, И. А. Князев, Ф. А. Лифанов. Плазмохимическая переработка твердых радиоактивных отходов. Физика и химия обработки материалов, 1993, № 4, с. 65-73.

[17] С. А. Дмитриев, И. А. Князев, С. В. Стефановский, Ф. А. Лифанов. Улетучивание радионуклидов при плазмохимической переработке радиоактивных отходов. Физика и химия обработки материалов, 1993, № 4, с. 74-82.

[18] И. А. Соболев, С. В. Стефановский, Ф. А. Лифанов, В. И. Власов, С. А. Дмитриев, И. А. Иванов. Синтез и исследование плавленых минералоподобных форм радиоактивных отходов. Физика и химия обработки материалов, 1994, № 4-5, с. 150-160.

[19] И. А. Соболев, Ф. А. Лифанов, С. В. Стефановский, А. П. Кобелев, В. Н. Корнеев, И. А. Князев, С. А. Дмитриев, О. Н. Цвешко. Остекловывание радиоактивных отходов методом индукционного плавления в холодном тигле. Физика и химия обработки материалов, 1994, Кг 4-5, с. 161-170.

[20] С. А. Дмитриев, С. В. Стефановский, Б. С. Никонов, Б. И. Омельченко, С. В. Юдинцев. Исследование природных аналогов кристаллических матриц радиоактивных отходов. Проблемы окружающей среды и природных ресурсов, 1994, № 9, с. 1-13.

[21] С. А. Дмитриев, С. В. Стефановский, И. А. Князев, Ф. А. Лифанов. Характеристика шлакового продукта плазменной печи для переработки несортированных твердых отходов. Ресурсосберегающие технологии. Экспресс-информация, 1994, № 21, с. 3-18.

[22] Ю. Н. Туманов, В. Д. Русанов, П. П. Полуэктов, Ю. И. Матюнин, Т. В. Смелова, Д. Ю. Туманов, А. Ф. Галкин. Процесс переработки жидких радиоактивных отходов и аппарат для его осуществления. Патентная заявка № 2006.

第16章

基于核燃料循环技术构建制备纳米材料的新型科学技术基础

纳米技术包括纳米材料的制备、应用,以及相关设备和工艺系统的开发。材料的功能取决于纳米结构,即 1~100nm 的有序片段。对于任何纳米技术而言,最重要的部分都是纳米材料的制备,材料的功能和特性均取决于纳米片段的有序结构。通常而言,纳米材料有 6 种类型[1]:纳米多孔结构,纳米颗粒,纳米管和纳米纤维,纳米分散体(胶体),以及纳米结构的表面和膜,纳米簇和纳米晶体。

以前,“超细材料”(UFM)的概念曾被广泛使用,其中涵盖了粒径上限小于 1μm 的颗粒。UFM 粒径的下限并没有严格限定;因而,纳米材料可以正式归于超细材料之列。实际上,直径 5~100nm 的纳米粒子通常由 $10^3 \sim 10^8$ 个原子组成。如果纳米颗粒具有复杂的形状和结构,通常不会将这些颗粒作为一个整体考虑其线性尺寸,而是考虑其结构单元的大小,这样的颗粒仍被称为纳米结构,它们的线性尺寸可以明显大于 100nm。由于纳米结构的单元具有各种各向异性的优势,后者又可以被细分为一维、二维和三维结构。

本章所讨论的主题是以下两类纳米材料:

(1) 纳米颗粒,生产压制和烧结产品的原料,粉末冶金的主要产物;

(2) 纳米结构,包括纳米表面和纳米晶体。

为了制备各种纳米材料,人们积极开发新技术,如以核燃料循环(NFC)的技术作为基础,其中主要是气体火焰和等离子体法材料生产工艺,包括物理气相沉积工艺(PVD)和化学气相沉积(CVD)工艺。然而,仅有这些仍然不够:在连续运行模式下使用气体火焰和等离子体技术时,必须向系统中引入新设备和新工艺,以控制颗粒的粒径和结构,并将纳米产物快速从气相中分离出来,防止纳米颗粒的特性变差。这些设备和工艺都是与核燃料循环有关的科学与工业领域高技术发展的副产品。

在核燃料循环中,最重要的是核燃料生产与回收中的氟化技术,特别是在常规条件下生产核级挥发性的 UF_6,并使用精馏和吸附精制到所需的纯度。此外,在富集了铀-235 同位素之后,由 UF_6 可以制备其他核材料:金属铀,铀的氧化物、碳化物和氮化物等。通过类比 UF_6,使用相同的合成与精制技术,可以得到 Cr、Mo、W、Te、Re、Np、Ru、Os、Pu、Rh、Ir 等金属的六氟化物。许多重元素,如 Nb 和 Ta,可以形成较易挥发的五氟化物(NbF_5、TaF_5);在工业上,升华并用管道输送四氟化锆(ZrF_4)和四氟化铪(HfF_4)的技术已经开发出来。许多金属(W、Mo、Cr、Zr 等)及其化合物(如碳化物)已经用于化学或物理气相沉积生产硬质合金、复合材料和各种各样的纳米结构。

因此,在确定和实施制备超纯纳米分散材料的新项目时,应当至少考虑两个领域的发展:

(1) 基于氟化和等离子体技术生产纳米材料以及利用这些材料生产块体制品(compact product)的新科学技术基础;

(2) 基于氟化和激光技术生产纳米金属和陶瓷产品的新科学技术基础。

基于前面所述的内容,本章将分析纳米材料生产的新科学技术基础,并讨论以下问题:

(1) 生产纳米材料的原材料特性——元素周期表中第 IVB-VIII 族金属的挥发性氟化物。

(2) 在核燃料循环中建立的利用挥发性氟化物生产超细材料(含纳米材料)的技术基础及特征。

(3) 控制纳米材料粒径并降低其向工艺设备壁黏附的新设备——气体动力学喷嘴。

(4) 解决纳米材料与气相分离,并防止纳米材料在反应器出口性能变差的新设备——基于各向异性烧结金属的过滤器。

(5) 使用核燃料循环的氟化技术生产钨、碳化钨等的纳米粉末。

(6) 等离子体与压制和烧结相结合利用纳米材料生产块体制品。

(7) 氟化-激光技术生长纳米结构——基础单元的成品。

(8) 基于氟化、火焰、等离子体和激光技术,在纳米技术与纳米材料领域的研发计划。

16.1 制备纳米材料的氟化物原料的特性

在元素周期表中,IVB-VIIB 和 VIII 族的金属元素(表 16.1)可以形成较易挥发和挥发性更强的氟化物:VIB-VIIB 和 VIII 族的金属元素(Cr、Mo、W、U、Re、Np、Pu 等)能够形成挥发性六氟化物(hexafluorides),VB 族金属元素(V、Nb、Ta)可以形成五氟化物,IVB 族金属(Zr、Hf)可以形成较易挥发的四氟化物。除上述高价态氟化物之外,这些金属还可以形成低挥发和弱挥发的氟化物。在研发乏燃料氟化后处理技术的过程中,这些金属氟化物挥发性之间的差异根据具体情况适时采用。

表 16.1 元素周期表中能够形成易挥发和较易挥发的四氟化物、五氟化物和六氟化物的金属元素①

周期	价电子	元素周期表中的位置及种类						
		IVB	VB	VIB	VIIB	VIII		
4	3d	^{22}Ti 47.90	^{23}V 50.942	^{24}Cr 51.996				
5	4d	^{40}Zr 91.22	^{41}Nb 92.906	^{42}Mo 95.94	^{43}Tc 99	^{44}Ru 101.07	^{45}Rh 102.905	^{46}Pd 106.4
6	5d	^{72}Hf 178.49	^{73}Ta 180.943	^{74}W 183.85	^{75}Re 186.2	^{76}Os 190.2	^{77}Ir 192.2	^{78}Pt 195.09
7	5f			^{92}U 238.03	^{93}Np (237)	^{94}Pu (244)	^{95}Am (243)	

①一些第 VIII 族金属的六氟化物尚未合成

对于表 16.1 中的金属元素,其氟化物的性质在核燃料循环氟化技术开发过程中都得到了研究[2,3];其中,Cr、Mo、U、Pu、Re 和 Nb 的六氟化物,Ta 的五氟化物,Zr 和 Hf 的四氟化物,都在核燃料循环的不同阶段作为原料生产各种金属和化合物。作为一个例子,表 16.2 列出了在元素周期表中 VB-VIII 族金属元素的高价氟化物得到较为深入研究的一些物理性质,表明这些氟化物的合成和应用条件,尤其是氢气还原法得到这些金属的条件。以这些和其他挥发性氟化物为原料,通过精馏或吸附精制等方法可以去除其中的杂质,这些技术在核燃料循环领域已经发展成熟。

表 16.2 某些重金属氟化物的物理性质

性质 \ 氟化物	MoF_6	WF_6	ReF_6	UF_6	PuF_6	NbF_5	TaF_5
熔点/℃	16.6	2.0	18.5	64.02	51.95	79.5	97.0
沸点/℃	33.9	16.3	33.7	75	62.16	234.5	229.2
p_{300K}/atm	0.97	1.4	7.7	0.392	0.275	0.00014	0.000147
p_{350K}/atm	3.737	6.15	38.1	2.16	1.58	0.0031	0.0033

（续）

性质＼氟化物	MoF_6	WF_6	ReF_6	UF_6	PuF_6	NbF_5	TaF_5
p_{500K}/atm						0.81	0.906
$\Delta H_f^o/(kJ \cdot mol^{-1})$	-1585.7	-1721.51	-1134.4	-2148.649	-1753.1	-1750.59	-1777.01
$S_{298}^o/(J \cdot (mol\ K)^{-1})$	352.88	353.21	353.72	376.545	389.6	323.37	346.87
T_0^*/K	**	≈250	**	***	***	1568.6	1734.8

注：* H_2与氟化物开始发生还原反应的热力学温度；
** 在常规条件下，该反应无热力学限制；
*** 不会被H_2还原，因为在MeF_6-Me体系中存在低挥发性氟化物

表16.1和表16.2中的大多数挥发性金属氟化物的合成，都可以使用核燃料循环领域开发的、用于制备UF_6的火焰反应器实现[4]；后者通过在气相对UF_4或U_3O_8氟化而得到。UF_6的合成由强放热（燃烧）反应描述：

$$1/3(U_3O_8)_d + 3(F_2)_g \longrightarrow (UF_6)_g + 4/3(O_2)_g, \Delta H = -1740.7kJ \tag{16.1}$$

表16.2所示的其他挥发性氟化物的大规模合成与上述反应类似，通常使用具有一定分散性的金属氧化物粉末作为原料（更多细节参见文献[4]）。如有必要，在合成之后可以对得到氟化物进行精馏或吸附精制。挥发性氟化物材料的储存和运输使用安装了截止阀的耐腐蚀合金专用容器。

16.2 超细粉末、涂层及制品的现有制备工艺和产物

在过去几十年中，用于生产细分散材料（粉末冶金原料）的气体火焰技术、后来的等离子体技术，以及形成各种涂层和结构的气相沉积技术（化学气相沉积）已经开发出来。

在利用等离子体和气体火焰法制备超细粉末的过程中，金属或陶瓷产物的冷凝在系统高过饱和的条件下进行；过饱和的消失主要通过凝结形成结核实现，难熔化合物的颗粒尺寸为10^{-7}m甚至更小，即使不对产物进行强制冷凝。在这些过程中，通入反应器的原料是气体或者被转化成气态[4,5]。在核燃料循环中，在中试规模上实现了几种以氟化物为原料制备粉末的等离子体工艺，这些过程可以用如下总方程式描述：

$$(UF_6)_q + 3(H-OH) - plasma \longrightarrow 1/3(U_3O_8)_d + 6(HF)_g + 1/6(O_2)_g \tag{16.2}$$

$$(UF_6)_g + (H_2) - plasma \longrightarrow (UF_4)_d + 2(HF)_g \tag{16.3}$$

$$(SiF_4)_g + 2(H - OH) - plasma \longrightarrow (SiO_2)_d + 4(HF)_g \tag{16.4}$$

上述反应的产物是分散和超分散材料,尤其是铀的氧化物和氟化物以及SiO_2。整个工艺过程从原料输入到废气净化都由仪表监控,但是并不直接适用于生产粒径大于或等于1nm的颗粒。为了生产尺度可控的纳米材料,并且将它们从高温两相流中定量地分离出来,必须引入新的工艺和设备。下面首先分析一些在核燃料循环中较早开发出来的基础技术,这些技术可以作为相应纳米材料制备的原型。

16.2.1 等离子体转换贫化 UF_6

作为一个例子,考虑式(16.2)描述的过程——贫化UF_6的转化:贫化UF_6与水蒸气等离子体按照化学计量比反应,产物为U_3O_8、气态HF和O_2。该过程的详细描述可以参见第11章,中试装置的总体方案如图11.5所示。

水蒸气等离子体发生器包括等离子体炬和等离子体炬电源。在等离子体炬下方是被冷却的等离子体反应器。UF_6在压缩机作用下从置于蒸发器内的储罐中通入反应器,并与水蒸气等离子体发生混合。在等离子体反应器下面是UF_6转化产物的接收装置,再向下是电动螺旋输送机,将产物卸载到容器中。粉末与气相产物分离系统包括金属网过滤器和烧结金属过滤器。工艺流程还包括氟化氢冷凝器和氢氟酸收集容器。

系统启动之后,首先在等离子体炬中产生稳定的水蒸气等离子体。UF_6从等离子体反应器入口通入水蒸气等离子体中,发生反应(式(16.2))。在等离子体反应器的出口处,U_3O_8发生冷凝形成粉末卸载到接收料斗。反应器排放的气体经过过滤器之后净化其中的粉末。浓缩氢氟酸在冷凝器中冷凝。氢氟酸储罐外部安装有加热器,作为理论塔板数为1的精馏塔运行;精馏塔收集了40%HF+60%H_2O的共沸物,气态HF与氧气的混合气被输送到铀生产工厂的HF回收系统。

水蒸气等离子体转化SiF_4的中试装置在原理上与转化UF_6的类似;该中试装置参见图8.26,转化过程用总方程式(16.4)描述。

在氢等离子体还原UF_6生产铀的中试装置中,设备和工艺方案也由相同的要素组成(图11.27),但在这种情形中高频电源和感应器与负载耦合。安装在感应器中的等离子体炬由绝缘外壳及其中的分瓣式水冷铜腔室构成;这样的腔室实际上对感应器产生的电磁能是透明的。在金属-电介质等离子体炬的顶部设置了一个喷嘴,通入等离子体形成气体(H_2-Ar);具有径向通道的等离子体反应器安装在等离子体炬下方,UF_6通过径向通道通入H-Ar等离子体中。在反应器下面连续安装了几个容器,接收 H_2 还原 UF_6 的产物;接收容器出口设置了金属网过滤器。沿工艺路线向下游,依次设置了气态 HF 吸收器、真空泵和氢氟酸储存容器。

所有工艺容器均经过密封处理,其内部压强可以在很宽的范围内调节(从大气压到的真空(0.001atm))。

等离子体反应器的几何尺寸基于计算机模拟结果确定。反应器上安装了一个在第 4、5、10、11 和 12 章中呈现的等离子体系统上从未使用过的新部件:反应器下部呈拉瓦尔喷嘴结构(图 11.27 未示出),用于快速冷却 UF_6 还原产物以引发 UF_4 在料斗中凝结,防止其接触接收料斗壁并在壁上发生冷凝。

这套等离子体系统和其他系统[6]获得的细分散产物含有纳米级别的颗粒,并且对于高熔点材料(W、Ta 等)存在分散性提高的现象。众所周知,对于相对分子质量较大的物质,经过等离子体处理后形成的颗粒的粒径更小,这也是蒸气压较低的物质的特征,其开始冷凝的温度也相应较高。减小颗粒的粒径可以通过如下途径实现:降低气相中物质分子的浓度,或者提高蒸气的冷却速率。在氢等离子体中通过还原反应合成其他金属及其化合物粉末时,确定了粉末的比表面积和粒度。金属氯化物和甲烷作为反应物[6]时,表 16.3 中给出了得到的粉末的特性。

表 16.3 等离子体粉末的比表面积 S、分布参数 σ、平均粒径 d_{50} 和形状因子 f

材料	比表面积/(m^2/g)	σ	d_{50}/Å	f
TaC	26.1	0.42	185	1.8
NbC	22.8	0.49	160	0.8
TiC	8.7	0.81	290	1.1
TaN	14.5	0.48	240	1.5
W	9.5	0.56	200	1.3

粉末分散性的离散度不是特别显著,这与等离子体粉末的相对分散度的概念一致。形状因子定义为比表面积的测量值与计算值之比,表示特征粒度与等效球的平均直径的近似程度。显然,球形凝结是等离子体处理过程的特征,包括从液态到固态在内的相变速率极高,颗粒没有足够的时间形成典型的晶体状态。当对气相进行较慢冷却时,就会形成完美程度不一的结晶形态。

使用扫描电子显微镜确定了颗粒形状、表面状态、颗粒之间以及在 0.3~1μm 范围内由 8~10 个颗粒组成的聚集体的界面。当用透射电子显微镜拍摄时,将粉末超声分散在乙醇中以实现解聚。单个颗粒和聚集体分散性的增加导致大多数确定粒度分布的方法均不适用。光学显微镜不适用于尺寸小于

0.5μm 的颗粒。在半透明状态下使用电子显微镜观察则需要制备切片。对于超分散材料而言,其主要特征是比表面积利用低温吸附法测定,平均有效尺寸值根据比表面积计算得到。对于钨粉,当比表面积为 $8\sim10m^2/g$ 时,对应的平均有效直径为 0.03~0.05μm,与电子衍射测量的结果一致。

16.2.2 基于气体火焰法氢气还原 WF_6 制备超细钨粉

在苏联时期,氢气还原 WF_6 的工艺就已经开发出来,生产高纯度、具有特定性能的钨粉,用于加工成制品和各种用途的涂料[7]。气态 WF_6 与氢气相互作用的原理由如下方程描述:

$$WF_6(g) + 3H_2(g) \longrightarrow W(s) + 6HF(g) \tag{16.5}$$

式(16.5)描述的吸热反应的焓变约为 522.5kJ/mol,但是由于正熵变较大,因而在接近室温的温度下该过程在热力学上就有可能发生(图 16.1)。在大气压下,对于按照化学计量比的组分,当温度高于 600℃时 WF_6 转化成金属的平衡转化率接近于 1。通入 3 倍过量的氢气可以在 300℃下实现同样的效果。提高压强并用 HF 稀释初始混合物,还原反应中反应物的转化率稍微有所变化。

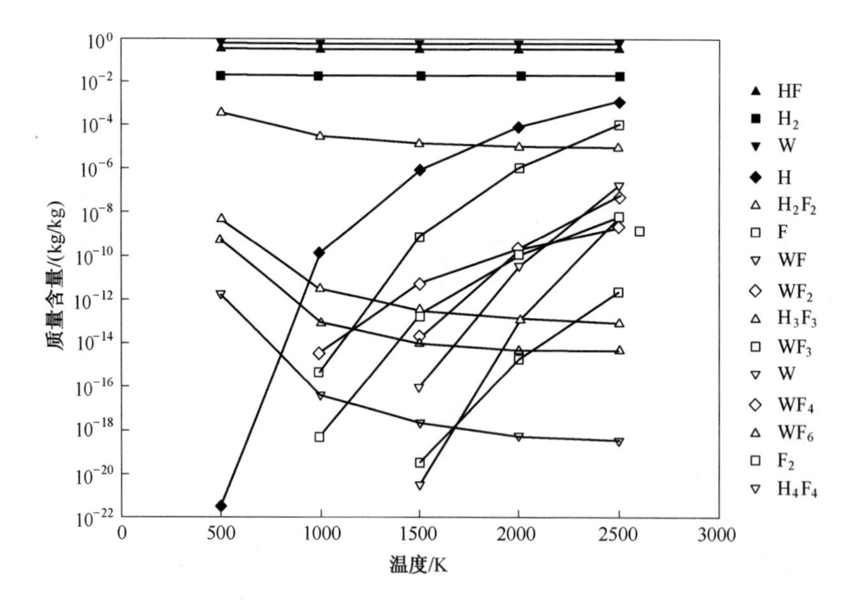

图 16.1 在 $p=1atm$ 下 H_2 还原 WF_6 制备钨的成分—温度关系

氢气还原法制备钨粉及其最接近类似物(Mo 和 Re)粉末的研究在气体火焰反应器中进行[7]:在氢气过量的氟-氢火焰中通过还原相应金属的六氟化物得到 W、Mo、Re 细粉及其合金。氟氢火焰的温度高于 1400℃。图 16.2 为实施该过程的装置:(圆筒形)反应器具有顶盖 2 和锥形底部 9,底部与管道 10 连接,可以对反应产物取样。反应器顶盖中心安装有喷嘴 5,该喷嘴由同心双层套管构成,内侧是进料管 4。气体混合物通过管 3、4 和环形间隙 6 通入反应器中。过量的氢气通过管 8 排出,产物颗粒捕集在烧结金属过滤器中。反应器由环管 7 冷却,环管中通过循环水。积累在反应器下部的产物通过管 10 和卸料阀 11 定期卸出。

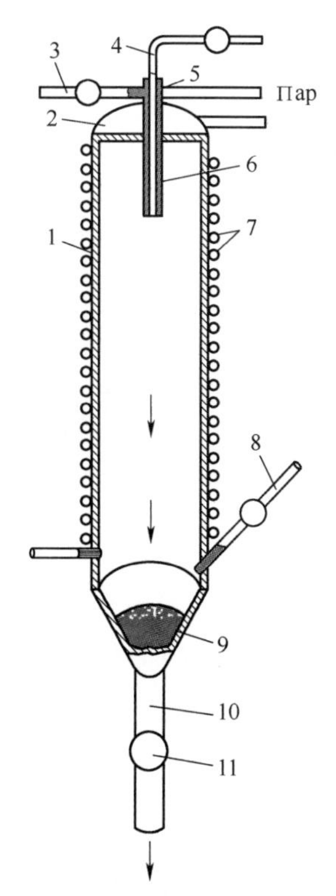

图 16.2 在氟-氢火焰中还原 WF_6 制备钨粉的装置示意图

1—反应器;2—反应器顶盖;3,4—反应物进料管;5—喷嘴;6—环形间隙;
7—冷却环管;8,10—过量氢气和产物排放管;9—反应器底;11—卸料阀。

WF_6 与 H_2 在火焰反应区发生还原反应,形成在空气中稳定的粉末,粒径为 1~1.6μm,比表面积为 1.6~6.32m^2/g;若将 WF_6 与 F_2 通入反应区,则形成粒径小于 0.1μm、比表面积为 8~14m^2/g 的可自燃粉末。粉末中的氟含量(质量分数)通常为 0.03%~0.05%。为了除去氟,需要在 540℃下用 H_2 处理粉末。粉末的高比表面积有助于改善其可烧结性。

在氟-氢火焰中还原 MoF_6 时,得到的钼粉的纯度接近于钨粉。

当同时还原 W、Mo 和 Re 的六氟化物时,形成的是单相合金粉末,其组分含量对应于在初始六氟化物混合物中的比例。对于含铼25%(质量分数)的钨合金粉,在550℃的氢气气氛中热处理24h,残余的氟含量降低到0.001%(质量分数)。热处理温度升高至925℃,可以形成自燃粉末。在1150~1250℃的温度下,粉末的比表面积在2h内下降到1.2~1.8m^2/g。

从火焰反应中得到的(W-Re)合金粉末,在1800℃下压制烧结4h,产物的密度可以达到理论值的97%。在相同的烧结时间内将烧结温度提高到2200℃,产物的密度增加到理论值的98.6%。

16.2.3 基于气体火焰法氢气还原WF_6在受热表面上沉积钨涂层及形成制品(热化学气相沉积(TCVD))

该工艺是下面将要讨论的纳米技术的原型之一,在图16.3所示的反应器[7]中进行。基材2位于管式反应器1的轴线上,由导电棒4限位并被电流加热。基材2的温度由热电偶5测量。WF_6与H_2的混合气通过分配器3通入反应器中,并通过同一部件排出。基材与反应器冷壁之间存在温度差,因而在反应器中出现对流,如图16.3中的箭头所示。气体对流被反应器壁压缩,增大了反应混合物的流速,使钨在被加热基材上沉积的速率趋于稳定。这个过程的机制取决于以下三个阶段:

(1) 将混合气从反应器空间输送到被加热表面上,并将产物输送到气体空间内。这是一个向外扩散的反应过程,该过程的速率由流体力学因素决定。

(2) 反应物和产物穿过相界(实际扩散区)附近通常固定的气体层的扩散过程。这些过程的速率取决于物理因素(分子的质量、大小和形状)和表面层的厚度,后者取决于设备的表面粗糙度和气体的流体动力学特性。

(3) 反应物分子吸附到基材表面上,然后发生化学反应和产物解吸(动力学响应阶段)。

这个过程的特殊性在受到第三阶段约束时表现得最显著。在恒定温度下,钨沉积的速率随着气体混合物中WF_6分压的增大而增大;到达一定值(给定温度下的最大值)后,沉积速率随着气体混合物中WF_6含量的进一步增加而降低。WF_6与H_2分子间相互作用可能通过如下三种方式进行:

(1) 吸附在基材表面上的WF_6分子被来自气相的氢分子轰击。

(2) 吸附的氢气(分子或原子)被来自气相的WF_6分子轰击。

(3) WF_6和H_2分子解离的产物在基材表面发生相互作用。

根据方程式(16.5),钨按照第一种方式从WF_6和H_2两种组分中还原出来,HF与W的反应几乎不存在。文献[7]基于质量作用定律和朗缪尔吸附理论,总结了对所有三个阶段的化学反应动力学方程,见表16.4。

在分析表16.4中的方程时,需要注意钨沉积速率与系统总压强的关系存在

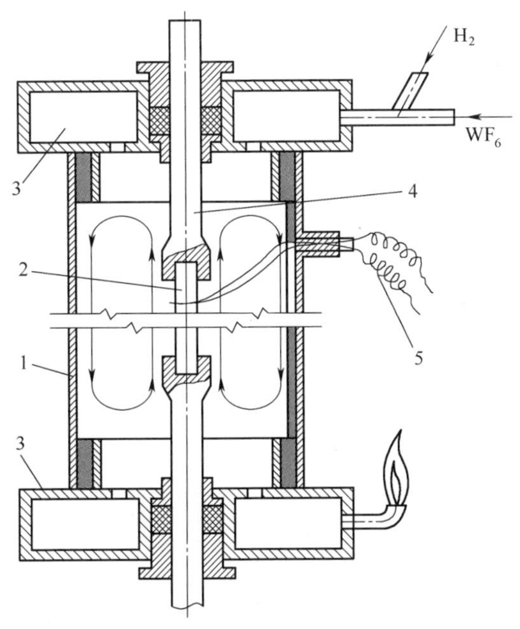

图 16.3 基于 TCVD 工艺从 WF_6中还原钨并沉积在基材表面的设备示意图

1—管式反应器;2—基材;3—通入 WF_6与 H_2混合气的分配器;4—导电棒;5—热电偶。

两种极限情况。在低气压下,当反应式(16.5)的组分存在分子吸附情况时,沉积速率正比于压强的平方 p^2,当氢被吸附的同时存在解离时正比于 $p^{2/3}$,这一结论与不同实验获得的数据都符合得很好。在高气压下,在其中一种反应组分被吸附的情况下,沉积速率与压强成比例,并且与被吸附分子之间相互作用的压强无关。

表 16.4 分析 WF_6分子与 H_2分子相互作用过程的化学动力学方程

WF_6分子与氢相互作用的方式		第一种方式 W 的沉积速率 v_1	第二种方式		第三种方式 W 的沉积速率 v_3	实验数据
			氢分子吸附时 W 的沉积速率 v_2	氢原子吸附时 W 的沉积速率 v_2		
化学反应动力学方程(T=常数)		$\frac{K_1 p N_{WF_6} N_{H_2}}{1/p + A_{WF_6} N_{WF_6}}$	$\frac{K_2 p N_{WF_6} N_{H_2}}{1/p + A_{H_2} N_{H_2}}$	$\frac{K_2 p N_{WF_6} \sqrt{N_{H_2}}}{1/p + A_{WF_6} \sqrt{N_{H_2}}}$	$\frac{K_3 p N_{WF_6} N_{H_2}}{1/p + A_{WF_6} N_{WF_6} + A_{H_2} N_{H_2}}$	
沉积速率与压强的关系	低气压	$\approx p^2$	$\approx p^2$	$\approx p^{2/3}$	$\approx p^2$	$\approx p^2$
	高气压	$\approx p$	$\approx p$	$\approx p$	$\approx p^2$	$\approx p^2$
p=常数和 T=常数时沉积速率最大的位置		$N_{WF_6}<0.5$	$N_{WF_6}>0.5$	$N_{WF_6}>0.67$	$N_{WF_6}=0\sim15$	$N_{WF_6}<0.5$

在第一阶段竞争中幸存下来的取向晶体继续生长，只是在横向稍有变化。新结晶中心很少出现成核，侧向晶界几乎垂直于沉积表面。因此，最终形成了具有柱状结构、高密度和特定生长结构的沉积层。

16.2.4 由 WF_6 制备碳化钨粉末

为了使用 WF_6 生产 WC 粉末，一种特殊反应系统被设计出来，其结构如图 16.4 所示[7]。该反应系统包括石墨反应器 8、混合器 1、喷嘴 2、保护壳 9、加热感应器 10。喷嘴 2 采用铜管，进料管 4 焊接在喷嘴内，产物出料管 6 向上穿过石墨盖 5。喷嘴下部由石墨塞 7 支撑，并强化对碳化钨粉末的捕集。反应器中的温度由热电偶 3 监测。反应器的运行工艺参数如下：

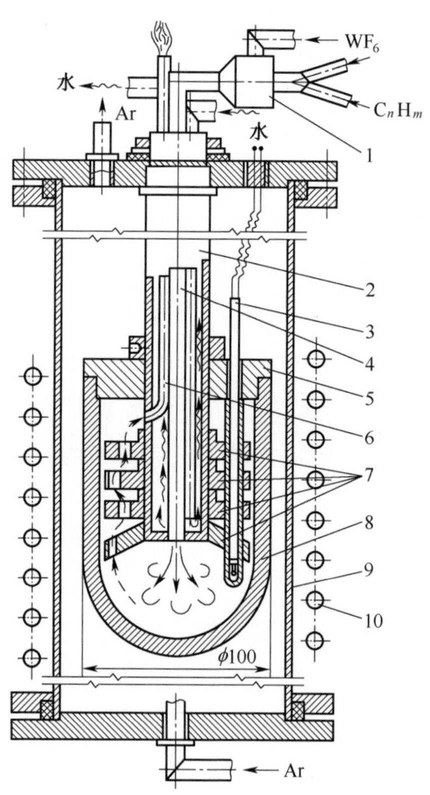

图 16.4 在氢-烃介质中转化 WF_6 生产碳化钨的装置示意图

1—混合器；2—喷嘴；3—热电偶；4—进料管；5—反应器的石墨盖；6—产物出料管；7—石墨塞；8—石墨反应器；9—保护壳；10—加热感应器。

（1）反应器内的温度：(850±25)℃。

（2）WF_6 流量：(90±5)g/h。

(3) H_2流量:(80±5)L/h。

(4) CH_4流量:(7.5±0.5)L/h。

(5) 混合物中起始反应物的摩尔比:WF_6 : H_2 : CH_4 = 1 : 10 : 1.1

得到的碳化钨粉末的密度为 5.7g/cm^3,粒径为 0.1~0.8μm。颗粒的形状近似于球形。粉末中氟的质量分数为 0.085%,经真空退火后降至 0.011%。

16.3 基于气体火焰法和等离子体法大规模生产纳米粉末的新设备

为了将核燃料循环领域开发的超细粉末生产技术应用于纳米材料和制品的制备,有必要在技术方案中引入新型设备,尤其是调节颗粒大小的气体动力喷嘴和在过滤状态工作并具有过滤表面强制再生功能的新型烧结金属过滤器。

16.3.1 利用气体动力学喷嘴控制颗粒大小并降低对设备壁面的黏附

在火焰法和等离子体法从气相制备粉末材料的过程中,颗粒形成于化学反应及相关的物理过程,如成核、聚结和凝聚(图 16.5)。颗粒粒度的范围,即粒度

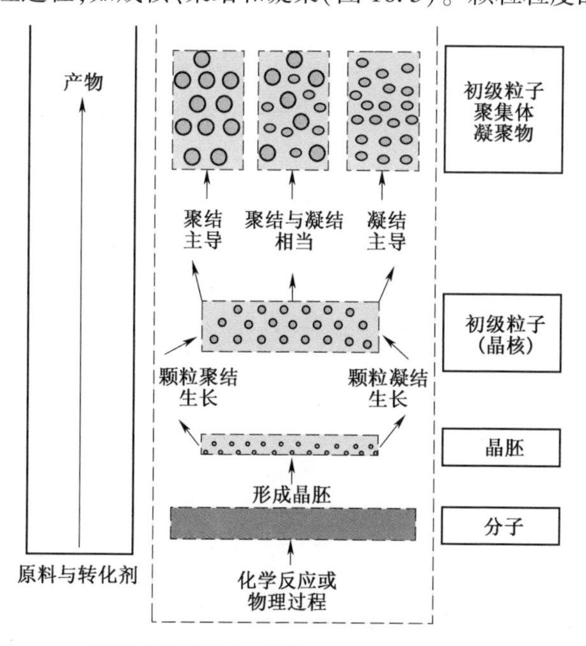

图 16.5 颗粒产物从气相形成和生长的高温物理化学过程

分布从几纳米到几微米。颗粒大小和粒度分布取决于凝结、原子或分子在基材表面上的沉积以及聚结等。另外,为了抑制或限制聚结,有必要在成核阶段设置散热环节以缩短颗粒在高温区停留的时间,如采用冷气流稀释高温气流。更高的冷却速率可以基于气流通过超声速喷嘴来实现,使凝聚相成核并快速冷凝,为工业规模生产纳米粉末提供了可能。

尽管喷嘴急冷技术已经实现了零星应用[4,5],特别在降低化学反应产物对反应器壁的黏附方面,但借此控制产物的化学组成、相组成和粒度分布等在工艺上还没有得到广泛实现。因此,首先简要地回顾这项技术的基本原理。

反应完成后,在火焰反应器或等离子体反应器的出口,使化学反应过程中在分子水平上合成的高熔点产物通过气体动力学喷嘴(极限情况是超声速喷嘴,即拉瓦尔喷嘴),可以将产物混合物的温度从1000~2500℃(或以上)降低到200~100℃(甚至更低),降温速率达10^6~10^9K/s,从而使粉末产物凝聚,形成晶核。拉瓦尔喷嘴是结合了收缩与扩张结构的喷嘴(见图16.6)。根据质量守恒定律,一定量的气体在通过喷嘴通道的任何横截面时:

$$G = S \cdot \rho \cdot w = 常数 \tag{16.6}$$

式中:S为通道的横截面积,ρ为介质的密度,w为流速。

对于不可压缩气体,为了增大w,必须减小S。喷嘴的收缩部分是亚声速喷嘴。在这样的喷嘴中,气流速度w随着p_0/p_a的增大而增大,但是在没有达到数值p_0/p_{cr}的情况下,速度w不会超过局部声速(a)。在收缩段之后的喷嘴扩张段,气流向超声速状态过渡。

当介质表现出可压缩性并逐渐增大时,在流动方向上p的值逐渐减小,式(16.6)取决于在w增大时p减小的速率。当$w>a$时,p减小的速率比w增大的速率快,因此,在喷嘴的超声速部分需要增大S。为了在拉瓦尔喷嘴的出口获得超声速气流,压强比p_0/p_{cr}和面积比S_e/S_{cr}与马赫数(w/a)必须具备一定的关系。这种关系在绝热膨胀下可用如下表达式描述:

$$p_0/p_e = [1 - Ma^2(k-1)/2]^{k/(k-1)} \tag{16.7}$$

$$S_e/S_{cr} = [1 + (k-1)/2]^{(k+1)/2(k-1)} / [Ma(k+1)/2]^{(k+1)/2(k-1)} \tag{16.8}$$

式中:$k = c_p/c_v$是绝热指数,c_p和c_v分别为比定压热容和比定热容。

局部声速通过以下关系确定:

$$a = (kRT)^{0.5} \tag{16.9}$$

喷嘴的几何参数和热力学参数(压强、密度和温度)与马赫数之间的关系由下式描述:

$$S_e/S_0 = Ma\{[2 + (k-1)Ma^2]/(k+1)\}^{k/2(k-1)} \tag{16.10}$$

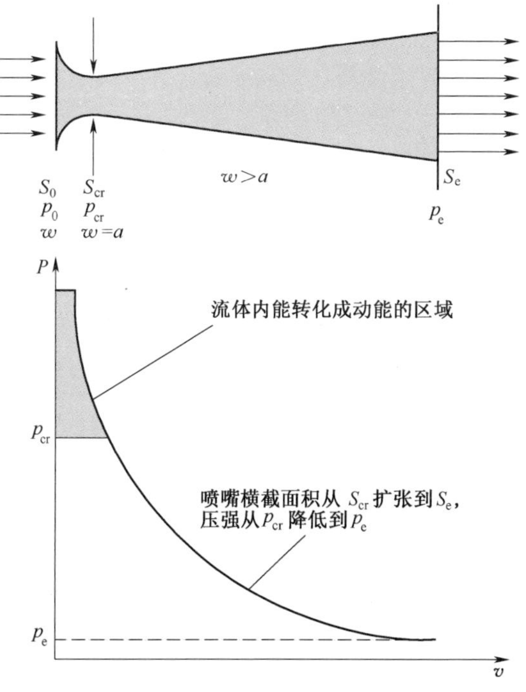

图 16.6　拉瓦尔喷嘴示意图及其特性

p_0—喷嘴入口处的压强；p_{cr}—喷嘴收缩段的压强；p_e—喷嘴出口的环境压强；
w—气体流速；a—局部声速；S_{cr}—临界横截面积；S_e—喷嘴出口的横截面积。

$$T/T_0 = 2/[2 + (k-1)]Ma^2 \tag{16.11}$$

$$\rho/\rho_0 = \{2/[2 + (k-1)Ma^2]\}^{1/(k-1)} \tag{16.12}$$

$$p/p_0 = \{2/[2 + (k-1)Ma^2]\}^{k/(k-1)} \tag{16.13}$$

当高温气流通过喷嘴时，气流温度急剧下降，降温速率可表示为

$$\mathrm{d}T/\mathrm{d}\tau = (T_0 - T_e)/\tau \tag{16.14}$$

式中：T_0、T_e分别为喷嘴上、下游的温度；τ 为气流通过喷嘴所需的时间。

当气流温度下降时，不挥发成分的蒸气压达到过饱和，在一定的空间内发生冷凝。冷凝形成的分散相的温度下降到快速凝固的程度，从而降低了形成的颗粒在设备壁面上的黏附。

冷凝过程是放热的。超声速气流的放热会导致其减速，同时沿喷嘴长度方向的压强分布发生改变；如有必要，冷凝释放的热量可以通过喷嘴下游的热交换器导出。

16.3.2　喷嘴急冷对产物粒度和结构影响的实验结果

近来，随着纳米技术的发展，人们对喷嘴冷却技术的兴趣也日益增强。其中

一项研究[8]在哈瑙(德国)德固赛公司的试验台上进行。在该公司的火焰反应器(图 16.7)上开展了一系列实验[8],其中一项实验(图 16.7(b))的设备上集成了拉瓦尔喷嘴,其他实验(图 16.7(a))则使用(多个)套筒使反应器通道直径简单缩小。所使用的喷嘴的冷却速率比较低,为 5×10^3K/s 和 5×10^4K/s,压强比 $p_0/p_e\geqslant4$。实验目的显然是研究喷嘴的积极影响,包括对凝固、聚结和文献[8]中未提及的产物特性(颗粒大小、密度、光学特性、表面形貌)。

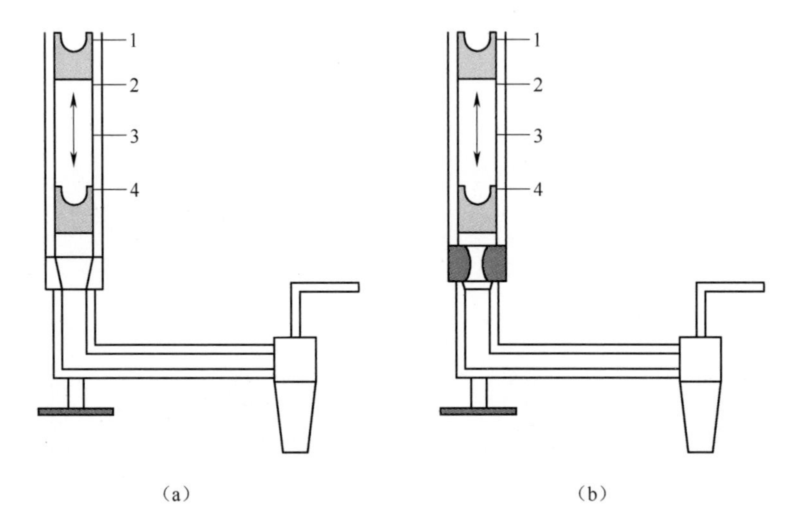

图 16.7　气体火焰反应器示意图[8]

(a)在燃烧器出口处通道简单变窄;(b)使用拉瓦尔喷嘴。

注:1、2、3、4 为气体火焰在反应器通道中的位置。

在收缩通道反应器和内置喷嘴反应器中制备了产物颗粒,对其结构差异进行了比较。实验得到了在喷嘴上、下游流体中提取到的颗粒的电子图像,分析结果表明,这些颗粒在喷嘴之前具有链状结构。通过喷嘴后,颗粒间的结构更加紧凑,链状结构消失了(图 16.8)。这些照片表明,与冷却速率较低的喷嘴相比,流体通过冷却速率较高的喷嘴之后,得到了数量更多的小聚集体(图 16.9)。此外,在较低冷却速率的喷嘴上获得的颗粒具有链状结构,类似于在收缩通道反应器上获得的产物。据估算[8],高冷却速率对所得到的颗粒的影响比较低冷却速率大 10 倍左右。使用不同前驱体进行的实验表明,颗粒的聚集程度不是取决于前驱体,而是喷嘴的参数和其中的流动状态。

除了文献[8]之外,文献[9]也使用了喷嘴冷却技术,以 10^7K/s 的降温速率对等离子体射流形成的产物进行急冷,获得 Ti、Mg 和 Al 的氢化物超细粉末,研究了对产物的化学组成和粒度分布的影响。

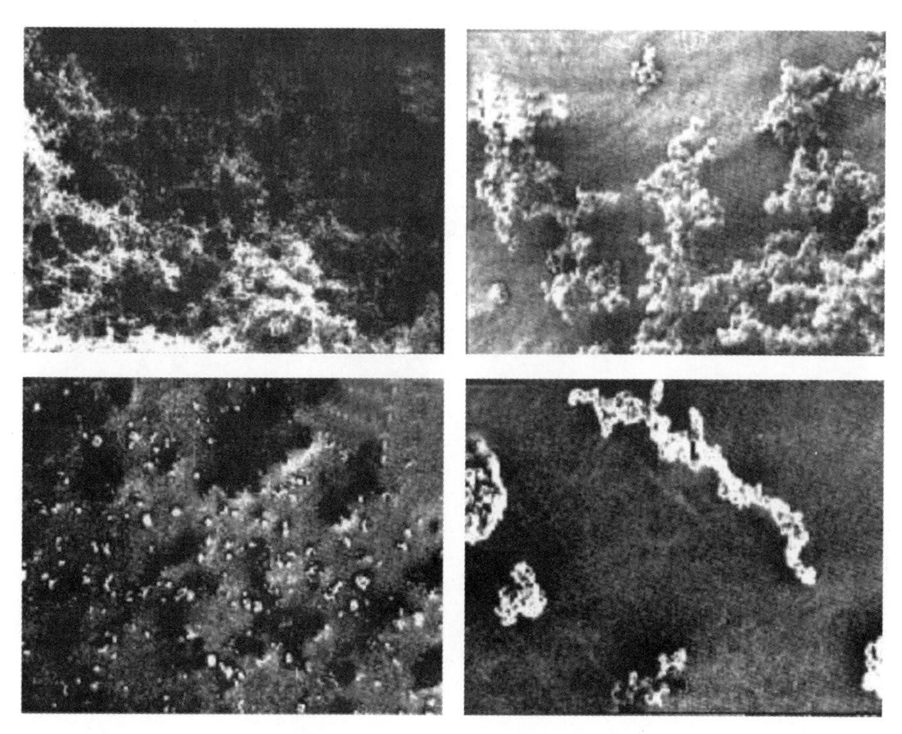

图 16.8 在火焰反应器(图 16.7(b))的喷嘴前、后从两相流中提取到的颗粒的电子图像比较(放大倍数不同)[8]

16.3.3 纳米产物与气相分离问题的解决:在反应器出口捕集纳米材料并防止其性能降低的方法

在工艺过程中,气态产物与颗粒产物的分离通过使用各种分离设备实现,包括沉降室、惯性和离心分离器、洗涤器、静电除尘器、袋式分离器、金属网和烧结金属过滤器等。在生产超细粉末的等离子体中试装置(见第 4、5、10、11 和 12 章)上获得的经验表明,颗粒物与气态产物的分离技术能够在很大程度上决定火焰和等离子体技术的生产效率。这些产物分离的细节在第 13 章中进行了讨论,表 13.2 列出了上述工业中最常见分离器的主要特征。

表 13.2 中的数据表明,捕集尺寸小于 5μm 的颗粒,尤其是 0.1~0.5μm 的颗粒,是一项复杂的技术问题。烧结金属过滤器在核燃料循环中得到了广泛应用。然而,这种过滤器由于孔的扩展、收缩而具有弯曲特性,确保过滤效率很高,但会导致过滤孔堵塞。尽管如此,烧结金属过滤器仍然是捕集颗粒状产物的最有效手段。通过应用新材料和新技术,烧结金属过滤器的缺陷逐渐被消除。

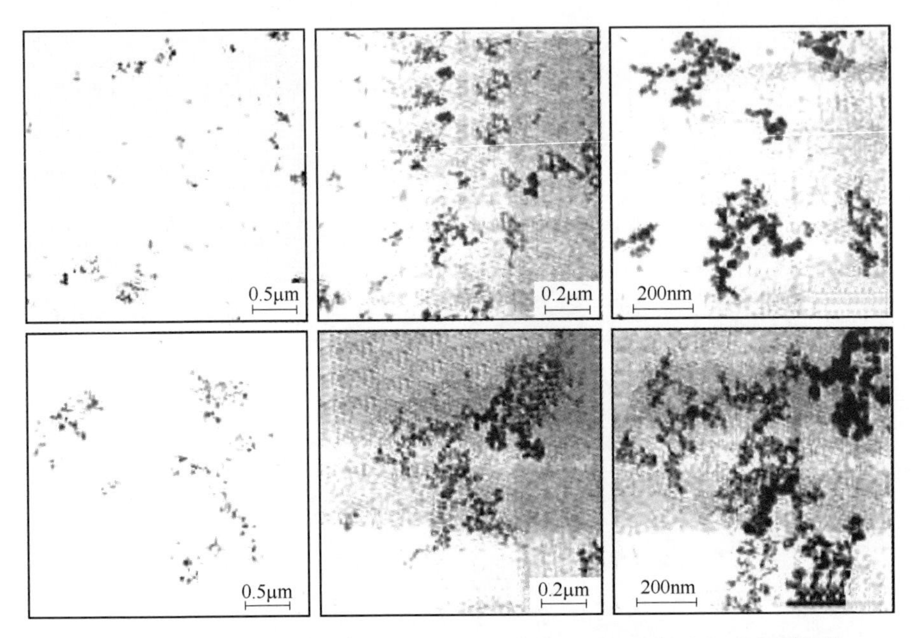

图 16.9 在火焰反应器(图 16.7(b))的喷嘴前、后从两相流中提取的颗粒的电子图像比较(急冷速率和放大倍数均不同)[8]

现代等离子体技术可以实现工业规模的纳米材料生产。问题在于如何将这些材料从等离子体工艺的流程中分离出来,即如何分离颗粒物与气态产物。然而,即使这种分离在技术上是可行的,问题仍然没有完全解决:将颗粒物从高温气流和其他影响因素中分离出来的过程必须足够快,以防止合成产物的特性变差,尤其是防止出现烧结现象。为了达到这个目的,具有各向异性结构的烧结金属过滤器由俄罗斯核燃料循环机构基于铀同位素扩散分离材料开发出来[10],包括基于镍和不锈钢的双层过滤器,并且过滤表面具有脉冲反吹再生功能。库尔恰托夫研究院研发的双层烧结金属过滤器的基材是具有高渗透性的粗多孔材料,在基材外表面沉积了细多孔过滤层(图 13.12)。这种过滤器可以用于等离子体工艺捕集超细粉末[11]。

在各向异性烧结金属过滤器中捕集和收集纳米粉末的方案如图 16.10 所示。该过滤器运行在过滤工况,配备了过滤表面脉冲反吹再生系统。实际上,烧结金属过滤器由如下部件构成:圆筒形滤芯 83,一端被密封固定在隔板 77 中。滤芯和隔板安装在密封壳体 78 中,隔板将过滤器分隔成尘区和净区。沿每个滤芯 83 的轴线,都安装一支穿过过滤器盖板 92 的喷嘴 91。喷嘴通过管线 90 与压缩气体储罐 87 相连接。储罐中充满从管道 84 经过阀门 85 输入过来的反吹气体。

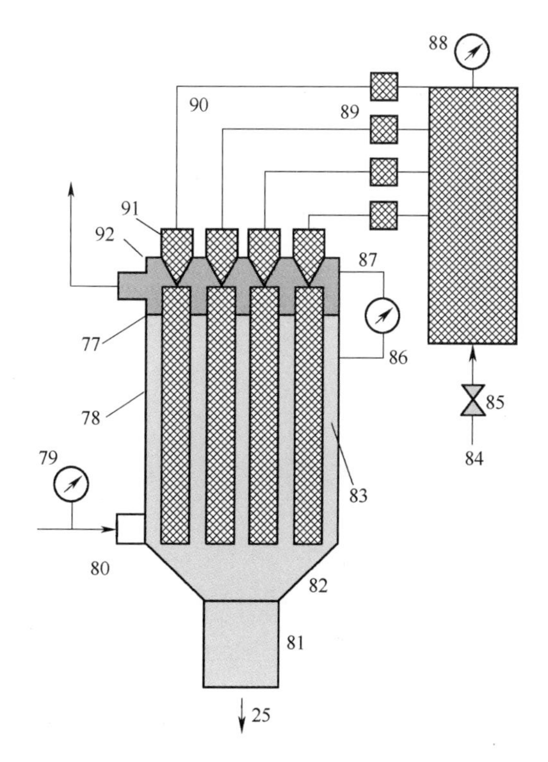

图 16.10 使用具有脉冲反吹再生功能的双层烧结金属过滤器捕集纳米粉末的方案

用于烧结金属过滤器过滤表面再生的气体,是分离出颗粒产物之后的洁净气体,因而不会向反应器中引入杂质导致产物的品质降低。从储气罐 87 通向各喷嘴 91 的压缩气体由电磁阀 89 控制,储气罐内的压强由压力表 88 测定。

随着滤芯外表面上的颗粒层厚度不断增大,其透气性逐渐降低。透气性的恢复通过气体反吹实现,反吹气体从储罐 87 通入喷嘴 91。含尘气流(气、固两相流)经过管道 80 通入过滤器,从外向内通过滤芯 83。反吹气体从滤芯内向外喷射,实现过滤表面再生。脉冲反吹主要使用的是净化后的气体(约 90%),因而储罐 87 中的气体消耗量仅占反吹气体的 10%左右。在脉冲反吹过程中,沉积的粉末从滤芯 83 的表面脱落,经过管道 81 输送到接收料斗中(箭头所指方向 25)。

滤芯再生单元包括电磁阀 89 和调节再生脉冲时间 t_p 的时间继电器(继电器在图 16.10 中未示出)。电磁阀交替工作,滤芯的再生时间间隔为 1s。过滤器中尘区与净区之间的压强差由压力表 86 测量,反吹气体储罐中的压强由压力表 88 测量,含尘气流管道中的压强由压力表 79 测量。净化后的气流 26 从烧结金属过滤器排出后通入吸收器。

过滤表面具有脉冲反吹再生功能的双层烧结金属过滤器不仅能够捕集纳米尺寸的粉末,而且能够防止气流在通过烧结金属过滤器滤芯外表面的过程中出现粉末品质变差的现象,因为产物不会滞留在过滤器表面上。

16.4 制备纳米钨粉的新方法:氢气或碳氢化合物还原 WF_6

从以上内容可以看出,基于已经掌握的技术,确信可以获得微米和亚微米粉末,包括钨和碳化钨粉末(1000~100nm)。为了开发具有一定化学组成、尺寸为100~5nm 并且粒度可控的纳米材料的制备技术,有必要使用上述在核燃料循环领域发展出的新技术,特别是 RRC KI 开发的技术,包括:以氟化物为原料,采用等离子体技术,利用喷嘴处理等离子体反应器产生的高温两相流,以及使用具有脉冲反吹再生功能的各向异性结构烧结金属过滤器分离产物等。

基于上述经验形成了利用 WF_6生产钨和碳化钨纳米粉末的中试方案。该方案采用了文献[4,5,12]介绍的等离子体转化和还原 UF_6的经验。不过,与原型工艺[7]不同的是,这里采用的不是含过量氢气的氟-氢火焰,而是使用等离子体来产生氢还原剂还原和转化 WF_6。

16.4.1 由 WF_6制备纳米钨粉的中试装置

图 16.11 是 H_2还原 WF_6制备纳米钨粉的中试装置方案。等离子体反应器 10 呈圆筒形,其上部为截锥形。反应器壁上安装了双层冷却夹套:外层夹套中的冷却介质是流动的水(温度较低),内层采用压缩空气,因此温度较高。这种设计方案可以对反应器壁进行被动保护,以免形成沉积物。

在反应器上部的锥形表面上,以 120°的间隔安装了 3 支电弧等离子体炬 2(图 16.11 示出其中 2 支)。等离子体炬由晶闸管整流器 1 供电,以氢气为工作气体。

在等离子体反应器顶盖的中心安装了喷嘴 3。容器 8 被加热器 9 加热后,其中的 WF_6通过阀门 7、管道 6、流量计 5 和喷嘴 3 通入等离子体反应器 10 中。WF_6在反应器中发生还原反应。

在反应器下方安装了以下设备:气体动力学喷嘴 12,用于冷却两相流;接收料斗 13,卸料螺旋 15 和管道 16,用于卸载反应生成的纳米钨粉。

在接收料斗上方是烧结金属过滤器 17。过滤器的内部空间被水平密封隔板 19 分割成两个区域,各向异性烧结金属制成的滤芯 18 穿过隔板安装在过滤器内。每支滤芯均配备有独立的反吹喷嘴 20(图 16.11 仅示出其中 1 支喷嘴)。

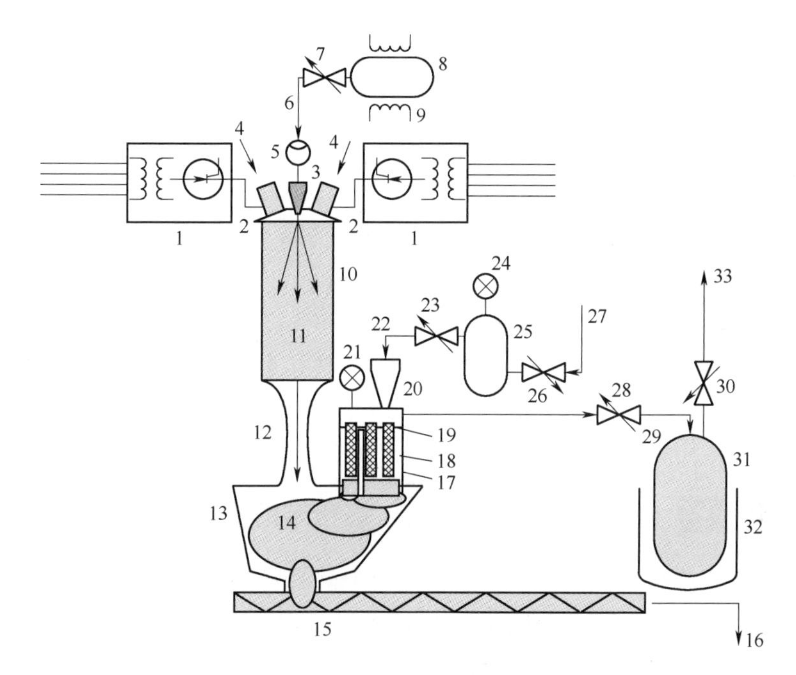

图 16.11 H_2还原 WF_6制备纳米钨粉的试验装置方案

1—晶闸管整流器;2—电弧等离子体炬;3—将 WF_6注入反应器的喷嘴;4—氢气管线;5—流量计;6—WF_6管线;7,23,26,28,30—阀门;8—WF_6储罐;9—加热器;10—等离子体反应器;11—钨还原区;12—气体动力学喷嘴;13—产物接收料斗;14—纳米粉末;15—卸料螺旋;16—卸载纳米钨粉;17—烧结金属过滤器;18—滤芯;19—烧结金属过滤器中的隔板;20—反吹喷嘴;21,24—压力表;22,27,29,33—管道;25—反吹气体储罐;31—捕集 HF 的容器;32—冷却器。

用于反吹的压缩气体来自装有两个阀门 23、26 的储罐 25。储罐中充满净化后的气体,由集气罐(图 16.10 未示出)经过管道 27 输送过来。过滤器和储罐中的压强分别由压力表 21、24 测量。

钨还原产物(HF,过量的 H_2)过滤了纳米粉末 14 之后,通过管道 29 和阀门 28 排入容器 31 中,被冷凝器 32 冷却到 HF 的熔点(-87.2℃)以下。过量的 H_2经过阀 30 从工厂通风系统通入燃烧器 33。

中试装置操作步骤:启动直流电源 1 为等离子体炬 2 供电,向等离子体炬中通入 H_2引发电弧放电;氢等离子体被通入反应器 10 中。预热 WF_6储罐 8,打开阀门 7 并通过管道 6 将 WF_6输送到反应器中。H_2等离子体与 WF_6在反应区 11 中混合,钨被还原。为了防止钨粉发生聚结,温度为 1500~2000℃的产物通过安装在反应器与接收料斗 13 之间的拉瓦尔喷嘴 12 实现急剧冷却;在喷嘴 12 的出口处,气、固两相流的温度降至 100~200℃。钨粉的冷却速率比气体慢,但是颗粒聚结减缓而凝聚增强,钨粉末的粒度分布范围接近 1~10nm。迄今为止,关于粉末粒径与拉瓦尔喷嘴中所需的急冷速率,人们还没有建立定量关系。

还原反应产生的粉末大部分由气流携带通入过滤器中,滤芯 18 安装在隔板 19 上。当滤芯工作在过滤状态时,所有粉末均被滞留在其外表面上。滤芯再生通过气流脉冲反吹实现,反吹气流从储罐 25 经过阀 23 和管道 22 通入每支滤芯的独立喷嘴 20。在进行脉冲反吹时,反吹气流(净化后的气体)通入喷嘴内侧,滤芯外表面的粉末被吹落,从而实现过滤表面的再生。再生单元的运行由一套专用电子系统控制,使滤芯连续、逐个再生。在过滤表面再生的过程中,滤芯外表面的钨粉被吹落到卸料螺旋 15 上,然后输送到容器中。在这种系统中,钨粉与过滤器表面接触的时间被尽可能缩短,与气体接触的时间更长,从而可以防止其品质变差。过滤器排出的气流经管道 29 通入被冷却的容器 31 中,在这里 HF 被冷凝下来。气流中的 H_2经过阀门 30 和管道 33 通入燃烧器。

16.4.2 由 WF_6制备纳米碳化钨粉末的中试装置

以 WF_6为原料制备纳米碳化钨粉末的中试装置如图 16.12 所示。其中,等离子体反应器 13 的结构与图 16.10 中的相同。在反应器上方安装一支氢气电弧等离子体炬 4,通过电缆 3 与直流电源 1 相连接;氢气经过管道 2 通入等离子体炬。在反应器 13 和等离子体炬 4 之间安装一个具有径向孔的法兰 5,用于向反应器中通入按照化学计量比的 WF_6与 CH_4的混合气;混合气由来自储罐 9 的 WF_6和储罐 11 的 CH_4经过混合器 7 之后形成。混合气的流量由流量计 6 测量。

等离子体反应器 13 与石墨管 14 密封连接(过渡法兰未示出)。石墨管放置在由电介质材料制成的密封壳 15 内,密封壳置于与高频电源 17 连接的感应器 16 中。在石墨管中,气流流速降低并且实现碳化钨的合成。

此外,在石墨管反应器下方安装了物流冷却喷嘴 18、粉末接收料斗 19、卸料螺旋 21,以及用于卸载纳米碳化钨粉末的管道 22。

在产物接收料斗 19 的顶盖上安装了烧结金属过滤器 23,过滤器空间被隔板 25 分隔成两部分。由各向异性烧结金属制成的滤芯 24 穿过隔板 25 安装在过滤器内。每支滤芯都配备了用于脉冲反吹再生的喷嘴 27(图 16.12 中仅示出 1 支喷嘴);储罐 31 的压缩气体作为反吹气体。储罐中的气体经过管道 33 从集气罐输送过来。过滤器和反吹气体储罐中的压强由压力表 26 和 30 测量。

WF_6与 CH_4反应的产物在过滤了纳米粉末之后得到的气体(氟化氢、氟化碳和剩余的氢气)经过阀门 34、管道 35 通入容器 36 中,被冷却至 HF 的熔点(-87.2℃)以下。剩余的氟化碳和过量的氢气经过阀 38 和管道 39 通入容器 41 中,由冷却器 40 的液氮冷却。剩余的氢气通过阀门 42 和管道 43 通入燃烧器。

气流中的粉末被滤芯 24 过滤下来;滤芯底部密封并固定在隔板 25 上。滤

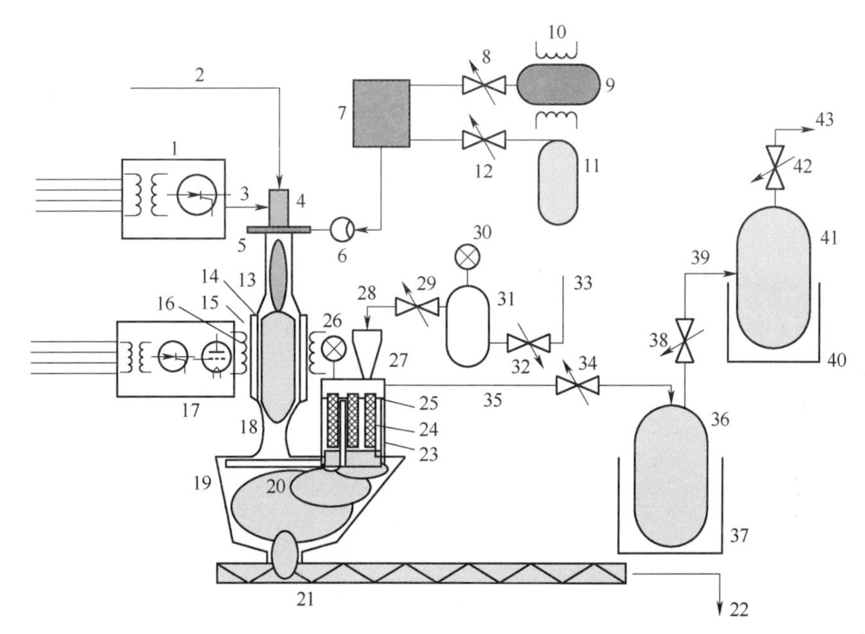

图 16.12 以 WF_6 为原料制备纳米碳化钨粉末的中试装置

1—直流电源;2—H_2 管道;3—等离子体炬电缆;4—等离子体炬;5—将 WF_6 输送到反应器的法兰及通道;6—流量计;7—混合器;8,12,29,32,34,38,42—阀门;9—WF_6 储罐;10—加热器;11—CH_4 储罐;13—等离子体反应器;14—石墨反应器;15—电介质材料壳体;16—感应器;17—高频电源;18—气体动力学喷嘴;19—接收料斗;20—产物沉积区;21—卸料螺旋;22—纳米碳化钨粉末卸料管;23—烧结金属过滤器;24—过滤器的滤芯;25—过滤器中的隔板;26,30—压力表;27—滤芯反吹喷嘴;28,33,35,39,43—管道;31—反吹气体储罐;36—氟化氢捕集容器;37,40—(液氮)冷却器;41—碳氟化物捕集容器。

芯表面的粉末由脉冲反吹气流吹落;反吹气体从储罐 31 通入每支滤芯的喷嘴 27 中。反吹气体从滤芯内部向外吹,实现过滤表面的再生(工作方式与图 16.11 相同)。

16.5 放电等离子体烧结纳米粉末制备块体材料

纳米粉末是制备块体材料的原料,后者的功能特性与粗晶类似物之间存在显著差异[13]。为了制备用作结构材料的纳米原料,人们使用了包括粉末冶金在内的多种方法。颗粒的大小、形貌和质地取决于制备纳米材料的工艺参数。随着晶粒尺寸的减小,界面(晶界和三叉晶界)的体积分数大幅增大,从而影响纳米材料的性能。当晶粒尺寸小于 10nm 时,三叉晶界的体积分数就显著增加。

纳米材料是通过粉末冶金生产制品的原材料。以粉末为原料通过粉末冶金生产制品的工艺主要包括压制、烧结等操作环节,以及相应的压制设备(水压或气压压力机)和高温烧结炉。如有必要,还可以进行其他操作,包括粉末的制备和活化、引入增强材料等。人们试图将粉末的压制和烧结结合起来,在这方面最成功的是放电等离子体烧结(SPS)技术。这项技术已经成功应用于以钨为原料生产超硬产品,因此该技术最适用于以钨和碳化钨纳米粉为原材料生产制品。

如前面所述,粉末冶金法生产制品的标准技术包括压制和烧结以及相应的压制设备(水压或气压压力机)和烧结炉。压制与烧结相结合的 SPS 技术的研发工作参见文献[14]。这项技术已经用于生产钨超硬产品。

16.5.1 放电等离子体烧结的原理

SPS 技术基于粉末颗粒间的直流火花放电进行:粉末装入模具内,并且受到外部压力作用(图 16.13);当通过电极对粉末施加直流脉冲电压时,粉末内出现电流,颗粒的间隙中发生火花放电,产生等离子体,使粉末温度达到几百摄氏度到 2000℃,比传统烧结炉的温度低 200~500℃。直流脉冲电流按照“ON-OFF”的规律通过粉末材料[14]。

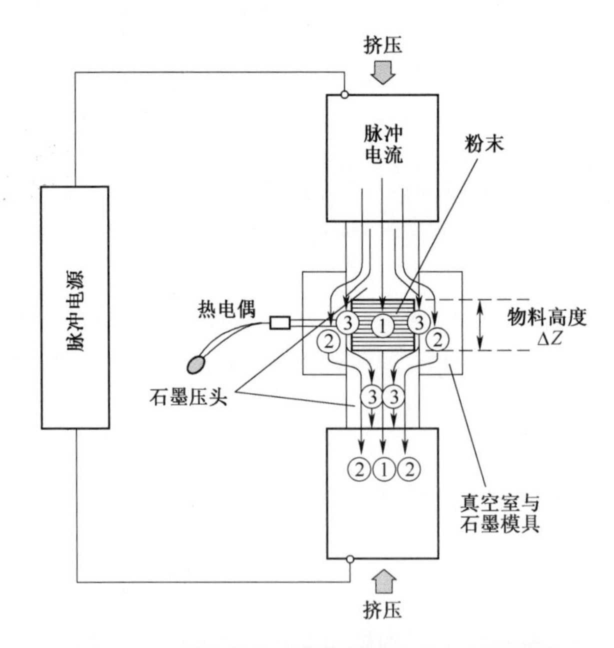

图 16.13 放电等离子体烧结粉末的方案和原理

注:1~3 是电流线,表示随着烧结过程的发展,通过颗粒间隙和颗粒接触面的电流线的演变。

关于该过程的原理,一般认为,在可压缩粉末的加工过程中,颗粒间隙中产生火花放电等离子体,并通过颗粒之间的接触传输直流电流;由此,能量迅速、均匀地消散在全部物料中。被压缩颗粒的表面熔化后发生蒸发,在颗粒接触点形成"颈部",继而产生接触面。这些"颈部"逐渐发展,随着烧结的进行材料发生塑性变形,材料变得更加致密,可以达到理论密度的99%。在5~20min内,蒸发、熔化和烧结等过程快速进行并完成,其中包括升温和保温时间。当使用SPS技术加工粉末时,与传统热压和热等静压烧结相比,产物的品质得到显著改善[14,15]。

16.5.2 SPS设备

SPS的设备设计如图16.14所示。在水冷真空室中,由直流脉冲电源连接的可动电极竖直安装。电极的法兰连接到液压机的活塞杆上,也是液压机的压头;在压制石墨模具中的粉末原料的同时,电极还对原料进行电加热[14]。因此,粉末原料在电极之间被压缩,并由电极进行电加热,同时原料还受到颗粒间隙中的放电等离子体处理以及电流通过颗粒接触而产生的焦耳加热。通过这种方法,获得密度接近理论值的烧结体所需的时间仅为几分钟。

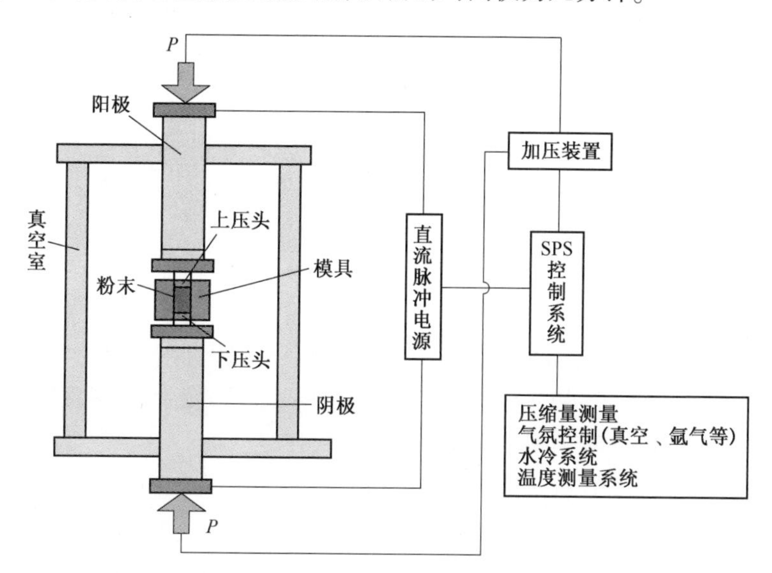

图16.14 采用SPS技术压制、烧结纳米粉末生产刀具的装置示意图

图16.15是一些利用SPS技术生产的产品,其中包括由WC-Co成分制成的球阀座。根据工艺参数,这些耐磨阀门元件的硬度可以分为2500HV、2300HV、2000HV三组。SPS技术的产品能够用于制造高压泵、高压均质设备、喷嘴和离心机。

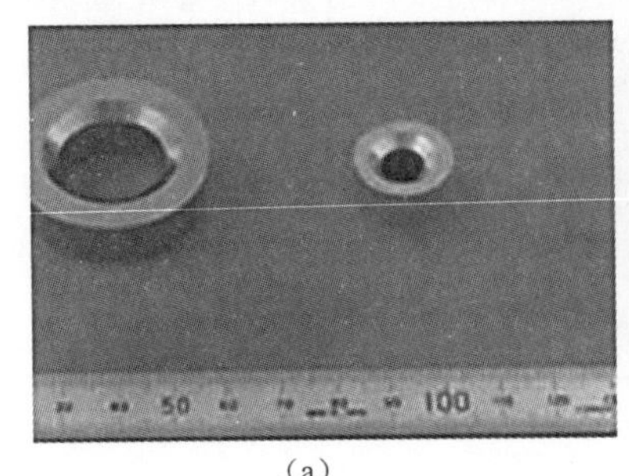

(a)

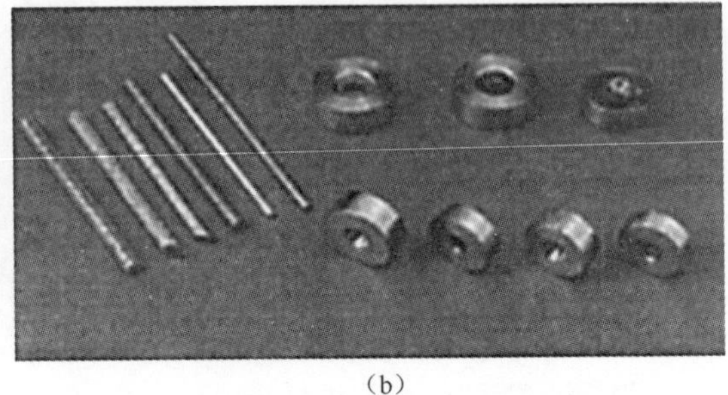

(b)

图 16.15 基于 SPS 技术使用 WC-Co 材料制成的粉末冶金产品[12]
(a)球阀座;(b)拉丝模具部件。

图 16.15(b)是由 WC-Co 成分制成的拉丝模具部件,与传统单独压制和烧结技术制造的模具相比,这些模具的使用寿命是前者的 3.5~12 倍[15]。

目前,使用 SPS 技术改善硬质合金刀具性能的研发工作仍在继续,可以在短时间内通过火花放电等离子体快速烧结 WC 纳米材料[15]。实验已经表明,在这种情况下,材料密度被快速压缩到接近理论值,并且晶粒的生长得到了抑制。在压强为 60MPa、电流为 2800A 的条件下,在 2min 内可以获得具有相对密度高达 97.6%的致密 WC 材料。电流强度越高,原料升温速率就越高,WC 材料致密化过程就越快。WC 颗粒的初始粒径越小,制品的密度就越大、力学性能越好。初始粒径为 0.4μm 的 WC 粉末在 P=60MPa、I=2800A 的工况下烧结后,制品的断裂韧度和显微硬度分别是 6.6MPa · $m^{0.5}$和 2480kg/mm^2。

近年来,向 WC-Co 纳米粉末中添加少量 Al_2O_3纳米晶体对制品性能的增强效果得到了研究[16]。等离子体烧结在真空条件下进行(T = 1100℃, P = 80MPa)。Al_2O_3的含量(质量分数)达到 1%。得到的所有纳米复合材料样品均具有高密度(相对密度>99%)的特征。提高 Al_2O_3的含量,制品密度降低,而晶粒平均尺寸从 250nm 减小到 200nm。

以 WC-7Co-0.5Al_2O_3纳米复合材料为例,其特征在于硬度为 21.22GPa,抗张强度达到 3548MPa。研究表明[17],加入 Al_2O_3产生增强效应的原因在于阻止裂纹传播、限制位错运动,并且由于 Al_2O_3与 WC-Co 的热膨胀系数不同而产生残余压应力。

16.5.3 利用磁控溅射和电子束蒸发技术在纳米粉末表面形成涂层

在对 W 和 WC 纳米颗粒进行粉末冶金操作之前,有时需要在颗粒表面形成一层镍或其他金属的涂层。RRC KI 开发了利用磁控溅射和电子束蒸发金属靶材在颗粒表面形成金属涂层的技术。这两项技术都可以用来将镍镀到钨和碳化钨颗粒表面。

图16.16是现代磁控溅射设备的示意图,可以将涂层金属(Pt、Cu和Ni)镀到颗粒(包括纳米颗粒)表面上。在该图中,溅射室3的顶部是溅射靶材和磁控管4。在其下面有一个碗形容器7,其中装入粉末,靶材溅射到这些粉末上。

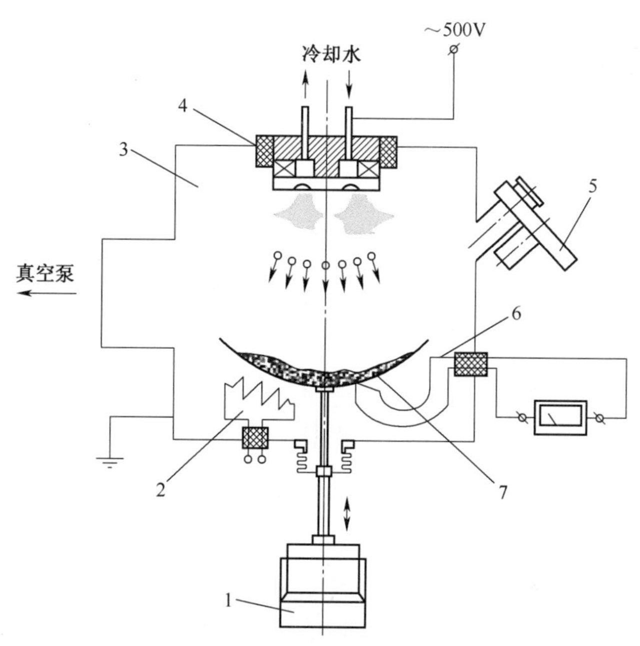

图16.16 具有粉末振动搅拌功能的磁控溅射设备示意图
1—电动机;2—加热器;3—溅射室;4—带有靶材的磁控管;5—观察窗;6—振动器;7—粉末盘。

为了确保靶材均匀地溅射到粉末上,粉末盘7在电动机1的驱动下转动。同时,为了使溅射靶材与颗粒表面的结合达到一定强度,粉末盘7被加热器2加热到所需的温度。此外,粉末盘7在特殊振动器6的驱动下振动,以提高靶材向粉末传质的均匀性。当使用标准振动设备时,粉末会聚集成球,其直径甚至达到5mm。为了消除这种现象,一种特殊的振动搅拌装置被开发出来、完成制造和组装,并通过了试验。溅射过程通过窗口5进行视频监测。

图16.16所示的装置配备了一支直流平面磁控管,靶材可以轻松拆卸。磁控管的设计能够溅射直径为108.73mm和35mm的靶材。并且,磁控管的磁体系统可以使用厚度为2~3mm的铁磁材料靶,如镍。

为了测试磁控溅射技术并优化涂层形成工艺,以Cu和Ni为靶材对分散粉末和纳米粉末(金属、碳等)颗粒进行了溅射实验。对Vulcan XC-72炭黑溅射镍涂层的工艺参数:工艺气体与压强,Ar,0.47Pa($\approx 3\times10^{-3}$ mm Hg);磁控放电电流,0.6A;放电电压,450V;粉末盘上的偏压,-35V;靶材与粉末表面之间的距离,60~65mm;溅射时间,3h。

在溅射过程中,粉末盘沿竖直轴线上下振动,频率为2~3Hz,振幅为0.5~1.0r/min;同时以约10r/min的线速度围绕轴线转动。沉积在Vulcan XC-72炭黑上的镍的量通过重量和化学方法测定,为粉末载体质量的38%~40%。溅射完成后,粉末的比表面积几乎没有改变。根据肉眼观察,涂层的均匀性很令人满意。

离子磁控溅射装置已经进行了现代化升级,用于能够形成氢化物的粉末表面涂覆微涂层。涂层形成于AB5型稀土类金属间化合物表面,形成黄铜涂层之后这些材料可以安全储氢。这项工作研究了一系列可以形成氢化物的Cu-La-Ni包覆材料粉末,样品分析利用RRC KI的D8 ADVANCE型X射线衍射仪(Cu靶,Kα辐射)和S4 PIONEER型X射线荧光光谱仪进行。

研究结果表明,涂层不影响粉末原料的结构和性能,涂层的成分与溅射靶材的组成一致,无外来相和杂质。未来将使用可以形成氢化物的(金属、合金、金属间化合物和复合材料等)粉末和颗粒作为载体。

上述技术和设备还可用于在纳米钨材料上制备镍涂层。

16.6 氟化和激光技术生产钨、钼、碳化钨的单晶、多晶微产物(微棒)

在核燃料循环中,氟化技术与气体火焰技术、等离子体技术结合,用于生产金属粉末和陶瓷粉末、功能涂层和体积相对较大的制品。然而,近年来人们逐渐发现,性质独特并且可以通过吸附、精馏精制到任何所需纯度的挥发性氟化物原料还可以与激光技术结合应用于纳米领域,特别是用于制备微薄膜和微结构。研究发现,在 H_2 还原 WF_6 和 MoF_6 获得金属以及烃类转化这些六氟化物制备相应碳化物的过程中,激光点加热可以生长出单晶和多晶微结构,这种生长包括沿各种晶体光轴的优先生长,并且生长过程可以通过调节工艺条件进行控制[18]。在生长特定微产物的过程中,如场发射器件或其他微电子产品,特别重要的是,氟化物原料的高纯度与激光技术的特性结合,可以在微表面上和微空间内进行加工并且得到高品质的微产物,而不需要后续的机械加工。下面简要分析这个领域内的研发工作达到的水平,并介绍我们在氟化、气体火焰、等离子体和激光技术领域内取得的经验。

16.6.1 基于氟化-激光技术制备微产物的设备设计

为了研究制备微产物的氟化-激光技术,在核燃料循环中开发的热化学气相沉积技术(参见 16.3 节)可以作为改进的基础。TCVD 技术通过 H_2 还原 W、Mo、Re 的氟化物形成这些金属的涂层以及制备相对较大的制品。改进之处在于原料相同但借助激光点加热生长单晶和多晶微产物(激光化学气相沉积(LCVD))。为此,将基材放入与环境隔离的腔室中,激光束聚焦在基材上的局部区域内,并将气态反应物(如 WF_6 与 H_2)通入腔室。这时,通入的气体混合物对激光是透明的。然而,如果介质不透明,光子会使气体分子产生解离或激发,形成光化学激发的 LCVD 过程。如果激光器平行于基片放置,则可以实现如下过程:生长薄膜,并且该过程可以在非常低的温度下进行,这对于生长微薄膜最有利。

当激光器垂直于基材放置并聚焦在基材上的局部区域时,可以生长用于微电子领域的各种微线、微棒以及其他更加复杂的三维结构。

TCVD 和 LCVD 的主要差异在于,当使用 LCVD 工艺时,微结构在基材上以更高的速率在非常小的区域内生长,即微结构的性能可以控制。激光束可以聚焦在直径为 1μm 的光斑上。为了生长线材,激光的斑点沿着基材移动,材料沉积沿预先设定的路径进行。基材可以是平面结构,也可以是三维结构。图 16.17 是纳米技术发展的众多例子之一——微线圈样机,通过在硼丝上连续沉积钨螺旋线形成[19]。

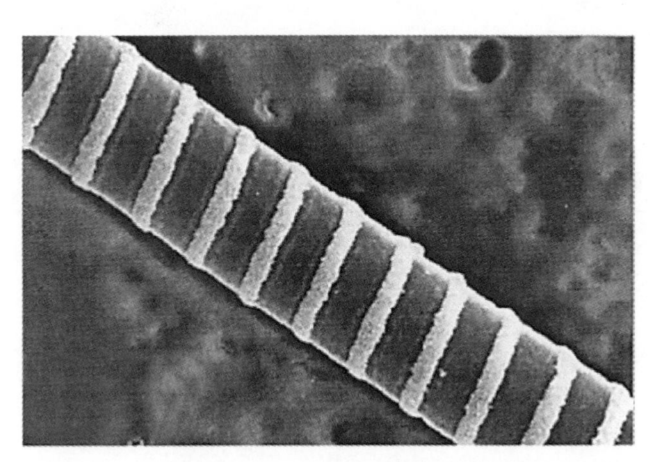

图 16.17 通过在硼丝上沉积钨而制备的微线圈样机[19]

图 16.18 是通过 LCVD 技术生长的微棒或其他三维微结构的示意图:随着结构的生长,基材逐渐远离激光源,运动速度与 W(Mo、Re 等,参见表 16.8)的

沉积速率相适应。该 LCVD 过程的技术方案示于图 16.19。(边长为几厘米的)立方体腔室或形状更复杂的腔室由不锈钢或蒙代尔合金(对于腔室壁需要加热的情形)制成,按照化学计量比或者其他相应比例关系的挥发性氟化物与氢气的混合物经过流量计后从下方的喷嘴通入腔室,流动方向朝向基材,排气管在腔室顶部。腔室壁上设置三个窗口,安装了石英玻璃(对于冷壁)或透明的萤石(或其他光学透明材料):一个窗口用于通入激光束;另一个窗口可以通过立体显微镜观察微棒在基材上的生长状态;第三个窗口用于卤素灯照明。相机安装在定位机构上,能够沿三个坐标轴移动。基于该方案,进行了生长 W、Mo 和碳化钨微棒的实验。表 16.5 列出了基于 LCVD 技术生长上述微棒的实验参数[18]。

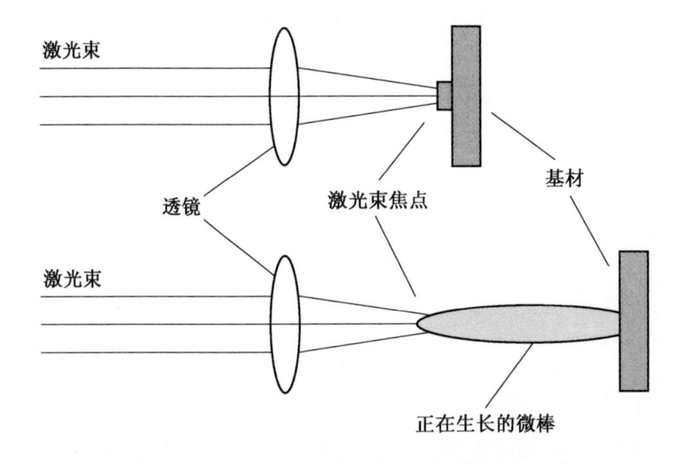

图 16.18　基于 LCVD 技术生长微棒的示意图

注:基材从焦点逐渐远离激光源,运动速率与气相沉积的速率相适应。

表 16.5　基于 LCVD 技术生长 W、Mo 和碳化钨微棒的实验参数[18]

反应物	激光功率/W	沉积温度/K	总压强/mbar	基材
WF_6/H_2	0.705~1.310	760~1050	600~900	W 丝 W 板
MoF_6/H_2	0.450~0.900	705~840	100~900	W 丝
$WF_6/H_2/C_2H_4$	0.400~0.800	800~1000	575~736	Ta 丝

16.6.2 LCVD 过程中微结构沉积和生长区的温度测量

从表 16.5 可以看出,微结构的生长以非常低的能耗进行。微结构生长过程中沉积区内的温度用光电高温计测量,测量装置的方案如图 16.20 所示。测量

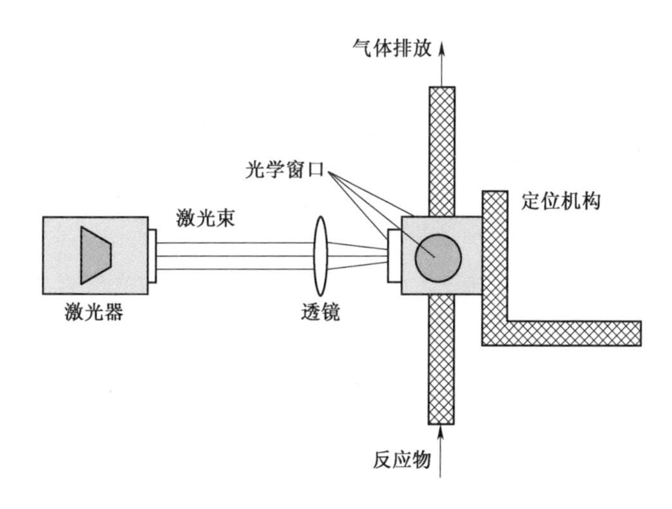

图 16.19　基于 LCVD 技术制备微棒和其他三维微结构的方案示意图

回路由光电二极管、带滤光器的放大器、带有小孔径准直仪的透镜、光学斩波器、透镜 A 和 B、分束器，以及图 16.19 所示的微结构生长所需的设备和器件构成。分束器和透镜 B 的目的是将微棒生长腔室中的热辐射通过光学斩波器显示到准直仪内。准直仪瞄准微棒的端部区域测量温度，该区域的直径为 40μm。热辐射穿过准直仪，通过传输极限为 590nm 的长波滤波器，被检测范围为 700～3000nm 的 PbS 光电二极管检测。斩波器和放大器用来提高温度测量的灵敏度。高温计的测量范围用亮度温度为 715～2500℃ 的钨带灯校准。

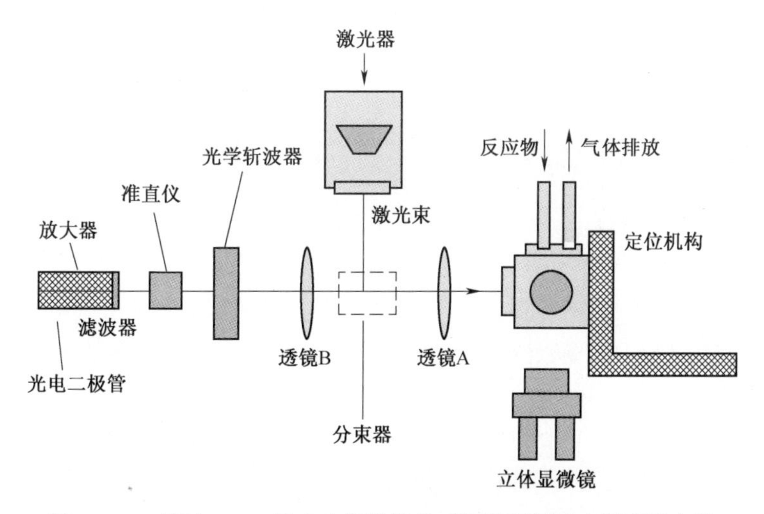

图 16.20　基于 LCVD 技术生长微结构时测量沉积区内温度的方案

16.6.3 LCVD 过程的热力学和动力学

在 LCVD 过程中,金属沉积在基材上的温度应当根据热力学计算结果来选择,重点在于沉积区内的温度。为此,RRC KI 开发了计算软件“化学工作台”(Chemical Workbench),并对以 WF_6、MoF_6 和 ReF_6 为原料还原金属的热力学方案(H_2 还原 WF_6 的计算结果参见图 16.1)进行了相应计算;MoF_6 和 ReF_6 还原反应的计算结果这里不再赘述,因为这些金属的热力学不会对工艺带来限制(表 16.2),所以只需注重反应过程的动力学。如果物理参数(扩散、流体动力学等)不会限制反应过程并且反应在动力学范畴内进行,则 LCVD 过程的动力学将取决于动力学参数:反应级数,比速率(动力学常数),包括活化能和指前因子,考虑等温性和 HF 稀释效应的反应物分压等。因此,反应过程的速率可由已知的总方程确定。

LCVD 过程的反应速率通过下式确定:

$$W = K \cdot p_{\mathrm{MeF_6}}^{a} \cdot p_{\mathrm{H_2}}^{b} \tag{16.15}$$

式中:K 为相应的动力学常数;$p_{\mathrm{MeF_6}}$、$p_{\mathrm{H_2}}$ 分别为相应的金属六氟化物和氢气的分压;a、b 分别为两种组分的反应级数。

然而,动力学参数的选择并不是确定的,必须根据实验选择一种合适的动力学机制,从中可以获得给定的微结构。

在沉积碳化物,尤其是碳化钨时,该过程的热力学参数就变得非常重要和必要,原因在于金属在不同温度下可以形成多种碳化物(例如,W 与 C 反应至少形成 WC 和 W_2C 两种碳化物)。因此,反应过程必须在如下条件进行:所需的金属碳化物是热力学稳定的,自由碳特别是石墨脉的形成过程应当完全消除或者最大程度上弱化。

16.6.4 微产物特性分析

为了确定所获得的微产物的特性,人们主要采用物理分析法:微产物的形状和形貌借助扫描电子显微镜(SEM)来确定。

微产物的化学成分通过光谱技术确定:能谱仪(EDS)和俄歇电子能谱(AES)。拉曼光谱用于确定在所得到的金属碳化物微产物中碳的形态(游离碳或者石墨)。

为了确定微产物的相组成,需要使用透射电子显微镜(TEM),由此可以了解物相在微产物中的分布。由于所获的物体尺寸非常小,荧光衍射分析法实际上无法使用。

为了支持纳米技术研究领域的分析工作,库尔恰托夫同步辐射和纳米技术中心建立了一座试验站。

在制备用于微电子领域的单晶微产物时,有必要确定其场发射特性。为此,相应的测量技术已经开发出来[18]。

16.6.5 纳米技术生长微棒的经验

为了确定基于各种化学气相沉积过程的纳米技术生长微产物的新方案(尤其是LCVD),首先从总体上分析现有实验结果。这些结果基于热化学气相沉积(TCVD)金属和碳化物得到,16.3节已经作了简要介绍,后来借助激光技术对TCVD技术进行了改进(形成了LCVD技术)。

16.6.6 钨微棒的生长

由不同比例的WF_6/H_2混合气生长单晶和多晶钨棒的研究在文献[18]中进行,所使用的设备类似于图16.19,激光束聚焦在直径为150μm的多晶钨线上。钨单晶的生长在低激光功率(沉积区的温度为780~960K)下观察到,生长速率为7~140μm/min。一个钨单晶(图16.21(a))指向尖端,横截面为正方形。该单晶的长度为100~1000μm,宽度约为135μm。TEM照片表明,其择优生长方向沿{001}晶轴,{110}平面垂直于生长方向。从分析结果可以看出,图16.21(a)中钨微棒的各个侧面都相当于{110}平面;并且,对所有单晶而言,生长速率最快的方向都是{001}方向。

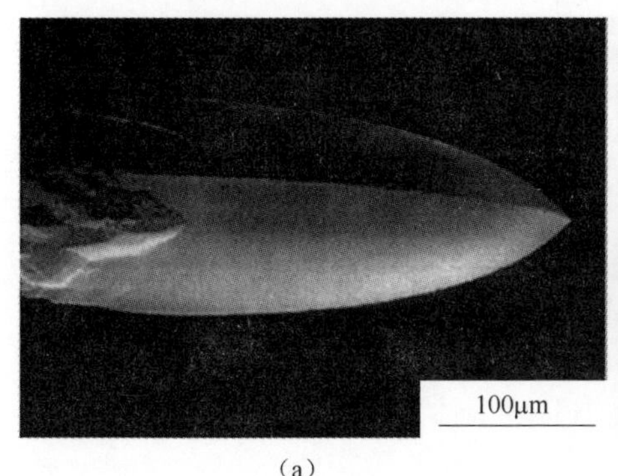

(a)

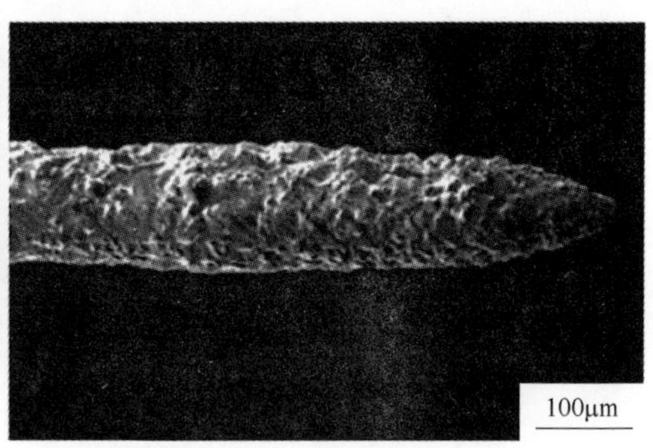

(b)

图16.21 基于LCVD技术生长的钨微棒的SEM照片
(a)单晶钨微棒;(b)多晶钨微棒。

单晶的生长速率随着温度的升高而呈指数增长。在混合气体的化学计量比为$WF_6:H_2=1:3$、压强为600mbar和900mbar的条件下,钨微棒生长的活化能为(77±7)kJ/mol。随着H_2分压的增大,活化能降低到(50±5)kJ/mol,即这个微加工过程的动力学是完全可以预测的。在钨沉积的过程中同时会发生WF_6蚀刻基材的现象，我们建议可以通过增大 H_2 的分压来降低蚀刻[17]。一般而言，这种并发现象不应该通过选择工况来消除，而应该通过正确选取基材、窗口和工艺管道的结构材料来实现。

当激光功率增大、温度升高到 980~1050K 时，多晶钨开始以 180~320μm/min 的速率沉积下来。多晶钨的截面为圆形，末端较钝(图 16.21(b))。

多晶钨微棒的长度为 500~2000μm，直径约为 135μm。多晶钨微棒的 TEM 照片表明，晶粒比单晶大得多，达到 10μm，微棒表面更加粗糙。利用 LCVD 技术，可以以特定的方式在同一表面上生长多个微棒。

16.6.7 钼微棒的生长

钼微棒在同一台装置上从不同组成的 MoF_6/H_2 混合气体中生长出来[18]，激光束聚焦在直径为 150μm 的钨丝基材上。由于 MoF_6 的挥发性较差，沉积室壁、窗口和工艺管道均需加热到 50~70℃。

实验中，H_2 与 MoF_6 的摩尔比分别为 3、5 和 9。图 16.22(a)、(b)是由 LCVD 技术生长的钼微棒的 SEM 照片，激光功率为 0.6W，生长区内基材的温度为 770K，H_2 与 MoF_6 摩尔比为 5。进一步增大 H_2 与 MoF_6 摩尔比(图 16.22(c))，微棒外观呈树枝状。出现这种现象的原因是 H_2 的分压较高，增强了从微棒向腔室壁的散热，导致微棒横截面上的温差变大。微棒的横截面呈八边形，因为沿{001}或{110}方向上择优生长。

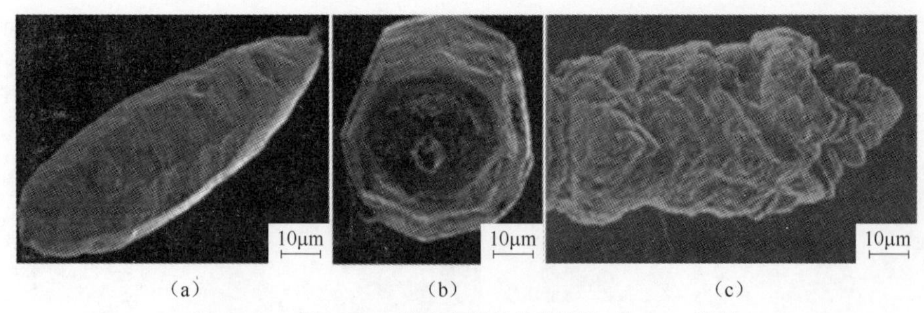

(a) (b) (c)

图 16.22 由 LCVD 技术生长的钼微螺钉的 SEM 照片

(a)类似于晶体的微棒；(b)从生长方向下方观察到的晶体形微螺钉的形状；(c)支化微棒。

钼单晶的生长速率随着温度的升高呈指数增长。当温度为 705~840K、$MoF_6 : H_2=3 : 5$ 时，钼微棒生长的活化能为(77±7)kJ/mol。

16.6.8 碳化钨微棒的生长

碳化钨微棒的生长通过激光束在 WF_6、C_2H_4 和 H_2 的混合气中聚焦在钽丝上实现[18]；WF_6 和 H_2 的分压分别为 92mbar 和 462mbar，H_2 与 WF_6 摩尔比为 5，微棒生长基材表面的温度为 1000K，C_2H_4 的分压为 23～184mbar。当 WF_6 与 C_2H_4 摩尔比小于 1 时，微棒的生长速率随 C_2H_4 分压的降低而减小；当 WF_6 与 C_2H_4 摩尔比大于 1 时，微棒的生长速率则随 C_2H_4 分压的降低而增大。微棒的拉曼光谱分析表明，当 WF_6 与 C_2H_4 摩尔比等于或小于 1 时，其表面存在石墨相。

相图表明，在低温和 WF_6 与 C_2H_4 摩尔比较小时，WC 和 C 的相最稳定；当 WF_6 与 C_2H_4 摩尔比为 2 时，WC 和 W 最有可能在温度低于 477℃的条件下存在。温度进一步升高并且当 WF_6 与 C_2H_4 摩尔比为 2-4 时，形成 WC 相和 W_2C 相。最后，当 $T>473$℃、WF_6 与 C_2H_4 摩尔比大于 4 时，形成 W_2C 和 W。因此，对于在这些条件下形成的微棒，根据相图分析结果，其成分与温度存在上述关系。

由于激光束聚焦处存在温度梯度（光斑中心的温度最高），因而微棒中心的晶粒尺寸最大，并向周边逐渐减小（图 16.23）。图 16.24 是文献[18]中生长的微棒的相组成。

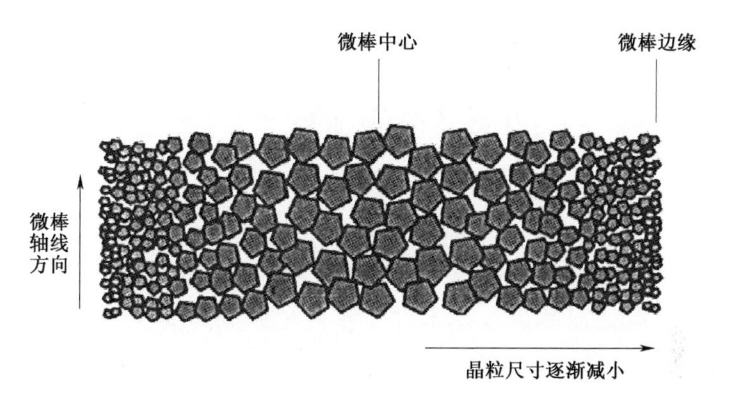

图 16.23　基于 LCVD 技术由 WF_6、C_2H_4 和 H_2 的混合气生长的微棒中晶粒大小沿径向分布的示意图

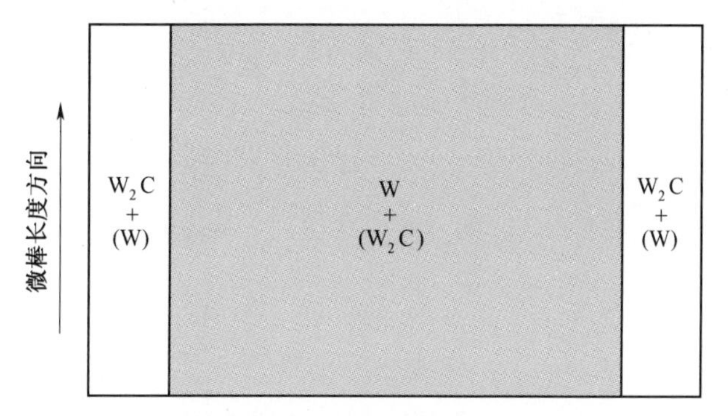

图 16.24　基于 LCVD 技术由 WF_6、C_2H_4 与 H_2 的混合气生长的微棒的结构，以及相组成沿径向分布的示意图

获得具有特定组成的碳化物可以借助高频感应加热技术来解决[20]。基于SPS和TCVD技术,得到的碳化钨的成分也是一定的,尽管有时需要对中间产物进行退火处理。对于LCVD技术,则需要开展更深入的研究以获得具有特定组成的碳化物。

总之,氟化技术与激光技术结合(如LCVD技术)为生长难熔金属及其碳化物的单晶微产物中开辟了广阔的前景,尤其是用作场致发射体。金属发射体可以使用未涂覆的或在低真空下涂覆贵金属材料来提高发射稳定性。对于相同的产物,也可以使用金属碳化物,特别是碳化钨。近年来,生长微产物的技术能力随着LCVD技术的发展得到显著提高,特别是在单晶沿三个晶轴选择性生长方面的研究,如沿{110}和{111}方向。实现这些效果的方法之一是向氟中加入氯[18],即将纯氟化技术改进为氯氟化。这项建议的效果不是特别明显,因为在氯氟化物介质中,基材蚀刻和微产物的纯度可能会出现问题。

16.7 氟化、气体火焰、等离子体和激光技术合成纳米材料的新技术基础

在制备和使用纳米材料方面有可能快速实现的突破,首先应当是RRC KI以W、Mo、Re的氟化物为原料制备纳米材料的研究,因为RRC KI已经对核燃料生产和乏燃料后处理的氟化技术进行了大量研究。俄罗斯国家原子能公司(Rosatom)拥有支持纳米技术研究的基础设施,不仅针对前述三种金属,还包括能够形成挥发性氟化物的其他金属(表16.1)。图16.25示意性地给出了在纳米技术和纳米材料领域研发的总体技术方案。这项方案的基础是RRC KI为核燃料循环机构,尤其是西伯利亚化工厂和安加尔斯克电解和化学联合体开发的氟化、火焰、等离子体和激光技术。该方案由三个主要部分构成。

图16.25的左上角和中间部分(标号1~8)是钨氟化工艺的主要阶段。然而,事实上这些也是表16.1列出的其他金属元素氟化的典型工艺。用作纳米技术的原材料是具有挥发性的六氟化物,使用火焰反应器6在氟中“燃烧”氧化物粉末得到。对于钨而言,该过程由如下强放热反应方程描述:

$$(WO_2)_d + 3(F_2)_g \longrightarrow (WF_6)_g + (O_2)_g, \Delta H = -1133.4\text{kJ} \quad (16.16)$$

$$(WO_3)_d + 3(F_2)_g \longrightarrow (WF_6)_g + 3/2(O_2)_g, \Delta H = -880.2\text{kJ} \quad (16.17)$$

氧化钨由稀有金属精炼厂1提供,氟在电解槽2中以HF为原料现场制备。氧化钨和氟通入火焰反应器6,质量流量分别由流量计5和3测量。

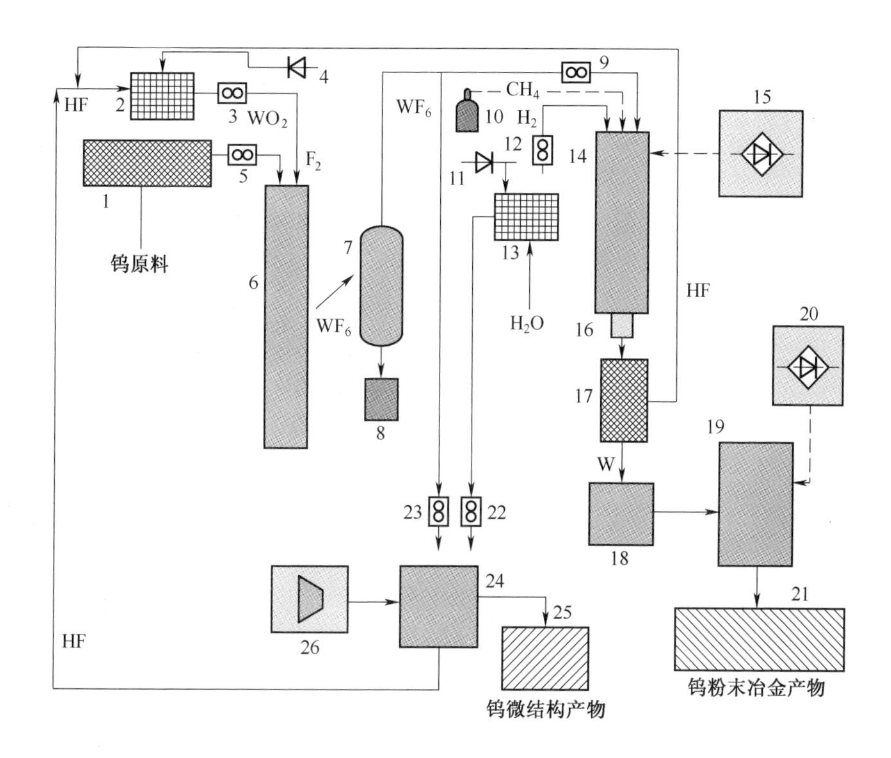

图16.25 RRC KI研究纳米技术的氟化、火焰、等离子体和激光技术方案

1—钨精炼厂;2—氟化氢电解槽;3,5—氟流量计和钨计量设备;4—氟化氢电解槽电源(IEP);6—火焰反应器;7—WF_6净化塔;8—从WF_6中提取出的杂质;9—WF_6流量计;10—CH_4钢瓶;11—水电解槽电源;12—氢气流量计;13—水电解槽;14—等离子体反应器;15—等离子反应器电源;16—气体动力学喷嘴;17—烧结金属过滤器;18—纳米粉末收集器;19—基于SPS技术制备块体材料的设备;20—SPS反应器电源;21—基于SPS技术得到的块体材料;22,23—H_2和WF_6流量计;24—用于生产钨和碳化钨微产物的激光反应器;25—基于微产物的制品;26—连续激光器。

火焰反应器6中合成的WF_6在净化塔7或者在使用固体吸附剂的吸附柱中除去可能含有的杂质。为了简化方案,氟化工艺的一些设备并未示出,包括用于净化气体产物的烧结金属过滤器、废物收集器、WF_6冷凝器和蒸发器、设备之间的管道等。

WF_6是生产纳米材料的原料,后者进一步用于生产粉末冶金产物和纳米技术的微产物。用于生产钨(或碳化钨)纳米粉末的等离子体工艺,以及后续使用SPS技术(流程的第二个组成部分)生产块体材料的各个阶段和要素示于图16.25的中间和右侧。用于还原WF_6的氢气在电源11供电的电解槽13中现场生产。用于生产碳化钨的气态烃(CH_4、C_2H_4或C_2H_2)可以用标准钢瓶10供应。

用作碳化剂的烃通过如下方式确定:工艺目的不是获得多种碳化钨,而是游离碳,特别是石墨形态的碳含量最少的一碳化物(WC)。根据“Chemical Workbench”程序的最新热力学研究成果,最合适的是甲烷,最终结果只有通过实验才能够确认。

WF_6和H_2通过流量计9和12之后通入等离子体反应器14(合成碳化钨时通入CH_4代替氢气),反应器由电源15供电。等离子体反应器的产物是钨和氟化氢(反应式(16.5))的混合物。产物通过气体动力学喷嘴16,以凝结成钨或碳化钨粉末。接着,两相流通过由各向异性烧结金属制成的、具有脉冲反吹再生功能的烧结金属过滤器17。然后,产物被分成两类:钨(或碳化钨)纳米颗粒送入收集器18,通过SPS技术制造块体材料;气态氟化氢输送到工艺流程的源头,在电解槽2中生产F_2。为了突出关键要素,在图16.25中许多工艺设备并未示出,特别是过滤器和吸收器。为了净化粉末中的HF,工艺中还需要一些“完善”纳米粉末的设备,即除去纳米粉末表面吸附的气态杂质的设备。

钨或碳化钨纳米粉末沿着生产线输送到设备19中,用于制备块体材料;该反应器由电源20供电,基于SPS技术运行。在制备块体制品的过程中,通过加入其他粉末(镍粉、钴粉、氧化铝粉末等,参见16.5.2节)进一步完善工艺、提高切削工具及其他粉末冶金制品的性能。此外,纳米颗粒表面还可能需要形成涂层(参见16.5节)。通过上述工艺可以得到应用于特殊工程领域的产品21,部分SPS技术的产品如图16.15所示。这些产品的用户就是总部位于雷宾斯克的“土星”公司①。

在纳米技术和纳米材料研究的总体方案中,第三部分建立在氟化和激光技术应用的基础上,特别是16.6节中所述的LCVD技术。这项纳米技术的目标是制造微电子产品的基础元件,以及其他涉及纳米技术领域所需的产品。这一过程示意于图16.25下方。在火焰反应器6中产生的WF_6,由净化塔7除去其中的杂质。然后,一小部分WF_6经过流量计23(与H_2和/或C_2H_4混合)之后通入激光反应器24,形成微产物25(图16.21、图16.22中的产物)。有时,为了使用LCVD技术制备用于微电子领域的特定产品,需要进一步提纯WF_6并使用氢气和碳氢化合物。

激光器26的类型和功率取决于相应纳米产品的具体技术要求和设备的生产率。由于该过程是连续的,因此激光器也必须是连续的,尽管在有些应用中也可以采用脉冲激光器。我们使用激光产生大流量的U-F等离子体:激光的应用从根本上提高了高频感应U-F等离子体发生器的可行性[20]。

① Сатурн,著名的飞机发动机生产商,专注于研制、生产军用航空、民用航空、海军战舰发动机以及工业动力装置,主要产品包括AL-31系列和D-30系列航空发动机。——译者

当前,核燃料循环领域积累的研究基础和经验足以实施任何上述纳米技术项目。并且,LCVD 技术的功能比 16.6 节简要概述的内容强大得多。该技术的气态副产物与较大规模生产纳米粉末的相同,即 HF 气体。该产物的量相对较小,经过适当的机械和化学净化处理后,可以输送到工艺过程的源头,作为电解槽的补充原料。

因此,以挥发性氟化物原料的制备为基础,在进行适当的研发之后,我们认为可以生产各种纳米材料。这些生产过程实际上是"零废物"的。副产品 HF 气体完全用于生产 F_2。在氟化阶段有可能产生非常少量的废物("废渣"),但不一定会发生。这取决于精制原料的品质。这些"废渣"可以根据铀加工技术的经验在现场进行处理。此外,在精制阶段也有可能产生废物 8(精馏残渣或废吸附剂),但量非常少,可以不同程度地应用于其他领域。因此,图 16.25 所示的总体方案从根本上不会造成任何环境问题,完全满足纳米技术的需求。

另外,在材料方面,核燃料循环工业已经拥有大量耐腐蚀的结构材料(镍基合金),可以在 F_2、HF 和表 16.1 中列出的金属六氟化物气氛中工作。因此,基于核燃料循环领域的研究成果发展上述纳米技术不存在问题。

参考文献

[1] Третьяков Ю. Д. Проблема развития нанотехнологии в России и за рубежом. Вестник РАН, 2007, том 77, № 1, с. 3-10.

[2] Галкин Н. П., Туманов Ю. Н., Бутылкин Ю. П.. Термодинамические свойства неорганических фторидов. М.: Атомиздат, 1972, 144 с.

[3] Раков Э. Г., Туманов Ю. Н., Бутылкин Ю. П. и др. Основные свойства неорганических фторидов. Справочник под ред. Галкина Н. П. М: Атомиздат, 1976, 400 с. Изд.Ниссо-Цусин, Шиобару, Япония, 1979, 416 с.

[4] Toumanov I. N. Plasma and High Frequency Processes for Obtaining and Processing Materials in the Nuclear Fuel Cycle, New York, NOVA Science Publishers, Inc., 2003, 607 pp.

[5] Туманов Ю. Н., Галкин А. Ф., Русанов В. Д. Энциклопедия《Машиностроение в ядерной энергетике》, т. IV-25. Раздел 7: Специальное оборудованиеядерной энергетики под ред. В. А. Глухих: гл. 7.3: Плазменное оборудование. Изд. Машиностроение, 2004-2005.

[6] Цветков Ю. В., Панфилов С. А. Низкотемпературная плазма в процессах восстановления. М.: Наука, 1980, 360 с.

[7] Королев Ю. М., Столяров В. И. Восстановление фторидов тугоплавких металлов водородом. М.: Металлургия, 1981, 184 с.

[8] Mayer M., Buttner R., Ebert F., Zimmermann G., Gottfried H. und Michael G. Einfluss einer Laval-Duse auf die Partikelbildung im Flammenprozess. Chemie-Ing-Technik, 2004, B. 76, N3, s. 253-258.

[9] Donaldson A., Cardes R. A. Rapid Plasma Quenching for the Production of Ultrafine Metals and Ceramic

Powders. J. Mineral, Metal and Material Soc, 2005, v. 57, N 4, pp. 58-63.

[10] Prusakov V. N., Zagnitko A. V., Nikulin E. A., Trotsenko N. M. e. a. Multilayer metalceramic filter for high efficiency gas cleaning. J. Aerosol Sci., 1993, v. 24, Suppl. 1, p. 5284-5289.

[11] Toumanov I. N., Trotsenko N. M., Zagnit'ko A. V., Galkin A. V. Extraction of Submicron Products of Plasma Chemical Processes from Process Gases. 13 Int. Symp. Plasma Chemistry. Beijing, China. Aug. 18-22, 1997. Vol. 4, pp. 1886-1891.

[12] Туманов Ю. Н. Плазменные технологии в формировании нового облика промышленного производства. Вестник Российской академии наук, 2006, т. 76, №6, с. 491-502.

[13] Лякишев Н. П., М. И. Алымов. Наноматериалы конструкционного назначения. Российские нанотехнологии, 2006, т. 1, № 1, 2, с. 71-81.

[14] http://www.scm-sps.com/.

[15] Urbonaite S., Johnsson M., Svensson G. Synthesis of $TiC_{1-x}N_x$ and $TaC_{1-x}N_x$ by Spark Plasma Sintering. J. Material Science, 2004, v. 39, pp. 1907-1911.

[16] Kim Hwan-Cheol, Shon In-Jin, Garay J. E., Muniz Z. A. Consolidation and Properties of Binderless Submicron Tungsten Carbide by Field-Activated Sintering. Intern. J Refract. Metals and Hard Materials, 2004, V. 22, N6, pp. 257-264.

[17] Shen-Jun, Zhang Fa-Ming, Sun Jiang-Fey. China, Harbin Inst, of Techn. Fabrication and Mechanical Properties of $WC-Co-Al_2O_3$ Monocomposites by Spark Plasma Sintering. Trans. Nonferrous Metals Soc. China, 2005, Vol. 15, N 2, pp. 233-237.

[18] Björklund K. Microfabrication of Tungsten, Molybdenum and Tungsten Carbide Rods by Laser-Assisted CVD. Dissertation for the Degree of Doctor of Philosophy in Inorganic Chemistry. Upsala University. Upsala, Sweden, 2001; ISSN 1104-232X4 ISBN 91-554-5197-7.

[19] Williams K., Maxwell J., Larsson K., Booman M. 12th IEEE International Conference on Micromechanical Systems. Cat. No. 99CH36291, 1999.

[20] Toumanov I. N. Plasma and High Frequency Processes for Obtaining and Processing Materials in the Nuclear Fuel Cycle, 2nd Edition. New York, NOVA Science Publishers, Inc., 2008, p. 660.

第17章

基于等离子体、感应加热和激光技术的现代核燃料循环方案及其生态、技术和经济性

开式核燃料循环方案主要形成于20世纪50年代,其诸多特征均取决于当时的实际条件,即当时的核能主要应用于军事领域。核工业在美国、苏联、英国以及后来的法国、中国都沿着几乎相同的路径发展,并在其他已经拥有或者正在开发核武器的国家重现,包括南非、印度和巴基斯坦等。尽管业界普遍在秘密地发展核科学和技术,并且起点有所不同,但不同国家的核燃料循环方案的基本要素是相同的,即使出于某些原因或多或少地存在一些差异[1]。这些差异主要涉及铀矿开采技术(铀的酸、碱、地下、地面、釜等浸出方式),天然铀和回收铀精制过程中萃取剂及其稀释剂的选择,天然铀纯化阶段所处的环节(在UF_6生产之前或之后;对于后一种情况,UF_6的纯化通过逆流蒸馏及精馏技术实现),UF_6生产技术(UF_4或氧化铀原料氟化;在流化床或火焰反应器中氟化),铀浓缩技术(扩散法、离心法或者激光法),用UF_4或UF_6生产核燃料的工艺(水法或非水法工艺,基于火焰反应器或者等离子体反应器),是否存在铀回收等。这些差异极大地影响了反应堆的类型,如使用氧化物或金属核燃料的反应堆、轻水堆(LWR)或者重水堆,如CANDU堆等。

在20世纪70—80年代,一些国家(苏联、法国、英国以及后来的日本)建成了放射化学工厂,处理核电厂和动力堆的乏燃料元件,使核燃料循环中可以重新利用回收的铀(回收铀),并且开始在核燃料中使用铀钚混合燃料(MOX燃料)。这样,核燃料循环的结构就变得更加复杂(图1.5),开始趋于闭式结构。根据文文献[2]的数据,1998年全世界生产的钚约为1239t,其中2/3为反应堆级钚,每年增加的库存量为50t。军用钚(Pu-239)的储量同期达到约270t,其中约150t由俄罗斯生产,100t由美国生产,10t由中国和法国生产。

在核燃料循环中利用回收铀和回收钚使核工业界引发了社会问题,不过这

些问题在利用天然铀时已经得到了解决:审查核燃料生产厂的辐射安全标准,开发适用于这些燃料的新型设备(见第5章)。

近年来,核电再次回归之前的观点——将钍作为增殖燃料生产U-233来丰富基础资源(参见文献[3,4])。根据这一观点,尤其是堆芯燃料组件混合布置[4]的方式,反应堆产生的能量相当大一部分来自在反应堆中生成的U-233发生裂变,而无须付出高昂代价提取乏燃料中的有价值元素并在其基础上生产新燃料棒。出于这样的原因,天然铀在这些反应堆中的消耗量降低了,并且燃料装载费用比现有压水堆(PWR)至少降低10%。

回收铀、回收钚和钍被纳入核燃料循环之后,在不久的将来会引起核燃料循环的结构发生显著变化。另外,过去十年在铀及其化合物的生产技术和工艺中出现了许多新进展,使核燃料循环各个阶段的内部已经发生了变化,大幅提高了相关行业的技术经济指标,降低了对环境的负面影响。例如,在天然铀和回收铀、回收钚、钍及其化合物的生产过程中,萃取-吸附纯化技术的开发和应用大幅减少了原料体积、纯化操作的步骤和持续时间,以及废物的体积。

此外,UF_6生产技术已经发生了重大革新。在20世纪70年代,(苏联)原子能部的铀材料厂大幅简化了生产环节。生产UF_6的主要原料是U_3O_8,这种原料是天然铀和回收铀纯化的最终产物。按照之前的技术,U_3O_8应当先用氢气还原成UO_2,再用氟化氢氟化成UF_4,最后在火焰反应器或流化床反应器中氟化成UF_6。然而,采用新技术(主要应用于回收铀)之后,U_3O_8直接作为原料合成UF_6。后来开展的研发工作改善了天然铀的萃取纯化特性,目的在于采用新技术合成UF_6。

20世纪70—80年代,(苏联)原子能部的一些工厂建成了中试装置,采用新型电物理技术(等离子体、微波和感应加热)利用各种原料生产铀材料。这些装置的工作原理和试验结果已呈现在前述章节中。但是,这些工作从核工业转型之初,尤其是切尔诺贝利灾难之后就放缓了,在90年代初完全停止。

后来,一些国家(俄罗斯、美国、法国、南非)进行了激光技术分离铀同位素的研究(MLIS和AVLIS技术)[5]。基于上述成果,将激光分离技术考虑进来,就有可能实现核燃料循环结构的现代化,提高其社会适应性。

第2~15章呈现的等离子体技术应用于核燃料循环过程的实例,总体上可以认为是等离子体化工冶金在这个领域中的典型应用。上述研发工作的最终目的是开发等离子体和感应加热技术,与吸附、萃取和精馏等精制过程结合,获得具有给定化学组成和相组成的无机材料。

在核燃料循环涵盖的行业中,等离子体技术的应用也是多种多样的,目标在于支持核燃料循环的各个化工冶金阶段,并被核燃料循环有机地联系起来,为从本质上提高各项技术经济指标提供了可靠保证;同时,新技术推动一个阶段的进步也会影响其他阶段。理当如此,因为核燃料循环的各个阶段是互相联系的,并且这个行业完全服务于其自身,甚至包括原材料生产和废物处理。

至关重要的是,制备和处理材料的等离子体技术及其他电物理技术实际上属于物理过程,受材料化学成分的影响不明显,因此也可以用于非核领域,形成环境友好的无机材料生产工艺。应当说,核工程与核技术领域的成果所产生的影响已经远远超出了核工业本身的进步和创新。核技术被集成到现有的高科技体系中,一方面对应用于核技术领域的其他技术分支提出了各种要求,另一方面为核技术在非核领域的应用开辟了道路,从而成为现代高科技体系的重要组成部分。

用于生产和回收核材料的等离子体技术的研究和发展,受相关领域的工艺和技术影响很大,包括:化工合成领域,生产吸附剂、萃取剂以及分离和精制核材料的膜材料;电子工业领域,开发高效率电源;微电子工业领域,为核工业的工艺过程提供控制和管理技术。

图 17.1 是等离子体技术与核燃料循环化学工艺之间的相互关系。在核燃料循环构成的六边形内,等离子体反应器位于中心,用于制造各种核材料(箭头表示核燃料循环的相应化工冶金阶段)[6-9]。这些材料用于核反应堆发电,部分电能供等离子体反应器使用。

下面,对图 17.1 所示的新型核燃料循环结构,简要地分析等离子体工程与技术在化工冶金中的应用前景。

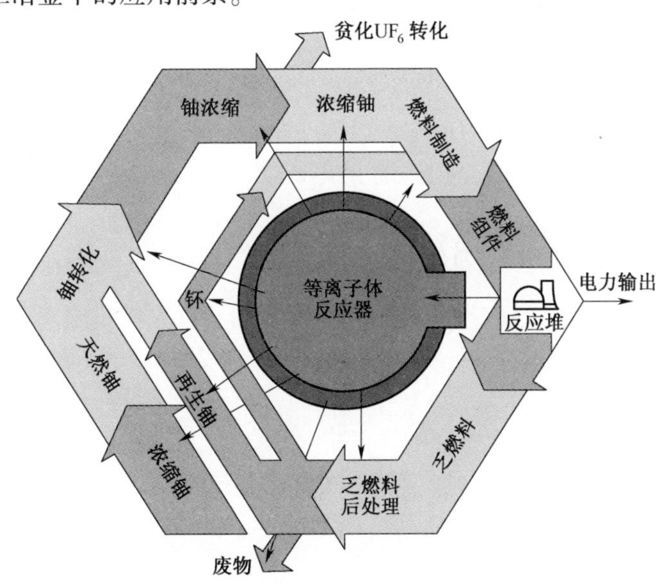

图 17.1　等离子体技术在核燃料循环中的应用前景

17.1 等离子体技术用于提取铀

等离子体加工矿物的目的是破坏其晶格,以便进行浸出或电磁富集,全部提取目标元素,得到彻底的矿渣。这是对目标元素实现大规模技术再分配的过程,其中等离子体处理决定后续的技术路线。等离子体发生器已经在多种核燃料循环结构材料的提取冶金中得到了应用,包括 Zr、Ni、Mo 和 W 等(见第 3 章)。最近,核电领域出现了一些新趋势,如将 Th 纳入核燃料循环。

通常而言,电弧等离子体发生器的缺陷——电极烧蚀对提取冶金的影响不大:电极烧蚀缓慢,并且矿石加工与精炼过程无缝对接。目前,输入单台等离子体反应器的功率可以达到约 20MW。由于等离子体加工矿石的比能耗为 1~2kW · h/kg,因此装备一台等离子反应器的工厂,对矿石的加工能力预期为 9~18t/h。

在核燃料循环中,等离子体矿物加工的技术基础是直流电弧等离子体发生系统。系统使用大功率等离子体炬,其管状电极由铜与稀有金属的合金制成。这个方向的主要任务是对矿石原料进行深加工。

第 8 章讨论了一种新型提取冶金设备设计方案:等离子体与感应加热结合并且使用同一台电源,从矿石中提取挥发性物质。其中一种方案使用了与感应器连接同一台高频电源的无气流等离子体炬,即高频电源向负载传输的功率分为两部分:一部分用于等离子体加热,另一部分则借助感应加热实现。高频等离子体加热可以提高原料的电导率,使感应加热的效率更高。我们认为,这种等离子体与其他电热技术结合的方式应成为发展的主流,最大限度地弱化化学技术在工业中的作用,并最终以物理技术取代。化学技术是大量生态问题的主要源头,包括生态环境污染、工业区内无数的尾矿坝、垃圾填埋场、水体污染等[8,9]。

17.2 等离子体技术与设备加工精炼厂和后处理厂的反萃取物生产铀氧化物

在核燃料循环的纯化阶段,吸附萃取工艺用于去除天然铀中的杂质;在乏燃料后处理厂,萃取用于分离 U、Pu 与裂变产物,以及进行 U 和 Pu 的精制。上述环节的产物是 U 和 Pu 的硝酸盐溶液(或者后处理的反萃取物),由此可以通过等离子体技术一步得到这些元素的氧化物,而无须多级水化学操作(沉降、过滤、母液处理等),从而避免消耗酸、碱等主要化工原料以及出现环境问题。如第 4、5 章所述,利用等离子体技术大规模分解铀硝酸盐生产硝酸和满足各种特殊需要的铀氧化物,可以大幅度简化生产工艺;并且,这个过程与从乏燃料中回收铀的工艺非常契合。

等离子体技术的特色在于它是一种物理技术,因此不受原料化学组成的影响[6,7]。该技术在产物的物理化学性质方面可能存在的限制或变化与原料性质有关:原料的溶解度,溶解度的温度系数,分子结构,氧化物的成分及稳定性,对产物的技术要求等。这种物理技术可以原封不动地照搬到非核领域,在上伊赛特冶金厂生产用作电工钢功能涂料的特殊等级的氧化镁;等离子体脱硝处理矿物原料的工艺通过了严格试验(见第 5 章)。同样的技术还用于生产核与非核复合氧化物材料,尤其是高温超导材料。

17.3 等离子体无废渣还原铀氧化物生产金属铀

武器级钚停产之后,金属铀在核燃料循环中的产量也不断下降。尽管如此,金属铀仍然用于制造气体冷却核动力反应堆(镁诺克斯和 AGR 反应堆)的燃料棒芯块;并且,高富集度的金属铀还是舰船核反应堆燃料(U-Zr)的组成部分。

根据文献[4]提出的方案,使用金属铀作为燃料有助于将钍纳入核燃料循环:开发 VVER-1000T 反应堆,其堆芯采用混合装料方案。异种燃料包括由铀锆合金燃料形成的中心区域和由 UO_2-ZrO_2燃料组成的周边区域。

10 多年前,AVLIS 技术——基于 U-235 同位素的激光浓缩技术(金属铀为原料)的发展,为上游金属铀的生产提供了更加广阔的空间。

金属铀不仅用于核燃料循环,还能够以四氟化铀和氧化铀为原料生产非核军事领域需要的贫化金属铀。

自 20 世纪 60 年代初以来,金属铀的产量不断下降,一种由两步操作构成(见第 6 章)的无废渣技术——等离子体碳热还原铀氧化物(U_3O_8或 UO_2)生产金属铀的技术逐渐丧失了其原有的重要性,但这种情况很可能只是暂时的。许多国家的铀冶金厂都堆积了大量 MgF_2 和 CaF_2 废渣。这些废渣被金属热还原 UF_4生产铀过程中残余的铀污染。对于国土面积较小的国家而言,这些废渣的堆放已经成为严重的环境问题,迫切需要开发一种处理技术,尽管难以将铀的生产规模恢复到之前的水平。然而,等离子体技术可以将上述路线精简为两个步骤(见第 6 章):

(1) 等离子体碳热还原 U_3O_8,获得粗铀锭;

(2) 在碳氧化物高气压($100 \sim 10^{-1}$ Pa)条件下通过等离子体电子束精炼粗铀锭,得到金属铀。

以氧化物为原料无废渣还原金属的科学技术思想不仅适用于核燃料循环,

还可用于稀有金属生产,因为这些行业也引入了萃取和吸附精制工艺;因此,反萃和脱附生产的氧化物可以作为等离子体技术的原料,用于后续的冶金过程。

17.4 等离子体精馏技术转化贫化 UF_6制备 U_3O_8和无水氟化氢

当前,基于铀元素的核技术应用主要是利用同位素 U-235,其在天然铀中的含量仅为 0.7204%。与此同时,同位素 U-238 的含量却高达 99.2739%。因此,在提取了 U-235 同位素之后,大部分铀以贫化 UF_6的形式堆放起来。经过半个世纪的核材料生产,拥有核工业的国家在退役工厂中已经积累了约 210 万吨的贫化 UF_6,并且以每年 7 万吨左右的量递增。今天,贫化 UF_6已经在一些国家引发了环境和经济问题,主要表现为两个方面:一是挥发性放射性氟化物露天存放在钢罐中;二是约 70 万吨氟和约 140 万吨铀无法得到利用或者处理。

第 11 章的等离子体精馏技术可以同时解决上述两个问题:将 UF_6转化为 U_3O_8粉末和无水氟化氢。该技术的一项重要特征是不会对生态环境带来负面影响,并且处理过程中排放的气体主要是氧气。

水蒸气等离子体转化 UF_6生产 U_3O_8和 HF(第 12 章)的工艺由另一座工厂开发出来,用于生产 VVER-1000 型反应堆的氧化物核燃料。该冶金厂建立了中试等离子体装置转化富集 U-235 同位素的 UF_6(约 5%),得到铀氧化物和氢氟酸;并且,采用相同工艺的工业设备已经设计并制造出来[10]。

等离子体精馏技术也在相关的非核领域得到了应用,消除氢氟酸生产对环境造成的有害影响:将氟化氢中的挥发性氟化硅杂质转化成 SiO_2颗粒和 HF(见第 8 章)。在对含有 Si 和 F 的矿石进行提取冶金时,建议采用此工艺。等离子体技术的另一项非核应用是等离子体吸附技术,用于以湿法冶金废物为原料生产微电子行业需要的高纯硅。

为了解决某些特定问题,第 8、10、12 章还考虑了其他等离子体技术,用 UF_6生产纯度非常高的铀,以及掺杂各种添加剂的铀合金。

17.5 感应加热技术生产碳化物、硼化物和金属材料及其他应用

通过感应加热合成无氧陶瓷——主要是碳化物和硼化物(见第 7、8 章),是

另一种物理技术。使用这种技术,可以将几乎所有原料都转化成最终产物,过程中没有废物产生。这种合成工艺的特色在于反应器,即冷坩埚,其运行原理与高频感应等离子体炬类似。因此,这两种技术(等离子体和感应加热)都基于相同的物理原理运行,尽管适用的物质状态不同。该技术的其他特征包括:产物收率高,化学组成和相组成均匀,纯度高。该技术的应用领域非常广泛,包括:合成Si、Ti、Zr、La、Sc 的碳化物以及 Ti 和 Zr 的硼化物(见第 7 章);从含氟矿石和合成矿物中以氟化氢、氟化碳及各种其他化合物的形式提取氟(见第 8 章);放射性废物固化(见第 15 章)。

迄今为止,已有两种冷坩埚在工业条件下完成了开发、制造和试验:

(1) 高频冷坩埚,用于合成基于碳化物、硼化物和其他化合物的无氧陶瓷;

(2) 低频冷坩埚,目前用于特种冶金,熔化如 Zr、Hf、Sc 和稀土金属,以及生产这些金属的精密合金(见第 14 章)。

由 ZrF_4生产 Zr 的工艺通过在冷坩埚中感应加热 ZrF_4+2Ca 实现。这一技术还用于生产其他稀有金属和稀土元素。由于金属的电阻率比陶瓷材料小几个数量级,因此冶金冷坩埚的电源频率低得多(几千赫到几十千赫)。目前,回收稀有金属的工业化设备已经开发出来,电源为功率为 2MW,电流频率为 2.4kHz,反应器容积为 0.6m^3。

等离子体-感应加热组合技术的发展有助于推动大功率冶金厂的建立,因为等离子体加热位于感应器内的负载能够提高其导电性,从根本上降低感应器电流的频率,所以可以使用功率更大的电源。

17.6 等离子体-电磁技术从挥发性氟化物中回收金属

从氟化物原料中回收金属的问题早在苏联时期的企业中就出现了。当时,军事工业出现了对贫铀、钨、钼、铼以及其他金属或其同位素的需求。这些金属与氟形成具有挥发性的六氟化物(MeF_6),是化工冶金的理想原料,因为通过精馏可以将这些材料提纯到任何所需的水平。

这类化合物的范围可以进一步扩展,涵盖其他挥发性氟化物和氯化物,如 SiF_4和 $TiCl_4$。

等离子体技术的应用为基于无试剂的纯物理工艺解决金属还原和氟(或氯)再生等化工冶金问题提供了可能。第 10 章阐述一种无试剂等离子体方案(从贫化铀 UF_6中还原铀)。其中,由于等离子体具有独特的性质,工艺中完全避免使用还原剂或转换剂,从根本上消除了废物产生的可能。

在 U-F 等离子体中,铀完全被还原,但是处于气相。为了得到金属铀,需要

将铀以粉末或块体材料的形式与氟分离。这可以通过两种方式来实现:

(1) 急冷分离,快速冷却 U-F 等离子体,铀发生凝结,并快速机械分离铀粉末和气态氟;

(2) 电场和(或)磁场分离,因为在特定状态下等离子体中的铀原子是离子形式,而氟原子仍然是中性原子。

本书的第一版详细地描述了第一种方案(见第 10 章):U-F 等离子体由 UF_6中的射频放电产生,然后从放电室流入接收器,在这里发生冷凝和复合。通过在急冷设备(热交换器和气体动力学喷嘴)中快速冷却 U-F 等离子体使铀与氟发生相分离,再将铀颗粒与氟分离。然而,这种技术最终被证明是行不通的。以约 10^9K/s 的降温速率冷却温度约为 6200K、包含 U 和 F 原子的 U-F 等离子体,可以形成铀颗粒与氟的多相混合物。然而,实际的急冷速率约为 10^8K/s,因而无法以纯铀的形式分离出铀颗粒。

第二种方案在本书第一版中仅被提及,但是在 2001—2005 年间逐渐发展起来:U-F 等离子体的组成可以维持特定状态——铀以离子(U^{1+})形态存在,同时氟以中性原子形态存在。用电磁力约束 U^{1+}分离铀与氟,然后用干式泵抽出中性的氟。

第 10 章描述了基于第二种方案运行的中试工厂的总体方案。U-F 等离子体进入低气压分离室之后发生铀与氟的电磁分离。为此,射流形态的铀离子被感应器产生的磁场约束在低气压室的轴线上,同时用干式泵抽出氟。铀射流注入感应熔炉中的铀熔体上,形成铸锭拉出。

该中试装置的其他主要单元包括:具备脉冲反吹再生功能的双层烧结金属过滤器,净化氟中颗粒物的系统,将氟抽出、压缩和收集的系统。

上述工艺属于物理过程,不产生废物。由于等离子体-电磁过程处理贫化 UF_6可以得到特殊的铀合金,并且利用氟原子合成商业需求巨大的化合物(O_2F_2、KrF_2、氟化碳),因而可以将产物的商业价值提高几个数量级。这种方案适用于面临贫化 UF_6问题的所有国家的铀加工厂。处理贫化 UF_6的等离子体-电磁技术还可用于解决产生废物的其他化工冶金工业造成的环境问题。

初步实验发现,在电负性 UF_6气体(包括这种类型的其他气体)中产生射频放电时,其稳定性具有一定的局限性。因此,必须从根本上改善电源与负载耦合的品质。为此,UF_6中的高频感应放电需要由外部电源额外输入能量,即稳定工作的 U-F 等离子体发生器应当基于组合式电源运行。第 10 章展示了这种电源的示意图,其中带有辅助电源,用于激发感应放电并增强其稳定性。这种电源包括一台主电源、一台高频电源、一低功率辅助电源或者一台高频电源的功率分配电路,以及其他构成单元:向反应器传输功率的适配器,向感应放电输入能量的高频感应电极(进料喷嘴),用于输送 UF_6和 U-F 等离子体的管道,以及等离子体反应器。我们建议采用如下组合方案并分别进行测试:

(1) 为高频感应 U-F 等离子体发生器配备电源功率分配电路,将电源功率分别通过“点火”电极和感应器两个通道输入反应器中;

(2) 辅助电弧等离子体炬(如水蒸气等离子体炬)与高频感应 U-F 等离子体发生器结合;

(3) 基于 UF_6运行的辅助微波等离子体炬与高频感应 U-F 等离子体发生器结合;

(4) 采用激光增强高频感应 U-F 等离子体发生器。

17.7 分离颗粒与气体、深度净化系统废气的新工艺

采用等离子体技术的工艺系统都应当配备分离颗粒产物与气态产物的系统,以及排放气体深度净化系统。后者在微米和亚微米材料的生产中尤其重要。人们在处理等离子体工艺的产物时经常需要涉及这些材料。另外还有一个问题:经验表明,在将粉末材料从工艺流程分离出来的过程中,很难保持这些超细粉末材料的性能。因此,即使这种分离在技术上是可行的,问题仍未完全解决:必须尽快充分隔离所得到的产物,以防止其品质下降。

关于这些问题,本书基于已经完成的和正在开发的技术提出了多种解决方案(参见第 13 章):采用常规烧结金属过滤器、烧结金属过滤器与离心分离器组合,或者是配备具有喷射脉冲反吹再生功能的双层过滤元件的特殊烧结金属过滤器。此外,本书还提出了静电除尘器与双层烧结金属过滤器结合的方案。

17.8 用于核燃料循环化工冶金的等离子体发生器

工艺等离子体发生器通常包括电源、等离子体炬和控制系统三个基本要素(参见第 2 章)。

在核材料生产中应用的是固定弧长型直流电弧等离子体炬。这些等离子体炬的功率为 100~1000kW。在这类等离子体炬中,功率最高(约 1MW)的是 EDP-129型,用于产生空气等离子体。该型等离子体炬采用钨阴极,有两个中间阳极和一个工作阳极,即阴极与阳极被电极间插入段隔开;工作阳极外围安装了电磁线圈。该型等离子体炬的效率约为 0.9,最高功率约为 1MW:工作电压≤1kV,电流≤1kA。

高功率电弧等离子体炬通常指使用管状电极的电弧等离子体炬。这些等离子体炬的电极材料是铜或其合金。在磁场作用下，电弧的两端在电极内表面上绕电极轴线转动。这类等离子体炬的功率范围为0.3~5MW，电极间电压为0.75~2.6kV，弧电流强度为0.4~1.9kA。

这类电弧等离子体炬的寿命在（苏联）原子能部所属的机构中进行了测试。保护电极、减缓烧蚀的方法已经开发出来。内电极（正极性连接时的阴极）由镧钨制成（为了降低电子的逸出功）。由于受到强度为10^4~10^5A/m的磁场保护，钨阴极的比烧蚀为10^{-12}~10^{-13}kg/C。铜阳极的比烧蚀约为10^{-9}kg/C。如果阳极由含Cu约11%的W-Cu材料制成，则在相同运行条件下比烧蚀降低至10^{-10}kg/C。现在的管状电极大多由铜与其他元素的合金制成，包括Zr、Cr、Ag等；铜的合金化增强了管状电极在高温下的强度，其比烧蚀也降低1个数量级甚至更多。

为了延长等离子体炬的使用寿命，出现了一种在线自动更换阴极的等离子体炬；根据该设计方案，电弧柱被分裂成多条导电通道，可以在更高功率下延长电极的寿命。

1970—1990年，在原子能部所属中试工厂中获得的数据的统计结果表明，在得到的金属铀中，电极材料的杂质含量（质量分数）：W，10^{-6}%，Cu，10^{-4}%~10^{-5}%。关于电弧等离子体炬的电源，可以采用晶闸管整流器，并配备电流负反馈自动控制系统。

在高频感应等离子体发生器中，放电通过电磁感应产生。高频电流通过环绕放电室的感应器，置于感应器中的放电室对可透过感应器产生的电磁能。到目前为止，高频感应等离子体发生器从电网获取的功率可以达到1.5MW。电源的振荡功率为1MW，$\cos\varphi$为0.9，工作频率为0.440~13.5MHz。高频电源的整体效率达到0.6，低于电弧等离子体发生器的效率，但是高频感应放电可以产生任何工艺的等离子体，包括用于化工冶金的U-F等离子体。

高频感应等离子体炬由非磁性金属制成。在等离子体炬管状放电室上沿母线加工了多条狭缝，其中填充电介质材料，或者放电室外侧用电介质材料管密封。后来，这种等离子体炬称为金属-电介质等离子体炬。

第三类是微波等离子体发生器，微波源与负载之间通过波导连接。可用于化工冶金的微波频率通常为2450MHz和915MHz。在基于陶瓷材料等离子体炬开展的研究中，使用的是H_{01}电磁波。后来，这种技术得到进一步发展，形成了全金属等离子体炬，通过矩形波导与圆形波导对接将H_{01}电磁波转换成H_{11}波。这种等离子体炬实际上是一个圆形金属波导，工艺气体从其上端通入。为了防止工艺气体进入矩形波导，在磁控管与放电区之间安装了电介质材料隔离片。

近年来,第四类装置——激光等离子体发生器已经实现了应用:能量通过激光束输入等离子体中,聚焦在与周围环境隔离的空间内。“激光放电”系统的特点就在于此,放电参数不影响能量源的工作状态;并且,激光等离子体的特征温度为 15000~20000K,比电流放电温度高 2~4 倍。这种现象的原因是等离子体的透明度与光学辐射之间存在一定的关系。

激光等离子体炬可以用于特殊领域,其中之一是产生 U-F 等离子体处理贫化 UF_6,得到金属铀和氟。

U-F 等离子体发生器的核心部分是组合式等离子体炬:在 UF_6 中形成的射频放电被激光等离子体团增强。激光束通过透镜聚焦聚焦在感应器的顶部线圈所处的平面上,由此形成光学击穿或电击穿,在 UF_6 中引发并维持稳定的高频感应放电。

17.9 核燃料循环中等离子体化工冶金过程的技术经济效益

在分析核燃料循环中等离子体化工冶金工艺的技术经济效益时,会自然而然地遇到一个问题:对于已经得到深入研究的三种物质聚集状态,等离子体技术和其他电物理技术怎样才能够比传统技术具有更高的效率和更强的竞争力?本书阐明了经济效益的主要来源:减少工艺环节的数量,降低被处理材料的损失,通过将使用寿命较短的容器更换成寿命较长的电动设备而降低折旧费,在某些情况下减少试剂用量,从根本上减少废物产量,降低对生态环境的人为影响,提高产品的品质指标等[8,9,12]。

此外,本书还提出了关于消除或大幅减少对环境破坏的建议,在某些情况下也是为了解决较早之前产生的环境问题。本书还为解决贫化 UF_6 问题、石墨反应堆燃料元件生产过程中产生的 CaF_2 和 MgF_2 问题,以及提取冶金厂放的氟硅酸钠废渣问题等提出了相应的方案。

17.10 基于等离子体、感应加热和激光技术的现代核燃料循环方案

核燃料循环的结构高度依赖于铀同位素分离技术。现有的核燃料循环结构是过去几十年发展的结果,其基础是扩散分离技术以及后来的离心分离技术(见第 9 章)。激光分离同位素的技术(MLIS 和 AVLIS)的研究始于 20 世纪 80 年代,一旦引入核燃料循环必将使其结构发生显著重构,实现大幅精简;并且,激

光分离技术与等离子体和感应加热技术反过来可以提高核燃料循环的社会接收程度。然而,到目前为止,铀同位素激光分离技术的研发工作已经明显放缓,并且出于技术和经济原因,美国和法国关于 AVLIS 的研究工作基本停滞。然而,由于激光技术具有强大的吸引力,在可预见的将来,人们将在更高的技术层面重新启动与之相关的工作,这也意味着更好的经济性。

下面将呈现至少两种经过改进的新型核燃料循环方案。图 17.2 所示的方案基于现有在以 UF_6形式分离铀同位素的技术(扩散法、离心法)。不过,通过使用吸附萃取精制与等离子体技术结合消除了其中一些铀材料生产步骤,或者在相同的技术基础上其工艺品质发生变化,或者引入了新阶段(UF_6转化)。从图 17.2 中可以看出,这些变化涉及以下阶段:

(1) 金属铀生产;

(2) 利用纯化阶段得到的反萃物生产天然铀氧化物;

(3) 利用后处理厂获得的反萃物生产回收铀氧化物;

(4) UF_6生产;

(5) 利用富集 U-235 同位素的 UF_6生产用于制造核燃料的铀氧化物;

(6) 等离子体技术生产 MOX 燃料;

(7) 贫化 UF_6的处理;

(8) 高频、微波和等离子体技术处理放射性废物。

在图 17.2 的结构中,MLIS 激光技术在一定条件下可以应用于铀同位素分离环节,这接近于本书前面所描述的电物理技术用于化工冶金的科学思想。1993 年,我在佩林德巴的南非原子能公司目睹了基于 MLIS 技术(图 9.17 和图 9.18)运行的中试装置。这项 21 世纪的技术给我留下了极其深刻的印象。因此,尽管激光同位素分离技术尚未能在工业规模上与离心分离技术相媲美,我仍然将其与其他电物理技术一起作为核燃料循环中最有前景的技术,即使它们的发展水平存在差异。实际上,如果铀同位素分离技术的基础仍然是离心法或者扩散法,图 17.2 所示的核燃料循环架构就不会发生本质上的改变。

在核燃料循环的总体方案中,一些新型电物理技术未能直接呈现出来,包括用于生产核燃料循环中非铀材料的技术,包括中子吸收剂材料(碳化硼、铪、稀土金属化合物等)、结构材料(锆、铌、镍、钪等)、氟化氢和氟等。在这些生产过程中对气相和凝聚相使用了等离子体处理、感应加热和微波加热工艺。此外,图 17.2 还未呈现等离子体技术的重要应用——在核反应堆部件和广泛用于核工程与技术的设备部件上沉积保护涂层和功能涂层。关于这方面的一些信息在前面的章节中和文献[11-13]中给出。

上述电物理过程的经济性取决于以下因素:简洁工艺路线的运用(通常是

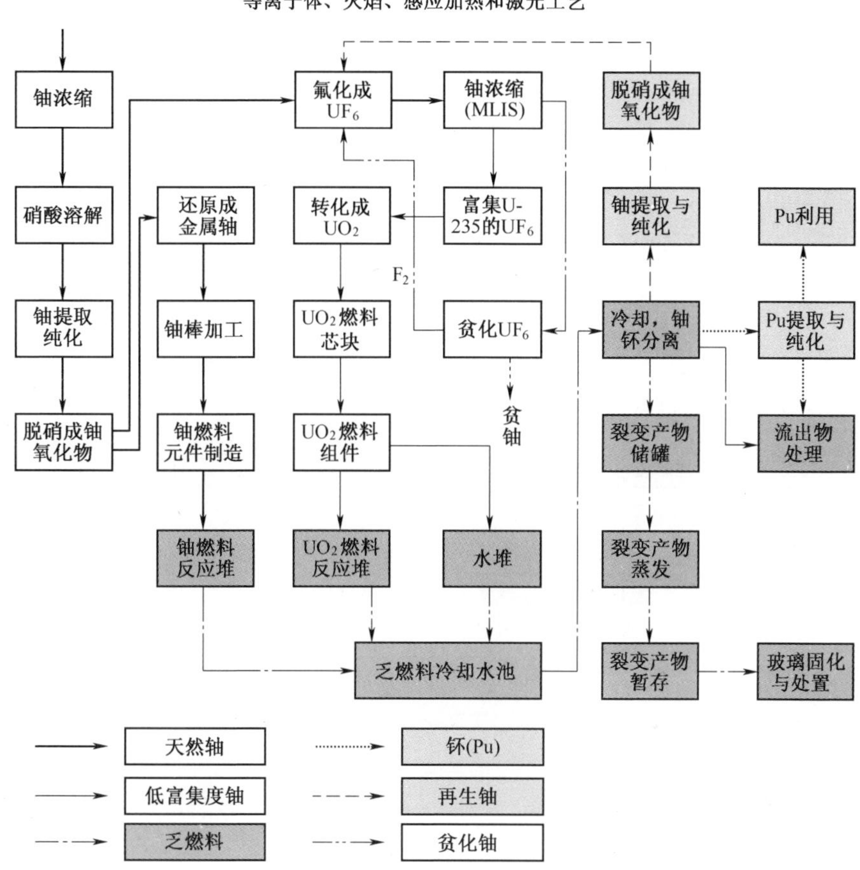

图 17.2　基于等离子体技术生产核材料的现代核燃料循环方案

一步法），一大部分短寿命工艺设备替换成长寿命的电热或电物理设备，大幅减少化学试剂的消耗量，提高（或者在产生其他效益的条件下保持）材料的品质，降低对环境的负面影响等。此外，本书所述的电物理工艺的技术经济性还将提升社会对核电的接收程度。采用等离子体技术之后，图 17.2 所示的核燃料循环中钚的分支大致保持不变，除了用于生产 PuO_2 和 MOX 燃料。

核燃料循环的第二种设想方案源于上述生产核材料的精制技术、电物理过程与 AVLIS 技术的结合（图 17.3）。随着 AVLIS 技术实现工业应用，一些铀生产工业和辅助工业，特别是用于生产 HF、F_2 和 UF_6 的工厂就不得不部分甚至全部舍弃。

在对核燃料循环的结构进行上述改进时，首先要改进作为氧化铀核燃料原料的 UO_2 的生产技术：在这种架构中，UO_2 应当利用富集 U-235 同位素的铀得

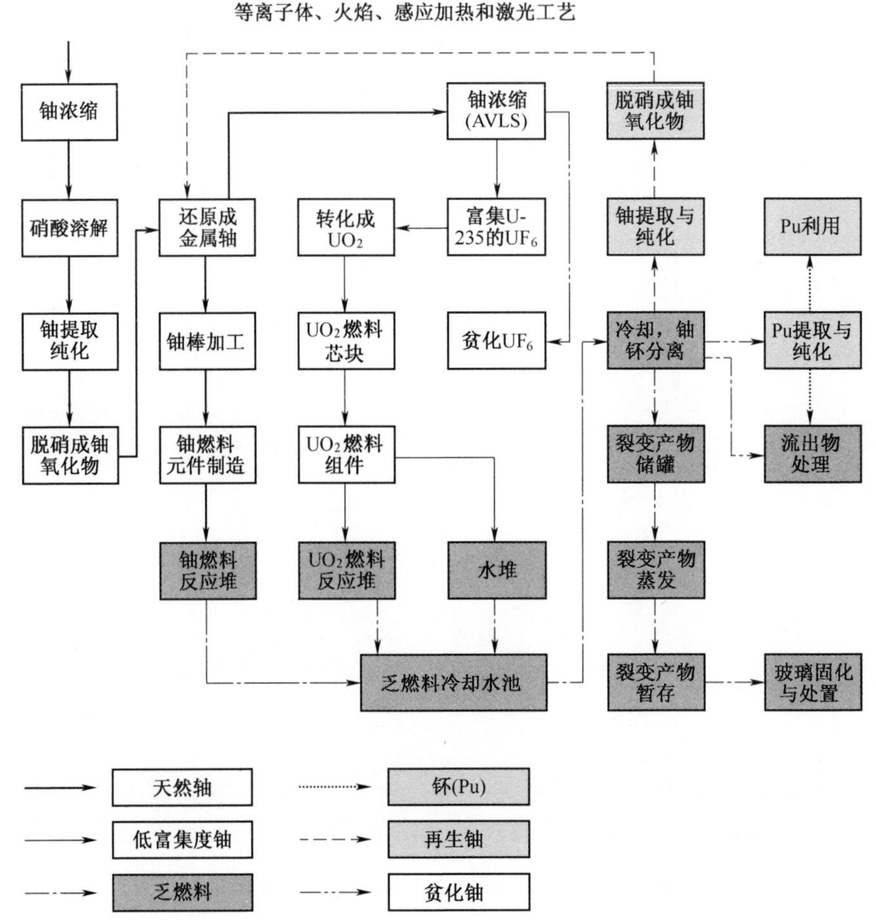

图 17.3　基于激光同位素分离和等离子体技术生产核材料的现代核燃料循环方案

到。当使用金属铀作为生产 UO_2 的原料时,生产工艺将大幅简化。同时,核燃料生产中其他问题的处理也得到了简化;根据杂质含量的不同,生产废物被送回精制厂或冶金厂。并且,不存在氟再生和氟化氢净化除铀的问题,对环境造成的负担也大幅降低。

在这种核燃料循环方案中,钚分支也可以按照与图 17.2 所示方案的方式改进。然而,由于尚且存在许多有待解决的技术和社会问题,包括 AVLIS 技术本身的问题,这种方案仍然停留在假设状态,尽管具有实现的可能性。

在乏燃料后处理和后续的铀回收过程中,产生了六水合硝酸铀酰(UNH)。引入等离子体技术之后(见第 4、5 章),得到 U_3O_8(或者使用水溶性还原剂得到 UO_2)。取决于铀同位素分离技术的不同,后者可以通过碳热还原工艺生产金属铀(AVLIS 分离技术),或生产 UF_6(扩散、离心或者 MLIS 分离技术)。在第二种情形中,富集 U-235 同位素的 UF_6可以通过等离子体技术生产铀氧化物,如第11 章和第 12 章所述。

无论铀浓缩厂选用何种技术来分离铀同位素,过去十多年来堆积的大量贫化 UF_6需要处理的问题依然存在。这些产物在世界上的总量估计为数百万吨(见第 10、11 章),其中约 67.6%的铀,约 32.4%的氟。为了转化这些材料、实现氟再生和贫化铀生产,推荐采用第 10、11 章描述的一种等离子体技术方案。

基于等离子体和感应加热技术开发的核燃料循环的化工冶金工艺,其经济效率首先取决于设备折旧成本、能源成本、对生态环境损害的降低以及产品性能的提升。上述方案付诸实施之后,将为 21 世纪的化工冶金工业带来产品质量高、竞争力强、对生态环境影响小以及社会关注度增强的效果。

不幸的是,自 1991 年以来,俄罗斯联邦原子能机构所取得的许多成果未能传承下来。如今,大量采用新型电物理技术运行的中试装置和工业设施已为他国所有。例如,哈萨克斯坦乌尔巴冶金厂,拥有将富集 U-235 同位素的 UF_6转化成制造核燃料的铀氧化物和氢氟酸的等离子体装置[10];乌克兰第聂伯河化工厂,拥有采用冷坩埚技术以氟化物为原料生产锆和铪的工业设施;格鲁吉亚稳定同位素研究所,拥有利用高频感应加热富集 B-10 的硼生产碳化硼的中试装置;生产碳化物和硼化物的功率更高的类似装置则归白俄罗斯粉末冶金公司所有。另外,保留在俄罗斯联邦境内、由科研机构与工业企业联合开发的知识财富和物质财富(后者源于前者),却被单方面大肆地私有化(盗取),重复着前人自1917 年以来的劣迹,只是规模与程度有所差异而已。这些行为造成了严重的恶果,不仅电物理技术新领域的发展停滞了,理念、科学、技术以及科研人员的水平也都急剧下滑……令人痛心疾首!

至此,我不得不以一个刺耳的音符结束本书。尽管随着时间的推移未来无疑会发生许多变化,有一点是毋庸置疑的:俄罗斯的核技术和装备将在等离子体、感应加热和微波等现代科学技术的基础上重新崛起!

参考文献

[1] Advances in Uranium Refining and Conversion / Proceedings of a Technical Committee Meeting on Advances in Uranium Refining and Conversion organized by the International Atomic Energy Agency and held in Vienna, 7-10 April, 1986. IAEA, Vienna, 1987, 288 p.

[2] Атомная техника за рубежом, 1998, № 5.

[3] М. Ф. Троянов, В. Г. Илюнин, А. Г. Калашников, Б. Д. Кузьминов, М. Н. Николаев, Ф. П. Раскач, Э. Я. Сметанин, А. М. Цибуля. Некоторые исследования и разработки ториевого

топливного цикла. Атомная энергия, 1988, Т. 84, вып. 4, с. 281–293.

[4] Н. Н. Пономарев-Степной, Г. Л. Лунин, А. Г. Морозов, В. В. Кузнецов, В. В. Королев, В. Ф. Кузнецов. Легководный ториевый реактор ВВЭР-Т. Атомная энергия, 1988, Т. 85, вып. 4, с. 263–277.

[5] Материалы юбилейной сессии Ученого совета РНЦ《Курчатовский институт》. 11–13. 05. 1993, с. 116.

[6] I. N. Toumanov. 2001 International Workshop on Plasma Processing for Nuclear Application, August 9–10, 2001, Hanyang University, Seoul, Korea.

[7] Ю. Н. Туманов, А. Ф. Галкин, В. Д. Русанов. В книге《Энциклопедический справочник машиностроения》: Машиностроение в ядерной энергетике: т. IV–25: раздел 7 Специальное оборудование ядерной энергетики под ред. В. А. Глухих: глава 7. 3: Плазменное оборудование, 29 с, Изд. Машиностроение 2004–2005.

[8] Ю. Н. Туманов. Плазменные технологии в формировании нового облика промышленного производства в начале XXI столетия. Вестник Российской академии наук, 2006, т. 76, № 4, с. 6–17.

[9] Ю. Н. Туманов, Д. Ю. Туманов. Плазменные технологии в формировании нового облика промышленного производства в XXI столетии. Новые промышленные технологии, 2006, 2006, № 1, с. 14–26.

[10] International Conference on Application of Atomic Energy in Republic of Kazakhstan. Conference Proceedings. Alma-Ata, Kazakhstan, 1996.

[11] Ю. Н. Туманов. Низкотемпературная плазма и высокочастотные электромагнитные поля в процессах получения материалов для ядерной энергетики. М. : Энергоатомиздат, 1989, 280 с.

[12] I. N. Toumanov. Plasma and High Frequency Processes for Obtaining and Processing Materials in the Nuclear Fuel Cycle, Nova Science Publishers, N. Y. , 2003, 607 pp.

[13] I. N. Toumanov. Plasma and High Frequency Processes for Obtaining and Processing Materials in the Nuclear Fuel Cycle, 2nd Edition, Nova Science Publishers, N. Y. , 2008, 660 pp.

译后记

在翻译出版《电弧等离子体炬》(2016 年由科学出版社出版)一书的过程中,我们发现等离子体技术与核工业之间存在着紧密的联系,随后几经周折找到了 Ю. Н. 图马诺夫先生的这本专著。通过这本专著,图马诺夫先生向我们展示了等离子体技术应用的宝库——核燃料循环!

图马诺夫先生是化学科学博士,毕业于苏联列宁格勒国立大学化学系,从 20 世纪 60 年代起就研究等离子体铀浓缩技术(利用等离子体技术从 UF_6 中分离铀同位素),后来又组建了专业团队,研发用于核燃料循环的等离子体技术和制备 Zr、Hf 等结构材料的感应加热技术,在铀矿加工、铀转化、铀浓缩等研究领域均取得了重要成果。苏联解体后,图马诺夫先生到国外工作一段时间,然后回到俄罗斯并担任库尔恰托夫研究所等离子体技术部的首席研究员。

本书从核燃料循环的结构引入,讨论了等离子体技术在铀矿加工、铀转化、铀浓缩、乏燃料后处理以及放射性废物处理等核燃料循环不同阶段的应用,还介绍了激光同位素分离技术,最终提出基于这些电物理技术构建的新型核燃料循环方案,其主要目的是利用电物理技术和方法推动核燃料循环的堆外部分进一步发展。等离子体是继固态、液态、气态后的物质的第四态。在这种状态下,物质具有导电性和高反应活性,可以实现在固、液、气态下不能发生或者难以进行的反应。然而,对等离子体态物质的研究与应用需要较高的技术水平:需要掌握等离子体的产生、参数诊断和成分控制技术,需要建立高可靠性的试验系统与工艺设备,需要开发适用于等离子体工艺的产物分离技术与设备,等。为了克服水化学工艺存在的试剂消耗量大、二次废物(废液)产量高等缺陷,苏联科学家建立了等离子体处理铀、钚硝酸盐直接生产氧化物的中试系统,开展了中试试验。苏联解体后,这些技术和装备在俄罗斯及其他独联体国家继续发展并得到了验证。例如,俄罗斯的冷坩埚技术已经实现处理高放废液的工业化运行(见本书第 15 章),本书第 14 章给出了冷坩埚的计算方法和过程。

我国的核燃料循环工作始于 20 世纪 60 年代,经过半个多世纪的努力取得了骄人的成绩:建立了完整的核工业体系,自主建成了基于萃取法、达到 20 世纪国际水平的生产堆乏燃料后处理厂;在高放废液玻璃固化方面,我国自主研发的冷坩埚玻璃固化试验装置于 2017 年 11 月 30 日完成 24h 联动试验,成功生产出模拟玻璃固化体(即利用非放射性材料得到的固化体),初步掌握冷坩埚玻璃固化技术。本书是对电物理技术应用于核燃料循环的全面、深入总结,所呈现的研究成果大部分是原创性的,有些直到今天仍然处于世界先进水平,对于我国开展基于等离子体、感应加热、激光等电物理技术的新型核燃料循环研究,包括乏燃料后处理均具有重要的参考价值。

另一方面,在研读本书的过程中,作者的家国情怀常常令人感动。

每当夜深人静,读到书中的一些语句,例如“不幸的是,现在已经没有机会将等离子体技术推进到这样的高度了。1991 年,该冶金厂也成了他人之物”(第 12 章),“这些行为造成的恶果,不仅体现在电物理技术新领域的发展停滞了,还包括理念、科学、技术以及科研人员的水平也都急剧下滑……令人痛心疾首!”(第 17 章)等,都不禁让人潸然泪下!苏联解体后,大量顶尖的科研人员流落到世界各地。他们在异国他乡,物质生活可能相对优越,但在专业方面难以进入核心层,无法充分发挥自己的才华。国家巨变的影响是方方面面的,任何一个人的命运,都无时无刻不与背后的国家相连。

尽管如此,作者对俄罗斯核工业的前景仍然充满信心——“尽管随着时间的推移未来无疑会发生许多变化,但有一点是毋庸置疑的:俄罗斯的核技术和装备将在等离子体、感应加热和微波等现代科学技术的基础上重新崛起”(第 17 章)。近年来,俄罗斯在核燃料循环方面的确取得了重要进展,关注这一领域的人们可以从媒体上获得相关信息。

基于上述原因,我们深深地感到这部专著应当译成中文,供国内同行参考。

本书作者对翻译过程中的疑问进行了充分的解释和澄清。

中国科学院院士吴承康、中国工程院院士李建刚给予了诸多指导;中核清原环境技术工程有限责任公司孙东辉研究员、中国科学院等离子体物理研究所孟月东研究员、浙江理工大学蒋仲庆教授、安徽大学遇鑫遥教授提出了建设性的意见。

感谢装备科技译著出版基金的大力资助。在申请装备科技译著出版基金的过程中,国防工业出版社崔晓莉主任和上海交通大学科学技术发展研究院周萍博士提供了慷慨的支持,文字的流畅性要归功于孙汝忠编辑的工作。

本书从最初策划到成功付梓,均离不开中国广核集团庞松涛副总经理、中广核研究院王安院长的关心。

对上述支持,我们一并致谢,更期待这些付出能为国家构建新型核燃料循环体系提供借鉴。

限于译者的水平,译文中疏漏和不足之处在所难免,恳请读者批评指正。

是为记!

陈明周　黄文有
2020 年 1 月